Gebhardt / Kessler / Schwarz / Thurn

Additive Fertigungsverfahren

Andreas Gebhardt
Julia Kessler
Alexander Schwarz
Laura Thurn

Additive Fertigungsverfahren

Additive Manufacturing und 3D-Drucken für Prototyping – Tooling – Produktion

6., aktualisierte Auflage

HANSER

MIX
Papier aus verantwortungsvollen Quellen
FSC® C083411

Print-ISBN: 978-3-446-45799-7
E-Book-ISBN: 978-3-446-46617-3

Die allgemein verwendeten Personenbezeichnungen gelten gleichermaßen für alle Geschlechter.

Bibliografische Information der Deutschen Nationalbibliothek:
Die Deutsche Nationalbibliothek verzeichnet diese Publikation in der Deutschen Nationalbibliografie; detaillierte bibliografische Daten sind im Internet unter http://dnb.d-nb.de abrufbar.

Kolbergerstraße 22 | 81679 München | info@hanser.de
www.hanser-fachbuch.de
Lektorat: Dr. Mark Smith
Herstellung: Cornelia Speckmaier
Coverkonzept: Marc Müller-Bremer, www.rebranding.de, München
Covergestaltung: Max Kostopoulos
Titelmotiv: © Philipp Gebhardt
Satz: Eberl & Kœsel Studio, Kempten
Druck: CPI Books GmbH, Leck
Printed in Germany

Allen Ingenieuren gewidmet,
die ihren Beruf
in Ehrfurcht vor der Schöpfung ausüben.[1)]

[1] Diese Widmung stellte Prof. Walter Traupel 1958 der ersten Auflage seines Standardwerkes *Thermische Turbomaschinen*, Springer Verlag, voran. Auch 67 Jahre später kann eine Aufforderung an verantwortlich handelnde Ingenieure nicht eindrücklicher formuliert werden.

Vorwort

Die vorliegende 6. Auflage dieses Buches ist der vorläufige Abschluss einer Reihe, die den jeweils abschließenden Stand der „der Additiven Fertigung, eine Reise in die Zukunft der Konstruktions- und Fertigungstechnik“, nachzeichnet.

Die Vorworte der Auflagen markieren wichtige Stationen dieser Reise.

„Vom Spielzeug für Techniker zum Schlüssel für die schnelle Produktentwicklung“ wurde das Vorwort zur 1. Auflage (1995) dieses Buches überschrieben. Etwa sechs Jahre zuvor waren die ersten Stereolithographiemaschinen in Europa installiert worden. Rapid Prototyping Verfahren hatten sich seitdem in wenigen Jahren als effektive Werkzeuge für die schnellere Entwicklung besserer Produkte etabliert. Sie hatten sich gewandelt vom isoliert angewandten, technisch faszinierenden, aber wirtschaftlich wenig attraktiven Modellbauverfahren, zum geschwindigkeitsbestimmenden Element in der Produktentwicklungskette.

Neben der Stereolithographie hatten sich auch andere Verfahren etabliert. Die Palette der Werkstoffe wurde vergrößert. Parallel gelang es, die physikalisch-technologischen Eigenschaften der Modelle deutlich zu verbessern und dem Verhalten der Zielwerkstoffe anzunähern. Höhere Genauigkeiten und schnellere Maschinen haben zu besseren Modellen bei geringeren Kosten geführt.

„Vom Werkzeug für die schnelle Produktentwicklung zum Werkzeug für die schnelle Produktentstehung“ wurde im Vorwort zur 2. Auflage (2000) die Entwicklung bis ins Jahr 2000 überschrieben. Triebfeder der Entwicklungen war der dringende Wunsch nach Bauteilen mit „Serieneigenschaften“. Dieser wurde durch die Entwicklung von Werkstoffen wie Metall, Sand, Keramik weitgehend erfüllt und durch Verfahren, die die Herstellung von Formen und Werkzeugen erlaubten, unterstützt. Das Rapid Tooling erweiterte die Anwendung des Rapid Prototypings und verkürzte den mit traditionellen Methoden zeitaufwendigen und teuren „Schritt ins Werkzeug“ erheblich.

„Generative Verfahren für die individuelle Fertigung“ titelte die 3. Auflage (2007). Aufgrund des technischen Fortschritts, aber vor allem auch durch die Verifizierung des enormen Potentials in immer weiteren Bereichen, hatte sich die direkte digitale Fertigung, das Rapid Manufacturing etabliert. Dazu wurden neue Maschinen und Konzepte entwickelt: Der Prototyper wandelt sich zum Fabrikator. Die losgrößenunabhängige Fertigung von kundenspezifischen Serien mit Einzelteilcharakter wurde möglich und begann die Fertigungstechnik insgesamt zu revolutionieren.

„Raus aus der Nische!“ Die 4. Auflage (2013) beschreibt die (noch anhaltende) Verbreitung der Generativen Fertigungstechnik über alle Branchen und viele Länder hinweg. Leistungsfähige Production Printer arbeiten in der Industrie und Fabber, kleine, preiswerte und auch selbst zu bauende 3D-Drucker, erschließen die Generative Fertigung auch an entlegenen Orten und dezentral auch für Privatleute.

Seriöse Journale und Tageszeitungen machen mit Drucker-Erfolgsgeschichten auf. Drucker sind in aller Munde.

Parallel wird die Technik sukzessive verbessert. Die Prozesse werden stabiler, die Teilequalität reprozierbar. Eine wirkliche Massenproduktion von Einzelteilen gelingt in einzelnen Branchen und beginnt sich als Forderung insgesamt durchzusetzen.

Alle Aspekte der generativen Fertigungsverfahren sind weltweit Gegenstand von Forschung und Entwicklung.

Es kann nicht mehr davon ausgegangen werden, dass ein Wettbewerber die Generativen Fertigungsverfahren nicht kennt oder nicht einsetzt.

„Vom Labor in die Produktion“ greift die 5. Auflage (2016) die anhaltend hochdynamische und ausgehend von Europa und den USA inzwischen weltweite Entwicklung auf.

Die Technik wird weiter verbessert, die Prozesse werden stabiler und vor allem sicher reproduzierbar. Neue, auch erste kontinuierlich arbeitende 3D-Druckverfahren sind verfügbar. Es entwickeln sich eine weltumspannende Entwicklungs- und Anwenderlinie für industrielle Maschinen. Letztere reift heran zu flexiblen additiven Fertigungssystemen. Eine Massenproduktion von Einzelteilen wird punktuell realisiert.

Alle Aspekte der additiven Fertigungsverfahren sind weltweit Gegenstand von Forschung und Entwicklung.

Endlich erwachsen resümiert die 6. Auflage (2025). Additive Manufacturing, wie die inzwischen weitestgehend genormten Verfahren fortan einheitlich genannt werden, sind 30 Jahre nach ihrer Vorstellung zum routinemäßigen Bestandteil der Fertigung in Handwerk und Industrie herangereift.

Die seit den 1990er-Jahren bekannten Verfahren wurden optimiert und durch wenige neue erweitert. Insbesondere solche, die bisher weitgehend ungenutzte, physikalische Effekte anwenden, wie die temporäre Unterdrückung der Polymerisation durch gezielte Zugabe von Sauerstoff oder neuartige, durch die Kombination bekannter Prozesse erreichte Hybridverfahren, erweitern die Palette der Möglichkeiten.

Automatische Finishing-Verfahren bringen die Nutzer dem Ziel von einbaufertigen Bauteilen näher und weiterentwickelte Prozesse zur direkten Herstellung komplexer, farbiger Bauteile sind verfügbar.

Der anhaltende Siegeszug elektronischer Elemente hat die Entwicklung der generativen Verfahren beflügelt. Das gilt insbesondere für die Lasertechnik und die Scanner.

Bereiche wie food processing, die Baubranche und eine enorm gewachsene Medizintechnik und Medizinforschung eröffnen Möglichkeiten, die mit konventionellen Verfahren nicht zu realisieren sind.

Nun ist Additive Manufacturing also erwachsen.

Erwachsen zu sein, bedeutet in jeder Hinsicht für voll genommen zu werden, es bedeutet aber auch, nicht mehr einen besonderen Schutz, den sogenannten Welpenschutz, für sich in Anspruch nehmen zu können.

Investitionsentscheidungen im eigenen Haus, bei Banken und bezüglich öffentlicher Förderungen werden nicht mehr vor dem Hintergrund des Neuen, Faszinierenden und den damit verbundenen hohen Erwartungen an die durch ihren Einsatz zu realisierenden Vorteile (Gewinne?) eher wohlwollend getroffen. Fortan folgen sie, wie alle Entscheidungen, rationalem und ökonomischem Kalkül.

Damit liegt auf der Hand, dass sich zukünftig die Entwicklungsziele Additiver Fertigungsanlagen nicht von denen anderer Fertigungsanlagen unterscheiden.

Vor diesem Hintergrund beginnen sich Forschungsbereiche außerhalb der eigentlichen Fertigungstechnik zunehmend für das Additive Manufacturing und ihre Prinzipien zu interessieren und die Verfahren zu adaptieren.

Der Prolog von Prof Günter Faltin, dem Gründer und Leiter des Labors für Entrepreneurship an der Freien Universität Berlin, unterstreicht diese Entwicklung.

Aachen, im Mai 2025

Andreas Gebhardt

Julia Kessler

Alexander Schwarz

Laura Thurn

Prolog

Professor Dr. Günter Faltin*

Bereits in der frühen Phase einer Produktentwicklung beginnen Entrepreneure und Produktentwickler, das Erdachte über Skizzen hinaus via 3D CAD zu visualisieren, auch um es mithilfe dieser 3D-Daten durch Modelle zu verifizieren und zu testen.

An dieser Stelle setzt das Buch an. Es stellt die unterschiedlichen Arten vor, Modelle vom zukünftigen Produkt zu erzeugen, beschreibt ihre Rolle in der Produktentwicklung und zunehmend auch in der digitalen Fertigung, dem Additive Manufacturing, AM.

Entsprechend wichtig sind Verfahren, die die direkte Umsetzung der 3D-Daten in physische Objekte ermöglichen. Solche Verfahren sind seit den 1980er-Jahren als „Rapid Prototyping, RP“ und in der Folgezeit als „Additiv Manufacturing, AM“ bekannt und befinden sich heute und absehbar auch in Zukunft auf einem Siegeszug durch alle Branchen.

Stand heute können mithilfe von AM-Verfahren maßgerechte Bauteile aus den unterschiedlichsten Materialien hergestellt werden. Sie beflügeln die Produktentwicklung, aber auch die direkte, stückzahlunabhängige, gemischte Produktion.

---

* Professor Dr. Günter Faltin entwickelte ab 1977 den Bereich Entrepreneurship an der Freien Universität Berlin. Er initiierte das Unternehmen Projektwerkstatt (1985) und die „Teekampagne“ und demonstrierte damit die praktische Umsetzung seiner Ideen. Nach Angaben des Tea Board of India, ist die Teekampagne seit 1995 der größte Importeur von Darjeelingtee weltweit. 2009 erhielt er dafür den Deutschen Gründerpreis.
Die Stiftung Entrepreneurship errichtete er bereits 2001. Sie veranstaltet bis heute den jährlich stattfindenden Entrepreneurship Summit in Berlin.
Der Bundespräsident verlieh Günther Faltin 2010 den Bundesverdienstorden und würdigte ihn als Pionier des Entrepreneurship-Gedankens in Deutschland.
Günther Faltin ist der Autor zahlreicher Bücher. Zu den bekanntesten gehört „Kopf schlägt Kapital: Die ganz andere Art, ein Unternehmen zu gründen – Von der Lust, ein Entrepreneur zu sein.“ 6. Auflage, DTV, München, 2017.

Der Kern des Buches ist die Systematisierung und Vorstellung der zunehmend schwer zu überblickenden Verfahren und ihrer Varianten.

Die wichtigsten Akteure auf diesem für viele immer noch neuen Gebiet werden vorgestellt. Ausführlich werden die wesentlichen Verfahren und die zugehörigen Materialien und Maschinen beschrieben. Ihre Eigenschaften, sowie die sich daraus für die späteren Produkte ergebenden Vor- und Nachteile, werden erläutert.

Bereits hier deutet sich eine Kernaussage an:

„Es gibt nicht das eine Verfahren, das auf ein optimales Ergebnis führt."

Deshalb ist es für den Anwender wichtig, die Fertigungsaufgabe exakt zu analysieren und die alternativ einsetzbaren Verfahren möglichst gut zu kennen und so die am besten geeignete(n) zu identifizieren, auch, um Verfahrenskombinationen beurteilen zu können, die zu verbesserten Ergebnissen führen.

Rapid Prototyping, Rapid Tooling, Rapid Manufacturing. Dieser Dreiklang beherrschte jahrelang die Szene. Auch wenn die Begriffe nach wie vor von Forschern, Herstellern, Veranstaltern von Seminaren und Webinaren und vor allem in der Werbung bemüht werden, setzt sich die Bezeichnung Additive Manufacturing, AM, international durch.

Wenn auch in diesem Buch zuweilen immer noch die traditionellen Begriffe verwendet werden, so geschieht das, um den Leser in dieser praktisch relevanten Begriffswelt abzuholen.

Im Buch wird deutlich, dass wir es mit digitalen automatisierten Schichtbauverfahren zu tun haben und dass letztlich die Anwendung in der Praxis die Bezeichnung bestimmt.

Zahlreiche Beispiele aus unterschiedlichen Branchen unterstreichen die universelle Anwendbarkeit des additiven Prinzips und machen deutlich, dass AM für jede Anwendung praktische Unterstützung bereithält und es oft erst mittels AM möglich wird, neue Produkte zu entwickeln und zu fertigen.

In einem besonderen Kapitel wird auf die speziellen Anforderungen an die Konstruktion von additiv gefertigten Produkten eingegangen.

Werkstoffe und Werkstoffeigenschaften werden im Zuge der Beispiele diskutiert. Sie werden im Buch tabellarisch aufgeführt und mittels Querverweisen ins Internet aktuell gehalten.

Kapitel über wirtschaftliche Aspekte, Belange des Umweltschutzes und rechtliche Randbedingungen runden das Thema ab.

Ein umfangreiches Glossar unterstützt die Leser, sich im komplexer werdenden Bezeichnungsdschungel zurecht zu finden.

Die Autor:innen

Prof. Dr.-Ing. Andreas Gebhardt

Dr.-Ing Andreas Gebhardt, Jahrgang 1953, studierte Maschinenbau an der Rheinisch Westfälischen Technischen Hochschule Aachen (RWTH) und promovierte 1986 bei Prof. Dibelius mit einer Arbeit über das instationäre Verhalten konventioneller Dampfkraftwerksblöcke. Von 1986 bis 1991 war er Geschäftsführer eines Spezialbetriebes für Motorinstandsetzung, der Fertigung von Spezialmotoren und Motorenteilen.1991 wechselte er in die Geschäftsführung der Laser Bearbeitungs- und Beratungszentrum NRW GmbH (LBBZ-NRW). Die Firma ist auf die lasergestützte Fertigung spezialisiert und befasst sich bereits seit 1992 mit dem Rapid Prototyping.

1997 wurde das CP- Centrum für Prototypenbau (Erkelenz) gegründet, dessen Geschäftsführung Andreas Gebhardt übernahm. Die CP-GmbH ist ein Rapid Prototyping (AM) Dienstleister und fertigt Einzelstücke und Kleinserien aus Kunststoff und Metall. Vom 3D CAD über die Generativen Fertigungsanlagen und Spritzgussmaschinen sowie dem zugehörigen Werkzeugbau verfügt das CP über alle Elemente einer vollständig geschlossenen Rapid Prototyping (AM) und Kleinserien Prozesskette. Die praktischen Erfahrungen im CP bilden das fachliche Rückgrat für die in diesem Buch aufbereitete Thematik.

Zum Sommersemester 2000 wurde Andreas Gebhardt als Professor für Hochleistungsverfahren der Fertigungstechnik und Rapid Prototyping (AM) an die Fachhochschule Aachen berufen. Dort leitet er eine Forschergruppe und Labore zum Lasersintern (LPBF) von Kunststoffen und Metallen, Polymerdrucken, 3D-Drucken (Pulver-Binder Verfahren), Extrusionsverfahren (FDM) und zum Einsatz unterschiedlicher Fabber.

Andreas Gebhardt war in der Akademischen Selbstverwaltung der Hochschule aktiv und Dekan des Fachbereiches Maschinenbau und Mechatronik.

Andreas Gebhardt liegen der Aufbau und die Pflege internationaler Beziehungen besonders am Herzen. Seit dem Wintersemester 2000 ist er Gastprofessor am City College der City University New York. Ebenfalls 2000 wurde er von der UNIDO, der United Nations Industrial Development Organization, Wien, als „International Expert on Rapid Prototyping“ anerkannt. Im Jahr2014 wurde er zum „extraordinary Professor“ an der Tshwane University of Technology, TUT, Pretoria, Republik Südafrika, und zum außerordentlichen Professor an der RWTH Aachen ernannt. 2023 war er Gastprofessor an der türkisch-deutschen Universität in Istanbul.

Andreas Gebhardt war Mitbegründer und Herausgeber des RTeJournals, einer open access online-Zeitschrift für generative Technologien, die aktuell von seinem Nachfolger Prof. Sebastian Bremen fortgeführt wird.

Prof. Dr.-Ing. Julia Kessler

Prof. Dr.-Ing. Julia Kessler absolvierte ein Bachelorstudium in Biomedizintechnik und ein Masterstudium in Produktentwicklung an der Fachhochschule Aachen. Von 2012 bis 2015 war sie als wissenschaftliche Mitarbeiterin in der Forschungsgruppe GoetheLab for Additive Manufacturing tätig, bevor sie 2015 die Leitung des Teams übernahm. Dort beschäftigte sie sich intensiv mit der additiven Fertigung von Metallen, Kunststoffen und Keramiken sowie mit der Entwicklung eines Studiengangkonzepts für digitale Zahntechnik und einem Forschungsprojekt zur Kieferknochenaugmentation durch additive Fertigung.

Gemeinsam mit Laura Thurn initiierte und realisierte sie das Projekt „FabBus“, ein mobiles 3D-Drucklabor, sowie das Online-Modul „Additive Manufacturing/3D Printing“. Im Rahmen ihrer Promotion forschte sie an der Strukturoptimierung und additiven Fertigung bionischer Gitterstrukturen aus Titan und Edelstahl und untersuchte neue Anwendungsfelder. Ihre Promotion schloss sie im Oktober 2017 erfolgreich ab.

Bereits 2015 wurde Julia Kessler zur Geschäftsführerenden Gesellschafterin der IwF GmbH (Institut für Werkzeuglose Fertigung) ernannt, einem An-Institut der Fachhochschule Aachen. Die IwF GmbH unterstützt Industriepartner bei der Optimierung und Gestaltung additiver Fertigungsprozesse und bietet praxisnahe Schulungen sowie individuelle Beratung an.

Seit 2022 ist Julia Kessler Professorin für Additive Fertigung an der Hochschule Niederrhein. Ihre Forschungsarbeit konzentriert sich auf die Weiterentwicklung additiver Fertigungstechnologien, nachhaltige Produktionsstrategien und die Integration innovativer Verfahren in industrielle Anwendungen.

Dr. Alexander Schwarz

Dr. Alexander Schwarz hat zunächst eine Ausbildung zum technischen Assistenten für Werkstoffkunde und Metallographie abgeschlossen. Anschließend absolvierte er seinen Bachelor of Engineering im Maschinenbau mit der Vertiefungsrichtung Entwicklung und Konstruktion und im Anschluss seinen Master of Engineering in der Fachrichtung Produktentwicklung mit der Vertiefung konstruktiver Maschinenbau an der Fachhochschule Aachen löschen. Parallel zum Masterstudium schloss er die Weiterbildung zum internationalen Schweißfachingenieur (SFI) an der SLV in Duisburg ab. In seiner an den Masterabschluss anschließenden kooperativen Promotion zwischen der Fachhochschule Aachen und der Tshwane University of Technoloy, Pretoria, Südafrika hat er sich mit dem Schweißverhalten additiv hergestellter Bauteile und neuen Möglichkeiten zur Gestaltung von Schweißverbindungen beschäftigt.

Seit 2012 ist Alexander Schwarz Mitarbeiter im „Lehrgebiet für Hochleistungsverfahren der Fertigungstechnik und Additive Manufacturing“ an der FH Aachen. Im Rahmen seiner Tätigkeit betreut Herr Schwarz verschiedene Forschungsprojekte im Bereich der metallischen additiven Fertigung. Seit Ende des Jahres 2016 leitet er am An-Institut der FH Aachen, der IwF GmbH, die Konstruktion und Produktion. Zusätzlich ist er als Dozent verantwortlich für die Durchführung von Schulungen, Seminaren und Vorlesungsveranstaltungen.

Dr.-Ing. Laura Thurn studierte an der Fachhochschule Aachen und hat einen Bachelor als Wirtschaftsingenieurin mit der Vertiefung Maschinenbau und einen Master in Produktentwicklung.

Als Projektingenieurin am Institut für werkzeuglose Fertigung (IwF) hat sie an der Studie: „Generative Fertigung in Deutschland (GENFER)“ gearbeitet, in der der Entwicklungsstand, die Potenziale und Herausforderungen, die Auswirkungen und Perspektiven der 3D-Drucktechnologie in Deutschland durchleuchtet wurde.

Von 2014–2017 war sie als wissenschaftliche Mitarbeiterin in der Forschergruppe „GoetheLab for Additive Manufacturing“ tätig, bevor sie 2017 die Leitung des Teams übernahm. Dort beschäftigte sie sich mit der additiven Fertigung von Kunststoffen, Keramiken und Metallen, insbesondere der werkstoffkundlichen Untersuchungen zur Verarbeitbarkeit der Materialien und zu den mechanisch technologischen Verhalten der gedruckten Bauteile im Hinblick auf die Verwertbarkeit als Produkt. In Zusammenarbeit mit Frau Kessler hat Laura Thurn das Projekt „FabBus“, ein mobiles 3D-Drucklabor“ initiiert und realisiert, sowie ein Online-Modul „Additive Fertigung/

3D-Drucken“ entwickelt. Im Rahmen ihrer Promotion forschte sie in dem Bereich der Aus- und Weiterbildung in der additiven Fertigung und schloss Ihre Promotion 2019 erfolgreich ab.

Nach ihrer Promotion trat Laura Thurn als Senior Scientist bei der M-Base Engineering + Software GmbH ein, einem weltweit führenden Anbieter von Werkstoffdatenbanken und Materialinformationssystemen mit einem besonderen Fokus auf Kunststoffe. Seit 2021 ist sie bei Altair tätig, einem global agierenden Technologieunternehmen, das innovative Lösungen in den Bereichen Produktentwicklung, High-Performance Computing (HPC) und Data Analytics bietet und leitet dort das Material Engineering Team.

Neben ihren wirtschaftlichen Tätigkeiten hält Frau Thurn als Lehrbeauftragte an der FH Aachen Vorlesungen zu Themen „Additive Fertigung für Polymerwissenschaftler“ und „Konstruktionssystematik – Werkstoffe in der Kunststoffverarbeitung“.

Danksagung

Der interdisziplinäre Charakter und das nach wie vor enorme Entwicklungstempo der generativen Fertigungstechnik resp. des Additive Manufacturing machen es für eine einzelne Person nahezu unmöglich, dieses Gebiet zeitnah vollständig und richtig darzustellen. Deshalb bin ich dankbar für die vielfältige Hilfe und Unterstützung, die mir zuteil wurde.

Die praxisgerechte Ausrichtung wurde wesentlich durch die enge Zusammenarbeit mit den Mitarbeitern der CP – Centrum für Prototypenbau GmbH – gewährleistet. Dafür bedanke ich mich bei allen Kollegen, insbesondere aber bei Christoph Schwarz, Michael Wolf und Besima Sümer, die in intensiven Diskussionen konzeptionelle Akzente formuliert und deren Umsetzung aktiv begleitet haben.

In gleicher intensiver Weise haben meine Mitarbeiter und -innen in der Fachhochschule Aachen, die Entstehung des Buches aktiv unterstützt. Beteiligt waren vor allem: Dawid Ziebura, Stefan Thümmler, Mirjam Knothe, Julia Kessler, Prasanna Rajaratnam, Laura Thurn.

Für zahlreiche Fachgespräche, Diskussionen und Detailbeiträge bedanke ich mich bei allen, die direkt oder indirekt zum Gelingen des Buches beigetragen haben, vor allem bei den Mitgliedern des VDI Fachausschusses 105 „Rapid Manufacturing“ und des DVS Fachausschusses 13 „Generative Fertigungsverfahren – Rapidtechnologien“.

Aus den vorangegangenen Auflagen sind, ggf. in Auszügen, zahlreiche Informationen übernommen worden, die von den jeweils genannten Autoren beigesteuert wurden: Wolfgang Steinchen, Kassel; Bernd Streich, Kaiserslautern; Frank Petzold, Bremen; Stefan Nöken, Christian Wagner, Aachen; Konrad Wissenbach, Andres Gasser, Eckhard Hoffmann und Sebastian Bremen, Aachen, sowie Sabine Sändig, Jena.

Jens Hoffmann, Dresden, hat größere Beiträge zum STL-Format, erarbeitet. Edgar Hansjosten, Karlsruhe, hat zum Kapitel Mikroverfahren beigetragen. Klaus Licher danke ich für die Unterstützung beim Praxisbeispiel „Cabrioverdeck“, Kapitel 3.

Besonderer Dank gilt Alexander Schwarz, der mit seiner umfassenden Expertise die gesamte Formatierung übernommen und immer dann eigenverantwortlich eingegriffen hat, wenn die bestehende Version angesichts neuer Erkenntnisse zu Problemen zu führen drohte.

Angesichts der großen Anzahl von Unterstützern habe ich sicher einige vergessen und bitte dafür um Entschuldigung.

Nicht vergessen werde ich Frau Monika Stüve, die seit der 1. Auflage das Buch und all seine Derivate als Lektorin hervorragend begleitet hat.

Andreas Gebhardt

Inhalt

1 Einordnung und Begriffsbestimmung

Zur Einordnung der *„Additiven Fertigungsverfahren"* ist es hilfreich, sich mit der Systematik der Fertigungsverfahren insgesamt zu befassen.

1.1 Systematik der Fertigungsverfahren

Im Deutschen werden die Fertigungsverfahren nach DIN 8580 sehr detailliert in sechs Hauptgruppen mit zahlreichen tief gestaffelten Untergruppen eingeteilt [DIN 8580], [Witt06]. Zur Diskussion der *Additiven Fertigungsverfahren* ist die in der angelsächsischen gebräuchlichen gröberen Einteilung besser geeignet [Burns93]. Sie orientiert sich ausschließlich an der Erzeugung der Geometrie. Danach wird die Gesamtheit der Fertigungsverfahren unterschieden in:

- Subtraktive Fertigungsverfahren
- Formative Fertigungsverfahren
- Additive Fertigungsverfahren
- Hybride Fertigungsverfahren.

Subtraktive Verfahren erzeugen die gewünschte Geometrie aus einem Halbzeug durch Abtragen definierter Bereiche, z. B. durch Drehen oder Fräsen. *Formative* Verfahren formen ein gegebenes Volumen in die gewünschte Geometrie um. Randbedingung ist die Volumenkonstanz. Beispiele sind das Schmieden oder das Tiefziehen. *Additive* Fertigungsverfahren schaffen die gewünschte Geometrie durch Aneinanderfügen von Volumenelementen. Diese Vorgehensweise wurde in der jüngeren Vergangenheit mit dem Begriff „Generative Fertigungsverfahren" gekennzeichnet. Man nennt sie Schichtbauverfahren, wenn die Geometrie aus einzelnen Schichten zusammengesetzt wird. Aktuell wird die Fertigungswelt durch hybride Fertigungsverfahren, sprich eine Kombination zweier Verfahren, ergänzt.

Bild 1.1 Schichtbauprinzip am Beispiel eines Sculpture-Puzzles
Quelle: HASBRO/MB Puzzle

Das Schichtbauprinzip beruht darauf, dass alle Körper (zumindest gedanklich) in Scheiben geschnitten und somit auch aus diesen Schnitten aufgebaut werden können. Dies verdeutlicht das in Bild 1.1 dargestellte, sogenannte *Sculpture-Puzzle:* Eine Skulptur muss aus mehr als 100 – jeweils circa 1,5 mm dicken – horizontalen Scheiben zusammengefügt werden. Das geschieht, indem die Schichten in der richtigen Reihenfolge (das ist die eigentliche Puzzle-Aufgabe) auf einer vertikalen Säule angeordnet werden.

Additive Fertigungsverfahren automatisieren das Schichtbauprinzip. Sie erzeugen die Einzelschichten und fügen sie Schicht für Schicht in der richtigen Reihenfolge aneinander. Beide Teilprozesse laufen computergesteuert ab und benötigen dazu lediglich die 3D-Computerdaten des Bauteils. *Additive Fertigungsverfahren* sind demnach dadurch gekennzeichnet, dass nicht nur die Geometrie, sondern simultan auch die Stoffeigenschaften während des Herstellprozesses entstehen.

1.2 Systematik der Additiven Fertigungsverfahren

Im Folgenden werden die Begriffe erläutert, die im Kontext der Additiven Fertigungsverfahren gebräuchlich sind. Die mit diesen Begriffen verbundenen Eigenschaften sowie ihre Wechselwirkungen im Sinne einer Hierarchie werden dargestellt.

Verwendet werden die heute akzeptierten generischen Bezeichnungen. Alternativ gebrauchte Bezeichnungen werden diesen gegenübergestellt. Davon abzugrenzen sind Produktnamen und Herstellerbezeichnungen, die in der Praxis oft mit den generischen Namen vermischt werden. Das führt häufig zu Verwirrungen. Die Produktnamen und Herstellerbezeichnungen werden in Kapitel 3 „Additive Fertigungsverfahren für Rapid Prototyping, Direct Tooling und Direct Manufacturing“ gemeinsam mit den Maschinen aufgeführt und den generischen Bezeichnungen zugeordnet.

1.2.1 Begriffsbestimmungen

Als *Additive Fertigungsverfahren* werden alle Fertigungsverfahren bezeichnet, die Bauteile durch Auf- oder Aneinanderfügen von Volumenelementen (Voxeln), vorzugsweise schichtweise, automatisiert herstellen.

*Additive Manufacturing*ist das englische Pendant zum deutschen Begriff Additive Fertigungsverfahren. Beide Bezeichnungen sind genormt; in Deutschland in der VDI Richtlinie VDI 3405 [VDI 3405] und in den USA durch die gemeinsamen ISO/ASTM Standards [ISO/ASTM 52900].

3D Printing, im Deutschen 3D-Drucken, verdrängt zurzeit alle anderen Bezeichnungen. Das liegt vor allem daran, dass dieser Begriff sehr einfach zu vermitteln ist. Jeder, der ein Textprogramm (einen Word-Prozessor) bedienen und das Ergebnis mithilfe eines 2D-Druckers als Brief ausdrucken kann, versteht unmittelbar, dass mithilfe eines Konstruktionsprogramms (eines Part Prozessors) und eines 3D-Druckers ein dreidimensionales physisches Bauteil entstehen kann.

Es zeichnet sich heute ab, dass, ungeachtet gültiger Normen, der Begriff 3D-Drucken in wenigen Jahren als generische Bezeichnung für alle automatisierten Schichtbauverfahren und die Bezeichnung *3D-Drucker* oder *3D Printer* weltweit akzeptiert sein werden.

3D-Drucken und *3D Printing* als generischer Begriff ist nicht mit dem gleichnamigen Pulver-Binder-Verfahren (Abschnitt 3.6 „Three Dimensional Printing (3DP)“) zu verwechseln.

1.2.2 Eigenschaften der Additiven Fertigungsverfahren

Die *Additiven Fertigungsverfahren* weisen vor allem aufgrund des Schichtbauprinzips besondere Eigenschaften auf:

- Die Generierung der Schichtgeometrie erfolgt direkt aus den 3D-CAD-Daten.
- Es ist kein Einsatz produktspezifischer Werkzeuge notwendig.
- Die Erzeugung der mechanisch-technologischen Eigenschaften (Materialeigenschaften) geschieht während des Bauprozesses.
- Die Bauteile können grundsätzlich in jeder beliebigen Orientierung gebaut werden (Entfall der Spannproblematik).
- Alle heute auf dem Markt befindlichen Maschinen können mit dem gleichen Datensatz angesteuert werden.

Additive Fertigungsverfahren gewährleisten damit die direkte Umsetzung der 3D-CAD-Daten (des virtuellen Bauteils) in ein physisches Bauteil.

Aus dem gleichen Datensatz können durch Skalieren Bauteile von unterschiedlicher Größe und aus unterschiedlichen Materialien hergestellt werden. Die Türme eines Schachspiels, Bild 1.2, wurden auf der Basis des gleichen Datensatzes auf unterschiedlichen Maschinen gebaut. Die Materialien reichen von Formsand über Stärkepulver, Acrylate und Epoxidharze bis zu Metall.

Bild 1.3 zeigt den skalierten Datensatz des Schachspielturms (auf 2,5 m) und ist im Größenvergleich zum Voxeljet-Geschäftsführer und Technologieentwickler Ingo Ederer abgebildet.

Im Kontrast dazu zeigt Bild 1.4 einen circa 5 mm hohen Turm, wie er durch das Mikro-Lasersintern entsteht.

Mit additiven Verfahren können Geometrien gefertigt werden, die mit subtraktiven oder formativen Verfahren nicht oder nur bedingt herstellbar sind. Der Turm enthält eine interne Wendeltreppe mit einer zentralen doppelten Wendel. Das Detail ist, wie in Bild 1.5 zu sehen, offensichtlich nur additiv herzustellen.

Ein anderes Beispiel für Geometrien, die nur generativ herstellbar sind, zeigt Bild 2.5.

Bild 1.2 Additive Fertigung. Aus dem gleichen Datensatz abgeleitete, aber mit unterschiedlichen Verfahren hergestellte Türme

Große Türme (von links): Formsand (3D Printing, *ExOne*); Stärkepulver (3D Printing, *3D Systems*). Höhe etwa 20 cm.

Kleine Türme (von links): PMMA (3D-Drucksystem, *Voxeljet*), Metall (Lasersintern, *EOS*), Acrylat, transparent (Stereolithographie, *EnvisionTEC*). Höhe etwa 3 cm

Quellen: Hersteller

Bild 1.3
Turm aus Formsand, Höhe circa 2,5 m, 3D-Drucken von Formsand
Quelle: voxeljet

Bild 1.4 Schachspiel aus Metall mit Türmen, Höhe circa 5 mm, Mikro-Lasersintern
Quelle: 3D Micromac/EOS

Bild 1.5 Internes Detail eines Turmes aus Formsand (wie Bild 1.2 hinten links)
Quelle: 3D Systems

1.3 Einteilung der Additiven Fertigungsverfahren

Für eine exakte Strukturierung ist die Unterscheidung in Technologie und Technik hilfreich. Aus methodischer Sicht bezeichnet Technologie die Lehre von den Prinzipien und den Wirkungsweisen einer Disziplin im Sinne einer Verfahrenskunde. Unter Technik (aus dem Griechischen téchne: Kunst, Fertigkeit) wird die technische Umsetzung dieser Prinzipien im Sinne einer Anwendung verstanden. Entsprechend wird beispielsweise die Technologie der spanenden Fertigungsverfahren deutlich von ihren Anwendungen, z. B. dem Fräsen oder Schleifen unterschieden.

Die Technologie der *Additiven Fertigungsverfahren* (Additive Manufacturing/3D Printing) gliedert sich in die Anwendungen zur Herstellung von Prototypen und Modellen (*Rapid Prototyping*) sowie zur Fertigung von Produkten (Rapid Manufacturing). Die Herstellung von Werkzeugen und Werkzeugeinsätzen wird üblicherweise mit *Rapid Tooling* bezeichnet, obwohl sie technologisch keine eigene Gruppe begründet, sondern je nach Bauteil dem Rapid Prototyping oder dem Rapid Manufacturing zuzuschlagen ist und damit eine Querschnittsmenge bildet (Bild 1.6).

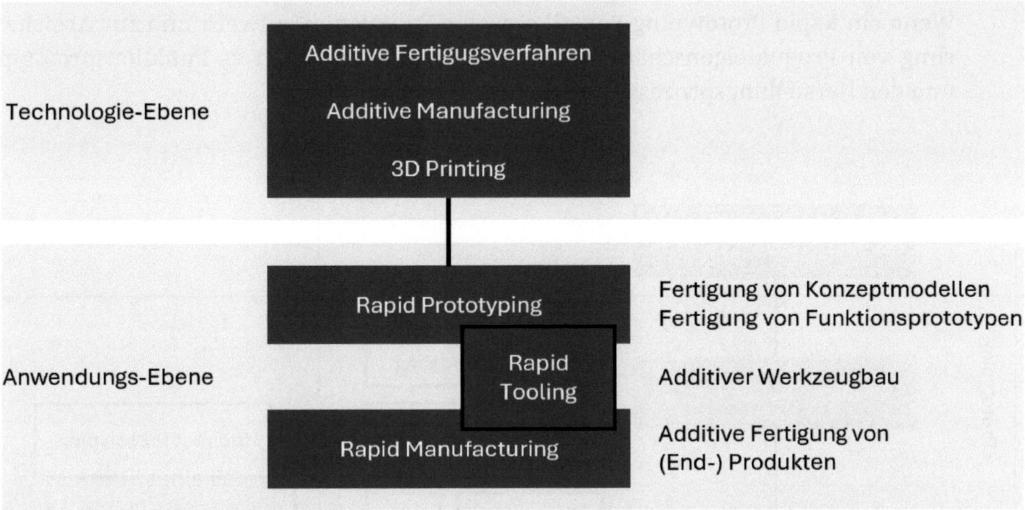

Bild 1.6 Technologie der Additiven Fertigungsverfahren/Additive Manufacturing/3D Printing und ihre Gliederung in die Anwendungen Rapid Prototyping, Rapid Manufacturing und Rapid Tooling

1.3.1 Rapid Prototyping

Rapid Prototyping bezeichnet die Anwendung der Technologie der *Additiven Fertigungsverfahren* zur Herstellung von Modellen und Prototypen, also von physischen Bauteilen ohne Produktcharakter. Die Bauteile weisen lediglich einzelne, für die jeweilige Anwendung besonders repräsentative Eigenschaften eines späteren Produktes auf. Sie sind somit gegenüber dem späteren Produkt durch eine größtmögliche Abstraktion gekennzeichnet. Ziel ist es, sehr schnell möglichst einfache, aber aussagekräftige Modelle herzustellen, um damit möglichst frühzeitig einzelne Produkteigenschaften abzusichern. Rapid Prototyping Bauteile sind daher im Sinne der bestimmungsgemäßen Verwendung des zu entwickelnden Produktes meist nicht einsetzbar. Das wird auch bewusst nicht beabsichtigt und meist schon durch die Bezeichnung *Modelle* unterstrichen. *Serienidentische Prototypen* gibt es folglich nicht, auch wenn der Begriff zur Verdeutlichung eines strategischen Ziels zuweilen beschönigend eingesetzt wird.

Wenn ein Rapid Prototyping Modell im Wesentlichen der 3D-Visualisierung dient, nennt man es Konzeptmodell, Solid Image (dreidimensionale Abbildung) oder Mock-Up respektive Rapid Mock-Up (Attrappe, Lehrmodell). Die Verfahren heißen analog *Solid Imaging* oder *Concept Modeling*[1] (Bild 1.7).

---

1 Die angelsächsischen Begriffe werden häufig auch im Deutschen verwendet. Weil Rapid Prototyping im Deutschen ebenfalls Rapid Prototyping genannt wird, geschieht dies bewusst auch in diesem Buch. Gelegentlich finden sich in der Literatur auch (teilweise) eingedeutschte Bezeichnungen.

Wenn ein Rapid Prototyping Bauteil einzelne Funktionen aufweist und zur Absicherung von Produkteigenschaften eingesetzt wird, nennt man es Funktionsprototyp und den Herstellungsprozess *Functional Prototyping*.

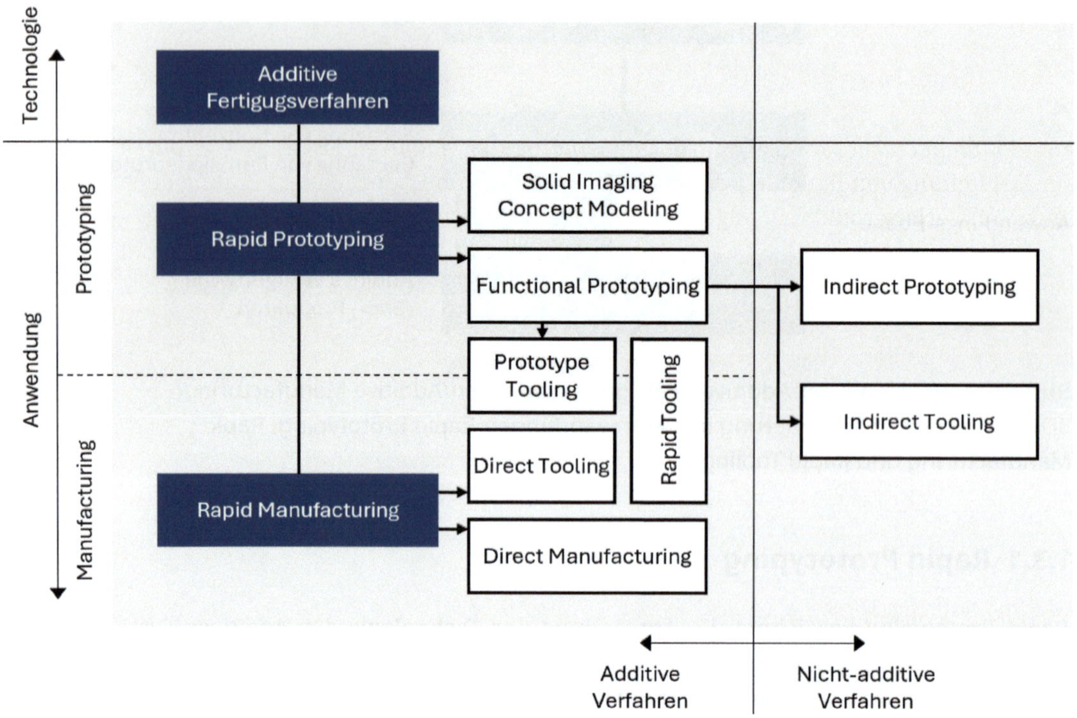

Bild 1.7 Struktur der Technologie der Additiven Fertigungsverfahren in Abhängigkeit von ihren Anwendungen Rapid Prototyping und Rapid Manufacturing

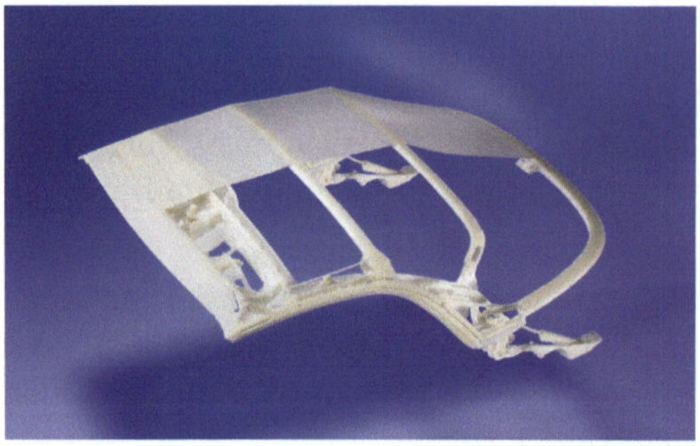

a)

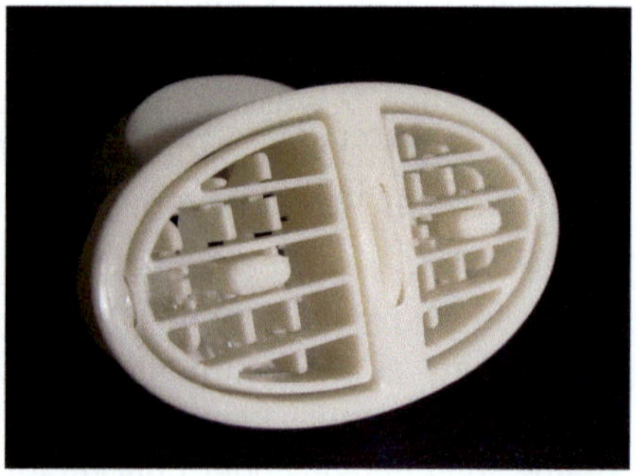

b)

Bild 1.8 Rapid Prototyping: Konzeptmodell oder Solid Image
(a) Cabriodach, *Quelle: CP-GmbH;* (b) Funktionsprototyp „Ausströmdüse", *Quelle: 3D Systems*

Je ein Beispiel für ein Konzeptmodell und einen Funktionsprototyp ist in Bild 1.8 dargestellt. Auf die dazugehörigen AM-Prozesse wird in Kapitel 3 „Additive Fertigungsanlagen für Rapid Prototyping, Direct Tooling und Direct Manufacturing“ und auf Anwendungen in Kapitel 4 „Rapid Prototyping“ eingegangen.

1.3.2 Rapid Manufacturing

Rapid Manufacturing bezeichnet die Anwendung der *Additiven Fertigungsverfahren* zur Herstellung von Bauteilen, die die Eigenschaften von Endprodukten (häufig auch ungenau: Serienprodukten, allgemein: Zielteilen; Kapitel 6, „Direct Manufacturing – Rapid Manufacturing“ (siehe Kapitel 6, Fußnote 1)) aufweisen. Diese können sowohl Positive, beispielsweise Stecker und dergleichen als Einzelstücke oder in Kleinstserien, als auch Negative, also Werkzeuge oder Werkzeugeinsätze, sein. Die additive Herstellung von Bauteilen (Positiven) wird *Direct Manufacturing*, die von Werkzeugeinsätzen und Werkzeugen *Direct Tooling* genannt (Bild 1.7).

1.3.2.1 Rapid Manufacturing – Direct Manufacturing

Die direkte additive Fertigung von (End)Produkten nennt man *Direct Manufacturing (DM)*. Häufig und aus historischen Gründen wird sie ebenfalls *Rapid Manufacturing (RM)* genannt und so direkt mit dem Oberbegriff assoziiert. Gebräuchlich sind auch: *e-Manufacturing, Digital Manufacturing, Tool-less Fabrication* und andere.

Direct Manufacturing fußt auf der gleichen Technologie wie das Rapid Prototyping und verwendet (heute noch) die gleichen Maschinen. Das Ziel ist die Fertigung von Bauteilen mit Endprodukt-Charakter. Ob das gelingt, hängt davon ab, ob die der Konstruktion zugrundeliegenden mechanisch-technologischen Eigenschaften mit den verfügbaren Materialien und Prozessen erreicht werden können, die geforderten Genauigkeiten zu realisieren sind und ob ein wettbewerbsfähiger Preis dargestellt werden kann. Als Beispiel für ein mittels Direkt Manufacturing hergestelltes Bauteil ist auf Bild 1.9 (a) eine dreigliedrige Brücke dargestellt. Auf die dazugehörigen AM-Prozesse wird in Kapitel 3 „Additive Fertigungsverfahren für Rapid Prototyping, Direct Tooling und Direct Manufacturing“, auf Anwendungen in Kapitel 6 „Direct Manufacturing – Rapid Manufacturing“ eingegangen.

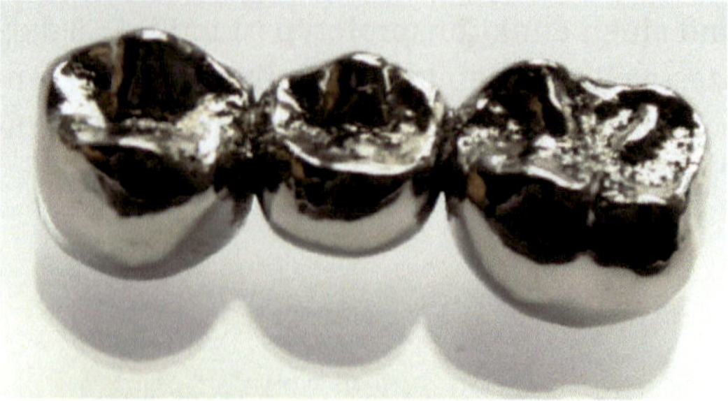

a)

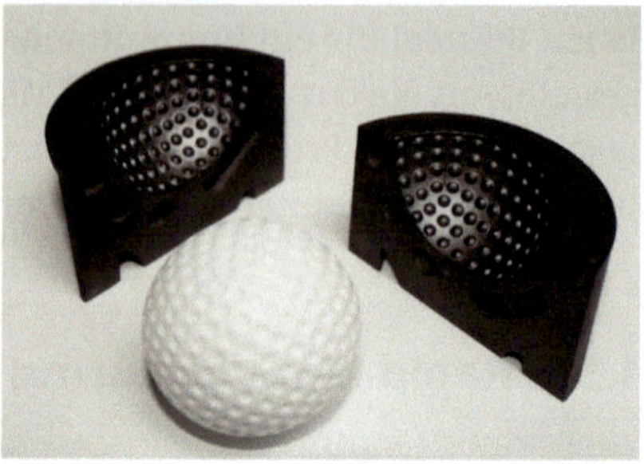

b)

Bild 1.9 Rapid Manufacturing
(a) Direct Manufacturing, *Quelle: Bego;* (b) Direct Tooling, *Quelle: EOS*

1.3.2.2 Rapid Manufacturing – Direct Tooling (Rapid Tooling – Prototype Tooling)

Direct Tooling bezeichnet die additive Herstellung von Werkzeugeinsätzen, Werkzeugen, Lehren und Formen. Im Englischen spricht man auch von Mold Making und von Pattern Making.

Dass man die Fertigung von Negativen mit dem eigenen Namen *Rapid Tooling* belegt, hat historische Gründe. Die direkte Herstellung von Werkzeugeinsätzen ist älter als die direkte Fertigung von Endprodukten und wurde vor allem unter Marketinggesichtspunkten als Weiterentwicklung des Rapid Prototyping eingeführt. Deshalb finden sich in der Literatur auch Einteilungen der generativen Fertigungsverfahren, die dem Rapid Tooling eine eigene Anwendungsebene zusprechen.

Tatsächlich ist die Herstellung einsatzfähiger Werkzeuge direkt im generativen Prozess dem Rapid Manufacturing zuzuordnen. Sie wird *Direct Tooling* oder, um den generativen Charakter zu unterstreichen, *Direct Rapid Tooling* genannt (Bild 1.7). Ein Beispiel für ein mittels Direct Tooling hergestelltes Werkzeug zur Fertigung von Golfbällen ist auf Bild 1.9 (b) zu sehen.

Davon zu unterscheiden ist das sogenannte *Prototype Tooling*. Prototype Tooling bezeichnet die Herstellung von Werkzeugen und Werkzeugeinsätzen aus Modell- und Prototypmaterialien, beispielsweise aus Stereolithographie-Material (vergleiche Abschnitt 5.4.1.2.1 „ACES Injection Molding, AIM“). Es ist deshalb dem Functional Prototyping zuzuordnen. Prototype Tooling wird auch *Bridge Tooling* genannt, weil es geeignet ist, die Kluft zwischen Prototyp- und Serienwerkzeugen zu überbrücken.

Rapid Tooling bezeichnet somit keine horizontale Anwendungsebene der Technologie der additiven Fertigungsverfahren, sondern fasst im Sinne einer vertikalen Gliederung unterschiedliche Anwendungen zur Herstellung von Werkzeugen und Werkzeugeinsätzen zusammen (Bild 1.7).

1.3.3 Nicht-additive Verfahren – Indirect Prototyping und Indirect Tooling

Die Begriffe *Indirect Prototyping* und *Indirect Tooling* bezeichnen keine additiven Verfahren. Indirekt heißen Prozessketten, die auf dem Abformen von additiv gefertigten Urmodellen basieren, selbst aber nicht-additiv arbeiten. Beispiele sind Abformverfahren wie Vakuumgießen und verwandte Prozesse.

Wenn durch indirekte Verfahren Bauteile (Positive) entstehen, nennt man den Prozess *Indirect Prototyping* (Bild 1.10 (a)), entstehen Formen (Negative) heißt er *Indirect Tooling* (Bild 1.10 (b)). Die Abformverfahren werden unpräzise, ebenfalls als Rapid Prototyping oder Rapid Tooling-Verfahren bezeichnet. Dazu trägt auch bei, dass das Indirekte Tooling im Amerikanischen häufig als *Secondary Rapid Prototyping Application* bezeichnet wird.

a)

b)

Bild 1.10 Indirekte Prozesse
(a) Indirect Prototyping, *Quelle: CP-GmbH;* (b) Indirect Tooling, *Quelle: BeNe Gusstechnik GmbH*

In der Praxis wird vor allem der Begriff Rapid Tooling häufig auch dann gewählt, wenn die Verfahren nicht-additiv arbeiten. Dies geschieht bewusst zur Steigerung der Attraktivität der Verfahren.

Auf die Anwendung der additiven Fertigungsverfahren zur Herstellung von Werkzeugen wird in Kapitel 5 „Rapid Tooling“ detailliert eingegangen.

1.3.4 Rapid Prototyping oder Rapid Manufacturing?

Die Frage, ob wir es nun mit *Rapid Prototyping* oder *Rapid Manufacturing* zu tun haben, ist häufig scheinbar nicht eindeutig zu beantworten. Tatsächlich kann das gleiche Bauteil ein Prototyp oder ein Produkt sein und folglich das Produktionsverfahren Rapid Prototyping (hier: Functional Prototyping) oder Rapid Manufacturing (hier: Direkt Manufacturing) heißen. Wenn ein Bauteil für die additive Herstellung konstruiert wurde und alle in der Konstruktion festgelegten Eigenschaften aufweist, ist es ein Produkt. Wenn es aber beispielsweise zur Herstellung aus dem Kunststoff PEEK konstruiert wurde, dann aber generativ aus Polyamid (PA) hergestellt wird, ist es (bestenfalls) ein Prototyp.

Material und Verfahren spielen bei dieser Diskussion keine Rolle. Ein Bauteil aus Papier oder Gips kann z. B. durchaus ein Produkt sein.

Der Begriff Rapid Prototyping wird zunehmend auch von klassischen Fertigungsverfahren vereinnahmt, die damit ihre besondere Schnelligkeit ausdrücken oder auch einfach nur eine moderne Bezeichnung verwenden wollen.

1.3.5 Begriffsvielfalt

Anstelle des Begriffs „Additive Fertigungsverfahren“ im Sinne einer generischen Bezeichnung werden oft auch alternative Bezeichnungen verwendet. Ihre Bedeutung ändert sich zuweilen auch mit der Zeit.

Rapid Prototyping war Ende der 1980er-Jahre die Bezeichnung für die ersten additiven Verfahren und ihre Anwendungen. Viele verwandten Verfahren werden heute noch mit dem Attribut „rapid“ identifiziert und, auch im Deutschen, Rapid ...ing genannt. Die Bezeichnung Rapid Prototyping war zu diesem Zeitpunkt korrekt. Die Verfahren führten viel schneller zu Bauteilen als die bis dato bekannten, weil erstmalig die Herstellung von Werkzeugen entfallen konnte. Sie waren insofern „rapid“. Die Bauteile konnten aber nur als Prototypen verwendet werden, weil die Verfahren die Herstellung von nur wenigen Exemplaren erlaubten, die zudem aus kaum belastbarem Material bestanden.

Rapid Technologie wird im Deutschen auch neben den genormten Begriffen Additive Manufacturing, Additive Fertigungsverfahren und 3D-Drucken verwendet.

Das Gleiche gilt für die Benennung Schichtbauverfahren bzw. schichtorientierte Fertigungsverfahren. Sie werden im Englischen als *Layer Manufacturing* oder *Additive Layer Manufacturing (ALM)* bezeichnet, wobei anstelle von Manufacturing auch *Fabrication*, seltener *Production*, verwendet wird.

In der Literatur gibt es darüber hinaus eine Vielzahl von Bezeichnungen, die oft den Anspruch erheben, als umfassender Oberbegriff zu gelten. Tatsächlich stellen sie meist einzelne Aspekte der Bauteilherstellung in den Vordergrund. *Solid Freeform Manufacturing (SFM)* betont die Eigenschaft, Festkörper (Solids) herzustellen, die durch Freiformflächen berandet werden. *Desktop Manufacturing (DMF)* weist auf die Herstellung der Bauteile in einer Büroumgebung (auf dem Schreibtisch) hin.

In der Literatur findet sich eine Vielzahl von (vorzugsweise amerikanischen) Bezeichnungen, die meist in der Gestalt von drei (zunehmend auch vier) Buchstabenabkürzungen auftreten und häufig eher verwirren als erklären. Die gebräuchlichsten sind im Text erklärt oder im Anhang *„Begriffe und Abkürzungen“* aufgeführt.

In der Praxis werden die exakten Begriffe nicht konsequent verwendet. Oft werden nicht einmal generische Bezeichnungen und Oberbegriffe von Verfahrens- und Produktnamen unterschieden.

1.3.6 Wie schnell ist Rapid?

In den Definitionen kommt häufig der Prefix „Rapid“, also „schnell“ vor. Er ist sicher nicht der geeignetste, möglicherweise sogar einer der schlechtesten, die zur Wahl stehen. Rapid sagt bei näherem Hinsehen gar nichts. „Schnell“ ist relativ. Eine Qualität bekommt der Begriff „rapid“ nur, wenn gesagt wird „wie schnell“ oder „schneller als was“ er abläuft. Zudem liegt eine gewisse Gefahr in dem Begriff „Rapid“. „Schnell“ könnte signalisieren, dass die Verfahren grundsätzlich, also verfahrensbedingt, schneller sind als andere. Dies gilt so nicht und kann insbesondere nicht verallgemeinert werden. Die Schnelligkeit der Rapid Prototyping-Verfahren ist stark geometrieabhängig. Wer lediglich eine Platte von 250 × 250 × 10 mm benötigt, greift zum Halbzeug und zur Säge. Schneller ist kein *Additives Fertigungsverfahren.*

„Schnell“ sind additive Verfahren also nur unter bestimmten Bedingungen; beispielsweise wenn die Konstruktion und Fertigung von Werkzeugen vermieden werden kann oder unter dem Aspekt einer von Losgrößen unabhängigen Fertigung individualisierter Produkte.

Die Begriffe Rapid Prototyping und Rapid Manufacturing haben aber einen unschlagbaren praktischen Vorteil: Sie sind akzeptiert und werden international verstanden. Sie haben sich als Synonyme für computergesteuerte und daher automatisierte Verfahren zur Fertigung von Prototypen und Produkten in die Köpfe eingeprägt. Sie sprechen für sich und erfüllen so die wichtigste Voraussetzung eines generischen Begriffs. In diesem Buch werden daher neben der exakten Bezeichnung *Additive Fertigungsverfahren* auch *Rapid Prototyping*, und *Rapid Manufacturing* mit seinen Untergliederungen *Rapid Tooling* und *Direct Manufacturing* verwendet.

1.4 Integration der Additiven Fertigungstechnik in den Produktentstehungsprozess

Additive Fertigungsverfahren sind, der Name unterstreicht das, Verfahren zur Herstellung von Bauteilen. Aufgrund ihrer Eigenschaften (Abschnitt 1.2.2 „Eigenschaften der Additiven Fertigungsverfahren“) sind sie über die eigentliche Fertigung hinaus in besonderem Masse geeignet, vorhandene Prozesse zu verbessern, neuartige Produkte oder Produkteigenschaften zu realisieren und die Entwicklung neuartiger Produktentwicklungsstrategien zu unterstützen.

1.4.1 Additive Verfahren in der Produktentwicklung

Die industrielle Produktentstehung umfasst die Zeitspanne von der ersten Produktidee bis zur Präsentation des Produktes auf dem Markt. Sie schließt die Entwicklung des Produktes, die Entwicklung und Fertigung der Produktionsmittel sowie die Fertigung des Produktes ein. Ziel aller Produzenten ist es, diese Zeitspanne ohne Einnahmen so kurz wie möglich zu halten und deshalb die Teilprozesse zu optimieren. Additiv gefertigte Bauteile sind aufgrund ihrer Herstellung ohne zeitraubende und kostenintensive Werkzeuge besonders geeignet, den Prozess der Produktentstehung zu beschleunigen und gleichzeitig zu verbessern. Dieser Effekt verstärkt sich, wenn in den Phasen der Produktentstehung die jeweils optimalen additiven Verfahren eingesetzt werden. Dazu ist es vorteilhaft, die Korrelation zwischen den additiven Anwendungen (Bild 1.7) und den Phasen der Produktentstehung nach VDI 2221 ff. [VDI 2221] herzustellen (Bild 1.11).

Der Produktentwicklung ist das Rapid Prototyping und der Fertigung (von Produktionsmittel und Produkt) das Rapid Manufacturing zuzuordnen, Bild 1.11 Mitte. Im Einzelnen wird die Ideenfindung, Planung und Konzeption durch das Concept Modeling und die Entwicklung und Ausarbeitung durch das Functional Prototyping unterstützt. Die Herstellung der Produkte erfolgt mittels Direct Manufacturing.

Werkzeuge und Formen werden durch das Rapid Tooling, also in der Prototypphase, mittels Prototype Tooling und in der Produktionsphase durch Direct Tooling realisiert (Bild 1.11 unten).

Eine feinere Struktur ergibt sich in Verbindung mit den Modellklassen, die im Kapitel 4 „Rapid Prototyping“ definiert und den Verfahrensfamilien aus Kapitel 3 „Additive Fertigungsverfahren für Rapid Prototyping, Direct Tooling und Direct Manufacturing“ zugeordnet werden.

Die Übergänge sind in der Praxis fließend. Die Bereiche überlappen sich und hängen zudem stark vom jeweiligen Produkt ab. Auch müssen nicht notwendigerweise alle Anwendungen vorkommen.

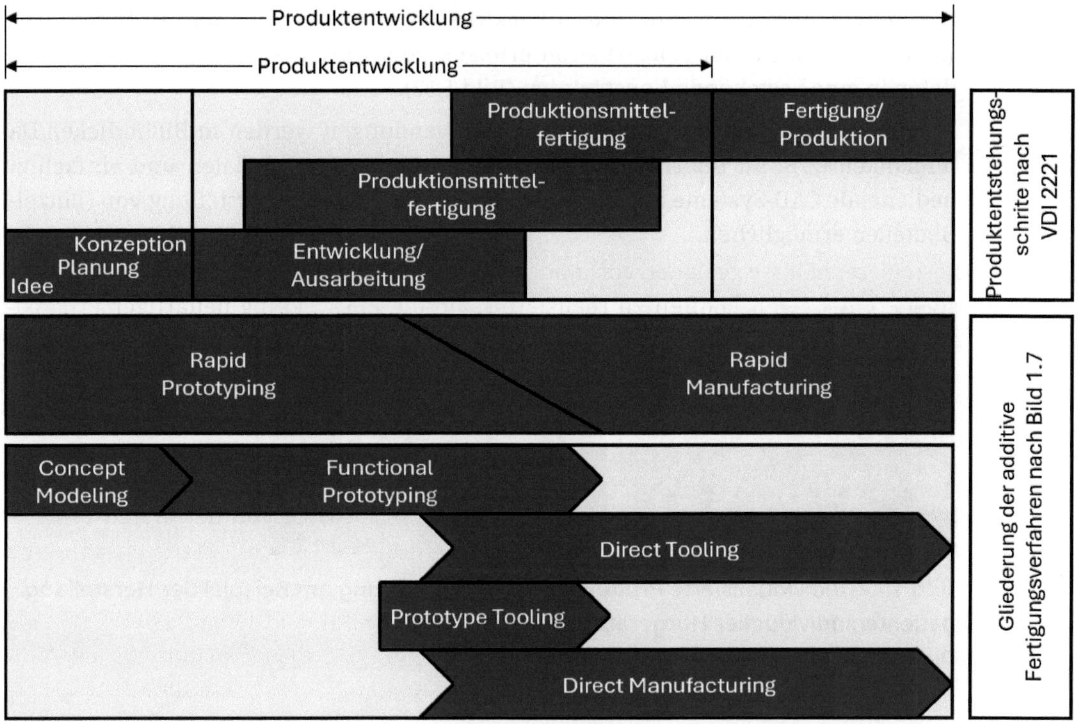

Bild 1.11 Produktentwicklungsphasen nach VDI 2221 (oben) und ihre Zuordnung gemäß Bild 1.7 zum Rapid Prototyping und Rapid Manufacturing (Mitte), sowie zu deren Untergliederung in Concept Modeling, Functional Prototyping, Direct Tooling, Prototype Tooling und Direct Manufacturing (unten)

1.4.2 Additive Verfahren für die stückzahl-unabhängige Produktion

Da die Herstellung schichtweise und ohne Werkzeuge erfolgt, ist es unerheblich, wie viele Bauteile in einem Bauraum parallel gefertigt werden und ob die Bauteile identisch oder voneinander verschieden sind. Additive Verfahren ermöglichen daher die stückzahlunabhängige Fertigung unterschiedlicher Bauteile in einem Bauprozess.

1.4.3 Additive Verfahren für die individualisierte Produktion

Neben dem Losgrößen-Effekt ermöglichen Additive Verfahren die Herstellung individuell veränderter Produkte und damit die Realisierung der mit werkzeuggebundenen Verfahren nicht zu verwirklichenden Strategie des „Customizing“.

Die Individualisierung kann durch konstruktive Überarbeitung des 3D-Datensatzes im 3D-CAD-System der Konstruktion erfolgen oder durch die Integration von Scandaten in eine bestehende Konstruktion (Bild 1.12).

Neben diesen industriell-professionellen Anwendungen werden in Bibliotheken/Datenbanken (z. B. im Internet) zur Verfügung gestellte Produktdaten und einfach zu bedienende CAD-Systeme auch privaten Nutzern die direkte Herstellung von (Einzel-) Bauteilen ermöglichen.

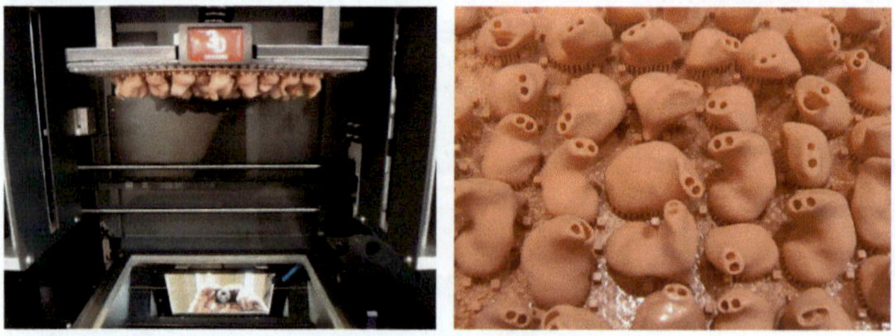

Bild 1.12 Individualisierte Produktion oder Customizing am Beispiel der Herstellung patientenindividueller Hörgeräteschalen
Quelle: 3D Systems

1.5 Maschinen für die Additive Fertigung

Den Anwendungsebenen nach Bild 1.6 entsprechend werden Maschinen für die additive Fertigung (Additive Fertigungsanlagen) als Prototyper[2] bezeichnet, wenn sie für die Herstellung von Prototypen eingesetzt werden und als Fabrikatoren[3], wenn es sich um Endprodukte handelt. Zunehmend werden alle als „Drucker" bezeichnet.

Da die Einteilung nach Bild 1.6 sehr grob ist, wird vorzugsweise eine Klassifizierung nach Modellklassen entsprechend Bild 1.7 gewählt.

Danach unterteilen sich die Maschinen in solche zur Herstellung von:

- Ansichts- und Konzeptmodellen,
- Funktionsbauteilen (oder -prototypen),
- Endprodukten (oder Komponenten davon)
- Serienprodukten. (Endprodukte in großen Stückzahlen und beliebigen Chargen)

und werden bezeichnet als:

---

[2] Der Begriff Prototyper wurde von Professor Erich Schmachtenberg, Universität Erlangen, heute RWTH Aachen, und dem Autor in einer Fachdiskussion auf der Euromold Fachmesse 1995 geprägt.

[3] Der Begriff Fabrikator (im Englischen: Fabricator) wurde systematisch vor allem von Burns [Burns93] verwendet und vermutlich auch von ihm geprägt.

- Fabber, Personal 3D-Drucker („Personal Grade“ 3D Printer).
- Professional 3D-Drucker („Professional Grade“ 3D Printer).
- Production 3D-Drucker („Production Grade“ 3D Printer).
- Industrial 3D-Drucker („Industrial Grade“ 3D Printer).

Tabelle 1.1 Einteilung der Maschinen für die additive Fertigung

Bezeichnung	3D-Drucker				
	Prototyper		Fabrikatoren		
	Fabber	Desktop Printer	Professional 3D-Drucker	Production 3D-Drucker	Industrial 3D-Drucker
Anwendung	Privat zu Hause	Semi-professionell im Büro	Professionell im Büro oder der Werkstatt	Professionell in der Produktion	Professionell in der Serienproduktion
Anwendungsebenen (Bild 1.7)					
Prototypen					
▪ Ansichtsmodelle	X				
▪ Konzeptmodelle		X			
▪ Funktionsbauteile			X		
▪ Endprodukte				X	X
Baumaterial	Kunststoff	Kunststoff	Kunststoff (Metall)	Kunststoff, Metall, Keramik	Metall
Preisniveau	500 bis 4000 €	1000 bis 10 000 €	20 000 bis 70 000 €	130 000 bis 900 000 €	1 200 000 bis über 2 Mio. €
Beispiel					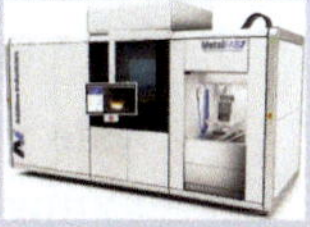

Die Bezeichnungen sind nicht genormt und werden von unterschiedlichen Herstellern und Anwendern unterschiedlich gehandhabt. Die hier verwendeten lehnen sich an den Vorschlag von 3D Systems an und folgen einer in der Praxis häufig verwendeten Systematik.

1.5.1 Fabber, Personal 3D-Drucker/Personal 3D Printer

Kleine, einfach zu bedienende und einfach aufgebaute, preiswerte und vorzugsweise am Arbeitsplatz (semi-professionell) eingesetzte 3D-Drucker werden in Analogie zu Personal-Computern als Personal (3D)-Drucker bezeichnet.

Verarbeitet werden fast ausschließlich Kunststoffe (erste Maschinen zur Verarbeitung von Metallen, vorzugsweise vom Typ „Lote“, wurden vorgestellt).

Sie untergliedern sich in Fabber, Personal 3D-Drucker und Professional.

1.5.1.1 Fabber

Fabber sind vor allem im privaten Bereich eingesetzte 3D-Drucker, die in den meisten Fällen auch selbst gebaut oder montiert werden. Der Begriff Fabber ist die Kurzform von Fabricator (im Deutschen Fabrikator) und weist auf die dahintersteckende Philosophie hin, dass mit solchen Maschinen jeder alles herstellen kann. Entsprechend gibt es Web-basierte Blogs und Fabber Communities, die sich über den Bau und mögliche Modifikationen (pimpen) der Fabber austauschen und neue Kooperationsformen wie Cloud Fabbing propagieren. Die Bediener schulen sich gegenseitig oder sind Autodidakten. Als Vorkenntnis reicht es aus, einen Computer bedienen zu können; als Infrastruktur genügt der Küchentisch.

1.5.1.2 Personal 3D-Drucker/Personal 3D Printer

Sind vorzugsweise im professionellen oder semi-professionellen Bereich eingesetzte 3D-Drucker. Sie sind an der unteren Preisgrenze angesiedelte Maschinen, aber keine Selbstbausysteme, sondern einfache, nach kurzer Schulung zu bedienende Drucker mit ausreichend hoher Genauigkeit. Die Produktivität steht eher im Hintergrund.

1.5.2 Professional 3D-Drucker/Professional 3D Printer

Als Professional 3D-Drucker oder Office Printer werden kompakte, einfach zu bedienende, wartungsarme und auch in einem Büro oder einer Werkstatt einsetzbare Maschinen bezeichnet, die aber insgesamt ein höheres Niveau bezüglich der Qualität der Anlage und der Bauteile aufweisen.

Sie verfügen über Materialwechselsysteme, eine Bauteilentnahme ohne Verschmutzung von Bedienern und Räumlichkeiten und über entsprechende externe Systeme zur Entfernung von Stützstrukturen. Die Bedienung wird als kurze Herstellerschulung vermittelt. Computer- und CAD-Kenntnisse sind von Vorteil. Es gibt keine besonderen Anforderungen an die Infrastruktur.

1.5.3 Production 3D-Drucker/Production 3D Printer oder Produktionsmaschinen

Maschinen, bei denen gleichmäßig hohe Qualität im Vordergrund steht, werden als Produktionsmaschinen oder Shop Floor (englisch: Produktionshalle) Maschinen bezeichnet. Sie verfügen meist über große Bauräume, ein (teil)automatisiertes Materialhandling sowie mehr und mehr über Zusatzeinrichtungen zur Nachbearbeitung. Ziele sind reproduzierbare Prozesse und Bauteile hoher Qualität. Die Produktivität spielt eine größere Rolle als bei den Professional 3D-Druckern. Die Anlagen sind größer und erzeugen für Produktionsmaschinen übliche Emissionen. Ihr Einsatz erfordert deshalb eine Werkstatt und einen großen Installationsaufwand. Das Personal wird mit Unterstützung der Hersteller intensiv geschult.

1.5.4 Industrial 3D-Drucker

Industrial 3D-Drucker sind flexible Fertigungssysteme, flexible AM-Systeme (FAMS) genannt. Sie liefern eine mit den Production 3D-Druckern identische gleichbleibend hohe Bauteilqualität, und eine hohe Ausbringungsmenge. Die Produktivität spielt eine entscheidende Rolle. Manuelle Arbeiten sind auf ein Mindestmaß reduziert. Einrichtungen zur Überwachung und Regelung des Prozesses sind integriert. Ein mannloser Betrieb ist gewährleistet. Eine Mehrmaschinenbedienung ist möglich. Eine Produktionsinfrastruktur ist erforderlich.

1.5.5 Maschinenklassen und Bauteileigenschaften

Es gibt einen tendenziellen Zusammenhang zwischen den Maschinenklassen und den mit den Maschinen herstellbaren Bauteilen und ihren Eigenschaften. Personal 3D-Drucker liefern vorzugsweise Anschauungsobjekte oder nicht belastbare Bauteile mit eingeschränkter geometrischer Komplexität und geringer Detailtreue.

Professional 3D-Drucker erzeugen vorzugsweise Anschauungsobjekte oder wenig belastbare Bauteile, die aber über deutlich bessere Detailtreue verfügen und deshalb häufig mittels Folgeverfahren zu hochwertigen Endprodukten verarbeitet werden.

Production 3D-Drucker werden zur additiven Fertigung von Einzelstücken oder (Klein)Serien von unterschiedlichen Bauteilen eingesetzt und liefern nach externer verfahrenstypischer Nachbearbeitung einsatzfertige Bauteile. Sie sind für die Verarbeitung von Kunststoffen, Metallen oder Keramiken verfügbar.

Industrial 3D-Drucker werden zur additiven Fertigung von Serien beliebiger Größe von identischen oder unterschiedlichen Bauteilen eingesetzt. Sie integrieren die verfahrenstypische Nachbearbeitung und liefern einsatzfertige Bauteile.

Dieser tendenzielle Zusammenhang zwischen den Maschinenklassen und den mit den Maschinen herstellbaren Bauteilen folgt aber keiner Gesetzmäßigkeit. Es gibt mit Fabbern hergestellte einfache Kunststoffklammern, die als Produkte eingesetzt werden und komplexe mit Produktionsmaschinen gefertigte Bauteile, z. B. innendurchströmte Turbinenschaufeln aus Kunststoff, die nur zur Anschauung eingesetzt werden können.

Literaturverzeichnis

Burns, M.: Automated Fabrication – Improving Productivity in Manufacturing. PTR Prentice Hall, Englewood Cliffs, New Jersey, 1993.

DIN 8580: Fertigungsverfahren. Begriffe, Einteilung. DEUTSCHE NORM September 2003. DIN Deutsches *Institut für Normung e. V., Berlin, Ref. Nr. DIN 8580:2003-09, Bezug: Beuth Verlag GmbH, 10772 Berlin.*

ISO/ASTM 52900: Additive manufacturing – General principles – Terminology, 2015.

VDI 2221: VDI-Richtlinie 2221: Methodik zum Entwickeln und Konstruieren technischer Systeme und Produkte. VDI-Verlag, Düsseldorf 1993.

VDI 3405: Additive Fertigungsverfahren – Grundlagen, Begriffe, Verfahrensbeschreibungen

Witt, G.: Taschenbuch der Fertigungstechnik, Fachbuchverlag Leipzig, 2006.

2 Merkmale der Additiven Fertigungsverfahren

Additive Fertigungsanlagen unterliegen nach wie vor einem hohen Entwicklungstempo. Neue, zurzeit noch im Laborstadium oder in der Entwicklung befindliche Verfahren werden auf den Markt drängen. Gleichzeitig werden bewährte Systeme in relativ kurzen Zeitspannen im Detail überarbeitet (Updates) oder durch neuere Versionen ersetzt (Upgrades). Die heutigen Systeme werden daher in vergleichsweise kurzer Zeit nicht mehr oder nicht mehr ganz aktuell sein. Aus diesem Grund werden im Folgenden längerfristig gültige physikalisch-technologische Grundlagen und ihre kommerzielle Umsetzung getrennt behandelt. Die Grundlagen werden in diesem Kapitel ausführlich dargestellt und diskutiert. In Kapitel 3 „Additive Fertigungsanlagen für Rapid Prototyping, Direct Tooling und Direct Manufacturing“ wird gezeigt, welche industriell angebotenen Anlagen sich aus welchen grundlegenden Verfahren ableiten. Dieses Vorgehen erleichtert nicht nur die Beurteilung der aktuellen Verfahren, sondern liefert auch die Grundlage für die Beurteilung zukünftiger industrieller Verfahren durch den Leser.

Bei diesem Vorgehen können Überschneidungen und Wiederholungen leider nicht immer vermieden werden.

2.1 Verfahrensgrundlagen

Bei allen *Additiven Fertigungsverfahren* entstehen die Bauteile durch das Fügen von Schichten gleicher Dicke (Bild 1.1). Die Konturierung (Formgebung) jeder Schicht erfolgt in der *x*-*y*-Ebene, der sogenannten Bauebene und damit flächig (2D). Die dritte Dimension entsteht nicht als kontinuierliche *z*-Koordinate sondern durch das Aufeinanderfügen der Einzelschichten. Additive Verfahren sind deshalb streng genommen 2½D-Verfahren.

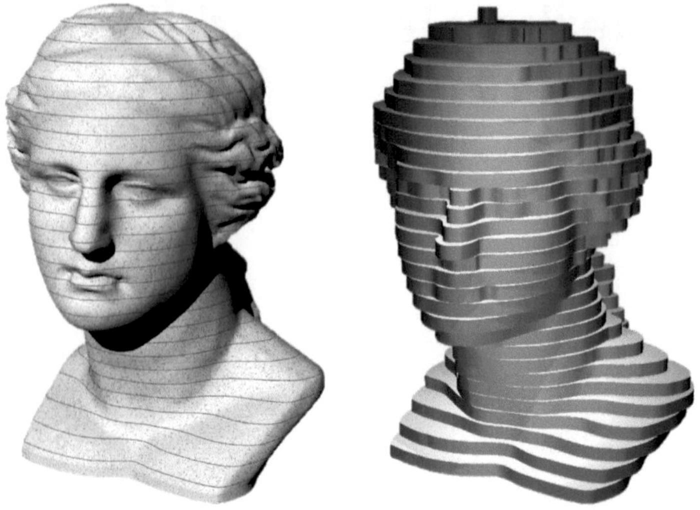

Bild 2.1 Stufige Oberfläche als Folge des Schichtbauverfahrens, Prinzip.
Dreidimensionales Volumenmodell (links) mit angezeichneten äquidistanten Schichten und das daraus entwickelte Schichtmodell (rechts)
Quelle: FH Aachen

Die Bauteile sind in der Bauebene sehr präzise und in *z*-Richtung stufige dreidimensionale Gebilde, die dem Original umso genauer entsprechen, je kleiner die *z*-Stufung gewählt wird. Bild 2.1 zeigt als Beispiel ein dreidimensionales Volumenmodell einer Plastik mit angezeichneten aquidistanten Schichtabständen und das daraus entstehende stufige Schichtenmodell.

Diese Treppenstufeneffekte sind ein Charakteristikum der *additiven Fertigungsverfahren*. Sie können durch Verringerung der Schichtdicke reduziert, aber nie ganz beseitigt werden. Bild 2.2 zeigt die Verhältnisse an einem realen Bauteil bei Schichtstärken um 0,125 mm.

Die Schichtstärken aktueller Maschinen betragen heute (2024) 0,1 – 0,05 mm und im Minimum 0,016 mm für Maschinen, die makroskopische Bauteile (charakteristische Abmessung: einige mm bis einige 100 mm) herstellen. Maschinen, die Mikrobauteile fertigen, arbeiten mit geringeren Schichtdicken bis in den 5 nm-Bereich. Größere Schichtdicken bis circa 0,2 mm und vereinzelt darüber werden bei den meisten Fabbern eingesetzt, aber auch bei anderen Maschinen gezielt zur Verkürzung der Bauzeit verwendet. Die Folge ist allerdings eine geringere Genauigkeit. Schichtfräsverfahren verwenden Platten mit bis zu 40 mm Dicke (Abschnitt 3.4.6 „Layer Milling Process (LMP) – Zimmermann“).

Bild 2.2 Treppenstufeneffekt an einem Stereolithographie-Bauteil (Schichtstärke 0,125 mm)

Quelle: CP-GmbH, Foto: Gebhardt

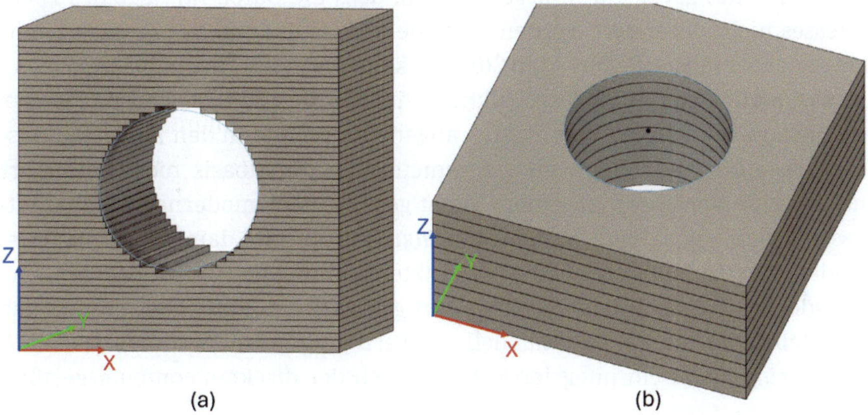

Bild 2.3 Prinzipbedingte Stufung bei schichtorientierten Verfahren am Beispiel einer Bohrung: (a) in der Schichtebene; (b) senkrecht zur Schichtebene

Abhängig von der Art der Konturierung (scannen, plotten, etc.) und dem additiven Verfahren wird in der *x*-*y*-Bauebene kontinuierlich konturiert oder es treten an der Berandung Sekanten-Effekte (siehe auch: Bild 2.12 (a)) oder ebenfalls Treppenstufeneffekte auf, die aber meist viel weniger ausgeprägt sind als in *z*-Richtung. Deshalb haben additiv hergestellte Bauteile in *x*-*y*- und in *z*-Richtung unterschiedliche Genauigkeiten. Bild 2.3 zeigt dies schematisch. Gegenübergestellt sind eine Bohrung parallel zur Schichtebene und eine senkrecht dazu. Im Beispiel wird davon ausgegangen, dass in den Schichten (*x*-*y*-Ebene) kontinuierliche Kreiskonturen erzeugt werden.

Kontinuierliche Berandung in *z*-Richtung

Obwohl alle heute bekannten additiven Verfahren in dieser Weise als 2½D-Verfahren arbeiten, sind einige Verfahren (z. B. Extrusionsverfahren) grundsätzlich 3D-fähig und könnten inkrementale Volumenelemente (Voxel) an jeder beliebigen Stelle des Bauteils anfügen. Es gibt erste Ansätze dies technisch umzusetzen.

Es ist ein wichtiges Charakteristikum, aber kein Alleinstellungsmerkmal von additiven Verfahren, dass die Fertigung von physischen Bauteilen unmittelbar aus Computerdaten erfolgt. Der Datensatz muss das 3D-Volumen vollständig und fehlerfrei beschreiben. Dabei ist es unerheblich, welchen Ursprung die Daten haben. In der Technik stammen die Daten in der Regel aus 3D-CAD-Konstruktionen. Messwerte aller Art, z. B. von Koordinatenmessmaschinen, CT- oder MRT-Scannern und dergleichen oder von *3D* Tracking-Systemen können gleichermaßen in physische Bauteile umgesetzt werden, wenn entsprechende Auswerteprogramme die Aufbereitung der Messwerte in 3D-Datenmodelle ermöglichen.

Für das *Additive Manufacturing* können die additiv gefertigten Bauteile als dreidimensionale Plots oder Faksimiles der zugrundeliegenden CAD-Daten betrachtet werden. Der entscheidende Vorteil gegenüber klassischen manuellen oder teilautomatisierten Herstellungsverfahren besteht darin, dass die Daten im Zuge des Fertigungsprozesses nicht verändert werden, vor allem, dass die *Additive Fertigung* (mit Ausnahme der automatisch generierten Stützen) keine fertigungsbedingte Anpassung der Konstruktionen benötigt. Die Konstruktion wird für die additive Fertigung weder verändert, noch müssen Daten vom Bauteil abgenommen und in den Konstruktionsprozess zurückgeführt werden. Weil die gemeinsame Datenbasis nicht verändert wird, sind additive Verfahren zu einem wichtigen Element moderner Produktentwicklungsstrategien – wie dem *Simultaneous Engineering* – und damit zum integrierten Bestandteil der computergestützten Produktentstehung geworden. Mit der Verfügbarkeit additiver Anlagen zur direkten Fertigung (*Rapid Manufacturing*) ist das 3D-Datenmodell gleichzeitig Produktmodell und Fertigungsgrundlage. Damit ist *Additive Manufacturing* heute ein integrierter Bestandteil der direkten computergestützten Produktion.

Der Vorteil gegenüber nicht-additiven computergesteuerten Fertigungsverfahren besteht in einem für alle heute verfügbaren additiven Maschinen gleichen und von allen verarbeitbaren Datenformat, dem sogenannten STL-Datensatz (vergleiche Abschnitt 2.2.2.1 „STL-Format“) und seinem leistungsfähigeren Nachfolger, dem AMF-Format (vergleiche Abschnitt 2.2.2.4 „AMF-Format“). Nicht-additive numerisch gesteuerte Verfahren, z. B. das CNC-Fräsen, verlangen in der Regel maschinenspezifische oder steuerungsspezifische Datensätze.

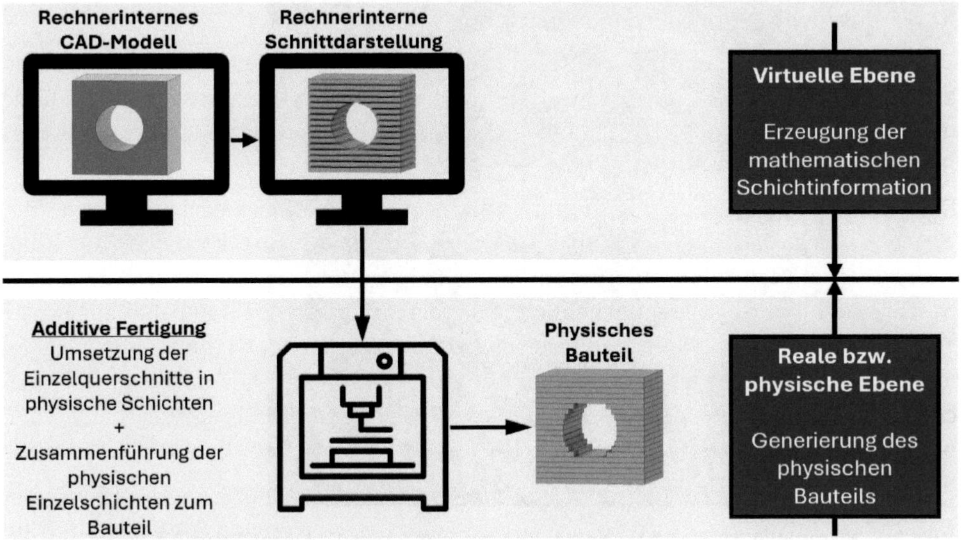

Bild 2.4 Prinzip der Additiven Fertigung

Quelle Piktogramm 3D-Drucker: Dieses Cover wurde unter Verwendung von Ressourcen von Flaticon.com erstellt; *https://www.flaticon.com/de/kostenloses-icon/3d-drucker_165262*

Das Prinzip der *Additiven Fertigung* oder des *Additive Manufacturing* zeigt Bild 2.4. Ausgangspunkt ist ein vollständig geschlossenes *3D*-Volumenmodell. Zur Generierung eines Bauteiles wird dieses CAD-Modell mit mathematischen Methoden in Schichten (von üblicherweise) gleicher Stärke geschnitten. Diese virtuelle Schichtinformation wird in einer additiven Fertigungsanlage in physische Schichten umgewandelt und die Einzelschichten werden zum vollständigen Bauteil aufeinander geschichtet. Abhängig vom Verfahren geschieht die Verbindung zwischen den Schichten während der Generierung der neuen Schicht oder nach deren Fertigstellung. Das physische Bauteil kann ein Prototyp oder Endprodukt sein.

Das Schichtbauprinzip erlaubt die Fertigung geometrisch komplexer Strukturen, die mit traditionellen Verfahren nicht oder nur sehr aufwendig zu realisieren sind. Es gewährt weitestgehend Geometriefreiheit und öffnet so den Weg zu völlig neuen Konstruktionen. Zu den beeindruckendsten Beispielen gehören die mathematischen Kompositionen von *George Hart* (*www.georgehart.com*). Auf Bild 2.5 ist ein (mathematisches) 4D-Objekt zu sehen, das aus 120 abgeflachten Dodekaedern (12-Flächlern) und 600 Tetraedern (4-Flächlern) besteht.

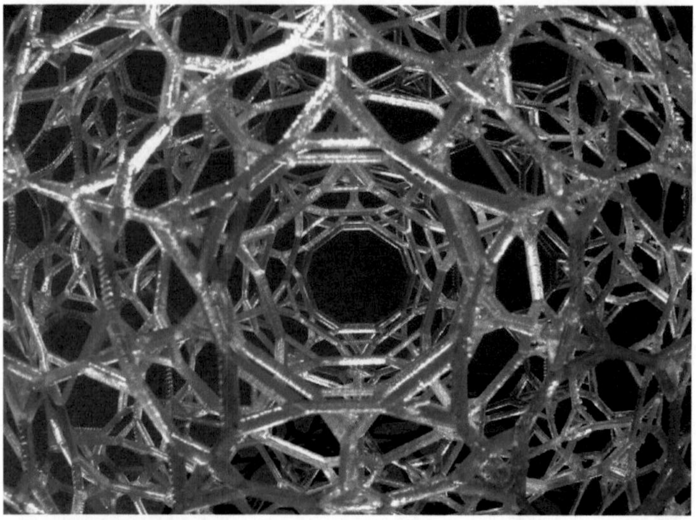

Bild 2.5 Komplexe, nur additiv herstellbare Geometrie, Polymer Printing
Quelle: George Hart

Die Herstellung von Bauteilen mittels *Additiver Fertigungsverfahren* erfolgt in zwei grundlegenden Verfahrensschritten (Bild 2.4):

1. Erzeugung der mathematischen Schichtinformation (Abschnitt 2.2).
2. Generierung des physischen Bauteils (Schichtenmodells) (Abschnitt 2.3).

2.2 Erzeugung der mathematischen Schichtinformation

Da die additive Fertigung die Abbildung des virtuellen Datensatzes in ein physisches Faksimile darstellt, kommt der Erzeugung des Datensatzes und der ihn bestimmenden mathematischen Schichtinformation besondere Bedeutung zu. Der Prozess besteht aus drei Teilschritten:

1. Beschreibung der Geometrie durch einen 3D-Datensatz (Abschnitt 2.2.1),
2. Erzeugung der geometrischen Schichtinformationen der Einzelschichten (Abschnitt 2.2.2),
3. Umsetzung der Schichtinformationen der Einzelschicht zur Erzeugung der Schicht (Abschnitt 2.4).

2.2.1 Beschreibung der Geometrie durch einen 3D-Datensatz

2.2.1.1 Datenfluss und Schnittstellen

Für die additive Fertigung muss die Geometrie des Bauteils als vollständiges 3D-Volumenmodell in Form eines digitalen 3D-Datensatzes vorliegen. Dieser entsteht bei den weitaus meisten industriellen Anwendungen durch Konstruktion mithilfe eines 3D-CAD-Programms. Die Daten können aber auch aus Messungen unterschiedlicher Art oder aus Bibliotheken stammen. Die 3D-Daten werden in jedem Fall unabhängig von der Fertigung erzeugt und müssen an die Maschine via Daten-Schnittstelle (Interface) übertragen werden. Der Datensatz wird als digitales oder *virtuelles Produktmodell* bezeichnet.

Zur additiven Fertigung eines Bauteils sind neben den so festgelegten Geometriedaten weitere material-, verfahrens-, prozess-und anlagenspezifische Daten notwendig. Diese werden mithilfe von Programmen festgelegt, die zur Maschine gehören und vom Hersteller mitgeliefert werden (Frontend Software) oder Bestandteil einer von unabhängigen Dritten angebotenen Additive Manufacturing Software (Third-Party-Software) sind. Die Bereiche werden durch Datenschnittstellen miteinander verknüpft (Bild 2.6).

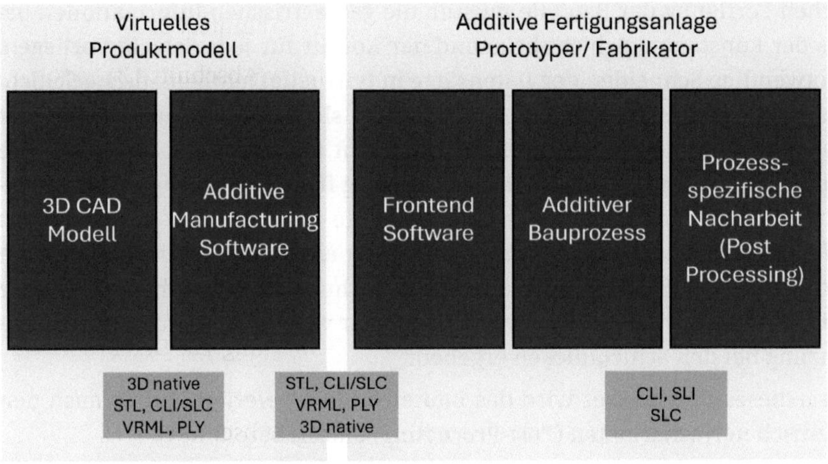

Bild 2.6 Datenfluss bei der Additiven Fertigung

Als Quasi-Industriestandard haben sich das *STL-Format* und das daraus hervorgegangene eng verwandte und voll kompatible *AMF-Format* weltweit etabliert (STL-Schnittstelle, Abschnitt 2.2.2 „Erzeugung der geometrischen Schichtinformationen der Einzelschichten"). Andere Formate sind möglich und gebräuchlich (Abschnitt 2.2.2.2 „CLI-/SLC-Format" und Abschnitt 2.2.2.3 „PLY- und VRML-Format").

Vor dem eigentlichen additiven Bauprozess müssen einige nicht im CAD-Datensatz enthaltene Daten mithilfe der *Frontend-* oder der *Additive Manufacturing Software* festgelegt werden. Dazu gehören die optimale Baurichtung, also die Orientierung des Bauteils im Bauraum, die Platzierung auf der Bauplattform und verfahrensspezifische Besonderheiten wie Stützen, Bases oder Entlastungsschnitte (Details werden in Kapitel 3 „Additive Fertigungsanlagen für Rapid Prototyping, Direct Tooling und Direct Manufacturing“ im Zusammenhang mit der jeweiligen Maschine besprochen). Zur optimalen Nutzung der Maschine werden mehrere Bauteile nebeneinander – bei einigen Verfahren wie dem Sintern auch in- und übereinander – auf einer Plattform respektive in einem Bauraum arrangiert.

Die Additive Manufacturing-Programmsysteme freier Hersteller enthalten zudem Zusatzfunktionen, die die Arbeit erleichtern, aber nicht direkt im Bezug zur additiven Fertigung stehen (z. B. die Ableitung von 2D-Werkstattzeichnungen).

Zur reinen Visualisierung werden häufig auch externe Viewer, auf einfachste Funktionalitäten reduzierte CAD-Programme, eingesetzt, die auch einen STL-Ausgang haben können.

Nach diesem Schritt ist die Geometrie inklusive der Orientierung des Bauteils vollständig beschrieben. Zum Datensatz werden Materialdaten sowie prozess- und maschinenspezifische Parameter hinzugefügt.

Zur physischen Fertigung der Bauteile müssen die geometrischen Informationen bestehend aus der konstanten Schichtdicke und der Kontur für jede Schicht vorliegen. Das dazu notwendige Schneiden der Datensätze in (virtuelle) mathematische Schichten wird als „slicen“ bezeichnet. Die meisten Anlagen slicen den gesamten Datensatz und verarbeiten ihn dann im „Batch“-Betrieb. Es gibt aber auch Prozesse, die jede Schicht erst direkt vor dem Verarbeiten slicen. Das lag früher vor allem an der geringen Kapazität der Rechner. Heute werden sogenannte adaptive Slice-Verfahren (oft auch als *slicing on the fly* bezeichnet) bei Maschinen eingesetzt, die regelmäßig die Modellhöhe messen und danach die aktuelle Schichtstärke berechnen. Auf diese Weise werden Baufehler in *z*-Richtung vermieden oder verringert, die sich durch Fehlerfortpflanzung bei den Schichtdicken ergeben.

Auf der Basis dieses Datensatzes wird das Bauteil additiv gefertigt und ist nach den prozessspezifischen Nacharbeiten (Post-Processing) einsatzbereit.

Neben diesem als Standard zu betrachtenden direkten Pfad gibt es sowohl im Bereich der Konstruktion als auch bei der Fertigung Varianten. Die Geometriedaten können statt im STL-Format auch in alternativen Formaten wie SLI/SLC (Abschnitt 2.2.2.2 „CLI-/SLC-Format“), PLY (Abschnitt 2.2.2.3 „PLY- und VRML-Format“) oder AMF (Abschnitt 2.2.2.4 „AMF-Format“) übergeben werden.

Häufig werden zur Datenübertragung auch sogenannte *Neutrale Schnittstellen* verwendet. Sie haben insbesondere dann Vorteile, wenn die Konstruktion bereits abgeschlossen ist, aber vor dem Bau, dann schon im Bereich der Fertigung, noch Modifikationen eingebracht werden sollen, weil Konstruktionen auf STL-Basis zwar möglich, aber nicht so komfortabel sind wie mit vollwertigen CAD-Systemen.

Die wichtigsten Neutralen Schnittstellen, die von den meisten 3D-CAD-Systemen unterstützt werden, sind:

- IGES: Initial Graphics Exchange Specification
  - VDAIS: Verband der Automobilhersteller – IGES-Subset
  - VDAFS: Verband der Automobilhersteller – IGES-Subset – Flächenschnittstelle
- DXF: Drawing Exchange Format
- HPGL: Hewlett Packard Graphics Language
- STEP: Standard for the Exchange of Product Model Data.

IGES definiert einen weltweiten Standard als Geometrieschnittstelle, weist aber viele Variationen auf, die genau bezeichnet werden müssen.

VDAIS ist eine vom Verband der Automobilhersteller (VDA) in seinem Elementumfang eingeschränkte IGES-Schnittstelle, die ebenfalls zahlreiche Varianten umfasst, sodass im Einzelfall genauestens geprüft werden muss, welche Schnittstellenformulierung dem Datenaustausch zugrunde liegt.

VDAFS ist auf die Übertragung von Freiformflächen spezialisiert und hat deshalb insbesondere in der Automobilindustrie eine herausragende Bedeutung.

HPGL ist ein konturorientiertes Plotterformat, das insbesondere vor dem Hintergrund der direkten Konturierung im CAD auch für additive Verfahren eingesetzt wird.

STEP ist eine Schnittstelle, die sich nach einer längeren Probephase zunehmend durchsetzt. Mit STEP werden neben den reinen Geometrieinformationen auch andere Informationen übergeben. STEP stellt damit einen Ansatz dar, tatsächlich CAD-Modelle und nicht nur Geometrieinformationen (mit Zusätzen) zwischen CAD-Programmsystemen zu übergeben.

2.2.1.2 Modellierung dreidimensionaler Körper mittels 3D-CAD

Die vollständige Beschreibung der Geometrie durch einen 3D-Datensatz ist die unabdingbare Voraussetzung für die additive Fertigung eines Bauteils. Die Anwendung additiver Verfahren ist im Kontext der industriellen Produktentstehung deshalb in besonderem Maße mit CAD-Verfahren verknüpft. Aus diesem Grund soll an dieser Stelle soweit auf 3D-CAD-Verfahren eingegangen werden, wie dies für das Verständnis der prinzipiellen Zusammenhänge bei der additiven Herstellung erforderlich ist.

Jedes CAD-System nutzt bestimmte individuelle Datenelemente und Datenstrukturen, um ein Bauteil vollständig zu beschreiben. Der Datensatz umfasst nicht nur die Bauteilgeometrie, sondern auch die Werkstoffe, die Oberflächengüte, das Fertigungsverfahren und vieles mehr. Die Bauteilgeometrie stellt also nur einen Teil der Informationen dar. Die Gesamtheit aller in der Datenbasis eines CAD-Systems zu einem Bauteil niedergelegten Informationen wird als 3D-CAD-Modell (oft kurz: CAD-Modell) oder auch als *Digitales Produktmodell* bezeichnet.

Die Auswahl eines CAD-Systems wird durch andere Kriterien bestimmt als durch das später angewandte *additive Fertigungsverfahren.* Mit der Wahl eines CAD-Systems legt sich der Benutzer auf dessen Datenbasis fest. Die Struktur und die Datenelemente beeinflussen maßgeblich die Qualität des CAD-Modells und die Kompatibilität mit anderen Systemen über Schnittstellen. Allerdings bestimmt das CAD-System auch Art, Umfang und Qualität der additiven Fertigung mit.

2.2.1.2.1 CAD-Modelltypen

Dimension der Elemente	Element	Modelltyp
0D	Punkt 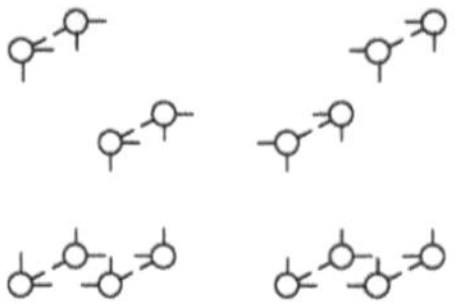	Eckenmodell
1D	Linie 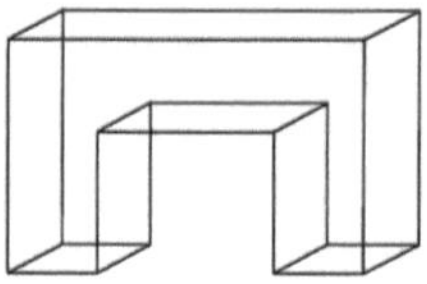	Kantenmodell
2D	Fläche 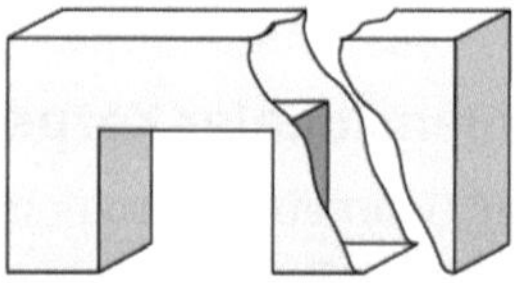	Flächenmodell
3D	Volumen 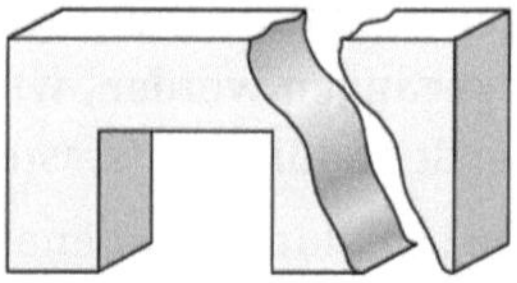	Volumenmodell (Körpermodell)

Bild 2.7 CAD-Elemente und Modelltypen

Unabhängig von bestimmten CAD-Systemen werden CAD-Modelle in Modelltypen unterschieden. Aus Bild 2.7 wird deutlich, dass nicht alle Modelltypen, die zur 3D-Darstellung geeignet sind, auch genügend Informationen für eine additive Fertigung enthalten.

Das durch Punkte beschriebene *Eckenmodell* ist von geringer praktischer Bedeutung und für die additive Fertigung nicht einsetzbar. Verwendet wird es zum Beispiel als Zwischenmodell bei der teilautomatisierten Umsetzung von Rasterdaten oder von 2D-CAD-Modellen in 3D-CAD-Modelle.

Das *Kantenmodell* ermöglicht aufgrund seiner geringen Datenmenge die schnelle grafische Darstellung von 3D-Elementen auch bei kleiner Rechnerleistung. Im Zusammenhang mit *Virtual Reality* (VR) Anwendungen und *Digital Mock Up* (DMU) gewinnt es deshalb wieder an Bedeutung. Der gravierende Nachteil des Kantenmodells ist die fehlende Information über die exakte Lage der Flächen und der Volumina. Deshalb ist es wie das Eckenmodell nicht als Ausgangsbasis für die additive Fertigung zu empfehlen.

Flächenmodelle sind prinzipiell gut geeignet für die additive Fertigung. Das Bauteil wird über seine inneren und äußeren Begrenzungsflächen (verallgemeinert seine Außenflächen) beschrieben. Damit sind auch das Bauteilvolumen und die Lage der Volumina bekannt. Dazu wird in der Regel für jede Fläche ein vom Bauteil wegweisender Normalenvektor zusätzlich festgelegt und abgespeichert. Die Orientierung des Bauteilvolumens muss daher für die vollständige Beschreibung eines Bauteils unbedingt bekannt sein.

Volumenmodelle (Körpermodelle, Solids) sind optimal für das Modellieren von CAD-Modellen, die auch für die additive Fertigung verwendet werden. Die Orientierung des Volumens und damit der das Volumen definierenden Flächen ist exakt vorgegeben und muss nicht vom Benutzer explizit festgelegt werden.

Unterschieden werden bei Volumenmodellen:

- Grundkörpermodelle,
- Flächenbegrenzungsmodelle,
- Hybridmodelle.

Bei *Grundkörpermodellen* wird das Bauteil im CAD-System durch das Verknüpfen von Grundkörpern (sogenannten geometrischen Primitiven) wie Quadern, Kugeln, Zylindern usw. definiert. Dies geschieht mit Booleschen Operationen. Diese, und damit die Entstehungsgeschichte des Bauteils, werden im CSG-Baum (*Constructive Solid Geometry*) abgespeichert und sind bei Bedarf zugänglich. Das Grundkörpermodell beinhaltet zwar den CSG-Baum, enthält jedoch keine Informationen über die einzelnen Flächen. Wird ein Grundkörpermodell als STL-Datei ausgegeben, werden in einem ersten Schritt die Begrenzungsflächen der Grundkörper berechnet. Fehler durch nicht exakt aneinander grenzende Flächen können deshalb nicht auftreten.

Beim *Flächenbegrenzungsmodell* werden im Extremfall nur die Einzelflächen und die Lage des Volumens abgespeichert. Die Lage des Volumens, die auch über einen auf jeder Fläche stehenden, nach außen zeigenden Normalenvektor festgelegt ist, muss nicht vom Benutzer definiert werden. Durch diesen Modelltyp können auch bezüglich der äußeren Berandung extrem komplexe Körper dargestellt werden, was sonst nur mithilfe von Flächenmodellen möglich ist.

Hybridmodelle vereinigen die Vorteile beider Modellarten. Sie enthalten sowohl Elemente der Grundkörpermodelle als auch der Flächenmodelle. CAD-Systeme, die mit Hybridmodellen arbeiten, erzeugen meist fehlerfreie Daten, die für die additive Fertigung hervorragend geeignet sind, weil die ausgegebenen Flächen bei der Entstehung des Hybridmodells vom System selbst exakt aufeinander berandet werden.

2.2.1.2.2 Anforderungen an CAD-Systeme

Bei der Bewertung eines CAD-Systems in Bezug auf die Eignung für die additive Fertigung sollten möglichst viele der im Folgenden diskutierten Eigenschaften von CAD-Systemen erfüllt sein. Grundvoraussetzung ist, dass es sich um einen 3D-Volumenmodellierer handelt und dass eine Schnittstelle für den Export der Daten für die additive Fertigung (vergleiche Abschnitt 2.2.2 „Erzeugung der geometrischen Schichtinformationen der Einzelschichten") zur Verfügung steht. Der Weg über *Neutrale Schnittstellen* in ein anderes CAD-System und von dort über eine Schnittstelle zur additiven Maschine sollte eher als Umweg angesehen werden.

Die folgenden Eigenschaften haben sich bei der Auswahl von CAD-Systemen zur Erzeugung von Datensätzen für die additive Fertigung als vorteilhaft erwiesen:

- *Parametrische 3D-Konstruktionen*

  Anstelle von festen Maßvorgaben werden Parameter vereinbart, die zudem über mathematische Funktionen miteinander korreliert werden können.

- *Hybridmodelle*

  Hybridmodelle vereinen die Vorteile der Grundkörper und der Flächenmodelle und sind deshalb für die additive Fertigung hervorragend geeignet.

- *Durchgängige Datenbasis*

  Das CAD-System und alle mit ihm verknüpften Module müssen stets auf eine gemeinsame, verbindliche Datenbasis zurückgreifen.

- *Redundanzfreiheit*

  Mit der Durchgängigkeit der Datenbasis hängt auch die Redundanzfreiheit, also die Freiheit von unnötig doppelt gespeicherten Daten zusammen. Solche Mehrfachspeicherungen sind auch im Hinblick auf die Speicherkapazität, die Schnelligkeit und Eindeutigkeit des Programms zu vermeiden.

- *Offenes System*

Die Verknüpfung mit Spezialmodulen freier Hersteller (Flächenrückführung, CT-Modellierung, Additive Manufacturing Software) muss gewährleistet sein.

- *Assoziativität*

  Die innere Architektur des CAD-Systems muss so beschaffen sein, dass bei Änderungen alle Abhängigkeiten überprüft werden und entsprechende Modifikationen erfolgen.

Darüber hinaus spielen eine Reihe von Überlegungen, beispielsweise eine leichte Erlernbarkeit, eine intuitive Bedienung oder die Unterstützung bei bestimmten, gegebenenfalls auch branchentypischen Aufgaben, eine Rolle bei der Auswahl eines CAD-Systems.

Der Markt bietet eine schier unübersehbare Anzahl von CAD-Systemen an, die sich oft nur durch branchentypische Besonderheiten voneinander unterscheiden. Es kann heute davon ausgegangen werden, dass alle wichtigen CAD-Systeme über Standard-Schnittstellen (STL) verfügen. Ergänzend stehen häufig auch andere Schnittstellen, z. B. SLC, PLY, VRML oder HPGL zu Verfügung.

Wer sich mit den Details von CAD-Systemen nicht befassen will, sollte darauf achten, dass das ausgesuchte CAD-System eine STL-Schnittstelle hat und diese mittels Testbau verifizieren.

2.2.1.3 Modellierung dreidimensionaler Körper aus Messwerten

Grundsätzlich spielt es keine Rolle, wie der 3D-Datensatz erzeugt wird. Wie Bild 2.8 zeigt, gibt es eine Reihe alternativer Wege, um zu einem 3D-Datenmodell zu gelangen.

Als Eingangsdaten können neben 3D-CAD-Konstruktionen grundsätzlich auch 2D-CAD-Zeichnungen, Handskizzen und dergleichen verarbeitet werden. Um daraus additive Bauteile zu fertigen, müssen die Daten über Zwischenoperationen in 3D-Volumeninformationen überführt werden. In den meisten Fällen geschieht dies durch manuelles Erstellen einer 3D-CAD-Zeichnung und ist nicht weniger aufwendig als eine Neukonstruktion. Sind die zugehörigen Schichthöhen bekannt, können die letztlich benötigten Konturdaten von einigen Systemen auch direkt verarbeitet werden. Für die Übergabe reichen dann 2D-Daten, z. B. im HPGL Format.

Dreidimensionale Datensätze erhält man zum Beispiel auch aus Messungen. Zunehmend werden dazu 3D-Scanner eingesetzt. Sie sind im Begriff die Koordinatenmessmaschinen zu verdrängen. Bei beiden Prozessen werden die ermittelten Punktdaten in der Regel mithilfe spezieller Programmsysteme in ein 3D-CAD-Modell überführt.

Im Maschinenbau wird die Umsetzung von als geometrisch niederwertig zu betrachtenden Punktdaten in geometrisch höherwertige Flächendaten als „Reverse Engineering“ bezeichnet. Diese mathematisch nicht eindeutige Prozedur ist daher auch heute noch aufwendig und nur dann wirklich notwendig, wenn mit den gewonnenen

CAD-Daten weiter konstruiert werden soll. Das Thema der Flächenrückführung ist zu komplex, als dass es hier annähernd erschöpfend behandelt werden könnte. Einen Überblick vermittelt z. B. [Back05].

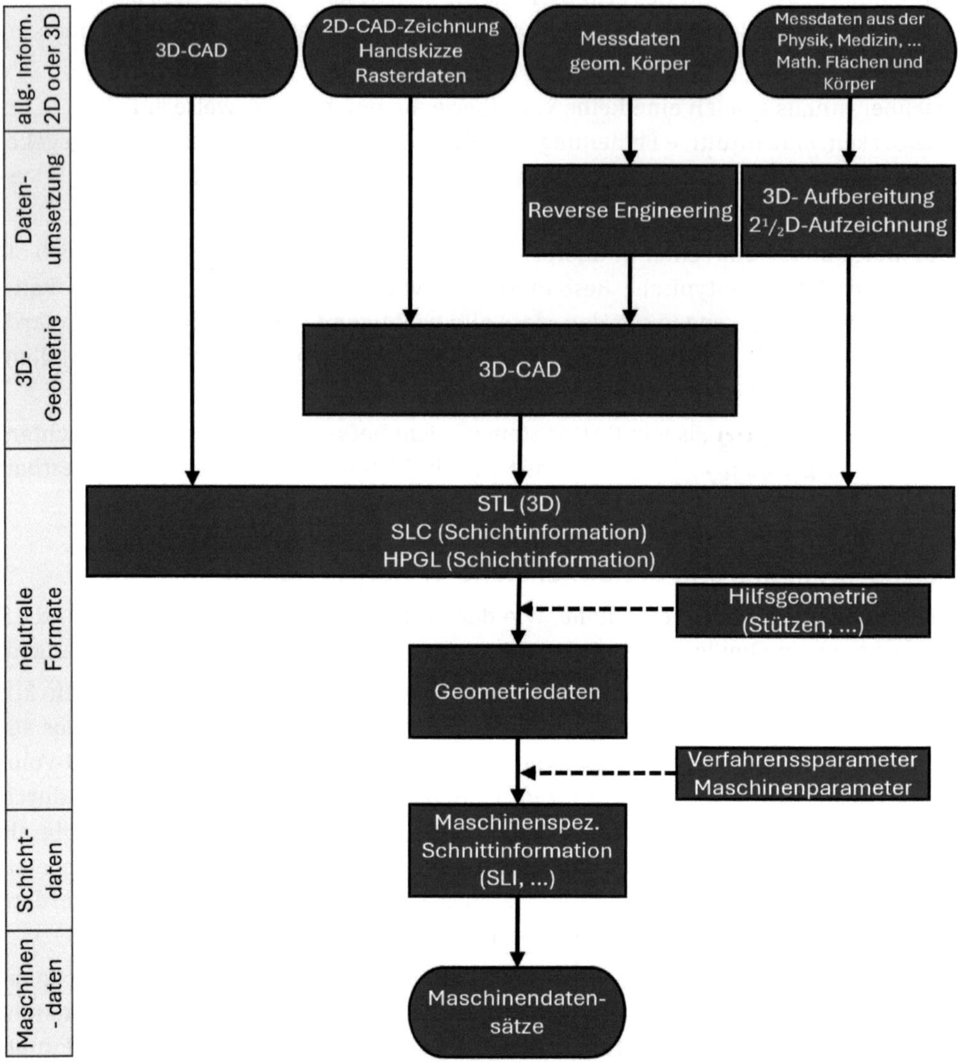

Bild 2.8 Verallgemeinerte Darstellung der Datenwege für die additive Fertigung

Punktwolken können aber auch direkt zur additiven Fertigung verwendet werden, wenn sie zur Körperbeschreibung in ein neutrales Datenformat überführt werden. Davon wird vor allem dann Gebrauch gemacht, wenn, wie z. B. beim Body-Scannen zum Bau von Plastiken (Bild 6.12), nur das physische Bauteil aber keine CAD-Zeichnung benötigt wird.

3D-Messdaten erhält man zudem aus Computer-Tomographie(CT)-Scannern, die außer in der Medizin zunehmend in der Technik, z. B. zur zerstörungsfreien Prüfung, aber auch nur zur Aufnahme der 3D-Daten eingesetzt werden. Die CT-Daten werden mithilfe von 3D-Rekonstruktionsprogrammen in 3D-Volumendaten konvertiert und stehen damit für die additive Fertigung zur Verfügung (Abschnitt 4.3.4 „Rapid Prototyping in der Medizin“). Anwendungsfelder in der Technik sind unter anderem die definierte Erfassung von beschädigten Geometrien als Ausgangbasis für individuelle Reparaturen oder für die Reproduktion von Bauteilen, für die es keine Fertigungsunterlagen mehr gibt, also beispielsweise von Ersatzteilen für Oldtimer-Fahrzeuge.

Insbesondere bei privater Nutzung von Fabbern werden auch Bibliotheken verwendet, die ein direktes Herunterladen aus dem Netz erlauben. Je nach Anbieter können diese Datensätze zusätzlich modifiziert werden.

2.2.2 Erzeugung der geometrischen Schichtinformationen der Einzelschichten

Für die additive Fertigung dreidimensionaler Bauteile muss das 3D-CAD-Volumenmodell mathematisch in Schichten gleicher Stärke zerlegt werden. Für jede dieser Schichten muss die Kontur definiert vorliegen, um in der Maschine physisch umgesetzt zu werden. Den Vorgang der Erzeugung der Schichten nennt man *slicen*.

Dazu gibt es im Wesentlichen zwei Verfahren: Die Triangulation und das direkte Schneiden im CAD. Die Triangulation führt auf das STL-Format, das direkte Schneiden auf das CLI- (SLI-) Format.

2.2.2.1 STL-Format

Bei der STL-Formulierung wird die Oberfläche des Bauteils mit unterschiedlich großen ebenen Dreiecken überzogen und die tatsächliche Geometrie damit angenähert. Da Volumenelemente mindestens zwei Oberflächen, die innere und die äußere, aufweisen, die sich nur durch die Normalenvektoren unterscheiden, muss dies für beide Flächen geschehen. Die Beschreibung der Modelloberfläche durch Dreiecke nennt man Triangulation oder Tessellation. Sie führt auf einen sogenannten STL-Datensatz[1)]. Dieser stellt de facto einen Industriestandard für die additive Fertigung dar, ist aber tatsächlich nicht standardisiert.

Dazu beigetragen hat die Tatsache, dass dieses Verfahren, lange bevor es für die additive Fertigung entdeckt wurde, zur Schattierung und damit zur Visualisierung von dreidimensionalen CAD-Gittermodellen diente. Entscheidend für die Etablierung des

[1] „STL“ steht für **S**tandard **T**ransformation **L**anguage.

STL-Formats als Schnittstelle zur additiven Fertigung war die frühzeitige Veröffentlichung der Schnittstellenformulierung. So konnte die STL-Schnittstelle, die seitdem als Stereolithographie- oder ungenau als Rapid Prototyping Schnittstelle bezeichnet wird, sowohl von allen Maschinenherstellern als auch von freien Softwarehäusern (Third-Party-Software) verwendet werden. Das kam insbesondere der Entwicklung von Spezialsoftware (z. B. Stützengeneratoren) zugute, die von unabhängigen Entwicklern angeboten wird und nachhaltig zur Anwenderfreundlichkeit der additiven Anlagen beigetragen hat.

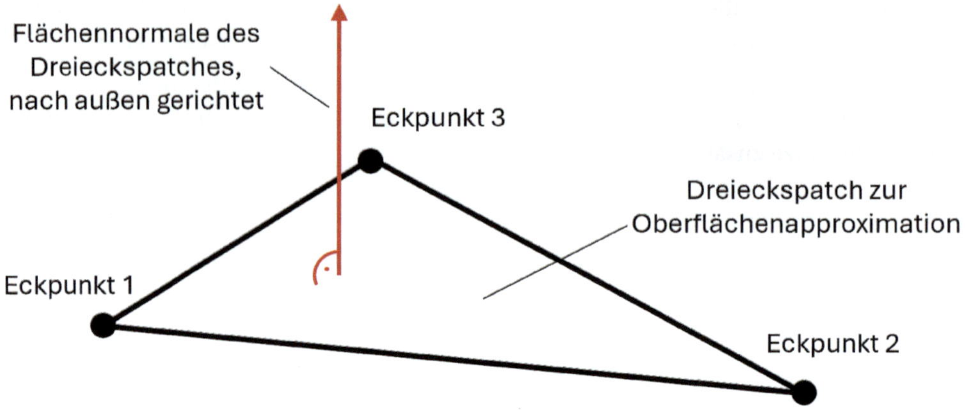

facet normal nx ny nz	Flächennormale Dreiecksfacette 1
outer loop	Beginn der Eckpunktdaten
vertex $v1_x$ $v1_y$ $v1_z$	Dreiecksfacette 1, Eckpunkt 1
vertex $v2_x$ $v2_y$ $v2_z$	Dreiecksfacette 1, Eckpunkt 2
vertex $v3_x$ $v3_y$ $v3_z$	Dreiecksfacette 1, Eckpunkt 3
endloop	Ende der Eckpunktdaten
endfacet	Ende Facettenbeschreibung

Eckpunkte als Gleitkommazahl in Mantisse-/Exponent-Darstellung, z.B. "3.245000e-002"

Bild 2.9 Definition eines Dreieckpatches im STL-Format und zugehöriger ASCII Datensatz [Hoffmann95], [BRITE/EuRAM94]

Der STL-Datensatz enthält den Normalenvektor (positive Richtung nach außen, vom Volumen weg) und die Koordinaten der drei Eckpunkte eines jeden Dreiecks (Bild 2.9). Er kann als ASCII- oder als Binärfile erstellt werden. Die Datenmenge ist bei Binärfiles wesentlich geringer, dafür sind ASCII-Files auch im Quellcode vergleichsweise leicht zu lesen und zu kontrollieren. Bild 2.9 zeigt ein solches Dreieckspatch und den zugehörigen ASCII Datensatz, der pro Dreieck von den Befehlen FACET und ENDFACET eingeschlossen wird.

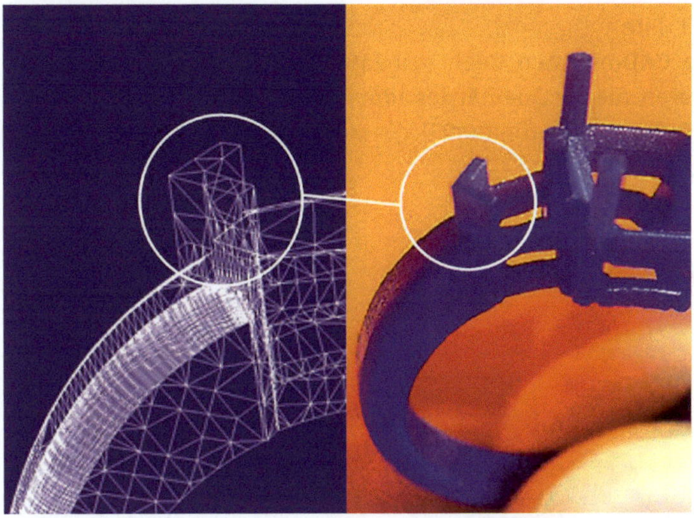

Bild 2.10 Triangulierte Oberfläche und zugehöriges additiv gefertigtes Bauteil
Quelle: 3D-Systems

Die mit Dreieckspatches überzogene, sogenannte triangulierte Oberfläche zeigt Bild 2.10 an einem realen Bauteil.

Die STL-Formulierung hat vor allem praktische Vorteile:

- Die einfache mathematische Beschreibung der Oberfläche durch Dreiecke ermöglicht das problemlose Schneiden an jeder beliebigen z-Koordinate, auch wenn das für die Konstruktion verwendete CAD-Programm nicht verfügbar ist. Die STL-Modelle lassen sich ohne Rückführung in das CAD-Programm beliebig skalieren.
- Da die Schnittstelle nur Datenelemente eines Typs aufweist, die mit relativ einfachen Mitteln beschrieben werden können, sind in der ASCII Version Syntaxfehler bei der Programmierung der Schnittstelle sehr leicht zu erkennen und zu eliminieren und stellen deshalb praktisch kein Problem dar.
- Im Gegensatz zu konturorientierten Schnittstellen lassen sich kleinere Fehler mit relativ geringem Aufwand reparieren. Hierbei ist es von Vorteil, dass ein Dreieck eine höherwertige Geometrieinformation beschreibt als der Vektor eines Konturzuges.

Die STL-Formulierung hat auch Nachteile:

- Sie erzeugt sehr große Datenmengen, insbesondere bei Verfeinerungen des Netzes, um z. B. die Oberflächengüte zu verbessern
- STL-Datensätze enthalten nur die Geometrieinformation und keine Informationen über Farbe, Texturen, Material oder sonstige Bauteileigenschaften

2.2.2.1.1 Fehler im STL-File

Bei der Umsetzung der CAD-internen Geometriedaten in STL-Files können unterschiedliche Fehler auftreten, die die Qualität des additiv gefertigten Bauteils zuweilen stark beeinträchtigen. Hoffmann [Hoffmann95] systematisiert sie wie folgt:

- Konstruktionsfehler,
- Umsetzungsfehler,
- Beschreibungsfehler.

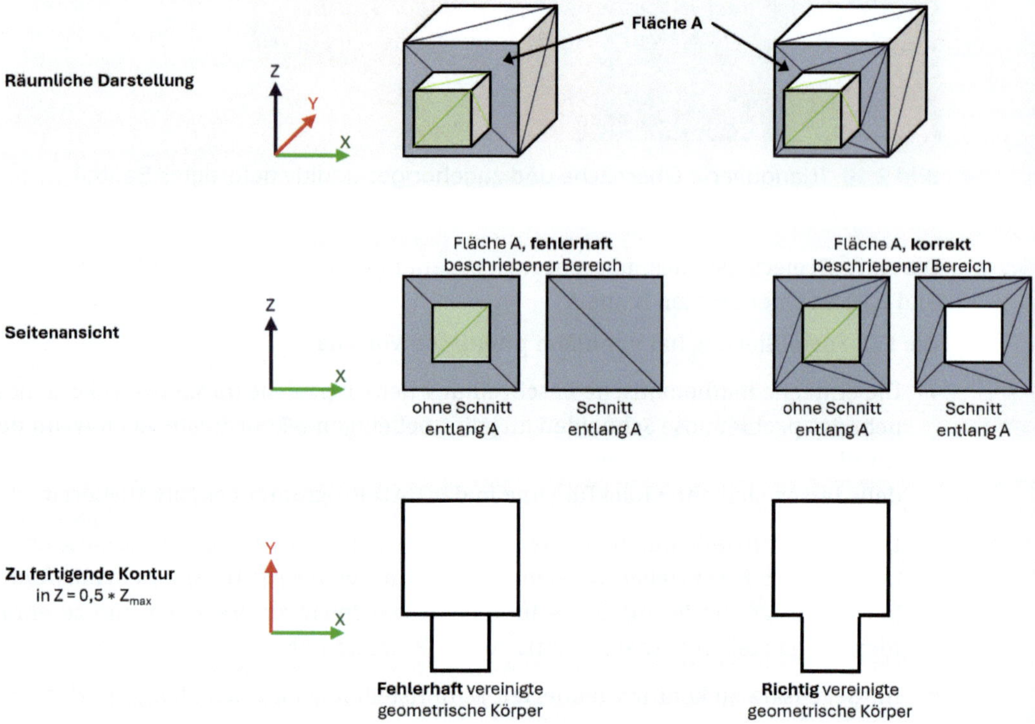

Bild 2.11 Auswirkungen fehlerhaft vereinigter geometrischer Körper [Hoffmann95]

Konstruktionsfehler konzentrieren sich auf überflüssige Daten im Inneren des Körpers, die unter anderem auf die fehlerhafte Vereinigung von Einzelelementen im CAD-System zurückzuführen sind (Bild 2.11). Daraus können sich Probleme für additive Verfahren ergeben. LLM-Verfahren fügen z. B. an diesen Stellen nicht erforderliche Schnitte ein. Die Folgen reichen von zusätzlichem Aufwand während des Bauprozesses bis zum Totalverlust des Teils. Bei den Polymerisations- und Sinterverfahren wirken sich diese Fehler nicht auf das Bauteil aus.

Umsetzungsfehler entstehen, weil die Annäherung der mathematisch exakten Kontur durch Dreiecke prinzipiell eine Ungenauigkeit darstellt, die von der Anzahl der Dreiecke abhängt. In Bild 2.12 (a) ist dieser Sekantenfehler am Beispiel der Annäherung eines Kreises durch vier (*f*/4), acht (*f*/8) oder zwölf (*f*/12) Sekanten dargestellt. Bild 2.12 (b) zeigt den Effekt am Beispiel der Modellierung der Oberfläche einer Kugel.

Bei genauerer Formulierung der Oberfläche, die durch die Erhöhung der Anzahl der Dreiecke erreicht wird, steigt die Datenmenge schnell enorm an. In einem veröffentlichten Beispiel wurde das Anwachsen um den Faktor 22 nachgewiesen [Donahue91]. Kritiker sehen dies als Nachteil der STL-Formulierung. Allerdings stellen alternative Verfahren, beispielsweise die konturorientierte Formulierung, die geschlossenen Kurven letztlich auch als Polygonzüge dar. Mit wachsender Anforderung an die Genauigkeit steigen die dieser Darstellung zugrunde liegenden Datenmengen ebenfalls enorm an.

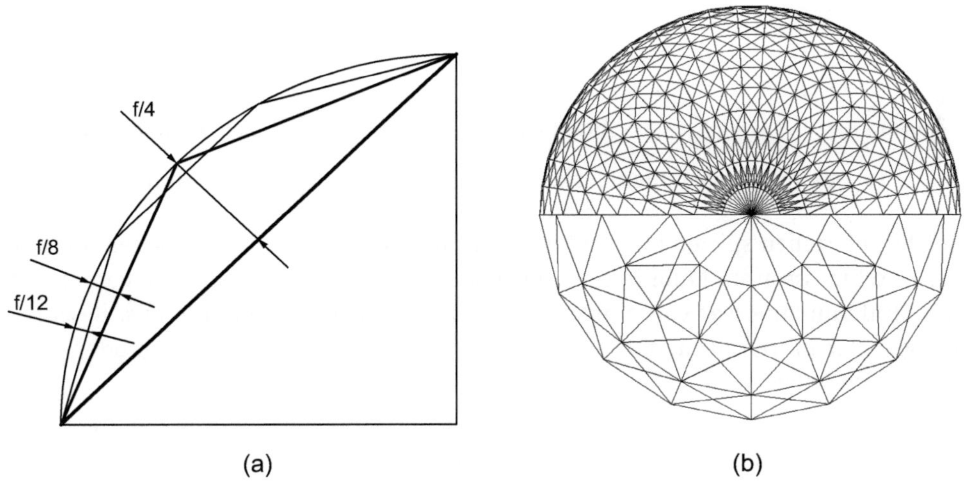

Bild 2.12 (a) Sekantenfehler bei der Annäherung eines Kreises durch 4 (*f*/4), 8 (*f*/8) oder 12 (*f*/12) Geradenabschnitte; (b) Einfluss der Anzahl der Dreiecke auf die Modellierung der Oberfläche einer Kugel (STL-Format)

In der Praxis ist die Feinheit der Triangulation meist kein Problem, wenn man sich an bewährte Voreinstellungen hält.

Beschreibungsfehler sind im Wesentlichen drei Ursachen zuzuordnen:

- Lücken zwischen Dreieckspatches (Berandungsfehler),
- Doppelte Dreieckspatches (Überlappungen),
- Falsche Orientierung einzelner Patches (Fehlorientierung).

Bild 2.13 zeigt diese Fehler schematisch.

Lücken (und *doppelte Dreieckspatches* als Sonderform einer Lücke) entstehen durch ungenaue Berandung von aneinandergrenzenden Patches. Bereits die ungleiche Auflösungsdichte von Geometrien kann an gegenüberliegenden Kanten zu Berandungsfehlern führen und die sogenannten „Naked Edges“ (nackte Kanten) verursachen.

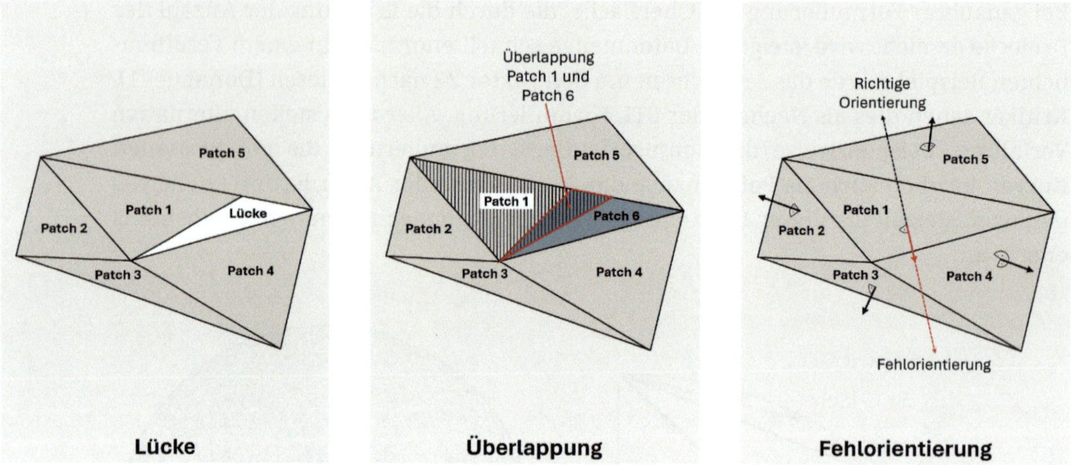

Bild 2.13 Beschreibungsfehler: Lücke, Überlappungen und Fehlorientierung

Solche Fehlstellen spielen bei der Visualisierung und auch beim Bearbeiten mit Fräser-Durchmessern im Millimeter-Bereich kaum eine Rolle. Beim Einsatz von Lasern mit Strahldurchmesser von einigen 1/10 mm wirken sie sich negativ aus. Beschreibungsfehler führen dazu, dass eine Fertigung nur mit Einschränkungen oder überhaupt nicht möglich ist.

Bei der *falschen Orientierung* von Flächen zeigt der Normalenvektor in das Innere des Bauteils. Während das menschliche Auge einzelne falsch orientierte Flächen richtig zuordnet, führt dies bei der Erzeugung der Maschinendatensätze in aller Regel zu Problemen. Innen- und Außenseite können nicht mehr unterschieden werden (Bild 2.13).

Alle Lücken im Datensatz müssen spätestens beim Erstellen der maschinenspezifischen Schichtinformationen geschlossen werden. Man spricht vom „Reparieren“ des Datensatzes. Dies geschieht routinemäßig automatisch mithilfe spezieller Module in der Frontend Software. Im Zuge einer semi-automatischen Reparaturstrategie kann ein Eingreifen per Hand schneller zu besseren Ergebnissen führen.

Reparaturmöglichkeiten haben aber Grenzen. Bei dem in Bild 2.14 (a) gezeigten Beispiel ist das Reparieren noch leicht möglich, wogegen die Schichtdaten für den in Bild 2.14 (b) gezeigten Fall mit Sicherheit nicht zu rekonstruieren sind und folglich mit Fehlern behaftete Bauteile entstehen werden. Am besten ist es natürlich, die Fehler durch eine entsprechend große Sorgfalt bei der Erstellung des CAD-Modells gar nicht erst entstehen zu lassen.

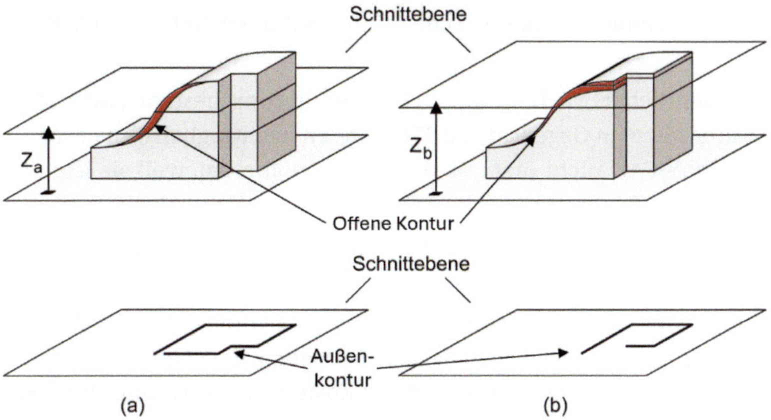

Bild 2.14 Einfluss nicht exakt berandeter Flächenmodelle auf die Erzeugung von Schichtmodellen

2.2.2.2 CLI-/SLC-Format

Die CLI-(SLI-, SLC-)Schnittstelle, auch konturorientierte Schnittstelle genannt, dient der Übernahme der Geometriedaten für die einzelne jeweils zu fertigende Schicht des Bauteils. Dabei stellt die CLI-Schnittstelle eine systemübergreifende, anlagenneutrale Form der Datenübergabe dar. Im Gegensatz dazu enthält ein Slice-(SLI-, SLC-)File anlagenspezifische Zusatzinformationen zu den geometrischen Grunddaten und ist nicht zwischen den verschiedenen additiven Fertigungssystemen austauschbar.

Alle konturorientierten Formulierungen legen die Konturschnitte direkt in die entsprechende Höhenkoordinate des 3D-CAD-Modells und schneiden am mathematisch exakten Objekt [Fockele94]. Es handelt sich somit um 2D-Informationen. In Anlehnung an die etablierte Plottersoftware werden auch Formate auf der Basis von HPGL-Files (Hewlett Packard Graphic Language) oder ähnlichen Standardformulierungen verwendet.

Die Schnitterzeugung erfolgt direkt im CAD, respektive in der Schicht. Die Informationen aus dem 3D-CAD reichen aus, um neben der Kontur auch direkt Schraffierungen angeben zu können und damit die Kontur vollständig zu beschreiben. Dabei werden äußere und innere Berandungen und Schraffierungen der Querschnittsflächen unterschieden (Bild 2.15).

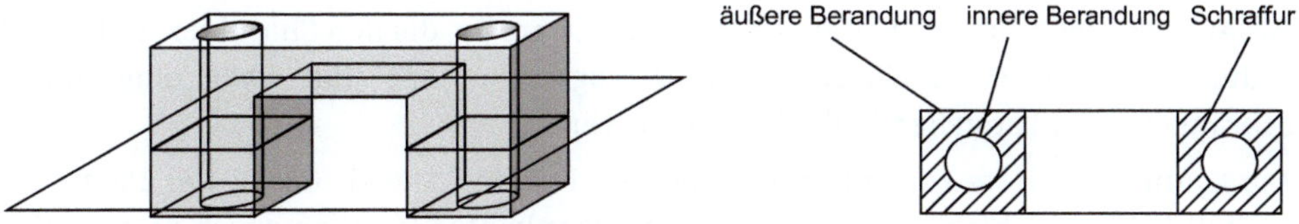

Bild 2.15 Direkte Konturgenerierung aus dem 3D-CAD-System

Dem Vorteil der direkten Generierung der Schichtinformationen stehen auch Nachteile gegenüber.

Ein in der Praxis wesentlicher Nachteil der SLC-Formulierung besteht darin, dass konturorientierte Datensätze im Gegensatz zu STL-Dateien nachträglich ohne erneute Bearbeitung im (Original-)CAD nicht mehr skaliert werden können, weil sie isolierte Schichtinformationen ohne Bezug zum Verlauf der Höhenkoordinate darstellen.

Auf die Schichtdaten kann ohne CAD nicht mehr im Sinne einer Optimierung des Bauteils eingewirkt werden.

Die alternative Übergabe der vollständigen CAD-Daten setzt voraus, dass im Bereich der additiven Fertigung das jeweilige CAD-System betrieben und beherrscht wird, was für mehr als zwei Systeme in der Regel schon aus Kostengründen als ausgeschlossen angesehen werden muss. Es bleibt dann nur der ebenfalls mit Fehlerrisiken behaftete Weg des Datentransfers auf andere CAD-Systeme.

Gegen die Übernahme des gesamten CAD-Datensatzes sprechen bei Auftragsfertigungen vor allem in der frühen Entwicklungsphase häufig auch Geheimhaltungsgründe, da auf diese Weise deutlich mehr Informationen weitergegeben werden, als für die additive Fertigung notwendig (und in der STL-Formulierung enthalten) sind.

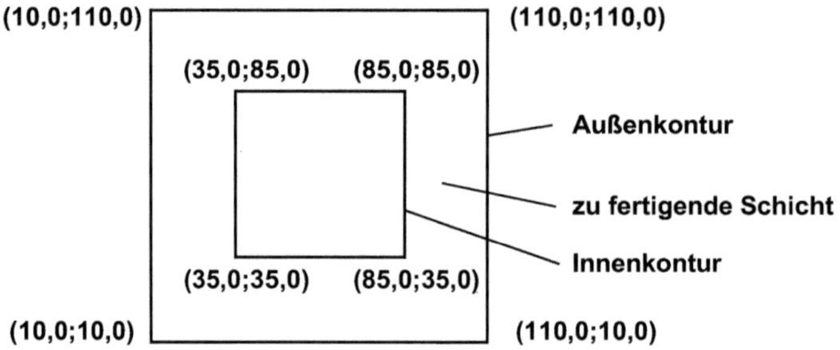


```
:                                                                        :
$$UNIT/0,01000                                                           Angabe aller Werte in 1/100 mm
:                                                                        :
$$LAYER/100                                                              Z-Höhe der Schicht 1,00 mm
$$POLYLINE/1,1,5,1000,1000,11000,1000,11000,11000,1000,11000,1000,1000   Außenkontur (Gegenuhrzeigersinn)
$$POLYLINE/1,2,5,3500,3500,3500,8500,8500,8500,8500,3500,3500,3500       Innenkontur (Uhrzeigersinn)
:                                                                        :
```

Bild 2.16 Darstellung von Konturen im CLI-Datenformat; Die Zahlenangaben erfolgen ganzzahlig, die Dimension dazu ist im Unit-Befehl vereinbart.

Als Ausweg bietet sich die neuere Frontend Software an, die den Charakter funktional reduzierter, flächenmodellierender CAD-Programme hat und über eine eingeschränkte aber ausreichende Funktionalität verfügt.

Die konturorientierte Formulierung folgt den Polyline-Anweisungen. Der Datensatz enthält für jede Schicht die Polylinien der Außenkontur (mathematisch positiv, also gegen den Uhrzeigersinn) und den der Innenkontur (mathematisch negativ) in 1/100 mm. Bei der Struktur des Datensatzes ist zu beachten (Bild 2.16):

- Vor den Polyline-Daten steht die z-Höhe der jeweiligen Schicht (Layer).
- In den Polyline-Anweisungen sind nur die x- und y-Koordinaten der einzelnen Punkte enthalten.
- Die Konturen müssen geschlossen sein (Anfangs- und Endpunkt sind identisch und jeweils anzugeben).
- Die Reihenfolge der Punkte entscheidet über die Art der Kontur (Innen-, Außenkontur) und damit über die Umsetzung auf der Modellbauanlage.
- In einer Ebene können beliebig viele Konturen existieren (Grundbedingung: eine Außenkontur muss vorhanden sein).
- Der Abstand der Schichten zueinander sollte konstant sein.

Im CLI-File sind die Schnittkonturen aller Bauebenen enthalten. Wichtig ist die eindeutige Definition von Innen- und Außenkonturen. Ist dies nicht gewährleistet, kann es beispielsweise bei der Stereolithographie dazu führen, dass das betreffende Werkstück nicht gefertigt werden kann, weil der Laserstrahl das Material nicht belichtet und damit nicht aushärtet (Bild 2.17).

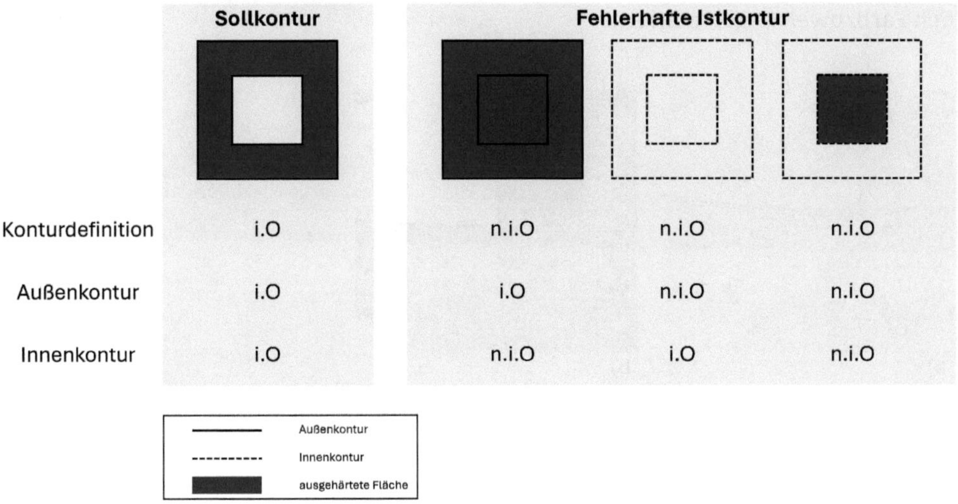

Bild 2.17 Fehler im CLI-File und ihre Auswirkungen auf das Bauteil [Hoffmann95]

Bei fehlerhafter Definition der Konturen wird auch ein fehlerhaftes Bauteil gefertigt. So führt eine fehlerhafte Außenkontur bei fehlerfreier Innenkontur dazu, dass das gesamte Volumen nicht gebaut wird. Eine fehlerhafte Innenkontur führt dazu, dass das innere Volumen gebaut wird, obwohl das Bauteil eigentlich hohl sein sollte (Bild 2.17).

2.2.2.3 PLY- und VRML-Format

Additive Fertigungsanlagen, die farbige Bauteile herstellen, unterschiedliche Materialien verarbeiten und solche, die zukünftig die Fertigung von Bauteilen mit kontinuierlich über den Querschnitt veränderlichen Eigenschaften ermöglichen werden (graded materials), können mit traditionellen geometrieorientierten STL-Datensätzen nicht angesteuert werden. Die STL-Datenstruktur bietet zwar durchaus Platz für zusätzliche Informationen, diese würden aber in jedem Fall immer das ganze Dreieck betreffen. In Bit-Maps abgespeicherte Farb- oder Materialinformationen oder kontinuierliche Änderungen der Eigenschaften sind aber auf diese Weise nicht darzustellen. Ansätze zur Erweiterung des STL-Formats [Swaelens99] haben sich daher bisher nicht durchgesetzt.

Insbesondere für die Herstellung farbiger Bauteile werden anstelle des STL-Formats heute das „Polygon-File"-Format (PLY), und das „Virtual Reality Modeling Language"-Datenformat (VRML) eingesetzt.

Hervorgegangen sind diese Formate aus der Entwicklung für interaktive Internet-Avatare, also weborientierte PC-Spiele mit virtuellen 3D-Welten und den damit verbundenen Charakter-Animationen für die darin beweglichen Figuren. Neben den triangulierten Hüllmaschen und den geometrischen Informationen werden zusätzlich Farbzuweisungen editiert.

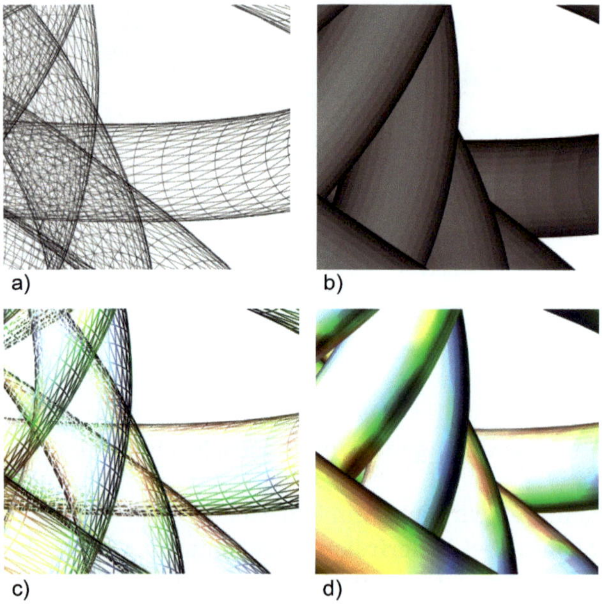

Bild 2.18 (a) Objektgeometrie als monochrome triangulierte Masche, (b) Lichtzuweisung, (c) Verrechnung von Farbtextur und Lichtreflexion auf die Dreiecksmasche, (d) Körper mit Beleuchtung und Texturierung
Quelle: FH Aachen, GoetheLab/F.-M. Schmidt

Das VRML-Datenformat wurde 1995 als Version 1.0 und 1997 als Version 2.0 entwickelt. VRML 2.0, gleichbedeutend mit der Bezeichnung VRML 97, bindet im Gegensatz zu seinem Vorgänger VRML 1.0, der quasi einen für das Internet geeigneten STL-Datenkomprimierer darstellte, neben einem weiten Spektrum von multimedialen Informationen auch die o. g. Farbinformationen (Bild 2.18) zur Objektgeometrie mit ein. VRML 97 ist seit Dezember 1997 ISO standardisiert (ISO/IEC DIS 14772-1, 1997) [VRML 97]. Es hat damit das Potenzial, die STL-Formulierung, die nur einen de facto Standard darstellt, auf längere Sicht abzulösen.

Farbinformationen haben dabei als verrechnete Algorithmen unterschiedlichste Ursprünge. Grundlage dafür sind Objektfärbung, Objektmaterialzuweisungen (Lumineszenz, Transparenz, Reflektion, Rauheit etc.), Objektbeleuchtung (Licht- bzw. Schattenarten) sowie die damit verbundenen Interaktionen nach optischen Gesetzen innerhalb einer virtuellen Szenerie (Radiosity-Raytracing). Diese Faktoren werden über die sogenannte Texturierung im Wesentlichen bei der Objektgeometrie über die Materialzuweisung geprägt (Bild 2.19).

Eine detaillierte Diskussion des VRML-Formates und seiner Wechselwirkung mit additiven Fertigungsanlagen findet sich in [Ming02].

Bild 2.19 Objektgeometrie mit unterschiedlichen Materialzuweisungen bei gleichem Beleuchtungszustand der Szenerie
Quelle: FH Aachen, GoetheLab/F.-M. Schmidt

2.2.2.4 AMF-Format

Das Additive Manufacturing File Format (AMF) ist ein Standard für Datensätze, die neben der Geometrie auch Informationen zu unterschiedlichen Materialien, Farben, Texturen und weiteren physikalisch-technologische Eigenschaften enthalten. Mit dem AMF können auch Maschinen angesteuert werden, die Materialmix, Textur und Farbe direkt im Prozess erzeugen. Das AMF-Format unterstützt damit die Fertigung mehrfarbiger Bauteile aus Gradientenmaterialien, oder mit Texturen oder Mikrostrukturen. Es wurde von der ASTM (American Society for Testing and Materials) als

ISO/ASTM 52915:2016, Specification for Additive Manufacturing File Format (AMF) Version 1.2 veröffentlicht [ASTM 52915].

Das Format ist XML-basiert und damit Plattform-unabhängig. Das AMF-Format ist kompatibel mit klassischen STL-Files, reduziert sich dann allerdings auf die Geometrie. Die einzelnen Funktionen werden durch Header im Datensatz aktiviert. Das AMF-Format ist auch vorwärtskompatibel in dem Sinne, dass es zukünftig Erweiterungen zulassen soll.

Es existieren fünf Hauptbefehle, welche die Geometrie, sowie die Eigenschaften des Modells definieren. Es ist möglich, einzelne Befehle sowohl auf das Gesamtbauteil, als auch auf einzelne Strukturelemente anzuwenden.

Im Folgenden werden die Befehle beschrieben:

1. <object> Dieser Befehl definiert ein oder mehrere Materialvolumina. Diese werden über Identifizierungsnummern eindeutig gekennzeichnet. In einer AMF-Datei muss mindestens ein Objekt vorhanden sein, mehrere sind optional für Baugruppen.

2. <material> Dies ist ein optionaler Befehl, welcher Materialien definiert, die anschließend bestimmten Volumina zugeordnet werden können. Verschiedene Materialien werden durch eine ID eindeutig definiert.

3. <texture> Auch der „texture“ Befehl ist optional und erlaubt die Zuordnung von Farben und Texturen
   a) Texture maps: Texture maps ordnen bestimmten Oberflächen oder Volumina Farben und Materialien zu. Dies funktioniert ähnlich wie die Texturierung im Grafikbereich.
   b) Farben: Farben werden über den rot, grün, blau und alpha-Kanal definiert. Jedem Kanal wird dabei ein Wert zwischen null und eins zugewiesen, welcher die Stärke der Farbe angibt. Diese Werte können als Konstanten vorliegen, oder als Formel von der geometrischen Lage abhängig gemacht werden. Der alpha-Kanal steuert die Transparenz und erlaubt das Durchscheinen von untergeordneten Farben. Das <color>-Element kann auf Materialien, Objekte, Volumina, Scheitelpunkte oder Dreiecke angewendet werden. Die Rangfolge der Farben ist genau umgekehrt, sodass beispielsweise die Farbe eines Dreiecks die höchste Priorität besitzt.

4. <constellation> Falls innerhalb der AMF-Datei mehrere Bauteile vorhanden sind, gibt der „constellation“-Befehl an, in welcher Reihenfolge die Bauteile gedruckt werden sollen.

5. <metadata> Innerhalb des „metadata“-Bereichs können zusätzliche Informationen, wie beispielsweise. Autor, Projektname, Copyright, verwendetes CAD-System, etc. angegeben werden.

6. Neben den einfachen geradlinigen Kanten der STL-Dreiecke, besitzt das AMF-Format die Möglichkeit von gebogenen Dreieckskanten, welche eine bessere Approximation der Geometrie ermöglichen. Dadurch wird eine Reduktion der Datenmenge, bei gleichbleibender Geometrieauflösung möglich.

AMF ist frei verfügbar und trägt dazu bei, die Anzahl von proprietären Lösungen nicht weiter ansteigen zu lassen und einen der größten Vorteile der STL-Formatierung zu bewahren: den maschinenunabhängigen Einsatz.

Weitere Vorteile liegen in zusätzlichen Funktionen, wie beispielsweise der Definition von Längeneinheiten, Kompatibilität mit FE-Anwendungen (Finite Elemente), Begrenzung der Anzahl der möglichen Drucke, Informationen über die Bauraumorientierung, Passwortverschlüsselung, etc.

Mit der Entwicklung des AMF-Formates wurden die größten Nachteile des STL-Formates eliminiert. Es basiert aber weiterhin auf Dreiecken. Durch neue Kompressionsalgorithmen wurde die Datenmenge reduziert, die grundlegenden Nachteile der STL-Formulierung bleiben aber.

2.3 Physikalische Prinzipien zur Erzeugung der Schicht

Alle *additiven Fertigungsverfahren* arbeiten heute diskret in zwei Teilschritten, die, je nach Verfahren, sequenziell oder simultan ablaufen:

1. Generieren einer Schicht (*x*-*y*-Ebene).

2. Verbinden dieser Schicht mit der vorhergehenden (*z*-Richtung).

Der Aufbau in *z*-Richtung, also das Fügen der Einzelschichten, erfolgt mit Ausnahme der meisten Schicht-Laminat-Verfahren in der gleichen Weise, wie der Aufbau in *x*-*y*-Richtung: Die notwendige Energie, respektive Bindermenge, wird so bemessen, dass nicht nur die Schicht selber, sondern darüber hinaus auch ein Teil der vorhergehenden Schicht beeinflusst und auf diese Weise mit der neuen Schicht verbunden wird. Bei den Schicht-Laminat-Verfahren werden die Schichten aus Folien mit vorgegebener Stärke (*z*-Inkrement) ausgeschnitten und aufeinander geklebt, miteinander verschweißt oder anderweitig gefügt.

Heute bekannte oder sichtbare kontinuierlich arbeitende Verfahren (vergleiche Abschnitt 2.1 „Verfahrensgrundlagen“) arbeiten nach den gleichen Prinzipien, die bei der diskreten Schichtherstellung verwendet werden. Dabei laufen der Aufbau in *x*-*y*-Richtung und der in *z*-Richtung simultan ab.

Zur Umsetzung des additiven Prinzips eignen sich mehrere grundsätzlich unterschiedliche physikalische Verfahren. Zur systematischen Betrachtung hat sich die Differenzierung nach dem Aggregatzustand des Ausgangsmaterials bewährt und zwar so, wie es in die Maschine eingebracht wird:

1. Generieren aus der flüssigen Phase (Abschnitt 2.3.1)
   - Verfestigung, vorzugsweise durch Polymerisation flüssiger oder teigiger Materialien (laser- oder lampengestütze Stereolithographie, Polymerdrucken).
2. Generieren aus der festen Phase (Abschnitt 2.3.2)
   - An- oder Aufschmelzen und Verfestigen von Pulvern, Pulvermischungen oder Granulaten (Sinter- und Schmelzverfahren),
   - Ausschneiden oder Ausfräsen aus Folien, Bändern oder Platten (Schicht-Laminat-Verfahren),
   - An- oder Aufschmelzen und Verfestigen von festen Materialien (Extrusionsverfahren),
   - Verkleben von Granulaten oder Pulvern durch Binder (3D Printing-Verfahren).
3. Generieren aus der Gasphase (Abschnitt 2.3.3)
   - Physikalisches Abscheiden aus Aerosolen,
   - Chemisches Abscheiden aus der Gasphase.

2.3.1 Generieren aus der flüssigen Phase

Als unter Umgebungsbedingungen flüssige Ausgangsmaterialien werden im Bereich der additiven Fertigung zurzeit nur un- oder niedrigvernetzte Monomere vom Typ Acrylat, Epoxidharz oder Vinyletherharz eingesetzt. Sie werden durch ultraviolette Strahlung lokal vernetzt und bilden so feste Schichten und Bauteile. Die Verfahren werden als Photopolymerisation (oft nur: Polymerisation), Stereolithographie bezeichnet.

2.3.1.1 Photopolymerisation – Stereolithographie (SL)

Alle Verfahren, die auf der Verfestigung von flüssigen Monomeren basieren, arbeiten nach dem Prinzip der (Photo-) Polymerisation. Verwendet werden zähflüssige, un- oder niedrig vernetzte Monomere, die mit geeigneten Photo-Inhibitoren durchsetzt sind. Bei ultravioletter Bestrahlung setzt spontan eine Polymerisation ein, infolge der das flüssige Monomer zu einem festen Polymer reagiert. Dieser Prozess, der mit allen UV-Lichtquellen, also auch mit Lampen und grundsätzlich auch mit Sonnenlicht abläuft, wird für die besonderen Belange der additiven Fertigung bezüglich der Belichtungsstrategie modifiziert:

Beim *Laser-Scanner-Verfahren*, der ältesten und auch heute noch genauesten Methode, bildet ein feiner Laserstrahl die Kontur des jeweiligen Querschnitts auf der Oberfläche eines Harzbades ab und erzeugt so örtlich die notwendige kritische Energiedichte zur Polymerisation und damit die gewünschte Verfestigung. Bei heutigen industriellen Verfahren liefert ein einziger Laserstrahl im Fokus die benötigte Energie. Insbesondere in der Mikrotechnik wird auch das Zwei-Photonen-Verfahren angewandt, bei dem die kritische Energie im Kreuzungspunkt von zwei einzelnen jeweils unterkritischen Laserstrahlen erzeugt wird.

Bei den *Maskenverfahren* gibt es zwei Varianten: Beim Lampe-Maske-Verfahren wird der gesamte Querschnitt auf eine transparente Maske abgebildet und mithilfe starker UV-Lampen durch diese Maske auf die Oberfläche des Harzbades projiziert. Beim Projektionsverfahren erfüllt ein leistungsstarker Projektor (Beamer) beide Funktionen und projiziert die Schichtinformation direkt auf die zu belichtende Fläche.

Beim *Druckkopf-Lampe-Verfahren* (Polymer Printing) wird das Baumaterial mittels Druckkopf der Kontur entsprechend aufgebracht und direkt im Anschluss daran mittels einer UV-Lampe polymerisiert.

2.3.1.2 Grundlagen der Polymerisation

Unter Polymerisation versteht man eine Kettenreaktion, bei der ungesättigte Moleküle zu Makromolekülen (Polymeren) reagieren [Michaeli06]. Dadurch entsteht aus einem Gemisch von Einzelmolekülen (Monomeren) ein vernetztes Makromolekül, der ausgehärtete Kunststoff.

Die Monomere bestehen zumeist aus Kohlen-Wasserstoff-Verbindungen und besitzen durch Wärme oder Katalysatoren aufspaltbare Doppelbindungen. Es erfolgt eine Kettenreaktion, in deren Verlauf sich die Monomere zu Polymerketten verbinden. Je nach Art der reaktionsfähigen Teilchen, die die Polymerisation auslösen, unterscheidet man in radikalische, kationische und anionische Polymerisation. Für den Einsatz als Additive Manufacturing-Verfahren relevant sind die radikalische und die kationische Polymerisation. Man unterscheidet dabei drei Phasen der Polymerisation:

- Startreaktion,
- Kettenfortpflanzungsreaktion,
- Abbruchreaktion.

In der Startreaktion zerfallen im Harz enthaltene Initiatoren durch äußere Energiezufuhr in ihre Radikale mit einem einzelnen, ungepaarten Elektron auf der äußeren Schale [Christen94]. Da das Teilchen bemüht ist, einen Partner für sein Elektron zu finden, sind Radikale extrem reaktionsfreudig.

In der Kettenfortpflanzungs- oder auch Wachstumsreaktion reagieren die Radikale mit dem doppeltgebundenen Kohlenstoff im Monomer. Durch die Aufspaltung der Doppelbindung erhält das Monomer auf einer Seite ebenfalls ein alleinstehendes Elektron auf der äußeren Schale. Die neue Gruppe reagiert weiter mit anderen Monomeren, wodurch sich lange Polymerketten bilden. Durch die Abbruchreaktion wird die Kettenreaktion gestoppt. Der Abbruch erfolgt durch:

- Zusammenschluss zweier Polymerketten zu einer Kette,
- Reaktion der Polymerkette mit dem Radikal eines Initiators,
- Übertragung eines Wasserstoffatoms zu einem Makroradikal,
- Eliminierung eines bindungsfähigen Wasserstoffatoms.

Der Verfestigung von Acrylaten liegt die *radikalische Polymerisation* zugrunde. Acrylate wurden aufgrund ihrer gegenüber Epoxidharzen höheren Reaktivität in den Anfängen der additiven Fertigung (Stereolithographie) fast ausschließlich verwendet, im Zuge der Weiterentwicklung der Systeme, vor allen Dingen von leistungsstarken Lasern, aber zunehmend von den Epoxidharzen verdrängt, die höhere Genauigkeiten aufgrund eines geringeren Schrumpfes bieten. Mit der Verbreitung von Polymerdrucker-Systemen und Maskenverfahren, die Lampen mit gegenüber Lasern deutlich geringerer Intensitäten verwenden, gewinnen Materialien auf Acrylatbasis wieder an Bedeutung.

Die Bildung von Monomeren zu Polymeren ist am Beispiel der Polymerisation von Ethylen zu Polyethylen verdeutlicht (Bild 2.20).

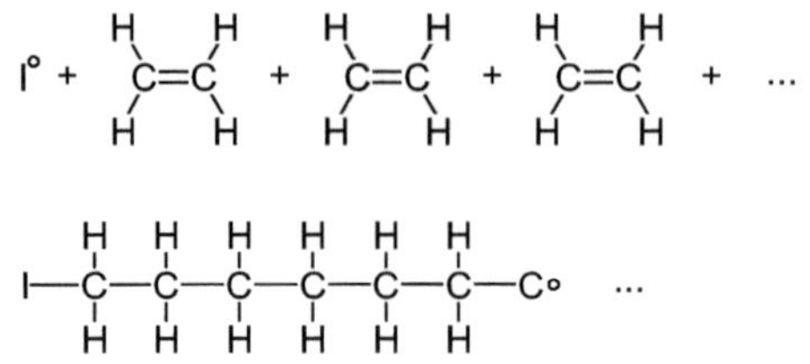

Bild 2.20
Polymerisation von Ethylen zu Polyethylen

Der *kationischen Polymerisation* liegen am Kettenende immer positiv geladene Ionen (Kationen) vor. Innerhalb der Startreaktion werden aus einem Katalysator Kationen gebildet. In den meisten Fällen handelt es sich bei den Katalysatoren um Säuren.

Bei der Wachstumsreaktion bildet sich eine ionische Verbindung zwischen dem Kation und dem Monomer. An dem nun ebenfalls kationischen Kettenende können sich weitere Monomere anlagern.

Der Kettenabbruch erfolgt durch Anlagerung eines Anions aus dem Katalysator. Ein Kettenabbruch durch den Zusammenschluss zweier Polymerketten zu einer kann nicht auftreten, da alle reaktiven Enden der Ketten positiv geladen sind.

Ein Beispiel für die kationische Polymerisation ist die Bildung von Polyisobutylen aus Isobutylen (Bild 2.21).

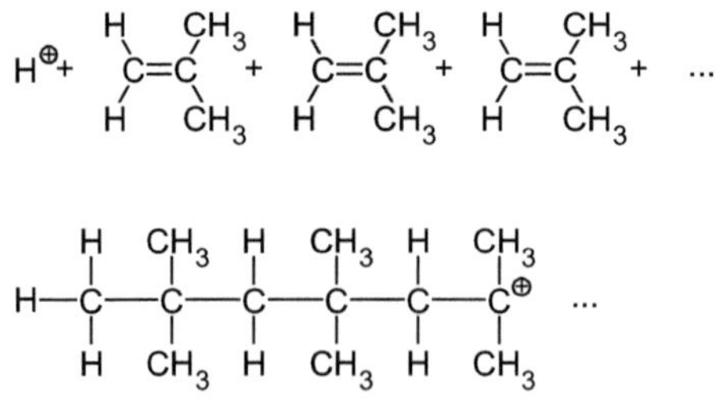

Bild 2.21
Polymerisation von Isobutylen zu Polyisobutylen

Die kationische Polymerisation ist Basis der Verfestigung von Epoxidharzen und Vinyletherharzen zugrunde.

Bei der Stereolithographie ist es notwendig, die Polymerisation räumlich zu begrenzen, um gezielt einzelne Regionen aushärten und damit detailreiche Bauteile herstellen zu können. Dem Monomer wird dazu ein Initiator beigemengt, der durch den Einfluss eines Photons einer bestimmten Wellenlänge in zwei Radikale beziehungsweise Ionen zerfällt. Da die Polymerisation nur mithilfe der Radikale beziehungsweise Ionen gestartet werden kann, bleibt sie lokal auf die Bereiche beschränkt, die dem Einfluss der Photonenstrahlung ausgesetzt sind.

Der Wachstumsreaktion wirkt eine Abbaureaktion entgegen, durch die die Monomere von den Polymerketten abgespalten werden. Die Geschwindigkeit der Abbaureaktion steigt mit der Temperatur, sodass bei einer Grenztemperatur, der sogenannten *Ceiling-Temperatur*, Wachstum und Abbau sich die Waage halten. Da Polymerisationsreaktionen stark exotherm (50 bis 100 kJ/Mol^{-1}) verlaufen, müssen große Polymerisationsanlagen ständig gekühlt werden, um unterhalb der Ceiling-Temperatur zu bleiben. Eine Kühlung des Harzes wird bei additiven Fertigungsanlagen nicht benötigt, da die hier polymerisierten Mengen bei heutigen Bauraten zu gering sind. Um eine für das Fließverhalten des Harzes günstige Verarbeitungstemperatur von circa 25 bis 30 °C zu erreichen, müssen jedoch kontrollierte Umgebungsbedingungen eingestellt werden, die auch die Luftfeuchtigkeit einschließen und in der Praxis eine aufwendige Klimatisierung erfordern.

Neben dem Begriff des Polymerisationsgrades gibt es die sogenannte Polymerisationsrate. Sie beschreibt den Anteil von nicht an der Polymerisation beteiligten Monomeren an der Gesamtmasse. Im Gegensatz zum Polymerisationsgrad sinkt die Polymerisationsrate mit steigender Viskosität.

Bei der Verfestigung der Monomere zu Polymerketten tritt eine Verdichtung des Materials auf, das Harz schrumpft. Durch diesem Schrumpf entstehen Spannungen im verfestigten Harz, die zu Verzug und Rissbildung führen können. Die Größe des linearen Schrumpfes liegt für Epoxidharze bei circa 0,06 % und für Acrylate bei circa 0,6 %.

2.3.1.2.1 Laserinduzierte Polymerisation

Das partielle Polymerisieren mittels Laserstrahlung nimmt unter den Verfahren eine Sonderstellung ein. Es ist die Grundlage der Laser-Stereolithographie und historisch die Wurzel allen Additive Manufacturing – und damit auch aller additiven Verfahren.

Im Folgenden werden einige Besonderheiten diskutiert, die sich aus der Anwendung von Laserstrahlquellen zur Photopolymerisation ergeben.

Tiefe der Aushärtespur

Der lokale Polymerisationsgrad und die Polymerisationsrate sind abhängig von der Anzahl der Photonen, die einen bestimmten Wirkungsquerschnitt im Harz passieren und somit potenziell mit den Initiatoren reagieren.

Ab einer kritischen Flächenenergie E_C (Critical Energy) reagieren so viele Photonen mit dem Harz, dass dieses vom flüssigen in den festen Zustand überführt wird. Dieser Umwandlungspunkt wird Gel-Punkt genannt. Das Harz besitzt zunächst noch keine mechanische Stabilität. Erst bei Vergrößerung der Flächenenergie ist das Harz für eine mechanische Belastung ausreichend polymerisiert. Die Grenzfläche im Harz zwischen festem und flüssigem Zustand wird durch die Fläche gebildet, in der die Flächenenergie E genau der Schwellenergie E_C entspricht.

Für die durchschnittlich eingestrahlte Flächenenergie auf der Harzoberfläche ($z = 0$), die auch die maximale auf die Harzoberfläche einwirkende Energie darstellt, gilt:

$$E_{max} = \frac{P_L}{v_s \cdot h_s} \tag{2.1}$$

mit

E_{max} = Flächenenergie auf der Oberfläche bei $z = 0$

P_L = Mittlere Laserleistung

v_s = Geschwindigkeit des Laserstrahls

h_s = Schraffurabstand.

Die Absorption im Harz gehorcht der Beer-Lambertschen-Gleichung:

$$E(z) = E_{max} \cdot \exp\left(-\frac{z}{D_p}\right) \tag{2.2}$$

mit

$E(z)$ = Flächenenergie in der Tiefe z

E_{max} = Flächenenergie auf der Oberfläche bei $z = 0$

D_p = Optische Eindringtiefe des Harzes.

Die optische Eindringtiefe D_p eines Materials ist definiert als die Weglänge, nach der die Intensität eines eindringenden Strahls auf den $1/e$-fachen Teil beziehungsweise seine Energie auf den $1/e^2$-fachen Teil abgesunken ist.

Mithilfe der Beer-Lambertschen-Gleichung und der Definition der Schwellintensität E_c folgt die Einhärtetiefe C_d (*Cure Depth*), bis zu der das Harz ausgehärtet wird:

$$C_d = z(E_c) = D_p \cdot \ln\left(\frac{E_{max}}{E_c}\right) \tag{2.3}$$

Mit der ersten Verknüpfung zwischen Laserleistung und Energie auf der Oberfläche folgt:

$$C_d = D_p \cdot \ln\left(\frac{P_L}{v_s \cdot h_s \cdot E_c}\right) \tag{2.4}$$

Da C_d proportional zum Logarithmus von E_{max} ist, ergibt sich bei halblogarithmischer Darstellung eine Gerade. Die Steigung der Geraden wird durch den Wert von D_p gekennzeichnet. Die kritische Energiedichte, bei der die Einhärtetiefe 0 wird, ergibt sich aus dem Schnittpunkt der Geraden mit der Abszisse. Da die Kurve nur von den Harzkonstanten E_c und D_p sowie der maximalen Energiedichte abhängt, ist sie für eine bestimmte Harzart charakteristisch. Sie wird auch als Arbeitskurve bezeichnet und ist Bild 2.22 für ein Beispielharz dargestellt [Heller95].

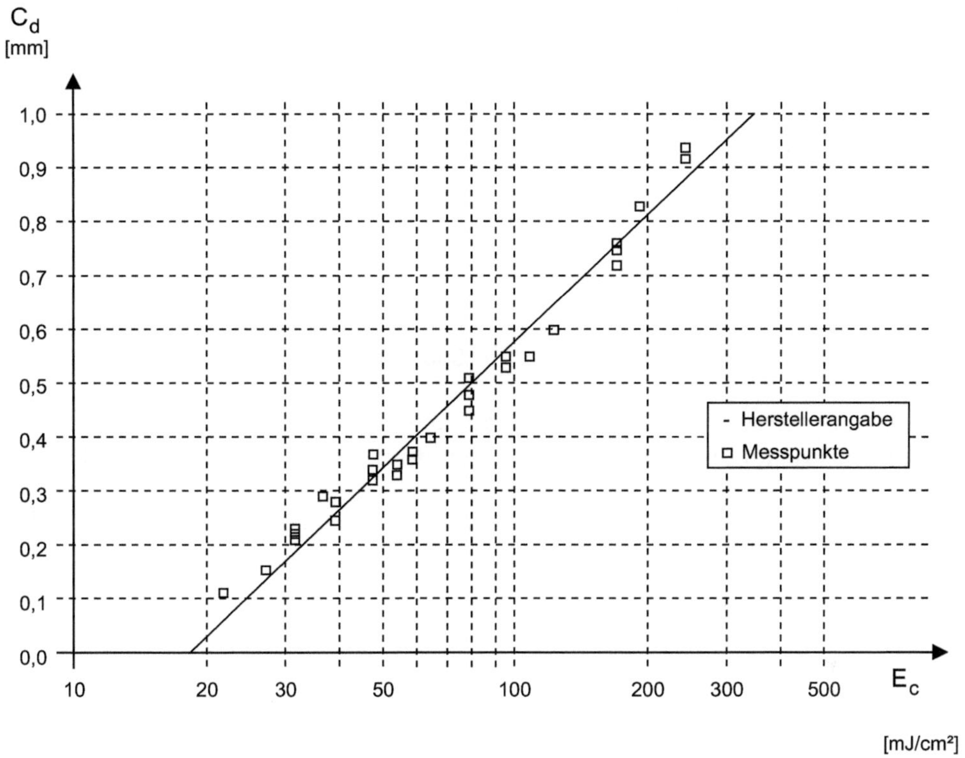

Bild 2.22 Einhärtetiefe (C_d) in Abhängigkeit der Flächenenergie (E_c) und der Harzparameter, Arbeitskurve für das Harz HS 660[2)]

Mit vorgegebenen Harzparametern E_c, D_p und konstanter Laserleistung P_L kann über die Geschwindigkeit des Lasers die Einhärtetiefe des Harzes festgelegt werden.

[2] Das Harz HS 660 hat heute keine technische Bedeutung mehr. Bild 2.22 zeigt aber sehr schön die prinzipiellen Zusammenhänge, die analog auch für aktuelle Harze gelten.

Geometrie der Aushärtespur

Neben der Einhärtetiefe spielt die Breite und Form der ausgehärteten Spur eine Rolle. Bei dieser Berechnung kann man nicht mehr von einer über der Spur gemittelten Flächenenergie ausgehen, sondern muss die Intensitätsverteilung im Gauß-Strahl berücksichtigen. Hierfür wird ein Koordinatensystem mit der x-Achse in Richtung des Geschwindigkeitsvektors des Lasers und der z-Achse in Strahlrichtung verwendet. Die von der x- und der y-Achse aufgespannte Ebene fällt mit der Harzoberfläche zusammen. In den Nullpunkt wird eine Schnittebene gelegt, auf der die Kontur der Aushärtespur berechnet werden soll. Die Entfernung zwischen dem Mittelpunkt des Laserstrahls und einem Punkt Q auf der Schnittebene wird mit r bezeichnet (Bild 2.23).

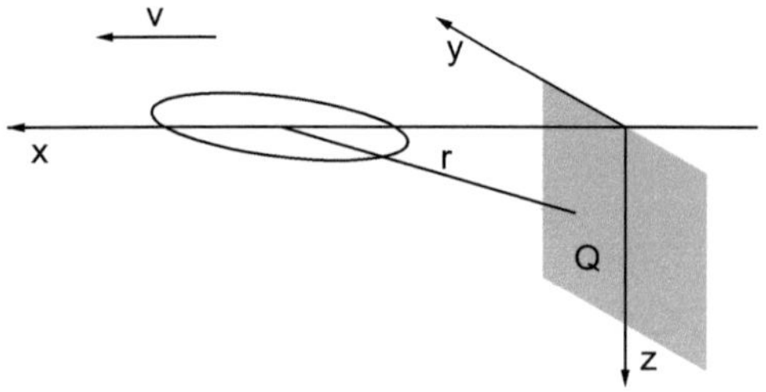

Bild 2.23
Koordinatensystem zur Berechnung der Spurgeometrie

Für die Intensitätsverteilung im Gauß-Strahl und mit der Beziehung zwischen der Intensität im Strahlmittelpunkt I_0 und der Laserleistung P_L bei einem Gauß-Strahl

$$I_0 = \frac{2 \cdot P_L}{\pi \cdot \omega_0^2} \tag{2.5}$$

mit

ω_0 = Strahlradius auf der Harzoberfläche

folgt:

$$I(r,0) = \frac{2 \cdot P_L}{\pi \cdot \omega_0^2} \cdot \exp\left(\frac{-2 \cdot r^2}{\omega_0^2}\right) \tag{2.6}$$

Die Flächenenergie an einem Ort auf der Schnittebene ($y, z = 0$), über den ein Laserstrahl der Intensität $I(r,0)$ fährt, ist gleich der zeitlichen Integration über die Intensität. Durch Ersetzen von I_0 entsprechend Formel 2.5 folgt die Flächenenergie auf der Harzoberfläche.

Die Begrenzungsfläche verläuft genau dort, wo $E(y,z)$ gleich der Schwellenergie E_c ist. Durch Gleichsetzen von $E(y^*,z^*) = E_c$ und Umformen erhält man:

$$\left(\frac{2}{\omega_0^2}\right) \cdot y^{*2} + \left(\frac{1}{D_p}\right) \cdot z^* = \ln\left[\sqrt{\frac{2}{\pi}} \cdot \left(\frac{P_L}{\omega_0 \cdot v_s \cdot E_c}\right)\right] \tag{2.7}$$

Formel 2.7 ist die Definition einer Parabel. Die Aushärtespur besitzt also die Geometrie eines parabolischen Zylinders, wie er in Bild 2.24 dargestellt ist. Gepulste Laser erzeugen Rotationsparaboloiden, sogenannte Voxel.

Aus Formel 2.7 lassen sich auch die Zusammenhänge für die Spurbreite L_W und die Einhärtetiefe C_d herleiten [Jacobs92], [Faßbender94].

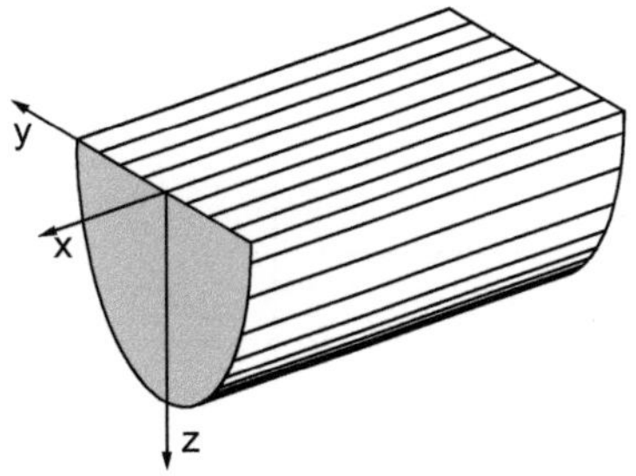

Bild 2.24
Parabolische Form der Aushärtespur bei Einwirkung eines Gauß-Strahls auf ein Photopolymer

Optimierung der Schichtdicke

Mit dem Wissen über die Geometrie der Aushärtespur lässt sich eine Schichtdicke ermitteln, bei der die Zeit zum Aushärten eines bestimmten Volumens minimal wird. Um das Volumen sinnvoll mit parabolischen Aushärtespuren zu belegen, wird angenommen, die Aushärtespur besitze einen Abstand zur unteren Schicht und zur benachbarten Spur von jeweils 0,02 mm.

Mit d als Schichtdicke ergibt sich für die Zeit zum Aushärten eines bestimmten Volumens folgende Proportionalität:

$$T \sim \frac{1}{v_s \cdot d \cdot (L_W + 0,02\text{mm})} \tag{2.8}$$

Mit der Einhärtetiefe $C_d = d - 0{,}02$ mm und Einsetzen der Beziehung für die Spurbreite L_w ergibt sich:

$$T \sim \left\{ d \cdot \sqrt{\frac{2}{\pi}} \cdot \frac{P_L}{\omega_0 \cdot E_c} \cdot \exp\left(-\frac{d - 0,02\text{mm}}{D_p} \right) \cdot \left[\frac{\omega_0}{\sqrt{2}} \cdot \sqrt{\frac{d - 0,02\text{mm}}{D_p}} + 0,02\text{mm} \right] \right\}^{-1} \tag{2.9}$$

Formel 2.9 ist in Bild 2.25 grafisch dargestellt. Das Minimum der Funktion liegt für eine angenommene optische Eindringtiefe von $D_p = 0{,}25$ mm bei $d = 0{,}3706$ mm. Da nur Proportionalitäten untersucht wurden, ergeben sich für die Ordinate keine Absolutwerte.

Die Eindringtiefe D_p der verschiedenen Harze bewegt sich mit 0,2 bis 0,3 mm in der Größenordnung der technisch sinnvollen maximalen Schichtdicken von 0,1 bis 0,5 mm.

Möchte man größere Schichtdicken erzielen, muss die Flächenenergie erhöht werden, was auf Kosten der Scangeschwindigkeit geht. Das Ziel ist aber, möglichst dünne Schichten mit einer möglichst hohen Scangeschwindigkeit zu belichten. Um diese zu erhöhen wird versucht, Harze mit größerer optischer Eindringtiefe verfügbar zu machen. Wie im Folgenden beschrieben wird, hat die Veränderung der Eindringtiefe auch einen Einfluss auf die Bauteilfestigkeit.

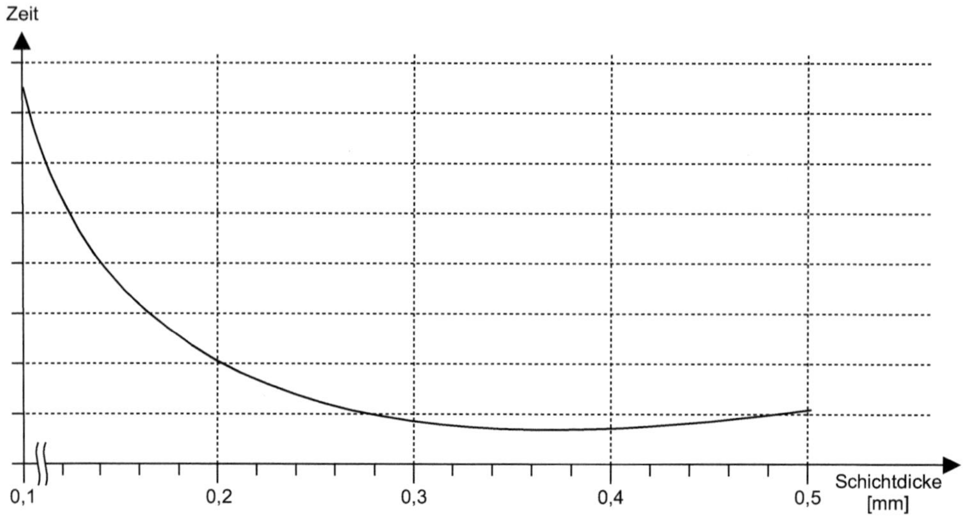

Bild 2.25 Zum Aushärten benötigte Zeit in Abhängigkeit der Schichtdicke

Bei der Verwendung von Harzen mit größerer optischer Eindringtiefe muss insbesondere in Kombination mit Lasern höherer Leistung beachtet werden, dass sich Streustrahlungen sehr viel leichter als bisher in Form von unerwünschten Polymerisationen auswirken können und so die Bauteilgenauigkeit, aber vor allen Dingen die Alterung des Harzes, negativ beeinflussen.

Einfluss der Eindringtiefe auf die Bauteilfestigkeit

Durch eine größere optische Eindringtiefe D_p des Harzes wird bei gleicher vorgegebener Einhärtetiefe C_d die benötigte Flächenenergie auf der Harzoberfläche herabgesetzt. Demzufolge werden weniger Photonen absorbiert und die Polymerisationsrate sinkt, was eine Verringerung der Bauteilfestigkeit mit sich bringt. Als hierfür relevante Größe wird die Überschussenergie E_x eingeführt. Sie ist ein Maß für die Energie, die über E_c hinaus für die Polymerisation zur Verfügung steht. Eine sinnvolle Definition für E_x gibt Formel 2.10 [Jacobs92].

$$E_x = \left(\frac{1}{C_d}\right) \cdot \int_0^{C_d} [E(z) - E_c] \cdot dz \tag{2.10}$$

Nach Einsetzen von Formel 2.2 ergibt sich:

$$\frac{E_x}{E_c} = \left(\frac{D_p}{C_d}\right) \cdot \left[\exp\left(\frac{C_d}{D_p}\right) - 1\right] - 1 \tag{2.11}$$

Die Funktion ist in Bild 2.26 grafisch dargestellt. Aus Formel 2.11 und Bild 2.26 ergeben sich folgende grundlegenden Beziehungen:

- Die Überschussenergie ist direkt proportional zur kritischen Energie E_c. Wird E_c gesenkt, um kürzere Bauzeiten zu erzielen, ergibt sich daraus eine direkte Verminderung der Festigkeit im Grünzustand.
- Durch Verringerung der Eindringtiefe oder Erhöhung der Schichtdicke steigt die Grünfestigkeit. Der Effekt tritt besonders stark bei Werten von $C_d/D_p > 3$ auf.

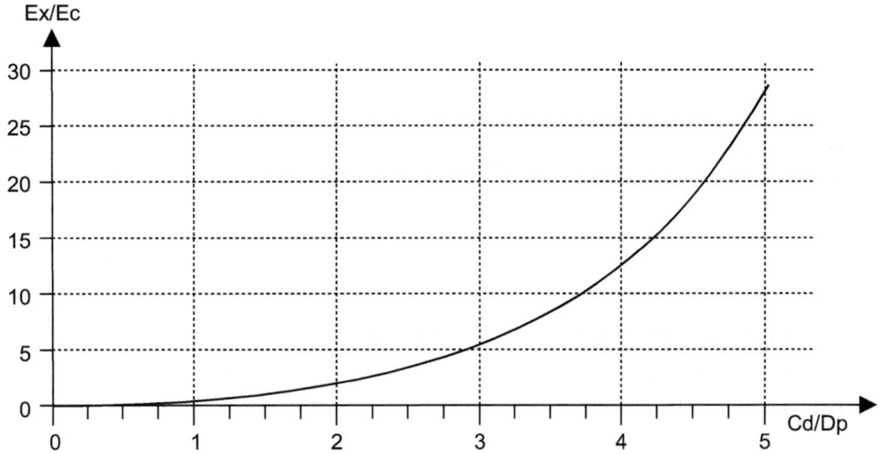

Bild 2.26 Überschussenergie in Abhängigkeit der Einhärtetiefe und der optischen Eindringtiefe

Die diskutierten grundsätzlichen Zusammenhänge gelten für alle Photopolymerisationsverfahren, insbesondere für die lasergestützten Stereolithographie-Verfahren. Daraus ergeben sich die grundlegenden Vor- und Nachteile der Stereolithographie-Verfahren, die mit verfahrensspezifischen Einschränkungen grundsätzlich für alle später diskutierten industriellen Maschinen gültig sind.

2.3.1.2.2 Vorteile der Stereolithographie

Die Stereolithographie ist als Laser-Stereolithographie immer noch (2024) das genaueste aller *additiven Fertigungsverfahren*. Die Genauigkeit wird heute durch die Maschine (vor allem durch die erzielbaren Strahldurchmesser), nicht aber durch physikalische Grenzen des Prozesses limitiert. Beispielsweise sind die minimal darstellbaren Stegbreiten im Wesentlichen eine Funktion des Durchmessers des Laserstrahls.

Die Schichtdicke, also die Feinheit der z-Abstufung wird weniger von der Präzision des Beschichters der Bauplattform begrenzt. Die (eher theoretische) Begrenzung bildet die Benetzbarkeit einer festen Schicht durch die (folgende) flüssige Monomerschicht, ausgedrückt durch das Verhältnis der Volumenkraft (proportional zur Schichtdicke) und der Oberflächenspannung. Dünne Schichten neigen folglich zum „Aufreißen“. In der Praxis sind eher Kostengründe ausschlaggebend. Dünne Schichten verlängern die Bauzeit.

Grundsätzlich ist es möglich, durch entsprechende Steuerungs- (fünf Achsen) und Belichtungsstrategien (Variation des Puls-Pausen-Verhältnisses und der Laserleistung) die Berandungen der x-y-Flächen in z-Richtung zu konturieren und somit eine quasi kontinuierliche z-Modellierung zu erreichen.

Die Stereolithographie erlaubt nicht nur, wie fast alle anderen additiven Verfahren auch, die Herstellung interner Hohlräume, sondern sie gestattet verfahrensbedingt auch deren völlige Entleerung. Dazu muss eine Drainageöffnung vorhanden sein, die aber deutlich kleiner als der Hohlraumquerschnitt ausfallen kann.

Stereolithographie-Materialien waren früher allesamt transparent oder transluzent und erlaubten deshalb die visuelle Beurteilung interner Hohlräume. Das ist beispielsweise bei vielen Strömungsuntersuchungen und in der Medizin hilfreich. Heute sind viele Materialien undurchsichtig und fast weiß, so z. B. Somos 14120 (DSM), Accura SI 25 (3D Systems) und RenShape SL7580.

Bei Verfahren, die mechanisch zu entfernende Stützen benötigen, wie z. B. der Laser-Stereolithographie, müssen diese natürlich zugänglich sein. Verfahren mit auswaschbaren Stützmaterialien eignen sich auch für den Bau enger Kanäle.

Bei Verfahren mit Harzbad werden nur einzelne Bereiche des Bauteils mit Stützen versehen. Das Volumen der Stützen ist in der Regel deutlich geringer als das des Bauteils und kann vom Bedienenden beeinflusst werden. Bei Polymerdruckverfahren und beim Film Transfer Imaging-Verfahren (FTI) (Abschnitt 3.1.12 „Film Transfer Imaging – 3D Systems“) wird immer das gesamte Volumen des Bauteils, also zwischen Bauteil und Bauplattform respektive innerhalb des Bauteils, verfestigt und besteht entweder aus Bau- oder aus Stützmaterial. Das Volumen der Stützstrukturen ist daher recht hoch. Das Stützmaterial ist Abfall, aber vergleichbar teuer wie das Baumaterial.

Nicht vernetztes Monomer kann wieder verwendet werden. Vollständig polymerisiertes Harz kann wie Hausmüll behandelt werden, flüssiges Monomer ist Sondermüll.

Komplexe Modelle, oder solche, die die Abmessungen des Bauraums überschreiten, können aus einzelnen Teilmodellen zu beliebig komplexen Gesamtmodellen zusammengefügt werden. Dazu werden die gleichen photosensiblen Harze wie zur Fertigung der Bauteile verwendet und mit externen UV-Strahlquellen lokal ausgehärtet. Die Trennstellen sind visuell oder bezüglich ihrer mechanisch-technologischen Eigenschaften kaum zu bemerken. Es hat sich bewährt, Lehren mitzukonstruieren und zu bauen, um einen hochwertigen Fügeprozess zu garantieren.

Die Modelle können durch Sandstrahlen und Schleifen nachbearbeitet, in gewissem Umfang spanend bearbeitet und lackiert, sowie metallisiert oder beflockt werden.

2.3.1.2.3 Nachteile der Stereolithographie

Die Stereolithographie ist verfahrensbedingt an ein photosensitives Material gebunden. Bei der Harzentwicklung steht die Vernetzbarkeit mittels UV-Strahlung im Vordergrund. Üblicherweise primäre Materialeigenschaften wie Zugfestigkeit, Elastizität, Temperaturbeständigkeit usw. müssen deshalb dahinter rangieren. Die Materialentwicklung ist zudem auf den Anwendungsfall Stereolithographie beschränkt und bezüglich der auf das Produkt umlegbaren Kosten alleine mit diesem Markt korreliert.

Die Laser-Stereolithographie ist grundsätzlich ein zweistufiges Verfahren. Das Bauteil wird in der Stereolithographie-Maschine zunächst zu einem hohen Prozentsatz (über 95 %) vernetzt. Es entsteht der sogenannte Grünling. Dieser wird mit Lösungsmitteln (TPM, Isopropanol) gereinigt und in einer Kammer mit intensiver UV Beleuchtung (*Post Curing Oven,* Nachvernetzungsofen) völlig ausgehärtet.

Drucker- und Maskenverfahren arbeiten einstufig. Sie polymerisieren das Bauteil vollständig und arbeiten deshalb ohne Nachvernetzung.

Bei der Herstellung von Stereolithographie-Modellen können freitragende Strukturen und bestimmte Grenzwinkel übersteigende Schrägen nicht ohne Unterstützung realisiert werden. Diese Stützkonstruktionen sind im Rahmen der Modellvorbereitung mithilfe entsprechender Programme anzubringen. Bei lasergestützten Verfahren bestehen das Bauteil und die Stützen aus dem gleichen Material. Die Stützen müssen manuell vom Grünling oder vom ausgehärteten Modell entfernt werden.

Bei den Drucker- oder Maskenverfahren bestehen die Stützen meist aus einem thermoplastischen Hartwachs, das nach dem Bauprozess ausgewaschen oder mithilfe von Lösungsmitteln automatisiert oder (teil-) manuell entfernt wird. Da alle Bereiche des Bauvolumens, die nicht zum Bauteil gehören, mit Stützmaterial gefüllt werden, ist eine gesonderte Stützenkonstruktion nicht notwendig.

Die Anwendung der Stereolithographie bedingt demnach neben dem Bauprozess auch die Entfernung der Stützen und je nach Verfahren die Handhabung, Lagerung und Entsorgung von Lösungsmitteln.

Die photosensitiven Acrylate nehmen in geringem Umfang Sauerstoff auf, die Epoxidharze sind hygroskopisch. Das ist bei der Lagerung und der Verarbeitung zu berücksichtigen. Insbesondere ältere Materialien neigen auch nach vollständiger Aushärtung zum Kriechen. Nicht unterstützte Wände zeigen nach einigen Tagen oder Wochen Durchhänge, die sich nach dem Umdrehen oder Unterstützen zurückbilden. Bei den neuen Epoxidharzen ist diese Eigenschaft kaum noch ausgebildet.

2.3.2 Generieren aus der festen Phase

2.3.2.1 Schmelzen und Verfestigen von Pulvern und Granulaten – Sintern (Lasersintern, LS), Schmelzen

Bei Sinter- und Schmelzverfahren bilden in einem Pulverbett bevorratete Pulver oder Granulate die Ausgangsstoffe für die Herstellung einer definiert konturierten festen Schicht. Sie werden in der jeweiligen Schichtebene durch eine Energiequelle an- oder aufgeschmolzen und erstarren nach der Abkühlung zu einem festen Körper. Energiequellen können energiereiche Einzelstrahlen wie Laserstrahlen oder Elektronenstrahlen oder auch Infrarot Flächenstrahler sein.

Die Verfahren werden in Anlehnung an den nicht-additiven diffusionsgesteuerten Sinterprozess als Sinterverfahren bezeichnet. Über viele Jahre hinweg waren ausschließlich lasergestützte Verfahren kommerzialisiert und wurden Lasersintern (LS) oder selektives Lasersintern (SLS) genannt. Da heute auch Elektronen- und Infrarotstrahlen eingesetzt werden, wird als Oberbegriff auch *Strahlschmelzen* oder einfach *Schmelzen* verwendet.

Beim klassischen nicht-additiven Sintern verbinden sich zwei benachbarte Teilchen durch Stoffaustausch. Das geschieht bei hoher Temperatur und bei hohem Druck und benötigt viel Zeit. Der Sinterprozess wird durch den Mechanismus der Oberflächendiffusion dominiert. Er beginnt in Form eines Halses an der Kontaktstelle der Teilchen. Mit fortschreitendem Sintern erfolgt ein Materialtransport – bevorzugt entlang der Korngrenzen – und setzt sich im Inneren der Teilchen fort (Korngrenzen-, Volumen- und Gitterdiffusion).

Das als *additives Fertigungsverfahren* eingesetzte (Laser) Sintern verzichtet auf die beiden wesentlichen Komponenten des klassischen Sinterprozesses: hoher Druck und lange Reaktionszeit. Daher muss davon ausgegangen werden, dass der additive Sintervorgang nicht oder nicht dominant diffusionsgesteuert abläuft. Es erfolgt lediglich eine kurzzeitige thermische Aktivierung der lose nebeneinander im Pulverbett liegenden Partikel. Wenn diese selektiv an der Oberfläche angeschmolzen werden, resultiert nach Abkühlung ein mehr oder weniger poröses Bauteil, wenn die Partikel vollständig aufgeschmolzen werden, entsteht ein dichtes Bauteil.

Das Ergebnis sind meist leicht poröse Bauteile. Bei Kunststoffen ist dies prozessbedingt, um Verzüge und innere Spannungen zu vermeiden (Abschnitt 2.3.2.1.1 „Materialien für das Sintern und Schmelzen“). Metallteile sollten aber dicht sein. Deshalb sind die meisten Metallverfahren so ausgelegt, dass das Pulver vollständig aufschmilzt. Man spricht auch vom Laser- oder allgemein vom Strahlschmelzen.

Der Sinterprozess wird wesentlich durch die Wechselwirkung zwischen der Viskosität der angeschmolzenen Partikelbereiche und deren Oberflächenspannung beschrieben. Die gegenläufigen Effekte sind beide von der Temperatur und dem Material abhängig. Details werden deshalb in den folgenden Abschnitten im Kontext der Materialien betrachtet.

Grundlegende Arbeiten zu den Mechanismen des selektiven Lasersinterns, die zudem die Wechselwirkung mit der praktischen Anwendung behandeln, stammen von Alscher [Alscher00] und von Nöken [Nöken97]. Ader [Ader06] hat die Theorie mit Fokus auf Keramiken überarbeitet. Die Ergebnisse der Arbeiten von Hansjosten, Abschnitt 9.1.2.2 „Mikrostrukturen aus Metallpulver“, unterstreichen die Modellvorstellung vom vollständigen Aufschmelzen bei der Herstellung von Metallbauteilen.

2.3.2.1.1 Materialien für das Sintern und Schmelzen

Für den Sinterprozess sind grundsätzlich alle Materialien verwendbar, die sich thermoplastisch verhalten, also durch Wärmezufuhr schmelzen und sich beim Abkühlen wieder verfestigen. Im Gegensatz zu nicht-additiven Metall- und Keramik-Sinterverfahren arbeiten additive Sinterverfahren bei Umgebungsdruck. Weil die vergleichsweise niedrigen Schmelztemperaturen von Kunststoffen leichter zu beherrschen sind als die von Metallen oder Keramiken, wurden zunächst nur Kunststoffe und Wachse „versintert“.

Kunststoffpulver

Die niedrigen Schmelzpunkte der Kunststoffe begünstigen das Versintern von Kunststoffen. Günstig wirkt auch die geringe Wärmeleitfähigkeit. Sie hilft, das Schmelzbad örtlich zu begrenzen und das unbeabsichtigte „Wachsen“ der Modelle durch Anschmelzen benachbarter Teilchen zu unterdrücken. Die gegenüber Metallen niedrigere Oberflächenspannung im schmelzflüssigen Zustand behindert zwar den Sintervorgang, begünstigt aber die Benetzung des Bauteils, sodass die Gefahr der Bildung makroskopischer Kugeln und deren Ablösung von der Schicht gering ist.

Grundsätzlich unterschiedlich verhalten sich kristalline und amorphe Kunststoffe. Die weitaus meisten Materialien (auch metallische) erstarren kristallin. Ihre Elementarteilchen, Atome oder Moleküle, sind in definierten regelmäßigen räumlichen Kristallgittern angeordnet.

Glas, Harz oder Pech erstarren amorph (gestaltlos). Ihre Elementarteilchen sind zwar auch nahezu unbeweglich, aber ohne erkennbar definierte Struktur angeordnet. Physikalisch sind sie als unterkühlte Schmelze aufzufassen. Bekannt ist der Effekt des Entglasens: Das kristalline durchsichtige Glas wird amorph und undurchsichtig.

Amorphe Kunststoffe sind durch ein breites Temperaturband gekennzeichnet, innerhalb dessen sie erweichen und ohne sprunghafte Änderung der mechanisch-technologischen Eigenschaften in den anderen Aggregatzustand übergehen (Bild 2.27 (a)). Kristalline Kunststoffe ändern ihren Aggregatzustand und damit alle wichtigen mechanisch-technologischen Eigenschaften in einem derart schmalen Temperaturband (oft nur einige 1/10 °C), dass man von einem „Schmelzpunkt“ spricht (Bild 2.27 (b)).

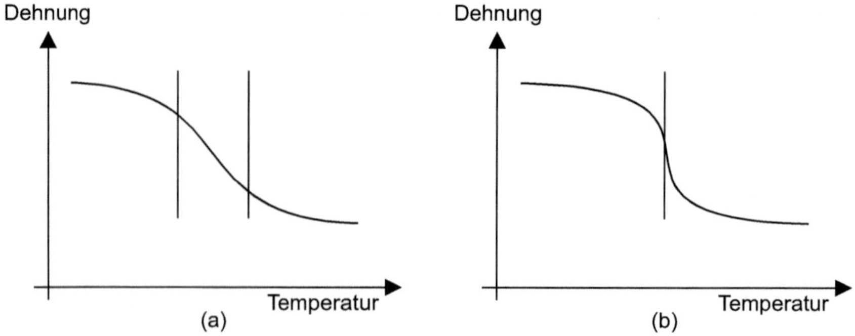

Bild 2.27 Physikalische Eigenschaften von (a) amorphen und (b) kristallinen Kunststoffen, schematisch

Für das Verhalten der Bauteile während des additiven Prozesses, z. B. ob und um wie viel sie schrumpfen und für die erzielbaren Eigenschaften, z. B. die Festigkeit, ist dieses grundlegende Materialverhalten entscheidend.

Amorph erstarrende Kunststoffe bilden bei Abkühlung Molekülketten, die zu einer dichteren Packung, aber nicht zur Kristallisation führen, die Dichte (resp. das spez. Volumen) ändert sich daher nur wenig (Schwindung: circa 0,3 bis 0,8 %) [Alscher00]. Polycarbonat (PC) und Polystyrol (PS, engl. *Polystyrene*) gehören zu den amorphen Kunststoff-Sintermaterialien. Sinterbauteile aus amorph erstarrenden Kunststoffen haben deshalb eine vergleichsweise hohe Porosität respektive eine geringe Dichte. Sie weisen keine hohe Festigkeit auf, aber eignen sich sehr gut zur Herstellung von verlorenen Formen die im Zuge eines Gießprozesses ausgeschmolzen (ausgebrannt) werden.

Kristallin erstarrende Kunststoffe für das Sintern sind ausschließlich teilkristallin. Bei ihrer Abkühlung kommt es in weiten Bereichen zur Kristallisation und damit zur dichtest möglichen Packung. Es verbleiben aber auch amorphe Bereiche, die weiterhin ein langsames Fließen (Kriechen) erlauben [Alscher00]. Bei der Abkühlung teilkristalliner Kunststoffe kommt es, insbesondere bei ungleichen Temperaturfeldern zu unkontrollierten Kristallisationen. Sie bewirken unterschiedlich starke Veränderungen im spezifischen Volumen, die wiederum zu unterschiedlich starken Schwindungen und Verzügen führen. Das in diesem Zusammenhang charakteristische „Aufrollen" von Eckbereichen, der sogenannte „Curl" ist z. B. auf diese Effekte zurückzuführen.

Die unkontrollierte Kristallisation lässt sich vermeiden, wenn die Verarbeitung innerhalb eines Temperaturbereiches erfolgt, in dem das viskose Fließen des Kunststoffs lokal durch den Laserstrahl induziert wird, der Erstarrungsvorgang, in dem die Verfestigung durch Kristallisation einsetzt, aber noch nicht erfolgt. Das gelingt, wenn der gesamte Bauraum auf wenige Grad unter Schmelztemperatur vorgeheizt und damit über Kristallisationstemperatur gehalten wird. Die Vorgänge sind mit dem *Differen-*

tial Scanning Calorimetry (DSC)-Verfahren sehr gut zu verfolgen. Bei Aufheizung und Abkühlung sind die Schmelz- und die Kristallisationswärme gut zu erkennen und das Prozessfentster zu lokalisieren (Bild 2.28, [Drummer11]).

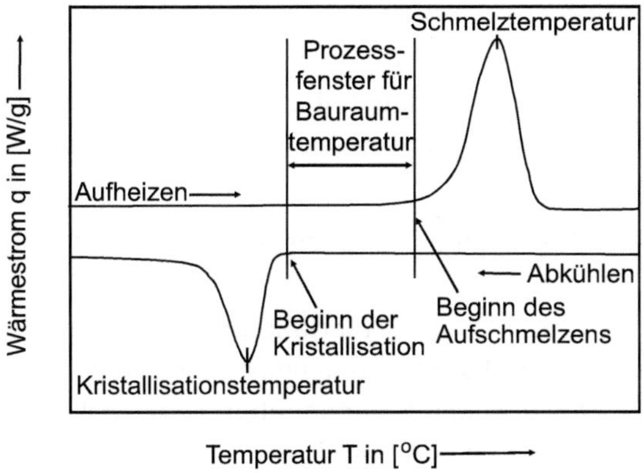

Bild 2.28
Schematischer DSC-Verlauf eines teilkristallinen Thermoplasten [Dru11]

Dieser Prozess wird auch als quasi-isothermes Lasersintern bezeichnet.

Erst wenn das gesamte Bauteil fertig und in dem es umgebenden Pulverkuchen eingeschlossen ist, wird dieser insgesamt langsam abgekühlt, um lokale Spannungen zu vermeiden.

Zu den am häufigsten eingesetzten teilkristallinen Sinterwerkstoffen gehören die Polyamide (PA). Sie sind in der Regel vom Typ PA 11 und 12.

Zur Erhöhung der Bauteilfestigkeit werden Sinterwerkstoffe mit Glaskugeln gemischt (verstärkt). Man nennt sie *glasgefüllt, GF,* obwohl die analoge Bezeichnung beim Spritzgusswerkstoff faserverstärkte Materialien und zudem vom Typ PA 6 meint. Eine Variation des Prinzips versucht durch eine Zäpfchenform der Füllung die mechanisch-technologischen Eigenschaften denjenigen faserverstärkter Werkstoffe anzunähern und dabei die Prozesssicherheit des Schichtbaus zu erhalten (Abschnitt 3.2.3 „Selektives Lasersintern 3D Systems").

Es gibt auch mit Aluminium oder Carbonfasern (gemahlenen oder geschnitten) gefüllte Sinterwerkstoffe. Sie weisen höhere Festigkeiten, bessere Wärmeleitfähigkeiten oder anmutigere Oberflächen auf. Sie führen aber trotz nominell gleicher Werkstoffbezeichnungen zu anderen mechanisch-technologischen Eigenschaften als gefüllte Spritzgussbauteile.

Mehrkomponenten Metall-Polymerpulver

Der erste Ansatz zur Versinterung von Metallpulvern führte bereits Anfang der 1990er-Jahre über polymerumhüllte Metallpulver. Der Prozess unterscheidet sich im Kern folglich nicht wesentlich vom Versintern von Kunststoffpulvern. Die Polymerhüllen werden aufgeschmolzen und bilden einen definierten Körper, in den die Metallteilchen eingebunden sind. Der Körper hat nur eine für den weiteren Prozess ausreichende Gestaltfestigkeit – man spricht deshalb auch von einem Grünteil.

In einem nachfolgenden Ofenprozess werden simultan die Polymeranteile durch Erhitzen ausgetrieben und die Metallteile durch Diffusionsvorgänge und Mikroverschweißungen zu einem gestaltfesten Körper verbunden.

In einem weiteren Ofenprozess mit reduzierender Atmosphäre wird ein niedrig schmelzendes Metall (z. B. Kupfer) infiltriert. Die beiden Teilprozesse werden heute auch in einem zusammengefasst. Der Prozess ist mehrstufig und verfahrens- und anlagentechnisch sehr aufwendig.

Aus Sicht der additiven Fertigung gehört das Verfahren zu den Kunststoff-Sinterverfahren.

Nach der gleichen Methode können grundsätzlich alle Materialien in Kunststoff-Sintermaschinen verarbeitet werden. Technisch realisiert sind neben den oben beschriebenen Metallen auch das Einbringen magnetischer Komponenten sowie polymergebundene Sande und Keramiken für nachfolgende Gießprozesse.

Mehrkomponenten Metall-Metallpulver

Der Sinterprozess wird sicherer und schneller, wenn anstelle des Polymerbinders niedrig schmelzendes Metallpulver mechanisch mit hoch schmelzendem gemischt wird. Die niedrig schmelzende Komponente übernimmt dann die Funktion des Binders. Die mechanisch-technologischen Eigenschaften des Modells weichen aber erheblich von denen heute eingesetzter Serienwerkstoffe ab. Die Modelle sind deshalb nur eingeschränkt als Funktionsmodelle zu verwenden. Bild 2.29 zeigt die prinzipiellen Verhältnisse beim Versintern von polymergebundenem Pulver. Das Material hat heute nur geringe Bedeutung.

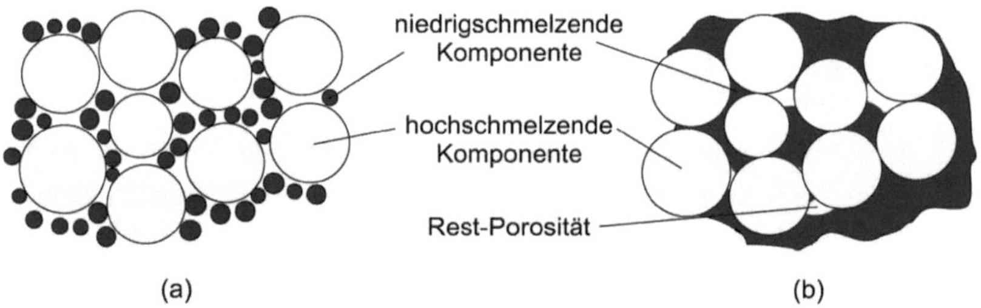

(a) (b)

Bild 2.29 Prinzip des Flüssigphasensinterns von Mehrkomponenten-Metallpulver:
(a) Ausgangszustand; (b) gesinterter Zustand
Quelle: Fraunhofer-Institut für Lasertechnik

Einkomponenten-Metallpulver und Keramiken

Prozesse mit Einkomponenten-Metallpulvern setzen sich weltweit zur additiven Fertigung von Bauteilen mit Produktcharakter (Endprodukten) durch. Daneben eignen sich Keramiken ebenfalls zum Lasersintern. Um dichte Bauteile zu erzielen, werden die Pulver vollständig aufgeschmolzen. Deshalb wird das Verfahren auch als Schmelzprozess, SLM, Selective Laser Melting, bezeichnet.

Die Materialien weisen im schmelzflüssigen Zustand eine höhere Oberflächenspannung und eine niedrigere Viskosität als Kunststoffe auf. Damit verhalten sich die treibenden Kräfte, die Oberflächenspannung und die ihr entgegen gerichtete Viskosität jeweils günstiger als bei Kunststoffen. Die Schmelztemperaturen und damit die (lokalen) Prozesstemperaturen sind deutlich höher als bei Kunststoffen, obwohl der Prozess ohne Vorwärmung abläuft und die Baukammer insgesamt kalt bleibt. Höhere Wärmeleitungen begünstigen die lokale Aufhärtung, Spannungen, Verzüge und Risse. Um dem entgegen zu wirken, arbeiten Schmelzverfahren mit Stützen.

Probleme bereiten auch die zuweilen schlechte Benetzbarkeit und die hohe Oxidationsneigung von Metallen. Um gute Ergebnisse zu erzielen, sind für jede Material-Maschinen-Kombination Prozess- oder Materialdatenbanken zu erarbeiten.

Alle Maschinenhersteller bieten Pulverwerkstoffe an. Daneben entwickelt sich ein großer Markt für Metallpulver unabhängiger Hersteller (sogenannte handelsübliche Pulver).

Metall- und Keramikprozesse sind nach wie vor weltweit Gegenstand intensiver Forschungen. In Deutschland wird insbesondere an dem Aachener Fraunhofer-Institut für Lasertechnik (ILT) geforscht. Dort haben Meiners et.al. grundlegende Untersuchungen gemacht und patentiert [Meiners1996]. Aktive Forschung gibt es auch am Aachener Fraunhofer-Institut für Produktionstechnologie und am Fraunhofer-Institut für Werkstoffphysik und Schichttechnik (IWS) in Dresden sowie in Hamburg und München. Die von Concept Laser, SLM Solutions und ReaLizer vorgestellten Maschinen gehen bezüglich wichtiger Details auf diese Forschungen zurück. Die SLM-Maschinen von Renishaw basieren ebenfalls auf diesen Grundlagen.

Neben dem Direktversintern metallischer Werkstoffe nach dem oben beschriebenen Verfahren des Laserschmelzens wird auch das aus dem Laser-Beschichten abgeleitete lasergestützte Generieren mit der Pulverdüse eingesetzt. Das Ziel ist in beiden Fällen die Verarbeitung von handelsüblichem Metallpulver.

Laserstrahlquellen wie Faserlaser mit sehr guter Strahlqualität und guter Regelfähigkeit sowie optimierte Schutzgas- und Scanstrategien haben zu leistungsfähigen und vergleichsweise kalten Prozessen (< 100 °C im Pulverbett) geführt. Es wurden aber auch Konzepte industriell umgesetzt, die mit Hochtemperatur-Baukammern (> 900 °C) arbeiten (ex. Phenix) und vorzugsweise Keramiken, aber auch Metalle verarbeiten.

2.3.2.1.2 Vor- und Nachteile des Sinterns und Schmelzens

Vorteile: Sintern und Schmelzen kann auf alle Materialien angewendet werden, die sich thermoplastisch verhalten. Damit erschließen die Sinterverfahren gegenüber der Stereolithographie eine wesentlich größere Materialpalette. Die resultierenden Bauteile sind mechanisch und thermisch belastbar. Je nach Material und Anwendungsfall können sie als Funktionsmodell, oft sogar als Endprodukte eingesetzt werden. Sinterverfahren sind daher der Schlüssel zum *Direct Tooling*, der direkten Fertigung von Werkzeugen und Werkzeugeinsätzen und zum *Direct Manufacturing*, der additiven Herstellung von Endprodukten.

Nicht thermisch belastetes Pulver kann teilweise zurückgewonnen und meist unter Zumischung von ungebrauchtem Pulver erneut dem Prozess zugeführt werden. Die Recycling-Rate hängt vom Grad der Schädigung ab und liegt bei Polyamidpulvern zwischen 30 und 50 % Altpulver im neuen Bauprozess. Metallpulver können durch Sieben aufgearbeitet und je nach Prozess auch vollständig wiederverwendet werden.

Sintern und Schmelzen sind grundsätzlich einstufige Verfahren. Eine Nachvernetzung ist nicht notwendig. Bei Kunststoffen werden keine Stützkonstruktionen benötigt, weil das nicht verfestigte Pulver im Bauraum verbleibt und das Bauteil stützt. Metallprozesse verwenden aber Stützen, um die thermisch induzierten mechanischen Spannungen aufzufangen. Stützen werden daher auch bewusst zur Temperaturführung (auch bei Kunststoffen) eingesetzt. Gelegentlich werden auch sogenannte *Bases* verwendet, die den Kühleisen beim Gießen entsprechen.

Zur Reinigung der Kunststoffbauteile sind lediglich die Entfernung loser Partikel mittels Pinsel und ein leichtes Sandstrahlen notwendig. Bei Metallbauteilen müssen die Stützen mechanisch entfernt werden. Darüber hinaus werden Wärmebehandlungen durchgeführt. Je nach Bauteil und Einsatzart ist eine spanende Nacharbeit notwendig. Lösungsmittel werden nicht benötigt.

Die Bauteile sind nach dem *Post-Processing* sofort einsatzbereit.

Nachteile: Die erzielbare Modellgenauigkeit ist durch die Größe der Pulverteilchen und durch den Strahldurchmesser oder beim Infrarotverfahren durch die Abbildungsqualität der Maske limitiert und geringer als bei der Polymerisation. Die erzielbare Baugeschwindigkeit und die dazu notwendigerweise einzubringende Strahlenergie hängen von dem Absorptionsverhalten und der Wärmeleitfähigkeit des zu verarbeitenden Materials ab.

Die Bauteile neigen zum „Wachsen", das heißt, benachbarte, nicht zum Bauteil gehörige Partikel des Pulverbettes werden über Wärmeleitung thermisch aktiviert und an die Kontur „angeklebt". Das Bauteil wird auf diese Weise mit einem „Pelz" versehen und damit geometrisch ungenau. Die Neigung zum Wachsen hängt vom Verhältnis zwischen „eingebrachter Energie" und „Wärmeleitfähigkeit" ab.

Interne Hohlräume können gefertigt werden, sind aber schwieriger zu reinigen als bei der Polymerisation. Der Verbleib loser oder nur leicht angeklebter Partikel ist nicht zu vermeiden. Diese Partikel beeinträchtigen die Genauigkeit und können sich beim späteren Gebrauch des Bauteils zu unvorhersehbaren Zeiten lösen. Die Teile sind deshalb bei medizinischen Anwendungen für den Gebrauch im Operationssaal nicht sterilisierbar.

Um die Oxidation des Materials zu vermeiden, wird unter einer Inertgas-Atmosphäre (meist unter Stickstoff) gearbeitet. Dadurch werden die Anlagentechnik komplexer und die Betriebskosten höher.

Da der Sintervorgang in der Nähe der Schmelztemperatur stattfindet, muss lokal näherungsweise Schmelztemperatur erreicht werden. Bei Kunststoffen wird dazu das gesamte Pulverbett gleichmäßig bis wenige Grad unter die Schmelztemperatur vorgeheizt. Die Temperatur muss dazu in engen Grenzen (wenige Grad Celsius) geregelt werden. Die Aufheiz- und Abkühlvorgänge sind sehr zeitintensiv, materialspezifisch und müssen je nach Maschinenkonzept der Bauzeit hinzugerechnet werden. Beim Schmelzen gilt analoges für die Schmelztemperatur.

2.3.2.1.3 Proprietäre oder handelsübliche Pulver?

Unter allen Anwendern additiver Verfahren scheint Einverständnis darüber zu herrschen, dass für das Sintern oder Schmelzen sogenannte handelsübliche Pulver zu bevorzugen sind. Die damit verbundene Ablehnung sogenannter proprietärer, also vom Hersteller speziell für seinen Prozess entwickelter und von ihm exklusiv vertriebener Pulver wird üblicherweise sowohl mit wirtschaftlichen als auch mit technischen Argumenten begründet.

Die wirtschaftlichen Argumente gründen sich auf die Angst, ein Material zu kaufen, zu dem es keine Alternative gibt.

Bei den technischen Argumenten wird ins Feld geführt, dass zuweilen proprietäre Werkstoffsysteme entstanden sind, die ansonsten nirgendwo in der Technik verwendet werden. Es bestünde daher kein auf langjährige Erfahrung begründetes Vertrauen in solche Werkstoffe. Vor allem aber hätte der Konstrukteur das Problem, dass die für diese Werkstoffe gültigen Unterlagen nicht im erforderlichen Maß zur Verfügung stünden.

Beide Argumente sind zwar richtig, gelten aber auch für handelsübliche Pulver. Dazu muss man sich bewusst machen, dass die Eigenschaften des additiven Bauteils nicht allein durch das Pulver, sondern gleichermaßen durch den Prozess und die Kombination Pulver – additiver Fertigungsprozess erzeugt werden (Abschnitt 1.2 „Systematik der Additiven Fertigungsverfahren“). Geänderte Fertigungsparameter führen bei gleichem Werkstoff in der gleichen Maschine zu unterschiedlichen Bauteileigenschaften. Die Tatsache, dass im Prozess ein dem Anwender womöglich gut bekanntes handelsübliches Pulver verwendet wird, besagt deshalb nichts oder nicht genug über die Eigenschaften eines daraus gefertigten additiven Bauteils.

Letztlich hat der Anwender, unabhängig davon, welcher Werkstoff in seiner additiven Maschine verarbeitet wird, nur zwei Alternativen. Entweder lässt er sich vom Hersteller umfangreiche Unterlagen über die mechanisch-technologischen Eigenschaften der mit der jeweiligen Maschine herstellbaren Bauteile übergeben und die Werte garantieren, oder er ermittelt diese Eigenschaften im Rahmen einer Prozessoptimierung selber. Eine Optimierung im eigenen Haus setzt allerdings nicht nur einschlägige Fachkenntnis voraus, sondern vor allem auch eine Maschine, die die notwendigen Parameter-Variationen zulässt. Während dieser Zeit kann diese Maschine nicht für die Produktion eingesetzt werden.

In der Praxis wird der Anwender nicht ständig den Werkstoff wechseln. Üblicherweise legt er sich auf ein oder wenige Werkstoffsysteme fest, die dann qualitätsgesichert in der täglichen Routine eingesetzt werden. Die Unabhängigkeit von einem ganz speziellen Material ist deshalb vor allen Dingen in der Phase von Vorteil, in der ein Anwender ein geeignetes Materialsystem qualifiziert. In dieser Phase ist er meist auch noch auf der Suche nach einer geeigneten Maschine oder einem leistungsfähigen Dienstleister.

Schließlich unterscheiden sich Werkstoffe für die additive Fertigung mitunter deutlich von nominell (chemisch) gleichen, die für andere Fertigungsverfahren verwendet werden. Kriterien sind unter anderem die Rieselfähigkeit, gewährleistet durch Geometrie und Zuschlagstoffe, die Feuchtigkeitsaufnahme sowie eventuelle Ausgasung von Additiven (Wiederverwendbarkeit), sodass auch unter diesem Aspekt der handelsübliche nicht zwingend der besser geeignete Werkstoff sein muss.

Die Forderung nach der universellen Verwendbarkeit handelsüblicher Pulver in additiven Maschinen ist deshalb technisch zu einem guten Teil unbegründet. Wenn Anwender die Produkteigenschaften ohne weitere Überprüfungen aus der Art des Pulvers ableiten, ist dies unter dem Aspekt der Produktsicherheit sogar gefährlich.

Diese Überlegungen gelten grundsätzlich auch für andere additiv verarbeitete Materialien.

Alle erfolgreichen Anwendungen, z. B. aus der Dental- (Abschnitt 6.5.2.2.1 „Dentaltechnik“) und der Hörgeräteindustrie (Abschnitt 6.5.2.3.2 „Hörgeräteschalen, Otoplastiken“), setzen auf speziell optimierte Werkstoff-Maschinensysteme.

2.3.2.2 Ausschneiden aus Folien und Fügen – Layer Laminate Manufacturing (LLM)

Die einfachste Methode, additiv dreidimensionale Bauteile herzustellen besteht darin, sie aus vorgefertigten Folien auszuschneiden und anschließend zu einem dreidimensionalen Modell zu fügen. Damit handelt es sich nicht mehr um ein rein additives Verfahren. Bernard [Bernard98] bezeichnet additive Verfahren, die neben den rein additiven Schritten auch abtragende (fräsen) oder trennende (schneiden) aufweisen, präziser als subtraktiv-additive Verfahren. Wir folgen dieser verfeinerten Benennung nicht, weil für die vorliegende Betrachtung die Generierung von Bauteilen aus Schichten im Mittelpunkt steht und wissenschaftlich exakte feinere Begriffsbildungen keine weiteren Erkenntnisse für die praktische Anwendung bringen.

Um ausreichend detaillierte Modelle zu erhalten, müssen die Schichten sehr dünn sein und exakt zueinander positioniert werden. Deshalb wird bei den meisten Verfahren die neue Schicht zunächst auf die vorhergehende und damit auf das teilfertige Bauteil aufgebracht und erst anschließend konturiert. Die Verfahren werden als Layer Laminate[3)] Manufacturing (LLM) oder Schicht-Laminat-Verfahren bezeichnet. Bekannter ist die Bezeichnung Laminated Object Manufacturing (LOM), die allerdings keine Gattungsbezeichnung, sondern ein geschützter Produktname (Abschnitt 3.4.3 „Laminated Object Manufacturing (LMC) – Cubic Technologies“) ist, der zum Synonym für eine ganze Modellfamilie geworden ist.

Zur Konturierung sind Laser sehr verbreitet. Es werden aber auch Heißdrähte, Messer oder Fräser verwendet. Insbesondere beim Fräsen der Konturen wird neben dem Verkleben der Schichten auch eine Verstiftung über mit der Kontur eingebrachte Zentrierbohrungen angewandt. Zur Verbindung von Metallschichten werden auch das Laserschweißen (vor allem zum Fixieren), das Diffusionsschweißen und das Ultraschallschweißen angewendet. Kunststofffolien werden geklebt, aber auch flächig durch Polymerisation miteinander verbunden.

Das additive Prinzip wird häufig auch auf manuell kombinierte Teilprozesse, z. B. aus Laserschneiden und Fügen angewendet. Es ist dann unabhängig von einer Maschine. Da es sich hierbei nicht um die direkte automatisierte Umsetzung eines 3D-Datensatzes in ein physisches Bauteil handelt, ist es streng genommen auch kein *additives Fertigungsverfahren.*

2.3.2.2.1 Vor- und Nachteile der Schichtverfahren (LLM)

Vorteile: Schicht-Laminat-Verfahren sind vorteilhaft für die Generierung massiver Bauteile und für große Modelle besonders geeignet, weil die aufwendige Schraffur großer Flächen entfällt. Schicht-Laminat-Verfahren arbeiten bezogen auf das Bauteilvolumen schnell und sind maschinentechnisch wenig aufwendig. Sie sind weitgehend unabhängig vom eingesetzten Material. Bei Verwendung von Papier sind die Materialpreise gering und die Entsorgung ist unproblematisch.

Eine kontinuierliche Konturierung der x-y-Berandung in z-Richtung ist mit Fräsern bereits realisiert und durch eine entsprechend aufwendige (5-Achs-) Steuerung eines Lasers grundsätzlich möglich.

---

[3] Laminate, engl. (tech.): Schichtstoff, Schichtstoffverbund, allgemein: Verbund

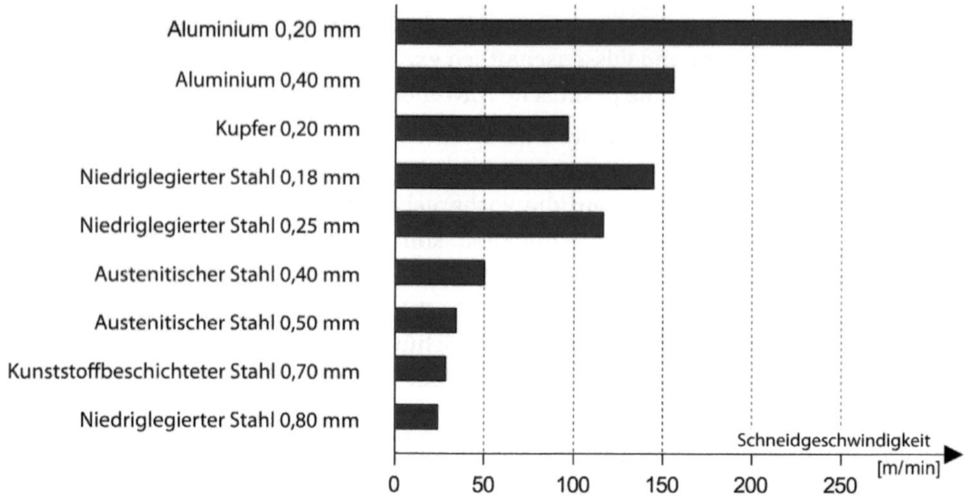

Bild 2.30 Erreichbare Schneidgeschwindigkeit beim Hochgeschwindigkeitsschneiden mit Laserstrahl

Der Einsatz von Lasern zur Konturierung der Schichten hat den Vorteil, dass theoretisch eine nahezu unbeschränkte Werkstoffpalette zur Verfügung steht, da mithilfe des Laserstrahls alle heute bekannten Materialien geschnitten werden können. Durch den Einsatz entsprechend optimierter Laserschneidverfahren sind dabei grundsätzlich Schneidgeschwindigkeiten möglich, die auch heute noch deutlich über den tatsächlich realisierten Geschwindigkeiten liegen (vergleiche Bild 2.30) [Gebhardt95].

Nachteile: Die meisten LLM-Verfahren haben aufgrund des Fügens, vor allem des Verklebens der Schichten den Nachteil, dass sie deutlich unterschiedliche mechanisch-technologische Eigenschaften in und quer zur Schichtrichtung aufweisen (Anisotropie). Ausnahme sind die diffusionsgeschweißten und ultraschallgeschweißten Metallbauteile, bei denen gleichmäßige Eigenschaften in allen Koordinatenrichtungen erzielt werden.

Nachteilig ist auch, dass innen liegende, nicht zum Bauteil gehörende Bereiche wie Ausschnitte und Bohrungen, entweder manuell aus jeder Schicht entfernt werden müssen (was nur bei einigen Verfahren möglich ist) oder als Festkörper im Bauteil verbleiben und (je nach Geometrie) nachträglich aufwendig entfernt werden müssen.

Flache Schrägen mit Stufenbreiten größer als der Schneidspalt sind mit Verfahren, die die Schichten verkleben, nur schwer zu realisieren. Das nicht zum Bauteil gehörende Material ist dann schwer zu entfernen. Das gilt nicht für Fräsverfahren, weil die nicht zum Bauteil gehörigen Bereiche zerspant werden. Papiermodelle müssen nach dem Auspacken zum Schutz vor Delaminierung imprägniert werden. Insgesamt ist der Aufwand für die Nacharbeit sehr hoch.

Die meisten Maschinen erlauben nur den Einsatz einer Materialstärke und damit nur die Fertigung von Bauteilen mit konstanten *z*-Abständen. Es gibt aber keinen zwingenden Grund, warum das in mehreren Stärken verfügbare Material nicht im laufenden Bauprozess gewechselt werden könnte.

Das nicht verwendete Material ist Abfall. Bei Bauteilen mit „Gehäuse-Charakter“, also mit großen innen liegenden Hohlräumen, kann das Volumenverhältnis von Bauteil zu Abfall bis zu 1 : 10 und je nach Geometrie auch mehr betragen. Das relativiert den meist geringen Materialpreis wieder.

2.3.2.3 Schmelzen und Verfestigen aus der festen Phase – Fused Layer Modeling (FLM)

Verfahren, die die Schicht aus der festen Phase aufschmelzen, unterteilt man in die industriell bedeutenderen *extrudierenden Verfahren* und die *ballistischen Verfahren.*

2.3.2.3.1 Extrudierende und ballistische Verfahren

Die extrudierenden Verfahren sind unter der Bezeichnung Fused Deposition Modeling (FDM) bekannt geworden. Dies ist aber die geschützte Bezeichnung des Herstellers Stratasys. Der generische Name lautet Extrusionsverfahren oder englisch: Fused Layer Modeling, FLM.

Zu den Extrusionsverfahren gehören neben den bekannten und im Folgenden beschriebenen thermischen Kunststoff-Extrusionsverfahren auch Varianten, die mit Pasten oder Schäumen also mit physikalisch oder chemisch aufbereiteten festen Ausgangsmaterialien arbeiten.

Von besonderer Bedeutung sind die thermischen Extrusionsverfahren. Das aufgebrachte Volumen erstarrt durch Wärmeleitung in das Bauteil. Das Verfahren ist für Werkstoffe mit geringer Wärmeleitfähigkeit, also für Wachse und Kunststoffe einschließlich höher schmelzender Qualitäten wie z. B. Polysulfon gut geeignet. Theoretisch besteht keine Einschränkung bezüglich der verwendbaren Werkstoffe. Praktisch erfordern hohe Schmelztemperaturen, z. B. von Metallen und Keramiken, sowohl bezüglich der Aufschmelzung als auch bezüglich der Temperaturgradienten am Modell und der erforderlichen Vorheizung und Isolierung des Arbeitsraums einen entsprechend höheren maschinentechnischen Aufwand. Da Materialzufuhr und Materialauftrag gemeinsam mittels einer Düse erfolgen, handelt es sich um ein nur von der Steuerung der Düse abhängiges, prinzipiell voll 3D fähiges Verfahren. Der relativ große Materialquerschnitt limitiert den erzielbaren Detaillierungsgrad der Modelle. Durch eine geeignete Maschinenkonstruktion können diese Nachteile weitestgehend reduziert werden.

Eine befriedigende Verbindung zwischen dem extrudierten heißen Material und dem bereits fertiggestellten Teil des Modells erfolgt nur, wenn das Material „aufgequetscht“ wird. Dadurch wird der in der Düse noch kreisrunde Querschnitt des aufgetragenen

Materials zu einer Ellipse. Nur dann lässt sich das Gleichgewicht von Volumen und Oberflächenkräften (Oberflächenspannung) so einstellen, dass eine möglichst glatte Verbindung entsteht. Dies bedingt aber, dass die Düsenlängsachse immer in der *z*-Ebene liegen muss und zudem mit der *x*-*y*-Ebene einen bestimmten verfahrensbedingten Winkel einschließt.

Das Auftragen teigiger Volumina durch Extrusion beinhaltet grundsätzlich das Problem, dass der extrudierte Strang einen Anfang und ein Ende hat. Das Zusammentreffen beim Schließen der Kontur ist als Ansatz sichtbar und hinterlässt sogenannte Bindenähte (Bild 2.31). Diese fallen besonders auf, wenn sie bei jeder Schicht an der gleichen Stelle liegen. Leistungsfähige Anlagen vermeiden diesen Effekt durch ihre Steuerung.

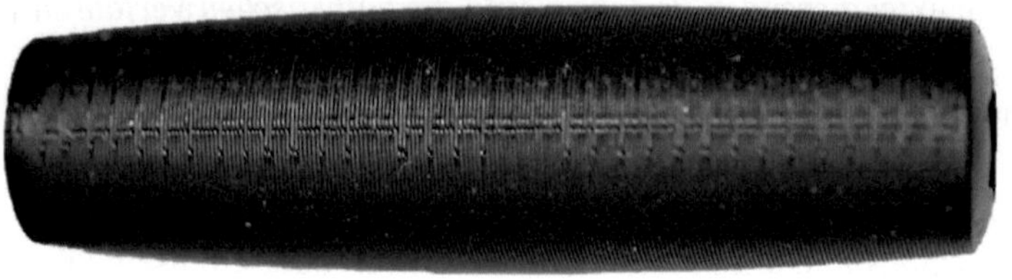

Bild 2.31 Bindenähte beim Extrusionsverfahren
Quelle: CP-GmbH/FH Aachen

Für extrudierende Verfahren wurde eine Reihe interessanter Kunststoffe entwickelt, die den gebräuchlichsten Konstruktionswerkstoffen sehr nahe kommen, unter anderem ABS, und der erste Hochleistungskunststoff für die additive Fertigung, Polyphenylsulfon (PPSF, 2003). Die Werkstoffe sind größtenteils auch eingefärbt erhältlich. Deshalb können unterschiedlich farbige Bauteile hergestellt werden.

Die Verfahren benötigen Stützen, die an das Bauteil konstruiert und nach dem Fertigungsprozess entfernt werden müssen. Dazu gibt es unterschiedliche anwenderfreundliche Lösungen, z. B. das einfache Abbrechen oder das Ablösen in warmem Wasser. In diesem Fall ist das Stützmaterial meist ein wasserlösliches Wachs vom Typ Polyethylenglykol.

Nachteilig ist bei einigen Maschinen das komplizierte Einfädeln der vorgefertigten Drähte. Heute allgemein übliche Kassetten für die Drahtzufuhr und Tabletten anstelle von Drähten erleichtern diese Arbeit. Die Materialien, insbesondere die in Drahtform für Professional- und Production Printer, sind teuer.

Für Fabber gibt es eine sehr große Palette preiswerter Materialien unterschiedlicher Hersteller, die auch Polyamid und WPC (Wood Plastic Components) einschließen. Fabber verwenden überwiegend das Extrusionsverfahren und vorgefertigte Drähte aus ABS oder PLA, mit Durchmessern von meist 0,175 oder 3 mm.

Ballistische Verfahren

Eine Variante des Aufschmelzens aus der festen Phase und anschließenden Verfestigens durch Abkühlung auf dem Bauteil besteht darin, das aufgeschmolzene Material unter Verwendung vorzugsweise einer Düse mit Piezo-Element nicht kontinuierlich, sondern in Form von einzelnen Tröpfchen diskontinuierlich auf das Modell aufzubringen. Im Gegensatz zu extrudierenden Verfahren sind ballistische Verfahren berührungsfrei, aber nicht frei von Krafteinwirkung auf das Bauteil. Der Unterschied zu den 2D-Druckverfahren besteht darin, dass das Material auf- oder angeschmolzen wird, während es beim Drucken meist kalt ist und zunächst in der flüssigen Phase verbleibt, diese dann aber teilweise verdampft oder reagiert und Feststoffe zurücklässt.

Damit ein homogenes Bauteil entsteht, muss die Temperatur der Materialkügelchen so bemessen sein, dass sie nach dem Auftreffen einen genügend großen Teil der Umgebung anschmelzen und sich auf diese Weise fest mit dem Bauteil verbinden. Der prinzipielle Vorteil gegenüber den extrudierenden Verfahren besteht darin, dass bei kleinen Kügelchen keine Ansätze sichtbar werden und ein wesentlich höherer Detaillierungsgrad realisiert werden kann.

Die Kügelchen können in weiten Grenzen unter beliebigen Winkeln auf das Modell auftreffen, sodass das Verfahren nicht nur voll 3D fähig ist, sondern zumindest theoretisch erlaubt, in einem weiteren Arbeitsgang sowohl Materialien anderer Farbe oder mit anderen mechanisch-technologischen Eigenschaften anzubringen, als auch lokal Oberflächen durch Aufbringen anderer Materialien oder anderer Kugeldurchmesser zu glätten oder anderweitig zu verbessern.

Die Materialpalette umfasst grundsätzlich alle Materialien, die sich thermoplastisch verhalten und schließt zumindest theoretisch auch die Metalle ein.

Eine Variante des Verfahrens hat die Firma ARBURG als AKF, ARBURG Kunststoff-Freiformen und die Maschine als „freeformer" vorgestellt [AKF15], vergleiche Abschnitt 3.5.5 „ARBURG-Kunststoff-Freiformen (AKF) – ARBURG GmbH".

2.3.2.3.2 Vor- und Nachteile der FLM-Verfahren

Vorteile: Mit extrudierenden Verfahren können relativ große Volumenmengen in relativ kurzer Zeit aufgebracht werden. Dabei sind die entstehenden Strukturen massiv. Verwendet werden Materialien, die den später in der Produktion eingesetzten Serienwerkstoffen sehr ähnlich oder sogar chemisch mit diesen identisch sind. Die technische Umsetzung ist relativ einfach. Das Material wird vollständig verwendet. Lösungsmittel und dergleichen sind nicht notwendig. Im Gegensatz zu den meisten anderen *additiven Fertigungsverfahren* ist die Verwendung unterschiedlicher Materialien innerhalb eines Bauprozesses und theoretisch sogar innerhalb einer Schicht möglich. Die Anzahl der verwendeten Materialien wird nur dadurch limitiert, dass die entsprechende Anzahl Extrusionsköpfe geometrisch in der Maschine untergebracht und prozesstechnisch eingebunden werden muss. Es wird nur die Menge Material in den Bauprozess einbezogen, die für das Bauteil (und die Stützen) benötigt wird. Das nicht zu einem Bauteil verarbeitete Material nimmt am Prozess nicht teil, erfährt deshalb auch keinerlei Vorschädigung und ist weiterhin uneingeschränkt verwendbar.

Das Verfahren kann mit Maschinen realisiert werden, die in Büroumgebungen aufgestellt und betrieben werden können.

Nachteile: Nachteilig ist vor allen Dingen, dass Strukturen, die feiner sind als die Extrusionsbreite, nicht dargestellt werden können. Dasselbe gilt für Details, die im Extremfall nicht kleiner sein dürfen als die doppelte Spurbreite. Damit sind entsprechend feine Schlitze, aber insbesondere feine Rippen nur eingeschränkt darstellbar. Der Beginn der Extrusion ist immer mit einem Ansatz verbunden, der je nach Material auch nach dem Schließen einer Kontur äußerlich sichtbar bleibt. Gewisse Materialien neigen zur Fädenbildung oder zur Bildung von Kondenswasser. Die Düsen neigen zum Verstopfen, sodass ein entsprechender Reinigungsmechanismus vorgesehen werden muss. Die Verarbeitung von Hochtemperaturwerkstoffen kann ein Verbrennen der Düse zur Folge haben. Die Bauteile sind, besonders bei den preiswerten Maschinen und Fabbern aufgrund des großen Düsenquerschnittes, recht grob und weisen ausgeprägte Anisotropien auf.

2.3.2.4 Verkleben von Granulaten mit Bindern – 3D Printing (3DP) – Pulver-Binder-Verfahren

Pulver-Binder-Verfahren erzeugen feste Schichten durch Verkleben von Granulaten mit einem flüssigen Binder. Sie werden auch als 3D Printing-Verfahren bezeichnet, weil ihr Grundprinzip eng mit 2D-Printverfahren verwandt ist, wie man sie von Tintenstrahldruckern her kennt und weil ein Basispatent des MIT[4)] [Sachs93] diese Bezeichnung schützt(e).

Ausgangspunkt der Generierung ist eine aus Pulvern oder Granulaten bestehende Pulverschicht. Mit einem Druckkopf wird Binder direkt auf und in die Pulverschicht gedruckt (drop on powder), sodass die Pulverteilchen entsprechend der gewünschten Kontur miteinander verkleben. So entsteht Schicht für Schicht ein Pulverbett mit dem darin befindlichen Bauteil. Das lose Pulver stützt das Bauteil und wird nach Beendigung des Bauprozesses einfach abgeblasen.

Seit einiger Zeit ist ein Trend festzustellen, alle Verfahren, die als besonders einfach im Sinne der Anwenderfreundlichkeit gelten sollen, als 3D-Drucken und die Maschinen als 3D-Drucker (oder 3D Printer) zu bezeichnen. Aus Sicht des Marketings und nach der aktuellen Normung (VDI, ASTM) ist dies richtig, systematisch-generisch ist dies aber falsch.

[4] Massachusetts Institute of Technology, Cambridge, MA, USA.

2.3.2.4.1 Vor- und Nachteile von Pulver-Binder-Verfahren

Vorteile: Ein großer Verfahrensvorteil besteht darin, dass die Materialpalette theoretisch unbegrenzt ist, weil es wesentlich auf die Eigenschaften des Binders ankommt. Es können somit nicht nur Pulver verarbeitet werden, die sich thermoplastisch verhalten, sondern beispielsweise auch Lebensmittel wie Nüsse oder temperaturempfindliche pharmazeutische Wirkstoffe und sogar lebende Zellen über Trägerflüssigkeiten eingebracht werden. Über den Druckkopf können in einen Bauprozess unterschiedliche Binder eingebracht und damit lokal unterschiedliche mechanisch-technologische Bauteileigenschaften realisiert werden. Auch die Palette der Binder ist sehr groß. Neben wasserbasierenden Systemen, die heute die Mehrzahl der Anwendungen ausmachen, werden Kunstharze aller Art eingesetzt.

Es ist durchaus vorstellbar, aber zurzeit industriell nicht umgesetzt, die Zusammensetzung der Pulverschicht von Schicht zu Schicht oder auch innerhalb einer Schicht zu modifizieren.

Das 3D Printing eröffnet somit die Möglichkeit, Materialien lokal anforderungsgerecht zu „komponieren“. An die Stelle der heute in der Fertigung eingesetzten isotropen Materialien treten damit zukünftig Materialien mit lokal unterschiedlichen Eigenschaften. Solche Materialien nennt man auch *graded materials*. Erste technische Umsetzungen stellen 3D Printing-Verfahren dar, die Bauteile mit farbigen Texturen herstellen.

Mit der VCX800, einem Drucker für Formsand, hat die Firma Voxeljet die erste kontinuierlich arbeitende Maschine kommerzialisiert (vergleiche Abschnitt 3.6.5 „3D-Drucksystem Voxeljet“).

Nachteile: Nachteilig ist bei den meisten heutigen Verfahrensvarianten, dass der additive Bauprozess nur ein gestaltfestes, aber kein endfestes Bauteil liefert. Es muss nachträglich infiltriert werden, um gebrauchsfertig zu sein. Die Verfahren sind demnach zweistufig.

Für Bauteile aus Metall wird der Binder in einem nachgeschalteten Prozess ausgetrieben und das Bauteil anschließend im Ofen nachversintert und gegebenenfalls zusätzlich infiltriert. Dies schränkt nicht nur die Palette der verwendbaren Materialien ein, sondern es bringt Probleme mit Verzügen und der Skalierung (Schrumpf) mit sich, die aber mit genügend Erfahrung sicher beherrscht werden. Negativ ist auch, dass die verfügbaren Pulver-Binder-Kombinationen als Konstruktionswerkstoffe für Endprodukte meist nicht vorkommen und es deshalb keine Unterlagen von vergleichbaren Konstruktionswerkstoffen gibt. Da die Werkstoffeigenschaften wesentlich durch die Infiltration bestimmt werden, sind Unterlagen für Konstrukteure praktisch nicht verfügbar.

Die Maschinen sind robust, was für die Druckköpfe nicht unbedingt gilt. Die Ausfallraten für die einzelnen Düsen liegen zwar im unteren %-Bereich und damit sehr niedrig, Druckköpfe mit vielen Düsen (> 100) haben aber dennoch ein theoretisch großes Ausfallrisiko für den Gesamtkopf. Die Druckköpfe sind relativ teuer.

2.3.3 Generieren aus der Gasphase

Beim Generieren aus der Gasphase werden von gasförmigen Ausgangsstoffen oder solchen, die sich in guter Näherung so verhalten, Partikel (Festkörper) auf ein Substrat abgeschieden. Man unterscheidet das physikalische und das chemische Abscheiden. Beim physikalischen Abscheiden werden in der flüssigen Phase einer Zweiphasenströmung Partikel gelöst, mit dieser Strömung transportiert und durch lokales Verdampfen der Flüssigkeit definiert abgeschieden. Beim chemischen Abscheiden werden reaktionsfähige Gase durch externe Energiequellen zu lokalen Reaktionen angeregt und infolgedessen feste Stoffe definiert abgeschieden.

Beide Verfahren haben zum Ziel, feinste Strukturen darzustellen.

2.3.3.1 Aerosoldruckverfahren

Das Aerosoldruckverfahren verwendet Aerosole, in hochfeine Tröpfchen zerstäubte Trägerflüssigkeiten, mit darin eingebrachten Feststoffen mit Abmessungen von maximal 200 nm Durchmesser. Diese auch als Tinte bezeichnete Flüssigkeit wird in einem Trägergas transportiert und über ein Düsensystem geometrisch definiert auf ein Substrat aufgebracht. Es können die unterschiedlichsten Substrate verwendet werden. Im Gegensatz zu anderen in der Mikrotechnik üblichen Beschichtungsverfahren sind keine Masken und keine Ätzprozesse notwendig. Allerdings müssen in den meisten Fällen die Trägerflüssigkeiten verdampft oder die festen Bestandteile aufgeschmolzen oder anderweitig fixiert werden. Es entstehen Bauteile aus bereichs- und schichtweise unterschiedlichen Materialien wie Metallen, Keramiken oder Kunststoffen.

Aerosoldruckverfahren sind durch das Abscheiden der im Trägerfluid gebundenen Materialien gekennzeichnet und werden deshalb zu Recht als Druckverfahren bezeichnet. Sie unterscheiden sich vom 3D Printing dadurch, dass die Tinten keine Binderfunktion haben und dass sie auf Substrate und nicht in ein Pulverbett drucken. Von ballistischen Verfahren unterscheiden sie sich dadurch, dass sie mit einer Trägerflüssigkeit arbeiten, die im Prozessverlauf verdampft.

Beiden Verfahren ist das Aerosoldrucken heutiger Prägung aber so nahe, dass zukünftig Mischformen zu erwarten sind.

2.3.3.1.1 Vor- und Nachteile von Aerosoldruckverfahren

Vorteile: Der wesentliche Vorteil der Aerosolverfahren ist die große Materialvielfalt, die sogar lebendige Zellen einschließt. Außerdem können unterschiedliche Materialien miteinander verbunden werden, was mit klassischen Verfahren nicht möglich ist. Die Realisierung feinster Strukturen, z. B. von Silber auf Kaptonfolie[5)] ist möglich.

Nachteile: Die Materialien müssen für eine gleichmäßige Zerstäubung aufwendig vorbereitet sein. Die Aufbauraten sind gering. Viele Materialien müssen nach dem Auf-

[5] Kapton ist der Markenname eines Herstellers für ein duroplastisches Polyimid.

bringen thermisch nachbehandelt, Metalle z. B. mittels Laser versintert werden. Die Verfahren sind eher 2D als 3D orientiert, das heißt, sie sind für komplexe Strukturen auf 2D-Substraten optimiert, für den Aufbau komplexer 3D-Strukturen aber weniger geeignet.

2.3.3.2 Laser Chemical Vapor Deposition (LCVD)

Beim chemischen Abscheiden löst ein Laser lokal eine chemische Reaktion aus. Die Grundlagen sind dem Fachbuch von Bauerle [Bauerle86] zu entnehmen. Lehmann und Mitarbeiter [Lehmann94] haben das Prinzip auf die Herstellung einer Mikrostruktur angewandt. Verwendet wird ein aluminium- ($AlH_3N(CH_3)_3$) und sauerstoffhaltiges (N_2O) Gas.

Zwei jeder für sich unterkritische Laserstrahlen werden so gekreuzt, dass im gemeinsam belichteten Volumen der für die Reaktion notwendige kritische Wert überschritten und eine chemische Reaktion ausgelöst wird. In der Folge bildet sich festes Aluminiumoxid. Nach dieser LCVD (Laser Chemical Vapor Deposition) genannten Methode werden Aluminiumoxidstäbe von 5 bis 20 µm Durchmesser mit einer Wachstumsrate von bis zu 80 µm/s generiert. Verwendet wird ein Argon-Ionen-Laser. Durch entsprechende Prozessführung mit einer räumlich feststehenden Reaktionszone und einer gegen die Wachstumsrichtung mit Wachstumsgeschwindigkeit bewegten Bauplattform, können feinste Gebilde ohne Stützkonstruktion aufgebaut werden.

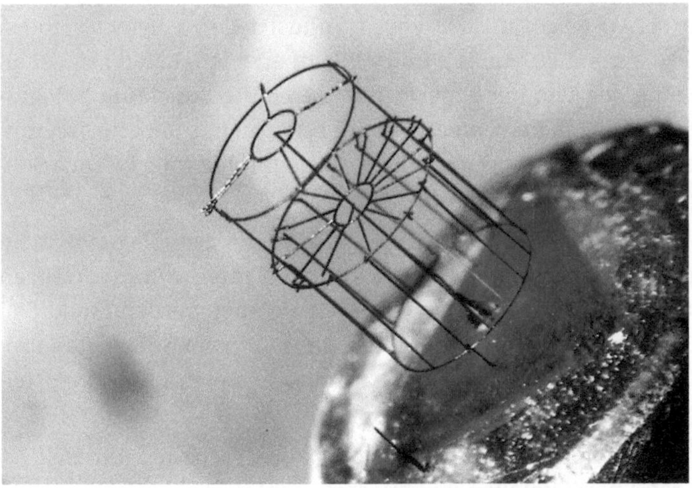

Bild 2.32
Mikrostruktur nach dem LCVD-Verfahren
Quelle: Max-Planck-Institut Göttingen

Bild 2.32 zeigt eine solche Mikrostruktur aus Aluminiumoxid. Die Struktur kann in einem weiteren Prozessschritt ganz oder teilweise metallisiert werden und ist dann elektrisch leitend.

Das Verfahren erlaubt die Herstellung äußerst filigraner Strukturen, wie sie in der Mikrosystemtechnik und der biomedizinischen Technik benötigt werden. Sie bildet aber auch die Grundlage für eine extreme Verbesserung der Oberflächen. So ist theoretisch vorstellbar, ein additiv gefertigtes Bauteil zu metallisieren und anschließend in der entsprechenden Bearbeitungskammer mithilfe der LCVD-Technik die Oberflächen lokal zu verbessern. Dieser Gedankengang wird dadurch unterstützt, dass das Verfahren grundsätzlich 3D fähig ist. Die Bedingung für den Aufbau der Struktur ist lediglich die Zugänglichkeit für die Laserstrahlung.

Das LCVD-Verfahren, das sich für die additive Anwendung noch in der Entwicklung befindet, ist durch zwei Besonderheiten gekennzeichnet:

- Es ist ein voll 3D-fähiges Verfahren.
- Es ist nicht nur ein Prototypverfahren, sondern ein tatsächliches Produktionsverfahren für Mikrostrukturen, zu dem keine konventionellen Alternativen bestehen.

2.3.4 Sonstige Verfahren

Neben den vorgenannten Verfahren gibt es auch Varianten, die bis heute nicht industriell umgesetzt, ja oft nicht einmal experimentell verifiziert wurden. So ist die Polymerisation auch als Folge zweier sich im Polymerisationspunkt kreuzender Laserstrahlen (Beam Interference Solidification (BIS), Zwei-Photonen-Verfahren, genauer Two-Photon Absorption (TPA)) genannt oder wie in industriellen Polymerisationsprozessen durch Wärme (Thermal Polymerization (TP)) zu erzielen. Einen reizvollen Ansatz stellt die Überlegung dar, Photopolymerisation durch die Projektion holographischer Bilder in photosensible Materialien und damit nicht mehr schichtweise, sondern entlang vorgegebener Raumkurven auszulösen (Holographic Interference Solidification (HIS)).

Neben dem Verkleben von unterschiedlichen Folien gibt es die grundlegende Möglichkeit einer Kombination zwischen Folienverfahren und Polymerisationsverfahren derart, dass unterschiedliche Folien durch Polymerisation gefügt werden (Solid Foil Polymerisation (SFP)). Eine ausführlichere Darstellung der hier nicht erläuterten Prozesse findet sich in einer zwar schon älteren, aber hervorragenden Zusammenstellung [Kruth91].

Bei den meisten Verfahren, die mit Lasern arbeiten, sind auch Varianten mit Elektronenstrahlung oder anderen Energiequellen wie Infrarotstrahlern denkbar.

Zwei weitere interessante Ansätze beruhen auf weniger bekannten physikalischen Effekten: Sonolumineszenz und Elektroviskosität.

2.3.4.1 Sonolumineszenz

Unter Sonolumineszenz versteht man den Effekt, dass Hohlräume in Flüssigkeiten, insbesondere Luftblasen in Wasser, Schallenergie so stark zu bündeln vermögen, dass sie ultrakurze Lichtblitze im UV-Bereich ausstrahlen. Es gibt zurzeit noch keine gesicherten Erkenntnisse darüber, ob die Lichtenergie ausreicht, um eine Photopolymerisation einzuleiten. Sollte dies der Fall sein, hätte das Verfahren den entscheidenden Vorteil, die zur Polymerisation nötige UV-Strahlung nicht durch eine endlich dicke und die Strahlung abschwächende Materialschicht einwirken lassen zu müssen, sondern sie direkt an der Stelle der beabsichtigten Polymerisation zu erzeugen. Durch entsprechende Schallfelder und deren Interferenzen lassen sich räumliche Muster aufbauen.

2.3.4.2 Elektroviskosität

Als Elektroviskosität bezeichnet man die Eigenschaft bestimmter Materialien, ihre Viskosität unter dem Einfluss starker elektromagnetischer Felder in weiten Grenzen zu verändern. Das kann bis zum völligen Erstarren flüssiger Ausgangsstoffe führen. Das Verfahren ist vor allem deshalb noch nicht großtechnisch umgesetzt worden, weil die Erhöhung der Viskosität über längere Zeit technisch und wirtschaftlich nicht dargestellt werden kann. In Bezug auf additive Verfahren eröffnet diese Methode jedoch neue Perspektiven. Mithilfe der Elektroviskosität lassen sich Flüssigkeiten entlang einer vorgegebenen (potenzialtheoretisch berechenbaren) Raumkurve verfestigen. Sie bilden somit eine kontinuierliche Berandung, die mit photosensitiven oder anderen schnell erstarrenden Materialien ausgefüllt werden kann. Dies kann in relativ kurzer Zeit geschehen. Nach der Erstarrung wird die Berandung durch Verflüssigung wieder entfernt und auf der Basis der potenzialtheoretisch vorgegebenen neuen Berandung ein weiteres Modellteil erstellt. Ein solches Verfahren eröffnet die prinzipielle Möglichkeit, vollständig dreidimensional zu arbeiten, ist aber zumindest nach dem Stand heutiger Überlegungen an potenzialtheoretisch darstellbare Raumkurven gebunden.

2.4 Elemente zur Erzeugung der physischen Schicht

Um ein Bauteil additiv herzustellen, wird die Kontur jeder Schicht entsprechend der in Abschnitt 2.2 „Erzeugung der mathematischen Schichtinformation“ festgelegten geometrischen Schichtinformation auf der Bauebene (*x*-*y*-Richtung) abgefahren und unter Verwendung eines physikalischen Prinzips nach Abschnitt 2.3 „Physikalische Prinzipien zur Erzeugung der Schicht“, simultan physisch erzeugt. Nach einer *z*-Verstellung der Bauplattform um eine Schichtdicke wiederholt sich der Vorgang, bis alle Schichten gefertigt sind.

Auf die Bauebene bezogen besteht eine Maschine zur additiven Fertigung aus einem Bewegungselement, das das konturierende Element definiert bewegt, dem konturierenden Element selbst, das die eigentliche Kontur erzeugt und einem generierenden Element, das das feste Volumen einer Schicht herstellt. Im Falle des Lasers sind das konturierende und das generierende Element identisch. Gemeinsam bilden sie das schichterzeugende Element der Maschine. Bei extrudierenden Verfahren ist dies auch in der praktischen Umsetzung deutlich zu erkennen. Der Extrusionskopf wird mittels eines *x*-*y*-Plotters entsprechend der Kontur des Bauteils über die Bauplattform bewegt und trägt simultan das Baumaterial kontinuierlich auf, generiert also die Schicht. Beim Ausschneiden aus vorgefertigten Folien entsteht die physische Schicht hingegen nicht durch Generieren, sondern durch Konturieren mittels Laserstrahl. Ob ein Element generiert oder konturiert wurde, hängt daher vom physikalischen Prinzip der Schichtentstehung ab.

Für industrielle Maschinen sind im Wesentlichen zwei unterschiedliche Bewegungselemente vorherrschend, Plotter oder Scanner. Insbesondere bei den Fabbern werden aber auch dreiarmige Parallelroboter (Tripoden) eingesetzt (Delta-Rostock Projekte [DRFAB13]).

Als konturierende Elemente werden vor allem Laser, Messer, Fräser, als generierende Elemente Laser, Extruder und Druckköpfe verwendet.

Je nach Bauart bewegt sich die Plattform, das konturierende Element oder beide. Die Bauplattform wird bei den meisten Konstruktionen als kartesische 3-Achs-Konstruktion ausgeführt.

Im Folgenden werden die Bewegungselemente, die konturierenden und die technisch bedeutsamen generierenden Elemente, einzeln kurz beschrieben. Es wird aufgezeigt, welche Kombinationen zu schichterzeugenden Elementen additiver Maschinen vorzugsweise verwendet werden.

2.4.1 Bewegungselemente

Das Bewegungselement definiert die Geometrie des Bauteils. Dazu muss es die Innen- und die Außenkonturen einer jeden Schicht und gegebenenfalls die dazwischen liegenden Flächen abfahren. Gefordert werden schnelle Verfahrgeschwindigkeiten sowie eine hohe Bahn- und Wiederholgenauigkeit. Eingesetzt werden (Galvo-)Scanner oder (*x*-*y*-)Plotter, gelegentlich auch Kombinationen von beiden.

2.4.1.1 Plotter

Unter Plottern versteht man vor allem *x*-*y*-Positioniersysteme mit getrennten Achsen. Als Antriebe werden Zahnriemen oder Zahnstangen aber auch Linearantriebe verwendet. Plotter gibt es in unterschiedlichen Größen mit charakteristischen Abmessungen von wenigen Millimetern bis zu einigen Metern. Die Vielfalt ist zu groß, um sie hier im Detail zu behandeln. Die Bauplattformen der meisten additiven Maschinen weisen charakteristische Abmessungen von einigen 100 Millimetern auf. Für die dort eingesetzten Plotter gelten im Schneidbetrieb heute folgende technische Daten als typisch: Schneidgeschwindigkeiten zwischen 10 und 1000 mm/s (und bei Tangentialplottern im Diagonalbereich bis 1500 mm/s) und darüber; Wiederholgenauigkeiten um die ±0,1 mm; Andruckkräfte circa von 0 bis 600 Gramm.

2.4.1.2 Scanner

Scanner oder *Galvos* sind frei programmierbare Ablenksysteme, die den Laserstrahl auf der Bauebene bewegen. Der Begriff *Galvo* bezeichnet lediglich eine um seine Längsachse nach dem Galvanometerprinzip drehbare motorgetriebene Spiegeleinheit und damit nur ein Element einer Scannereinheit. Um jeden Punkt auf der Bauplattform zu erreichen, werden zwei Galvos (je einer für die x- und die y-Richtung) orthogonal zueinander ausgerichtet. Der Fokus beschreibt bei dieser Anordnung aber tatsächlich einen Kugelmantel. Die Projektion wird daher im Zentrum der planen Bauebene scharf und mit wachsendem Abstand, also vor allem in den Ecken des Bauraums, zunehmend unscharf sein.

Abhilfe schafft eine sogenannte F-Theta- oder Planfeldlinse, die den Brennpunkt außerhalb der optischen Achse erzeugt. Der Fokus bleibt dadurch für jede beliebige Ablenkung in einer Ebene, der Bauebene.

Um einen kleinen Fokusdurchmesser zu erreichen, wird vor dem ersten Spiegel ein sogenanntes Teleskop positioniert. Das Teleskop weitet den Strahl mittels konkaver Eingangslinse auf und fokussiert (kulminiert) ihn mit einer plankonvexen Ausgangslinse ins Unendliche, sodass ein paralleles Strahlenbündel austritt, das entsprechend fein fokussiert werden kann.

Bild 2.33 zeigt die Scan-Optik bestehend aus dem Strahlaufweiter, zwei motorgetriebenen Galvo-Spiegeln und der F-Theta-Linse. Die Anordnung der Galvos vor der Planfeldlinse nennt man auch Pre-Objective-Scanning.

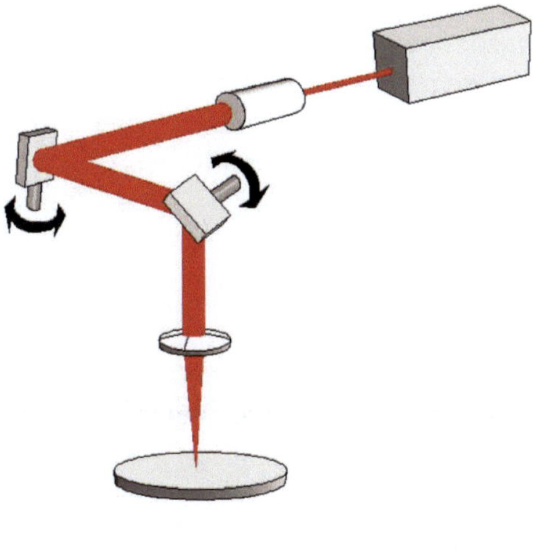

Bild 2.33
Scan-Optik zur Abbildung der Schichtinformation auf der Bauebene, bestehend aus dem Strahlaufweiter, zwei Galvo-Spiegeln und einer F-Theta-Linse

Um hohe Scangeschwindigkeiten zu ermöglichen, müssen die Spiegel leicht sein. Dazu wird ihre Massenträgheit reduziert. Das geschieht unter anderem durch Abschneiden der Ecken, wodurch sie ihre typische Form erhalten. Spiegel bestehen vorteilhaft aus einkristallinem Silizium als Substratmaterial und einer Beschichtung mit möglichst niedrigen Absorptionsverlusten. Die Beschichtung muss auf die verwendeten Laserwellenlängen abgestimmt sein.

Der Trend geht zum Einsatz von Laser-Scannern mit digitaler Servoelektronik. Sie verfügen aufgrund verbesserter Encoder über eine deutlich verbesserte Dynamik und eine erhöhte Genauigkeit. Die Elektronik erlaubt zudem die Kommunikation zwischen der Anlagensteuerung und dem Scanner und ermöglicht dadurch auch Online-Diagnose-Prozeduren.

2.4.1.3 Parallelroboter (Delta Roboter)

Delta Roboter sind eine Variante der Parallelroboter. Sie verfügen über drei mit Kreuzgelenken gestellfest montierten Linearachsen.

Daraus ergibt sich eine räumliche Parallelogrammführung des Bewegungselementes und des konturierenden Elementes. Meistens liegen die Antriebe ortsfest im Gestell (Bild 2.34). Das konturierende Element ist eine Extrusionsdüse. Delta Roboter sind relativ einfach im Aufbau, leicht, präzise und schnell.

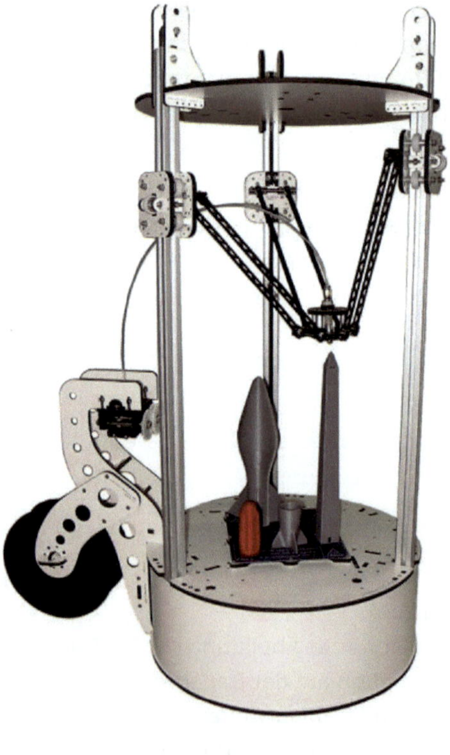

Bild 2.34
Delta Rostock Fabber mit Parallelkinematik
Quelle: Deltatower GmbH

2.4.2 Generierende und konturierende Elemente

Generierende Elemente erzeugen die Schicht. Je nach Verfahren übernehmen sie auch die Konturierung.

Unterschieden werden die Elemente auch danach, ob es eine mechanische Wechselwirkung mit der Schicht gibt oder nicht. Laser und Druckköpfe gehören zu den berührungslosen, den *non-impact Verfahren*. Schneidmesser, Fräser und in geringerem Umfang auch Extruder üben mechanische Kräfte auf das Bauteil aus, sind also *impact-Verfahren*.

2.4.2.1 Laser

Laser spielen in der additiven Fertigung eine besondere Rolle. Der energiereiche Strahl kann auf extrem kleine Wirkdurchmesser fokussiert und hochdynamisch positioniert werden. Vor allem in Verbindung mit Scannern kann die für die Polymerisation, das Schmelzen oder das Verdampfen (Schneiden) von Materialien notwendige Energie mit hoher Positionier-, Bahn- und Wiederholgenauigkeit punktgenau eingebracht werden.

Abhängig von dem Absorptionsverhalten der verarbeiteten Materialien sind Laser mit unterschiedlicher Wellenlänge im Einsatz. Zum Schneiden von Papieren oder Kunststoffen oder beim Sintern oder Schmelzen von Kunststoffen sind vorzugsweise CO_2-Laser (Wellenlänge 10 600 nm) im Einsatz. Die Polymerisation verlangt Laser mit Wellenlängen um und unter 500 nm, für die Bearbeitung von Metallen sind noch kürzere Wellenlängen vorteilhaft.

Ar^{++}-Ionen- und HeCd-Laser; die aufgrund ihrer günstigen Wellenlängen trotz ihres schlechten Wirkungsgrades in den ersten Anlagen und noch bis in die späten 1990er-Jahre eingesetzt wurden, sind heute vollständig den Festkörperlasern gewichen. Damit wurden der Wirkungsgrad und die Standzeit deutlich verbessert und der altersbedingte schleichende Leistungsabfall weitgehend eliminiert.

Neueste Bauarten, wie diodengepumpte Festkörperlaser, Scheiben- oder Faserlaser haben wesentlich zur Verbesserung der Strahlqualität und der Dynamik (Regelfähigkeit der Laserleistung) beigetragen. Heute sind insbesondere mit Faserlasern Strahldurchmesser im Bereich von 20 bis 50 µm zu realisieren. Zudem kann der Strahlquerschnitt mit schnell regelbaren optischen Elementen variiert und so für Berandungen verkleinert und für das Füllen von Flächen vergrößert werden.

Auf eine Ausarbeitung zum Laserprinzip, die aufgrund der wenigen für die additive Fertigung bevorzugt eingesetzten Lasertypen im Jahr 2000 noch sinnvoll möglich war und die sich im Anhang zur 2. Auflage befindet, wird angesichts der zahlreichen heute verwendeten Bauarten verzichtet. Eine umfassende aktuelle Darstellung mit dem Fokus auf die Fertigung mit Lasern findet sich z. B. bei Poprawe [Poprawe04].

Bei der Konturierung mit Laserstrahlen werden grundsätzlich drei Verfahren unterschieden, das Vektor-, das Raster- und das Maskenverfahren. Die Grundprinzipien dieser Verfahren finden sich auch in anderen Konturierungsverfahren; z. B. wird das Vektorverfahren beim Einsatz von Messern in Schneidplottern verwendet. Masken werden auch bei Verfahren eingesetzt, die Lampen oder Projektoren zur Polymerisation verwenden.

Beim *Vektorverfahren* werden entweder (Spiegel-) Scanner oder *x-y*-Plotter eingesetzt. Bei Plottern werden die einzelnen Konturelemente auf der Basis der standardisierten Plottersoftware aus geometrischen Grundelementen wie Geraden, Kreisbögen usw. kontinuierlich erzeugt. Somit kann davon ausgegangen werden, dass eine Kreiskontur in Schichtrichtung bei der STL-Formulierung als Polygonzug und bei der SLC-Formulierung als kontinuierlicher Kreis abgebildet wird. Der Laserstrahl kann gepulst sein, wie das bei den meisten Polymerisations- und Sinterverfahren (die Verfahren werden in Abschnitt 2.3 „Physikalische Prinzipien zur Erzeugung der Schicht“ besprochen) der Fall ist, oder kontinuierlich (Dauerstrich, continuous wave, CW) arbeiten, wie bei Schicht-Laminat-Verfahren. Das Vektorverfahren ist das genaueste Verfahren, aber auch das langsamste. Die Dauer der Generierung einer Schicht hängt insbesondere von der Komplexität dieser Schicht ab.

Beim *Rasterverfahren* wird die Kontur wie beim Fernsehbild zeilenweise generiert. Das wird vorzugsweise durch eine entsprechende Programmierung von Scannern realisiert. Dadurch entsteht von Zeile zu Zeile, also in der *x-y*-Ebene, ein Treppenstufeneffekt ähnlich dem in *z*-Richtung. Die Höhe der Treppenstufe wird durch die Breite der wirksamen Spur, beim Laser also durch die Breite des Laserstrahls, bestimmt. Bei einer wirksamen Breite des Laserstrahls bis zu 0,3 mm erzeugen Rasterverfahren in der Schichtebene, bezogen auf nichtrechtwinklige Geometrien, einen tendenziell deutlicheren Treppenstufeneffekt als verfahrensbedingt in der *z*-Richtung. Während man beim Vektorverfahren die Kontur um einen halben Strahldurchmesser versetzen kann (Strahlweitenkompensation, Beam Width Compensation) und so eine sehr genaue Konturierung erhält, ist dies beim Rasterverfahren nur eingeschränkt möglich. Die Dauer der Generierung einer Schicht hängt beim Rasterverfahren nicht von der Komplexität der Schicht ab. Das Verfahren ist schneller als das Vektorverfahren, aber langsamer als das Maskenverfahren.

Das *Maskenverfahren* arbeitet mit einer geometrisch übereinstimmenden, aber maßstäblich verkleinerten Maske der jeweiligen Schichtkontur. Sie wird, einem Diapositiv ähnlich, durchleuchtet und erzeugt so ein maßstäbliches Abbild der Kontur auf der Schichtoberfläche. Die Genauigkeit wird durch die Präzision limitiert, mit der die Maske hergestellt werden kann. Maskenverfahren arbeiten mit transparenten, elektrostatisch oder durch LCD-Technik (Liquid Crystal Display) sequenziell beschichteten Bildschirmen oder direkt mit DLP-Projektoren (Digital Light Processing), aber auch mit mechanischen Masken. Die Belichtung einer ganzen Schicht erfolgt auf einmal. Die Belichtungszeit ist deshalb nicht von der Komplexität der Schicht abhängig. Das Verfahren arbeitet entsprechend schnell.

In Bild 2.35 sind die drei prinzipiellen Verfahren zur Abbildung der geometrischen Schichtinformation auf der Schicht dargestellt.

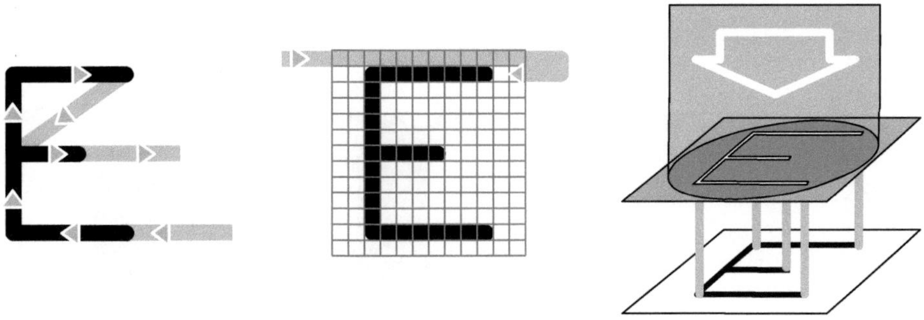

(a) (b) (c)

Bild 2.35 (a) Vektor-, (b) Raster-, (c) Maskenverfahren zur Abbildung der geometrischen Schichtinformationen auf der Schicht

2.4.2.2 Druckköpfe

In additiven Fertigungsanlagen werden Druckköpfe verwendet, die für die professionelle 2D-Drucktechnik, insbesondere für das Großformatdrucken auf Papier und Folie (Large Format Printing, LFP), entwickelt wurden. In der additiven Fertigung werden sie zum direkten Auftragen von flüssigem Baumaterial oder zum definierten lokalen Einbringen von flüssigem Binder ins Pulverbett verwendet.

Zum Einsatz kommen vor allem InkJet-Systeme, die nach dem „Drop on Demand“ (DOD)-Prinzip arbeiten, aber auch solche, die dem „Continuous Flow“ (CIJ, Continuous Ink Jet)-, auch „Drop by Drop“-Verfahren genannt, zuzuordnen sind. Elektrostatische Systeme kommen ebenfalls infrage, werden zur Direktkonturierung aber zurzeit nicht industriell genutzt.

„Drop on Demand“-Systeme schleudern jeweils einen Tropfen Tinte auf das Druckziel, wenn sie dazu einen äußeren Impuls erhalten. „Continuous Flow“-Systeme erzeugen einen quasi-kontinuierlichen aus vielen Einzeltropfen bestehenden Tintenstrahl. An Stellen, die nicht bedruckt werden sollen, wird der Tintenstrahl durch Anlegen einer elektrischen Ladung abgelenkt. Die Tinte ist dann Abfall.

Zur Anwendung kommen vor allem zwei unterschiedliche „Drop on Demand“-Systeme, die thermischen oder „Bubble-Jet“-Druckköpfe und die Piezo-Druckköpfe.

Bubble-Jet- oder thermische Druckköpfe

Ein Bubble-Jet-Druckkopf besteht aus einem Tintenreservoir, das durch eine Kapillare mit der eigentlichen Düse verbunden ist (Bild 2.36). Der Tintenkanal wird kurz vor der Düse elektrisch beheizt. Dadurch verdampft die Tinte lokal. Die sich bildende

Dampfblase (Bubble) verdrängt schlagartig ein definiertes Volumen Tinte, das aufgrund der Druckverhältnisse durch die Düse auf das Druckziel, im Falle der additiven Fertigung also auf das Pulverbett, geschleudert wird.

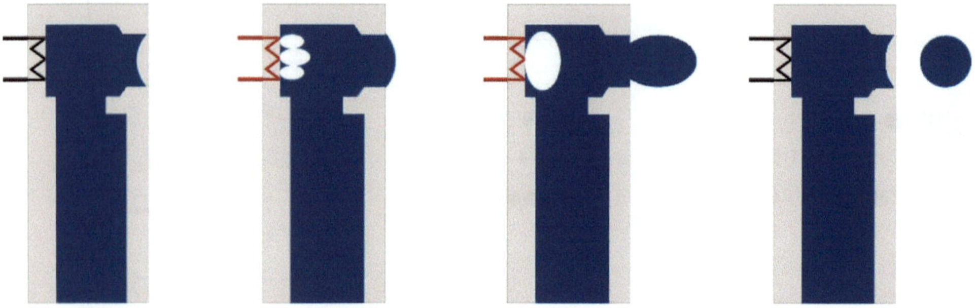

Bild 2.36 Prinzip eines Bubble-Jet-Druckkopfs
Quelle: nach [DOD16]

Es werden bis zu mehrere hundert Düsen pro Druckkopf mit Düsendurchmessern von circa 20 bis 50 µm in einem Druckkopf untergebracht. Das Tropfenvolumen beträgt circa 4 bis 30 Picoliter, die Temperatur am Heizelement circa 300 °C. Das thermische System ist vergleichsweise langsam. Eine Frequenz von circa 4 kHz gilt als Standard, etwa 10 kHz als oberer Grenzwert. Das Photo-Ret-III-Verfahren von HP erreicht eine Frequenz von circa 18 kHz. Aus 408 Düsen werden circa 7,3 Millionen Tropfen pro Sekunde mit einem Volumen von je 5 Picolitern ausgebracht. Allerdings druckt das Verfahren bis zu 29 Punkte übereinander und wurde für den 2D-Druck auf Papier oder Folie optimiert.

Es wird häufig als Nachteil der thermischen Druckköpfebetrachtet, dass die Tropfengröße nicht variiert werden könne. Das stimmt so nicht. Durch sequenzielle Beheizung, vorzugsweise durch zwei in Strömungsrichtung hintereinander geschaltete Heizungen, können bei entsprechender Abstimmung zwei unterschiedlich große Verdampfungszonen erzeugt werden, die zu einer zusammenwachsen und so eine größere Menge Flüssigkeit mitreißen. Es ist jedoch sehr schwierig, stark unterschiedlich große Tropfen zu formen. Zudem ist die Tropfen-Frequenz recht gering.

Thermische Druckköpfe werden beim 2D-Drucken üblicherweise gemeinsam mit dem Tintenreservoir ausgetauscht, sodass der Verschleiß der Düsen das Druckergebnis in der Praxis nicht beeinträchtigt. Ob jeder Farbe (CMY und Black) ein Reservoir und ein Kopf zugeordnet sind oder ein integrierter Kopf für alle Farben verwendet wird, hängt vom Hersteller und vom Einsatz des Gerätes ab. Es gibt aber auch Systeme mit getrennten Düsen und Reservoirs.

Für die Integration der Drucksysteme in additive Fertigungsanlagen müssen vor allem größere Mengen Flüssigkeit durchgesetzt und die Steuerung entsprechend modifiziert werden. Deshalb werden die serienmäßigen Tintenreservoirs gegen Bindertanks getauscht, die über Schlauchsysteme angekoppelt werden. Als Düsen werden meist die handelsüblichen Druckköpfe der 2D-Drucker verwendet.

Piezo-Druckköpfe

Die Piezo-Technik basiert wie die Bubble-Jet-Technik auf Volumenverdrängung. Das zu verdrängende Volumen wird durch ein in den Tintenkanal eingebrachtes Piezo-Element realisiert. Es ist im spannungslosen Fall meist ein ebenes Plättchen und nimmt bei positiver Spannung eine zum Tintenkanal konvexe, bei negativer eine konkave Form an (Bild 2.37). Die Formänderung entspricht einer Volumenänderung des Tintenkanals. Das verdrängte Volumen entspricht genau dem Volumen des emittierten Tropfens.

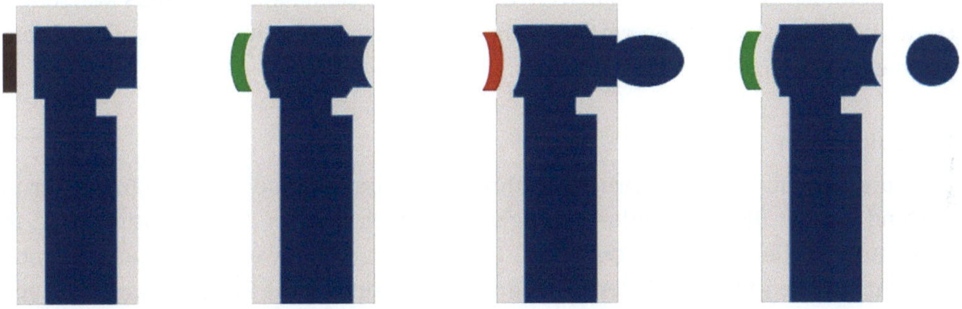

Bild 2.37 Prinzip eines Piezo-Druckkopfs
Quelle: nach [Piezo16]

Das rein (elektro-)mechanische Verfahren lässt sich präziser und vor allem schneller steuern als das thermische. Die Verformung geschieht in circa fünf Mikrosekunden, die Rückverformung ebenfalls. Damit werden Frequenzen von bis zu 30 kHz erreicht. Die Tropfengröße kann durch die angelegte Spannung eingestellt und sehr schnell variiert werden. Die Tintenkanäle und damit die Tropfenvolumen sind kleiner (2 Picoliter) als bei thermischen Systemen. Damit werden auf dem Papier Punktedurchmesser von 0,035 µm erreicht, was einer Auflösung von 800 dpi entspricht. Grenzen setzen zurzeit eher die mechanischen Positioniersysteme als die Druckköpfe.

Mit Piezo-Düsen können auch hochviskose Flüssigkeiten und solche Binder verarbeitet werden, die thermisch empfindlich reagieren. Zudem ist eine unabhängige Vorheizung des Fluids möglich. Damit sind optimale Bedingungen für additive Anlagen geschaffen, die Photopolymere oder andere hochviskose Fluide drucken.

Nach dem „Abfeuern" eines Tropfens kann durch Anlegen einer negativen Spannung an den Piezo-Quarz im Tintenkanal ein Unterdruck erzeugt werden, der dazu führt, dass die Tinte an der Düse leicht zurückgezogen wird. Dieser „Meniskus"-Effekt (engl.: Drastic Pull Ejection Meniscus Control) bewirkt auch eine Vorspannung der Tropfenoberfläche, die das „Abfeuern" des nächsten Tropfens begünstigt und zugleich die Bildung von Sekundärtropfen unterdrückt.

Piezo-Köpfe sind besonders empfindlich gegen Luft oder Gaseinschlüsse in der Kapillare, weil solche kompressiblen Bereiche den gesamten Verdrängerimpuls absorbieren können. Das Problem entspricht dem bei der Entlüftung von Wasserleitungen. Piezo-Elemente und ihre Steuerung benötigen meist mehr Platz als thermische Düsen. Deshalb hat ein typischer Piezo-Druckkopf weniger Düsen (50 bis 100, max. circa 200) als ein thermischer.

Piezo-Köpfe sind robuster, aber auch teurer als thermische Druckköpfe. Sie werden bei Druckern in der Regel nicht ausgetauscht, sondern sind fest installiert und daher auch optimal justiert. Beim Nachfüllen der Tinte besteht nicht die Gefahr der Dejustage. Wegen des höheren Verschleißes in additiven Anlagen sind heutige Systeme meist dennoch mit auswechselbaren Druckköpfen versehen. Besonders wartungsfreundliche Konstruktionen verfügen über auswechselbare Einzeldüsen oder Düsengruppen.

Genauigkeiten

Über die Genauigkeit eines Druckverfahrens sagt die minimale Tropfengröße nur in Verbindung mit der Positioniergenauigkeit in y-Richtung (in Zeilenrichtung) und in x-Richtung (Zeilenabstand) etwas aus. Ein qualitativ hochwertiges Druckbild setzt eine entsprechend hohe Wiederholgenauigkeit voraus. An die Systeme sind also auch sehr hohe mechanische Anforderungen zu stellen.

Pulver-Binder-Systeme sind in ihrer Genauigkeit zusätzlich durch die Größe der Pulverpartikel begrenzt. Gebräuchlich sind Korngrößen um 50 µm (bis zu 100 µm). Die untere Grenze liegt bei circa 20 µm. Werden auf der Basis solcher Systeme farbige Bauteile hergestellt und deren Textur durch den Binder definiert, weisen insbesondere nach eventuellen Schleifoperationen zum Finishen der Oberfläche größere Bereiche die Färbung des Pulvers auf. Bei vorzugsweise weißem Pulver erscheint das Bauteil entsprechend pastellfarben.

Materialien

Auf die unterschiedlichen Tinten wird an dieser Stelle nicht eingegangen, dies geschieht im Zuge der Beschreibung der einzelnen Anlagen. Es soll aber auf eine Entwicklung der 2D-Drucktechnik hingewiesen werden, die vor allem UV-stabile Farben zum Ziel hat. In diesem Zusammenhang werden RCP-Farben (*Radiation Curable Pigmented Inks*) entwickelt, deren farbgebende Bestandteile durch UV-Bestrahlung zu stabilen Pigmenten polymerisieren. Damit lassen sich nahezu alle Materialien witterungsbeständig bedrucken. Angesichts heutiger additiver Verfahren, die Photopolymere drucken, ergeben sich daraus interessante Perspektiven für die Fertigung farbiger Bauteile.

2.4.2.3 Extruder

In der additiven Fertigung verwendete Extruder arbeiten nach dem System der Volumenkonstanz. Geometrisch definiertes Material, meist als Draht, aber auch in Form von Blöcken oder Pellets, wird in eine elektrisch beheizte Kammer gefördert und dort durch die Wärme in pastösen Zustand überführt. Die Kammer heißt auch weniger präzise „Liquifier“ (Verflüssiger), obwohl das Verflüssigen unbedingt vermieden werden muss, um einen definierten Materialauftrag zu erzielen. Über eine Düse wird eine dem zugeführten Volumen gleiche Menge extrudiert und als Schicht auf das Bauteil aufgetragen. Da das Material eingefärbt erhältlich ist, können unterschiedlich farbige Bauteile gefertigt werden. Die Farbe kann allerdings nicht innerhalb eines Bauteils gewechselt werden. Texturen sind deshalb nicht herzustellen. Da alle kommerzialisierten Extrusionsverfahren mit Stützen arbeiten, ist in die Maschinen meist eine zweite Düse für das Stützmaterial eingebaut. Der Einsatz von mehreren parallel arbeitenden Extrusionsdüsen ist grundsätzlich möglich, wird zurzeit aber nur bei Fabbern angewandt, wo es auch Konstruktionen gibt, die unterschiedlich farbiges Material auftragen.

Im Unterschied zu Drucksystemen arbeiten Extruder quasi-kontinuierlich, das heißt, sie tragen das Material für einen Volumenbereich in einem Zug auf, unterbrechen aber die Extrusion während der Positionierphasen. Der Abstand zwischen dem Austritt der Düse und der Oberfläche des Bauteils muss stets kleiner sein als der extrudierte Materialquerschnitt, damit das teigige Material auf die teilfertige Struktur „aufgequetscht“ werden kann. Der Querschnitt wird dadurch oval. Extrudiersysteme arbeiten somit kräftearm, aber nicht vollständig berührungsfrei.

Extrudiersysteme sind sehr empfindlich gegen Luft- und Gaseinschlüsse. Ein Problem ist auch die Wasseraufnahme des Baumaterials, die sich als Dampfblasen mit entsprechenden Spritzern äußert.

2.4.2.4 Schneidmesser

Konturierungen mit Messern greifen auf die Technik von 2D-Schneidplottern für Papier und Folie zurück. Zum Einsatz kommen *x*-*y*-Plotter. Es werden Schneidgeschwindigkeiten von bis zu 300 mm/s erreicht. Schneidverfahren sind nicht berührungslos. Die Messer üben eine Andruckkraft von circa 30 bis 300 g aus.

Mit Messern werden vorzugsweise Folien aus Papier, Kunststoff und Keramik konturiert. Es können eine Schneideauflösung von 0,025 mm/Schritt und Wiederholgenauigkeiten von 0,1 mm erreicht werden (Roland SP 300).

Alle Systeme zur Konturierung haben gemeinsam, dass nicht nur die Charakteristik des eigentlich konturierenden Elements, beispielsweise der Düsendurchmesser, der Laserstrahldurchmesser oder die Klingenbreite, sondern gleichermaßen die Präzision des eingesetzten *x*-*y*-(*z*-) Handhabungssystems die Qualität des Bauteils bestimmen. Wesentliche Einflussgrößen auf die Bauteilqualität sind daher die Präzision des mechanischen Aufbaus, seiner Inkrementalgeber und deren Ansteuerung.

2.4.2.5 Fräser

Wenn Fräser in der additiven Fertigung eingesetzt werden, geschieht dies auf gegebenenfalls modifizierten Fräsmaschinen und die Bearbeitung unterscheidet sich nicht von der konventionellen Fräsbearbeitung. Deshalb, und angesichts der Vielzahl der möglichen Maschinenkonzepte, wird auf die Bearbeitung mit Fräsern hier nicht weiter eingegangen. Ein sehr umfangreiches und zudem praxisbezogenes Buch stammt von Degner [Degner02]. Die Aspekte der Hochgeschwindigkeitsbearbeitung beschreibt Schulz [Schulz96]. Wirth [Wirth02] geht insbesondere auf Modellfräsverfahren und die praktische Umsetzung aus dem CAD heraus ein.

2.4.3 Schichterzeugendes Element

Eine additive Maschine verfügt über aufeinander abgestimmte Bewegungselemente und generierende Elemente. Gemeinsam bilden sie das schichterzeugende Element und damit sozusagen das additive Herz der Maschine.

In der Praxis haben sich wenige Kombinationen bewährt. Tabelle 2.1 zeigt die am häufigsten auftretenden Kombinationen. Davon abweichende spezielle Lösungen werden mit den entsprechenden Maschinen in Kapitel 3 „Additive Fertigungsanlagen für Rapid Prototyping, Direct Tooling und Direct Manufacturing" besprochen.

Das schichterzeugende Element stellt faktisch das Werkzeug der additiven Maschine dar. Weil es fest zur Maschine gehört und nicht abhängig vom Bauteil gewechselt wird, spricht man davon, dass additive Verfahren werkzeuglos arbeiten. Streng genommen benötigen sie aber lediglich keine der individuellen Fertigungsaufgabe angepassten Werkzeuge. Wenn auf einer additiven Maschine nacheinander ein Schädelmodell und eine Radioblende gefertigt werden, wird kein Werkzeug gewechselt – genau wie bei einem 2D-Bürodrucker keine maschinenseitigen Umstellungen notwendig sind, wenn anstelle einer Belobigung eine Kündigung ausgedruckt werden soll.

Da das schichterzeugende Element die Funktion des Werkzeuges hat, ist es wichtig, die Parameter, die die Einsatzfähigkeit des Werkzeuges definieren, genau festzulegen und zu kontrollieren sowie Strategien auszuarbeiten, um sie in den erlaubten Parameterfeldern betreiben zu können.

Bei allen Elementen bedienen sich die Konstrukteure von additiven Anlagen vorzugsweise bewährter Großserientechnik. So bilden circa 26 Millionen installierte Tintenstrahl- und Laserdrucker (Hochrechnung: Graulich 2007) eine auch wirtschaftlich solide Basis für die Entwicklung entsprechend adaptierter Anwendungen. Nur durch die Verwendung von Komponenten, deren Entwicklung durch Umsätze auf anderen Märkten finanziert wurden, war die Entwicklung additiver Fertigungsanlagen, die in den ersten 15 Jahren (1988 bis 2003) zu weltweit lediglich circa 10 000 verkauften Systemen geführt hat, bisher möglich und auch nur so wird sie zukünftig zu finanzieren sein.

Tabelle 2.1 Schichterzeugende Elemente für die additive FertigungHäufig auftretende Kombinationen von Bewegungs- und generierenden oder konturgebenden Elementen in Abhängigkeit vom physikalischen Prinzip der Schichterzeugung

Physikalisches Prinzip	Abschnitt	Additive Verfahrensfamilie	Bewegungselement	Generierendes/ konturierendes Element
Photopolymerisation	Abschnitt 2.3.1.1	Stereolithographie Polymer Printing	Scanner Plotter	Laser Druckkopf
Schmelzen und Verfestigen von Pulvern und Granulaten	Abschnitt 2.3.2.1	Sintern Schmelzen	Scanner	Laser
Ausschneiden aus Folien und Fügen	Abschnitt 2.3.2.2	LLM	Plotter	Laser, Messer, Fräser
Schmelzen und Verfestigen aus der festen Phase	Abschnitt 2.3.2.3	FLM	Plotter	Extruder, Düse
Verkleben von Granulaten mit Bindern	Abschnitt 2.3.2.4	3D Printing	Plotter	Druckkopf
Aerosoldruckverfahren	Abschnitt 2.3.3.1	Aerosoldrucken	Plotter	Düse

2.5 Klassifizierung der additiven Fertigungsverfahren

In der Literatur existieren eine Reihe unterschiedlicher Darstellungen zur Systematik der *additiven Fertigungsverfahren*. Viele orientieren sich lediglich an den aktuell verfügbaren Verfahren oder an isolierten Eigenschaften solcher Verfahren. Sie stimmen zwar für den Augenblick, kommen aber sehr schnell an ihre Grenzen, wenn neue Verfahren eingegliedert werden sollen.

Alle additiven Verfahren sind letztlich Fertigungsverfahren. Deshalb sollte sich auch ihre Nomenklatur an der Normung der Fertigungsverfahren, der DIN 8580 [DIN 8580] orientieren.

Additive Fertigungsverfahren sind aufgrund ihrer Vielfalt aber nicht immer eindeutig einer Hauptgruppe zuzuordnen. Grundsätzlich gehören sie in die Hauptgruppe 1, *Zusammenhalt schaffen* oder *Urformen* (DIN 8581).

Als aufbauende Fertigungsverfahren würden sie unter dem Aspekt *Zusammenhalt vermehren* auch die Zuordnung zu der Hauptgruppe 5, *Beschichten*, rechtfertigen und angesichts der vielen Verfahrensvarianten punktuell auch zu anderen Haupt- und Untergruppen.

Nach Abwägung des Für und Wider gelingt eine Klassifizierung am besten in Anlehnung an die Normung des Urformens (DIN 8581). Entsprechend werden die *additiven Fertigungsverfahren* in der ersten Gliederungsebene nach dem Aggregatzustand des Ausgangsmaterials und in der folgenden nach der Erscheinungsform im Sinne eines Halbzeugs klassifiziert. In der dritten Ebene wird der Mechanismus der Schichtbildung aufgezeigt und die vierte enthält die generische Bezeichnung des Verfahrens. In diese letztlich auf die 1. Auflage dieses Buches 1995 (dort: Bild 28, S. 69) zurückgehende Darstellung können unter Beibehaltung der bewährten Struktur bis heute auch aktuelle Verfahren eindeutig eingeordnet werden.

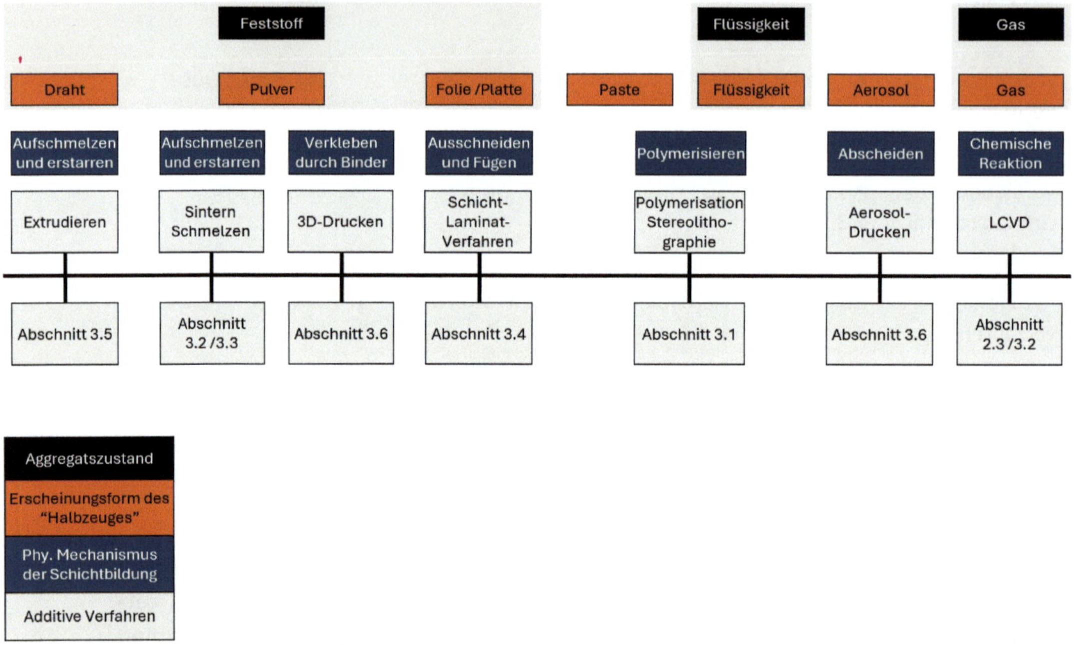

Bild 2.38 Klassifizierung der *additiven Fertigungsverfahren* nach dem Aggregatzustand des Ausgangsmaterials in Anlehnung an DIN 8580

Die den generischen Bezeichnungen zuzuordnenden industriellen Verfahren und ihre Hersteller- oder Markenbezeichnungen werden in Kapitel 3 „Additive Fertigungsanlagen für Rapid Prototyping, Direct Tooling und Direct Manufacturing" diskutiert. Dort wird die Klassifizierung nach Bild 2.38 unter Einbeziehung der industriellen Verfahren und ihrer Produktbezeichnungen fortgeführt. Die jeweiligen Abschnitte sind in Bild 2.38 eingetragen.

Für die zeichnerische Darstellung der *additiven Fertigungsverfahren* wird das Symbol nach Bild 2.39 vorgeschlagen.

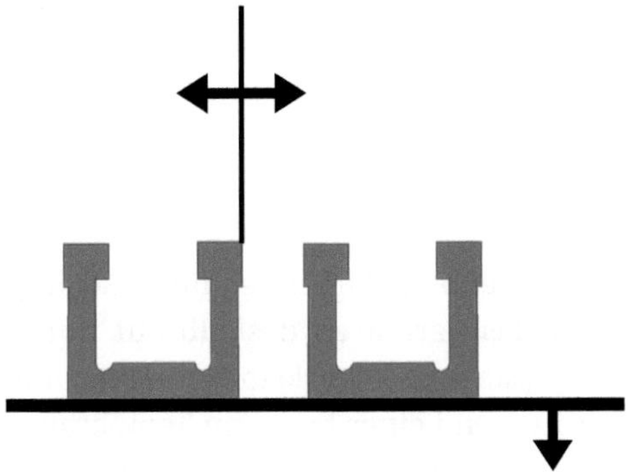

Bild 2.39
Symbol für die zeichnerische Darstellung der additiven Fertigungsverfahren

2.6 Zusammenfassende Betrachtung der theoretischen Potenziale der additiven Fertigungsverfahren

Die Betrachtung der grundlegenden physikalischen Vorgänge und der daraus ableitbaren Vor- und Nachteile ermöglicht es, Entwicklungstendenzen insoweit abzusehen, als die Frage nach den theoretischen Begrenzungen der Weiterentwicklung der einzelnen Prozesse zumindest tendenziell beantwortet werden kann. Konkrete Zahlenwerte finden sich bei der Besprechung der industriellen Maschinen und bezogen darauf im Anhang. Diskutiert werden die begrenzenden Faktoren bezüglich der Hauptpunkte:

- Werkstoffe,
- Bauteileigenschaften,
- Details,
- Genauigkeiten,
- Oberflächengüte,
- Entwicklungspotenzial.

Einbezogen werden die industriell wichtigsten additiven Verfahren, Photopolymerisation (Stereolithographie), Verschmelzen von Pulvern (Sintern, Schmelzen), Ausschneiden aus Folien (Schichtverfahren), Aufschmelzen und Verfestigen von Drähten oder Tabletten (Extrusionsverfahren, ballistische Verfahren) und Einspritzen von Bindern in Pulver (3D-Drucken).

Grundsätzlich sei vorausgeschickt, dass jedes Fertigungsverfahren seine Stärken und Schwächen hat und es ratsam ist, die Stärken der additiven Fertigung dort einzusetzen, wo Konkurrenzverfahren noch keine befriedigende Lösung präsentieren konnten. In Bezug auf Oberflächen und Genauigkeiten gilt z. B. bisher der Grundsatz: Was man fräsen kann, sollte man auch fräsen.

2.6.1 Werkstoffe

Die *Stereolithographie* ist verfahrensbedingt an ein Photopolymer geknüpft. Solange ungefüllte Werkstoffe verwendet werden, wird das Verfahren deshalb auf Kunststoffe beschränkt bleiben. Gefüllte Harze verbessern das Werkstoffverhalten der Kunststoffbauteile. Das hat zu höheren Festigkeiten und einer besseren Temperaturbeständigkeit geführt. Mit steigendem Anteil von Füllstoffen erfüllt das Monomer immer weniger die Funktion des Werkstoffs und wird zum Trägermedium mit den Eigenschaften eines Binders. Wird es in nachgeschalteten Ofenprozessen ausgetrieben, bilden die metallischen oder keramischen Füllstoffe ein monolithisches Bauteil. Zukünftig sind demnach die unterschiedlichsten durch Füllstoffe „komponierten" Materialien für die Photopolymerisation zu erwarten.

Bei den *Sinterverfahren* sind die verwendbaren Materialien theoretisch nur dadurch begrenzt, dass sie im weitesten Sinne thermoplastisches Verhalten aufweisen müssen. Das heißt, sie müssen aufschmelzbar sein und nach der anschließenden Verfestigung zumindest näherungsweise ihr altes (oder ein definiertes) Volumen und ihre alten Werkstoffkennwerte wieder annehmen. Natürlich ziehen höherschmelzende Materialien wie Metalle einen deutlich vergrößerten Aufwand bei der maschinentechnischen Realisation nach sich. „Ge-coatete" Partikel, wie sie beispielsweise beim Versintern von Gießereisanden eingesetzt werden, zeigen den Weg auf zu komplexeren Werkstoffentwicklungen. Der Einsatz von Granalien[6)], aus unterschiedlichen Bestandteilen zusammengestellte Pulverkörner, kann zudem neben dem thermischen auch einen chemischen Prozess in Gang setzen und so völlig neuartige Werkstoffeigenschaften entfalten.

Die *Schicht-Laminat-Verfahren* sind grundsätzlich bezüglich des einsetzbaren Materials nicht limitiert, da alle heute bekannten Materialien mit dem Laser schneidbar und alle technisch bedeutsamen Materialien zerspanbar sind. Das Problem sind vor allem die Verbindung der Schichten und die oft daraus resultierenden anisotropen Eigenschaften des Bauteils. Bessere Ergebnisse zeigen Diffusionsschweißprozesse, die allerdings anlagentechnisch aufwendig sind, Ultraschallschweißverfahren und perspektivisch pulverbasierende diffusionsgesteuerte Flächenschweißverfahren. Schicht-La-

---

[6] Granalien sind feste Körner, die bei der schnellen Abkühlung aus der Schmelze, z. B. im Wasserbad entstehen. Der Vorgang heißt Granulation.

minat-Verfahren für räumlich gekrümmte Bauteile [Klosterman99] weisen den Weg zur Fertigung von Kompositbauteilen (Composites).

Extrusions- und ballistische Verfahren sind bezüglich der oberen Prozesstemperatur nur dadurch limitiert, dass die Werkstoffe sich nicht zersetzen und dass der Düsenwerkstoff selbst nicht angeschmolzen werden darf. Die Werkstoffe müssen im teigigen Zustand eine genügend hohe Eigenfestigkeit aufweisen und ohne „Bindenaht-Effekte" ein homogenes Bauteil ergeben. Eine zu hohe Feuchtigkeitsaufnahme hat die Gefahr lokaler Verdampfungen zur Folge. Eine Fadenbildung muss sicher vermieden werden. Mehrere simultan oder parallel arbeitende Extrusionsköpfe sind bereits realisiert und ermöglichen Multi-Color und Multi-Material-Bauteile. Insgesamt resultiert auch für Extrusionsverfahren die Limitierung weniger aus den theoretischen Grenzen als aus der technischen Realisierung.

Die Extrusion von Schäumen oder Pasten eröffnet neue Anwendungen. Das Auftragen von schnell härtendem (Polymer-)Beton als Schalung für die Wände von Bauwerken wird beispielsweise für den additiven Hausbau propagiert (siehe Abschnitt 9.2 „Contour Crafting").

3D-Drucker nach dem Pulver-Binder-Verfahren eröffnen theoretisch die breiteste Materialpalette, da unzählige Pulver-Binder-Kombinationen denkbar sind. Die Verfahren sind vor allem durch die Partikelgröße in ihrer Genauigkeit limitiert. Neben den heute dominierenden Ein- oder Mehrkomponenten-Pulvern mit homogenen Partikeln gibt es ein enormes Potenzial für die Anwendung von gemischten Materialien im Sinne der bereits angesprochenen Granalien. 3D Printing-Verfahren, die bei Raumtemperatur arbeiten, sind auch für temperaturempfindliche Komponenten, wie z. B. aktive Zellkulturen, Pharmazeutika, Lebensmittel und im Bereich von temperatursensiblen Sensoren, anzuwenden.

Abscheideverfahren eröffnen neue Möglichkeiten besonders für Mikrostrukturen. In Aerosolen können die unterschiedlichsten Materialien transportiert und bereichs- und schichtweise abgelegt werden. Die sichere Lagerung der benötigten Stoffe und die Herstellung der jeweils benötigten Aerosole erfordern noch erheblichen Entwicklungsaufwand. Gleiches gilt für die Nachbearbeitung der Funktionsschichten, z. B. durch Laser.

Allgemein müssen alle Verfahren, die mit einem Materialreservoir, einem Bad oder einem Pulverbett arbeiten, je nach Bauraumgröße deutlich mehr Material vorhalten und den Prozessbedingungen aussetzen, als für das Bauteil gebraucht wird. Das hat vor allem wirtschaftliche Konsequenzen. Die Füllung einer großen Stereolithographie-Anlage kann einige 10 000 € Kapital binden, aber auch logistische Probleme und die Frage der Langzeitstabilität einschließen. Verfahren, die mit kleinen Materialmengen, vorzugsweise in Kartuschen arbeiten, vermeiden diese Nachteile. Die Materialien sind aber meistens teurer.

2.6.2 Bauteileigenschaften

Grundsätzlich sind für die *additiven Fertigungsverfahren* zwei große Werkstoffgruppen zu unterscheiden, die zu unterschiedlichen Bauteileigenschaften führen: Modellmaterialien und Ingenieur- oder Konstruktionswerkstoffe.

Modellmaterialien sind eng mit einer Maschine oder einem Verfahren verknüpft und erlauben in Kombination damit geometrisch definierte Bauteile herzustellen. Modellmaterialien kommen in Endprodukten üblicherweise nicht vor. Sie werden vorzugsweise für die Herstellung von Prototypen verwendet, also zu Konzeptmodellen, für deren Einsatz die Simulation der späteren mechanisch-technologischen Eigenschaften nicht wichtig ist. Beispiele sind die aus Stärkepulver und wasserbasierenden Bindern bestehenden und nachträglich meist mit Epoxidharz infiltrierten 3D Printing-Materialien für Pulver-Binder-Verfahren.

Ingenieurwerkstoffe sind weitgehend identisch mit meist namensgleichen (und chemisch identischen) Materialien, die in nicht-additiven Fertigungsprozessen eingesetzt werden, um Endprodukte herzustellen. Beispiele sind die Kunststoffe Polyamid oder Polystyrol für das (Laser-) Sintern von Kunststoffen oder CoCr-Pulver zur Fertigung von Metallbauteilen. Bei additiv gefertigten Bauteilen muss aber aufgrund des Schichtbauprozesses und damit einhergehender Anisotropien und anderer Effekte selbst dann mit anderen mechanisch-technologischen Eigenschaften gerechnet werden als aus nicht-additiven Fertigungsprozessen entstehende, wenn die Werkstoffe nominell gleich sind.

Die mechanisch-technologischen Bauteileigenschaften entfernen sich von den aufgrund der Werkstoffbezeichnung zu erwartenden Eigenschaften immer weiter, je weniger sie den Ingenieurwerkstoffen und je mehr sie den Modellmaterialien zuzuordnen sind.

2.6.3 Details

Bei der Beurteilung der Fähigkeit, Details darzustellen, wird zwischen der Darstellbarkeit von geringen Wandstärken und der von Hohlräumen unterschieden. Bezüglich der Wandstärken wird das Polymerisationsverfahren durch den realisierbaren Laser-Strahldurchmesser limitiert.

Dabei ist allerdings zu beachten, dass Polymerisationsverfahren bereits heute zu den genauesten Verfahren zählen und Laserstrahldurchmesser um und unter 20 µm Durchmesser schon Realität sind (z. B. bei Faserlasern). Polymerisationsverfahren benötigen Stützen, die nach dem Bauprozess entfernt werden müssen und die Darstellung interner Hohlräume begrenzen. Dort, wo die Stützen an die Bauteiloberfläche angebunden werden, bleiben oft entsprechende Marken zurück. Wenn die Stützen ausgewaschen werden können oder wenn geometriebedingt keine Stützen benötigt werden, ist das nicht der Fall. Außerdem können aufgrund des flüssigen Baumaterials auch feine und räumlich komplizierte interne Hohlräume leicht entleert werden.

Weniger Potenzial bezüglich der Darstellung feiner Details haben die Extrusionsverfahren. Der Düsendurchmesser und der mit ihm zusammenhängende wirksame Querschnitt des extrudierten Materials, aber auch die prozesstechnisch beherrschten Drahtdurchmesser begrenzen die erzielbaren minimalen Wandstärken. Interne Hohlräume sind beim Extrusionsverfahren aufgrund der notwendigen Stützen nur bezüglich der Reinigung limitiert.

Aerosoldruckverfahren haben aufgrund der Abmessungen der transportierten Stoffe im Nano-Bereich besondere Potenziale zur Abbildung von feinsten Strukturen, sind aber heute noch nicht für echte 3D-Strukturen geeignet.

Sinter- und Schmelzverfahren werden bezüglich der realisierbaren minimalen Wandstärken und internen Hohlräume im Wesentlichen durch den Pulver- und den Strahldurchmesser limitiert. Auch hier hängt es von der Geometrie ab, ob ein gebauter interner Hohlraum auch vollständig vom Restpulver befreit werden kann. Beim Metallsintern limitieren die dort im Gegensatz zum Kunststoffsintern notwendigen Stützen und ihre Entfernbarkeit den Prozess.

Bei den Schicht-Laminat-Verfahren, bei denen letztlich auch der Laserstrahldurchmesser eine, wenn auch untergeordnete, Rolle spielt, sind feinste Wandstärken und interne Hohlräume nur schwer zu entformen. Bei einigen Verfahrensvarianten (vor allem bei Metallschichtverfahren) werden die überflüssigen Materialteile nach jeder Schicht entfernt (gegebenenfalls durch Fräsen). Bei einigen Varianten der Schicht-Fräsverfahren entfällt diese Limitierung, da die Späne direkt im Zuge der Konturierung jeder Einzelschicht abgeführt werden.

2.6.4 Genauigkeiten

Die Modellgenauigkeit in der Bauebene (x-y-Ebene) wird beim Polymerisations- und beim Schicht-Laminat-Verfahren durch die Scanner- oder Plottereinheit beschränkt. Dagegen sind beim Sinterverfahren der Pulverdurchmesser, beim Extrusions- und beim ballistischen Verfahren der Düsendurchmesser die begrenzenden Größen. Bei Verfahren, die mit Druckköpfen arbeiten, kann je nach Konstruktion der Druckkopf oder die Plottereinheit der begrenzende Faktor sein.

Beim Polymerisationsverfahren mit freier Oberfläche tritt zusätzlich das Problem auf, dass bei extrem dünnen Schichten die Benetzung nicht mehr sichergestellt werden kann.

Beim Schicht-Laminat-Verfahren wird die Möglichkeit, in z-Richtung durch dünnere Materialstärken besser zu konturieren dadurch eingeschränkt, dass das Verhältnis der Zwischenschicht (bei Papier der Klebeschicht) zur wirksamen Baumaterialschicht zu groß wird. Zudem gibt es eine minimale Folienstärke, ab der das Handling nicht mehr sicher erfolgt. Fräsende Schichtverfahren ermöglichen konstante Genauigkeiten auch bei sehr großen Modellen, weil die Fräsmaschinen dies erlauben. Bei den Schicht-Laminat-Verfahren sind auch die Toleranzen in der Dicke der eingesetzten Platten und Folien zu beachten bzw. die Kosten für entsprechend tolerierte Materialien.

Beim Extrusionsverfahren sind es, wie bei den Details, vor allem die bei kleineren Düsen- und Drahtdurchmessern kaum noch zum Aufschmelzen ausreichende Wärmemenge und der schlechter beherrschte Prozess, die die Steigerung der Genauigkeit begrenzen. Dagegen können ballistische Verfahren mit Mikrotropfen arbeiten. Bei den Aerosoldruckverfahren limitieren die realisierbaren Tropfengrößen des Trägermaterials die Genauigkeit.

2.6.5 Oberflächengüte

Die Oberflächengüte wird im Wesentlichen durch die gleichen Faktoren bestimmt wie die z-Konturierung. Zu unterscheiden sind die Oberflächen, die sich aus dem Schichtbau ergeben, also die Stufung in z-Richtung und diejenigen, die materialbedingt entstehen. Die Oberflächen der ausgeschnittenen Schichten entsprechen denen der angelieferten Folien. Die flüssigen Materialien für die Polymerisation ergeben sehr gute Oberflächen, während Extrusionsverfahren die charakteristische „Würstchenstruktur" aufweisen. Diese ist zudem stark vom Winkel zwischen Bauebene und x-y-Ebene abhängig. Sinter- und 3D Printing-Verfahren weisen Oberflächenqualitäten auf, die dem Teilchendurchmesser proportional sind.

2.6.6 Entwicklungspotenzial

Die Polymerisationsverfahren verfügen bezüglich Oberflächenqualität und Detaillierungsgrad über die größten Entwicklungspotenziale, wenn die Tatsache einbezogen wird, dass über geeignete Abformprozesse die wesentlichen Vorteile der extrem hohen Genauigkeit auf Prototypen aus anderen Materialien und Serienteile übertragen werden können.

Die Sinterverfahren werden durch den realisierbaren Pulverdurchmesser und bei der Versinterung durch das Verhältnis Pulverdurchmesser zu Laserstrahldurchmesser und Laserleistung limitiert (der Pulverdurchmesser kann nicht beliebig klein gewählt werden). Ihr besonderes Potenzial liegt auf dem Gebiet der direkten Herstellung von Metall- aber auch von Kunststoff- und Keramikbauteilen. Sie bilden die Grundlage für die direkte digitale Produktion.

Bei den Schicht-Laminat- und den Extrusionsverfahren sind insbesondere die verfahrensbedingten anisotropen Modelleigenschaften als entwicklungsbegrenzend anzusehen. Darüber hinaus werden Extrusionsverfahren dadurch limitiert, dass relativ große Extrusionsdüsendurchmesser den erzielbaren Detaillierungsgrad begrenzen.

2.6.7 Kontinuierliche 3D-Modellierung

Alle heute industriell verfügbaren Systeme sind nicht nur in ihrer technischen Realisation, sondern auch dem physikalischen Grundprinzip nach 2D-Verfahren, die die Formgebung in einer Ebene realisieren und die dritte Dimension durch Aufeinanderschichten benachbarter Ebenen erzeugen. Zur Abgrenzung gegenüber reinen 2D-Verfahren werden sie als 2½D-Verfahren bezeichnet. Eine Folge sind die in *z*-Richtung stufigen Bauteile.

Da, anders als in der Mathematik, in der Fertigungstechnik keine Flächen, sondern nur flächige Volumina hergestellt werden können, bauen heute alle Verfahren ebene Schichten mit konstanter Dicke. Daraus ergeben sich die beiden Problemkreise; die diskontinuierlichen Prozesse und die Stufigkeit der Bauteile. Diskontinuierlich verlaufen die Prozesse, weil jeweils eine Beschichtung stattfinden muss, bevor eine Schicht verfestigt und mit dem teilfertigen Bauteil verbunden werden kann. Da bei vielen Prozessen die Beschichtungsdauer länger ist als die Belichtungs- oder Herstellzeit der Einzelschicht, könnte durch einen kontinuierlichen Prozess eine drastische Reduktion der Bauzeit erzielt werden. Der noch in der Entwicklung befindliche kontinuierliche CLIP-Prozess [Tumbleston15] (vergleiche Abschnitt 9.4.3 „Continuous Liquid Interface Production (CLIP) – Carbon 3D) verspricht eine um den Faktor 100 gesteigerte Aufbaurate.

Bereits kommerzialisiert ist der kontinuierlich arbeitende Sanddrucker VCX800 (vergleiche Abschnitt 3.6.5 „3D-Drucksystem Voxeljet“). Unabhängig davon ist der Effekt der Stufigkeit zu betrachten. Solange kontinuierliche Verfahren auf der Schichttechnologie aufsetzen, weisen sie ebenfalls Schichtstrukturen auf. Da die Schichtstärken über die Software gesteuert werden können, können sie aber leicht an die Geometrie adaptiert und der Stufeneffekt so verringert werden.

Verfahren, die zumindest den physikalischen Grundprinzipien folgend, auch kontinuierliche Konturen in *z*-Richtung erzeugen und der *x*-*y*-Richtung überlagern, also jeden Raumpunkt erreichen können, werden als (echte) 3D-Verfahren bezeichnet. Dazu gibt es zwei Ansätze:

- Polymerisation: Die zur Verfestigung notwendige Energie wird durch Überlagerung zweier oder mehrerer Teilstrahlen erzeugt. Durch geeignete Steuerung und Überlagerung dieser Teilstrahlen kann jeder Raumpunkt erreicht werden (Beam Interference, 2-Fokus-Verfahren).

- Ballistische Verfahren: Das Material wird durch eine bewegliche und beheizte Düse an jeden beliebigen Raumpunkt transportiert (5-Achsen-CNC), an dem es dann an einem Modell angelagert wird.

In der technischen Realisierung wird diese potenzielle Möglichkeit der 3D-Fähigkeit bisher nicht genutzt (siehe FLM). Dies ist nicht nur eine Frage des konstruktiven Aufwands. Bislang fehlen auch die Software und entsprechende Steuerungsalgorithmen.

Eine Variante des Verfahrens hat die Firma ARBURG als AKF, ARBURG Kunststoff-Freiformen und die Maschine als „freeformer" vorgestellt [AKF15], vergleiche Abschnitt 3.5.5 „ARBURG-Kunststoff-Freiformen (AKF) – ARBURG GmbH".

Eine kontinuierliche *z*-Konturierung ist mit Schicht-Fräsverfahren zu erzielen. Sie ermöglichen aber keine internen Hohlräume und keine gegenläufigen Hinterschnitte in der gleichen Schicht. Auch Schichtfräsverfahren sind grundsätzlich 2½D-Verfahren.

Die hier qualitativ angegebenen Eigenschaften werden im Anhang quantifiziert und in Form technischer Daten den Materialien oder den Maschinen zugeordnet.

Literaturverzeichnis

Ader, Ch.: Untersuchungen zum Lasersintern. Diss. RWTH Aachen, 2006.

Alscher, G.: Das Verhalten teilkristalliner Thermoplaste beim Lasersintern. Diss. Uni-GH Essen, 2000.

ASTM 52915: DIN e. V. (Hrsg.), ISO/ASTM 52915:2020-11, Spezifikation für ein Dateiformat für Additive Fertigung (AMF) Version 1.2, Beuth-Verlag, Berlin, 2020.

AKF15: N. N.: Produktinformation der Fima ARBURG: *https://www.arburg.com/de/de/leistungsspektrum/additive-fertigung/verfahren-akf/.* April 2015.

Back, A.: Reverse Engineering als Bindeglied zwischen der virtuellen und realen Produktentwicklung, rtejournal, Ausgabe 2, 2005. *Online Beitrag: www.rtejournal.de/ausgabe2/98/.*

Bauerle, D.: Laser Processing and Chemistry. 3. Auflage, Springer-Verlag, Berlin, 2000.

Bernard, A., Taillander, G.: Le prototypage rapide. Editions HERMES, Paris, 1998.

BRITE/EuRAM, N. N.: „Rapid Prototyping Techniques". Layer Interface, Version 1.3.

Christen, H. R.: Chemie. Diesterweg Verlag, 1984.

Degner, W., Lutze, H., Smejkal, E.: Spanende Formgebung. Carl Hanser Verlag, Müchen, Wien, 2002.

DIN 8580: Fertigungsverfahren. Begriffe, Einteilung. DEUTSCHE NORM September 2003. DIN Deutsches Institut für Normung e. V., Berlin, Ref. Nr. DIN 8580:2003-09, Bezug: Beuth Verlag GmbH, 10772 Berlin.

DOD16: *http://www.itwissen.info/definition/lexikon/Drop-On-Demand-Verfahren-drop-on-demand.html*; 12. 04. 2016

Donahue, R. J., Turner, R. S.: Tagungsband der Second International Conference on Rapid Prototyping. University of Daytona, 1991, S. 221.

DRFAB13: http://3druck.com/drucker-und-produkte/weitere-delta-rostock-3d-drucker-projekte-509964/

Drummer, D.; Drexler, M.; Rietzel, D.: Grundlegende Betrachtungen zur Modellierung transienter thermischer Vorgänge beim selektiven Lasersintern von Thermoplasten, RTeJournal 8 (2011)

Faßbender, M.: Ermittlung von prozeß- und bauteilspezifischen Parametern für die Prototypenfertigung von Turbinenteilen auf einer Stereolithographieanlage. Diplomarbeit, Rheinisch-Westfälische Technische Hochschule Aachen, 1994.

Fockele, M., Schwarze, D.: Neue Wege im Rapid Prototyping. Beitrag zur 27th ISATA, Aachen, 1994.

Gebhardt, A.: Durch dick und dünn. Laser in der Materialbearbeitung. WT – Produktion und Management 85 (1995) 6, S. 314 – 317.

Heller, R.: Experimentelle Bestimmung der Harzkennwerte für das Harz HS 660. Persönliche Mitteilung, 1995.

Hoffmann, J.: Vom Rapid Prototyping bis zur Serienproduktion. Maschinenmarkt 101 (1995) 16, S. 30 – 34.

Jacobs, P. F.: Rapid Prototyping & Manufacturing. Society of Manufacturing Engineers, Dearborn 1992.

Klosterman, Ch., Osborne, G., Lightman, H., Akos, St.: Development of a Curved Layer LOM Process for Monolithic Ceramics and Ceramic Matrix Composites Rapid Prototype Development Laboratory University of Dayton, OH, USA. Journal of Rapid Prototyping, Vol. 5, No. 2, 1999, S. 61 – 71.

Kruth, J. P.: Material Incress Manufacturing by Rapid Prototyping Techniques. Annuals of the Cirp, Vol. 40/2, 1991.

Lehmann, O., Stuke, M.: Three-dimensional laser direct writing of electrically conducting and isolating microstructures. Materials Letters 21, Okt. 1994, S. 131 – 136.

Meiners, W., Wissenbach, K., Gasser, A.: Verfahren zur Herstellung eines Formkörpers. Patent Nr.

DE 19649865 C1, 1996, Deutsches Patent- und Markenamt

Michaeli, W.: Einführung in die Kunststoffverarbeitung. 5. Auflage, Carl Hanser Verlag, München, 2006.

Ming, L. W., Gibson, I.: Specification of VRML in Color Rapid Prototyping. Int. Journal of CAD/CAM, Vol. 1, No. 1, pp. 1 – 9, 2002.

Nöken, S.: Technologie des Selektiven Lasersinterns von Thermoplasten. In: Berichte aus der Produktionstechnik, Band 8/97. Shaker Verlag, Aachen, 1997.

Piezo: *http://www.itwissen.info/definition/lexikon/Piezo-Drucker-piezoelectric-printer.html*

Poprawe, R.: Lasertechnik für die Fertigung. Grundlagen, Perspektiven und Beispiele für den innovativen Ingenieur; Springer Verlag, Heidelberg,

Sachs, E. M., Haggerty, J.: Three-Dimensional Printing Techniques, U. S. M. J. Cima and P. Williams. Patent No. 5204055, April 20, 1993.Volltext in: *www.freepatentsonline.com/5204055.html* und *www.freepatent sonline.com/5340656.html.*

Schulz, H.: Hochgeschwindigkeitsbearbeitung. Carl Hanser Verlag, München, Wien, 1996.

Swaelens, B., Kilburn, P.: STL based CAD work: Do it with Triangles. Proc. 8th European Conference on Rapid Prototyping and Manufacturing, p. 21 – 28, July 6th – 8th, 1999.

Tumbleston, J. R., David Shirvanyants, Nikita Ermoshkin, Rima Janusziewicz, Ashley R. Johnson, David Kelly, Kai Chen, Robert Pinschmidt, Jason P. Rolland, Alexander Ermoshkin,* Edward T. Samulski,* Joseph M. DeSimone*; *Corresponding author. E-mail: ***alex@carbon3d.com*** (A. E.); ***et@unc.edu*** (E. T. S.); ***desimone@email.unc.edu*** (J. M. D.); Continuous Liquid Interface Production of 3D Objects. Published 16 March 2015, Science 347, 1349 (2015), DOI: 10.1126/science.aaa2397

VRML 97: Die Normung der Virtual Reality Modeling Language besteht aus zwei Teilen. Teil 1 (ISO/IEC 14772-1) definiert die Basis-Funktionalitäten die Kodierung für VRML. Teil 2 (ISO/IEC FDIS 14772-2) definiert die Basis-Funktionalitäten und alle Verknüpfungen mit dem VRML External Authoring Interface. *www.web3d.org/x3d/specifications/vrml/.*

Wirth, J.: Rapid Modeling. Carl Hanser Verlag, München, Wien, 2002.

3 Additive Fertigungsanlagen für Rapid Prototyping, Direct Tooling und Direct Manufacturing

Auf der Basis der grundlegenden physikalischen Prozesse sind seit etwa 1987 mehrere hundert industriell einsetzbare Maschinen (Professional- und Production Printer/Drucker) und ein Vielfaches an Fabbern oder Personal-3D-Druckern/Printern zur direkten computergestützten Fertigung physischer Bauteile aus 3D-Daten entwickelt und auf den Markt gebracht worden [ani16].

Im Folgenden werden aus der Menge der weltweit verfügbaren additiven Anlagen die Vertreter der zurzeit wichtigsten, weil industriell bedeutsamsten, Additiven Verfahrensfamilien näher betrachtet, siehe Tabelle 3.1:

Tabelle 3.1 Additive Verfahrensfamilien

▪ Polymerisation (Laser-)Stereo-lithographie Polymerdrucken	▪ (Laser-) Stereo-lithography Polymer Printing	▪ (SL)	▪ Photosensitive Acrylate Photosensitive Epoxide
▪ Sintern/Schmelzen (Selektives) Lasersintern Selektives Laser-schmelzen Selective Mask Sintering Elektronenstrahl-schmelzen	▪ (Selective) Laser-sintering Selective Laser Melting Selective Mask Sintering Electron Beam Melting	▪ ((S)LS) (SLM) (SMS) (EBM)	▪ Polymerpulver Metallpulver Kunststoffpulver Metallpulver
▪ Schicht-Laminat-Verfahren	▪ Layer Laminate Manufacturing	▪ (LLM)[1]	▪ Platte und Folien aus Polymeren und Metallen

[1] Das „M“ in der Abkürzung steht je nach Quelle entweder für „Modeling“ oder für „Manufacturing“.

Tabelle 3.1 Additive Verfahrensfamilien *(Fortsetzung)*

▪ Extrusionsverfahren	▪ Fused Layer Modeling	▪ (FLM)1	▪ Kunststoffdrähte
▪ 3D-Drucken	▪ Three Dimensional Printing	▪ (3DP)	▪ Pulver aus Metall, Polymeren und Keramiken
▪ Aerosoldrucken	▪ Aerosolprinting		

Tabelle 3.1 enthält die generischen Bezeichnungen nach Bild 2.38 in Deutsch und Englisch sowie die daraus abgeleiteten gebräuchlichsten Abkürzungen. Auf der Basis dieser Verfahrensfamilien haben einzelne Hersteller unterschiedliche kommerzielle Geräte (-familien) entwickelt und mit eigenen Produktbezeichnungen belegt. Die industriell verfügbaren Anlagen zur additiven Fertigung werden im Folgenden einzeln beschrieben. Dazu werden sie entsprechend Bild 2.38 nach den Wirkprinzipien und innerhalb dieser Gruppen nach Herstellern geordnet.

Die Bezeichnungen sind in der Praxis oft uneinheitlich. Die generischen Namen oder Gattungsbegriffe haben sich in vielen Fällen aus den Produktbezeichnungen der Hersteller entwickelt. So ist häufig auch Fachleuten nicht bekannt, dass beispielsweise LOM (*Laminated Object Manufacturing*) das eingetragene Markenzeichen des Herstellers Helisys[2)] und damit ein Produktname ist. Folglich darf er nicht als Gattungsbegriff für die Schicht-Laminat-Verfahren verwendet werden. Solange ein Verfahren das einzige seiner Art auf dem Markt ist, stören sich die Hersteller nicht ernsthaft daran, dass ihre Produktbezeichnung auch als Gattungsbezeichnung verwendet wird. Nachdem es heute bei fast allen Verfahren Wettbewerber gibt, achten die meisten Hersteller aber peinlich genau darauf, dass ihr Markenname nur im Zusammenhang mit ihrem Produkt und nicht als Gattungsbezeichnung verwendet wird. Angesichts dieser Situation sollten generische Benennungen (Gattungsbezeichnungen) und herstellerspezifische Produktbezeichnungen und Markennamen exakt auseinandergehalten werden. Die Situation wird zudem dadurch komplizierter, dass infolge geänderter strategischer Ausrichtungen oder Firmenakquisitionen eingeführte Begriffe durch neue ersetzt werden und alte Schutzrechte ablaufen.

Die Betrachtungen betreffen einzelne Maschinen oder Familien von Maschinen eines Herstellers. Es werden Anlagen vorgestellt, die industriell einsetzbar sind, für die Upgrades und Service garantiert werden und die eine für Werkzeugmaschinen typische Verfügbarkeit aufweisen. Da die Grenzen aufgrund der anhaltend stürmischen Entwicklung fließend sind, wurden zuweilen auch Systeme aufgenommen, die sich an der Schwelle zur Kommerzialisierung befinden.

Abweichend davon werden vereinzelt Prozesse und Maschinen besprochen, die zwar nicht im Sinne der obigen Definition kommerzialisiert sind, aber besonderes Inter-

---

[2] Die Nachfolgefirma, Cubic Technologies, Carson, CA, USA ist ein reiner LOM Dienstleister.

esse geweckt haben, spektakuläre Anwendungen zeigen oder allgemein sehr großes Potenzial aufweisen.

Systeme, die bereits wieder vom Markt verschwunden sind, werden mit etwas Zeitverzögerung auch in diesem Buch nicht mehr beschrieben. Sie sind dann in den vorangegangenen Auflagen nachzuschlagen.

Der Darstellung liegt ein Schema zugrunde, das nachstehend vorgestellt und erläutert wird:

- **Typ, Hersteller, Vertrieb**

  Enthält die offiziellen Bezeichnungen, die oftmals für die Maschine und den Prozess unterschiedlich sind und sich zudem im Laufe der Zeit auch ändern können.

- **Kurzbeschreibung**

  Gibt einen schnellen Überblick über die Besonderheiten und die Einsatzbereiche der Maschine.

- **Anwendungsbereich, Entwicklungsstand**

  Der Anwendungsbereich wird gemäß Bild 1.6 und Tabelle 1.1 verhältnismäßig grob zugeordnet. Eine feinere Einteilung wäre aufgrund der zunehmenden Spezialisierung zu unübersichtlich.

  Der Entwicklungsstand gibt an, ob und seit wann die Maschine oder gegebenenfalls ein direktes Vorgängermodell auf dem Markt sind.

- **Historisches**

  Beleuchtet skizzenhaft die Geschichte der Firma und ihrer Produkte.

- **Strategien, Entwicklungspartner**

  Betrachtet den Hintergrund der Entwicklung aus unternehmerischer und aus technischer Perspektive und zeigt Entwicklungsstränge auf.

- **Datenformate/Software**

  Gibt an, welche Software zur Maschine gehört, welche Leistung man von ihr erwarten kann und welche Schnittstellen zur Verfügung stehen.

- **Prinzip der Schichtgenerierung**

  Erläutert das additive Bauprinzip der Maschine.

- **Bauart/Konstruktion**

  Geht auf konstruktive Besonderheiten der Maschine ein.

- **Material/Bauzeit/Genauigkeiten**

  Insbesondere bei den Punkten Bauzeit und Genauigkeit werden in der Literatur die unterschiedlichsten Darstellungen verwendet. Die Bauzeit wird üblicherweise als Baufortschritt der *z*-Komponente in mm/h angegeben, häufig aber auch als generiertes Volumen pro Zeit, als Zeit für die Herstellung einer Schicht oder als Gesamtzeit für die Herstellung eines bestimmten Bauteils.

Die Genauigkeiten werden fast nie nach DIN/ISO 286 als IT-Werte angegeben. Gebräuchlicher sind absolute Werte bezogen auf charakteristische Abmessungen des Bauraums und zunehmend auch dpi-Werte. Auch wird oft nicht in Auflösung und Genauigkeit unterschieden.

Die Oberflächen werden häufig nur qualitativ beschrieben, seltener werden R_A oder R_z Werte angegeben.

- **Post-Processing**

  Mit *Post-Processing* wird der zur additiven Herstellung gehörende Aufwand bezeichnet, der nach dem eigentlichen additiven Prozess betrieben werden muss, um ein einsatzfähiges Bauteil zu erhalten. Das umfasst sowohl den Aufwand an manueller Arbeit als auch Investitionen.

- **Finishing**

  Mit *Finishing* bezeichnet man prozessunabhängige nicht-additive Bearbeitungsschritte, die dem vollständig abgeschlossenen additiven Prozess nachgeschaltet werden können. Sie umfassen beispielsweise spanende oder elektrochemische Nacharbeit oder Oberflächenveredelungen.

- **Prozesstypische Folgeverfahren**

  Folgeverfahren sind nicht-additive Abformprozesse, mit deren Hilfe das additiv gefertigte Bauteil, das dann das Urmodell darstellt, dupliziert wird.

Den breitesten Raum nimmt die Beschreibung der eigentlichen Maschine ein. Es wurde versucht, möglichst neutral auf die Besonderheiten der einzelnen Anlagen einzugehen. Die Reihenfolge und die Länge der Beiträge haben keine Bedeutung im Sinne einer Wertung.

Der interessierte Anwender sollte beachten, dass auch auf dem Markt befindliche Maschinen einem raschen technischen Wandel unterworfen sind und letztlich nur aktuelle Herstellerauskünfte verbindlich den letzten Stand angeben.

Additive Fertigungsanlagen sind heute (2023) in der Lage, Endprodukte herzustellen. Die Bauteile sind jedoch teilweise immer noch eher Prototypen als Endprodukte oder Komponenten davon. Sie arbeiten vorzugsweise mit prozessspezifischem Material. Dabei handelt es sich entweder um Modellmaterialien oder um Werkstoffe, die denjenigen in ihren Eigenschaften ähnlich oder sehr ähnlich sind, die in Nicht-additiven Fertigungsprozessen eingesetzt werden, ihnen im Allgemeinen aber nicht exakt entsprechen. Selbst wenn die chemischen Bestandteile identisch sind, folgen aus additiven und nicht-additiven (z. B. Kunststoff-Spritzgieß-) Prozessen keine Bauteile mit identischen Eigenschaften. Heutige Anlagen erfordern einen großen Anteil an manuellen Tätigkeiten, z. B. beim Materialhandling oder bei der Entnahme der Bauteile aus der Maschine. Gemessen an den Anforderungen, die an eine qualitätsgesicherte automatisierte Fertigung großer Stückzahlen (mit unterschiedlicher Geometrie) zu stellen sind, ist die Reproduzierbarkeit noch unzureichend, zumal die prozessbegleitenden *Kontrollen* erst auf dem Weg zur Kommerzialisierung sind.

In diesem Kapitel werden daher fast ausschließlich Maschinen vorgestellt, die vielmehr für das Prototyping als für das Manufacturing geeignet sind, auch wenn Manufacturing oft das erklärte Einsatzziel ist.

In den letzten Jahren erscheinen immer mehr sogenannte Hybridmaschinen auf dem Markt, die eine additive Fertigung mit meist spanender Bearbeitung in einer Maschine kombinieren. Auf diese wird in Abschnitt 3.8 „Hybridverfahren" näher eingegangen.

Der Markt ist sehr stark in Bewegung. Es ist zu erwarten, dass bereits in Kürze weitere, heute noch im Laborstadium oder in der Entwicklung befindliche Prozesse in Form marktreifer Systeme zur Verfügung stehen werden.

Gemeinsam zu behandelnde Aspekte zur technischen Umsetzung der Prinzipien aus Abschnitt 2.1 „Verfahrensgrundlagen" werden der individuellen Beschreibung der Anlagen vorangestellt.

3.1 Polymerisation – Stereolithographie (SL)

Die lokale Polymerisation als Prinzip der selektiven Verfestigung flüssiger oder pastöser monomerer Ausgangsstoffe trat in den ersten 10 Jahren nach Vorstellung der Additiven Verfahren ausschließlich als Laser-Stereolithographie (genauer, aber üblicherweise nicht so bezeichnet: Laser-Scanner-Stereolithographie) auf. Inzwischen haben Verfahren an Bedeutung gewonnen, die mit Masken (Lampen-Masken-Verfahren) oder mit Druckköpfen (Polymerdruckverfahren) arbeiten. Die Verfahren existieren nebeneinander und erfordern jeweils angepasste Prozesse und Maschinen.

Der folgende Abschnitt orientiert sich an der aus heutiger Sicht als klassisch zu bezeichnenden Laser-Scanner-Stereolithographie, diskutiert aber auch kurz die gebräuchlichsten Varianten zur Polymerisation. Er wurde bewusst ausführlicher gehalten als die anderen Beiträge. Die bereits 1987 kommerzialisierte Stereolithographie ist nach wie vor die Messlatte für viele andere additive Verfahren. Wichtiger ist an dieser Stelle, dass die genaue Beschreibung der Fertigung von Stereolithographiebauteilen geeignet ist, ein Gefühl für additive Verfahren insgesamt zu vermitteln und bezüglich vieler Aspekte auf andere Verfahren übertragen werden kann. Leser:innen wird deshalb dieser Abschnitt auch dann empfohlen, wenn er/sie zunächst nicht an der Stereolithographie interessiert sein sollte.

3.1.1 Maschinenspezifische Grundlagen

Die industrielle Umsetzung des Prinzips der Verfestigung flüssiger oder pastöser Monomere durch Polymerisation (Abschnitt 2.3.1.1 „Photopolymerisation – Stereolithographie (SL)“) wird als Stereolithographie bezeichnet. Sie umfasst die Laser-Scanner-Stereolithographie, die Lampen-Masken-Stereolithographie, die Polymerdruckverfahren und die Polymerisation von gefüllten Harzen und Pasten.

Auf Varianten zur Konturierung und Verfestigung der Schichten wird in den Unterabschnitten eingegangen.

3.1.1.1 Laser-Stereolithographie

Die Firma 3D Systems nennt ihr Stereolithographie-Verfahren *StereoLithography, SLA*, die Firma EOS GmbH *Stereographie*. Die Begriffe sind eingetragene Markenzeichen oder geschützte Bezeichnungen der jeweiligen Firmen.

Die Laser-Scanner-Stereolithographie ist der Urvater aller industriell angebotenen Rapid Prototyping-Verfahren und repräsentiert mit weltweit rund 36 000 installierten Anlagen (Stand 2020 [MUN21]) die nach den Extrusionsmaschinen meisten industriellen Applikationen. Der folgende Abschnitt konzentriert sich auf die Laser-Stereolithographie, zeigt aber überall dort Parallelen zu verwandten Verfahren auf, wo dies angebracht scheint.

Prinzip der Schichtgenerierung

Die Laser-Stereolithographie, beruht auf der punktweisen Verfestigung von photosensitiven Monomeren (Polymerisation) mittels UV-Strahlung und eines Laser-Scanners (Galvo-Scanner).

Die Stereolithographie-Maschinen nach der Laser-Scanner-Methode bestehen aus einem Behälter mit flüssigem Monomer, der Bauraum und meist auch Vorratsbehälter ist, einer in *z*-Richtung in diesem Behälter verschiebbaren Bauplattform und einer Laser-Scanner-Einheit, die die aktuellen Schichtinformationen als Konturen auf die Oberfläche des Harzbades *schreibt*. Die Plattform trägt das Bauteil (auf Stützen). Diese ermöglichen die Fertigung von Überhängen, fixieren unverbundene Modellteile und gewährleisten das definierte Fixieren auf und das spätere unproblematische Entfernen von der Bauplattform. Nach Verfestigung einer Schicht wird die Bauplattform um eine Schichtstärke abgesenkt. Danach wird eine neue Schicht aufgetragen (Wiederbeschichtung, Recoating), diese mit den Schichtdaten der neuen Schicht belichtet und somit verfestigt. Dann fährt der Prozess mit der Beschichtung und der Belichtung der folgenden Schichten fort. Auf diese Weise „wächst“ das Bauteil schichtweise von unten nach oben (Bild 3.1).

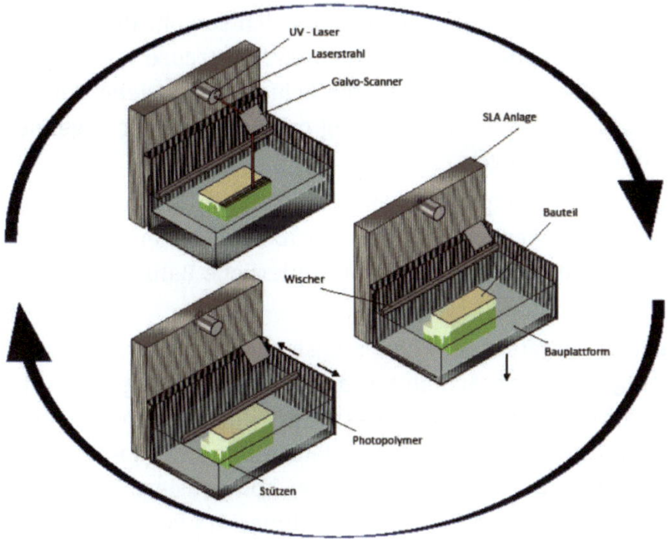

Bild 3.1
Stereolithographie-Verfahren (Laser-Scanner), Prinzip3

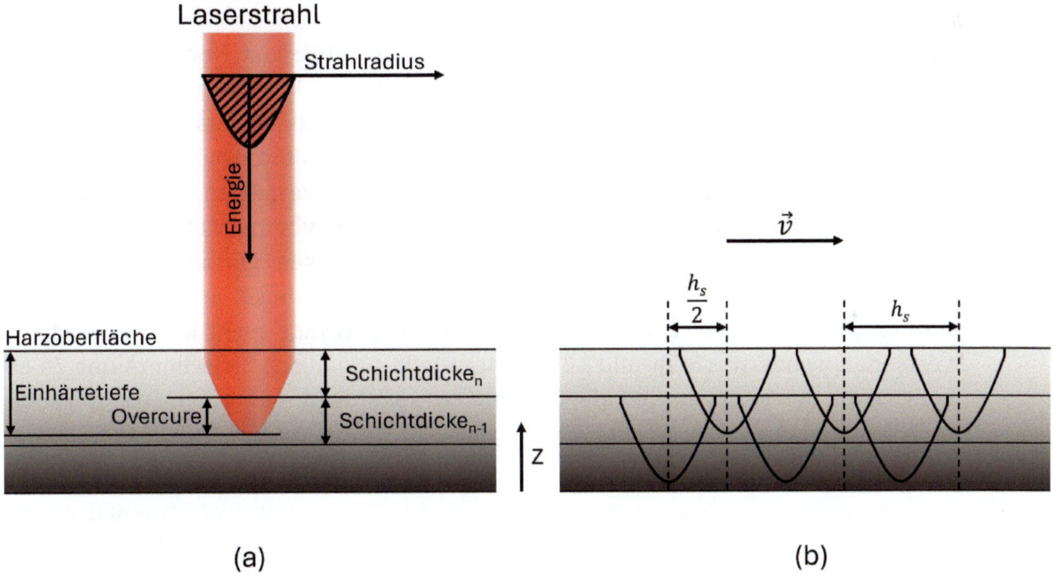

Bild 3.2 Einwirkung des Laserstrahls auf die Harzoberfläche:
(a) Verhältnisse am Einzelstrahl; (b) Voxelstruktur

Alle Laser-Scanner-Stereolithographie-Verfahren realisieren die Verfestigung einer Schicht als Folge von Einzelverfestigungen, sogenannten Voxeln. Die Geometrie der Voxel, die idealerweise der Form eines Rotationsparaboloiden entspricht, ergibt sich aus der Energieverteilung im Laserstrahl und der Eindringcharakteristik des Harzes.

Um die nötige Bauteilfestigkeit zu erzielen, durchdringen sich sowohl die Voxel in einer Schicht als auch die von zwei benachbarten Schichten („Overcure"), sodass die tatsächliche Eindringtiefe des Lasers größer ist als die Schichtdicke (siehe Bild 3.2) und die Generierung einer Schicht und die Verzahnung mit der darunter liegenden vorangegangenen Schicht simultan erfolgen.

In der Praxis entscheidet die Abstimmung von Laserleistung, Strahlparameter, Scangeschwindigkeit und Werkstoffkennwerten (Harztyp) darüber, ob in der Schicht tatsächlich eine Voxelstruktur entsteht oder ob quasi-kontinuierliche Bahnen geschrieben werden.

Zur schnellen und exakten Polymerisation verwenden die einzelnen Hersteller unterschiedliche Belichtungsstrategien. Grundsätzlich werden die zu verfestigenden Flächen zunächst durch Randkurven (*Borders*) konturiert und schließlich durch geeignete Schraffuren (*Hatches*) im Inneren verfestigt (vergleiche Bild 3.13). Zur exakten Generierung der Randkurven wird der Strahldurchmesser kompensiert. Dazu wird die Bahn des Lasers um den halben Betrag des Strahldurchmessers von der geometrisch exakten Kontur in das Bauteil hinein verlegt (Beam Width Compensation oder Line Width Compensation, Strahlweitenkompensation). Bei einigen Systemen wird zusätzlich der Strahldurchmesser verändert.

Infolge der Polymerisation nimmt das Volumen des flüssigen Harzes ab, das Bauteil schrumpft. Das Problem des Schrumpfes ist mit dem Wechsel von Acrylaten auf Epoxidharze in der zweiten Hälfte der 1990er-Jahre wesentlich entschärft worden (linearer Schrumpf: Acrylat = 0,6 %; Epoxidharz = 0,06 %). Allerdings benötigen Epoxidharze eine bis zu dreimal höhere Belichtungsenergie. Verfahren, die Lampen zur Polymerisation verwenden, arbeiten deshalb auch heute vorzugsweise mit Acrylaten. Um den Auswirkungen des Schrumpfes entgegenzuwirken, gibt es eine Reihe von Baustrategien, die neben der Optimierung der Prozessparameter angewandt werden. Eine Möglichkeit besteht darin, gegenüberliegende Wände nicht kontinuierlich zu verbinden, sondern wie in Bild 3.3 (a) dargestellt, periodisch Zwischenräume zu erzeugen, die der Verformung aufgrund innerer Spannungen entgegenwirken (retracted, 3D Systems).

Bild 3.3 (b) zeigt die Verhältnisse an einem realen Bauteil. Die einzelnen Aushärtespuren berühren sich nicht (Schraffurabstand 0,26 mm) und weisen einen ausreichenden Abstand vom Rand auf (retracted 0,2 mm). Das Muster wurde mithilfe der STAR-Weave-Technik (3D Systems) gefertigt.

Neben der zuvor beschriebenen konventionellen Stereolithographie gibt es die Möglichkeit, mit einer Zwei-Photonen-Technologie zu arbeiten.

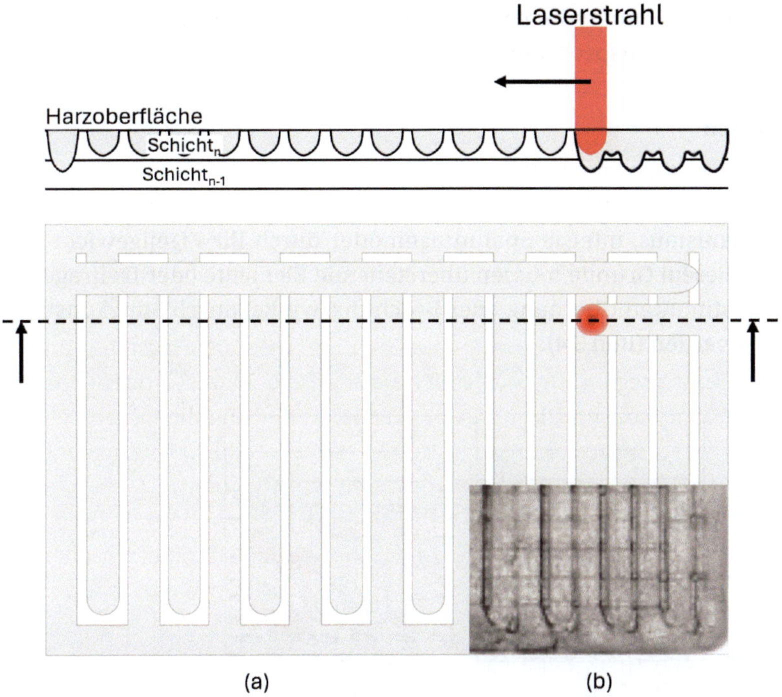

Bild 3.3 Baustrategie zur Herabsetzung innerer Spannungen (retracted): (a) schematische Darstellung; (b) reale Strukturen, STAR-Weave-Technik
Quelle: CP-GmbH

Zwei-Photonen-Polymerisation (2PP)

Die Idee der Zwei-Photonen-Polymerisation (2PP) besteht darin, wie bei der Ein-Photonen-Absorption zwar ebenfalls ein UV-härtbares Photopolymer zu verwenden, es jedoch mit Licht geringerer Energie aus dem nahen Infrarot (NIR) zu belichten. Deshalb sind jeweils mindestens zwei Photonen gleichzeitig erforderlich, um an einem bestimmten Punkt im Photopolymer-Volumen den chemischen Aushärtungsprozess mit genügend Energie aktivieren zu können. Dies erfordert eine hohe Lichtintensität, was über gepulstes Licht von Femtosekundenlasern nur im Laserfokus erreicht wird. Dadurch können Strukturen mit einer etwa 100-fach höheren Präzision gedruckt werden als mit 3D-Drucktechnologien, die auf der Ein-Photonen-Absorption beruhen.

Zwei-Photonen-Graustufen-Litografie

Die von Nanoscribe patentierte Zwei-Photonen-Graustufen-Litografie (eng. Two-Photon Grayscale Lithography, 2GL®) kombiniert die Belichtungsdosisvariation der Ein-Photonen-Graustufen-Litografie mit der Submikrometerauflösung und Designfreiheit der Zwei-Photonen-Polymerisation. Bei 2GL kann die Belichtungsdosis während des Laserscanvorgangs moduliert und damit die Größe jedes einzelnen Voxels in

Echtzeit variiert werden. Somit reduziert sich die Zahl der erforderlichen Laserscandurchgänge drastisch und entsprechend auch die Druckzeit.

Stützkonstruktionen

Durch Laser-Scanner-Verfahren erzeugte Bauteile haben während des Bauprozesses eine relativ geringe Festigkeit (Grünfestigkeit). Sie können deshalb leicht durch den Beschichtungsmechanismus, interne Spannungen oder durch ihr Eigengewicht verformt werden. Aus diesem Grunde müssen überstehende Elemente oder freitragende Wände ab einem bestimmten Überhang oder Böschungswinkel durch Stützkonstruktionen unterfüttert werden (Bild 3.4).

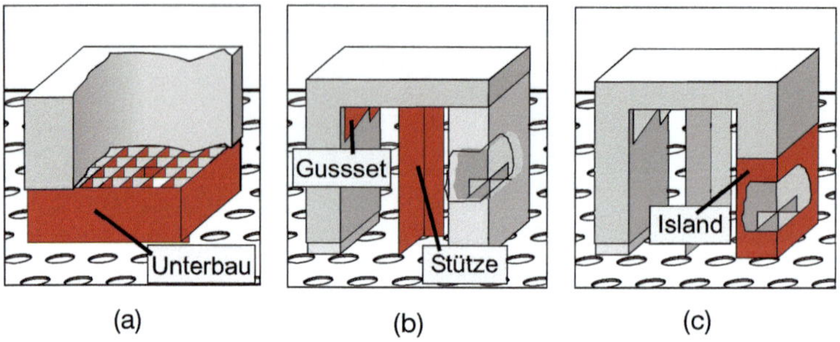

Bild 3.4 Stützkonstruktionen: (a) Unterbau; (b) Stütze; (c) Island

Neben dieser Funktion, dienen Stützen auch dazu, Bauteilbereiche, die sich aufgrund von Schrumpfungsvorgängen nach oben „aufrollen“ wollen (*Curl*), in der Bauebene zu halten und dazu nach unten zu ziehen, sowie zur Positionierung und Befestigung des Bauteils auf der Bauplattform.

Bis vor einigen Jahren wurden Stützen als Volumenelemente angesehen und eine Wand wie ein Quader aus zwölf Dreiecken gebildet. Zudem hatten sie spezielle Funktionen. Die Stützen in Bild 3.4 (b) sind als Winkelstücke ausgeführt (Gusssets), um insbesondere rechtwinklige Geometrieverzweigungen zu unterstützen. Bild 3.4 (c) zeigt eine Konstruktion, die auch als Insel (Island) bezeichnet wird. Sie dient dazu, Bereiche des Bauteils zu positionieren und zu unterstützen, die erst mit späteren Schichten beginnen und noch später mit dem Rest des Bauteils zusammenwachsen. Henkel von Tassen sind beispielsweise ohne diese Stützen nicht zu fertigen, da sie sonst *in der Luft* beginnen würden.

Bei solchen Stützkonstruktionen wächst die Datenmenge, insbesondere bei STL-Formulierungen, erheblich an. Deshalb ging man dazu über, die Dreiecke (von oben gesehen) nur aus einer Linie und damit im CAD ohne Volumen zu erzeugen. Die Spur bekommt aber im SL Prozess aufgrund der Breite einer Laserspur ein Volumen. Bild 3.5 (a) illustriert diese Situation, wobei die Farbe der Dreiecke die alternierende Richtung des Normalenvektors zeigt. Bild 3.5 (b) zeigt die Verhältnisse an einem realen Bauteil.

Dargestellt sind Stützen, die nach dem Fine-Point-Verfahren (3D Systems) gebaut wurden und aufgrund ihres geringen Durchmessers und einer besonders feinen Anbindung leicht und nahezu ohne Beschädigung des Bauteils zu entfernen sind.

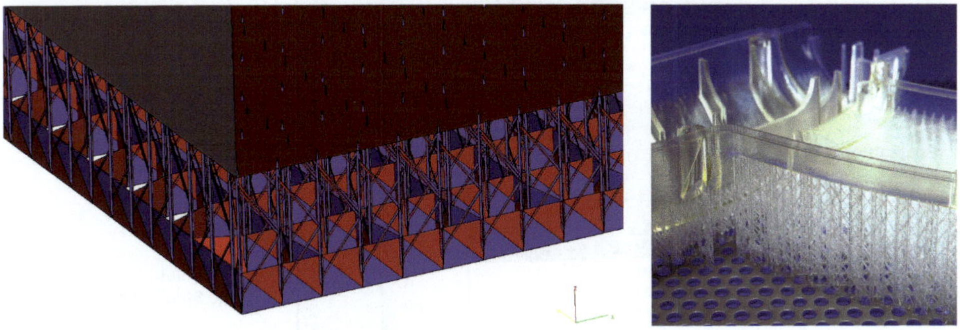

a) b)

Bild 3.5 Stützen (Supports): (a) Stütze als Volumenelement; (b) Situation bei einem realen Bauteil

Stützen werden im Zuge der Datenaufbereitung (automatisch) generiert, müssen aber vom fertigen Bauteil manuell entfernt werden. Bei manchen Verfahren, z. B. FDM (water works) oder PolyJet können Sie auch automatisch ausgewaschen werden.

Hohl gebaute Stereolithographie-Bauteile

Aus Gründen der Erhöhung der Baugeschwindigkeit und der Materialersparnis, insbesondere aber um die Modelle direkt als verlorene Formen im Feingussprozess einsetzen zu können (Ausbrennen aus keramischen Feingussformen), wurden von allen Herstellern Baustrategien für Stereolithographie-Verfahren mit einem größeren Hohlraumvolumenanteil realisiert. Tatsächlich massive Wände werden als räumliche Fachwerke, also als zwei dünne Begrenzungswände ausgeführt, die durch Stege miteinander verbunden sind. Zusätzlich müssen sogenannte Deckschichten (*Skins*) eingeführt werden, die das Modell oder einzelne Modellteile nach oben und unten (in *z*-Richtung) abschließen.

Hohl gebaute Stereolithographie-Bauteile müssen Öffnungen aufweisen, durch die das nicht vernetzte Monomer auslaufen kann (Drainage). Diese Öffnungen müssen wieder verschlossen werden, wenn das Modell im Feinguss verwendet werden soll, damit keine Keramikmasse in das Modell hineinläuft und auf diese Weise Gießfehler verursacht.

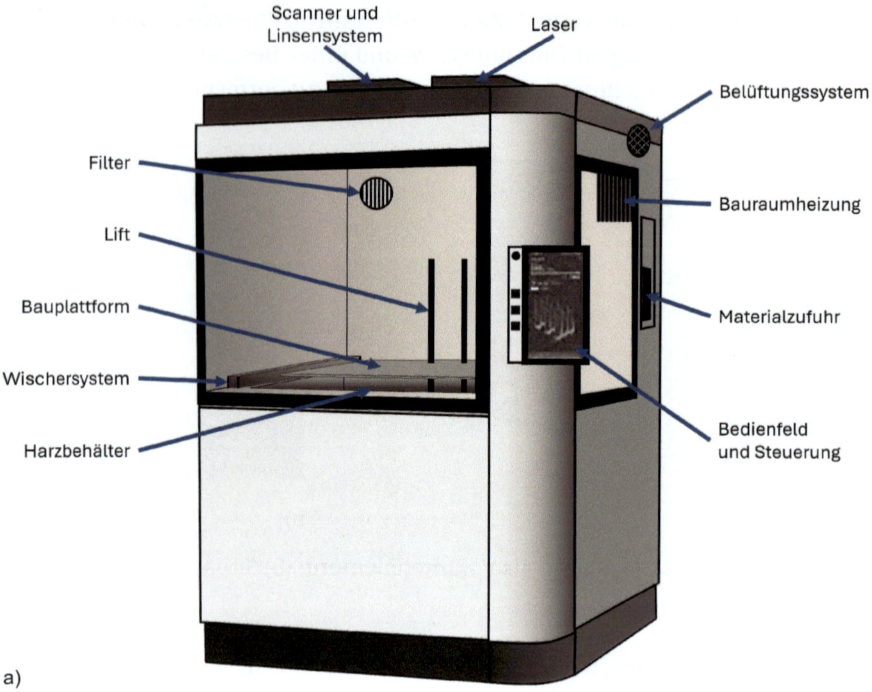

a)

b)

c)

Bild 3.6 Laser-Stereolithographie-Maschinen

(a) SLA 750 (3D Systems 2022), schematischer Aufbau; (b) SLA 750, Ansicht; (Quelle *https://de.3dsystems.com/3d-printers/sla-750https://de.3dsystems.com/3d-printers/sla-750*); (c) Aktuelle (2023) Maschine ProJet 7000 HD

Quelle: 3D Systems, advantage3d

Mit der Verfestigung der letzten (obersten) Schicht ist der Bauprozess abgeschlossen. Das Bauteil, das dann vollständig in das Monomer eingetaucht ist, wird aus dem Harzbad nach oben herausgefahren, sodass überschüssiges Harz ablaufen und in den Harzbehälter zurücktropfen kann. Im Sinne einer wirtschaftlichen Maschinenausnutzung ist es vorteilhaft, das Bauteil zum Abtropfen in einen separaten, vorzugsweise beheizbaren Ablaufbehälter zu stellen. Engagierte Anwender haben für sich Vorrichtungen konstruiert, die das Auslaufen des Harzes durch einen dem Schleudern von Bienenwaben verwandten Zentrifugen-Prozess unterstützen. Dies ist insbesondere bei hohl gebauten Wänden von Vorteil.

Bauart/Konstruktion

Den grundsätzlichen Aufbau einer Laser-Stereolithographie-Maschine zeigt Bild 3.6. Die dargestellte Maschine, eine 3D Systems SLA-250, stammt aus dem Jahr 1992. Die Maschine ist in dieser Bauform und in vielen Details heute nicht mehr aktuell, aber zur Veranschaulichung des prinzipiellen Aufbaus sehr gut geeignet. Ihre Konstruktionsprinzipien sowie die wesentlichen Komponenten und ihre Anordnung bestimmen auch heute noch den Aufbau von besonders leistungsfähigen Laser-Stereolithographie-Maschinen. Die Viper SLA (in Bild 3.6 (c)) kann als Nachfolger angesehen werden (aktuelle Maschinen siehe Abschnitt 3.1.3 „Stereo Lithography Apparatus (SLA) – 3D Systems").

Materialien und folglich auch **Bauzeiten** und **Genauigkeiten** sind maschinen- und herstellerspezifisch. Deshalb wird darauf nicht allgemein, sondern in den nachfolgenden Abschnitten im Zuge der Beschreibungen der einzelnen Anlagen eingegangen.

Post-Processing

Die als Post-Processing bezeichnete Prozedur der Reinigung, der Entfernung der Stützen und der Nachvernetzung der Bauteile ist für alle Laser-Scanner gestützten Stereolithographie-Verfahren gleich. Die prinzipielle Vorgehensweise ist in Bild 3.7 schematisch dargestellt.

Nach dem Bauprozess werden die Modelle von der Bauplattform abgenommen, gereinigt (Acrylate mit TPM) und nach erfolgter Reinigung die Lösungsmittel möglichst vollständig entfernt (TPM mit Isopropanol).

Lasergestützte Stereolithographie-Verfahren polymerisieren das Bauteil in aller Regel nicht vollständig aus, sondern verfestigen je nach Einhärtung bis zu etwa 96 %. Die Bauteile werden deshalb außerhalb der Maschine in speziellen UV-Kammern (Post Curing Oven) nachvernetzt, also ausgehärtet oder vollständig polymerisiert.

Bei *Laser*-Stereolithographie-Verfahren werden je nach Material, Komplexität der Bauteile und Anforderungen an die Genauigkeit, die Stützen vor oder nach der Aushärtung entfernt. Das Entfernen der Stützen ist eine manuelle Tätigkeit, die sehr viel Sorgfalt erfordert und demzufolge zeitaufwendig ist. Im Sinne der zeitoptimierten

Herstellung eines Bauteils empfiehlt es sich daher, bereits bei der Generierung der Stützen darauf zu achten, nicht unnötig viele Stützen (automatisch) zu generieren. Neuere Stützgeometrien und Stützstrategien, wie die schon erwähnten Fine-Point-Stützen (3D Systems), haben hier erhebliche Erleichterungen gebracht. Bei Acrylaten ist es zur Erhöhung der Modellgenauigkeit gelegentlich zweckmäßig, das Bauteil inklusive Stützen erst nach der Aushärtung von der Bauplattform zu entfernen. Allerdings können dann gestützte filigrane Bereiche des Bauteils leicht beschädigt werden.

Zum Post-Processing gehört auch die mechanische Nacharbeit durch leichtes Sandstrahlen, Schleifen, Fräsen etc., soweit sie zum Erreichen der verfahrenstypischen Eigenschaften notwendig ist.

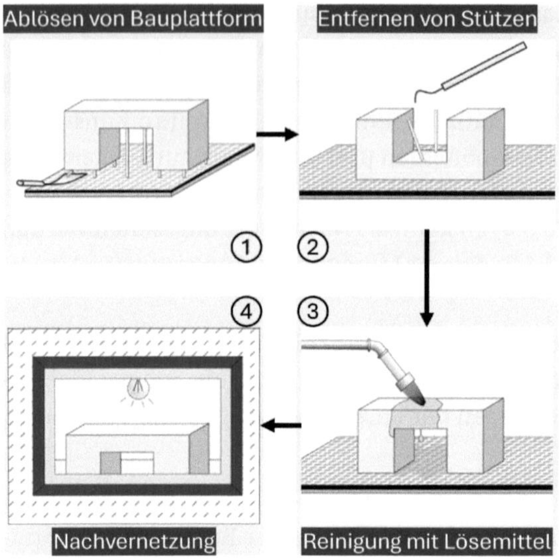

Bild 3.7
Post-Processing bei der Laser-Stereolithographie (Laser-Scanner-Verfahren)

Finishing

In Abgrenzung zum prozessorientierten Post-Processing wird unter Finishing die verfahrensunabhängige weitere Behandlung des Bauteils, insbesondere seiner Oberfläche verstanden. Dies kann beispielsweise mit Lacken, Füllern und Spachteln aller Art, aber auch durch galvanische oder Plasma-Beschichtung geschehen und ist meist kein additiver Verfahrensschritt.

Geräte und Werkzeuge zum Finishen (Schleifen, Sandstrahlen, Lackieren usw.) und für nachgeschaltete Abformprozesse werden von den Herstellern der Anlagen im Allgemeinen nicht angeboten (gelegentlich aber empfohlen) und müssen vom interessierten Anwender selbst ausgewählt werden.

Prozesstypische Folgeverfahren

Stereolithographie-Modelle weisen den höchsten Detailreichtum und die besten Oberflächen aller additiven Verfahren auf. Nachteilig sind die trotz großer Fortschritte in der jüngsten Vergangenheit noch nicht befriedigenden mechanisch-technologischen Eigenschaften der Harze, wenn man sie mit den Kenndaten von Kunststoffen vergleicht, die z. B. im Kunststoff-Spritzguss hergestellt werden.

Folgeprozesse helfen, dieses Problem zu überbrücken. Um eine breitere Materialpalette zu erschließen, wird häufig die Strategie der Trennung der Eigenschaften angewendet: Ein detailliertes geometrisch exaktes Modell wird präzise mittels Stereolithographie-Prozess hergestellt. Die geforderten mechanisch-technologischen und auch optischen Eigenschaften erhält man durch Abformprozesse. Bei der Herstellung von Kunststoff-Prototypen hat sich deshalb die Prozesskette Stereolithographie → Vakuumgießen als Standard etabliert, wenn Stückzahlen zwischen 5 und 50 verlangt werden und die Simulation des Konstruktionsmaterials durch vergießbare Kunststoffe (Polyurethane, PUR) akzeptiert wird (vergleiche Abschnitt 5.3.2.1.1 „Vakuumgießen“).

Um Metallmodelle zu erhalten, werden Wachsmodelle, die durch Abformen von additiv gefertigten Bauteilen oder direkt additiv erzeugt wurden, im klassischen Feingussprozess ausgeschmolzen. Alternativ werden hohl gebaute Stereolithographie-Modelle direkt als verlorene Modelle verwendet.

Werkzeuge werden durch Abformung (oder Gegengießen) von additiv gefertigten Urmodellen mittels Metall-Kunstharz-Massen oder Niedertemperaturbeschichtungen hergestellt (vergleiche Kapitel 5 „Rapid Tooling“).

3.1.1.2 Digital Light Processing (DLP)

DLP-Maschinen sind den Laser-Stereolithographie-Maschinen im Aufbau und in der Wirkungsweise sehr ähnlich.

Der wichtigste Unterschied besteht in der Belichtung, die mittels eines Digital Light Processing Projektors, also mittels Lampe erfolgt. Mit dem Projektor wird immer ein ganzer Querschnitt auf einmal belichtet. Deshalb ist die Bauzeit davon unabhängig, wie stark die Bauplattform mit Bauteilen belegt ist und auch, wie komplex sie sind.

Wie bei der Laser-Stereolithographie wird nur ein Material für das Bauteil und die Stützen verwendet. Deshalb müssen die Stützen auch dem Datensatz für das Bauteil hinzugefügt und vom fertigen Bauteil manuell entfernt werden. Die Bauteile müssen nachvernetzt, gereinigt und gefinished werden.

Die Baumaterialien sind Acrylate.

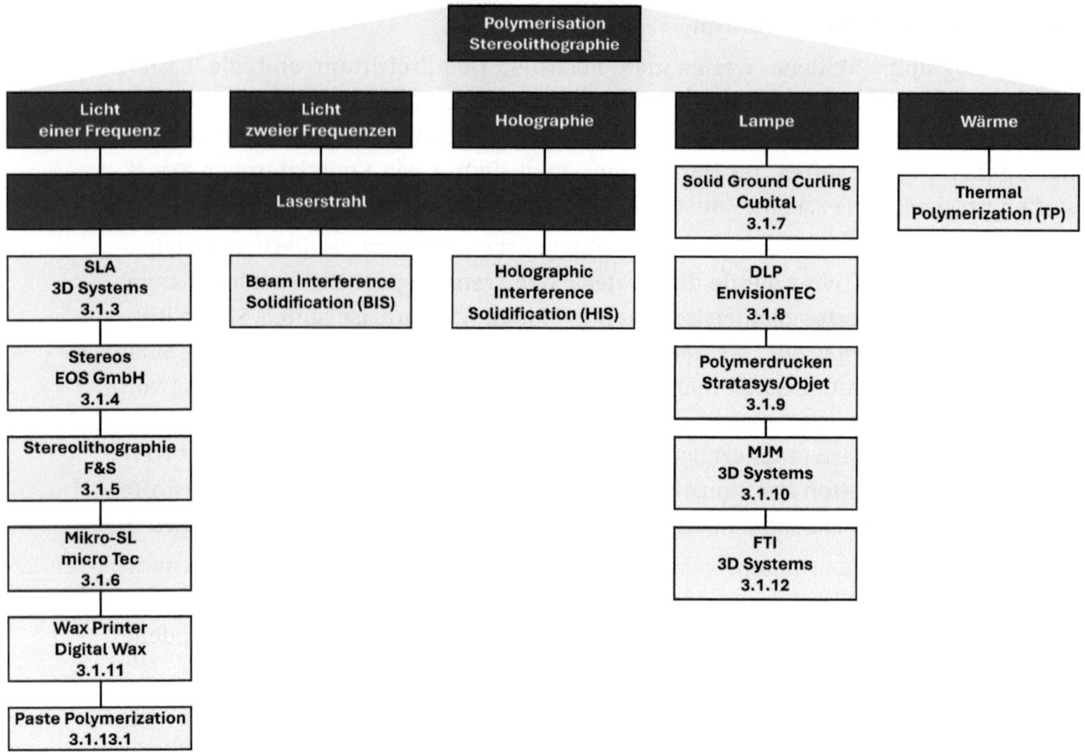

Bild 3.8 Prozessablauf DLP

„Über Kopf"-Bauarten

Die bekanntesten Varianten der DLP-Maschinen bauen „über Kopf". Die Bauplattform taucht von oben so tief in ein nach unten mit einem Glasboden abgeschlossenes Harzbad ein, dass zwischen Bauplattform (respektive der letzten gebauten Schicht) und dem Glasboden genau eine Schichtdicke Baumaterial eingeschlossen wird. Ein DLP-Projektor projiziert den aktuellen Bauteilquerschnitt von unten durch die Glasplatte auf diese Schicht und verfestigt sie so. Die Bauplattform und die Schicht (das teilfertige) Modell werden dann um eine weitere Schichtdicke aus dem Harzbad gefahren, neues Harz strömt nach und die nächste Schicht wird belichtet. Der Prozess wiederholt sich, bis das Bauteil fertig ist.

Ein Vorteil dieser Konstruktion ist es, dass man nur sehr wenig Harz im Bauraum vorhalten muss und daher schnelle Harzwechsel kein Problem sind.

Nachteilig ist wie bei allen mittels Lampen verfestigenden Prozessen, dass der Bauraum sorgfältig vor Fremdlicht geschützt werden muss.

Film Transfer Imaging (FTI)

Im Unterschied zu den aus dem Harzbad arbeitenden Maschinen wird beim FTI das Baumaterial als Monumerschicht auf einem transparenten Film vorkonfektioniert und in Kartuschen angeliefert.

Zur Beschichtung wird die glasklare Trägerfolie mit der darauf aufgebrachten photosensitiven Schicht zwischen die kopfüber montierte Bauplattform (mit dem teilfertigen Bauteil) und einer Glasplatte positioniert und von unten belichtet. Die zum Bauteil gehörigen Stützstrukturen haften nach der Polymerisation am teilfertigen Bauteil (bei der ersten Schicht des Bauteils an der Bauplattform), die nicht belichteten werden mit der Trägerfolie weitertransportiert. Dadurch gelangt ein nicht belichteter Bereich der sehr langen Folie auf die Bauplattform und die nächste Schicht wird belichtet, usw.

Die Materialien gibt es in mehreren Farben. Stützen müssen nicht entfernt werden, die Nacharbeit entfällt weitestgehend.

3.1.1.3 PolyJet und Multi-Jet Modeling (MJM) und Paste Polymerization

Die Verfahren der Firma Stratasys (Objet) heißen *PolyJet*. 3D Systems nennt sie Multi-Jet Modeling (MJM). Die Maschinen werden allgemein auch nach der Vorgängermaschine von 3D Systems als Thermojet Printer bezeichnet.

MJM-Anlagen bestehen aus einer in *x*-Richtung bewegten Bauplattform und einem darüber in *y*-*z*-Richtung angeordneten Druckkopf, der das Baumaterial in mehreren parallel arbeitenden Düsen schichtweise aufträgt.

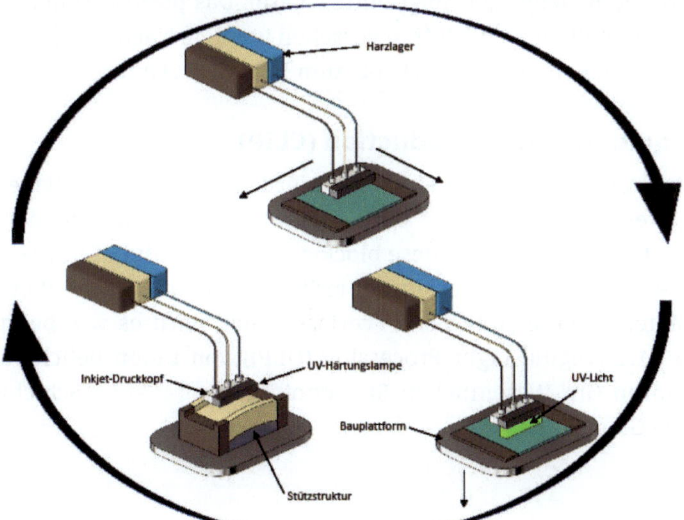

Bild 3.9
Prozessablauf MJM

Die Verfestigung erfolgt durch Photopolymerisation. Simultan zum Auftragen der Schicht wird das Baumaterial durch UV-Lampen ausgehärtet, die mit dem Druckkopf bewegt werden. Weil Lampen eine geringere Intensität als Laser aufweisen, werden als Baumaterial Acrylate verwendet, die eine entsprechend höhere Reaktivität aufweisen als Epoxidharze.

Gedruckt wird immer eine vollständige Schicht. Das Bauteil und die nicht zum Bauteil gehörigen Bereiche einer Schicht werden durch getrennte Düsenreihen simultan erzeugt. Die Stützen werden also nicht gesondert generiert. Bauteil und Stützen bestehen aus unterschiedlichen Materialien. Das gesamte Volumen, Bauteil und Stützbereiche, wird direkt im Bauprozess vollständig durchgehärtet, wobei die Stützbereiche löslich bleiben. Mit Lampen verfestigte Bauteile nach den Polymerdruckverfahren kommen als massiver Block aus dem Drucker.

Die Stützstrukturen werden nach dem Bauprozess ausgewaschen. Verwendet werden spezielle temperierte Reinigungsanlagen, Wasserstrahlkabinen oder Ultraschall-Reinigungsanlagen.

Es gibt eine Vielzahl von Materialien, die je nach Verwendungszweck spezielle Eigenschaften aufweisen. Die meisten haben Wachsanteile und werden im Düsenbereich zusätzlich erwärmt.

Paste Polymerisation

Die Paste Polymerization ist dem MJM-Verfahren ähnlich. Im Gegensatz dazu wird das Baumaterial aber nicht auf die Bauplattform oder die oberste Schicht des Bauteils aufgedruckt, sondern als pastöse gefüllte Monomerschicht mit einem Rakel auf die Bauplattform aufgetragen. Die Belichtung erfolgt mittels Laser. Das pastöse Material kann mit keramischen oder metallenen Füllstoffen versehen werden. Nach Fertigstellung wird das Polymer ausgetrieben und der Füllstoff zum Bauteil versintert.

3.1.1.4 Continuous Liquid Interface Production (CLIP)

Mit dem CLIP-Verfahren wurde 2015 erstmals ein kontinuierlich arbeitendes Polymerisationsverfahren vorgestellt. Es basiert auf dem diskontinuierlich arbeitenden DLP-Verfahren und arbeitet mit Inhibitoren. Diese blockieren die Reaktivität des Materials in einer Zone und ermöglichen so, das kontinuierliche Nachlaufen ohne Polymerisation. Wenn das Material diese „tote Zone“ verlassen hat, wird es wie beim DLP-Prozess (Abschnitt 3.1.1.2 „Digital Light Processing (DLP)) von unten belichtet. Die aufgrund der Inhibitoren (im Wesentlichen Sauerstoff) nicht reaktive Schicht wirkt also wie eine flüssige Glasplatte.

3.1.2 Übersicht: Polymerisation – Stereolithographie

Bild 3.10 gibt eine Übersicht über die *Additiven Fertigungsverfahren*, die auf Polymerisation beruhen. Es greift die Struktur der *Additiven Fertigungsverfahren* nach Bild 2.38 auf und ordnet ihr die industriellen Verfahren zu. Das Ordnungskriterium ist die technische Umsetzung des physikalischen Prinzips, „Belichtung", z. B. Laser, Lampe, das der additiven Verfahrensfamilie Polymerisation/Stereolithographie zugrunde liegt. Gegliedert wird bis zur konkreten Maschine, sowie deren Produkt- und Herstellerbezeichnung. Es sind jeweils die Abschnitte angegeben, in denen die Verfahren genauer beschrieben werden.

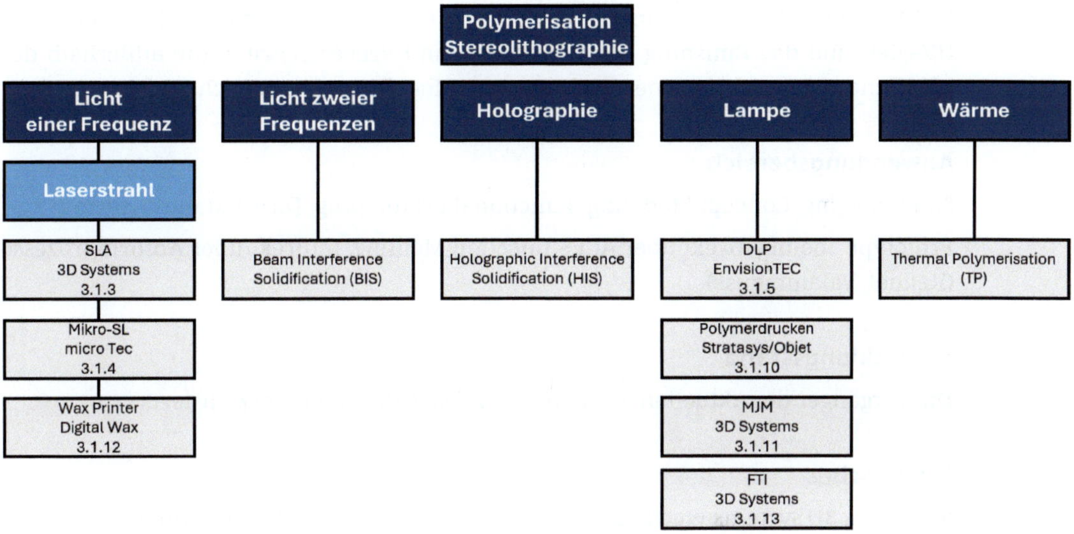

Bild 3.10 Polymerisations- und Stereolithographie-Verfahren. Übersicht in Fortführung von Bild 2.38

3.1.3 Stereo Lithography Apparatus (SLA) – 3D Systems

SLA[3] Production Printer: ProJet™ 6000 HD, ProJet™ 7000 HD, ProX 800, ProX 950,

3D Systems Inc., Rock Hill, SC, USA

3D Systems GmbH, Darmstadt, Deutschland

[3] SLA = **S**tereo**L**ithography **A**pparatus ist eine geschützte Bezeichnung von 3D Systems Inc., Rock Hill, South Carolina, USA.

Kurzbeschreibung

Die Stereolithographie-Maschinen der Firma 3D Systems werden insgesamt zu den Stereo Lithography (SLA) Maschinen gezählt und je nach Ausstattung als Professional oder als Production Printer eingeordnet. Sie arbeiten nach dem Laser-Scanner-Verfahren.

Das Bauteil entsteht auf einer in einem Harzbad abgesenkten und darin in *z*-Richtung verfahrbaren Plattform. Nach Konturierung und Vernetzung der aktuell obersten Schicht werden die Plattform und das damit durch Stützen verbundene Bauteil um eine weitere Schichtdicke in das Harzbad abgesenkt. Auf der Oberfläche des Bauteils wird eine neue Harzschicht aufgebracht und der Prozess wiederholt sich bis zur Fertigstellung des Modells.

Das Verfahren benötigt Stützen. Die Entfernung der Stützen, das Nachvernetzen im UV-Ofen und das Finishing der Oberfläche sind Prozessschritte, die außerhalb der Maschine zur Erzielung eines hochwertigen Modells unumgänglich sind.

Anwendungsbereich

Solid Imaging, Concept Modeling, Functional Prototyping, Direct Manufacturing

Prototype Tooling direkt über ACES Injection Molding, indirekt über Abformprozesse (Keltool, Vakuumguss)

Entwicklungsstand

Die Vorgänger der aktuellen Maschinen sind seit 1998 kommerzialisiert.

Historisches

Die Firma 3D Systems wurde 1986 von *Chuck Hull* und anderen gegründet. *Hull* hatte seit Anfang der 1980er-Jahre bei der Firma UVP (Ultra Violet Products, CA, USA) an einem Verfahren gearbeitet, mit dem schichtweise ein Modell aus lichthärtbaren Monomeren aufgebaut werden konnte. 1984 erhielt er das Patent auf den „Stereolithography Apparatus“ und gilt daher als einer der Väter der Stereolithographie. Im November 1987 war die erste Stereolithographie-Maschine (SLA-1) auf der Fachmesse AutoFact in Detroit vorgestellt worden. Basierend auf diesem Konzept wurde 1988 die erste kommerzielle Stereolithographie-Maschine (SLA-250) vorgestellt. Sie hat die stürmische Entwicklung der Rapid Prototyping Systeme eingeleitet. Um 1990 kamen die ersten Stereolithographie-Maschinen nach Europa und Deutschland. Der Firmensitz wurde 2006 von Valencia, Kalifornien nach Rock Hill in South Carolina verlegt.

Das grundlegende Bauprinzip der SLA-250 (Bild 3.6) findet sich bis heute in allen lasergestützten Stereolithographie- und Laser-Sinter-Maschinen sowie bei den meisten anderen additiven Anlagen wieder.

Bild 3.11
Stereolithographie-Maschine ProX™ 950 SLA® Production Printer; Außenansicht und Blick in den Bauraum
Quelle: 3D Systems

Die aktuelle SLA-Familie besteht aus den ProJet-Anlagen 6000HD und 7000HD, der ProX™ 950, der SLA 750 sowie der Figure 4 Production (Bild 3.11, Außenansicht und Blick in den Bauraum).

Auch wenn die älteren SLA-Maschinen nicht mehr angeboten werden, sind viele noch im Gebrauch und insofern als aktuell anzusehen. Außerdem gibt es einen wachsenden Gebrauchtmarkt. Bezüglich der Details der älteren Anlagen wird auf die vorhergehenden Auflagen dieses Buches verwiesen. Die technischen Daten der aktuellen Maschinen sind im Anhang, Abschnitt „Additive Fertigungsanlagen (Prototyper und Fabrikatoren)“ zusammengestellt.

Bild 3.12 zeigt ein Stereolithographie-Bauteil im Prozess (oben) und nach dem Post-processing unten.

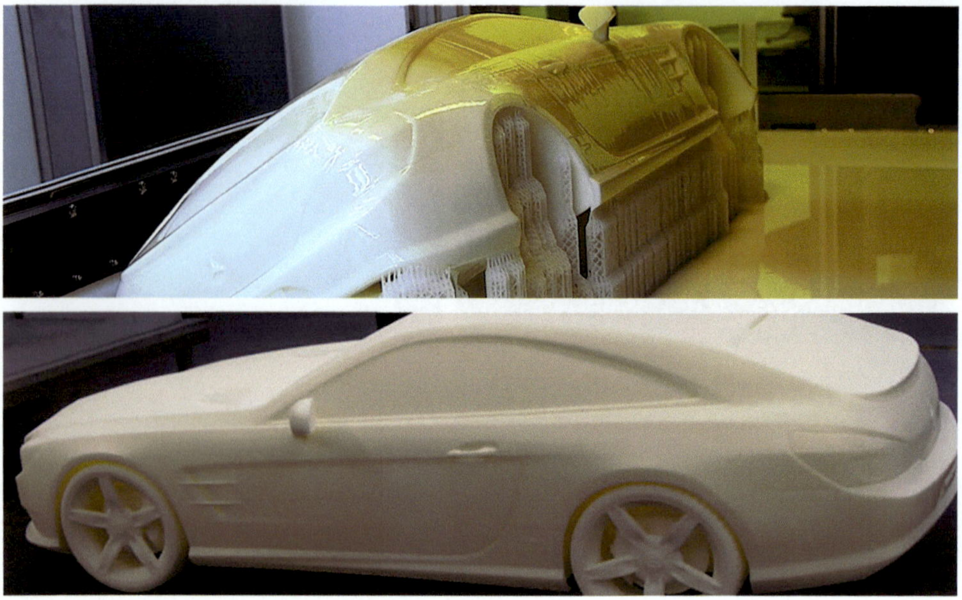

Bild 3.12 SLA-Bauteile
Nach dem Bau, in der Maschine, auf Stützen (oben); Nach dem Postprocessing (unten)
Quelle: Scorpion Engineering

Strategien/Entwicklungspartner

Die Entwicklung zielt darauf ab, eine Familie von leistungsstarken additiven Maschinen zur Herstellung von Konzeptmodellen, Funktionsprototypen und Serienteilen für industriell relevante Teile anzubieten. Dabei werden in Verbindung mit geeigneten Abformverfahren und Prozessketten charakteristische Abmessungen von typischerweise einigen Zentimetern bis zu circa 1,5 m hergestellt. Die Vielfalt der Maschinenfamilien ist so groß, dass die Anwender in aller Regel eine fundierte Anwendungsberatung benötigen, um eine geeignete Anlage identifizieren zu können.

Die SLA-Maschinen gehören zur ProJet Professional 3D Printer Linie.

Als Standardmodell ist die ProJet 6000 anzusehen. Sie hat einen Bauraum von x, y, z = 250 × 250 × 250 mm und wird in den drei Varianten SD (Standard), HD (high definition) und MP (medical) angeboten.

Die ProX™ SLA® Production Printer sind als Produktionsanlagen auf Verfügbarkeit und Produktivität im Sinne maximalen Durchsatzes optimiert worden.

Die ProX™ 950 SLA® hat einen Bauraum von x, y, z = 1500 × 750 × 550 mm, die kleinere Pro X 800 SLA einen von x, y, z = 650 × 750 × 550 mm. Es gibt einen auswechselbaren Bauraum, „quick change Material Deliverable Modules (MDMs)“ genannt, der auch über eine integrierte Bauplattform mit z-Fahrstuhl verfügt.

Einen Schritt in Richtung Fertigungsanlage geht 3D Systems mit dem *Auto Offload Cart*, einer optionalen Einrichtung zum automatischen Wechsel der Bauplattform und zum Start eines zweiten Bauprozesses nach Abschluss des ersten.

Entwicklungspartnerschaften gibt es mit Softwareherstellern (Solid Concepts, Materialise und anderen). Auf dem Gebiet der Harze gab es Partnerschaften mit Ciba Geigy Special Chemicals, Vantico und der aus Ciba entstandenen Rapid Prototyping Chemicals AG (RPC), Marly, CH. 2002 wurde RPC von 3D Systems akquiriert.

Eine rege Akquisitionstätigkeit hat in den letzten Jahren zur Integration von Maschinenherstellern, Materialherstellern, Softwareentwicklern und Dienstleistern geführt.

Datenformate/Software

Es gibt ein SLA-Softwarepaket, das auf der Website *http://www.3dsystems.com/support/software/sla* zum Download bereitsteht und dort aktualisiert wird und die nachfolgend beschriebenen Programme enthält. Die Wichtigsten sind Lightyear zur Erzeugung der STL- und SLC-Files.

Die ProX-Maschinen können wie alle SLA-Maschinen STL- und SLC-Files einlesen. 3D Systems liefert die Teile-Vorbereitungs-Software 3D-Manage 1.23, die Build Files für die Steuersoftware vorbereitet und die Steuerungssoftware 3DPrint™. Die Softwareprodukte sind auch für ältere SLA®-Systeme einsetzbar.

Alle nicht mehr produzierten SLA Systeme, SLA™ 500/3500/5000/7000/Viper laufen mit Lightyear (aktuell seit 2007: Vers. 1.5) einer umfangreichen Frontend Software (Vorbereitungssoftware). Sie arbeitet mit der Steuersoftware Buildstation 5.5 Lightyear und umfasst eine Reihe von Unterprogrammen, die heute nicht mehr einzeln bekannt gemacht werden. Im Folgenden werden diese Funktionen so dargestellt, wie sie als einzelne Programmelemente für die SLA-250 gültig waren. Dies erfolgt, obwohl die SLA-250 nicht mehr gebaut wird, weil daraus die einzelnen Teilfunktionen deutlicher ersichtlich werden als bei der Betrachtung eines integrierten Programmsystems.

Das Bauteil kann mittels des View-Programms betrachtet und gedreht, gestreckt, gespiegelt und verschoben werden. Der automatische Stützengenerator Bridgeworks (ursprünglich ein stand alone-Programm von Solid Concepts) ist integriert und insbesondere für Standardaufgaben sehr hilfreich. Für kompliziertere Bauteile, zur Reduktion des Bauaufwands und damit der Bauzeit sowie zur Verringerung der Nacharbeit, sollten geübte Anwender jedoch von der Möglichkeit des manuellen Eingreifens Gebrauch machen. Das aktuelle Lightyear Paket 1.5 (2016, verfügbar seit 2005) enthält einige Funktionen, die Stützen automatisch detektieren und korrigieren, z. B. solche, die Wände durchbrechen oder in Hohlräumen enden würden.

Die Datensätze von Stützen und Bauteil werden getrennt in den Teilemanager Partman eingelesen und dort getrennt bearbeitet. In Partman werden sowohl die Recoating- als auch die Bauteilparameter eingegeben. Zu den Recoatingparametern gehören: Anzahl der Wischvorgänge, Geschwindigkeit der Wischvorgänge, Geschwindigkeit des Fahrstuhls, Beschleunigung des Fahrstuhls, Wartezeit zwischen Ende des Scans und Beginn der Fahrstuhlbewegung, Wartezeit zwischen Ende der Fahrstuhlbewegung und Beginn des Scans. Zu den Bauteilparametern gehören: Schichtdicke, Randüberlappung, Schraffurüberlappung, Schraffurabstand, Einhärtetiefe, Füllabstand, Füllrichtung, Randabstand, Strahlkompensation, Bautechnik. Die Bauteilparameter werden für jedes Bauteil und für jeden Stützensatz einzeln definiert. Bereits gespeicherte Bauteilparameter können eingelesen und editiert werden.

Nach der Bearbeitung im Partman wird aus dem STL-File ein Slice-File erzeugt. In diesem Datensatz ist die Geometrie des Körpers schichtweise gespeichert. Anschließend werden automatisch vier weitere Datensätze generiert, die die Steuerdaten für die SLA-Maschine enthalten. Der Vektor-File enthält sämtliche Konturdaten zur Steuerung des Lasers. Im Recoat-File stehen die Werte für die Einhärtetiefe, aus denen sich die Überlappung der einzelnen Ebenen ergibt. Der Parameterfile enthält allgemeine Angaben wie die Schrumpffaktoren des Harzes oder die Lage des Bauteils auf der Fahrstuhlplattform. Der Layer-File enthält Informationen über die Schichtdicke und die Schraffurabstände der einzelnen Stützen und Bauteile. Um den Bauprozess starten zu können, werden die vier Datensätze um die Harzparameter (C_d, D_p) ergänzt.

Für die Production SLA Printer wird nur noch ein einziger, der sogenannte BFF file übergeben, in dem alle Informationen zusammengefasst sind. Die Bearbeitung von Border- und Hatch-Strukturen geschieht parallel zum Bauprozess in der Maschine.

Der maschinenorientierte Teil der Software wird als Buildstation (aktuell seit 2005: Vers. 5.5) bezeichnet und korrespondiert mit der Lightyear-Version (aktuell 1.5).

Prinzip der Schichtgenerierung

Die Vorgehensweise bei der additiven Fertigung wird nachfolgend anhand der SLA-250 detailliert dargestellt. Sie ist mit Einschränkungen für alle Stereolithographie-Verfahren und in den Grundzügen für viele additive Verfahren ähnlich, die nach dem Laser-Scanner-Prinzip arbeiten.

Für eine feste Verbindung zwischen den Stützen und der Bauplattform wird die erste Schicht in das Lochmuster der Plattform eingehärtet. Durch die Daten des Vektor-Files gesteuert, härtet der Laserstrahl schichtweise das Modell mitsamt Stützen aus. Die Geschwindigkeit des Laserstrahls beträgt dabei in Abhängigkeit von Einhärtetiefe, Material und Laserstrahldurchmesser bis zu 25 m/s. Zu Beginn einer neuen Schicht fährt der Laser zunächst die Kontur (Border) des Bauteils ab. Anschließend wird die Fläche zwischen den Randlinien schraffiert (Hatch). Die Teile der Schicht, die die Oberfläche (Deckschicht, Skin) des Bauteils bilden, können zusätzlich zum Schraffieren noch gefüllt werden. Mit den Füllparametern wird das Bauteil stärker ausgehärtet als bei der Schraffur. Dadurch erhält die Oberfläche des Bauteils eine größere Stabilität. Bild 3.13 verdeutlicht die Unterschiede zwischen Rand, Schraffur und Füllung.

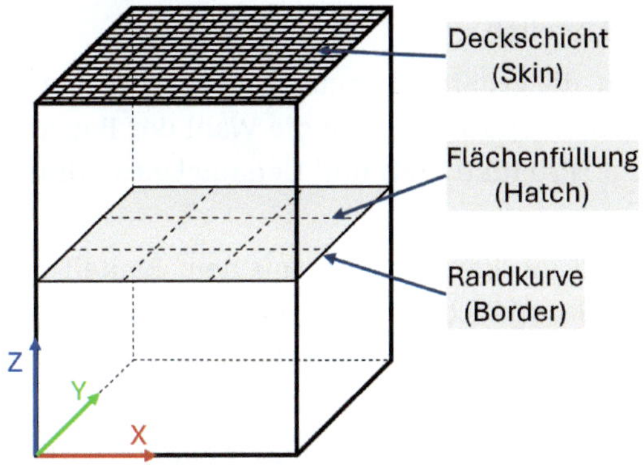

Bild 3.13
Definition von Randkurve (Border), Flächenfüllung (Hatch) und Deckschicht (Skin)

Ursprünglich wurden jeder Schicht eine Border- und eine Hatchzone zugeordnet. Mit immer dünneren Schichten, begann man nicht mehr jede Schicht mit Hatches zu versehen und nannte das *Cyclic Build Style*. Das Mischen von Cyclic und normalem Baustil sollte man möglichst vermeiden.

Der Schraffurabstand wird so eng gewählt, dass nur ein geringer Anteil des Harzes in flüssigem Zustand verbleibt. Bei der ProX 800/950er-Serie wird der Bauprozess beschleunigt, indem nur die Konturierung mit einem sehr feinen Laserstrahl (Border) abgefahren und zum Füllen (Hatch) auf den zweiten deutlich vergrößerten Strahldurchmesser umgeschaltet (Dual-Spot) wird.

Um die einzelnen Schichten untereinander zu verbinden, ist die Einhärtetiefe von Kontur und Schraffur größer als die Schichtdicke, woraus sich eine Überlappung in der Größenordnung von circa 0,03 mm ergibt (Overcure, Bild 3.2). Nach unten zeigende Flächen, die während des Bauprozesses auf einer beliebigen *z*-Koordinate beginnen, werden aufgrund dieser Tatsache in *z*-Richtung größer. Zum Ausgleich verfügen die Maschinen deshalb über eine *z*-Korrektur.

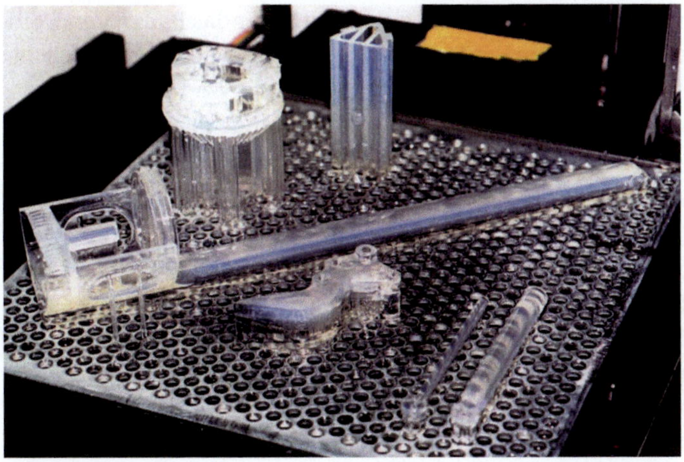

Bild 3.14
SLA-Bauplattform mit Bauteilen
Quelle: CP-GmbH

Bild 3.14 zeigt eine SLA-Bauplattform mit Bauteilen.

Die minimale Schichtdicke beträgt 0,05 mm, die größte 0,15 mm. Alle Maschinen können mit unterschiedlichen Baustilen betrieben werden. Durch die Wahl der Baustile kann der Betreiber zwischen Schnelligkeit (Produktivität) und Genauigkeit optimieren.

Nachdem eine Schicht ausgehärtet ist, wird die Bauplattform mit dem Bauteil um eine Schichtdicke abgesenkt und eine neue Harzschicht wird aufgetragen (*Recoating*). Dies geschieht mit einem aktiven Recoater, dem *Zephyr Recoating System*, der über ein Vakuumsystem gezielt Material aufbringt.

Das von 3D Systems patentierte *Zephyr Recoating System* verfügt über einen zum Bad hin offenen hohlen Wischer, in dem ein Harz-Reservoir eingebaut ist. An der Oberfläche des Reservoirs liegt ein leichter Unterdruck an, sodass es sich mit Harz von der Badoberfläche füllt. Die Druckverhältnisse sind so abgestimmt, dass beim Überstreichen von festen Bauteilbereichen Harz an diesen Strukturen haftet und somit aufgetragen wird, aber von der freien Oberfläche Harz zum Befüllen des Reservoirs abgesaugt wird. Das System ist aufgrund des in der Regel nur einmaligen Überfahrens des Bades schneller als die passiven Vorgänger. Eine *Smart Sweep* genannte Begrenzung des Wischvorgangs auf die y-Abmessung des Modellquerschnitts beschleunigt das Verfahren zusätzlich. Im Gegensatz zu Systemen, die das Harz über Pumpen fördern, ist das Zephyr System bei Harzwechsel relativ schnell und einfach zu reinigen.

Mit dem als *ACES, Accurate Clear Epoxy Solids*, bezeichneten Baustil können zu 100 % ausgehärtete massive Epoxid-Bauteile hergestellt werden. Um dies zu erreichen, werden insbesondere die Hatches so eng gelegt, dass sie sich partiell überlappen.

Vollmodelle werden vor allem dann gebraucht, wenn eine höhere (Druck-)Festigkeit verlangt wird, beispielsweise bei Rapid-Tooling-Anwendungen (AIM, ACES Injection Molding) oder wenn die optischen Eigenschaften eine große Rolle spielen.

Quick Cast ist ein spezieller Baustil um Bauteile mit über 80 % Hohlraumanteil (bezogen auf ein Vollmodell) herzustellen. Er verknüpft die beiden für das Bauen von Hohlmodellen wichtigen Eigenschaften, eine gute Drainagewirkung und einen möglichst hohen Hohlraumvolumenanteil. Die Bauteile werden vorzugsweise für den Feinguss verwendet. Eingesetzt werden spezielle Harze, die glatte Wände erzeugen und aufgrund der relativ niedrigen Viskosität gut aus den Hohlräumen ablaufen, z. B. Accura 60 für Anlagen mit Festkörperlaser.

In Bild 3.15 ist zu sehen, wie die Schraffur auf einem Grundalgorithmus von 0°/60°/120° zur waagerechten x-Richtung orientierten Hatches aufbaut. Im zweiten Schraffurschritt wird das Muster (Bild 3.15 (a)) bezogen auf das erste gedreht (Bild 3.15 (b)) und in y-Richtung verschoben wiederholt. Es entsteht eine Wabenstruktur (Bild 3.15 (c)) mit in z-Richtung durchgängigen Hohlräumen, die eine einfache Drainage und die völlige Entleerung des Modells von flüssigen Restmonomeren ermöglicht. Bild 3.15 zeigt ein Quick Cast-Bauteil vor dem Abguss.

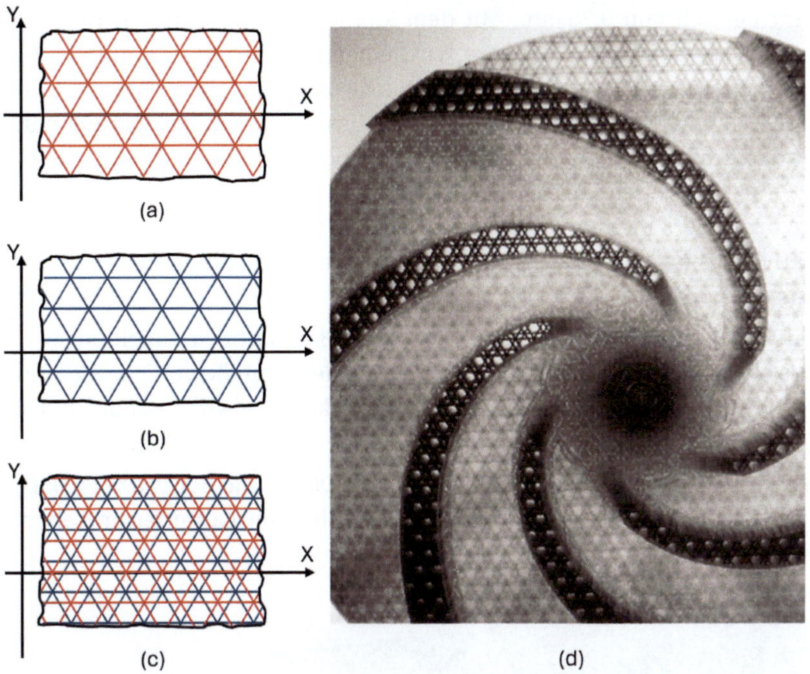

Bild 3.15 (a) bis (c) Quick Cast-Baustrategie; (d) Praktische Umsetzung am Beispiel eines Pumpenlaufrades

Quelle: 3D Systems

Bauart/Konstruktion

Eine abgeschlossene Prozesskammer, in der das eigentliche Bauteil generiert wird, bildet bei allen Modellen zusammen mit den Prozess- und Kontrollrechnern und dem Laser-Scanner eine bauliche Einheit. In Bild 3.6 ist die obere Maschinenhaube einer SLA-250 abgenommen, sodass der (zugekaufte) Laser als eigenständiges Bauteil sowie die Strahlführung und Scannereinheit deutlich zu sehen sind. Der Aufbau der Maschinen aus möglichst vielen handelsüblichen Komponenten (from the shelf) und folglich eine extrem geringe Fertigungstiefe ist ein weiteres Kennzeichen von additiven Anlagen.

Die ProX 800 und 950 verfügen über Nd:YVO_4-Festkörperlaser (Wellenlänge 354,7 nm) mit einer Leistung von 1450 mW am Laserkopf (1000 mW am Material). Die Lebensdauer wird mit 10 000 Stunden garantiert.

Die ProX 800 verfügt über einen, die ProX 950 über zwei simultan arbeitende Laser. Dieses PolyRay™ genannte Belichtungssystem erhöht die Baugeschwindigkeit nach Herstellerangaben auf das 10-fache. Die Laser verfügen über zwei unterschiedliche Strahldurchmesser (Border/Hatch, siehe oben „Prinzip der Schichtgenerierung“). Der feine Strahldurchmesser liegt im Bereich von 0,13 mm und der sogenannte Standarddurchmesser im Bereich von 0,76 mm. Mit dem kleineren Strahldurchmesser wird eine hohe Genauigkeit erzielt. Der Größere wird eingesetzt, um das zeitaufwendige „Hatchen“ zu reduzieren und damit die Bauzeit zu verkürzen, ohne dass die Scangeschwindigkeit erhöht werden muss. Die maximale Scangeschwindigkeit kann nämlich nicht über das Produkt aus Repetitionsrate und Spotdurchmesser hinaus erhöht werden, wenn ein zusammenhängendes Modell erzeugt werden soll. Solange die Repetitionsrate des Lasers nicht deutlich über 10 bis 20 kHz erhöht werden kann, ist diese konstruktive Lösung ein guter Ausweg. Die technischen Daten lassen zurzeit eine Repetitionsrate von circa 10 kHz vermuten.

Die als Lochplatte oder als feines Gewebe ausgeführte Bauplattform taucht als Basis von oben in das Harzbad ein und kann zur Entnahme der Bauteile völlig aus diesem herausgefahren werden. Aufgrund dieser Konstruktion kann bei allen auf den neuesten Stand aufgerüsteten Maschinen der Harzbehälter gewechselt werden.

Die SLA 7000 (Bild 3.16), die Vorgängerin der iPro 8000/9000er und der ProX 800/950er Serie verfügt über 800 mW Festköperlaser (mit 5000 Stunden garantierter Lebensdauer).

Bild 3.16 Stereolithographie-Bauteil: Turbinengehäuse
Quelle: 3D Systems/ Tushino Power Machine Tools

Material/Bauzeit/Genauigkeiten

Die verfügbare Materialpalette ist an der Vielzahl der technischen Kunststoffe gemessen, nach wie vor klein, wenn auch die Anzahl und die Leistungsfähigkeit der Harze enorm zugenommen hat. Bei der Auswahl ist darauf zu achten, dass die unterschiedlichen Materialien immer einem Lasertyp und damit einer Maschine oder einer Maschinenvariante zugeordnet sind.

Für die Stereolithographie wird die Materialfamilie Accura angeboten. Alle Harze sind Epoxidharze und für Anlagen mit *Festkörperlaser* (Nd:YVO_4) geeignet. Viele Qualitäten werden auch als Varianten für die ProJet-Maschinen angeboten (siehe Abschnitt 3.1.11 „Multi-Jet-Modeling (MJM) – ProJet – 3D Systems“). Accura 25 (weiß) simuliert die Eigenschaften von PP (Polypropylen), Accura si 55 (weiss) die von ABS. Beide Harze sind also nicht mehr elfenbeinfarbig-transluzent (vergleiche Bild 3.12 oben und unten), wie das lange Zeit bei SL-Harzen ausschließlich der Fall war. Transparent ist Accura 60, das zudem die Eigenschaften von Polycarbonat, PC, simuliert. Accura Bluestone ist ein Nano-Verbundwerkstoff (gefülltes Harz). Es erreicht die Zugfestigkeit von Accura 60 (bis 68 MPa) weist aber einen maximal bis knapp 4-fach höheren Elastizitätsmodul (bis 11 700 MPa) bei deutlich höherer Warmformbeständigkeit (bis 66 °C, im Gegensatz zu bis zu 55 °C für Accura 60) auf.

Accura Amethyst ist ein Spezialwerkstoff zur Herstellung von Urmodellen und verlorenen Formen von detailreichen Bauteilen, wie sie vorzugsweise in der Schmuck- und Dentalindustrie vorkommen. Das Material wird direkt im Feingussprozess ausgeschmolzen oder zur Herstellung von Silikonformen verwendet, mit deren Hilfe die notwendige Anzahl verlorener Modelle für eine Serie mittels Feinguss hergestellt werden kann.

Die aktuellen 17 Accura-Materialien sind textlich nicht mehr übersichtlich darzustellen. Eine Übersicht über ihre vorzugsweise Anwendung gibt der Accura® Product Selection Guide for Stereolithography (SLA®)materials; Anhang oder Download von der 3D Systems Homepage.

Das Fertigungsergebnis hängt nicht allein vom Harztyp, sondern vor allem von der Wechselwirkung zwischen Laser und Harz ab. Der Hersteller selbst und unabhängige Dritte liefern Harze für spezielle Anwendungen. Bei der Verwendung dieser Materialien sollte man unbedingt darauf achten, dass ausgetestete Parametersätze für die Kombination Maschine/Laser/Material vorliegen. Viele Harze sind hygroskopisch und daher entsprechend zu lagern und zu verarbeiten. Bei zu starker Wasseraufnahme erreichen die Bauteile die erwartete Festigkeit oft nicht.

Die Ergebnisse des Bauprozesses sind wie bei allen Rapid Prototyping-Verfahren kalibrierabhängig. Dazu verfügt der Service über eine Kalibrierplatte, die die Position des Laserstrahls durch Dioden abtastet und sofort online auswertet. Das Verfahren ist sehr effektiv. Im HR-Modus können Wandstärken von 0,1 mm realisiert werden. Unterschiedliche Baustile ermöglichen unterschiedliche Schichtstärken und damit unterschiedliche Baugeschwindigkeiten und Genauigkeiten. Mit dem EXACT-Baustil sind 0,076 mm, dem Quick Cast-Baustil 0,101 mm, dem FAST-Baustil 0,127 mm (das war der ursprüngliche Standard) und mit dem Thin-Layer-Baustil 0,025 mm Schichtstärke zu erreichen.

Damit aufeinanderfolgende Flächen verbunden werden, wird die Einhärtetiefe der Schichten größer gewählt als die Schichtstärke (Overcure). Bei frei nach unten orientierten Flächen (Downskin) würde das zu einer zu großen Schichtdicke führen. Eine *z*-Korrektur kontrolliert und eliminiert diesen Einfluss.

Die konstruktive Einheit von Bauraum und Vorratsbehälter hat insbesondere bei großen Stereolithographie-Maschinen den Nachteil, dass sich große Mengen des teuren Harzes in der Maschine befinden (bei einer iPro 800/950 kann dies einem Wert von mehreren 10 000,00 € entsprechen) und dass ein Materialwechsel zeitaufwendig ist. Wechselbehälter, insbesondere mit geringeren Volumina, entschärfen das Problem der mangelnden Flexibilität, nicht aber das der teuren Bevorratung. Weil das Harz zum Altern neigt und eine genaue Klimatisierung verlangt, sollte die Maschine aus wirtschaftlichen Gründen ständig benutzt werden.

Post-Processing

Bei diesen Anlagen entspricht die Nacharbeit dem in Abschnitt 3.1.1 „Maschinenspezifische Grundlagen“ beschriebenen stereolithographietypischen Post-Processing.

Finishing

Es sind alle stereolithographietypischen Finishingtechniken und Abformverfahren möglich (vergleiche Abschnitt 3.1.1 „Maschinenspezifische Grundlagen“).

Prozesstypische Folgeverfahren

Feingussbauteile (Abschnitt 5.3.3.1 „Der Feingussprozess mit additiven Prozessschritten“) erhält man bei Verwendung des Quick Cast-Baustils, der durch hohle Strukturen ein Platzen der Form (Shell Cracking) beim Ausbrennen aus der Keramikform verhindert. Dabei müssen zum Einsatz im Feingussprozess die Hohlstrukturen mit Deckflächen abgeschlossen werden. Zur Entleerung sind entsprechende Drainageöffnungen vorzusehen oder mechanisch einzubringen. Vor dem eigentlichen Feingussprozess sind diese wieder zu verschließen. Bild 3.17 zeigt einen mit dem Quick Cast-Verfahren gebauten Motorblock und den zugehörigen Abguss. Durch die Optimierung der Einhärteparameter ist darauf zu achten, dass die relativ dünnen Außenflächen nicht einfallen.

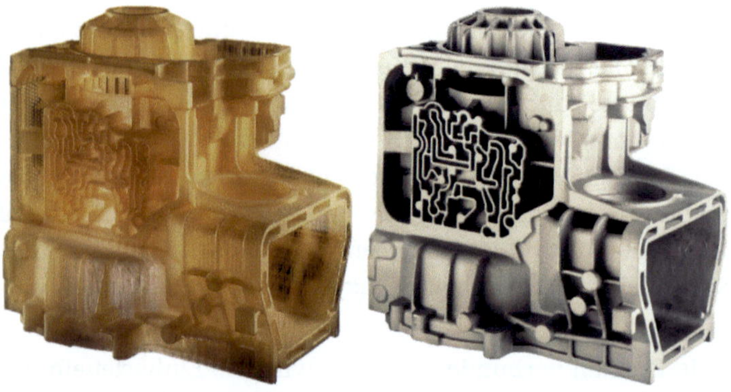

Bild 3.17 Quick Cast-Bauverfahren. Hohlraummodell für den Feinguss und das Bauteil
Quelle: Volkswagen AG

Formen und Werkzeuge erhält man direkt über AIM (ACES Injection Molding), Abschnitt 5.4.1.1 „ACES Injection Molding, AIM“, oder indirekt über Abformung mittels 3D Keltool – Course4 Technology, Abschnitt 5.3.2.2.5 „3D Keltool – Course4 Technology“.

3.1.4 Mikrostereolithographie – microTEC

RMPD (Rapid Micro Product Development)-mask, -stick2, -multimat, 3D-CSP

microTEC Gesellschaft für Mikrotechnologie mbH, Duisburg, Deutschland

Kurzbeschreibung

Proprietäre additive Systeme und Verfahren auf der Basis der Stereolithographie zur Herstellung von Prototypen, Einzelstücken und Serien. Der Fokus liegt auf der industriellen Anwendung der Mikro- und Nanotechnik. Es werden Bauteile aus einem oder mehreren unterschiedlichen horizontal oder vertikal geschichteten Polymeren (RMPD-multimat) erzeugt, aber auch Polymere auf unterschiedliche Substrate wie Glas, Silizium oder Metall aufgebracht (RMPD-stick2). Durch Kombination der Verfahren und durch die Möglichkeit, während des Bauprozesses Teile wie Silizium-Chips (bare-dies), Mikrolinsen, Sensoren oder dergleichen in Kavitäten einlegen zu können, werden funktionsfähige Mikrosysteme hergestellt (3D-CSP, *Chip-Size-Packaging*). Es stehen unterschiedliche UV härtende Materialen zur Verfügung (unter anderem Sol-Gel).

Anwendungsbereich

Funktionsprototypen, Endprodukte, auch in großen Serien. Der Fokus liegt auf der direkten Fertigung integrierter Mikrobauteile.

Entwicklungsstand

Die Verfahren sind international patentiert und in Form proprietärer Anlagen bei microTEC verfügbar. Die Anlagen werden zur individuellen Produktion im Kundenauftrag eingesetzt. Ein Verkauf der Anlagen an Endkunden ist zurzeit nicht geplant.

Historisches

Die Firma microTEC wurde 1996 von Dipl.-Ing. Reiner Götzen und seinem Team in Rummeln bei Duisburg gegründet. Sie operiert heute von zwei Standorten aus (Duisburg, Bad Dürkheim) als Auftragsfertiger und Entwicklungspartner.

Strategien/Entwicklungspartner

Der Fokus der Firma liegt auf der Produktion von Mikrobauteilen und -systemen. microTEC gehört damit zu den Firmen, die *Rapid Manufacturing* bereits seit 1996 praktizieren und unterstreicht dies durch den Namen des Verfahrens: *Rapid Micro Product Development* [Goe08]. Mithilfe von Mikrooptiken werden hohe Stückzahlen bei sehr hoher Produktivität erzielt (bis zu 150 000 Teile/Stunde). Das Unternehmen ist in europäische und nationale Forschungsaktivitäten und Netzwerke integriert. Industrielle Entwicklungspartner sind unter anderem Roche Diagnostics (Schweiz) und Bürkert (Deutschland).

Datenformate/Software

Die Maschine übernimmt Geometrieinformationen über neutrale Schnittstellen direkt aus dem CAD-System. Unterstützt werden STL, IGES und andere Formate. Es können auch mikroelektronische Schaltungsdaten (OrCAD) direkt integriert werden.

Prinzip der Schichtgenerierung

Die Herstellung funktionsfähiger Mikrosysteme (RMPD, *Rapid Micro Product Development*) basiert auf der Stereolithographie. Die Schicht wird entweder mit parallelen Laserstrahlen (RMPD, Bild 3.18 (a) oder maskengestützt *RMPD-mask*, Bild 3.18 (b)) polymerisiert. In eine Verfahrensvariante ist die Kombination mehrerer unterschiedlicher Polymere in horizontaler oder vertikaler Schichtung möglich (*RMPD-multimat*). Es können auch Polymere auf unterschiedliche Substrate wie Glas, Silizium oder Metall aufgebracht werden (*RMPD-stick2*).

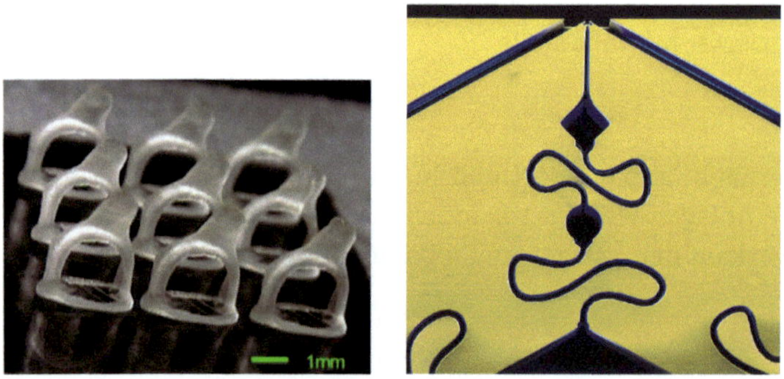

a) b)

Bild 3.18 Mikrostereolithographie:
(a) Parallele Produktion, Gehörknöchelchen (RMPD); (b) Mikrofluidik System (RMPD-mask)
Quelle: microTEC

Das Verfahren bietet die Möglichkeit, während des Bauprozesses Teile wie Silizium-Chips (bare-dies), Mikrolinsen, Sensoren oder dergleichen in Kavitäten einzulegen. Auf diese Weise werden funktionsfähige Mikrosysteme hergestellt (3D-CSP, *Chip-Size-Packaging*).

Der additive Prozess ist angepasst für hohe Präzisionsanforderungen und integriert das Prinzip der Stereolithographie. Die Belichtung erfolgt beim Einsatz der UV-Lampen über die ganze Maskenebene (bis zu 14^2) oder Punkt für Punkt mit einem gepulsten Eximerlaser.

Bauart/Konstruktion

Wie die Wachstumsschritte von weniger als 1 µm in *z*-Richtung realisiert werden, ist genauso ein Geheimnis wie die Methode, die es erlaubt, Mikro-Elemente wie etwa Wellen einzulegen, nach dem Einlegen die aktuelle *z*-Koordinate exakt wieder zu finden und keine Verunreinigungen durch nicht am Prozess teilnehmendes Material zu bekommen. Denkbar – das ist aber reine Spekulation – ist eine Glasplatte als obere (oder untere?) Abdeckung des Bauraums, die für die exakte *z*-Positionierung und für eine absolut plane *x*-*y*-Ebene sorgt. Dann bliebe immer noch das Geheimnis, wie sich das Harz nach der Polymerisation wieder von der Glasplatte trennen lässt. Schließlich wurde in den Anfängen der Stereolithographie auf Glas gebaut, wenn besonders präzise Modelle gefordert waren. Auch ist es in Anbetracht des Einlegens von Bauteilen und wegen der notwendigen Reinigung kaum vorstellbar, dass, wie bei der klassischen Stereolithographie, das Bauteil im Harzbad liegt.

Für RMPD-mask werden die aus der Mikroelektronik bekannten Masken eingesetzt. Die Anlagen erlauben sowohl das An- und Aufbauen an oder auf vorhandene Strukturen als auch die automatisierte Befüllung.

Material/Bauzeit/Genauigkeiten

Verwendet werden Kunststoffe, unter anderem Acrylate und Epoxidharze sowie Sol-Gel-Materialien. Nach Herstellerangaben können innerhalb eines Bauteils unterschiedliche Materialien verwendet und damit bereichsweise unterschiedliche mechanisch-technologische Eigenschaften (hart/weich, hydrophil/hydrophob) oder unterschiedliche Farben erzielt werden. Die Materialien werden teilweise im Haus, teilweise mit Partnern entwickelt. Es stehen unterschiedliche Funktionswerkstoffe zur Verfügung bis hin zu einem PEEK-ähnlichen Material. Ausgewählte Materialien für die Medizintechnik haben eine FDA[4)]-Zulassung.

Die maximale Bauteilgröße (*x*-*y*) beträgt DIN A4. Es wird eine Auflösung von 1 µm erreicht und Aspektverhältnisse von 200 erzielt. R_a-Werte von 0,92 nm wurden berichtet.

[4] Food and Drug Administration der USA, Behörde für die Zulassung von Arzneimitteln.

Post-Processing

Über das *Post-Processing* ist nichts bekannt.

Finishing

Eine spezielle Nachbearbeitung ermöglicht die Herstellung nanostrukturierter Oberflächen.

Prozesstypische Folgeverfahren

Die Bauteile können metallisiert werden.

3.1.5 Digital Light Processing – EnvisionTEC

Micro, Desktop, Perfactory® Mini, Perfactory® Standard, ULTRA 3SP, Xtreme, Xede, *EnvisionTEC, INC., Dearborn, MI, USA; EnvisionTEC GmbH, Gladbeck, Deutschland*

Kurzbeschreibung

Die additive Maschinenfamilie von EnvisionTEC besteht aus Stereolithographie-Systemen, die nach dem Lampen-Masken-Verfahren arbeiten. Die Maske wird mit einem DLP-Projektor (Digital Light Processing Technology – Hewlett Packard) erstellt und projiziert die Schichtinformation direkt auf die Bauplattform. Die Maschinenfamilie gliedert sich in die Perfactory®- und die ULTRA-Reihe sowie die „Large Frame" (Großmaschinen)-Familie Xtreme und Xede.

Alle Maschinen arbeiten mit Stützen, die während des Bauprozesses und aus dem gleichen Material wie das Bauteil mittels proprietärer Software hergestellt werden.

Die *Perfactory*®4-Familie verfügt über ein „kopfüber" angeordnetes Stereolithographie-System. Sie umfasst die Micro, Desktop, Mini und Standard, Baureihe mit insgesamt 17 Varianten. Oft wird der Bezeichnung eine Ziffer nachgestellt, aktuell eine „4", die die Maschinengeneration angibt. Bei allen bildet der Projektor die Maske von unten auf einer Glasplatte ab, die auch die Bauebene definiert und zugleich den Boden des Harz-Vorratsbehälters bildet. Auf diese Weise wird jeweils eine ganze Schicht auf einmal belichtet und ausgehärtet. Die Bauplattform ist eine Schichtstärke darüber angeordnet. Sie wird nach jeder Belichtung um eine Schichtstärke nach oben bewegt und „zieht" so das teilfertige Bauteil kopfüber Schicht für Schicht aus dem Materialbehälter. Dieser enthält nur so viel Material, dass die Wiederbeschichtung beim Anheben sichergestellt ist. Das System ist somit für schnelle Materialwechsel besonders geeignet.

Die ULTRA (in den USA wurde sie unter dem Label ZBuilder ULTRA vom damaligen Vertriebspartner Z-Corp vertrieben), wurde 2009 zur Herstellung größerer Bauteile nach dem Perfactory®-Prinzip vorgestellt. Sie belichtet wie die Perfactory® durch eine Glasplatte, arbeitet aber aufgrund der größeren Teilegewichte nicht kopfüber. Die aktuelle ULTRA verfügt über das 3SP (Scan, Spin and secelectively Photocure) Belichtungssystem der Xede und Xtreme.

Perfactory® Xede und Perfactory® Xtreme arbeiten mit dem modifizierten 3SP DLP Belichtungssystem und sind somit für die Herstellung größerer Bauteile (bis 444,5 × 355,6 × 500 mm) konzipiert. Sie verfügt wie eine Laser-Scanner-Stereolithographie-Anlage über ein Harzbad und der darin verfahrbaren Bauplattform. Sie werden beide als „P“ also „Production“ und als „Ortho“ für medizinische Anwendungen angeboten.

Anwendungsbereich/Entwicklungsstand

Konzeptmodelle, Funktionsprototypen, Serienproduktion

Die Perfactory® wurde 2001 als Prototyp vorgestellt und wird seit Ende 2002 vertrieben; aktuell in der vierten Generation (*Perfactor*^{4}). Die *Vanquish*$^+$ wurde Ende 2004 als *Vanquish FC (Flash Cure)* vorgestellt, die *Desktop* 2006 und die Xede 3SP 2013.

Historisches

Die Firma wurde im Rahmen eines Technologiescreening der Degussa GmbH (früher: Hüls AG (Marl)) im August 1999 als „Start-up“ von Dr. *Hendrik John* gegründet. 2004 haben sich amerikanische Investoren eingebracht. Der größte Anteilseigner und CEO von EnvisionTEC ist aktuell (2023) Al Siblani.

Strategien

EnvisionTEC versteht sich als Anbieter von *Rapid Prototyping* und *Rapid Manufacturing* Systemen und stellt alle seine Aktivitäten unter die CI-Bezeichnung *„Computer Aided Modeling Devices (CAMOD)“.*

Die *Perfactory*® wurde als persönliche Fabrik für den Anwender konzipiert, woraus sich auch der Name **Per**sonal **Factory** ableitet. Sie ist für die Fertigung kleiner und filigraner Bauteile optimiert und empfiehlt sich daher vor allem auch für die Anwendung in der Schmuckindustrie und in der Medizintechnik. Es existieren die Varianten „Desktop“, „Standard“ und „Mini“. Die *Perfactory*® *Mini* ist für kleinere Bauteile, aber entsprechend höherer Auflösung optimiert.

Alle Maschinen erstellen das Bauteil aus Voxeln, mit den Abmessungen 16 × 16 × 15 µm in *X*-, *Y*- und *Z*-Richtung. Die unterschiedlichen Maschinen resultieren aus einer ausgewogenen Abstimmung zwischen Auflösung (Genauigkeit) und Baugeschwindigkeit. Eine dynamische Anpassung der Schichtdicke zwischen15 und 150 µm und der Brennweite des Projektors ermöglichen eine *X*-*Y*-Auflösung zwischen 16 und 69 µm. Die Vielzahl (der insgesamt aktuell 17 Varianten) folgt den auch branchenspezifischen Vorgaben z. B. für die Dentaltechnik oder die Schmuckherstellung.

Die *Perfactory*® kann schnell und einfach installiert werden und benötigt nach einem Ortswechsel keine neuerliche Installation. Ein Werkstoffwechsel ist sowohl automatisch als auch manuell sehr schnell zu realisieren. Bauartbedingt muss nur sehr wenig Material bevorratet werden. Wenige bewegte Teile sollen die Wartung erleichtern.

Die *Desktop* und die Mikro sind kleiner und als *Low-cost*-Maschinen konzipiert. Sie zielen vor allem auf den Markt der Juweliere und Zahntechniker.

Mit der ULTRA 3SP wird das Perfactory®-Prinzip auf größere Bauräume angewendet. Das Prinzip der Beweglichkeit und der kleinen Materialmenge im Bauraum musste damit aufgegeben werden. Der Bauraum für alle Varianten beträgt $x, y, z = 266 \times 175 \times 193$ mm. Xede und Xtreme haben entsprechend vergrößerte Bauräume: 457 × 508 × 102 mm (Xede) und 254 × 381 × 330 mm (Xtreme).

Firmenstrategie ist es, das Verfahren der DLP-Belichtung zu perfektionieren und Nachteile durch technische Entwicklungen zu überwinden. Dazu gehören der preiswerte Blue-Ray-Laser, der laut Hersteller nicht mehr wahrnehmbare Stufeneffekt an den Oberflächen, der große Querschnitt des Bauraums und die hohe Produktivität.

Die Strategie, interessante Teilmärkte wie die Medizintechnik und hier das *Tissue Engineering* zu besetzen, spiegelt das Engagement der Firma bei der Entwicklung des Bioplotters wider, der in Kooperation mit dem Freiburger Materialforschungszentrum (FMF) der Albert-Ludwigs-Universität Freiburg entwickelt wurde.

Eine Vertriebsvereinbarung mit *Agil Manufacturing* schafft seit April 2004 den Zugang zum kanadischen und darüber zum amerikanischen Markt. Mittlerweile befinden sich die North American Headquarters in Dearborn, MI, USA.

Datenformate/Software

EnvisionTEC bietet für alle Maschinen eine autonome, auf der Maschine laufende, einfach zu handhabende *Rapid Prototyping* Software namens *Suite* an, die STL- oder CLI-Daten akzeptiert. Die Software kann im *Auto-Mode* oder im *Expert-Mode* betrieben werden: Im *Auto-Mode* arbeitet das System nach der Übergabe der STL-Daten vollautomatisch. Im *Expert-Mode* können Prozessparameter manuell eingestellt werden, indem der 3D Datensatz mittels RP-Software entsprechend bearbeitet wird.

Die Maschinen können in ein Ethernet-Netzwerk integriert werden.

Prinzip der Schichtgenerierung

Perfactory®. Zur Ansteuerung des DLP-Projektors werden die Baudaten in ein Bitmap-Format konvertiert und von der Spiegeleinheit als Maske auf die Bauebene projiziert. Jeder Schicht ist eine Bildmaske zugeordnet, wobei die zu belichtenden Stellen durchsichtig und die anderen undurchsichtig sind. Das nicht verfestigte Material verbleibt im Bauraum.

Jede Schicht haftet nach der Belichtung an der vorhergehenden an (die erste an der Bauplattform), aufgrund einer speziellen Beschichtung aber nicht an der Bodenplatte aus Glas. Nach jeder Belichtung wird die Bauplattform um eine Schichtdicke nach oben (in z-Richtung) aus dem Bauraum herausgezogen. Durch den Sog der eingetauchten Bereiche des Bauteils und durch die Schwerkraft fließt Material zwischen die zuletzt belichtete Schicht und die Glasplatte und bildet das Material für die nächste Schicht. Da die Bauebene (Glasplatte) ortsfest ist, wächst das Modell kopfüber Schicht für Schicht aus dem Bauraum.

Die *ULTRA* baut bei grundsätzlich gleichem Bauprinzip von unten nach oben, also wie eine klassische Laser-Scanner-Stereolithographie-Maschine. Es gibt Varianten für Schichtdicken von 50 µm (für Dental Anwendungen) und von 100 µm. Das gegenüber der Perfactory® erheblich schwerere Bauteil entsteht auf einer Plattform, die nach jeder Schicht abgesenkt wird. Die freie Harzoberfläche wird durch eine transparente Platte abgedeckt, die die Projektionsebene definiert und die Oberflächengüte sicherstellt. Sie sorgt auch für die Sogwirkung, die für die Wiederbeschichtung notwendig ist.

Bauart/Konstruktion

Perfactory®. Die Maschinen bestehen aus einem tonnenförmigen Unterbau, einer oben offenen Glaswanne als Bauraum und einer darüber angeordneten, in z-Richtung präzise verfahrbaren Aufnahme der Bauplattform (Bild 3.19).

Der Unterbau enthält den DLP Projektor, den Steuerrechner (Anzeige auf der Oberseite) und die Bevorratung des Materials. Der Glasboden des Bauraums bildet die Projektionsebene für die Belichtung. Da der Projektor das gesamte Belichtungssystem enthält, weist die Maschine nur wenige bewegliche Teile auf.

Der DLP-Projektor gibt die Maske als Pixelgraphik aus. Die Baufeldgröße ergibt sich aus der verwendeten Optik. Diese wird mithilfe eines Zoomobjektives (Perfactory-Standard), dreier unterschiedlicher werksseitig installierter Objektive mit Festbrennweiten (Perfactory® Standard UV) oder dreier wechselbarer Festbrennweiten (Perfactory® Mini) festgelegt. Aufgrund der vorgegebenen Anzahl von Pixeln definiert dies auch die Genauigkeit. Das Material wird in einem dichten Container angeliefert und über eine Schlauchpumpe in den Bauraum gefördert. Container und Schlauch können somit ohne Säuberung und damit ohne die Gefahr einer Kontamination des Baumaterials einfach und schnell gewechselt werden.

Das Material kann auch unter Umgehung des Vorratsbehälters manuell direkt in den Bauraum eingefüllt werden, was das Experimentieren mit sehr kleinen Mengen ermöglicht.

Da konstruktionsbedingt immer das Material, das sich auf dem Boden des Bauraums sammelt, die Schicht bildet und somit verbraucht wird, kann es zu keiner Ansammlung alten Materials kommen.

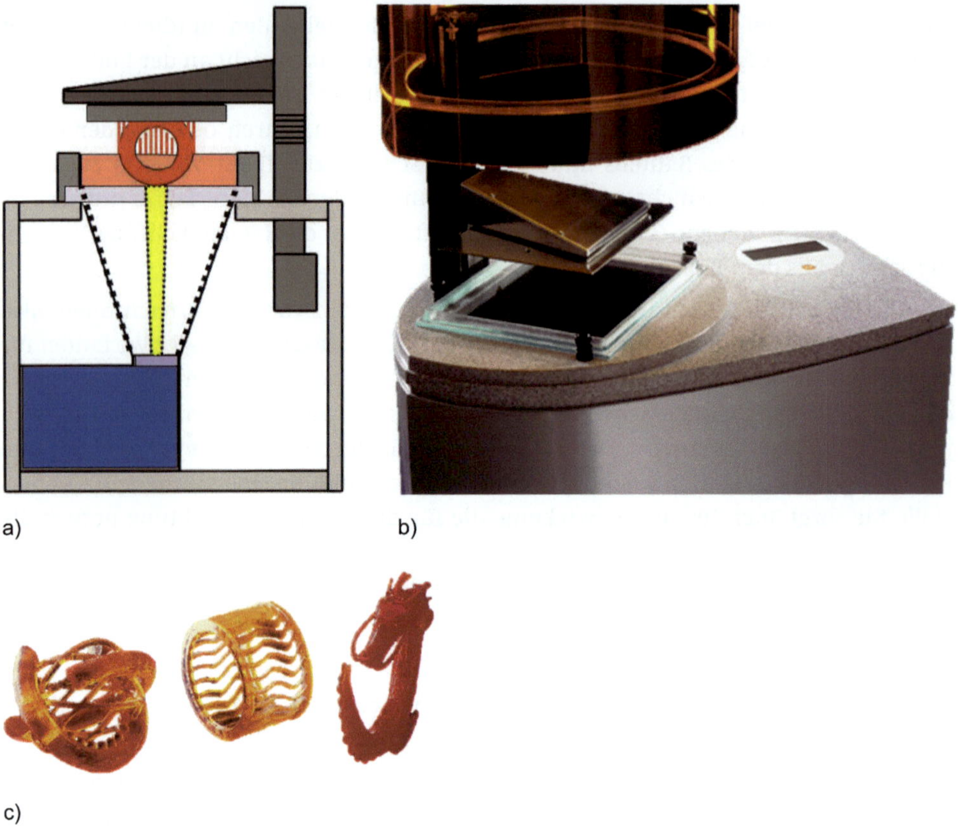

Bild 3.19 EnvisionTEC Perfactory®-Reihe: (a) Prinzip; (b) Maschine; (c) Bauteil
Quelle: (b), (c) EnvisionTEC

Der Bauraum und der gesamte Bereich der Bauplattform sind mit einer transparenten, UV-absorbierenden und leicht gelblich getönten Haube abgedeckt, die eine Fremdbelichtung verhindert und gemeinsam mit der ovalen Form des Unterbaus die charakteristische Erscheinung der Maschine bestimmt.

Die Desktop ist eine auf das Notwendige reduzierte Variante im klassischen Gehäuse.

Die *ULTRA* verfügt über ein Harzbad mit einer darin eintauchenden in *z*-Richtung verschiebbaren Bauplattform. Die DLP-Projektionseinheit ist im Kopf untergebracht.

Da auch bei der ULTRA die gleichen sehr UV-reaktiven Materialien verwendet werden, wird auch ihr Bauraum durch gelbliche, UV-absorbierende Scheiben geschützt.

Mit der Xtreme und der Xede steht ein deutlich größerer Bauraum zur Verfügung. Das wurde durch den Einsatz des 3SP- (Spin, Scan und Photocure) Belichtungssystems möglich, weil damit die Grenzen des klassischen DLP-Belichters überwunden werden konnten. Bild 3.20 (a) zeigt die EnvisionTEC Xede. Die 3SP-Belichtungseinheit (Bild 3.20 (b)) verfährt in *x*-Richtung über den Bauraum und führt senkrecht dazu eine Streifenbelichtung durch. Die Belichtungsinformation wird über einen Blue-Ray-Laser mittels eines rotierenden Facettenspiegels mit hoher Frequenz (Drehzahl 20 000 1/min) über ein Planfeld-Linsensystem auf die Harzoberfläche übertragen (Bild 3.20 (c)). Ein integriertes Sensorsystem sorgt für die Synchronisation. Bild 3.20 (a), (c) zeigt die EnvisionTEC Xede 3SP und die 3SP Belichtungseinheit.

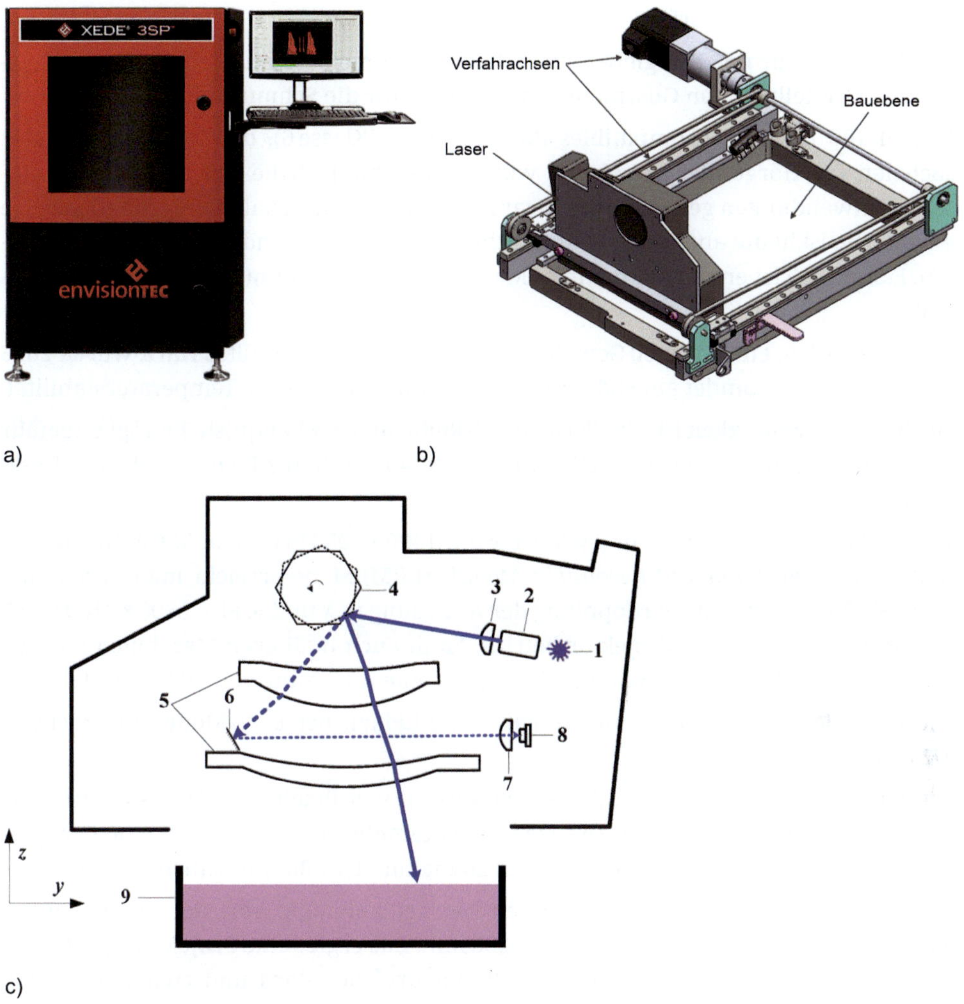

Bild 3.20 EnvisionTEC:

(a) Xede 3SP; (b) 3SP-Belichtungseinheit; (c) Spin und Scan Modul

(1) Laser; (2, 3) Optik; (4) Facettenspiegel (drehend); (5) F-Theta Linse; (6) Spiegel; (7, 8) Optik, Sensor für Synchronisation; (9) Bauraum mit Harzreservoir und Bauplattform (in z-Richtung verstellbar)

Quellen: EnvisionTEC (a), ASME Digital Collection (b), (c)

Material/Bauzeit/Genauigkeiten

Ein Teil der Strategie der Firma ist die Entwicklung proprietärer Werkstoffe. Alle Materialien können auf allen Maschinen verarbeitet werden.

Perfactory® R5 und Y8 sind rötliche (das ist charakteristisch für die Perfactory® Bauteile) Methacrylate. R5 ist eher als Standardmaterial zu bezeichnen. Seine Eigenschaften sind mit denen von Polypropylen (PP) zu vergleichen. Y8 ist ein auf höhere Flexibilität optimiertes Material.

PIC100 ist ein für das Feingießen nach dem Ausschmelzverfahren optimiertes Material zur Herstellung von Gussmodellen vor allem für die Schmuckindustrie.

E-Shell 100 ist ein biokompatibles Photopolymer (Klasse 6), das für den Zielmarkt „Schalen für Hörgeräte" entwickelt wurde, aber für jegliche Art von biomedizinischen Anwendungen geeignet ist. Es war für die Hörgeräteschalen ursprünglich beige eingefärbt, ist heute aber auch in unterschiedlichen Farben und transparent zu erhalten. E-Shell 200 ist ein biokompatibles Material der Klasse IIA mit höherer Biegefestigkeit.

NanoCure RC25, ein bis zu 80 Gew.-% mit Keramikteilchen gefülltes Harz, wurde 2006 vorgestellt. Es verbindet eine höhere Festigkeit und eine höhere Temperaturstabilität.

Die Baugeschwindigkeit für die Perfactory®-Reihe und die Vanquish⁺ beträgt ungefähr 10 bis 20 mm/h und je nach Spezifikation bis zu 40 mm/h in *z*-Richtung, die der Desktop bis zu 7 mm/h.

Der DLP-Projektor erzeugt ein *x-y*-Muster mit 1400 × 1050 Pixeln im SXGA⁺ Grafik Format[5]. Im neuen *Enhanced Resolution Module* (ERM)-Mode erreicht man durch Subpixel-Shift eine virtuelle Verdopplung der Auflösung in *x* und *y*, also 2800 × 2100 Pixel. Das Modul, das nur den Projektor betrifft, kann auch in älteren Maschinen nachgerüstet werden. *Die Desktop* hat im SXGA-Mode eine Auflösung von 1024 × 768 Pixeln.

Die Genauigkeit liegt erfahrungsgemäß bei ±1 Pixel, bei ERM-Mode entsprechend 1/2 Pixel.

Die Baufeldgröße und, bei vorgegebener Anzahl von Pixeln, die Auflösung und die Schichtdicke sind in gewissen Grenzen als Parameter anzusehen, die eine Optimierung hin zu maximaler Genauigkeit oder zu maximalem Baufortschritt ermöglichen.

Perfactory® Standard: Das Bauvolumen beträgt abhängig von der Optik x, y, z = 120 × 90 × 230 mm bis x, y, z = 190 × 142 × 230 mm. Das ergibt eine Projektionsgröße pro Pixel zwischen 86 und 136 µm bei der Perfactory® Standard und zwischen 43 und 68 µm bei der Perfactory® Standard im ERM-Mode. *Die Perfactory® Desktop* hat ein Bauvolumen von x, y, z = 40 × 30 × 100 mm.

---

5 SXGA, Super Extended Graphics Array, bezeichnet in der Computergrafik üblicherweise eine Bildauflösung von 1280 × 1024 Bildpunkten. Das SXGA+ (SXGA Plus) Format verfügt üblicherweise über 1400 × 1050 Bildpunkte. Quelle: Wikipedia.

Die Schichtdicke kann zwischen 50 und 150 µm verändert werden. EnvisionTEC nennt das *Dynamic Voxel Thickness. Die Desktop* ist auf eine Schichtdicke von 38 µm voreingestellt.

Perfactory® Mini: Die Maschine liefert eine größere Auflösung bei kleinerem Bauraum. Diese kann entweder für die Erzielung feinerer Details oder für die Erhöhung der Produktivität genutzt werden. Das Bauvolumen beträgt – abhängig von diesen Optionen – bei unterschiedlichen Optiken zwischen x, y, z = 45 × 34 × 230 mm und x, y, z = 110 × 82 × 230 mm. Die Projektionsgröße pro Pixel liegt dann zwischen 16 und 39 µm. Die Schichtdicke kann zwischen 15 und 59 µm verändert werden (Dynamik Voxel Thickness).

Xtreme und Xede erreichen eine Auflösung von 100 µm in x- und y-Richtung. Dem überlagert sich je eine in z-Richtung variierbare sogenannte dynamische Voxel-Auflösung von 50 bis 100 µm. Sie hängt vom Material ab und kann vom Anwender gesteuert werden.

Post-Processing

Die Stützen müssen entfernt und das Bauteil muss gereinigt werden. Als Vorteil wird angesehen, dass die Bauteile mit alkoholfreien Lösungsmitteln gereinigt werden können.

Prozesstypische Folgeverfahren

Alle für Stereolithographie-Bauteile anwendbaren Folgeprozesse sind möglich, insbesondere das Vakuumgießen (bei Bauteilen aus dem Material R5) und das Feingießen (bei Bauteilen aus dem Material PIC100).

3.1.6 Digital Light Processing – Rapid Shape GmbH

Digital Light Processing (DLP)

D20+, D30+, D40+, D50+, D90+, D100+, I30+, I50+, I100+, HA30+, HA50+, HA60, HA90, S90

Rapid Shape, Heimsheim, Deutschland

Kurzbeschreibung

Rapid Shape ist ein deutsches Technologieunternehmen, das sich auf die Entwicklung und Herstellung von additiven Fertigungssystemen für verschiedene Branchen spezialisiert hat. Das Unternehmen bietet innovative und patentierte additive Technologien, die neue Maßstäbe in Sachen Geschwindigkeit und Präzision in der 3D-Herstellung setzen. Rapid Shape bedient die Bereiche Hörakustik, Zahnmedizin, Schmuckindustrie und industrielle Fertigung. Das Unternehmen steht für hohe Produktionsqualität und Kosteneffizienz und bietet Lösungen, die auf die spezifischen Bedürfnisse der Kunden zugeschnitten sind. Rapid Shape legt großen Wert auf intensive Kunden- und Partnerbeziehungen und kontinuierliche Weiterentwicklung der additiven Fertigungstechnologie.

Anwendungsbereich

Rapid Shape bietet Fertigungslösungen für verschiedene Branchen, darunter Hörakustik, Zahnmedizin und Schmuckindustrie, und ermöglicht damit präzises Rapid Prototyping und Rapid Manufacturing. Die Produkte von Rapid Shape werden für die Herstellung von Modellen, Schienen, Prothesen und anderen Bauteilen verwendet, die eine hohe Genauigkeit und Detailtreue erfordern.

Entwicklungsstand

Die Gründung von Rapid Shape erfolgte 2011. Die Maschinen werden mit individueller Konfigurationsmöglichkeit und Beratung kommerziell vertrieben.

Historisches

Rapid Shape wurde 2011 gegründet und hat sich seitdem als Anbieter von spezialisierten additiven Fertigungssystemen etabliert. Das Unternehmen entstand aus einer Notwendigkeit heraus, da die bestehenden Marktangebote den Anforderungen der Muttergesellschaft Schultheiss GmbH nicht genügten. Rapid Shape begann mit der Entwicklung eigener Anlagen, die zunächst für den Dentalbereich konzipiert waren. Die Hauptniederlassung des Unternehmens befindet sich in Heimsheim, Deutschland.

Prinzip der Schichtgenerierung

Rapid Shape verwendet das DLP-(Digital Light Processing)-Verfahren zur Schichtgenerierung, bei dem flüssiges Kunstharz durch einen digitalen Projektor schichtweise ausgehärtet wird. Dieses Verfahren ermöglicht eine hohe Auflösung und Präzision, da jede Schicht durch die Projektion eines UV-Lichtmusters auf das Harz ausgehärtet wird. Die Drucker von Rapid Shape, wie der D20+ und der HA50+, nutzen zudem Technologien wie die Force Feedback Technologie, um den Druckprozess zu beschleunigen und die Qualität zu verbessern. Nach dem Druck können die Teile mit den Nachbearbeitungsgeräten RS wash und RS cure gereinigt und gehärtet werden, um ein optimales Endergebnis zu erzielen.

Materialien

Rapid Shape bietet eine Vielzahl von Materialien von verschiedenen Partnern, aber auch aus eigener Entwicklung, für ihre Anlagen an. So existieren aktuell (2024) über 200 verschiedene Materialoptionen. Zu den Materialien gehören unter anderem Kunstharze für Dentalanwendungen wie dima® Print Stone beige und dima® Print

Stone gray, die für die Herstellung von Dentalmodellen geeignet sind, sowie flexible und hitzebeständige Materialien wie dima® Print Stone teal für orthodontische Anwendungen. Diese breite Materialpalette ermöglicht präzise und vielseitige Einsatzmöglichkeiten in der Zahnmedizin, Hörakustik und Schmuckindustrie.

3.1.7 Digital Light Processing – Shining 3D

Stereolithographie (SLA)/Digital Light Processing (DLP)

AccuFab-L4 K, AccuFab-D1

Shining 3D, Hangzhou, China

Kurzbeschreibung

Shining 3D ist ein Anbieter von 3D-Digitalisierungs- und additiven Fertigungstechnologien. Das Unternehmen bietet ein umfangreiches Portfolio an 3D-Druckern und 3D-Scannern, die von preiswerten Modellen bis hin zu professionellen Geräten reichen. Der Fokus liegt auf der Entwicklung innovativer Technologien, um die Effizienz und Flexibilität der 3D-Modellierung und -Produktion zu verbessern. Ziel ist es, den Kunden umfassende Lösungen zu bieten, die sowohl Hardware als auch Software umfassen, um optimale Ergebnisse zu erzielen. Darüber hinaus bietet Shining 3D umfassende Support- und Schulungsdienste, um die Implementierung und Nutzung ihrer Technologien zu maximieren.

Anwendungsbereich

Die Produkte von Shining 3D finden Anwendung in verschiedenen Bereichen. In der industriellen Fertigung werden ihre hochpräzisen 3D-Digitalisierungs- und Messtechniklösungen zur Produktentwicklung, 3D-Inspektion und zum Reverse Engineering eingesetzt, um die Effizienz und Qualität zu steigern. Im medizinischen Bereich, insbesondere in der Zahnmedizin, bieten sie umfassende digitale Lösungen an, die von der Datenerfassung mit 3D-Scannern über die CAD-Design-Software bis hin zum 3D-Druck von dentalen Produkten reichen.

Entwicklungsstand

Die Gründung von Shining 3D erfolgte 2004. Die Maschinen werden mit individueller Konfigurationsmöglichkeit und Beratung kommerziell vertrieben.

Historisches

Shining 3D wurde 2004 gegründet und hat sich auf die Forschung und Entwicklung, Herstellung und Anwendung hochpräziser 3D-Digitalprodukte spezialisiert. Das Unternehmen hat seinen Hauptsitz in Hangzhou, China, und verfügt über Niederlassungen in Hongkong, Stuttgart (Deutschland) sowie in San Leandro und Tampa (USA). Mit über 1100 Mitarbeitern weltweit und mehr als 300 autorisierten Patenten sowie über 100 Software-Urheberrechten hat Shining 3D eine starke internationale Präsenz aufgebaut und bietet Lösungen in den Bereichen industrieller 3D-Scans und digitaler Zahnmedizin an.

Prinzip der Schichtgenerierung

Der AccuFab-L4K und der AccuFab-D1 von Shining 3D nutzen beide das Prinzip der Digital-Light-Processing-Technologie für den Schichtbildungsmechanismus. Während der AccuFAb-D1 hierzu einen Projektor verwendet, kommt beim AccuFab-L4K ein LCD-Display in Kombination mit UV-LED-Technik zum Einsatz. Der AccuFab-L4K zeichnet sich durch seine 4K-Auflösung und eine hohe Druckgenauigkeit aus, die es ermöglicht, Details kleiner als ein Pixel zu drucken und eine gute Oberflächenqualität zu erzielen. Der AccuFab-D1, speziell für die digitale Zahnmedizin entwickelt, bietet eine intuitive Bedienung und flexible Materialoptionen, was ihn ideal für den Einsatz in Zahnkliniken und Labors macht.

Materialien

Shining 3D arbeitet mit verschiedenen branchenführenden Herstellern für Dentalmaterialien zusammen.

3.1.8 Stereolithographie – Formlabs

Stereolithographie (SLA)

Form 4, Form 4B Zahnmedizin, Form 4B Gesundheitswesen, Form 3L, Form 3BL

Formlabs, Berlin, Deutschland

Kurzbeschreibung

Die Formlabs Inc. entwickelt und produziert Desktop-SLA- und SLS-3D-Drucker, die für professionelle Anwendungen konzipiert sind. Seit der Gründung im Jahr 2011 hat sich Formlabs als weltweit agierender Anbieter von 3D-Druckern etabliert. Der Fokus liegt auf der kontinuierlichen Weiterentwicklung, um bestehende Fertigungsprozesse zu verbessern und die Produktion von Prototypen, Werkzeugen und Endverbrauchsteilen zu optimieren. Formlabs vertreibt eine breite Palette an Materialien, darunter über 45 verschiedene Kunstharze, die für unterschiedliche Anwendungen geeignet sind. Mit der Open Platform ermöglicht Formlabs die Nutzung zertifizierter Drittmaterialien und bietet somit Flexibilität für die Nutzung von Materialien von Drittherstellern. Darüber hinaus bietet Formlabs umfassende Beratung, Schulungen und Support, um die Integration der additiven Fertigung in bestehende Produktionsumgebungen zu erleichtern.

Anwendungsbereich

Formlabs-3D-Drucker werden in verschiedenen Anwendungsbereichen (*Maschinenbau, Automobilindustrie, Luft- und Raumfahrt, Zahnmedizin, Gesundheitswesen, Bildung, Unterhaltungsindustrie, Schmuck, Audio*) eingesetzt. Dabei werden die Produkte genutzt für Rapid Prototyping, Fertigungshilfen und die Produktion von Endverbrauchsteilen, um maßgefertigte Halterungen, Vorrichtungen, Werkzeuge und Ersatzteile herzustellen.

Entwicklungsstand

Die Gründung von Formlabs erfolgte 2011. Die Maschinen werden mit individueller Konfigurationsmöglichkeit und Beratung kommerziell vertrieben.

Historisches

Formlabs wurde im September 2011 von drei MIT-Media-Lab-Studenten gegründet, um erschwingliche, hochauflösende 3D-Drucker zu entwickeln. Das erste Produkt, der Form 1, wurde 2012 über eine Kickstarter-Kampagne finanziert, die fast 3 Millionen US-Dollar einbrachte. Der Form 1 war einer der ersten SLA-Desktopdrucker und der Startpunkt für die weiteren Maschinen- und Materialentwicklungen bei Formlabs. Seitdem hat das Unternehmen seine Produktpalette erweitert und bietet nun sowohl SLA- als auch SLS-3D-Drucker an. Formlabs hat sich zu einem führenden Anbieter in der 3D-Druckindustrie entwickelt und betreibt weltweit mehrere Niederlassungen.

Prinzip der Schichtgenerierung

Formlabs verwendet zwei Haupttechnologien für die Schichtgenerierung: Stereolithographie (SLA) und Selektives Lasersintern (SLS). Das SLS-Verfahren von Formlabs wird in Abschnitt 2.3.2 beschrieben. Beim SLA-Verfahren wird flüssiges Kunstharz durch einen Laser schichtweise ausgehärtet, um dreidimensionale Objekte zu erzeugen. Dabei arbeiten die SLA-Anlagen von Formlabs nach dem Button-up-Prinzip. Das heißt, die Bauteile werden aus dem Harzbecken herausgezogen und hängen an der Bauplattform. Diese Weise der Maschinenkonstruktion erlaubt kleinere Anlagen, führt aber zu größeren Kräften, die auf das Bauteil wirken und somit bei der Bauteilausrichtung berücksichtigt und kompensiert werden müssen.

Materialien

Formlabs bietet eine breite Palette an 3D-Druckmaterialien, die für verschiedene Anwendungen geeignet sind. Dazu gehören Standard-Kunstharze wie Clear Resin, White Resin und Grey Resin, technische Kunstharze wie Tough Resin und Durable Resin sowie spezielle Materialien wie Dental Resins und BioMed Resins.

3.1.9 Stereolithographie/Digital Light Processing – XYZprinting

Stereolithographie (SLA), Digital Light Processing (DLP)

Nobel 1.0, Nobel 1.0 A, Nobel Superfine

PartPro120 xP, PartPro100 xP, PartPro150 xP, PartPro300 xT

XYZprinting, New Taipei City, Taiwan

Kurzbeschreibung

XYZprinting wurde 2013 von der New Kinpo Group gegründet und hat seinen Hauptsitz in New Taipei City, Taiwan. Das Unternehmen ist darauf spezialisiert, kostengünstige und benutzerfreundliche 3D-Drucklösungen für Verbraucher und Unternehmen weltweit anzubieten. XYZprinting bietet eine breite Palette von 3D-Druckern, Software und Materialien an, die für ihre hohe Qualität und Erschwinglichkeit bekannt sind. Das Unternehmen hat sich zum Ziel gesetzt, 3D-Drucktechnologie in Büros, Schulen und Haushalten zu integrieren, um die Kreativität und Produktivität zu fördern. Mit kontinuierlicher Innovation und einem starken Fokus auf Benutzerfreundlichkeit hat sich XYZprinting als führender Anbieter im 3D-Druckmarkt etabliert.

Anwendungsbereich

Die Produkte von XYZprinting finden Anwendung in verschiedenen Bereichen wie Bildung, Design, Ingenieurwesen und industrieller Fertigung. In Schulen und Bildungseinrichtungen werden die 3D-Drucker genutzt, um Schülern und Studenten praktische Erfahrungen im Bereich der additiven Fertigung zu ermöglichen. Designer und Ingenieure verwenden die Drucker für die schnelle Prototypenerstellung und die Entwicklung komplexer Modelle. Darüber hinaus bietet XYZprinting industrielle 3D-Drucklösungen, die in der Fertigung für die Produktion von maßgeschneiderten und funktionalen Endprodukten eingesetzt werden.

Entwicklungsstand

Die Gründung von XYZprinting erfolgte 2013. Die Maschinen werden mit individueller Konfigurationsmöglichkeit und Beratung kommerziell vertrieben.

Historisches

XYZprinting wurde 2013 von der New Kinpo Group gegründet und hat seinen Hauptsitz in New Taipei City, Taiwan. Das Unternehmen wurde mit dem Ziel ins Leben gerufen, kostengünstige und benutzerfreundliche 3D-Drucklösungen für Verbraucher und Unternehmen weltweit anzubieten. XYZprinting brachte seinen ersten 3D-Drucker, den da Vinci 1.0, auf den Markt, der sich durch seine Erschwinglichkeit und Benutzerfreundlichkeit auszeichnete. Seitdem hat das Unternehmen seine Produktpalette kontinuierlich erweitert und bietet nun eine Vielzahl von 3D-Druckern, Software und Materialien an.

Prinzip der Schichtgenerierung

Die Maschinen von XYZprinting werden in zwei Stufen unterteilt: zum einen die semiprofessionellen Systeme und zum anderen die Industrieanlagen. Von beiden Anlagentypen gibt es Systeme, die den DLP-Prozess (semiprofessionell: Nobel Superfine; Industrie: PartPro100 und 120) oder den SLA-Prozess (semiprofessionell: Nobel 1.0; Industrie: PartPro 150) verwenden. Hierbei werden für die DLP-Anlagen jeweils feinere x-y-Auflösungen als für die SLA-Systeme genutzt.

Materialien

Für die harzbasierten Fertigungsprozesse werden unterschiedliche Harze angeboten. Diese unterteilen sich in Werkstoffe für den DLP-Prozess und Harze für den SLA-Prozess. Dabei existieren für den DLP-Prozess neben Harzen für die Fertigung von Prototypen auch ausbrennbare Harze zur Herstellung von Gussmodellen (z. B. EeezCast) und Materialien für die Herstellung von flexiblen Formen (ProHighTemp).

3.1.10 Polymerdrucken – Stratasys/Objet

Objet Geometries wurde 2012 von *Stratasys* übernommen. Die bis Ende 2015 angebotenen Maschinen sind als Stratasys gebranded, haben aber ihre Objet-Maschinenbezeichnung behalten.

Die Objet-Maschinen sind wie folgt in die Stratasys-Produktreihen integriert:

Design-Serie „Precision Printer“:

Objet24, 30, 30 Pro, 30 Prime, Eden Connex, Objet260 Connex1, 2, 3, J750

Production-Serie „Precision“, Objet350/500 Connex1, 2, 3, Objet1000 Plus.

Dazu kommt die gesamte Stratasys-Dentalserie:

Objet30 Orthodesk, Objet Eden260VS Dental Advantage, Objet260VS Dental Selection, Objet Eden350V und 360 V, CrowWorks, FrameWorks.

Die Maschinen der Stratasys Idea-Serie, die Professional desktop, 3D Printer Mojo, uPrint SE, uPrint SE Plus, die der Design-Serie, Dimension 1200es, Dimension Elite und Fortus 250mc sowie die der Production Serie, Fortus 360/400, Fortus 380/450 und Fortus 900mc sind Extrusionsmaschinen nach dem FDM-Verfahren. Sie werden in Abschnitt 3.6 „Extrusionsverfahren – Fused Layer Modeling (FLM)“ behandelt.

Stratasys Ltd, Eden Prairie, Minnesota (Objet Geometries Ltd., Rehovot, Israel)

Stratasys GmbH, Rheinmünster, Deutschland

Kurzbeschreibung

Stratasys Objet umfasst eine Familie von additiven Maschinen, die nach dem Objet Polymerdruckverfahren *PolyJet* flüssiges Monomer (Bau- und Stützmaterial simultan) mittels Multi-Düsen-Druckköpfe direkt auf das Bauteil drucken und durch mitlaufende Hochleistungslampen polymerisieren. Die Maschinen sind als intuitiv zu bedienende bürotaugliche Anlagen konzipiert, wobei die großen Connex500 und Objet1000 Plus aufgrund ihres Platzbedarfs nicht im Büro stehen sollten. Es stehen unterschiedliche, auch flexible, Materialien zur Verfügung, die mit den Connex Maschinen auch im Prozess gemischt werden können. Mit der J750 wurde im April 2016 eine Multi-Material-Vollfarb-Maschine vorgestellt. Das Stützmaterial wird ausgewaschen und hinterlässt keine Kontaktstellen.

Anwendungsbereich

(Farbige) Konzeptmodelle, Funktionsprototypen und Bauteile aus unterschiedlichen Kunststoffen, Werkzeugeinsätze,

Entwicklungsstand

Kommerzialisiert seit Ende 1999.

Historisches

Objet wurde 1998 von der Scitex Corporation (ab Januar 2006 Scialex Corp. Ltd., Tel Aviv, Israel) und privaten Investoren gegründet. Die erste Maschine, die Objet Quadra, wurde Ende 1999 eingeführt, die Quadra Tempo im November 2001 und dann nahezu im Jahresrhythmus die Eden330[6] (2003), die Eden500V und zur Abrundung zu kleineren Bauräumen hin zeitgleich auf der RapidTech in Erfurt, in Shanghai und in Birmingham die Eden250 (Mai 2006). Von 2003 bis Anfang 2007 hatte *Stratasys* den Vertrieb der Eden-Maschinen in Nordamerika übernommen, ihn aber wieder aufgegeben. Auf der Euromold 2012 wurde die Objet1000 vorgestellt. 2012 wurde Objet von Stratasys akquiriert, der Name Objet aber bisher als Produktname weitergeführt.

Strategien/Entwicklungspartner

Die Maschinenfamilie überträgt die Kompetenz bei der Herstellung von Großformatdruckern (Large Format Printer) für die Graphikindustrie auf die Herstellung dreidimensionaler Bauteile. Entsprechend entwickelt die Firma Hardware, Software und Materialien selbst. Die Design Serie besteht aus einfach zu bedienenden bürotaugliche Maschinen, die als Netzwerkdrucker konzipiert sind. Alle Maschinen können alle Materialien (mit Einschränkungen bei der Eden250/260) verarbeiten und verwenden die gleiche Software. Mit der Objet1000 Plus (2015 als Nachfolgerin der 1000

[6] In den USA Eden333 genannt.

vorgestellt) für große und der Objet24 für kleine Bauteile deckt Objet den gesamten Bereich der makroskopischen Bauteile ab. Mit der Vorstellung der Connex Serie wurde die Strategie zur Entwicklung von Vollfarb-Multi-Material-Maschinen offenbar, die aktuell (2016) mit der J750 erreicht wurde.

Datenformate/Software

Mithilfe der eigenen *Objet Studio Software* werden Datensätze aus 3D CAD-Programmen übernommen, automatisch *gesliced* und mit Stützen versehen. Die Positionierung im Bauraum erfolgt manuell mit einer „drag and drop"-Funktion. Die Software macht aber einen Vorschlag für die Orientierung im Bauraum und die Positionierung auf der Bauplattform. Sie akzeptiert STL- und SLC-Datensätze. Die Maschinensteuerung hat auch ein Modul zur Vergleichmäßigung des Düsenverschleißes.

Die Vollfarb-Multi-Material-Maschine erfordert neue Software. Mit PolyJet Studio™ können Materialien, Bauprozess und Drucker-Reihenfolgen gewählt werden. Die Software gestattet auch die Zuweisung von Farbe, Transparenz und Flexibilität. Farbige Texturen können als VRML Files, siehe Abschnitt 2.2.2.3 „PLY- und VRML-Format", mittels CAD-Tools zugeladen werden.

Prinzip der Schichtgenerierung

Jede Schicht wird durch simultanes Drucken des Bau- und des Stützmaterials generiert. Der Druckkopf besteht aus 8 (Eden260/350/350 V/500 V) oder 4 (Eden250) Muli-Düsenelementen, die je zur Hälfte Bau- oder Stützmaterial aufbringen. Simultan zum Druck wird die Schicht mithilfe zweier jeweils rechts und links neben dem Druckkopf angebrachten und mitfahrenden UV-Lampen sofort ausgehärtet. Der Bauraum wird in x-Richtung in Streifen von jeweils 65 mm durchfahren, die dann je nach Maschine mehrfach in y-Richtung versetzt werden. Es wird in jedem Fall die gesamte x-y-Ebene bedruckt, sodass nach Abschluss des Bauprozesses aus der Maschine ein Block aus Stützmaterial mit dem darin liegenden Bauteil entnommen wird. Die minimale Schichtstärke beträgt 16 µm und ist damit sehr dünn. Das hat eine sehr gute Modellgenauigkeit in z-Richtung zur Folge. Dünne Schichten sind aber auch erforderlich, weil damit das Ablaufen des noch flüssigen Materials zwischen Beschichtung und Verfestigung wesentlich reduziert wird. Das ist auch ein Grund für die vergleichsweise geringe z-Dimension, insbesondere der 500er.

Bauart/Konstruktion

Die Eden-Familie baut auf zwei jeweils im Wesentlichen auch äußerlich identischen Plattformen auf. Die kleine, auch als *office based* bezeichnet, führt auf die Eden250/260 und die große, die *professional*, auf die Eden350, 350 V und 500 V. Die 350 ist die Weiterentwicklung der Eden330. Das technische Herzstück aller Maschinen ist die Druck- und Belichtungseinheit, die bei allen gleich ist und der z-Mechanismus für die dünnen Schichten. Die Maschinen (mit Ausnahme der Eden260/350) können von high quality- (HQ) auf high speed- (HSR) Mode umgeschaltet werden, wodurch die Schichtdicke von 16 auf 30 µm erhöht wird. Der Druckkopf besteht aus 8 einzeln auswechselbaren Segmenten (SHR, Single Head Replacement), bei der Eden250 aus 4. Je die Hälfte transportiert Bau- oder Stützmaterial. Die Traverse mit der angebauten Druck- und Belichtungseinheit fährt in Streifen von jeweils 65 mm in *x*-Richtung vollständig über das Bauteil. Die Maschinen sind Stand-alone-Systeme.

Die Bauräume variieren von x, y, z = 260 × 260 × 200 mm (258 × 250 × 205 mm) bei der Eden250 (Eden260) über x, y, z = 350 × 350 × 200 mm (Eden350/350 V) bis zu x, y, z = 500 × 400 × 200 mm bei der Eden500V. Die 1000plus (Bild 3.21 (b)) hat einen Bauraum von x, y, z = 1000 × 800 ×500 mm. Die Bauteile können maximal 135 kg wiegen. Die J750 hat einen Bauraum von x, y, z = 490 × 390 × 200 mm.

Die Genauigkeiten sind jeweils für die 250/260 und die 350/350 V/500 V gleich, wenn die gleichen Schichtdicken gefahren werden. Für die 1000plus ergeben sich Auflösungen von *x* und *y* = 300 dpi sowie auf der *z*-Achse von 1600 dpi.

Die absolute Genauigkeit wird mit 85 µm für Details kleiner als 50 mm angegeben und reduziert sich für das gesamte Bauteil auf bis zu 600 µm. Diese Genauigkeitsangaben gelten nur für „rigid materials“ (also nicht für die flexiblen) und können in Abhängigkeit der Geometrie, der Bauparameter und der Orientierung des Bauteils variieren.

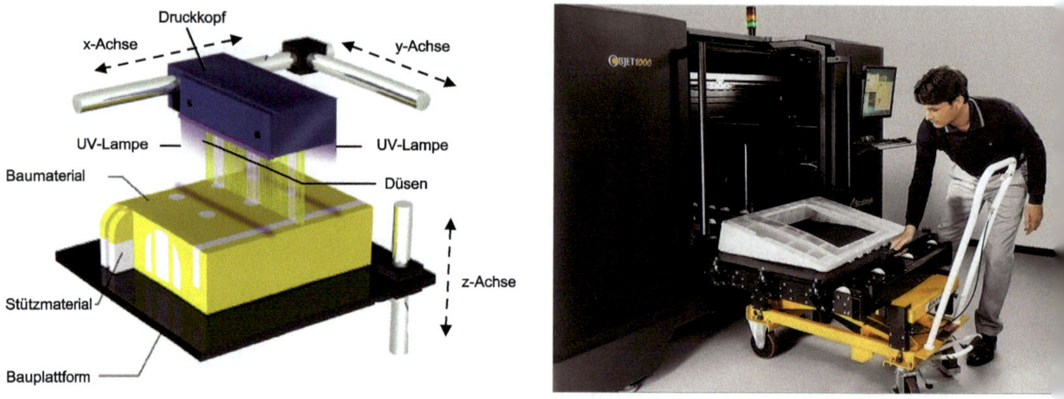

a) b)

Bild 3.21 PolyJet: (a) Prinzip; (b) Maschine Connex1000 Plus
Quelle: Stratasys/Objet

Die V-Varianten verfügen über ein Materialvolumen mit bis zu 4 Kartuschen à 3,6 kg. Die Kartuschen sind auslaufsicher, einfach zu wechseln und schalten bei unbeaufsichtigtem Langzeitbetrieb automatisch um. Die V-Varianten verfügen über einen High-speed-Mode, der bei etwa doppelter Schichtdicke (30 µm) und gleicher *x*-*y*-Auflösung deutlich schneller baut.

Material/Bauzeit/Genauigkeiten

Es gibt drei Materialfamilien, Standard Plastic Simulation, Engineering Plastic Simulation und Medical. Simulation deutet an, dass sich die Materialien ähnlich den simulierten Thermoplasten verhalten, aber mit diesen nicht identisch sind.

Standard Plastic umfasst die Vero Materialien, die auf allen Objet-Maschinen einsetzbar sind (mit der Ausnahme der Spezial Dental Maschine Objet30 Orthodesk für die es Spezialwerkstoffe gibt). Die Vero-Familie ermöglicht bei im Wesentlichen gleichen Eigenschaften die Herstellung weißer (VeroWhite), blauer (VeroBlue), oder schwarzer (VeroBlack) Bauteile. Stratasys nennt sie starres und undurchsichtiges Material.

Tango ist ein flexibler Werkstoff mit Bruchdehnungen um die 50 %. Der schwarze, TangoBlack genannte Werkstoff hat eine Shore A Härte von 61, der graue, TangoGray, eine von 75. Tango Werkstoffe sind nur auf den Eden und Connex Maschinen einsetzbar. Stratasys nennt sie gummiartiges Material.

Der Stützwerkstoff FullCure-705 Support ist für alle gleich. Es verfestigt als ein geleeartiger Werkstoff, der manuell per Wasserstrahl entfernt und in schlecht zugänglichen Bereichen wie inneren Kanälen auch ausgewaschen werden kann. Das Material wird in 2 und 3,6 kg-Kartuschen geliefert, die bei allen Maschinen in ein automatisches Materialmanagement integriert sind, das auch automatisch umschaltet, wenn eine Kartusche leer ist.

Speziell für die Herstellung von Hörgeräteschalen gibt es das VeroDent-Material, das aber nur auf den Objet Dental and Hearing Aid 3D Printern verarbeitet werden kann. Die in ihren sonstigen Eigenschaften gleichen transparenten Harze gibt es als farblos, rosé und hautfarben.

Connex1-, Connex2- und Connex3-Systeme können mehrere Materialien simultan und in unterschiedlichen Mischungsverhältnissen verarbeiten, um so Zweikomponenten- (z. B. Hart-Weich) Spritzgussbauteile oder Gradientenwerkstoffe zu simulieren. Die Maschinen verfügen über die sogenannte „hot-swapping"-Option, die den Wechsel von Material-Kartuschen im Betrieb erlauben, solange andere verwendet werden.

Connex1 kann aus 14 Optionen bis zu drei Materialien, z. B. festes und blickdichtes weißes (VeroWhitePlus), gummiartiges schwarzes (TangoBlackPlus) und gummiartiges Material (TangoPlus) in einem Bauteil oder in mehreren auf einer Bauplattform verwenden.

Connex2 kann zusätzlich (optional) 140 Zweikomponenten, sogenannte „Digitale Materialien" verarbeiten und dabei bis zu 27 Materialeigenschaften (z. B. die Shore Härte) in einem Baujob realisieren.

Connex3 erweitert die Materialpalette auf Hunderte von Zwei- und Drei-Komponenten „Digital Material" Optionen und erhöht die Anzahl der Materialeigenschaften in einem Baujob auf 82. Das erlaubt, neun Shore-A-Härtegrade, von Shore 27 bis Shore 95, mit zunehmender Reiß- und Zugfestigkeit nachzubilden. Die Systeme können vollfarbige Bauteile herstellen. Auch können unterschiedlich Bauplattformen (simultan) verwendet werden.

J750 ist eine Vollfarb-Maschine mit der bis zu 360 000 Farbschattierungen (digital) und sechs Materialien simultan verdruckt werden können (Bild 3.22 (a)). Verarbeitet werden die Modellmaterialien der Vero Familie, also opaque Materialien, neutrale Schattierungen und leuchtende Farben, der Tango Familie von flexiblen Materialien und die transparenten Materialien der Vero Clear Familie. Dazu zählen das VeroClear-RGD810 Material, ähnlich PMMA und das transparente RGD720 Support Materials. Dazu kommen die digitalen Materialien ABS und ABS 2 (elfenbeinfarben respektive grün) und farbige Tinten. Das Stützenmaterial ist das mit dem Wasserstrahl zu entfernende SUP705. Ein Beispiel ist das farbige teiltransparente Schädelmodell aus mehreren Materialien (Bild 3.22 (b)).

a) b)

Bild 3.22 PolyJet

(a) Vollfarb-Maschine Stratasys J750 mit farbigen Bauteilen; (b) Farbiges Bauteil aus mehreren Materialien

Quelle: Stratasys

Je nach Einstellung der Parameter wird eine Baugeschwindigkeit von bis zu 10 mm/h erreicht. Die Auflösung beträgt in z-Richtung 16 µm, bei der J750 nur 14 µm (alternativ und bei manchen Maschinen als Standard: 28 µm) und in x-Richtung 600 dpi (entsprechend circa 42 µm). In y-Richtung erreichen die Maschinen eine Auflösung von 300 bis 600 dpi. Die Genauigkeit liegt bei etwa ± einem Pixel. Eine umfassende Untersuchung mit der Vorgängermaschine Quadra Tempo bescheinigt dem PolyJet-Verfahren eine hervorragende Genauigkeit und sehr gute Oberflächenqualität [Grimm02]. Für die J750 betragen die Auflösungen $x, y, z = 600 \times 600 \times 1800$ dpi.

Post-Processing

Das Bauteil verlässt die Maschine ausgehärtet. Die Stützen sind per leichtem Wasserstrahl manuell zu entfernen oder auszuwaschen. Stabilisieren in Natronlauge ist vorteilhaft.

Prozesstypische Folgeverfahren

Alle prozesstypischen Folgeverfahren, inklusive Vakuumgießen sind anwendbar.

3.1.11 Multi-Jet-Modeling (MJM) – ProJet – 3D Systems

Professional Printer – ProJet MJP 2500/2500 Plus Series, ProJet MJP 2500 IC Series, Projet MJP 2500 Plus (Dental) Series, ProJet MJP 2500 W Plus Series, ProJet MJP 3600 Series, ProJet MJP 3600 Dental Series, ProJet MJP 5600 Series

3D Systems Inc., Rock Hill, SC, USA

3D Systems GmbH, Darmstadt, Deutschland

Kurzbeschreibung

Die ProJet-Modellreihen 2500, 3600 und 5600 arbeiten nach dem Multi-Jet-Modeling-(MJM-)Verfahren. Sie verwenden photosensible Werkstoffe. Diese werden über Düsen auf die Bauplattform aufgetragen und unmittelbar nach dem Aufbringen jeder Schicht durch UV-Lampen verfestigt. Es handelt sich daher um Stereolithographie-Anlagen. Die Druckköpfe verfügen über mehrere, in einer Linie angeordnete piezoelektrische Düsenreihen. Von der ProJet 2500 und der 3600 existieren mehrere, auf spezifische Anwendungsgebiete zugeschnittene Versionen.

Wenn man die thermisch unterstützte Extrusion in den Vordergrund rückt, kann man das MJM-Verfahren auch als FLM-Verfahren betrachten, wie es früher beim ThermoJet-Verfahren geschehen ist, das keinen Polymerisationsanteil hat.

Anwendungsbereich

Konzeptmodelle, Funktionsmodelle über Feinguss.

Entwicklungsstand

Kommerzialisiert seit 2002.

Historisches

3D Systems hat bereits 1997 mit der Actua 2100 einen *Concept Modeller* vorgestellt, der nach dem *Multi-Jet-Modeling*-Verfahren (MJM) arbeitete. Nachfolger war der Wachsprinter ThermoJet (vergleiche 2. Auflage, Abschnitt 3.3.4.5 „Multi-Jet Modeling

(MJM) – 3D Systems", Seiten 187 bis 189). Die InVision (2002) ergänzte das klassische MJM-Verfahren um eine Polymerisierung mit Licht (Stereolithographie). Durch die einheitliche Benennung der 3D Systems-Maschinen als ProJets, wurden der aktuellen Maschinengeneration die Modellreihen 3510 und 5000 zugeordnet. Mehr zur Geschichte von 3D Systems siehe Abschnitt 3.1.3 „Stereo Lithography Apparatus (SLA) – 3D Systems".

Strategien/Entwicklungspartner

Die MJM-Anlagen werden als 3D Printer bezeichnet um zu unterstreichen, dass sie genauso unkompliziert in CAD-Netzwerken betrieben werden können, wie heutige 2D Printer. Die Maschine wird vom Hersteller deswegen konsequenterweise auch als *Solid Object Printer* bezeichnet. Ein 3D Printer im Sinne des Massachusetts Institute of Technology (MIT) Patents 3D Printing ist sie aber nicht.

Datenformate/Software

Mithilfe der *InVision-Print-Client-Software* liest die Maschine STL-Daten ein und bereitet die Baudaten vor. Obwohl nach Herstellerangaben für den eigentlichen Printvorgang nicht notwendig, ermöglicht die Software die Bearbeitung der Eingangsdaten. Der Anwender kann mit *Preview* den CAD-File visualisieren und unter unterschiedlichen Perspektiven betrachten. Er kann Files kopieren, skalieren, drehen, spiegeln und verschieben. Es gibt eine zwischen Inch und Millimeter umschaltbare Messfunktion. Darüber hinaus hat die Software eine Autokorrektur-Einrichtung für fehlerhafte STL-Daten. Es können mehrere STL-Files nebeneinander auf einer Plattform zu einem Bauprozess, *Built* genannt, zusammengefasst werden.

Prinzip der Schichtgenerierung

Mithilfe je eines Mehrfachdruckkopfes werden kleine Tropfen eines thermoplastischen Acryl-Photopolymers als Baumaterial und von wachsartigem Thermoplast als Stützmaterial in Schichten von 0,04 mm Dicke aufgetragen. Jede Schicht wird anschließend mithilfe einer als *planarizer* bezeichneten Rolle geebnet. Dann fährt die gesamte Bauplattform unter eine UV-Beleuchtungseinheit, die das Baumaterial vollständig aushärtet und der Prozess beginnt mit dem Auftrag der folgenden Schicht erneut.

Bauart/Konstruktion

Von der *3500er-Serie* (Bild 3.23) existieren verschiedene Varianten, die auf spezielle, branchentypische Anforderungen zugeschnitten sind. Als Grundversion für die 3510er-Reihe kann die ProJet 3510SD angesehen werden. Diese besitzt, wie alle anderen Varianten dieser Reihe auch, einen Bauraum von 298 × 185 × 203 mm und hat ein Gewicht von 323 kg. Unterschiede zwischen den einzelnen Maschinen liegen insbesondere in der möglichen Schichtdicke, sowie der maximalen Auflösung. Die Schichtdicken können maximal zwischen 16 und 32 µm und die Auflösung zwischen 375 × 375 × 790 dpi und 750 × 750 × 1600 dpi schwanken. Anhand der Namenszusätze der Varianten lassen sich zum Teil bereits die Anwendungsgebiete erkennen. Varianten mit einem „CP“ im Namen sind für das RealWax-Verfahren geeignet, bei dem ein Modell aus Wachs oder Wachs-Polymer erstellt und anschließend in einem Feingussprozess ausgeschmolzen wird. Um die geforderten Genauigkeiten für dieses indirekte Verfahren zu gewährleisten, werden die hierfür vorgesehenen Varianten vorzugsweise mit einer besonderes feinen Schichtdicke und einer hohen Auflösung angeboten.

a) b)

Bild 3.23 ProJet 3510: (a) Maschine in der Variante HDplus; (b) Bauteil
Quelle: 3D Systems

Für die Medizin- und Dentalproduktion wird den Varianten ein DP, bzw. MP angehängt. Diese Varianten bieten keine so hohen Auflösungen, wie die Feingussausführungen, sind aber für spezielle, im Dentalbereich nötige, Materialien geeignet.

Da eine detaillierte Beschreibung an dieser Stelle den Rahmen des Buches sprengen würde, sei auf die Datenblätter im Anhang 10.1 verwiesen.

Bild 3.24
ProJet 560000
Quelle: 3D Systems

Die *ProJet 56000* (Bild 3.24) ist als Production Printer konzipiert und kann z. B. 80 Stunden ohne manuellen Eingriff durchlaufen. Sie wird in nur einer Variante angeboten. Diese besitzt einen Bauraum von 550 × 393 × 300 mm und ein Gewicht von 538 kg. In Abhängigkeit des gewählten Druckmodus werden verschiedene Auflösungen und Schichtstärken festgelegt. Im *HighSpeed*-Modus wird mit einer Schichtstärke von 64 µm und einer Auflösung von 375 × 375 × 395 dpi gearbeitet. Im UHD-Modus (Ultra-High-Definition) wird die Schichtstärke auf 29 µm reduziert und die Auflösung auf 750 × 750 × 790 dpi erhöht. Anhand dieser Werte lässt sich leicht erkennen, dass eine durchaus gewünschte Reduzierung der Bauzeit zulasten der Genauigkeit des Modells möglich ist.

Material/Bauzeit/Genauigkeiten

Die Materialien zur Verarbeitung mit der ProJet Baureihe sind Acrylate unterschiedlicher Ausprägung und Farbe. Diese variieren insbesondere in Abhängigkeit des Einsatzgebietes der Maschine. Die Stützmaterialien *VisiJet® S300* sind für alle Materialien gleich. Ein der Bezeichnung Visijet nachgestelltes M 3 oder M 5 weist auf die Gerätefamilie hin.

Die Materialpalette ist allein für die Professional Printer auf insgesamt 28 Varianten angewachsen, die vorzugsweise über die Internetseite *http://www.3dsystems.com/materials/professional* charakterisiert werden können. Einen Großteil machen allein Qualitäten für die Dentaltechnik, die Schmuckherstellung und das Feingießen aus.

Für die ProJet 5600 konzentriert sich die Auswahl auf die technischen Qualitäten VisiJet M5 Black, VisiJet® M5 MX und VisiJet® M5-X:

VisiJet X: Bei diesem Material handelt es sich um einen Plastikwerkstoff, welcher laut Herstellerangaben ähnliche Eigenschaften besitzen soll wie ABS nach dem Spritzgussprozess.

VisiJet Crystal Plastic: Hierbei handelt es sich um einen klaren Plastikwerkstoff, welcher Standard Konstruktionsplastiken sehr ähnlich ist. Durch diese Eigenschaften eignet er sich ideal zum Rapid Prototyping, aber auch für Rapid-Tooling- und Rapid-Manufacturing-Anwendungen.

VisiJet Prowax: Dieses Material ist ein ausschmelzbares Gusswachs. Es eignet sich sowohl für mittelgroße als auch für große Gussverfahren, die mit einer verlorenen Form arbeiten.

VisiJet Hi-Cast: Laut Herstellerangabe ist dieser Werkstoff für höchstaufgelöste Modelle, mit sehr feinen Details geeignet. Entsprechende Parametersätze stehen erst ab der ProJet 3510CPX zur Verfügung, da erst diese Maschine Auflösungen unterstützt, welche das Potenzial des Materials ausnutzen. Da es keine Unterschiede im Schmelzpunkt mit dem Prowax-Material gibt, liegt die Vermutung nahe, dass sich diese beiden Materialien hauptsächlich in der Viskosität unterschieden.

VisiJet Dentcast Dental Wax-up Material: Hierbei handelt es sich um ein spezielles Material zur Erstellung von Dentalprothesen. Laut dem Hersteller entstehen bei der Verwendung sehr glatte Oberflächen, welche für die Herstellung von Kronen, Brücken und Implantaten ideal sind.

VisiJet Stoneplast Dental Model Material: Stoneplast Dental eignet sich für die kostengünstige Herstellung von Dental-Modellen aus digitalen Daten.

Für einige seiner Materialien hat 3D Systems eine Zertifizierung nach United States Pharmacopeia (USP) Class VI erhalten, sodass ein Einsatz im medizinischen und dentalen Bereich möglich wird. Zu den zertifizierten Materialien gehören VisiJet Crystal Plastic, VisiJet Stoneplast Plastic, VisiJet Clear Plastic Material, VisiJet EX200 Plastic Material und VisiJet MP200 Plastic Material.

Post-Processing

Die Bauteile werden in einem Reinigungsbad *InVision Finisher* von den Stützen befreit und sind dann einsetzbar. Falls die Bauteile für medizinische Anwendungen genutzt werden sollen, müssen die Anweisungen von 3D Systems beachtet werden. Hieraus resultiert unter Umständen ein erhöhter Aufwand für das Post-Processing, da bestimmte Reinigungsabläufe zwingend eingehalten werden müssen, um die USP-Zertifizierung aufrecht zu erhalten.

Prozesstypische Folgeverfahren

Die prozesstypischen Folgeverfahren hängen stark von der verwendeten Maschine und dem geplanten Einsatzgebiet der Modelle ab. Die „CP"-Modelle erzeugen Urmodelle für den Feinguss, wodurch sich hier als Folgeprozess zwingend ein Gussverfahren anschließt. Konzeptmodelle können häufig direkt nach dem Bauprozess eingesetzt werden und bedürfen keiner weiteren Nacharbeit. Bei den MP und DP Druckern hängt die nötige Nacharbeit von der gewählten Druckart ab. So gibt es zum einen die Möglichkeit Modelle mit einer gipsartigen oder einer glatten Oberfläche zu drucken.

3.1.12 Digital Wax

Digital Wax

008 J, 028 J, 028 J+, 029 J, 029 J+, 030 J,

008D, 028D, 029D, 030DD

XFab, 029X, 030X

DWS S.r.l, Zanè (VI), Vicenza, Italien

ADMANTIS Deutschland GmbH, Rossweg 1, 83308 Trostberg, Deutschland

Kurzbeschreibung

Stereolithographie-System nach dem Laser-Scanner-Verfahren zur Herstellung feiner ausschmelzbarer Bauteile insbesondere für die Dentaltechnik (D) und die Schmuckindustrie (J) sowie Design- und Produktentwicklung (X).

Anwendungsbereich

Dauermodelle zur Herstellung von Wachslingen und verlorene Formen und Modelle für den Feinguss.

Entwicklungsstand

Kommerzialisiert seit September 2003.

Historisches

DWS, Digital Wax Systems, wurde 2007 in Vicenza, Italien, gegründet. Die Vorgängerfirma, *Next Engine* ist Hersteller von Scannern und (war) Vertriebspartner von *MEIKO*, Japan, für Europa und den Mittleren Osten. Alles spricht dafür, dass die angebotenen Maschinen auch von DWS entwickelt und gebaut werden.

Strategien/Entwicklungspartner

Der Fokus liegt auf Branchenlösungen für die Schmuckindustrie (J), die Dentaltechnik (D), sowie Design und Produktentwicklung (X) bestehend aus Anlagen, Software und Hilfsgeräten wie Intra-Oralscannern. Die Digital Wax-Baureihen umfassen zahlreiche Maschinen, deren Größen fein aufeinander abgestimmt sind (Bild 3.25). Strategisch wird neben den Branchenlösungen auch der Consumer-Bereich angepeilt. Dies wird von der XFab unterstrichen, die professionelle Qualität und Preisgestaltung für jedermann verspricht.

Umgesetzt werden auch neue Schmuck-Designs, z. B. das direkte Eingießen von Steinen in die Wax-Rohlinge (Stone in Place Casting).

a) b) c)

Bild 3.25 DWS (a) DIGITALWAX 028X; (b) DIGITALWAX 030X; (c) XFab
Quelle: DWSLAB

Datenformate/Software

Die Maschine übernimmt STL- und SLC-Daten. Die Maschinensteuerung arbeitet mit der Controlsoftware Digital Wax.

Prinzip der Schichtgenerierung

Die Maschine arbeitet nach dem Laser-Scanner-Stereolithographie-Verfahren. Das Bauteil wird über Kopf gebaut und von unten durch eine transparente Scheibe belichtet. Durch den Einsatz eines Festkörperlasers ist keine Nachvernetzung notwendig.

Bauart/Konstruktion

Im Gegensatz zum ähnlichen EnvisionTEC-Prinzip wird keine Maske verwendet, sondern ein Solid State BluEdge BE-1500C Laser mit einem *x*-*y*-Galvoscanner.

Nur die Digital Wax 008 (Bild 3.25 (a), Modell 028) hat einen *x*-*y* Plotter-Mechanismus und die Digital Wax 009 J eine klassische DLP-Einheit.

Das Bauvolumen der Digital Wax 020 beträgt $x, y, z = 130 \times 130 \times 90$ mm bei und $x, y, z = 200 \times 200 \times 60$ mm, die Gehäuseabmessungen circa $x, y, z = 380 \times 515 \times 810$ mm.

Die Digital Wax 030, Bild 3.25 (b),ist eine Standmaschine mit Abmessungen von $x, y, z = 1100 \times 700 \times 2000$ mm. Die Bauraumabmessungen betragen $x, y, z = 300 \times 300 \times 300$ mm.

Die Maschine ist für autonomen Langzeitbetrieb ausgerüstet und verfügt über eine eigene Klimatisierung. Eine „Tank Translation Technology“ genannte Einrichtung verschiebt den Harzbehälter während des Baus und verhindert so, ähnlich einem Bildschirmschoner, die Beschädigung des Harzbehälters durch den Laserstrahl.

Die XFab, siehe Bild 3.25 (c), ist ausgelegt auf einfache Bedienung inklusive automatische Stützengenerierung, leichte Materialwechsel und vereinfachte Entfernung der Stützen ohne Beschädigung des Bauteils. Sie baut Schichtstärken zwischen 10 und 100 µm und gibt kleinste Auflösungen bis zu 85 µm wieder. Der runde Bauraum hat eine Dimension von Ø 180 × 180 mm. Die Abmessungen der Maschine sind x, y, z = 420 × 638 × 590 mm.

Material/Bauzeit/Genauigkeiten

Verwendet werden proprietäre polymerisierbare Wachse. Eine Qualität, die „DCSeries", umfasst Harze für das direkte Abgießen und ist für verlorene Modelle zum Einsatz im Wachsausschmelzverfahren vorgesehen (DC 100, DC 500). Das Modell kann manuell bearbeitet und poliert werden und wird rückstandslos ausgeschmolzen.

Eine weitere Materialfamilie, die „DM/DL/AB/GM Series" ist als Formmaterial für Wachsabgüsse oder für Funktionsbauteile aus Kunststoff ausgelegt, Die Schichtdicke beträgt 0,001 bis 0,10 mm. Allerdings wird die Auflösung der Hardware ebenfalls in alle Richtungen mit x, y, z = 0,01 mm angegeben.

Post-Processing

Die Bauteile verlassen die Maschine einsatzbereit für die Folgeprozesse. Nachvernetzung ist notwendig.

Prozesstypische Folgeverfahren

Die Bauteile werden entweder direkt im Feinguss eingesetzt oder als Formen zur Herstellung von Wachslingen oder Kunststoffbauteilen verwendet.

3.1.13 Film Transfer Imaging – 3D Systems

ProJet™ Personal 3D Printers: ProJet™ 1000 Personal 3D Printer, ProJet™ 1500 Personal Color 3D Printer

3D Systems, Rock Hill, SC, USA

Kurzbeschreibung

Preiswertes Desktop Solid Imaging System nach dem Film Transfer Imaging (FTI)-Verfahren zur Herstellung von Kunststoffbauteilen nach dem Stereolithographie-Verfahren.

Anwendungsbereich

Solid Imaging und Fertigung von Konzeptmodellen und **Funktionsprototypen**.

Entwicklungsstand

Kommerzialisiert (seit Nov 2011/ProJet 1500; Nov 2012/ProJet 1000).

Historisches

Über 3D Systems siehe Abschnitt 3.1.3 „Stereo Lithography Apparatus (SLA) – 3D Systems“. Die ProJet™-Personal-3D-Printer-Familie ist die Weiterentwicklung des V-Flash FTI 230 Desktop Modelers (siehe auch Abschnitt 3.1.13 „Film Transfer Imaging – 3D Systems“, 3. Auflage dieses Buches).

Strategien/Entwicklungspartner

Die ProJet-Maschinen nach dem FTI-Verfahren sind kompakt, als Maschine wenig aufwendig und daher wartungsarm. Sie sind als preiswerte, schnelle und dennoch genaue Maschinen konzipiert. Durch die Materialkartuschen wird die konditionierte Lagerung von Material in der Maschine umgangen. Dies erlaubt auch den gelegentlichen Betrieb der Maschine. Die Bauteile erfordern keine Nacharbeit. Strategisch wird der Massenmarkt anvisiert. Die qualitativ hochwertigen Bauteile heben sich deutlich gegen die der Fabber ab. Hintergrund der Entwicklung sind die Erfahrungen des Herstellers auf den Gebieten der Materialentwicklung und der Verarbeitung von Photopolymeren, vor allem auch von Pasten, sowie der Umgang mit Folien. Dem niedrigen Maschinenpreis steht ein höherer Materialpreis gegenüber. Das kommt gelegentlichen Nutzern durchaus entgegen. Die Maschine erfordert keine Installation.

Seit 2007 gibt es eine Entwicklungspartnerschaft mit Drewe Otoplastik, die zur Entwicklung eines Produktionssystems für Hörgeräteschalen, dem V-Flash HA 230 Production System, geführt hat. Drewe übernimmt in diesem Konsortium die Materialentwicklung [Klare07].

Datenformate/Software

Die Maschine ist netzwerkfähig. Sie übernimmt fehlerfreie STL-Daten und liest CTL[7)]-Daten.

Prinzip der Schichtgenerierung

Das als Schicht auf eine Trägerfolie aufgebrachte Baumaterial wird über die aus Glas bestehende Bauebene gezogen und so positioniert, dass das Material in Richtung Bauteil (nach oben) und die Folie in Richtung DLP-Belichter zeigt. Die Belichtung erfolgt von unten durch die Glasplatte und die Trägerfolie. Aufgrund der Belichtung werden die zum Modell (einschließlich der Stützen) gehörenden Anteile des Materials belichtet und verfestigt und haften an der von oben aufgedrückten Bauplattform (oder auf dem teilfertigen Bauteil). Das unbelichtete Material haftet weiterhin an der Folie und

[7] CTL ist ein File-Format für einen ActiveX control file von Microsoft Visual Studio.

wird mit dieser vom verfestigten Material, dem Bauteil mit Stützen, abgezogen. Die Trägerfolie mit dem aufgebrachten Material wird um eine Bauraumabmessung weiter transportiert, erneut positioniert und die nächste Schicht belichtet. Nach der Verfestigung der letzten Schicht wird das Bauteil mit der Bauplattform der Maschine entnommen. Die gebrauchte Folie mit den Materialresten wird in die Patrone zurücktransportiert und mit ihr ausgetauscht.

Bauart/Konstruktion

a) b)

Bild 3.26 ProJet™ 1500 Personal Color 3D Printer;
(a) Maschine. Außenansicht; (b) Bauteil
Quelle: 3D Systems

Die kompakten Maschinen (x, y, z = 555 × 914 × 724 mm) haben einen Bauraum von x, y, z = 171 × 228 × 203 mm, ProJet 1500, Bild 3.26 (a) oder x, y, z = 171 × 203 × 178 mm (ProJet 1000). Die Maschine belichtet mit einem DLP-Modul in der Variante eines als Patent angemeldeten Flash Curing[8] Systems. Davon ist vermutlich die Bezeichnung V-Flash abgeleitet. Das gesamte Materialhandling inklusive der Sicherstellung der exakten Schichtdicke und der Berechnung der noch verfügbaren Materialmenge ist in die Materialpatrone verlegt. Die Maschine verfügt damit weder über ein Materialreservoir (außer der Patrone), noch über ein Beschichtungssystem. Aus der Patrone kommt ein transparenter Film von der Breite des Bauraums (circa 180 mm) mit darauf aufgebrachter Polymerschicht in der Dicke einer Schicht. Die Schichtdicke beträgt 102 µm. Sie kann bei der ProJet 1500 im sogenannten High-speed-Modus auf 152 µm erhöht werden.

Material/Bauzeit/Genauigkeiten

Das Baumaterial ist ein Photopolymer vom Typ Acrylat. Der Hersteller verspricht Bauteile in Stereolithographie-Qualität, und zwar in Bezug auf Genauigkeit, Auflö-

[8] United States Application 20050253308.

sung und Belastbarkeit. Die VisiJet-FTI-Materialien werden als 2 kg Kartuschen geliefert und mit dem Abfall (Trägerfolie und Stützmaterial) zurückgegeben. Sie sind in den Farben Rot, Grau, Blau und Schwarz erhältlich, Bild 3.26 (a).

Der Baufortschritt beträgt nach Herstellerangaben 12,7 mm/h (0.5 in/hour) und im High-speed-Modus 20,32 mm/h (0,8 in/hour) und ist damit höher als bei vergleichbaren Maschinen.

Die kleinsten darstellbaren Details betragen 0.254 mm, die dünnste freistehende Wand darf 0.64 mm nicht unterschreiten. Die Auflösung in der Bauebene (x,y) wird mit 1024 × 768 dpi angeben.

Post-Processing, Finishing

Aus der Maschine kommen fertige Bauteile. Sie müssen in einem Part Washer (Bauteilwäscher) gereinigt und in einer Part Curing Unit (Bauteil-Härtungs-Einheit) mittels UV-Strahlung nachvernetzt werden. Beide werden vom Hersteller angeboten. Sie sind aber kaum in einem Büro zu betreiben.

Prozesstypische Folgeverfahren

Konzeptbedingt sind keine Folgeverfahren vorgesehen. Abformverfahren wie Vakuumgießen und vielleicht auch der Einsatz als Gussmodell sind möglich.

3.2 Sintern/Selektives Sintern – Schmelzen im Pulverbett

Das additive Verfahren „Sintern“ ist seit seiner Erfindung Anfang der 1990er-Jahre als Lasersintern (LS) bekannt, weil damals alle Systeme einen Laser verwendeten. Da die Verfestigung nur an ausgewählten Stellen erfolgt, ist in Abgrenzung zu industriellen Sinterverfahren die Bezeichnung Selektives Lasersintern (SLS) treffender. Da ab 2001 eine Maschine vorgestellt wurde (Abschnitt 3.2.12 „Elektronenstrahlsintern – ARCAM“), die mit einem Elektronenstrahl anstelle des Lasers arbeitet, und 2005 eine, die Infrarotstrahler verwendet (Speed Part AB, „Selective Mask Sintering (SMS) – Sintermask“), ist als generischer Name der Verfahrensfamilie „Selektives Sintern“[9] oder „Sintern“ richtig. Im Folgenden wird daher der Begriff „Sintern“ verwendet. Im Zusammenhang mit der Verarbeitung von Metallen hat auch der Begriff „Schmelzen“ seine Berechtigung. Gelegentlich wird auch verallgemeinert von „Strahlschmelzen“ gesprochen.

---

[9] Die englische Übersetzung von „Selektives Sintern“, „Selective Sintering“, ist im Wortzusammenhang „Selective Laser Sintering“ ein geschützter Name von 3D Systems.

3.2.1 Maschinenspezifische Grundlagen

Prinzip der Schichtgenerierung

Beim Sintern (vergleiche Abschnitt 2.3.2.1 „Schmelzen und Verfestigen von Pulvern und Granulaten") werden zu einem Pulverbett dicht nebeneinander gepackte und je nach Prozess leicht vorverdichtete Körnchen von typischerweise 20 bis 50 µm, max. 100 µm Durchmesser mithilfe einer Laser-Scanner-Einheit, eines direkt abgelenkten Elektronenstrahls oder einer Infrarot-Heizung mit einer die Geometrie abbildenden Maske örtlich leicht an- oder aufgeschmolzen. Sie erstarren durch Abkühlung infolge von Wärmeleitung und verbinden sich so zu einer festen Schicht. Die nicht angeschmolzenen Pulverkörnchen verbleiben als Stützmaterial im Bauteil und werden nach Beendigung des Bauprozesses entfernt. Durch Absenken der Schicht und erneutes Beschichten mit Pulver wird in Analogie zur ersten die zweite Schicht verfestigt und mit der ersten verbunden. Bild 3.27 zeigt das Prinzip anhand des Lasersinterverfahrens. Verfahren mit anderen Energiequellen funktionieren analog.

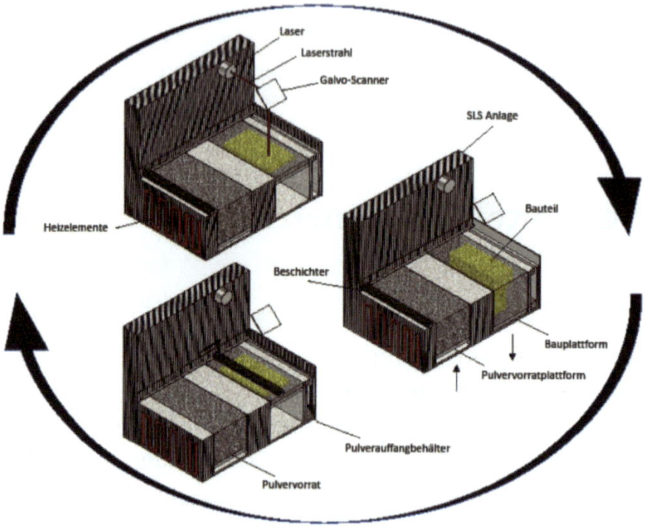

Bild 3.27 Lasersinter- und Laser-Schmelz-Verfahren, Prinzip

Der Prozessablauf für die Laser gestützten Prozesse, unabhängig davon, ob Polymerpulver oder Metallpulver verarbeitet wird, ist sehr ähnlich. Der fokussierte Laserstrahl versintert (bei Kunststoffen) oder verschmilzt (bei Metallen) das Pulver vektorweise. Dabei werden die einzelnen Vektoren teilweise überlagert, um ein dichtes Bauteil zu erzeugen. Nach Abschluss einer Schicht wird die Bauplattform nach unten gefahren und eine neue Schicht Pulver aufgetragen. Anschließend wird der Prozess der Schichterzeugung wiederholt. Dabei werden aber meist die Vektoren verschoben oder verdreht, um einen Verbund zwischen den einzelnen Schichten zu erzeugen. Die Prozesse laufen bei den Metallen grundsätzlich unter einer Schutzgasatmosphäre ab, bei den Kunststoffen ist die Schutzgasatmosphäre bei manchen Werkstoffen nicht notwendig, wird aber empfohlen.

Das Elektronenstrahlschmelzen arbeitet mit einer leicht abgewandelten Vorgehensweise. So können die Verfahrgeschwindigkeiten beim Elektronenstrahl im Vergleich zum Laserstrahl deutlich größer sein. Daher wird die Schichterzeugung hierbei in zwei Stufen unterteilt. Im ersten Schritt wird ein dekussierter Elektronenstrahl verwendet, welcher genutzt wird, um die gesamte Pulveroberfläche vorzuheizen (ähnlich der Vorwärmung des Bauraums beim Lasersintern von Polymeren). Im zweiten Schritt wird mit einem fokussierten Elektronenstrahl der gewünschte Bauteilquerschnitt umgeschmolzen. Durch die Vorwärmung des Pulvers können die resultierenden Eigenspannungen im Prozess und daher auch die benötigten Stützstrukturen signifikant reduziert werden. So wird es möglich, Stützstrukturen im Pulver enden zu lassen und Bauteile in der z-Ebene zu stapeln, wodurch der zur Verfügung stehende Bauraum besser ausgenutzt werden kann. Durch die sehr schnelle Positionierung des Elektronenstrahls wird es zudem möglich, mehrere Schmelzbäder simultan zu erzeugen. Hierdurch können die Eigenspannungen weiter reduziert werden.

Bauart/Konstruktion – Polymersysteme

Eine Prozesskammer bildet den Bauraum, der mittels eines verschiebbaren Bodens schrittweise um jeweils eine Schichtdicke vergrößert werden kann. Sie wird konstruktiv so ausgebildet, dass sie möglichst bis knapp unter die Schmelztemperatur des Sintermaterials vorgeheizt werden kann. Dies bildet die Voraussetzung für das quasiisotherme Sintern von Kunststoffen (vergleiche Abschnitt 2.3.2.1.1 „Materialien für das Sintern und Schmelzen“). Außerdem muss die Energiequelle (Laser, Elektronenstrahl oder Infrarotstrahler) deshalb nur noch eine kleine Differenzenergie zum Aufschmelzen beisteuern. Die Prozesstemperatur muss möglichst gleichmäßig und in engen Toleranzen (wenige Grad) gehalten werden. Ferner muss die Oxidation des Materials vermieden werden, was üblicherweise durch Inertisierung der Maschine geschieht. Dazu wird in der Maschine eine Stickstoffatmosphäre geschaffen (je nach Material 0,1 bis 3,5 % Restsauerstoff).

Der Kunststoff-Sinterprozess kommt grundsätzlich ohne Stützen aus, weil das nicht versinterte Pulver im Bett verbleibt und das darin befindliche Bauteil stützt. Je nach Bauteilgeometrie und Werkstoff hat es Vorteile, eine Plattform (Base) mitzubauen und darauf aufzusetzen. Metallprozesse arbeiten in der Regel mit Stützen. Bei Bedarf können auch bei Kunststoffprozessen feste Unterstrukturen geschaffen werden. Beginnend mit etwa halber Energiezufuhr und doppelter Scangeschwindigkeit (oder Belichtungsdauer) und durch Anpassen sowohl der Leistung als auch der Belichtung innerhalb einiger Schichten an die optimalen Parameter, werden verzugsarme Substrukturen geschaffen, die einen sicheren Modellaufbau begünstigen.

Im Einzelfall kann es vorteilhaft sein, zur Vergleichmäßigung des Temperaturfeldes gezielt lose Bauteile in die Nähe des Modells zu positionieren oder Gitter darum anzuordnen.

Metallprozesse arbeiten in der Regel mit Stützen. Sie dienen zur Positionierung des Bauteils auf der Bauplattform und Kompensation von thermischen Spannungen. Stützen haben auch wärmeleitende Funktionen und können gezielt zur verzugsfreien Herstellung des Bauteils eingesetzt werden.

Bezüglich der Orientierung wird von einigen Anwendern die Positionierung insbesondere lang gestreckter Teile unter dem sogenannten Kodak-Winkel propagiert. Unter diesem Winkel sollen sich angeblich besonders verzugsfreie Teile bauen lassen. Während dieser Winkel – bezogen auf die Zylinderlängsachse – in einigen Quellen mit 15° angegeben wird, sprechen andere von 10°. Diese Information stammt aus den Kodak Labs, die sich Anfang der 1990er-Jahre intensiv mit den damaligen Rapid Prototyping-Verfahren befasst haben. Die Quellen sind heute aber nicht mehr zu verifizieren.

In der Praxis werden fast alle Bauteile aus Kunststoff ohne Basis und nur nach Genauigkeits- oder Wirtschaftlichkeitskriterien in der Maschine positioniert. Bei sorgfältig abgestimmten Bauparametern und insbesondere bei gleichmäßigen Temperaturfeldern ergibt das hervorragende Resultate.

Zur Erzielung einwandfreier Modelle kommt es sehr darauf an, die Temperatur und die Temperaturverteilung im Bauraum äußerst sorgfältig einzustellen und zu überwachen. Temperaturdifferenzen von wenigen Grad können unbrauchbare Bauteile hervorrufen, die entweder schlecht versintert sind oder sich aufgrund zu hoher Wärmeeinwirkung stark verziehen und sich je nach Material sogar verfärben. Deshalb spielt die Temperaturführung eine große Rolle. Aktuelle Maschinen haben eine sehr genaue Temperaturregelung. An entsprechenden Systemen zur Überwachung der Temperaturfelder arbeiten viele Hersteller und Forscher.

Bauart/Konstruktion – Metallsysteme

Die grundsätzliche Konstruktion der Systeme zum Schmelzen von Metallpulvern ist der der Polymersysteme ähnlich, unterscheidet sich aber insbesondere im Bereich der Temperatursteuerung und der Schutzgasströmung.

Im Gegensatz zu den Kunststoffanlagen wird bei den Metallsystemen nicht der komplette Pulvervorrat in der Baukammer bis knapp unter die Schmelztemperatur erhitzt. Dies wäre aufgrund der deutlich höheren Schmelztemperatur nicht wirtschaftlich umsetzbar. Stattdessen wird die notwendige Energie zum Schmelzen des Materials durch die Strahlquelle in das Pulver eingebracht.

Bei den Strahlquellen kann zwischen Lasern und Elektronenstrahlen unterschieden werden. Die beiden Energiequellen unterscheiden sich in der Art der Lenkung und der Vorgehensweise beim Umschmelzen des Materials. Zunächst soll der Anlagenaufbau der Systeme beschrieben werden, die mit einem Laser arbeiten.

Bei den Lasern handelt es sich in der Regel um Faserlaser, welche durch ein sogenanntes Laser-Scanner-System umgelenkt und auf der Pulverbettoberfläche fokussiert werden. Zur Fokussierung des Lasers können zwei unterschiedliche Systeme zum Einsatz kommen: entweder eine f-Thetalinse, welche eine feste Brennweite und somit einen festen Fokusabstand vorgibt, oder ein dynamisches Fokussiersystem. Das dynamische Fokussiersystem bietet den Vorteil der variablen Einstellung des Fokusdurchmessers, wodurch sich mehr Möglichkeiten im Bereich der Prozesssteuerung und -entwicklung ergeben. Zur Umlenkung des Laserstrahls kommen Galvoscanner zum Einsatz. Diese bestehen aus zwei Spiegeln, welche für die Ablenkung des Laserstrahls in der x- bzw. y-Achse sorgen.

Bei den größeren Maschinen werden häufig mehrere Laser-Scanner-Systeme eingesetzt, um eine Parallelisierung der Umschmelzung des Pulverbetts und somit eine Erhöhung der Produktivität zu erzielen. Zu beachten ist hierbei jedoch, dass die Produktivität nicht im gleichen Verhältnis wie die Anzahl der Laser gesteigert wird. Dies hat mehrere Ursachen. Zum einen bestehen weiterhin die Beschichtungszeiten, in welchen neues Pulver aufgetragen wird. Zum anderen muss bei der Bearbeitung mit mehreren Lasern die Schutzgasströmungsrichtung beachtet werden. So dürfen die Laser nicht in Strömungsrichtung hintereinander arbeiten, da ansonsten der Schmauch aus dem ersten Schmelzbad in die zweite Laserinteraktionszone transportiert werden würde. Dies würde zur Verringerung der eingebrachten Laserleistung durch Absorption des Laserstrahls am Schmauch sowie zum Einschmelzen der Verunreinigungen im Pulverbett führen.

Unterhalb des Laser-Scanner-Systems ist die Baukammer angeordnet, welche während des laufenden Fertigungsprozesses mit Schutzgas durchströmt wird. Als Schutzgase kommen hierbei üblicherweise Argon oder Stickstoff zum Einsatz. Bei der Schutzgasströmung in der Prozesskammer ist es wichtig zu beachten, dass ein kontinuierlicher Schutzgasstrom aufgebaut wird, welcher gleichmäßig über die Bauplattform strömt. Diese Strömung ist notwendig, um entstehende Spritzer und Schmauch aus der Interaktionszone zwischen Laser und Pulver abzutragen. Eine der Hauptschwierigkeiten entsteht hierbei in großen Bauräumen, da die Schutzgasströmung so ausgelegt werden muss, dass der Abtrag der Spritzer und des Schmauchs über die gesamte Fläche gewährleistet ist und gleichzeitig das Pulver nicht ebenfalls abgesaugt wird. Die Schutzgasströmung wird dabei in einem Kreislauf realisiert, sodass nicht ständig neues Gas einströmt, sondern das Prozessgas gefiltert und anschließend durch eine Pumpe gefördert wird. Die abtransportierten Spritzer sammeln sich daher zum Teil im Überlaufbehälter, zum Teil aber auch im Schutzgasfiltersystem, aus welchem sie nicht mehr extrahiert werden können.

Die Anlagen für den Elektronenstrahlprozess unterscheiden sich in mehreren Aspekten von denen für den Laserstrahlprozess. So wird der Elektronenstrahl nicht durch optische Komponenten abgelenkt, sondern durch elektromagnetische Spulen. In einem gemeinsamen vakuumfesten Raum ist die Elektronenstrahleinheit über dem Bauraum angeordnet. Das Vakuum ist notwendig, da die Elektronen mit Sauerstoffpartikeln kollidieren und somit ihre kinetische Energie verlieren würden. Im obersten Teil werden die Elektronen emittiert und beschleunigt und auf ihrem Weg darunter mittels Spulen fokussiert und abgelenkt. Dies führt zu einem linearen Aufbau der Energiequelle bzw. Elektronenstrahlkanone. Die gesamte Belichtungseinheit hat keine beweglichen Teile wie Scanner oder Plotter. Die Fokussierung geschieht ausschließlich per Magnetfeld und benötigt keine Linsen). Die Anlage ist aus diesem Blickwinkel recht unempfindlich. Der Elektronenstrahl kann mit einer Geschwindigkeit bis zu 8000 m/s bewegt (abgelenkt) werden. Für den Schmelzprozess werden Scangeschwindigkeiten um die 20 m/s tatsächlich genutzt.

Beim Beschichtungssystem für den Metallprozess kommen unterschiedliche Medien zum Einsatz. So wird, im Gegensatz zu den Kunststoffprozessen, nicht primär auf eine gegenläufig rotierende Metallrolle gesetzt, sondern es kommen Gummilippen, Karbonbürsten oder Metallklingen zum Einsatz. Es ist zu beachten, dass es durch „curling" oder „warping" zu Beschädigungen des Beschichtungsmediums kommen kann. Wenn das Beschichtungsmedium beschädigt ist, bilden sich Riefen auf der Pulverbettoberfläche, welche sich über den kompletten Prozess fortsetzen und, je nach Art des Bauteils, der Bauteilorientierung und Position der Riefe, zu mechanischen oder optischen Mängeln am Bauteil führen.

Material – Polymere

Kunststoffe eignen sich aufgrund ihrer niedrigen Schmelztemperatur und ihrer geringen Wärmeleitfähigkeit sehr gut zum Sintern, weil dadurch der Prozess in einfacher Weise lokal begrenzt gehalten werden kann. Der Prozess kann aber grundsätzlich mit allen Materialien durchgeführt werden, die sich im weitesten Sinne thermoplastisch verhalten, also unter Wärmeeinwirkung an- oder aufschmelzen und nach dem Erkalten wieder verfestigen.

In Sintermaschinen werden Partikel mit 20 bis etwa 100 µm Durchmesser verwendet. Durch die Siebung entstehen Fraktionen mit Kornanteilen, die typischerweise zu 90 % gleich oder kleiner als der Nenndurchmesser sind. Daraus ergeben sich entsprechend raue Oberflächen. Dies gilt besonders für amorphe Kunststoffe (Polystyrol, Polycarbonat), die nur zum Anschmelzen neigen und deshalb im Wesentlichen ihre Form beibehalten und deshalb weniger Verzug aufweisen. (Teil-)kristalline Kunststoffe (Polyamide), die vollständig aufschmelzen, bilden aufgrund der Oberflächenspannung glattere Oberflächen, aber auch höhere Verzüge. Sie neigen auch zu Grübchenbildung, sodass auch hier vergleichsweise raue Oberflächen resultieren können.

Bei den Polymerpulvern ist in den letzten Jahren zudem eine maschinenspezifische Unterscheidung entstanden. Mit dem Aufkommen der kleineren Lasersintermaschinen, die im Desktop- oder semi-professionellen Bereich anzusetzen sind, sind anthrazit eingefärbte Pulver erschienen.

Aufgrund des drucklosen Sinterprozesses ist die erzielbare Dichte geringer als bei spritzgegossenen oder gegossenen Materialien. Dies gilt insbesondere für die amorphen Kunststoffe, die relativ große Hohlräume aufweisen und deshalb nur auf Bauteildichten zwischen 60 und 85 % kommen. Diese für die Belastungsfähigkeit negative Eigenschaft kommt den Teilen im Feingussprozess wieder zugute. Amorphe Materialien lassen sich leichter ausschmelzen und sind nicht so anfällig für das Aufreißen der keramischen Gussform durch thermisch induzierte Spannungen (*Shell Cracking*). Kristalline Kunststoffe können Dichten erreichen, die in der Nähe von gespritzten Teilen liegen.

Kristalline Kunststoffe erfahren beim Schmelzvorgang eine große Volumenänderung und neigen daher zum Schrumpfen. Amorphe Materialien sind je nach erzielter Dichte wesentlich weniger vom Schrumpf beeinflusst. Die Schrumpfung führt in aller Regel zum *Curlen*, der Neigung der Modelle, insbesondere bei schichtweiser Verarbeitung, sich in Richtung der Wärmequelle „aufzurollen“. Sie kann grundsätzlich durch Schrumpffaktoren und Belichtungsstrategien aufgefangen werden, die bereits während der Erstellung der Baudaten berücksichtigt werden. Da es sich um Erfahrungswerte handelt, können sie nicht von vornherein mit ausreichender Genauigkeit angegeben werden.

Thermoplastische Kunststoffe sind zwar theoretisch beliebig häufig zu schmelzen und wieder zu verfestigen, die Pulver erfahren aber praktisch eine thermische Schädigung. Sie können daher auch dann keinem neuen Bauprozess zugeführt werden, wenn sie im vorangegangenen nur als Stützpulver gedient haben. Für einen neuen Bauprozess muss dem alten demnach neues Pulver beigegeben werden. Als Richtwert gilt eine 0,5 : 1 bis 1 : 1 Mischung von altem zu neuem Pulver. Die genaue Konditionierung ist Erfahrungssache.

Der Sinterprozess wird heute industriell auf Kunststoffe, Keramiken und kunstharzgebundene Sande angewendet.

Material – Metalle

Im metallischen Laserstrahlschmelzen werden einkomponentige Metallpulver verwendet. Diese Pulver werden im Laserstrahlschmelzen direkt und vollständig aufgeschmolzen. Im Vergleich zum Lasersintern, bei dem es zur Ausbildung von Sinterhälsen kommt, bildet sich beim Laserstrahlschmelzen ein vollständiges Schmelzbad aus. Nach dem Erstarren entsteht ein festes, dichtes Bauteil. In der Regel wird in der Materialentwicklung eine Dichte von > 99,5 % angestrebt.

Da der Laserstrahlschmelzprozess ähnlich wie ein Schweißprozess betrachtet werden kann, gelten für die Werkstoffe vergleichbare Anforderungen. So entstehen beim Abkühlen thermische Eigenspannungen, die zu Verzügen der Bauteile führen können, wie es auch in der Schweißtechnik beobachtet werden kann. Um diesen thermischen Eigenspannungen entgegenzuwirken, müssen, im Gegensatz zum Lasersintern, Stützstrukturen angebracht werden, welche den thermischen Verzügen entgegenwirken. Als erster Anhaltspunkt für die Auswahl einer für das Laserstrahlschmelzen geeigneten Legierung kann die Regel gelten: „Wenn ein Werkstoff schweißbar ist, dann ist er auch im LPBF-Prozess verarbeitbar.“

Für den LPBF-Prozess werden feinkörnige, metallische Pulver verwendet, die eine mittlere Korngröße zwischen ca. 32 bis 64 µm aufweisen. Hierbei ist zu beachten, dass es sich um eine Korngrößenverteilung handelt und sowohl kleinere als auch gröbere

Pulverpartikel existieren. Zudem hängt die genaue Korngrößenverteilung vom verwendeten Werkstoff und der verwendeten Maschine ab. Im Gegensatz zu den Polymerpulvern findet während des LPBF-Prozesses keine Alterung des Pulvers statt, sodass das gesamte im Prozess befindliche Pulver ohne Zugabe von Neupulver wiederverwendet werden kann. Beachtet werden muss jedoch, dass nach Abschluss des Fertigungsprozesses ein Sieben des Pulvers stattfinden muss. Durch den Siebprozess sollen im Fertigungsprozess entstandene Pulveragglomerationen und Spritzer herausgefiltert werden.

Im Folgenden werden einige, bereits für den Prozess qualifizierte Metalllegierungen vorgestellt und erläutert.

1.4404 (316L)

1.4404, bzw. nach amerikanischer Norm *316L*, ist ein korrosionsresistenter, auf Eisen basierender Werkstoff, der für die Verarbeitung auf der EOS M 280 optimiert wurde. Er entspricht ASTM F138 „Standard-Schmiede-Qualität für 18Cr-14Ni-2.5Mo Edelstahlteile und Draht für Chirurgische Implantate (UNS S31673)".

17–4PH

17–4PH ist ein Edelstahl, der der europäischen Werkstoffnummer 1.4543 entspricht. Er zeichnet sich durch eine sehr hohe Korrosionsbeständigkeit, gute mechanische Eigenschaften und durch eine hervorragende Duktilität ohne weitere Nachbehandlung aus. Dieser Werkstoff wird besonders für die Herstellung von Bauteilen empfohlen. Der Werkstoff schmilzt vollständig auf. Die Bauteile sind daher vollkommen dicht und haben nahezu isotrope Eigenschaften. Bauteile können nicht-additiv bearbeitet, also auch geschweißt, mikrogestrahlt, poliert oder beschichtet werden.

1.2709

Beim *1.2709* handelt es sich um einen martensitisch aushärtenden Werkzeugstahl, der für eine Vielzahl unterschiedlicher Anwendungen im Bereich des Werkzeugbaus zum Einsatz kommt. Er kann sehr gut spanend nachgearbeitet werden. Durch eine thermische Nachbehandlung erzielt man eine Härte bis circa 55 HRC. Er wird als Werkzeugstahl für Spritzguss- und Druckgussformen, aber auch für hochbelastete Maschinenteile eingesetzt. Die Bauteile können bei 490 °C für 6 Stunden auf über 50 HRC-Härte nachgehärtet werden.

Inconel™ 718

Inconel IN718 ist ebenfalls eine Nickellegierung, welche in ihrer Zusammensetzung Inconel™ 718 entspricht. Aufgrund ihrer Alterungsbeständigkeit, Zug-, Warm- und Bruchfestigkeit, welche bis zu einer Temperatur von circa 700 °C erhalten bleiben, eignet sich diese Legierung insbesondere für Serienprodukte der Luft- und Raumfahrt. Weitere Anwendungen liegen im Bereich der chemischen Industrie sowie der Erdöl-, Petroleum- und Erdgas-Industrie.

Inconel™ 625

Inconel IN625 ist ein Nickel-Legierungspulver, welches hitze- und korrosionsbeständig ist. Die Legierung zeichnet sich durch sehr hohe Zug-, Kriech- und Bruchfestigkeit aus. Des Weiteren ist eine nachträgliche Wärmebehandlung des Materials möglich. Durch ihre hohe Korrosionsbeständigkeit eignet sich die Legierung insbesondere für Anwendungen im maritimen Bereich, wo es auf eine hohe Beständigkeit gegen Lochfraß-, Spalt- und Spannungsrisskorrosion ankommt.

AlSi10 Mg

AlSiMg10 ist eine Aluminiumgusslegierung, welche für dünnwandige Bauteile mit komplexen Geometrien eingesetzt wird. Die hohe Festigkeit und Härte werden durch Anteile von Silizium und Mangan in der Legierung erzielt. Aufgrund der mechanischen Eigenschaften und der geringen Dichte findet die Legierung Anwendung im Motorsport, der Luftfahrt, der Pneumatik, der Automobiltechnik sowie einigen weiteren Branchen. Aus dem Bauprozess resultiert ein Gefüge mit den mechanischen Eigenschaften ähnlich dem T6-Zustand gegossener Bauteile. Daher werden Wärmebehandlungen für Lasersinter-Bauteile nicht empfohlen, aber ein Spannungsarmglühen über 2 Stunden bei 300 °C.

Scalmalloy

Scalmalloy ist eine Aluminium-Magnesium-Scandium-Legierung, die von APWorks patentiert und von Frank Palm entwickelt wurde. Heute ist das Scalmalloy-Pulver bei verschiedenen Anbietern erhältlich. Es basiert auf der verfestigenden Wirkung von geringen Bestandteilen an Skandium (0,6 bis 0,8 %) als Legierungselement. Mit konventionellen Fertigungsmethoden ist diese Legierung nicht rissfrei verarbeitbar. Durch die Zugabe von Skandium als Legierungselement kann die Festigkeit der Aluminiumlegierung, unter Beibehaltung der geringen Dichte, deutlich gesteigert werden.

Titan

Bei *Ti6Al4V* handelt sich um eine Legierung für Struktur- und Triebwerksteile aus der Luft- und Raumfahrt, für Fahrwerksteile und auch für medizinische Implantate. Bauteile aus Titanium Ti64 erfüllen die Anforderungen der Normen ISO 5832-3, ASTM F1472 und ASTM B348 bezüglich ihrer chemischen Zusammensetzung.

Reines Kupfer

Vor dem Hintergrund der gesteigerten Nachfrage nach elektrisch sehr gut leitendem Kupfer haben verschiedene Hersteller Anstrengungen unternommen Kupfer für den LPBF-Prozess zu qualifizieren. Dabei handelt es sich bei dem als reines Kupfer beworbenen Material meist um minimal modifiziertes Kupfer (Legierungsanteil < 0,5 %). Die Notwendigkeit der Modifikation des Kupfers ergibt sich aus der hohen Reflektivität des Werkstoffs für die Wellenlänge von 1064 – 1070 nm, welche von den meisten LPBF-Maschinen genutzt wird. Eine Ausnahme bilden hier Maschinen, welche beispielsweise mit einem grünen Laser (515 nm) arbeiten.

Kupfer CuCrZr

Aufgrund der sehr geringen mechanischen Eigenschaften von reinem Kupfer kann es unter Umständen sinnvoll sein, durch das Legieren die mechanischen Eigenschaften, auf Kosten der elektrischen Leitfähigkeit, zu steigern. *CuCrZr* ist eine ausscheidungshärtende Kupferlegierung, welche, in Abhängigkeit des Wärmebehandlungszustands, bis zu 90 % der elektrischen Leitfähigkeit von reinem Kupfer erreichen kann.

Bauzeiten/Genauigkeiten

Bauzeiten und Genauigkeiten sind von der Geometrie abhängig und deshalb auch von der Positionierung der Bauteile im Bauraum.

Aufgrund des Beschichtungsvorgangs ist die Baugeschwindigkeit in der Bauebene (x-y-Richtung) größer als senkrecht dazu. Typische Baugeschwindigkeiten liegen bei 10 bis 20 mm/h in z-Richtung. Die Genauigkeit wird vom Strahldurchmesser respektive von der Qualität der Maske und ihrem Abstand zum Pulverbett limitiert. Bei Strahldurchmessern von um die 0,4 mm und kleiner ergeben sich Genauigkeiten von ±0,15 bis 0,2 mm und feinste Details wie freistehende Wände von minimal 0,5 mm Dicke.

Aufgrund der Wärmeleitung des Bauteils in das umgebende Pulver wird schon bei geringen Störungen des Temperaturfeldes nicht zum Modell gehöriges Material an die Kontur angebacken (Pelzbildung) und verschlechtert damit die Genauigkeit und die Oberflächenqualität. Zur Modellgenauigkeit trägt deshalb auch eine exakte Prozessführung wesentlich bei.

Kunststoffe: Nach dem Bauprozess ist das Bauteil in einem Pulverkuchen eingeschlossen. Die meisten Verfahren zum Versintern von Kunststoffen laufen bei Temperaturen zwischen 170 und 210 °C ab. Zum gleichmäßigen Auskühlen ist es wichtig, dass nach der letzten Schicht zusätzliche Pulverschichten von insgesamt einigen Zentimetern Dicke aufgebracht werden. Nachdem das Bauteil ausgekühlt ist, was aufgrund der schlechten Wärmeleitung von Kunststoffen mehrere Stunden dauern kann, wird der Pulverkuchen vorsichtig von außen entfernt. Bild 3.28 zeigt die Verhältnisse prinzipiell am Beispiel der beiden Hersteller 3D Systems und EOS. Wenn wechselbare Bauraummodule eingesetzt werden, erfolgt das Auspacken und Reinigen halbautomatisch in sogenannten Auspackstationen mit Siebeinrichtungen und Druckluft. Obwohl das Teil theoretisch im losen Pulverkuchen steckt und nur herausgenommen und abgeblasen werden muss, ist in der Praxis Vorsicht geboten. Zum einen kann das Teil leicht beschädigt werden, weil die genaue Position nicht bekannt ist, und zum andern sind, abhängig von der Temperaturführung insbesondere in Modellnähe, leicht angesinterte Bereiche (Pelze) vorhanden, die mit höherem Aufwand und unter Verwendung von Werkzeugen zu entfernen sind. Die Reinigung von Sintermodellen (Post-Processing), insbesondere mit internen Hohlräumen, Bohrungen und feinen Details, erfordert deshalb Geduld und handwerkliches Geschick. Erschwerend kommt hinzu, dass Modell und Pulver die gleiche Farbe haben.

Post-Processing

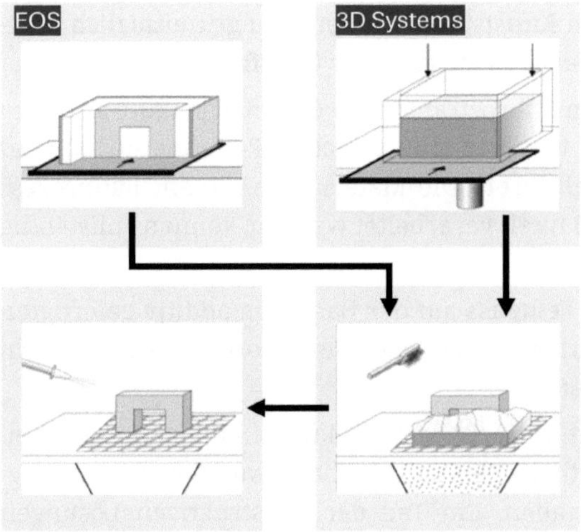

Bild 3.28
Post-Processing beim Lasersintern am Beispiel der Kunststoff-Sinterverfahren der Hersteller EOS und 3D Systems, Prinzip

Metalle: Bei den Metallprozessen ist das Post-Processing einfacher, weil die Prozesskammer und das stützende Pulver nahezu kalt bleiben. Vor allem Hochtemperatur- und schwer schweißbare Metalle werden vorzugsweise mit starker Vorheizung verarbeitet, weshalb die Pulver und Bauteile nach der Verarbeitung zunächst nicht kalt sind. Metallbauteile haben Stützen, die im Rahmen des Post-Processings entfernt werden müssen. Direkte Keramiksinteranlagen arbeiten grundsätzlich mit starker Vorheizung.

Nach dem Reinigen der Teile im Rahmen des sogenannten Post-Processing kann die weitere Oberflächenbehandlung durch manuelles Schleifen oder Sandstrahlen erfolgen. Teilmodelle oder abgebrochene Modellteile aus Kunststoff können mit Klebern vom Typ *Cyano-Acrylat* oder mit Epoxidharzen angefügt, Metalle können geschweißt oder gelötet werden. Zur Nachbehandlung der Oberflächen können auch Trommeln mit Schleifkörpern eingesetzt werden (trouvalieren). Dabei ist zu beachten, dass je nach Art der Schleifkörper mehr oder weniger Material abgenommen wird und insbesondere scharfe Kanten abgerundet, also die Genauigkeiten beeinflusst werden. Bei porösen Sintermodellen sind alle infiltrierenden Oberflächenversiegelungen grundsätzlich anwendbar. Dazu gehören Verfahren mit Hartwachsen, Epoxidharzen oder auch mit Primern auf Emaillebasis, bei Metallen auch solche mit niedrigerem Schmelzpunkt als das zu infiltrierende Bauteil.

Jede Art des Post-Processing verändert die Geometrie. Das ist angesichts der Tatsache, dass die Additiven Verfahren 3D-Datensätze direkt als Bauteile abbilden, ein wichtiger Aspekt.

Prozesstypische Folgeverfahren

Lasersinterverfahren führen vorzugsweise zu Funktionsprototypen und zur direkten Produktion (Rapid Manufacturing). Deshalb überwiegt der direkte Einsatz gegenüber Abformprozessen. Vakuumabgüsse von Kunststoffbauteilen sind grundsätzlich möglich, setzen aber eine hervorragende Nachbearbeitung der Oberflächen voraus.

Bei den Metallbauteilen kann durch ein Mikrostrahlen die Oberflächengüte auf circa $R_z = 20\,\mu m$ verbessert werden. Mit im Werkzeugbau üblichen Poliermethoden sind Oberflächengüten bis $R_z = 3\,\mu m$ zu realisieren. Die Materialien, die am Bauprozess teilgenommen haben, aber nicht zum Bauteil verarbeitet wurden, können vollständig wiederverwendet werden.

Metallbauteile erhält man auch durch Feinguss auf der Basis von additiv gefertigten Urmodellen. Dazu sind vor allem verlorene Modelle aus amorphen Kunststoffen (Polystyrol- oder Polycarbonat) geeignet.

Die Maschinen zur Umsetzung des Grundprinzips des selektiven Sinterns unterscheiden sich vor allen Dingen in konstruktiven Details, den Zielanwendungen und folglich in den zu verarbeitenden Materialien. Ein Teil der konstruktiven Lösungen wurde ursprünglich durch die Patentsituation erzwungen, hat sich dann aber als zukunftsweisend durchgesetzt.

3.2.2 Übersicht: Sintern – Schmelzen

Bild 3.29 gibt eine strukturierte Übersicht über die Sinter- und Schmelzverfahren. Ausgehend von den generischen Bezeichnungen (Bild 2.38) enthält es die im Folgenden besprochenen industriellen Prozesse und Maschinen sowie deren Produkt- und Herstellerbezeichnungen.

Eingeschlossen sind die Verfahren, die im Pulverbett arbeiten (Abschnitt 3.2 „Sintern/Selektives Sintern – Schmelzen im Pulverbett“) und diejenigen, die mit einer Pulverdüse frei aufbauen (Abschnitt 3.3 „Beschichten – Schmelzen mit der Pulverdüse“).

Es sind jeweils die Abschnitte angegeben, in denen die Verfahren genauer beschrieben werden.

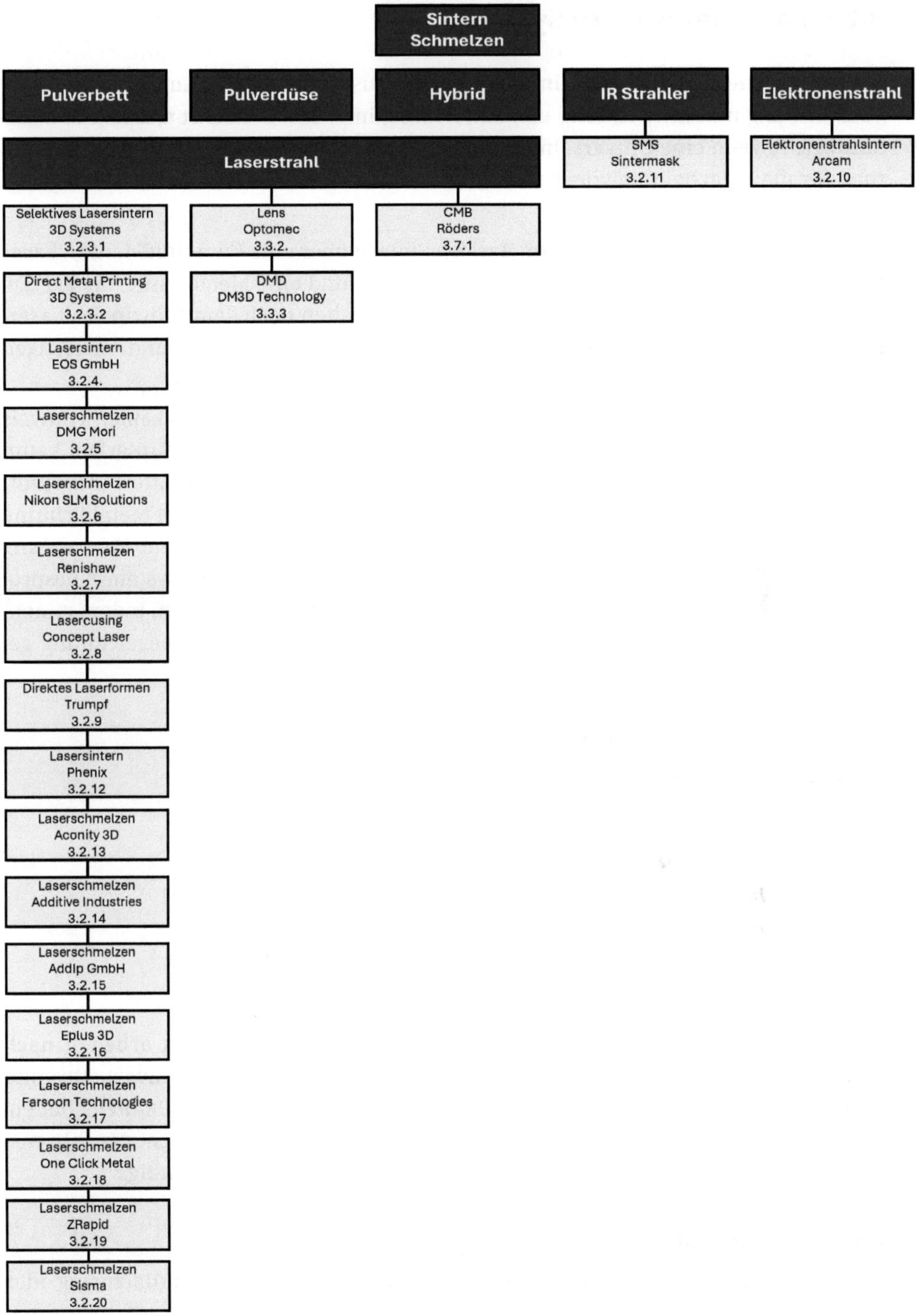

Bild 3.29 Sinter- und Schmelzverfahren; Übersicht in Fortführung von Bild 2.38

3.2.3 Lasersintern – 3D Systems

3D Systems stieg im Jahr 2001 im Zuge der Akquisition der DTM Corporation in die Vermarktung und Entwicklung von Sintermaschinen ein. Zunächst wurde der DTM-Strategie folgend eine Universalmaschine angeboten, die mit entsprechender Aufrüstung für die Verarbeitung von Kunststoffen, Wachs, Metallen und Formsanden geeignet war.

Heute (2023) verfügt 3D Systems im Bereich Sintern über eine Kunststoff-Linie, „Laser Sintering, SLS“ (Selective Laser Sintering) genannt, und eine Metall-Linie, die als „Direct Metal Printing“ (DMP) bezeichnet wird. Sie arbeiten nach dem Prinzip des Lasersinterns bzw. Laserschmelzens (siehe Abschnitt 2.3.2.1 „Schmelzen und Verfestigen von Pulvern und Granulaten – Sintern (Lasersintern, LS)), Schmelzen“.

Weil die aktuellen Bezeichnungen (ProX 100 ... ProX 500 ... ProX 950) keinen Hinweis auf die Art des Prozesses mehr geben und sich die Maschinen auch äußerlich kaum voneinander unterscheiden, werden sie in zwei getrennten Abschnitten (Abschnitt 3.2.3.1 „Laser Sintering, SLS – 3D Systems“ und Abschnitt 3.2.3.2 „Direct Metal Printing (DMP) – 3D Systems) behandelt. Für beide Abschnitte Gültiges wird zur Vermeidung von Wiederholungen in Abschnitt 3.2.3.1 „Laser Sintering, SLS – 3D Systems“ besprochen. 3D Systems ist bestrebt, die Bezeichnungen eindeutig zu machen, indem zunehmend hinter die Maschinenbezeichnung, z. B. ProX, die Verfahrensbezeichnung gesetzt wird, z. B. ProX DMP 320.

3.2.3.1 Laser Sintering, SLS – 3D Systems

Selective Laser Sintering, SLS:

Production 3D Printer:

SLS 380, sPro 140, sPro 230

3D Systems Inc., Rock Hill, SC, USA

3D Systems GmbH, Darmstadt, Deutschland

Kurzbeschreibung

Additive Anlagen zum Versintern von Kunststoffen. Die Maschinen arbeiten nach dem Laser-Scanner-Prinzip. Ein Laser scannt die Oberfläche eines Pulverbettes und schmilzt die Partikel lokal auf, die nach Erstarrung eine Schicht des Bauteils bilden. Nach Neubeschichtung wiederholt sich der Prozess Schicht für Schicht. Verfahrensbedingt sind bei den Kunststoffmaschinen (SLS) keine Stützen notwendig.

Anwendungsbereich

Konzeptmodelle, Funktionsprototypen, Endprodukte über Direct Manufacturing oder über Abformverfahren.

Entwicklungsstand

Kommerzialisiert durch DTM seit 1992, ab 2001 als 3D Systems.

Historisches

(Geschichtliches zur Firma 3D Systems siehe Abschnitt 3.1.3 „Stereo Lithography Apparatus (SLA) – 3D Systems“) Die 3D Systems Sintermaschinen gehen bezüglich ihrer Grundkonstruktion auf die *Sinterstation*-Baureihe der DTM Corporation zurück.

DTM wurde 1987 als Sparte der B. F. Goodrich gegründet und Anfang 1999 an eine Gruppe von Investoren verkauft. Der Lasersinterprozess wird von DTM als Selective Laser Sintering (SLS) bezeichnet und ist durch ein Patent von Carl Decker (10/1986) geschützt. 1989/90 wurde die erste Maschine, die Sinterstation 125 präsentiert. Ab 1990 wurde sie für einige Zeit im Servicebüro eingesetzt. Parallel dazu erfolgte unter dem Namen Sinterstation 2000 die Entwicklung der ersten industriellen Maschine für das selektive Lasersintern (SLS). Sie hatte einen zylindrischen Bauraum mit runder Bauplattform. Der Verkauf begann 1992 in den USA und 1993 in Europa. Die weitgehend identische Sinterstation 2500 mit rechteckigem Bauraum folgte 1997, die Sinterstation 2500^{plus} wurde 1998 vorgestellt. Im Jahr 2001 wurde DTM von 3D Systems übernommen. Nach der Übernahme wurde aus der DTM 2500^{plus} die 3D Systems Vanguard si2 entwickelt. Sie stellte die vierte Generation nach der Kommerzialisierung dar. Die Sinterstation HiQ und auch die Sinterstation Pro gehen zwar auf diese Wurzeln zurück, insbesondere die Pro ist aber in wesentlichen Teilen eine Neukonstruktion.

Anfang 2004 wurde ein langjähriger Patentstreit zwischen 3D Systems und der EOS GmbH beigelegt und dem Vernehmen nach ein Patenttausch vereinbart.

Prinzip der Schichtgenerierung

Die Scanstrategie von 3D Systems sieht ein rasterförmiges Abtasten der jeweiligen Querschnittsfläche vor (Rasterverfahren). Dadurch ergeben sich notwendigerweise auch in der Bauebene Treppenstufen, die die Oberfläche zusätzlich verschlechtern. Durch Drehen der Rasterebene von Schicht zu Schicht erreicht man, dass der ohne zusätzliche Berandung entstehende Treppenstufeneffekt gleichmäßiger über das Modell verteilt wird und auf diese Weise nicht störend in Erscheinung tritt. Um dies gänzlich zu vermeiden (insbesondere bei dünnen Wänden), sind Scanstrategien vorzuziehen, die zunächst die äußere Kontur abfahren und anschließend die innen liegenden Bereiche abrastern. Zur Vermeidung von thermischen Schieflagen wird abwechselnd in $+y$- und in $-y$-Richtung, also von „vorne“ oder von „hinten“ gescannt.

Die ProX 500 wird in den Varianten HD und HS (hochauflösend, Hochgeschwindigkeit) mit einem HS Celerity BDS (Beam Delivery System) und einem 100 W CO_2-Laser angeboten. Digitale Scannersysteme unterstützen auch komplexe Scanstrategien. Die optionale Sinter Scan Software optimiert den Bauprozess, indem sie vor allem für identische Bauteileigenschaften in x- und y-Richtung sorgt.

Materialien

Die Materialfamilie für das Lasersintern heißt Form LS Materials. Sie umfasst Kunststoffe, die DuraForm heißen, Metalle, die LaserForm genannt werden, und CastForm zur Herstellung von verlorenen Formen für den Feinguss.

Es ist zu beachten, dass sich abhängig vom verwendeten Material der nutzbare Bauraum durch die vorgeschriebenen Mindestabstände zur Bauraumwand leicht verkleinern kann.

Für die SLS 380 wurde eine eigene Materialfamilie entwickelt, die nach Herstellerangaben die hervorragenden Bauteilqualitäten garantiert. Sie umfasst die Materialien:

- DuraForm ProX GF – ein Glas-gefülltes Polyamid (Nylon)
- DuraForm ProX AF+ – ein Aluminium-gefülltes Polyamid (Nylon)
- DuraForm ProX EX – ein schlagzähes Polyamid (Nylon 11)

SandForm Si (auf Silikat-Basis) und SandForm ZR (auf Zirkon-Basis) werden nicht mehr angeboten. Das gleiche gilt für Wachse, die mit der Vorstellung der ersten Maschine 1992 für einige Zeit verfügbar waren. Beides sind Indizien dafür, dass die Maschine eine weitaus größere Palette von Materialien verarbeiten kann, als zurzeit kommerziell angeboten wird.

Kunststoffe – DuraForm LS

DuraForm PA, GF: Es stehen zwei Polyamide zur Verfügung. DuraForm PA ist ein reines Polyamid und entspricht etwa PA 11, DuraForm GF ist mit Glas in Form kleiner Glaskügelchen verstärkt. Die Körnung des Pulvers beträgt typischerweise 50 µm (< 90 %). Es liefert mechanisch belastbare Modelle mit seriennahen Eigenschaften und guten Oberflächen.

Höhere Festigkeiten und Temperaturstabilitäten sind zu erzielen, wenn glasgefülltes *Polyamid, DuraForm GF,* verwendet wird. Prozessbedingt können keine Glasfasern, sondern müssen Glaskügelchen in das Pulver eingebracht werden. Sie haben einen Durchmesser von circa 50 µm. Die Kügelchen wirken dehnungsbehindernd und erhöhen so die mechanische Belastbarkeit. Die REM[10)]-Aufnahme (Bild 3.30) zeigt, dass sich interne Hohlräume aufgrund von Anhäufungen von Kügelchen bilden können, die die dynamischen Eigenschaften des Werkstoffs beeinflussen, sodass entsprechende Versuche nicht ohne Weiteres auf das Serienteil übertragbar sind. Eine weitere Auswirkung der Hohlräume ist, dass nur die Stege zur Festigkeit beitragen.

[10] REM = Rasterelektronenmikroskop, im Englischen: SEM = Scanning Electron Microscope.

Bild 3.30 REM26-Aufnahme von glasgefülltem Polyamid
Quelle: Conrads, FH Aachen

Boehler[11] und Levy haben bereits 2007 ein neues, als faserverstärkt (reinforced) bezeichnetes Polyamid 12 vorgestellt [Boehler07]. In die PA-Matrix eingebunden werden keine Fasern, sondern zäpfchenförmige Füller (Bild 3.31) die mit einer Länge von bis zu 300 µm und bei einem Aspektverhältnis (Länge zu Durchmesser) von typischerweise um die 6 im Prozess noch handhabbar sind. Das Material hat gegenüber dem unverstärkten PA eine um etwa 15 % höhere Zugfestigkeit, ist aber deutlich steifer (circa 1/3 der Bruchdehnung von unverstärktem, aber bis zum vierfachen der des glasgefüllten Polyamids). Der Zugmodul ist um circa 20 % höher als der des glasgefüllten Materials und die Wärmebeständigkeit (HDT) übersteigt die Werte für glas- und aluminiumgefüllte Materialien um mindestens 10 %, das heißt, sie erreicht circa 165 °C.

Sinterbauteile sind porös und müssen daher infiltriert werden (z. B. mit Epoxidharz), wenn sie druckdicht sein sollen.

DuraForm EX: DuraForm EX ist ein hoch belastbares und temperaturstabiles Material, das etwa die Eigenschaften von Polypropylen oder ABS aufweist und kunststofftypische Details wie Schnapphaken oder Filmscharniere funktionsfähig wiedergibt. Es wurde als Material für die direkte Fertigung entwickelt und ist für die aktuellen Maschinen verfügbar.

---

[11] The Valspar (Switzerland) Corporation AG, *www.valspareurope.com/*.

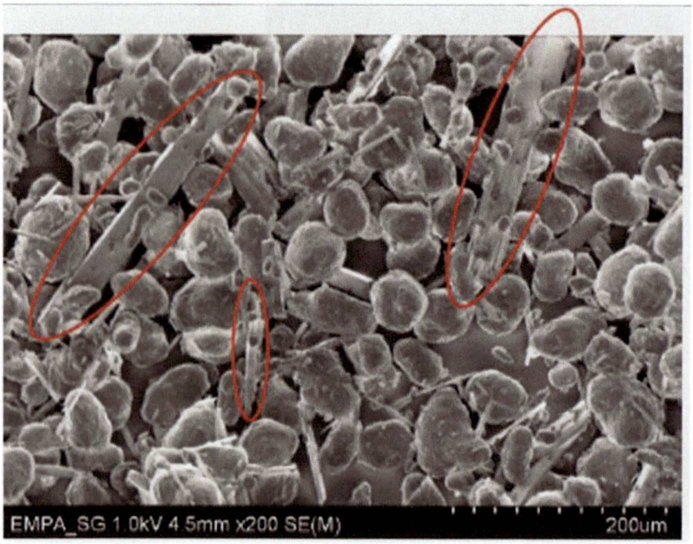

Bild 3.31 REM26-Aufnahme von „reinforced" Polyamid
Quelle: Levy/FHSG

DuraForm Flex: Für die Herstellung elastischer Bauteile steht mit DuraForm Flex ein thermoplastisches Elastomer zu Verfügung. Es dient zur Simulation von gummielastischen Materialien. Bei gleicher Shore-Härte (60 bei 23 °C) können wichtige Eigenschaften elastischer Bauteile, z. B. ihr Dichtvermögen und die auftretenden Schließkräfte bei Raumtemperatur getestet werden. Im Tieftemperaturverhalten (< –30 °C) und bei hohen Temperaturen (> +50 °C) sowie im Langzeitverhalten differieren die Werkstoffe erheblich. Daneben ist das flexible Material Somos 201 weiterhin erhältlich.

DuraForm AF: DuraForm AF ist ein Polyamid-Aluminium-Gemisch im Verhältnis von circa 40 : 60 (PA : AL), das den Bauteilen das Aussehen von druckgegossenem Aluminium verleiht. Es dient zur Herstellung von Al-Geometrieprototypen und zur direkten Fertigung von Bauteilen, die eine Al-Optik aufweisen sollen (vergleiche oben: Für die ProX 500 Plus heißt der Werkstoff *DuraForm ProX AF+*).

DuraForm FR 100: DuraForm FR 100 ist ein für Luftfahrtkomponenten entwickelter flammgeschützter Kunststoff. Der Werkstoff zielt auf die direkte Fertigung von Bauteilen. Er hat die FAA[12] Tests bezüglich Entflammbarkeit und der Entwicklung von Rauch und giftigen Gasen bestanden. Die mechanisch technologischen Eigenschaften entsprechen denjenigen von DuraForm PA. DuraForm FR ist nur für die Sinterstation Pro verfügbar.

[12] FAA (Federal Aviation Administration): US-amerikanische Bundesbehörde zuständig für die Sicherheitsvorschriften in der Luftfahrt der USA. FAA-Vorschriften werden häufig international anerkannt oder übernommen.

CastForm PS: Als Werkstoff für die Fertigung ausschmelzbarer Modelle für den Feinguss steht mit CastForm PS ein Werkstoff niedriger Dichte auf Polystyrol-Basis zur Verfügung. Es eignet sich für Aluminium- aber auch für Titan-Feinguss sowie für niedrigschmelzende Legierungen. CastForm PS ist für den Standard-Gießereiprozess optimiert. Er ist autoklavierbar, erweicht bei circa 80 °C und vermeidet daher das Sprengen der Schale (Shell Cracking), weist eine geringe Wasseraufnahme und mit 0,02 % einen niedrigen Restaschegehalt auf.

3.2.3.2 Direct Metal Printing DMP-3D Systems

Production 3D Printer:

DMP Flex 100, DMP Flex 200, DMP Flex 350 und DMP Flex 350 dual, DMP Factory 350 und DMP Factory 350 dual, DMP Factory 500

ProX 200 DMP, ProX 300 DMP, ProX 320 DMP

DMP Dental 100, ProX 100 Dental, ProX 200 Dental

3D Systems Inc., Rock Hill, SC, USA

3D Systems GmbH, Darmstadt, Deutschland

Kurzbeschreibung

Additive Anlagen zum Versintern von Metallen. Die Maschinen arbeiten nach dem Laser-Scanner-Prinzip. Ein Laser scannt die Oberfläche eines Pulverbettes und schmilzt die Partikel lokal auf, die nach Erstarrung eine Schicht des Bauteils bilden. Nach Neubeschichtung wiederholt sich der Prozess Schicht für Schicht. Verfahrensbedingt werden bei den Metallverfahren Stützen verwendet.

Anwendungsbereich

Metall: Funktionsprototypen, Endprodukte über Direct Manufacturing oder Direct Tooling.

Entwicklungsstand

Kommerzialisiert seit 2013 im Zuge der Übernahme der Firmen Phenix Systems (F) und (seit 2016) Layerwise (B).

Historisches

Den Zugang zur Herstellung von metallischen Bauteilen schaffte sich 3D Systems 2008 über eine Kooperation mit MCP Tooling. Im Zuge einer Direct-Private-Label-Vereinbarung wurden die Metal-Sintering-Anlagen Sinterstation Pro DM100 und DM250 in den 3D-Systems-Vertrieb aufgenommen und das Metall-Thema aktiv verfolgt. Im Juni 2013 wurde die französische Firma Phenix Systems akquiriert. Phenix Systems wurde im Jahr 2000 von *François Reymondet*, *Patrick Teulet* und *Jean Marie Gaillard* gegründet. Ein erster Prototyp wurde bereits 1996 gebaut. Mit der Phenix 900, die rückblickend ebenfalls als Prototyp bezeichnet wird, begann 2001 der Markteintritt.

Die Sinteranlage PXM 250 wurde in das 3D-Systems-Programm integriert und als Entwicklungsbasis für die ProX 300 und andere eingesetzt. Sie und vor allem das Know-how der belgischen Firma Layerwise, die Ende 2014 akquiriert wurde, war der Ausgangspunkt für die Metall-Linie „Direct Metal Printing (DMP)", die heute die ProX-Serie umfasst. Die Maschinen arbeiten nach dem Prinzip des Selective-Laser-Sintering (SLS). Mit der Vorstellung der ProX DMP 320 (2016) wurden eigene Akzente gesetzt und auch die gestalterische Nähe zu den Phenix-Maschinen aufgegeben.

Informationen zu den ursprünglichen Phenix-Maschinen finden sich in der 3. Auflage dieses Buches (Abschnitt 3.2.12 „Lasersintern Phenix", Seiten 213 bis 216).

Prinzip der Schichtgenerierung

Siehe Abschnitt 3.2.3.1 „Laser Sintering, SLS – 3D Systems".

Abweichend von der Standardbeschichtung durch eine Walze (Roller) verfügt die ProX DMP 320 über einen Schaber oder Abstreifer (Scraper).

Materialien

Aluminiumlegierung: Aheadd® CP1, Certified Scalmalloy (A), LaserForm AlSi7Mg0.6 (A), LaserForm AlSi10 Mg (A)

Nickellegierung: GRX-810 (A), Certified HX, Zertifiziertes CuNi30 (A), LaserForm Ni625 (A), LaserForm Ni625 (B)

Nioblegierung: Certified C-103 (A)

Kupferlegierung: Zertifiziertes sauerstofffreies Kupfer (A), Zertifiziertes CuCr1Zr (A), Zertifiziertes GRCop-42 (A), Zertifiziertes CuCr2.4 (A)

Stahllegierung: Certified M789 (A), LaserForm 316L (B), LaserForm Maraging Steel (A), LaserForm 17–4PH (A), LaserForm 17–4PH (B)

Kobalt-Chromlegierung: LaserForm CoCrF75 (A)

3.2.4 Lasersintern – EOS GmbH

Selektives Lasersintern (SLS), Direktes Metall-Laser-Schmelzen (DMLS)

EOS(INT) P: Formiga P 110, P 396, P 450, P 500, P 770

EOS(INT) M: M 290, M 300, M 400

EOSINT S: s750

Electro Optical Systems GmbH (EOS), Krailing-München, Deutschland

Kurzbeschreibung

Additive Anlagen zum direkten Versintern von Kunststoffen (P) und direkten Verschmelzen von Metallen (M). Die Maschinen arbeiten nach dem Laser-Scanner-Prinzip. Ein Laser scannt die Oberfläche des Pulverbetts und schmilzt die Partikel an oder auf, die nach Erstarrung eine Schicht bilden. Nach Absenkung der Bauplattform und Neubeschichtung wird der Prozess erneut durchlaufen, bis das Bauteil fertiggestellt ist. Verfahrensbedingt sind keine Stützen notwendig.

Für die Verarbeitung von Kunststoffen und Metallen gibt es für den jeweiligen Werkstoff optimierte Maschinen.

Maschinen zur Verarbeitung von Gießereisanden werden auf der Internetseite der Firma nicht mehr angeboten. Die entsprechenden Informationen sind in Abschnitt 3.2.4 „Lasersintern – EOS“ der 4. Auflage dieses Buches zu finden.

Anwendungsbereich

Kunststoffe (EOS(INT) P):

Konzeptmodelle, Funktionsprototypen, Endprodukte aus Kunststoff direkt oder aus Metall über Feinguss

Metalle (EOS(INT) M):

Technische Prototypen, Direktes Tooling (Endprodukte über Tooling)

Entwicklungsstand

Kommerzialisiert seit 1994 (P) und seit 1995 (M, S).

Historisches

EOS wurde 1989 im Rahmen eines Projektes mit der BMW AG zur Entwicklung einer Stereolithographie-Anlage von Dr. Langer gegründet. Schon nach der ersten Stereolithographie-Maschine 1991 wurde eine Sintermaschine zum Kunststoffsintern entwickelt und zur EOSINT-Modellreihe ausgebaut. Die EOS(INT)- P-Baureihe bezeichnet Maschinen zum Versintern von Polystyrol und Polyamid. Sie wurde 1994 mit der P 350 begründet und führte über die P 360, P 380 zur P 385 (2005) und zur P 396 (2014). Zur Baureihe gehört auch die größte Kunststoff-Sintermaschine, die Doppel-Laseranlage P 700 (1999) in der aktuellen Version als P 770. EOS(INT)-M, die Baureihe zum Direktversintern von pulverförmigen Metalllegierungen und Metallen, startete 1994 mit dem Prototypen M 160. Es folgten EOS M 250/M250 Xtended, M270 (2004), M 280 (2010), M290 (2017), M300 (2018) und M 400 (2014).

Zum Versintern von Formsanden wurde aus der P 350, P 760 und P 800 sowie die S 350 eine Anlage zur Herstellung von (vorzugsweise) Kernen für den Sandguss entwickelt. Darauf folgten die Doppel-Laseranlagen EOSINT S750. Die Sandlinie wird auf der Internetseite der Firma nicht mehr aktiv beworben.

Bis zur Aufgabe des Stereolithographie-Geschäftes war EOS weltweit die einzige Firma, die zugleich Stereolithographie- und Sintermaschinen baute.

Im Jahr 2019 hat Marie Langer die Geschäftsführung der EOS GmbH übernommen. Dr. Hans Langer ist weiterhin als Executive Chairman der EOS Group tätig.

Prinzip der Schichtgenerierung

Das Prinzip der Schichtgenerierung entspricht dem in Abschnitt 3.2.1 „Maschinenspezifische Grundlagen“ beschriebenen, für das Lasersintern typischen Verfahren. Die Maschine arbeitet nach dem Laser-Scanner-Verfahren. Insbesondere für den Metallprozess wurde das ursprünglich für die Stereolithographie entwickelte *Skin and Core*-Verfahren derart modifiziert, dass für die Außen- und für die Innenstruktur unterschiedliche optimale Bauparameter vorgegeben werden können.

Die Scanstrategie ist dem jeweiligen Material angepasst.

Material – Kunststoffe

Ungefüllte Polyamide (PA 2221, PA 3200GF, PrimePart). In den EOSINT-Maschinen werden als Standardmaterialien Feinpolyamide ähnlich PA 12 eingesetzt. Sie sind ohne Glasfüllung als PrimePart Plus PA 2221 oder mit Glasfüllung als PA 3200GF verfügbar. Die Korngrößen betragen circa 60 µm. Die Festigkeiten erreichen bis zu 90 % der Werte, in Einzelfällen auch mehr, die spritzgegossene Bauteile aus formal identischen Werkstoffen aufweisen. Die Bauteile eignen sich deshalb nicht nur hervorragend als Funktionsmodelle und zur Simulation von Spritzgussteilen, sondern auch für die direkte Fertigung. Dies begründet auch den Einsatz des Sinterns im Rahmen des e-Manufacturing (siehe Kapitel 6 „Direct Manufacturing – Rapid Manufacturing“). Das Polyamid PA 2200 ist als biokompatibel zertifiziert.

PrimePart ST (PEBA 2301) ist ein flexibles Polyetheramid mit gummiähnlichen Eigenschaften.

Gefüllte PA 12-Polyamide (AluMide, CarbonMide, Flammgeschützte Polyamide). Das AluMide ist ein mit Aluminiumpulver gefülltes Polyamid. Dadurch ergibt sich eine Metalloptik mit interessanten Farb- und Oberflächeneffekten, vor allem wenn die Bauteile nach dem Bauprozess poliert werden. AluMide weist etwa den E-Modul des PA 3200 GF und die Zugfestigkeit des PA 2221 auf, hat aber mit circa 170 °C eine um 40 °C höhere Temperaturbeständigkeit. EOS fertigt mit diesem Material z. B. die Griffe der EOS M 270 und unterstreicht damit auch in der eigenen Fertigung die Strategie des e-Manufacturing.

CarbonMide (2005) ist ein mit Kohlenstoff (Carbon)-Kugeln gefülltes PA 12-Polyamid, das eine höhere Festigkeit, geringeres Gewicht und eine interessante schwarze Optik miteinander verbindet.

Im Jahr 2005 wurde als weltweit erster flammgeschützter Werkstoff für das Lasersintern ein flammgeschütztes Polyamid vorgestellt. Das Polyamidmaterial auf der Basis des PA 3200 erfüllt mehrere relevante Luft- und Raumfahrtvorschriften, so die JAR/FAR 25[13)], Anhang F, für Entflammbarkeit (Teil 1) und Rauchdichte (Teil 5) sowie die ABD0031/AITM 3.0005 (2) (Airbus) und die BSS 7239 (Boeing) für Rauchdichte in der Klasse Wandstärken ab 2 mm. Darüber hinaus wurde für Wandstärken über 2 mm die Klassifizierung V0 gemäß der Richtlinie UL94[14)] erreicht. Mit diesen Klassifizierungen stellt EOS ein flammgeschütztes Material zur Verfügung, das sich für die Endproduktanwendungen in Flugzeugen qualifiziert hat. PA 2241 FR ist ein flammgeschütztes Polyamid 12 mit halogenhaltigem Flammschutzmittel. Dagegen ist PA 2210 FR ein weißes Polyamid 12-Pulver, das mit einem halogenfreien, chemischen Flammschutzmittel arbeitet.

Mit dem Hochtemperatur-Werkstoff EOS PEEK HP3 steht für die EOS P 395 und die EOS P 800 ein Hochleistungspolymer zur Verfügung.

Polystyrole (PS 2500, PrimeCast 101). Als ausschmelzbares Material für den Feinguss sind die amorphen Polystyrolpulver (engl.: Polystyrene) PS 2500 und das neuere PrimeCast 101 verfügbar. Mit PrimeCast 101 können dünnere Schichten erzeugt und damit feinere Details abgebildet werden. Polystyrol kann bei relativ niedrigen Temperaturen verarbeitet werden, was einen geringeren Schrumpf und eine höhere Modellgenauigkeit begünstigt. Der Bauprozess ist zudem deutlich schneller als bei Polyamid. Für den Feingussprozess muss das Bauteil, z. B. durch Bewachsen, versiegelt werden.

Material – Metalle

Es können die meisten für das Laserstrahlschmelzen qualifizierten und verfügbaren Legierungen auf den Anlagen von EOS verarbeitet werden. Zusätzlich bietet EOS eine Vielzahl von weiteren, für die eigenen Maschinen qualifizierten Legierungen an. Materialien zur Herstellung von Metallbauteilen sind Einkomponentenpulver oder „Legierungen". Sie werden in einem Arbeitsgang direkt verschmolzen.

DirectSteel H20 ist ein 20 µm Pulver auf Stahlbasis. Es wurde bereits 1998 (als Direct Steel 50 V1) als erstes in einer kommerziellen additiven Anlage einsetzbares reines Stahlpulver vorgestellt. Die Angaben des Herstellers „ohne Kunststoffbindemittel", die Schmelztemperatur „über 700 °C" und die Zugfestigkeit von bis zu 1100 MPa deuten darauf hin, dass durch entsprechende Optimierung der Legierungsbestandteile (Cr, Ni, Mo, Si, V, C) ein für Stahl relativ niedrig schmelzender Werkstoff entwickelt wurde, dessen Eigenschaften in etwa dem von Stahlguss entsprechen. Die Wärmeleitfähigkeit ist mit $\lambda = 25$ W/mK (bei 23 °C) deutlich geringer als die von Stahl ($\lambda = 45$ W/mK) und fällt mit der Temperatur noch deutlich ab. Der entscheidende Schritt besteht

[13] JAR (Joint Aviation Requirements) der JAA sind das europäische Äquivalent zu den FAR (Federal Aviation Regulations) der FAA. Die JAA (Joint Aviation Authorities) ist ein Zusammenschluss der zivilen Luftfahrtbehörden von 34 europäischen Ländern. Die FAA (Federal Aviation Administration) ist die Bundesluftfahrtbehörde der Vereinigten Staaten.

[14] UL (Underwriters Laboratories): eine Organisation zur Überprüfung und Zertifizierung der Produktsicherheit. UL94 regelt die Flammausbreitung.

aber darin, ein dichtes Bauteil (Dichte = 7,8 g/cm³) ohne aufwendige Folgeprozesse und deshalb ohne den dadurch verursachten Verzug direkt zu versintern. Es werden Oberflächenhärten von über 40 HRC erreicht. Zur Beschleunigung stehen je nach Anforderung an die Oberflächen auch Parametersätze für Schichtstärken von 40 und 60 µm zur Verfügung. Freistehende Wände werden mit einer Wandstärke bis 0,28 mm realisiert. Eine Infiltration ist weder notwendig noch aufgrund der hohen Dichte sinnvoll möglich. Das Material kann spanend bearbeitet und drahterodiert werden.

StainlessSteel GP1 ist ein Edelstahl, der der europäischen Werkstoffnummer 1.4543 entspricht. Er zeichnet sich durch eine sehr hohe Korrosionsbeständigkeit, gute mechanische Eigenschaften und durch eine hervorragende Duktilität ohne weitere Nachbehandlung aus. Dieser Werkstoff wird besonders für die Herstellung von Bauteilen (DirectPart) empfohlen. Mit Standardparametern können Schichtdicken von 20 µm hergestellt werden. Der Werkstoff schmilzt vollständig auf. Die Bauteile sind daher vollkommen dicht und haben nahezu isotrope Eigenschaften. Um den Bauprozess zu beschleunigen, kann auch das Hülle-Kern-Verfahren angewendet werden. Die Bauteile können nicht-additiv bearbeitet, also auch geschweißt, mikrogestrahlt, poliert oder beschichtet werden.

StainlessSteel PH1 ist ein vorlegierter Edelstahl. Der Werkstoff entspricht DIN 1.4540.

StainlessSteel 316L ist ein korrosionsresistenter, auf Eisen basierender Werkstoff, der für die Verarbeitung auf der EOS M 280 optimiert wurde. Er entspricht ASTM F138 „Standard-Schmiede-Qualität für 18Cr-14Ni-2.5Mo Edelstahlteile und Draht für Chirurgische Implantate (UNS S31673)“.

CobaltChrome MP1 ist eine sehr feinkörnige, Kobalt-Chrom-Molybdän-basierte Pulvermischung. Sie zeichnet sich durch sehr gute mechanische Eigenschaften sowie durch Korrosions- und Temperaturbeständigkeit aus. Sie entspricht der chemischen Zusammensetzung der UNS R31538 CoCrMo-Legierung, ist nickelfrei (< 0,1 % Nickelgehalt) und sterilisierbar. Sie eignet sich daher besonders für biomedizinische Anwendungen. Die lasergesinterten Bauteile erfüllen vollständig die Anforderungen von ISO 5832-4 und ASTM F75 für gegossene CoCrMo-Implantatlegierungen, sowie, bis auf die Dehnung, die Anforderungen von ISO 5832-12 und ASTM F1537 für geschmiedete CoCrMo-Implantatlegierungen. Durch heiß isostatisches Pressen (HIP) kann die Dehnung erhöht werden und erfüllt dann auch diesen Standard.

CoCr-Legierungen werden auch für hochbelastete Bauteile, z. B. in Flugzeugtriebwerken und im Motorenbau eingesetzt.

CobaltChrome SP2 ist eine Variante für die Zahntechnik. Es erfüllt zusätzlich zu den Eigenschaften von MP1 die besonderen Anforderungen von Zahnersatzelementen, die mit Dentalkeramik verblendet werden. EOS CobaltChrome SP2 Pulver ist ein Medizinprodukt gemäß Klasse IIa der Richtlinie 93/42/EWG, Anhang IX, Regel 8.

MaragingSteel MS1 ist ein martensitisch aushärtender Stahl. Seine chemische Zusammensetzung entspricht der US-Klassifizierung 18 Maraging 300 bzw. der europäischen

1.2709 und der deutschen X3NiCoMoTi 18-9-5. Er zeichnet sich durch höchste Festigkeit bei guter Duktilität aus. Er kann sehr gut spanend nachgearbeitet werden. Durch eine thermische Nachbehandlung erzielt man eine Härte bis circa 55 HRC. Er wird als Werkzeugstahl für Spitzguss- und Druckgussformen, aber auch für hochbelastete Maschinenteile eingesetzt. Die Bauteile können bei 490 °C für 6 Stunden auf über 50 HRC-Härte nachgehärtet werden.

NickelAlloy HX ist eine Nickel-Chrom-Eisen-Molybdän Legierung in feiner Pulverform. Die Bauteile zeichnen sich durch hohe Festigkeit und Oxidationsbeständigkeit auch bei hohen Temperaturen aus und werden deshalb auch für Bereiche bis 1200 °C empfohlen.

NickelAlloy IN625 ist ein Nickel-Legierungspulver, welches hitze- und korrosionsbeständig ist. Die Legierung zeichnet sich durch sehr hohe Zug-, Kriech- und Bruchfestigkeit aus. Des Weiteren ist eine nachträgliche Wärmebehandlung des Materials möglich. Durch ihre hohe Korrosionsbeständigkeit eignen sie sich insbesondere für Anwendungen im maritimen Bereich, wo es auf eine hohe Beständigkeit gegen Lochfraß-, Spalt- und Spannungsrisskorrosion ankommt.

NickelAlloy IN718 ist ebenfalls eine Nickellegierung, welche in ihrer Zusammensetzung Inconel™ 718 entspricht. Aufgrund ihrer Alterungsbeständigkeit, Zug-, Warm- und Bruchfestigkeit, welche bis zu einer Temperatur von circa 700 °C erhalten bleiben, eignet sich diese Legierung insbesondere für Serienprodukte der Luft- und Raumfahrt. Weitere Anwendungen liegen im Bereich der chemischen Industrie, sowie der Erdöl-, Petroleum und Erdgas-Industrie.

AlSiMg10 ist eine Aluminiumgusslegierung, welche für dünnwandige Bauteile mit komplexen Geometrien eingesetzt wird. Die hohe Festigkeit und Härte werden durch Anteile von Silizium und Mangan in der Legierung erzielt. Aufgrund der mechanischen Eigenschaften und der geringen Dichte findet die Legierung Anwendung im Motorsport, der Luftfahrt, der Pneumatik, der Automobiltechnik, sowie einigen weiteren Branchen. Aus dem Bauprozess resultiert ein Gefüge mit den mechanischen Eigenschaften ähnlich dem T6-Zustand gegossener Bauteile. Daher werden Wärmebehandlungen für Lasersinter-Bauteile nicht empfohlen, aber ein Spannungsarmglühen über 2 Stunden bei 300 °C.

Titanium Ti64 ist ein vorlegiertes Ti6Al4V-Pulver. Es handelt sich um eine Legierung für Struktur- und Triebwerksteile aus der Luft- und Raumfahrt, für Fahrwerksteile und auch für medizinische Implantate. Bauteile aus Titanium Ti64 erfüllen die Anforderungen der Normen ISO 5832-3, ASTM F1472 und ASTM B348 bezüglich ihrer chemischen Zusammensetzung.

Titanium *Ti64ELI* ist eine Variante des Ti6Al-4 mit höherer Reinheit („extra-low interstitial“) mit enger begrenzten Anteilen an Eisen und den interstitiellen (eingelagerten) Elementen C und O (alpha+beta Legierung). Aufgrund seiner hervorragenden Biokompatibilität eignet es sich vor allem für medizinische und zahnmedizinische Anwendungen.

Durch ein Mikrostrahlen genanntes Verfahren kann die Oberflächengüte auf circa $R_z = 20\,\mu m$ verbessert werden. Mit im Werkzeugbau üblichen Poliermethoden sind Oberflächengüten bis $R_z = 3\,\mu m$ zu realisieren.

Die beim DMLS-Prozess verwendete Lochplatte kann direkt auf Werkzeugmaschinen aufgespannt werden.

Die Materialien, die am Bauprozess teilgenommen haben, aber nicht zum Bauteil verarbeitet wurden, können vollständig wieder verwendet werden.

3.2.5 Selektives Lasersintern – Formlabs

Selektives Lasersintern (SLS)

Fuse1, Fuse1 30 W

Formlabs, Berlin, Deutschland

Kurzbeschreibung

Dieses Kapitel geht explizit auf die SLS-Systeme des Herstellers ein. Allgemeine Informationen zu der Firma Formlabs finden sich in Abschnitt 3.1.8.

Prinzip der Schichtgenerierung

Die SLS-Technologie nutzt einen leistungsstarken Laser, um Pulvermaterialien schichtweise zu verschmelzen, wodurch komplexe und robuste Teile ohne Stützstrukturen entstehen. Das Fuse1-System bietet einen Bauraum von 165 x 165 x 300 mm. Es wird von Formlabs eine vollständige, geschlossene Infrastruktur angeboten, welche aus der Fertigungsanlage (Fuse1 oder Fuse1+ 30 W), der Sieb- und Nachbearbeitungsstation (Fuse Sift) sowie einer Sandstrahlkabine (Fuse Blast) bestehen.

Materialien

Für die SLS-Drucker stehen zudem Nylon 12 (Standard und glasgefüllt) Powder und Nylon 11 (Standard und carbongefüllt) Powder zur Verfügung, die für robuste und funktionale Teile verwendet werden.

3.2.6 Selektives Lasersintern – Sinterit

Selektives Lasersintern (SLS)

Lisa X, Lisa, Lisa Pro, NILS 480

Sinterit, Krakau, Polen

Kurzbeschreibung

Sinterit ist ein weltweit tätiger Anbieter von additiven Fertigungssystemen mit dem Schwerpunkt auf der SLS-Technologie. Das in Krakau gegründete Unternehmen entwickelt und vertreibt sowohl kompakte als auch industrielle SLS-Fertigungssysteme. Sinterit unterstützt Ingenieure, Designer und Forscher dabei, die leistungsstarke SLS-Technologie einfach und kostengünstig zu integrieren. Das Unternehmen legt großen Wert auf Innovation und Nachhaltigkeit, um die additive Fertigung voranzutreiben und neue Anwendungsmöglichkeiten für die additive Fertigungstechnik zu schaffen.

Anwendungsbereich

Die Produkte von Sinterit finden Anwendung in einer Vielzahl von Branchen, darunter Luft- und Raumfahrt, Automobilindustrie, Bildung und Konsumgüter. Sie werden häufig für die schnelle Prototypenerstellung, die Produktion von Endverbrauchsteilen und die Entwicklung industrieller Produkte eingesetzt. Dank der SLS-Technologie können komplexe Geometrien und funktionale Teile mit hoher Präzision und ohne Stützstrukturen gedruckt werden. Dies macht die Sinterit-Drucker ideal für die Herstellung von maßgeschneiderten und langlebigen Komponenten in verschiedenen industriellen und kreativen Bereichen.

Entwicklungsstand

Die Gründung von Sinterit erfolgte 2014. Die Maschinen werden mit individueller Konfigurationsmöglichkeit und Beratung kommerziell vertrieben.

Historisches

Sinterit wurde 2014 von den Ingenieuren Konrad Głowacki, Michał Grzymała-Moszczyński und Paweł Szczurek in Krakau, Polen, gegründet. Das Unternehmen spezialisierte sich auf die Entwicklung und Herstellung von SLS-3D-Druckern, um den Zugang zu dieser fortschrittlichen Technologie zu erleichtern. 2015 brachte Sinterit seinen ersten Drucker, den Lisa, auf den Markt, der als kostengünstige Alternative zu den damals teuren industriellen SLS-Druckern konzipiert war. Seitdem hat das Unternehmen seine Produktpalette um weitere kompakte und industrielle SLS-Drucker erweitert. Sinterit hat sich als globaler Marktführer etabliert und ist bekannt für seine Innovationskraft und die hohe Qualität seiner Produkte.

Prinzip der Schichtgenerierung

Der Schichtbildungsmechanismus der Sinterit-Produkte basiert auf der SLS-Technologie, bei der Polymer- oder Metallpulver schichtweise in einem erhitzten Umfeld gesintert werden. Ein Recoater, welcher aus einer drehenden Metallwalze besteht, verteilt das Pulver gleichmäßig auf dem Druckbett und ein Laser sintert die Pulverpartikel gemäß dem digitalen Modell. Nach jeder Schicht senkt sich das Druckbett um eine festgelegte Höhe und der Prozess wiederholt sich, bis das gesamte Objekt fertiggestellt ist. Die SLS-Technologie ermöglicht es, komplexe Geometrien ohne Stützstrukturen zu drucken, da das ungesinterte Pulver als Stützmaterial dient. Dieser Mechanismus führt zu hochpräzisen und funktionalen Teilen, die für verschiedene industrielle Anwendungen geeignet sind.

Materialien

Sinterit bietet eine Vielzahl von Materialien für den SLS-3D-Druck an, darunter Polyamid 12 (PA12), Polyamid 11 (PA11), PA11 mit speziellen Eigenschaften wie ESD (elektrostatisch dissipativ) und CF (kohlefaserverstärkt). Zusätzlich umfasst das Sortiment flexible Materialien wie TPU und TPE sowie spezielle Pulver wie Flexa Grey und Flexa Soft.

3.2.7 Laserschmelzen – DMG Mori

Laserstrahlschmelzen

LASERTEC 12 SLM, LASERTEC 30 DUAL SLM

DMG Mori, Bielefeld, Deutschland

Kurzbeschreibung

Die DMG Mori ist ein weltweit führender Hersteller von Werkzeugmaschinen und Lösungen für die Metallverarbeitung. Das Unternehmen bietet eine breite Palette von Produkten, unter anderem Laserschmelzanlagen. Mit dem LPBF-Verfahren zur direkten Fertigung von Endprodukten hat DMG Mori sein Portfolio erweitert und bietet seinen Kunden auch in der additiven Fertigung innovative Lösungen. Laut Hersteller prägen Dynamik und Exzellenz bis heute das Unternehmen.

Anwendungsbereich

Endprodukte aus Metall

Entwicklungsstand

Gründung der DMG MORI CO., LTD. 1948, Gründung des Ablegers MORI SEIKI GmbH 1982

Historisches

Der Ursprung von DMG MORI findet sich in Japan wieder und begann 1948 mit der Herstellung und dem Verkauf von Textilmaschinen. Nach den ersten zehn Jahren erweiterte das Unternehmen sein Geschäftsfeld auf hochpräzise Drehmaschinen und anschließend wurde 1982 die MORI SEIKI GmbH gegründet. Als weiteres Tochterunternehmen folgte 1983 die MORI SEIKI U.S.A., INC. Seit dem Jahr 2009 erfolgte eine Zusammenarbeit mit dem deutschen Unternehmen DMG, aus dem die DMG Mori AG hervorgegangen ist. Im Jahre 2017 erfolgte eine Übernahme von 50,1 % der Realizer GmbH und damit der Einstieg in die LPBF-Technologie.

Die Geschichte der Realizer GmbH geht auf die 1992 von Dr. Fockele und Dr. Schwarze gegründete F&S-Stereolithographie GmbH zurück, welche 1990 zur Entwicklung einer Stereolithographie-Anlage entstand. Ab 1995 entwickelten sie das SLM-Verfahren und stellten 1998 die SLM-ReaLizer vor. 2005 wurden die Entwicklungsarbeiten in der ReaLizer GmbH unter Leitung von Dr. Fockele konzentriert. Heute (2024) ist die Marke Realizer verschwunden und die Anlagen werden als DMG Lasertec SLM vertrieben.

Prinzip der Schichtgenerierung

Bei den Maschinen von DMG Mori müssen verschiedene Laserkonfigurationen zur Schichtgenerierung unterschieden werden. In der Standardausführung „LASERTEC 12 SLM“ wird ein Single-Laser zur Herstellung von Bauteilen verwendet. Die größere Maschine „LASERTEC 30 DUAL SLM“ bietet zusätzlich die Möglichkeit einer Ausführung mit der sogenannten Doppelstrahltechnik, bei der zwei verschiedene Laser verwendet werden: ein schwächerer, mit einem feinen Fokus zur Generierung der Randschichten, und einer mit einer höheren Leistung und einem Top-Hat-Profil. Dieser wird für die innen liegenden Bereiche eines Bauteils verwendet.

Materialien

Die Maschinen von DMG Mori verarbeiten ausschließlich metallische Werkstoffe. Es können Titan, Edelstahl, Aluminium und Nickelbasislegierungen verarbeitet werden.

3.2.8 Laserschmelzen – Nikon SLM Solutions AG

Laserstrahlschmelzen

SLM® 125 HL, SLM® 280 HL, SLM® 500 HL, SLM® NXG XII 600, SLM® 800

SLM Solutions AG, Lübeck, Deutschland

Kurzbeschreibung

Die SLM Solutions GmbH bietet Laserschmelzanlagen nach dem SLM-Verfahren zur direkten Fertigung von Endprodukten an. Nach eigener Angabe waren die Maschinen des Unternehmens die ersten, welche in der Lage waren, reaktives Aluminiumpulver zu verarbeiten. Titanimplantate im Lasersinterverfahren wurden von ihr zuerst auf den Markt gebracht.

Anwendungsbereich

Endprodukte aus Metall

Entwicklungsstand

Gründung der MCP-HEK Tooling GmbH 2007, Umbenennung in SLM Solutions GmbH 2010

Historisches

Der ursprüngliche Vertriebspartner von F&S, die MCP HEK GmbH, bildete im Jahr 2007 die HEK Tooling GmbH zur Weiterentwicklung der SLM-Technologie. Diese wurde im folgenden Jahr zur MTT Technologie GmbH umbenannt. Im Jahr 2011 wurden die Aktivitäten der MTT Technology Group, welche aus der MTT Technologie GmbH und der MTT Technologies Ltd bestand, getrennt. MTT Technologies Ltd ging an Renishaw. Die MTT Technologie GmbH wurde in SLM Solutions GmbH umbenannt, welche 2014 zur SLM Solutions AG umfirmierte. Im September 2022 hat Nikon 61,10 % des gesamten Aktienkapitals der SLM Solutions AG übernommen.

Prinzip der Schichtgenerierung

Bei den Maschinen von Nikon SLM Solutions müssen verschiedene Verfahren der Schichtgenerierung unterschieden werden. In der Standardausführung bauen sie die Schichten nach dem herkömmlichen Lasersinterprinzip auf. Die größeren Maschinen bieten zusätzlich die Möglichkeit einer Ausführung mit der sogenannten Doppelstrahltechnik, bei der zwei verschiedene Laser verwendet werden: ein schwächerer, mit einem kleinen Fokus zur Generierung der Randschichten, und einer mit einer hohen Leistung und einem Top-Hat-Profil. Dieser wird für die innen liegenden Bereiche einer Kontur verwendet. Aufgrund der Aufteilung der Laser wird dieses Verfahren von SLM Solutions als Hülle-Kern-Strategie bezeichnet.

Materialien

Die Maschinen von Nikon SLM Solutions verarbeiten ausschließlich metallische Werkstoffe. Es können Titan, Kobalt-Chrom, Werkzeug- und Edelstahl, Aluminium und Inconel verarbeitet werden. Die Korngrößen variieren hierbei zwischen 10 und 30 µm.

3.2.9 Laserschmelzen – Renishaw LTD.

Laserstrahlschmelzen Laser Melting System (AM125) AM250, A400, AM500M

Renishaw plc, Gloucestershire, United Kingdom

Kurzbeschreibung

Das Unternehmen Renishaw bietet Lasersinteranlagen zur direkten Fertigung von Endprodukten an. Die Firma ist auf die Branchen Luft- und Raumfahrt, Hightech-Maschinenbau und Elektroindustrie fokussiert. Die Maschinen sind zur Verarbeitung von metallischen Pulverwerkstoffen ausgelegt.

Anwendungsbereich

Endprodukte aus verschiedenen Metallen

Entwicklungsstand

Ursprünglich MTT Technologies Limited. Übernahme der Lasersintertechnik durch Renishaw 2011.

Historisches

Das Unternehmen Renishaw wurde im Jahre 1973 von David McMurtry und John Deer gegründet und wird von diesen beiden auch heute noch geleitet. Zunächst produzierte Renishaw hauptsächlich Messsysteme für Werkzeugmaschinen.

Durch die Übernahme von MTT Technologies Limited im Jahre 2011 erlangte Renishaw Kompetenzen auf dem Gebiet des Laserschmelzens und vertreibt die Anlagen von MTT nun unter eigenem Namen. Der Prozess arbeitet nach dem in Abschnitt 3.2.1 „Maschinenspezifische Grundlagen“ beschriebenen Lasersinterverfahren.

Prinzip der Schichtgenerierung

Die Maschinen von Renishaw arbeiten nach dem klassischen Lasersinterprinzip. Dabei erzeugen sie Schichtdicken zwischen 20 und 100 µm. Es besteht bei diesen Anlagen die Möglichkeit, während des laufenden Prozesses den Pulverauffangbehälter zum Vorratsbehälter umzuklemmen. Dadurch kann sehr pulversparend gearbeitet werden.

Materialien

Mit den Anlagen von Renishaw kann eine große Anzahl von verschiedenen Metallen verarbeitet werden. Dazu zählen die Edelstähle 316L und 17–4PH, der Werkzeugstahl H13, die Aluminiumlegierungen Al-Si-12 und Al-Si-10, die Titanlegierungen CP, Ti-6Al-4 V und Ti-6Al-7Nb, Kobalt-Chrom (ASTM75) sowie Inconel 718 und 625. Parameter für weitere Materialien befinden sich derzeit in der Entwicklung.

3.2.10 LaserCusing – GE Additive/ConceptLaser GmbH

LaserCUSING®

M2 cusing, M2 cusing Multilaser, X line 2000R, M-Line

GE Additive, Lichtenfels, Deutschland

Kurzbeschreibung

Additive Maschinen zur Herstellung von Metallbauteilen nach dem Laser-Scanner-Verfahren mittels eines LaserCUSING genannten Schmelzprozesses.

Anwendungsbereich

Metalle: Funktionsprototypen, Endprodukte als Metallbauteile für die Branchen Automobil, Luftfahrt, Medizin, Dental, Schmuck und Maschinenbau, sowie Werkzeuge/Werkzeugeinsätze für den Kunststoffspritzguss oder Metall-Druckguss´.

Entwicklungsstand

GE Additive bietet für das Laserschmelzen vier kommerzialisierte Maschinentypen am Markt an: M2 (Series 5), XLline 2000R, MLine und MLab.

Historisches

Die Concept Laser GmbH wurde 2000 als selbstständiges Unternehmen im Verbund der Hofmann Innovation Group gegründet. Seitdem konnte das Unternehmen ein jährliches Wachstum von 20 % verzeichnen. Im Jahr 2016 hat General Electric (GE) eine Mehrheitsbeteiligung von 75 % an Concept Laser für 549 Millionen € erworben.

Prinzip der Schichtgenerierung

Die LaserCUSING® Maschinen arbeiten prinzipiell wie das in Abschnitt 3.2.1 „Maschinenspezifische Grundlagen“ beschriebene Schmelzsystem. Die Bezeichnung Cusing ist ein Akronym aus **c**oncept und f**using**, was im Deutschen Auftragen und Schmelzen oder Schweißen bedeutet. Sie weist auf ein Flüssigphasen-Schmelzen hin. Das Material wird im Prozess vollständig aufgeschmolzen und es entstehen dichte Bauteile. Der Hersteller gibt an, den Verzug aufgrund eines eigenen, patentierten Belichtungssystems deutlich reduziert zu haben.

Material

Der Prozess liefert vollständig dichte Bauteile aus handelsüblichen, aber vom Hersteller für den Prozess optimierten Materialien. Es gibt unterschiedliche Einkomponenten-Pulver, die für ausgewählte Anwendungsgebiete optimiert wurden. Sie ermöglichen die Generierung von Schichtdicken zwischen 20 und 50 µm. Die Körnung variiert entsprechend.

Die Materialpalette umfasst Edel- und Werkzeugstähle, Aluminium- oder Titanlegierungen, Nickelbasierte Superlegierungen, Kobalt-Chrom-Legierungen oder auch Edelmetalle wie Gold- oder Silberlegierungen. CL 20ES (1.4404) ist ein Edelstahl zur Herstellung von säure- und rostbeständigen Bauteilen oder Werkzeugeinsätzen vorzugsweise für Vorserienwerkzeuge. Die Zugfestigkeit beträgt circa 650 N/mm² und die Härte circa 20 HRC. CL 50WS (1.2709) ist ein Warmarbeitsstahl, der zäher ist als 1.2343, eine Zugfestigkeit von circa 1100 N/mm² aufweist und eine Härte von 35 bis 40 HRC erreicht. Haupteinsatzgebiet ist die Fertigung von Werkzeugeinsätzen für das Serienspritzgießen von Kunststoffformteilen.

Mit dem CL 91RW steht ein martensitischer Chromstahl zur Verfügung, der vorzugsweise zur Herstellung von Einsätzen für Kunststoffformen verwendet wird. Er ist besonders resistent gegen korrosive Kunststoffe. Im Werkzeug- und Formenbau wird er auch häufig eingesetzt, weil er sehr gut polierbar ist. Daneben gibt es eine Nickel-Basislegierung, CL 100NB, die dem Inconel 718 entspricht. Zur Verarbeitung unter Schutzgas (M2) stehen die Werkstoffe Aluminium als CL 30AL (AlSi12) und CL 31AL (AlSi10 Mg) und Titan der Spezifikation CL 40TI ELI (TiAl6V4 ELI) zur Verfügung.

Für den Dentalmarkt eignen sich die Werkstoffe remanium® star CL und rematitan® CL des Kooperationspartners Dentaurum. Remanium® star CL ist eine nach CE0483 zertifizierte CoCrW-Legierung für die Herstellung von metallischem Zahnersatz. Die Zugfestigkeit liegt nach empfohlener Wärmebehandlung bei 1030 MPa, die Verbundfestigkeit nach ISO 9693 bei 40 MPa.

Rematitan® CL eignet sich für die Herstellung von metallischem Zahnersatz sowie Implantatkonstruktionen. Der Werkstoff ist eine CE0483 zertifizierte Titanlegierung Typ 4. Die Zugfestigkeit liegt bei 1005 MPa, die Verbundfestigkeit nach ISO 9693 bei 37 MPa.

CL 80CU ist eine Bronzelegierung, die sich aufgrund ihres Schmelzverhaltens hervorragend für die additive Verarbeitung eignet und meist im Bereich Schmuck für die Urmodellherstellung Anwendung findet. Der Werkstoff ist sehr gut polierbar und besitzt eine höhere Härte als Silber (Härte 171 ± 7 HV0.2). Gold- und Silberlegierungen werden vom Kooperationspartner Hilderbrand & Cie und Legor SRL angeboten.

Bei ihrer Verarbeitung ist je nach Maschinentyp mit einem Schutzgasverbrauch von circa 0,6 bis 34 l/min zu rechnen. Metallpulver, das für einen Bauprozess verwendet wurde, aber nicht Bestandteil des fertigen Bauteils ist, kann vollständig wieder verwendet werden. Bei der M2 cusing werden sie in der Handlingstation unter Schutzgas abgesaugt und in einem Pulvercontainer in der Maschine oder extern auf einem Pulverregal gelagert. Der Baufortschritt beträgt, abhängig vom Maschinentyp, 2 bis 100 cm³/h. Die Schwankungsbreite zeigt die starke Geometrie-, Material und Laserabhängigkeit.

Die Genauigkeiten liegen üblicherweise bei ±50 µm. Das erspart nicht die Feinschlicht-, aber die Schrupparbeitsgänge und gegebenenfalls auch die Vorschlichtung. Die Bauteileigenschaften weisen Druckgussqualitäten auf, die Oberflächen entsprechen eher dem Sandguss.

3.2.11 Laser Metal Fusion (LMF) - TRUMPF

Laser Metal Fusion (LMF)

TruPrint 1000, TruPrint 2, TruPrint 1000000, TruPrint 5000, TruPrint 5000 Green Edition

TRUMPF Laser- und Systemtechnik GmbH, Ditzingen, Deutschland

Kurzbeschreibung

Beim Laser Metal Fusion (LMF) entstehen Metallbauteile direkt durch schichtweises Aufschmelzen von binderlosen Einkomponenten-Pulvern im Pulverbett nach dem Laser-Scanner-Verfahren. Die kleinere Maschine TruPrint 1000 ist branchenspezifisch (Zahntechnik, Goldschmiede, Materialforschung) und auf einfache Bedienung ausgelegt. Die größere TruPrint 3000 zielt auf den Einsatz in der industriellen Fertigung. Die TruPrint 5000 Green Edition ist für die Fertigung von großen Bauteilen aus Reinkupfer konzipiert. Die Integration eines grünen Laserlichts ermöglicht die Verarbeitung.

Anwendungsbereich

Funktionsprototypen, Endprodukte.

Entwicklungsstand

Kommerzialisiert als TruPrint LMF Serie seit 2015.

Historisches

Die Firma TRUMPF (gegr.1923) ist ein Hersteller von Werkzeugmaschinen für die Blech- und Materialbearbeitung und von Laserstrahlquellen und lasergestützten Bearbeitungsanlagen für die Industrie. Bereits 2004 wurden TrumaForm genannte Maschinen vorgestellt. Sie arbeiteten nach dem *Direct-Laser-Forming*-Prozess und wurden als *Best Physico/Chemical Machine Tool* von dem renommierten englischen Fachmagazin „Metal Working Production" mit dem MWP Award 2004 ausgezeichnet. Obwohl es erfolgreiche Probeläufe, auch bei Dienstleistern, und Verkäufe gab, wurde der Verkauf der Maschinen aber schon im Jahr (2006) wieder eingestellt. Details der Maschinen finden sich in der 3. Auflage, Abschnitt 3.2.7 „Direktes Laserformen – Trumpf".

Im Jahre 2014 haben TRUMPF und der italienische Laserhersteller SISMA, der auch (kleinere) Laserschmelzmaschine im Programm hat, die Trumpf Sisma S.r.l. (Anteile Trumpf : SISMA = 55 : 45 %) mit Sitz in Piovene Rocchette bei Vicenza (IT) gegründet und Ende 2015 die „neue Trumpf" Laserschmelzanlage vorgestellt.

Prinzip der Schichtgenerierung

Beim Laser Metal Fusion (LMF) entstehen Metallbauteile direkt durch schichtweises Aufschmelzen von binderlosen Einkomponenten-Pulvern im Pulverbett mittels Laser-Scanner-Verfahren. Die Maschinen arbeiten nach dem in Abschnitt 3.2.1 „Maschinenspezifische Grundlagen" beschriebenen Verfahren des Flüssigphasen-Sinterns. Das Material wird im Prozess vollständig aufgeschmolzen und es entstehen dichte Bauteile.

Material

Als Baumaterial sind Edelstahl, Werkzeugstahl oder andere schweißbare Werkstoffe, aber auch reaktive Materialien wie Aluminium und Titan einsetzbar.

3.2.12 Elektronenstrahlsintern – GE Additive/ARCAM

ARCAM Q10plus, ARCAM Q20plus, ARCAM A2X, ARCAM Spectra L, ARCAM Spectra H

ARCAM AB, Mölndal/Göteborg, Sweden

GE Additive, Lichtenfels, Deutschland1

Kurzbeschreibung

Additive Maschinen zum Verschmelzen reiner Metallpulver. Mit einem Elektronenstrahl werden im Vakuum die Bereiche an der Oberfläche eines Pulverbetts der Bauteilkontur entsprechend selektiv aufgeschmolzen, die nach Erstarrung eine Schicht bilden (*Electron Beam Melting, EBM*). Das Bauteil entsteht schichtweise nach der jeweiligen Neubeschichtung.

Anwendungsbereich

Funktionsprototypen, Endprodukte.

Entwicklungsstand

Kommerzialisiert seit 2001.

Historisches

1993 meldete *Ralf Larson* ein Patent zur direkten Versinterung von Metallpulvern an. Der Prozess wurde in Zusammenarbeit mit der Chalmers University of Technology in Göteborg entwickelt. Als 1997 das Patent erteilt wurde, gründeten Larson und ein Risikokapital Fonds die Firma ARCAM, um die Technologie zu vermarkten.

Ralf Larson ist auch Erfinder des *Selective Mask Sintering* mit Infrarotstrahlern und Begründer der Firma Speed Part. Er betreibt mit seinem Bruder Ove die Entwicklungsgesellschaft Larson Brothers Co., die den technologischen und unternehmerischen Hintergrund beider Unternehmen bildet.

Im Jahr 2016 hat General Electric (GE) neben den Anteilen an Concept Laser ebenfalls 76,15 % der Anteile an Arcam aufgekauft und diese 2017 auf 76,15 % erhöht.

Prinzip der Schichtgenerierung

Reines Metallpulver wird auf die Oberfläche des Pulverbettes aufgebracht und mittels eines Elektronenstrahls entsprechend der Kontur der aktuellen Schicht aufgeschmolzen. Eine Besonderheit ergibt sich hier gegenüber anderen Verfahren durch die Möglichkeit, mehrere Schmelzpunkte auf der Schicht zu erreichen. Dies wird durch eine spezielle Steuerung des Elektronenstrahls erreicht. Durch Wärmeleitung in das teilfertige Bauteil und in das umgebende Pulver erstarrt die Schmelze und bildet eine feste Schicht. Der Prozess läuft unter Vakuum. ARCAM nennt diesen Prozess *CAD to Metal*. Kennzeichen ist das vollständige Aufschmelzen des Pulvers im Vakuum, begleitet von einer sehr genauen Temperatursteuerung.

Material

In den Maschinen lassen sich praktisch alle technisch relevanten Materialien aufschmelzen. ARCAM hat eine Anzahl von Werkstoffen für den Prozess qualifiziert, unterstützt aber auch kundenspezifische Entwicklungen.

Es gibt drei Werkstofffamilien: Stähle, Titanwerkstoffe und CoCr-Legierungen.

ARCAM 200 ist ein niedriglegierter Stahl, vorzugsweise für die Erstellung von Prototypen. Er ist weich und lässt sich gut bearbeiten. Erzielt werden eine Zugfestigkeit von circa 290 N/mm^2 und eine Härte bis 220 HB.

ARCAM H13 ist ein hochlegierter Werkzeugstahl entsprechend 1.2344, der vor allem in Werkzeugen für den Spritz- und Druckguss eingesetzt wird. Die Zugfestigkeit liegt bei circa 1400 N/mm^2, die Härte bei bis zu 52 HRC.

Ti6Al4V (Grade 5) ist die industriell verbreitetste Titanlegierung für hochbelastete Bauteile, vorzugsweise der Luft- und Raumfahrt. Die Zugfestigkeit liegt über 970 MPa, die 0,2 % Dehngrenze über 910 MPa.

Ti6Al4V ELI (Extra Low Interstitial) ist eine besonders reine Legierung bei der Schmelzunreinheiten und eingelagerte Elemente (insbesondere C, O, N) minimiert wurden. Sie ist aufgrund ihrer Reinheit besonders für medizinische Anwendungen geeignet. Wegen ihrer meist auch besseren mechanischen Eigenschaften, vor allem wegen ihrer Tieftemperaturbeständigkeit, wird sie auch in anderen Industriezweigen eingesetzt.

ARCAM ASTM F75 CoCr ist eine vor allem für die Medizintechnik interessante Legierung. Sie übertrifft die ASTM[15)] Spezifikation F75 nicht nur bezüglich der Zugfestigkeit und der Dehngrenze, sondern auch bezüglich Härte und Bruchdehnung.

[15] American Society for Testing and Materials.

Daneben wurden und werden eine Reihe von Materialien evaluiert, beispielsweise Super Alloys (Inconel 718, 625 und 620), Edelstahl und Beryllium Legierungen (AlBeMet).

Die Schichtdicken betragen abhängig vom Material 0,05 bis 0,2 mm. Daraus und aus den Strahldaten resultieren Geschwindigkeiten des Schmelzbades von 0,3 bis 0,5 mm/s. Als Genauigkeit wird ±0,4 mm angegeben. Je nach Material kann eine Baugeschwindigkeit von 30 mm/h in z-Richtung erreicht werden.

3.2.13 Laserschmelzen – Aconity3D GmbH

Laser Powder Bed Fusion (LPBF)

AconityTWO, AconityMIDI+, AconityMIDI, AconityMINI, AconityMIRCO

Aconity3D GmbH, Herzogenrath, Deutschland

Kurzbeschreibung

Die Aconity3D GmbH bietet Laserschmelzanlagen nach dem LPBF-Verfahren zur direkten Fertigung von Endprodukten an. Der Fokus besteht vor allem darauf innovative Technologien zu entwickeln, um bestehende additive Fertigungsprozesse zu verbessern. Ziel ist es, dem Kunden vollen Zugriff auf die Hardware zu ermöglichen und sich die gewünschte Anlage für den individuellen Einsatz konfigurieren zu können. Darüber hinaus bietet Aconity Beratung, ein Technikum, Auftragsfertigung von additiven Bauteilen und unterschiedliche Pulverwerkstoffe an.

Anwendungsbereich

Endprodukte aus Metall

Entwicklungsstand

Die Gründung der Aconity3D GmbH erfolgte 2014. Die Maschinen werden mit individueller Konfigurationsmöglichkeit kommerziell vertrieben.

Historisches

Die Aconity3D GmbH stellt eine Ausgründung des Fraunhofer-Instituts für Lasertechnik dar, von dem das Laser-Powder-Bed-Fusion-Verfahren entwickelt worden ist. Im Jahr 2014 wurde die Aconity3D GmbH gegründet, um den Anwendungsbereich der additiven Fertigung zu erweitern. Hierzu gehörte es, sowohl geeignete Materialien zu entwickeln als auch die Steigerung von Produktivität und Maßgenauigkeit zu erreichen. Heute liegt der Fokus des Unternehmens vor allem auf der In-Process-Überwachung. Zukünftig sollen durch unterschiedliche Sensoren während des Prozesses Informationen aufgenommen werden und zeitgleich soll auf Probleme reagiert werden können.

Prinzip der Schichtgenerierung

Alle Maschinen von Aconity3D arbeiten nach dem Laserstrahlschmelzprinzip, allerdings müssen verschiedene Konfigurationen zur Schichtgenerierung unterschieden werden. Die kleinste Maschine „AconityMICRO" baut die Schichten nach dem herkömmlichen Laserschmelzprinzip auf. Die größeren Maschinen können selbst konfiguriert werden und bieten unter anderem die Möglichkeit einer Ausführung mit einem sogenannten Quadlaser, bei der vier verschiedene Laser verwendet werden. Diese Konfiguration ermöglicht eine wesentlich schnellere Prozessdurchführung und somit eine gesteigerte Produktivität.

Materialien

Die Maschinen von Aconity3D verarbeiten ausschließlich metallische Werkstoffe. Es können Titan, Edelstahl, Aluminium und Nickelbasislegierungen verarbeitet werden.

3.2.14 Laserstrahlschmelzen – Additive Industries

Laser Powder Bed Fusion

MetalFABG2

Additive Industries, Eindhoven, *Niederlande*

Kurzbeschreibung

Additive Industries wurde 2012 gegründet und entwickelt integrierte additive Fertigungssysteme, in denen mehrere Prozessschritte kombiniert werden. Das Unternehmen legt seinen Fokus auf die Steigerung der Produktivität entlang der Prozesskette. Dies soll durch einen höheren Automatisierungsgrad und eine transparente Zugänglichkeit unterstützt werden. Außerdem stehen die Modularität und die Sicherheit der Systeme im Vordergrund. Die Fertigungsanlage ist durch verschiedene Teilsysteme erweiterbar und kann dem Wunsch der Kunden angepasst werden.

Anwendungsbereich

Endprodukte aus Metall. Luft- und Raumfahrt, Automobilfertigung, im Energiesektor.

Entwicklungsstand

Gründung von Additive Industries im Jahr 2012 und Industrialisierung der Systeme in mehreren Stufen. Zunächst sind die Anlagen nur bei Beta-Kunden zum Einsatz gekommen, bevor sie frei auf dem Markt verfügbar waren.

Historisches

Das Unternehmen Additive Industries ist im Jahre 2012 in der „Brainport Ecostructure“ in der Nähe von Eindhoven gegründet worden. Mitte November 2015 wurde der MetalFAB1-3D-Drucker erstmals auf der formnext-Messe in Frankfurt vorgestellt. Im April 2018 zog Additive Industries in eine größere Niederlassung und den Hauptsitz in Eindhoven um. Im Jahr 2021 ist die aktuelle Maschinengeneration, der MetalFABG2, ebenfalls auf der formnext vorgestellt worden.

Prinzip der Schichtgenerierung

Das Unternehmen setzt bei der Produktion von Metallteilen auf das Laser-Powder-Bed-Fusion-(LPBF)-Prinzip. Durch den hohen Automatisierungsgrad, in Kombination mit einer hohen Baurate der Parametersätze, können laut Herstellerangaben bis zu 8 sequenzielle Bauprozesse ohne manuelle Eingriffe durchgeführt werden. Dadurch sollen Fertigungsprozesse industrialisiert und deutlich beschleunigt werden.

Materialien

Titanium (Ti6Al4V), Aluminium (AlSi10 Mg), ScalmAlloy©, Stainless Steel (316L), Inconel (IN718), Tool Steel (1.2709) können für die Anlage verwendet werden.

3.2.15 Pulverbettfusion – AddUp GmbH

Pulverbettfusion

FORMUP 350, FORMUP 350 EVOLUTION

AddUp GmbH, Lübeck, Deutschland

Kurzbeschreibung

Die AddUp GmbH bietet eine Reihe von additiven Fertigungsanlagen, hierunter auch Laserschmelzanlagen nach dem LPBF-Verfahren zur direkten Fertigung von Endprodukten. Bei AddUp werden diese Anlagen zu der „FORMUP“-Reihe gezählt. Durch die Akquise von Poly-Shape, einem der größten Konstruktions- und Produktionszentren Frankreichs, ist es dem Unternehmen möglich, Bauteile mittels der FormUp-Anlagen direkt für Endkunden zu fertigen und zeitgleich technische Herausforderungen zu identifizieren.

Anwendungsbereich

Endprodukte aus Metall

Entwicklungsstand

Einstieg der Michelin 2000, Einstieg der Fives Group 2011, Fusion und Gründung der AddUp GmbH 2016

Historisches

Ursprünglich begann Michelin im Jahre 2000 mit der Entwicklung und Forschung für additiv gefertigte Reifenlamellen. Nachdem 2007 der erste Maschinenprototyp entstand und 2014 bereits 1 Mio. Teile gefertigt wurden, fusionierten die beiden französischen Industriepartner Michelin und Fives ihre additiven Fertigungsunternehmen und gründeten AddUp. Die Fives Group hatte zu diesem Zeitpunkt bereits erfolgreich eine funktionsfähige DED-Anlage entwickelt. In Zusammenarbeit entstand anschließend im Jahr 2016 die „FormUp 350"-LPBF-Anlage, die bis heute einen wichtigen Bestandteil des AddUp-Portfolios darstellt. 2007 entstand zusammen mit Sogeclair PrintSky, ein Joint Venture, welches die Inkubation von Industrieprojekten im Bereich der additiven Fertigung anstrebt. In den Folgejahren kaufte AddUp die Unternehmen BeAM und Poly-Shape auf und verlegte im Jahr 2021 den Hauptsitz in die Stadt Cincinnati, USA.

Prinzip der Schichtgenerierung

Bei den LPBF-Maschinen von AddUp handelt es sich um eine Ausführung, bei der die Schichten nach dem herkömmlichen Lasersinterprinzip aufgebaut werden. Die beiden Modelle unterscheiden sich hauptsächlich in Bezug auf ihr Bauvolumen, da die Anlage „FORMUP 350 EVOLUTION" auf den technischen Eigenschaften der „FORMUP 350"-Anlage basiert.

Materialien

Die aufgeführten Maschinen von AddUp verarbeiten ausschließlich metallische Werkstoffe. Es können alle herkömmlichen, für die additive Fertigung geeigneten Metalle eingesetzt werden.

3.2.16 Powder Bed Fusion – EPlus 3D

Powder Bed Fusion

EP-M1250 Metal 3D Printer, EP-M450H Metal 3D Printer, EP-M650 Metal 3D Printer, EP-M450 Metal 3D Printer, EP-M400 Metal 3D Printer, EP-M300 Metal 3D Printer, EP-M260 Metal 3D Printer, EP-M150 Metal 3D Printer, EP-M150 Metal Dental 3D Printer, EP-M150Pro Metal 3D Printer, EP-M250Pro Metal 3D Printer, EP-M250 Metal 3D Printer

EPlus 3D Tech Co., Ltd., Hangzhou, *China*

Kurzbeschreibung

Eplus3D wurde 2014 gegründet. Das technische Kernteam verfügt über mehr als 25 Jahre Erfahrung in der Anwendung von AM-Technologien und hat sich mit der Forschung und Entwicklung von industriellen additiven Fertigungssystemen und Anwendungstechnologien beschäftigt. Dazu zählen das pulverbettbasierte Laserstrahlschmelzen von Metallen, das Lasersintern von Kunststoffen sowie die Stereolithographie. EPlus 3D bietet professionelle Anwendungslösungen für die Bereiche Luft- und Raumfahrt, Automobil-, Werkzeug-, Gesundheits-, Dental-, Konsumgüter-, Präzisionsfertigung. Das Unternehmen verfügt über zwei Standorte in Peking und Hangzhou mit einer jährlichen wissenschaftlichen Forschungsinvestition von mehr als 20 % des Umsatzes. Die Maschinen des Unternehmens werden in mehr als 40 Länder und Regionen, wie z. B. Europa, Amerika, Japan, Südkorea und Südostasien, exportiert.

Anwendungsbereich

Endprodukte aus Metall und Kunststoff. Luft- und Raumfahrt, Automobil-, Werkzeug-, Gesundheits-, Dental-, Konsumgüter-, Präzisionsfertigung.

Entwicklungsstand

Gründung von EPlus 3D 2014, Anlagensysteme sind kommerziell verfügbar.

Historisches

Im Jahr 1993 leitete Herr Feng Tao, der Gründer von Eplus3D, die Entwicklung von Chinas erster Anlage zum selektiven Lasersintern (SLS). Im Jahr 2002 arbeitete FENG mit der South China University of Technology zusammen und entwickelte Chinas erste AM-Anlage zum selektiven Laserschmelzen (SLM). 2014 gründete Feng Tao dann das Unternehmen EPlus 3D. Das Unternehmen war einer der Pioniere im Bereich des 3D-Drucks in China und führte sowohl selektive Lasersinter- als auch Laserschmelz-Anlagen ein. In den folgenden Jahren brachte Eplus3D eine Vielzahl von 3D-Druckern auf den Markt, darunter auch spezialisierte Geräte für die Dentalbranche. Im Jahr 2022 erfolgte der Umzug in einen neuen Hauptsitz, um das stetige Wachstum im Bereich des Metall-3D-Drucks zu unterstützen. Dort wurden auch Produkte wie der EP-M450H und der EP-M1250 vorgestellt.

Prinzip der Schichtgenerierung

Die Maschinen arbeiten nach dem in Abschnitt 3.2.1 „Maschinenspezifische Grundlagen“ beschriebenen Verfahren des Laserstrahlschmelzens. Das Material wird im Prozess vollständig aufgeschmolzen und es entstehen dichte Bauteile.

Materialien

Neben den Maschinen zum Laserstrahlschmelzen bietet EPlus3D ebenfalls Systeme zur Verarbeitung von Kunststoffpulvern und photosensitiven Harzen an. Bei den metallischen Werkstoffen können Aluminium (AlSi10 Mg, AlSi7 Mg, AlF357), Nickel-Legierungen (IN625, IN718, IN939, HX), Kobalt-Chrom (F75), Maraging-Stahl (18Ni300, 13Ni400, CM55), Edelstahl (316L, 17–4PH, PH1), Wolfram W1, Titan (Ti6Al4V, Ti64ELI, Ti64 Grad 5, Ti64 Grad 23, TiCP Grad 2), Kupfer-Legierungen (CuSn) und Einsatzstahl (20MnCr5,) verarbeitet werden.

3.2.17 Powder Bed Fusion – Farsoon Technologies

Powder Bed Fusion

Kunststoffe: eForm, 252P, Flight 252P, 403P, Flight 403P, HT1001P-2, Flight HT1001P

Metalle: FS121M, FS273M, FS200M, FS301M, CAMS FS421M, FS721M, FS621M

Farsoon Europe GmbH, Stuttgart, Deutschland

Kurzbeschreibung

Farsoon Technologies wurde 2009 gegründet und ist ein weltweit tätiger Hersteller und Lieferant von Laser-Pulverbett-Schmelzsystemen (LPBF) für Polymere und Metalle auf Industrieniveau. Mit dem etablierten multidisziplinären Team in den Bereichen Elektrotechnik/Maschinenbau, Laser, Scanning und Optik, Thermokontrolle sowie Materialentwicklung und Anwendungstechnik ist Farsoon der führende Anbieter von industrieller AM-Technologie in China mit zunehmendem Wachstum auf dem internationalen Markt.

Anwendungsbereich

Endprodukte aus Metall und Kunststoff

Entwicklungsstand

Gründung von Farsoon Technologies 2009

Historisches

Im Oktober 2009 gründete Dr. Xu Xiaoshu Farsoon Technologies in einem kleinen Lagerhaus am Rande der Stadt Changsha mit der klaren Vision, die additive Technologie in fortschrittliche Fertigungswerkzeuge umzuwandeln. Angefangen mit einem kleinen Team von 10 Mitarbeitern ist Farsoon heute ein globales Unternehmen, das mehr als 500 Experten mit Kanälen in 30+ Ländern oder Regionen beschäftigt und Industriekunden auf der ganzen Welt bedient.

Prinzip der Schichtgenerierung

Beim Metall-Laser-Pulverbett-Schweißen (MLPBF), auch bekannt als direktes Metall-Lasersintern (DMLS), handelt es sich um eine fortschrittliche 3D-Drucktechnologie, bei der leistungsstarke Faserlaser eingesetzt werden, um Metallpulver schichtweise zu schmelzen. Das Verfahren beginnt damit, dass dünne Schichten aus Metallpulvermaterial, abhängig von der verwendeten Metalllegierung, gleichmäßig auf das Pulverbett aufgebracht werden. Dies geschieht entweder mit einer Gummi- oder Metallklinge. Anschließend arbeitet der Laser präzise und schmilzt das Pulver innerhalb des definierten Bereichs des digitalen Modellabschnitts in jeder Schicht. Durch wiederholtes Auftragen und Schmelzen entsteht schichtweise das 3D-Metallteil, wobei der Schmelzprozess die gewünschte Form des Bauteils bildet.

Materialien

Die Maschinen von Farsoon können in Maschinen für das Lasersintern und Maschinen für das Laserschmelzen unterschieden werden. Als Kunststoffwerkstoffe kommen die Polyamidwerkstoffe PA6, PA11 und PA12, TPU, PPS und PP zum Einsatz. Von dem PA12-Werkstoff existieren Derivate mit Glas- Kohle- oder Mineralfüllung, von PA11 eine glasgefüllte Variante.

Bei metallischen Werkstoffen können Legierungen auf Titanbasis (Ti6Al4V, TA15), Legierungen auf Aluminiumbasis (AlSi10 Mg), Nickelbasis-Legierungen (HX, IN625, IN718), Rostfreie Stähle (316L, 420, 15–5PH, 17–4PH), Maraging-Stahl (Martensitstahl Güteklasse 300), Kobalt-Chrom (CoCrMo, CoCrMoW), Legierungen auf Cu-Basis (CuSn10) verarbeitet werden.

3.2.18 Laser powder bed fusion – One Click Metal GmbH

Laser Powder Bed Fusion

MPRINT

One Click Metal GmbH, Tamm, Deutschland

Kurzbeschreibung

Die One Click GmbH ist fokussiert auf eine Laserschmelzanlage nach dem SLM-Verfahren zur direkten Fertigung von Endprodukten. Die Anlage „MPRINT“ wurde entwickelt, um Metallkomponenten mittels additiver Fertigung in hoher Qualität und geringer Zeit zu fertigen. Das Unternehmen zeichnet sich durch ein sehr benutzerfreundliches 3D-Drucksystem aus.

Anwendungsbereich

Endprodukte aus Metall

Entwicklungsstand

One Click Metal GmbH 2019

Historisches

Die One Click Metal GmbH wurde 2019 in Form eines Start-ups als Industrie-B2B gegründet. Die Idee war die additive Fertigung im Metallbereich für jedermann verständlich und zugänglich zu machen. Folglich entwickelte One Click Metal eine SLM-Anlage mit sehr hoher Benutzerfreundlichkeit. Heute stehen der SLM-Anlage „MPRINT“ das Datenvorbereitungsprogramm „MONE“ und die speziell zur Entpackung entwickelte Anlage „MPUREpro“ zur Seite und bieten so ein geschlossenes ECO-System.

Prinzip der Schichtgenerierung

Bei der „MPRINT“-Maschine von One Click Metal handelt es sich um eine Ausführung, bei der die Schichten nach dem herkömmlichen Lasersinterprinzip aufgebaut werden.

Materialien

Die Maschine One Click Metal verarbeitet ausschließlich metallische Werkstoffe. Es können Werkzeug- und Edelstahl sowie Aluminium verarbeitet werden. Die Verpackung erfolgt in Form von Kartuschen und ermöglicht minimierten Pulverkontakt.

3.2.19 Laser Powder Bed Fusion – Laser Melting Innovations GmbH (LMI)

Laser Powder Bed Fusion (LPBF)

Alpha 140

Laser Melting Innovations GmbH, Aachen, Deutschland

Kurzbeschreibung

Die Laser Melting Innovations GmbH (LMI) bietet Anlagen für die metallische additive Fertigung mittels des Laser-Powder-Bed-Fusion-Prozesses an. Die Zielgruppe der Anlagen sind insbesondere kleine und mittelständische Unternehmen (KMUs). Um die Anlagen für diese Zielgruppe attraktiv zu machen, wird weitestgehend auf die kostentreibenden optischen Komponenten, die in herkömmlichen Systemen verbaut sind, verzichtet. Anstatt eines Laser-Scanner-Systems wird beispielsweise ein kartesisches Achsensystem genutzt, um den Laserstrahl über das Pulverbett zu führen.

Anwendungsbereich

Endprodukte aus Metall

Entwicklungsstand

Die Gründung der Laser Melting Innovations GmbH erfolgte 2017. Die Anlagen werden kommerziell vertrieben.

Historisches

Die Gründung der Laser Melting Innovations GmbH erfolgte aus einer Kooperationsgruppe zwischen dem Fraunhofer ILT und der FH Aachen. Dabei begann die Entwicklung der Anlagen im Jahr 2015 mit dem Ziel die metallische additive Fertigung kleinen und mittelständischen Unternehmen zugänglich zu machen.

Prinzip der Schichtgenerierung

Die Schichten werden nach dem in Abschnitt 3.2.1 beschriebenen Prinzip des Laserstrahlschmelzens erzeugt.

Materialien

Die Anlagen sind zur Verarbeitung von metallischem Pulver ausgelegt. Kommerziell verfügbar sind aktuell Parameter für u. a. 1.4404 und Aluminium AlSi10 Mg. Prozessparameter für weitere Legierungen können auf Anfrage entwickelt werden.

3.2.20 Selective Laser Melting – ZRapid

Selective Laser Melting (SLM)

iSLM800QN, iSLM600QN, iSLM500D, iSLM420DN, iSLM420D, iSLM280, iSLM160, iDEN160

ZRapid Technologies Co. Ltd, Suzhou, China

Kurzbeschreibung

ZRapid Technologies ist ein nationales High-Tech-Unternehmen aus China, das sich der Entwicklung, Produktion, dem Vertrieb und dem technischen Service von industriellen 3D-Druckausrüstungen, 3D-Drucksoftware und 3D-Druckmaterialien widmet. Als führender Lieferant von 3D-Druckern in China werden weltweit ganzheitliche 3D-Drucklösungen angeboten. ZRapid hat eigenständig eine vollständige Palette von Datenvorbereitungssoftware und Steuerungssystemen für additive Fertigungsanlagen entwickelt und besitzt umfassende, unabhängige geistige Eigentumsrechte an industriellen additiven Fertigungssystemen.

Anwendungsbereich

Endprodukte aus Metall, Keramik und Kunststoff

Entwicklungsstand

Gründung von ZRapid Technologies 2011

Historisches

ZRapid Technologies wurde von Dr. Zhou Hongzhi und einer Reihe erfahrener Ärzte im Januar 2011 gegründet. Die Einrichtungen des Unternehmens erstrecken sich über 7500 Quadratmeter Bürogebäude, Produktions- und Forschungszentren. Das Kern-Technikteam verfügt über 18 Jahre Erfahrung in der Forschung im Bereich der additiven Fertigung.

Prinzip der Schichtgenerierung

Das Prinzip der Schichtgenerierung basiert auf den in Abschnitt 3.2.1 beschriebenen verfahrensspezifischen Grundlagen.

Materialien

Die Maschinen von ZRapid-Technologies verarbeiten sowohl metallische Werkstoffe als auch Werkstoffe aus Kunststoff und Keramik. Bei metallischen Werkstoffen können Edelstähle (316L), Matrizenstähle (MS1) und Legierungen aus Aluminium (AlSi10 Mg), Titan (TC4), Cobalt-Chrom (MP1), Nickel (IN718), Chrom-Bronze (QCr1) verarbeitet werden. Die Korngrößen variieren hierbei zwischen 15 und 53 µm.

3.2.21 Laser Metal Fusion – SISMA

Laser Metal Fusion (LMF)

MYSINT100, MYSINT RM DUAL LASER, MYSINT200, MYSINT300

SISMA S. p. A., Vicenza, Italien

Kurzbeschreibung

SISMA wurde 1961 gegründet und kann auf die große Erfahrung zurückgreifen, die es mit dem Bau von über 130 Maschinenmodellen für die automatische Produktion von Goldketten erworben hat. Heute hat SISMA in der Entwicklung von Lasersystemen sein Know-how auf die Erstellung von Produktionslösungen für das Beschriften, Schweißen, Schneiden, Gravieren und die additive Fertigung erweitert. SISMA ist aus Berufung innovativ und kombiniert eine moderne und unabhängige Organisation der Produktion mit einer breiten, hochspezialisierten Personalabteilung, um höchste

Produktqualität zu gewährleisten und umgehend auf Veränderungen und Anforderungen des Marktes zu reagieren.

Anwendungsbereich

Endprodukte aus Metall und Kunststoff. Schmuck, Industrie, Dental.

Entwicklungsstand

Gründung von SISMA 1961

Historisches

SISMA wurde im Jahr 1961 gegründet und begann als ein Unternehmen, das sich auf die Herstellung von Schmuckmaschinen spezialisierte. Im Jahr 1976 erweiterte SISMA sein Produktportfolio und begann mit dem Bau von Maschinen, die speziell für die Schmuckindustrie entwickelt wurden. Im Jahr 2001 machte SISMA einen entscheidenden Schritt nach vorne, als es die Produktion von Lasertechnologie einführte. Diese Entwicklung ermöglichte es dem Unternehmen, innovative Lösungen anzubieten und seine Präsenz in verschiedenen Branchen zu stärken. Im Jahr 2011 verlegte SISMA seinen Hauptsitz in eine neue Einrichtung, um den steigenden Anforderungen und dem Wachstum des Unternehmens gerecht zu werden. Im Jahr 2014 nahm SISMA die additive Fertigung in sein Produktportfolio auf. Durch die Einführung eröffnete das Unternehmen neue Möglichkeiten in der Fertigungsindustrie. Im Jahr 2021 investierte SISMA in den Ausbau seiner Produktionskapazitäten und eröffnete eine neue Industrieanlage.

Prinzip der Schichtgenerierung

Die MYSINT-Drucker von SISMA verfügen über zwei überlappende Laserquellen, die in Kombination arbeiten. Durch die Vorheizung der Druckplatte auf bis zu +200 °C und den Einsatz eines stabilen industriellen Kontrollcomputers wird eine hohe Prozessstabilität erreicht. Das System ist mit zwei Filterpatronen ausgestattet, die jeweils bis zu 1000 Stunden Druck unterstützen, und einem effizienten Absaugsystem, das den Transfer von Reststaub in einen Auffangbehälter ermöglicht. Zudem verfügt der MYSINT 200 über ein Meltpool-Überwachungssystem, das die Qualität der Verschmelzung in Echtzeit analysiert. Das innovative Gasflussmanagementsystem in der Druckkammer gewährleistet eine optimale Dichte über den gesamten Arbeitsbereich, ohne die Laserschutzlinse zu verschmutzen.

Materialien

Die Maschinen von SISMA verarbeiten Pulver aus Titan, Bronze, Edelstahl, alle schweißbaren Metalle, Edelmetalle (Gold (3N, 5N, Pd), Platin, Silber). Selbst verkaufen sie Werkstoffe für Industrie, Schmuck und Zahnmedizin.

3.3 Beschichten – Schmelzen mit der Pulverdüse

Schon in den 1970er-Jahren wurden dünnwandige, schalenartige Bauteile für hochbelastete Kernkraftwerkskomponenten aus Nickelbasislegierungen durch Auftragsschweißen hergestellt. Das Verfahren wurde als *formgebendes Schweißen* bezeichnet.

Nachdem es später mithilfe von Lasern möglich wurde, die Eigenspannungen zu beherrschen, die bis dahin unüberwindliche Verfahrenshemmnisse waren, und angesichts der wachsenden Bedeutung der Rapid Prototyping-Verfahren, haben die Amerikaner die Aktivitäten aufgegriffen und als *Shape Welding*, also als Fertigung von definierten Geometrien nur aus Schweißmaterial, weiterentwickelt.

Parallel dazu haben in der Materialbearbeitung Laser-Beschichtungsverfahren zur Beherrschung mehrlagiger Schichten mit größeren Schichtdicken geführt. Der Schritt zum kontrollierten Aufbau von beliebig berandeten Geometrien war somit folgerichtig.

3.3.1 Verfahrensprinzip

Verfahren, die Pulver über Düsen direkt in ein vom Laserstrahl erzeugtes lokales Schmelzbad einbringen und so definiert Werkstoff auftragen, werden als *Laser-Beschichten mit der Pulverdüse*, aber auch als *Laser-Generieren*, gegebenenfalls auch im Deutschen als *Laser Cladding* bezeichnet. Der Begriff Laser-Generieren kommt aus der Laser-Materialbearbeitung und bezeichnet dort in Abgrenzung zum einlagigen Beschichten das mehrlagige Beschichten mit dem Laser. Im Kontext der Additiven Verfahren hat dieser Begriff aber den Nachteil, dass er gleichzeitig die generische Bezeichnung für alle Schichtbauverfahren darstellt, die mit Lasern arbeiten.

Bei den meisten Verfahren erfolgt der Materialauftrag über frei programmierbare Düsensysteme, die das Material mittels Laserstrahlung simultan örtlich aufschmelzen. Die Schichtbildung erfolgt durch Erstarrung der Schmelze infolge Wärmeleitung in das Bauteil. Im Gegensatz zum Sintern existiert kein Pulverbett.

Die eingesetzten Materialien sind Metalle oder Keramiken. Die Verfahren arbeiten einstufig, thermische Nachbehandlungen sind möglich, oft sogar notwendig. Bei Hybridverfahren sind sie häufig integriert.

Da das Baumaterial und die zur Schichtbildung notwendige Energie allein durch die bewegliche Laser-Düseneinheit eingebracht wird, ist das Verfahren voll 3D-fähig und nicht daran gebunden, Querschnitt für Querschnitt des Bauteils zu generieren. Im Gegensatz zu Verfahren, die das schichtweise Aufbringen des Materials und die Konturierung der Schicht nacheinander vollziehen, kann das Material deshalb auch auf beliebige Substrukturen oder auch auf zu reparierende Bauteile aufgebracht werden. Das Verfahrensprinzip mit seitlicher (off-axis, siehe Abschnitt 3.3.1.1 „Pulverdüsenkonzepte") Pulverzufuhr zeigt Bild 3.32 , die Variante mit koaxialer Pulverzufuhr ist in Bild 3.33 zu sehen.

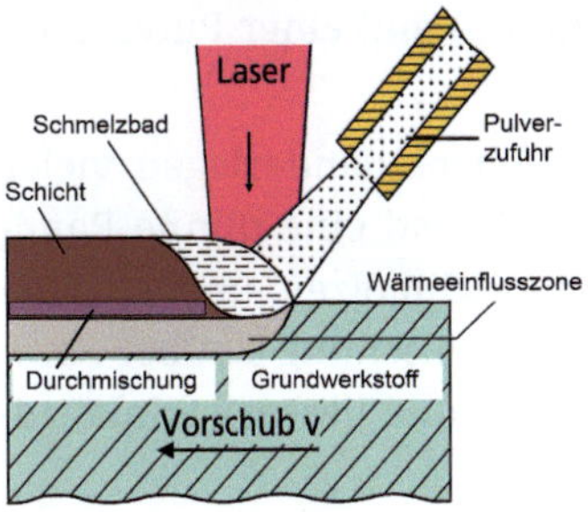

Bild 3.32
Auftragen mit der Pulverdüse, seitliche Pulverzufuhr
Quelle: LLT RWTH Aachen, Backes

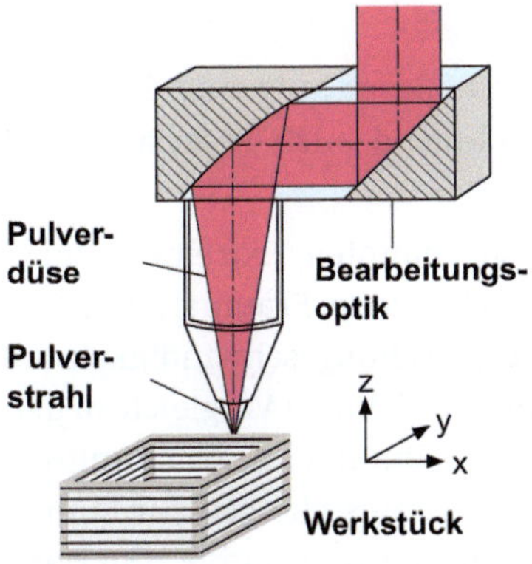

Bild 3.33
Auftragen mit der Pulverdüse, koaxiale Pulver-zufuhr
Quelle: LLT RWTH Aachen, Backes

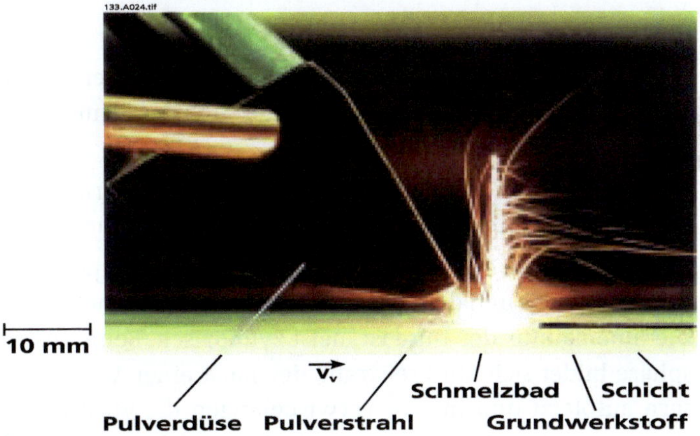

Bild 3.34 Laserauftragsschweißen, einstufiges Verfahren
Schichtaufbau (links); Prozessfoto (rechts)
Quelle: Backes, LLT RWTH Aachen

Bild 3.34 zeigt ein Prozessfoto und schematisch den Schichtaufbau.

Der Werkstoff wird mithilfe eines Inertgasstroms (z. B. Argon) und einer Pulverdüse gezielt auf die Bearbeitungsstelle geführt.

Dreidimensionale Bauteile entstehen durch Über- und Nebeneinanderlegen vieler Schichten. Im Prozess werden der aufzutragende Werkstoff und eine dünne Randschicht des Substrats oder des teilfertigen Bauteils aufgeschmolzen und so eine schmelzmetallurgische Verbindung erzeugt. Der Grad der Aufmischung ist über Parameter einstellbar. In der Regel entsteht ein dichtes (real: 99,6 und besser), feinkörniges Gefüge ohne Risse, Lunker und Poren.

Die wichtigsten Prozessparameter sind die Laserleistung P_L, die Vorschubgeschwindigkeit v_s, der Pulvermassenstrom m_P sowie die Leistungsdichteverteilung. Typische Werte liegen für P_L zwischen 300 und 5000 W, für v_s zwischen 300 und 1200 mm/min und für m_P zwischen 3 und 8 g/min.

Als Laserstrahlquellen kommen CO_2-, Nd:YAG- oder Diodenlaser, aufgrund der guten Strahlqualitäten bei kleinem Fokusdurchmesser zunehmend auch Faserlaser und Scheibenlaser zum Einsatz.

Eine Weiterentwicklung des Prozesses besteht im sogenannten Extremen Hochgeschwindigkeits-Laserauftragsschweißen (EHLA), welches vom Fraunhofer ILT in Aachen entwickelt worden ist. Hierbei steigert sich die Vorschubgeschwindigkeit um den Faktor 100 bis 250 und die Schichtdicke sinkt auf bis zu 25 µm im Vergleich zu den 500 µm beim konventionellen Laserauftragsschweißen. Zukünftige Anwendungsbereiche für dieses Verfahren können die Beschichtung von Bremsscheiben zur Einhaltung der EURO-7-Norm und die Beschichtung von Bauteilen als Alternative zum Hartverchromen sein.

3.3.1.1 Pulverdüsenkonzepte

Es kommen vorwiegend pneumatische Pulverförderer zum Einsatz. Das Gas übernimmt dann den Transport und die Funktion des Schutzgases. Eingesetzt werden vorzugsweise Argon und Helium.

Zum Beschichten mit Laserstrahlung eignen sich prinzipiell zwei verschiedene Pulverdüsenkonzepte: die Off-axis- oder Außeraxial- und die Koaxialdüse.

Off-axis-Düsen werden außerhalb der Strahlachse positioniert und so ausgerichtet, dass das Pulver und der Schutzgasstrom im Aufschmelzbereich zur Verfügung stehen. Die Innenkontur der Düse ist meist zylindrisch. Beim Austritt des Gases in die Atmosphäre bildet sich ein Freistrahl, der nach einer Wegstrecke von circa 5 Durchmessern aufplatzt und infolge Verwirbelungen die wirksame Pulvermenge verringert. Um einen hohen Pulverwirkungsgrad zu erzielen, ist deshalb ein maximaler Arbeitsabstand von circa 10 bis 15 mm einzuhalten. Typische Innendurchmesser von Düsen liegen in der Größenordnung von circa 2 bis 3 mm. Bei derart geringen Abständen treten hohe Wärmebelastungen an der Düsenspitze auf. Um Schädigungen oder Verstopfungen zu vermeiden, haben die Düsen ein integriertes Wasserkühlsystem. Aufgrund der guten Wärmeleitfähigkeit ist das Düsenmaterial aus Kupfer. Nachteilig wirkt sich bei einer Off-axis-Düse die Richtungsabhängigkeit des Bearbeitungsergebnisses von der Vorschubrichtung aus. Schleppende und stechende Bearbeitungsabschnitte wechseln je nach Geometrie.

Bei Koaxialdüsen wird das Pulver koaxial zum Laserstrahl zur Bearbeitungsstelle geführt. Eine Richtungsabhängigkeit tritt deshalb nicht mehr auf. Unterschieden werden kontinuierliche sowie diskrete Koaxialdüsen.

Bei kontinuierlichen Koaxial-Düsen wird das Pulver gleichmäßig auf den Umfang verteilt und durch einen Ringspalt um den Laser-Strahl gefördert. Probleme bereitet der relativ komplizierte Innenaufbau der Koaxialdüsen. Dadurch kann es zu Pulverstauungen im Inneren und in deren Folge zu periodischen Pulverauswürfen kommen. Die relativ breite, aufgrund des Ringspalts lateral ausgedehnte Düsenspitze führt beim Generieren an schwer zugänglichen, engen Stellen zu Problemen. Kontinuierliche Koaxial-Düsen können unterschiedlichen Fokussieroptiken oder Leistungsdichteverteilungen, die von der rotationssymmetrischen abweichen, nicht angepasst werden.

Diskrete Koaxialdüsen oder Mehrstrahldüsen führen das Pulver über mehrere Einzeldüsen zu, die um den Laserstrahl angeordnet sind. Häufig werden drei Einzeldüsen 120° zueinander positioniert. Durch den relativ steilen Anstellwinkel der Einzeldüsen von circa 75° zur Horizontalen und der Möglichkeit einer getrennten Justage gelingt es, die drei Teilstrahlen mit einer Tiefenschärfe von mehreren Millimetern zu fokussieren.

3.3.1.2 Prozessüberwachung und -regelung

Typische Abweichungen von der Soll-Schichtstärke liegen im Bereich von 10 bis 100 Mikrometer und addieren sich bei mehreren 100 Lagen bis zu Abweichungen im Millimeterbereich. Deshalb sind neben einer homogenen Leistungsdichteverteilung eine exakt justierte Pulverzufuhr und eine Förderung ohne zeitliche Fluktuationen im Pulvergasstrahl sicherzustellen. Schließlich ist ein definiert guter Prozess nur zu realisieren, wenn eine Abstandsregelung für einen reproduzierbaren Schichtaufbau sorgt.

Abhängig von der Bauteilgeometrie kann es zu lokalen Temperaturspitzen und infolgedessen zu Baufehlern kommen. Dies kann durch eine Temperaturregelung verhindert werden. Dazu wird im Schmelzbad ein Temperaturfenster von 1400 bis 1700 °C mittels einer Photodiode detektiert und als Signal für die Laser-Leistungsregelung verwendet.

3.3.2 Laser Engineered Net Shaping (LENS) – OPTOMEC

LENS 450, LENS MR7, LENS 850-R

OPTOMEC Inc., Albuquerque, NM, USA

Kurzbeschreibung

Beim Laser Engineered Net Shaping (LENS)-Prozess werden Pulver aus unterschiedlichen Metallen oder Legierungen über Pulverdüsen lokal auf ein Werkstück aufgebracht und mithilfe eines Lasers örtlich aufgeschmolzen. Auf diese Weise wird zeilen- und schichtweise Material generiert und so ein Bauteil aufgebaut oder repariert. Der Prozess entspricht dem Lasergenerieren (vergleiche Abschnitt 3.3.1 „Verfahrensprinzip“).

Anwendungsbereich

Funktionsprototypen, Endprodukte aus Metall.

Entwicklungsstand

Kommerzialisiert seit Mai 1998.

Historisches

OPTOMEC wurde 1983 von *Thomas Swann* gegründet. Die Firma liefert optomechanische Systeme an Forschungseinrichtungen, Universitäten und als Zubehör für Rapid Prototyping Anlagen. Die LENS-Technologie wurde in Sandia National Labratories (SNL) von *David Keicher* erfunden und entwickelt. Er trat 1997 als Teilhaber bei OPTOMEC ein.

Strategien/Entwicklungspartner

LENS ist ein eingetragenes Warenzeichen von Sandia National Labratories (SNL) und Sandia Corporation. OPTOMEC hat 1997 den LENS-Prozess als Lizenz von SNL übernommen und daraus ein industriell anwendbares System entwickelt. Das strategische Ziel ist die direkte Herstellung von metallenen Funktionsprototypen und serienidentischen Bauteilen aus den unterschiedlichsten metallischen und keramischen Werkstoffen. Es besteht eine Entwicklungspartnerschaft mit SNL.

OPTOMEC verfolgt insgesamt die Strategie, Hersteller von additiven Fertigungssystemen für die Verarbeitung von Hochleistungswerkstoffen zu werden. Entsprechend steht die Metallurgie im Vordergrund.

Die frei manipulierbare Pulverdüse unterstreicht einen weiteren Anspruch der Firma. Ziel des additiven Aufbaus ist es, an beliebigen Stellen des Bauteils unterschiedliche Materialien aufzutragen und nicht nur parallele definiert konturierte Schichten zu generieren. Reparaturen, Ertüchtigung bestehender Bauteile gegen Verschleiß und Bauteile aus Gradientenwerkstoffen sind daher strategisch im Fokus.

OPTOMEC bietet unter dem Namen „LENS Print Engine“ die LENS-Technologie auch zur Integration in andere spanende Systeme an und betont so ihre Kernkompetenzen und macht gleichzeitig Boden gegenüber etablierten Herstellern von Bearbeitungszentren gut.

Zur Herstellung von mikroelektronischen Komponenten hat OPTOMEC das Aerosoldrucken unter dem Namen *Maskless Masoscale Material Deposition* (M3D) – OPTOMEC vorgestellt, siehe Abschnitt 3.7.6 „Maskless Masoscale Material Deposition (M3D) – OPTOMEC".

Datenformate/Software

Das LENS-System liest fehlerfreie STL-Daten und CAD-Daten über die gängigen neutralen Schnittstellen ein. Die Systemsoftware (PartPrep) enthält alle Elemente, die zur Vorbereitung und Steuerung des additiven Prozesses notwendig sind. Das System arbeitet optional auch mit der Solid Works Rapid Prototyping Software. Das System sieht die modulare Konfektionierung nach Anwenderwünschen, beispielsweise Zusatzachsen, Sensorik und Prozessüberwachung, vor, die entsprechend in die Maschinensteuerung eingebunden werden können.

Prinzip der Schichtgenerierung

Das Pulver wird durch mehrere um den Laserstrahl angeordnete Düsen in den Fokusbereich des Lasers eingebracht, dort aufgeschmolzen und schmelzflüssig auf das Bauteil aufgetragen. Die Erstarrung erfolgt nach Abkühlung durch Wärmeleitung in das Bauteil. Es wird ein Zyklon-Pulverförderer als Standard verwendet.

Das Modell entsteht zeilenweise (Rasterverfahren), wobei die Zeilenstruktur von Schicht zu Schicht jeweils um 90° gedreht wird. Über weitere Scanstrategien ist nichts bekannt. Die LENS 850-R verfügt über einen fasergekoppelten 4 kW (cw) Faserlaser aus der YLS-Produktfamilie des Herstellers IPG.

Der Bauprozess läuft in einer vollständig abgeschlossenen Prozesskammer ab. Er kann mit einer Videokamera betrachtet werden. Die Prozesskammer wird je nach Material mit geeignetem Schutzgas, standardmäßig mit Argon, geflutet. Das System verfügt über ein aufwendiges Gasmanagement. Eine Rezirkulation sorgt für exakte Durchströmung der Prozesskammer. Sie ist mit einer Prozessgas-Reinigungsanlage verbunden, die unter anderem den Sauerstoffgehalt und die Feuchte ständig überwacht und auf < 10 ppm hält.

Bauart/Konstruktion

OPTOMEC liefert komplette Systeme bestehend aus der Soft- und Hardware zum Umsetzen der CAD-Daten und zur Steuerung des Prozesses. Es besteht aus der gegen Umwelteinflüsse abgedichteten und unter Schutzgas arbeitenden Prozesskammer, dem extern aufgestellten und mit der Kammer über Lichtleitfaser verbundenen Laser, der Pulver-Förder- und -Beschichtungseinheit und der Bauplattform.

OPTOMEC bietet die Maschine in drei Varianten an. Die LENS 450 ist ein Low-Cost-Einstiegssystem, die LENS MR-7 ist eine kleine Maschine, vorzugsweise für Materialforschung und Entwicklung.

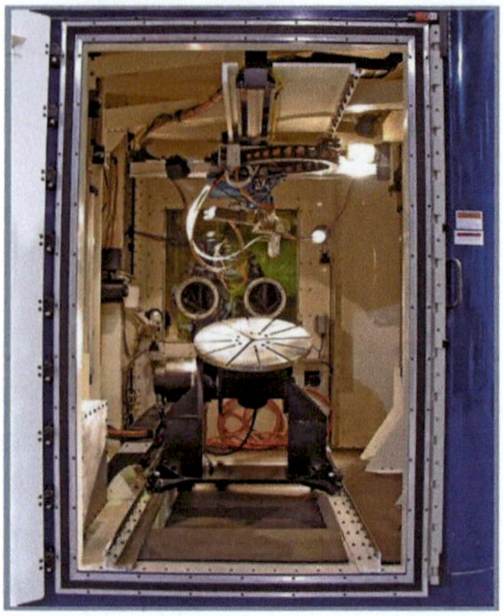

a) b)

Bild 3.35 LENS 850-R
(a) Ansicht; (b) Prozesskammer
Quelle: OPTOMEC

Die LENS 850-R, Bild 3.35 (a) und (b), ist ein großes vor allem auf industrielle Reparaturarbeiten ausgelegtes Produktionssystem. Es verfügt über eine Prozesskammer mit den Abmessungen x, y, z = 900 × 1500 × 900 mm³. Das Substrat wird auf einem Dreh-Schwenktisch gespannt, der in x- und y-Richtung verfahrbar ist. Die x-y-Kontur des Bauteils wird durch ein Positioniersystem mit bürstenlosem Servoantrieb gewährleistet. Im Laser-Beschichtungskopf der LENS 850-R sind eine Kühlung und ein Kamerasystem integriert. Er wird von einem x-y-Portalsystem in der Bauebene und das gesamte Portal in der z-Achse verfahren. Das System verfügt über bis zu sieben Achsen, x, y, z, Dreh- und Schwenkachse (+90 bis –90°) sowie optional zwei Zusatzachsen. Die Drehachse erreicht eine Genauigkeit von ±0,1° und eine Auflösung von 0,01°.

Die Baukammer verfügt über ein Schienensystem, um optional auch schwere Bauteile bearbeiten zu können. Es gibt ein Schleusensystem zum Einbringen von Gegenständen in die abgeschlossene Baukammer.

Zwei proprietäre Pulverförderer ermöglichen auch die Einstellung von Gradientenmaterial. Ein von vorne zu beschickendes Palettiersystem unterstützt die Handhabung von großen Teilen und größeren Serien.

Ein visuelles Inspektionssystem sowie eine Schmelzbadüberwachung und -regelung sind integriert.

Material/Bauzeit/Genauigkeiten

Die LENS 850-R arbeitet mit Pulvern unterschiedlicher Hersteller. Zur Verfügung stehen für den industriellen Einsatz Titan- (CP Ti, Ti 6–4, Ti 6-2-4-2), Nickel- (IN 625,

IN 718) und Kobalt- (Stellit 21) Legierungen sowie Werkzeugstahl (H13, S 7), Edelstahl (13-8, 17-4, 304, 316, 410, 420) und Aluminium (4047).

Für Aufgaben im Rahmen der Forschung und Entwicklung gibt es darüber hinaus ein breites Programm, das weitere Qualitäten, aber auch Kupfer und Composites wie WC, TiC und CrC bietet.

Nach Herstellerangaben entstehen vollkommen dichte Bauteile aus den unterschiedlichsten Materialien, die die physikalisch-technologischen Eigenschaften von Serienteilen aufweisen sollen. Oberflächengüten von 12 bis 25 µm R_A werden laut Hersteller nach Prozessabschluss erreicht. Die Auftragsraten werden mit 0,5 kg/h angegeben.

Die Hersteller geben an, dass aufgrund des Laserprozesses eine Kornverfeinerung des resultierenden Gefüges eintritt und bewirkt, dass sowohl die Zugfestigkeit als auch die Duktilität der mit LENS hergestellten Teile die Kennwerte der entsprechenden Materialien übertreffen [Kreicher98]. So erreicht der Stahl 316S mit dem LENS-Verfahren eine Zugfestigkeit von 500 MPa gegenüber 243 MPa bei nicht-additiver Verarbeitung. Diese Tendenz zeigt sich auch für Inconel 625 (584/403 MPa) und für Ti6Al4V (973/834 MPa), wobei die Bruchdehnungen mindestens um 10 % über den Vergleichswerten liegen und die erwartete Aufhärtung damit nicht eintritt. Der Hersteller gibt an, dass 0,08 mm große Details aufgelöst werden können, und nennt eine Toleranz von ± 1/10 mm bezogen auf das Fertigmaß. Der LENS-Prozess hat den grundsätzlichen Vorteil, dass Bauteile aus unterschiedlichen Materialien aufgebaut werden können. Es ist offensichtlich möglich, das Bauteil mit Stützen aus Kupfer zu versehen; sowohl nach außen als auch in Bezug auf interne Hohlräume. Nähere Angaben darüber gibt es nicht.

Post-Processing

Gegebenenfalls Entfernen der Stützen, materialspezifische Wärmebehandlung, Polieren. Prozesstypische Folgeverfahren.

3.3.3 Laser Metal Deposition (LMD), TRUMPF

TruLaser Cell 7040, TruLaser Cell 3000

TRUMPF Laser GmbH & Co. KG, Ditzingen, Deutschland

Die TrumaForm DMD 505 und der POM 5050 Direct Metal Fabricator (DM3D) waren baugleiche Maschinen, die aus der Partnerschaft von TRUMPF und POM entstanden sind. Inzwischen hat Trumpf die DM-Maschinen nicht mehr im Programm, liefert aber gleiche oder ähnliche kundenspezifische Konfigurationen auf Anfrage. POM hat die Aktivitäten in der DM3D Technology konzentriert und bietet Service und kundenspezifische Maschinenkonzepte an.

Nachfolgerin ist die TrueLaser-Cell-Familie.

Kurzbeschreibung

Die Anlagen arbeiten nach dem Laser-Metal-Deposition-(LMD)-Verfahren (siehe Abschnitt 3.3.1 „Verfahrensprinzip“). Pulver aus den verschiedensten Metallen und Legierungen wird über Pulverdüsen lokal auf ein Werkstück aufgebracht. Es wird simultan mithilfe eines Lasers örtlich aufgeschmolzen und erstarrt durch Wärmeleitung in das Werkstück zu einer festen Schicht. Auf diese Weise wird zeilen- und schichtweise Material generiert und so ein Bauteil aufgebaut oder repariert. Der Prozess entspricht einem geregelten automatisierten Lasergenerieren.

Die als TruPrint bezeichnete Maschinenfamilie arbeitet nach dem Verfahren des direkten Laserschmelzens im Pulverbett (siehe Abschnitt 3.2.11 „Laser Metal Fusion (LMF) – TRUMPF“).

Anwendungsbereich

Rapid Manufacturing.

Entwicklungsstand

Kommerzialisiert seit 2003.

Historisches

TRUMPF (gegr. 1923) ist vor allem als Hersteller von Werkzeugmaschinen für die Blech- und Materialbearbeitung, von Laserstrahlquellen und von lasergestützten Bearbeitungsanlagen für die Industrie bekannt. TRUMPF liefert modular aufgebaute Komplettsysteme, die aus Strahlquellen und Handhabungsanlagen bestehen. Für Anwendungsfelder mit entsprechender Marktrelevanz werden Speziallösungen, z. B. Rohrschweißanlagen, angeboten. Entsprechend der Firmenhistorie steht die Maschinentechnik im Vordergrund.

Bereits 1999 wurde eine aus der Kooperation mit *Precision Optical Manufacturing,* **POM,** hervorgegangene Maschine zum automatisierten Laserbeschichten im geschlossenen Regelkreis, die POM 2400, vorgestellt. Das Verfahren wurde damals als Direct Metal Deposition (DMD) bezeichnet. Ab 2002 repräsentierte die Nachfolgemaschine POM DMD 5000 (mit einem 5 kW Laser) die zweite Generation. Sie wurde auch als *Direct Metal Fabricator* bezeichnet.

Strategien/Entwicklungspartner

Die strategische Zusammenarbeit zwischen POM und TRUMPF aus dem Jahr 2002 zielte vor allem auf die gemeinsame Nutzung des DMD-Patentes zum kontinuierlichen und automatischen Laserauftragen mit einem Pulverdüsen-System#+ über integrierte optische Sensoren. Es führte zur POM DMD 5050 (die auch als DMD 505 bezeichnet wird) und zur TrumaForm DMD 505. Beide werden heute so nicht mehr vertrieben (Details siehe Abschnitt 3.3.3 der 4. Auflage dieses Buches).

Im Zuge der Neuausrichtung von TRUMPF auf dem Gebiet der additiven Fertigung (3D-Drucken) wurden 2015 unter dem Namen TruLaser Cell auch überarbeitete Maschinen zur LMD-Technologie vorgestellt. Die kompaktere TruLaser Cell 3000 (Bild 3.36) und eine große Fünfachsmaschine, die TruLaser Cell 7040 (Bild 3.37). Während die TruLaser Cell 7040 dem modularen TRUMPF Konzept folgt, ist die TruLaser Cell 3000 eher als Stand-aloneMaschine konzipiert.

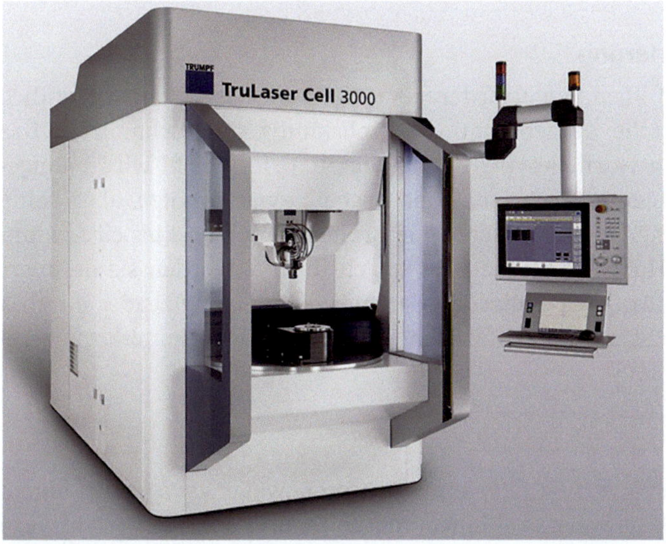

Bild 3.36 TRUMPF Laser Metal Deposition (LMD), TruLaser Cell 3000
Quelle: TRUMPF

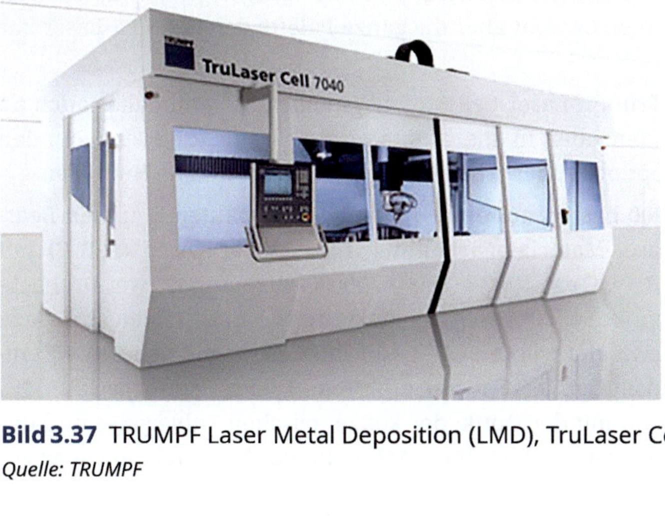

Bild 3.37 TRUMPF Laser Metal Deposition (LMD), TruLaser Cell 7040
Quelle: TRUMPF

Datenformate/Software

Die Anlage arbeitet mit dem TRUMPF 3D CAM Programmiersystem ToPs 800, also mit den 3D-CNC-Daten des jeweiligen Bauteils. Da zu reparierende Bauteile in den meisten Fällen vorher (und nachher) spanend bearbeitet werden, liegen diese Daten in der Regel vor. Alternativ wird über Teach-Verfahren direkt an der Maschine programmiert. Die Steuerung des Werkzeugweges (der Düse) ist in jedem Fall grundsätzlich bahnorientiert. Die Maschine kann über das Internet adressiert werden.

Prinzip der Schichtgenerierung

Der Pulverwerkstoff wird über Pulverförderer koaxial zum Laserstrahl zugeführt, auf die Werkstückoberfläche aufgebracht und vollständig aufgeschmolzen. Das Schmelzbad erstarrt durch Wärmeleitung in das Bauteil. Jede Schicht wird bahngesteuert Zeile für Zeile aufgebracht. Es entstehen deshalb zwar Ansätze, aber keine Treppenstufen. Die einzelnen Bahnen haben eine Breite von circa 0,2 bis circa 1 mm und eine entsprechende Höhe. Damit sie eine Schicht bilden, werden sie definiert überlappt. Der Materialauftrag wird über die Geometrie des Schmelzbades durch 3 CCD-Kameras 3D überwacht und in Echtzeit im geschlossenen Wirkungskreis geregelt.

Bauart/Konstruktion

Die TruLaser Cell Serie 3000 verfügt über ein 5-Achsen-Bewegungssystem in einem abgeschlossenen Gehäuse. Sie weist drei Linearachsen (A, B, C) auf. Die Verfahrwege sind (A = x, B = y, C = z) 800 × 600 × 400 mm. Zwei Drehachsen können um (B) ±135° und um (C) ±360° geschwenkt werden. Damit wird ein Arbeitsbereich von 600 × 420 × 520 mm realisiert. Die Werkstücke können eine Dimension von bis zu 800 × 600 mm aufweisen.

Die Anlage ist auf eine maximale Laserleistung von 8 kW ausgelegt. Als Standard ist ein 5 kW CO_2-Laser anzusehen. Es steht aber die ganze Palette der TRUMPF-Laser zur Verfügung.

Die Maschine ist Teil des Trumpf Laser Cell Modulsystems und kann daher auch an Transfersysteme angebunden oder in die automatische Bestückung eingebunden werden. Dazu verfügt sie optional über schnelle automatische seitliche Hubtüren.

Die TruLaser Cell Serie 7000 basiert auf einer modular aufgebauten 5-Achsen-Bearbeitungsanlage für die Laser-Materialbearbeitung. Drei Linearachsen (A, B, C) mit Verfahrwegen von (A = x, B = y, C = z) 4000 × (1500) 2000 × 750 mm und zwei Drehachsen, die um (B) ±135° und um (C) ±360° geschwenkt werden können, bilden ein 5-Achsen-Bewegungssystem. Verwendet werden CO_2-Laser mit Leistungen von 8 kW (Standard sind 5 kW) und Fokusdurchmessern um die 0,2 mm oder Festkörperlaser bis 6,6 kW. Der Bearbeitungskopf mit der Optik, der konzentrischen Pulverdüse und der Sensorik hängt über zwei Drehachsen an der z-Achse. Dadurch entsteht ein sehr gut zugänglicher Bearbeitungsraum. Die Maschine ist vollständig eingehaust, kann aber bei offenen Türen betrieben und von drei Seiten beschickt werden. Sie erlaubt so die Bearbeitung von Bauteilen, die größer sind als der Bearbeitungsraum. Die Bearbeitung kann unter Schutzgas erfolgen. Die Maschine ist jedoch nicht vollständig abgeschlossen (sealed) und erlaubt daher nicht die Bearbeitung in einer zirkulierenden Schutzgasatmosphäre.

Der Einsatz von bis zu vier Pulverförderern ist auch softwareseitig vorgesehen. Die Pulverwerkstoffe können direkt in der Maschine gemischt werden.

Beide Maschinen sind Teil des Trumpf Laser Cell Modulsystems.

Material/Bauzeit/Genauigkeiten

Es können handelsübliche Einkomponenten-Metallpulver ohne Binder in einer typischen Körnung von 40 bis 105 μm (max. um 160 μm) eingesetzt werden. Typische Materialien sind Superlegierungen und Ni-Co-Cr-Al Systeme, Ni- und Co-Legierungen, Werkzeugstähle wie z. B. 1.2344 sowie WC Hartbeschichtungen. Aufgrund des vergleichsweise geringen Wärmeeintrags können vor allem rissempfindliche Werkstoffe wie Nickel-Basislegierungen (z. B. Inconel) hervorragend bearbeitet werden.

Klassische Materialauftragsraten betragen circa 150 cm^3/h. Herstellerseitig werden für die 7000er Serie bis zu 500 cm^3/h angegeben. Die Schichtdicken betragen meistens mehrere 1/10 mm bis wenige Millimeter, wobei eine Bearbeitungszugabe von etwa 0,2 mm für die Endbearbeitung durch Fräsen zu beachten ist. Dickere Schichten sind weniger aus technischen als vielmehr aus wirtschaftlichen Gründen seltener anzutreffen. In der Maschine ist eine Oberflächenqualität von 175 μm zu erreichen.

Eine Wärmebehandlung kann auch in der Maschine mit dem (defokussierten) Laser erfolgen.

Post-Processing

Die Bauteile können wärmebehandelt werden.

Prozesstypische Folgeverfahren

Die Bauteile werden üblicherweise spanend endbearbeitet.

3.3.4 Laser Metal Deposition – DM3D Technology

DM3D Technology (LMD)

DMD 105D, DMD 505D, DMD 44R, DMD Multi-Düsen-System

DM3D Technology, Michigan, USA

Kurzbeschreibung

DM3D Technology ist ein führender Anbieter von Laser-Metal-Deposition-(LMD)-Technologien und Dienstleistungen, spezialisiert auf die additive Fertigung großer Metallteile. Die Systeme von DM3D ermöglichen den Druck von Bauteilen mit komplexen Geometrien und mehreren Materialien gleichzeitig, wobei Bauteile bis zu einer Größe von ca. 3048 x 3048 mm hergestellt werden können. Die Technologie wird in verschiedenen Sektoren wie Raumfahrt, Verteidigung und Industrie eingesetzt, die hohe Präzision und komplexe Metallteile erfordern. DM3D bietet auch Reparatur- und Beschichtungsdienste für bestehende Teile sowie Ingenieurdienstleistungen wie Machbarkeitsstudien und Materialtests an. Die Firma hat mehr als 30 Metalle und Legierungen für die Produktion qualifiziert und verfügt über eine patentierte Technologie zur präzisen Materialdeposition.

Anwendungsbereich

Die Produkte von DM3D Technology werden in verschiedenen Industriebereichen eingesetzt, darunter die Luft- und Raumfahrt, wo sie für die Herstellung von Komponenten wie Raketendüsen, Treibstofftanks und Turbinengehäusen verwendet werden. Weitere Anwendungsbereiche umfassen die Verteidigungsindustrie, die Energieerzeugung sowie den Öl- und Gassektor, in denen DM3D-Technologien zur Reparatur und Beschichtung von Bauteilen sowie zur Herstellung von komplexen Metallstrukturen genutzt werden.

Entwicklungsstand

Die Gründung von DM3D Technology erfolgte 2013. Die Maschinen werden mit individueller Konfigurationsmöglichkeit kommerziell vertrieben.

Historisches

Die DM3D Technology wurde im Januar 2013 gegründet und hat sich auf die Entwicklung und Bereitstellung von Laser-Metal-Deposition-Technologien spezialisiert. Seit ihrer Gründung hat DM3D zahlreiche innovative Technologien entwickelt, darunter über 40 Patente, die die additive Fertigung von großformatigen Metallteilen revolutionieren. Im Jahr 2013 wurde das Unternehmen auch offiziell registriert, um Bundesverträge und -hilfen zu erhalten.

Prinzip der Schichtgenerierung

Alle Maschinen von DM3D Technology arbeiten nach dem Prinzip des Laser Metal Deposition (LMD), wobei verschiedene Konfigurationen zur Schichtgenerierung unterschieden werden müssen. Die kleineren Systeme, wie das DMD 105D, ermöglichen eine Auftragsrate von bis zu 2,3 kg pro Stunde und eignen sich für Bauteile bis zu einer Größe von 0,3 x 0,3 x 0,3 m. Größere Maschinen, wie das DMD-Multi-Düsen-System, können Bauteile bis zu einer Größe von 3 x 3 m herstellen und erreichen eine Auftragsrate von bis zu 9 kg pro Stunde durch den Einsatz von vier Düsen. Diese Systeme bieten eine hohe Flexibilität und Effizienz, da sie in der Lage sind, mehrere Materialien in einem einzigen Bauprozess zu verwenden. Ein patentiertes Laser-Stitching-Verfahren minimiert Verzerrungen und gewährleistet eine hohe Präzision während des Druckprozesses.

Materialien

Die Produkte von DM3D Technology können mit einer Vielzahl von Metallen und Legierungen hergestellt werden, darunter Werkzeugstähle, korrosionsbeständige Stähle, Nickel, Titan, Kupfer, Aluminium und Stellite. Diese Materialien ermöglichen eine hohe Flexibilität und Anpassungsfähigkeit bei der Herstellung komplexer Bauteile für verschiedene industrielle Anwendungen.

3.3.5 Directed Energy Deposition – RPM Innovations, Inc.

Directed Energy Deposition

RPMI 557XR, RPMI 222XR

RPM Innovations, Inc., Rapid City, USA

Kurzbeschreibung

RPM Innovations ist ein Unternehmen, das sich auf Directed Energy Deposition (DED) im Bereich des Laser Engineered Net Shaping (LENS) spezialisiert hat. Diese additive Fertigungstechnik ermöglicht die Herstellung, Reparatur und Modifikation von komplexen Metallbauteilen durch das gezielte Aufschmelzen und Auftragen von Metallpulver mittels eines Laserstrahls. RPM Innovations bietet ihre Dienstleistungen und Expertise vor allem in Branchen wie der Luft- und Raumfahrt, dem Werkzeugbau und der Medizintechnik an, in denen Präzision und Effizienz von höchster Bedeutung sind.

Anwendungsbereich

Endprodukte aus Metall

Entwicklungsstand

Die Gründung der RPM Innovations, Inc. erfolgte 2013. Die Maschinen werden mit individueller Konfigurationsmöglichkeit kommerziell vertrieben.

Historisches

In den frühen 2000er-Jahren gelang es RPM Innovations, erste kommerzielle Anwendungen der LENS-Technologie zu realisieren, zunächst vor allem in der Luft- und Raumfahrt, sowie im Werkzeugbau. Das Unternehmen erweiterte kontinuierlich die Palette der verarbeitbaren Metalllegierungen, was die Einsatzmöglichkeiten der Technologie erheblich steigerte. Durch die Einführung fortschrittlicher Automatisierungs- und Prozesskontrollsysteme konnte die Effizienz und Präzision der Fertigungsprozesse weiter gesteigert werden.

Prinzip der Schichtgenerierung

Die Maschinen von RPM Innovations arbeiten nach dem Prinzip der Directed Energy Deposition (DED), insbesondere unter Verwendung der Laser-Engineered-Net-Shaping-(LENS)-Technologie. Bei diesem Verfahren wird Metallpulver kontinuierlich zugeführt und von einem hochenergetischen Laserstrahl auf einen definierten Punkt lokal aufgeschmolzen. Das geschmolzene Material wird schichtweise aufgetragen, wobei jede Schicht schnell erstarrt und so die gewünschte Struktur entsteht. Ein computergesteuertes System bewegt den Laserstrahl präzise entlang der vorgegebenen Geometrie, um das Bauteil Schicht für Schicht aufzubauen.

Materialien

Die Maschinen von RPM Innovations, die auf Directed Energy Deposition (DED) und Laser Engineered Net Shaping (LENS) basieren, können eine Vielzahl von Metallmaterialien verarbeiten. Dazu gehören Titanlegierungen wie Ti-6Al-4 V, nickelbasierte Superlegierungen wie Inconel 625 und 718, Edelstähle wie 316L und 17-4 PH, Aluminiumlegierungen wie AlSi10 Mg, Kobalt-Chrom-Legierungen (CoCr) sowie Kupferlegierungen.

3.3.6 Directed Energy Deposition – Ponticon GmbH

3DMD (Dynamic Material Deposition)

pE3D

Ponticon GmbH, Wiesbaden, Deutschland

Kurzbeschreibung

Ponticons 3DMD-Technologie (Dynamic Material Deposition) ermöglicht die Nutzung des Extremen Hochgeschwindigkeits-Laserauftragsschweißens (EHLA) für Beschichtung, additive Fertigung und Reparatur komplexer Metallbauteile, kombiniert Produktivität, Präzision und Materialvielfalt durch anpassbare Systemtechnik. Die pontiMAT®-Technologie bietet nahezu unbegrenzte Flexibilität bei der Legierungszusammenstellung, wodurch der Entwicklungsaufwand im Vergleich zu traditionellen Methoden erheblich gesenkt wird. Das pE3D-System ermöglicht dabei extrem variable Abkühlraten, die das Gefüge weitreichend beeinflussen können.

Anwendungsbereich

Endprodukte aus Metall

Entwicklungsstand

Ponticon kombiniert die Expertise seines Teams mit der Unterstützung etablierter und innovativer Partner. Eine enge Zusammenarbeit mit dem Fraunhofer Institut für Lasertechnik ILT, dem RWTH Aachen University Lehrstuhl für Digital Additive Production DAP und dem Lehrstuhl für Fertigungstechnik und Betriebsorganisation FBK der TU Kaiserslautern ist entscheidend für die Weiterentwicklung des 3DMD-Verfahrens.

Historisches

Die Ponticon GmbH hat die EHLA-Technologie (Extremes Hochgeschwindigkeits-Laser-auftragsschweißen) weiterentwickelt. Bisher konnten mit EHLA nur bestimmte Bauteile wie Hydraulikzylinder, Walzen und Bremsscheiben beschichtet werden. Mit der pE3D-Lösung von Ponticon können Bauteile nun beliebig geformt sein.

Prinzip der Schichtgenerierung

Die Anlagen von Ponticon GmbH arbeiten nach dem Schichtgenerierungsprinzip der Directed Energy Deposition (DED), wobei eine spezialisierte Technik namens Laser Engineered Net Shaping (LENS) verwendet wird. Das Verfahren nutzt eine hochenergetische Energiequelle, um Material, das als Pulver zugeführt wird, lokal aufzuschmelzen. Das geschmolzene Material wird schichtweise aufgetragen und erstarrt schnell, wodurch stabile und präzise Bauteile entstehen.

Materialien

Die Anlagen der Ponticon GmbH, die auf Directed Energy Deposition (DED) und Laser Engineered Net Shaping (LENS) basieren, verarbeiten eine breite Palette von Metallmaterialien. Dazu gehören Titanlegierungen wie Ti-6Al-4 V, nickelbasierte Superlegierungen wie Inconel 625 und 718, Edelstähle wie 316L und 17-4 PH, Aluminiumlegierungen wie AlSi10 Mg, Kobalt-Chrom-Legierungen (CoCr) und Kupferlegierungen.

3.3.7 Laser Metal Deposition – FormAlloy Technologies Inc.

FormAlloy Technologies Inc. (LMD)

X5–Series, L2-Series

FormAlloy Technologies INC., Kalifornien, USA

Kurzbeschreibung

FormAlloy Technologies, Inc. bietet Directed-Energy-Deposition-(DED)-Systeme zur direkten Fertigung, Reparatur und Veredelung von Metallteilen an. Der Fokus liegt auf der Entwicklung innovativer Technologien, um bestehende additive Fertigungsprozesse zu verbessern. Ziel ist es, den Kunden vollen Zugriff auf die Hardware zu ermöglichen und somit die gewünschte Anlage für den individuellen Zweck konfigurieren zu können. Darüber hinaus bietet FormAlloy Beratung, Auftragsfertigung von additiven Bauteilen sowie verschiedene Metallpulver und Drahtmaterialien an. Die DEDSmart®-Technologie von FormAlloy ermöglicht eine präzise und effiziente Metallpulver- und Drahtdeposition für vielfältige Anwendungen.

Anwendungsbereich

Endprodukte aus Metall

Entwicklungsstand

Die Firma FormAlloy wurde 2016 in Kalifornien gegründet. Es werden sowohl vollständige Maschinen als auch einzelne Hardwarekomponenten vertrieben. Die Produkte sind kommerziell verfügbar.

Historisches

FormAlloy Technologies, Inc. wurde im Jahr 2016 von Melanie Lang und Jeff Riemann gegründet, um die Directed-Energy-Deposition-(DED)-Technologie zur Marktreife zu bringen. Seit der Vorstellung ihrer ersten Maschine auf der RAPID 2016 hat Form Alloy zahlreiche prämierte DED-Systeme entwickelt, die es ermöglichen, metallische Teile zu fertigen, zu reparieren und zu veredeln. Das Unternehmen konzentriert sich auf die Entwicklung neuer Materialien und die Verbesserung der Prozessgeschwindigkeit und -genauigkeit. Heute liegt der Fokus von FormAlloy auf der In-Process-Überwachung und der Echtzeit-Anpassung der Produktionsparameter, um eine hohe Qualität und Effizienz zu gewährleisten. Zukünftig sollen durch den Einsatz fortschrittlicher Sensoren während des Prozesses Informationen aufgenommen und zeitgleich auf Probleme reagiert werden können.

Prinzip der Schichtgenerierung

Alle Maschinen von FormAlloy basieren auf dem Prinzip der Directed Energy Deposition (DED), wobei verschiedene Konfigurationen zur Schichtgenerierung unterschieden werden müssen. Die kleineren Maschinen der X-Serie ermöglichen die präzise Herstellung und Reparatur von Metallteilen durch den Einsatz geschlossener Regelkreise und variabler Wellenlängenlaser. Die größeren Maschinen der L-Serie bieten erweiterte Konfigurationsmöglichkeiten, einschließlich Multi-Feeder-Setups, die den einfachen Wechsel von Pulvermaterialien und die Erstellung von Gradienten- oder bi-metallischen Strukturen ermöglichen. Diese Konfigurationen verbessern die Prozessgeschwindigkeit erheblich und steigern somit die Effizienz der additiven Fertigung.

Materialien

FormAlloy verwendet in seinen Directed-Energy-Deposition-(DED)-Systemen eine Vielzahl von Materialien, darunter Nickellegierungen, Stahllegierungen, Titanlegierungen, Kupferlegierungen, Cobaltlegierungen, Aluminiumlegierungen und Verbundwerkstoffe. Zusätzlich bietet das Unternehmen die Möglichkeit, selbsterstellte Legierungen zu verwenden, um spezifische Anforderungen und Anwendungen zu gewährleisten.

3.3.8 Laser Metal Deposition – InssTek Inc.

Laser Metal Deposition (LMD)

MX-Fab 1, MX Fab-3, MX-Lab, MX-Med

InssTek Inc., Daejeon, Südkorea

Kurzbeschreibung

InssTek Inc. bietet Metall-3D-Drucksysteme basierend auf der DMT®-Technologie (Direct Metal Tooling) zur direkten Fertigung von Endprodukten an. Der Fokus liegt vor allem darauf, innovative Technologien zu entwickeln, um bestehende additive Fertigungsprozesse zu verbessern. Ziel ist es, dem Kunden vollen Zugriff auf die Hardware zu ermöglichen und somit die gewünschte Anlage für den individuellen Zweck konfigurieren zu können. Darüber hinaus bietet InssTek zusätzlich Beratung, Auftragsfertigung von additiven Bauteilen und verschiedene Softwarelösungen an.

Anwendungsbereich

Endprodukte aus Metall

Entwicklungsstand

Die Gründung der InssTek Inc. erfolgte 2001. Die Maschinen werden mit individueller Konfigurationsmöglichkeit kommerziell vertrieben.

Historisches

InssTek Inc. wurde nach sieben Jahren intensiver Forschung und Entwicklung im Jahr 2001 gegründet, nachdem 1999 die erste 3D-Metalldruckmaschine für komplexe Geometrien vorgestellt wurde. Ziel der Gründung war es, die DMT®-Technologie (Direct Metal Tooling) zur Marktreife zu bringen. Diese Technologie nutzt Hochleistungslaser und kommerziell verfügbare Metallpulver zur Herstellung komplexer und funktioneller 3D-Metallteile und -strukturen. InssTek bietet alle Komponenten des 3D-Metalldrucks, von der DMT®-Technologie über HMI-Programme bis hin zu spezialisierter Software, aus eigener Entwicklung an. Das Unternehmen legt großen Wert auf umfassenden Service und maßgeschneiderte Lösungen, um aus Kundenvorstellungen Realität werden zu lassen.

Prinzip der Schichtgenerierung

Alle Maschinen von InssTek basieren auf dem Prinzip der Direct Metal Tooling (DMT®), einem Verfahren des Directed Energy Deposition (DED), bei welchem ein metallisches Pulver mittels Laser aufgeschmolzen wird. Das kleinste System, das „MX-Lab“, ist speziell konzipiert für die Untersuchung von Materialmischungen und die Herstellung kleinerer Bauteile. Größere Systeme, wie das „MX-Fab“, bieten eine hohe Anpassungsfähigkeit und ermöglichen den Einsatz mehrerer Laserstrahlen, was die Prozessgeschwindigkeit und Effizienz signifikant erhöht. Diese Maschinen sind mit fortschrittlichen Funktionen ausgestattet, einschließlich der Echtzeitanalyse und -kontrolle der Schmelzhöhe, um die Schichtdicke präzise zu regulieren.

Neben vollständigen Maschinen zur Umsetzung des Prozesses werden auch einzelne Peripheriegeräte vertrieben, wie zum Beispiel ein Pulverfördersystem (PCM), DED-Bearbeitungsköpfe (LFM-1 und LFM-2) und ein Beschichtungskopf.

Materialien

Die Maschinen von InssTek verarbeiten ausschließlich metallische Werkstoffe. Inss Tek verwendet in seinen DMT®-Metall-3D-Drucksystemen eine Vielzahl von Werkstoffen, wie Stahl, Edelstahl, Titanlegierungen und Kupfer.

3.4 Beschichten – Schmelzen mit Draht

Anstelle des im vorhergehenden Abschnitt beschriebenen Verfahrens mit einem Pulver als Zusatzwerkstoff kann das (Laser-) auftragsschweißen auch mit Drähten umgesetzt werden. Der grundsätzliche Prozessaufbau ist den Pulverprozessen sehr ähnlich. Als Auftragswerkstoffe kommen in der Regel konventionelle Schweißdrähte zum Einsatz, welche als Vollmaterial oder als Fülldrähte vorliegen können. Während bei den Vollmaterialdrähten die Legierung fertig vorliegt, handelt es sich bei Fülldrähten um Werkstoffe, die einen äußeren Mantel aus einer definierten Legierung besitzen, im Inneren aber beispielsweise mit Wolframkarbiden gefüllt sind. Bei der Verarbeitung ergibt sich eine Matrix, welche gewisse elastische Eigenschaften aufweist, mit darin eingebetteten harten Bestandteilen, welche zum Beispiel die Abrasionsbeständigkeit verbessern. Häufig werden diese Schichten im Bereich der Panzerung von Bauteilen eingesetzt. Neben der Anwendung zum Beschichten von Bauteilen wird das Verfahren auch zur Reparatur von Bauteilen und zur Herstellung großformatiger Bauteile eingesetzt. Aufgrund der im Vergleich zum Pulverbettverfahren deutlich größeren Ausbringungsmenge reduzieren sich die Bauzeiten deutlich. Allerdings gehen hiermit schlechtere Oberflächenqualitäten einher.

Genau wie beim Laserauftragsschweißen mit Pulvern können auch bei dem Verfahren mit Drähten verschiedene Arten der Materialzufuhr differenziert werden. So gibt es neben der seitlichen Drahtzufuhr auch die Möglichkeit der zentralen Drahtzufuhr. Im Gegensatz zu den Pulververfahren, bei denen das Pulver über eine Ringdüse zentrisch fokussiert wird, muss bei der zentralen Drahtzufuhr der Laserstrahl zunächst aufgeteilt und anschließend wieder fokussiert werden. Diese Notwendigkeit entfällt bei der seitlichen Drahtzufuhr. Die Herausforderung bei den Drähten liegt in der Zufuhr ohne Biegung oder Drall des Drahtes. Durch den Drall würde sich der Abstand des Drahtes zur Linse ändern und die Fokuslage des Lasers nicht mehr stimmen. Daher werden bei der Zuführung Vorrichtungen eingesetzt, die nach Möglichkeit den Draht strecken und begradigen sollen.

Der Vollständigkeit halber werden im Rahmen dieses Abschnitts auch Hersteller mit aufgeführt, welche eine alternative Energiequelle zum Schmelzen des Drahtes nutzen. Ein naheliegender Ansatz hierzu ist die Nutzung von herkömmlichen Schweißprozessen zur Fertigung dreidimensionaler Bauteile. Bei diesen Prozessen kommt z. B. das Plasmaschweißen (Norsk Titanium), ein Lichtbogenschweißprozess (ADDILAN FABRICACIÓN ADITIVA S. L.) oder auch der Elektronenstrahl zum Einsatz (Sciaky).

Ein wichtiger Aspekt bei den Verfahren ist die Nachbearbeitung der Bauteile. Im Vergleich mit dem Pulverbettverfahren (vgl. Abschnitt 3.2) entstehen Bauteile mit einer makroskopischen Welligkeit. Diese erfordern in der Regel immer eine spanende Nachbearbeitung der Funktionsflächen.

3.4.1 Laser Metal Deposition – Meltio

DIRECTED METAL 3D SL

X5–Series, L2-Series

Meltio Engine CNC-Integration, Meltio Engine Robot-Integration, Meltio Robot Cell

Linares, Spain

Kurzbeschreibung

Meltio entwickelt und baut Maschinen für den DED-Prozess mit Drähten. Es gilt hierbei zwischen eigenständigen Maschinen und Anbaugeräten für bestehende Bearbeitungszentren zu unterscheiden. Bei den eigenständigen Systemen handelt es sich um 3-Achs-Bearbeitungssysteme. Diese arbeiten mit handelsüblichen Schweißdrähten. Alternativ gibt es Anbauteile, welche genutzt werden können, um CNC-Fräsen oder 6-Achsroboter um die DED-Funktionalität zu erweitern.

Anwendungsbereich

Kommerzialisierte Maschinen für Endprodukte aus Metall

Entwicklungsstand

Die Gründung von Metltio3D erfolgte 2019.

Historisches

Meltio ist 2019 gegründet worden. Sie haben sich auf die Entwicklung von Maschinen für die Industrie, aber insbesondere auch für die Forschung spezialisiert.

Prinzip der Schichtgenerierung

Die Maschinen von Meltio arbeiten nach dem DED-Prinzip. Sie nutzen als Zusatzwerkstoff kein Pulver, sondern einen Schweißdraht, welcher mittels eines Lasers schichtweise aufgeschmolzen wird. Dabei kommen bis zu sechs Laser von je 200 W Leistung zum Einsatz. Zudem kann nicht nur ein Draht verwendet werden, sondern es ist auch der Dual- bzw. Quad-Betrieb möglich.

Materialien

Bei Meltio3D kann zwischen zwei verschiedenen Materialarten unterschieden werden. Auf der einen Seite existieren Werkstoffe, welche von Meltio3D direkt entwickelt und vertrieben werden. Dazu zählen nicht-rostende Stähle, Werkzeugstähle, aber auch Titan und Nickellegierungen. Da die Meltiosysteme mit Standardschweißdrähten betrieben werden können, steht eine Vielzahl von Drähten durch Dritthersteller zur Verfügung.

3.4.2 Directed Energy Deposition – ADDILAN FABRICACIÓN ADITIVA S.L.

Wire Arc Additive Manufacturing technology (WAAM)

ADDILAN ARCLAN 1000–5X, ADDILAN ARCLAN P1200–4X

ADDILAN FABRICACIÓN ADITIVA S. L., Bizkaia, Spanien

Kurzbeschreibung

ADDILAN FABRICACIÓN ADITIVA S. L. ist ein spanisches Unternehmen, das sich auf die Herstellung und Entwicklung von additiven Fertigungstechnologien spezialisiert hat. Das Unternehmen bietet fortschrittliche Lösungen im Bereich der Metalladditivfertigung an, insbesondere durch den Einsatz der WAAM-Technologie (Wire Arc Additive Manufacturing). ADDILAN fokussiert sich darauf, maßgeschneiderte, großformatige Metallbauteile für verschiedene Industrien wie Luft- und Raumfahrt, Schiffbau und den Energiesektor zu fertigen.

Anwendungsbereich

Endprodukte aus Metall

Entwicklungsstand

Die Gründung der ADDILAN FABRICACIÓN ADITIVA S. L. erfolgte 2014. Die Maschinen werden mit individueller Konfigurationsmöglichkeit kommerziell vertrieben.

Historisches

Das Unternehmen wurde 2014 in Spanien gegründet und konzentriert sich auf die Entwicklung und Implementierung der WAAM-Technologie (Wire Arc Additive Manufacturing), einer innovativen Methode zur Metalladditivfertigung. Der Fokus auf große Metallteile hat ADDILAN besonders für Industrien wie die Luft- und Raumfahrt, den Schiffbau und die Energieerzeugung attraktiv gemacht. Im Laufe der Jahre hat ADDILAN kontinuierlich in Forschung und Entwicklung investiert, um seine Technologien zu verbessern und neue Anwendungsgebiete zu erschließen.

Prinzip der Schichtgenerierung

Die Maschinen von ADDILAN FABRICACIÓN ADITIVA S. L. arbeiten nach dem Prinzip der Wire Arc Additive Manufacturing (WAAM). Bei diesem Verfahren wird ein Metalldraht durch einen Lichtbogen aufgeschmolzen und schichtweise aufgetragen, um das gewünschte Bauteil zu erzeugen. Dieses Verfahren kombiniert Aspekte des Lichtbogenschweißens und der additiven Fertigung, um großformatige Metallteile effizient und präzise herzustellen.

Materialien

Die Anlagen von ADDILAN FABRICACIÓN ADITIVA S. L. können eine Vielzahl von metallischen Werkstoffen verarbeiten. Zu den Materialien, die auf diesen Anlagen verwendet werden können, gehören: Stähle, Nickelbasislegierungen, Titan und Titanlegierungen, Aluminium und Aluminiumlegierungen und Kupfer und Kupferlegierungen.

3.4.3 RPM – NorskTitanium

Norsk Titanium AS

MERKE IV

Hønefoss, Norway

Kurzbeschreibung

Norsk Titanium ist mit dem Ziel gegründet worden, die Herstellung von Titanbauteilen für die Luft- und Raumfahrt günstiger zu gestalten. Aktuell (2024) wird die vierte Maschinengeneration vertrieben bzw. entwickelt. Wie sich aus dem Namen bereits ableitet, liegt das Augenmerk von Norsk Titanium auf der Verarbeitung von Titan, wofür ein Plasmaprozess verwendet wird. Das Verfahren nennt Norsk Titanium Rapid Plasma Manufacturing (RPM).

Anwendungsbereich

Kommerzialisierte Maschinen für Endprodukte aus Metall

Entwicklungsstand

Norsk Titanium ist im Jahr 2007 gegründet worden.

Historisches

Dr. Alf Bjørseth und Petter Gjørvad haben Norsk Titanium 2007 mit der Vision gegründet, eine deutlich kostengünstigere Methode zur Herstellung von Titanbauteilen für die Luft- und Raumfahrt zu entwickeln. Der erste funktionsfähige Prototyp ist bereits im Jahr 2008 zum Einsatz gekommen.

Aufbauend auf diesem ersten System sind im Anschluss weitere Maschinengenerationen entwickelt und mehrere Kooperationen mit Industriepartnern geschlossen worden. Zu den Kooperationen zählen Zusammenarbeiten unter anderem mit Spirit Aerosystems, EADS und Airbus. Ab 2013 sind Bauteile für die Öl- und Gasindustrie kommerziell gefertigt worden.

Im Rahmen eines Investitionsprojektes hat der Staat New York im Jahr 2015 125 Millionen US-$ in den Aufbau eines additiven Fertigungszentrums für die Luft- und Raumfahrt investiert. Im Rahmen dieses Investments hat Norsk Titanium ein Produktentwicklungs- und Trainingszentrum in Plattsburgh eröffnet sowie mehrere MERKE-IV-Maschinen dort installiert. 2017 ist eine FAA-Zulassung für ein strukturelles Flugzeugbauteil erteilt worden.

Prinzip der Schichtgenerierung

Der Prozess von Norsk Titanium läuft in einer Argon-Inertgasatmosphäre ab. Dabei wird ein Plasmaprozess verwendet, um einen Titandraht gezielt aufzuschmelzen und schichtweise ein Bauteil zu erzeugen. Der Prozess wird bis zu 600-mal in der Sekunde geprüft, um eine engmaschige Qualitätskontrolle für die Luft- und Raumfahrt zu erzielen. Den Fertigungsprozess nennt Norsk Titanium Rapid Plasma Manufacturing (RPM).

Der Prozess erzeugt endkonturnahe Bauteile, die anschließend mit konventionellen Prozessen nachbearbeitet werden. Durch diese Kombination von additiver mit subtraktiver Fertigung kann eine 50- bis 75 %-ige Verbesserung im Buy-to-fly-Verhältnis im Vergleich zu konventionellen Fertigungstechnologien erreicht werden.

Materialien

Wie der Name Norsk Titanium es bereits andeutet, liegt der Hauptfokus bei den Werkstoffen im Bereich von Titan. Hierbei sollen hochqualitative Prozesse entwickelt werden, die eine Zulassung der Bauteile für die Luft- und Raumfahrt ermöglichen. Allerdings sind auch Nickelbasis-, Werkzeugstähle und nicht-rostende Stähle in dem Prozess verarbeitbar.

3.4.4 EBAM – Sciaky

Sciaky, Inc.

EBAM 300, EBAM 150, EBAM 110, EBAM 88, EBAM 68

Chicago, Illinois, USA

Kurzbeschreibung

Sciaky ist ein Hersteller von Elektronenstrahlschweißsystemen, der sein Portfolio um Systeme für die additive Fertigung ergänzt hat. Im Gegensatz zu den meisten anderen Anbietern im DED-Bereich nutzt Sciaky keinen Laser als Energiequelle, sondern ein Elektronenstrahl kommt zum Einsatz. Sciaky nennt diese Technologie Elektronenstrahlbasierte Additive Fertigung (eng. Electron beam additive manufacturing (EBAM)). Zu den Kunden zählen primär Luft- und Raumfahrtunternehmen, die Technologie kann aber in einer Vielzahl von Anwendungen zum Einsatz kommen. Eine Besonderheit sind die zum Teil sehr großen Anlagen, mit einem Arbeitsbereich von bis zu 5791 x 1219 x 1219 mm und einer (Vakuum-)Kammergröße von 7620 x 2743 x 3353 mm.

Anwendungsbereich

Kommerzialisierte Maschinen für Endprodukte aus Metall

Entwicklungsstand

Die Gründung von Sciaky erfolgte 1939, der Vertrieb von additiven Systemen begann 2014.

Historisches

Sciaky ist bereits im Jahr 1939 gegründet worden. Während des Zweiten Weltkriegs hat sich das Unternehmen als Lieferant von Widerstandsschweißdiensten insbesondere für das US-Militär betätigt. Ab den 1950er-Jahren begann die Einführung von Elektronenstrahlschweißgeräten. Diese sind beispielsweise ab 1969 bei der Fertigung von F14-Flugzeugen zum Einsatz gekommen.

Ab 2011 begann dann die Entwicklung von additiven Technologien, bei denen die Erfahrungen und die Technologie aus dem Elektronenstrahlschweißen genutzt werden kann. Die Entwicklung erfolgte gemeinsam mit der Penn State University und einer Förderung durch die DARPA. Der kommerzielle Vertrieb der ersten Systeme erfolgte im Jahr 2014.

Prinzip der Schichtgenerierung

Die Anlagen von Scaiky arbeiten nach einem dem herkömmlichen DED-Prozess mit Draht sehr ähnlichen Prozess, nutzen als Energiequelle statt eines Lasers einen Elektronenstrahl. Hieraus ergeben sich verschiedene Prozessrahmenbedingungen, die beachtet werden müssen. So erfolgt der Prozess anstatt unter Schutzgas in einer Vakuumatmosphäre, wie es auch bei den Elektronenstrahlsystemen für das Pulverbett der Fall ist.

Materialien

Aufgrund des Entwicklungsursprungs und der Vielzahl von Anwendungen in der Luft- und Raumfahrt spiegelt sich dies auch in den verfügbaren Werkstoffen wider. So hat Sciaky nach eigener Aussage Erfahrungen mit Titan, Nickelbasiswerkstoffen, Aluminiumlegierungen, aber auch Werkstoffen wie z. B. Tantal, Wolfram, Niob, Kupfer, aber auch herkömmlichen Materialien wie (nicht-rostenden) Stählen.

3.5 Schicht-Laminat-Verfahren – Layer Laminate Manufacturing (LLM)

3.5.1 Übersicht: Schicht-Laminat-Verfahren

Bild 3.38 gibt eine strukturierte Übersicht über die Schicht-Laminat8-Verfahren (siehe Kapitel 2, Fußnote 4). Ausgehend von den generischen Bezeichnungen (Bild 2.38) enthält es die im Folgenden besprochenen industriellen Prozesse und Maschinen sowie deren Produkt- und Herstellerbezeichnungen.

Eingeschlossen sind softwareorientierte Verfahren, die entweder völlig hardwareunabhängig sind oder, im Wesentlichen aus Gründen der Vermarktung, einer Hardware angepasst wurden.

Es sind jeweils die Abschnitte angegeben, in denen die Verfahren genauer beschrieben werden.

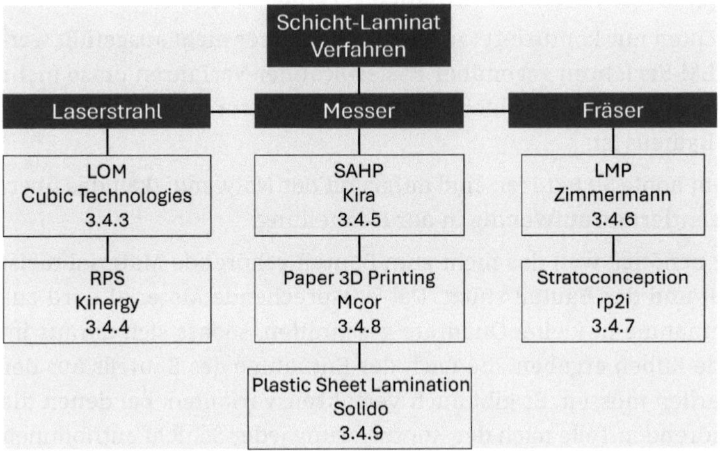

Bild 3.38 Schicht-Laminat-Verfahren; Übersicht in Fortführung von Bild 2.38

3.5.2 Maschinenspezifische Grundlagen

Schicht-Laminat-Verfahren oder „Layer Laminate Manufacturing" (LLM) bezeichnet eine Verfahrensfamilie, bei der die Schichten einzeln aus vorgefertigten Folien oder Platten mittels Laser, Messer oder Fräser konturiert und, simultan oder anschließend, durch Fügen (meist in der Form des Klebens) verbunden werden. Sie werden auch als „Sheet Lamination", häufiger und aus historischen Gründen als Laminated Object Manufacturing (LOM) bezeichnet. LOM ist aber die Produktbezeichnung und ein eingetragenes Warenzeichen der Firma Helisys Inc. resp. deren Nachfolgerin, der Cubic Technologies, Abschnitt 3.5.3 „Laminated Object Manufacturing (LOM) – Cubic Technologies“. Es ist daher nicht als Gattungsbegriff verwendbar.

Viele Ansätze führen zu nicht automatisierten Prozessen und sind deshalb im engeren Sinne keine *Additiven Fertigungsverfahren*.

Prinzip der Schichtgenerierung

Der LLM-Prozess stellt die direkte Umsetzung der Theorie der Schichtverfahren durch eine Maschine dar. Dabei schneidet ein Laser, ein Messer oder allgemein ein trennendes Werkzeug die Kontur entsprechend den jeweiligen Schichtinformationen (vergleiche Bild 3.38). Das 3D-Bauteil entsteht in *z*-Richtung durch das Fügen aufeinander folgender Schichten. Streng genommen handelt es sich beim LLM um ein kombiniertes abtragendes (schneiden) und aufbauendes (verbinden) Verfahren. Verwendet werden Papiere, Kunststoffe, Metalle und Keramiken in Folienform. Papier, Holz und Kunststoff werden entweder mit Polyethylenklebstoff kaschiert, oder der Klebstoff wird im Zuge der Schichtgenerierung aufgetragen. Metalle werden an den Konturen geschweißt oder flächig durch Diffusionsschweißen verbunden.

Da die einzelnen Schichten nur konturiert (ausgeschnitten) aber nicht ausgefüllt werden müssen, ist das LLM-Verfahren gegenüber Raster-Scanner-Verfahren umso mehr im Vorteil, je größer die Fläche einer Schicht im Verhältnis zu ihrem Umfang, je größer das Volumen des Bauteils ist.

Filigrane und vor allem hohle Strukturen sind aufgrund der Notwendigkeit das überschüssige Material zu entfernen aufwendig in der Herstellung.

Stützen werden nicht benötigt, weil das nicht zum Bauteil gehörende Material meist im Bauraum verbleibt und das Bauteil stützt. Das entsprechende Material wird zur besseren späteren Entnahme in kleine Quadrate geschnitten, sodass sich daraus im Bauraum verbleibende Kuben ergeben, die nach der Entnahme des Bauteils aus der Maschine entfernt werden müssen. Es gibt auch Verfahrensvarianten, bei denen die nicht zum Bauteil gehörenden Teile nach der Konturierung jeder Schicht entnommen oder zerspant und direkt als Späne abgeführt werden. Eine Variante besteht darin, die dadurch entstehenden Hohlräume zur Stabilisierung des Bauteils z. B. mit Wachs auszufüllen, um sie nach dessen Fertigstellung ausschmelzen zu können.

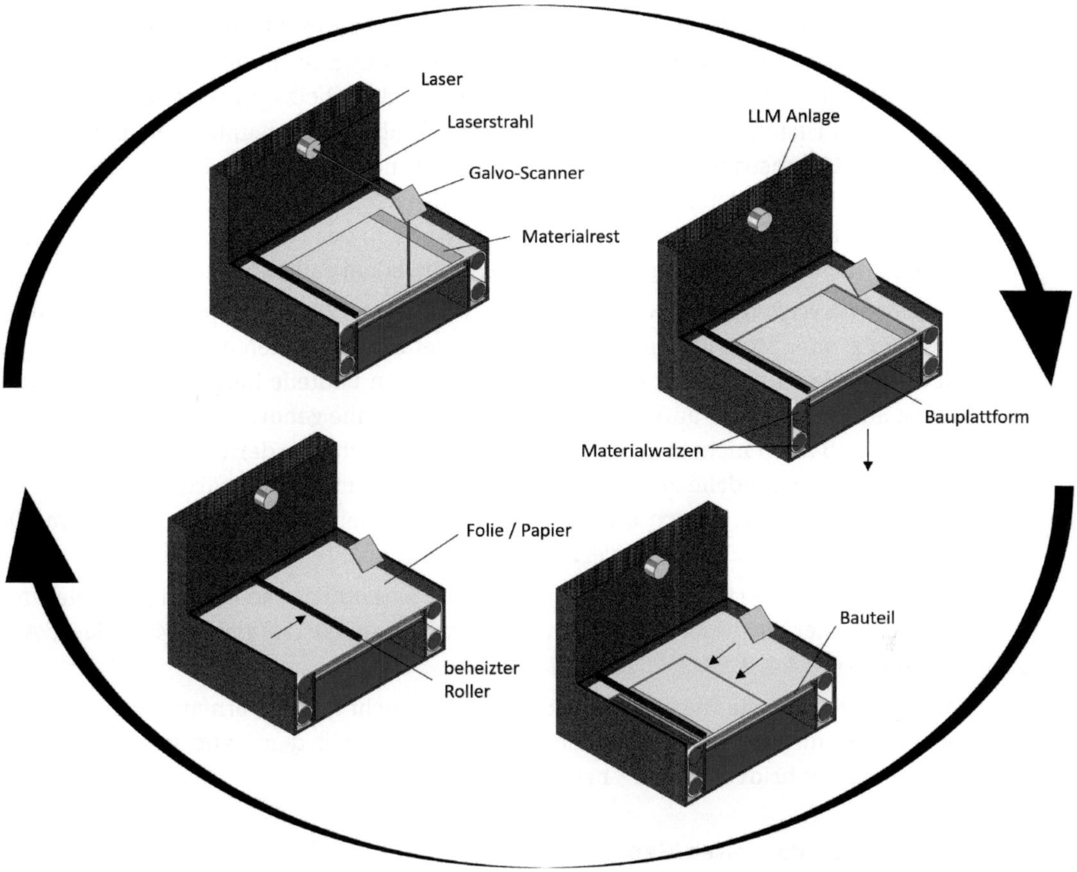

Bild 3.39 Schicht-Laminat- oder Layer-Laminate-Manufacturing (LLM); Verfahren in der Variante des Laminated Object Manufacturings (LOM), Prinzip.

Bauart/Konstruktion

Das Grundprinzip wurde von mehreren Herstellern aufgegriffen und daraus unterschiedliche Verfahrensfamilien entwickelt:

Bei den sehr einfachen *(teil-)manuellen Schicht-Laminat-Verfahren* wird die Kontur Schicht für Schicht mit einem Messer-Schneidplotter oder mit einem Heißdraht-Schneidplotter meist aus vergleichsweise dicken Kunststoffplatten ausgeschnitten. Die Modellkonturen werden anschließend ausgelöst und manuell zum Modell verklebt. Die Verfahren sind preiswert und erlauben aufgrund der relativ großen Materialstärken den Aufbau von großen, aber recht groben Modellen. Nachteilig ist die Abhängigkeit der Modellgüte von den handwerklichen Fähigkeiten des Bedieners.

Automatische Schichtverfahren, die die Kontur mit Lasern oder Messern aus Papierfolien ausschneiden, haben den größten Marktanteil. Dazu gehören alle historischen

LOM-Maschinen[16] aber auch die von Mcor. Das nicht zum Modell gehörige Material wird eingeschnitten, aber in der Schicht belassen und nach der Fertigstellung entfernt. Wenn Papier verarbeitet wird, sind die Modelle holzähnlich. Andere Materialien wie Kunststoffe, Keramik-Composits und Metalle sind von unterschiedlichen Entwicklern demonstriert oder angekündigt. Während Papiere und Kunststoffe relativ leicht verklebt werden können, müssen Metalle (z. B. flächig durch Diffusionsschweißen) verschweißt und Keramiken versintert werden. Das Post-Processing, das Entfernen der nicht zum Bauteil gehörigen Teile, ist in jedem Fall aufwendig.

Schicht-Fräsverfahren verwenden Platten von bis zu 20 mm Dicke. Die Werkstoffe sind Holz, oder Modellbaumaterialien. Die Konturen entstehen durch Fräsen in *x-y-*, aber vor allem auch in *z*-Richtung. Deshalb können Bauteile hergestellt werden, die keine Stufungen mehr aufweisen. In die gleiche Familie gehören auch Verfahren, bei denen das Bauteil nicht zwingend aus Schichten besteht, sondern in beliebige hinterschnittfreie Teilmodelle zerlegt und nach der Fertigung gefügt wird. Verfahren, die Einzelkonturen mit Lasern aus Blechtafeln ausschneiden, sind von der Systematik her ebenfalls den Schicht-Fräsverfahren zuzuordnen.

Die Schicht-Fräsverfahren spielen heute keine wesentliche kommerzielle Rolle und werden daher in dieser Auflage nicht mehr behandelt (vergleiche 4. Auflage, Abschnitte 3.4, 3.4.4, 3.4.5, 3.4.6 und 3.4.7).

Metallverarbeitende Hybridverfahren, die die Schicht mit Pulvern aufbauen und anschließend die Kontur spanend herstellen, werden mit den Hybridverfahren (Abschnitt 3.8 „Hybridverfahren") behandelt.

Materialien/Bauzeiten/Genauigkeiten

Grundsätzlich weisen die meisten Bauteile anisotrope Materialeigenschaften auf, weil die mechanisch-technologischen Eigenschaften in den Schichten und senkrecht dazu in den verbindenden Schichten (Klebern, etc.) in ihren Eigenschaften stark voneinander abweichen können. Ausnahmen sind das Diffusionsschweißen bei Metallen und das Sintern von Keramiken, die zu isentropen Bauteilen führen.

Post-Processing

Nach dem Bauprozess wird bei den Papier- und Kunststoffverfahren der gesamte Block mit dem darin liegenden Modell aus der Maschine entnommen. Der Rahmen und die nicht zum Modell gehörigen Teile werden entfernt (Bild 3.40). Zum Finishing gehört vor allem bei Papiermodellen die sofortige Fixierung des Modells mit Lacken, damit sich die hygroskopischen Materialien an freistehenden Ecken und Kanten nicht blätterteigartig auffächern (delaminieren). Die Oberflächen können beispielsweise wie bei Holz, vor allem durch Schleifen nachbearbeitet werden.

[16] Die Firma Cubic Technologies war der Nachfolger von Helisys und bot Service und Materialversorgung für alle Helisys LOM-Maschinen an.

Metallbauteile werden im Prozess Schicht für Schicht von den Abschnitten befreit. In Bild 3.41 ist ein LLM-Bauteil vor und nach dem Auspacken zu sehen.

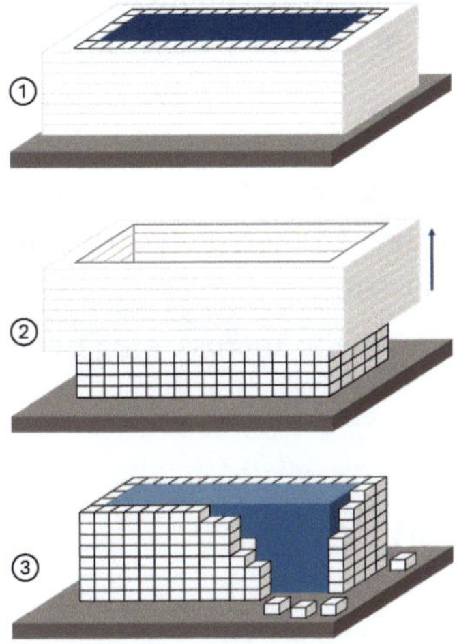

Bild 3.40 Post-Processing beim Schicht-Laminat- oder Layer Laminate Manufacturing (LLM) Verfahren in der Variante des Laminated Object Manufacturings (LOM); Prinzip

Bild 3.41 Schicht-Laminat- oder Layer Laminate Manufacturing (LLM); Verfahren in der Variante des Laminated Object Manufacturings (LOM). Bauteil vor (im Hintergrund) und nach dem „Auspacken" (Postprocessing)
Quelle: CP-GmbH

Prozesstypische Folgeverfahren

LLM-Bauteile aus Papier sind grundsätzlich für alle Abformprozesse und Folgetechniken geeignet, bei denen das Bauteil als Master angesehen wird, also für Feinguss-,

Vakuumgieß-, aber auch Sandformprozesse. Nach dem Bauprozess müssen sie dazu geschliffen, versiegelt und lackiert werden.

Beim direkten Ausbrennen der Bauteile im Feingussprozess sind die hohen Aschegehalte problematisch. Es empfiehlt sich daher der Weg über Wachsmodelle. Dazu werden die LLM-Bauteile als teilbare Formen hergestellt, in die das Wachs injiziert wird.

LLM-Bauteile sind aufgrund ihrer mechanischen und thermischen Stabilität bei entsprechender Vorbehandlung geeignet, direkt in Tiefziehprozessen (Thermoforming) eingesetzt zu werden. Aufgrund ihrer Temperaturfestigkeit können Polycarbonat, ABS, Propylen (PP) und ähnliche Kunststoffe eingesetzt werden.

Nach sorgfältigem Finish können LLM-Papier-Bauteile im Vakuumguss eingesetzt werden.

3.5.3 Laminated Object Manufacturing (LOM) – Cubic Technologies

LOM 1015plus, LOM 2030H

Cubic Technologies Inc., Carson, CA, USA

RTC Rapid Technologies GmbH, Hofheim, Deutschland (Materialien und Service)

Kurzbeschreibung

3D-Drucker nach dem Schicht-Laminat-Verfahren, LLM (vergleiche Abschnitt 3.5.1 „Übersicht: Schicht-Laminat-Verfahren“), das bei Helisys als Laminated Object Manufacturing (LOM) bezeichnet wurde (der Name LOM ist geschützt). Eine mit einem thermisch aktivierbaren Kleber kaschierte Papierfolie wird Schicht für Schicht mittels einer beheizten Rolle auf eine Bauplattform bzw. auf das teilfertige Modell aufgeklebt und mittels CO_2-Laser-Plotter konturiert. Alle nicht zum Modell gehörigen Bereiche werden nach Fertigstellung manuell entfernt. Es können grundsätzlich alle als Folie lieferbaren Materialien verwendet werden. Papierfolien sind Standard. Darüber hinaus werden auch Kunststoffe und Keramiken angeboten, sie sind aber nicht sehr verbreitet.

Die LOM-Maschinen spielen zurzeit keine große Rolle und werden auch nicht mehr verkauft. Die Beschreibung wird (gekürzt) im Buch belassen, weil das Verfahren einen Meilenstein der Additiven Fertigung darstellt und wie es das gemeinsame Grundprinzip aller später entwickelten Maschinen anderer Hersteller sehr gut wiedergibt.

Die ausführliche Beschreibung findet sich in Abschnitt 3.1.1 „Laminated Object Manufacturing (LOM) – Cubic Technologies“ der 4. Auflage dieses Buches.

Anwendungsbereich

Konzeptmodelle, Funktionsprototypen. Das Verfahren wird vorteilhaft angewendet, wenn große, massive Modelle gegebenenfalls auch mit großen Sprüngen in der Wandstärke verlangt sind.

Entwicklungsstand

Kommerzialisiert seit 1991 (bis circa 2000).

Historisches

Helisys wurde 1985, noch vor 3D Systems, von *Michael Feygin* gegründet und ist damit (von Denken, J., 1985, abgesehen) das älteste Unternehmen, das Prototyper anbietet. Der LOM-Prozess wurde 1988 patentiert. Die Maschinen haben sich über die gesamte Produktionszeit kaum verändert, wurden aber in zahlreichen Details verbessert. So folgte auf die LOM 1015 die LOM 1015plus und auf die LOM 2030 die LOM 2030E und die LOM 2030H. Die Materialpalette wurde um Kunststoff- und Keramik-Composite-Folien erweitert. Die Gesellschaft wurde Ende 2000 gelöscht und in Form der ebenfalls von *Feygin* gegründeten Cubic Technologies Inc. mit dem Schwerpunkt Service fortgeführt.

Strategien/Entwicklungspartner

Die amerikanische Firma Cubic Technlogies ist heute eine reine Handelsgesellschaft. Zurzeit gibt es keinen Vertrieb in Deutschland.

Datenformate/Software

Einziges Input-Dateiformat ist das STL-Format. Das „Slicen“ geschieht online mit LOMSlice. Als Grundlage für die Berechnung der folgenden Schicht wird immer die aktuelle Bauhöhe gemessen. Die Messung erfolgt allerdings nur an einem Punkt.

Prinzip der Schichtgenerierung

Das Material wird in Rollenform in die Maschine eingelegt und über die Bauplattform gezogen und mittels einer beheizten Laminierrolle auf die Bauplattform oder auf bereits konturierte Modellteile auflaminiert. Der Laser schneidet dann die gewünschte Kontur aus. Zusätzlich wird jede Schicht mit einem für alle Schichten gleichen äußeren Rahmen versehen, durch den die Schicht und damit das Modell von der Papierrolle getrennt wird.

Die Geschwindigkeit, mit der die Rolle transportiert wird, ist über die Software einstellbar. Bei der Fertigung von großen Bauteilen mit einer geringen Stegbreite des Papierrahmens und einer hohen Vorspulgeschwindigkeit ist die Gefahr eines Papierrisses gegeben. Ein Anfahren ist direkt im Anschluss an einen Papierriss ohne Qualitätsverlust möglich. Da das Papier mit der Zeit abkühlt oder je nach Umgebungsbedingungen Feuchtigkeit aufnimmt und quillt, ist bei einem späteren Wiederanfahren die Gefahr von Baufehlern in Form eines Versatzes nicht auszuschließen.

Bauprozess

Jede neue Papierschicht wird von der auf circa 330 °C aufgeheizten Walze aufgedrückt. Die Walze schmilzt dazu einen thermisch aktivierbaren Kleber an und sorgt so für die Verbindung der neuen Schicht mit dem teilfertigen Modell.

Es können ein bis vier Papierschichten (Layer) gleichzeitig verarbeitet werden. Mit steigender Dicke der Schichten erhöht sich die Baugeschwindigkeit, die Genauigkeit wird aber schlechter und die Verfärbung der Schnittkanten durch den Laser nimmt zu.

Bauart/Konstruktion

Cubic Technologies bietet zwei im Wesentlichen technisch identische Anlagen unterschiedlicher Größe an, die LOM 1015plus und die LOM 2030H. Die 2030H hat einen Bauraum von x, y, z = circa 813, 559, 508 mm und die 1015 plus Maße von x, y, z = 381, 254, 356 mm. Beide Maschinen sind kompakte Stand-alone-Lösungen, in die alle notwendigen Elemente integriert sind. Anwenderseitig ist eine großzügig dimensionierte Absaugvorrichtung, ein Stromanschluss und je nach Lasertyp auch eine Wasserkühlung vorzusehen.

Bild 3.42 Blick in den Bauraum einer LOM-Anlage
Quelle: Cubic Technologies

Die Konturierung erfolgt mit einem CO_2-Laser (2030H: 50 W; 1015plus: 25 W) über einen Plottermechanismus. Bild 3.42 zeigt einen Blick in den Bauraum. Der Plottmechanismus besteht aus der in x-Richtung (Papierlängsrichtung) verfahrbaren Traverse und dem darauf in y-Richtung (Papierquerrichtung) verfahrbaren Laserkopf, der auf Bild 3.42 in der oberen rechten Ecke des Bauraums steht. Der Laserstrahl wird von oben rechts über einen mit Faltenbälgen abgedeckten, beweglichen Spiegelmechanismus eingeblendet. Die Berandung des eigentlichen Baubereichs ist deutlich zu sehen. Das Papier hat gerade von der Bauebene abgehoben und wird nach links weitertransportiert, damit eine neue Schicht den Bauraum erreicht. Der Auf- und Abrollmechanismus des Papiers befindet sich unter der eigentlichen Bauplattform.

Damit nicht benötigte Modellteile, die zunächst im Modell verbleiben, später leichter wieder entfernt werden können, werden diese Teile zusätzlich in kleine Quadrate geschnitten, die in z-Richtung Quader ergeben. Der Rasterabstand in x-y-Richtung ist über die Software zwischen circa 3 und 5 mm einstellbar.

Nach Konturierung der letzten Schicht wird das gesamte Modell als Klotz von der Maschine genommen und manuell von den nicht benötigten Modellteilen befreit.

Das Bauen von ineinander beweglichen Teilen in einem Bauprozess ist möglich, wenn die Teile als STL-Dateien bereits ineinandergefügt sind. Die Teile sind beweglich, wenn der Laser die ohne Spiel gefertigten Bauteile zweimal überfährt, sodass der notwendige Spalt entsteht.

Material/Bauzeit/Genauigkeiten

Gefertigt wird üblicherweise im „One-Layer-Betrieb" mit dünnem (0,1 mm) Papier. Bei Ausnutzung des maximalen Bauraums beträgt der Baufortschritt bei komplizierten Geometrien nur wenig mehr als 2 mm/h. Bei großen Rasterabständen und einfachen Geometrien können maximal 12 mm/h Baufortschritt erzielt werden.

Die Genauigkeit beträgt üblicherweise über den gesamten Bauraum gemessen ±0,25 mm. Die Wiederholgenauigkeit der Laser-Gantry beträgt ±0,05 mm, der Strahldurchmesser 0,203 bis 0,254 mm. Wanddicken ab 1 mm können zwar gebaut werden, man sollte jedoch vor allem wegen der dann aufwendigen Nacharbeit auf Wandstärken kleiner als 1,2 mm verzichten.

Als Materialien stehen polyethylenbeschichtete Papierfolien (LOMPaper), Polyesterfolien (LOMPlastic) und glasfaserverstärkte Composits (LOMComposite) zur Verfügung. LOMPaper gibt es in unterschiedlichen Breiten als Standard (LPS) in 0,1 mm Dicke und als high performance (LPH) in 0,1 und 0,2 mm Dicke. LOMComposite (LGF) besteht aus unterschiedlich orientierten, aber nicht verwobenen Glasfasern. Die Klebeschicht ist aus thermisch aktivierbarem Epoxy, die obere Deckschicht aus Acrylat. LOMComposite ist 10-mal fester als Papier, resistent gegen Feuchtigkeit und hält höhere Temperaturen aus, sodass es für spezielle Formen und Funktionsteile verwendet werden kann. LOMPlastic (LXP) ist eine Polyesterfolie mit 0,127 mm Dicke, die wie das Papier mit Polyethylen Co-Polymer als thermisch aktivierbarem Kleber beschichtet ist. Es ist ohne Modifikation der Maschine einzusetzen. Die Genauigkeiten liegen im Bereich von ±0,25 bis ±0,4 mm und sind von der Geometrie des Bauteils abhängig.

Die Oberseite der Bauteile ist im Normalfall aufgrund der Einwirkungen des Laserstrahls relativ braun und mit starken Markierungen des Grundrasters versehen. Die Unterseite ist hingegen relativ weiß und weist kaum Rasterspuren auf.

Je nach Komplexität des Bauteils wird ein Anteil des verwendeten Materials nicht für das Modell selber verwendet, sondern für die umgebenden Rahmen und internen Stützstrukturen. Bei Bauteilen mit Gehäuse-Charakter können deshalb bis weit über 90 % des Baumaterials Abfall sein. Dadurch relativiert sich der günstige Papierpreis. Da LLM-Verfahren grundsätzlich auf alle laserschneidbaren Materialien zurückgreifen können, kann dieser Aspekt beim Einsatz teurerer Materialien zukünftig wichtig werden.

Post-Processing

Papiermodelle: Die fertigen Bauteile werden alternativ mit einem Draht, ähnlich einem Kuchendraht, unmittelbar von der gelochten metallenen Bauplattform abgetrennt oder mithilfe eines Bügeleisens von unten angeschmolzen und abgenommen beziehungsweise von der Rückseite der Platte mit Lösungsmittel eingestrichen, sodass durch deren Löcher das Klebeband angelöst wird.

Zur Entformung wird der das Bauteil umgebende Rahmen komplett abgehoben. Dazu sind eventuell Spachtel und Beitel als Hilfsmittel notwendig. Anschließend werden die das Modell umgebenden und stützenden Würfel entfernt und auf diese Weise das Modell sukzessive freigelegt.

Nach dem Säubern müssen die Bauteile sofort vorzugsweise mit Zapon-Lack lackiert werden, weil sie sonst Feuchtigkeit aufnehmen und um bis zu einem Prozent innerhalb von ein bis drei Tagen wachsen.

Das Lackieren versiegelt auch die Bauteile in Bezug auf austretenden Klebstoff und schützt vor Delamination.

Der Aufwand der Nacharbeit steigt deutlich an, wenn das Bauteil dünne Wände aufweist.

Metallbauteile müssen diffusionsgeschweißt, flächenverlötet oder anderweitig gefügt werden, Keramikbauteile werden versintert.

Prozesstypische Folgeverfahren

Nach sorgfältigem Postprocessing ist das Finishing mit allen traditionellen und dem jeweiligen Material angepassten Bearbeitungs- und Abformverfahren möglich (vergleiche Abschnitt 3.5.2 „Maschinenspezifische Grundlagen“).

3.5.4 Rapid Prototyping System (RPS) – Kinergy

ZIPPY I, ZIPPY II, SW

Kinergy Precision Engineering, Co. Ltd., Nantong, VR China

Kurzbeschreibung

Die Prototyper der ZIPPY-Familie arbeiten nach dem Layer Laminate Manufacturing (LLM)-Verfahren. Sie entsprechen in ihrem Aufbau und in ihrer Funktion weitgehend den LOM-Prototypern nach dem Helisys-LOM-Prinzip. Das Modell entsteht schichtweise aus Papier oder Kunststofffolie. Das Material wird auf das Modell auflaminiert und dann mit dem Laser konturiert.

Die Maschinen haben kommerziell keine große Rolle gespielt und sind aktuell nicht mehr im Programm der Firma. Sie werden daher nicht mehr in diese Auflage aufgenommen. Eine detaillierte Beschreibung findet sich in Abschnitt 3.5.4 „Rapid Prototyping System (RPS) – Kinergy“ der 4. Auflage dieses Buches.

3.5.5 Selective Adhesive and Hot Press Process (SAHP) – Kira

SolidCenter PLT-A3, PLT-A4, PLT-20 Katana

KIRA Corporation, Hazu-gun, Japan

KIRA Europe GmbH, Erkrath, Deutschland

Kurzbeschreibung

Papierschichtverfahren auf der Basis eines (Xerox-) Kopierers (Selective Adhesive and Hot Press Process, SAHP). Der Toner ist thermisch aktivierbar und ermöglicht so die Verklebung der Einzelschichten. Die Konturierung erfolgt nach dem Aufkleben der aktuellen Schicht auf den Modellblock durch einen Schneidplotter.

Die Maschinen sind aktuell nicht mehr im Programm der Firma und werden daher nicht mehr in diese Auflage aufgenommen. Eine detaillierte Beschreibung findet sich in Abschnitt 3.4.5 „Selective Adhesive and Hot Press Process (SAHP) – Kira“ der 3. Auflage dieses Buches.

3.5.6 Layer Milling Process (LMP) – Zimmermann

CNC-Schichtfräs-Zentrum LMC (Zimmermann), WorkNC-LMP Modul (S.E.S.C.O.I.)

F. Zimmermann GmbH, Denkendorf, Deutschland

Kurzbeschreibung

Vollautomatisches Schichtfräszentrum, bestehend aus dem Softwaremodul WorkNC-LMP (S.E.S.C.O.I.) und dem Layer Milling Centre, LMC (Zimmermann) zur Herstellung von Bauteilen mit großen Kavitäten und steilen Wänden. Das Layer Milling Centre besteht im Kern aus einer über Kopf arbeitenden Hochgeschwindigkeits-Modellfräse, die das Modell Schicht für Schicht hinterschnittsfrei, ohne Stufungen und bei näherungsweise konstanten Fräsbedingungen konturiert, einem Plattenmagazin und einer Klebeeinheit.

Anwendungsbereich

Funktionsprototypen, Endprodukte (Formen).

Da die Maschinen von der Firma Zimmermann nicht mehr vertrieben werden, wird für eine ausführliche Beschreibung der verwendeten Technik auf Abschnitt 3.4.7 „Layer Milling Process (LMP) – Zimmermann" der 3. Auflage dieses Buches verwiesen.

3.5.7 Stratoconception - rp2i

Stratoconcept VR Software, Stratoconcept STE-Serie, STO-Serie Fräsmaschinen

Rp2i Fräsmaschinen, Charlyrobot Fräsmaschinen

Stratoconcept, Saint-Dié des Vosges, Frankreich

Charlyrobot, Cruseilles/Cernex, Frankreich

Kurzbeschreibung

Die Stratoconception-Software zerlegt ein 3D CAD-Modell in gleichmäßige Schichten (la strate, frz: die Schicht) und ermittelt ihre Konturen. Diese werden auf einer Platte mit der entsprechenden Schichtdicke verschachtelt angeordnet, mittels Fräser konturiert und nach dieser Bearbeitung zum Bauteil zusammengefügt. Da sie vor dem Fügen gewendet werden können, sind Hinterschnitte möglich.

Anwendungsbereich

Funktionsprototypen, technische Prototypen.

Da die Maschinen der Firma Stratoconception nicht mehr auf dem Markt verfügbar sind, wird an dieser Stelle auf eine ausführliche Beschreibung verzichtet. Für detaillierte Informationen siehe Abschnitt 3.4.8 „Stratoconception – rp2i" der 3. Auflage dieses Buches.

3.5.8 Selective Deposition Lamination (SDL) – Mcor

Mcor ARKe, Mcor Matrix 300⁺, Mcor IRIS HD Color 3D Printer

Mcor Technologies Ltd., Dunleer, Co Louth, Ireland

3D-Picture.net, Bäckerstraße 6, 21244 Buchholz

Kurzbeschreibung

Maschinen zur Umsetzung des Schicht-Laminat-Prozesses, genannt Selective Deposition Lamination (SDL) mit Normalpapier (A4, 80 gr und Letter Standard Office) oder von der Rolle. Die Konturierung erfolgt durch einen Schneidplotter-Mechanismus in der Maschine. Die Bauteile aus der Matrix weisen die Farbe des Papiers auf. Die IRIS HD und die ARKe[17)] sind Vollfarbmaschinen (RGB[18)]), die die Farbe durch Bedrucken des Randes des Papiers vor oder im 3D-Druckprozess erzeugt.

Anwendungsbereich

Konzeptmodelle

Entwicklungsstand

Kommerzialisiert seit 2007

Historisches

Die Firma wurde im Jahr 2003 von Dr. Conor MacCormack und Fintan MacCormack gegründet.

Strategien, Entwicklungspartner

Mcor hat mit der Matrix seine Strategie umgesetzt, einen einfachen und sowohl in der Anschaffung als auch im Betrieb preiswerten 3D-Drucker anzubieten. Ein wichtiger Beitrag dazu ist die Entwicklung eines Papierschichtverfahrens für Normalpapier ohne Vorbehandlung des Papiers und ohne aufwendiges Andrucksystem.

Erste farbige Bauteile entstanden mit der Monochrome-Maschine aus farbigem Papier. Sie sind nicht nur optisch interessant, sondern bilden auch die Experimentier- und Marketingplattform für die IRIS.

Mit der Vollfarbmaschine Mcor IRIS HD Color 3D Printer, Bild 3.43 (a), erweiterte Mcor ihr Portfolio auf farbige Bauteile. Aus dem Basisprozess wurde in Kooperation mit dem Projektpartner Staples ein Vollfarbdrucker entwickelt.

---

[17] IRIS ist in der griechischen Mythologie die Göttin des Regenbogens. ARKE ist ihre Zwillingsschwester, die auch mit dem schwächeren Nebenregenbogen mit umgekehrter Farbfolge assoziiert wird.

[18] RGB-Farbraum, ein additiver Farbraum, der Farbwahrnehmungen drch das additive Mischen dreier Grundfarben (Rot, Grün und Blau) nachbildet.

a) b)

Bild 3.43
Selective Deposition Lamination (SDL)
(a) Maschine Mcor IRIS HD; (b) Vollfarbbauteil aus Papier
Quelle: Mcor

Bild 3.44 Selective Deposition Lamination (SDL) – Maschine Mcor ARKe; Blick in den Bauraum mit Vollfarbbauteil aus Papier (auf der Maschine)
Quelle: Mcor

Die Mcor ARKe (Bild 3.44) ist der erste Vollfarb-Desktop-Drucker oder Fabber. Strategisch wird der Markt der Personal-3D-Drucker avisiert und für junge Kunden ein attraktiver Preis, eine „individuelle“ Gehäusedekoration, eine intuitive Bedienung, ein Smartphonezugang und eine „erfrischende“ Produktpräsentation angeboten.

Datenformate/Software

Alle Maschinen lesen STL Files ein. Die SliceIT-Software schneidet den 3D-CAD-Datensatz in die vorgegebene Schichtstärke und unterstützt die Positionierung im Bauraum. Für die farbigen Bauteile werden die einzelnen Schichten mittels der Software ColourIT vor dem Slicen mit der Farbinformation versehen. Die Software ist kompatibel zu STL, WRL, OBJ, 3DS, FBX, DAE und PLY. Danach wird der File im WRL File Format in das Programm SliceIT exportiert.

Die Mcor ARKe verwendet die intuitiv zu bedienende „Mcor Orange Software“. Sie kann mit einem Smartphone angesteuert werden und fügt sich so in IoT-(Internet of Things, Industrie 4.0)-Strategien ein.

Prinzip der Schichtgenerierung

Der Kern der Schichtgenerierung ist die Art des Kleberauftrags. Mithilfe einer Geometrie, die den bekannten Schnittmusterrädchen nachempfunden ist, gelingt es, mit deren Spitzen kleinste Tröpfchen aufzunehmen und definiert an den Klebestellen auf dem Papier zu positionieren. Die geringe Klebstoffmenge verhindert das Werfen des Papiers. Die Schichten werden dann bedruckt und anschließend mit einem Schneidmesser mit Hartmetallklinge konturiert. Schnitte von der Kontur weg zum Papierrand und ein geringerer Kleberauftrag außerhalb der Kontur erleichtern das spätere Entfernen des überschüssigen Papiers.

Bauart/Konstruktion

Die Matrix besteht aus einem Papiervorratsbehälter, einem Positioniersystem, der Beschichtungseinheit für den Kleberauftrag und dem Schneidplotter. Die Bauraumgröße beträgt: $x, y, z = 56 \times 169 \times 150$ mm (A4).

Die IRIS HD Color (Bild 3.43 (a)) ist eine Standard-Matrix-Maschine, in die ein (ebenfalls Standard) Epson 2D-Farbdrucker integriert ist. Mithilfe dieses Druckers werden die Randbereiche einer jeden Schicht (circa 5 mm breit) auf normales Papier farbig (RGB) gedruckt und die Innenbereiche entsprechend weiß oder in der Farbe belassen, die das Papier aufweist. Der Farbdrucker liefert eine Million Farben als CYMK bei einer Auflösung von 5760 × 1440 × 508 dpi. Dazu verwendet er vier Patronen einschließlich schwarz.

Der Drucker bedruckt jedes Blatt zweiseitig. Dadurch sowie durch eine Tinte, die das Papier sehr gut tränkt, werden die Randbereiche nachhaltig definiert gefärbt.

Der gesamte Satz von vorbedruckten Blättern wird in einem Speicher zwischengelagert, von wo aus Blatt für Blatt der 3D-Bauteilerzeugung zugeführt wird.

Ein Barcode, unterstützt von Klartext, ermöglicht und erleichtert die Kontrolle, ob das richtige Blatt in der richtigen Sequenz bearbeitet wird. Fehlende oder falsche Schichten werden erkannt, die Maschine stoppt dann und es erfolgt ein entsprechender Nachdruck.

Die ARKe ist eine Desktopmaschine, die alle Prozessschritte integriert. Das Papier (50 g/m2) wird als Rolle eingelegt, mittels Perforation über die Bauplattform gezogen und dort fixiert. Durch die Perforation wird die exakte Positionierung sichergestellt. Der Bauraum hat die Abmessungen $x, y, z = 240 \times 205 \times 125$ mm. Ein Farb-Druckkopf bringt die Farbe und damit auch die Kontur auf. Die Eindringtiefe der Farbe beträgt circa 0,3 mm vom Papierrand. Anschließend werden die zum Bauteil gehörenden Bereiche mittels Schneidplotter konturiert und so der Baubereich von der Rolle getrennt. Das Abfallpapier wird mittels der Perforation aus der Maschine transportiert, die neue Papierschicht positioniert und genau wie die vorangehende bearbeitet. Das Klebstoff-Beschichtungssystem ist bei der ARKe um die z-Achse drehbar und ermöglicht die konturgenaue Beschichtung auch von dünnen Wänden.

Material, Genauigkeiten

Die Matrix- und IRIS-Maschinen verwenden Normalpapier im Format A4 oder Letter, die ARKe arbeitet von einer Rolle.

ARKe. Es gibt zwei Schichtstärken, den Präsentationsmodus mit einer Schichtstärke von 0,1 mm und den Draft Modus mit 0,19 mm, der bei Farbdatensätzen im ply-Format grundsätzlich verwendet wird. Die Farbauflösung wird mit 4800 × 2400 dpi in x,y und 254 in z-Richtung angegeben (Papierqualität:50 g/m2). Die geometrische Auflösung der Bauteile beträgt 0,1 mm in alle Raumrichtungen. Ein Beispiel-Bauteil ist in Bild 3.44 zu sehen. Die Figur weist sehr detailreiche Tätowierungen und gute Farben auf.

Die Papierzufuhr von der Rolle eröffnet die Möglichkeit, nur so viel Papier nachzuführen, wie das Bauteil in x-Richtung wirklich benötigt, um so die Bauzeit, den Materialverbrauch und den Abfall zu minimieren.

Obwohl Normalpapier verwendet werden kann, ist die Papierqualität wichtig. Faserige Papiere neigen zu Staubbelastung in der Maschine und der Staub dazu, sich an Stellen mit Klebstoff anzulagern.

Je nach Slicequalität sind trotz guter Farbqualität die Dreiecksflächen gelegentlich auf dem Bauteil zu sehen, was entsprechende Farbsäume zur Folge haben kann.

Ein Bauteil zeigt Bild 3.43 (b).

Postprocessing

MATRIX, IRIS: Manuelles Befreien des Bauteils von dem umgebenden Papier, leichtes Schleifen und abschließend farbloses Lackieren. *ARKe*: Manuelles Befreien von den Papierresten.

Finishing

Alle Papier-geeigneten Finishing-Methoden können grundsätzlich angewendet werden.

Prozesstypische Folgeverfahren

Keine

3.5.9 Plastic Sheet Lamination – Solido

SD300 Pro

Solido Ltd

encee CAD/CAM Systeme GmbH, Kümmersbruck, Deutschland

Kurzbeschreibung

Desktop Concept Modeler nach dem Schicht-Laminat-Verfahren zur Herstellung von Kunststoffmodellen aus PVC-Folien. Konturierung mittels integriertem Schneidplotter.

Die Maschinen spielen kommerziell keine große Rolle und sind aktuell nicht mehr im Vertriebsprogramm der Firma. Sie werden daher nicht mehr in diese Auflage aufgenommen. Eine detaillierte Beschreibung findet sich in Abschnitt 3.4.9 „Plastic Sheet Lamination – Solido“ der 4. Auflage dieses Buches.

3.5.10 Sonstige Schicht-Laminat-Verfahren

3.5.10.1 Bauteile aus Metalllamellen – Laminated Metal Prototyping

Das Prinzip der Herstellung von Bauteilen aus Metalllamellen wird umgangssprachlich auch *Metallfolien-LOM* genannt. Es entspricht dem Prinzip der Schicht-Fräsverfahren.

Angewendet wird es vorzugsweise auf den Bau von Werkzeugen. Das Bauteil wird im CAD konstruiert und in die notwendige Anzahl Konturschnitte zerlegt. Die Konturen werden auf einer Blechtafel verschachtelt und mittels Laser ausgeschnitten.

Im Zuge grundlegender Arbeiten wurde bereits in den 1990er-Jahren an der TU Ilmenau das Diffusionsschweißen als Fügeverfahren qualifiziert und serientaugliche Werkzeugeinsätze vorgestellt [Sändig01]. Die Arbeiten wurden später im Rahmen des MELATO Projektes an der TU Dresden aufgegriffen [Techel04]. Eine kommerzialisierte Anlage wird in Deutschland nicht angeboten.

Eine Umsetzung des Prinzips hat die Firma Weihbrecht als proprietäres System entwickelt und damit Dienstleistungen angeboten. Das Verfahren hat aber keine große wirtschaftliche Bedeutung erlangt und wird daher in dieser Auflage nicht mehr besprochen. Details siehe Abschnitt 5.4.3.4.2 „Lamellenwerkzeug – Weihbrecht“ der 4. Auflage dieses Buches, Seite 417/418.

Das Hybridverfahren *Ultrasonic Consolidation* der Firma Fabrisonic/Solidica, Abschnitt 3.8.2 „Laminieren und Ultraschallschweißen – Ultrasonic Consolidation – Fabrisonic/Solidica“, gehört auch zu den Metalllamellen-Verfahren.

3.6 Extrusionsverfahren – Fused Layer Modeling (FLM)

Als Extrusionsverfahren werden Prozesse bezeichnet, die ein bis zum teigigen Zustand erhitztes, thermoplastisches Material vorzugsweise kontinuierlich durch eine oder mehrere Düsen pressen und den so entstehenden Strang definiert auf einem Substrat ablegen. Die Energie im Material reicht dabei aus, das Substrat so anzuschmelzen, dass nach dem Abkühlen eine dauerhafte Verbindung entsteht. Um Konturen zu erzeugen, werden die Extrusionsdüsen entsprechend in der Bauebene (x,y) verfahren. Bei Stützen schrumpfen die Stränge bis auf einen (technischen) Punkt.

Verfahren, die nicht kontinuierlich extrudieren, sondern das aufgeschmolzene Material diskontinuierlich (Drop on Demand) auftragen oder auf das Bauteil schießen (BPM), werden den Extrusionsverfahren zugerechnet, obwohl man sie ebenfalls als Druckverfahren ansehen könnte, was gelegentlich in der Literatur auch geschieht.

3.6.1 Übersicht: Extrusionsverfahren

Bild 3.45 gibt eine strukturierte Übersicht über die Extrusionsverfahren. Ausgehend von den generischen Bezeichnungen (Bild 2.38) enthält es die im Folgenden besprochenen industriellen Prozesse und Maschinen sowie deren Produkt- und Herstellerbezeichnungen.

Es sind jeweils die Abschnitte angegeben, in denen die Verfahren genauer beschrieben werden. Aufgrund der Vielzahl an Herstellern von Desktopmaschinen wird in diesem Abschnitt nur eine Auswahl von Herstellern industrieller Systeme genannt. Der Markt bei den Desktopsystemen ist sehr dynamisch und besitzt kurze Entwicklungszyklen, weshalb eine Übersicht der Systeme nicht zielführend ist.

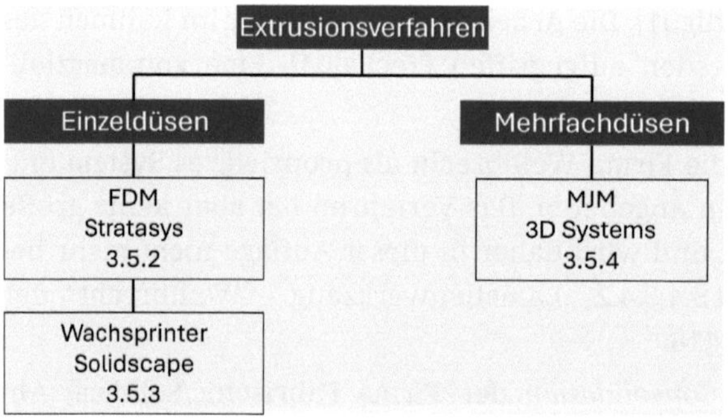

Bild 3.45
Extrusionsverfahren – Übersicht in Fortführung von Bild 2.38

3.6.2 Fused Deposition Modeling (FDM) – Stratasys

3D Printers

3D Printers, Idea Serie: Mojo 3D Printer, uPrint (SE, SE Plus)

3D Printers, Design Series: Dimension 1200es, Dimension Elite, 250mc,

3D Printers, Production Serie: Fortus (360/400mc, 380/450mc, 900mc)

Stratasys Inc., Eden Prairie, Minnesota, USA

alphacam GmbH, Schorndorf, Deutschland

Kurzbeschreibung

Die FDM-Anlagen der Firma Stratasys schmelzen vorgefertigte drahtförmige thermoplastische Kunststoffe auf und führen die teigige Schmelze durch eine beheizte Düse gezielt auf das Bauteil. Die Schichtbildung erfolgt durch Erstarrung aufgrund Wärmeleitung in das teilfertige Bauteil. Die Werkstoffpalette umfasst Thermoplaste wie Polycarbonat und ABS aber auch thermoplastische Hochleistungskunststoffe wie Polyphenylsulfonen (PPSF). Bild 3.46 zeigt das Bauprinzip.

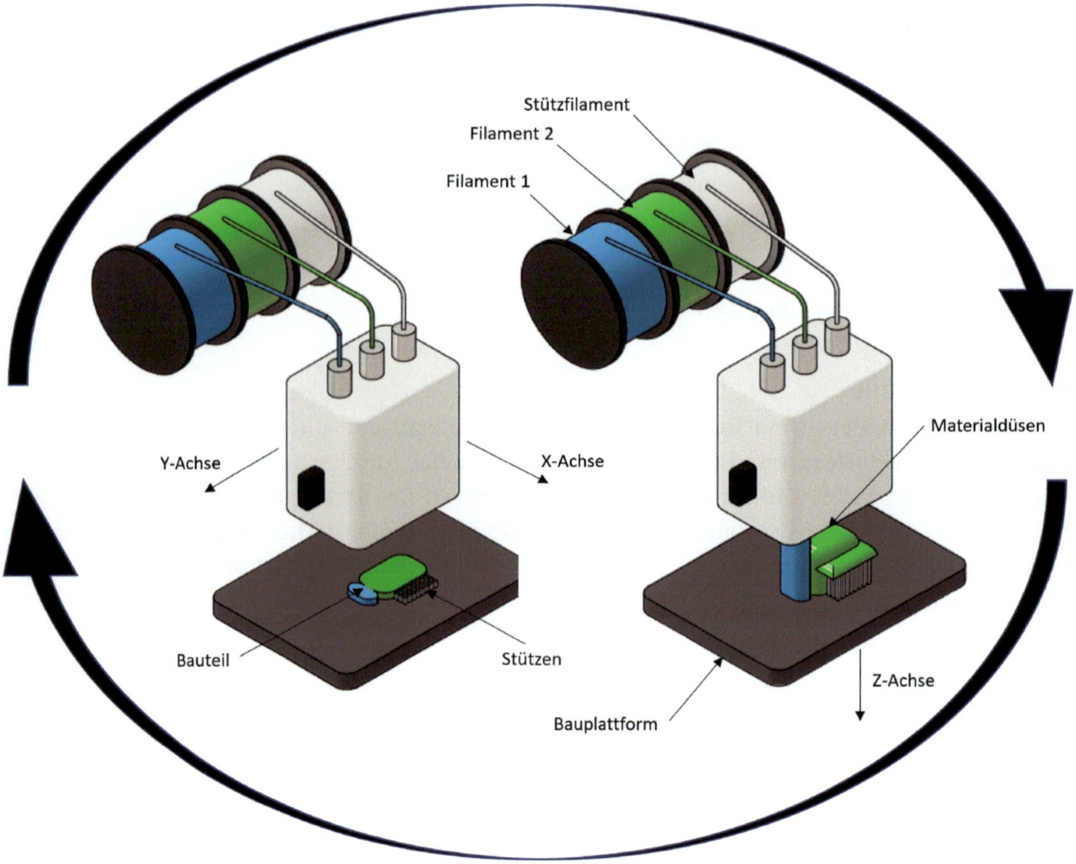

Bild 3.46 Fused Deposition Modeling (FDM)-Verfahren, Prinzip

Historisches

Stratasys wurde 1988 gegründet und gehört damit zu den älteren Herstellern von additiven Anlagen. Die FDM 1000/1500/1600 3D-Drucker wurden ab 1991 auf den Markt gebracht, systematisch zu größeren Bauräumen weiterentwickelt und die Prozesse beschleunigt (FDM 1650/2000/8000). Mit der Prodigy hat die Neuentwicklung der gesamten Baureihe begonnen, die heute insgesamt vier Maschinenfamilien mit aufeinander sowie auf besondere Anwendungen abgestimmte Eigenschaften umfasst. Die FDM Quantum verfügte 1999 mit $x, y, z = 600 \times 500 \times 600$ mm über den größten Bauraum aller Kunststoff verarbeitenden 3D-Drucker. Die aktuelle Nachfolgerin ist die Fortus 900mc. Nach dem Merger mit Objet im Verhältnis 55:45 (Stratasys/Objet) im Januar 2013 erfolgte eine Neustrukturierung des Angebotes und eine generelle Bezeichnung der Maschinen als Drucker oder Printer. Die Einteilung der Drucker richtet sich nach dem Einsatzgebiet oder der Anwendung. So unterteilt Stratasys die Drucker in die Idea-Serie, die Design-Serie und die Production-Serie. Als Branchenlösung wird auch eine Dental-Serie angeboten. Sie besteht aus modifizierten Standardmaschinen, enthält aber auch Speziallösungen für die Dentaltechnik wie die Crown-Works zum Drucken von Wachsmodellen für Kronen und Brücken oder Frame-Works zum Drucken von Wachsmodellen von Teilprothesen (Modellgüssen).

Die Vorgängerin der *Dimension*, die Genisys, war die erste auf die Anwendung als Concept Modeler hin konzipierte Maschine und begründete damit eine neue Klasse von Maschinen, die heute Office Printer, Fabber oder auch 3D-Drucker genannt werden.

Im Mai 2011 hat Stratasys den Hersteller für Wachs-Drucker, Solidscape, übernommen. 2013 folgten die Übernahmen von Makerbot sowie 2014 die der AM-Service Büros Solid Concepts und Harvest Technologies inklusive dem dazugehörigen Dienstleister RedEye.

Es ist zu beachten, dass Objet-Maschinen in die Druckerfamilie der Design Serie eingegliedert wurden. Mithin gilt nicht mehr, dass wo Stratasys draufsteht, immer FDM drin ist.

Strategien/Entwicklungspartner

Stratasys hat das Wettbewerbsverfahren Laser Sintern im Visier und die Maschinen konsequent auf Bauraumgröße, seriennahes Material, Geschwindigkeit und einfache Handhabung ausgelegt. Im Fokus sind vorzugsweise große, dünnwandige, direkt einsetzbare Funktionsprototypen aus seriennahen (nominell serienidentischen) Kunststoffen. Der Entwicklungsschwerpunkt liegt zurzeit auf dem Material.

Stratasys hat seit 1997, beginnend mit der Genisys, eine bürotaugliche Variante auf der Basis des FDM-Prinzips entwickelt und das bis heute mit der Mojo fortgesetzt. Die Maschinen wurden als „3D Printer“[19] unter dem eigenen Label *Dimension* vermarktet, sind aktuell aber in das Gesamtprogramm von Stratasys eingegliedert.

Datenformate/Software

Der Bauprozess wird über eine einzige, leicht zu bedienende, aber umfangreiche Software, Insight[20], vorbereitet und gesteuert. Eingelesen werden vollständige und fehlerfreie STL-Daten. Sie werden automatisch gesliced und mit Stützstrukturen versehen. Das Programm berechnet den Extrusionspfad und unterstützt die Optimierung des Bauprozesses. Es beinhaltet auch eine Abschätzung der Bauzeit und ein Modul zur Optimierung des gesamten Bauprozesses.

---

[19] Der Grund für diese Bezeichnung wurde in Kapitel 1 schon diskutiert. Er liegt in der besonders Laien leicht zu vermittelnde Analogie des dreidimensionalen Druckers mit dem bekannten zweidimensionalen Drucker. Verwirrend ist hingegen die Tatsache, dass die Maschinen der Dimension Baureihe mit dem vom MIT [Sachs93] patentierten 3D Printing-Verfahren nichts gemeinsam haben. Nachdem inzwischen alle additiven Maschinen 3D Printer heißen, ist diese Diskussion obsolet.

[20] Insight ist eine für Stratasys geschützte Bezeichnung. Der Name ist allerdings sehr gebräuchlich und wird unter anderem auch für ein Programm der Firma TSI zur Auswertung von lasergestützten Messungen als geschützte Marke verwendet.

Insight ersetzt das bisherige aus Quick Slice und dem Stützengenerator „Support-Works“ bestehende Programmpaket (Details vergleiche 2. Auflage, Abschnitt 3.3.4.1 „Fused Deposition Modeling (FDM) – Stratasys“). Intern überträgt das Programm die Baudaten an die Maschinensteuerung. Dies erfolgt mit dem SSL-Format (Stratasys System Language). Es können auch SLC-Dateien eingelesen werden.

Prinzip der Schichtgenerierung

Die als Drähte auf Rollen oder in Kassetten (Cartridges) gelieferten Thermoplaste und Wachse werden partiell angeschmolzen und extrudiert. Der Düsenkopf wird durch einen *x*-*y*-Plotter in der Bauebene geführt. Nach Beschichten einer Bauebene wird die Grundplatte mit dem Modell um eine Schichtdicke abgesenkt und der Prozess beginnt mit der nächsten Schicht aufs Neue.

Das Rohmaterial wird in einem elektrisch beheizten Düsenkopf bis knapp unter Schmelztemperatur (circa 68 °C beim Feingusswachs und circa 270 °C beim ABS-Kunststoff) erhitzt und trifft im teigigen Zustand auf die vorangegangene Schicht (oder bei der ersten Schicht auf die Grundplatte). Es schmilzt diese leicht an, erkaltet beim Kontakt aufgrund der Wärmeleitung und verfestigt sich. Der Abstand zwischen der vorangegangenen Schicht und dem Extruderkopf sowie der Volumenstrom des halbflüssigen Materials werden so aufeinander abgestimmt, dass Spurbreiten zwischen 0,254 und 2,54 mm und Schichtdicken zwischen 0,127 und 0,330 mm resultieren. Dazu wird der Düsenkopfabstand zum vorhergehenden Layer auf etwa die Hälfte des Düsendurchmessers eingestellt. Es resultiert ein leicht ovaler Flüssigkeitsquerschnitt, dessen Hauptabmessung als Row Width (RW) bezeichnet wird. Diese extrudierte Strangbreite muss immer größer oder gleich der Schichtdicke sein. Optimal sind Schichtquerschnitte mit einem Breiten-Höhenverhältnis zwischen 3,5 bis 6. Durch dieses „Aufquetschen“ der Schicht entstehen in Abhängigkeit von Oberflächenspannung und Viskosität (als Funktion der Temperatur) solide Strukturen und relativ glatte Oberflächen. Deutlich sichtbare wurstähnliche Strukturen werden dadurch in ihrer Wirkung abgeschwächt.

Obwohl das Material sehr schnell verfestigt, sind für überstehende Modellabschnitte und als Basis Stützen notwendig. Die vollautomatisch generierten Stützen bestehen aus einem spröderen Werkstoff als das Bauteil. Deshalb lassen sich die Stützen schnell, ohne Beschädigung des Modells und ohne Werkzeuge durch Abbrechen von Hand entfernen. Das *Break Away Support System* (BASS) genannte Verfahren gibt es für die Polycarbonat-Familien PC, PC-ISO und das Polyphenylsulfonen (PPSF). Ein *WaterWorks* (WW) genanntes Stützenmaterial kann in einer Waschstation automatisch entfernt werden. Dies gibt es für ABS, ABSi und PC-ABS und setzt sich trotz Sicherheitsauflagen immer mehr durch.

Die Fortus 900mc ist mit einem Bauraum von 914 × 610 × 914 mm die größte FDM-Maschine. Bild 3.47 zeigt ein Schema mit dem Detail des Bauraumes. Es stammt von dem Vorgängermodell Maxxum, was aber für die Prinzipdarstellung unerheblich ist.

Das gesamte Bauteil muss mit Supports unterbaut werden. Der Zeilenabstand für die Generierung der Stützen liegt bei der Hälfte der Spurbreite des später erzeugten Bauteils. Die Winkel werden von der x-Achse aus im Uhrzeigersinn angegeben. Der Nullpunkt der Anlage liegt in der linken vorderen Plattformecke.

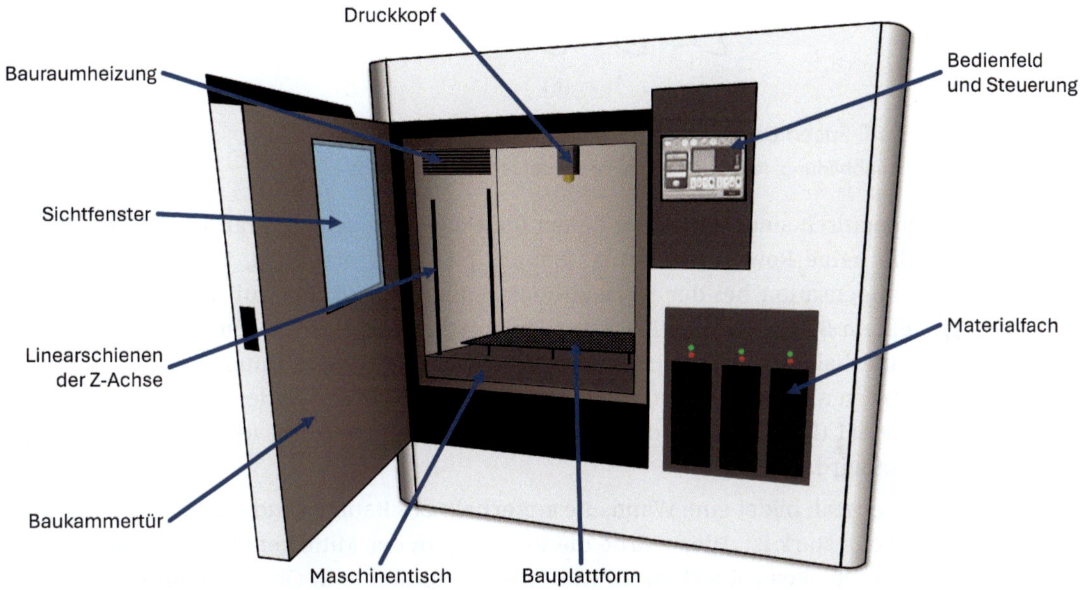

Bild 3.47 FDM Maxxum, Ansicht mit Detail „Prozesskammer"
Quelle: Stratasys

Der Düsenkopf verfährt bei den Bauteilen üblicherweise unter einer Hauptrichtung von 45°, wobei die Hauptrichtung von Schicht zu Schicht um jeweils ±90° geändert wird. Da die Supports unter der Hälfte dieses Winkels erzeugt werden, liegt dieser Winkel üblicherweise bei circa 22,5°. Alle Winkel können in der Software verändert werden.

Der Startpunkt jeder einzelnen Schicht kann von der Software her automatisch verschoben werden. Er ist sichtbar und baut sich, falls er immer an der gleichen Stelle liegt, als Naht auf. Er kann aber relativ leicht abgeschliffen werden. Die Bauparameter sind in z-Richtung und über einzelne Bereiche jedes Bauteils einstellbar.

Während des Bauprozesses stellt sich an den Außenseiten des Bauteils in den Außenecken ein Radius ein. Der Radius entsteht automatisch. Die Bauteile müssen in der Praxis immer mit einer Borderlinie versehen werden. Die Borderlinie setzt sich aus kreisförmigen Elementen zusammen, die aus geometrischen Gründen außen einen Radius ergeben. Innenkonturen werden automatisch immer scharf abgebildet (Bild 3.48 (a)).

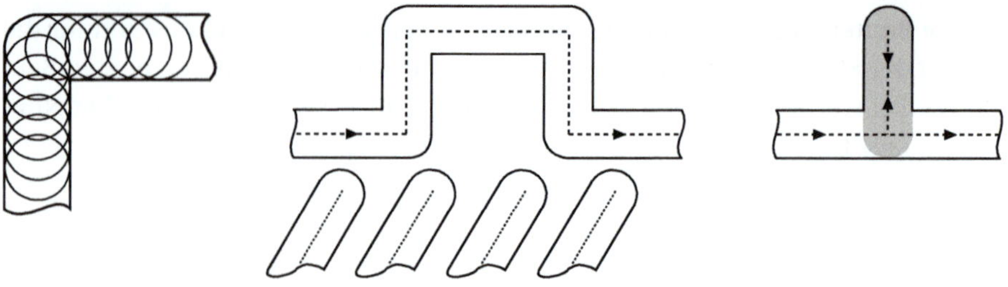

(a) (b) (c)

Bild 3.48 Fused Deposition Modeling
(a) Eckenabbildung; (b) filigrane Geometriedetails; (c) feine Stege

Problematisch sind Zonen, bei denen die Geometrie sehr filigran ist. Da der Border um die halbe Row Width in das Bauteil hineinversetzt wird, ähnlich wie die Beam-compensation bei der Stereolithographie, treten Zonen auf, die nicht komplett von einem Border durchfahren werden können (Bild 3.48 (b)). Da die Vektoren auch nur innerhalb der Borderlinien berechnet werden, werden unter Umständen dünne Strukturen nicht abgebildet. Dies kann manuell geändert werden, indem das entsprechende Set (Insel) aufgebrochen und für diesen Bereich mit neuen Parametern gerechnet wird.

Den Grenzfall bildet eine Wand, die außerhalb des Bauteils endet und die gerade eine Spurbreite stark ist. Hier würde die Ideallinie in der Mitte gerade zwei Mal auf dem Hin- und Rückweg überfahren, was zu einer unsauberen Oberfläche führt, Bild 3.48 (c). Der Bauprozess wird in diesem Fall nicht abgebrochen.

Bild 3.49, links, zeigt ein FDM-Showmodell eines Triebwerkes, Bild 3.49, rechts, ein Funktionsmodell, Werkstoff ABS. Beide Modelle wurden nach dem Bau der Einzelteile montiert.

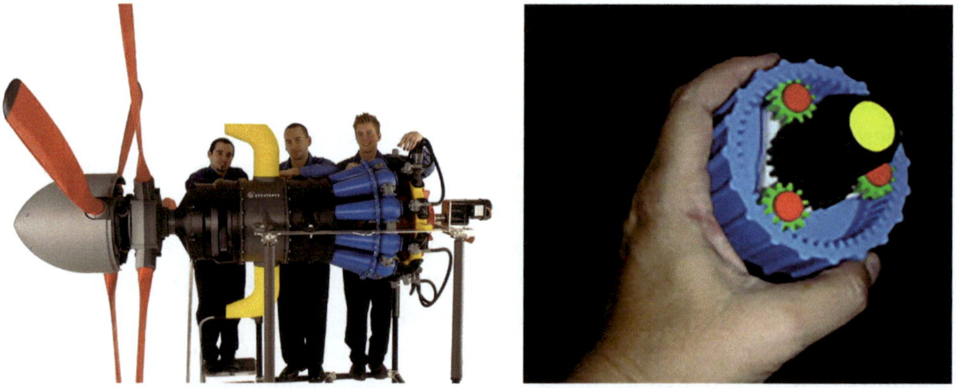

Bild 3.49 Fused Deposition Modeling, FDM
links: Showmodell eines Triebwerkes; rechts: ABS-Funktionsmodell
Quelle: Stratasys

Bauart/Konstruktion

Die neun Modellreihen der FDM-Technology Familie gibt es in weiteren Varianten, die teilweise nur zur Verarbeitung bestimmter Materialien oder Materialkombinationen ausgerüstet sind. Eine Übersicht gibt Tabelle 3.2.

Alle Maschinen der Firma Stratasys sind kompakte Stand-alone-Anlagen und als „plug-in"-Anlagen konzipiert. Sie haben keinen Laser und daher einen geringen Stromverbrauch und benötigen kein Kühlwasser. Nach Herstellerangaben entstehen keine für den Menschen reizauslösende oder gar toxische Dämpfe, die abgesaugt werden müssten. Ein Betrieb in einer Büroumgebung ist daher möglich.

Es sind unterschiedliche Materialien verfügbar. Es kann aber nicht jedes in jeder Maschine verwendet werden (Tabelle 3.2). Die großen Maschinen fassen mehrere Kartuschen zu je etwa einem halben Liter, die im Langzeitbetrieb automatisch umgeschaltet werden. Für jedes Material muss ein eigener Düsenkopf verwendet werden. Die Düsenköpfe unterscheiden sich in den Antriebsrollen, den eingesetzten Getrieben und vermutlich auch in den verwendeten Heizelementen, vor allem aber in den Düsendurchmessern. Wird das Material beziehungsweise der Düsenkopf gewechselt, so muss vor Beginn eines Bauprozesses ein Testteil erstellt werden. Als Testteil wird ein 2 × 2 cm großer und circa 4 mm hoher Würfel verwendet. Von dem Quadrat werden nur die Außenflächen (Border) gebaut. Anhand der Übergänge zwischen Supports und Bauteil ist eine Kalibrierung der Düsenköpfe zueinander möglich. Der Bau dieses Testteils und seine Auswertung nehmen circa 15 Minuten in Anspruch.

Die Idea Serie beinhaltet den Mojo 3D Printer mit einem Bauraum von 127 × 127 × 127 mm. Dieser Printer verfügt über zwei Düsen und kann damit auch Stützstrukturen mit entsprechendem Material (SR-30) erstellen. Die Schichtdicke ist mit 0,178 mm angegeben.

Tabelle 3.2 Modelle und Modellvarianten der FDM-Familie*Quelle: Stratasys*

Maschine	Bauraum (mm)	Material					
		ABS	ABSi	PC-ABS	PC	PC-ISO	PPSF
		Schichtdicke (mm)					
Prodigy Plus	203/203/305	0,178 0,254 0,330					
Vantage i	355/254/254	0,127 0,178 0,254			0,178 0,254		
Vantage X			0,127 0,178 0,254	0,127 0,178 0,254		0,178 0,254	
Vantage S							
Vantage SE	406/355/406						
Titan		0,127 0,254	0,127 0,254	0,127 0,254			0,254
Maxxum	600/500/600	0,127 0,178 0,254	0,178 0,254				
Mojo	127/127/127	0,178					
uPrint SE	203/152/152	0,254					
uPrint SE plus	203/203/152	0,254 0,330					
Fortus 250 mc	254/254/305	0,178 0,254 0,330	0,178 0,254				
Fortus 360 mc	406/355/406	0,127 0,178 0,254 0,330		0,127 0,178 0,254 0,330	0,127 0,178 0,254 0,330		
Fortus 400 mc	406/355/406		0,127 0,178 0,254 0,330			0,127 0,178 0,254 0,330	0,127 0,178 0,254 0,330
Fortus 900 mc	914/610/914	0,178 0,254 0,330	0,178 0,254 0,330	0,178 0,254 0,330	0,178 0,254 0,330	0,178 0,254 0,330	0,178 0,254 0,330

Material-Kombination	Stützmaterial	Genauigkeit
ABS	WW für ABS, ABSi und PC-ABS BASS für alle PC und PPSF	k. A.
Single Material ABS oder PC		±0,127 mm bis 127 mm Länge ±0,0381 mm per mm ab 127 mm Länge
Multiple Material ABS, ABSi, PC-ABS or PC, PC-ABS, PC-ISO		
Multiple Material ABS, ABSi, PC-ABS, PC-ISO, PC		
All Materials		
ABS und ABSi		
P430 ABSplus	Löslich SR-30	
ABSplus		
ABSplus		
ABSplus-P430	Löslich	±0,241
Multiple Material ABS, PC-ABS, PC	Löslich oder break-away für PC Löslich für ABS-M30 und PC-ABS	±0,127 ±0,0015 mm/mm
All Materials	Löslich für die meisten Materialien Break-away für PC-ISO, ULTEM und PPSF löslich oder break-away für PC	±0,127 ±0,0015 mm/mm
All Materials	Löslich für die meisten Materialien Break-away für PC-ISO, ULTEM und PPSF Löslich oder Break-away für PC	±0,09 ±0,0015 mm/mm

Zu dieser Klasse zählt auch der uPrint SE (Bild 3.50 (a)). Der Bauraum ist mit 203 × 152 × 152 mm (in der plus-Ausführung 203 × 203 × 152 mm) größer als der des Mojo 3D Printers, allerdings verfügt der uPrint SE nur über eine Düse. Die Schichtdicke ist auch mit 0,254 mm (plus auch mit 0,330 mm) stärker als die des Mojo. Diese Klasse ist als Desktopmaschine vorgesehen. Die Drucker sollen effizient, schnell und einfach Konzeptideen und erste Entwürfe erstellen.

a) b)

Bild 3.50 (a) FDM uPrint SE, (b) Fortus 250mc
Quelle: Stratasys

Zur Design-Serie *Performance* gehören die Dimension Printer. Die Dimension ist bezüglich der einsetzbaren Werkstoffe, der einfachen Bedienbarkeit und des moderaten Preises eine Weiterentwicklung eines Concept Modelers. Die Schichtdicken betragen 0,254 oder 0,330 mm, bei der Elite 0,178 mm. Die Genauigkeit wird vom Hersteller mit besser als ±0,3 mm angegeben. Das ist für ein Konzeptmodell sowohl ausreichend als auch realistisch. Für die Elite dürfte die Genauigkeit auf ±0,2 bis ±0,25 mm zu steigern sein. Die Maschinenbezeichnung entspricht dem Bauraumvolumen in $Inch^3$. Die Abmessungen des Bauraums der Dimension Elite misst x, y, z = 203 × 203 × 305 mm^3, der für die Dimension 1200 entspricht x, y, z = 254 × 254 × 305 mm^3. Darin können bei Bedarf mehrere Modelle nebeneinander gebaut werden. Die Dimension 1200 ist als BST- und SST-Variante erhältlich. Beim Break Away Support Technology (BST) wird das sprödere Stützmaterial manuell entfernt (abgebrochen), während das Water Works-Verfahren (Soluble Support Technology, SST) die Stützstrukturen in einer speziellen Reinigungsmaschine auswäscht. Elite ist eine Dimension 1200 SST, die das dünnere Material (ABSplus) verarbeitet und damit höher belastbare Bauteile liefert.

Die Fortus 250 mc ist die kleinste vollwertige FDM-Maschine (Bild 3.50 (b) und Tabelle 3.2) und markiert den Übergang zu den Produktionsmaschinen. Sie verfügt, wie alle anderen auch über zwei Düsenköpfe und kann deshalb Bau- und Stützmaterial gleichzeitig verarbeiten. Im $x, y, z = 254 \times 254 \times 305$ mm großen Bauraum kann ABSplus in neun Farben, darunter weiß, schwarz, blau, gelb, rot und grün eingesetzt werden. Die Schichtdicken können in drei Stufen gewählt werden: Fein = 0,178 mm, Standard = 0,254 mm und Entwurf (Draft) = 0,33 mm.

Die Production-Series umfasst die großen Maschinen namens Fortus. In diese Gruppe gehört die 450 mc (Bild 3.51). Sie wird aber auch vom Hersteller ebenfalls zur Gruppe Design Serie gezählt.

Die Fortus-Familie umfasst fünf Varianten – die Fortus 360/400mc, die 380/450mc und als größte die Fortus 900mc (Bild 3.52). Die Maschinen dieser Klasse unterscheiden sich in der Bauraumgröße, der Materialauswahl und den verfügbaren Schichtdicken.

So ist der Bauraum der Fortus 900mc (Bild 3.52) mit 914 × 610 × 914 mm am größten. Die Schichtdicken sind von 0,127 bis 0,330 in vier Stufen einstellbar. Die 900mc kann man mit 12 Materialien, darunter ABS M30(i), ABSi, Nylon 12, PC-ABS, PC, PC-ISO, ULTEM 9085 und PPSF/PPSU bestücken. Ebenfalls ist die Auswahl für das Stützmaterial bei diesem Drucker am größten.

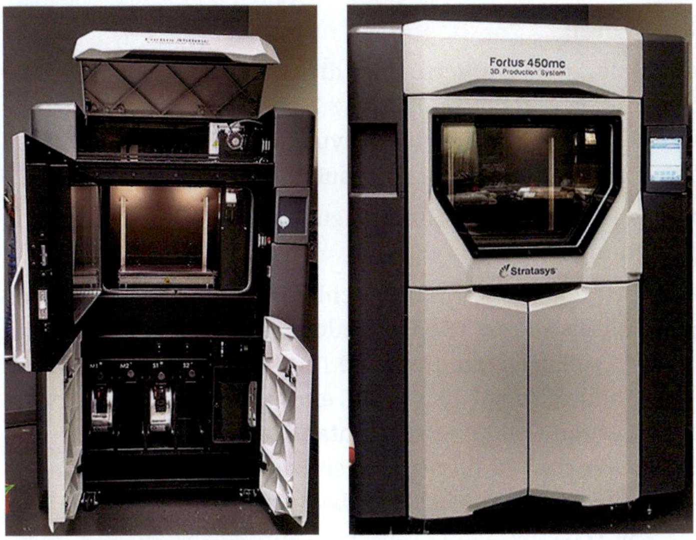

a) b)

Bild 3.51 Fortus 450mc
(a) Blick in den Bauraum; (b) Außenansicht
Quellen: advtec, Stratasys

Bild 3.52 FDM Fortus 900mc
Quelle: Stratasys

Material/Bauzeit/Genauigkeiten

Es stehen unterschiedliche Materialien zur Verfügung, die aber nicht alle in jeder Maschine verarbeitet werden können (vergleiche Tabelle 3.2). Neben ABS und ABSi gibt es ein PC-ABS Blend, Polycarbonat (PC), PC-ISO und Polyphenylsulfonen (PPSF), einen Hochleistungskunststoff aus der Familie der Polyacrylsulfone.

Das Elastomer (E20) und das Feingusswachs (Investment Casting Wax, ICW 06) sind offenbar nicht mehr im Programm.

ABS, der Standardwerkstoff, ist ein weißes, relativ schlagzähes Kunststoffmaterial, das vergleichbare Festigkeitseigenschaften wie Polyamid aufweist. Die Heizdüse des Stützmaterials wird mit 265 °C gefahren, die Heizdüse für den Bauteilwerkstoff mit 270 °C. Die Umgebungstemperatur wird auf 50 bis 80 °C eingestellt. Bei zu niedrig eingestellten Temperaturen gibt es die Gefahr der Schichtablösung, bei zu hoch eingestellten Temperaturen ist das Material zu flüssig für den Bauprozess, neigt zum Oxidieren und färbt sich braun. Zudem sind die Bauteile dann verzugsgefährdet.

Bei der Verwendung von ABS-Material werden die Düsenköpfe zurzeit nach jeder Schicht ausgeblasen, weil ABS hygroskopisch ist. Wenn das Wasser bei Erhitzen des Materials verdampft, kommt es zu Aussetzern in der Beschichtung.

ABSi ist ein ABS mit erhöhter Schlagfestigkeit. Es ist transluzent und in mehreren Farben verfügbar.

Polycarbonat (PC) hat zwar eine um etwa 10 %-Punkte niedrigere Festigkeit als ABS, ist aber weniger spröde (die Biegefestigkeit ist fast doppelt so hoch wie die von ABS) und wesentlich temperaturstabiler (circa 125 °C gegenüber circa 90 °C bei ABS). Es ist daher ein idealer Werkstoff für Funktionsprototypen und Kleinserien.

PC-ABS vereinigt die guten Festigkeitseigenschaften des ABS mit der Flexibilität des PC.

PC-ISO ist ein sterilisierbarer Werkstoff für die Medizintechnik und erfüllt die einschlägigen Standards ISO 10993-1 und USP Class VI[21]. PC-ISO kann mit Gammastrahlen oder Ethylenoxid sterilisiert werden.

Das *Polyphenylsulfonen* (PPSF) ist der erste Hochleistungskunststoff in einer additiven Anlage. Bei vergleichbaren mechanischen Eigenschaften weist er eine gegenüber ABS fast doppelt so hohe Temperaturbeständigkeit (> 200 °C) auf. Die Maschine fährt mit PPSF aber nicht nur dickere Schichten (0,254 mm), sie ist auch deutlich langsamer. Die Stützen sollten vom warmen Bauteil entfernt werden.

Das *Feingusswachs (ICW 06)* entspricht industriellen Feingusswachsen und ist deshalb problemlos in allen bekannten Feingussprozessen zu verwenden. Dabei erfüllt es die wichtigen Kriterien eines geringen Aschegehaltes (0,0075 %) und eines geringen Wärmeausdehnungskoeffizienten, sodass „Shell Cracking“, das Reißen der Keramikhülle, sicher vermieden werden kann.

Bei allen Maschinen und Werkstoffen sind Genauigkeiten von ±0,127 mm bei Bauteilen bis zu einer charakteristischen Länge von 127 mm zu erreichen. Darüber werden ±0,381 mm, an anderer Stelle auch 0,1 % (mindestens aber 0,1 mm) angegeben. Bei der Prodigy Plus sind etwas schlechtere Genauigkeiten zu erwarten. Herstellerseitig gibt es aber keine Informationen.

Ultem 9085 ist ein Hochleistungskunststoff, der Anwendung in additiven Fertigungsverfahren findet. Hier handelt es sich um einen Werkstoff mit sehr guten Fließeigenschaften für dünnwandige und leichte Bauteile.

Post-Processing

Die Entfernung der Breakaway-Stützen (BASS) erfordert keine Werkstatt, die Kontaktstellen Stützen/Modell sollten aber nachgeschliffen werden. Das WaterWorks-(WW)-Stützenmaterial kann ausgewaschen werden. Das geschieht unter Zugabe von Chemikalien in der Cleanstation UW20, einer Art Waschmaschine.

Bei entsprechender Abstimmung der eingesetzten Materialien aus der verfügbaren Materialpalette sind alle heute bekannten Folgetechniken in Kombination mit dem FDM-Verfahren grundsätzlich einzusetzen. Im Einzelfall muss jedoch geprüft werden, ob der erzielbare Detaillierungsgrad, die erzielbare Genauigkeit und die resultierenden Oberflächen den jeweiligen Anforderungen entsprechen.

Wachsmodelle sind für den klassischen Feingussprozess bestimmt.

---

[21] Die United States Pharmacopedia (USP) legt die Qualitätsstandards für verschreibungspflichtige und frei erhältliche Arzneimittel, für Nahrungsergänzungsmittel und weitere Produkte der Gesundheitspflege inklusive der Materialien für die dazu verwendeten Maschinen fest.

3.6.3 Fused Deposition Modeling – Markforged

Fused Deposition Modeling (FDM) / Binder Jetting

Metal X System™, PX100™, FX10™, FX20™, X7™, X7™ Field Edition, X3™, Mark Two™, Onyx Pro™, Onyx One™

Markforged, Watertown, USA

Kurzbeschreibung

Markforged bietet eine führende Plattform für additive Fertigung, die speziell für die Produktion und Industrie entwickelt wurde. Das Unternehmen fokussiert sich darauf, innovative Technologien zu entwickeln, um bestehende Fertigungsprozesse zu verbessern und die Herstellung robuster Endprodukte zu ermöglichen. Mit der Digital Forge, einer cloudbasierten und AI-gestützten Plattform, können Ingenieure und Designer schnell von der Idee zum voll funktionsfähigen industriellen Teil gelangen. Markforged bietet eine breite Palette an 3D-Druckern, die Metalle, kontinuierliche Fasern und Verbundwerkstoffe verarbeiten können. Ziel ist es, den Kunden eine einfache und zuverlässige Lösung zu bieten, die es ihnen ermöglicht, Produktionsprobleme schnell zu lösen und stärkere Lieferketten aufzubauen. Darüber hinaus bietet Markforged umfassende Beratung, Schulungen und Support, um die Integration der additiven Fertigung in bestehende Produktionsumgebungen zu erleichtern.

Anwendungsbereich

Produkte von Markforged finden Anwendung in verschiedenen Branchen wie der Luft- und Raumfahrt, der Automobilindustrie und der Prothetik, wo sie für die Herstellung robuster und präziser Teile genutzt werden.

Entwicklungsstand

Die Gründung von Markforged erfolgte 2013. Die Maschinen werden mit individueller Konfigurationsmöglichkeit und Beratung kommerziell vertrieben.

Historisches

Markforged wurde 2013 von Gregory Mark und David Benhaim in Waltham, Massachusetts gegründet. Man begann mit der Vorstellung des Mark-One-3D-Drucker-Systems sowie der zugehörigen Cloud-Software *Eiger*. 2017 ist das Metal-X-System vorgestellt worden, mit welchem für einen Preis von unter 100 000 $ metallische Bauteile hergestellt werden konnten. Der Prozess ist als ADAM (Atomic Diffusion Additive Manufacturing) bezeichnet worden. Im Jahr 2023 ist das Pulver-Binder-System PX100 für metallische Bauteile vorgestellt worden.

Markforged fokussiert sich darauf, innovative Technologien zu entwickeln, um bestehende Fertigungsprozesse zu verbessern und die Herstellung robuster Endprodukte zu ermöglichen. Über 10 000 Kunden in mehr als 70 Ländern nutzen die Digital Forge, um die Einschränkungen traditioneller Fertigung zu überwinden und ihre Lieferketten zu stärken.

Prinzip der Schichtgenerierung

Markforged setzt im Vergleich zu vielen Konkurrenten nicht auf die Verarbeitung von reinen Polymeren, sondern kombiniert diese mit verschiedenen Fasern oder Zusätzen. Als Fasern werden Endlosfasern aus Carbon oder Glasfaser verwendet. Daher nutzt Markforged als Markennamen den Begriff Continuous Fiber Fabrication (CFF). Um die ideale Lage der Fasern zu bestimmen, werden die auf das Bauteil wirkenden Lasten berücksichtigt und die Fasern in den Bereichen hoher Zugspannungen platziert. Dabei können die Fasern jedoch nicht dreidimensional im Raum angeordnet werden, sondern nur in einzelnen Schichten, weshalb eine Platzierung des Bauteils entsprechend der späteren Hauptbelastungsrichtung essenziell ist.

Neben Fasern, die in Bauteile eingebracht werden, bietet Markforged einen zweistufigen Metallprozess an, der auf einem Extrusionsprozess mit anschließendem Ausbrennen des Bindemittels und einem Sintern basiert. Zu diesem Zweck werden hochgefüllte Metallfilamente verwendet, die eine Bindematrix auf Polymerbasis nutzen.

Materialien

Die Maschinen von Markforged verarbeiten metallische Werkstoffe, Endlosfasern und Verbundwerkstoff-Basismaterialien. Es können 7–4-PH-Edelstahl, Kupfer, Inconel 625, H13-Werkzeugstahl, A2- und D2-Werkzeugstahl, Onyx™, Onyx FR™, Onyx ESD™, Vega™, ULTEM™ 9085 Filament, Smooth TPU 95 A, Precise PLA, Nylon, Carbonfaser, Carbonfaser FR, Aramid Fiber (Kevlar®), HSHT-Glasfaser verarbeitet werden.

3.6.4 Fused Deposition Modeling – WASP

Fused Deposition Modeling (FDM)

Delta WASP 2040 PRO, Delta WASP 2040 Ton, WASP 40100 LDM, Delta WASP 2040 INDUSTRIAL X, WASP 4070 ZX, WASP 4070 FX, WASP 4070 HDP, WASP 60100 HDP, WASP 3MT HDP, Delta WASP 3MT BETON, Kran WASP

WASP, Massa Lombarda (Ravenna), Italien

Kurzbeschreibung

WASP (World's Advanced Saving Project) ist ein Unternehmen, welches sich auf die Herstellung von additiven Fertigungsanlagen für den Extrusionsprozess spezialisiert hat und vollständig in Italien produziert. Eine Besonderheit im Produktportfolio von Wasp stellen Extruder für pastöse Werkstoffe dar. Mit diesen Extrudern können Werkstoffe wie Beton, Ton und Ähnliche verarbeitet werden. Das Unternehmen bietet Lösungen für verschiedene Branchen, darunter Architektur, Medizin, Keramik und Bildung, und ist bekannt für seine innovativen Projekte wie den Bau von 3D-gedruckten Häusern aus nachhaltigen Materialien. Ein spannendes Projekt ist der Crane WASP, der weltweit erste modulare und mehrstufige 3D-Drucker, der für den Bau umfangreicher architektonischer Werke konzipiert wurde. WASP verfolgt das Ziel, durch den Einsatz von 3D-Drucktechnologien zur Lösung globaler Herausforderungen beizutragen und eine Kreislaufwirtschaft zu fördern. Das Unternehmen hat sich auch durch die Entwicklung von 3D-gedruckten Pop-up-Stores und anderen kreativen Anwendungen einen Namen gemacht.

Anwendungsbereich

Die Produkte von WASP finden Anwendung in verschiedenen Bereichen, darunter Architektur, Medizin, Keramik und Industrie. Im Architekturbereich ermöglicht die Crane-WASP-Technologie den Bau von 3D-gedruckten Häusern aus nachhaltigen Materialien. Im medizinischen Bereich bietet das WASP-Med-Projekt Lösungen wie maßgeschneiderte Prothesen und orthopädische Geräte. Zudem werden die 3D-Drucker von WASP in der Keramikproduktion und für industrielle Anwendungen wie den Druck von großen Kunststoffteilen eingesetzt.

Entwicklungsstand

Die Gründung von WASP erfolgte 2012. Die Maschinen werden mit individueller Konfigurationsmöglichkeit und Beratung kommerziell vertrieben.

Historisches

WASP wurde 2012 von Massimo Moretti in Massa Lombarda, Italien, gegründet. Das Unternehmen begann mit der Entwicklung des PowerWASP, einem vielseitigen 3D-Drucker, der auch Holz und Aluminium fräsen konnte. Im Laufe der Jahre erweiterte WASP seine Produktpalette um die Delta-WASP-Drucker, die hohe Geschwindigkeit mit hoher Präzision vereinbaren und eine Vielzahl von Materialien verarbeiten können. 2015 stellte das Unternehmen den BigDelta vor, einen 12 Meter hohen Drucker zum Bau von Häusern, gefolgt von der Einführung des Crane WASP im Jahr 2018, einem kollaborativen 3D-Drucksystem für den Hausbau. WASP investiert kontinuierlich in Forschung und Entwicklung, um nachhaltige und innovative Lösungen zu schaffen, die zur Lösung globaler Herausforderungen beitragen.

Prinzip der Schichtgenerierung

Der Schichtbildungsmechanismus der WASP-Produkte basiert auf der additiven Fertigungstechnologie, bei der Material Schicht für Schicht aufgetragen wird. Die 3D-Drucker von WASP verwenden dabei verschiedene Extruder, die präzise Materialströme ermöglichen und die Schichtdicke kontrollieren. Die Drucker nutzen Software wie Simplify3D, um G-Code-Dateien zu erstellen, die die Druckanweisungen enthalten. Während des Druckvorgangs wird das Material durch eine Düse extrudiert und in aufeinanderfolgenden Schichten aufgetragen, um das gewünschte Objekt zu formen. Diese Technologie ermöglicht es, komplexe Geometrien und Strukturen mit hoher Präzision und Effizienz zu erstellen.

Materialien

WASP bietet eine breite Palette an Materialien für den 3D-Druck an, die auf verschiedene Anwendungen zugeschnitten sind. Dazu gehören technische Kunststoffe wie ABS, PLA, Nylon, Polycarbonat und ASA, die für ihre Festigkeit und Vielseitigkeit bekannt sind. Für künstlerische und architektonische Anwendungen bietet WASP spezielle Materialien wie Keramik, Ton, Porzellan und Steinzeug an. Darüber hinaus umfasst das Sortiment flexible Materialien wie TPU und recycelte Kunststoffe, die für industrielle und großformatige Druckprojekte geeignet sind.

3.6.5 Wachsprinter – Solidscape

Wachsprinter

3Z Pro, 3Z Studio, 3Z LAB, 3Z MAX2

Solidscape Inc., Merrimack, New Hampshire, USA

Horbach GmbH, Idar-Oberstein

Kurzbeschreibung

Die 3Z-Wachsdrucker sind additive Fertigungsanlagen zur Herstellung von kleinen, sehr präzisen Wachsmodellen vorzugsweise für den Feinguss. Ein nach dem Drop on Demand (DOD) Prinzip arbeitender Druckkopf trägt schmelzflüssiges Material vom Typ Hartwachs tröpfchenweise auf. Ein zweiter appliziert niedrigschmelzendes Wachs als Stützmaterial. Durch Nachfräsen jeder Schicht entstehen insgesamt sehr präzise Modelle, die besonders für den Feinguss von Präzisionsteilen geeignet sind.[22)] Die Maschinen sind keine Concept Modeler, auch wenn sie äußerlich so wirken.

[22] Damit ist diese Verfahrensvariante streng genommen ein kombiniertes auftragendes/abtragendes Verfahren.

Anwendungsbereich

Geometrieprototypen (Wachs) zur Herstellung von Funktionsprototypen und Kleinstserien aus Metall im Feingussverfahren. Die Varianten der 3Z Maschinen zielen auf die Märkte Schmuck, Dentaltechnik, Feinwerktechnik und miniaturisierte Modelle.

Entwicklungsstand

Die Vorgänger der aktuellen 3Z-Baureihe (T66 (BT2, 2007)) sind seit 2002, die T612 seit 2003 kommerzialisiert. Die R66/D66 wurde 2007 vorgestellt. Die aktuellen Maschinen gehören zur 3Z Baureihe.

Historisches

Sanders Prototype Inc. wurde 1994 von Royden C. Sanders jr. gegründet. Das erste Modell, der ModelMaker MM6-PRO, wurde 1994 kommerzialisiert (und bis 1998 produziert), der ModelMaker II seit 1997. Er wurde schließlich 2002 durch die T66 abgelöst. Parallel dazu wurde ab 2000 der PatternMaster gefertigt und 2003 durch die T612 abgelöst. Die R66/D66 unterstreicht bei grundsätzlich gleicher Technik den Trend zu Branchenlösungen (2007).

Die Entwicklungsarbeit für den ModelMaker wurde zwischen 1992 und 1994 von der Sanders Design Inc, SDI geleistet. Im Zuge gesellschaftsrechtlicher Auseinandersetzungen wurde die Gesellschaft im September 2000 in Solidscape Inc. umbenannt. Solidscape ist nicht mit der weiterhin aktiven Sanders SDI zu verwechseln.

Solidscape wurde 2011 von Stratays übernommen, agiert aber am Markt äußerlich selbständig.

Strategien/Entwicklungspartner

Die 3Z-Serie wurde mit dem Ziel entwickelt, Wachsmodelle für kleine sehr präzise Bauteile herzustellen, wie sie im Feinguss benötigt werden. Zielmärkte sind insbesondere die Schmuckindustrie, die Medizintechnik und die Spielzeugindustrie. Die MAX2 wird als Produktionssystem vermarktet, während die technisch weitgehend identischen Varianten für die Zielmärkte der Juweliere und Zahntechniker entwickelt wurden.

Datenformate/Software

Die 3Z übernimmt STL- und SLC-Datensätze. Das herstellerseitig gelieferte Programm *ModelWorks* liest die Daten ein und ermöglicht eine Visualisierung, Orientierung und Positionierung. Es enthält einfache CAD-Funktionalitäten und berechnet automatisch die Stützen. Es generiert die Schichten und nutzt dazu die Möglichkeit, die Schichtdicken automatisch anzupassen. ModelWorks generiert die Baudaten, überträgt sie an die Maschine und steuert automatisch den Bauprozess.

Prinzip der Schichtgenerierung

Im beheizten InkJet-Druckkopf wird Material aufgeschmolzen und als Mikrotropfen auf die Modellstruktur geschleudert. Beim Auftreffen erstarrt der Tropfen aufgrund der Wärmeleitung ins Modell. Durch die Aufprallenergie verformt sich der Tropfen, sodass die aufgetragenen Materialbahnen ein Höhen-Breitenverhältnis von circa 0,6:1 aufweisen. Es sind bis zu 0,013 mm dünne Schichten zu realisieren. Die nicht zum Modell gehörigen Bereiche werden durch einen zweiten Druckkopf mit einem niedrig schmelzenden Wachs aufgefüllt, das als Stützmaterial dient. Nach dem Aufbringen jeder Schicht wird die Oberfläche plan gefräst, sodass auch in z-Richtung sehr hohe Genauigkeiten erreicht werden. Eine Kühlung des Materials ist dazu nicht notwendig.

Bauart/Konstruktion

Die Maschine besteht aus einer Bauplattform und einer Traversiereinrichtung, die die beiden Druckköpfe mit einer hohen Positioniergenauigkeit von 0,006 mm in x- und y-Richtung verfährt. Auf der gleichen x-Schiene ist ein Walzenfräser angebracht, der mit einer Absaugeinheit verbunden ist. Die Bauplattform ist in z-Richtung sehr fein (0,0032 mm) positionierbar. Der nutzbare Bauraum der 3Z Pro misst x, y, z = 152,4 × 152,4 × 152,4 mm, der der 3Z Studio, 3Z Edu und 3Z Lab x, y, z = 152,4 × 152,4 × 50,8 mm, (Bild 3.53 (a), Maschine 3Z Pro).

Die Maschine ist auf einen automatischen Betrieb ausgelegt und enthält einen Materialvorrat für 24 Stunden sowie eine Einrichtung zur automatischen Überprüfung der Düsenfunktion.

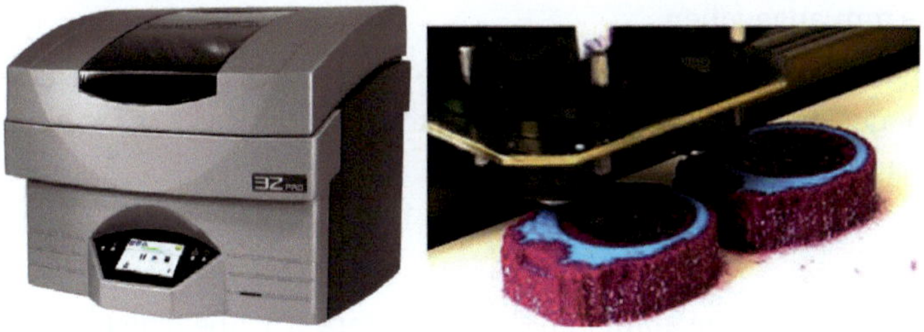

a) b)

Bild 3.53 Solidscape
(a) 3Z Pro; (b) Wachsmodelle (blau) in Stützmaterial (rot)
Quelle: Solidscape

Der Druckkopf emittiert Kügelchen mit einem Durchmesser von circa 0,0075 mm. Sie bestehen aus schmelzflüssigem Material und ergeben in Linie aufgetragen einen Steg von circa 0,010 mm Breite und 0,006 mm Höhe. Eine solche Linienstruktur kann mit einer Geschwindigkeit von 30,5 mm/s aufgebaut werden (das entspricht einem Auftrag mit einem spezifischen Volumen von circa 0,11 mm^3/min). Solidscape nennt sein Druckverfahren SCP (Smooth Curvature Printing)

Material/Bauzeit/Genauigkeiten

Die Materialien waren ursprünglich ein grünes *ProtoBuild* genanntes Hartwachs-Blend und ein rotes *ProtoSupport* genanntes Stützenmaterial. Die Baumaterialien wurden zwischenzeitlich *BlueCast* genannt und schließlich *InduraCast* und *InduraFill*, die Stützmaterialien *InduraBase*. Heute (2016) gibt es das Baumaterial 3Z Model und ein Stützmaterial, 3Z Support für Solidscape MAX2, Pro und Studio. LAB Cast ist nur für zahntechnische Anwendungen (Restaurationen) mit dem Solidscape LAB printer.

PlusCAST ist ein festeres Material zum Vergießen von Nicht-Edelmetallen vorzugsweise mit den Modellen T76plus, D76plus und R66plus, während InduraCast zur Verarbeitung mit den Modellen der BenchTop Linie T66, T612 und R66 empfohlen wird. Es gibt ein Lösungsmittel zum Auswaschen von Stützmaterial, genannt Dewax.

Die Baumaterialien sind Feingusswachse Bild 3.53 (b), Wachsmodelle). Sie haben mit 92 bis 106 °C wesentlich höhere Schmelzpunkte als das Stützmaterial (50 bis 72 °C). Die aktuellen Materialien sind nach Herstellerangeben deutlich (50 %) stabiler als deren Vorgänger.

Die Bauzeit ist relativ lang und kann verkürzt werden, wenn die Schichtdicke bis auf das Maximum von 0,076 mm erhöht wird, wodurch aber die Auflösung beeinträchtigt wird. Die feinste Schichtdicke beträgt 0,013 mm.

Die Genauigkeit wird mit 0,025 mm auf 76 mm (das ist der halbe Verfahrweg in x- oder y-Richtung) und, als Resultat der Fräsung jeder Schicht, mit 0,013 mm auf die gesamte z-Länge von 229 mm angegeben.

Die 3Z Maschinen haben eine Auflösung von x, y, z 5000 × 5000 × 8000 dpi. Die Genauigkeit wird mit 25,4 µm per Inch in allen drei Raumkoordinaten angegeben. Die Schichtdicke beträgt 12,7 µm.

Post-Processing

Die Stützen werden mit einem Lösungsmittel entfernt. Weitere Nachbearbeitung ist im Allgemeinen nicht notwendig.

Prozesstypische Folgeverfahren

Die Wachsmodelle eignen sich besonders für den Feinguss, aber auch für das Vakuumgießen und andere Abformverfahren.

3.6.6 Multi-Jet-Modeling (MJM) – ThermoJet – 3D Systems

Solid Object Printer – ThermoJet 3D Printer

3D Systems Inc., Rock Hill, SC, USA

3D Systems GmbH, Darmstadt, Deutschland

Kurzbeschreibung

ThermoJet 3D Printer arbeiten nach dem Multi-Jet-Modeling-(MJM-)Verfahren. Sie arbeiten also, wenn auch diskontinuierlich, nach dem Extrusionsprinzip. Als Nachfolger der Actua (1997), hat sich der ThermoJet als additive Maschine für die direkte Herstellung von Anschauungsmodellen und vor allem von Wachsbauteilen bewährt, die im Feinguss eingesetzt werden. Bau- und Stützenmaterial sind identisch. Dies hat vor allem die Nachteile, dass der Aufwand für die Entfernung der Stützen groß ist und dass nach ihrer Entfernung sichtbare Marken an der Unterseite der Modelle verbleiben.

Mit der InVision Baureihe (2003) und den Nachfolgern, der ProJet 3510 und ProJet 5000, wurden diese Nachteile überwunden, in dem ein modifiziertes Baumaterial zusätzlich durch UV-Strahlen polymerisiert und so verfestigt wurde. Die nicht polymerisierten Stützen können durch Wärme entfernt werden. Weil die Verfestigung des Bauteils letztlich durch Polymerisation erfolgt, wird das Verfahren den Stereolithographie-Verfahren zugerechnet und in Abschnitt 3.1 „Polymerisation – Stereolithographie (SL)“ behandelt.

Der ThermoJet wird nicht mehr gebaut. Es ist jedoch noch eine ganze Anzahl von Maschinen in Betrieb. Viele von ihnen sind im Umfeld der Herstellung von verlorenen Modellen für das Feingießen eingesetzt. Details siehe 2. Auflage, Abschnitt 3.3.4.5 „Multi-Jet Modeling (MJM) – 3D Systems“, Seite 187 ff.

3.6.7 ARBURG Kunststoff-Freiformen (AF) – ARBURG GmbH

Freeformer

ARBURG GmbH + Co KG, Loßburg, Deutschland

Kurzbeschreibung

Der *freeformer* ist eine additive Maschine, die ein physisches Bauteil aus sehr vielen kleinsten Tröpfchen aufbaut. Dazu wird Standard Spritzguss Material in einem Extruder plastifiziert. Mittels einer Piezo-gesteuerten Düse werden die eigentlichen Tröpfchen erzeugt und schichtweise sequenziell auf die Bauplattform oder das teilfertige Bauteil aufgebracht. Die in drei oder fünf Achsen positionierbare Plattform kann dazu so gesteuert werden, dass Stützen nicht notwendig sind. ARBURG nennt das Verfahren AKF, ARBURG Kunststoff Freiformen.

Anwendungsbereich

Rapid Prototyping, Rapid Manufacturing.

Entwicklungsstand

Kommerzialisiert seit 2014.

Historisches

1923 gründete Arthur Hehl in Loßburg (Deutschland) die „Feingeräte-Fabrik Hehl", die sein Sohn Karl nach dem Zweiten Weltkrieg zunächst als Metallwarenfabrik weiterführte. Um 1954 entwickelte Karl Hehl eine kleine Spritzgießmaschine. Sie deckte zunächst den Eigenbedarf, ging aber ab 1956 in Serie und begründete unter dem Namen Arburg die weitere Entwicklung zu einem weltweit führenden Hersteller von Spritzgussautomaten für Kunststoffe. Ab 2004 wendet sich die Firma auch den aufkommenden Verfahren der additiven Fertigung zu und entwickelt den freeformer. Auf der „Kunststoffmesse K 2013 in Düsseldorf" und der „Euromold 2013" wurde der *freeformer* vorgestellt.

Strategien/Entwicklungspartner

ARBURG will mit dem freeformer – Bild 3.54 (a) – den Markt der kleinen Losgrößen und komplexen Einzelstücke erschließen, der dem werkzeuggebundenen Spritzguss verschlossen ist und gleichzeitig die Einstiegshürde für die Spritzgusskunden senken. Ein wesentliches Detail ist die Verwendung von Standard-Spritzgussmaterial. Triebkraft ist nicht nur die Preisgestaltung auf dem Markt für Materialien für das 3D-Drucken, sondern auch die direkte Übertagbarkeit der an den freeformer-Bauteilen gewonnenen Erkenntnisse auf die Serienproduktion mittels Spritzgusses.

Eine in fünf Achsen steuerbare Bauplattform (Bild 3.54 (b)), hat nicht nur das Potenzial, Stützen zu vermeiden, sondern macht das Bauteil auch unabhängig von Positionierzwängen klassischer Schichtbauverfahren.

Entwicklungspartner auf dem Gebiet der Tropfenerzeugung war der Lehrstuhl für Mikrotechnik und Medizingerätetechnik der TU München, Prof. Lueth. Anwendungspartner ist die Festo AG.

Datenformate/Software

Die Maschine liest fehlerfreie STL-Daten ein und steuert die Maschine selbständig. Das schließt auch das Slicing ein. Die Software und die Maschinensteuerung sind proprietäre Lösungen auf der Basis der bewährten Selogica Software für Spritzgussautomaten. Die individuelle Eingabe von Parametern ist möglich, um z. B. eigenes Material zu spezifizieren.

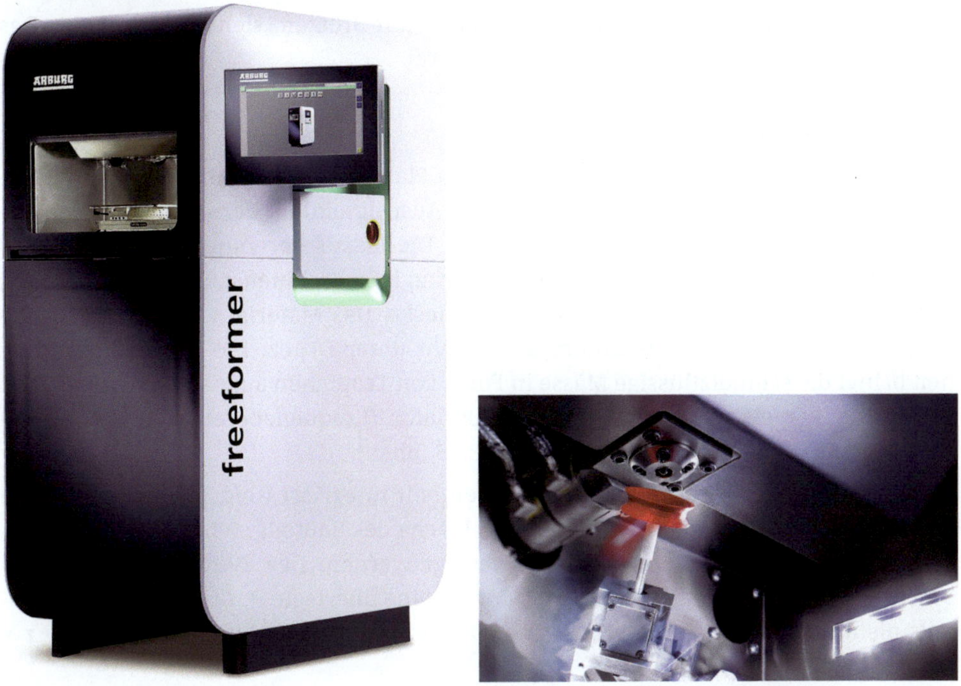

a) b)

Bild 3.54 ARBURG freeformer

(a) Maschinenansicht; (b) Düse (rechts oben) über einem Bauteil (rot) auf der in fünf Achsen positionierbaren Bauplattform (optional)

Quelle: ARBURG/red-dot

Prinzip der Schichtgenerierung

Die Maschine erzeugt in der beheizten Schnecke eine homogene schmelzflüssige Kunststoffmasse. An der sogenannten Austragseinheit entstehen mithilfe einer durch Piezoelemente getakteten schnellen Schließeinheit unter Druck Kunststofftropfen mit einem Durchmesser von 0,18 bis 0,3 mm. Über eine Düse werden sie auf die Bauplattform aufgebracht. Dort fügen sie sich aneinander und verschmelzen aufgrund ihres Wärmeinhaltes. Durch Wärmeleitung in das Bauteil erstarren sie. So entsteht schichtweise das dreidimensionale Kunststoffteil.

Es gibt unterschiedliche Düsen mit Durchmessern von 100 bis 300 µm. Je nach Düsendurchmesser ergeben sich unterschiedliche Bauteileigenschaften. Kleine Durchmesser führen auf dichte Bauteile mit guten Oberflächenqualitäten aber auch auf eine langsame Baugeschwindigkeit. Größere Durchmesser verschieben die Parameter ins Gegenteil. Die Standard-3-Achs-Steuerung der Bauplattform erfordert bei den meisten Bauteilen Stützen. Die 5-Achs-Variante erlaubt das Anpassen der Baurichtung während des Bauprozesses und den Verzicht auf Stützen, siehe Bild 3.54 (b). Das AKF-Verfahren arbeitet staub- und emissionsfrei.

Bauart/Konstruktion

Die Maschine besteht aus einer feststehenden Plastifiziereinheit und einer Beschichtungseinheit, die zusammen bei ARBURG als Austragseinheit bezeichnet werden, sowie der definiert steuerbaren Bauplattform. Die Plastifiziereinheit entspricht prinzipiell der klassischen Konstruktion für Spritzgießmaschinen mit Materialtrichter, Zuführsystem und Extruder mit kurzer Schnecke. Das Material ist Standard-Spritzgussmaterial. Das Material-Zuführsystem steht unter Druck. Die Beschichtungseinheit bringt die schmelzflüssige Masse in Form von Tröpfchen auf das Bauteil auf. Dies geschieht über einen piezogesteuerten Aktuator (Frequenzbereich 60 bis 200 Hz) über eine Keramik Verschlusseinheit, Bild 3.55 (oben).

Die Düse ist ortsfest in die Beschichtungseinheit integriert (Bild 3.55 unten). Da sie idealerweise senkrecht zur bearbeitenden Fläche des Bauteils steht, müssen zur Fertigung eines 3D-Bauteils fünf Achsen bewegt werden. Der Standard ist aber ein 3-Achs-Handling, weshalb in der Regel sowohl eine überlegte Positionierung des Bauteils als auch Stützen erforderlich sind. Der Bauraum hat Abmessung von x, y, z = 230 × 130 × 250 mm.

Der freeformer kann mit zwei Austragseinheiten bestückt werden. Damit lassen sich in einem Bauprozess Zweikomponenten-Bauteile fertigen, z. B. in verschiedenen Farben, mit spezieller Haptik oder als Hart-Weich-Verbindung. Alternativ lässt sich die zweite Komponente auch zum Aufbau von Stützstrukturen einsetzen. Die beiden Materialien werden in jeder Schicht nacheinander ausgetragen. Dies ist auch durch den Versatz der Düsen in x-Richtung begründet. Die Maschine ist eine kompakte Standalone-Konstruktion, die durch eine Normtür passt. ARBURG hat auf die ansprechende Gestaltung der Maschine Wert gelegt, was der Firma 2014 den Designpreis „red dot" eingebracht hat.

Material/Bauzeit/Genauigkeiten

Verarbeitet werden ungefüllte Thermoplaste. Qualifiziert sind ABS, PA, PC, elastisches TPU und TPE für Hart-Weich-Verbindungen. Gefüllte Qualitäten sind ungeeignet und verstopfen die Düse. Auch können prinzipbedingt hochtransparente Bauteile nicht gefertigt werden.

Die Bauteiloberfläche weist eine deutliche Tröpfchenstruktur auf (Bild 3.56). Der Mittenrauwert R_A liegt bei circa 20 Mikrometern. Die Struktur ist aber dicht und in allen drei Raumrichtungen homogen.

Es werden Festigkeiten erreicht, die zu 80 % (ABS) bis 90 % (PC) der von spritzgegossenen Bauteilen entsprechen.

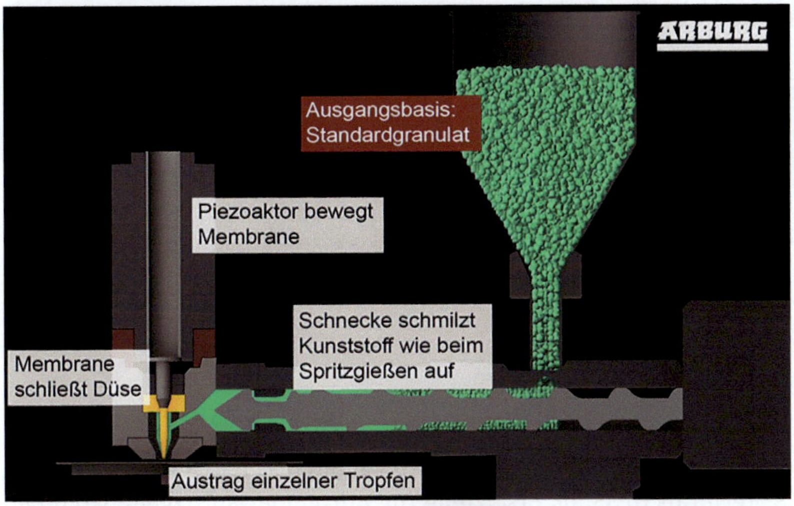

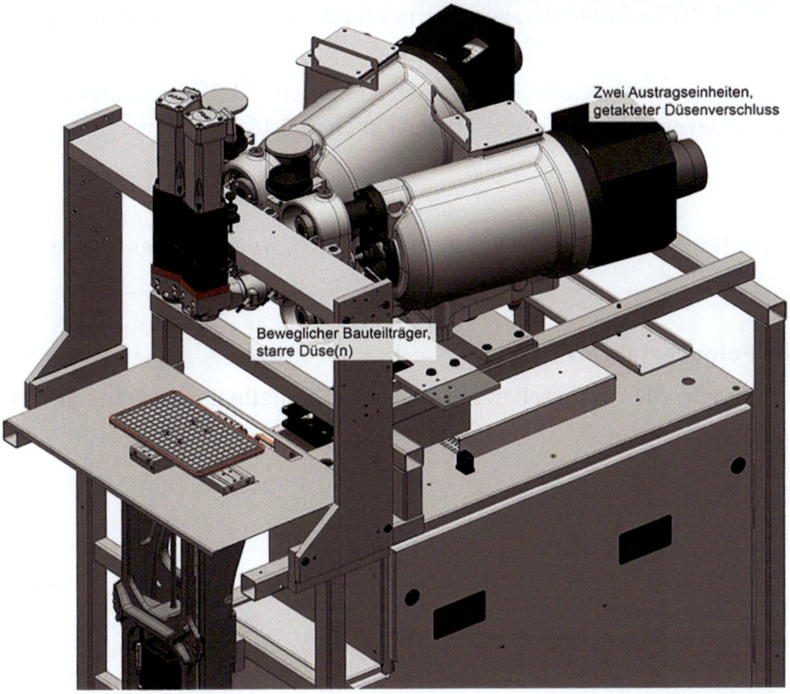

Bild 3.55 freeformer Funktionsprinzip (oben); die geöffnete Maschine mit Blick auf die beiden Austragseinheiten (unten)
Quelle: ARBURG/RT-eJournall

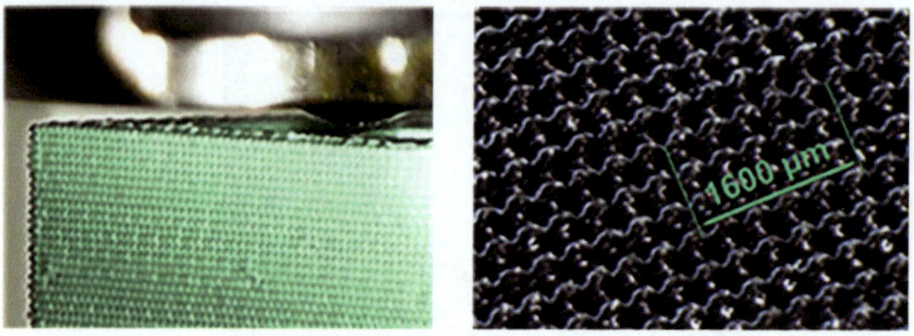

a) b)

Bild 3.56 freeformer

(a) Schichtstruktur; (b) circa 48-fache Vergrößerung

Quelle: ARBURG

Die Baugeschwindigkeit ist eher gering. Zwölf Steckergehäuse (circa x, y, z = 40 × 25 × 12 mm) aus ABS. Terluran GP35 als Ersatzteile für Allrounder-Spritzgießmaschinen wurden auf den ARBURG Technologietagen in einer Bauzeit von rund 18 Stunden hergestellt.

Dünne Wanddicken von weniger als 0,6 mm oder entsprechend filigrane Strukturen sind schwer zu realisieren. Die Spurbreite entspricht circa 0,15 mm.

Post-Processing

Ein prozessabhängiges Post-Processing ist nur erforderlich, wenn Stützen verwendet werden.

Prozesstypische Folgeverfahren

Die Bauteile können wie alle entsprechenden Kunststoffbauteile nachbehandelt werden.

3.7 Three Dimensional Printing (3DP)

3.7.1 Übersicht: 3D Printing

Bild 3.57 gibt eine strukturierte Übersicht über die 3D Printing-Verfahren. Ausgehend von den generischen Bezeichnungen (Bild 2.38) enthält es die im Folgenden besprochenen industriellen Prozesse und Maschinen sowie deren Produkt- und Herstellerbezeichnungen.

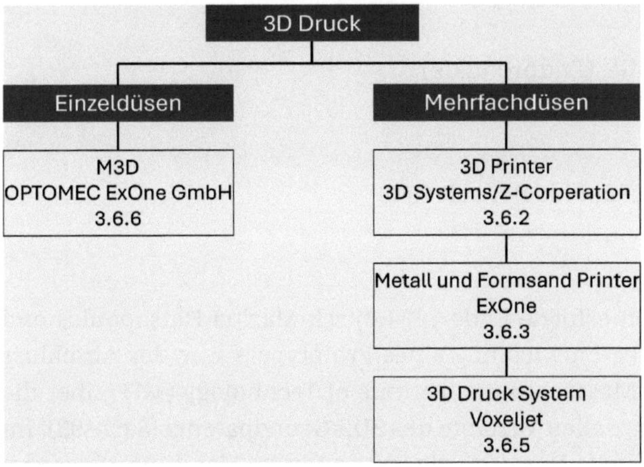

Bild 3.57
3D Printing-Verfahren;
Übersicht in Fortführung von Bild 2.38

Eingeschlossen wurde das Aerosoldruckverfahren, obwohl es nicht in ein Pulverbett druckt, sondern das Baumaterial und gegebenenfalls den Binder im Tropfen mitführt.

Es sind jeweils die Abschnitte angegeben, in denen die Verfahren genauer beschrieben werden.

3.7.2 3D Printer – 3D Systems/Z-Corporation

3D Printer der x60 Produktlinie:

ProJet® 660Pro Professional 3D Printer

ProJet® 860Pro Professional 3D Printer

3D Systems Inc., Rock Hill, South Carolina, USA

Kisters AG, Aachen, Deutschland

Kurzbeschreibung

Die 3D Printer-Familie von 3D Systems ist für die Herstellung von Konzeptmodellen und von Urmodellen für den Feinguss nach dem 3D Printing (oder Pulver-Binder-) Verfahren konzipiert. Das Bauteil entsteht durch Einspritzen einer Binderflüssigkeit in die Oberfläche eines Pulverbettes. Die x60 Baureihe von 3D Systems geht auf die 3D Printer der Z-Corporation zurück. Das Verfahren ist auf Geschwindigkeit und einfache Handhabung getrimmt. Der Detaillierungsgrad ist nicht sehr hoch, die Modelle sind ohne Infiltration mechanisch kaum belastbar.

Ein *Z-Cast* genannter modifizierter Prozess wurde speziell für die Fertigung von Feingussmodellen entwickelt.

Anwendungsbereich

Konzeptmodelle, Feingussmodelle, (Endprodukte)

Entwicklungsstand

Kommerzialisiert, als Z402 Concept Modeler seit 1998.

Historisches

Die Gründung der Z-Corporation erfolgte Ende 1994 durch Marina Hatsopoulos und Walter Bornhorst. Grundlage der Entwicklung eines Prototypers war der Abschluss eines Lizenzvertrages mit dem Massachusetts Institute of Technology (MIT) über die Rechte an der Nutzung einer speziellen Variante des 3DP-Grundpatents [Sachs93]. Im Jahr 1997 wurde die Z402 vorgestellt. Die 402C, die erste additive Maschine, die mehrfarbige Modelle bauen konnte, folgte 1999; die 406 mit verbessertem Farbsystem im Jahr 2002 und als verbesserte monochrome Maschine die 310 im Jahr 2005. Auf die wesentlich größere 806 (2001) folgte die 810. Die kleine Baureihe wurde durch die Farbmaschine 510 abgerundet. Die 450 wurde als besonders preiswerte Farbmaschine 2007 vorgestellt. Die 810 wird seit 2007 auf der Homepage nicht mehr erwähnt. 2012 wurde die Z-Corporation von 3D Systems übernommen und die Produkte in das 3D Portfolio integriert. Sie werden seitdem in die Klasse der Professional Printer eingereiht und als Produktlinie x60 bezeichnet.

Strategien/Entwicklungspartner

Die Maschine basiert auf dem 3D Printing- (3DP-) Patent des MIT. Sie setzt die Konzeption eines 3D-Druckers konsequent um. Installation und Handhabung sind äußerst einfach und mit kurzer Schulung zu bewerkstelligen. Die aktuelle 460pro kommt der versprochenen Büromaschine einen großen Schritt näher. Die Maschine verfügt über einen nahezu geschlossenen Pulverkreislauf und kann in einer Büroumgebung betrieben werden.

Datenformate/Software

Die herstellerseitig gelieferte Anlagensoftware 3DPrint übernimmt die Geometrieinformation als fehlerfreie, baubare Datei in den Formaten STL, VRML(II), PLY und 3DS (3D Studio). Über VRML können auch FEM- und Scandaten eingelesen werden. Das PLY-Format kann auch exportiert werden.

Die 3DEdit Pro-Software generiert den Slice- und den Maschinen-Steuerfile und visualisiert und überwacht automatisch den Bauprozess. Sie unterstützt auch 3D-Ansichten, Beschriftungen, die Skalierungen und das Verschachteln von Bauteilen. Die Datensätze können rotiert und gekippt werden. Sonstige CAD und Rapid Prototyping Funktionalitäten werden nicht angeboten. Die Maschine ist über eine Ein-Knopf Menüsteuerung oder einen Tablett PC leicht zu bedienen.

Die Vorbereitung der Geometriedaten und die STL-Konvertierung muss außerhalb der Maschine geschehen.

Prinzip der Schichtgenerierung

In die Oberfläche eines Pulverbettes wird mittels eines Druckkopfes vom Typ *InkJet* eine Binderflüssigkeit eingespritzt. Dadurch werden die betroffenen Pulverbereiche örtlich verfestigt. Durch den Binder wird sowohl die Kontur einer Schicht generiert als auch diese Schicht mit der darunterliegenden, also dem teilfertigen Bauteil verbunden. Nicht benetztes Pulver verbleibt im Bauraum und stützt das Bauteil. Die Bauteile müssen mit Wachs oder Epoxidharz infiltriert werden, da sie sonst kaum mechanisch belastbar sind.

Bauart/Konstruktion

Die Maschinen in Bild 3.58 (a) verfügen über einen Bauraum mit drei in der Bauebene liegenden Kammern und einem darüber angeordneten Beschichtungs- und Printermechanismus. Zwei Kammern, der Pulver-Vorratsbehälter und der eigentliche Bauraum verfügen über bewegliche Böden. Der Boden des Vorratszylinders wird angehoben und Pulver über die Bauebene transportiert. Dadurch kann eine Walze eine bestimmte Menge Pulver aufnehmen und, während sie über den Bauraum fährt, gleichmäßig verteilen. Überschüssiges Pulver gelangt in den Überlaufbehälter. Der Beschichtungsvorgang erfolgt sehr schnell.

Nach dem Beschichten erfolgt die Konturierung der Schicht durch Einspritzen einer Binderflüssigkeit, die bei Farbbetrieb eingefärbt ist. Der Printkopf ist ein Tintenstrahldruckkopf (InkJet) von Hewlett Packard mit 304 parallelen Düsen. Die 160 und die 360 haben einen, die 260 und die 360 zwei, und die 660 und 860 haben fünf Druckköpfe.

Die Pulverpartikel gehen durch die Benetzung mit dem Binderfluid eine feste Verbindung ein und formen so die physische Schicht. Das unbenetzte Pulver verbleibt im Bauraum und stützt das Modell. Die Flüssigkeit macht etwa 10 % des Modellvolumens aus. Nach der Verfestigung einer Schicht wird der Boden des Bauraums um eine Schichtstärke abgesenkt, der des Vorratszylinders entsprechend angehoben die neue Pulverschicht aufgebracht und der Prozess beginnt von vorne.

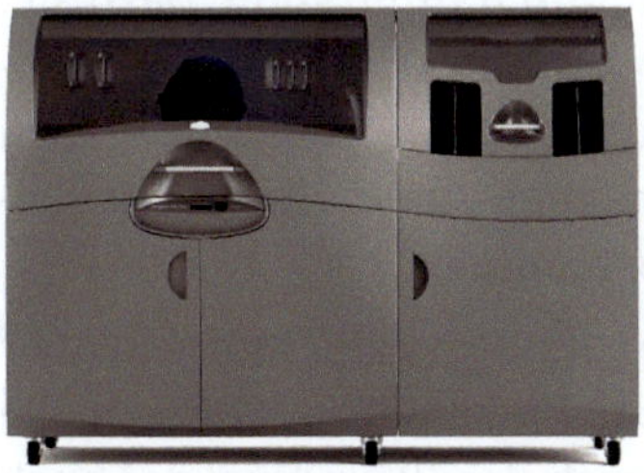

a)

b)

Bild 3.58
3D Printing
(a) Maschine ProJet 660 Plus;
(b) Farbiges Modell
Quelle: 3D Systems/selltek

Tabelle 3.3 Übersicht der 3D Systems 3D Printer

Maschine	Monochrome/ Farbe	Min. Details	Bauraum	Anzahl Düsen	Druck-köpfe	Baurate in z-Richtung
ProJet		**mm**	**mm**			**mm/h**
160	Monochrome	0,4	236 × 185 × 127	304	1	20
260 C	64 Farben	0,4	236 × 185 × 127	604	2	20
360	Monochrome	0.15	203 × 254 × 203	304	1	20
460 Plus	Farbe, CMY 2,8 Mio.	0,15	203 × 254 × 203	604	2	23
660 Pro	Farbe, CMYK	0,1	254 × 381 × 203	1520	5	28
860 Pro	> 6 Mio.	0,1	508 × 381 × 229	1529	5	5 bis 15

Die wichtigsten Daten der Maschinen sind in Tabelle 3.3 zusammengetragen.

Die Nachteile des 3D Printing, der hohe Anteil an manueller Arbeit, insbesondere durch das Pulverhandling, und die Gefahr, das Bauteil beim Auspacken und Säubern zu beschädigen, wird ab der 460 durch ein nahezu geschlossenes Pulversystem überwunden. Das Baumaterial wird direkt aus dem Transporteimer abgesaugt und überschüssiges Pulver recycelt. Das Bauteil wird nach dem Bauprozess in dem dann zur Siebanlage umgeschalteten Bauraum durch eine kombinierte Rüttel- und Absauganlage automatisch gereinigt. Die Endreinigung durch Mikrostrahlen erfolgt ebenfalls in der Maschine. Dazu sind Eingriffslöcher mit Strahlhandschuhen in das Gehäuse integriert. Ein sehr einfaches Wechseln des Druckkopfes und die Zugabe des Binders über Kartuschen mit einem Liter Inhalt runden das Bild einer bürotauglichen Maschine ab.

Material/Bauzeit/Genauigkeiten

Alle Maschinen bauen mit dem VisiJet® PXL™ Pulver und mit einer Schichtdicke von 0,1 mm. Es stehen ein klarer Binder, VisiJet PXL Clear, sowie farbige Binder. VisiJet PXL Black, VisiJet PXL Cyan, VisiJet PXL Magenta und VisiJet PXL Yellow zur Verfügung.

Die Bauteile erhalten ihre mechanischen Eigenschaften durch Infiltration. Dazu stehen ein Epoxy-Infiltrat für Funktionsmodelle mit snap-fits und Filmscharnieren sowie ein zellulosebasiertes elastisches Infiltrat für flexible, nach Herstellerangaben gummielastische, Bauteile zur Verfügung. Festigkeitsangaben sind aufgrund der infiltrationsabhängigen Streuung sicherheitshalber zu überprüfen.

Die Maschine baut nach Herstellerangaben, Bild 3.58 (a), fünf bis zehn Mal schneller als andere additive Anlagen (monochrom). Unterstützend wirkt eine sehr schnelle Slice-Prozedur. Der Printkopf überstreicht nur den Bereich des Bauraums, der auch ein Modell enthält, diesen aber vollständig. Deshalb ist die Bauzeit unabhängig von der Komplexität der Geometrie.

Je nach Feuchteeintrag entsteht der Effekt, dass eigentlich außerhalb der Kontur liegende Partikel infolge der Kapillarwirkung „angeklebt“ werden und so, ähnlich wie beim Sintern, ein „Pelz“ entsteht. Solche Bauteile sind folglich relativ ungenau, haben eine raue Oberfläche und weisen eine poröse Struktur auf.

VisiJet C4 Spectrum ist ein Plastic Material zur Verwendung im ProJet 4500 full-color plastic printer. Es weist nach Herstellerangaben exzellente Flexibilität und Festigkeit auf, siehe Bild 3.58 (b).

Post-Processing

Die Modelle werden nach Ende des Bauprozesses durch Absaugen mittels Staubsauger vom stützenden Pulver befreit. Sie können dann vorsichtig aus dem Bauraum entnommen werden. Leichtes Strahlen ist vorteilhaft. Das kann manuell geschehen, es gibt aber auch eine, *Depowdering Unit* genannte, Auspackstation.

Die Modelle (außer Z-Cast Keramik-Modelle) müssen direkt nach dem Bauprozess imprägniert werden. Dadurch wird auch die Genauigkeit beeinflusst. Als Infiltrat werden vom Hersteller Wachs, zwei Qualitäten von Epoxidharzen, elastische Urethane und Kleber vom Typ Cyanoacrylat angeboten. Für den Gebrauch der Infiltrate gibt es umfangreiche Empfehlungen und für das Wachs eine spezielle Tauchstation. Das Infiltrieren relativiert die Zeitvorteile und den Gebrauch der Maschine im Büro.

Prozesstypische Folgeverfahren

Konzeptmodelle erfordern prinzipbedingt keine Abformprozesse. Man kann die Bauteile zum Feingießen oder nach Infiltration mit Epoxidharzen als Funktionsmodelle einsetzen.

3.7.3 Metall- und Formsand-Printer – Desktop Metal (ehemals ExOne)

Formsandlinie: S-Max, S-Print

Metalllinie: Desktop Metal X-Series

ExOne – North Huntingdon, PA, USA

ExOne Europa – ExOne GmbH, Augsburg, Deutschland

Kurzbeschreibung

Prometal bietet 3D-Drucker zur Herstellung von Metallbauteilen sowie von Sandkernen und -formen. Vor allem in der Außendarstellung liegt der Fokus heute (2016) auf der Druckertechnologie und erst in zweiter Linie auf der Anwendung. Zur besseren Übersicht wird in diesem Buch die bisherige Strukturierung in zwei Produktlinien beibehalten: Die Metall-Line, *Direct Metal Printing*, zur Herstellung von Metallbauteilen und die Sand-Line, *Direct Core and Mold Making Machines*, zur Fertigung von Formen und Kernen für die Gießerei.

Die Metall Linie umfasst additive Maschinen zur Herstellung von Funktionsteilen, Formen und Werkzeugen aus Stahlpulver nach dem 3DP-Verfahren (Lizenz Massachusetts Institute of Technology, MIT). In der Maschine entsteht ein Grünteil. Es wird im Anschluss an den Bauprozess in einem *Densification Furnace* entbindert und zu einem dichten Bauteil mit Metall infiltriert.

Die Sand Linie besteht aus additiven Maschinen zur Herstellung von komplexen Formen und Kernen aus Gießereisand nach dem 3DP-Verfahren. Die Bauteile verlassen die Maschine mit der gewünschten Endfestigkeit.

Anwendungsbereich

Herstellung von Bauteilen aus Metall und Gießereisand.

Entwicklungsstand

Kommerzialisiert seit 1997.

Historisches

Prometal wurde 1996 als Division der Extrude Hone Corp. gegründet. Die Entwicklung eines Rapid Tooling Systems stellte einen neuen Geschäftszweig des auf Maschinen und Verfahren zur Oberflächenveredelung und zum Finishing spezialisierten Unternehmens dar. Die RTS 300 wurde 1997 auf den Markt gebracht, die R10 um 2001 und die R2 um 2003. Anfang 2005 wurde Extrude Hone an die ExOne Company verkauft und als Prometal Division weitergeführt. Zu ExOne gehören damit auch die deutsche Tochter, die Prometal GmbH in Remscheid und deren Tochter, die Prometal RCT (Rapid Casting Technology) GmbH in Augsburg. Diese ist aus der Firma Generis (gegr. 1999) hervorgegangen, die vor allem die Entwicklung des 3D-Druckens von Sandformen betrieben hat und dazu eine Unterlizenz der MIT-Lizenz von Soligen verwendete. Alle Bereiche firmieren jetzt unter ExONE. 2015 wurde das Laborgerät Innovent vorgestellt. Im Jahr 2021 ist ExOne vollständig von Desktop Metal übernommen worden.

Strategien/Entwicklungspartner

Metall-Linie: Das Ziel der Entwickler ist die Herstellung serientauglicher Funktionsteile und Werkzeuge aus Stahl, Keramiken und anderen hochschmelzenden Werkstoffen. Entwicklungspartnerschaften mit dem MIT und IMAGEWARE bilden gemeinsam mit der Kernkompetenz des Unternehmens, der Oberflächenbehandlung von

Metallen, die Grundlage für diese Strategie. Mit der Entwicklung hin zu kleineren sehr präzisen Maschinen (R-1) wird strategisch der Schmuck- und Dentalmarkt besetzt.

Sand-Linie: Der Zielmarkt für die Maschinen zur Herstellung von Sandformen und -kernen ist die Gießereiindustrie. Die Anlagen werden als Fertigungssystem angeboten, die die automatische Materialzufuhr und ein teilautomatisches Entpacken erlauben und damit gut in den Gießereibetrieb integrierbar sind.

ExONE strukturiert das Drucker Angebot alternativ in Production Printers (S-Max, S-Print, M-Print, M-Flex), Prototyping Printers (S-Print, M-Flex) sowie Research und Eduction Printers (M-Flex, Innovent) und unterstreicht damit ihren Schwerpunkt in der industriellen Produktion.

Datenformate/Software

Die Maschinen übernehmen Geometrieinformationen im STL- und SLC-Format und verfügen über ein automatisches Slice-Programm. Eine Kooperation mit IMAGEWARE lässt die Verfügbarkeit einer leistungsfähigen Rapid Prototyping Software vermuten.

3.7.3.1 Metall-Linie: Direct Metal Printer

M-Print, Innovent

Prinzip der Schichtgenerierung

Das Bauteil wird Schicht für Schicht aufgebaut, indem der flüssige Binder mittels eines Multi-Düsen-Druckkopfes in die Oberfläche des Pulverbettes eingespritzt wird. Die Düsen weisen einen Durchmesser von 46 µm auf. Sie emittieren den Binderstrom fortlaufend. Ein schwingendes Piezo-Element unterbricht diesen (60 kHz) und formt daraus Tropfen mit circa 80 µm Durchmesser. Vor dem Auftreffen durchläuft jeder Tropfen ein elektrostatisches Feld. Dort erhält er eine Ladung, die zur präzisen Positionierung ausgenutzt wird.

In der Maschine entsteht zunächst ein als Grünteil bezeichnetes Modell. Es erhält seine Grünfestigkeit aber nicht durch thermisches Verschmelzen wie beim Sintern, sondern durch Einspritzen eines Binders in das Metall- oder Keramikpulver. Der Vorteil gegenüber dem Sintern von Mehrkomponenten-Pulvern besteht darin, dass durch die Trennung von Baumaterial und Binder Entmischungen im Pulver ausgeschlossen sind. Zudem verläuft der Prozess in der Maschine bei Umgebungsbedingungen und damit näherungsweise kalt, also verzugsarm.

Der Binder bewirkt nur das Zusammenhalten des Teils. Durch die Bestrahlung mittels Hochenergie-Lampe wird jede Schicht getrocknet und verfestigt, sodass ein transportables *Grünteil* entsteht. Das gebrauchsfertige Bauteil entsteht durch Entbindern und Sintern auf circa 60 % der Zieldichte, anschließende Infiltration und Nacharbeit wie

Strahlen oder Polieren. Neuere Bindersysteme beeinflussen nicht nur den Zusammenhalt des Materials, sondern durch Additive auch die physikalisch technologischen Eigenschaften des Bauteils. Mithilfe örtlich unterschiedlicher Binder können somit örtlich unterschiedliche Werkstoffeigenschaften erzielt werden (graded materials).

Bauart/Konstruktion

Es gibt drei Produktlinien, die M-Print (Bild 3.59), die M-Flex und die Innovent.

Die kleinere Innovent ist als Direct Metal R&D Printer mit den Zielgruppen Labore, Ausbildung und Werkstoffqualifizierung konzipiert, die M-Print (Bild 3.59) und M-Flex sind Produktionsmaschinen.

Die Innovent-Maschine verfügt über einen Grundrahmen, der als Portal ausgebildet ist. Er enthält den Pulvervorrat, den Bindervorrat und die Steuerung. Der Beschichtungsmechanismus ist im Portal integriert. Das Portal trägt neben dem Druckkopf auch eine Lampe, die als Heizung, vorzugsweise zum Trocknen des Binders, dient. Die Prozesskammer ist unter dem Portal angeordnet und enthält im Baubereich und im Vorratsbereich je einen verschiebbaren Boden, der im Zuge der Beschichtung jeweils um eine Schichtdicke abgesenkt resp. angehoben wird.

Die M-Flex ist zum Einstieg in den Bau von Metallbauteilen konzipiert. Sie ist eine kompakte All-in-One-Maschine und mit einem Bauraum von $x, y, z = 400 \times 250 \times 250$ mm zwischen Innovent und M-Print angesiedelt.

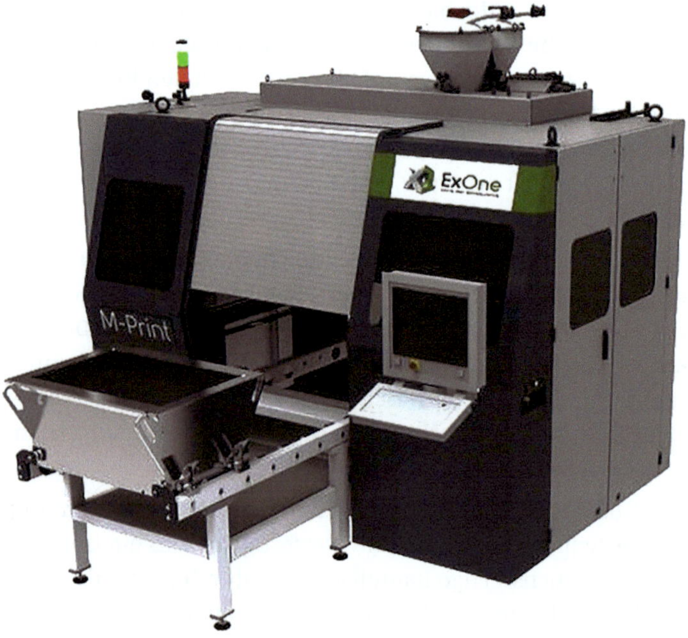

Bild 3.59
ExOne Metall Printer M-Print
Quelle: ExOne

Der Bauraum der Innovent hat die Abmessungen $x, y, z = 160 \times 65 \times 65$ mm, der der M-Print misst $800 \times 500 \times 400$ mm. Zur Steigerung der Baugeschwindigkeit wurde die Anzahl der Düsen in mehreren Entwicklungsschritten von 8 über 32 auf 96 bei der M-Print erhöht. Dadurch konnte die Produktivität (Messgröße: Produktionsrate) auf das Zehnfache angehoben werden.

Der Hersteller liefert einen *Densification Furnace* zum Austreiben des Binders und zur Infiltration sowie eine Auspackstation zur Rückgewinnung von nicht verarbeitetem Pulver.

Bild 3.59 zeigt die M-Print, die bezüglich des Bauraums und anderer wesentlicher technischer Details weitgehend mit der S-Print (Abschnitt 3.7.3.2 „Formsand-Linie: Direct Core and Mold Making Machines") identisch ist.

Material/Bauzeit/Genauigkeiten

Als Materialien stehen Metall- und Keramikpulver zur Verfügung. Die Edelstahlpulver S3 (316L/Bronze) und S4 (420/Bronze) sind Standardpulver. Des Weiteren gibt es Wolfram, Edelstahl, Werkzeugstahl M4 und Inconel IN 625. Das Verhältnis von Pulver- zu Binderanteil beträgt circa 60:40 Vol.-%. Das S4H Pulver hat eine um gut 10 % höhere Zugfestigkeit als das S4. Die Bauteile werden mit Bronze (CuSn10) infiltriert. Der Werkzeugstahl M4 wird nach dem Bau direkt versintert.

Die Materialpalette wird ständig erweitert und umfasst Kompositionen wie Marmor/Kunstharz, Glas. Materialien für die Dentaltechnik, AlMg-Spinell/Kupfer-Bronze oder Nickel sowie Gold (Imagen HNB Alloy). Interessant sind auch Hohlkugeln von circa 1,2 mm Durchmesser aus 316L, die am IFAM in Bremen entwickelt wurden.

Der Prozess selbst ist kalt, aber die Trocknung und das Post-Processing enthalten mehrere thermische Schritte, die in Stufen auf 1230 °C führen und grundsätzlich Verzüge mit sich bringen. Sie sind aber gut zu beherrschen, weil sie langsame Änderungsgeschwindigkeiten aufweisen und keine großen lokalen Temperaturspitzen erzeugen. Der reproduzierbare Schwund beträgt dabei nur circa 1,5 %.

Die Druckgeschwindigkeit beträgt circa 1,5 m/s. Die Baugeschwindigkeit wird für die Innovent mit 30 s pro Schicht und die M-Print mit 30 bis 60 s pro Schicht angegeben.

Der simultane Entbinder- und Sinterprozess sowie die Infiltration sind mit je circa zehn Stunden anzusetzen. Das Bauteil aus Bild 3.60 (Abmaße $x, y, z = 170 \times 65 \times 90$ mm) hatte eine Bauzeit von 13 h, eine Entbinder- und Sinterzeit von 11 h und eine Infiltrierzeit von ebenfalls 11 h.

Typische Schichtdicken betragen für Standardpulver zwischen 100 und 170 µm. Die Innovent baut im *fine resolution mode* Schichten mit 50 µm Dicke. Die Einzeltropfen können mit einer Genauigkeit von 25 µm platziert werden. Bauteiltoleranzen von bis zu ± 0,02 % sind zu erreichen.

Bild 3.60 Prometal Bauteil „Triebwerkadapter“
Quelle: IFAM, Bremen

Die M-Flex baut minimale Schichten von 50 µm und die große M-Print baut minimale Schichten von 150 µm bei einer Auflösung von x, y, z = 63,5 × 63,5 × 150 µm.

Post-Processing

Das Bauteil verlässt die additive Maschine als Grünteil. Es wird in einem *Densification Furnace* bei circa 600 °C eine Stunde lang entbindert und bei circa 1230 °C etwa 1,5 Stunden lang versintert. Bei der geforderten langsamen Aufheizung und Abkühlung dauert der Prozess zwischen sieben und zehn Stunden. Die Infiltration auf 100 % Dichte erfolgt in einem weiteren Ofenprozess in zwei Temperaturstufen (1100 und 900 °C). Alternativ werden die Bauteile direkt hochtemperaturversintert.

Die Oberfläche sollte vorzugsweise mechanisch gefinished werden.

Prozesstypische Folgeverfahren

Das Verfahrensziel ist die Herstellung von Werkzeugen oder der direkte Einsatz der Bauteile. Folgeverfahren sind nicht vorgesehen.

3.7.3.2 Formsand-Linie: Direct Core and Mold Making Machine

S-Print, S-Max Exerial

Prinzip der Schichtgenerierung

Das Bauteil wird Schicht für Schicht aufgebaut, indem der flüssige Binder, der Aktivator genannt wird, mittels eines Multi-Düsen-Druckkopfes in die Oberfläche des Pulverbettes aus vorgemischtem Formsand und Härter eingespritzt wird. Der Druckvorgang basiert auf dem Prometal-Prozess. Der Binder bewirkt die direkte Aushärtung des Bauteils in der Maschine.

Bauart/Konstruktion

Bild 3.61 ExOne Formsand-System S-Max – Mischer
Quelle: ExOne

Bild 3.62 ExOne Forms\and-Drucker S-Max.
Quelle: ExOne

Die *S-Max* ist die direkte Nachfolgerin der Generis GS 1500 (Bild 3.61 und Bild 3.62).

Die *S-Print* basiert auf der identischen Technik, hat aber einen abgestuft kleineren Bauraum und ist geometrisch und in vielen Details mit der M-Print identisch.

Der Materialauftrag erfolgt mit einem vibrierenden Beschichter. Das Material wird aus dem automatischen Mischer (S15MX – Sand Mixer) durch eine Vakuumleitung oder eine Förderschnecke transportiert (S-Max). Das Bauteil entsteht in einem auswechselbaren Bauraum, der auch die Bauplattform enthält und bei der S-Print als Job Box (JB) bezeichnet wird. Für die beiden großen Maschinen gibt es eine Auspackstation (S-15 UL resp. S-Print UL, Unloading Station), die mit einem Saugsystem ausgerüstet ist. Der Transport erfolgt bei der S-Max automatisch auf einem Schienensystem. Der leer bei der S-Print 125 kg wiegende Bauraum muss mit externen Hebehilfen transportiert werden. Beide Systeme sind Fertigungsanlagen für die Gießereiindustrie. Alle Maschinen gehören schon wegen des Transports der Sandkerne in eine Gießereiumgebung.

Die *Exerial* ist ein industrielles Sanddrucksystem, das mit seinen zwei mobilen Bauräumen eine quasi kontinuierliche (Serien-) Produktion von Sandkernen gestattet.

Die Abmessungen der Bauräume betragen bei der S-Max 1800 × 1000 × 700 mm bei der S-Print x, y, z = 800 × 500 × 400 mm. Bei der Exerial haben die Bauräume Abmessungen von je x, y, z = 2200 × 1200 × 700 mm.

Material/Bauzeit/Genauigkeiten

Materialien sind Gießerei- oder Formsande auf Furanharzbasis. Das Baumaterial besteht aus dem eigentlichen Sand und dem Härter (Aktivator FA001). Dieser wird im Mixer mittels einer Förderschnecke dem Sand zugemischt. Der Sand ist in Abhängigkeit der notwendigen Ventilation der Form in den zwei Körnungen 140 µm und 185 µm verfügbar. Über die Druckköpfe wird der Querschnittskontur entsprechend Binder auf Furanharzbasis eingespritzt und durch den Härter selektiv verfestigt. Dadurch, dass nicht der gesamte Sand mit Kunstharzbinder gemischt wird, weist das Bauteil einen geringeren Harzanteil (< 2 %) und damit eine bessere Ventilation auf.

Es können Eisenwerkstoffe, Aluminium oder Kupfer-Basislegierungen vergossen werden. Für das Gießen von Magnesium steht ein Mg-Inhibitor zur Verfügung, der in der Mischstation mittels eines optionalen Dosierers zugemischt werden kann.

Für die S-Print wird bei einem Baufortschritt von 28 mm/h ein spezifisches Bauvolumen von 20 bis 36 l/h genannt. Die Auflösung beträgt für alle drei Raumrichtungen 100 µm.

Der Baufortschritt wird für die S-Max mit 14 bis 20 mm/h angegeben. Bei einer Schichtdicke von 280 bis 500 µm resultiert daraus ein spezifisches Bauvolumen von 60 bis 85 l/h. Die Auflösung beträgt für alle drei Raumrichtungen 100 µm.

Die Exerial verarbeitet bei einer Schichtdicke von 280 bis 500 µm ein spezifisches Bauvolumen von 300 bis 400 l/h. Die Auflösung beträgt für alle drei Raumrichtungen 100 µm.

Post-Processing

Das Bauteil verlässt die additive Maschine einsatzfähig.

Prozesstypische Folgeverfahren

Das Verfahrensziel ist der direkte Einsatz der Bauteile als Formen oder deren Elemente für die Gießerei. Folgeverfahren sind nicht vorgesehen.

3.7.4 Direct Shell Production Casting (DSPC) – Soligen

DSPC-1

Soligen Technologies Inc., Northridge, California, USA

Kurzbeschreibung

Verfahren und Maschine arbeiten nach dem 3D Printing-Verfahren zur Fertigung von Keramikformen für den Feinguss. Die Modelle entstehen durch Einspritzung von flüssigem Binder in Keramikpulver.

Das DSPC – Direct Shell Production Casting genannte Verfahren umfasst die gesamte Prozesskette von der Übergabe der CAD-Daten bis zur brennfertigen Keramikform. Es werden serienidentische Gussteile hergestellt. Die Maschine wird für Dienstleistungen verwendet.

Anwendungsbereich

Fertigung von Gussbauteilen, Rapid Manufacturing.

Entwicklungsstand

Kommerzialisiert seit 1993. Die Maschine wird seit 1999 nicht mehr vertrieben. Der Hersteller bietet über das Service Büro *Parts Now* Gussteile im Lohnauftrag an.

Historisches

Soligen gehört zu den ersten kommerziellen Anwendern der 3D Printing-Technologie. Von der 1991 vorgestellten Maschine wurden ab 1993 einige verkauft. Eine erste industrietaugliche Maschine wurde im Mai 1994 vorgestellt und in Europa und Deutschland auf der Fachmesse GIFA präsentiert. Obwohl vom Hersteller der Markteintritt in Europa für 1995 angekündigt war, wurde in Europa keine Maschine verkauft. Der eigentliche additive Prozess ist robust. Insgesamt wird aber offensichtlich so viel gießereitechnisches Know-how benötigt, dass der Verkauf eingestellt und eine Dienstleistung mit Gussteilen organisiert wurde.

Strategien/Entwicklungspartner

Soligen hat den vom Massachusetts Institute of Technology (MIT) entwickelten Prozess des *Three Dimensional Printing (3DP)* aufgegriffen und daraus einen Prozess und eine Maschine zur direkten Herstellung von Keramikformen für Feingussprozesse entwickelt. Dieser *Direct Shell Production Casting (DSPC)* genannte Prozess besteht aus Software und Hardware und ist demzufolge als eigenständige Lösung anzusehen. Die Möglichkeit, Gusstrauben und damit mehrere Gießlinge auf einmal herzustellen, macht das Verfahren zum (Kleinstserien-)Produktionsverfahren. Prinzipiell vorteilhaft ist, dass der vielstufige klassische Feingussprozess inklusive der Modellherstellung auf zwei Stufen, die automatische Generierung der Schale und das Ausbrennen, reduziert wird. Die Prototypen sind im Material und in ihren mechanisch-technologischen Eigenschaften mit dem späteren Serienfeingussteil identisch.

Datenformate/Software

Das System übernimmt die 3D CAD-Daten des herzustellenden Gussteils (Positiv) über neutrale Schnittstellen. Die als *Shell Design Unit (SDU)* bezeichnete proprietäre Software leitet daraus unter Beachtung aller gusstechnischen Erfordernisse die Geometrie der Keramikform (Negativ) ab. Dazu sind beispielsweise Skalierungen zur Kompensation des Schrumpfes, Gussschrägen, Angüsse, Anschnitte und Steiger vorzusehen und die Kontur ist auf gusstechnisch hinderliche Details wie Durchbrüche oder Sacklöcher hin zu untersuchen. Nachdem eine Gussform festgelegt ist, kann mithilfe der Software eine im Rahmen des zur Verfügung stehenden Bauraums und in Abhängigkeit von der Teilegeometrie beliebig große Gusstraube zusammengestellt werden. Die notwendigen gusstechnischen Geometrien wie Einlaufstutzen, Kanäle, Angüsse und Steiger sind in einer Programmbibliothek hinterlegt. Eine spezielle Softwareoption gestattet die Betrachtung und Beurteilung des Gießprozesses bis hin zur Gießsimulation und zur Ermittlung der Metallvolumina und -gewichte.

Die so erzeugten Daten werden an die Maschine übergeben.

Prinzip der Schichtgenerierung

Durch einen Pulverbeschichtungskopf, der über dem Bauraum an einem Portal aufgehängt ist, wird zunächst eine dünne Schicht (0,12 bis 0,18 mm) von Aluminiumpulver (Korund) auf die Bauebene aufgetragen. Mithilfe einer über das Pulverbett bewegten Rolle wird das Pulver vergleichmäßigt und leicht vorverdichtet. Der Arbeitsraum ist $x, y, z = 355 \times 355 \times 455$ mm groß.

Die Gussform wird schichtweise hergestellt. Ein Druckkopf, der im Wesentlichen den von den Tintenstrahldruckern bekannten Konstruktionen entspricht (Geschwindigkeit $< 1{,}6$ m/s), spritzt in alle Konturbereiche, die später eine feste Konsistenz aufweisen sollen, gallertartige Kieselerde (kolloidale Siliziumverbindungen) ein. Dadurch werden sowohl die betroffenen Pulverteilchen untereinander als auch mit der darunterliegenden Schicht verbunden. Nach jeder Schicht wird der Boden des Bauraums um eine Schichtstärke abgesenkt und entsprechend die nächste Schicht aufgetragen.

Der Zyklus wiederholt sich, bis die komplette Form fertig gestellt ist. Sie wird in der Maschine vorversintert und dann aus dem Pulverbett genommen.

Bauart/Konstruktion

Die Maschine verfügt über einen Bauraum mit einem verschiebbaren Boden, Bild 3.63 (b). Ein darüber verfahrbares Portal enthält den Beschichtungskopf, der auch die aktuell benötigte Menge Material enthält und eine Rolle zur Vorverdichtung des Materials.

Das Verfahren bietet großen Gestaltungsfreiraum. Die Herstellbarkeit innen liegender Keramikteile ermöglicht das Gießen von Hohlteilen.

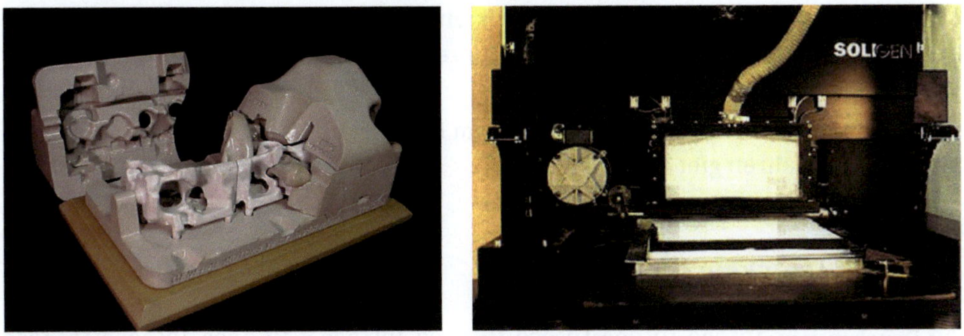

a) b)

Bild 3.63 Direct Shell Production Casting zur Herstellung von Keramikformen nach dem 3DP-Verfahren

(a) Keramikform mit Kern, aufgeschnitten; (b) Blick in den Bauraum

Quelle: Soligen

Material/Bauzeit/Genauigkeiten

Zum Gießen können alle gießbaren Materialien, so beispielsweise auch Magnesium, Stähle, Titan oder Superlegierungen wie Inconel verwendet werden.

Nachteilig ist, dass an innenliegenden Flächen, und das sind die Oberflächen der Gussteile, nach Fertigstellung der Form nur noch schwer heranzukommen ist und sie folglich auch kaum noch nachbearbeitet werden können.

Es werden minimale Wandstärken von bis zu 0,2 mm realisiert. Nach Herstellerangaben werden Genauigkeiten von ±0,05 mm erreicht und somit die Gusstoleranzen GT9 bis GT12 eingehalten, Bild 3.63 (a).

Gegenüber Abgüssen von Stereolithographie- und Lasersintermodellen, die prinzipbedingt pro Modell nur einen Abguss erlauben, ist das DSPC-Verfahren deutlich schneller. Wirtschaftlich ist es dann im Vorteil, wenn einmalig wenige Gussprototypen, aber mehr als ein Stück gebraucht werden.

Post-Processing

An den Stellen, an denen kein Binder auftrifft, bleiben die Keramikteilchen unverbunden und können nach dem Bauprozess mithilfe eines Pinsels entfernt werden. Die Form wird ausgebrannt. Dadurch wird der Binder ausgetrieben und es entsteht eine den üblichen Feingussqualitäten entsprechende dichte Keramikform.

Prozesstypische Folgeverfahren

Das weitere Vorgehen ist dem klassischen Feingussprozess sehr ähnlich. Die Form wird gebrannt (fertig versintert). Danach kann überschüssiges, nicht gebundenes Pulver endgültig entfernt werden. Schließlich wird die Form mit flüssigem Metall ausgegossen. Nach dessen Erkaltung wird die Keramikform zerstört und das Modell entnommen.

Das Verfahren ist für den direkten Einsatz im Feinguss ausgerichtet. Sonstige Abform- oder Folgeverfahren gibt es demnach nicht.

3.7.5 3D-Drucksystem – Voxeljet

3D-Drucksystem: VX 200, VX 500, VX 800, VX 1000, VX1300 X, VXC 800, VX 2000, VX 4000

Voxeljet Technology GmbH, Augsburg, Deutschland

Kurzbeschreibung

Additives Verfahren nach dem MIT 3D Printing-Patent. Die Bauteile entstehen durch Einspritzen eines Binders in Kunststoffpulver. Sie sind nach dem Fertigungsprozess einsatzbereit.

Anwendungsbereich

Konzeptmodelle, Endprodukte aus Kunststoff.

Entwicklungsstand

Kommerzialisiert.

Historisches

Die Voxeljet Technology GmbH ist im Jahr 2004 aus der Firma Generis GmbH hervorgegangen. Diese war 1999 durch Dr. Ingo Ederer, Prof. Dr. Joachim Heinzl und Rainer Höchsmann gegründet worden und hatte das 3D-Druckverfahren nach MIT für die Anwendung zur Herstellung von Sandformen bis zur Vorstellung der Generis 1500 (Nachfolger: Prometal S-Max) vorangetrieben. Im Zuge eines Kooperationsabkommens mit der Firma Extrude Hone, heute ExOne, wurden die Sandaktivitäten in die Firma Prometal verlegt. Am Standort Augsburg wurde die Prometal RCT (Rapid Casting Technology) als Tochter der Prometal GmbH in Remscheid errichtet (Abschnitt 3.7.3 „Metall und Formsand Printer – Desktop Metal (ehemals ExOne)“). Voxeljet konzentrierte sich danach auf die Technologieentwicklung rund um das Drucken und Dosieren und auf eine Variante für das Verdrucken von Kunststoffen, aus der inzwischen eine ganze Produktfamilie geworden ist.

Strategien/Entwicklungspartner

Voxeljet hat die 3D-Drucktechnik, auf die Anwendungen Gießereisand und Kunststoff spezialisiert, vorangetrieben und eigene Lösungen entwickelt. Eine geschickte Kooperationspolitik sichert die Zusammenarbeit mit den Lizenznehmern der MIT Grundpatente (Soligen, Z-Corporation) und eröffnet eine weltweite Vermarktung. Eine enge Kooperation gibt es mit der TU München. Die Firma arbeitet auch als Dienstleister.

Voxeljet hat Ende 2012 den ersten kontinuierlich arbeitenden Drucker der Welt vorgestellt und damit einen wichtigen Schritt weiter in Richtung AM vollzogen.

Datenformate/Software

Die Maschine akzeptiert STL-Datenformate.

Prinzip der Schichtgenerierung

Die Schicht aus Kunststoffpulver wird mit einem rakelartigen Beschichter aufgetragen. Ein Piezo-Druckkopf mit 640 einzeln ansteuerbaren Düsen spritzt den flüssigen Binder entsprechend der Schichtkontur selektiv auf die Pulverschicht. Durch die Reaktion mit dem Binder härtet das Pulver direkt in der Maschine aus. Das umgebende Pulver stützt das Bauteil. Es sind beliebige, auch räumliche Schachtelungen möglich. Der Prozess läuft bei Raumtemperatur und unter Umgebungsatmosphäre ab.

Bauart/Konstruktion

Die Maschine wurde aus der Generis GS 1500 Sandmaschine entwickelt und entspricht dieser im prinzipiellen Aufbau und in einigen Details. Der Bauraum ist ein wechselbarer Behälter, der über ein Schienensystem in die Auspackstation gefahren werden kann. Wechselbehälter ermöglichen einen kontinuierlichen Betrieb. Das Beschichtungssystem und das Portal mit dem Druckkopf verfahren in x-Richtung über der Baufläche. Der Druckkopf fährt zusätzlich in y-Richtung. Der Bauraum der VX 1000 misst $x, y, z = 1060 \times 600 \times 500$ mm. Die Maschine verfügt über ein automatisches Materialhandling. Das nicht verbaute Pulver kann vollständig wiederverwendet werden. Die VX 200, VX 500, VX 800 (Bild 3.64 (a)) und VX 1000 bilden eine Maschinenfamilie.

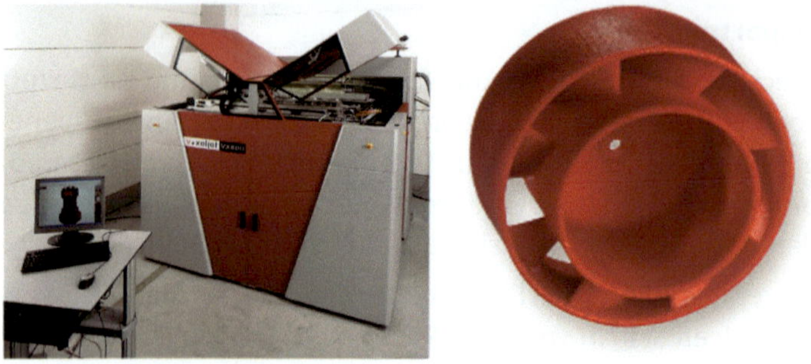

a) b)

Bild 3.64 3D-Drucksystem Voxeljet

(a) VX 800 Maschine; (b) Bauteil „Dralleinsatz" aus Epoxy-infiltriertem PMMA

Quelle: Voxeljet

a) b)

Bild 3.65 Voxeljet VXC 800

(a) Ansicht; (b) Blick in den Bauraum

Quelle: Voxeljet/Gebhardt

Die VXC 800, Bild 3.65 (a), arbeitet kontinuierlich, indem der Druckprozess am Anfang eines Förderbandes stattfindet, das die Bauraumbegrenzung darstellt und sich kontinuierlich bewegt, siehe Bild 3.65 (b). Am Ende dieses Bandes findet dann der kontinuierliche Auspackprozess statt. Der so definierte Bauraum hat eine Breite von 850 mm, eine Höhe von 500 mm und ist in der Länge theoretisch nicht limitiert. Die Auflösung beträgt 600 dpi, die Schichtdicke liegt zwischen 150 und 400 µm.

Bild 3.66 Voxeljet VX 4000 – Maschinenlayout
Quelle: Voxeljet

Die größte Maschine von Voxeljet ist die VX 4000 (Bild 3.66). Sie besitzt einen Bauraum von 4000 × 2000 × 1000 mm und ist für die Herstellung von Sandgussformen ausgelegt. Eine Besonderheit stellt zudem der breite Druckkopf der VX 4000 dar. Er besitzt 26 560 Düsen und kann mit zwei Überfahrten eine komplette Schicht bedrucken. Durch den Einsatz von verschiedenen Bauplattformen soll ein dauerhafter Bauprozess gewährleistet sein. Wie auch die kleineren Maschinen besitzt die VX 4000 ein automatisches Materialhandling. Durch ihre Bauraumgröße und den breiten Druckkopf, eignet sich die Maschine sowohl zur Herstellung von großen Kernen als auch zur Produktion von Serien.

Material/Bauzeit/Genauigkeiten

Baumaterialien sind Kunststoff oder Gießereisand.

Der Kunststoff ist ein modifiziertes und damit proprietäres PMMA (Polymethylmethacrylat), das auch als Acrylglas bezeichnet wird. Der ebenfalls proprietäre Binder ist vom Typ Lösungsmittel. Die Bauteile härten in der Maschine aus, haben aber eine Restporosität. Sie können infiltriert werden. Die Infiltration mit Epoxidharz führt auf Kunststoffbauteile mit Festigkeiten von 19 MPa bei einer Bruchdehnung von 2,9 %. Der E-Modul beträgt dann 1700 MPa. Der Hersteller gibt eine Glasübergangstemperatur von 65 °C an. Die Infiltration mit Wachs ergibt ausschmelzbare verlorene Formen für den Metallguss.

Die Körnung des PMMA beträgt 45 µm (Primärpartikelgröße d50). Der Standardwert der Schichtstärke beträgt 0,15 mm. Der Baufortschritt beträgt bei 0,1 mm Schichtstärke circa 24 mm in z-Richtung und kann bei doppelter Schichtstärke ebenfalls verdoppelt werden. Damit können in circa zehn Stunden bis zu 190 Liter Bauvolumen verarbeitet werden. Vom Beispiel *Dralleinsatz*, x, y, z = 206 × 206 × 117 mm (Bild 3.64 (b)), wurden 12 Stück in 11 Stunden gebaut. Die Auflösung des Druckkopfes beträgt bis zu 600 dpi in *x*-*y*-Richtung und 100 dpi in *z*-Richtung. Die Genauigkeit wird mit 0,3 % der charakteristischen Bauteilabmessung, mindestens aber mit ±0,1 mm angegeben.

Die Maschinen können auch mit Gießereisand arbeiten. Dabei handelt es sich um Quarzsand, der umweltfreundlich mit einem anorganischen Binder verarbeitet werden kann. Die Standard-Schichtdicke ist 200 µm und kann bis zu 300 µm betragen. Die Auflösung wird mit 200 dpi angeben. Die Genauigkeit wird mit 0,2 % der charakteristischen Bauteilabmessung, mindestens aber mit der Schichtstärke angegeben.

Post-Processing

Abblasen des losen Pulvers und gegebenenfalls Infiltration mit Epoxidharz oder Wachs.

Finishing, Prozesstypische Folgeverfahren

Es sind alle materialtypischen Finishing- und Folgeverfahren anwendbar.

3.7.6 Maskless Masoscale Material Deposition (M3D)[23] – OPTOMEC

Aerosol Jet 200, Aerosol Jet 300, Aerosol Jet 5X System, AEROSOL JET MARATHON PRINT ENGINE

OPTOMEC M3D

OPTOMEC Inc., Albuquerque, NM, USA

Kurzbeschreibung

Maschinen (AJ 200, AJ 300) und Druckeinheiten (AJ 5X, AJ JET Marathon Print Engine) zum direkten Aufbringen von Strukturen aus Nanoteilchen auf Substrate. Die Teilchen werden in fein vernebelten Flüssigkeiten (Aerosolen) transportiert und über eine Düse definiert aufgebracht. Das Verfahren wird auch als Aerosol-Jetting oder -Printing bezeichnet. Verarbeitet werden nahezu alle Materialien und eine große Vielfalt an Substraten. Eine Nachbearbeitung der Schicht ist meistens notwendig.

Anwendungsbereich

Funktionsprototypen, Rapid Manufacturing.

Entwicklungsstand

Kommerzialisiert seit 2004.

---

[23] Vergleiche Abschnitt 2.3.3.1 „Aerosoldruckverfahren“; das Verfahren wird auch als Aerosol-Jetting bezeichnet.

Historisches

OPTOMEC wurde 1983 von Thomas Swann gegründet. Die Firma liefert optomechanische Systeme an Forschungseinrichtungen, Universitäten und als Zubehör für Rapid Prototyping Anlagen. OPTOMEC stellte 2004 die erste Aerosol Jetting Maschine vor. Zur Geschichte siehe Abschnitt 3.3.2 „Laser Engineered Net Shaping (LENS) – OPTOMEC“.

Strategien/Entwicklungspartner

Strategisch hat die Firma die Serienfertigung der „Printed Electronics“ im Fokus. Die Prozesse sollen verbessert, beschleunigt und preiswerter werden, weil die heute oftmals notwendigen Masken entfallen. Auch können unebene oder räumlich gekrümmte Substrate bedruckt werden. Strategisch wird die Integration in kundenindividuelle Fertigungssysteme betrieben (AJ 5X, AJ JET Marathon Print Engine) und damit die heutigen Stand-alone-Systemen im Sinne der IoT (Industrie 4.0) weiterentwickelt.

OPTOMEC hat auch das LENS-Verfahren zum direkten Herstellen von Metallbauteilen aus handelsüblichen Pulvern entwickelt (siehe Abschnitt 3.3.2 „Laser Engineered Net Shaping (LENS) – OPTOMEC“).

Datenformate/Software

Die Maschine übernimmt die Schichtinformation als virtuelle Masken im DXF-Format. Vorbereitungen müssen außerhalb der Maschine getroffen werden.

Das CAD/CAM-System „Motion 3D“ ist besonders geeignet für die Konfiguration von „3D Printed Electronics“. Es übernimmt die Geometriedaten und generiert den Maschinencode für den Werkzeugweg (tool-path). Es können bis zu fünf simultane Bewegungsachsen angesteuert werden.

Prinzip der Schichtgenerierung

Ein aus Aerosolen von 1 bis 5 µm Durchmesser bestehender Fluidstrom (bis zu 0.25 Mikroliter pro Sekunde) wird mittels einer Düse durch eine konzentrische Schutzgashülle (N2) präzise auf ein Substrat fokussiert. Er enthält Teilchen von bis zu 200 nm Durchmesser, die mit dem Aerosol auftreffen und nach dessen Verdampfung eine feste Beschichtung ergeben. Je nach Materialkombination kann eine Nachbearbeitung, z. B. mit einem Laserstrahl oder chemisch notwendig werden. Das Verfahren ist eher 2D orientiert, also für Bauteile geeignet, die eine wesentlich größere Erstreckung in der *x*-*y*-Ebene aufweisen als in *z*-Richtung. Auch die in vielen Fällen notwendige Nachbehandlung jeder Schicht, z. B. die Nachversinterung mittels Laser, erschwert die Herstellung dreidimensionaler Bauteile. Optional kann der Prozess mit einer Laserabtragung kombiniert werden.

Bauart/Konstruktion

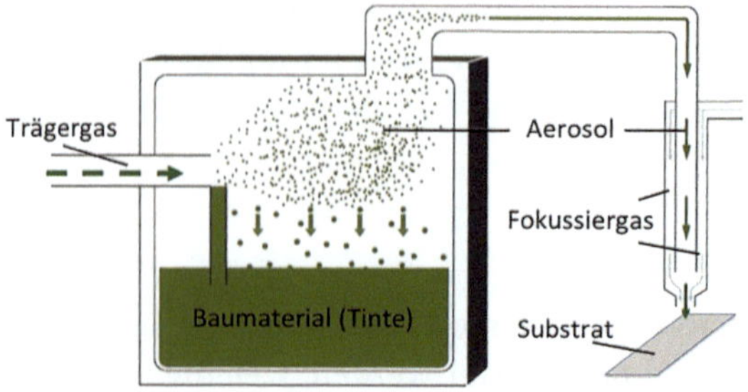

a)

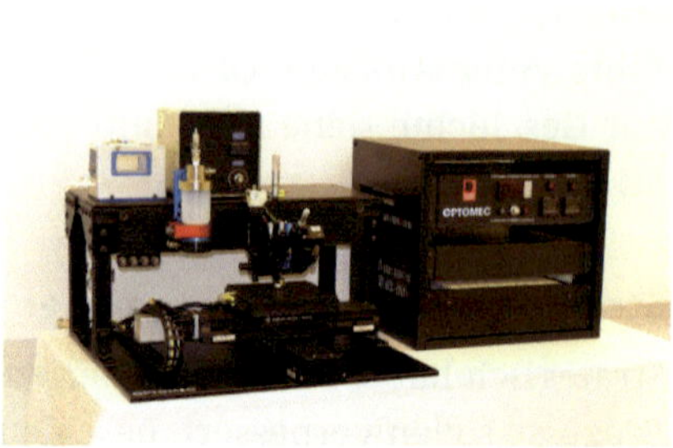

b)

c)

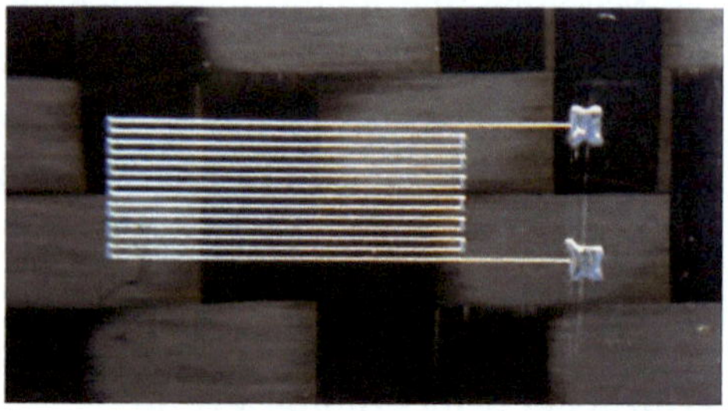

d)

Bild 3.67 Aerosol Jetting

(a) Prinzip; (b) Aerosol Jet 200; (c) Aerosol Jet 300; (d) Bauteil: Smartcardanschluss

Quelle: OPTOMEC

Es gibt Anlagen zum Aerosol Jetting, die Aerosol Jet 200 (AJ 200) und die Aerosol Jet 300 (AJ 300), Bild 3.67 (b) und (c) und integrierbare Druckköpfe, Aerosol Jet 5X (System Aerosol JET Marathon).

Die Aerosol-Jet-Anlagen bestehen aus einem Ultraschall-Atomizer, in dem das Aerosol, bestehend aus dem Trägerfluid und dem darin suspendierten Baumaterial, bereitgestellt wird, und aus einem Druckkopf (Deposition Head, Print Engine). Im Druckkopf wird ein Mantelstrom aus Gas erzeugt, der das vernebelte Aerosol umschließt und führt. Der Hersteller nennt das *aerodynamische Fokussierung*. Der Druckkopf wird von einem 3-Achsen-Portalsystem (Aerotech) über die Bauebene (AJ 200: x,y = 200 × 200 mm; AJ300: x,y = 305 × 305 mm) bewegt. Ein Verschluss (Shutter) steuert die Materialmenge und ermöglicht das Drucken von 10 800 Tropfen/Stunde. Die AJ-Maschinen sind Stand-alone-Lösungen und werden manuell bedient.

Die Micro-Dispense-Einheiten und der Aerosol J 5X sind Druckkopfsysteme zur Integration in kundenspezifische Systeme. Eine Videokamera unterstützt die Navigation.

Die Schichten müssen nach dem Auftragen fixiert werden. Das kann durch Lösungsmittel chemisch oder per Laser thermisch geschehen.

Der optional erhältliche Laser (bei der AJ 300 integriert) ist ein 700 mW Multimode Laser (830 nm, IR) mit einem Strahldurchmesser von 10 µm.

Material/Bauzeit/Genauigkeiten

Grundsätzlich können alle Materialien verarbeitet werden, die als Teilchen mit einem Durchmesser < 200 nm bereitgestellt und von der Trägerflüssigkeit aufgenommen und so als „Tinte“ bereitgestellt werden können. Dazu zählen vor allem Kunststoffe (Thermoplaste sowie UV- und thermisch vernetzende Polymere), Metalle (Gold, Platin, Silber, Nickel, Kupfer, Aluminium) und Keramiken, aber auch Carbon-Nano Tubes. Die Materialpalette umfasst auch Proteine und DNA.

Es gilt ein Viskositätsbereich von 1 bis 1000 cp. Es sind Schichtdicken von bis zu 75 µm und Linienbreiten von unter zehn Mikrometern bis zu 150 Mikrometern zu erreichen, wobei der Standard 25 µm beträgt. Das Beispiel in Bild 3.67 (d) zeigt 200 µm dicke Verbindungen zwischen dem integrierten Schaltkreis und dem Goldanschluss einer Smartcard. Die Auftrageraten werden vom Hersteller mit 0,0135 cm^2/h angegeben, die Verfahrgeschwindigkeiten betragen bis zu 15 mm/s.

Post-Processing

Je nach Materialkombination muss die Trägerflüssigkeit entfernt und das aufgebrachte Material nachbehandelt werden. Metalle werden häufig lokal nachversintert, was vorzugsweise mit dem Laser geschehen kann.

Prozesstypische Folgeverfahren

Keine.

3.8 Hybridverfahren

Die Analyse der additiven Verfahren zeigt, dass häufig neben additiven zusätzlich vorzugsweise subtraktive Prozessschritte auftreten. Die LLM-Verfahren verwenden beispielsweise Messer oder Fräser, um die aufgebrachte Schicht zu konturieren. Insofern sind viele Additive Verfahren strenggenommen als Hybridverfahren (additiv-subtraktiv) anzusehen. Die Unterscheidung in additive und Hybridverfahren ist deshalb bis zu einem gewissen Grad willkürlich.

Als Hybridverfahren im Sinne dieses Abschnitts werden Herstellungsverfahren betrachtet, die die Potenziale mindestens eines additiven und eines nicht-additiven Prozessschrittes miteinander verknüpfen. Kennzeichen ist, dass auch ausschließlich nicht-additiv betreibbare Maschinen, vorzugsweise Fräsmaschinen, durch additiv arbeitende Zusatzmodule (Hardware) zu Hybriden Fertigungsanlagen aufgerüstet werden.

Fräsmaschinen haben sich in Hybridsystemen bewährt, weil ihre Vorteile die gute Oberflächenqualität und die (quasi-) kontinuierliche z-Konturierung der Bauteile sowie die kontinuierliche Verfahrbarkeit der Bauplattform die größten Nachteile heutiger additiver Verfahren und Maschinen kompensieren. Offenbar haben die Hersteller von abtragenden Verfahren erkannt, dass die additive Fertigung zu einem Fertigungsverfahren herangereift ist und sich somit jenseits des Prototyping zu einer echten Konkurrenz entwickelt, aber auch, dass das Fräsen besser als wirkungsvolles Komplementärverfahren eingebunden werden kann, als es als Wettbewerbsverfahren zu betrachten.

Ab circa 2014 drängen etablierte Hersteller von Fräsmaschinen auf den Markt der additiven Fertigungsanlagen oder 3D-Drucker. Sie integrieren Laserbeschichtungssysteme auf der Basis von Pulvern (Abschnitt 3.3 „Beschichten – Schmelzen mit der Pulverdüse“, Abschnitt 3.8.4 „Hybrid (Additive and Substractive manufacturing) – DGM-MORI“), Drähten (Abschnitt 3.8.1 „Laserauftragsschweißen und Fräsen – Controlled Metal Building Up (CMB) – Röders“) und Bändern (Abschnitt 3.8.2 „Laminieren und Ultraschallschweißen – Ultrasonic Consolidation – Fabrisonic/Solidica) oder stellen neue Beschichtungssysteme vor (siehe Abschnitt 3.8.3 „Metallpulverauftragsverfahren (MPA)(englisch: = Metal Powder Application) – Hermle“). Neben den bereits kommerzialisierten sind weitere Anlagen in der Entwicklung oder bereits als Prototypen vorgestellt. Dazu zählen Mazak Integrex i-400 AM, Hamuel HSTM Hybrid, Lumex Avance-25, Sodick OPM250L.

Auch die vom Laserhersteller Laserline und dem Fraunhofer Institut IWS (Dresden) entwickelte Laser Beschichtungseinheit hat diesbezüglich ein hohes Potenzial, zumal Draht verwendet wird und damit einige pulverspezifische Probleme wie Staubbelastung und damit Explosionsgefahr und Gesundheitsgefährdung umgangen werden können.

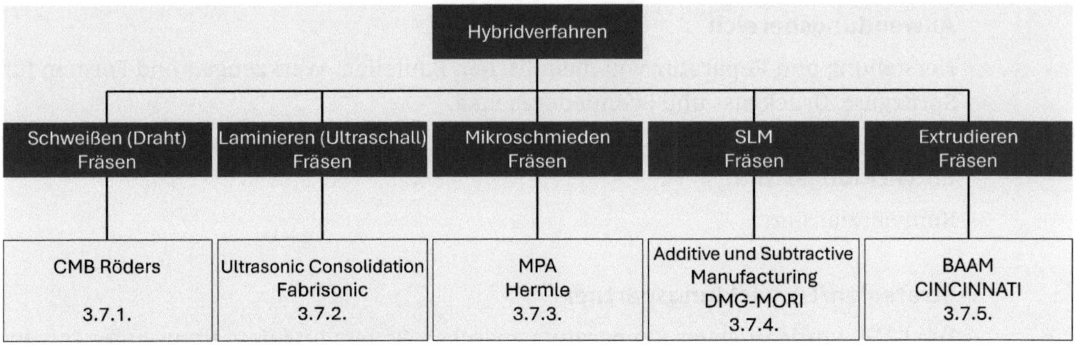

Bild 3.68 Hybridverfahren – Übersicht

Schließlich ist mit der BAAM von Cincinnati CI auch für den Kunststoff-Bereich eine zumindest im Paket als Hybridmaschine anzusehende Anlage zur Komplettfertigung großer Kunststoff-Strukturen verfügbar (Abschnitt 3.8.5 „Extrudieren und Fräsen – Big Area Additive Manufacturing (BAAM) – Cincinnati“). Bild 3.68 gibt einen Überblick über die sich aktuell etablierenden Hybridverfahren, geordnet nach den additiven Komplementärverfahren.

3.8.1 Laserauftragsschweißen und Fräsen – Controlled Metal Build Up (CMB) – Röders

CMB – Controlled Metal Build Up, Zusatzmodul zur HSC-Fräsmaschine

Röders GmbH & Co., Soltau, Deutschland

Kurzbeschreibung

Controlled Metal Build Up (CMB) bezeichnet das selektive Laser-Auftragsschweißen mit Draht. Es werden feine Schweißraupen eng nebeneinander so auf ein Werkstück aufgelegt, dass dünne Schichten entstehen. Dazu wird handelsüblicher Zusatzdraht mittels eines Diodenlasers schichtweise aufgeschmolzen. Aufgrund des kleinen Schmelzbades bleibt der Verzug gering. Das Verfahren wird als Zusatzmodul in Hochgeschwindigkeitsfräsmaschinen des Herstellers Röders integriert, sodass nach jedem Auftrag die Schicht definiert gefräst werden kann. Das Verfahren erzeugt Schichteigenschaften, wie sie im Werkzeugbau üblich sind. Das CMB-Verfahren wurde in erster Linie für lokale Anwendungen wie die schnelle und kostengünstige Reparatur oder die Änderung von Werkzeugen und Gesenken entwickelt, also weniger zum Aufbau ganzer Formeinsätze.

Anwendungsbereich

Herstellung und Reparatur von metallischen Bauteilen, Werkzeugen und Formen für Spritzguss, Druckguss und Schmiedegesenke.

Entwicklungsstand

Kommerzialisiert.

Strategien/Entwicklungspartner

Das CMB wurde in enger Kooperation zwischen Röders und dem Fraunhofer-Institut für Produktionstechnologie in Aachen (FhG-IPT) entwickelt. Das Verfahren ist als nachrüstbarer Zusatz für Röders-Hochgeschwindigkeitsfräsmaschinen konzipiert und wird vorzugsweise für die Änderung von Werkzeugen und bei ihrer Reparatur verwendet. Es eignet sich aber auch als Alternative für die Herstellung von Werkzeugeinsätzen, insbesondere wenn wenige feine und freistehende Details beim Fräsen ein sehr großes Spanvolumen zur Folge hätten.

Datenformate/Software

Die Maschine liest vollständige und fehlerfreie STL-Daten ein. Der Hersteller liefert eine Software, die analog zu kommerziellen CIM-Programmen, die für Abtragungen konzipiert wurden, die Bahngeometrie und die Steuerdaten für Laser- und Drahtvorschub berechnet.

Prinzip der Schichtgenerierung

Mithilfe eines Diodenlasers wird die Werkzeugoberfläche punktuell angeschmolzen, mittels einer Drahtfördereinheit ein handelsüblicher Schweißdraht in die Schmelze eingebracht, aufgeschmolzen und auf diese Weise Werkstoff zugeführt. Eine Schicht entsteht durch das Nebeneinanderlegen mehrerer Schweißraupen. Die geringe Wärmeeinbringung durch den Laser, respektive das kleine Schmelzbad, sorgen für einen praktisch nicht messbaren Werkzeugverzug. Nach der Aufbringung jeder Schicht wird deren Kontur mithilfe der Hochgeschwindigkeitsfräse auf Maß gefräst. Auf diese Weise entstehen hochpräzise, zu 100 % dichte, neue Werkzeugbereiche. Obwohl das Verfahren für Änderungen und Reparaturen entwickelt wurde, können damit auch komplette Formen aufgebaut werden (Bild 3.69 (b)).

Zur Nachrüstung der CMB-Einheit wird ein verfahrbarer Schlitten vor die Frässpindel an die *z*-Achse montiert. Dieser trägt den Diodenlaser und die Drahtfördereinheit. Der Schlitten ist verfahrbar, damit er während des Fräsens aus dem Arbeitsbereich herausgezogen werden kann. Die HSC-Fräsmaschine wird somit in ihrer Leistungsfähigkeit nicht eingeschränkt und kann jederzeit sowohl zum HSC-Fräsen als auch für das CMB-Verfahren eingesetzt werden. Die Anforderungen der Lasersicherheit verlangen eine völlige Kapselung der gesamten Anlage (Laser-Schutzklasse 1). Deshalb werden die Glasscheiben bis auf ein lasersicheres Fenster durch Bleche ersetzt.

Bauart/Konstruktion

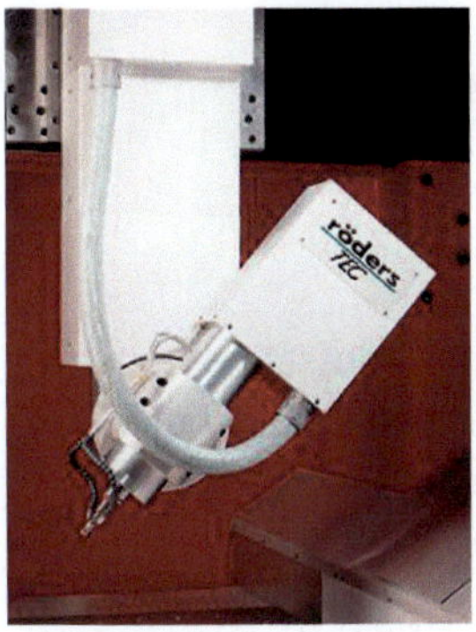

a)

b)

Bild 3.69 Controlled Metal Build Up, CMB (kontrollierter Metallaufbau)

(a) Beschichtungskopf als Zusatz zu Röders HSC-Fräsen; (b) Komplett mit dem CMB-Verfahren durch Laser-Auftragsschweißen und HSC-Fräsen hergestellte Spritzgussform, Härte 52 HRC

Quelle: Röders

Material/Bauzeit/Genauigkeiten

Der Prozess entspricht dem klassischen Laser-Auftragsschweißprozess. Die Materialpalette ist relativ groß, weil grundsätzlich alle handelsüblichen und schweißbaren Drähte eingesetzt werden können. Nach Herstellerangaben kann reproduzierbar Porenfreiheit erreicht werden, die aufgeschweißte Zone ist also zu 100 % dicht. Die Härte beträgt über 50 HRC. In einer Demo-Form wurden bei Verwendung eines Warmarbeitsstahls 52 HRC erreicht (Bild 3.69 (b)).

Die Genauigkeit des aufgetragenen Bereichs entspricht aufgrund der Bearbeitung mit dem Fräser der maschinentypischen Genauigkeit der HSC-Maschine.

Post-Processing

Keines.

Prozesstypische Folgeverfahren

Keine.

3.8.2 Laminieren und Ultraschallschweißen – Ultrasonic Consolidation – Fabrisonic/Solidica

SonicLayer™ R200, SonicLayer™ 4000, SonicLayer™ 7200 UAM system

Fabrisonic/Solidica Inc., Ann Arbor, Mi, USA

Kurzbeschreibung

Fräsmaschine mit integrierter Ultraschall-Schweißeinheit zum Aufschweißen und Konturieren (Trimmen) vorgefertigter *Aluminiumbänder*. Hergestellt werden Aluminiumwerkzeuge, vorzugsweise zum Wachsspritzen für den Feinguss, und Prototypen aus Aluminium. Mit dem Verfahren können interne Hohlräume, Kanäle oder Strukturen wie Bienenwaben (honeycombs) hergestellt werden.

Anwendungsbereich

Funktionsprototypen, Bauteile.

Entwicklungsstand

Kommerzialisiert seit 2001.

Historisches

Solidica wurde im Jahr 2000 von Dawn White mit der Spezialisierung auf die Entwicklung und Herstellung von Sensoren gegründet. Im Jahr 2005 erhielt die Firma einen Auftrag zur Entwicklung eines mechanisch gekapselten (embedded) RF-Sensors für den militärischen Einsatz in der US-Marine. Solidica hat für die Entwicklung der UC-Technologie den Technologiepreis *2005 best new product award* der Ultrasonic Industry Association (UIA, Dayton, OH, USA) erhalten. Zur Vermarktung wurde 2011 Fabrisonic geründet (Gründer und CEO Mark Norfolk), ein Joint Venture zwischen Solidica EWI, und dem Technologie-Fonds „Ohio's Third Frontier Fund".

Strategien/Entwicklungspartner

Solidica hat den aus dem Formation Fräsprozess und der *Ultrasonic Consolidation* Auftragsschweißeinheit (meist kurz auch von Solidica nur UC-Prozess genannt) bestehenden Additiven Fertigungsprozess für die Herstellung der eigenen Sensoren entwickelt. Kern der Sensortechnik ist die Integration unterschiedlichster Teilprozesse, beispielsweise Mikro-Fluidic, Elektronik und Piezo-Elektrik, in vollständig abgeschlossene metallene Gehäuse. Anwendungen sind Sensoren in aggressiver Umgebung, z. B. in der Luft- und Raumfahrt oder in der Seefahrt, aber auch zur Implantation. Die Firma ist Mitglied des *National Center for Manufacturing Sciences* (NCMS), eines Konsortiums namhafter US-Firmen zur gemeinsamen Entwicklung von Hochtechnologie auf dem Gebiet der Fertigungstechnik. Es gibt eine Kooperation mit der University of Michigan, College of Engineering. In Kooperation mit dem Michigan Molecular Institute und der Saginaw Valley State University (SVSU), Michigan, USA, wird die Verarbeitung von Edelstahl entwickelt.

Datenformate/Software

Die Sonic Layer Technologie integriert das streifenweise Aufschweißen einer Schicht und deren Fräsbearbeitung. Die *RpCam* genannte Software importiert 3 CAD-Daten z. B. über eine IGES-Schnittstelle, aber auch als STL- und NC-Daten und gibt sie als interne Datensätze zur Maschinensteuerung (ISO kompatibler G-Code) aus. Das Slice-Programm erzeugt 0,1 mm dicke Schichten. Sie sind dem verwendeten Aluminiumband angepasst, aber grundsätzlich variabel.

Prinzip der Schichtgenerierung

Die UC-Technologie besteht aus zwei Schritten, *tape and trim* und *partfinishing*. Der *tape and trim* Vorgang beginnt mit dem Positionieren und Abrollen des Aluminiumbandes auf der Werkstückoberfläche. Dann erfolgt mit der vibrierenden Sonotrode das Andrücken des Bandes an das feststehende Bauteil. Mit sehr hoher Frequenz und geringer Amplitude wird die Oberfläche gereinigt und dann mit geringerer Frequenz und großer Amplitude verschweißt. Die Verbindung erfolgt aufgrund des Fließens des Materials in einer Randschicht von 10 bis 20 µm. Das Band wird mit etwas Überstand abgeschnitten und die nächste Spur aufgeschweißt, bis die gesamte Schicht belegt ist. Das Abblasen der Abschnitte beendet den Tape Vorgang. Beim Trim wird die gesamte Schicht mit einem Stirn-Walzenfräser (2D) konturiert und danach abgeblasen.

Der Tape-and-trim-Vorgang wird schichtweise fortgesetzt, bis das Bauteil eine Höhe von 3 bis 6 mm erreicht hat. Beim Finishing, einem normalen Fräsvorgang, werden die Kontur und die Oberflächengüte erreicht. Beide Prozessschritte alternieren, bis das Bauteil fertig gestellt ist.

Wenn die internen Hohlräume größer werden, wird ein Aufbringen der Bänder zunehmend schwieriger. Daher wird zurzeit ein auswaschbares Polymermaterial entwickelt, mit dem diese Hohlräume während des Bauprozesses verfüllt werden können.

Der Bauprozess kann jederzeit unterbrochen werden, um z. B. etwas einzulegen. Er kann dann, auch nach längeren Pausen, ohne Qualitätsverlust wiederaufgenommen werden. Auf diese Weise sind auch Multi-Material-Bauteile möglich (Bild 3.70).

Bauart/Konstruktion

Die Solidica **Form**ation Maschine ist eine 3-Achs Fräsmaschine mit einer integrierten Ultraschall-Schweißeinheit mit Materialdepot. Der Fräskopf und die Schweißanlage sind auf einer Verfahreinheit (in *x*-Richtung) nebeneinander über der Aufspannplatte angeordnet. Dadurch wird die Maschine wesentlich breiter als es die reine Fräsbearbeitung erfordern würde. Die eigentliche, etwa 500 mm breite Schweißeinheit umfasst eine Vorratsspule mit Aluminiumband, eine Abroll- und Aufpresseinheit und den eigentlichen Ultraschallkopf, die Sonotrode zum Verschweißen der einzelnen Bahnen mit dem teilfertigen Bauteil. Die Schweißgeschwindigkeit beträgt 2,5 m/min. Der Fräsprozess ist trocken (Aluminium). Die Maschine verfügt über eine Abblasvorrichtung zum Abtransport der Folienabschnitte und der Späne.

Die Maschinen unterscheiden sich vor allem in der Größe der Baukammern. Sonic Layer™ R200 ist ein Experimentier- und Forschungssystem ($x, y, z = 500 \times 300 \times 150\ mm^3$), SonicLayer™ 4000 ($x, y, z = 1000 \times 600 \times 600\ mm^3$) entspricht der trasonic Formation und die SonicLayer™ 7200 UAM system ($x, y, z = 1829 \times 1829 \times 914\ mm\ mm^3$) ist eine Produktionsmaschine (Bild 3.70). Die elektrischen Leistungen liegen zwischen 4,5 und 9 kW. Die R200 wird manuell beschickt, die anderen haben eine automatische Zuführung des Aluminiumbandes.

Bild 3.70 Ultrasonic Consolidation Maschine: SonicLayer™ 7200
Quelle: Fabrisonic

Material/Bauzeit/Genauigkeiten

Das Baumaterial ist ein Aluminiumband von 0,1 mm Dicke und 25 mm Breite. Die Wandstärke ist zwar mit der Konturierung (Trimmen) synchronisiert, bestimmt aber nicht die Genauigkeit, weil diese durch das anschließende Finishing auf der Fräsmaschine erreicht wird. Die Genauigkeit wird daher auch mit ±0,05 mm angegeben.

Ein Stahlwerkstoff (Edelstahl) ist in der Entwicklung.

Für den Baufortschritt werden geometrieabhängig um die 12,5 mm/h angegeben.

Die UC-Lizenz gilt nur für Wachs-Injektionswerkzeuge und Prototypen. Werkzeugkavitäten sollten keine dünnen freistehenden Dome oder Wände enthalten. Hinterschnitte sind prinzipbedingt nur mit Treppenstufen herstellbar. Fabrisonic/Solidica selbst verwendet die Maschine aber zur Produktion einiger ihrer Sensoren.

Bild 3.71 (a) zeigt eine Vollmetall Honeycomb-Struktur, also eine ohne Klebe- oder Verbindungsschichten hergestellte Konstruktion, jeweils offen und geschlossen. Es handelt sich um ein Beispiel aus dem CASM (Computer Assisted Satellite Manufacturing) Project der Utah State University. Hergestellt werden Strukturen mit integrierten Sensoren, elektronischen Bauteilen, Batterien und dergleichen. Möglich sind auch Multimaterial Composites.

Post-Processing

Das Bauteil kommt einsatzbereit aus der Maschine. Wenn die Hohlräume zur Stützung freitragender Schichten mit auswaschbaren Polymeren gefüllt werden, ist ein entsprechender Reinigungsgang vorzusehen.

Prozesstypische Folgeverfahren

Keine.

a)

b)

Bild 3.71 Ultrasonic Consolidation Bauteile

(a) Honeycomb-Struktur (teilfertig, offen und fertig, geschlossen); (b) Kupfer-Stahl-Verbindung

Quelle: Fabrisonic

3.8.3 Metallpulverauftragsverfahren (MPA) – Hermle

MPA 40

Hermle Maschinenbau GmbH (HMG), Ottobrunn bei München

Kurzbeschreibung

Die Anlage arbeitet nach dem Metallpulverauftragsverfahren, MPA. Pulver aus unterschiedlichen Metallen und Legierungen wird über Pulverdüsen in einen Trägergasstrom eingebracht und lokal auf ein Werkstück aufgebracht. Es wird durch die beim Auftreffen auf das Substrat freiwerdende kinetische Energie örtlich aufgeschmolzen und erstarrt durch Wärmeleitung zu einer festen Schicht. Ein Fräskopf sorgt für die definierte Geometrie. Auf diese Weise wird zeilen- und schichtweise Material generiert und bearbeitet und so ein Bauteil aufgebaut oder repariert. Der Prozess verwendet keinen Laser.

Anwendungsbereich

Rapid Manufacturing.

Entwicklungsstand

Kommerzialisiert als Dienstleitung seit 2013.

Historisches

Auf seiner Hausausstellung im Mai 2007 präsentierte die Hermle AG die Entwicklungsstudie C 40 Alchemy, die von der damaligen Tochterfirma Innovaris entwickelt wurde. Diese Technologie integriert die innovative Auftragstechnologie MPA und die bewährte 5-Achs Fräsmaschine aus der Baureihe C zur Hybridmaschine MPA 40. Der Name Alchemy wird heute nicht mehr verwendet. Die Technologie heißt jetzt Metallpulverauftragsverfahren, MPA (englisch: metal powder application).

Strategien/Entwicklungspartner

Hermle will die MPA-Maschine nicht verkaufen, sondern damit als Dienstleister auftreten. Gründe sind die aufwendige Technologie, die nach Hermle nicht von jedem bedient werden kann, aber auch der notwendige Know-how -Schutz. Am Firmensitz in Ottobrunn stehen dazu mehrere MPA-Maschinen bereit, von denen eine für das Experimentieren, z. B. für Materialqualifikationen reserviert ist (Bild 3.72).

Bild 3.72 Hermle MPA 40
Quelle: Hermle

Datenformate/Software

Für die Erstellung der Programme mit wechselnden Auftrage- und Zerspanungspfaden wird die eigens für den MPA-Prozess entwickelte CAD/CAM-Software MPA Studio verwendet. Sie transferiert die 3D-CAD-Geometrie in die für den Materialaufbau notwendigen aufeinander folgenden Mikroschmiede- und Fräsbahnen. Die Simulation des kompletten Prozessablaufs sowie Qualitätssicherungsfunktionen zur Kontrolle der gefertigten Bauteile machen die Software zu einem flexiblen und vielseitigen Werkzeug für die MPA-Technologie.

Prinzip der Schichtgenerierung

Die MPA-Technik ist ein thermisches Spritzverfahren für Metallpulver. Dazu werden Pulverpartikel mittels Wasserdampf und sauerstoffreduzierter Druckluft als Trägergas in einer Lavaldüse auf circa dreifache Schallgeschwindigkeit beschleunigt und auf die Oberfläche des Substrates oder des teilfertigen Bauteils aufgebracht. Dabei wird ihnen die kinetische Energie entzogen und in thermische umgewandelt. Drücke von circa zehn GPa und Temperaturen bis zu 1000 °C bringen das Material lokal in einen superplastischen Zustand. Es entsteht eine dichte Schicht, weshalb man auch von kinetischem Kompaktieren spricht. Andere bezeichnen das Verfahren auch als Mikroschmieden. Zur Unterstützung wird das Bauteil über den Dreh-Schwenktisch (4. und 5. Achse) beheizt. Das aufgetragene Material erstarrt durch Wärmeleitung in das Bauteil.

Bild 3.73 Hermle MPA 40. Blick in den Bauraum mit Drehschwenktisch;
links: Beschichtungskopf; rechts: Fräskopf
Quelle: Hermle

In der gemeinsamen Arbeitskammer (Bild 3.73 Beschichtungskopf, links und Fräskopf, rechts) wird so abwechselnd Material aufgetragen und anschließend durch Fräsen definiert abgetragen. Der Materialauftrag erfolgt schichtweise immer so weit, wie die jeweiligen Bauteilkonturen zur Fräsbearbeitung zugänglich sind. Gefräst wird trocken. Nach der Bearbeitung der Konturen folgt dann wieder ein Wechsel in das Auftragsverfahren. Auf diese Weise wird ein massiver Volumenkörper aus zwei oder mehr Materialien aufgebaut, siehe Bild 3.74 (a) bis (c).

Der Pulverwerkstoff wird über Pulverförderer koaxial zum Trägergas auf die Werkstückoberfläche aufgebracht. Das Ergebnis hängt zunächst vom Korn selbst ab. Dabei spielen das Material, aber auch die Form und das Gewicht der Pulverpartikel eine Rolle. Da vorzugsweise auf vorhandene Geometrien oder Substrate aufgesetzt wird, entfallen in der Regel die Stützstrukturen.

Interne Hohlräume wie Kühlkanäle können spanend gefertigt, während des weiteren Aufbaus mit einem wasserlöslichen Füllmaterial geschützt und nach der Fertigstellung ausgewaschen werden.

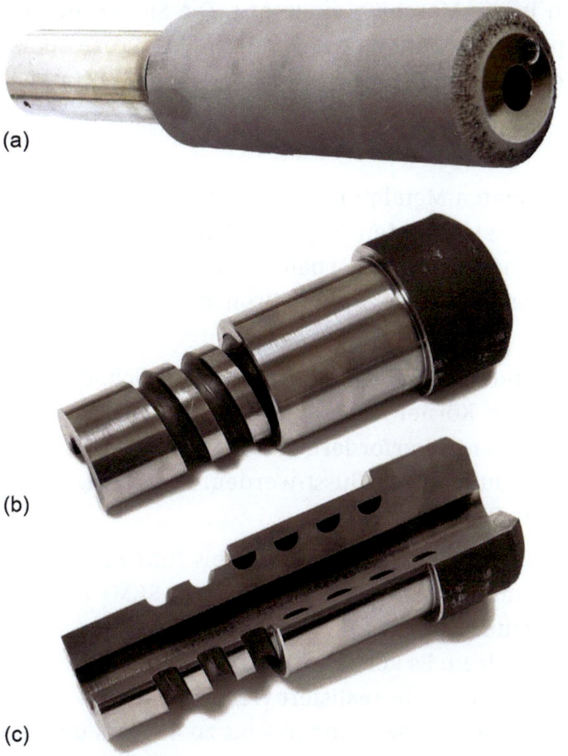
(a)
(b)
(c)

Bild 3.74 Hermle MPA 40

(a) Bauteil nach dem AM-Prozess; (b) nach der Fertigbearbeitung; (c) aufgeschnitten, um die internen Strukturen sichtbar zu machen

Quelle: Hermle

Bauart/Konstruktion

Die Maschine entspricht auf den ersten Blick einem Hermle Fünf-Achs-Bearbeitungszentrum C 40 U mit Heidenhain-Steuerung. Der Innenraum der Maschine ist mit glatten Edelstahlblechen mit integrierter Beleuchtung versehen. Eine Besonderheit sind die mit einem laminaren Wasservorhang gespülten Wände sowie die mit einer Spülung versehene Maschinentür zum Binden von marodierendem Pulver. Details sind eine in der *z*-Achse (Hauptspindelgehäuse) integrierte Auftragsvorrichtung, die sich im Arbeitsraum in der *z*-Achse neben dem Fräskopf befindet. Diese und der Fräskopf arbeiten abwechselnd und bilden das Hybridsystem.

In den Schwenkrundtisch ist eine Tischheizung mit Wärmetauscher integriert. Es bedarf einer vergleichsweise einfachen Infrastruktur, um die Anlage zu betreiben. Das kompakte Bearbeitungszentrum benötigt keine aufwendige Infrastruktur wie Laser- oder Brenngase, sondern nur Wasser, Druckluft und Strom. Der Kontakt des Bedieners mit dem Metallpulver wird auf ein Minimum reduziert. Die benötigten Metallpulver werden in versiegelten Fässern in die Maschine eingesetzt. Die Steuerung liest automatisch den integrieren Transponder aus, auf dem z. B. Materialart, Prozessparameter sowie Inhaltsmengen gespeichert sind.

Material/Bauzeit/Genauigkeiten

Es können handelsübliche Einkomponenten-Metallpulver ohne Binder in einer typischen Körnung von 20 bis 75 µm eingesetzt werden. Typische Materialien sind vor allem Werkzeugstähle wie z. B. 1.2344 und der Warmarbeitsstahl 1.2367. Verarbeitet werden auch weitere Metalle wie Edelstahl 1.4404, Kupfer, Bronze, Aluminium oder Titan.

Bei Werkzeugstahl ist eine anschließende Wärmebehandlung erforderlich, da sonst die Kornstruktur durch die deformierten Körner sichtbar wäre. Bei vielen anderen Materialien, die duktil genug sind, ist das nicht erforderlich. Die Porositäten des Materials können mit der Korngröße wesentlich beeinflusst werden. Feinkörniges Pulver ist teurer, liefert aber dichtere Bauteile.

Das spezifische Bauvolumen liegt typischerweise bei etwa drei bis fünf Kubikzentimetern pro Minute. Eine Lasersintermaschine mit Pulverbett (z. B. SLM) benötigt dazu circa eine Stunde. Vor der Verarbeitung werden die Pulverpartikel erwärmt und dabei an den Randbereichen angeschmolzen. Es können bis zu sechs Pulverförderer angeschlossen und so auch Gradientenwerkstoffe realisiert werden. Bauteile mit einem Durchmesser von bis zu 550 mm, einer Ausdehnung in y bis zu 460 mm und mit einem Maximalgewicht von 600 kg können bearbeitet werden.

Post-Processing

Ein prozessabhängiges Post-Processing ist nicht erforderlich. Die Bauteile können wärmebehandelt werden.

Prozesstypische Folgeverfahren

Die Bauteile können wie alle entsprechenden Metallbauteile nachbehandelt werden.

3.8.4 Hybrid (Additive and Substractive manufacturing) – DGM-MORI

Lasertech 65 3D

(Lasertech 65 Hybrid, LASERTEC 65 Shape, LASERTEC 65 Additive Manufacturing)

DMG MORI SEIKI CO., LTD., Global Headquarters: Shiomi Koto-ku, Tokyo, Japan, und

DMG MORI SEIKI AG, Bielefeld, Deutschland

Sauer GmbH LASERTEC, Pfronten, Deutschland

Kurzbeschreibung

Die Lasertec 65 Hybrid (Bild 3.75) kombiniert Laserauftragsschweißen und Fünf-Achs Fräsen in einer Aufspannung. und ermöglicht so die Komplettfertigung komplexer Metallbauteile. Die Anlage arbeitet nach dem Direct Metal Deposition-(DMD-) Verfahren. Es können Pulver aus unterschiedlichen Metallen und Legierungen verwendet werden. Das Verfahren benötigt keine Stützen. Die Bauteile können ohne Stufen gebaut werden.

Anwendungsbereich

Rapid Manufacturing.

Entwicklungsstand

Kommerzialisiert seit 2014.

Historisches

1948 wurde Mori als Maschinenfabrik und Hersteller von Textilmaschinen in Yamato-Koriyama, Japan, gegründet. Die MORI SEIKI GmbH wurde 1982 etabliert und in den Folgejahren wurden die Mori Seiki Unternehmen in den USA aufgebaut.

Die Firma Friedrich Gildemeister wurde 1870 als Maschinenfabrik GILDEMEISTER & Comp. in Bielefeld gegründet. Sie stellte unter anderem 1975 die erste NC-Maschine vor. 1995 wurde die DECKEL MAHO AG akquiriert. 1999 erfolgte mit der Übernahme der LCTec GmbH, heute SAUER LASERTEC, der Einstieg in die Lasertechnik. Die Zusammenarbeit der MORI SEIKI GmbH und der GILDEMEISTER AG gehen auf das Jahr 2009 zurück.

Bild 3.75
DMG MORI LASERTEC 65 3D – Außenansicht
Quelle: DMG MORI

Sauer GmbH LASERTEC, kurz SAUER LASERTEC, positioniert sich als High-Tech-Anbieter für die Entwicklung und Herstellung von hochdynamischen Laser-Bearbeitungsmaschinen in den Technologiebereichen Laserabtragen (Shape), Laserfeinschneiden (FineCutting), Präzisionswerkzeuge (PrecisionTool) und Laserbohren (Power Drill).

Seit Herbst 2013 firmieren alle zusammengeschlossenen Firmen unter der gemeinsamen Bezeichnung DMG MORI SEIKI CO. LTD., kurz DMG MORI SEIKI oder auch nur DMG MORI mit Firmensitz in Tokyo und Bielefeld.

DMG MORI stellte auf der Euromold 2013 die Lasertec 65 3D, eine kombinierte Laser-Beschichtungs- und Fräsmaschine vor.

Strategien/Entwicklungspartner

Die Maschine (Bild 3.75) wurde in Kooperation von Sauer Lasertec, Pfronten und DMG MORI SEIKI, USA entwickelt und integriert eine Laser-Beschichtungseinheit und eine Fräsmaschine vom Typ DMU 65 monoBLOCK. Sie wurde als Lasertec 65 Hybrid vorgestellt, wird aber zunehmend als Lasertec 65 3D, alternativ auch als LASERTEC 65 Shape oder als LASERTEC 65 Additive Manufacturing bezeichnet.

Eine Stärke dieses Verfahrens ist die Möglichkeit, Schichten verschiedener Materialien sukzessiv aufzubauen und sie anschließend präzise spanend zu bearbeiten, bevor die Bereiche geometrisch nicht mehr für einen Fräser oder andere Werkzeuge zugänglich sind. Ein entscheidender Vorteil gegenüber dem Aufbau im Pulverbett besteht darin, dass während des Prozesses die Aufbaurichtung geändert werden kann. Damit entfällt nicht nur die Stützenproblematik, sondern es können auch anisotrope Bereiche gezielt vermieden werden.

Bei Integralbauteilen, bei denen heute mittels Fräsbearbeitung bis zu 95 % Material zerspant werden, kann so deutlich Material und Zeit gespart werden.

Die Lasertec-Baureihe umfasst eine ganze Familie von Laser-integrierten Maschinen. Dazu zählen neben der 65 3D die LASERTEC 125 und die Portalmaschine 210, die auch zum laser-unterstützen Texturieren, Schneiden und Bohren eingesetzt werden können. Es werden unterschiedliche Laserstrahlquellen angeboten. Strategisch wird der gesamte Markt der Komplettfertigung komplexer Bauteile aus beliebigen, auch graduieren Werkstoffen in den Fokus genommen.

Datenformate/Software

Die Maschine arbeitet mit dem Steuerprogramm Siemens 840D solutionline und dem Operate 4.5 3D continuous path control-System. Monentan wird auf das CELOS-System umgestellt, das auch 21,5“ ERGOline beinhaltet.

Prinzip der Schichtgenerierung

Der Beschichtungsprozess wird als Laser-Auftragsschweißen (laser-deposition welding) bezeichnet und entspricht dem Direct Metal Deposition- (DMD-) Verfahren.

Der Pulverwerkstoff wird über Pulverförderer koaxial zum Laserstrahl auf die Werkstückoberfläche aufgebracht und vollständig aufgeschmolzen. Ein Schutzgas verhindert Oxidation. Das Schmelzbad erstarrt durch Wärmeleitung in das Bauteil. Durch die Fünf-Achsen-Steuerung sind während des Aufbaus alle Stellen des Werkstücks hinterschnittfrei zugänglich. Da vorzugsweise auf vorhandene Geometrien oder Substrate aufgesetzt wird, entfallen in der Regel die Stützstrukturen. Wenn gewünscht, weist das Bauteil keine Stufen auf, da in allen Bereichen gefräst werden kann.

Bauart/Konstruktion

Die Maschine kombiniert Fünf-Achs-Fräsen und Metallauftragsschweißen. Ein 2-kW Faserlaser übernimmt das Laserauftragsschweißen. Der Fräskopf und die Pulverdüse sind parallel – aber getrennt – im Bauraum angeordnet. Damit kann die Fräsmaschine uneingeschränkt eingesetzt werden, auch wenn nicht beschichtet werden soll. Ein Dreh-Schwenktisch (360°, +120 bis –120° Schwenkwinkel) unterstützt die Zugänglichkeit des Werkstücks. Der Werkzeugwechsler für die Fräswerkzeuge nimmt 30 Werkzeuge auf (Ausbau auf bis zu 120 Werkzeuge möglich). Der Beschichtungskopf kann programmgesteuert horizontal in den Bauraum eingefahren werden und koppelt sich dann automatisch über eine HSK-A63-Schnittstelle mit der Maschine. Im eigens entwickelten Laserkopf sind Kühlung, Sensoren und Kameras integriert, die zur Prozessbeobachtung und -Regelung dienen, indem sie z. B. die Laserleistung online anpassen. Reaktive Werkstoffe können nach Herstellerangaben verarbeitet werden. Es wird aber nicht darauf eingegangen, wie das konstruktionsseitig unterstützt wird.

Es resultiert eine Komplettbearbeitung mit vollautomatischem Wechsel zwischen Beschichtung und Fräsbetrieb. Das Pulver gelangt über eine konzentrische Düse in den Laserstrahl, der sowohl das Pulver als auch das Werkstück auf- oder anschmilzt und beide so metallurgisch verbindet.

Material/Bauzeit/Genauigkeiten

Alle gebräuchlichen Metallwerkstoffe wie Werkzeug- und Edelstahl, Nickel-Basislegierungen, Aluminium-Legierungen, Kobaltlegierungen, aber auch Bronze und Messing, Edelmetalle, Wolfram Carbid und Stellite können verarbeitet werden. Damit ist auch das Beschichten eines Grundmaterials mit härterem Verschleißschutz möglich.

Es können Wandstärken von 0,1 bis zu 5 mm realisiert werden. Werkstücke können bis zu 500 mm Durchmesser, 360 mm Höhe und maximal 600 kg Gewicht gefertigt werden. Der Verfahrweg der Maschine beträgt $x, y, z = 650 \times 650 \times 560\ \text{mm}^3$. Es können bis zu 1 kg/h an Material aufgetragen werden. An anderer Stelle wird über bis zu 3,5 kg/h berichtet (Gregory A. Hyatt, senior vice president and CTO of DMG Mori Advanced Solutions Development [mms11/13]). Damit ist der Prozess circa 10- bis 20-mal schneller als das Generieren im Pulverbett.

Wie bei allen kombinierten Maschinen ist darauf zu achten, dass bei wechselndem Beschichtungs- und Fräsbetrieb, die Bauteiltemperaturen überwacht werden, sodass die Frästoleranzen eingehalten werden können. Häufige Kühlprozesse dürften den Prozess verlangsamen.

Das Bauteil in Bild 3.76, ein Turbinengehäuse mit einem Durchmesser von 180 mm und einer Höhe von 150 mm, hat eine Fertigungszeit von circa fünf Stunden, wobei auf den additiven Aufbau etwa vier Stunden und auf die Fräsbearbeitung etwa 1 1/4 Stunden entfallen. Es wurde aus Edelstahl gefertigt.

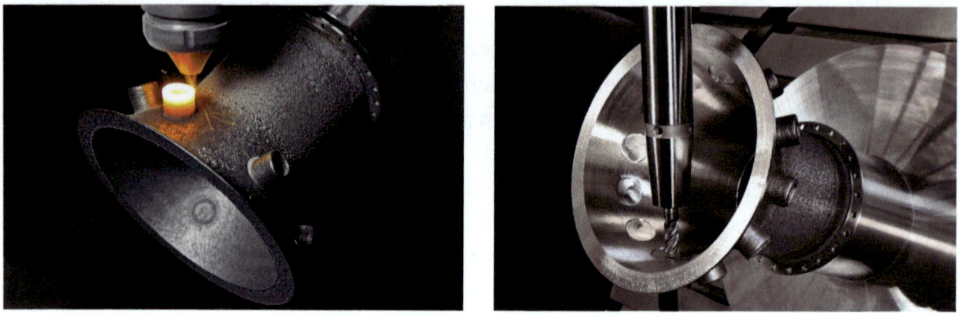

a) b)

Bild 3.76 DMG MORI LASERTEC 65 3D
(a) Bearbeitungssequenz mit der Pulverdüse; (b) Bearbeitungssequenz mit dem Fräskopf
Quelle: DMG MORI

Geht man von dem eingangs genannten 95 %-Anteil an Spänen bei der infrage kommenden Klasse von komplexen Geometrien aus, kann dieser mit dem additiv-subtraktiven Verfahren auf circa 5 % reduziert werden.

Post-Processing

Ein prozessabhängiges Post-Processing ist verfahrensbedingt nicht erforderlich. Die Bauteile können wärmebehandelt werden.

Prozesstypische Folgeverfahren

Alle für Bauteile aus gleichem Werkstoff verfügbare Verfahren sind anwendbar.

3.8.5 Extrudieren und Fräsen – Big Area Additive Manufacturing (BAAM) – Cincinnati

BAAM 100 ALPHA (BAAM CI)

CINCINNATI Inc., Cincinnati, OH, USA

Kurzbeschreibung

Additive Anlage zum Extrudieren von Kunststoffen und Herstellen von großen Bauteilen bis $x, y = 4,2\,m^2$. Die Maschinen arbeiten nach dem Extrusionsverfahren. In einem Extruder werden handelsübliche Kunststoffpellets plastifiziert und mithilfe einer Düse in vergleichsweise dicken Schichten auf das Bauteil aufgetragen. Das Verfahren benötigt grundsätzlich Stützen. Es wird aber durch konstruktive Maßnahmen versucht, diese zu vermeiden. Die Bauteile können als Teil der Prozesskette nachgefräst werden. Dies geschieht aber nicht im Prozess.

Anwendungsbereich

Funktionsprototypen, Endprodukte nach Fräsoperation und manuellem Finishing.

Entwicklungsstand

Kommerzialisiert seit 2014.

Historisches

Gegründet 1889 als „The Cincinnati Shaper Company“, wurde die Firma in den 1920er und 1930er-Jahren weltweit zur größten Fabrik für Werkzeugmaschinen. Die Metallverarbeitung steht auch weiterhin im Zentrum der Aktivitäten.

Seit den 1960er-Jahren erfolgte eine umfassende Diversifizierung und Neuorganisation, aus der schließlich der heutige Werkzeugmaschinen-Sektor Cincinnati Machine und der Kunststoffverarbeiter Milacron Inc. hervorgegangen sind.

Millacron, zu der auch die Ferromatik Milacron Maschinenbau GmbH, heute Ferromatik Milacron GmbH gehört ist der einzige Hersteller weltweit, der sowohl Kunststoff-Spritzgießmaschinen, Blasformmaschinen und Extrusionsanlagen liefert. Aktivitäten gibt es auch auf dem Gebiet der numerischen Steuerungen.

Strategien/Entwicklungspartner

Die Entwicklung der BAAM-Maschine (Bild 3.77) geht auf ein Projekt zurück, das das Forschungszentrum Oak Ridge National Laboratory (ORNL) und Cincinnati (am 17. Februar 2014) abgeschlossen haben und das vom National Department of Energy gefördert wurde.

Entwicklungsziel ist, eine Maschine zur industriellen Fertigung von großen Bauteilen aus vorzugsweise Hochleistungskunststoffen (large-scale polymer additive manufacturing (3D printing) system) herzustellen. Als Demonstrator wurde der Strati von Local Motors als erstes 3D-gedrucktes Auto der Welt 2014 auf der IMTS hergestellt. Local Motors war auch einer der Entwicklungspartner (Abschnitt 6.5.2.5 „Automobilbau").

Bild 3.77 Big Area Additive Manufacturing (BAAM), Blick in den Bauraum mit dem Bauteil auf der beheizbaren Bauplattform, dem in *x*-Richtung verfahrbaren Gantry und der darauf in *y*-Richtung verfahrbaren Extruder-Düsen-Einheit.
Quelle: CINCINNATI Inc.

Das Konzept der BAAM-Anlage baut auf den Laserschneidanlagen von Cincinnati auf und verwendet die dort eingesetzten eigenen Linearantriebe sowie Elemente der Software und der Steuerung. Eine solche Maschine passt gut in das Produktportfolio von Cincinnati (large scale additive manufacturing turns out to be a natural fit) und in die Bestrebungen der Firma, auch weiterhin als Innovationsführer anerkannt zu sein. In die Komponente zur Plastifizierung sind die Erfahrungen der eng verbundenen Milacron LLC eingeflossen. Verwendet werden für diesen Einsatz ausgelegte klassische Schnecken, die mit handelsüblichen Kunststoffpellets bestückt werden.

Ein weiterer wichtiger Partner ist SABIC (Saudi Basic Industries Corporation), einer der größten Chemiekonzerne der Welt und unter anderem der Hersteller des Hochleistungswerkstoffs Ultem, einem für die additive Fertigung per Extrusion entwickelten Polyetherimid, das insbesondere wegen seinen hervorragenden Brandschutzeigenschaften geschätzt wird. SABIC hat auch den im Strati verwendeten ABS-Kohlefaser-Verbundwerkstoff entwickelt und qualifiziert darüber hinaus andere Werkstoffe, wie PPS, PEKK. SABIC hat die erste Maschine gekauft, um sie für Materialentwicklungen einzusetzen.

Ein weiterer Entwicklungspartner ist die AlphaSTAR Corp., Long Beach, CA (*www.alphastarcorp.com*), ein auf die Softwareentwicklung für die Luftfahrt- und die Automobilindustrie und dort vor allem auf die Simulation der Rissentstehung und Rissausbreitung in Verbundwerkstoffen spezialisierter Betrieb.

Das Konsortium hat nicht nur in etwas mehr als 8 (!) Monaten die BAAM entwickelt, sondern ist aufgrund der vielfältigen Potenziale und vor dem Hintergrund einer mehr als 100-jährigen Metallerfahrung und eigener Laserfertigung von Cincinnati auch in der Lage, in den Bereich Additive Manufacturing entsprechend zu diversifizieren.

Datenformate/Software

Die Steuerung des Druckprozesses erfolgt auf Basis einer Prozesssimulation. Ausgangspunkt ist ein fehlerfreier STL-File. Eine Slice-Software von ORNL schneidet den STL-File in horizontale Schichten und generiert den „G -Code" (tool path) für den Extrusionskopf, ein automatisches Netz und eine FEA. Schließlich wird ein Materialgesetz für den Mehrschichtverbund erstellt. Das Ergebnis ist eine „multi-scale progressive failure analysis", also eine Strukturanalyse von Kurzfaser-Hochleistungs-Kompositen. Eine gekoppelte Struktur- und Wärmeleitungs-Simulation wird angewendet, um Anomalien wie Risse, Delaminationen und Brüche vorherzusagen. Auf Basis dieser Prozesssimulation werden die optimalen Bauparameter festgelegt. Beispielsweise wird in Zonen, in denen Delaminationen zu erwarten sind, die Zeit für die Ablage eines Stranges verkürzt, respektive die eingebrachte Energie verringert.

Die Software kann ein großes Bauteil wie den Strati in 12 Stunden auf einem PC simulieren. Das Programm läuft auf Microsoft Windows OS.

Prinzip der Schichtgenerierung

Die Schichten werden über Düsen direkt vom Extruder auf das Bauteil abgelegt. Sie werden dabei auf die vorangehende Schicht aufgequetscht, sodass die Einzelspur standardmäßig etwa doppelt (und bis zu vier Mal) so breit wie hoch und oben flach wird. Dies wird durch eine Art stark vibrierende „Kelle" erreicht, durch die die Düse auf das Bauteil extrudiert und zwischen dieser und dem Bauteil das Material zur Verdichtung eingeschlossen wird. Sie wird über eine Exzenterwelle parallel zur Bauebene bewegt. Dieser Vorgang wird Tamping (stopfen, verdichten) genannt.

Breitere Wände werden auf beiden Seiten durch eine Einzel- oder Doppelspur begrenzt und diese durch ein dem „Infill" der Personal-3D-Drucker ähnliche Wabenstruktur verbunden, was die Bauzeit und das Bauteilgewicht reduziert.

Der abgelegte Strang erstarrt durch Wärmeleitung in das Bauteil.

Neben der ursprünglichen Maschine mit einem Extruder existiert mittlerweile ein Prototyp mit der Fähigkeit zur Multimaterialverarbeitung. Dies wurde in der Kooperation zwischen dem Oak Ridge National Laboratory und Cincinnati durch die Herstellung von Bauteilen mit integrierten Leiterbahnen demonstriert. Neben der Integration von Leiterbahnen ergeben sich mittels der Multimaterialextrusion weitere Möglichkeiten, wie z. B. Stützstrukturen aus einem anderen Werkstoff, komplexere Bauteilgeometrien, lokale Verstärkungen und verschiedene Farben.

Bauart/Konstruktion

Der nur in x-Richtung (Maschinenlängsachse) verfahrbare Gantry trägt die Extruderdüseneinheit, die auf ihr in y-Richtung traversiert wird (Bild 3.77). Die z-Achse liegt im Tisch. Während bei Laser-Schneideanlagen die z-Achse nur zum Ausgleich von Verwerfungen im zu schneidenden Blech bewegt werden muss, ist für die Herstellung eines 3D-gedruckten Bauteils eine echte z-Achse notwendig. Sie wurde vollständig in den Tisch verlegt und nimmt dort den Platz unter der Schneidebene ein, der ansonsten von den Wechseltischen, den Fördereinrichtungen für die Entsorgung der Metallreste und Schlacken und der Absaugung eingenommen wird. Darin liegt auch der Grund, warum die maximale Höhe des Bauteils in einer Maschine von 2 × 4 m Grundfläche zunächst nur 78 cm betragen hat (Size 1). In z-Richtung wird die Bauplattform bewegt, was angesichts von Bauteilen mit einem Gewicht von mehreren 100 kg zusätzlich zum Eigengewicht bemerkenswert ist.

Die Maschine gibt es in zwei Ausführungen, die vor allem den Bearbeitungsraum (die Prozesskammer) betreffen und mit Size 1 und Size 2 bezeichnet werden:

- Size 1: $x, y, z = 4 \times 2 \times 0{,}78$ m
- Size 2: $x, y, z = 6 \times 2{,}34 \times 1{,}83$ m

Es handelt sich also um für Drucker mächtige Maschinen von circa acht Meter respektive 11 Meter Gesamtlänge. Die Bauplattform ist beheizbar und der Bauraum kann von oben mittels Strahlern temperiert werden.

Die Entwicklung erfolgte in wenigen Monaten mit Solid Edge Software auf der Basis der Erfahrung und der Elemente der Laser-Schneideanlagen.

Neben der Konstruktionssystematik wurden so viele Hardwarekomponenten wie möglich verwendet, z. B. die eigenen Linearmotoren, die Computer und die Steuerung.

Der Extruder erreicht Beschleunigungen von über 2G. Die Positionierungsgeschwindigkeit (nicht die Baugeschwindigkeit!) erreicht in der Spitze über 250 m/min.

Zur Vermeidung von Verzug (Curl) ist neben einer richtigen Orientierung des Modells im Bauraum auch eine entsprechend sorgfältige Temperierung der Maschine erforderlich. Dazu ist die Bauplattform beheizbar und das Bauteil wird von oben durch Strahler beheizt (vergleiche Bild 3.77).

Material/Bauzeit/Genauigkeiten

Das Komposite Material besteht zu 85 % aus ABS und zu 15 % aus Kohlefaser (Kurzfaser). Verwendet werden handelsübliche Pellets. Die Preise werden vom Hersteller mit 0,06 bis 0,25 €/kg angegeben). Sie sind um Größenordnungen niedriger als die von gleichartigen Materialien für die 3D-Druckanwendung und ermöglichen deshalb erst die wirtschaftliche Fertigung von sehr großen Bauteilen.

Zurzeit sind neben dem mit Kurz-Kohlefaser gefüllten ABS die Werkstoffe ABS, PPS, PEKK und Ultem qualifiziert.

Bauzeit/Genauigkeiten

Die Bauteile für den Strati (Abschnitt 6.5.2.5 „Automobilbau“) wurden vor Publikum auf der IMTS 2014 in 44 Stunden hergestellt. Dazu wurden mit einer 7,62 mm (0.3”) Düse bis zu 20 kg/h Material aufgetragen (der Extruder war auf circa 38 kg/h ausgelegt). Die Düse hatte eine Verfahrgeschwindigkeit von bis zu 100 mm/s.

Zur vollständigen Fertigung des Strati waren zusätzlich ein Tag für die Fräsbearbeitung und zwei Tage für den Zusammenbau zum fahrbereiten Auto notwendig.

Das kurzfristige Entwicklungsziel ist eine höhere Ausbringungsmenge von zunächst 50 kg/h bei einer feineren Düse von 5 mm und damit eine feinere Detaillierung. Das Entwicklungsprojekt baut auf die Size 2 Anlage auf und trägt den Namen „Bertha“.

Post-Processing

Nach dem Bauprozess wird das Bauteil von der Baupattform getrennt und aus dem Bauraum entnommen. Gegebenenfalls wird es auf Toleranzmaß gefräst.

Im Fall des ersten 3D-gedruckten Autos wurde eine Thermwood Model 70 5-Achsen-CNC-Fräse eingesetzt, um eine reibungslose Montage zu gewährleisten. Die Fräsoperation dauerte einen Tag (Bild 3.78).

Prozesstypische Folgeverfahren

Alle zur Veredelung der verwendeten Kunststoffe geeigneten mechanischen und dekorativen Verfahren können angewandt werden.

Bild 3.78 Big Area Additive Manufacturing (BAAM). Situation bei der (optionalen) Fräsbearbeitung.
Quelle: Autodesk

3.9 Zusammenfassende Betrachtung der Additiven Fertigungsverfahren

Der Wunsch der Anwender nach einfach zu handhabenden und aussagekräftigen Regeln, mit deren Hilfe das für den jeweiligen Anwendungsfall optimale additive Verfahren schnell und sicher ausgewählt werden kann, ist so alt wie das additive Prinzip in Gestalt des Rapid Prototyping und wird angesichts der vielen neu hinzutretenden Verfahren eher noch drängender.

Während es im Zuge der ersten Auflage dieses Buches vor über 15 Jahren noch möglich war, die damals auf dem Markt befindlichen industrietauglichen Maschinen direkt miteinander zu vergleichen, weil sie Bauteile in der gleichen Größenklasse und mit vergleichbarem Detaillierungsgrad produzierten und zudem in einer vergleichbaren Preiskategorie lagen, ist dies angesichts der heutigen Situation in der Regel weder möglich noch sinnvoll. Den Bauraum einer FDM Maxxum einer Mikrostereolithographie-Anlage gegenüberzustellen oder die Materialkosten für Stereolithographie-Harze mit den Materialkosten für den Z-Corp-Prototyper zu vergleichen, hat wenig allgemeine Aussagekraft und hilft dem Praktiker nicht weiter.

Im Folgenden wird versucht, ein Gefühl dafür zu vermitteln und zu schärfen, welches Verfahren unter welchen Randbedingungen vorteilhaft anwendbar ist, welche Alternativverfahren die Anforderungen ebenfalls erfüllen und welche Verfahren im Einzelfall weniger gut geeignet sind.

Dazu werden zunächst die grundsätzlichen Eigenschaften der *Additiven Fertigungsverfahren* denjenigen von traditionellen, vor allem spanenden Verfahren gegenübergestellt (Abschnitt 3.9.1 „Charakteristische Eigenschaften der *Additiven Fertigungsverfahren* im Vergleich zu konventionellen Fertigungsverfahren").

Vor diesem Hintergrund werden, bezogen auf die Additiven Verfahren, zunächst die Kriterien Genauigkeit und Oberflächengüte beleuchtet (Abschnitt 3.9.2 „Genauigkeit" und Abschnitt 3.9.3 „Oberflächen").

Oft wird versucht, die Eigenschaften einzelner Verfahren durch Benchmark-Teile und User-Parts herauszuarbeiten. Der Nutzen wird in Abschnitt 3.9.4 „Benchmark-Tests und User-Parts" diskutiert.

Beschränkt auf die wichtige Anwendung *Rapid Prototyping* werden in Kapitel 4 „Rapid Prototyping" die industrietauglichen Rapid Prototyping-Verfahren insofern klassifiziert, als sie den Modellklassen und damit bevorzugten Anwendungsfeldern zugeordnet werden.

3.9.1 Charakteristische Eigenschaften der Additiven Fertigungsverfahren im Vergleich zu konventionellen Fertigungsverfahren

Die Beurteilung der Potenziale der *Additiven Fertigungsverfahren* gelingt besser, wenn sie den charakteristischen Eigenschaften der den meisten näher vertrauten konventioneller oder nicht-additiven Verfahren gegenübergestellt werden.

Als Kriterien werden herangezogen:

- Werkstoffe,
- Werkzeuge,
- Bauteilaufbau,
- CAD-Kompatibilität,
- Genauigkeiten,
- Einfluss manueller Arbeit.

Werkstoffe

Konventionelle Verfahren arbeiten mit Werkstoffen in Form von Halbzeugen, die passend zu den mechanisch-technologischen Eigenschaften des Produktes ausgewählt werden. Man spricht von einer *produktorientierten Werkstoffauswahl.*

Additive Verfahren arbeiten mit wenigen Werkstoffen, die vor allem auf den additiven Prozess hin und folglich weniger auf das Produkt hin optimiert wurden. Die gewünschten mechanisch-technologischen Eigenschaften können daher nur angenähert erreicht werden. Man spricht von einer *prozessorientierten Werkstoffauswahl.*

Werkzeuge

Konventionelle Verfahren arbeiten mit unterschiedlichen, auf die jeweilige Teilaufgabe optimal abgestimmten und gegebenenfalls dafür extra angefertigten Werkzeugen, die im Zuge des Fertigungsprozesses gegebenenfalls häufiger gewechselt werden müssen. Man spricht von einer *produktorientierten Werkzeugwahl.*

Additive Verfahren arbeiten „werkzeuglos“, das heißt, sie verwenden keine auf das jeweilige Bauteil abgestimmten Werkzeuge. Das „Werkzeug“ ist ein die Schicht generierendes und sie konturierendes (formgebendes) Element, das weder während der Fertigung eines Bauteils noch von Bauteil zu Bauteil gewechselt wird. Man spricht von einer *prozessorientierten Werkzeugwahl.*

Bauteilaufbau

Konventionell gefertigte Bauteile werden üblicherweise aus fertigungstechnischen Gründen aus mehreren Teilen oder Elementen, die oft aus unterschiedlichen Materialien bestehen, montiert oder gefügt. Man spricht von einem *prozessorientierten Bauteilaufbau.*

Additive Bauteile können aufgrund der nahezu unbegrenzten Geometriefreiheit ihrer Funktion optimal angepasst, also funktionsintegriert konstruiert und entsprechend aus einem Stück gebaut werden. Wenn sie aus mehreren Elementen montiert oder gefügt werden, so geschieht dies in aller Regel nicht aus konstruktiven oder fertigungstechnischen Erfordernissen, sondern wegen der begrenzten Arbeitsraumgröße oder zur Simulation der Serienmontage. Man spricht von einem *funktionsorientierten Aufbau* der Bauteile.

CAD-Kompatibilität

Die CAD-Modelle konventionell gefertigter Bauteile werden über entsprechende Programme (NC-Module) in Bearbeitungsprogramme für Werkzeugmaschinen umgesetzt. Dabei gehen maschinenspezifische Belange in so starkem Maße ein, dass im Allgemeinen die Abarbeitung eines Programms auf der Maschine (genauer mit der Steuerung) erfolgen muss, für die es geschrieben wurde. Man spricht von einer *maschinenabhängigen Programmierung.*

Die Daten zur Fertigung additiver Bauteile werden als standardisierte STL-Datenmodelle aus dem CAD-Datensatz abgeleitet. Auf der Basis des STL-Datensatzes können alle heute bekannten additiven Maschinen angesteuert werden. So gelingt die Auswahl des optimalen Verfahrens ohne neuerliche Generierung von Datensätzen. Man spricht von einer *bauteilorientierten und maschinenunabhängigen Programmierung.*

Genauigkeiten

Bei den führenden konventionellen Verfahren entsprechen die maschinentypischen Genauigkeiten auch den heute maximal erreichbaren. Sie definieren damit den *Stand der Technik*.

Additive Verfahren weisen diese Genauigkeit meist nur bezüglich der Konturierung und damit zweidimensional auf. Vor allem aufgrund des Schichtprinzips kommen in der dritten Dimension weitere Ungenauigkeiten hinzu.

Konventionelle Verfahren werden heute bezüglich des Werkzeugs und der Maschine so gut beherrscht, dass routinemäßig eine definierte Genauigkeit erreicht wird, die meist der Maschinengenauigkeit entspricht.

Additive Verfahren erreichen den Stand der Technik konventioneller Maschinen in der Regel nicht. Sie sind zudem in der Mehrzahl stark kalibrierabhängig. Optimale Ergebnisse sind bei hohen Anforderungen nur zu erzielen, wenn das Modell zunächst *angebaut* wird und die resultierenden Abweichungen zur Kalibrierung der Maschine verwendet werden. Durch Erfahrung sind solche Kalibrierungen auf ein Mindestmaß zu reduzieren.

Einfluss manueller Arbeit

Präzise konventionelle Verfahren, wie etwa das Hochgeschwindigkeitsfräsen oder das Erodieren erzeugen Oberflächen, die entweder überhaupt nicht nachgearbeitet werden, oder bei denen die Nacharbeit im Wesentlichen auf Oberflächeneffekte beschränkt bleibt, sodass eine messbare Maßabweichung dadurch nicht verursacht wird.

Additive Bauteile weisen prozessbedingt Stufen auf, die bei relativ weichen Materialien wie Kunststoffen vergleichsweise einfach manuell egalisiert werden können. Auf diese Weise sind manuell hervorragende Oberflächenqualitäten zu erzielen. Es werden aber auch Maßabweichungen erzeugt. Dies kann problematisch werden, wenn eine Charge sehr präziser Bauteile von unterschiedlichen Mitarbeitern manuell nachgearbeitet wird.

Aus diesen Ausführungen wird deutlich, dass konventionelle Bauteile bezüglich Genauigkeit, Materialeigenschaften, Reproduzierbarkeit und je nach Geometrie auch bezüglich Schnelligkeit durchaus Vorteile gegenüber additiven Verfahren haben können. Dies gilt insbesondere dann, wenn die Geometrien relativ einfach sind. Umgekehrt folgt daraus eine der wichtigsten Forderungen für den erfolgreichen Einsatz von additiven Verfahren:

Additive Verfahren werden dann vorteilhaft eingesetzt, wenn die Bauteile möglichst komplex sind und sehr schnell und nur in kleinen Stückzahlen benötigt werden.

Bei dieser Diskussion muss man aber im Auge behalten, dass additive Verfahren einen prinzipiellen Vorteil haben, der vor allem in der Produktentwicklung zum Tragen kommt:

Additive Verfahren gewährleisten einen konsistenten und für alle Beteiligten stets gleichen, verbindlichen Datensatz. Sie sind somit als Rapid Prototyping-Verfahren integrierter Bestandteil von Produktentwicklungsstrategien und als Rapid Manufacturing die nachhaltige Basis für den gesamten Lebenszyklus eines Produktes.

3.9.2 Genauigkeit

Bei der Betrachtung der Bauteilgenauigkeit muss unterschieden werden in Maschinengenauigkeit und Prozessgenauigkeit:

- Maschinengenauigkeit ist die unter Idealbedingungen erzielbare Genauigkeit, wie sie üblicherweise den Herstellerangaben zu entnehmen ist. Sie wird vom Hersteller angegeben und ist in den Tabellen im Anhang verzeichnet.
- Prozessgenauigkeit ist die unter Einbeziehung der gesamten Prozesskette resultierende Genauigkeit.

Für den Anwender ist die Genauigkeit des resultierenden Bauteils am wichtigsten. Diese ergibt sich als Prozessgenauigkeit durch Fehlerfortpflanzungen über die gesamte Prozesskette. Die Maschinengenauigkeit ist dabei nur ein Element. Fehler im Datenmodell, fehlerhafte Datenaufbereitung und Fehler beim Datentransfer, in der Modellvorbereitung, beim Post-Processing und Finishing kommen hinzu. Die Summe dieser Einflüsse ist nicht allgemeingültig in Zahlen darstellbar. Deshalb wird durch Diskussion der Einflüsse versucht, dem Anwender das Gefühl dafür zu vermitteln, worauf besonders zu achten ist, um qualitativ hochwertige Modelle zu erhalten.

Die erzielbare **Maschinengenauigkeit** wird durch vier Haupteinflüsse bestimmt:

- Maschine und deren konstruktive Besonderheiten,
- Prinzip der Schichtgenerierung (Prozess),
- Material,
- Erfahrung des Anwenders, z. B. bei der Positionierung des Bauteils im Bauraum.

Auf den 3D-Drucker bezogen wurden diese Aspekte im Zuge der jeweiligen Maschine besprochen. Unter vergleichenden Gesichtspunkten geschieht dies im Folgenden.

Maschine: Die Maschinengenauigkeit hängt entscheidend von der Einwirkfläche des formgebenden Elements (Laserstrahldurchmesser, Tropfendurchmesser, Düsendurchmesser etc.) und von der Steuerung dieses Elements (Scanner, Plotter etc.) ab. Dabei definiert der Wirkdurchmesser des formgebenden Elements die Grundgenauigkeit.

Prinzip der Schichtgenerierung: Beim Einsatz von Plottereinheiten, die das formgebende Element auf einem *x-y*-Verfahrschlitten über die Bauebene bewegen, kann in guter Näherung davon ausgegangen werden, dass der von ihnen erzeugte Baufehler unabhängig von der Positionierung des Bauteils in der Bauebene ist. Zu berücksichtigen sind allenfalls dynamische Effekte in Kurven, an Ecken und bei der Bewegungsumkehr.

Im Gegensatz zu Plottern verursachen Scannereinheiten zusätzliche Winkelfehler, sodass abhängig von der Position in der Bauebene unterschiedliche Genauigkeiten resultieren können. Zusätzlich sind, insbesondere bei schnellen Scannereinheiten, dynamische Effekte (Überschwingen) zu berücksichtigen, die oft auch geometrieabhängig sind (Shadowing). Telezentrische Optiken (F-Theta-Linsen) und verbesserte Software reduzieren diese Problematik.

Scannereinheiten sind nicht nur bezüglich der Konturierung schneller als Plottereinheiten, sie können auch sehr viel schneller positionieren. Das gilt in besonderem Maße auch für Elektronenstrahlen. Dies ist bei der Umsetzung von Baustrategien wichtig, bei denen zur Vermeidung von Verzügen abwechselnd unterschiedliche Modellbereiche belichtet werden. Da letztlich Verzüge auch zu einem unbefriedigenden Modell, ausgedrückt durch ungenügende Modellgenauigkeit und Eigenspannungen führen, sind solchen Aspekte gleichbedeutend mit prinzipbedingten Ungenauigkeiten.

Material: Die Abbildungseigenschaften und die mechanisch-technologischen Eigenschaften des Baumaterials sind im Zuge der Grundlagen der Modellbildung und bei der Betrachtung der einzelnen Maschinen genauer diskutiert worden. Für eine vergleichende Betrachtung wird insbesondere auf Abschnitt 2.6 „Zusammenfassende Betrachtung der theoretischen Potenziale der Additiven Fertigungsverfahren" verwiesen. Die erzielbaren Genauigkeiten sind von den Eigenschaften der verwendeten Materialien nicht zu trennen. Deshalb sind zur Beurteilung der erreichbaren Genauigkeit auch die Materialeigenschaften heranzuziehen.

Zur Abschätzung der Einflüsse der einzelnen Prozesselemente auf die **Prozessgenauigkeit** werden im Folgenden die wichtigsten Elemente des Pre-Processings, des additiven Bauprozesses und des Post-Processings aufgelistet:

Pre-Processing

- Qualität der CAD-Modellierung,
- Qualitätsverlust durch Schnittstellen und Datenübertragung,
- Stützstrukturen und Positionierung des Teils im Bauraum.

Die genauigkeitsbestimmenden Aspekte des *Pre-Pro*cessings sind bereits in Abschnitt 2.2 „Erzeugung der mathematischen Schichtinformation" eingehend diskutiert worden. An dieser Stelle soll nur nochmals auf die Notwendigkeit hingewiesen werden, den Datentransfer und die Schnittstellen zu standardisieren. So wird vermieden, dass im Zusammenhang mit dem Prototyping mit Problemen gekämpft werden muss, die ursächlich gar keine Prototyping-Probleme sind.

Additiver Bauprozess

- Bauparameter
- Materialeinflüsse

Insbesondere in Abschnitt 3.1 „Polymerisation – Stereolithographie (SL)" und Abschnitt 3.2 „Sintern/Selektives Sintern – Schmelzen im Pulverbett" wurden am Beispiel der Stereolithographie und des Lasersinterns die additiven Bauprozesse exemplarisch erläutert.

Darüber hinaus soll an dieser Stelle auf ein für die Additive Fertigung spezifisches Problem hingewiesen werden: In den meisten technischen Anwendungen haben die Bauteile eine Vorzugsrichtung, in der es besonders auf die Einhaltung geforderter Genauigkeiten ankommt, während in anderen Richtungen die geforderten Genauigkeiten eher eine untergeordnete Rolle spielen können.

Post-Processing

- Anzahl der Prozessschritte,
- Qualität des Post-Processings und des Finishings.

Mögliche Prozesse wurden in diesem Kapitel in Zusammenhang mit den Maschinen beschrieben und daher an dieser Stelle nicht erneut diskutiert.

Faktor Mensch

Der Einfluss des „Faktors Mensch" ist besonders wichtig, weil bei der Darstellung von additiven Verfahren oft der Eindruck vermittelt wird, es handele sich um vom menschlichen Einfluss unabhängige automatisierte Fertigungsverfahren.

Alle heute (2025) eingesetzten Verfahren sind in hohem Maße auf erfahrenes Fachpersonal angewiesen. Dies gilt für alle Prozessstufen:

- Manuelles Eingreifen bei der baugerechten Aufarbeitung der CAD-Daten und gegebenenfalls der Stützstrukturen.
- Optimale Einrichtung der Maschine. Gegebenenfalls ist ein Bauteil bis zu einer beurteilungsfähigen Mindesthöhe anzubauen und die Maschine aufgrund dieser Erfahrungswerte zu kalibrieren.
- Bei zweistufigen Verfahren (z. B. mit Nachvernetzung) sind die Einflüsse dieses weiteren Verfahrensschrittes zu berücksichtigen. So ist beispielsweise bei der Stereolithographie zu überlegen, ob die Stützen vorteilhaft vor oder nach der Nachvernetzung entfernt werden.

- Pflege und fachgerechte Verwendung des Materials. Zur Materialpflege gehören die fachgerechte Aufbewahrung (Temperatur, Feuchtigkeit, Licht) und eine sorgfältige Aufbereitung wiederverwendbarer Materialien. Tatsächlich unterliegen die meisten Stereolithographie- und Sintermaterialien einem gewissen Alterungsprozess auch dann, wenn sie, ohne direkt am Prozess teilzunehmen, mehrfach in der Maschine gewesen sind. Durch geeignetes Zumischen von neuen Materialien ist jeweils sicherzustellen, dass die gewünschten Materialeigenschaften auch dauerhaft erhalten bleiben.
- Optimales Platzieren des Bauteils im Bauraum bezüglich der gewünschten Genauigkeiten, der baurichtungsabhängigen Materialeigenschaften und der wirtschaftlichen Bauraumausnutzung.
- Beim Reinigen und bei der Nachbearbeitung durch Schleifen, Bohren, Imprägnieren, Lackieren usw. ist die Bedeutung des Faktors Mensch offensichtlich. Hier sind handwerkliche Fähigkeiten und eine geeignete Werkstattausrüstung unumgänglich, aber auch die eindeutige Definition von Bauteileigenschaften wie beispielsweise Oberflächengüten.

3.9.3 Oberflächen

Die Oberflächen additiv gefertigter Bauteile sind schlechter als die von konventionell oder nicht-additiv gefertigten. Das ist vor allem auf den Stufeneffekt in z-Richtung zurückzuführen, aber je nach Verfahren auch auf die Körnung der Pulver oder den Durchmesser vorgefertigter Drähte.

Die Oberflächenqualität für spanende Bearbeitung liegt im industriellen Bereich für Bearbeitungszentren ($x, y, z = 600 \times 500 \times 500$ mm) bei > 0,4 µm. Im täglichen Betrieb werden Qualitäten für das Drehen um 1 µm und für das Fräsen bis zu 1,5 µm akzeptiert.

Für additive Bauteile werden Genauigkeiten von 1/10 bis zu 5/100 mm angegeben. Diesen eher qualitativen Aussagen stehen nur wenige quantitative Aussagen gegenüber. Deshalb wurden am Beispiel eines Modellbaggerarms Oberflächengüten gemessen. Untersucht wurden die gleichen Bauteile jeweils nach dem Verfahren der Stereolithographie (3D Systems, Acrylat) und des selektiven Lasersinterns (3D Systems/DTM, PA). Es wurde jeweils eine in der Bauebene liegende horizontale und eine senkrecht dazu liegende vertikale Fläche vermessen [Van Crüchten95].

Tabelle 3.4 Oberflächenrauigkeit (R_A) und Welligkeiten (W_T) zweier gleicher Bauteile ausgeführt in Stereolithographie (3D Systems, Acrylat) und selektives Lasersintern (3D Systems, PA ungefüllt)

	R_A [µm]	W_T [µm]	Messkurve (Bild 3.102)
Horizontale Fläche			
SL (0,125 mm)	6,44	93,2	2
SL (0,250 mm)	7,60	87,0	4
SLS (0,127 mm)	16,70	147,5	5
Vertikale Fläche			
SL (0,125 mm)	3,13	10,4	1
SL (0,250 mm)	3,49	11,4	3
SLS (0,127 mm)	43,70	140,0	6
SLS glasgestrahlt	24,50	111,0	7
SLS manuell geschliffen	5,70	107,0	8

Ermittelt wurde der Mittenrauwert R_A, der als arithmetisches Mittel aller Beträge des Rauheitprofils innerhalb der Messstrecke definiert ist. Über die Messlänge resultiert ein Rauheitsprofil (R-Profil). Dies ist der hochfrequente Anteil des Oberflächenprofils, der sich innerhalb der Messstrecke nach Herausrechnen der Neigung der Ausgleichsgeraden sowie nach dem Ausfiltern der Welligkeit ergibt.

Da die Oberflächen additiv gefertigter Bauteile durch die Schichtung regelmäßige Strukturen aufweisen, wird ergänzend zum Mittenrauwert R_A die maximale Wellentiefe W_T angegeben, die einen Kennwert des Welligkeitsprofils darstellt. Unter dem Welligkeitsprofil (W-Profil) wird der niederfrequente Anteil des Oberflächenprofils verstanden, der sich innerhalb der Messstrecke nach Herausrechnen der Neigung der Ausgleichsgeraden und nach Ausfiltern der Rauheit ergibt. Die maximale Wellentiefe W_T ist der senkrechte Abstand zwischen dem höchsten und dem tiefsten Punkt des Welligkeitsprofils. Die in den folgenden Bildern dargestellten Messschriebe zeigen das sogenannte P-Profil, welches das Oberflächenprofil mit Rauheit und Welligkeit, aber mit der herausgerechneten Neigung der Ausgleichsgeraden, darstellt.

In Bild 3.79 und in Tabelle 3.4 sind acht Messkurven zusammengestellt. Gemessen wurden die Rauigkeitswerte und die Welligkeiten von horizontalen und vertikalen Flächen für Stereolithographie-Modelle mit 0,125 beziehungsweise 0,250 mm Schichtstärke sowie für selektive Lasersintermodelle mit 0,127 mm Schichtstärke.

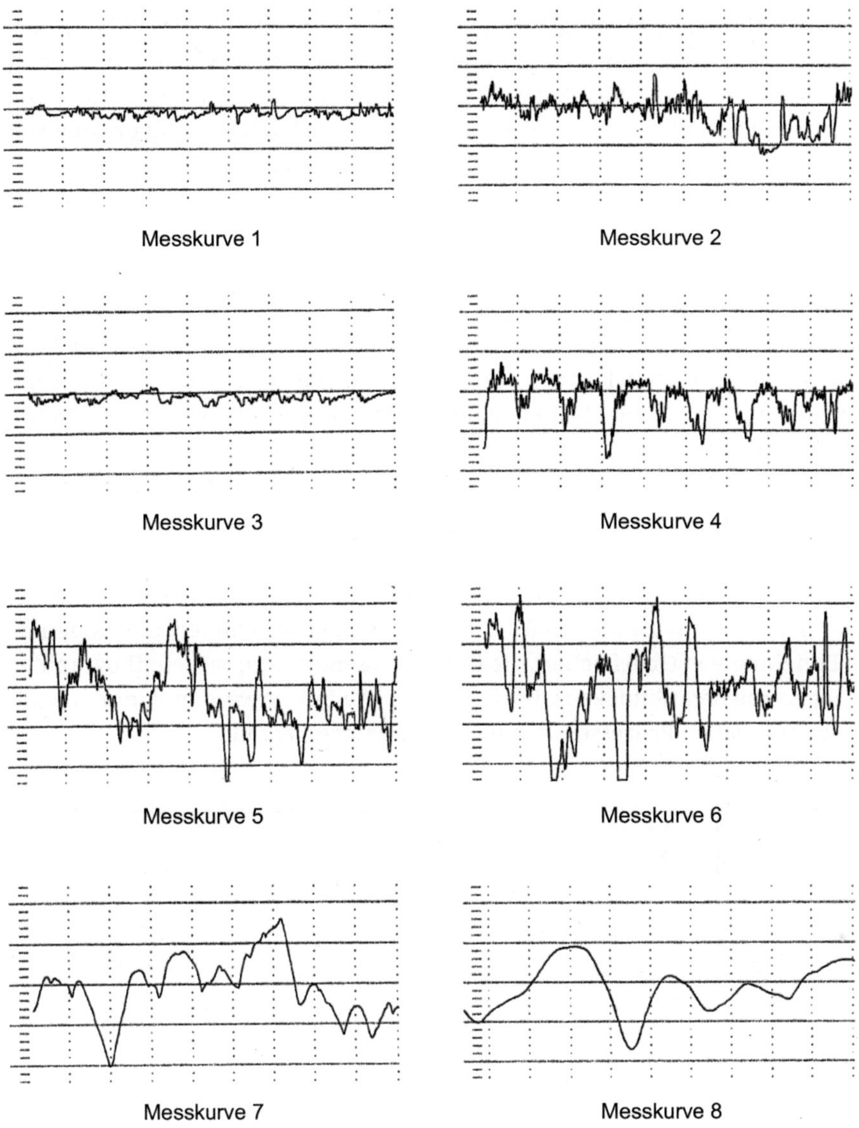

Bild 3.79 Verlauf der Rauigkeit (R_A) und Welligkeit (W_T) von SL- und SLS-Oberflächen gleichartiger Bauteile

Der Einfluss der Schichtdicke bei der Stereolithographie ist sehr gering und kann, wenn er nicht als Streuung aufgefasst werden soll, nur als leichte Überhöhung der Scanstruktur aufgrund der höheren Einhärtetiefe gedeutet werden. Diese Ursache muss auch den unterschiedlichen Rauigkeiten und Welligkeiten der horizontalen Fläche gegenüber der vertikalen Fläche bei der Stereolithographie zugerechnet werden: Die STAR-Weave-Technik legt schichtweise netzartige Strukturen aufeinander, deren

Maschen beim Scannen nicht ausgehärtet werden (Option: no fill). Diese finden sich, gegebenenfalls durch Anlösung aufgrund langer Bauprozesse oder beim Reinigen in den Messungen wieder. Die vertikalen Flächen weisen eine solche Strukturierung nicht auf und sind deshalb um den Faktor 2 bezüglich der Rauigkeit und um den Faktor 8 bis 9 in der Welligkeit besser. Neuere Messungen an der Innenfläche eines oben und unten offenen Kubus mit unterschiedlichen Wandstärken liefern Werte in der gleichen Größenordnung (Bild 3.80).

Beim Lasersintern sind hingegen die horizontalen Flächen um den Faktor 2 besser als die vertikalen Flächen (Bild 3.80). Zusätzlich ist die Welligkeit insgesamt deutlich höher, liegt aber für horizontale und vertikale Flächen auf etwa gleichem Niveau. Während dies in der Scanstrategie begründet ist (Rasterverfahren), klären sich die größeren Rauigkeiten auf vertikalen Flächen dadurch, dass diese im Pulverbett enden und über Wärmeleitung benachbarte Partikel anschmelzen können, während die wesentlich glatteren horizontalen Flächen gegen die Stickstoffatmosphäre enden.

Die letzten beiden Messschriebe zeigen den Einfluss von Nacharbeiten auf die Oberfläche der gesinterten Modelle. Kurve 7 zeigt, wie die Oberfläche durch Glasstrahlen auf etwa den halben Wert verbessert werden kann (Rauigkeit), während die Welligkeit nicht so beeinflusst wird (deutlich < 20 %). Ein intensives manuelles Schleifen gestattet die Erzielung von Oberflächen, die in die Größenordnung stereolithographierter Oberflächen reichen (Rauigkeit). Bezüglich der Welligkeit werden dadurch, wohl aufgrund des manuellen Prozesses, kaum Verbesserungen erzielt.

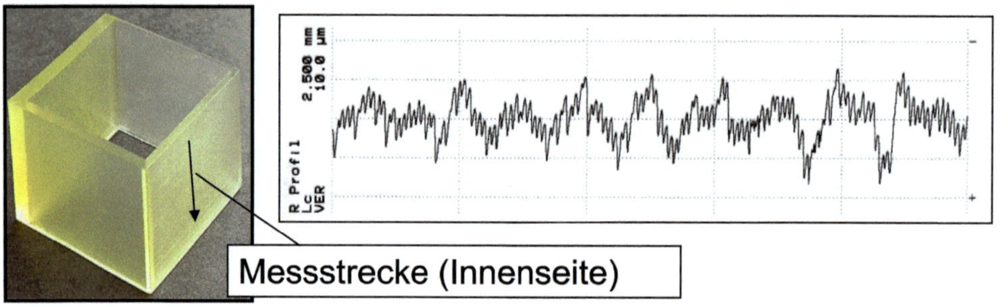

Messort: Kubus Innenwand	Taststreckenlänge	Arithmetischer Mittenrauhwert Ra	Rauhtiefe Rz	max. Rauhtiefe Rmax	max. Profilspitzenhöhe Rp	Kernrauhtiefe Rk	Rauhtiefe Rt
Wandstärke	[mm]	[µm]					
1mm	17,5	3,917	24,80	29,60	13,70	13,10	29,60
2mm	17,5	5,622	33,70	43,50	19,20	18,80	43,70
3mm	17,5	5,111	28,00	34,10	14,60	17,30	37,30
4mm	17,5	5,808	33,30	40,60	18,10	19,90	40,60

Bild 3.80 Rauigkeitsmessungen an der Innenwand eines Kubus bei unterschiedlichen Wandstärken

Quelle: Schwarze, FH Aachen

3.9.4 Benchmark-Tests und User-Parts

Über die mit einem System maximal erzielbare Maschinengenauigkeit geben Benchmark-Tests der Hersteller oder auch sogenannte User-Parts hinreichend genau Auskunft. Dabei ist es durchaus legitim, dass die Ergebnisse z. B. erst nach mehrfacher Kalibrierung einer Maschine oder auch nach mehrfachem Bau erzielt wurden, ohne dass das explizit angegeben wird. Dem Anwender muss klar sein, dass die erzielten Genauigkeiten häufig einen Aufwand erfordern, der in der täglichen Routine wirtschaftlich nicht darstellbar ist. Zur Charakterisierung der absoluten Leistungsfähigkeit der Maschine sind solche Verfahren jedoch gut geeignet.

Benchmark-Teile

Parallel zur Vorstellung der ersten 3D-Drucker wurden Modelle präsentiert, die meist von mehr oder weniger unabhängigen Dritten und zu dem Zweck konstruiert und gebaut wurden, die Leistungsfähigkeit unterschiedlicher Verfahren gegeneinander abzugrenzen. In schneller Folge wurden dazu unterschiedliche sogenannte Benchmark-Teile vorgestellt. Der gemeinsame Nachteil aller Benchmark-Testteile ist, dass sie auch bei seriöser Auswahl der Details nicht die Allgemeingültigkeit aufweisen können, die sie gerne repräsentieren möchten. Branchenspezifische Besonderheiten, die Erfahrung des Konstrukteurs und das Wissen um bestimmte Schwachpunkte und Stärken einzelner Maschinen fließen häufig in die Konstruktion solcher Teile ein. Letztlich bieten die meisten Benchmark-Tests auch deshalb keine solide Grundlage für Vergleiche, weil wichtige Randbedingungen nicht erfasst sind. Dazu zählen alle die Prozessgenauigkeit betreffenden Einflüsse, beispielsweise: Wer hat gebaut? Wie oft hat er gebaut? Wie oft wurde kalibriert? Wie schnell nach dem erfolgten Bauprozess wurde gemessen? Wer hat gemessen?

Sogenannte **User-Parts** sind bei näherem Hinsehen für den Anwender wesentlich informativer. Es handelt sich dabei um Teile, bei denen unterstellt werden darf, dass sie konstruiert wurden, um die Vorteile *einer bestimmten* Maschine zu unterstreichen oder besonders geglückte Anwendungen wieder zu geben. Es darf ferner unterstellt werden, dass, sofern die veröffentlichten Genauigkeiten von Herstellern stammen, die Maschine exakt kalibriert und von äußerst qualifiziertem Personal bedient wurde. Schließlich werden die Lager- und Handhabungsbedingungen für das Material genauestens eingehalten worden sein. Da man davon ausgehen kann, dass dies für alle Hersteller zutrifft, bilden User-Parts eine recht gute Basis für vergleichende Betrachtungen. Neben den erreichten Genauigkeiten geben insbesondere die Art und die konstruktive Gestaltung von User-Parts Aufschluss über die Stärken und Schwächen einer Maschine.

Messungen der Genauigkeit

Den ersten vergleichenden Betrachtungen von wenigen Hauptabmessungen sind heute komplizierte Mess- und Auswerteverfahren gefolgt, die eine große Anzahl von Messpunkten auf automatischen Koordinatenmessmaschinen aufnehmen und die akkumulierten Fehler über der auftretenden Häufigkeit aufzeichnen. Es ergeben sich Kurven (vergleiche Bild 3.81), die angeben, welcher Prozentsatz der gemessenen Punkte innerhalb eines vorgegebenen Toleranzbandes liegt. Solchen Kurven ist gleichzeitig die Verteilung der Fehler und vor allen Dingen auch der größte auftretende Einzelfehler zu entnehmen. Bild 3.81 ist zu entnehmen, dass für die EOS STEREOS MAX mit Vinylether ein Epsilon-95-Wert von < 66 µm erreicht wird [Serbin95][24]. 3D Systems veröffentlicht, ebenfalls in einer Firmenbroschüre, einen Epsilon-90-Wert von 65 µm [Jacobs94], sodass davon ausgegangen werden kann, dass die Maschinen unter optimalen Bedingungen etwa gleich gute Resultate liefern. Diese Angaben müssen vor dem Hintergrund betrachtet werden, dass vergleichbare Modelle 1989 noch zu Epsilon-90-Werten von 400 µm führten.

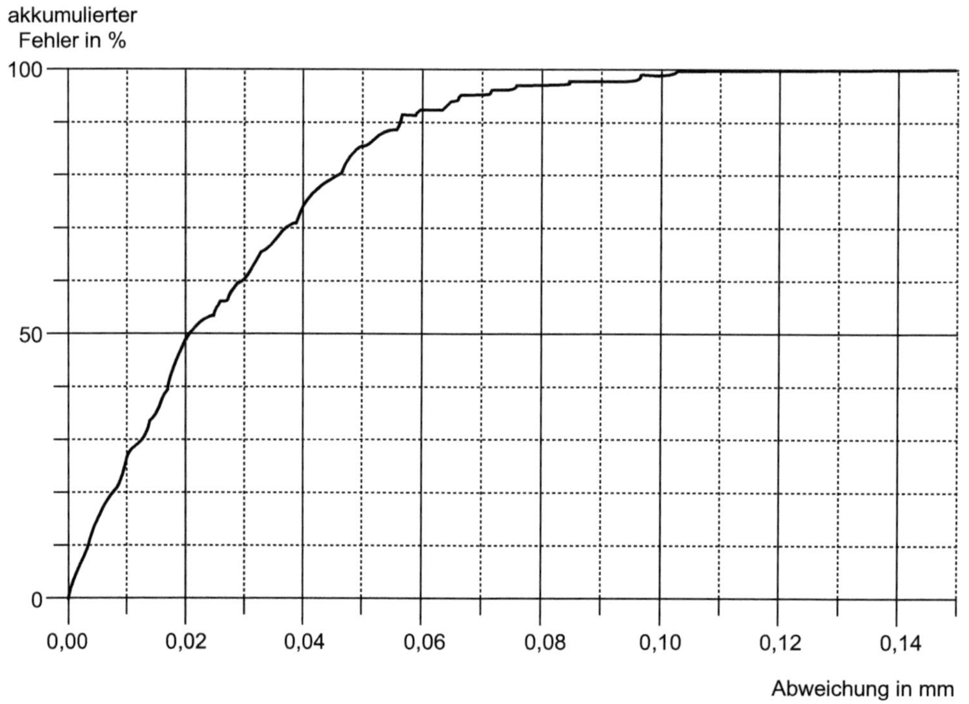

Bild 3.81 Akkumulierte Fehler als Funktion der Messabweichung (108 Messpunkte29)

[24] Die schon älteren Messungen dienen vor allem dazu, das Prinzip zu illustrieren.

Da die Schnelligkeit additiver Verfahren ein wesentliches Charakteristikum ist, ist neben der erzielbaren Genauigkeit auch die Frage von großer Bedeutung, wie sicher diese Genauigkeit erreicht werden kann. Im Einzelfall gilt es demnach zu hinterfragen, ob die Genauigkeiten im Tagesbetrieb mit gelegentlicher Kalibrierung im Rahmen der routinemäßigen Wartung erzielt werden, oder ob zum Erreichen einer bestimmten Genauigkeit jeweils ein umfangreicher, dem einzelnen Bauprozess vorgeschalteter Kalibriervorgang notwendig ist. Solche Angaben können nicht allgemeinverbindlich getroffen werden und sind deshalb vom Anwender persönlich zu überprüfen.

Zum Nachweis der Genauigkeit von Bauteilen wird heute üblicherweise ein Erstmusterprüfbericht erstellt. Dazu wird eine große Anzahl definierter Punkte durch Messwerte überprüft und das Ergebnis dokumentiert. Bild 3.82 zeigt ein Beispiel für ein Kunststoffformteil. Die Messwerte sind definierten Punkten im CAD zugeordnet und der Übersichtlichkeit halber farblich gekennzeichnet. Die linke Bildhälfte dient nur der Übersicht. Messwerte sind nur auf der Vergrößerung in der rechten Bildhälfte zu erkennen. Grüne Werte befinden sich innerhalb, rote außerhalb der Toleranz. Die Messung erfolgte mit einem Koordinatenmessarm. Dazu wird das Bauteil auf einer Lehre positioniert.

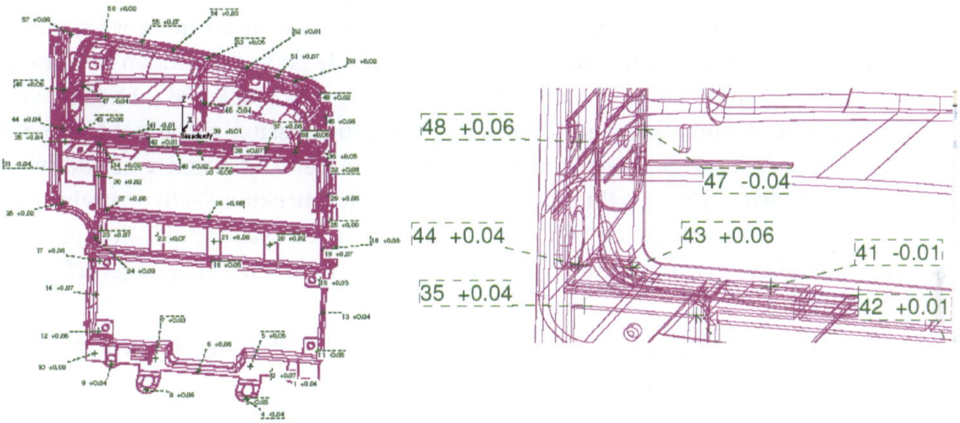

Bild 3.82 Detail aus einem Erstmusterprüfbericht. Übersicht (links), Detail (rechts)
Quelle: FARO GmbH/FH Aachen

3.10 Entwicklungsziele

Die bisher diskutierten Schwächen der aktuellen 3D-Drucker/additiven Maschinen lassen sich zu drei Gruppen verdichten:

- Additiv gefertigte Bauteile haben relativ schlechte, stufige Oberflächen. Sie sind zudem je nach Verfahren rau, z. B. wegen der Partikelgröße beim Sintern und Schmelzen. Die manuelle Nacharbeit ist insbesondere für mehrere Modelle langwierig und birgt zudem die Gefahr zusätzlicher manuell verursachter und von Bauteil zu Bauteil unterschiedlicher Ungenauigkeiten oder Fehler.
- Additiv gefertigte Bauteile bestehen aus einem prozesstypischen Werkstoff. Die mechanisch-technologischen Eigenschaften der Modelle weichen zum Teil erheblich von denen der späteren Serienteile ab. Dies gilt auch dann, wenn die Werkstoffe nominell gleich sind. Beispielsweise haben die Standard-Polyamid-Werkstoffe für Kunststoffbauteile mechanisch-technologische Eigenschaften, die denen von Polyamid (PA 11, PA 12) sehr nahekommen. Das gilt für einzelne statische und quasi-statische Kennwerte. Zunehmend liegen auch dynamische Werte vor.
- Additive Prozesse liefern in aller Regel ein oder wenige Bauteile. Üblicherweise werden aber für die Produktentwicklung mehrere, meist 5 bis 50 Modelle und für die Simulation von Montageprozessen und dergleichen bis zu mehrere hundert Bauteile benötigt. Die Herstellung mehrerer Bauteile ist mit additiven Verfahren oft nicht wirtschaftlich möglich, weil mit einer höheren Stückzahl (abhängig von Verfahren und Abmessungen) kaum eine Kostendegression einhergeht. Bei der Fertigung mehrerer gleicher Bauteile wird zudem der Zeitvorteil von additiven Verfahren geringer oder geht ganz verloren. Bei der direkten Fertigung wird dieser Aspekt zunehmend wichtiger. Der Vergleich geht mit wachsender Komplexität und Individualisierung deutlich zugunsten der Additiven Fertigungsverfahren aus.

Aus dieser Betrachtung leiten sich die Anforderungen an zukünftige 3D-Druckverfahren her. Die Entwicklungsziele sind:

- Verbesserung der Oberflächen
- Eliminierung der Anisotropie, also der unterschiedlichen Qualität in der Schicht- und in Baurichtung in Bezug auf die Genauigkeit und die Oberflächen
- Erhöhung der Detailwiedergabe durch geringere Schichtstärken und kontinuierliche Konturierung in z-Richtung
- Verbesserung der Materialeigenschaften und Ausweitung der Materialpalette
- Verkürzung der Bau- und Maschinenbelegungszeiten
- Eliminierung beziehungsweise Verringerung der manuellen Nachbearbeitung

- Konzentration auf einstufige Prozesse und dazu Vereinfachung oder Eliminierung von Zwischenprozessen

3.11 Folgeprozesse

Wenn auf additive Teilprozesse weitere, nicht-additive, Teilprozesse folgen müssen, um ein definiertes Bauteil herzustellen, dann nennt man die nicht-additiven auch *Folgeprozesse* und bezeichnet den gesamten Prozess als indirektes Verfahren. In den meisten Fällen wird der geometrisch exakte Köper additiv hergestellt und als Urmodell betrachtet. Mittels Folgeverfahren wird die gewünschte Anzahl aus dem benötigten Werkstoff hergestellt.

Je nachdem, ob das endgültige Bauteil, das Zielteil, aus Kunststoff oder aus Metall besteht, haben sich unterschiedliche Prozessketten etabliert.

3.11.1 Zielwerkstoff Kunststoff

Um Kunststoffbauteile herzustellen, werden Werkzeuge benötigt, die durch Abgießen oder Abformen der additiven Urmodelle entstehen. Die Werkzeuge können weich oder hart sein. Die Formteilherstellung kann durch Gießen oder Spritzgießen erfolgen. Die Verfahren gehören zum indirekten Tooling und werden in Abschnitt 5.3.2 „Indirekte Verfahren zur Herstellung von Werkzeugen für Kunststoffbauteile" besprochen.

Davon zu unterscheiden sind die direkten additiven Verfahren zur Herstellung von Werkzeugen, Abschnitt 5.4 „Direkte Rapid Tooling-Verfahren".

3.11.2 Zielwerkstoff Metall

Wenn die Zielteile aus Metall sind, werden als Folgeverfahren vorzugsweise Gießverfahren eingesetzt[25)]. Von besonderer Bedeutung ist das Feinguss- oder Wachsausschmelzverfahren (Abschnitt 5.3.3.1 „Der Feingussprozess mit additiven Prozessschritten"). Auf Gießereianwendungen im Sinne einer Branchenlösung wird in Abschnitt 6.5.2.2 „Gießereiwesen" eingegangen.

Davon zu unterscheiden sind die direkten additiven Verfahren zur Herstellung von Metallbauteilen. Es sind die gleichen, wie zur direkten Herstellung von Metallwerkzeugen, Abschnitt 5.4 „Direkte Rapid Tooling-Verfahren".

---

[25] Ausnahmen sind niedrigschmelzende Metalle oder kalt vergossene Metallmischungen, die prozesstechnisch wie Kunststoffe behandelt werden.

Literaturverzeichnis

Aniwaa: http://www.aniwaa.com/

Argawalw, M. K.; Bourell, D. L., Wu, B. et al.: An Evaluation on the Mechanical Behaviour of Bronze-Ni Composites Produced by Selective Laser Sintering. Beitrag zum Solid Freeform Fabrication Symposium, Austin, Texas 1991

Boehler, P.; Levy, G. N.; Martinoni, R.; Schleiss, P.: A New Reinforced PA 12 Powder for High Temperature and High Stiffness SLS Applications. Hochschule St. Gallen, FHSG, 2007, *www.fhsg.ch/rpd*

Carter, W. T. Jr.; Jones, M. G.: Direct Laser Sintering of Metals. Beitrag zum Solid Freeform Fabrication Symposium, Austin, Texas 1991

Domack, M. S.; Baughman, J. M.: Development of nickel-titanium graded composition components. Rapid Prototyping Journal Volume 11, Number 1/2005, pp. 41 – 51, Emerald Group Publishing Limited, ISSN 1355–254, 2005; Volltext: *https://www.emerald.com/insight/content/doi/10.1108/13552540510573383/full/html*

Grimm, T.: Stereolithography, Selective Laser Sintering and PolyJet: Evaluating and Applying the Right Technology. *www.time-compression.com/articles/html/stereolithography.html*

Haferkamp, H.; Bach, F.-W.; Gerken, J.: 3D Laserstrahl-Pulver-Auftragsschweißen metallischer Komponenten. Schweißen und Schneiden 47 (1995) 3

Jacobs, P. F.; Partaman, J.; Bedal, B.: Oberflächenqualität. The Edge, Vol. 3, No. 3, S. 6, 1994

Klare, M.: Rapid Manufacturing in der Medizintechnik – Neue Verfahren und Materialkonzepte. Rapid. Tech Anwendertagung. Session 5, Vortrag 3, 22.–23. Mai 2007, Messe Erfurt, Erfurt 2007

König, W.; Celi, J.; Celiker, T. et al.: Rapid Metal Prototyping – Verfahren zur Direktherstellung metallischer Bauteile und Prototypwerkzeuge. VDI-Z 136, Nr. 7/8, 1994, S. 57 – 60

Kreicher, D. M.; Miller, W. D.: Laser Engineered Net Shaping (LENS): Beyond Rapid Prototyping to direct fabrication. Beitrag zur 7èmes assises du prototypage rapide, 19. – 20.11.98, Paris 1998

Mariques-Frayre, J. A.; Bourell, D. L.: Selective Laser Sintering of Cu-Pb/Sn Solder Powders. Beitrag zum Solid Freeform Fabrication Symposium, Austin, Texas 1991

mms11/13: Hybrid Machine Combines Milling and Additive Manufacturing (Gregory A. Hyatt, Modern Machine Shop online, 8. November 2012, *http://www.mmsonline.com/blog/post/hybrid-machine-combines-milling-and-additive-manufacturing)*

Munsch, M.; Schmidt-Lehr, M.; Wycisk, E.; Führer, T.: AMPOWER Report 2021 – Polymer Additive Manufacturing. Ampower GmbH & Co. KG, Hamburg 2021

Sachs, E. M.; Haggerty, J.: Three-Dimensional Printing Techniques, U. S. M. J. Cima and P. Williams. Patent No. 5204055, April 20, 1993

Volltext in: *www.freepatentsonline.com/5204055.html* und *www.freepatentsonline.com/5340656.html*

Sändig, S.; Leutbecher, T.; Wiesner, P.: Laminated Tool Manufacturing by Laser Cutting and Diffusion Bonding. 20th International Congress on Applications of Laser & Electro-Optics, ICALEO 2001, Jacksonville (USA), 15.–18. 10. 2001, S. 10, Proc. LIA Volume and CD-ROM ISBN: 0-912035-73-0

Serbin, J.; Wilkening, Ch.; Bretsch, Ch. et al.: STEREOS and EOSINT. The New Developments and State of the Art. Produktinformation der EOS GmbH, München 1995

Techel, A.; Himmer, Th.; Gnann, R.: Lamellenwerkzeuge mit konturfolgender Kühlung für Spritzguss- und Schäumwerkzeuge. Fraunhofer IWS, Dresden und Maschinenfabrik Arnold GmbH & Co. KG. Rtejournal 1–2004, ISSN: 1614-0923, *www.rtejournal.de/ausgabe1/17/*

Van Crüchten, M.: Vergleich der Generativen Fertigungsverfahren Stereolithographie und selektives Lasersintern am Beispiel der Modellierung eines Baggerarms. Diplomarbeit, Rheinisch-Westfälische Technische Hochschule Aachen, 1995

4 Rapid Prototyping

Rapid Prototyping[1] bezeichnet die direkte additive Herstellung von Mustern und Prototypen mit Schichtbauverfahren. Die Bauteile werden als *Modelle* bezeichnet. Die additiven Maschinen sind *Prototyper*.

Das Kapitel „Rapid Prototyping“ kann, die wesentlichen Grundlagen vorausgesetzt, isoliert verstanden werden und ermöglicht so den schnellen Einstieg in das Thema.

4.1 Einordnung und Begriffsbestimmung

Unter einem Prototyp versteht man in der Technik die erste physische Umsetzung eines späteren Produktes, ein Versuchsmodell oder ein Entwurfsmuster.

4.1.1 Eigenschaften von Prototypen

Aus der Sicht einer breiteren Öffentlichkeit wird der Begriff *Prototyp* häufig mit Einzelanfertigungen von Kraftfahrzeugen im Vorfeld einer Serie assoziiert. Verallgemeinert versteht man unter *Prototyp* jede Art von physischem Muster, Modell oder Attrappe (Mock-Up), die geeignet ist, die Entwicklung von der Produktidee zum Produkt zu verbessern und zu verkürzen, indem sie den virtuellen Entwurf dreidimensional erfassbar macht. Prototypen ermöglichen schon in der Entwurfsphase, wichtige Produkteigenschaften zu testen.

---

1 Als Rapid Prototyping werden verallgemeinert auch Verfahren im Sinne einer Methodenlehre bezeichnet, die schnell zu einem Konzept, zur Vorstellung von einem Produkt oder zur Evaluierung eines Lösungsansatzes führen (Proof of Concept). In diesem Sinne wird Rapid Prototyping auch in der Informatik bei der Softwareentwicklung verwendet, um komplexe Systemarchitekturen schnell zu entwerfen.

Prototypen sind keine Produkte.

Prototypen werden zur Evaluierung von Produkteigenschaften hergestellt und eingesetzt. Zu diesem Zweck weisen sie einen möglichst hohen Abstraktionsgrad auf. Sie verfügen idealerweise lediglich über die Funktionalitäten, mit denen die gewünschte Evaluierung gerade noch möglich ist. Sie müssen daher so einfach wie möglich konzipiert sein.

Beispielsweise muss ein Prototyp zur Evaluierung der haptischen Qualität des Henkels einer Tasse einen Teil ihrer Geometrie, nämlich ihre äußere Form im Griffbereich (und nur dort), den eigentlichen Griff und das Gewicht der Tasse, richtig wiedergeben. Der Prototyp muss also weder aus dem späteren Serienwerkstoff bestehen, noch muss er hohl sein, um Flüssigkeit aufzunehmen, was ja die wichtigste Eigenschaft einer Tasse ist.

Prototypen, die aus demselben Datensatzes erstellt wurden, können je nach Einsatzzweck sehr unterschiedlich sein. Lichtscheiben zur Abdeckung der Leuchteinheiten von Kraftfahrzeugen müssen geometrisch und optisch hervorragende Qualitäten aufweisen, wenn sie zur Produktpräsentation auf einer Automobilmesse verwendet werden. Eigenschaften wie Schlagfestigkeit, UV-Beständigkeit, Resistenz gegen Streusalz, Demontierbarkeit und Recycling spielen keine Rolle. Wird von der gleichen Geometrie ein Prototyp für ein Testfahrzeug zur Evaluierung des Antriebsstranges benötigt, spielen das Äußere und auch die UV-Beständigkeit eine untergeordnete Rolle, die Schlagfestigkeit und die optischen Eigenschaften müssen hingegen sichergestellt werden.

Je nach Anwendungsfall und Branche werden Prototypen auch als Modelle, Mock-Ups (Attrappen), Solid Images oder Concept (auch: Konzept) Modelle bezeichnet. Man spricht im Zusammenhang mit Prototypen üblicherweise nicht von Bauteilen, sondern von Modellen.

Wenn Prototypen den Charakter dreidimensionaler Bilder haben, nennt man sie Solid Images. Weisen sie einzelne, für die jeweilige Betrachtung besonders relevante Eigenschaften eines späteren Produktes auf, so sind es Funktionsprototypen (Functional Prototypes).

Prototypen müssen nicht aus dem späteren Serienmaterial bestehen. Häufig werden einfacher oder schneller zu bearbeitende Modellmaterialien verwendet, wenn diese die gewünschten Eigenschaften genügend genau wiedergeben.

Prototypen erfordern vollständige 3D-Datensätze. Sie können aus einer CAD-Konstruktion oder aus Messungen stammen. Sie müssen folglich nicht bestimmten Konstruktions- oder Gestaltungsregeln entsprechen. Prototypen haben auch deshalb meistens keinen Produktcharakter im Sinne eines industriellen Serienproduktes.

Prototypen müssen sehr schnell und einfach verfügbar sein. Weil sie nur eine kurze Einsatzdauer haben, müssen sie nicht dauerhaft haltbar sein. Sie sollten aber einfach und sicher entsorgt werden können. Als temporäres Element der Produktentwicklung sollten sie zudem preiswert sein.

4.1.2 Charakteristika des Rapid Prototyping

Der Begriff *Rapid Prototyping* wurde gegen Ende der 1980er-Jahre im Zuge der seinerzeit vorgestellten Stereolithographie-Verfahren geprägt. In den 1990er-Jahren bezeichnete der Begriff Rapid Prototyping die *Additiven Fertigungsverfahren* insgesamt. Heute wird mit Rapid Prototyping eine Untermenge der *Additiven Fertigungsverfahren* zur Herstellung von Modellen und Prototypen bezeichnet (Abschnitt 1.2.1 „Begriffsbestimmungen“, Bild 1.6).

Eine der wichtigsten Eigenschaften der Herstellung mittels additiver Verfahren ist, dass die direkte Fertigung nur auf der Basis von 3D-Produktdaten und ohne Rückwirkung auf das digitale Produktmodell erfolgt. Rapid Prototyping liefert dreidimensionale Faksimiles des Produktdatensatzes und kann daher als 3D-Version eines 2D-Screenshots angesehen und in jeder Phase der Produktentwicklung angewendet werden, um die unterschiedlichsten, jeweils optimalen Prototypen herzustellen.

Die additiven Maschinen zur Herstellung von Prototypen werden heute oft als 3D-Drucker bezeichnet. Sie sind eine Untermenge der in Kapitel 3 „Additive Fertigungsanlagen für Rapid Prototyping, Direct Tooling und Direct Manufacturing“ ausführlich besprochenen additiven Maschinen. Sie sind gekennzeichnet durch:

- einfache Bedienbarkeit,
- schnelle Verfügbarkeit,
- geringen Installationsaufwand,
- geringen Anlagenpreis,
- Akzeptanz manueller Arbeitsschritte,
- Verwendung von preiswerten, leicht zu entsorgenden Materialien,
- untergeordnete Bedeutung der Produktivität (nicht der Bauzeit!).

Wenn die Herstellung eines Prototypen nicht im additiven Prozess abgeschlossen wird, sondern auf ein additiv gefertigtes Modell aufbaut, wird der Gesamtprozess als *Indirektes Rapid Prototyping* oder *Indirect Prototyping* bezeichnet. Damit wird keine eigene additive Verfahrensfamilie bezeichnet, sondern eine Folge nicht-additiver Prozessschritte, die an den additiven Prozess angehängt werden (Bild 1.4).

4.2 Strategische Aspekte beim Einsatz von Prototypen

Unabhängig von ihrer praktischen oder operativen Bedeutung (Abschnitt 4.3 „Operative Aspekte beim Einsatz von Prototypen“), weist der Einsatz von Prototypen eine strategische Dimension auf. Da Prototypen wie alle Elemente des Produktentstehungsprozesses in Bezug auf ein konkretes Produkt vor allem als Kostenfaktoren angesehen werden, ist es insbesondere für die Leitungsebene wichtig, die strategische Auswirkung der im operativen Bereich anfallender Kosten zu betrachten.

4.2.1 Produktentwicklungsschritte

Prototypen werden vor allem im Zuge der industriellen Produktentwicklung eingesetzt. Unabhängig von Branchen und Produkten gilt mit der Richtlinie VDI 2221 ff. eine Systematik [VDI 2221], an die sich auch mehr oder weniger neue Ansätze und Werksnormen stark anlehnen.

Bild 4.1 zeigt die klassischen Phasen der Produktenwicklung nach dieser Richtlinie. Sie liegt den weiteren Ausführungen zugrunde.

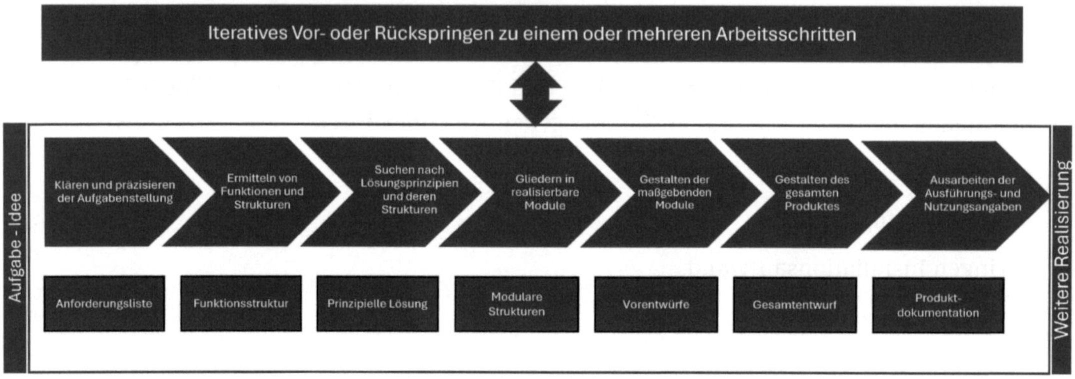

Bild 4.1 Definition der Produktentwicklungsschritte nach VDI 2221

4.2.2 Time to market

Die steigenden Anforderungen an Produkte und ihre Entwicklung haben insgesamt zur Konsequenz, dass Methoden und Verfahren gefunden werden müssen, um komplexere Produkte schneller und besser zu entwickeln. Untersuchungen [Reinertsen83] haben gezeigt, dass es vor allem die Produktentstehungszeit (und damit maßgeblich die Produktentwicklungszeit) ist, die den Markterfolg eines Produktes beeinflusst. Maßgröße ist die *time to market*, also die Zeit, die von der Produktidee bis zur Markteinführung vergeht. Bild 4.2 zeigt ein Beispiel aus dem Bereich der Weißen Ware (Waschmaschine), wonach für die Überschreitung der projektierten Entwicklungskosten um 50 % eine Gewinneinbuße von 3,5 % und für um 9 % höhere Produktionskosten eine Gewinneinbuße von 22 % zu erwarten ist, aber eine um sechs Monate verzögerte Produkteinführung bei sonst eingehaltenen Vorgaben eine Gewinneinbuße von 33 % zur Folge hat. In Zukunft zu erwartende kürzere Produktlebenszeiten verschärfen diese Zusammenhänge.[2]

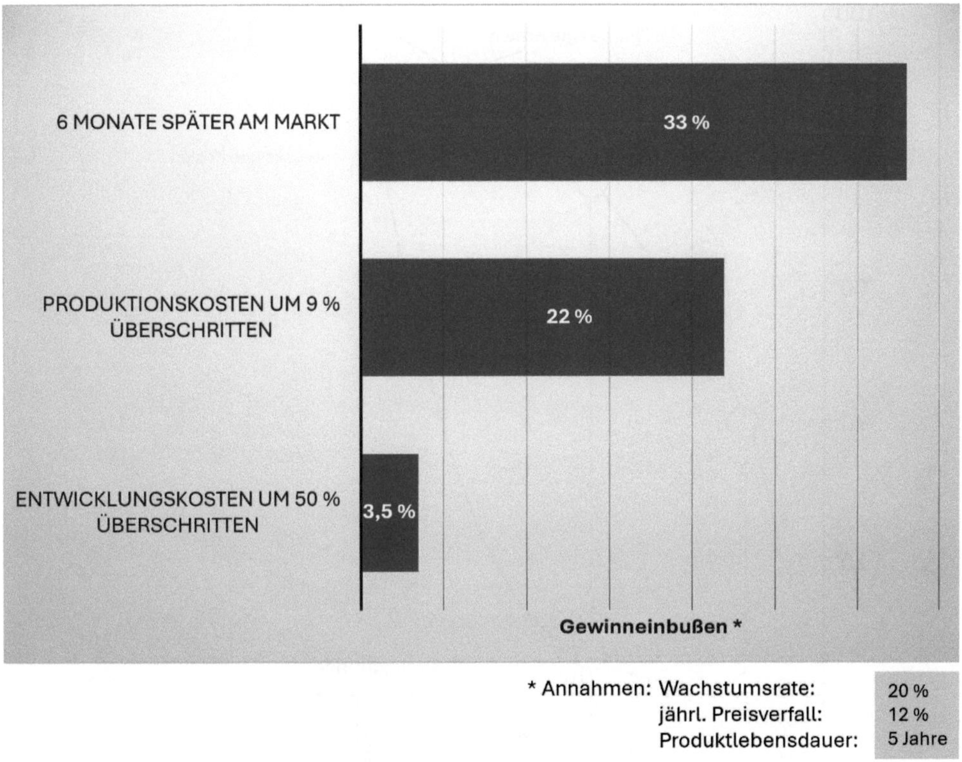

Bild 4.2 Time to market. Einfluss unterschiedlicher Zielverfehlungen auf den erzielbaren Gewinn

4.2.3 Frontloading

Die *time to market* lässt sich verkürzen, wenn es gelingt, verbindliche Entscheidungen früher zu treffen. Frühe Entscheidungen sind wichtig, weil durch die Art und Ausgestaltung einer Konstruktion schon frühzeitig Kosten festgelegt werden, die später unweigerlich anfallen, dann aber nicht mehr zu beeinflussen sind [Altmann94]. Nach Bild 4.3 sind zum Ende der Ideenphase bereits 40 %, am Ende der Konzeptionsphase sogar schon circa 75 % der Gesamtkosten fixiert, obwohl bis dahin nur circa 2,5 bzw. circa 6 % tatsächlich angefallen sind.

---

2 Diese Zusammenhänge wurden ausführlich in Kapitel 1 der 2. Auflage dieses Buches diskutiert. Sie werden hier nur summarisch wiedergegeben.

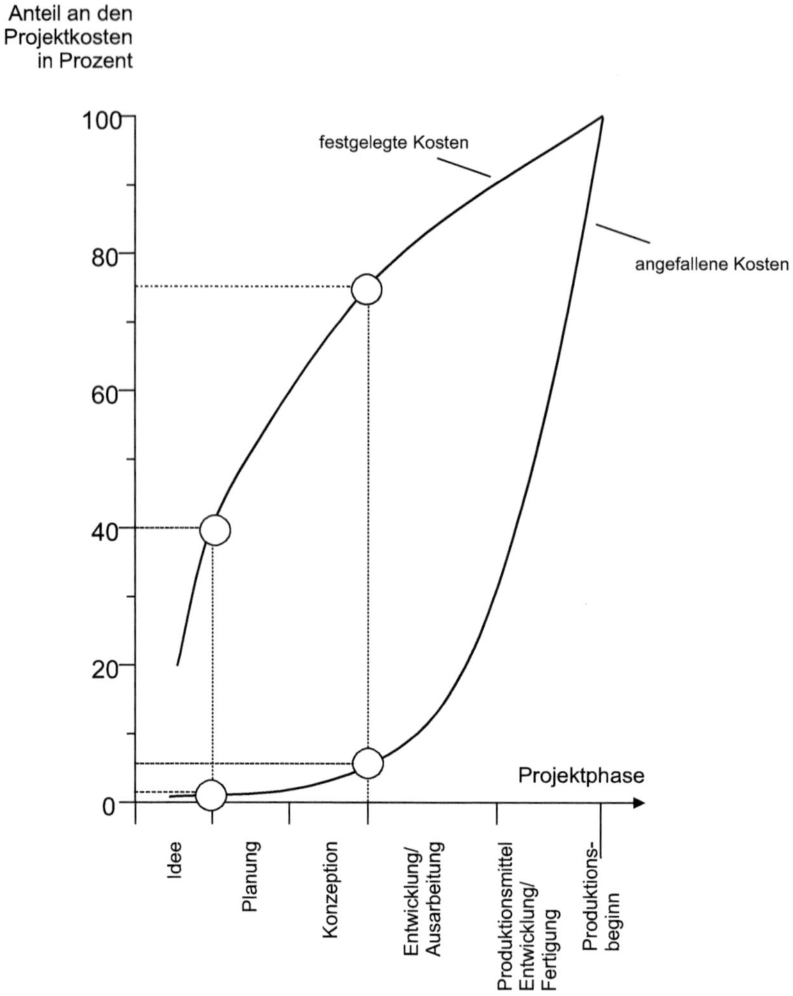

Bild 4.3 Vergleich der im Verlauf einer Produktentwicklung fixierten Gesamtkosten mit den tatsächlichen Aufwendungen

Weil gleiche Änderungen um eine Zehnerpotenz teurer werden, wenn sie eine Produktentwicklungsstufe später anfallen, ist es besonders wichtig, Entscheidungen nicht nur möglichst frühzeitig, sondern vor allem verbindlich zu treffen. Bild 4.4 zeigt diesen Zusammenhang, der auch als *Zehnerregel* (*rule of ten*) bekannt ist.

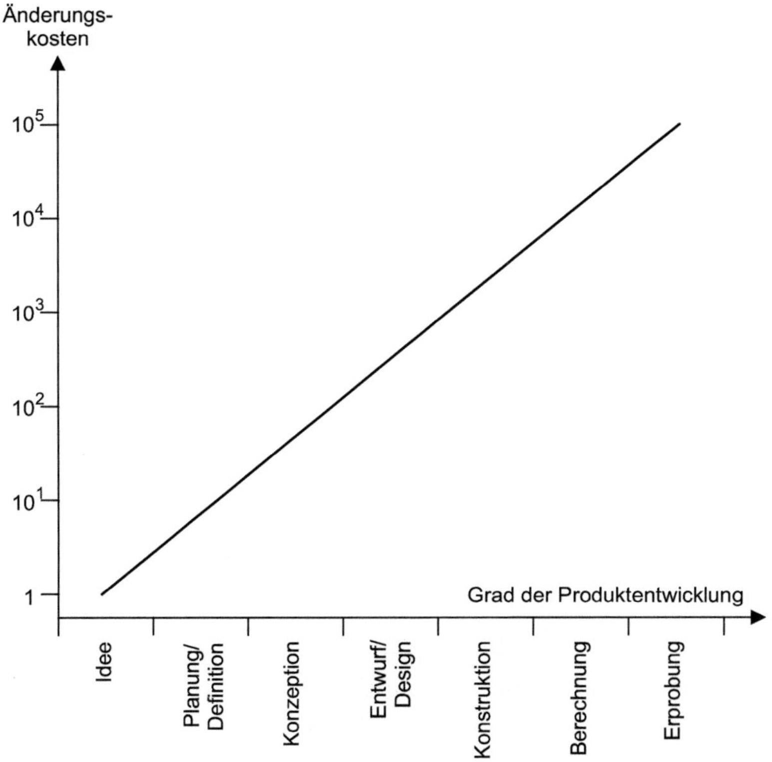

Bild 4.4 Zehnerregel. Kosten für gleichartige Änderungen in Abhängigkeit vom Zeitpunkt ihrer Entstehung respektive dem Grad der Produktentwicklung

Die beschriebene Strategie der frühen und verbindlichen Entscheidungen ist auch als *Frontloading* bekannt. Danach sind Verfahren und Methoden einzusetzen, die eine Verlagerung möglichst vieler Entscheidungen *nach vorne*, also in die frühen Phasen der Produktentwicklung befördern. Die wichtigsten Hilfsmittel dabei sind 3D-CAD- und Simulationsmodelle in Kombination mit Entwurfsstrategien wie dem *Simultaneous Engineering, SE*. Da die Entscheidungen immer wesentlich davon abhängen, ob konstruktive Details richtig eingeschätzt und abgesichert sind, spielen als weitere wichtige Hilfsmittel Modelle und Prototypen eine große Rolle.

Ein großes Problem liegt darin, dass man die Kosten zum Beginn einer Produktentwicklung gut beeinflussen, aber noch nicht beurteilen kann. Am Ende sind sie sehr gut zu beurteilen, aber nicht mehr zu beeinflussen. Produkte werden schneller und besser entwickelt, wenn es gelingt, die beiden gegenläufig verlaufenden Kurven tendenziell anzunähern, indem man ihren Schnittpunkt in Bild 4.5 nach links verlagert. Mithilfe dreidimensionaler Modelle lässt sich die Kurve der Kostenbeurteilung entsprechend anheben.

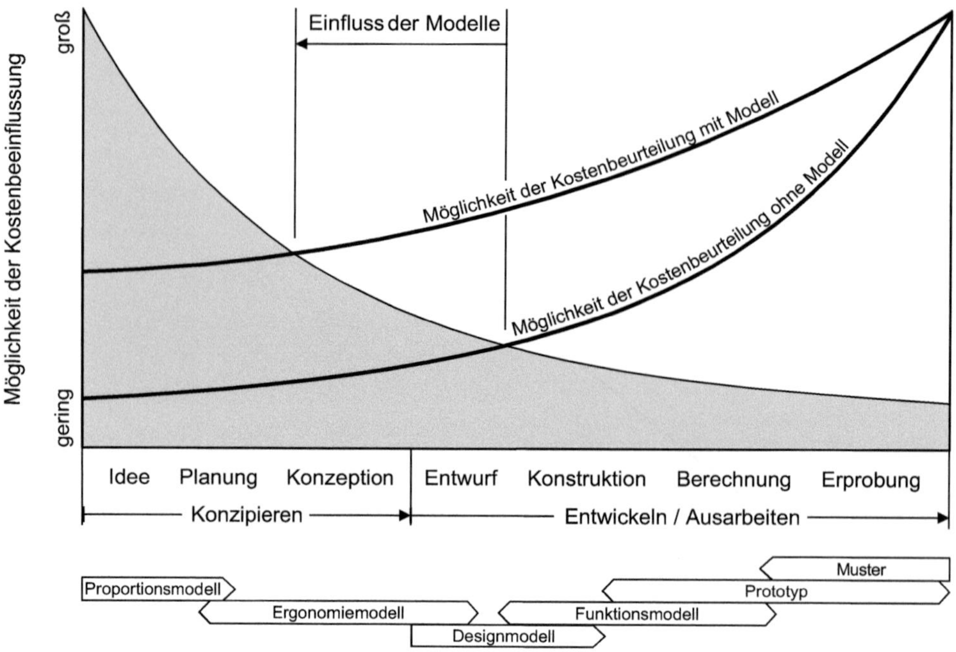

Bild 4.5 Kostenbeurteilung und Kostenbeeinflussung in Abhängigkeit des Produktenwicklungsfortschrittes mit und ohne Einsatz von Modellen

4.2.4 Digitales Produktmodell

Die diskutierten Effekte lassen sich mithilfe jeder Art von Prototypen erzielen. Additiv gefertigte Prototypen sind dafür aber in besonderem Maße geeignet, weil sie direkt aus den CAD-Daten abgeleitet werden und ihre Fertigung ohne produktspezifische Werkzeuge automatisiert erfolgt. Damit wird bei kombiniertem Einsatz von SE und Rapid Prototyping eine für alle jederzeit verfügbare vollständige Datenkette (digitales Produktmodell) realisiert (Bild 4.6). Bei klassischen teil-manuellen Modellbauverfahren ist diese Kette gegebenenfalls mehrfach unterbrochen. Additive Verfahren können also zu jedem Zeitpunkt auf den ständig für alle verfügbaren Datensatz zurückgreifen und so die Produktentwicklung zu jedem Zeitpunkt unterstützen.

Die vollständig geschlossene digitalisierte CIM[3)]-Kette bildet auch die Voraussetzung für die Vernetzung von Daten und Diensten im Sinne des IoT (Internet of Things), im deutschen Sprachraum als Industrie 4.0 bezeichnet.

[3] Computer Integrated Manufacturing

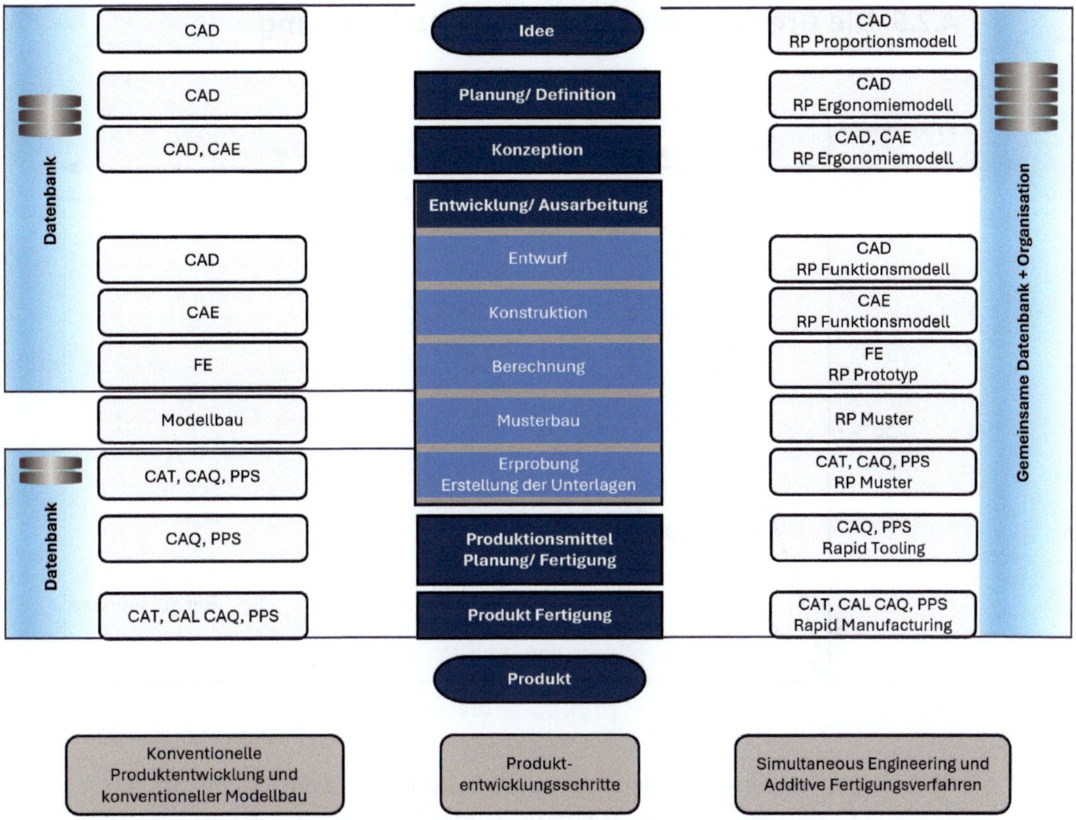

Bild 4.6 Teilweise geschlossene klassische CIM-Kette (links) und durch den Einsatz von Rapid Prototyping-Verfahren vollständig geschlossene CIM-Kette (rechts)

4.2.5 Die Grenzen der physischen Modellierung

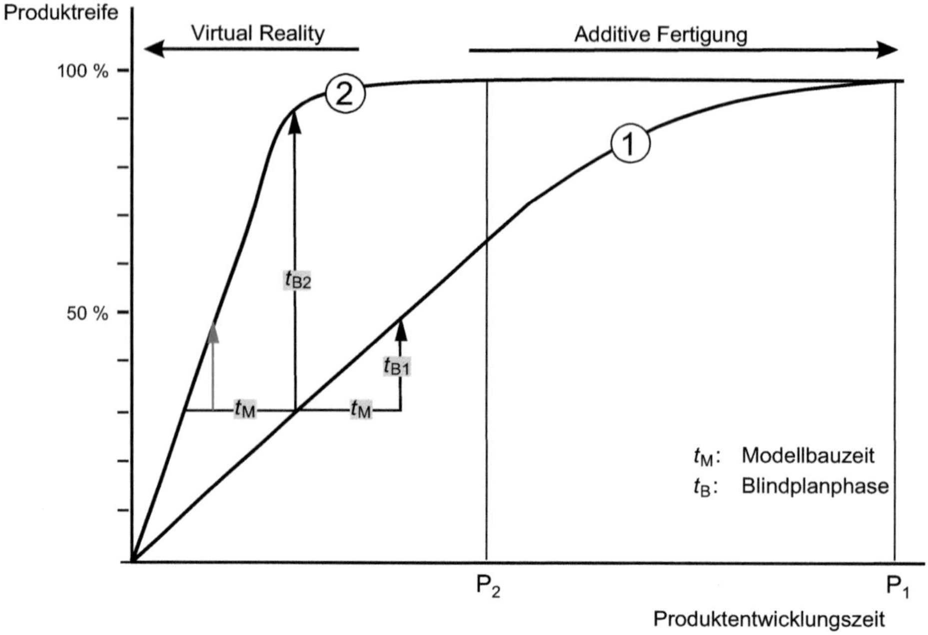

Bild 4.7 Einfluss einer verkürzten Produktenwicklung auf die Blindplanzeiten

Mit weiter verkürzten Produktentwicklungszeiten wachsen auch die Anforderungen an eine Verkürzung der Modellbauzeiten. Bild 4.7 zeigt den idealisierten Verlauf der Produktreife eines beliebigen Produktes über der Produktentwicklungszeit. Den Ausgangspunkt bildet Kurve 1. Die Produktentwicklung ist zum Zeitpunkt P_1 abgeschlossen. Kurve 2 beschreibt eine schnellere Produktentwicklung, die bereits zum Zeitpunkt P_2 abgeschlossen ist. Wird nun in beiden Fällen bei einer Produktreife von 30 % ein Prototyp gebaut, so ist dazu jeweils eine Modellbauzeit t_M notwendig, in der das Produkt aber weiterentwickelt werden muss, ohne die Konstruktion mithilfe der Testergebnisse der Prototypen überprüfen zu können. Die Entwicklung erfolgt dann bis zur Fertigstellung des Prototyps „blind“ (t_B). Bei gleichen Modellbauzeiten ist der Blindplananteil t_{B2} wesentlich größer als t_{B1}. Kürzere Produktentwicklungszeiten erfordern daher zwingend auch mindestens direkt proportional dazu verkürzte Modellbauzeiten. An dieser Stelle sind schnelle automatisierte, also additive Modellbauverfahren besonders vorteilhaft.

Bild 4.7 macht zudem deutlich, dass bei weiter verkürzten Produktentwicklungszeiten die Kurve so steil wird, dass praktisch keine Zeit mehr bleibt, um physische Prototypen zu bauen, ganz gleich wie schnell das Verfahren auch sein mag. Dann können nur noch direkt aus dem CAD abgeleitete Simulationen unterstützend wirken, die mit den Methoden der *Virtuellen Realität, VR,* arbeiten. Aus diesen Überlegungen ergibt sich auch eine Abgrenzung zwischen der Anwendung von physischen Prototypen, *Rapid Prototyping* und dem Einsatz von virtuellen Prototypen, der *Virtual Reality*.

Diese Überlegungen machen aber auch deutlich, dass weiterhin stark verkürzte Produktentwicklungszeiten die Gefahr vergrößern, die Qualität der Produktenwicklung wieder zu verringern, also genau den Effekt negativ zu beeinflussen, der durch das Rapid Prototyping erzielt werden soll.

4.2.6 Kommunikation und Motivation

Unabhängig vom Einsatz einer bestimmten Strategie zur Verbesserung der Produktentwicklung wird bei der Entwicklung komplexer Produkte die Kommunikation im Team, aber vor allem auch zwischen dezentralisiert arbeitenden Entwicklerteams, immer wichtiger. Über Landes-, Sprach- und Kulturgrenzen hinweg ist ein Bild tatsächlich bedeutend aussagekräftiger als tausend Worte – und ein Modell zeigt unendlich viele Bilder.

Wenn statt einer ausführlichen und damit langwierigen, gegebenenfalls zu übersetzenden Beschreibung des Entwicklungsstands ein 3D-Datensatz über Kontinente mittels einer Cloud übertragen wird und vor Ort in kurzer Zeit als dreidimensionales physisches Modell präsentiert werden kann, ist das ein wertvoller Beitrag zu einer schnellen und umfassenden Kommunikation. Es ist zudem ein Beitrag zur Produktsicherheit und zur Einsparung von Kosten.

Schließlich wird die Bedeutung der Motivation oft sehr unterschätzt. Besonders bei interdisziplinären und internationalen Entwicklerteams ist es wichtig, dass alle das Ergebnis im wahrsten Sinn des Wortes immer vor Augen haben und auch deshalb jederzeit vom erfolgreichen Abschluss überzeugt sind. In der zweiten Auflage dieses Buches wurde auch theoretisch nachgewiesen[4)], dass schnell verfügbare und jeweils den aktuellen Stand repräsentierende Modelle den Effekt haben, die Attraktivität des Produktes auch für die Entwickler kontinuierlich zu steigern und damit die Motivation zu erhalten, es zügig zu vollenden.

4.3 Operative Aspekte beim Einsatz von Prototypen

Der Einsatz der Prototypen erfolgt auf der operativen Ebene. Es gilt, unter technischen und wirtschaftlichen Aspekten optimale Prototypen und die zu ihrer Herstellung nö-

[4] Dazu wurde in Anlehnung an die Arbeiten von Schröder [Schröder93] zur methodischen Beschreibung des Abschreckungspotenzials als Grundlage von Unfallverhütungsstrategien der Attraktivitätsgradient definiert und als Maß für die Motivation eingeführt. Vergleiche 2. Auflage, S. 22–24.

tigen Verfahren auszuwählen und unabhängig von strategischen Überlegungen (nicht von Kosten) zur Verbesserung des Produktentwicklungsprozesses zu nutzen.

Es lassen sich zwei große Anwendungsbereiche unterscheiden, deren Grenzen allerdings fließend verlaufen: der Einsatz von Rapid Prototyping Modellen zur Entwicklung von Produkten und ihr Einsatz zur dreidimensionalen Visualisierung von Objekten respektive ihren Datensätzen.

4.3.1 Rapid Prototyping als Werkzeug zur schnellen Produktentwicklung

Im Zuge der schnellen Produktentwicklung bedeutet Rapid Prototyping, unterschiedlichste Modelle additiv und nur aufgrund des digitalen Produktmodells herzustellen, um die jeweilige Entwicklungsphase abzusichern und sich über das weitere Vorgehen verbindlich zu einigen respektive das bereits beschlossene Vorgehen zu bestätigen.

Im Zuge der Produktentwicklung werden die Entwicklungsschritte nach VDI 2221 durchlaufen (Bild 4.1). In jeder Phase werden Modelle mit unterschiedlichen Eigenschaften eingesetzt und meist entsprechend bezeichnet. So heißen z. B. Modelle, die in der Konzeptphase eingesetzt werden, Konzeptmodelle oder Concept Models.

Aus Sicht des Rapid Prototyping ist es sehr wünschenswert, eine verbindliche Bezeichnung für unterschiedliche Modelle zu verwenden, um deutlich zu machen, wie die Anforderungen der Produktentwicklung mit der Anwendung der Additiven Fertigungstechnik optimal verzahnt werden können.

Das Ziel ist es, den Entwickelnden Unterlagen an die Hand zu geben, mit deren Hilfe diese abschätzen können, in welcher Produktentwicklungsphase welche Prototypen optimal eingesetzt werden.

4.3.1.1 Modelle

Im allgemeinen Sprachgebrauch werden physische Bauteile alternativ als Prototypen oder als Modelle bezeichnet. Streng genommen wird von Modellen vor allem in der ersten Phase der Produktentstehung gesprochen. Sobald Modelle auch mechanisch-technologische Funktionalitäten aufweisen, werden sie Prototypen genannt.

Wenn sie mit dem Endprodukt identisch sind, nennt man sie Bauteile (Endprodukte) oder unpräzise Serienprodukte, auch dann, wenn es um kleinste Serien oder Einzelteile geht (Kapitel 6 „Direct Manufacturing – Rapid Manufacturing“).

4.3.1.2 Modellklassen

In der Literatur findet sich eine große Anzahl unterschiedlicher Vorschläge für die Definition und Klassifizierung (nicht nur) additiv gefertigter Modelle. Sie werden häufig von der Anwendung und von branchentypischen Besonderheiten geprägt.

Eine präzise, umfangreiche und dennoch praktikable Einteilung ist die Modelldefinition des Verbandes der Deutschen Industrie Designer, VDID und des Rates für Formgebung. Danach wird in sechs Modellklassen unterschieden:

Proportionsmodell, Ergonomiemodell, Designmodell, Funktionsmodell, Prototyp und Muster.

Die Definition erfasst alle Stufen der Produktentstehung inklusive der Fertigung seriennaher Prototypen in Vorserien und geht damit über die Anwendungen im Sinne des hier diskutierten Rapid Prototypings hinaus. Prototypen und Muster im Sinne des VDID sind keine Prototypen im Sinne der Additiven Fertigungstechnik[5].

Tabelle 4.1 zeigt die Modelldefinitionen nach VDID.

Der Vollständigkeit halber sind auch die Modellklassen *Prototyp* und *Muster* aufgeführt, obwohl sie keine Modellklassen im Sinne des Rapid Prototyping sind (siehe Fußnote 5). Für die Betrachtung im Zusammenhang mit *Additiven Fertigungsverfahren* wurden die Kriterien Abstraktionsgrad, Detaillierungsgrad und Funktionalität hinzugefügt:

Die Einteilung nach dem VDID ist besonders gut geeignet, um sich darüber klar zu werden, welche Aufgabe der Prototyp tatsächlich erfüllen soll, welche Eigenschaften er dazu unbedingt aufweisen muss und welche er nicht aufzuweisen braucht.

In der Praxis werden die vier dem Rapid Prototyping zuzuordnenden Modellklassen nach VDID häufig zu den drei Modellklassen Konzeptmodelle, Geometrieprototypen und Funktionsprototypen zusammengefasst. Technische Prototypen sind bereits Produkte im Sinne der Additiven Fertigungstechnik und daher dem Direkt Manufacturing – Rapid Manufacturing zuzuordnen.

Eine entsprechende Definition ist auch in die VDI Richtlinie 3405, *Additive Fertigungsverfahren* [VDI 3405], aufgenommen worden und wird in Tabelle 4.2 wiedergegeben.[6]

Die Modelldefinitionen nach Tabelle 4.1 und Tabelle 4.2 lassen sich direkt der Gliederung der *Additiven Fertigungsverfahren* nach Bild 1.6 zuordnen. Die Zusammenhänge zeigt die Tabelle 4.3. Die Definitionen nach VDI 3405 sind darin kursiv gedruckt und durch erklärende Begriffe ergänzt, um die Zuordnung von drei Modellklassen nach VDID zu den entsprechenden nur zwei Modellklassen nach VDI 3405 zu erläutern. Ein wichtiger zusätzlich eingefügter Begriff, der in den Definitionen nicht vorkommt, ist der der *Datenkontrollmodelle*. Darunter versteht man Modelle, die zur Veranschaulichung und der Kontrolle, der oft sehr komplexen 3D-Datensätze angefertigt werden.

---

5 Der Begriff Prototyp wird im Sinne der additiven Fertigung und nach VDID unterschiedlich verwendet: Für die Mitglieder des VDID, die ihre Kunden vorzugsweise auf dem Weg zu einem späteren Serienprodukt begleiten, endet ihre Arbeit spätestens mit der Vorstellung eines funktionsfähigen Produktmodells, das zwar Serieneigenschaften aufweist, aber nicht mit dem Serienprodukt identisch ist und als Prototyp bezeichnet wird. In der additiven Fertigung steht Rapid Prototyping für die Herstellung von Modellen ohne oder bestenfalls mit einzelnen Produkteigenschaften. Konsequenterweise werden die in diesem Prozess gefertigten Bauteile insgesamt als Prototypen bezeichnet.

6 Die VDI-Definition deckt sich weitgehend mit der Nomenklatur der NC-Gesellschaft.

Tabelle 4.1 Modelldefinitionen nach VDID

Proportionsmodell	Zeigt die äußere Form und die wichtigsten Proportionen. Dient der Kommunikation und der Motivation. Fördert den schnellen Austausch über die beabsichtigten Produkteigenschaften. Ermöglicht den schnellen Konsens über die Produktidee. Muss schnell, einfach und preiswert herzustellen sein. Muss gut zu entsorgen, besser noch zu recyceln sein. *Abstraktionsgrad:* hoch; Detaillierungsgrad: niedrig; Funktionalitäten: keine.
Ergonomiemodell	Unterstützt den schnellen Entscheid über die Durchführbarkeit (kann und soll man das Produkt entwickeln?). Zeigt für die Bedien- und Benutzbarkeit wichtige Details. Weist in der Regel aber keine, gegebenenfalls einzelne Teilfunktionen auf. *Abstraktionsgrad:* mittel; Detaillierungsgrad: mittel; Funktionalitäten: einzelne.
Designmodell	Entspricht äußerlich möglichst vollständig dem (Serien-)Muster. Finish der Oberflächen in „Show-Room"-Qualität. Unterstützt den schnellen Entscheid über Konstruktions- und Fertigungsmethoden. Ermöglicht die frühzeitige Einbeziehung des Urteils Dritter (Kunden, Vertrieb, Presse, Zulieferer etc.), d. h. ermöglicht Öffentlichkeitsarbeit. *Abstraktionsgrad:* partiell gering; Detaillierungsgrad: partiell hoch; Funktionalitäten: einzelne.
Funktionsmodell	Sichert die Annahmen für numerische Simulationsrechnungen ab. Ermöglicht die frühzeitige Prüfung einzelner Funktionen (Montierbarkeit, Servicefreundlichkeit, Kinematik). Zeigt einige oder alle wichtigen Funktionen, gegebenenfalls auch unter Verzicht auf die Wiedergabe der äußeren Form. Bildet die Basis für Anfragen bei Kunden und Lieferanten. Liefert die Randbedingungen für den Werkzeug- und Formenbau, für die Konstruktion und Erstellung der Produktionsmittel. *Abstraktionsgrad:* gering; Detaillierungsgrad: hoch; Funktionalitäten: mehrere.
Prototyp Prototypen nach VDID sind keine Prototypen im Sinne der *Additiven Fertigungsverfahren*[5]	Entspricht dem (Serien-) Muster bereits weitgehend, gegebenenfalls sogar vollständig. Wird nach Fertigungsunterlagen erstellt. Unterscheidet sich vom Serienprodukt nur durch das Produktionsverfahren. Ermöglicht die frühzeitige Überprüfung einzelner oder mehrerer Produkteigenschaften (Montierbarkeit, Entformbarkeit, Einleitung spezieller Genehmigungsverfahren). Ermöglicht die Herstellung von Werkzeugen. Ermöglicht die Vorbereitung des Markteintritts durch Pressemaßnahmen. *Abstraktionsgrad:* gering; Detaillierungsgrad: hoch; Funktionalitäten: sehr viele oder alle.

Muster Muster nach VDID sind keine Prototypen im Sinne der *Additiven Fertigungsverfahren*6	Im Falle der werkzeuggestützten Serienproduktion stammt das Muster bereits aus einer Serie, gegebenenfalls einer Pilot-, Null-, Vor- oder Hauptserie. Es ermöglicht den vollständigen Test aller Produkteigenschaften, unterstützt die Ausbildung von Fertigungs- und Servicepersonal, den Anlauf der Serienfertigung und dabei den Abgleich der Fertigungs- und Montagefolge sowie die Feinplanung mit Kunden und Lieferanten. *Abstraktionsgrad:* keiner; Detaillierungsgrad: hoch; Funktionalitäten: alle.

Tabelle 4.2 Modelldefinitionen nach VDI 3405

Konzeptmodell	Beim Konzeptmodell handelt es sich um die frühestmögliche physische Realisierung eines Produktdesigns oder Produktkonzepts (Solid-Image). Material, Funktion und Maße entsprechen nicht den Produktanforderungen. Wichtigste Zielgröße ist die Anmutung. Es können skalierte, additiv gefertigte Bauteile (Proportionalmodelle) zum Einsatz kommen. Anwendung: Überprüfen des ästhetischen Eindrucks im Anwendungsumfeld
Geometrieprototyp	Bei Geometrieprototypen handelt es sich um additiv gefertigte Bauteile, bei denen die Beurteilung von Maß, Form und Lage von Bedeutung ist. Die Materialeigenschaften sind dabei sekundär. Anwendung: Überprüfen der Geometrie (z. B. Einbauuntersuchung)
Funktionsprototyp	Bei Funktionsprototypen handelt es sich um additiv gefertigte Bauteile, die bereits definierte Produktfunktionen des späteren Serienteiles erfüllen. Eine Überprüfung einiger oder aller Funktionalitäten ist möglich. Form und Gestalt können vom späteren Produkt abweichen. Anwendung: Überprüfen von (Teil-) Funktionen
Technischer Prototyp Technische Prototypen nach VDI 3405 sind keine Prototypen im Sinne der *Additiven Fertigungsverfahren*[5]	Technische Prototypen unterscheiden sich in den geforderten Eigenschaften nicht wesentlich vom späteren Serienteil. Sie können jedoch auf einem anderen Wege als dem Serienverfahren gefertigt worden sein. Anwendung: Überprüfen des Bauteils in Versuch und Vorserie
Produkt (Serienteil) Produkte nach VDI 3404 sind keine Prototypen im Sinne der *Additiven Fertigungsverfahren*[5]	Bestimmungsgemäß eingesetztes, marktfähiges Produkt. Anwendung: Kleinserie, Rapid Manufacturing, individuelle Produkte

Tabelle 4.3 Zuordnung der Modelldefinitionen nach VDID (Tabelle 4.1) und VDI 3405 (Tabelle 4.2) zu der Gliederung der *Additiven Fertigungsverfahren* nach Bild 1.4

Modellklassen		Gliederung der *Additiven Fertigungsverfahren*	
VDID	VDI 3405		
Proportionsmodell	Konzeptmodell Solid Images	Solid Imaging Concept Modeling	Rapid Prototyping
Ergonomiemodell	Designprototyp		
Designmodell	Geometrieprototyp Datenkontroll- modelle		
Funktionsmodell	Funktionsprototyp	Functional Proto- typing Prototype Tooling	
Prototyp Muster	Technischer Prototyp	Direct Manufacturing Direct Tooling	Rapid Manufacturing
Endprodukt	Produkt		

4.3.1.3 Modellklassen und Additive Verfahren

Der Definition nach VDI 3405 sind in Tabelle 4.2 Anwendungsfeldern zugeordnet, die helfen, geeignete Additive Verfahren auszuwählen. Zur Charakterisierung dieser Anwendungsfelder werden im Folgenden die Anforderungen an Prototypen diskutiert und gewichtet. Die Ausführungen sind in Tabelle 4.4 zusammengefasst. Eine Zuordnung zu den Verfahren der Additiven Fertigungstechnik erfolgt in Abschnitt 4.3.1.4 „Zuordnung von Modellklassen und Modelleigenschaften zu den Familien der *Additiven Fertigungsverfahren*“. Die Betrachtung der Modelleigenschaften hatte gemäß Tabelle 4.2 auf drei Modellklassen geführt: Konzeptmodelle, Geometrieprototypen und Funktionsprototypen.

Konzeptmodelle. Die Anwendung erfolgt vorzugsweise in dem Bereich der Ästhetik oder der Anmutung im Sinne der äußeren Erscheinung, der Optik und der Haptik. Konzeptmodelle assoziieren die Vorstellung von einem dreidimensionalen Bild (Solid Image). Sie dienen der Kommunikation (Show and Tell-Modelle). Sie erlauben die Visualisierung von Proportionen und des grundsätzlichen Erscheinungsbildes. Details, soweit sie nicht die Proportionen bestimmen und die Qualität der Oberflächen sind meist von untergeordneter Bedeutung. Das Ziel ist die Herstellung von möglichst einfachen, mechanisch-technologisch wenig belastbaren, aber die äußere Form und Anmutung des späteren Bauteils gut widerspiegelnden Modellen. Es werden häufig Modellmaterialien verwendet, wenn sie preiswert und schnell zu verarbeiten sind. Der Abstraktionsgrad ist hoch. Funktionalitäten gibt es in der Regel keine. Um die Modelle in der notwendigen Häufigkeit einsetzen zu können, ist ein niedriger Preis wichtig. Eine schnelle Verfügbarkeit ist wegen der damit verbundenen Reduzierung der Blindplanzeit (Bild 4.7) notwendig. Das beides bedeutet bei nicht im Vordergrund stehender Auslastung eine besondere Priorität für niedrige Investitions- und Materialkosten. Wegen der schnellen Verfügbarkeit, aber auch wegen der notwendigen Geheimhaltung, ist eine Fertigung vor Ort oft vorteilhaft. Das bedingt wiederum einfach zu installierende und zu bedienende Maschinen.

Die Nachhaltigkeit ist wegen des kurzzeitigen Gebrauchs meist nicht wichtig, aber eine sichere Entsorgung der schnell ansteigenden Zahl von ausgemusterten Prototypen. Eine Reproduzierbarkeit im Sinne der Qualitätssicherung steht nicht im Vordergrund. Beispiele für Konzeptmodelle zeigt Bild 4.8.

Geometrieprototypen dienen der Überprüfung geometrischer Parameter von der Datenkontrolle bis zu Montageuntersuchungen und somit von Maß, Form und Lage.

Details sind nur wichtig, wenn sie diese Parameter beeinflussen. Das Gleiche gilt für die Proportionen, die sich aber bei einer exakten Geometrie von alleine ergeben. Die Qualität der Oberflächen ist meist nicht von besonderer Bedeutung. Wenn möglich, wird im Sinne eines effektiveren Modellbaus abstrahiert. Die mechanisch-technologischen Eigenschaften der Modelle sind nicht wichtig. Es werden Modellmaterialien verwendet, wenn sie preiswert und schnell zu verarbeiten sind. Der Abstraktionsgrad ist hoch. Funktionalitäten gibt es in der Regel keine.

a) b) c)

Bild 4.8 Beispiele für Konzeptmodelle[7]

(a) Schlüsselmodell, Schicht-Laminat-Verfahren, (*Quelle: Solidimension/3D Systems);*

(b) Lokomotivmodell, Schicht-Laminat-Verfahren, (*Quelle: CP-GmbH/Kinergy*); (c) U-Boot in Vene, Mikrostereolithographie, (*Quelle: microTEC)*

[7] Die Auswahl in Bild 4.8 bis Bild 4.10 erfolgte jeweils nur aus didaktischen Gründen und bedeutet keine Wertung. Es hätten auch eine Vielzahl alternativer Verfahren und Geometrien an diesen Stellen gezeigt werden können.

Weil die Einsatzhäufigkeit geringer ist als bei Konzeptmodellen, spielt ein niedriger Preis nicht die gleiche Rolle. Eine schnelle Verfügbarkeit ist aber wegen der damit verbundenen Reduzierung der Blindplanzeit notwendig. Wegen der schnellen Verfügbarkeit ist eine Fertigung vor Ort oft vorteilhaft. Das bedingt vorzugsweise einfach zu installierende und zu bedienende Maschinen.

Die Nachhaltigkeit spielt wegen des kurzen Gebrauchs meist eine untergeordnete Rolle. Auch die Entsorgung ist wegen der geringeren Mengen nicht von besonderer Bedeutung.

Die Reproduzierbarkeit im Sinne der Qualitätssicherung ist zur Erzielung gesicherter Aussagen wichtig. Beispiele für Geometrieprototypen zeigt Bild 4.9.

Funktionsprototypen werden zum Test einzelner oder mehrerer Funktionen verwendet. Funktionen sind dabei im weitesten Sinne als physikalische Eigenschaften definiert und können sowohl mechanisch-technologische Charakteristika (Dehnung, Temperaturfestigkeit) sein, als auch z. B. Farbe, Textur oder dergleichen bedeuten oder geometrische Größen umfassen. Aspekte der Anmutung im Sinne der äußeren Erscheinung, der Optik und der Haptik, also auch die Proportionen, Details und Oberflächen, spielen keine Rolle, wenn sie die Funktionen nicht beeinträchtigen.

a) b) c)

Bild 4.9 Beispiele für Geometrieprototypen

(a) Schädelmodell zur Operationsplanung, Pulver-Binder-Prozess, *(Quelle: 3D Printing, CP-GmbH);* (b) Möbiusschleife, Polymer Printing, *(Quelle: Objet/Zedax/Schmidt, FH Aachen);* (c) Auspuffkrümmer, Lasersintern, *(Quelle: CP-GmbH)*

Das Ziel ist die Herstellung von Funktionsmodellen, die bezüglich einzelner definierter Funktionen genauso mechanisch-technologisch belastet werden können, wie die späteren Produkte. Es können daher meistens keine Modellmaterialien verwendet werden, sondern es müssen Konstruktionswerkstoffe eingesetzt werden.

Ein niedriger Preis steht vor dem Hintergrund der Vermeidung von Kosten für Werkzeuge und aufgrund der geringeren Stückzahl gegenüber Konzeptmodellen nicht im Vordergrund. Die schnelle Verfügbarkeit orientiert sich an den Herstellzeiten für konventionelle Werkzeuge zur Herstellung von Prototypen.

Wegen der unterschiedlichen Materialien und damit der unterschiedlichen Maschinen, die im Zuge der Herstellung unterschiedlicher Prototypen benötigt werden, ist eine Fertigung im eigenen Haus meist nicht sinnvoll. Häufig erfolgt eine Verlagerung zu externen Spezialisten.

Die Nachhaltigkeit ist im Rahmen der Dokumentationspflicht wichtig, hat aber meist keine große Bedeutung. Eine Reproduzierbarkeit im Sinne der Qualitätssicherung ist von großer Wichtigkeit.

Recycling und eine einfache Entsorgung stehen nicht im Fokus.

Beispiele für Funktionsprototypen zeigt Bild 4.10. Auch der Gewinde-Kopf der Cola-Flasche ist ein Funktionsmodell, weil er seinerzeit dazu diente, den darunterliegenden „Kragen" so zu entwickeln, dass er mit der Anatomie der Hände möglichst vieler Menschen kompatibel ist.

Die obigen Ausführungen sind in Tabelle 4.4 zusammengefasst und gegeneinander gewichtet.

a) b) c)

Bild 4.10 Beispiele für Funktionsprototypen

(a) Medizinische orthopädische Kunststoffprothese (Quelle: Think 3D); (b) Kopf einer Cola-Flasche, Laser Stereolithographie, *(Quelle: 3D Systems)*; (c) Getriebe, Extrusionsverfahren-FDM, *(Quelle: protozone-at)*

Tabelle 4.4 Anforderungen an die Modellarten nach VDI 3405

Modellart nach VDI 3405	Anwendung: Beurteilung von	Proportionen	Details	Oberflächen	Mech.-techn. Eigenschaften	Materialien ▪ Modellmat ▪ Konstrukt.-Mat	Bauzeit	Schnelle Verfügbarkeit	Niedriger Preis	Nachhaltigkeit	Recyclingfähigkeit	Reproduzierbarkeit
Konzeptmodell	Äußerer Erscheinung (dreidimensionales Bild)	++	–	–	– –	M	+	++	++	– –	+	o
Geometrieprototyp	Maß, Form und Lage (Datenkontrolle, Montage)	+	++	–	– –	M	o	+	+	– –	o	++
Funktionsprototyp	Einzelnen oder allen Funktionalitäten	–	–	–	++	K	o	o	+	+	o	++

Legende: ++: sehr wichtig +: wichtig o: neutral –: weniger wichtig – –: unwichtig

4.3.1.4 Zuordnung von Modellklassen und Modelleigenschaften zu den Familien der *Additiven Fertigungsverfahren*

Für den praktischen Einsatz von Prototypen ist eine Zuordnung der Modellklassen und der mit diesen verknüpften Modelleigenschaften zu den Additiven Fertigungsanlagen sehr hilfreich.

Dabei ist zu berücksichtigen, dass mit den gleichen Maschinen unterschiedliche Modelle gebaut und in der Regel höherwertige Modelle immer auch zu einfacheren Untersuchungen herangezogen werden können. Das versucht man aber aus wirtschaftlichen Gründen zu vermeiden. Auch führen die Anforderungen an Modelle nicht immer eindeutig auf eine Modellklasse. Deshalb ist ein Kompromiss anzustreben zwischen einer sehr speziellen Zuordnung von Modellklassen zu einzelnen Maschinen einerseits und einer sehr groben Zuordnung von Modellklassen z. B. allein zu Prototypern und Fabrikatoren.

Ein solcher Kompromiss ist die Zuordnung zu den generischen Verfahrensfamilien nach Kapitel 3 „Additive Fertigungsanlagen für Rapid Prototyping, Direct Tooling und Direct Manufacturing“. Von den sechs dort vorgestellten Verfahrensfamilien kommt das *Beschichten – Schmelzen mit der Pulverdüse* (Abschnitt 3.3) als reines Metallverfahren für das Rapid Prototyping nicht in Betracht. Damit sind für das Rapid Prototyping relevant:

- Polymerisation – Stereolithographie (SL),
- (Selektives) Lasersintern ((S)LS) – Schmelzen im Pulverbett,
- Schicht-Laminat-Verfahren (LLM),
- Extrusionsverfahren – Fused Layer Modeling (FLM),
- Pulver-Binder-Prozess – vormals: Three Dimensional Printing (3DP).

Als Zusammenfassung aus Kapitel 3 „Additive Fertigungsanlagen für Rapid Prototyping, Direct Tooling und Direct Manufacturing“ sind die charakteristischen Eigenschaften dieser Verfahrensfamilien nochmals in Tabelle 4.5 zusammengestellt.

Aus der Gegenüberstellung von Tabelle 4.4 und Tabelle 4.5 ergeben sich bevorzugte Einsatzgebiete für die betrachteten Verfahrensfamilien. Sie gelten nur für die Anwendung Rapid Prototyping und für Modelle aus Kunststoff oder aus Modellmaterialien. Die nachfolgende Diskussion ist in Bild 4.11 grafisch zusammengefasst.

Danach sind Pulver-Binder-Prozesse (ursprünglich: (3D) Printing-Verfahren) und das Schicht-Laminat-Verfahren (LLM) für Konzeptmodelle besonders gut geeignet. Die Pulver-Binder-Prozesse sind vor allem schnell und preiswert, haben aber wegen des notwendigen Infiltrierens einen ähnlich hohen Nacharbeitsaufwand wie das LLM durch das Auspacken und Fixieren. Das kann zukünftig bei der Verwendung teilvernetzender Pulver anders werden. Extrusionsverfahren (FDM) sind trotz der zeitaufwendigen Waschprozesse diesbezüglich weniger aufwendig. Sie sind teurer als Pulver-

Binder- und LLM Modelle. Mit wachsender Komplexität werden sie aber zunehmend überlegen. Akzeptable geometrische Details und vor allem Funktionalitäten sind nur von Extrusions-, Polymerisations- und Sinterverfahren zu erwarten. Die Polymerisationsverfahren (SL) haben dabei die besten Oberflächen, gefolgt von Sinterverfahren ((S)LS). Aufgrund der an der Oberfläche sichtbaren Extrusionsstruktur, die zudem von der Orientierung des Bauteils abhängt, fallen die Extrusionsverfahren dagegen ab. Gute mechanisch-technologische Eigenschaften zeigen vor allem die Sinterverfahren, direkt gefolgt von den Extrusionsverfahren und, abhängig vom Material, den Polymerisationsverfahren.

Die Betrachtungen gelten für das Bauteil (Modell), wie es sich am Ende der Additiven Fertigung darstellt. In vielen, wenn nicht sogar in den meisten Fällen, werden die Anforderungen an das Modell aber erst nach einem Finishing durch Schleifen, Lackieren, Beschichten, oder dergleichen erfüllt. Oft entsteht das einsatzfähige Modell insgesamt erst mittels eines Folgeprozesses, der das additive Bauteil als Urmodell verwendet (Abschnitt 3.10 „Folgeprozesse"). Deshalb wurde der Prozessschritt Folgeprozess an den Stellen in Bild 4.11 aufgenommen, an denen erfahrungsgemäß die direkte Additive Fertigung keine Verbesserung mehr erwarten lässt. Für die Schicht-Laminat-Verfahren und Sinterverfahren sind Folgeverfahren zwar möglich, aber wegen des manuellen Aufwands bei der Vorbereitung der Oberflächen meist wirtschaftlich nicht sinnvoll.

Tabelle 4.5 Charakteristische Eigenschaften der fünf für das Rapid Prototyping einsetzbaren Additiven Verfahrensfamilien

Verfahrens-familie	Details	Ober-flächen	Mech.-techn. Eigen-schaf-ten	Materialien ▪ Modellmat ▪ Konst-rukt.-Mat	Bau-zeit	Preis	Nach-haltig-keit	Recyc-ling-fähig-keit	Repro-duzier-barkeit
Index	1	1	1	–	2	2	1	1	2
Polymeri-sation	++	++	+	K	+	++	–	–	++
Lasersintern	+	+	++	K	+	+	o	o	+
Schicht-Laminat	– –	o	–	M	+	o	–	–	–
Extrusion	–	–	+(+)	K	+	+	+	o	+
3D Printing	o	o	– –	M	– –	– –	–	++	–

Legende:	+ +	+	o	–	– –
Index: 1	sehr gut	gut	neutral	schlecht	sehr schlecht
2	sehr hoch	hoch	neutral	niedrig	sehr niedrig

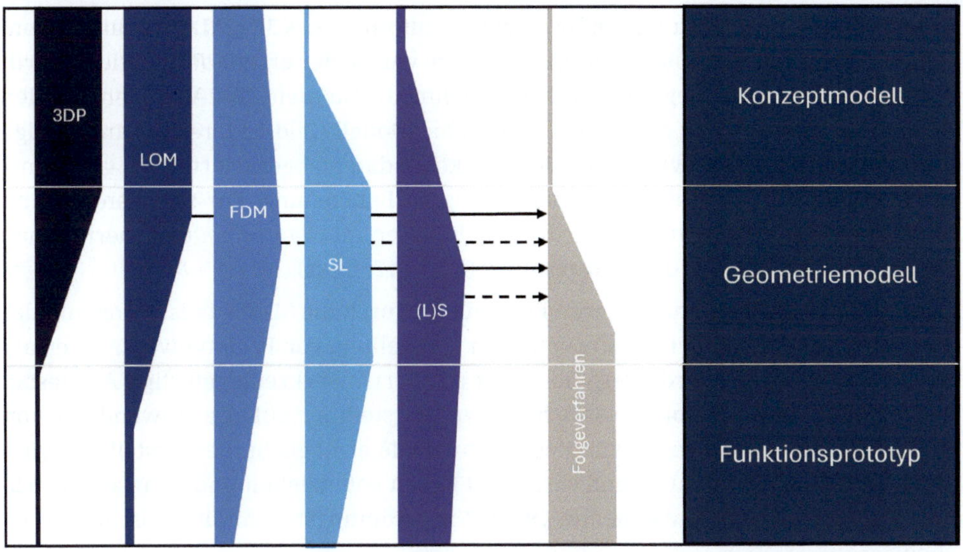

Bild 4.11 Zuordnung der Additiven Verfahrensfamilien nach Tabelle 4.5, definiert durch die Modellanforderungen nach Tabelle 4.4, zu den Modelldefinitionen nach Tabelle 4.1 (VDID) und Tabelle 4.2 (VDI 3405). Die Graphik gilt nur für die Anwendung *Rapid Prototyping* und für Modelle aus Kunststoffen oder aus Modellmaterialien

4.3.2 Anwendung des Rapid Prototyping in der industriellen Produktentwicklung

Für den Einsatz der in Kapitel 3 „Additive Fertigungsanlagen für Rapid Prototyping, Direct Tooling und Direct Manufacturing“ beschriebenen 3D-Drucker zur Optimierung der Produktentwicklung werden nachfolgend ausgewählte Beispiele gezeigt. Die Beispiele konzentrieren sich darauf, die Vorteile zu beleuchten, die durch die Anwendung des Rapid Prototyping zu erzielen sind. Die einzelnen Verfahren stehen eher im Hintergrund. Insbesondere lassen die Art der in den Beispielen vorkommenden Verfahren und die Anzahl ihrer Erwähnung keinen Rückschluss auf eine generell bessere oder schlechtere Eignung eines Verfahrens im Allgemeinen zu.

Auf die Angabe von Bauzeiten und Baukosten wurde bewusst verzichtet, weil eine seriöse Diskussion dieser Daten auf der Basis der zur Verfügung stehenden Informationen und im Rahmen dieses Buches nicht gewährleistet ist.

4.3.2.1 Beispiel: Pumpengehäuse

Um die Versorgung zweier getrennter Heizkreisläufe durch nur eine zentrale Therme zu ermöglichen, wird ein Doppelpumpengehäuse benötigt, das einerseits mit geringem Aufwand an unterschiedliche Therme adaptiert werden kann und andererseits die Aufnahme von Großserien-Umwälzpumpen erlaubt.

Das Gehäuse wurde nach Herstellervorgaben mithilfe eines 3D-CAD-Programms konstruiert. Mithilfe einer Visualisierungssoftware wurde der erste Konstruktionsschritt von allen Beteiligten begutachtet und genehmigt. Aus den 3D-CAD-Daten wurden STL-Daten generiert und ein Stereolithographie-Modell (Bild 4.12, rechts) angefertigt. Mithilfe dieses Modells wurden die Konstruktionsdaten abgesichert. Dazu gehört neben der geometrischen auch die gießtechnische Beurteilung. Für strömungstechnische Untersuchungen wurde aufgrund der höheren mechanischen und thermischen Belastungen ein Polyamidmodell gesintert (Bild 4.12, links).

Aufgrund der raschen und sicheren Beurteilung durch die 3D-Visualisierung und das Stereolithographie-Modell konnte von einer Herstellung von Prototypwerkzeugen abgesehen werden. Es wurde deshalb sofort das Serienwerkzeug gefertigt. Als Besonderheit wird bei der spritzgusstechnischen Herstellung auf die Anwendung von Schmelzkernen zurückgegriffen. Diese Technologie ermöglicht die Herstellung eines einteiligen Pumpengehäuses und vermeidet neben potenziellen Undichtigkeiten auch durch eine Trennfuge entstehende „Nähte“ in strömungstechnisch kritischen Bereichen.

Bild 4.13 zeigt das Spritzgussteil vor dem Ausschmelzen der Kerne und einen separaten Kern, wie er in das Spritzgießwerkzeug eingelegt wird.

Die Kerne, die aus einer niedrigschmelzenden Legierung bestehen, müssen ihrerseits in einem Werkzeug gefertigt werden. Auch hierbei bietet sich als Alternative zu traditionellen Erodier- und Fräsverfahren an, Rapid Prototyping-Verfahren einzusetzen. Die Herstellung der Schmelzkerne kann beispielsweise durch ein in Hochtemperatur-Silikon abgeformtes Werkzeug auf der Basis eines Rapid Prototyping-Urmodells geschehen.

Bild 4.12
Doppelpumpengehäuse: Stereolithographie-Modell (rechts),Sintermodell (Polyamid, links)
Quelle: M-Tec

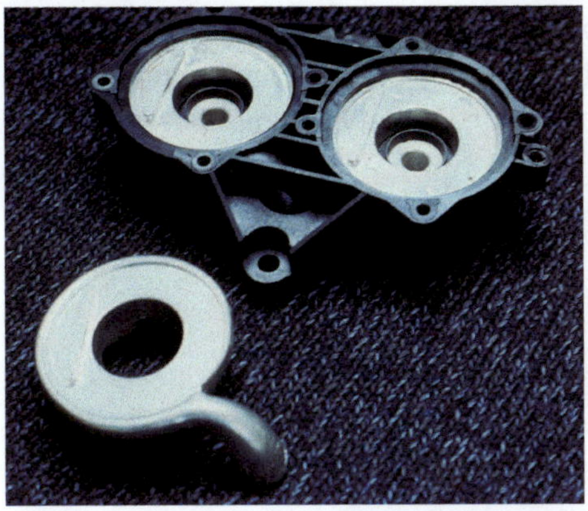

Bild 4.13
Spritzgussteil mit Schmelzkernen, Schmelzkern (vorne)
Quelle: IKM

4.3.2.2 Beispiel: Büroleuchte

Ein Hersteller von Leuchten für Büro- und Geschäftshäuser stellte seiner Konstruktion und Fertigung die Aufgabe, eine neue Leuchtenfamilie zu entwickeln. Vorausgegangen waren sorgfältige Marktanalysen, sodass der entscheidende Impuls für die Entwicklung der neuen Leuchtenfamilie vom Marketing ausging.

Entwicklungsziel war neben den branchenüblichen lichttechnischen, elektrotechnischen und fertigungstechnischen Anforderungen ein unverwechselbares, aber dennoch tendenziell eher konservativ gehaltenes und in ein gewerbliches Umfeld integrierbares Design. Neben unterschiedlichen hängenden Versionen, die auch zu mehreren kombinierbar sein sollten, wurde auch eine Wand- und Standversion gefordert. Eine weitere Forderung war die fertigungstechnisch optimale Realisierung der Leuchtenfamilie. Vor dem Hintergrund restriktiver Preisvorgaben für das Endprodukt kristallisierte sich schnell ein Lösungsansatz heraus, der auf eine möglichst einfache und fertigungstechnisch günstig herzustellende Grundkonzeption aufsetzt und die unterschiedlichen Varianten durch Individualisierung dieser Grundkonzeption realisiert.

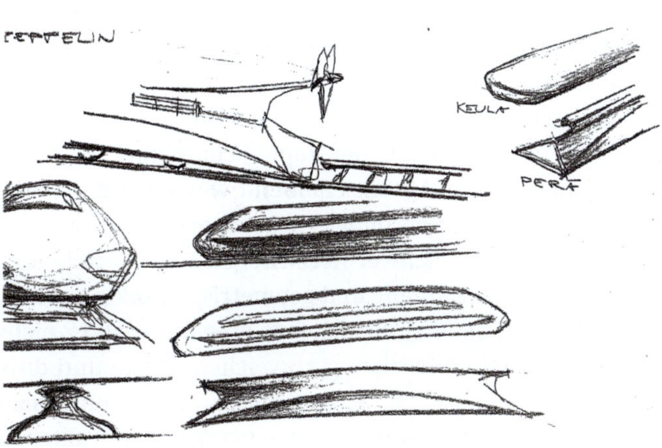

Bild 4.14
Designentwurf „Schienenzeppelin".
Quelle: TRENO

Aus der Idee des Industriedesigners (TRENO, Finnland), die sich konzeptionell an den berühmten Schienenzeppelin anlehnt (Bild 4.14), entwickelte sich sehr schnell eine vierteilige Grundkonzeption, die aus drei unterschiedlichen Elementen besteht.

Bild 4.15 Befestigungselemente, Standversion Stereolithographie
Quelle: THORN

Ein lang gestreckter Lampenkörper, der bereits in der Prototypphase durch ein Aluminiumstrangguss-Profil realisiert wurde, formt zusammen mit zwei kopfseitigen Abdeckelementen den eigentlichen Leuchtenkörper. Ein entsprechendes Montageelement ermöglicht die alternative Ausgestaltung zur Stand- oder Hängeleuchte. Die nächsten Entwürfe führten zu einem ersten Konsens über die Gestaltung des Mittelteils und der Kopfstücke des Leuchtengrundkörpers. Aufgrund der Stereolithographie-Modelle wurde ein Aufnahmeelement für die Standversion (Bild 4.15, links) favorisiert.

Für die weitere Produktentwicklung wurde beschlossen, von der Leuchte insgesamt, insbesondere von den Kopfstücken Prototypteile anzufertigen. Da die Firma über einen eigenen konventionellen Musterbau verfügt, lag es nahe, auf eine manuelle oder teilautomatisierte konventionelle Fertigung zu setzen. Aus Zeitgründen wurde dennoch auf die zu diesem Zeitpunkt neue Technologie des Rapid Prototyping in Gestalt der Laser-Stereolithographie zurückgegriffen. Mitentscheidend war auch die Tatsache, dass die dem Entwurf zugrundeliegenden besonders anspruchsvollen Freiformflächen mit konventionellen Mitteln nur sehr schwer herzustellen sind. Gerade hier versprach die Laser-Stereolithographie eine schnelle und geometrisch exakte Lösung. Der Preis für die Anfertigung der Modelle spielte nur insofern eine Rolle, als er nicht deutlich von den Kosten der konventionellen Fertigung abweichen durfte und dass darin die für die konventionelle Fertigung nicht erforderliche dreidimensionale CAD-Darstellung des Produktes inbegriffen sein musste. Ausschlaggebende Faktoren waren aber die Komplexität der Geometrie und die Schnelligkeit der Modellerstellung.

Bereits in der ersten Projektphase wurde beschlossen, nicht etwa die gesamte Leuchte als Stereolithographie-Modell auszuführen, sondern die wesentlichen Elemente aus den jeweils optimalen Verfahren herzustellen und die Leuchte aus diesen Teilmodellen zusammenzufügen. Das zentrale Element der Leuchte wurde aus einem Aluminiumstrangguss-Profil gefertigt, während die beiden Kopfelemente und das Befestigungselement als Stereolithographie-Teile ausgeführt wurden. Dabei sollten die Stereolithographie-Teile für eine erste Bemusterung herangezogen werden. Für die weitere Produktentwicklung wurde vereinbart, sie als Urmodelle für Vakuumabgüsse zu verwenden. Das Vakuumgießen wurde wegen der Stückzahlen, aber vor allen Dingen aufgrund des von dem Serienmaterial abweichenden transluzenten Verhaltens des Stereolithographie-Werkstoffs, notwendig.

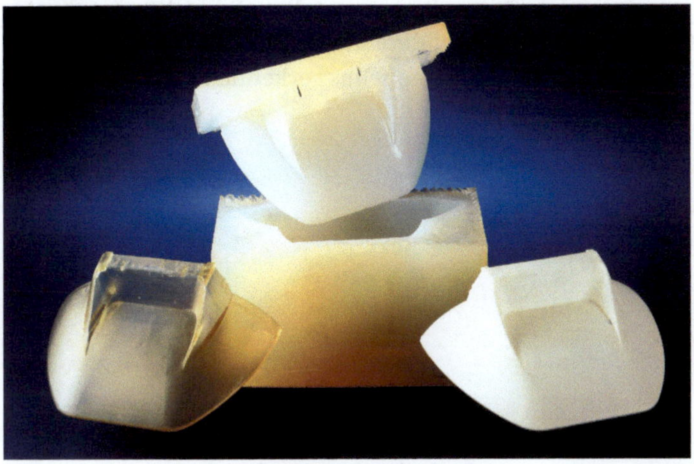

Bild 4.16 Kopfstücke einer Büroleuchte:
Stereolithographie-Modell (links), Vakuumgießform (Mitte), Vakuumabguss (rechts)
Quelle: THORN

Die Kopfstücke fanden auf Anhieb breite Zustimmung und wurden im Folgenden nur unwesentlich geändert. Das Stereolithographie-Modell und der entsprechende Vakuumabguss sind in Bild 4.16 zu sehen.

Im Gegensatz dazu machte die maßstäblichen Herstellung des Befestigungselementes (Bild 4.15, links) deutlich, dass dieses in Bezug auf die Gesamtkonzeption zu filigran und optisch zu unausgewogen war. Trotz grundsätzlicher Zustimmung aufgrund eines Alternativentwurfes (Bild 4.15, rechts) wurde auch die zweite Version des Befestigungselementes schließlich verworfen, nachdem sie in Form eines dreidimensionalen Stereolithographie-Modells vorlag und folglich beurteilt werden konnte.

Erst die Variante 3 (Bild 4.15, Mitte) fand allgemeine Zustimmung und wurde in die Serie übernommen. Eine Beurteilung wurde erst möglich, nachdem dieses zeichnerisch nur schwer darstellbare Element tatsächlich als physisches Modell vorlag. Bei dieser komplexen, von Freiformflächen dominierten Konstruktion, die zudem die innere Kabeldurchführung aufnehmen muss, treten die Vorteile von Rapid Prototyping-Verfahren und im besonderen Fall die Möglichkeit der Stereolithographie, sehr präzise Freiformflächen wiederzugeben, deutlich hervor.

Insgesamt hat der Einsatz der Stereolithographie dazu geführt, dass das Produkt und seine wesentlichen Elemente früher und sicherer beurteilt werden konnten und auf diese Weise die Produktentwicklung deutlich verkürzt werden konnte. Positiv beeinflusst wurde insbesondere auch der multinationale Dialog, der in internationalen Konzernen gelegentlich bremsend wirken kann.

Schließlich konnte man das Produkt mithilfe der Stereolithographie-Modelle und der daraus gewonnenen Vakuumabgüsse bereits vor dem eigentlichen Markteintritt auf wichtigen Fachmessen in seiner endgültigen Form vorstellen. Bild 4.17 zeigt die Ansicht des Serienprodukts (Kopfstück). Insbesondere die hängende Version lässt deutlich Anklänge an die Grundidee des „Schienenzeppelins“ erkennen (Bild 4.18).

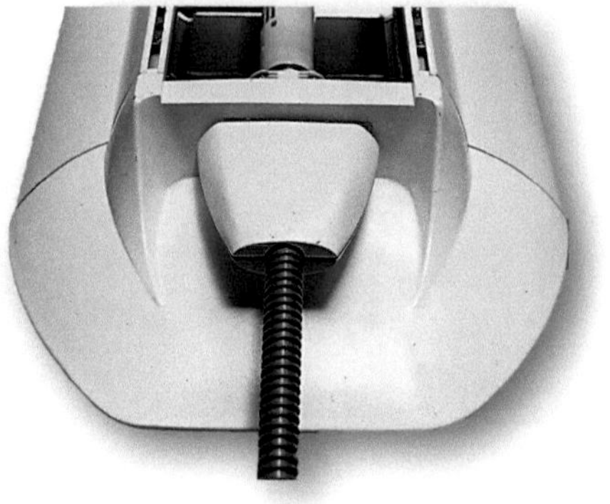

Bild 4.17
Serienleuchte, Kopfstück
Quelle: THORN

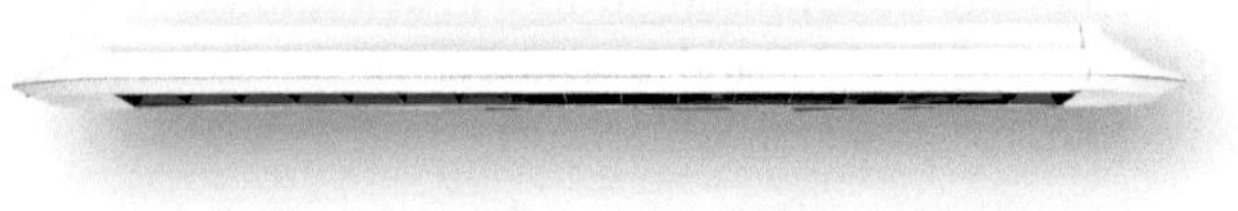

Bild 4.18
Serienleuchte
Quelle: THORN

4.3.2.3 Beispiel: Einbauleuchtenfassung

Im Zuge der Entwicklung eines dreiteiligen Gehäuses für Einsteck-Halogenleuchtmittel wurde ein funktionsfähiger Prototyp benötigt, der insbesondere die Passgenauigkeit der Elemente Multi-Einbaudose, Adaptionsring und Fassungsgehäuse nachweisen sollte. Das Funktionsmodell musste eine relativ hohe, dem Serienprodukt vergleichbare Festigkeit bei erhöhter Temperatur aufweisen, um insbesondere die Funktion von freistehenden Laschen und feinen Führungen zu testen. Das eigentliche Oberflächenfinish stand dabei zunächst im Hintergrund, solange es die Funktion nicht beeinträchtigte. Deshalb wurde beschlossen, dieses Teil aus Polyamid zu sintern. Bild 4.19 zeigt die gesinterten Bauteile und ein lackiertes, mit Leuchtmitteln versehenes Funktionsmodell. Sie werden in der Serie als Spritzgussteil ausgeführt. Das Rapid Prototyping Modell ermöglichte, alle Optimierungen mit Original-Leuchtmitteln durchzuführen, bevor ein Spritzgießwerkzeug gebaut wurde.

Bild 4.19 Leuchtenfassung: Prototyp (3-teilig, links), Sinterbauteile (rechts)
Quelle: CP-GmbH

4.3.2.4 Beispiel: Modellbaggerarm

Um Roheisenpfannen, Gießpfannen und Konverter zu putzen, zu räumen oder von schweren Schlackekonglomeraten („Bären“) zu befreien, werden mit einem Reißzahn ausgerüstete Spezialbaggerarme auf Standardbaggerfahrgestelle aufgesetzt. Der grundsätzliche Aufbau und die Wirkungsweise des speziellen Baggerarmes gehen aus Bild 4.20 hervor.

Der Hersteller solcher Spezialbaggerarme verlangte zu Werbezwecken ein Standmodell im Maßstab 1 : 50 und für Messen und Ausstellungen ein ferngesteuertes funktionsfähiges Modell im Maßstab 1 : 20.

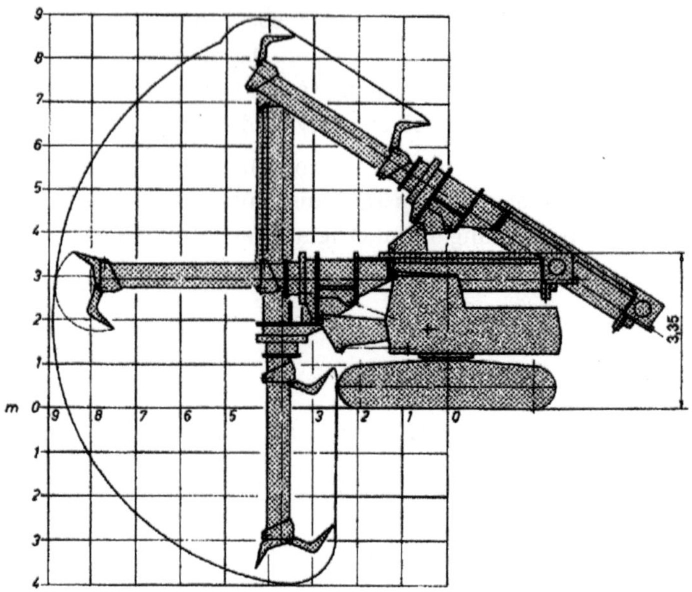

Bild 4.20 Spezialbaggerarm, Kinematik und Arbeitsbereich

Da naturgetreue Baggermodelle in den entsprechenden Maßstäben im Handel verfügbar sind, konzentrierte sich die Aufgabe auf die Herstellung entsprechender Modellbaggerarme. Wegen der geforderten Detailtreue wurde der kleinere Arm mithilfe der Stereolithographie gefertigt und aufgrund der mechanischen Belastung der große Arm gesintert.

Die Hauptaufgabe lag in der Reduzierung des Maßstabes, die sich nur vordergründig allein in der Skalierung aller geometrischen Maße um einen bestimmten Faktor ausdrückt. Um den Charakter des Originals auf das Modell zu übertragen, müssen Details wie Verschraubungen wesentlich größer gefertigt werden, als dies der linearen Reduktion entspricht. Das Ziel der Modellierung als Designmodell ist neben einem möglichst hohen Detaillierungsgrad die Umsetzung aller wesentlichen kinematischen Funktionen des Originalbaggerarmes. Daraus ergeben sich von der geometrischen Reduktion abweichende Mindestanforderungen an Funktionsflächen und Wandstärken, die mit den oben diskutierten optischen Anforderungen korreliert werden müssen. Das Pflichtenheft für das Modell erweitert sich in dem Maße, wie Montage- und Fertigungsgesichtspunkte einer nachgeschalteten Fertigung in einer Kleinserie von mehreren hundert Stück in Metall oder Kunststoff berücksichtigt werden.

Da der Originalkonstruktion keine 3D-Zeichnung zugrunde lag, war der erste Schritt die Modellierung mittels 3D-CAD. Bild 4.21 zeigt das 3D-CAD-Modell in zusammengebautem Zustand und Explosionszeichnungen der beiden Hauptelemente des Baggerarmes, der äußeren Baugruppe und der inneren Baugruppe. Die beiden Explosionszeichnungen enthalten zusammen alle später additiv hergestellten Bauteile.

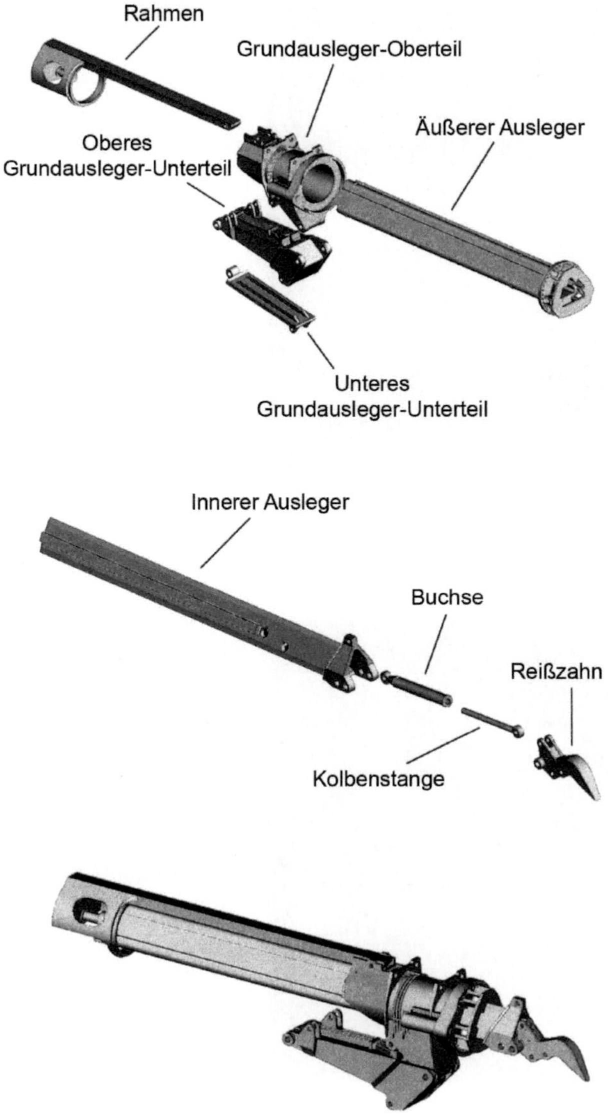

Bild 4.21
Spezialbaggerarm: Äußere und innere Baugruppe, Zusammenbauzeichnung (von oben)
Quelle: van Crüchten, FH Aachen

Bild 4.22 zeigt den Reißzahn als Laser-Stereolithographie-Modell, Bild 4.23 als Laser-Sintermodell.

Bild 4.24 zeigt das fertige Stereolithographie-Modell im zusammengebauten Zustand und nach Montage auf einem handelsüblichen Spielzeugbaggerfahrgestell im Maßstab 1 : 20 und im Maßstab 1 : 50.

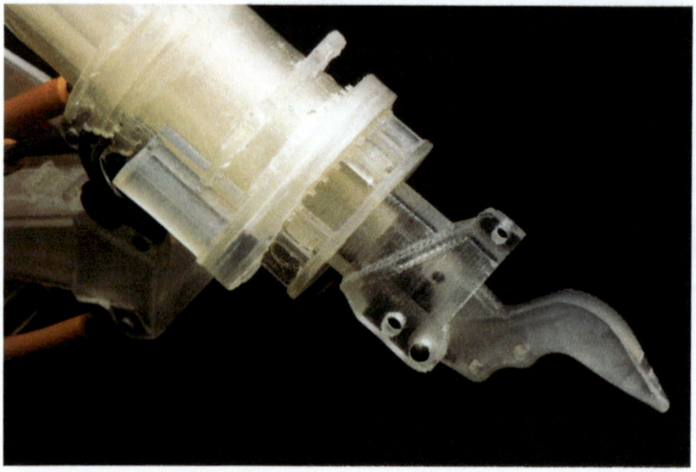

Bild 4.22 Reißzahn, Laser-Stereolithographie
Quelle: van Crüchten, FH Aachen

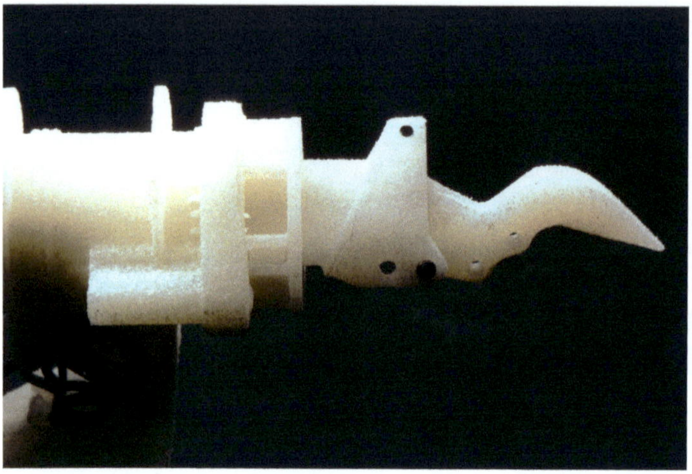

Bild 4.23 Reißzahn, Lasersintern (PA)
Quelle: van Crüchten, FH Aachen

Rapid Prototyping-Verfahren erlauben die Herstellung und Optimierung des Produktes in unterschiedlichen Maßstäben. Die gewünschte Kleinstserie ist aufgrund der im Vergleich zur gewünschten Stückzahl sehr hohen Werkzeugkosten wirtschaftlich nicht darzustellen. Eine Perspektive eröffnen Additive Verfahren in Verbindung mit Abformverfahren.

Bild 4.24 Baggermodelle im Maßstab 1 : 20 und 1 : 50
Quelle: van Crüchten, FH Aachen

4.3.2.5 Beispiel: LCD-Projektor

Das im Folgenden diskutierte Gehäuse eines LCD-Projektors ist heute (2023) nicht mehr aktuell, es adressiert aber sehr anschaulich die Problematik bei der Konstruktion und Optimierung intensiv zu kühlender Geräte und ist daher nach wie vor ein sehr interessantes Beispiel.

Bei diesem Modell (Bild 4.25) wird der sehr kompakte Aufbau dadurch erreicht, dass es zum Transport zusammengeklappt wird.

Es ergeben sich zwei Anforderungen an die Konstruktion:

- Überprüfung des Designs, der Geometrie, der Kinematik, der Einbauverhältnisse und der prinzipiellen Funktion,
- Überprüfung der thermischen Belastung des Gehäuses.

Die Visualisierung des Designs, der äußeren Form, der Kinematik und damit der prinzipiellen Funktionalität stellt hohe Anforderungen an die Oberflächengüte, die Details und die Passform der Teilmodelle. Die thermischen und mechanischen Belastungen sind bei dieser Teilaufgabe sehr gering. Deshalb wurde zunächst ein mehrteiliges Stereolithographie-Modell gebaut.

Eine Überprüfung der Temperaturverhältnisse und damit der für einen Dauerbetrieb notwendigen Kühlung ist mit einem Stereolithographie-Modell nicht möglich, da dauerhafte Einsatztemperaturen deutlich über 60 °C bereits problematisch werden. Die Geometrie wurde deshalb mithilfe des Vakuumgießens abgeformt. Allerdings ist die geforderte Temperaturbeständigkeit von 130 °C auch für die meisten vergießbaren Harze nur schwer zu realisieren. Deshalb musste im vorliegenden Fall ein entsprechend temperaturfestes Gießharz verwendet werden.

Bild 4.25
LCD-Projektorgehäuse: Stereolithographie-Modell (oben) und Vakuumabguss (unten)
Quelle: CP-GmbH

Ein weiterer Vorteil des Vakuumgießens besteht darin, dass trotz der großen und aufgrund der vielen feinen Kühlrippen komplizierten Kontur auf diese Weise mehrere Gehäuse gefertigt werden konnten. Die Abgüsse dienten gleichzeitig als Hilfsmittel bei der Herstellung der Serienspritzgussform, die parallel zum Prototyping angelaufen war.

Die zurzeit der Entwicklung des Projektors äußerst kompakte Bauweise des Gerätes zusammen mit dem Mechanismus, der beim Öffnen des Gehäuses das Objektiv in Projektionsstellung bringt, stellt eine mechanisch und aufgrund der hohen Temperaturbelastung auch thermisch äußerst anspruchsvolle Konstruktionsaufgabe dar. Für derart komplexe Strömungsvorgänge gibt es bis heute keine gesicherte theoretische Berechnungsmethode. Die somit notwendige experimentelle Überprüfung der Konstruktion war mithilfe der Stereolithographie und des Vakuumgießens schnell und sicher am seriennahen Prototyp möglich, lange bevor ein Serienwerkzeug produziert wurde.

4.3.2.6 Beispiel: Kapillarboden für Blumentöpfe

Mithilfe eines Prototyps sollte ein Kunststoffeinsatz erprobt werden, der die selbständige Bewässerung von Blumentöpfen durch Ausnutzung der Kapillarkräfte sicherstellt. Es handelt sich um einen nahezu quadratischen Einsatz für größere Pflanzenschalen, in den eine klappbare, mit dem Hauptteil durch ein Filmscharnier verbundene Einfüllhilfe integriert wurde.

Um die Funktionsfähigkeit des Filmscharniers sicherzustellen, die übrigen mechanisch-technologischen Eigenschaften zu überprüfen und die Einsatzverhältnisse der späteren Spritzgussteile teilweise zu simulieren, wurde beschlossen, Prototypen mithilfe des selektiven Lasersinterns herzustellen (Bild 4.26). Die Tatsache, dass das verwendete Polyamid hygroskopisch ist (aktiv Wasser anzieht und bindet) und sich somit das Teil bei Benutzung in geringem Umfang verändern würde, stellte bei der vorliegenden Anwendung keinen Nachteil dar, weil keine eng tolerierte Passung erforderlich war.

Mithilfe des Additiven Verfahrens Lasersintern konnte ein funktionsfähiges Muster unmittelbar nach Abschluss der 3D-Konstruktion bezüglich aller relevanten Eigenschaften unter den Einsatzbedingungen der Serienteile getestet werden. Dies war Grundlage einer Optimierung der Konstruktion, ohne vorher ins Werkzeug gegangen zu sein.

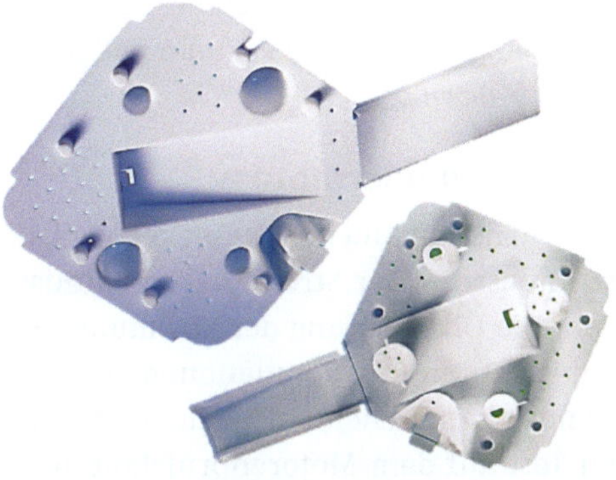

Bild 4.26
Kapillarböden für Blumentöpfe. Lasersintern
Quelle: CP-GmbH

4.3.2.7 Beispiel: Gehäuse einer Kaffeemaschine

Es wurden mehrere Messemodelle einer Kaffeemaschine in unterschiedlichen Farben benötigt. An die Passung der Einzelteile und die Oberflächen wurden hohe Anforderungen gestellt und deshalb als Additives Verfahren die Stereolithographie gewählt. Um unterschiedliche Farben realisieren zu können und um mehrere Prototypen zu bauen, wurden die Stereolithographie-Urmodelle mithilfe des Vakuumgießens abgeformt (siehe Bild 4.27). Auf diese Weise wurde es möglich, die wasserführenden innenliegenden Teile, das Gehäuse und die Wasserstandanzeige aus unterschiedlichen, teilweise transparenten Kunststoffen in unterschiedlichen Farben zu fertigen, ohne in dieser sehr frühen Phase der Produktentstehung bereits Spritzguss-Werkzeuge herstellen zu müssen.

Unter Verwendung von Serienteilen wie Glaskanne, Drehknöpfe, Lampen usw. entstand der Eindruck eines Seriengerätes, weit bevor die Entscheidung für eine Serienproduktion gefallen war.

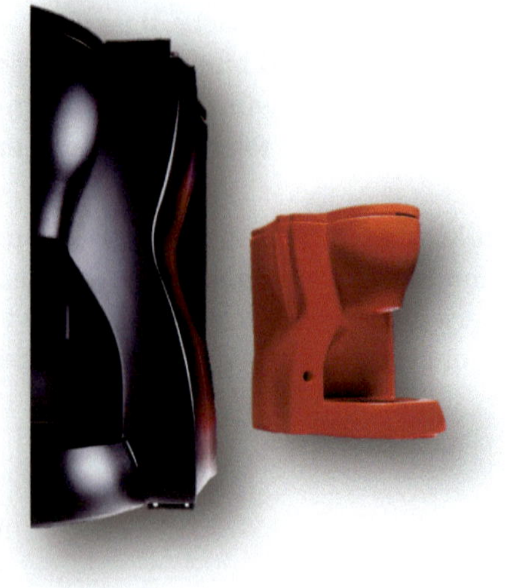

Bild 4.27
Gehäuse einer Kaffeemaschine. Laser-Stereolithographie und Vakuumgießen
Quelle: CP-GmbH

4.3.2.8 Beispiel: Ansaugkrümmer eines Vierzylindermotors

Ansaugkrümmer für Verbrennungsmotoren werden zunehmend komplexer, weil aktive Einbauten die möglichst kontinuierliche Anpassung der Strömungsverhältnisse an die Motorcharakteristik sicherstellen sollen. Die Überprüfung der Strömungsverhältnisse ist auch mit numerischen 3D-Rechenverfahren und Simulationen vor allen Dingen aufgrund der instationären Strömung nur unzureichend möglich. Nach einer theoretischen Voroptimierung ist deshalb ein Test auf dem Motorenprüfstand nach wie vor unentbehrlich.

Der Betrieb auf dem vibrierenden Motor, die Forderung nach tatsächlich funktionierenden aktiven Einbauten, sowie das Einbringen von Sensoren und Aktoren stellen hohe Anforderungen an die mechanische und in geringerem Umfang auch an die thermische Belastbarkeit des Prototyps. Deshalb wird, insbesondere in Fällen, in denen das spätere Serienbauteil im Kunststoff-Spritzguss (Bild 4.28) hergestellt wird, für diese Anwendungen ein Sinterbauteil aus Polyamid bevorzugt. Alternativ wäre auch ein FDM-Bauteil aus ABS-Kunststoff geeignet.

Mithilfe des Additiven Verfahrens Lasersintern steht sehr kurze Zeit nach Abschluss der 3D-Konstruktion ein einsatzfähiges Funktionsmodell zur Verfügung. Geometrische Änderungen aufgrund der Erfahrungen mit dem Motorprüfstand sind vergleichsweise schnell und preiswert in einen verbesserten Prototyp umzusetzen. Ein weiterer Vorteil besteht darin, dass Änderungen im theoretischen Rechenprogramm und die daraus folgenden praktischen Auswirkungen auf dem Motorenprüfstand unmittelbar korreliert werden können und so die Basis für eine Optimierungsstrategie bilden.

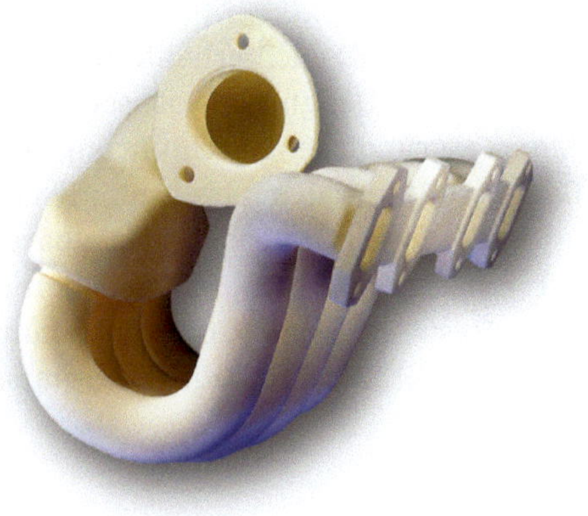

Bild 4.28
Ansaugkrümmer eines Vierzylindermotors. Lasersintern
Quelle: CP-GmbH

4.3.2.9 Beispiel: Cocktailbecher

Das Design eines neuartigen Cocktailbechers, aus dem mehrere Menschen gemeinsam und gleichzeitig ihren Cocktail über Trinkröhrchen zu sich nehmen können, soll eine neue Art von Lifestyle transportieren. Der Becher ist durch Freiformflächen, große transparente Komponenten und eine integrierte Beleuchtung gekennzeichnet, die durch ein animierendes Farbenspiel mit wechselnden Farben ein gleichsam sinnliches Element einbringt. Um vor allem die optische Anmutung der voll- und teil-transparenten Elemente und der Beleuchtung im Boden zu testen, wurde ein äußerlich der späteren Serie entsprechender Prototyp gebaut. Die strukturierten Wände des Behälters und die Freiformfläche des Sockels wurden am besten durch ein Laser-Stereolithographie Modell wiedergeben. Die einzelnen Teile wurden in hochtransparentem PU mittels Vakuumgießen abgeformt, der Sockel metallisiert, die Beleuchtung installiert und der Becher montiert (Bild 4.29).

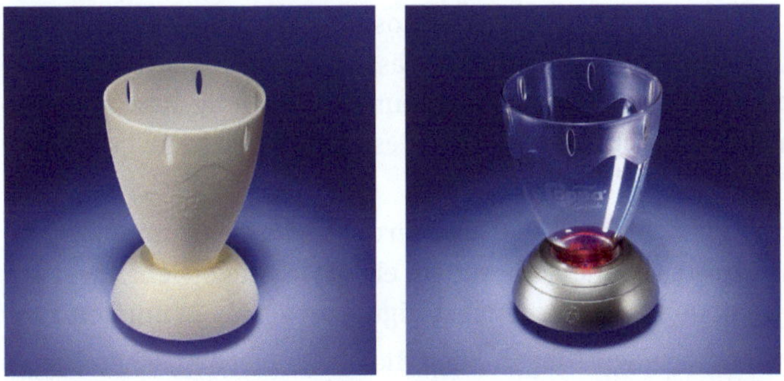

a) b)

Bild 4.29 Cocktailbecher. Urmodell, Laser-Stereolithographie (links),Prototyp, transparenter Vakuumabguss (rechts)
Quelle: Pfefferkorn/Toorank/CP-GmbH

4.3.2.10 Beispiel: Spiegeldreieck

Die wachsende Funktionsintegration in Fahrzeugtüren stellt auch erhöhte Anforderungen an das sogenannte Spiegeldreieck (siehe Bild 4.30). Das gummielastische Dreieck stellt eine komplexe dreidimensionale Montagegrundlage, Durchführung und Abdichtung dar. Inzwischen lassen sich auch flexiblere Materialien direkt additiv verarbeiten und einsetzen. Wichtig sind dabei Tests, die Aussagen über die erzielbaren Shore-Härten, vor allem in Funktion von der Einsatztemperatur, in besonderem Masse aber auch die Rückstellkräfte respektive die Hysterese bei der Druckentlastung liefern. Es wird daher ein Laser-Stereolithographie-Modell angefertigt und mit gummielastischem PU im Vakuumguss abgeformt.

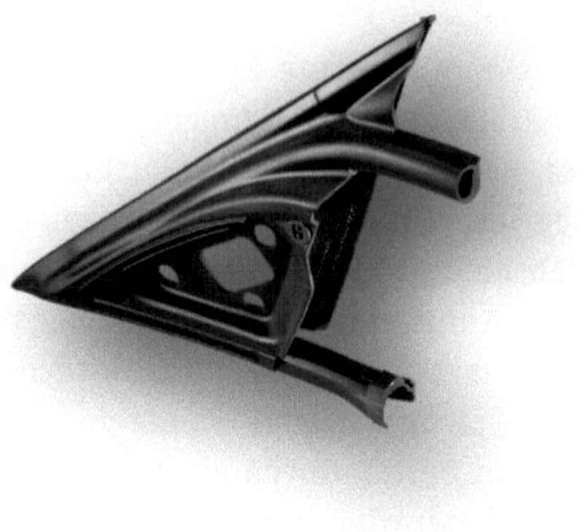

Bild 4.30
Spiegeldreieck. Vakuumguss vom Urmodell (gummielastisches PU)
Quelle: CP-GmbH

4.3.2.11 Beispiel: Cabrioverdeck

An die Verdecke von Cabrio Fahrzeugen werden zunehmend hohe Anforderungen gestellt.

Für den Nutzer sollen sie natürlich offen und geschlossen hervorragend aussehen, leicht zu bedienen sein und dabei schnell und zuverlässig öffnen und schließen. Sie sollen sich geöffnet in einen möglichst kleinen Stauraum selbstständig zusammenfalten. Das Gestänge sollte möglichst nicht zu sehen sein, es sei denn, es hätte besondere Design-Funktionen.

Für den Konstrukteur ergeben sich aus diesen Forderungen immer kompliziertere Kinematiken und filigrane Konstruktionen, die zudem elektrisch angetrieben werden und über mechanisch zu bedienende Sicherheitsbetätigungen verfügen müssen.

Die Konstruktion erschweren vor allen Dingen auch die elasto-mechanischen Eigenschaften des Verdeckstoffs, die Elastizitäten des möglichst dünnen, eigentlichen Gestells, die gleichmäßige Kräfteeinleitung von den Antriebseinheiten in den Gestellmechanismus, so wie die Tatsache, dass sich bei mehrgliedrigen Mechaniken nicht nur die Anzahl der Einzelelemente, sondern auch die Summe der Anlenkpunkte erhöht und sich der Einfluss des Spiels und der Reibung in den unterschiedlichen Gelenken überlagert.

Schließlich steht das Cabrioverdeck in intensiver Wechselwirkung mit der Karosserie, vor allem mit dem Rahmen der Frontscheibe und den freistehenden Seitenscheiben. Die zur Abdichtung und für den Komfort notwendigen Schließkräfte müssen gegenüber den Forderungen nach einer leichten Bedienbarkeit abgegrenzt werden.

Um diese Vielzahl an Forderungen mit inhärenten Zielkonflikten zu optimieren, greifen die Entwickler von Cabrioverdecken zur Evaluierung ihrer Konstruktionen nach wie vor auf Versuche zurück.

Die Absicherung der Konstruktion kann natürlich nicht erst am serienidentischen Protototyp geschehen, sondern muss viel früher einsetzen. Dazu sind Abstraktionen notwendig, die umso stärker sein müssen, je früher ein Modell erstellt und getestet wird.

In der Praxis haben sich folgende Entwicklungsschritte bewährt:

1. Die Abstimmung des konzeptionellen Ansatzes und der gestalterisch-technischen Lösung durch ein Konzeptmodell
2. Die Evaluierung der Daten durch ein Datenkontrollmodell
3. Die Absicherung der Kinematik durch ein Funktionsmodell
4. Gegebenenfalls Detailabsicherungen durch zusätzlich definierte Modelle
5. Der Bau und der Test eines seriennahen Prototyps zur Freigabe der Produktion.

Aus Sicht des Prototypenbauers sind vor allem die Punkte eins bis drei und gegebenenfalls vier von Bedeutung. Zur Umsetzung werden Additive Verfahren eingesetzt. Mit ihrer Hilfe entstehen bereits in der frühen Produktentwicklungsphase Konzept- und Funktionsmodelle, die die Produktentstehung insgesamt beschleunigen. Sie verbessern auch die Qualität, weil sie helfen, Risiken früh zu erkennen und ihre Ursachen zu eliminieren.

Für den Punkt 5 sollten bereits Bauteile in seriennaher Qualität vorliegen. Die zugehörigen Arbeiten liegen damit in einer späteren Phase der Produktentstehung und fallen zudem vollständig in den Verantwortungsbereich des entwickelnden Herstellers.

Konzept- und Datenkontrollmodell. Der erste Schritt besteht in der Abstimmung des gestalterischen und konstruktiven Ansatzes und in der Absicherung der Datenbasis.

Für den Konstrukteur selbst, aber insbesondere zur Kommunikation im Entwicklerteam, mit den Designern, die die äußere Anmutung vorgeben, und mit Zulieferern ist ein dreidimensionales, physisches Modell besser geeignet als eine Beschreibung oder ein Screenshot. Es zeigt alle Elemente und ihr Zusammenwirken und gibt, auch wenn es wie auf Bild 4.31 sinnvollerweise skaliert ist, einen guten Eindruck von der Gesamtkonzeption.

Wenn diese Modelle wie im vorliegenden Fall (Bild 4.31) aus zwei Halbmodellen besteht, von denen das eine das geschlossene Verdeck mit Bespannung und das andere die unbespannte Gerüststruktur visualisiert, kann die gesamte Konstruktion unter den unterschiedlichsten Aspekten sehr schnell erfasst und diskutiert werden.

Bild 4.31 Datenkontrollmodell eines Cabrioverdecks
Das Modell ist je zur Hälfte bespannt und unbespannt. Maßstab 1 : 50.
Quelle: Karmann/CP-GmbH

Dem Sinterverfahren wurde der Vorzug gegeben, weil die Modelle insgesamt robuster sind, als die auch infrage kommenden Stereolithographie-Modelle. Trotz filigraner Strukturen überstehen sie das Weiterreichen von Hand zu Hand ohne Schaden.

Ein Stereolithographie-Modell hätte insgesamt sicher feinere Details abgebildet, wäre aber empfindlicher. Zudem wäre, bei den vielen feinen Verstrebungen, ein mit Stützen versehenes Modell nur schwer zu reinigen gewesen.

Die Absicherung der Konzeption wurde natürlich von 3D-CAD-Modellen und daraus abgeleiteten Simulationen begleitet.

Funktionsmodell. Die sehr filigrane und komplexe Konstruktion des Gestänges kann bezüglich ihrer Kinematik mit dem Konzeptmodell gar nicht und mit einer 3D-Simulation aufgrund der realen Elastizitäten, Spiele und Reibungen nur sehr ungenau untersucht werden. Vor allem geben Simulationen kein Gefühl für den Ablauf des Öffnens und Schließens und stärken somit nicht das Vertrauen in die Konstruktion.

Es wurde daher beschlossen, das Dachgestänge im Maßstab 1 : 1 additiv zu fertigen, zu montieren und manuell zu untersuchen. Dabei war allen bewusst, dass die verwendeten Polyamide bezüglich ihrer Steifigkeiten und ihres Gewichtes von den späteren Serienbauteilen abweichen würden. Ausschlaggebend war die Möglichkeit, sich mittels dieses Modells sozusagen in die Konstruktion hineinversetzen zu können (Bild 4.32 und Bild 4.33) und die weitere Entwicklung mit der Gewissheit voranzutreiben, dass die Konzeption stimmt.

Auch für das Funktionsmodell, das heißt zur Herstellung aller seiner Elemente, wurde das Lasersintern als Additives Verfahren ausgewählt.

Bild 4.32 zeigt das geschlossene Dachgestänge (Maßstab 1 : 1), Bild 4.33 das halb geöffnete, in der Seitenansicht.

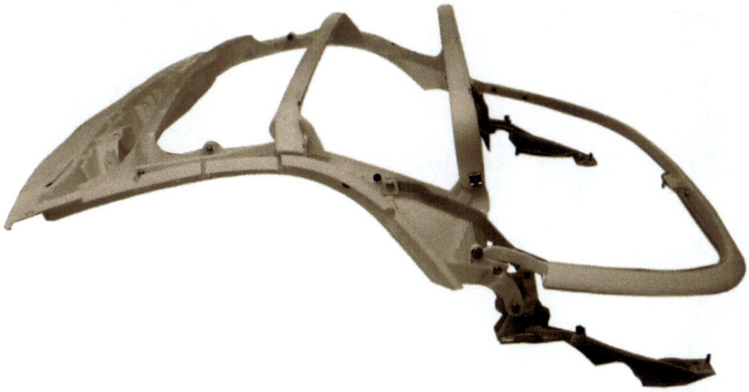

Bild 4.32 Dachgestänge, geschlossen. Maßstab 1 : 1. Gesinterte Elemente aus PA
Quelle: Karmann/CP-GmbH

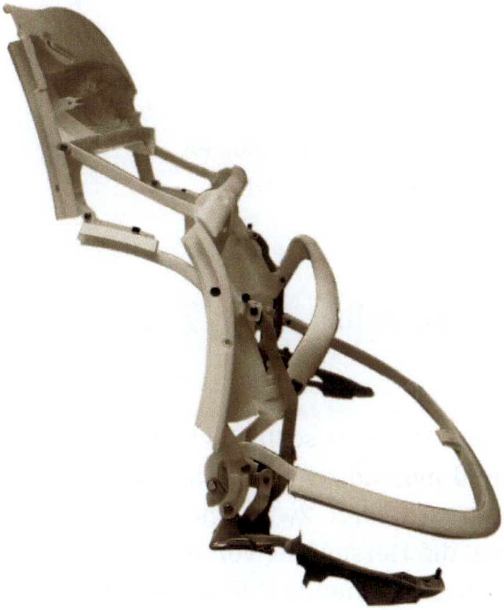

Bild 4.33
Dachgestänge, halb geöffnet. Maßstab 1 : 1. Gesinterte Elemente aus PA
Quelle: Karmann/CP-GmbH

Die Bauteile aus Polyamid (PA) können mechanisch bearbeitet, z. B. aufgerieben und mit metallenen Bolzen, Scheiben und Schrauben zum Gestänge komplettiert werden. Bild 4.34 zeigt eine Detailaufnahme des hinteren linksseitigen Anlenkpunktes.

Mithilfe dieser Modelle, den CAD gestützten Simulationen und ihrer Erfahrung konnten die Konstruierenden die Detailkonstruktion schnell und effektiv abschließen und den Prototyp zur Serienfreigabe herstellen und testen.

Bild 4.34
Dachgestänge, Detail: Maßstab 1 : 1,
Gesinterte Elemente aus PA
Quelle: Karmann/CP-GmbH

4.3.3 Rapid Prototyping Modelle zur Visualisierung von 3D-Daten

Anwendungen, bei denen ein additiv gefertigtes Modell ausschließlich im Sinne eines dreidimensionalen Bildes verwendet wird, sind methodisch von den Anwendungen als Werkzeug zur Produktentwicklung zu unterscheiden. Zwar sind alle Additiven Bauteile Visualisierungen von 3D-Datensätzen, die Herstellung von dreidimensionalen Bildern ist aber keine die Produktentwicklung begleitende Hilfswissenschaft, sondern ein eigenständiger Prozess, der, wenn man so will, auf eine Art Produkt, das dreidimensionale Bild, führt. Fertigungstechnisch stellt das aber keine Produktion von Endprodukten dar, weil die ein verkaufsfähiges Produkt auszeichnenden Eigenschaften meist weitgehend fehlen (vergleiche Abschnitt 6.3.3 „Zukünftige Anforderungen an die Additive Serienfertigung").

Rapid Prototyping Modelle zur Visualisierung von 3D-Daten werden im Zusammenhang mit ihren Anwendungen betrachtet. Diese kommen vor allem aus der Medizin, Kunst, Kunstgeschichte und Architektur, oder dienen der Visualisierung der Ergebnisse von Simulationen. Darüber hinaus sind andere Anwendungen denkbar, z. B. in der Werbung, die aber methodisch keine neuen Problemstellungen aufwerfen.

4.3.4 Rapid Prototyping in der Medizin

Die Anwendung von Rapid Prototyping-Verfahren zur Herstellung von *medizinischen Modellen* verfolgt zwei Hauptziele: die Visualisierung von nicht sichtbaren Strukturen (Bild 6.17 (a)) und die Fertigung von individuellen Implantaten (Bild 6.11) oder Epithesen.

4.3.4.1 Charakteristika medizinischer Modelle

Medizinische Modelle sind durch eine Reihe von Charakteristika gekennzeichnet, die für Modelle in der Produktentwicklung des Maschinenbaus keine oder keine so große Bedeutung haben.

4.3.4.1.1 Große Datenmengen

Aufgrund der hohen Ausgangsdatendichte (beim CT eines gesamten Schädels in 1 mm Schichtung beispielsweise circa 150 Schichten à 512 × 512 Bildpunkte) und aufgrund der Komplexität der Modelle weisen Datensätze von medizinischen Modellen große Datenmengen auf. Dabei ist ein Faktor bis zu zehn gegenüber Modellen aus dem Maschinenbau durchaus üblich.

4.3.4.1.2 Nicht exakt definierte Modellabmessungen

Modelle für den medizinischen Einsatz sind häufig größer als es der eigentlich darzustellende Bereich erfordern würde. Bei der medizinischen Versorgung von Missbildungen aller Art, Traumata und großflächigen Resektionen als Folge von Tumorerkrankungen dienen die Modelle vor allem zur lokal begrenzten Beurteilung des Defekts und der Einleitung der optimalen Therapie einschließlich der Herstellung eventuell notwendiger Implantate. Sie haben aber darüber hinaus auch eine ästhetische Funktion. Medizinisches Fachpersonal kann anhand dieser Modelle die ästhetische Auswirkung seines Tuns beurteilen. Dazu ist es in aller Regel notwendig, beispielsweise Gesamtmodelle von Schädeln anzufertigen und sich nicht mit der Modellierung der unmittelbaren Umgebung des Defektes zu begnügen.

4.3.4.1.3 Mehrere Modelle

Wenn die Modelle zur Operationsplanung benötigt werden und daran Modelloperationen durchgeführt werden, wird vorteilhaft ein zweites Modell angefertigt, das die Ausgangssituation dokumentiert. Hier werden zukünftige Überlegungen der Qualitätssicherung einfließen.

4.3.4.1.4 Transparenz

Anatomische Strukturen weisen, im Gegensatz zu technischen häufig nahezu abgeschlossenen Hohlräumen auf. Beispiele sind die Stirnhöhle, die Kieferhöhlen und der mandibulare Nervenkanal im Unterkiefer. Häufig ist es wichtig, solche Hohlräume beurteilen zu können. Dann werden Stereolithographie-Modelle angewendet. Sie können aus transparentem, zumindest aber transluzentem Material gefertigt werden. So werden Hohlräume und interne Strukturen sichtbar.

Interne Hohlräume können auch mit anderen Verfahren, z.B. dem 3D Printing (Pulver-Binder-Verfahren), dem FLM- oder Extrusionsverfahren oder dem Lasersintern hergestellt werden. Vorzuziehen sind Verfahren, die auswaschbare Stützen haben oder keine Stützen benötigen.

4.3.4.1.5 Sterilisierbarkeit

Modelle sind für medizinisches Fachpersonal häufig dann besonders wertvoll, wenn diese mit in den Operationssaal genommen werden können. Stereolithographie-Modelle aus *Acrylat* sind nach unterschiedlichen Verfahren sterilisierbar. Sintermodelle aus Polyamid, Polycarbonat oder Polystyrol sind weniger geeignet, weil in den internen Hohlräumen noch vorhandenes Pulver während des Gebrauchs entweichen kann und weil die Modelle, wie Fräsmodelle aus Polyurethanschaum, einen ständigen Materialabrieb aufweisen. Dies kann durch Imprägnierungen gemindert werden. Ähnliches gilt für 3D Printing-Modelle. Die Modelle sind also im strengen Sinne nicht sterilisierbar. Viele Hersteller haben spezielle Materialien für die Anwendung in der Medizin im Programm, so existiert für das FDM-Verfahren (vergleiche Abschnitt 3.5.2 „Fused Deposition Modeling (FDM) – Stratasys“) ein sterilisierbarer Werkstoff.

4.3.4.1.6 Biokompatibilität

Vollständig auspolymerisiertes Acrylat des Stereolithographie-Prozesses gilt als biokompatibel. Aufgrund nicht ausreichender klinischer Untersuchungen muss dennoch zurzeit von der Direktimplantation von Rapid Prototyping Modellen insgesamt abgeraten werden. Dagegen kann bei *Epoxidharzen* sicher davon ausgegangen werden, dass sie nicht biokompatibel sind. Beim Verdampfen von Polystyrol entstehen toxische Dämpfe. Versintertes Polystyrol ist nicht toxisch. Zunehmend verfügbare Polylactate (PLA) sowie bioresorbierbare Werkstoffe wie Hydroxylapatit oder Tricalciumphosphat werden beim Lasersintern und beim 3D-Drucken verwendet.

4.3.4.1.7 Stützstrukturen

Sowohl die Berechnung und optimale Anbringung von Stützstrukturen, wie sie bei der Laser-Stereolithographie notwendig sind, als auch deren fachmännische Entfernung, insbesondere bei komplexen Strukturen, wie der Schädelbasis, erfordern beim Modellbau Personal mit anatomischen Grundkenntnissen. Auswaschbare Stützstrukturen haben hier Vorteile.

4.3.4.1.8 Unverbundene Modellteile

Im Zuge der Segmentierung der Knochenstrukturen verschwinden weiche Gewebeanteile wie Bindegewebe, Knorpel und Muskel aus dem Datensatz. Dadurch entstehen unverbundene Modellteile. Für die medizinische Therapie ist es oft von großem Interesse, die genaue Lage dieser unverbundenen Modellteile zueinander zu kennen. Solche Teile werden mithilfe der CAD-Programme mit entsprechenden Verbindungsklammern versehen. Damit ist es beispielsweise möglich, die exakte Position des Unterkiefergelenks in Bezug auf die Gelenkpfanne im Oberkiefer unabhängig von der Segmentierung der CT-Aufnahme exakt darzustellen.

4.3.4.2 Anatomische Faksimiles

Dreidimensionale physische Modelle werden vorzugsweise bei der Diagnose eingesetzt, um die zweidimensionalen bildgebenden Verfahren in der Medizin zu ergänzen. Da es sich bei den Modellen um dreidimensionale Abbilder des Originals handelt, spricht man von Anatomischen Faksimiles (AF). Im Englischen wird die Bezeichnung „Anatomic Facsimile Models" (AFM) verwendet [Meissler98].

Die Prozesskette beginnt mit der medizinischen Indikation, die ein Modell für die Diagnose oder die Therapie verlangt (Bild 4.35). Die Daten werden mithilfe der klassischen Verfahren gewonnen. Eingesetzt werden bildgebende Verfahren der Medizin, vorzugsweise die Computertomographie (CT) zur Darstellung von Knochenstrukturen, die Magnetresonanztomographie (MRT) und Ultraschallverfahren (US) zur Darstellung von Weichteilen sowie die Positronen-Emissionstomographen (PET) und Single Photon Emission Computed Tomography-Verfahren (SPECT) zur Darstellung von Durchblutungs- und Stoffwechselvorgängen. Obwohl z. B. die CT-Aufnahmen Schichtinformationen beinhalten, können sie nicht direkt im 3D-Drucker verwendet werden, weil die Schichtdicken von 1 bis 2 mm (minimal 0,5 mm) wesentlich größer sind als die Schichten der Additiven Verfahren (circa 0,1 mm).

Mithilfe spezieller Bildanalyseverfahren werden aus den Messwerten 3D-Bilder rekonstruiert. Die einzelnen Schichten werden dazu bezüglich der darzustellenden Strukturen segmentiert. Wenn gleichzeitig Knochen und Weichteile darzustellen sind, wie z. B. beim Kehlkopf, können einzelne Teilbilder überlagert werden. Aus den segmentierten Schichtinformationen wird mithilfe der Verfahren der 3D-Rekonstruktion ein virtuelles Bild auf dem Computer erstellt (Bild 4.35). Neben den für die medizinische Routine bestimmten Ausgabemedien und Datenstrukturen sind heutige CT-Scanner und Bildanalysegeräte in der Lage, STL-Daten auszugeben, um damit 3D-Drucker direkt anzusteuern. Wo dies nicht direkt möglich ist, werden Spezialprogramme, z. B. MIMICS eingesetzt. Sie bearbeiten zudem spezifische Probleme der additiven Verfahren (Kapitel 2 „Merkmale der Additiven Fertigungsverfahren") wie Positionierung und Orientierung im Bauraum, gegebenenfalls Konstruktion der Stützen usw. Damit existiert eine zu den CAD-Modellen des Maschinenbaus äquivalente Ausgangs-Datenbasis.

Das gedruckte Bauteil kann direkt oder als Urmodell verwendet werden. Mithilfe von Abformverfahren können z. B. Weichteile oder farblich hervorzuhebende Details besser nachgebildet werden. Je nach Aufgabenstellung kann es notwendig werden, über Abformverfahren mehrere Modelle herzustellen.

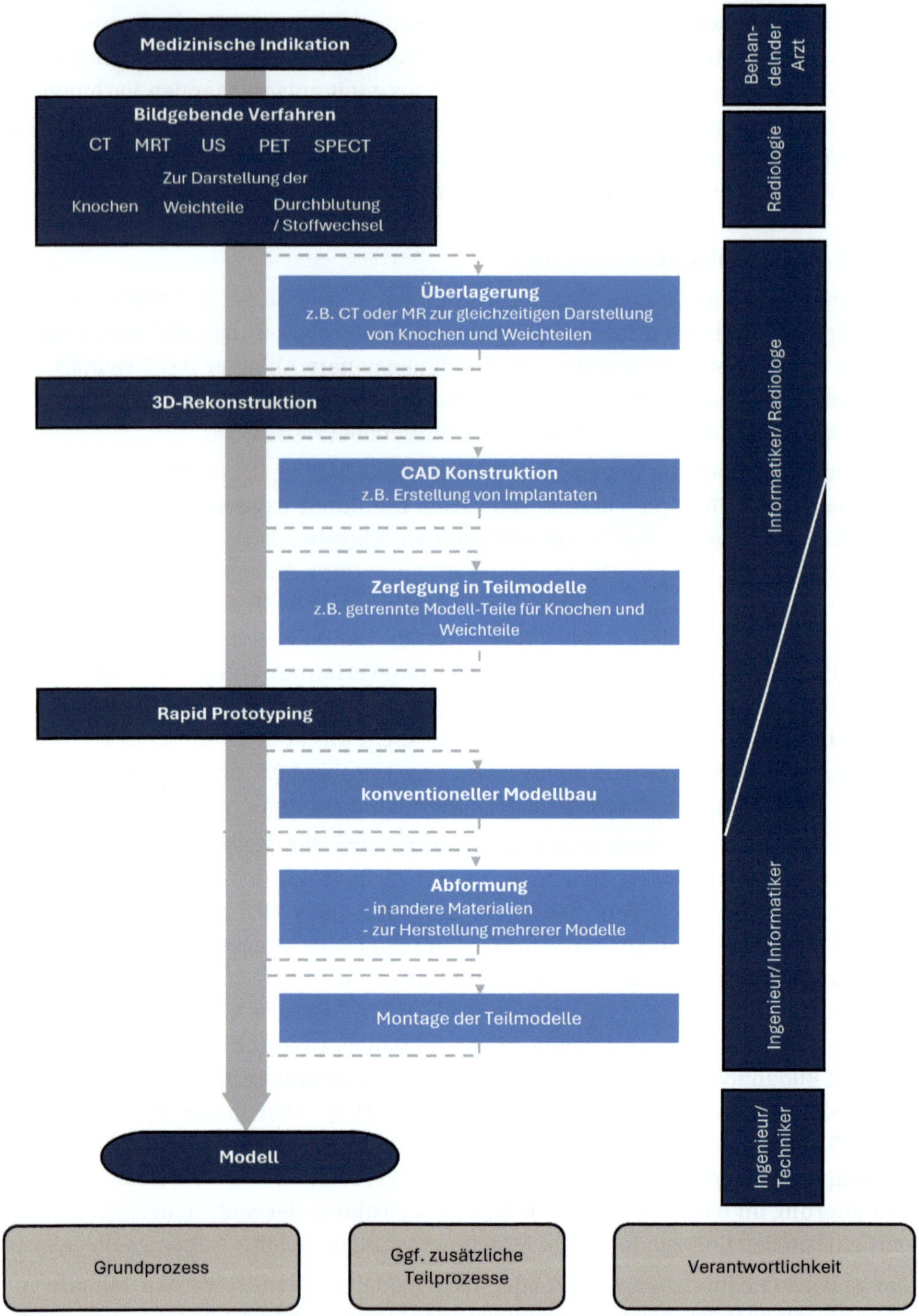

Bild 4.35 Prozesskette zur Herstellung eines anatomischen Faksimiles

4.3.4.3 Beispiel: Anatomisches Faksimile für eine Umstellungsosteotomie

Eine angeborene Missbildung machte bei einem zweijährigen Mädchen eine operative Umstellung der gesamten Schädelgeometrie, eine sogenannte Craniosynostose, notwendig. Zur Vorbereitung dieser komplizierten Operation wurde der Befund zunächst in Form eines Stereolithographie-Modells dreidimensional abgebildet (Bild 4.36). Im Zuge der pre-operativen Planung wurden dazu die Osteotomielinien eingezeichnet (Bild 4.37). Da das Stereolithographie-Material mit den Medizinern zur Verfügung stehenden Werkzeugen bearbeitet werden kann, wurde eine Musteroperation durchgeführt. Der Zustand nach der Osteotomie ist auf Bild 4.38 zu sehen. Unter Einsatz von konfektionierten Osteosyntheseplatten wurden die Schädelknochen neu konfiguriert (Bild 4.39).

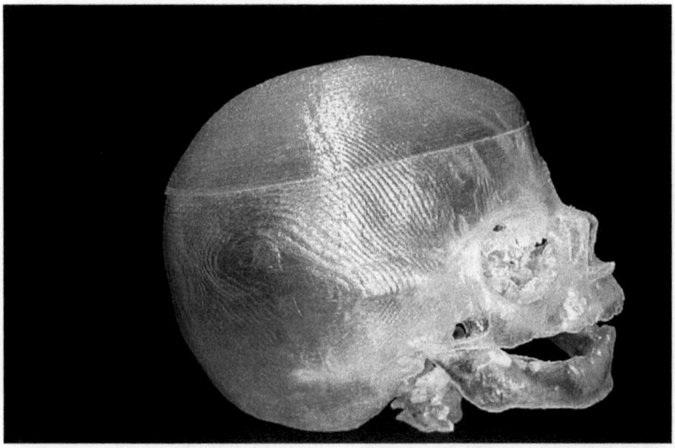

Bild 4.36
Craniosynostose: Ausgangslage, Stereolithographie-Modell
Quelle: Charité, Campus Virchow-Klinikum, Berlin

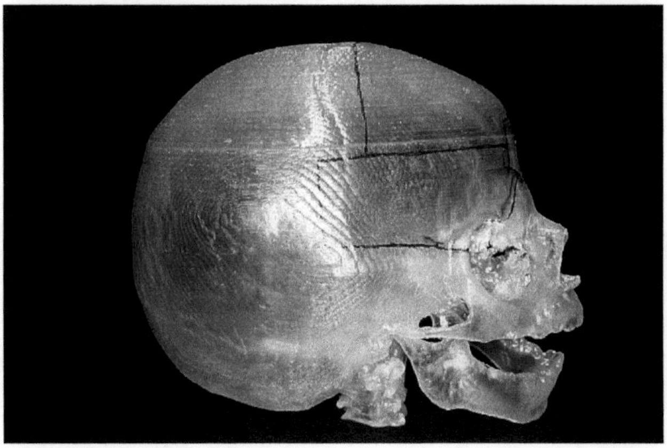

Bild 4.37
Craniosynostose: Anzeichnen der Osteotomielinien
Quelle: Charité, Campus Virchow-Klinikum, Berlin

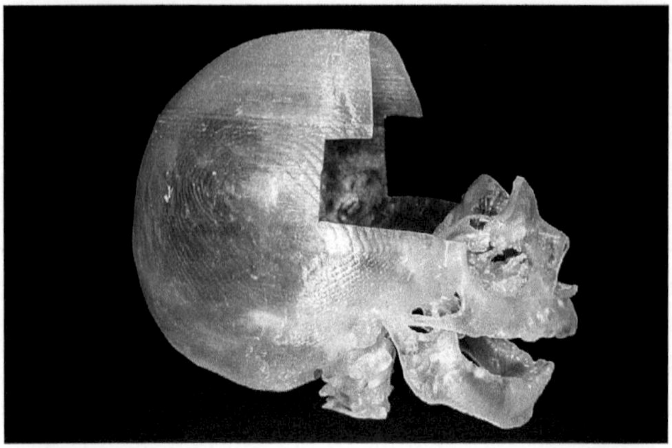

Bild 4.38
Craniosynostose: Zustand nach Osteotomie
Quelle: Charité, Campus Virchow-Klinikum, Berlin

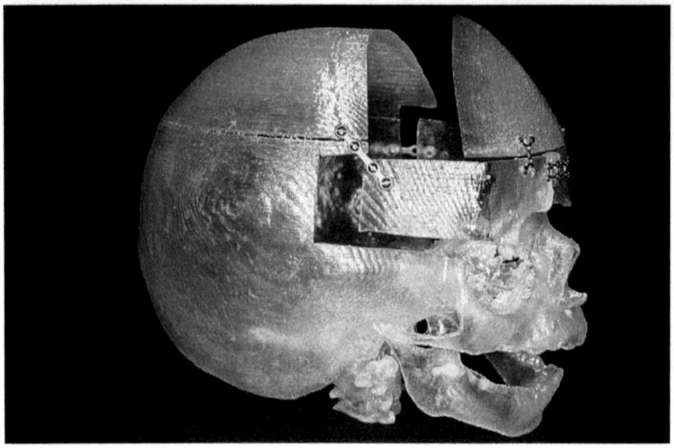

Bild 4.39
Craniosynostose: Neukonfigurierte Schädelknochen
Quelle: Charité, Campus Virchow-Klinikum, Berlin

Mithilfe solcher gedruckten Modelle und der damit möglichen Modelloperationen können komplizierte Eingriffe effektiv geplant, dem Team vermittelt und somit schneller und qualitativ besser, schließlich also patientenschonender durchgeführt werden. Die Modelle belegen zudem den pre-operativen Zustand und dienen so der Qualitätssicherung.

4.3.5 Rapid Prototyping in Design, Kunst und Architektur

4.3.5.1 Modellbildung in Design und Kunst

Für Designer geeignete und ihrer Arbeitsweise entgegenkommende CAD-Systeme sind heute so weit entwickelt (z. B. Rhinozeros), dass ein gestalterisch geprägter, quasi spielerischer Umgang mit dem Computer möglich ist. Damit ist es möglich, Flächen und Körper nach eigenen Vorstellungen und nicht nach mathematischen Regeln zu erstellen.

Für Designer stehen zunächst die Anmutung der Bauteile, die Wiedergabe der Oberflächen und haptische Gesichtspunkte im Vordergrund. Dann sind es häufig auch kinematische und werkstoffkundliche Fragen, die im Vorfeld mit 3D-Druckverfahren bearbeitet werden.

Eine Limitierung muss man heute und in naher Zukunft in Kauf nehmen: Designer, die es gewohnt sind, die Gestaltung einer Automobilkarosserie aufgrund von Spiegellinien zu beurteilen, werden mit den Oberflächenqualitäten von Prototyping-Verfahren nicht zurechtkommen.

4.3.5.2 Beispiel Kunst: Computer-Skulptur

Der Künstler Georg Glückman, Berlin (*www.glueckman.de*), arbeitet seit 1987 mit CAD-Technik. Seitdem experimentiert er mit Methoden und Verfahren, um seine „Computer-Skulpturen" als physikalische dreidimensionale Modelle darzustellen. Erste Objekte wurden durch 2½D Fräsen aus Styrodur gefertigt und in Berlin in der Blumenautomat-Galerie, in Wien in der Pinx-Galerie und in Hannover auf der Artware vorgestellt.

1995 entstand eine erste additiv gefertigte Plastik, die auf Ausstellungen in Antwerpen und Stuttgart zu sehen war. Es folgte Plastx, eine dreidimensionale Skulptur ($l = 350$ mm, $d = 70$ mm), deren Elemente scheinbar ineinander schweben und sich dabei stetig durchdringen, Bild 4.40. Sie wurde mittels Lasersintern hergestellt und 1995 auf der internationalen Triennale für Kleinskulpturen in Stuttgart und Wien präsentiert.

Bild 4.40 Plastx, Computer-Skulptur. Georg Glückman, 1995. Lasersintern
Quelle: CP-GmbH

4.3.5.3 Beispiel Design: Flaschenöffner

Als Werbegeschenk sollte ein Flaschenöffner entworfen werden. Er sollte gut in der Hand liegen, ein gefälliges und zurückhaltendes Design aufweisen, am Schlüsselbund zu tragen sein, den Eindruck von Präzision vermitteln und mit Verfahren hergestellt werden, die im Hause des Rapid Prototyping Dienstleisters CP (Centrum für Prototypenbau GmbH, Erkelenz/Düsseldorf) angewandt werden. Die Hausfarben und das Logo sollten möglichst dezent in den Entwurf eingearbeitet werden.

Erste Entwürfe der Designerin Claudia Schoenen, meis van schoen DESIGN, Aachen, orientierten sich an den Buchstaben C und P, der Abkürzung der Firma. Auf Bild 4.41 sind solche ersten Skizzen zu sehen. Im Verlauf der weiteren Entwurfsarbeiten kristallisierte sich ein Design nach Bild 4.42 heraus. Es besteht aus einer lasergeschnittenen Metallplatte, in die ein Ausschnitt so eingearbeitet wurde, dass damit Kronkorken geöffnet werden können. Darüber hinaus enthält die Platte die Firmenbuchstaben und am Rand eine Reihe von Bohrungen, die zum einen das sichere und haltbare Umspritzen mit Kunststoff ermöglichen und zum anderen das Ausreißen des Lochs für den Schlüsselring verhindern. Der Entwurf wurde durch ein Stereolithographie-Modell verifiziert. Die Einleger wurden mit dem Laser ausgeschnitten.

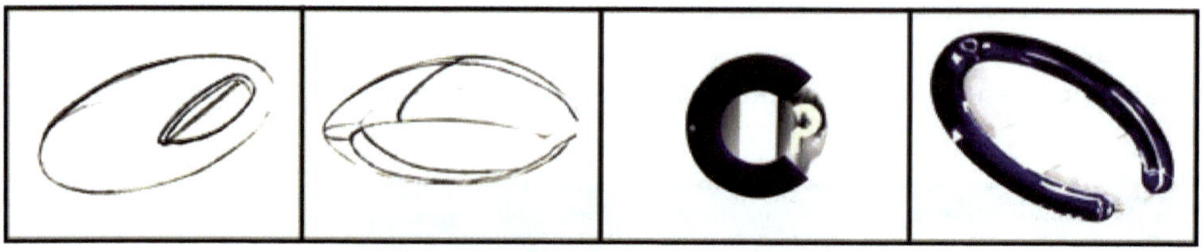

Bild 4.41 Flaschenöffner: Erste Entwürfe
Quelle: meis van schoen DESIGN/CP-GmbH

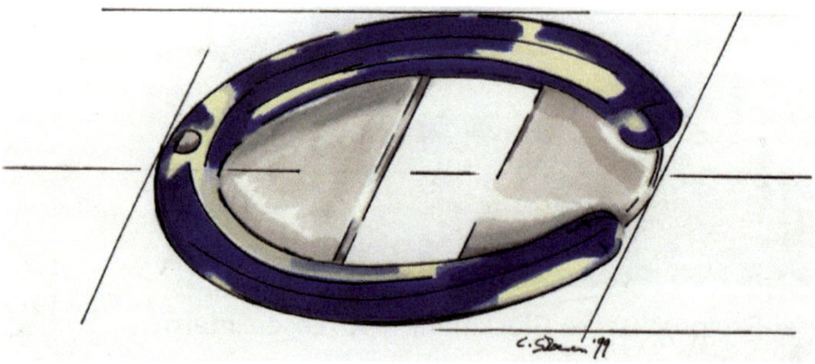

Bild 4.42 Flaschenöffner: Endgültiger Entwurf
Quelle: meis van schoen DESIGN/CP-GmbH

Bild 4.43 Flaschenöffner: Serienteile (oben), Stereolithographie-Modell (unten)
Quelle: meis van schoen DESIGN/CP-GmbH

Nach Vorserien mithilfe von Vakuumgießtechniken wurde schließlich mithilfe des Hochgeschwindigkeitsfräsens eine Aluminiumform hergestellt und daraus die benötigte Anzahl Spritzgussteile gefertigt. Bild 4.43 zeigt mehrere Serienteile und im Vordergrund das Stereolithographie-Modell.

Mithilfe der Vakuumgießtechnik konnten kritische Designelemente, wie das sichere Aufspritzen des relativ feinen Kunststoffrandes, die ausreißsichere Funktion der Bohrung für den Schlüsselring und die Funktion insgesamt, sowie die dabei maximal auftretende Durchbiegung getestet werden, ohne dass eine Serienspritzgussform hergestellt werden musste. Die Designentscheidung und letztlich die Entscheidung zur Produktion wurde allein auf der Basis der vakuumgegossenen Prototypen getroffen.

4.3.5.4 Angewandte Kunst – Bildhauerei und Plastiken

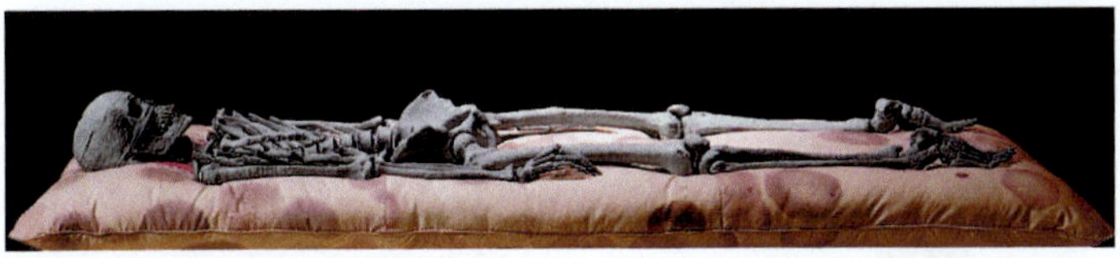

Bild 4.44 Mein eigenes Skelett. Adrian Schoormans. MRT und 3D-Druck mittels Pulver-Binder-Verfahren
Quelle: Schoormans/CP-GmbH

Die *Additiven Fertigungsverfahren* eröffnen den Bildhauern neue Möglichkeiten vor allem der virtuellen Gestaltung (Bild 4.44). Sie ermöglichen aber auch die Herstellung von Faksimiles lebender Menschen, ja sogar von ihren inneren Strukturen. So stellte der Bildhauer Adrian Schoormans, Düsseldorf, im Jahr 2000 im Glaskasten Marl sein eigenes Skelett aus [Schoormans00]. „Das Rapid Prototyping hat für die Bildhauerei die gleiche Bedeutung wie die Fotografie für die Malerei" sagt er.

Mit Faksimiles von lebenden Menschen befasste sich auch die Berliner Künstlerin Karin Sander. In Ihrer Ausstellung „Konzeptkunst-Karin Sander" in der Staatsgalerie Stuttgart machte sie die Besucher selbst zu den Exponaten. Alle mussten direkt am Eingang einen 3D-Scanner betreten. Ihre Daten wurden sofort und für alle frei zugänglich aufbereitet und zu zwei Pulver-Binder-Druckern (3D Systems/Z-Corp) geschickt, die die Figuren im Maßstab 1 : 7 druckten. Die zahlreichen Figuren sind heute in die „Ständige Sammlung" der Staatsgalerie integriert (vergleiche Bild 4.45 und Bild 6.12).

Bild 4.45 Figuren, Karin Sander: Bodyscan und 3D-Druck mittels Pulver-Binder-Verfahren
Quelle: Karin Sander/Staatsgalerie Stuttgart/GoetheLab, FH Aachen

Die Bildhauerin Alisa Minyukova, New York, kreiert vor allem Plastiken berühmter Künstler. Dem großen russischen Dichter Alexander Puschkin hat sie mehrere Arbeiten gewidmet (Bild 4.46). Eine überlebensgroße Büste steht im Puschkin Haus in St. Petersburg. Eine kleine, 14 cm hohe Skulptur mit Zylinder und Pelerine wurde als Entwurf gescannt, lasergesintert und manuell ausgearbeitet. Zur Herstellung einer signierten Unikatserie von neun Exemplaren wurden Wachslinge via Silikonform und Vakuumgießen hergestellt, nachbearbeitet und einzeln im Feinguss von R. Ellerbrok, Aachen, per Hand gegossen.

Bild 4.46
Alexander Puschkin. Alisa Minyukova. Lasersintern, Vakuumgießen, Bronzeguss
Quelle: Minyukova/CP-GmbH/Ellerbrock

4.3.5.5 Beispiel Archäologie: Büste der Königin Teje

Das Ägyptische Museum zu Berlin beherbergt neben der weltberühmten Büste der Nofretete auch einen eher unscheinbaren 9,5 cm großen Portraitkopf ihrer Schwiegermutter, der Königin Teje. Vermutlich mit dem Zeitpunkt des Todes ihres Gatten, des Königs Anophenes III., wandelte sich ihr Status von dem einer Königin zu dem einer Göttin. Damit einher ging die Abdeckung des königlichen Kopfschmucks mit einer pappmachéartigen Kopfhaube, die mit blauen Perlen besetzt war. Mit Erfindung der Röntgentechnik wurde in den 20er-Jahren des letzten Jahrhunderts zum ersten Mal verifiziert, dass die wenigen durch leichte Beschädigung der Kopfhaube äußerlich sichtbaren, goldenen Elemente tatsächlich zu einem umfangreichen goldenen Kopfschmuck auf einer silbernen Kopfhaube gehörten. Seitdem wurde die Diskussion darüber geführt, ob die wissenschaftlich höchst interessante Beurteilung des Kopfschmucks und der Silberhaube dadurch ermöglicht werden soll, dass die ebenfalls wissenschaftlich bedeutsame Kopfhaube abgenommen, de facto also zumindest beschädigt würde. Mit Bekanntwerden der 3D-Modellierung auf der Basis von CT-Daten, entschloss man sich, ein dreidimensionales Datenmodell aller Bestandteile der Haube und des goldenen Kopfschmucks anzufertigen.

In Zusammenarbeit mit der BAM (Bundesanstalt für Materialprüfung, Berlin) wurde von der Büste ein Computertomogramm aufgenommen und die Daten zum Bau in einer Stereolithographie-Maschine aufbereitet. Dabei war hilfreich, dass die Stereolithographie die Möglichkeit schafft, die Büste problemlos in doppeltem Maßstab zu bauen, um auf diese Weise einige Details besser sichtbar zu machen. Die aufgenommenen Daten wurden rechentechnisch so separiert, dass der Gesichtsschädel, die Silberhaube und der Schmuck einzeln und das Gesamtmodell in der Zusammenstellung der Einzelteile gebaut werden konnten.

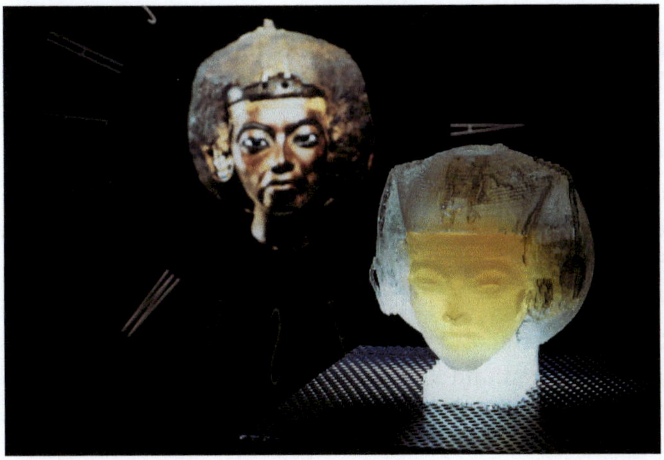

Bild 4.47
Original (im Hintergrund) und Stereolithographie-Modell der Büste der Königin Teje mit abgenommener Haube
Quelle: Agyptisches Museum, Berlin; Literatur: [Wildung95]

Die Ergebnisse wurden von der Fachwelt bezüglich ihres kunsthistorischen und museumspädagogischen Wertes derart begeistert aufgenommen, dass die vier Stereolithographie-Modelle über lange Zeit einen festen Platz neben dem Original im Ägyptischen Museum in Berlin erhalten hatten (siehe Bild 4.47).

4.3.5.6 Modellbildung in der Architektur

In der Architektur und im Städtebau dient der Modellbau traditionell zwei wesentlichen Zwecken: zum einen der Suche nach geeigneten Lösungen für bestimmte räumlich-gestalterische Entwurfsaufgaben, wobei der Modellbau als eine Art Experimentiermedium bei der Lösungssuche in Erscheinung tritt zum anderen der Präsentation der fertigen Entwurfslösung am Ende des Entwurfsprozesses zur Vermittlung der vom Architekten entwickelten Entwurfsidee. In beiden Fällen stellen die neuen Methoden der additiven Fertigung eine Erweiterung des Entwurfsrepertoires dar. Vor allem die Möglichkeit der direkten Kopplung von CAD und computergestütztem Modellbau unterstützt in wertvoller Weise die Arbeit von Architekten und Städtebauern, weil der Entwurfsprozess nicht nur als Computergrafik in einer visuellen Abstraktion verharrt, sondern weil die Entwurfslösung auch als haptisch wahrnehmbares Objekt, wie es Architekten und Städtebauer seit jeher gewohnt sind, erzeugt werden kann.

Vorzugsweise werden die Vorteile der additiven Fertigung bei komplexen Entwurfsmodellen genutzt, bei denen auch geometrische und topologische Strukturen im Innern von Bauwerken – etwa Raumaufteilungen und Raumzuordnungen – eine wichtige Rolle spielen und mit anderen Methoden des manuellen und computergestützten Modellbaus, etwa Fräsverfahren, nicht realisierbar sind.

Entsprechend lohnen sich der Einsatz von gedruckten 3D-Modellen und der damit verbundene datentechnische Aufwand nur dann, wenn kompliziertere Freiformflächen oder andere Architekturdetails naturgetreu dargestellt werden sollen. Die Architektur ist somit ein bevorzugtes Anwendungsgebiet sogenannter *„Hybridmodelle“*, die aus Elementen des klassischen Architekturmodellbaus und Elementen aus dem 3D-Drucker zusammengefügt werden.

4.3.5.7 Beispiel Architektur: Deutscher Pavillon für die Expo ’92

Das Beispiel zeigt den Entwurf des deutschen Pavillons (Bild 4.48) für die Weltausstellung Expo ’92 in Sevilla, der im Wettbewerbsverfahren den ersten Platz erhielt, aus Kostengründen jedoch nicht realisiert wurde (Entwurf: Auer & Weber, Stuttgart/München).

Der Expo-Pavillon im Maßstab 1 : 200 stellt wegen seiner äußerst filigranen Stützkonstruktion mit langen, schlanken Stützen und kleinteilig profilierten Trägern höchste Anforderungen an die geometrische und inhaltliche Detaillierung des verwendeten Modellbauverfahrens und ist daher über die Jahre hinweg aktuell.

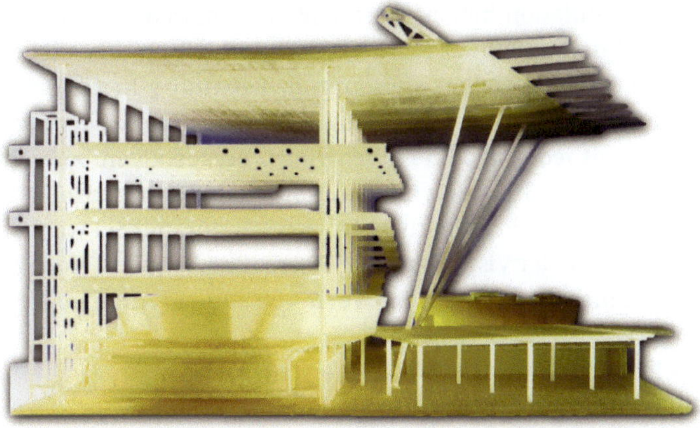

Bild 4.48
Entwurf des deutschen Pavillons für die Expo '92 in Sevilla.
Maßstab: 1 : 200.
Stereolithographie
Quelle: Streich, Universität Kaiserslautern

4.3.5.8 Beispiel Architektur: Ground Zero

Die Neugestaltung des Terrains des ehemaligen World Trades Centers, WTC, New York, ist eine äußerst komplexe Aufgabe, weil nicht nur der architektonische Entwurf überzeugen, sondern die Bewerbung auch deutlich machen muss, wie er sich in die urbane Umgebung einfügt. Architekturmodelle vermitteln die Proportionen, werden aber den absoluten Dimensionen nicht gerecht. Virtuelle 3D-Architekturmodelle vermitteln wichtige Perspektiven, nicht aber die Integration in die Stadtlandschaft. Die meisten Architekturbüros haben deshalb mindestens drei Ansichten in den Vordergrund gestellt: Ein 2D-Rendering visualisiert die alte und die geplante Bebauung unter einer festgelegten Perspektive. Ein Screenshot der 3D-Simulation zeigt in der (2D-) Druckversion eine, den Architekten besonders wichtige Perspektive.

a)

b)

c)

Bild 4.49 Ground Zero, NY; Wettbewerbsbeitrag United Architects
(a) 2D-Rendering, (b) Screenshot der 3D-Animation, (c) Stereolithographie-Bauteil als Element eines Architekturmodells
Quelle: United Architects

In der Präsentation kann die Simulation beliebige Ansichten vermitteln. Schließlich zeigt ein gedrucktes 3D-Modell den gesamten Komplex und, farblich und bezüglich des Materials davon abgesetzt, die unmittelbar angrenzende Bebauung. In der Printversion wird auch dieses Modell nur in einer bevorzugten Perspektive wiedergegeben; bei der Präsentation kann es jeder aus unendlich vielen Perspektiven betrachten. Dieser Dreiklang 2D-Rendering, 3D-Animation und 3D-Modell mit gedruckten Elementen macht zudem sehr eindrücklich deutlich, wo die Stärken und Schwächen der unterschiedlichen Möglichkeiten der Visualisierung liegen[8]. Das Beispiel (Bild 4.49) zeigt die Entwürfe des letztlich nicht prämierten Entwurfs von „United Architects".

4.3.5.9 Beispiel Architekturdenkmäler: Dokumentation von baugeschichtlich relevanten Gebäuden

Der Aachener Kaiserdom, auch Aachener Münster genannt, ist einer der bedeutendsten Sakralbauten nördlich der Alpen. In den neunziger Jahren des achten Jahrhunderts erbaut, war er über 200 Jahre lang das Gebäude mit den höchsten Bögen und der größten Spannbreite seiner Gewölbe. Zentrales Bauwerk ist das karolingische Oktogon, in dem die meisten deutschen Könige gekrönt wurden und in dem der Marmorthron Karls des Großen steht, auf dem auch die nicht in Aachen Gekrönten ausnahmslos Platz genommen haben.

Der Aachener Dom wurde 1978 als erstes deutsches Denkmal in die Liste des UNESCO-Weltkulturerbes aufgenommen. Das 35-jährige Jubiläum 2013 war Anlass für ein Schülerprojekt des Aachener Einhard Gymnasiums und der Fachhochschule Aachen. Die Aufgabe war es, ein Modell des Domes in 3D zu konstruieren und mittels additiver Verfahren zu fertigen. Anhand von Bildern und Grundrissen aus dem Internet wurden die Proportionen festgelegt und im Rahmen eines vorgeschalteten Inventor Kurses in 3D ausgearbeitet. Neben einem circa 25 cm langen Gesamtmodell wurden auch die baugeschichtlich bedeutsamsten Einzelbauwerke separat gefertigt. Sie können zum Gesamtmodell gefügt werden und bilden die Grundlage zum Studium der historischen Abfolge der über Jahrhunderte andauernden Änderungen und Erweiterungen des Komplexes.

Als additives Herstellverfahren wurde ein Extrusionsverfahren und aufgrund der punktuell notwendigen Stützen das FDM-Verfahren (siehe Abschnitt 3.5 „Extrusionsverfahren – Fused Layer Modeling (FLM)") ausgewählt. Der vor allem für relativ kleine Modelle relevante Nachteil der Extrusionsverfahren, die deutlich sichtbare „Würstchenstruktur" wurde durch bewusst gewählte Orientierung der charakteristischen Konstruktionsmerkmale zur Strukturierung vor allem der Dächer eingesetzt. Die auf diese Weise durch das additive Verfahren erzielten Effekte wären mit auch nur annähernd vertretbarem Aufwand direkt im CAD kaum darstellbar gewesen;

[8] Natürlich muss zu einer Bewerbung ein Gesamtkonzept vorgelegt werden, das sehr viel mehr Aspekte beleuchtet, als die Visualisierung des Entwurfs. Eine Flash Animation findet sich unter: *www.unitedarch.com*.

dies gilt ins Besondere für CAD-Einsteiger. Das schwarze Material unterstreicht die Wertigkeit des Modells. Bild 4.50 zeigt (a) den Gesamtkomplex, (b) den Detailausschnitt des Dachs.

a)

b)

Bild 4.50 Modell des Aachener Doms. Extrusionsverfahren (FDM); CAD-Daten aus Fotos rekonstruiert und für den Modellbau überarbeitet.
(a) Gesamtmodell, Maßstab circa 1 : 500, (b) Detail eines Dachbereichs mit bewusst zur Texturierung eingesetzter Extrusionsstruktur
Quelle: FH Aachen/Einhard Gymnasium Aachen

4.3.6 Rapid Prototyping zur Überprüfung von Rechenverfahren

4.3.6.1 Spannungsoptische und thermoelastische Spannungsanalyse

Mathematisch-physikalische Rechenmodelle erlauben die Simulation von Produkteigenschaften wie Festigkeit, Schwingungsverhalten, Temperaturbeständigkeit sowie von Fertigungsverfahren z. B. durch Füllsimulationen auf der Basis rein theoretischer Ansätze direkt am Computer. Der Einsatz solcher Verfahren, die auch Grundlage von Virtual Reality Methoden sind, ist der schnellste Weg zu neuen Produkten.

Nachteilig ist, dass alle Rechenmodelle von mehr oder weniger starken Vereinfachungen ausgehen müssen, sodass die Übertragbarkeit ihrer Ergebnisse auf ein Serienprodukt mit vom jeweiligen Produkt abhängigen größeren oder kleineren Unsicherheiten verknüpft ist. Die in den Modellen vorhandenen Variablen müssen deshalb möglichst häufig aufgrund entsprechender Versuche an ausgeführten Serienteilen überprüft beziehungsweise korrigiert werden. Ein schneller und effektiver Weg zu solchen Korrekturwerten ist die experimentelle Untersuchung geeigneter gedruckter 3D-Modelle anstelle von Serienbauteilen.

Eine seit längerem angewandte Methode ist die spannungsoptische Spannungsanalyse an eigens dafür hergestellten Plexiglasbauteilen. Es können auch polierte Rapid Prototyping-Modelle eingesetzt werden und so die geometrischen Möglichkeiten erweitert werden.

Ein neuerer, aber auch wesentlich aufwendigerer Ansatz ist die Ermittlung des Spannungszustandes durch die systematische Analyse von Analogien zwischen den optischen und den thermischen Eigenschaften eines Bauteils. Das Verfahren wird als thermoelastische Spannungsanalyse bezeichnet.

4.3.6.1.1 Spannungsoptische Spannungsanalyse

Der additive Ansatz besteht darin, die Brechungseigenschaften von Stereolithographie-Modellen für spannungsoptische Analysen zu nutzen und auf diese Weise die Vorhersagen von Computerberechnungen in einem frühen Produktentwicklungsstadium durch Versuche zu verifizieren.

Grundlage der Spannungsanalyse mithilfe der Spannungsoptik ist die Eigenschaft, insbesondere von in der Stereolithographie eingesetzten *Epoxidharzen*, optische Doppelbrechungen zu zeigen. Die Folge ist ein der Belastung proportionales Interferenzmuster in dem transparenten Stereolithographie-Bauteil, das manuell oder automatisch ausgewertet werden kann. Das Verfahren knüpft an die Spannungsoptik an, die seit Beginn des 20. Jahrhunderts bekannt ist. Mithilfe der Stereolithographie-Modelle kann nun auch das größte bisherige Problem gelöst werden, das darin lag, dreidimensionale Modelle aus den konventionellen spannungsoptischen Materialien herzustellen.

Zur Herstellung von Modellen für die Spannungsoptik sind Epoxidharze aufgrund ihrer hohen Transparenz hervorragend geeignet. Sie unterscheiden sich kaum von den für die Spannungsoptik verwendeten Standardmaterialien (Araldit B, Ciba Geigy). *Acrylate* sind aufgrund der schlechteren transparenten Eigenschaften weniger geeignet. Bei der Verwendung von Stereolithographie-Modellen ist ferner darauf zu achten, dass das Modell möglichst gleichmäßig ausgehärtet wird, möglichst wenige Luftblasen entstehen, und die Oberfläche fehlerfrei ist. Spezielle Baustile und Belichtungsverfahren, die beispielsweise bewusst Hohlräume erzeugen, um die Qualität und Maßhaltigkeit der SL-Bauteile zu erhöhen, sind deshalb für spannungsoptische Untersuchungen nicht geeignet. Zu beachten ist auch, dass die teilpolymerisierenden (und erst in einem Nachhärteofen voll auspolymerisierenden) Verfahren auf diese Weise optisch wirksame Trennflächen schaffen. Unter dem Gesichtspunkt der Spannungsoptik sind Bauteile besonders geeignet, die aus den heute eher ungebräuchlichen Epoxidharzen SL5170 beziehungsweise SL5180 und unter Verwendung des Baustils ACES (3D Systems) hergestellt werden.

Der grundsätzliche Aufbau für die Durchführung spannungsoptischer Versuche besteht aus einem Polfilter, einer Lichtquelle und zwei $\lambda/4$-Wellenplatten. Dieser Aufbau ermöglicht es, die Isochromaten (Linien gleicher Hauptspannungsdifferenz) und die

Isoklinen (Linien gleicher Hauptspannung) zu separieren, sodass im Folgenden nur die Isochromaten betrachtet werden können. Dazu wird das transparente Modell wischen den beiden λ/4-Platten platziert.

Unabhängig von dem verwendeten Harz müssen zunächst die für die Durchführung und Auswertung von spannungsoptischen Untersuchungen notwendigen Materialkennwerte bestimmt werden. Wichtigster Wert ist die spannungsoptische Konstante „s“, die in einem Kalibrierversuch ermittelt wird und den Zusammenhang zwischen Belastung und Isochromatenordnung beschreibt. Die spannungsoptischen Materialkennwerte der wichtigsten Stereolithographie-Harze sind von Steinchen veröffentlicht worden [Steinchen94]. Bei Verwendung anderer Harze oder Baustile (Scanstrategien) sind diese Kalibrierversuche erneut durchzuführen.

4.3.6.1.2 Thermoelastische Spannungsanalyse (THESA)

Die Entwicklung von sicherheitsrelevanten Bauteilen, beispielsweise von Lenkungsteilen im Automobilbau, ist nach wie vor auf die Untersuchung serienidentischer Muster angewiesen. 3D-Druckverfahren ändern daran sehr wenig, weil sowohl die Kunststoffteile als auch die heutigen Metallteile nicht unter Serienbedingungen geprüft werden können, bzw. bei einer Prüfung keine übertragbaren Aussagen zulassen.

Um solche Bauteile ohne aufwendige Feldversuche zu testen, wird seit einigen Jahren die thermoelastische Spannungsanalyse, THESA, erfolgreich eingesetzt. Sie ermöglicht die Simulation des Einzelbauteils auf dem Prüfstand anstelle des Modul- oder Fahrversuchs. THESA basiert auf dem Effekt, dass Metallbauteile unter Last Temperaturänderungen zeigen, die den auftretenden Spannungen proportional sind, solange man im elastischen Bereich bleibt. Diese Temperaturfelder und ihre Änderungen kann man mit entsprechenden hochauflösenden Thermokameras aufzeichnen, aus den Temperaturfeldern Spannungen ableiten und mit den Belastungen korrelieren. In Zusammenarbeit mit einem Automobilhersteller ist es gelungen, das für Metallbauteile etablierte Verfahren auf Kunststoffteile zu übertragen [Gartzen98]. Damit ist der Weg grundsätzlich frei für die Optimierung von hochbelasteten Bauteilen mithilfe von gedruckten 3D-Bauteilen aus Kunststoff.

4.3.6.2 Beispiel: Spannungsoptische Spannungsanalyse an einem Kipphebel eines Lkw-Verbrennungsmotors

Ausgangspunkt ist eine 3D-CAD-Modellierung des zu untersuchenden Teils. Das Teil wird als Stereolithographie-Bauteil hergestellt, wobei darauf zu achten ist, dass der Wert für die spannungsoptische Konstante so niedrig wie möglich wird. Hierbei ist als wichtigster Parameter die Nachhärtung durch UV-Licht zu nennen [Steinchen94].

Das weitere Vorgehen hängt davon ab, ob eine ebene (2D) oder eine räumliche (3D) spannungsoptische Untersuchung durchgeführt werden soll. Im Fall der räumlichen Untersuchung ist das Stereolithographie-Bauteil nach Belastung „einzufrieren“. Dazu wird das Modell in einem Ofen mit programmierbarer Abkühlkurve ungefähr bis zur Glasübergangstemperatur erwärmt, belastet und anschließend auf circa zwei bis drei Stunden bis auf Raumtemperatur abgekühlt. Danach sind die Dehnungen und somit auch die Spannungen „eingefroren“.

Die spannungsoptische Untersuchung wird nur an ebenen Modellen durchgeführt. Für den Fall einer räumlichen spannungsoptischen Untersuchung bedeutet dies, dass aus dem dreidimensionalen Modell an der zu untersuchenden Stelle ein Schnitt herausgetrennt wird, um ein ebenes Modell zu erhalten. Dafür kann eine herkömmliche Bandsäge benutzt werden.

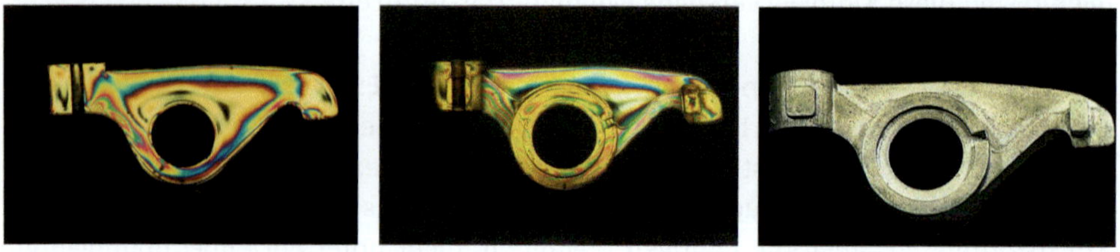

a) b) c)

Bild 4.51 Ebenes (a) und räumliches (b) Modell eines Kipphebels (c)
Quelle: Steinchen

Platziert man nun ein solches ebenes (Bild 4.51 (a)) oder dreidimensionales (Bild 4.51 (b)) Modell des Kipphebels (Bild 4.51 (c)) zwischen zwei Polarisatoren beziehungsweise Viertelwellenplatten, kann man in dem ebenen Modell ein auswertbares Isochromatenmuster erkennen. Bei dem dreidimensionalen Modell des Kipphebels sind die Isochromatenbilder der einzelnen Schichten überlagert, sodass eine eindeutige Aussage nicht ohne weiteres möglich ist. Ganz allgemein kann dabei festgestellt werden, dass die Spannungskonzentrationen umso größer sind, je häufiger und dichter die Isochromaten an einer Stelle auftreten. Entfernt man die Viertelwellenplatten, so kann man die Isoklinen erkennen. Ob eine Auswertung des Isoklinenbildes notwendig ist, hängt von dem verwendeten Auswerteverfahren ab. Dabei ist auch eine automatische Auswertung durch ein elektronisches Bildverarbeitungssystem möglich. Ziel der Auswertung ist die Bestimmung der Hauptdehnungen und Hauptspannungen, um eine Aussage über die zahlenmäßige Größe der Spannungen treffen zu können.

Ist die Auswertung des Isochromatenbildes beendet, so können die Ergebnisse der Untersuchung unter Zuhilfenahme von Ähnlichkeitsgesetzen für die Dimensionierung von Prototypen verwendet werden. So lautet z. B. das Ähnlichkeitsgesetz für den statischen Fall:

$$\frac{\sigma_P}{\sigma_M} = \frac{F_P}{F_M} \cdot \left(\frac{l_M}{l_P}\right)^2 \tag{4.1}$$

Wie man anhand von Formel 4.1 erkennen kann, ist eine Übertragung der Ergebnisse ohne größere Anstrengungen möglich. Zusammenfassend lässt sich damit feststellen, dass die Spannungsoptik in Verbindung mit der Stereolithographie eine bewährte und preiswerte Methode ist, um bereits in der Designphase eine experimentelle Optimierung des späteren Produktes durchführen zu können.

4.3.6.3 Beispiel: Thermoelastische Spannungsanalyse zum Festigkeitsnachweis an einer Automobilfelge

Felgen von Sportfahrzeugen sind hochbelastete Sicherheitsbauteile, die bei immer höheren dynamischen Belastungen immer leichter werden sollen und zudem besondere ästhetische Anforderungen erfüllen müssen. Das Prinzip einer Hohlkammerfelge verspricht, diese Anforderungen zu erfüllen. Die Entwicklung wird aber dadurch erschwert, dass die Prototypen der hohlen Felgensegmente nicht wie bei massiven Konstruktionen durch Fräsen hergestellt werden können. Im Zuge der Optimierung müssen deshalb die Bauteile in Anlehnung an das Serienverfahren gegossen werden. Dazu ist jeweils ein Satz Formen notwendig, die als Einzelanfertigungen in der Modelltischlerei entstehen.

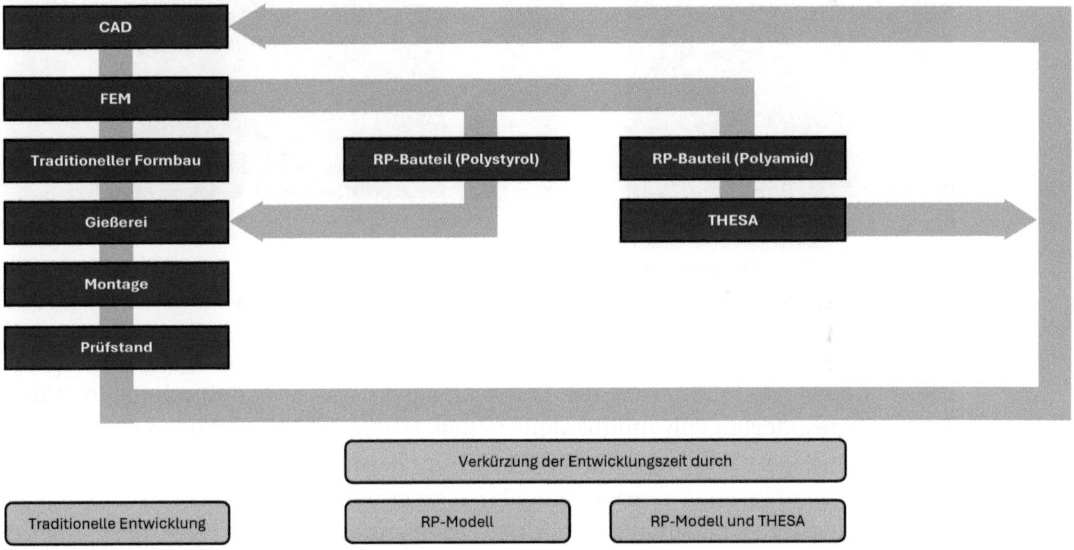

Bild 4.52 THESA: Schematischer Ablauf und Verkürzung der Prozesskette durch Rapid Prototyping
Quelle: Schwarz/CP-GmbH

Die bisherige Entwicklung ist entsprechend aufwendig (Bild 4.52, linker Strang). Aus den CAD-Daten, die mit FEM-Verfahren überprüft und optimiert werden (die Optimierungsschleife wurde in der Graphik der Übersichtlichkeit halber weggelassen), erhält man über den konventionellen Formenbau einen Abguss in Aluminium. Dieser wird fertigbearbeitet, montiert und getestet. In Abhängigkeit von den Ergebnissen wird dieser Loop mehrfach durchlaufen und das Ergebnis iterativ verbessert.

Durch den Einsatz der THESA verkürzt sich der Prozess, vor allem, weil die Montage und der Fahrversuch entfallen.

Durch den Einsatz von additiven Verfahren lässt sich der Prozess weiter verkürzen, weil an die Stelle des Formenbaus ein Rapid Prototyping Teil tritt, das im Feinguss direkt ausgegossen wird.

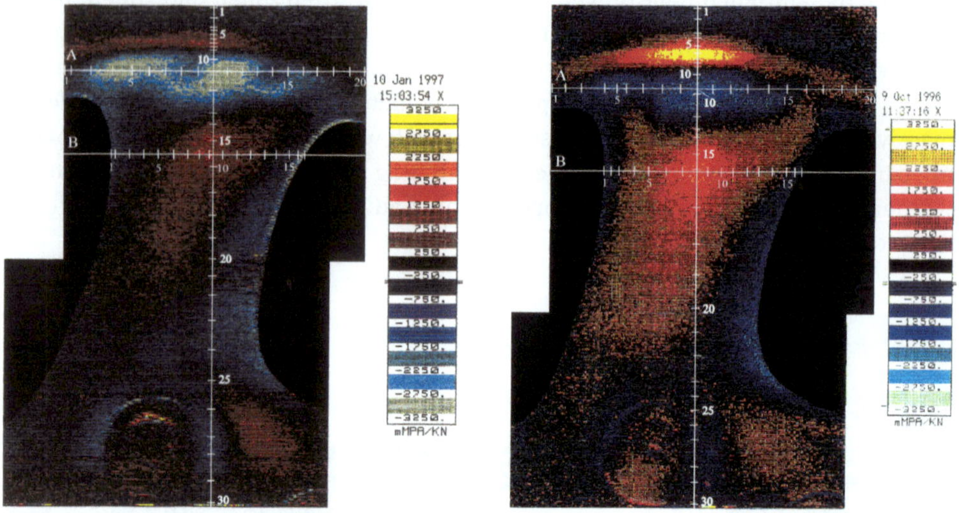

a) b)

Bild 4.53 THESA: Thermographische Aufnahmen
(a) an einem Sinterbauteil (Polyamid); (b) an einem Aluminium-Serienbauteil
Quelle: Schwarz, CP-GmbH

Die entscheidende Verkürzung des Entwicklungsprozesses wird durch den direkten Test eines gesinterten Polyamidbauteils mittels THESA erzielt, weil der gesamte Gießprozess eingespart werden kann. Bild 4.53 zeigt beispielhaft eine thermographische Aufnahme eines lasergesinterten Bauteils bei einer definierten Belastung und im Vergleich dazu die gleiche Situation bei einer gegossenen Aluminiumfelge aus der Serie. Die Übereinstimmungen sind hervorragend, wie auch die beispielsweise ausgegebenen Summen der Hauptspannungen über dem Radius in Bauteilmitte belegen (Bild 4.54).

Die Anwendung der THESA auf gesinterte Kunststoffbauteile reduzierte eine Iterationsschleife auf 20 % der bisher benötigten Zeit. Der größte Einzeleffekt besteht in der Reduktion der Herstellzeit des Teils von circa 18 Tagen für das Gussteil auf unter drei Tage für das Polyamidbauteil. Der gesamte Entwicklungsprozess lässt sich mit diesem modifizierten THESA-Verfahren drastisch verkürzen. Allerdings werden die genannten 20 % tatsächlich nicht erreicht, weil die Ergebnisse für ein solches Sicherheitsbauteil auch in Zukunft abschließend im Originalwerkstoff verifiziert werden müssen.

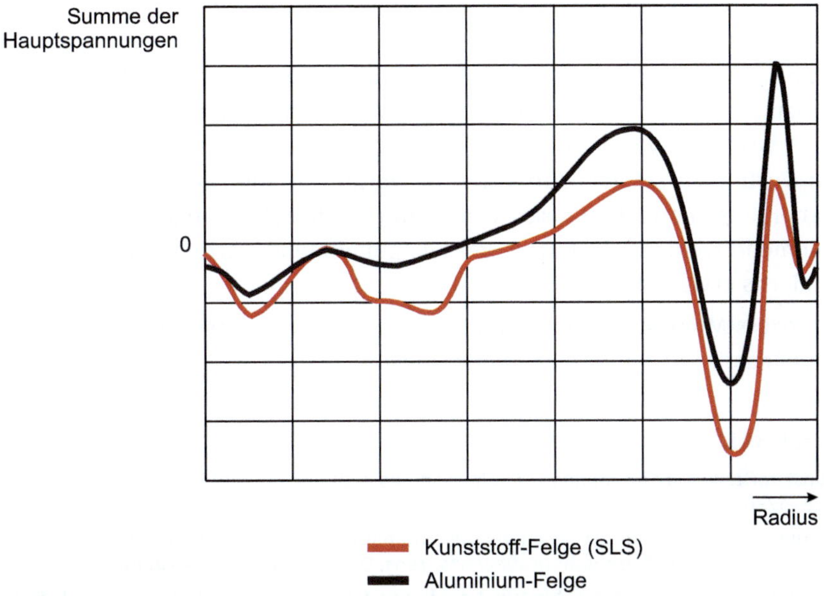

Bild 4.54 THESA: Summe der Hauptspannungen über dem Radius in Bauteilmitte
Quelle: Schwarz/CP-GmbH

4.4 Ausblick

Für dreidimensionale Bilder (solid images) und Konzeptmodelle geht der Trend zu preiswerten, leicht zu bedienenden Personal Printern, die zu Hause oder im Büro betrieben werden können. Sie werden auch Fabber oder einfach 3D-Drucke genannt.

Die datentechnische Vorbereitung des Bauprozesses ist recht einfach und die manuelle Nacharbeit reduziert sich aufgrund des augenblicklich mit vielen Fabbern noch nicht darstellbaren und damit entfallenden Stützen ebenfalls. Die Erschließung eines Massenmarktes hat weltweit begonnen. Die Preise sind bis 2023 bis um die 1000 € Marke gesunken, für Selbstbausysteme und Bausätze (DIY) liegt sie heute bereits unter 500 €.

Bei Maschinen für die Herstellung von Funktionsprototypen zeichnet sich eine etwas andere Entwicklung ab. Die enge Kopplung von Maschinen und Materialien erlaubt heute noch die oben dargestellten Zuordnungen von Modellanforderungen und additiven Verfahren. Zukünftig wird sich die Entwicklung vor allem auf die Materialien konzentrieren. Damit wird für jede Maschine eine deutlich größere Materialpalette zur Verfügung stehen. Die Modelle und Prototypen werden dadurch leistungsfähiger, aber die Identifizierung des geeigneten Verfahrens wird erschwert: Aus der heutigen Optimierung von zwei Parametergruppen, der Modelldefinition und dem additiven Verfahren, wird dann eine Optimierung von drei Parametergruppen, der Modelldefinition, dem additiven Verfahren und dem Material.

Die Entwicklung auf dem Gebiet der Maschinen wird zu einem Rückgang der notwendigen manuellen Tätigkeiten führen und teilweise aufwendiges Finishing reduzieren. Modelle und Prototypen werden dann in höherem Maße reproduzierbar sein und schneller zur Verfügung stehen. Bürotaugliche Verfahren, die Abfälle mit Sondermüllcharakter erzeugen und der Einsatz von Lösungsmitteln, Laugen und dergleichen werden zunehmend weniger akzeptiert werden. Zunehmend werden industrielle Sicherheitsstandards erwartet.

Fragen des Prozess-Monitoring und der Fertigungsintegration, werden im Bereich Prototypen zunächst keine wesentliche Rolle spielen.

Literaturverzeichnis

Altmann, O.: Kunststoffteile mit Simultaneous Engineering kostenbewusst entwickeln. Kunststoffe 84 (1994) 12, S. 1728 – 1736.

Kramer, B.: Kalibrierung der spannungsoptischen Konstanten für die Fotopolymere XB 5081-1, XB 5134-1, XB 5143 und SOMOS 3100 des Stereolithografie-Verfahrens. Diplomarbeit, Universität Kassel 1992.

Reinertsen, D. G.: Whodunit? The Search for the New-Product Killers. Electronic Business Juli 1983, S. 62 – 66.

Schoormans, A.: Die dreidimensionale Reproduktion meines Skeletts. „body incoming", ISBN 3-924790-54-x, Skulpturenmuseum Glaskasten Marl, Marl, 2001.

Schröder, O. E.: Mehr Sicherheit im Betrieb durch Objektgestaltung und Verhaltenssteuerung – zur Psychologie der Arbeitssicherheit im betrieblichen Alltag. Vorlesungsskript, 4. Aufl., Hochschule der Post, Dillenburg, 1993

Steinchen, W., Kupfer, G., Kramer, B.: Photoelastic Investigations by means of Stereolithography. Beitrag zur 27th ISATA, Aachen, 1994.

Susebach, K., Schneck, R.: Untersuchung von Fotopolymeren bezüglich der Kriechgeschwindigkeit und räumliche, spannungsoptische Untersuchung von Motorpleueln aus Fotopolymeren und Araldit B. Diplomarbeit, Universität Gh Kassel, 1993.

VDI 2221: VDI-Richtlinie 2221: Methodik zum Entwickeln und Konstruieren technischer Systeme und Produkte. VDI-Verlag, Düsseldorf 1993.

VDI 3404: VDI-Richtlinie 3404: Generative Fertigungsverfahren-Rapid Technologien (Rapid Prototyping). Grundlagen, Begriffe, Qualitätskenngrößen, Liefervereinbarungen. (engl.: additive fabrication, rapid technologies (rapid prototyping), Fundamentals, terms and definitions, quality, parameters, supply agreements), VDI Gesellschaft Produktionstechnik (ADB), Postfach 101139, D-40002 Düsseldorf/Germany, 2009, *http://www.vdi.de/uploads/tx_vdirili/pdf/1392434.pdf*

Wildung, D.: Nefertitit's Mother-in-Law – Rapid Prototyping and Ancient Egypt. Tagungsband der International Conference on RPD Rapid Product Development. Stuttgarter Messe- und Kongressgesellschaft mbH, Stuttgart, 1995.

5 Rapid Tooling

Rapid Tooling bezeichnet die Herstellung von Werkzeugen und Werkzeugeinsätzen, Lehren und Formen mit Additiven Verfahren. Die Bauteile werden als Werkzeuge bezeichnet. Sie können je nach Anwendung und Verfahren Prototypen- oder Serienwerkzeuge oder deren Elemente sein. Die additiven Maschinen sind *Professional Printer oder Production Printer* (siehe in Kapitel 1 die Fußnoten 2 und 3 sowie Abschnitt 2.1 „Verfahrensgrundlagen“). Sie sind in Kapitel 3 „Additive Fertigungsanlagen für Rapid Prototyping, Direct Tooling und Direct Manufacturing“ beschrieben.

Im Folgenden werden vorzugsweise Werkzeuge betrachtet, die zur Herstellung von Kunststoff Formteilen verwendet werden. Diese Konzentration stellt keine verfahrensspezifische Einschränkung dar. Anwendungen zum Blasformen, Tiefziehen, Prägen, Schmieden, Extrudieren und für Glasformen, aber auch bezüglich Lehren und Vorrichtungen sind veröffentlicht und die Herstellung solcher Werkzeuge folgt fertigungstechnisch den gleichen Regeln.

Das Kapitel „Rapid Tooling“ kann, die wesentlichen Grundlagen vorausgesetzt, isoliert verstanden werden und ermöglicht so den schnellen Einstieg ins Thema.

5.1 Einordnung und Begriffsbestimmung

Dass man die Fertigung von Negativen (Werkzeugen) mit dem eigenen Namen Rapid Tooling belegt, hat historische Gründe. Die additive Herstellung von Werkzeugeinsätzen ist älter als die von Endprodukten (Rapid Manufacturing, Kapitel 6 „Direct Manufacturing – Rapid Manufacturing“) und wurde Anfang der 1990er-Jahre vor allem unter Marketing-Gesichtspunkten als neue Anwendung des Rapid Prototypings eingeführt. Deshalb finden sich in der Literatur auch Einteilungen der *Additiven Fertigungsverfahren*, die dem Rapid Tooling eine eigene horizontale Anwendungsebene zusprechen. Aus Sicht der Technologie der *Additiven Fertigungsverfahren* gibt es aber keinen Grund, zwischen der Herstellung von Positiven, also Bauteilen, und Negativen, also Werkzeugen, zu unterscheiden. Der Begriff Rapid Tooling fasst demnach unterschiedliche Anwendungen der Additiven Fertigung zur Herstellung von Werkzeugen und Formen vertikal zusammen (vergleiche Bild 1.6).

5.1.1 Direkte und indirekte Verfahren

Wenn die Werkzeuge direkt in der additiven Maschine entstehen, spricht man von direkten Verfahren, entstehen sie durch Abformen von additiv hergestellten Urmodellen in nachgeschalteten nicht-additiven Verfahrensschritten, nennt man sie indirekte Verfahren. Indirekte Verfahren sind überwiegend nicht-additiv und werden im Kontext der Additiven Fertigungstechnik nur behandelt, wenn sie mindestens einen Additiven Verfahrensschritt entlang der Prozesskette aufweisen. Es ist in den meisten Fällen der erste und führt auf das Urmodell.

Direkte Verfahren: Prototype Tooling und Direct Tooling

Wenn zur direkten Herstellung von Werkzeugen und Werkzeugeinsätzen Rapid Prototyping-Verfahren im Sinne des Functional Prototyping eingesetzt werden (Bild 1.6), führen sie je nach Anwendung auf Werkzeuge mit Prototypcharakter, die vorzugsweise aus Kunststoff bestehen. Man spricht dann von *Prototype Tooling* (Bild 5.1). *Prototype Tooling* ist eine Untermenge des Functional Prototyping. Mithilfe dieser Prototypenwerkzeuge können aber Serienwerkstoffe in Abformprozessen getestet werden, die Standzeit der Prototypenwerkzeuge entspricht jedoch nicht denen der Serienwerkzeuge (siehe Bridge Tooling).

Werden zur Werkzeugherstellung Rapid-Manufacturing-Verfahren (Bild 1.6) verwendet, so entstehen Werkzeuge oder Werkzeugeinsätze mit Seriencharakter (Direct Tooling), die vorzugsweise aus Metall bestehen. In diesem Fall spricht man von *Direct* Tooling (Bild 5.1). *Direct Tooling* ist ein Rapid Manufacturing Prozess.

Um den additiven Charakter zu unterstreichen und um sie von den indirekten Verfahren abzugrenzen, müssten die direkten Verfahren jeweils mit dem Vorsatz *direkt* (oder *direct*) versehen werden, also *Direct Prototype Tooling* und *Direct Rapid Tooling* genannt werden. Das geschieht in der Praxis aber meistens nicht.

Indirekte Verfahren

Indirekte Verfahren oder *Indirect Tooling (indirektes Tooling)* werden auch *Folgeverfahren* oder Abformverfahren genannt. Sie sind nicht-additiv, gehören also nicht zu den *Additiven Fertigungsverfahren*. Aus zwei Gründen werden sie dennoch kurz besprochen. Zum einen, weil sie eng mit den Additiven Verfahren verwandt sind und mit der Herstellung des Urmodells immer einen ersten additiven Prozessschritt aufweisen. Zum anderen, um die Abgrenzung zu (direkten) Additiven Verfahren deutlich zu machen. Sprachlich findet eine Differenzierung meist nicht statt, weil indirekte Verfahren häufig nicht als *Indirect Tooling*, sondern ebenfalls als *Rapid Tooling* bezeichnet werden. Das geschieht in vielen Fällen bewusst und vor allem aus Gründen des Marketings. Die Bezeichnung eines Prozesses lässt daher meistens keinen Rückschluss darauf zu, ob es sich um ein Additives Verfahren handelt oder nicht.

Bridge Tooling

In der Praxis gibt es Anwendungen des Prototype Tooling, die nicht auf Prototypformteile führen, sondern auf kleine Stückzahlen von Formteilen mit Seriencharakter. Weil das *Prototype Tooling* auf diese Weise die Kluft zu den serientauglichen Direct Tooling-Verfahren überbrückt, nennt man diese Untermenge der Prototype Tooling-Verfahren auch *Bridge Tooling*. Bridge Tools können direkt additiv gefertigt sein, sie können aber auch das Resultat von Abformverfahren sein. Die Bezeichnung *Bridge Tool* wird allerdings auch für Nicht-additive Verfahren gewählt, wenn sie die gleiche Funktion haben.

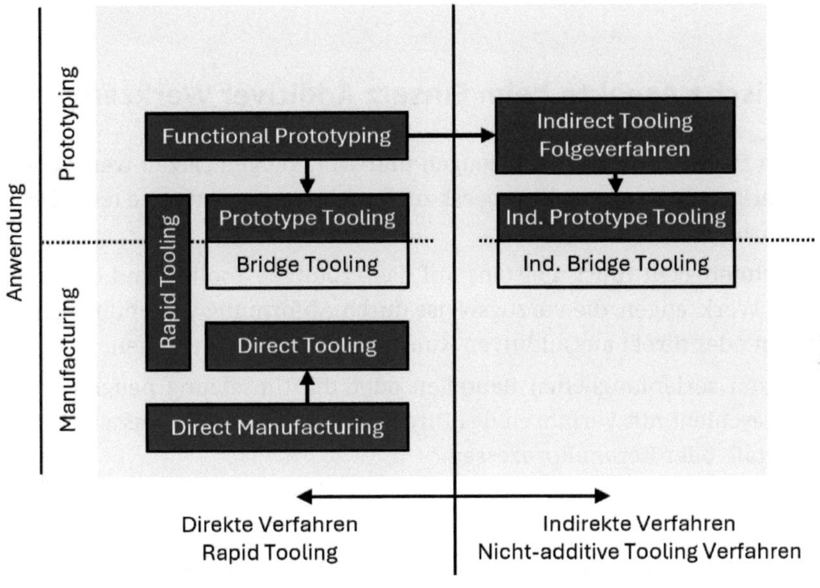

Bild 5.1 Struktur des Rapid Tooling im Kontext der *additiven Fertigungsverfahren* Functional Prototyping und Direct Manufacturing

Die Zusammenhänge sind in Bild 5.1 (einem detaillierten Ausschnitt aus Bild 1.6) dargestellt. Darin wird nochmals deutlich, dass *Rapid Tooling* keine horizontale technologische Gliederung der *Additiven Fertigungsverfahren* bezeichnet, sondern im Sinne einer vertikalen Gliederung unterschiedliche Anwendungen zur Herstellung von

Werkzeugen und Werkzeugeinsätzen thematisch zusammenfasst. Bild 5.1 zeigt auch, dass das Indirekte Tooling auf Basis des Functional Prototyping je nach Verfahren und weiterer Bearbeitung entweder auf reine Prototypwerkzeuge oder auf Werkzeuge mit dem Charakter von Bridge Tools führen kann. Die Bezeichnungen müssten korrekt jeweils mit dem Vorsatz „indirektes ...". versehen werden. Das ist in Bild 5.1 auch geschehen, wird aber im allgemeinen Sprachgebrauch meistens weggelassen.

5.2 Eigenschaften additiv gefertigter Werkzeuge

Additiv gefertigte Werkzeuge unterscheiden sich sowohl im strategischen Ansatz als auch in der konkreten Herstelltechnik von nicht-additiven, sogenannten konventionellen Werkzeugen.

Trotz der Bezeichnung additiv gefertigte Werkzeuge werden in der Praxis vorzugsweise Werkzeugeinsätze gefertigt und mit Normalien und abtragenden Verfahren komplettiert. Rapid Tooling führt nur in Ausnahmenfällen zu vollständigen Werkzeugen.

5.2.1 Strategische Aspekte beim Einsatz Additiver Werkzeuge

Mit der additiven Herstellung von Werkzeugen und Werkzeugeinsätzen werden vor allem die Ziele verknüpft, den Herstellprozess zu beschleunigen und neue technische Konzepte zu realisieren.

Das Kriterium Schnelligkeit führt meistens auf das Prototype Tooling und damit zu nicht metallenen Werkzeugen, die vorzugsweise durch Abformung von additiv gefertigten Urmodellen oder direkt aus additiven Kunststoffprozessen entstehen.

Die Produktion von serientauglichen Bauteilen oder die Umsetzung neuer technischer Konzepte geschieht mit Verfahren des Direct Tooling und damit ausschließlich mit additiven Metall- oder Keramikprozessen.

5.2.1.1 Schnelligkeit

Der entscheidende Fortschritt, der den Additiven Verfahren auch Ihren Namenszusatz *Rapid* beschert hat, bestand zunächst darin, komplexe Formteile aus Kunststoff unter Umgehung von Werkzeugen und damit um viele Wochen schneller und zudem preisgünstiger zu erhalten, als es bis dato (Ende der 1980er-Jahre) möglich war.

Schon Anfang der 1990er-Jahre begann man aber, die neuen Verfahren auch für die Herstellung von Werkzeugen und Werkzeugeinsätzen zu nutzen, die man eigentlich zukünftig durch den Einsatz Additiver Verfahren vermeiden wollte.

Das lag vor allem an den unzureichenden Materialeigenschaften der damaligen additiven Bauteile und an der Tatsache, dass die Additive Fertigung von größeren Stückzahlen rasch sehr teuer wird, weil keine nennenswerte Kostendegression eintritt, so wie das bei der Spritzgießfertigung der Fall ist.

Man entwickelte deshalb Verfahren und Verfahrensketten zur direkten und indirekten Herstellung additiver Werkzeuge und Werkzeugeinsätze. Dem Ziel, schnell Formteile zu erhalten und dafür sehr schnell ein Werkzeug herzustellen, wurden andere Anforderungen untergeordnet. So war und ist man bereit, die Qualität des Finishings der Bauteile zu relativieren und beispielsweise Blankstellen oder Einfallstellen zu tolerieren. Auch akzeptierte man eine geringere Ausbringungsmenge, deutlich längere Zykluszeiten und gegebenenfalls auch manuell zu handhabende Losteile anstelle von Schiebern. Zum heutigen Zeitpunkt können diese Nachteile der additiv gefertigten Werkzeuge durch neue technische Konzepte gelöst werden, wie sie in den nächsten Abschnitten beschrieben werden.

Um das primäre Ziel, die Schnelligkeit, zu gewährleisten, werden als Ausgangsbasis Additive Verfahren zur Herstellung von Kunststoffbauteilen gewählt. Der Weg zum Werkzeug führt dann entweder direkt zu Prototypwerkzeugen oder Bridge Tools oder über Folgeverfahren zu entsprechenden indirekt hergestellten Werkzeugen oder Formeinsätzen (Bild 5.1).

5.2.1.2 Umsetzung neuer technischer Konzepte

Auf der Suche nach Alleinstellungsmerkmalen wurden schon frühzeitig zwei Gruppen von Anwendungen definiert, die neue technische Aspekte beleuchten: Die konturangepasste Kühlung (Conformal Cooling) und die Variation des Werkstoffs über dem Bauteilquerschnitt (graded Materials) bezogen auf das Werkzeug. Beide Ansätze unterstützen eine effektive Temperierung von Spritzgießwerkzeugen und zielen sowohl auf Qualitätsverbesserungen durch eine gleichmäßigere Temperaturverteilung als auch auf Kostenvorteile durch kürzere Zykluszeiten. Sie sind beide direkt mit Metallwerkzeugen in Serienqualität verknüpft.

Die Geometriefreiheit ermöglicht die Fertigung interner Hohlräume, die als räumlich gekrümmte Kanäle oder Netze dem Konturverlauf folgend dicht unter die Oberfläche der Kavität gelegt werden können und so eine vor allem viel schnellere Temperierung erlauben (Bild 5.2). Ungleichmäßige Temperaturverteilungen und lokale Überhitzungen, sogenannte Hotspots, können gezielt vermieden werden. Derartige interne Hohlräume können auch zur Realisierung von Luftauswerfern verwendet werden, die angesichts der mit Kühlstrukturen durchzogenen Kavitäten zunehmend als Alternative zu den gebohrten Auswerferkanälen mit geraden Auswerfern in Betracht gezogen werden.

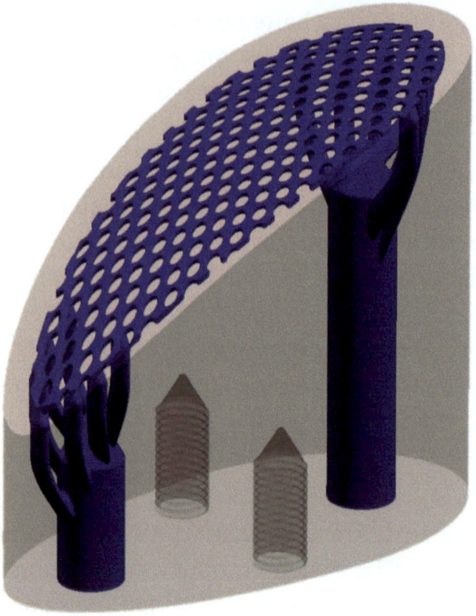

Bild 5.2
Konturangepasste Kühlung: CAD-Konstruktion eines Kühlnetzes
Quelle: Concept Laser GmbH/Hofmann

Additive Verfahren, vor allem das Schicht-Laminat-Verfahren, Abschnitt 3.4 „Schicht-Laminat-Verfahren – Layer Laminate Manufacturing (LLM)“ mit Metallfolien, aber auch das Beschichten mit der Pulverdüse, Abschnitt 3.3 „Beschichten – Schmelzen mit der Pulverdüse“, und, wenn man neue Konzepte (vorgestellt von Aconity und Aerosint) zum Beschichten mit unterschiedlichen Pulverwerkstoffen betrachtet, auch das Metallsintern oder -schmelzen, Abschnitt 3.2 „Sintern/Selektives Sintern – Schmelzen im Pulverbett“, eröffnen die Möglichkeit, vor allem unterschiedlich stark wärmeleitende Materialien gezielt zu verarbeiten, um eine definiert verbesserte Temperierung zu erzielen.

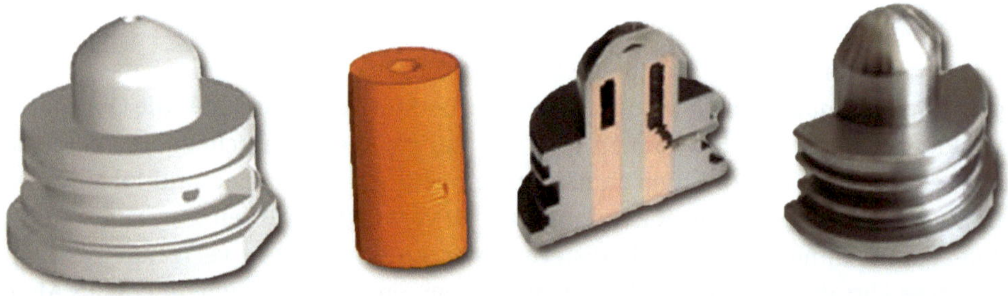

Bild 5.3 Melato. Werkzeugeinsatz aus Stahl und Kupfer. CAD-Konstruktion (ganz links und links), endbearbeitetes Werkzeug (ganz rechts) und aufgeschnittener Einsatz mit Blick auf die Kühlzone (rechts)
Quelle: A. Techel, Fraunhofer-Institut für Werkzeug- und Stahltechnik/rtejournal

Die Variation der Werkstoffeigenschaften über dem Bauteilquerschnitt ist im Ansatz bei dem sogenannten Metallfolien LOM oder Metal Laminated Tooling, MELATO, Abschnitt 3.4.10.1 „Bauteile aus Metalllamellen – Laminated Metal Prototyping", mit unterschiedlichen Materialien umgesetzt. Das Beispiel auf Bild 5.3 zeigt einen innen gekühlten Formeinsatz aus Stahl, der zusätzlich in der thermisch kritischen Zone einen Einsatz aus Kupfer aufweist. Bild 5.3 zeigt die CAD-Konstruktion und das endbearbeitete, für das Foto geschnittene, Werkzeug.

5.2.2 Konstruktive Eigenschaften additiv gefertigter Werkzeuge

Die strategischen Überlegungen schlagen sich direkt in der Konstruktion von additiv gefertigten Werkzeugen und Werkzeugeinsätzen nieder.

Schnelle Verfahren stützen sich auf das Abgießen von schnell verfügbaren additiv gefertigten Urmodellen. Die dazu verwendeten weichen oder harten Formmassen führen auf Prototypenwerkzeuge mit entsprechend charakteristischen konstruktiven Eigenschaften.

Neue technologische Ansätze wie die konturangepasste Kühlung werden mit direkt hergestellten serientauglichen Werkzeugen und Werkzeugeinsätzen kombiniert. Sie werden in der Serienfertigung eingesetzt.

5.2.2.1 Prototypenwerkzeuge

Prototypenwerkzeuge basieren auf dem Prinzip der Trennung der Eigenschaften. Ausgangpunkt sind schnell verfügbare und geometrisch exakte additiv gefertigte (Rapid Prototyping) Urmodelle. Sie werden mittels unterschiedlicher Gießverfahren abgeformt. Nach der Entformung bilden die Formmassen mit der darin liegenden Kavität das Werkzeug. Die eingesetzten Abform- oder Folgeprozesse sind alle nicht neu. Sie sind selbst nicht-additiv und auch nicht exklusiv für additiv gefertigte Bauteile anwendbar.

Neben der Herstellung von Prototypenwerkzeugen durch Abformverfahren, können Prototypenwerkzeuge auch durch die Nutzung von höherschmelzenden Thermoplasten oder aus Duromeren in direkten additiven Prozessen gefertigt werden (vgl. Abschnitt 5.4.1).

5.2.2.1.1 Weiche gegossene Werkzeuge

Abformverfahren führen häufig auf weiche Werkzeuge aus Silikon oder Kautschuk. Eine CAD-gestützte Werkzeugkonstruktion ist dafür nicht erforderlich und auch gar nicht einfach möglich. Die Werkzeugkonzeption geschieht manuell. Die Trennebenen werden mittels transparenten Klebestreifen am Modell festgelegt, Angüsse und Steiger in Form von Stangen und Drähten angebracht, das so vorbereitete Modell in einen Gießrahmen positioniert und mit der Formmasse umgossen. Nach der Verfestigung wird die ausgehärtete Formmasse an der Trennebene per Hand mit dem Skalpell im Wellenschnitt aufgeschnitten und das Modell entnommen. Die Form wird mit Trennmittel eingesprüht, geschlossen, gegen Öffnen gesichert und vorzugsweise in einer Vakuumkammer ausgegossen. Der Gießvorgang ist semi-manuell. Verwendet werden vergießbare Duroplaste, sogenannte Gießharze, also vorzugsweise Polyurethane (PUR).

Weil die Formen weich sind, sind keine Entformungsschrägen erforderlich. Es können sogar leichte Hinterschnitte zwangsentformt werden. Die Elastizität bringt aber auch Einbußen bei der Dimensionstabilität und der Maßgenauigkeit mit sich. Große Formen verformen sich unter ihrem Eigengewicht und werden deshalb durch Einleger ausgesteift. Der weiche Formstoff hat einen recht hohen Abrieb, wodurch die Ausbringungsmenge auf circa 15 bis 20 Abgüsse pro Form limitiert wird. Feine Details, z. B. wenn sie durch freistehende Dome charakterisiert sind, können leicht abreißen, weshalb die genannte Ausbringungsmenge stark von der Geometrie abhängt. Je nach Gießharz und Formstoff führen chemische Wechselwirkungen zu Oberflächenfehlern oder zum Formverschleiß durch Risse, Materialaufhärtungen und -ausbrüchen. Starke Hinterschnitte können durch Losteile oder mehrfach geteilte Formen realisiert werden, erhöhen aber die Komplexität der Form. In die Formen können Einleger z. B. aus Metall eingebracht und umgossen werden. Die Zykluszeiten sind mit ein bis zwei Stunden recht lang.

Die Formen werden für den Abguss vorgewärmt. Dieser Vorwärmprozess kann auch zur Fein-Skalierung zumindest von einer Hauptabmessung genutzt werden, weil z. B. Silikone im Temperarturbereich um 70 °C ein nahezu lineares Ausdehnungsverhalten haben.

5.2.2.1.2 Harte gegossene Werkzeuge

Harte Werkzeuge entstehen, wenn die Abformmasse vollständig aushärtet, was z. B. bei aluminiumgefülltem Epoxidharz der Fall ist. Für harte Werkzeuge ist eine vollständige CAD-Werkzeugkonstruktion erforderlich. Sie umfasst vor allem die Festlegung der Trennebenen, die Einbringung der Entformungsschrägen, die Dimensionierung des Angusssystems und der Auswerfer sowie die Definition eventuell notwendiger Losteile. Auf Schieber wird aus Gründen des einfachen Werkzeugaufbaus üblicherweise verzichtet. Wenn sie nicht zu umgehen sind, werden sie als Losteile gefräst, an das Urmodell anmodelliert und mit eingegossen. Die Werkzeuge sind vorzugsweise ungekühlt. Das Eingießen von Kühlleitungen ist aber leicht möglich. Harte Werkzeuge müssen, jede Formhälfte für sich, auf Formplatten aufgebaut und einzeln abgegossen werden.

Harte gegossene Werkzeuge werden vorzugsweise als Formhälften in Stammrahmen eingebracht und die Formteile auf Spritzgießmaschinen hergestellt. Der wesentlich aufwendigeren Werkzeugherstellung als bei weichen Werkzeugen steht der Vorteil gegenüber, dass die Formteile aus serientauglichen thermoplastischen Kunststoffen gefertigt werden können. Die Ausbringungsmengen sind zudem höher und erreichen je nach Geometrie und Material mehrere 10 000 Stück. Die Zykluszeiten liegen im Minutenbereich. Sie werden länger, wenn mehrere Losteile per Hand entformt und eingesetzt werden müssen.

5.2.2.1.3 Harte direkt gefertigte Werkzeuge und Werkzeugeinsätze

Die direkte Herstellung von einsatzfähigen Werkzeugen und Werkzeugeinsätzen basiert auf der additiven Verarbeitung von werkzeugtauglichen Metallen oder Keramiken direkt in der Maschine. Eine vollständige CAD-Werkzeugkonstruktion ist eine zwingende Voraussetzung für den Bau harter Werkzeuge. Die Bauteile sollten mindestens die Genauigkeiten und Oberflächenqualitäten aufweisen, die Nicht-additive Verfahren im Werkzeugbau auch aufweisen. Damit gelten natürlich die Parameter für Serienwerkzeuge. Diese Ziele werden heute (2023) direkt im Prozess noch nicht erreicht. Allerdings gilt das für den konventionellen Werkzeugbau genauso. Spanend hergestellte Elemente werden durch Erodieren und automatisches und manuelles Polieren nachbearbeitet oder ergänzt.

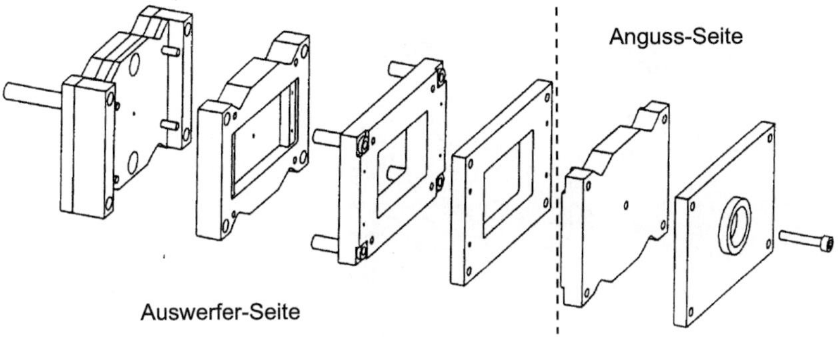

Bild 5.4 Prinzipieller Aufbau eines Stahlstammwerkzeuges für die Kunststoffspritzgießfertigung, Explosionsdarstellung

Die aktuellen Entwicklungen bei den Additiven Verfahren tragen aber kontinuierlich dazu bei, die Oberflächen zu verbessern. Im Prozess geschieht das vor allem durch optimierte Belichtungsstrategien und geschlossene Regelalgorithmen, die auf Messungen des Temperaturfeldes in der Bauebene und auf der Erfassung der Ist-Geometrie durch Kameras in der Prozesskammer basieren.

Die Additive Fertigung ist nach wie vor nur für Bauteile sinnvoll, die nicht oder nicht so gut konventionell hergestellt werden können.

Grundsätzlich sollten alle Werkzeugelemente, die spanend hergestellt werden können, auch spanend hergestellt werden. Auch Komponenten, die als Normalie oder als Halbzeug mit Normaliencharakter zugekauft werden können, sollten keinesfalls additiv gefertigt werden. Bild 5.4 zeigt den prinzipiellen Aufbau eines typischen Stahlstammwerkzeuges [Lucke95] für den Kunststoffspritzguss. Das eigentliche Werkzeug besteht danach im Wesentlichen aus Normalien, in die die nicht gezeichnete additiv gefertigte Kavität eingesetzt wird.

Auf Bild 5.5 ist ein modular aufgebautes Demonstrationswerkzeug zu sehen. Die Platten bestehen zur Verdeutlichung des Aufbaus aus Plexiglas. Die als Normalien zugekauften Führungen, Federn, Auswerfer und der Düsenstock sind als Originale eingearbeitet und gut zu erkennen. Im Zentrum sieht man beide Hälften des additiv gefertigten Formeinsatzes (Kavität). Vor dem Werkzeug ist das Formteil in Vorder- und Rückansicht zu sehen.In der Praxis ist es sinnvoll, additiv und konventionell gefertigte Elemente zu kombinieren, indem man additiv auf einer zugekauften Normalie aufbaut.

Es ist offensichtlich, dass die direkte additive Herstellung von Werkzeugen eine umfängliche Werkzeugkonstruktion voraussetzt, wie sie im Serienwerkzeugbau üblich ist. Additiv werden vorzugsweise Kavitäten oder Element davon gefertigt, keinesfalls ganze Werkzeughälften, wie das bei den gegossenen Werkzeugen der Fall ist.

Bild 5.5
Prinzipieller Aufbau eines Spritzgießwerkzeugs Die Platten wurden zur Demonstration aus Plexiglas gefertigt.
Quelle: 3D Systems

Heutige additiv gefertigte Werkzeuge müssen Eigenschaften aufweisen, die mit Nicht-additiven Verfahren nicht zu erzielen sind. Dazu gehören die konstruktive Umsetzung des Prinzips der konturangepassten Kühlung (Abschnitt 5.2.1.2 „Umsetzung neuer technischer Konzepte" sowie Bild 5.2 und Bild 5.3) und die Integration unterschiedlicher Materialien in ein Werkzeug. Mit Temperierkanälen oder -netzen ausgestattete Werkzeuge sind wesentlich weniger massiv als traditionell ausgelegte Werkzeuge. Ein Festigkeitsnachweis mittels FEM-Simulation und selbstverständlich eine Füllsimulation sind deshalb Bestandteil der Werkzeugauslegung und Konstruktion.

5.2.2.2 Bereitstellung der Daten

Weiche abgegossene Werkzeuge benötigen lediglich ein additiv gefertigtes Urmodell. Der Datenweg zu dessen Herstellung entspricht dem von Bild 2.6.

Harte Werkzeuge erfordern eine Werkzeugkonstruktion. Deshalb muss der Datenweg für das Rapid Tooling von harten gegossenen oder direkt hergestellten Werkzeugen und Werkzeugeinsätzen gegenüber dem prinzipiellen Datenweg nach Bild 2.6 modifiziert werden (Bild 5.6).

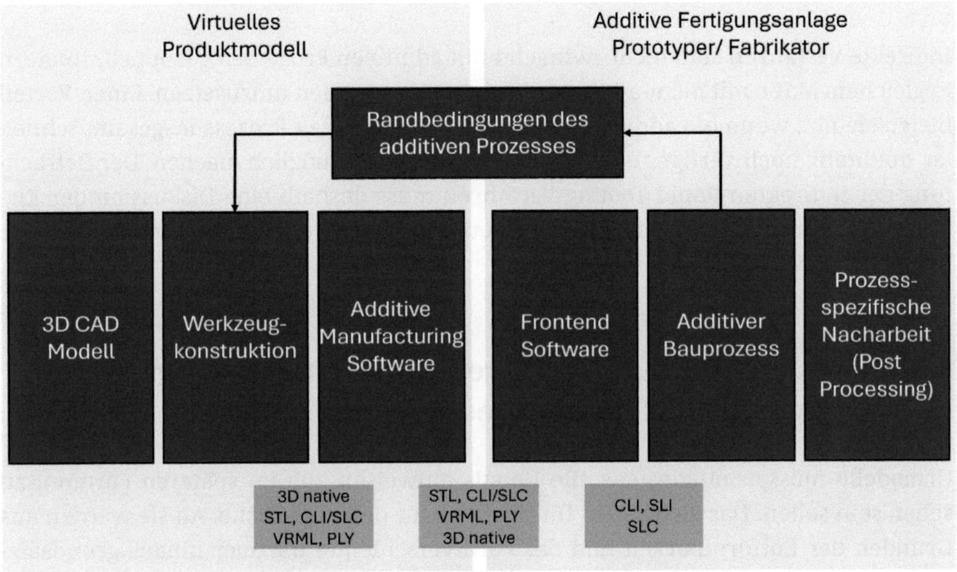

Bild 5.6 Gegenüber Bild 2.6 modifizierter Datenweg für das Rapid Tooling

Während beim Rapid Prototyping das additive Bauteil als Faksimile des 3D-Datensatzes aufgefasst werden konnte, weil das additive Bauteil und der CAD-Datensatz idealerweise identisch sind, unterscheiden sich die Geometrie des Werkzeugs und des Formteils grundsätzlich und mitunter erheblich voneinander. Der eigentlichen CAD-Konstruktion des Zielteils nachgeschaltet, aber mit dieser inhaltlich stark vernetzt, muss eine Werkzeugkonstruktion erfolgen. Beides kann aber nicht mehr ohne Berücksichtigung des späteren additiven Prozesses erfolgen. Die Orientierung im Bauraum ist entscheidend, wenn beispielsweise unterschiedliche Materialien verwendet werden oder Stufen die Rundheit der Kanäle oder ihre Rauigkeit, also die Strömungsverhältnisse, beeinflussen. Zudem hat die Orientierung von Bauteilen im Bauraum, insbesondere beim Laserstrahlschmelzen, einen erheblichen Einfluss auf die (stützenlose) Umsetzbarkeit von geometrischen Details. Auch der Aufwand der spanenden Nacharbeit, z. B. bei der Herstellung von Systembohrungen z. B. für Auswerfer oder Düsen kann davon abhängen. Grundsätzlich hat sich bewährt, das Bauteil senkrecht zur Entformungsrichtung zu fertigen. Bei der Werkzeugkonstruktion muss daher das später verwendete Additive Verfahren bereits ausgewählt sein und von ihm ausgehende Randbedingungen müssen in die Werkzeugkonstruktion einfließen.

5.3 Indirekte Rapid Tooling-Verfahren – Abformverfahren und Folgeprozesse

Indirekte Verfahren sind nicht zwingend mit additiven Prozessen gekoppelt, sondern in gleichem Maße mit nicht-additiv gefertigten Urmodellen umzusetzen. Einen Vorteil bieten sie nur, wenn die additiv gefertigten Urmodelle den Prozess insgesamt schneller, qualitativ hochwertiger oder sogar überhaupt erst möglich machen. Der Betrachtung der indirekten Rapid Tooling-Verfahren muss deshalb eine Diskussion der Eignung der unterschiedlichen Rapid Prototyping-Verfahren für die Herstellung der Urmodelle vorausgeschickt werden.

5.3.1 Eignung Additiver Verfahren zur Herstellung von Urmodellen für Folgeprozesse

Urmodelle müssen mindestens alle Details aufweisen, die im späteren Formteil zu sehen sein sollen. Das gleiche gilt für die Struktur der Oberfläche. An sie werden aus Gründen der Entformbarkeit und des Formverschleißes darüber hinaus grundsätzlich höchste Anforderungen gestellt. Um Abformungen zu ermöglichen, müssen Urmodelle Festigkeiten aufweisen, die die Entformkräfte sicher aufnehmen. Die Details dürfen deshalb auch nicht zu fein sein. Bei harten Werkzeugen dürfen keine, bei weichen allenfalls geringe Hinterschnitte auftreten. Stufen entgegen der Entformungsrichtung sind zu vermeiden.

Um diese Anforderungen zu erfüllen, ist bei allen Verfahren ein sorgfältiges Nacharbeiten der Oberflächen, meist durch Schleifen, notwendig. Poröse Modelle, z. B. Sinter- oder 3D Printing-Modelle, werden vor der Abformung infiltriert und in der Regel zusätzlich lackiert. Für gezielte Oberflächeneffekte werden auch Strukturlacke aufgebracht. Es ist darauf zu achten, dass diese Arbeiten die Geometrie nicht verändern.

Bei allen Verfahren ist die Verträglichkeit der Materialien der additiv gefertigten Urmodelle mit denen der Formenmaterialien zu überprüfen. Das gilt insbesondere auch in Hinblick auf Füller und Lacke.

Die unterschiedlichen Additiven Verfahren sind entsprechend unterschiedlich gut für Folgeverfahren geeignet:

Polymerisation. Wegen der hohen Detaillierung und der guten Oberflächen direkt aus dem Prozess sind Polymerisationsverfahren grundsätzlich gut geeignet. Sie sind die vorwiegend für das Abformen eingesetzten additiven Prozesse. Die Nacharbeit ist wegen der weichen Oberflächen relativ einfach. Verfahren ohne Stützen oder solche, bei denen die Stützen ausgewaschen werden, sind bei internen Hohlräumen wie Strömungskanälen von Vorteil.

Bei der Anwendung von Reaktionsharzen ist die Wärmeentwicklung zu berücksichtigen. Insbesondere bei Polymerwerkstoffen mit niedrigen Glasübergangstemperaturen können feine Details erweichen oder angeschmolzen werden.

Sintern (von Kunststoffen). Die Oberflächengüte ist durch Füllern zu verbessern. Das Infiltrieren der porösen Bauteile wird angeraten. Die für das Vakuum-Tiefziehen von Kunststofffolien notwendige definierte Porosität der Form kann prozessseitig eingestellt werden.

3D Pinting/Pulver-Binder-Verfahren. Zur Überwindung der Entformkräfte ist eine Steigerung der Festigkeit mittels Infiltration notwendig. Zudem ist eine umfangreiche Nacharbeit zur Erzielung der geforderten Oberflächengüte unumgänglich. Angesichts dieses Aufwandes sind *3D Printing*-Verfahren für Abformprozesse weniger geeignet. Davon ausgenommen sind verlorene Gussformen für den Metallfeinguss, für die es spezielle Baustrategien gibt, z. B. Z-Cast von 3D Systems, Abschnitt 3.6.2 „3D Printer – 3D Systems/Z-Corporation“ oder DSPC von Soligen, Abschnitt 3.6.4 „Direct Shell Production Casting (DSPC) – Soligen“.

Vollständig auswaschbare Modelle für die Herstellung von Bauteilen mit internen Hohlräumen entstehen bei geeigneten Bauparametern und wenn die Infiltration bewusst unterbleibt. Dann wird die Handhabung aufgrund der geringen Festigkeit aber sehr aufwendig.

Schicht-Laminat-Verfahren. Das Infiltrieren gegen das Delaminieren der Schichten und eine Lackierung sind notwendig. Freistehende Wände mit Wandstärken unter 0,5 mm und Aspektverhältnissen über 10 sind in Anbetracht der Entformungskräfte kaum zu realisieren. Die Nacharbeit ist insgesamt aufwendig.

Fused Layer Modeling oder Extrusionsverfahren. Die typische Oberflächenstruktur erfordert in aller Regel ein sehr aufwendiges Füllen und Schleifen. FLM-Verfahren sind daher als Urmodelle für Folgeverfahren kaum von industrieller Bedeutung.

Extrusionsverfahren, die direkt Wachsmodelle herstellen, sind hingegen vor allem für den Feingussprozess sehr gut geeignet.

Die Folge- oder Abformprozesse werden unterschieden in solche, die Kunststoffbauteile zum Ziel (Abschnitt 5.3.2 „Indirekte Verfahren zur Herstellung von Werkzeugen für Kunststoffbauteile“) haben und solche, die zur Herstellung von Metall- (Abschnitt 5.3.3 „Indirekte Verfahren zur Herstellung von Metallbauteilen“) und, heute noch von geringerer Bedeutung, Keramikbauteilen eingesetzt werden.

Im Rahmen des Prototype Toolings werden vor allem indirekte Verfahren für Werkzeuge zur Herstellung von Kunststoffformteilen gefertigt.

Metallene Werkzeuge entstehen mit Direct Tooling-Verfahren.

Abformprozesse zur Herstellung von Metallbauteilen sind vorzugsweise mit Gießprozessen, vor allem mit dem Feingussprozess verknüpft und verwenden direkt oder über Zwischenprozesse hergestellte Wachs- oder ausschmelzbare Modelle (Abschnitt 5.3.3 „Indirekte Verfahren zur Herstellung von Metallbauteilen").

5.3.2 Indirekte Verfahren zur Herstellung von Werkzeugen für Kunststoffbauteile

Die gebräuchlichsten nicht-additiven Folgeverfahren zur Herstellung von Kunststoffbauteilen auf der Basis von additiven Urmodellen gliedert man nach den Eigenschaften der Werkzeuge. Abgegossen werden weiche oder harte Werkzeuge. Die dazu gehörenden Verfahren sind:

Weiche Werkzeuge oder Formen

- Vakuumgießen,
- Nylongießen,
- Silikonabguss,
- Photocasting,
- Spincasting.

Harte Werkzeuge und Werkzeugeinsätze

- Gießharzwerkzeuge,
- Maskenwerkzeuge (Polyurethangießen).

Alle Verfahren sind nicht-additiv und werden daher nachstehend nur kurz beschrieben, um sie in den Zusammenhang mit additiv gefertigten Urmodellen zu stellen.

Die größte technische Bedeutung haben weiche Werkzeuge für das Vakuumgießen (engl. Room Temperature Vulcanization, RTV, oder auch Silicon Transfer Molding). Gefertigt werden Prototypen und Kleinstserien. Für harte Werkzeuge ist das Spritzgießen (Kunststoffspritzguss) von thermoplastischen Formteilen die wichtigste Anwendung.

Während das Vakuumgießen zur Herstellung von Prototypen, aber auch häufig zur Fertigung von Endprodukten eingesetzt wird, dienen gegossene harte Spritzgießwerkzeuge in den meisten Fällen nur zur Herstellung von Prototoypen und Kleinstserien mit dem Charakter von Endprodukten.

5.3.2.1 Abgießen in weiche Werkzeuge oder Formen

Weiche Werkzeuge aus Silikon oder Kautschukmasse werden beim Vakuumgießen, Nylongießen, Silikonabguss, Photocasting und Spincasting verwendet. Den Verfahren gemeinsam ist, dass ein Urmodell in ein Werkzeug abgeformt wird, das in der Regel aus zwei Formhälften besteht. Bei großen Hinterschnitten können auch kompliziertere Werkzeugkonstruktionen mit Losteilen notwendig werden.

5.3.2.1.1 Vakuumgießen

Das *Vakuumgießen* ist das wichtigste Abformverfahren in der Prototypen- und der spezialisierten Kleinserienfertigung. Die Bauteile entstehen durch Vergießen von 2-Komponenten Polyurethan (PUR oder auch PU) Harzen in einem Silikonwerkzeug unter Vakuum. Der Vorteil des Gießens unter Vakuum besteht in der gleichmäßigen Füllung der Form und der Vermeidung von Fehlstellen durch Blasen. Hergestellt werden können alle Größen von Bauteilen, von sehr kleinen Bauteilen (z. B. in der Schmuckindustrie) bis hin zu sehr großen Bauteilen (z. B. KFZ-Frontschürzen, Bild 5.7).

Bild 5.7 Frontschürze. Vakuumgießen und Finishing
Quelle: CP-GmbH

Die besonderen Vorteile des Vakuumgießens liegen darin, dass für das Werkzeug keine CAD-Werkzeugkonstruktion notwendig ist und dass sich die Silikonformen im Temperaturbereich um die 70 °C nahezu linear mit der Temperatur ausdehnen und somit skalierbar sind, was auch zum Ausgleich des Schwundes benutzt werden kann. Die Bauteile können deshalb durch Temperieren zumindest in einer Vorzugsrichtung genau den Anforderungen angepasst werden.

Die Herstellung der Form erfolgt wie unter *weiche gegossene Werkzeuge*, Abschnitt 5.2.2.1 „Prototypwerkzeuge“, besprochen. Das additiv gefertigte Urmodell wird beim Abformen häufig beschädigt. Wenn es unversehrt bleibt, können zur Herstellung größerer Serien weitere Formen angefertigt werden.

Die Zykluszeit, die Herstellzeit für ein Bauteil, liegt je nach Geometrie und Größe des Bauteils bei einer halben bis über einer Stunde. Dabei dauert das eigentliche Gießen nur circa vier bis acht Minuten, die Aushärtung in der circa 60 °C warmen Form erfolgt in einem Wärmeofen und ist in bis zu einer Stunde abgeschlossen; das Bauteil kann dann entformt werden. Je nach Vakuumgießwerkstoff und Komplexität der Form können zehn bis dreißig, in Ausnahmefällen auch bis zu 50 Teile aus einer Form gefertigt werden. Bei komplexen Geometrien geht man im Mittel von 15 Abgüssen pro Silikonform aus. Die absolute Ausbringungsmenge wird daher wesentlich von wirtschaftlichen Kriterien begrenzt.

Zur Fertigung werden manuelle und automatische Gießkammern in unterschiedlichen Größen angeboten. Industrielle Modelle (z. B. Bild 5.8 oben) mischen die Komponenten des Gießharzes automatisch und füllen sie über einen Trichter und einen Angussschlauch in die Form (Bild 5.8 unten), welche sich während des Gießvorgangs im unteren Teil der Vakuumkammer befindet.

Bild 5.8 Vakuumgießanlage (oben), Prozesskammer (unten)
Quelle: Schüchl

Vakuumgießmaterialien decken bezüglich ihrer physikalisch technologischen Eigenschaften einen großen Bereich thermoplastischer Kunststoffe ab und führen zu Bauteilen, die zumindest für ausgewählte Eigenschaften mit späteren spritzgegossenen Großserienteilen verglichen werden können (vergleiche Anhang Tabelle A3.20, Gießharze). Sie werden auch als gefüllte Harze angeboten und enthalten dann mineralische oder metallische Füllstoffe oder Glasfasern zur Steigerung der thermischen und mechanischen Belastbarkeit. Vakuumabgüsse gibt es glasklar (vergleiche Bild 5.9), transluzent oder in definierten Farben, z. B. nach RAL, durchgefärbt. Die Bauteile können weich (ab circa Härte 35 Shore) oder hart sein, Oberflächenstrukturen nach VDI 3400 (Erodierstruktur) aufweisen und Einlegeteile aus anderen Materialien (z. B. metallene Leiter) oder mit anderen Farben (Simulation der 2 K-Technik) enthalten. Je nach Material sind sie temperaturbeständig bis circa 170 °C.

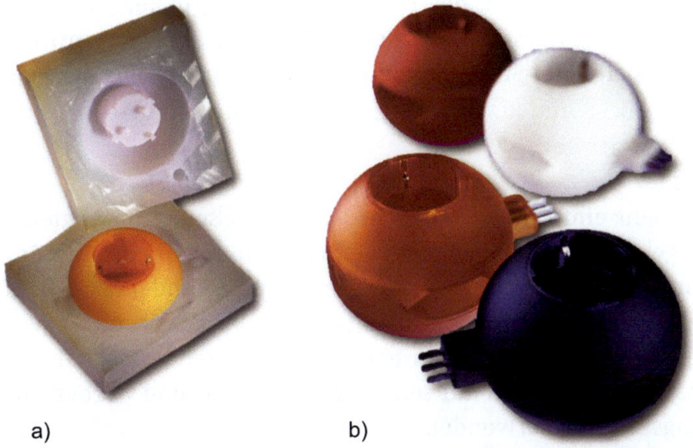

Bild 5.9 (a) Silikonform mit Abguss (b) montierte Systemstecker aus transluzentem Material (rechts)

Quelle: meis van schoen DESIGN, CP-GmbH

Bild 4.29 zeigt das Stereolithographie-Urmodell eines Cocktailbechers und den Vakuumabguss in hochtransparentem Material. Auf Bild 5.9 ist links eine geöffnete Silikonform mit einem Abguss zu sehen. Rechts daneben sind vollständige Systemstecker aus unterschiedlichen transluzenten Materialien abgebildet. Sie bestehen aus je einem Ober- und einem Unterteil (dazu benötigt man je eine Form) und den stromführenden Metallelementen.

5.3.2.1.2 Nylongießen

Für das Vergießen von Polyamiden (PA 6) hat die Firma MCP-HEK das Nylongießen als eine Variante des Vakuumgießens entwickelt. Dazu wird ein spezielles Nylonmodul so in die Maschine integriert, dass der Auslauf in etwa an der Stelle des Mischbechers liegt und das Material von dort direkt in die Silikonform laufen kann. Aufgrund der gegenüber dem Vakuumgießen höheren Prozesstemperatur von circa 140 bis 160 °C muss entsprechend temperaturbeständiges Silikon verwendet werden, das in der Regel nicht transparent ist und daher eine genaue Vorbereitung der Formtrennung verlangt.

Für den Prozess müssen die obere und die untere Vakuumkammer druckdicht gegeneinander abgeschottet werden, was bei vielen Maschinen standardmäßig der Fall ist oder nachgerüstet werden kann.

Das Modul ist im Grunde eine spezielle RIM (Reaction Injection Molding) Einrichtung. Es mischt nach entsprechender Temperierung ein reaktionsfähiges Polyamid, das direkt in die Form läuft. Der Prozess wird über SPS automatisch gesteuert. Die Zykluszeiten werden mit 6 Minuten angegeben, der reine Gießvorgang dauert nur etwa 2 Minuten. Die Bauteile haben laut Hersteller die gleichen Eigenschaften wie spritzgegossene aus PA 6. Es lassen sich feine Stege bis hinunter zu 0,3 mm Wandstärke gießen.

5.3.2.1.3 Silikonabguss

Der *Silikonabguss* ist eine sehr einfache Variante des Vakuumgießens zum Abgießen bei Umgebungsbedingungen, also ohne den Einsatz einer Vakuumkammer. Der Prozess ist bezüglich der Formherstellung mit dem Vakuumgießprozess identisch. In einer Form können einige Dutzend Abgüsse hergestellt werden. Das Verfahren ist zwar sehr einfach, die herstellbaren Modelle weisen aber unbefriedigende mechanisch-technologische Eigenschaften auf. Sie sind nur sehr gering belastbar und werden vorzugsweise als Anschauungsmodelle verwendet.

5.3.2.1.4 Photocasting

Das *Photocasting* unterscheidet sich vom Silikonabgussverfahren bezüglich der Form nur durch das eingesetzte hochtransparente Formmaterial. In die Silikonform wird ein photosensitives Harz eingefüllt und durch die Wände der Form mit UV-Strahlung vernetzt, also ähnlich wie im Stereolithographie-Prozess durch Photopolymerisation verfestigt.

5.3.2.1.5 Spincasting

Das *Spincasting* ist eine Variante des Schleudergussverfahrens. Das Rapid Prototyping Positiv wird in eine Kautschukmasse eingelegt. Diese wird durch Vulkanisieren verfestigt und dann entlang einer vorher festgelegten Trennebene senkrecht zur späteren Drehachse geteilt. In ein rotierendes Werkzeug können mehrere solcher Formen, gleichartige oder verschiedenartige, konzentrisch um eine Drehachse angeordnet werden. Die Zufuhr des Gussmaterials erfolgt von innen, sodass das Material aufgrund der Fliehkraft in die Formen gedrückt wird. Als Gussmaterial eignen sind neben Duroplasten auch niedrig schmelzende Zamak[1)]-Legierungen, wodurch das Spincasting-Verfahren die Verbindung zu den Metallabgussverfahren darstellt.

---

[1] ZAMAK ist eine niedrigschmelzende Metallegierung. Der Name ist ein Akronym aus den Anfangsbuchstaben der Bestandteile **Z**ink, **A**luminium, **Ma**gnesium und **K**upfer.

5.3.2.2 Abgießen in harte Werkzeuge

Harte Werkzeuge werden durch Metallspritzen, Umgießens mit Gießharzen, Polyurethanen oder proprietären Metall-Legierungen (3D Keltool) hergestellt. Abgeformt werden additiv hergestellte Urmodelle. Harte Werkzeuge erfordern eine Werkzeugkonstruktion. Es werden Kavitäten oder Teile davon als Einsätze hergestellt, in der Regel aber keine ganzen Formhälften. Der übrige Werkzeugaufbau erfolgt klassisch. Die Werkzeuge werden in der Regel auf Kunststoffspritzgießmaschinen zur Fertigung von Bauteilen aus thermoplastischen Kunststoffen verwendet und dazu in Stammrahmen montiert. Meistens werden die Spritzparameter (Druck, Temperatur) erreicht, die auch bei Stahlwerkzeugen in der Serie gelten.

5.3.2.2.1 Metallspritzen

Beim (Niedertemperatur) *Metallspritzen* werden Kunststoff Rapid Prototyping Bauteile mit einer bis zu mehreren Millimetern dicken und meist aus Aluminium bestehenden Schicht versehen. Die Metallschicht wird als Schale abgenommen und von der Rückseite mit Füllstoffen verstärkt (back-up). Die so entstandene Kavität wird in einen Werkzeugrahmen eingesetzt, spanend nachbearbeitet und mit Normalien komplettiert. Ein derart aufgebautes und in eine Stahl-Stammform eingesetztes Werkzeug zeigt Bild 5.10 [Gebhardt97].

Bild 5.10 Durch Metallspritzen aus einem SL-Urmodell gewonnene Kavität aus Aluminium, mit Epoxy-Hinterfütterung, gefrästen Einsätzen, Stahl-Stammrahmen
Quelle: CP-GmbH

Metallspritzwerkzeuge neigen zu Durchbrüchen oder Rissen in der Schicht. Sie entstehen als Folge der Erweichung der thermoplastischen Hinterfüllung, wenn sich die Wärme lokal staut. Ursachen sind Lufteinschlüsse zwischen dem Modell und der Metallschicht oder eine ungleichmäßige Temperaturableitung an innenliegenden Ecken.

Das Galvanisieren ist bei kleinen Kavitäten eine Alternative zum Metallspritzen.

5.3.2.2.2 Gießharzwerkzeuge

Gießharzwerkzeuge entstehen durch das Abgießen von skalierten additiven Urmodellen mittels aushärtbarer Formmassen, vorzugsweise mittels aluminiumgefüllter Kunstharze.

Der Formabguss erfolgt entsprechend getrennt für jede Hälfte und mithilfe von Formplatten und -rahmen. Die so erhaltenen Werkzeughälften werden mit Normalien komplettiert, in Stahlstammwerkzeuge eingesetzt und auf industriellen Spritzgießmaschinen mit Serienparametern betrieben. Es resultieren vergleichsweise einfache, vorzugsweise zweiteilige und meistens ungekühlte Werkzeuge. Sie verfügen in aller Regel nicht über Schieber. Hinterschnitte werden durch Losteile realisiert.

Je nach Bauteil lassen sich in solchen Formen einige hundert bis tausend Bauteile spritzen. Die Zykluszeit beträgt je nach Anzahl der Losteile mehrere bis mehrere 10 Minuten. Die Ausbringungsmenge wird daher vornehmlich durch wirtschaftliche Kriterien limitiert.

Um die Standzeit belasteter Kanten zu erhöhen oder örtlich höhere Genauigkeiten zu erzielen, die allein durch Abgießen nicht zu realisieren sind, werden die betroffenen Bereiche aus Aluminium gefräst, an das Urmodell anmodelliert und mit eingegossen (Bild 5.11). Auf die gleiche Weise können Losteile eingebracht werden, um Hinterschnitte abzuformen. Sie werden dann bei jedem Zyklus mit dem Formteil entformt, von ihm abgenommen und manuell wieder in das Werkzeug eingebracht.

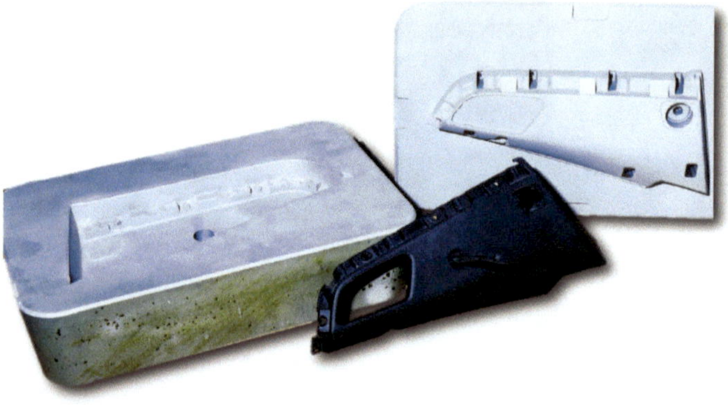

Bild 5.11 Durch Gegengießen aus einem SL-Urmodell abgeformtes Werkzeug aus aluminiumgefülltem Kunstharz, Spritzgussteil (Werkstoff: PA 6 GF)
Quelle: Elprotec GmbH

Viele Hinterschnitte erhöhen die Komplexität des Werkzeugs und machen es teuer und kompliziert in der Handhabung. Der Vorteil eines schnellen einfachen Werkzeugbaus schwindet dann kontinuierlich.

Gießharzwerkzeuge können aufgrund von Poren im Inneren oder durch Kantenausbrüche versagen. Die Reparatur ist aufwendig und erfordert das großzügige Heraustrennen der betroffenen Bereiche und das Einbringen von konturierten Einsätzen, die dann häufig aus Aluminium gefräst werden müssen.

5.3.2.2.3 Maskenwerkzeuge, Polyurethangießen

Als Polyurethangießen bezeichnet man die Herstellung von sogenannten Maskenwerkzeugen aus ungefülltem Kunststoff (Polyurethan). Abgegossen werden vorzugsweise Stereolithographie-Urmodelle. Die Herstellung ist derjenigen von Gießharzwerkzeugen sehr ähnlich. Die Werkzeuge werden vor allem zur Fertigung von verlorenen Wachsmodellen für den Feinguss eingesetzt. Es können aber auch Kunststoffformteile im Vakuum- oder Nylonguss hergestellt werden.

Die meist zweiteilige Polyurethanform wird einzeln in jeweils einem vorbereiteten Alu-Formrahmen direkt gegen das additive Urmodell gegossen. Dabei sind Trennebenen vorzusehen. Das Ziel sind stabile Formen, die sich auch bei der Herstellung von großen, filigranen oder dünnwandigen Wachslingen dimensionsstabil verhalten. Solche Formen substituieren zu einem guten Teil wesentlich aufwendigere gefräste und gebaute Aluminiumformen zum Wachsspritzen. Das Verfahren verlangt eine, wenn auch (teil-) manuelle, Werkzeugkonstruktion (Bild 5.12).

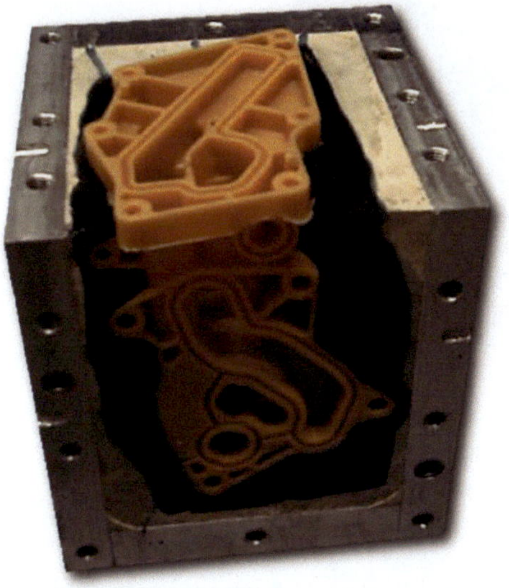

Bild 5.12
Maskenverfahren; Formhälfte in Aluminiumrahmen
Quelle: BeNe-Gusstechnik GmbH

5.3.2.2.4 Niederdruckspritzgießen, Reaction Injection Molding (RIM)

Beim Niederdruckspritzgießen oder Reaction Injection Molding (RIM-Verfahren) wird eine zweiteilige, geschlossene Form mit einem 2-Komponenten Reaktionsharz (PUR) gefüllt, dass in der Form aushärtet. Dazu notwendig ist eine Anlage, die die beiden Komponenten mischt und unter einem Druck von circa 4 bis 6 bar in die Form drückt. Die meist hinterschnittsfreie Form entsteht vorzugsweise durch Fräsen aus Modellmaterialien (z. B. Ureol) oder Aluminium, kann aber auch direkt über Sinterverfahren oder indirekt über Abformverfahren hergestellt werden. Das Verfahren hat Vorteile bei Formteilen mit großer Lauflänge, weil das dünnflüssige Material auch dünne Wandstärken gut füllt und entsprechend gut abbildet. RIM wird auch als Serienfertigungsverfahren eingesetzt.

5.3.2.2.5 3D Keltool – Course4 Technology

Der Keltool-Course4 Technolgy Prozess basiert auf der Langzeit-Niedertemperatur-Versinterung einer speziellen, zunächst als Pulver vorliegenden Metall-Kunststoff-Mischung.

Von einem additiv gefertigten, vorzugsweise einem Stereolithographie-Urmodell, wird über einen Zwischenabguss ein Hochtemperatur-Silikonabguss erstellt. Dieser wird mit der Formmasse aus polymergebundenem Wolframkarbid und Werkzeugstahl ausgegossen, die dann zu einer harten Form ausreagiert. Je nachdem, ob man das Positiv oder das Negativ als Urmodell verwendet, ist ein einfacher oder doppelter Abformprozess notwendig.

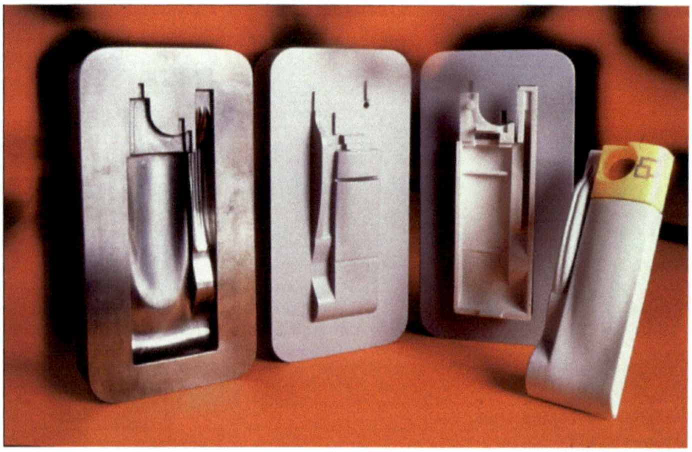

Bild 5.13 Keltool. Beide Werkzeugkavitäten (links), linke Kavität mit eingelegtem Spritzling (Mitte), Spritzling (rechts)
Quelle: 3D Systems

Der Vorteil des Verfahrens liegt in einem sehr detaillierten Abformergebnis. Bild 5.13 zeigt als Beispiel die beiden Formhälften eines Keltool Formeinsatzes, einen noch in der Form befindlichen Spritzling und das fertige Produkt.

Eine Variante des Verfahrens ermöglicht den Einsatz von Kupfer-Wolframcarbid-Legierungen zur Herstellung von Elektroden für das Senkerodieren. Es werden Oberflächengüten bis $R_A = 0{,}4\,\mu m$ erreicht.

Das Keltool-Course4 Technology-Verfahren ist eng mit dem **Low Melting Point Metal (LMPM)-Verfahren** verwandt, bei dem die resultierende Form aus einer niedrig schmelzenden Metall-Legierung besteht (Bild 5.13).

Der Prozess hat aktuell keine große industrielle Bedeutung. Für eine detaillierte Beschreibung wird deshalb auf Abschnitt 5.3.2.2.5 „3D Keltool – Course4 Technology" der 3. Auflage dieses Buches verwiesen.

5.3.2.3 Andere Abformverfahren für harte Werkzeuge

Eng verwandt mit dem Metallspritzen sind Verfahren, die keramische Schichten auf die Urmodelle aufbringen. Sie werden in Anlehnung an die Herstellung verlorener keramischer Formen für den Feinguss auch *Shaw-Verfahren* genannt. Das Entwicklungsziel sind schnell und bei möglichst niedriger Temperatur in den notwendigen Schichtdicken aufzubringende dichte Schichten, die sich gut vom Rapid Prototyping Modell (dem Substrat) ablösen lassen. Gebräuchlich sind auch keramische Zwischenschichten. Das Material zum Hinterfüllen der so gewonnenen Formschale muss mechanische Stabilität, gute Wärmeleitungseigenschaften, gutes Haftverhalten auf dem Rapid Prototyping Modell und gute Verarbeitbarkeit miteinander verbinden. In die Hinterfütterung können, wenn nötig, sogar räumlich gekrümmt vorgeformte Kühlkanäle eingelegt und umgossen werden.

Zu diesen nicht-additiven, aber meist vom Anbieter als Rapid Tooling-Verfahren bezeichneten Prozessen gehören auch das Ford Sprayform-Verfahren und das RSP-Tooling.

5.3.2.3.1 Ford Sprayform-Verfahren

Ford Sprayform ist die aktuelle Bezeichnung des von Ford übernommenen Verfahrens der Sprayform Holding Ltd. Über Keramik-Zwischenschalen werden Stahlformen mit Seriencharakter hergestellt, die zum Kunststoffspritzgießen, Metall-Druckgießen, Blasformen und auch zum Tiefziehen von Blechen geeignet sind. Das Verfahren wird für die eigene Produktion eingesetzt und als Dienstleistung angeboten.

5.3.2.3.2 Rapid Solidification Process, RSP

Der Rapid Solidification Process, auch RSP-Tooling genannt, ist mit dem Sprayform-Verfahren eng verwandt. Eine Stahlschicht wird auf von Rapid Prototyping Urmodellen abgeformte Substraten aus Keramik aufgedüst. Nach der Abkühlung wird die Form gebrannt, berandet und hinterfüllt. Das Verfahren wird als Dienstleistung angeboten.

Weitere Vertreter von Abformverfahren zur Herstellung von Werkzeugen, z. B. **CEM-COM** (*Nickelbeschichtung*), **Dynamic-Tooling, express-tool, Kirksite**[2)] und andere sind in Deutschland entweder gar nicht oder nur über spezialisierte Dienstleister vertreten. Wie alle Abformverfahren sind sie vor allen Dingen auch keine Additiven Verfahren. Deshalb wird an dieser Stelle nicht weiter auf sie eingegangen.

---

[2] Niedrigschmelzende Zink-Aluminiumlegierung (94 %Zn/6 %Al)

5.3.3 Indirekte Verfahren zur Herstellung von Metallbauteilen

Eines der wichtigsten indirekten Verfahren zur Herstellung von Metallbauteilen ist das Feingussverfahren. Das Verfahren selbst ist nicht-additiv und unabhängig davon, wie die Gussform hergestellt wird. Deshalb entstehen bei geeigneten Modellen und Formmaterialien serienidentische Bauteile. Hergestellt werden Bauteile aus Aluminium, Titan oder Magnesium. Das Folgeverfahren *Feingussprozess* kann unter diesem Blickwinkel auch als ein mehrstufiges Rapid Manufacturing Verfahren betrachtet werden.[3]

5.3.3.1 Der Feingussprozess mit additiven Prozessschritten

Der Feingussprozess und seine traditionellen und alternativ additiven Prozessschritte sind auf Bild 5.14 dargestellt.

Ausgangspunkt sind verlorene Wachsmodelle, die üblicherweise mit Anguss und Steiger, ebenfalls aus Wachs, zur gießfertigen Traube montiert werden. In der industriellen Serienfertigung werden sie durch Wachsinjektion in ein aus Aluminium gefrästes Wachsspritzwerkzeug gewonnen (linker Strang). Alternativ dazu werden skalierte Urmodelle aus Kunststoff additiv hergestellt. Mit diesen Urmodellen wird wie beim Vakuumgießen eine Silikonform erstellt. Durch Einspritzen oder Eingießen von Wachs wird aus der Silikonform die für die Gießtraube benötigte Anzahl von Wachslingen gewonnen.

Das Wachs ist weniger abrasiv als die Polyurethane beim Vakuumgießen und erlaubt daher die Herstellung einer viel größeren Anzahl (in der Regel um die 50 und mehr) von Wachslingen aus einer Form. Weil sich Wachs thermoplastisch verhält, ist für den Gießprozess, der vorteilhaft in der Vakuumkammer erfolgt, ein spezieller, beheizter Wachsbehälter vom Vorteil.

In einigen Vakuumkammern können die obere und die untere Kammerhälfte vergleichsweise einfach in zwei Kammern mit unterschiedlichen Druckniveaus getrennt werden. Das erlaubt, mithilfe eines entsprechenden Moduls den Druck in der oberen Kammer zu erhöhen und so die Qualität der Wachslinge zu erhöhen und das Spektrum der verwendbaren Wachse auf hochgefüllte Varianten auszudehnen.

Eine Variante, die das Werkzeug vollkommen umgeht, ist die direkte additive Herstellung des Wachsmodells. Dies ist insbesondere bei großen Bauteilen wie Zylinderblöcken oder bei Unikaten von Vorteil, die dann als Einzelstücke und nicht als Trauben gegossen werden. Häufig wird dann kein Wachs genommen, sondern ein aus amorphem Kunststoff gesintertes und bewachstes oder mittels Extrusion oder *3D Printing* erstelltes verlorenes Modell.

---

[3] Auf Gießereianwendungen im Sinne einer Branchenlösung wird in Abschnitt 6.5.2.2 „Gießereiwesen" eingegangen.

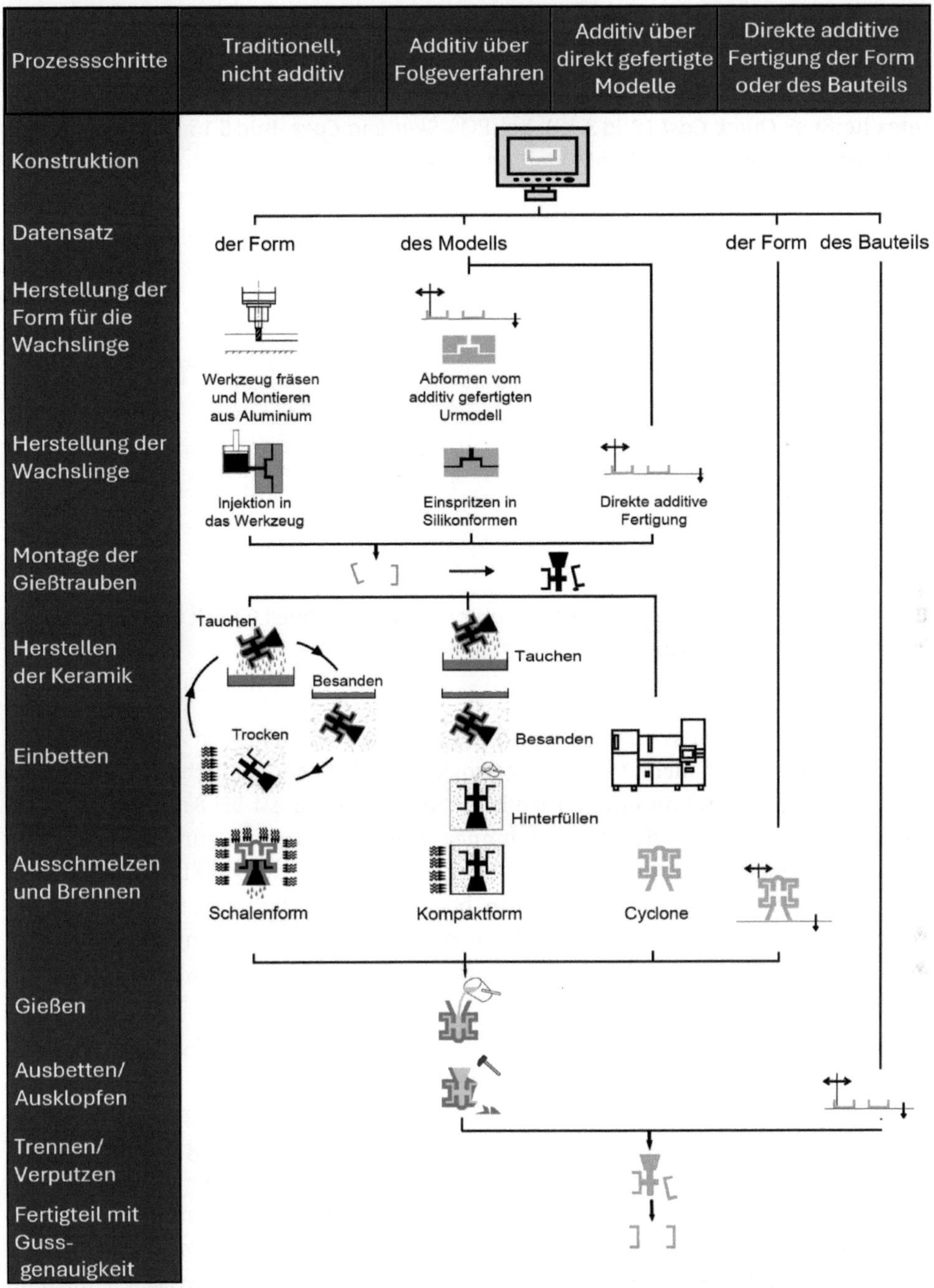

Bild 5.14 Feingussprozess (Wachsausschmelzverfahren); Substitution nicht-additiver Prozessschritte durch additive

Um Stereolithographie-Bauteile direkt im Feinguss einsetzen zu können, ohne beim Ausbrennen der Urmodelle das Reißen der Schale (shell-cracking) befürchten zu müssen, haben fast alle Hersteller besondere Hohlbauverfahren entwickelt. Bei 3D Systems heißt es *Quick Cast* (Bild 3.13), bei EOS *Skin and Core*. Bild 5.15 zeigt ein solches verlorenes Stereolithographie-Modell und das Gussteil.

Bild 5.15 Hohlgebautes verlorenes Stereolithographie-Modell (Quick Cast) und zugehöriges Feingussbauteil
Quelle: 3D Systems

Die Gießtrauben (oder Wachsbäume) werden klassisch in mehreren Arbeitsgängen in Keramikschlicker getaucht, besandet, getrocknet und wieder getaucht. Dieser Prozess ist langwierig und nimmt einige Tage in Anspruch, bis eine 4 bis 8 mm dicke, innen glatte und nach außen durch Sand immer gröberer Körnung zunehmend rauere Schicht aufgebaut ist. Er ist auch unabhängig davon, wie der Gießbaum hergestellt wurde. Gebräuchlich ist die Schalenform, bei der die selbsttragende Schale in mehreren Zyklen entsteht, und die Kompaktform, bei der nur die Besandung der Oberfläche erfolgt und die Hinterfütterung sowie meist auch eine Küvette die Stabilität gewährleisten (Bild 5.14).

Ein automatisierter Prozess (Cyclone, MK Technology, 2004) erlaubt es, diesen Vorgang auf wenige Stunden zu reduzieren [Weihnacht05]. Der automatische Prozess fußt auf einer optimierten Formmasse und vor allem auf einem beschleunigten Trocknungsprozess. Die Maschine integriert eine automatische Beschlickerung und Besandung sowie eine Infrarot Trocknung und fertigt Schalen bis zu einer Teilegröße von 500 × 500 mm. Die fertige Keramikform wird in der Maschine gebrannt. Bei konventionellen Prozessen geschieht das in einem externen Ofen. Die ursprünglich für den Prototypen- und Kleinserienguss entwickelte Maschine wird inzwischen auch in Form verketteter Module für die Serienfertigung angeboten.

Anstelle von Keramikformen sind im Prototypenbau auch Gipsformen gebräuchlich, die dann in Küvetten gegossen werden.

Alternativ kann die gesamte Form additiv, z. B. mit einer der Varianten des *3D Printing*, dem DSPC-Verfahren (Abschnitt 3.6.4 „Direct Shell Production Casting (DSPC) – Soligen"), dem Z-Cast Prozess (Abschnitt 3.6.2 „3D Printer – 3D Systems/Z-Corporation"), oder der ExOne-Maschine (Abschnitt 3.6.3.2 „Formsand-Linie: Direct Core and Mold Making Machine") entstehen, oder direkt durch Sinterverfahren aus Formmasse hergestellt werden.

Die gebrannte Form wird mit dem flüssigen Metall ausgegossen, nach dem Erstarren zerstört und der Gießling von der anhaftenden Keramik befreit. Es folgt das Putzen, das Entfernen von Anguss und Steigern, sowie die meist spanende Nacharbeit.

Da additiv das gewünschte Metallbauteil auch direkt hergestellt werden kann, ergibt sich ein weiterer alternativer Weg. Eingesetzt werden, z. B. Metall Sinter- und Schmelzverfahren, die auch zur direkten Fertigung von Metallwerkzeugen geeignet sind (Abschnitt 5.4.2 „3D-Druck von Metallwerkzeugen" oder Abschnitt 3.2 „Sintern/Selektives Sintern – Schmelzen im Pulverbett"). Die direkte Fertigung von Metallbauteilen bedeutet die vollständige Substitution des Feingussprozesses durch einen additiven Prozess.

Mit der Verfügbarkeit von Aluminium im additiven Sinterprozess stehen auch Verfahren zur Simulation und zur Evaluation von Alu-Feingussbauteilen zur Verfügung. Es weist natürlich vor allem ein großes Potenzial für die direkte Additive Fertigung, Rapid Manufacturing (Kapitel 6 „Direct Manufacturing – Rapid Manufacturing"), auf.

Literatur: [Ambos95], [Shellabear94], [Weihnacht05]

5.3.3.2 Werkzeuge durch Feinguss von Rapid Prototyping Urmodellen

Alle Rapid Prototyping Modelle (Positive) können in ausschmelzbare Werkstoffe abgeformt und daraus mittels Feinguss Metallbauteile gewonnen werden.

Der klassische Feingussprozess und additive Alternativen sind in Abschnitt 5.3.3.1 „Der Feingussprozess mit additiven Prozessschritten" dargestellt. Er ist natürlich grundsätzlich auch geeignet, Werkzeuge und Werkzeugeinsätze, vorzugsweise aus Aluminium, durch Gießen herzustellen.

In der Praxis hat sich der Feinguss vor allem für die Herstellung von Positiven bewährt. Für die Herstellung von Werkzeugen und Werkzeugeinsätzen ist das Verfahren eher ungebräuchlich.

5.4 Direkte Rapid Tooling-Verfahren

Direkt in der additiven Maschine hergestellte Werkzeuge und Werkzeugeinsätze können aus Kunststoff bestehen. Sie werden dann dem Prototype Tooling, gegebenenfalls auch dem Bridge Tooling zugerechnet. Im Fokus stehen aber Werkzeugkomponenten aus Metall, gegebenenfalls aus Keramiken, die dem Direct Tooling zuzuordnen sind. Es kann sich dabei um ganze Kavitäten handeln, vorzugsweise aber um wechselbare Einsätze, Schieber und dergleichen. Sie sind Bestandteile von Serienwerkzeugen und müssen entsprechende Eigenschaften aufweisen.

Die Verfahren können in einstufige, oder mehrstufige Prozesse unterteilt werden, je nachdem ob das Bauteil im Sinne der additiven Herstellung fertig aus der Maschine kommt, oder ob prozessbedingte Schritte, wie z. B. eine Infiltration, notwendig sind.

Die entstehenden Bauteile müssen mit nicht-additiven manuellen oder automatisierten Verfahren nachgearbeitet und in ein Werkzeug integriert werden.

5.4.1 Prototype Tooling – Werkzeuge auf der Basis von Kunststoff – 3D-Druckverfahren

Prototype Tooling bezeichnet Verfahren zur schnellen und preisgünstigen Herstellung eines Werkzeuges für eine kleine Anzahl von Formteilen. Die Verfahren zielen darauf ab, die (wirtschaftliche) Kluft zwischen dem Vakuumgießen und dem Spritzgießen zu überbrücken. Es wird deshalb dem Bridge Tooling zugerechnet. Dafür werden im Allgemeinen Kompromisse in Kauf genommen, die die Maßhaltigkeit, die Zykluszeit, das Material oder den Stückpreis betreffen. Bei Spritzgussanwendungen ist zu beachten, dass die üblicherweise bei konventionellen Werkzeugen in der Großserie angewendeten Temperaturen und Drücke und folglich auch die Strömungsverhältnisse in der Schmelze mit Prototypwerkzeugen meistens nur annähernd zu erreichen sind. Die Werkzeuge müssen deshalb auf niedrigere Drücke und Temperaturen, größere Strömungsquerschnitte, eine höhere Anzahl von Angüssen und das Fließverhalten des Kunststoffs hinausgelegt werden. In jedem Fall ist zu überprüfen, ob und inwieweit diese Abstraktionen die Aussagefähigkeit von Tests einschränken.

Im Folgenden werden Verfahren zur Herstellung von Prototypwerkzeugen vorgestellt, die auf Kunststoff Rapid Prototyping-Verfahren basieren.

5.4.1.1 Ausgießen von 3D-gedruckten Bauteilen

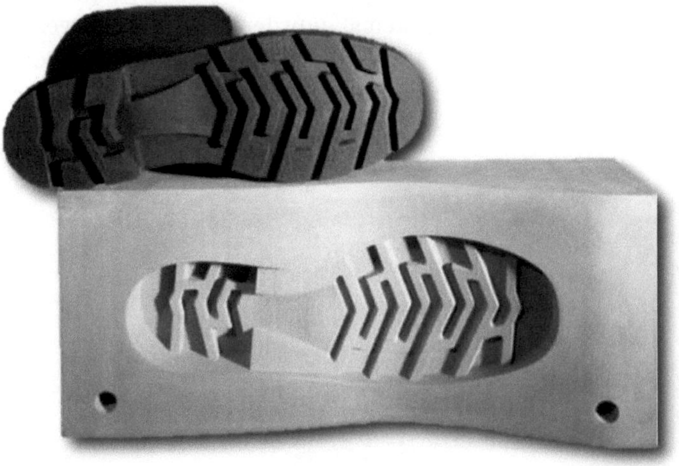

Bild 5.16 Direkt Pattern. Aus PA gesinterte Form (Pattern) für eine Schuhsohle
Quelle: EOS Gmb

Grundsätzlich können alle 3D-gedruckten Bauteile als Negative hergestellt und dann als Form zum Ausgießen verwendet werden. Voraussetzung ist, dass die Details den Erfordernissen entsprechend abgebildet werden können, die Oberflächengüte und das abzugießende Material so aufeinander abgestimmt sind, dass eine Entformung möglich ist und eine Nacharbeit der Kavitäten entweder nicht erforderlich oder ohne Genauigkeitseinbußen möglich ist. EOS propagiert das Verfahren als *DirectPattern*. Das Beispiel in Bild 5.16 zeigt die aus PA gesinterte Form für eine Schuhsohle, die zur Optimierung der Geometrie von Sohlen für Regenstiefel mit elastischem Material ausgegossen wird. Die Form kann zur Optimierung des Produktes in kürzester Zeit variiert werden.

5.4.1.2 3D-gedruckte Werkzeugeinsätze

Polymerisationsverfahren sind die bezüglich Toleranzen und Oberflächengüte genauesten additiven Verfahren. Eine direkte Anwendung als Werkzeug bietet sich deshalb an. Sie wurde angesichts der niedrigen Glasübergangstemperatur des Baumaterials von 55 bis 60 °C lange als nicht praktikabel angesehen. Systematische Versuche zeigen aber die Machbarkeit. Ansätze gibt es im Bereich Laser-Stereolithographie und Polymerprinting. Die prinzipielle Schwierigkeit besteht darin, dass die Werkzeuge aufgrund des Kunststoffmaterials thermisch träge sind, was vor allem zu langen Zykluszeiten führt. Das könnte sich beim Einsatz höher belastbarer und thermisch besser leitender gefüllter Materialien ändern.

Unterstützend wirkt der Trend zu kleineren Stückzahlen und kleineren Teilegewichten.

5.4.1.2.1 *ACES Injection Molding*, AIM

Bereits Ende der 1990er-Jahre wurde der *ACES Injection Molding* Prozess (AIM), auch ACES Tooling genannt, vorgestellt. Mithilfe eines speziellen Stereolithographie-Baustils, ACES (Accurate Clear Epoxy Solids, 3D Systems), wurden Kavitäten hergestellt und direkt für kleinste Serien bis circa 200 Stück als Einsätze in Spritzgießwerkzeugen verwendet (Bild 5.17). Es handelt sich meist um sehr einfache Auf-Zu-Werkzeuge. Die AIM Formhälften werden dazu in Standardstammrahmen eingesetzt.

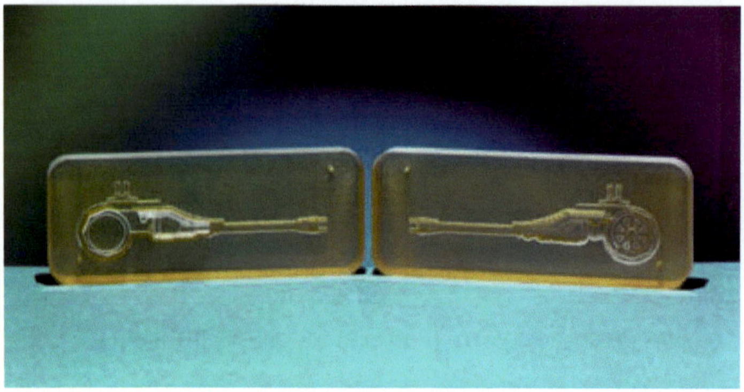

Bild 5.17 Werkzeugeinsatz bestehend aus zwei Formhälften (Stereolithographie-Material) für den Einsatz im Kunststoffspitzguss (AIM)
Quelle: 3D Systems

Kompromisse werden vor allen Dingen bezüglich der Zykluszeit eingegangen, die meist mehrere Minuten beträgt und oft eine manuelle Abkühlung mittels Druckluft notwendig macht [Yong01].

Obwohl ein vom Hersteller veröffentlichter Vergleich zwischen einem AIM- und einem konventionellen Werkzeug hinsichtlich der Herstellzeit – vier Stunden gegenüber 90 Stunden – eindrucksvoll zugunsten des AIM-Prozesses ausfällt [Jacobs97], spielt dieses Verfahren keine große Rolle.

Der Prozess ist nicht zu verwechseln mit den proprietären Verfahren des Dienstleisters AIM Plastics, Clinton Township, MI, USA.

5.4.1.2.2 3D printed injection molding, 3D-IM

Dem gleichen Grundgedanken wie beim AIM (Abschnitt 5.4.1.2.1 „ACES Injection Molding, AIM") folgt das 3D printed injection molding, 3D-IM. Worrell, ein auf medizinische Anwendungen spezialisiertes Designbüro und Stratasys, haben 3D-gedruckte Formeinsätze mit dem PolymerPrinting-Verfahren (Abschnitt 3.1.9 „Polymerdrucken – Stratasys/Objet") hergestellt und erfolgreich eingesetzt. Ziel war die schnelle Verfügbarkeit von Werkzeugen zur Fertigung kleinster Serien von Medizinprodukten. Wesentlicher Treiber war die zentrale Forderung der Medizintechnik nach Verwendung der Original-Werkstoffe. Dieses Ziel kann momentan (2016) nur durch Spritzguss erreicht werden. Vorteilhaft ist auch das mit seinen 16 µm dicken Schichten sehr detailliert arbeitende Polymer Printing-Verfahren (Abschnitt 3.1.9 „Polymerdrucken – Stratasys/Objet"), das den 3D-Druck des Werkzeugeinsatzes ohne Nacharbeit bei akzeptabler Genauigkeit zulässt. Bild 5.18 zeigt eine Hälfte der Kavität, eingebracht in die Stammform und aufgespannt auf der Maschine.

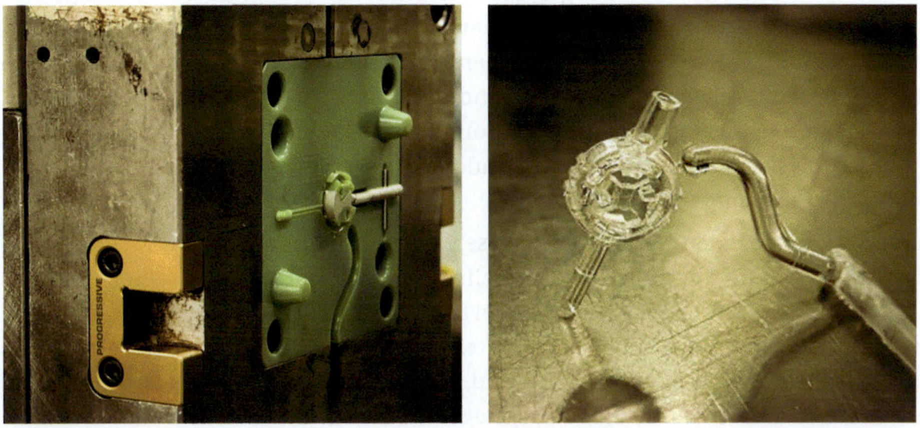

a) b)

Bild 5.18 3D-IM
(a) 3D-gedruckte Hälfte der Kavität eingesetzt in eine Stahl-Stammform. Formeinsatz: Polymerprinting; (b) Mittels 3D-IM gefertigtes Bauteil aus dem Werkzeug von Bild 5.18 (a)
Quelle: Worrell Design

Ähnliche Ansätze haben unterschiedliche Hersteller und Forschungsinstitute immer wieder veröffentlicht, ohne dass eine Vermarktungsstrategie zu erkennen gewesen wäre. Das ändert sich: Seit 2013 verfolgt ARBURG mit seinem freeformer 3D-Drucker (Abschnitt 3.5.5 „ARBURG Kunststoff-Freiformen (AF) – ARBURG GmbH") diesen Ansatz als proprietäre Lösung und seit 2016, ist Dr.Boy als Hersteller von (kleinen) Spritzgießmaschinen in die Fertigung von 3D-gedruckten Werkzeugen auf der Basis von Polymerprinting eingestiegen [K-Zeitung 8/16]. Die Firma sieht das Potenzial vor allem auf der Materialseite und nennt diesbezüglich vor allem gefüllte und faserverstärkte Qualitäten sowohl für den Formeinsatz als auch für das Bauteil. Nach Firmenangaben ertragen die Werkzeugeinsätze dauerhaft Abformtemperaturen bis 300 °C. Aber auch Hersteller von Desktop Stereolithographieanlagen, wie z. B. Formlabs und DWS Systems, bringen Harze auf den Markt, welche sich für die Anwendung im Bereich des Werkzeug- und Formenbaus eignen.

5.4.1.3 Tiefziehen oder Thermoformen

Das Tiefziehen von Kunststoffen wird auch Vakuum-Tiefziehen oder Thermoformen (Thermoforming) genannt. Dabei wird die Kontur eines Dauermodells auf Folien oder Platten aus Kunststoff übertragen, die meist aus Polystyrol, Polyethylen oder ABS bestehen. Verarbeitet werden vorzugsweise Folien ab einer Dicke von circa 0,1 mm, aber auch Platten mit einer Stärke bis zu einigen Millimetern.

Die Folie wird in einen Rahmen gespannt und mit Infrarotstrahlern so aufgeheizt, dass sie verformbar wird, aber sicher innerhalb des thermoelastischen Temperaturbereichs bleibt. Der Rahmen wird über dem Modell positioniert und gegen es abgedichtet. Zwischen der erwärmten Folie und dem Modell wird ein Vakuum gezogen, sodass sich die verformbare Folie an die Kontur des Modells anlegt. Nach dem Abkühlen behält die Folie ihre Form. Angewendet wird das Verfahren vorzugsweise für große Werkstücke mit einfacher Topologie.

Um das Vakuum ziehen zu können, müssen Löcher oder Schlitze im Modell eingebracht sein. Es kann aber auch ein spezielles, poröses Halbzeug verwendet werden. Bei additiver Herstellung werden Sinterverfahren verwendet. Die benötigte Porosität kann über die Prozessparameter eingestellt werden. Der Werkstoff des Selective Mask Sinterings, ein glasgefülltes Polyamid, war besonders auf die Fertigung poröser Strukturen für das Vakuumformen ausgelegt.

Außer Sintern und gegebenenfalls *3D Printing*, das aber bisher dafür nicht eingesetzt wurde, sind andere Additive Verfahren nicht anwendbar, weil die notwendige Porosität nicht im Prozess sichergestellt werden kann.

5.4.1.4 Herstellung von Kernen und Formen für den Metallguss

Formen und Kerne sind Werkzeug oder Werkzeugkomponenten für den Metallguss. Sie werden mit unterschiedlichen Verfahren direkt hergestellt.

5.4.1.4.1 Sandguss

Vor allem Sandkerne, gelegentlich auch Formen, werden mit dem Lasersinter- oder dem *3D Printing*-Verfahren hergestellt.

Auf der Basis des Kunststoffprozesses bietet EOS eine eigene Baureihe von Sinteranlagen zur Verarbeitung von Gießereisanden, EOS S, an (Abschnitt 3.2.4 „Lasersintern – EOS GmbH“). Mit ihr wird im Direct Cast-Verfahren die direkte Herstellung von Gussstücken möglich, deren Kerne (Bild 5.19) konventionell nicht zu fertigen sind, oder deren Stückzahl eine wirtschaftliche Fertigung nicht zulässt.

Die Materialien sind Quarzsande oder Silikate, z. B. Quarz (90 %) – Zirkon (10 %) Mischungen. Die EOS Materialien *Quarz* 4.2 und *Quarz* 5.7 sind Phenolharz umhüllte Quarzsande, die als Standardwerkstoffe angesehen werden können.

Ceramics 5.2 ist ein mit Phenolharz umhüllter Aluminium-Silikat-Sand (synthetischer Mullit). Er ist aufgrund seiner hohen Wärmekapazität und niedrigen Wärmeausdehnung besonders für den Hochtemperaturguss geeignet.

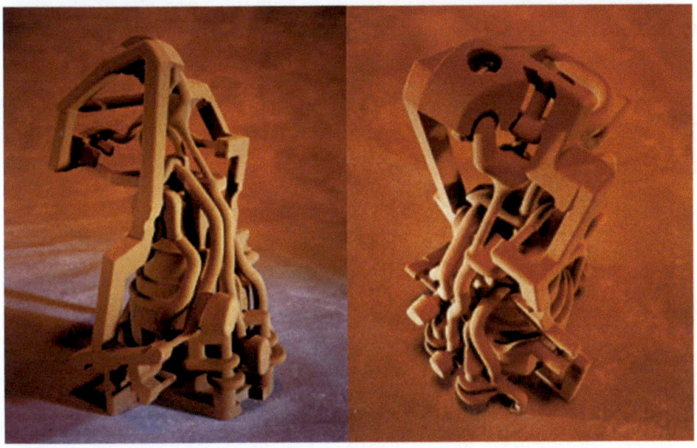

Bild 5.19 Direct Cast. Sandkerne
Quelle: EOS GmbH

Die ExOne GmbH verfügt mit der S-Max Serie (S-Max, S-Max Pro und S-Max Flex) und der davon abgeleiteten etwas kleineren S-Print über Systeme zur Herstellung von Kernen, Kernpaketen und ganzen Formen für den Sandguss (Abschnitt 3.6.3.2 „Formsand-Linie: Direct Core and Mold Making Mach"), die bisher auch als *Direct Core and Mold Making System* bezeichnet wurden (Bild 5.20). Insbesondere die großen Maschinen können zu einer teilautomatisierten Fertigungsanlage ausgebaut werden. Sie sind Gießereimaschinen.

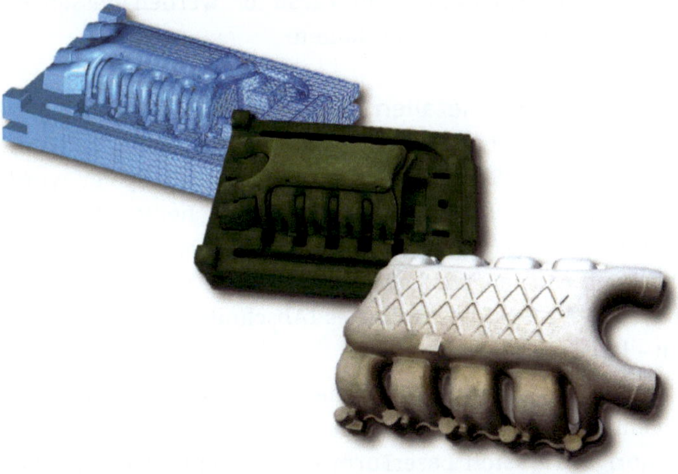

Bild 5.20 3D-Druck von Sand (Direct Core and Mold Making System); CAD, Sandform (Unterkasten) mit eingelegtem Kernpaket, Gussteil Ansaugstutzen
Quelle: ExOne GmbH

Ein weiterer spezialisierter Hersteller von Maschinen für Sandgussformen ist die Firma Voxeljet. Diese bietet mit der VX1000, VX1300X, VX2000 und VX4000 vier unterschiedliche Systeme für die Herstellung von Sandformen an, welche von einem Bauraum von 1000 × 600 × 500 mm (VX1000) bis hin zu einem Bauraum von 4000 × 2000 × 1000 mm (VX4000) reichen. Neben reinem Quarzsand bietet Voxeljet als weitere Werkstoffe für die Formenherstellung Cerabeads und Chromerz an.

5.4.1.4.2 Druckguss

Dauerformen für den Metall-Druckguss können mit den gleichen direkten Verfahren hergestellt werden, wie die Dauerformen für den Kunststoffspritzguss (Abschnitt 5.4.2.2.2 „Einkomponenten-Metallpulver-Verfahren – Schmelzen und Generieren"). Anwendungen gibt es vor allem im Magnesiumdruckguss [Reinhart98].

5.4.2 3D-Druck von Metallwerkzeugen

5.4.2.1 Metallwerkzeuge auf der Basis von mehrstufigen additiven Prozessen

Bereits um 1993 gab es erste Ansätze zur Versinterung von Metallpulvern. Sie erfolgten auf der Basis von kunststoffummantelten Metallpartikeln in nicht modifizierten Kunststoffmaschinen.

Eine Variation des Ummantelns stellt die Einbettung der Metallpartikel in ein pastöses Polymer dar, eine andere das *3D Printing* von Metallpulvern mit Polymerbindern.

Alle Varianten führen auf Grünteile, die entbindert und gesintert werden müssen, um dichte und belastbare Werkzeugkomponenten zu erhalten.

5.4.2.1.1 Selektives Lasersintern von Metallen – IMLS – 3D Systems

3D Systems erster Metallprozess arbeitet nach dem indirekten Verfahren. Er wurde früher als IMLS (Indirect Metal Laser Sintering) Prozess bezeichnet. Später wurde diese Bezeichnung von 3D Systems nicht mehr verwendet und heute ist er vom LPBF-Prozess (bei 3D Systems als Direct Metal Printing, DMP, vermarktet) abgelöst. Weil sehr viele Systeme verkauft wurden, wird er kurz behandelt. Eine ausführliche Darstellung findet sich in der 3. Auflage dieses Buches (Abschnitt 5.4.2.1 „Selektives Lasersintern von Metallen – IMLS – 3D Systems").

Der Prozess ist zweistufig. In der additiven Maschine wird eine Metallpulvermischung mittels eines darin enthaltenen Polymerbinders zu einem Grünteil versintert. Der Prozess und der zugehörige Werkstoff LaserForm A6 werden in Abschnitt 3.2.3 „Lasersintern – 3D Systems". näher beschrieben.

Mit dem Verfahren werden Werkzeugeinsätze für die Vorserie, aber grundsätzlich auch für den Serienanlauf hergestellt. Bild 5.21 zeigt ein Bauteil, das als Kernschieber in ein mehrteiliges Spritzgießwerkzeug eingesetzt ist [Breitinger95].

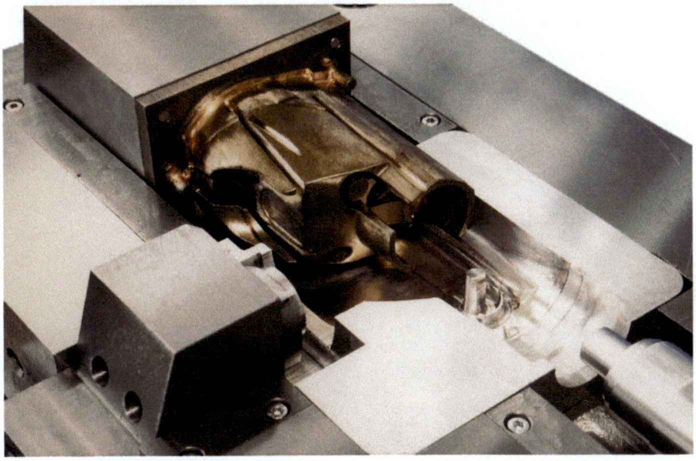

Bild 5.21 Kernschieber nach dem indirekten Metallsinterverfahren (IMLS)
Quelle: Breitinger

Es können auch Funktionsprototypen hergestellt werden, die Endproduktcharakter aufweisen. Ein Beispiel ist das Turbinengehäuse eines Abgasturboladers für Heißgasversuche, Bild 6.26, Abschnitt 6.5.1.1 „Metallische Werkstoffe und Legierungen".

5.4.2.1.2 Paste Polymerization – 3D Systems

Das der Stereolithographie zuzurechnende Verfahren der Paste Polymerization wurde von OptoForm entwickelt und von 3D Systems übernommen. Es ist in Abschnitt 3.1.13.1 „Paste Polymerization – 3D Systems/OptoForm" beschrieben und kann bei entsprechender Füllung der Harze auch für die Herstellung von keramischen und metallischen Formen und Werkzeugen eingesetzt werden. OptoForm hat dazu Beispiele von Keramikformen veröffentlicht.

5.4.2.1.3 3D Printing von Metallen – ExOne GmbH

Das *3D Printing* von Metallbauteilen mit der M-Print ist in Abschnitt 3.6.3.1 „Metall-Linie: Direct Metal Printer" beschrieben. Das Additive Verfahren benötigt keine Stützen oder Bases, weil das nicht verdruckte lose Pulver das Bauteil stützt. Das Verfahren ist kalt und verursacht daher kaum Verzüge beim Bau. Beim Bau von internen Hohlräumen, z. B. für eine konturangepasste Kühlung, ist zu beachten, dass sie auch vom stützenden Pulver befreit werden müssen. Dem Bauprozess nachgeschaltet ist aber ein Sinter- und Infiltrationsschritt, der die Herstellzeit und die Materialeigenschaften mitbestimmt. Bei diesem ist zu beachten, dass aufgrund der hohen Temperaturen (ca. 80 % der Schmelztemperatur des Werkstoffs) Verzüge an nicht unterstützen Bereich entstehen können. Daher werden für den Post-Prozess u. U. Hilfsstrukturen benötigt, um diese Deformationen zu vermeiden. In Bild 5.22 sind Beispiele für Werkzeugeinsätze zu sehen.

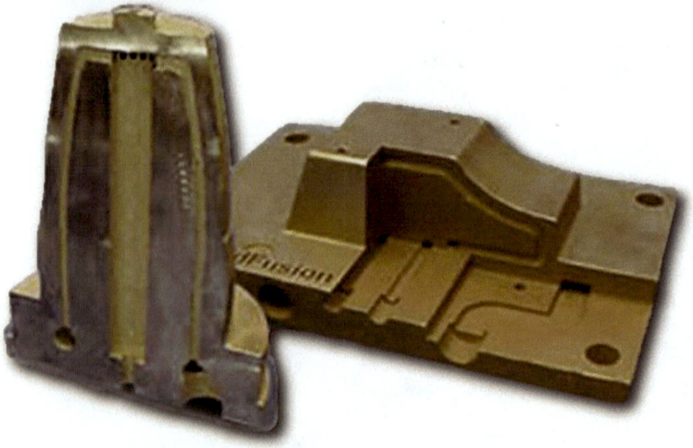

Bild 5.22 Prometal Direct Metal Printing Werkzeugeinsatz mit konturangepassten internen Kühlkanälen

Quelle: ExOne GmbH

5.4.2.2 Metallwerkzeuge auf der Basis von einstufigen additiven Prozessen

Das Ziel des additiven Werkzeugbaus, die Herstellung metallischer Werkzeuge und Formeinsätze durch direkte Verarbeitung von Einkomponenten-Metallpulvern, ist heute bei allen Anbietern erreicht. Dabei orientieren sich die Werkstoffe ausschließlich an den Anforderungen an die Serienwerkzeuge. Kompromisse, zu denen einige der oben beschriebenen Prozesse zwingen, sind in der Regel nicht mehr nötig.

Die Forderung nach handelsüblichen Materialien ist weit verbreitet und vor allem unter wirtschaftlichen Gesichtspunkten auch begründet. Unter technischen Aspekten ist sie aber nur vordergründig zwingend, weil die Materialeigenschaften nicht allein vom Pulver abhängen, sondern im additiven Prozess entstehen oder von ihm zumindest weitgehend beeinflusst werden (vergleiche Abschnitt 2.3.2.1 „Schmelzen und Verfestigen von Pulvern und Granulaten – Sintern (Lasersintern, LS)“) und deshalb im Zusammenhang mit dem Prozess qualifiziert werden müssen.

Direkte Additive Verfahren sind auch geeignet, Kerne und Formen für den Metallguss herzustellen. Solche Anwendungen aus der Gießereitechnik werden im Zusammenhang mit den einzelnen Prozessen in diesem Kapitel besprochen. Sie werden aber auch gemeinsam mit den Maschinen in Kapitel 3 „Additive Fertigungsanlagen für Rapid Prototyping, Direct Tooling und Direct Manufacturing“ behandelt.

5.4.2.2.1 Mehrkomponenten-Metallpulver-Lasersintern

Mehrkomponenten-Metallpulver-Lasersintern hat aktuell (2025) keine wirtschaftliche Bedeutung. Der Abschnitt wird aber gekürzt im Buch belassen, weil er perspektivisch eine gute Basis für die Werkstoffentwicklungen von Pseudolegierungen bildet, also solcher Kompositionen, die sich schmelzmetallurgisch nicht herstellen lassen.

Die Verarbeitung von Mehrkomponenten-Metallpulvern stellte einen Zwischenschritt auf dem Weg zur Direktenverschmelzung von Einkomponenten-Pulvern dar. Die Pulver bestehen aus einer Mischung aus hoch- und niedrigschmelzenden Metallpulvern. Im Prozess in einer modifizierten Kunststoff-Sintermaschine wird die niedrigschmelzende Komponente aufgeschmolzen und wirkt beim Erstarren als Bindemittel für die hochschmelzende Komponente. Die Binder sind somit Bestandteile des Bauteils und werden nicht ausgetrieben. Die Verfahren sind einstufig. Infiltrationen sind je nach Porosität sinnvoll oder notwendig. Details zum Verfahren sind in der 4. Auflage dieses Buches, Abschnitt 5.4.3.1 „Mehrkomponenten-Metallpulver-Lasersintern“ (Seite 409/410) beschrieben.

Der Prozess wurde durch verbesserte Strahlquellen, Scanstrategien und Scanner, eine Schutzgasatmosphäre und vor allem durch neue Werkstoffe zum einstufigen Einkomponenten Prozess weiterentwickelt.

Dieser aktuelle Prozess mit Einkomponenten-Pulver wird in Abschnitt 5.4.2.2.2.1 „DirectTool – EOS GmbH“ beschrieben.

5.4.2.2.2 Einkomponenten-Metallpulver-Verfahren – Schmelzen und Generieren

Um die Limitierungen der kunststoffgestützten oder Mehrkomponenten-Verfahren bezüglich Prozess und Material zu überwinden, wurden weltweit direkte Einkomponenten-Schmelzprozesse für die Verarbeitung von Werkzeugstahl, aber auch von CoCr-Stahl, Titan und Aluminium und entsprechende Maschinen entwickelt. Varianten sind auch für die Verarbeitung von Keramiken geeignet.

Sie werden als Laserstrahlschmelzen oder Laser powder bed fusion (LPBF) bezeichnet.

Die Probleme bei der Entwicklung waren nicht nur die aufgrund der höheren Schmelzpunkte höhere lokale Sintertemperatur in der Maschine, sondern darüber hinaus einige physikalische Effekte, die zu größerer Porosität als bei vergleichbaren Kunststoff-Sinterverfahren führen. Aufgrund der höheren Oberflächenspannung von flüssigen Metallen entstehen beim Schmelzen große Tropfen und ergeben nach der Verfestigung eine sehr poröse Struktur. Zusätzlich bildet sich eine Oxidschicht, die die Benetzungseigenschaften verschlechtert. Die thermisch induzierten Spannungen erzeugen darüber hinaus Verzüge, welche durch Stützstrukturen vermieden werden müssen. Angesichts der hohen Schmelztemperaturen von Metallen vermeiden es die meisten technischen Lösungen, in Analogie zum Kunststoff-Sinterprozess das gesamte Pulverbett auf einige Grad unter Schmelztemperatur aufzuheizen. Eine Heizung der Bauplattform und eine Unterstützung durch Flächenstrahler sind aber durchaus üblich.

Zum Durchbruch haben schließlich moderne Laser mit hohen Intensitäten und sehr guter Strahlqualität, z. B. Scheiben- und Faserlaser, optimierte Scanstrategien und geeignete Schutz- und Prozessgasatmosphären geführt. Heute (2025) sind weltweit mindestens achtzehn Einkomponenten-Metallprozesse verfügbar, die das Bauteil im Pulverbett herstellen, davon kommen sieben aus Deutschland. Die Materialpalette wird ständig durch die Maschinenhersteller und zunehmend durch unabhängige Materialhersteller und Distributoren erweitert.

5.4.2.2.2.1 DirectTool – EOS GmbH

Die Anwendung des Direct Metal Laser Sintering (DMLS) Prozesses der Firma EOS, Abschnitt 3.2.4 „Lasersintern – EOS GmbH“, wird als DirectTool Prozess bezeichnet. Um auf das vollständige Aufschmelzen des Pulvers und die daraus resultierenden dichten Bauteile hinzuweisen, wird auch die Bezeichnung DMLM, Direct Metal Laser Melting, verwendet. Zur Verfügung stehen Stahl, Edelstahl, CoCr-Stahl, martensitisch härtbarer Stahl sowie Superlegierungen und Titan. Die bis zu 20 µm feinen Pulver ermöglichen die Darstellung von Details bis hinunter auf charakteristische Abmessungen von 0,5 mm.

Bild 5.23 DMLS Prozess, Direct Tool, Zweifach-Werkzeug mit gesinterten Formnestern
Quelle: EOS GmbH

In der Literatur werden Zeitreduktionen von 50 bis 80 % im Vergleich zum traditionellen Werkzeugbau angegeben. Diese Zahlen gelten nur für den speziellen Fall und sind in Bezug auf eigene Anwendungen zu überprüfen. Bild 5.23 zeigt ein Zweifach-Werkzeug mit gesinterten Formnestern, die mit dem DMLS-Prozess hergestellt wurden.

5.4.2.2.2.2 Laserschmelzen – SLM-Solutions

Der Laserschmelzprozess, der der Maschinenfamilie von SLM-Solutions GmbH zugrunde liegt, wurde in Abschnitt 3.2.6 „Laserschmelzen – SLM Solutions GmbH“ beschrieben. Ein Beispiel für einen Formeinsatz zeigt Bild 5.24.

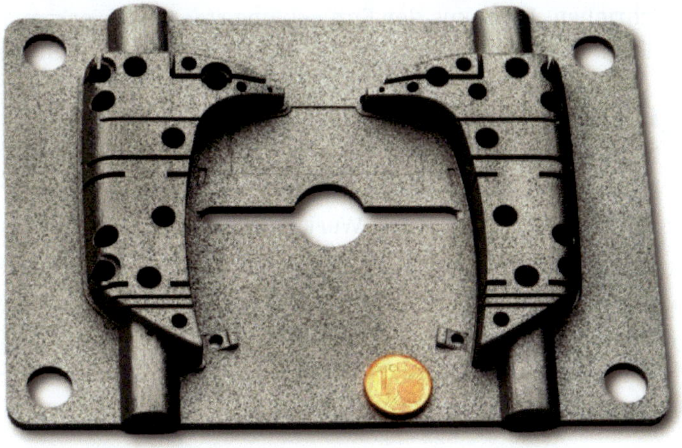

Bild 5.24 Laserschmelzen, Formeinsatz
Quelle: MCP-HEK

Bild 5.25 Laserschmelzen, Matrize für die Blechbearbeitung, umgeformte Bauteile
Quelle: MCP-HEK

Eine Anwendung zur Fertigung eines Umformwerkzeuges zeigt Bild 5.25. Die additiv auf einem Substrat aufgebaute Matrize wird direkt auf eine Gesenkbiegepresse (Kantbank) aufgespannt und zur Umformung der dargestellten Blechteile verwendet.

5.4.2.2.2.3 LaserCusing – Concept Laser

Das LaserCusing basiert wie das Laserschmelzen auf dem vollständigen Aufschmelzen des Materials und erzeugt dichte Bauteile. Es ist in Abschnitt 3.2.8 „LaserCusing –

Concept Laser GmbH“ beschrieben. Im Fokus der Entwicklung steht der Werkzeugbau. Das spiegelt sich in den Materialien, die auch den Warmarbeitsstahl CL50WS (Härte 54 HRC) umfassen, vor allem aber in der Konzeption der Maschinen wieder. Der Aufbau der Werkzeugkomponenten erfolgt vorzugsweise auf Systemhaltern (z. B. Erowa 3-R). Damit ist die Nacharbeit, z. B. Fräsen, Bohren, Erodieren, ohne kompliziertes Ausrichten möglich. Wechselbare Zusatzmodule zum *3D*-Abtragen und zum Beschriften orientieren sich ebenfalls am Bedarf im Werkzeugbau (siehe Bild 5.26).

Veröffentlichte Anwendungsbeispiele konzentrieren sich auf die Weiterentwicklung und Anwendung des Prinzips der konturangepassten Kühlung. Das betrifft sowohl komplexe Strukturen zur Flächenkühlung, die als Schlaufen oder Netze die gesamte Kavität einschließen können, als auch Kühlstifte (Fassonstifte, Bild 6.30), die als Normalie vertrieben werden (Abschnitt 6.5.2.1 „Werkzeugbau“).

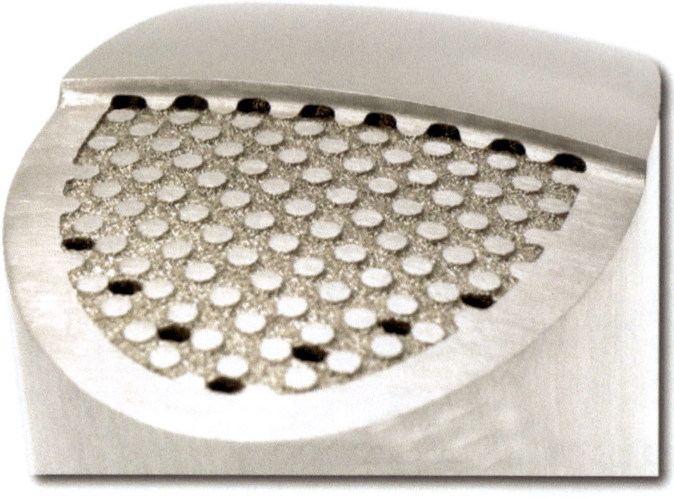

Bild 5.26 LaserCusing. Formeinsatz mit Flächenkühlung, aufgeschnittenes Bauteil
Quelle: Concept Laser GmbH

5.4.2.2.2.4 TruPrint und Direktes Laserformen – TRUMPF

Trumpf hat auf der Formnext Fachmesse 2015 mit der TruPrint Serie 1000 (Bauraum: 100 Millimeter Durchmesser und 400 Millimeter Höhe) eine aus der Kooperation mit SISMA hervorgegangene Laserschmelzanlage vorgestellt. Es ist davon auszugehen, dass Trumpf seine Erfahrungen mit dem 2000 vorgestellten Laserschmelzprozess Laserformen, LF, der 2004 wieder eingestellt wurde, ebenfalls in die neue Anlage eingebracht hat. Weiterhin vorgestellt worden sind 2016 die TruPrint 3000, 2017 die Truprint 5000 und 2019 die Truprint 2000. Die Truprint 3000 und 5000 ermöglichen die industrielle Fertigung von Bauteilen mit maximal 300 Millimeter Durchmesser und 400 Millimeter Höhe, unterscheiden sich jedoch in der Produktivität. Mit der Truprint

2000 können Bauteile mit einem maximalen Durchmesser und einer Höhe von jeweils 200 mm gefertigt werden.

Die Maschine zum Direkten Laserformen (Abschnitt 3.2.9 „Laser Metal Fusion (LMF – TRUMPF)") hatte Maßstäbe gesetzt. Das Zwei-Bauraum-Konzept unterstreicht eine Auslegung auf hohe Produktivität. Die Anlage war als Universalmaschine zum Herstellen unterschiedlicher Metallbauteile konzipiert. Das schließt Anwendungen zum Werkzeugbau ein. Bild 5.27 zeigt einen Formeinsatz für ein Großserienwerkzeug zur Herstellung eines Zahnbürstenkopfes aus 1.2343 (53 HRC) nach dem additiven Prozess (links) und im nachbearbeiteten, einsatzfertigen Zustand (rechts). Das generierte Bauteil enthält auch die Startbohrungen für das Drahterodieren.

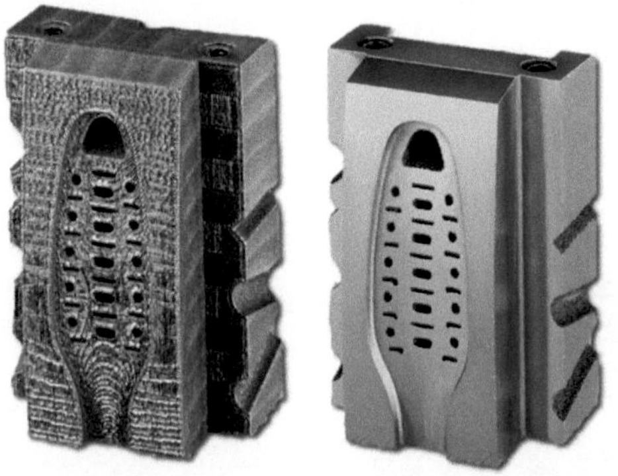

Bild 5.27 Laserformen – Formeinsatz mit internen Kühlkanälen nach dem additiven Prozess (links) und einsatzfertig nachbearbeitet (rechts)
Quelle: TRUMPF

Als Werkstoffe für die Herstellung von Werkzeugen werden unterschiedliche Werkzeugstähle, wie der 1.2709 / M300, der 1.2343 / H11, der 1.2344 / H13, Dievar, M789 und W360 angeboten.

5.4.2.2.2.5 Elektronenstrahlsintern – ARCAM

GE Additive/ Arcam nennt seinen Metallschmelzprozess Electron Beam Melting, EBM. Er ist in Abschnitt 3.2.10 „Elektronenstrahlsintern – ARCAM" beschrieben. Die veröffentlichten Anwendungen legen den Schwerpunkt auf die direkte Herstellung von Bauteilen für die Luft- und Raumfahrtindustrie (ARCAM A2X, Spectra H und Spectra L) und die Medizintechnik (ARCAM Q10/Q20). Die Werkstoffentwicklungen konzentrieren sich entsprechend auf Ti- und CoCr-Legierungen. Natürlich sind auch Anwendungen im Werkzeugbau möglich. Bild 5.28 zeigt einen Werkzeugeinsatz aus 1.2344 (H13) Stahl.

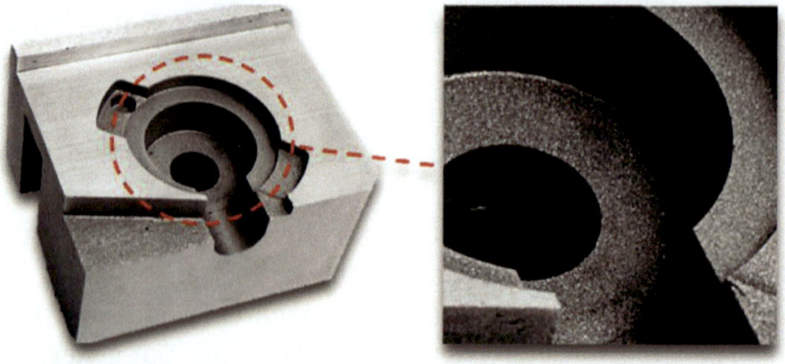

Bild 5.28 Electron Beam Melting. Kavität, nachbearbeitet
Quelle: tomskcad, ARCAM

5.4.2.2.2.6 Lasersintern – 3D Systems/Phenix

Bild 5.29 Phenix-Lasersintern, Kavität
Quelle: Phenix

Das Verfahren von Phenix, heute 3D Systems, zum Versintern von Metallen ist in Abschnitt 3.2.12 beschrieben. Die Verarbeitung von Metallen konzentriert sich vor allem auf Werkstoffe für die Luft- und Raumfahrt und die Medizintechnik und umfasst z. B. auch ein nickelfreies CoCr-Pulver zur Herstellung von Dentalimplantaten. Bild 5.29 zeigt beispielhaft eine Kavität.

5.4.2.2.3 Laser-Generieren mit Pulver und Draht

Sowohl das Beschichten mit der Pulverdüse, Abschnitt 3.3 „Beschichten – Schmelzen mit der Pulverdüse", als auch das Auftragsschweißen mit Draht, Abschnitt 3.7.1 „Laserauftragsschweißen und Fräsen – Controlled Metal Build Up (CMB) – Röders", sind eher Reparatur- als Herstellungsverfahren. Als Prozesse der Lasermaterialbearbeitung arbeiten sie mit Leistungslasern im kW-Bereich, die hohe Aufschmelzleistungen erbringen. Daraus resultieren Schichten, die spanend nachbearbeitet werden müssen.

Durch optimierte Schutzgasführungen, Vorwärm- und Baustrategien werden die klassischen Probleme mangelnde Oberflächengüte, Verzug und unzureichende Dichte zunehmend besser beherrscht. Pulverbasierte Düsenkonzepte haben gegenüber dem Aufschweißen mit Draht den Vorteil der Vielfalt der herstellbaren Pulvermischungen und gegenüber dem Sintern oder Schmelzen im Pulverbett den des einfacheren Maschinenaufbaus. Pulverdüsen können grundsätzlich frei im Raum bewegt werden und sind nicht an den sukzessiven Aufbau horizontaler Schichten gebunden.

5.4.2.2.3.1 Laser Engineered Net Shaping (LENS) – OPTOMEC

Der LENS Prozess (Abschnitt 3.3.2 „Laser Engineered Net Shaping (LENS) – OPTOMEC") basiert auf dem Prinzip der Laserbeschichtung mit der Pulverdüse in einer Schutzgasatmosphäre. Der Fokus liegt auf der Materialentwicklung und dabei auf der Herstellung und der Reparatur von Bauteilen für die Luft- und Raumfahrtindustrie und auf Anwendungen in der Medizintechnik. Werkzeugkonzepte mit konturangepasster Kühlung und eingesetzten Kühlzonen sind vereinzelt veröffentlicht (siehe Bild 5.30).

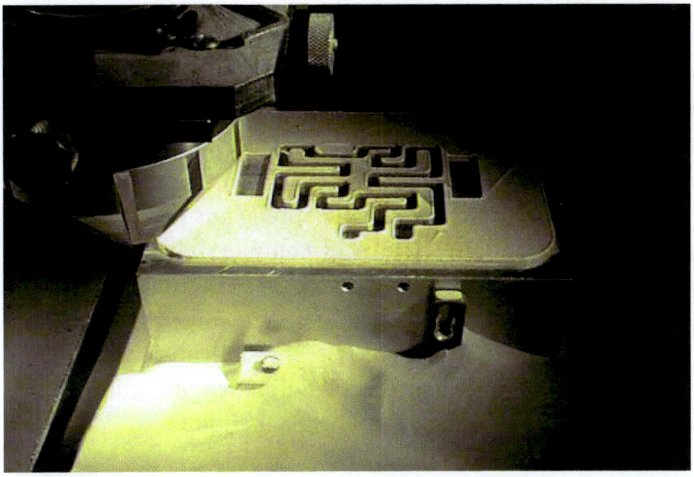

Bild 5.30 LENS, Kavität während des Bauprozesses
Quelle: OPTOMEC

5.4.2.2.3.2 Laser Metal Deposition (LMD)

Das Verfahren von TRUMPF ist in Abschnitt 3.3.3 „Laser Metal Deposition (LMD) (TRUMPFF)" beschrieben. Neben Reparaturstrategien und partiellen Hartbeschichtungen für Umformwerkzeuge ist auch ein sogenanntes Bimetall Werkzeug veröffentlicht. Es integriert eine Funktionsoberfläche aus Werkzeugstahl (1.2344) und eine Wärmesenke aus einer verschleißfesten Kupferlegierung[4]. Beide Materialien wurden im gleichen Prozess additiv hergestellt. Diese Materialkombination ermöglicht eine Reduzierung der Zykluszeit um bis zu 25 % (Bild 5.31).

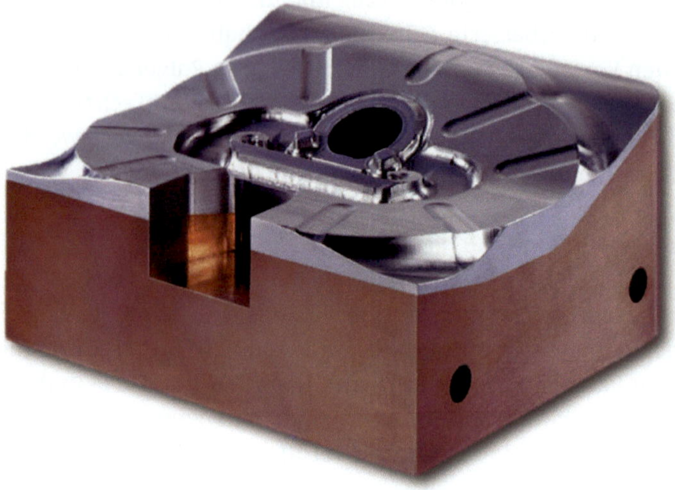

Bild 5.31 Laser Metal Deposition, LMD. Bimetallwerkzeug aus 1.2344 und CuCr
Quelle: TRUMPF

5.4.2.2.4 Schicht-Laminat-Verfahren – Metalllamellenwerkzeuge – Laminated Metal Tooling

Die aus dem Schicht-Laminat Ansatz hervorgegangenen unterschiedlichen Verfahren, die Metalllamellen verwenden (Abschnitt 3.4.10.1 „Bauteile aus Metalllamellen – Laminated Metal Prototyping"), sind mehrheitlich nicht kommerzialisiert. Die meisten Ansätze sind nicht automatisiert und deshalb keine *Additiven Fertigungsverfahren* im engeren Sinne. Die Qualität der Werkzeuge wird wesentlich vom eingesetzten Fügeverfahren bestimmt. Vereinzelte Forschungsansätze beschreiben das Schicht-Laminat-Verfahren zur Herstellung großer Werkezuge aus Metallplatten, mit anschließender spanender Nachbearbeitung zur Einstellung der Oberflächenqualität.

5.4.2.2.4.1 Ultrasonic Consolidation – Fabrisonic/Solidica

Das Ultrasonic Consolidation genannte Verfahren wird in Abschnitt 3.7.2 „Laminieren und Ultraschallschweißen – Ultrasonic Consolidation – Fabrisonic/Solidica" besprochen. Die Firma zielt auf die Anwendung zur Herstellung vollständig gekapselter Sen-

[4] Eingesetzt wurde Ampcoloy 940 (CuNiSiCr), eine berylliumfreie Kupferlegierung, die vor allem für die Widerstandsschweißung und für den Formenbau, z. B. für thermisch hoch beanspruchte Teile wie Druckgusskolben, verwendet wird.

soren. Anwendungen im Werkzeugbau wurden vereinzelt veröffentlicht. Ultrasonic Consolidation ist bis heute (2016) das einzige Verfahren, das vollständig dichte im Spritzguss einsetzbare Aluminiumwerkzeuge liefert. Die Firma bietet Bauteile als Dienstleistung an, zurzeit nur in den USA.

5.4.2.2.4.2 Lamellenwerkzeug – Weihbrecht

Die Herstellung von Lamellenwerkzeugen nach Weihbrecht wird nicht mehr angeboten. Sie wird in Abschnitt 3.4.10.1.1 „Metalllamellenwerkzeug – Weihbrecht" der 3. Auflage dieses Buches, Seite 417/418 besprochen.

5.5 Ausblick

Die Anwendung der *Additiven Fertigungsverfahren* zur Herstellung von Werkzeugen und Werkzeugeinsätzen wird sich noch deutlicher in die drei auch oben besprochenen Gebiete gliedern:

- Abformverfahren auf der Basis (nicht nur) additiv hergestellter Urmodelle

  Indirektes Tooling

- Direkte Abformung additiv hergestellter Prototypen aus Kunststoffen und Modellmaterialien

  Prototype Tooling und Bridge Tooling

- Direkter Einsatz additiv gefertigter Werkzeuge aus Metall und Keramikwerkstoffe

  Direct Tooling

Trotz der unterschiedlichen Ansätze und Zielsetzungen sind die gemeinsamen Kernprobleme die Qualität der Oberflächen, die Reproduzierbarkeit und vor allem die Materialeigenschaften. Dabei kommt es nicht nur auf die physikalisch technologischen Eigenschaften der Ausgangsmaterialien an, sondern darauf, anwendertaugliche Systeme zu entwickeln, die die Materialien in den Zusammenhang mit Prozessparametern stellen und daraus verlässliche Eigenschaften generieren.

Eher als Allrounder anzusehende vorzugsweise manuell zu bedienende Maschinen werden in den Forschungs- und Entwicklungslabors eingesetzt werden.

Die industriell eingesetzten Maschinen werden zunehmend mehr den Charakter von vollautomatischen Spezialmaschinen aufweisen und vor allen Dingen auch bezüglich der Arbeitsorganisation und des Fertigungsflusses in die jeweilige Fertigung, beispielsweise in den Werkzeugbau, integriert werden.

Verfahrensvarianten wie die konturangepasste Kühlung und daraus abgeleitete Strategien wie Kühlnetze oder die Variation der Materialeigenschaften über dem Bauteil (Gradientenwerkzeuge) werden neue Standards im Werkzeugbau setzen und haben bereits Einzug in selbigen gefunden. Das gilt vor allem, wenn der Werkzeugbau durch additive Elemente zu ergänzt und dem Versuch widerstanden wird, Werkzeuge insgesamt additiv aufzubauen.

Normalien mit Innenkühlung (Beispiel Fassonstift, Bild 6.30) eröffnen neue Anwendungen auch für nicht-additiv gefertigte Werkzeuge.

Insgesamt ist ein gerade einsetzender Trend zu Hybridprozessen, vor allem als kombinierte aufbauende (3D-Druck) Maschine und abtragende (Fräsmaschine) oder auch Schleifmaschine verstärkt zu verzeichnen und wird die Fertigung von Bauteilen, aber auch von Werkzeugen nachhaltig verbessern.

Literaturverzeichnis

Ambos, E., Hornig, T. et al.: Erfahrungen zum Einsatz von Stereolithographiemodellen in der Gießereitechnik. Gießerei-Praxis Nr. 13/14, 1995.

Breitinger, F.: Zeitorientierte Strategien zur Herstellung von Prototypen-Spritzgußwerkzeugen. Diplomarbeit, Technische Universität München, 1995.

Gebhardt, A.: Vision Rapid Prototyping. Generative Verfahren zur Herstellung von Keramikbauteilen. In: *Kriegsmann, J. (Hrsg.).* Technische Keramische Werkstoffe 96. Ergänzungslieferung, Abschnitt 3.4.2.3, S. 1–21. Deutscher Wirtschaftsdienst, Ellerau, 2007.

Jacobs, P. F.: Recent Advances in Rapid Tooling from Stereolithography. 3D Systems, Darmstadt, 1997.

Lucke, St.: Rapid Prototyping – Einsatz der Stereolithographie-Technik zur Herstellung von Spritzgießwerkzeugen für Prototypteile. Diplomarbeit, Universität Stuttgart 1995.

Reinhart, G., Fährer, J., Breitinge, F.: Rapid Tooling für den Magnesiumdruckguß. *www.apppex.com/de/knowhow/aktikel4/artikel4.htm.*

Shellabear, M.: Rapid Prototyping: Verfahren und Materialien für Fein- und Sandgießverfahren. Gießerei 81 (22) 1994.

Weihnacht, W.: Cyclone – die neue Technik zur superschnellen Schalenherstellung beim Feinguss. urn:nbn:de:0009-2-1088, Rtejournal, 2005, *www.rtejournal.de/ausgabe2/108/.*

Yong, Ch.: Computer-Aided Design for Rapid Tooling: Methods for Mold; Design and Design-for-Manufacture, Thesis. Georgia Institute of Technology, August 2001.

6 Additive Manufacturing: Direct Manufacturing – Rapid Manufacturing

Additive Manufacturing (AM), oft auch als Direct Manufacturing (DM) bezeichnet, beschreibt die direkte automatisierte additive Herstellung von (End)Produkten (Bild 1.7). Im allgemeinen Sprachgebrauch werden die Begriffe Additive Manufacturing (AM), Direct Manufacturing (DM) und Rapid Manufacturing (RM*) zunehmend* gleichberechtigt verwendet und meist nur der Oberbegriff Additive Manufacturing (Bild 1.6) verwendet.

Insbesondere die Hersteller sind besonders optimistisch oder „over enthusiastic". Eine Kundeninformation beginnt z. B. im März 2023 „ ... der Traum der kundenindividuellen Produktion im großen Maßstab ist Wirklichkeit geworden. Mithilfe von 3D-Druck können Sie personalisierte Produkte bis zur Massenproduktion skalieren, ganz ohne eine drastische Erhöhung Ihrer Betriebskosten und Lieferzeiten ... " [Formlabs 2024]. So oder so ähnlich äußert sich vor allem die Marketing Abteilungen vieler Hersteller.

Aber auch weniger zu Übertreibungen neigende Insider, wie der AM Pionier Frank Carsten Herzog, (Mit-) Gründer des Coburger Herstellers Concept Laser und seit dem Verkauf der Firma Aufsichtsratsmitglied von GE-Additive sind zuversichtlich. Bereits Ende 2019 veröffentlicht das Handelsblatt ein Interview mit ihm unter dem Titel: „Der Durchbruch für den industriellen 3D-Druck wird kommen" [Höpfner2019]. Besonders ist zu beachten, dass sich Herr Herzog auf den industriellen 3D Druck konzentriert und damit alle „exotischen" AM Anwendungen, die zwar faszinierend, aber für die produzierende Industrie meist unbedeutend sind, außer Acht lässt. Dabei ist zu beachten, dass die eingesetzten additiven Maschinen *Production Printer* (oder Fabrikatoren) heute (2024) noch weitestgehend „Stand alone"-Charakter haben und in der Mehrzahl mit den in Kapitel 3 besprochenen Maschinen identisch sind. Der Trend geht aber zu integrierten Fertigungsanlagen, Industrial Printer, deren Kern die additive Fertigung, also der eigentliche 3D-Drucker darstellt. Bisher weitgehend manuell erledigte Prozessschritte wie Materialmanagement, Baujob-Vorbereitung, Wärmebehandlung, Entfernung der Stützen, Qualitätssicherung usw. werden in eine verkettete Anlage integriert (Abschnitt 6.3.3 „Zukünftige Anforderungen an die additive Serienfertigung"). Diese Verkettung wird sukzessive im Sinne einer Integration weiterentwickelt und führt auf neuartige Maschinenkonzepte. Das trotz vielfältiger Ansätze und vollmundiger Versprechen mancher Hersteller das Ziel einer vollautomatischen Nachbearbeitung (Postprocessing) von AM Prozessen noch nicht erreicht ist (2024) unterstreicht ein hochkarätiges „Anwenderforum Additive Produktionstechnologie" im April 2024 in Stuttgart.

Unabhängig vom Produkt sind unterschiedliche Arten von AM-Anwendungen zu unterscheiden:

- Die Herstellung von ausschließlich mittels AM-Verfahren erzeugten Bauteilen und deren Elementen.
- Die Herstellung von Bauteilen durch eine Kombination von nicht mittels AM (also „konventionell" gefertigten) und mittels AM gefertigten Bauteilen. Sie werden zunehmend als „hybride" Prozesse, oft auch als „gemischte Prozesse", bezeichnet. So entstehen auch Bauteile, die ihre Produkteigenschaft erst durch diese Mischung von nicht-AM gefertigten und AM-gefertigten Elementen erhalten. Hybride Bauteile eröffnen den Blick auf eine gänzlich andere, die „gemischte Serienproduktion".

Der Begriff „Direct Manufacturing" umfasst somit technologische Aspekte, die aufzeigen mit welcher Art von Maschine und Prozess welche Anforderungen an die Bauteile zu erfüllen sind, hat aber auch eine methodische Dimension, die thematisiert, welche neuen Produkteigenschaften beim Einsatz additiver Verfahren realisiert werden können.

In diesem Abschnitt werden beide Aspekte besprochen.

Das Kapitel *„Additive Manufacturing: Direct Manufacturing – Rapid Manufacturing"* kann, die wesentlichen Grundlagen vorausgesetzt, isoliert verstanden werden und ermöglicht so den schnellen Einstieg ins Thema. Wiederholungen sind aufgrund dieser Konzeption nicht zu vermeiden, wurden aber auf ein Mindestmaß beschränkt.

6.1 Einordnung und Begriffsbestimmungen

Rapid Manufacturing bezeichnet die Anwendung der additiven *Fertigungsverfahren* zur direkten Herstellung von (End-)Produkten und serientauglichen Werkzeugen (Bild 1.6). Wenn der Fokus auf Bauteilen liegt, nennt man den Prozess *Direct Manufacturing*. Die Bauteile zeigen alle Eigenschaften von marktgängigen Produkten oder deren Komponenten. Man bezeichnet sie häufig, aber ungenau, als Serienprodukte, allgemein als Zielteile.[1] Die Verfahren des *Additive Manufacturing* sind weitgehend identisch mit denen des Direct Manufacturing/Rapid Manufacturing und fußen auf der gleichen Systematik der additiven Fertigungsverfahren. Auch die Anlagen sind heute (2024) noch weitgehend identisch.

Additive Manufacturing entwickelt sich aktuell und sehr dynamisch. Es ist deshalb schwierig, den Stand und die absehbaren Entwicklungen einigermaßen richtig und vollständig in einem Lehrbuch darzustellen. Um es dem Leser zu ermöglichen, die Entwicklung zeitnah zu verfolgen, werden deshalb, trotz der damit verbundenen Problematik und abweichend von den ersten Kapiteln, Quellen in Form von Internetadressen angegeben.

6.1.1 Begriffe

Im industriellen Alltag werden die obigen Definitionen oft nicht exakt angewendet und der Begriff Rapid Manufacturing anstelle von Direct Manufacturing auch im Kontext additiv gefertigter Endprodukte gebraucht. Zunehmend wird auch der genormten Oberbegriff Additive Manufacturing[2] verwendet.

Daneben gibt es die unterschiedlichsten Benennungen darunter auch kreative Wortschöpfungen. Einige werden, geschützt oder ungeschützt, zunehmend von Herstellern vereinnahmt. Beispiele sind:

- *Digital Manufacturing, DM*
- *Direct Digital Manufacturing, DDM*
- *Advanced Digital Manufacturing, ADM*
- *Free Form Fabrication, FFF*
- *Solid Freeform Manufacturing, SFM*
- *Laser Additive Manufacturing, LAM*
- *Integrated Computer Aided Manufacturing, ICAM*
- *Desktop Manufacturing, DTM*
- *On-Demand Manufacturing, ODM*

Verallgemeinernd und damit weniger scharf, vor allem aber im Sinne der Definition aus Bild 1.6 falsch, werden auch die Begriffe:

---

1 Ein Zielteil ist ein Bauteil, das genau alle Eigenschaften aufweist, die ihm bei der Konstruktion zugewiesen wurden. Zielteile werden ungenau oft auch als Serienteile bezeichnet, um sie gegen Prototypen und Muster abzugrenzen und weil sie heute üblicherweise mit werkzeuggebundenen Verfahren in großen Stückzahlen, sogenannten Serien, hergestellt werden.

2 Definition nach ASTM (2012): „a process of joining materials to make objects from 3D model data, usually layer upon layer, as opposed to subtractive manufacturing.

- *Rapid Prototyping, RP*
- *Rapid Tooling, RT*

verwendet.

In Veröffentlichungen finden sich zunehmend Begriffe wie *e-Manufacturing* und *Digital Warehousing*. Diese werden auch zur Bezeichnung neuer elektronisch gestützter internet-basierter Marketing- und Verkaufsstrategien verwendet und sind ein Indiz dafür, dass der technologische Aspekt der neuen Fertigungstechnik und der logistisch-marketing-orientierte sich kontinuierlich annähern. In diesem Zusammenhang taucht der Begriff *Cyber Production* als Fortführung des Begriffs *Cyber Communication* immer häufiger auf.

Die additiven Maschinen zum Direct Manufacturing sind Cyber Physical Production Systems (CPPS) im Sinne der Industrie 4.0 (Internet of Things, IoT) [Kagermann2013]. Man nennt sie je nach Konzeption (Tabelle 1.1) auch „Production 3D Printer", „Industrial 3D Printer" oder Fabrikatoren (siehe Kapitel 1, Fußnoten 2 und 3, [Burns93], [Gershenfeld99]).

Anstelle der Bezeichnung „Manufacturing" sind auch die Begriffe „Production", seltener „Fabrication" gebräuchlich.

6.1.2 Vom Rapid Prototyping zum Rapid Manufacturing

Die Fertigungstechnik umfasst Verfahren zur Herstellung von Werkstücken. Aus Sicht der Fertigungstechnik unterscheidet man alle, auch die additiven (Fertigungs-) Verfahren nicht danach, welche Art von Bauteilen damit hergestellt werden.

Die Verwendung eigenständiger Bezeichnungen für Rapid Prototyping und Rapid Manufacturing wird nur aus dem historischen Blickwinkel verständlich: Mit der Vorstellung der Stereolithographie war es 1987 plötzlich möglich, beliebige virtuelle, dreidimensionale Datenstrukturen direkt als physische, dreidimensionale Modelle zu realisieren. Für welches spätere (Serien-) Fertigungsverfahren die dem Datensatz zugrundeliegende Konstruktion optimiert worden war, spielte für die Fertigung eines additiven Bauteils keine Rolle. Die Fertigung eines Serienbauteils war ohne die Festlegung der Materialien ohnehin nicht möglich. Das additiv gefertigte Modell war somit ein physisches Faksimile der Daten, nicht des Produktes, und in Bezug darauf ein Prototyp.

Es war von Anfang an, ein Traum der Erfinder der Verfahren, die besonderen Eigenschaften des Rapid Prototyping auf die Herstellung von Endprodukten zu übertragen. Die Fertigung sollte dezentral, werkzeuglos, stückzahlunabhängig und digital sein. Es sollten Konstruktionen realisiert werden, die mit nicht-additiven Methoden nicht zu fertigen waren. Das betraf vor allen Dingen nicht spann- und damit nicht spanbare Bauteile sowie die Herstellung interner Strukturen. Beispiele sind komplexe Geometrien wie die Möbiusschleife, oder das Schädelmodell von Bild 4.9. Die Anwendung auf ein Produkt, ein Surfbrett, zeigt ein Projekt der Universität Duisburg-Essen (Witt, Sehrt) und dem Designer Abdurrahman Tüylüce. Entwickelt wurde ein Konzept zur Herstellung von Surfbrettern mit internen, nicht regelmäßigen Wabenstrukturen anstelle von Schäumen oder industriell gefertigten regelmäßigen Waben (Bild 6.1). Das Brett wird leichter und dennoch steifer kann zudem personalisiert und automatisiert hergestellt werden.[3)]

Beispiele für interne Hohlräume sind Werkzeugeinsätze mit integrierten Kühlkanälen für den Spritzguss, z. B. auf Bild 5.2, oder medizinische Modelle wie Kiefer- und Stirnhöhlen, Bild 6.2 (a). Eindrucksvoll ist auch der Turm mit innenliegender Treppe, Bild 6.2 (b).

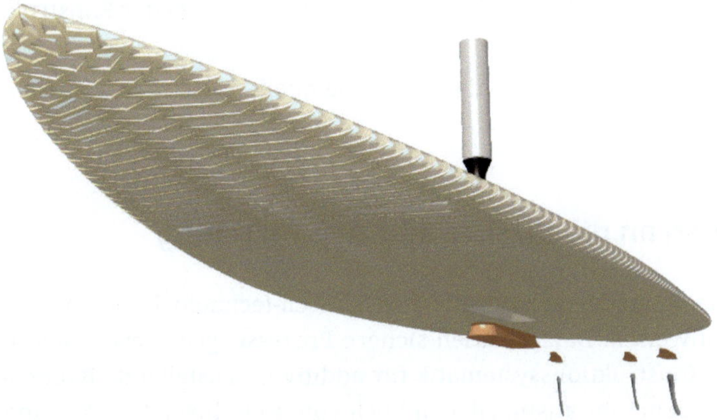

Bild 6.1 Surfbrett mit Wabenstruktur (Lasersintern)
Quelle: Tüylüce/Witt/Sehrt

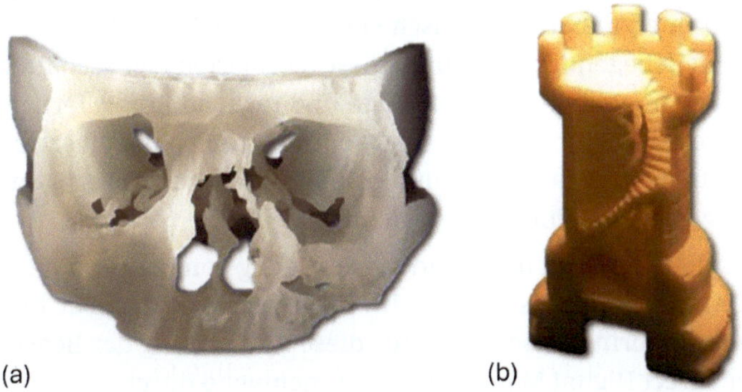

(a) (b)

Bild 6.2
Interne Hohlräume
(a) Schädelmodell, (b) Turm, vergleiche auch Bild 1.2

[3] Die produktspezifischen Aspekte wurden vom Designer Abdurrahman Tüylüce (*at-dezigns@hotmail.de*) intensiv untersucht, stehen im Kontext dieses Buches aber eher im Hintergrund.

6.1.3 Workflow für das Rapid Manufacturing

Ob ein Bauteil sei es konventionell oder additiv gefertigt, ein Prototyp oder ein Produkt ist, hängt davon ab, ob es alle Eigenschaften aufweist, die ihm bei der Konstruktion zugewiesen worden sind. Deshalb kommt es auf die Verteilung der Verantwortung zwischen Konstruktion und Fertigung an, also auf den Workflow.

Ein Rapid Prototyping Bauteil repräsentiert vor allem die Geometrie des späteren Serienbauteils. Die Verantwortung für die Auswahl des geeigneten AM-Prozesses, des Materials und der Bauparameter liegt bei der AM-Fertigung.

Ein Rapid Manufacturing (Serien-) Bauteil basiert auf einer AM gerechten Konstruktion. Die Konstruktion muss im Unterschied zum Rapid Prototyping den AM-Prozess vorgeben. Die Verantwortung für die Auswahl des geeigneten AM-Prozesses, des Materials, der Bauparameter und der Position im Bauraum liegt daher bei der Konstruktion.

Wie jede Fertigung ist die AM-Fertigung lediglich für die qualitätsgesicherte Herstellung zuständig.

6.1.4 Anforderungen an die direkte additive Fertigung

Direkt additiv gefertigte Bauteile müssen alle mechanisch-technologischen Eigenschaften der Zielteile aufweisen. Dazu müssen sichere Prozesse, geeignete Materialien und vor allem eine Konstruktionssystematik für additiv herzustellende Bauteile zur Verfügung stehen. In dem sehr ausführlichen Buch von Breuninger, Rommel und anderen [Breuninger13] werden in Bezug auf Kunststoffe dazu vielfältige Ansätze am Beispiel „Greifer" ausgearbeitet und beispielhaft vorgeführt.

Es ist wünschenswert, aber im Gegensatz zu einer verbreiteten Meinung nicht notwendig, dass die mit additiven Verfahren erzielbaren Werkstoffeigenschaften und die mit konventionellen Verfahren erzielbaren identisch sind. Entscheidend ist, dass sie die ihrer Konstruktion zugrundeliegenden und durch diese definierten Eigenschaften aufweisen, also Zielteile sind. So sehen additiv gefertigte und nicht additiv gefertigte Bauteile, häufig sehr verschieden aus, obwohl sie die gleiche Funktion haben (vergleiche Bild 6.4). Aus diesem Grund wird die Entwicklung einer der additiven Fertigung angepassten Konstruktionssystematik zunehmend wichtiger.

Um zu unterstreichen, dass die Verfahren der additiven Fertigung von Endprodukten denen der traditionellen Fertigung mindestens gleichwertig sind, aber darüber hinaus neue Möglichkeiten mit sich bringen, setzt sich für diese Anwendung der Begriff Direct Manufacturing oder Direct Digital Manufacturing zunehmend durch.

6.2 Potenziale der additiven Fertigung von Endprodukten

Folgende bauteilbezogenen Ansätze beleuchten das Potenzial der additiven Fertigungsverfahren, das als stark genug angesehen wird, die heutige Fertigungstechnik zu revolutionieren:

6.2.1 Erhöhte Konstruktionsfreiheit

Fortschritte in der Konstruktion und der Fertigung können nicht unabhängig voneinander betrachtet werden. Limitierungen bei der Konstruktion sind meistens in Limitierungen bei der Fertigung begründet und umgekehrt. Die Grenzen der nachstehend besprochenen Einflüsse sind daher fließend und einzelne Aspekte gelten oft auch für mehrere Kapitel.

6.2.1.1 Erweiterte konstruktive und gestalterische Möglichkeiten

Additiv hergestellte Produkte müssen keine Rücksicht auf viele geometrische und fertigungstechnische Limitierungen heutiger nicht additiver (Serien)fertigungsverfahren nehmen. Bei bisher im Kunststoff-Spritzguss hergestellten Bauteilen führen Wandstärkenunterschiede nicht mehr zwangsweise zu Einfallstellen und Bindenähte müssen nicht länger durch die Optimierung der Anspritzpunkte „entschärft" werden. Entformungsschrägen sind fertigungsbedingt nicht mehr notwendig, Trennebenen dominieren nicht länger die für die Fertigung notwendige Werkzeugkonstruktion und Hinterschnitte erfordern keine Schieber.

Gezielt eingebrachte interne Hohlräume zur Temperierung, (verdeckten) Kennzeichnung oder zur Installation von Sensoren und Aktoren sind leicht zu realisieren.

Neben der technischen Konstruktion sind es vor allem die gestalterischen Möglichkeiten, die additiv hergestellte Produkte zunehmend ins Rampenlicht rücken. Sie ermöglichen den Designern und Objektgestaltern, aber auch bildenden Künstlern, losgelöst von fertigungstechnischen Fesseln immer anspruchsvollere Entwürfe zu realisieren. Der Unterschied zwischen der dem Unikat zugewandten Kunst und dem der (Serien-) Produktion zugewandten Industriedesign wird fließend. Ein Beispiel aus Kunststoff ist die bereits kommerziell vermarktete Lampe *Twister* von Freedom of Creation, heute 3D Systems (Bild 6.3).

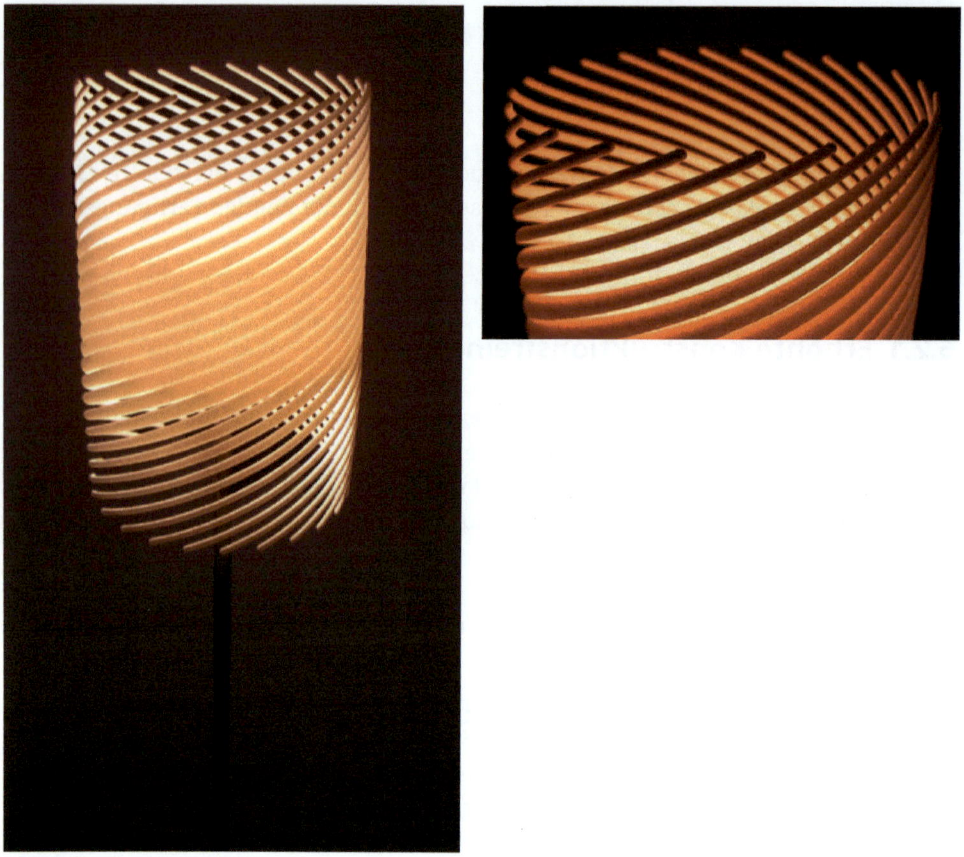

Bild 6.3 Lampe Twister
Quelle: Freedom of Creation

Wie sich durch den systematischen Einsatz neuer Konstruktionsprinzipien, z. B. des bionischen Designs, des generativen Designs und der Fertigung mittels Direct Manufacturing die Geometrie und damit auch die Erscheinungsform von Produkten ändern wird, ist anhand des Bauteils auf Bild 6.4 zu erahnen. Das Bild zeigt einen Knoten aus Stahl. Gegenübergestellt sind ein funktionsgleicher, handgefertigter Knoten, eine bezüglich der Anlenkpunkte identische und eine zusätzlich konstruktiv optimierte Studie der Autodesk University und dem Ingenieurbüro ARUP, gefertigt mittels LPBF aus Stahl. Bild 6.4 ist zudem ein gutes Beispiel für die Reduktion von Einzelteilen infolge Geometrieintegration beim Direct Manufacturing.

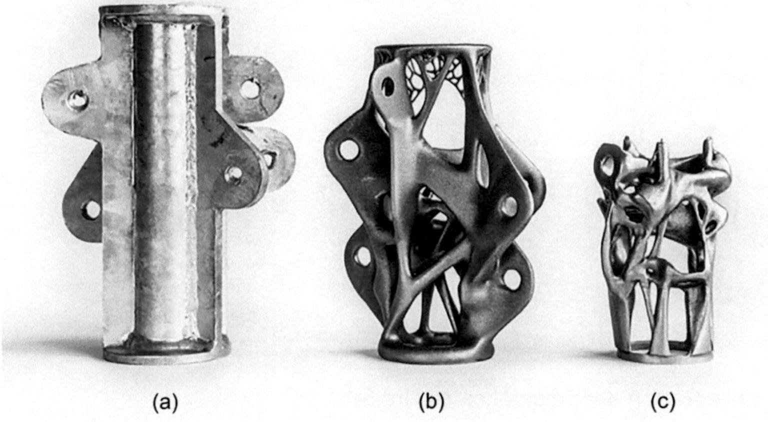

Bild 6.4 Flansch. Design Studie. Within Software, SLM
(a) handgefertigte Version; (b) Lasergesinterte Konstruktion (SLM)/LPBF aus Stahl; (c) zusätzlich konstruktiv optimierte Version
Quelle: ARUP, Autodesk University

6.2.1.2 Geometrie- und Funktionsintegration

Additiv gefertigte Bauteile können geometrisch komplexer werden. Dadurch reduzieren sich die Anzahl der Einzelteile, der Montageaufwand und damit verbundene Probleme z. B. mit der Genauigkeit und der Justage (Geometrieintegration, Bild 6.4). Die Integration von Funktionen in Produkte führt zusätzlich häufig zu Konstruktionen, die auch mechanische Funktionen integrieren, die mit nicht-additiven Verfahren nicht oder nur mit sehr großem Aufwand zu realisieren sind.

Beispiele sind Greifer für den Einsatz mit Robotern, die am Fraunhofer Institut IPA entwickelt wurden. Bild 6.5 zeigt eines von unterschiedlichen veröffentlichten Prinzipien als Skizze und einen lasergesinterten Greifer. Details und weitere Beispiele finden sich in [Breuninger13].

Zu den funktionsintegrierten Bauteilen gehören auch MEMS, siehe Abschnitt 6.2.2 „Herstellung traditionell nicht herstellbarer Produkte“.

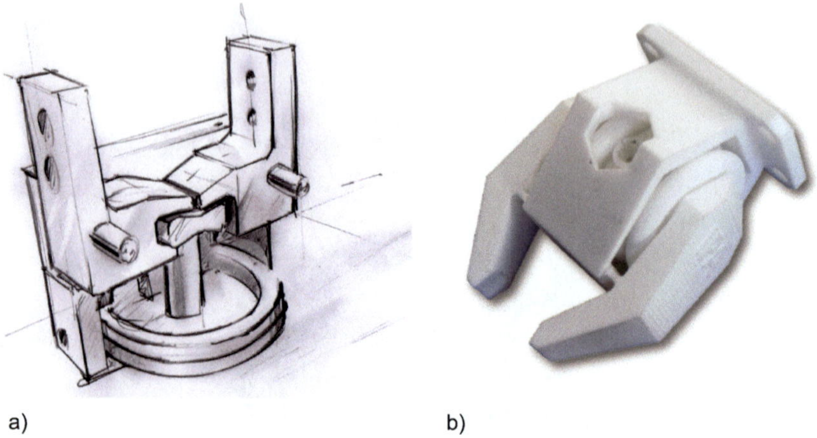

Bild 6.5 Funktionsintegration am Beispiel eines Greifers
(a) Prinzipskizze, (b) Bauteil Lasersintern
Quelle: Becker, Fraunhofer-Institut für Produktionstechnik und Automatisierung IPA

6.2.1.3 Neuartige Konstruktionselemente

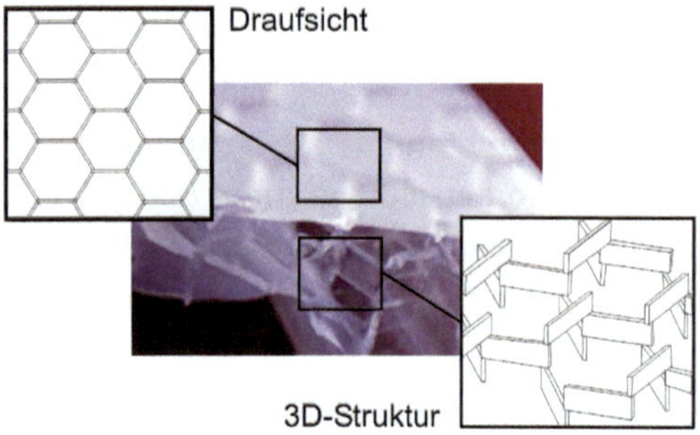

Bild 6.6
Internes räumliches Fachwerk als Konstruktionselement. Draufsicht und Schnitt
Quelle: CP-GmbH

Über die Umsetzung interner Details (Bild 6.2) und die Funktionsintegration im Einzelfall hinaus, können additiv interne Strukturen im Sinne dreidimensionaler Fachwerke realisiert werden, die den Charakter von Konstruktionselementen haben. Sie sind mit den Hohlbaustrategien für ausschmelzbare vorzugsweise Stereolithographie-Bauteile verwandt, die als Quick Cast (3D Systems), Skin and Core (EOS), Fast Sculp (F&S) entwickelt wurden, um das Reißen der Schalen (shell cracking) beim Brennen verlorener Formen für den Feinguss zu verhindern. Als konstruktives Element können sie beliebige Geometrien annehmen und räumlich beliebig geschachtelt werden (Bild 6.6). Gedanklich führt dieser Ansatz über Crash Boxen bis hin zu spongiösen Strukturen.

6.2.2 Herstellung traditionell nicht herstellbarer Produkte

Neben den Beispielen aus Bild 6.3 und Bild 6.5, die beide Konstruktionen zeigen, die mit nicht-additiven Verfahren (traditionell) nicht gefertigt werden können, sind es aufgrund der kleinen Abmessungen vor allem Mikrobauteile, bei denen die Fertigung an Grenzen stößt. Das hat zur Entwicklung von aufwendigen Verfahren (z. B. dem LIGA-Verfahren) geführt.

Hierfür, aber vor allem im Bereich der sogenannten Meso-Bauteile mit Abmessungen zwischen Makro- und Mikrobauteilen also mit typischen Abmessungen von einigen 10 µm bis zu einigen 100 µm, haben Additive Verfahren bereits begonnen, den Markt zu erobern.

Neben isotropen[4] Bauteilen sind es vor allem integrierte Funktionsbauteile (MEMS; **M**icro**e**lectro**m**echanical **S**ystems), (Bild 6.7), und Systeme zur Untersuchung chemischer Vorgänge mit kleinsten Mengen, Lab on Chip, die hervorragend und meist konkurrenzlos mit additiven Verfahren hergestellt werden. Die Fertigung geht oft einher mit der Entwicklung oder Anwendung besonderer Materialien, die z. B. gezielt hydrophile oder hydrophobe Oberflächeneigenschaften einstellen (vergleiche Abschnitt 3.1.4 „Mikrostereolithographie – microTEC") [Microtec2023].

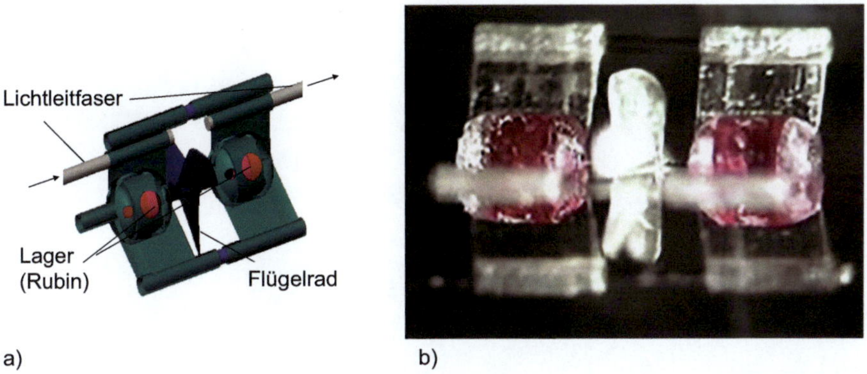

Bild 6.7 MEMS – **M**icro**e**lectro**m**echanical **S**ystems
(a) Strömungsmesser Aufbau, (b) Ansicht
Quelle: microTEC

Mit traditionellen Fertigungsverfahren ist auch das Batteriekonzept von A123 Systems, heute Wanxiang [Wanxiang2024], nicht zu realisieren. Erst der schichtweise Aufbau von Batterien mittels eines modifizierten 3D Printing-Verfahrens ermöglicht eine gezielte Porosität, höhere Leistungsdichten, kleinere Abmessungen und kürzere

[4] Isotropie ist die Richtungsunabhängigkeit der physikalischen und chemischen Eigenschaften eines Werkstoffes.

Ladezeiten. Anwendungsgebiete sind kleine Portable (Laptop, Mobiltelefon) aber auch große, z. B. Fahrzeugbatterien.

6.2.3 Variation und Adaptierung von Massenprodukten

Die Variation von Massenprodukten bedeutet ihre Adaption an Kundengruppen oder Teilmärkte in der Verantwortung des Herstellers. Gefertigt werden meist kleine und mittlere Chargen, seltener Einzelteile. Beispiele sind individuell unterschiedliche Stecker, Batteriefächer oder die beliebig variierbaren Kabelhalter auf Bild 6.8.

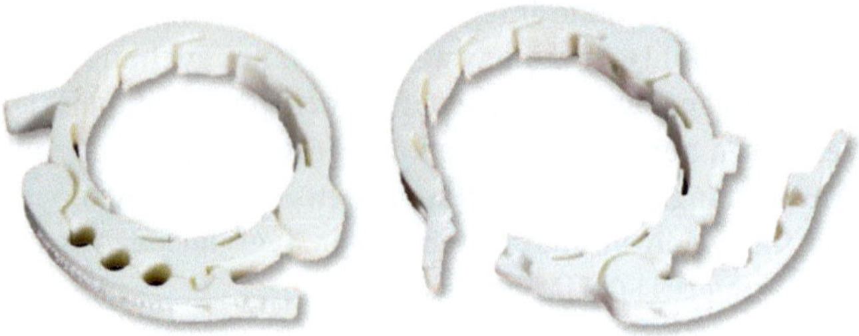

a) b)

Bild 6.8 Kabelhalter, einteilig gesintert
(a) Geschlossen, (b) Offen;
Quelle: FIT AG

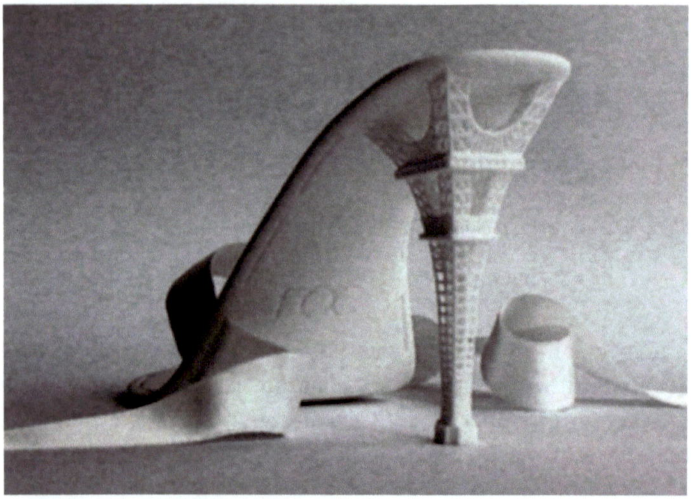

Bild 6.9 Paris Sandals, Lasersintern
Quelle: Freedom of Creation

Was in der werkzeuggebundenen Fertigung z. B. durch Wechsel von Einsätzen mit einigem Aufwand und wirtschaftlich nur für eine genügend hohe Stückzahl möglich ist, kann bei Additiver Fertigung in beliebigen Chargen bis hin zur Stückzahl Eins erfolgen, ohne dass dafür wirtschaftliche Nachteile in Kauf genommen werden müssen. Der Schuh auf Bild 6.9 kann leicht in jede Richtung skaliert werden. Die Idee ist grundsätzlich auf viele andere Absatzformen zu übertragen. Der Schuh ist auch ein Beispiel für passive Personalisierung von Massenprodukten, Abschnitt 6.2.5.1 „Passive Personalisierung – Hersteller Personalisierung“.

6.2.4 Adaption von Massenprodukten

Adaption bedeutet die Anpassung (vorwiegend geometrischer) neuer Elemente an bestehende Massenprodukte. Das betrifft die Anpassung neuer Elemente an bestehende Produkte, die kontinuierliche Verbesserung von Massenprodukten, aber auch und an die Normen und Regelwerke neuer Märkte und kann mit geringen Zusatzkosten zeitnah umgesetzt werden. Damit werden insbesondere für Mittelständler Serienrisiken und Exportbarrieren abgebaut.

Eindrucksvolle Beispiele sind die Belichtungsmesser „Lime One“ und „Lime Two“ der Nürnberger Firma Hedeco (Bild 6.10). Es handelt sich um Zusatzgeräte für mechanische Kameras, vorzugsweise der 1920er bis 1990er-Jahre. Wenn bei diesen Kameras überhaupt Belichtungsmesser serienmäßig eingebaut waren, sind sie bei ansonsten funktionsfähiger Kamera häufig defekt oder ungenau. Reparateure sind kaum noch zu finden; auf jeden Fall wird es aufwendig. Die Batterien und die Filme werden seltener und ihre Entwicklung wird ständig teurer. Da für Sammler vor allem die ultralichtstarken Objektive der Premium Hersteller interessant sind, kommt es aber besonders auf eine exakte Belichtung an. Schließlich ist man auch auf eine Filmlänge beschränkt.

Bild 6.10 Belichtungsmesser „Lime One“ und „Lime Two“ der Nürnberger Firma Hedeco
Quelle: Hedeco

Aktuell befinden sich aber mehrere 100 000 Kameras der unterschiedlichen Hersteller im Markt, die von Enthusiasten gepflegt und zunehmend häufig verwendet werden [Schlagwein2021]. Neben der hervorragenden Leistung der Hedeco Geräte ist für einen Kauf deren universelle Verwendbarkeit entscheidend. Über Adapter können sie mit vielen klassische Kameras verbunden werden. Die Adapter (Bild 6.11) sind bei Thingiverse , z. B. für CANON Messucherkameras als Datensätze hinterlegt und machen die Geräte zu universell einsetzbaren Belichtungsmessern [Thingiverse2023]. Der Nachteil, dass die Bauteile häufig zum Kriechen neigen, kann durch andere Materialien (PEEK, Aluminium) eliminiert werden.

Bild 6.11 Hedeco Adapter (Auswahl auf Thingiverse)
Quelle: Hedeco

Das Prinzip der Adaption lässt sich auf viele andere Märkte übertragen.

6.2.5 Personalisierung von Massenprodukten

Personalisierung bedeutet die Anpassung von Produkten an die Bedürfnisse einzelner Kunden. Dafür wird auch der Begriff Individualisierung oder auch im Deutschen der Begriff *Customization* verwendet. [Porsch15]

Das additiv zu fertigende Produkt oder seine individuelle Ausgestaltung wird meist vom Kunden initiiert, auch wenn der Anstoß dazu vom Hersteller ausgeht, der entsprechende Möglichkeiten bereitstellt und diese bewirbt, z. B. auch unter Nutzung des Internets.

Wenn der Kunde oder Konsument nur seine individuellen Wünsche nennt, der Hersteller sie aber umsetzt, spricht man von passiver Personalisierung oder Passive Custumization, Hersteller Personalisierung oder *Manufacturer Customization, MaCu.* Greift der Kunde selbst aktiv in die Gestaltung ein, spricht man von aktiver Personalisierung oder Active Customization, Kunden Personalisierung oder *Client Customization, CliCu.*

6.2.5.1 Passive Personalisierung – Hersteller Personalisierung

Bei der passiven Personalisierung liegt die Produktverantwortung einschließlich der gestalterischen Lösung sowie der Einhaltung der einschlägigen Regeln und Vorschriften vollständig beim Hersteller. Der Kunde bringt entweder seine Vorstellungen, beispielsweise über Variantenkataloge, oder seine biometrischen Daten über entsprechende Messeinrichtungen (z. B. Computertomographie, CT) ein.

Anwendungen gibt es im Bereich individuell ausgestalteter Produkte, beispielsweise bei der Herstellung von Globen der Erde, Bild 6.12, dem Mars und anderen Himmelskörpern, jeweils mit individuellen Überhöhungen. Auf diesem Gebiet hat sich eine ganze Industrie entwickelt, die die Globen liefert, aber auch Datensätze bereitstellt, um sie selbst additiv zu fertigen.

Bei nicht-privaten Anwendungen ist jeweils das Copyright zu klären [Sketchfab2024].

Bild 6.12 Individueller Globus der Erde
Quelle: Relief Globe Company/rtejournal

Besonders wichtig sind Produkte an der Schnittstelle Mensch-Maschine und im Bereich der Medizintechnik.

Kommerzialisierte Beispiele sind Implantate (Bild 6.13), Zahnspangen (vergleiche Abschnitt 6.5.2.3.1 „Dentaltechnik“) und Hörgeräte (vergleiche Abschnitt 6.5.2.4.2 „Hörgeräteschalen, Otoplastiken“), die alle auf einer dreidimensionalen medizinischen Bildgebung beruhen.

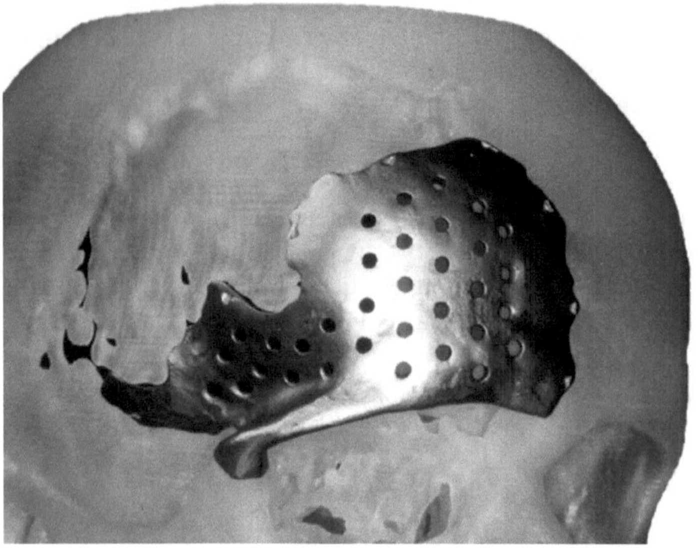

Bild 6.13 Implantat für die Kraniofaziale Chirurgie
Quelle: CP-GmbH

Zukünftig werden aber auch im Bereich der Fertigung, Montage und Bedienung industrieller Produkte, vor allem im Fahrer-Umfeld von Kraftfahrzeugen, in der Unterhaltungsindustrie und im Haushalt, kundenspezifische Lösungen mit Adapter-Charakter die industrielle Grundkonzeption mit Seriencharakter zu einem individuellen Produkt ergänzen.

An dieser Stelle kommen Anwendungen aus der Rehabilitation und der industriellen Montage zusammen.

Die biometrischen 3D-Daten können natürlich auch zur Herstellung von dreidimensionalen Bildnissen und Büsten verwendet werden und öffnen damit einen früher sehr exklusiven Markt für breite Schichten. Bild 6.14 zeigt frühe Beispiele aus der Ausstellung *Konzeptkunst Karin Sander* der Bildhauerin Karin Sander, Staatsgalerie Stuttgart, 2002. Die Bodyscans der Besucher wurden vor Ort in 3D Printing-Plastiken umgesetzt (siehe Bild 4.45).

Heute (2024) bieten kommerzielle Unternehmen 3D-gedruckte Plastiken von Menschen ebenso wie von Haustieren und anderen Lebewesen, z. B. Bild 6.15 [3Dyourbody2023].

Bild 6.14 Figurengruppe, Konzeptkunst Karin Sander
Quelle: Sander/Eder/Schmidt, FH Aachen

Bild 6.15
3D-Figur 3DyourBody
Quelle: CP-GmbH

6.2.5.2 Aktive Personalisierung – Kunden Personalisierung

Bei der aktiven Personalisierung setzt der Kunde seine Vorstellung vom Produkt selbst um. Er übernimmt entweder alleinverantwortlich die Gestaltung oder greift individualisierend in vorgegebene Gestaltungsräume ein. Solche variierbaren Designs, sogenannte META-Designs, ermöglichen die Gestaltung persönlicher Produkte durch jedermann, weil der Anwender in einem engen gestalterischen und technischen Rahmen geführt wird. Das geschieht beispielsweise durch ein (vorzugsweise stark vereinfachtes) CAD-Programm. Das Beispiel FABStudio [DelfsF07] zeigt ein Leuchten-Design von J. Christian Delfs, bei dem durch Verschieben von Einstellmarken per Maus (drag and drop) ein solcher Grundentwurf individuell gestaltet werden kann.

Der Kunde übernimmt neben der Rolle des Konsumenten die des Konstrukteurs und, falls gewünscht, auch die des Produzenten (Prosument, Bild 6.16).

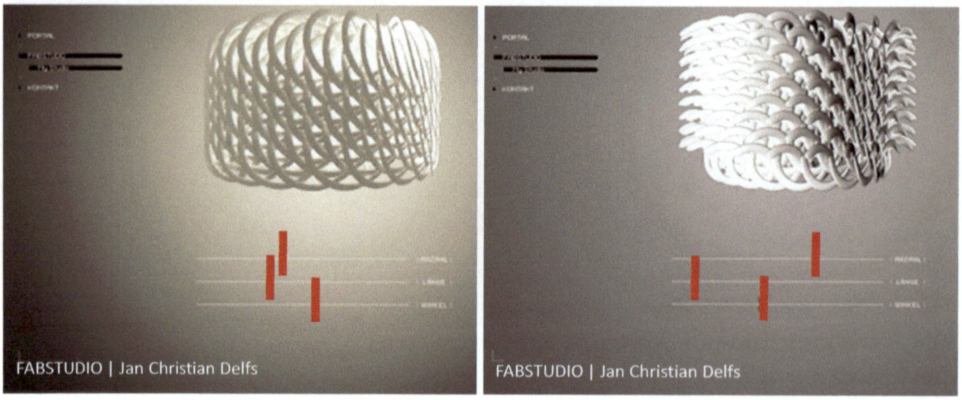

Bild 6.16 META Design, FABStudio, Individualisierung innerhalb vorgegebener Entwurfsräume durch den Kunden (via Internet)
Quelle: J. Christian Delfs

Vorzugsweise werden Konsumgüter erfasst. Die Fertigung kann beim Hersteller geschehen und über die Fertigungsplanung nach Bestellung eingesteuert werden. Sie kann aber auch direkt vom Kunden über Internetportale ausgelöst werden. Für die Produktion werden in jedem Fall unterschiedliche, nach Kundenwünschen modifizierte Produkte in einem Bauprozess zusammengefasst und gefertigt.

Die Frage der Produktverantwortung wird mit dem Eingreifen des Kunden zunehmend komplizierter. Der Kunde verantwortet seinen individuellen Entwurf, die Produktverantwortung bleibt aber beim Hersteller oder beim Konstrukteur. Das gilt auch, wenn der Kunde den fertigen Datensatz per Internet zu einem Fabrikator sendet.

Hier entwickeln sich neue Tätigkeitsfelder für Juristen, aber auch für Versicherungen.

6.2.6 Realisierung neuer Werkstoffe

Die heutige Konstruktions- und Fertigungstechnik ist gekennzeichnet durch die Verwendung isotroper Werkstoffe. Kompositwerkstoffe gewinnen zwar, vor allem in einzelnen Branchen wie dem Flugzeugbau, dem Yachtbau oder der Fertigung von „Supercars“ und im Hochbau (vergleiche AM im Hochbau) zunehmend an Bedeutung, werden bisher fertigungstechnisch aber mehrheitlich aus isotropen Schichten hergestellt. Auch heutige pulvermetallurgisch gefertigte Bauteile bestehen aus homogen gemischten Pulvern und damit letztlich aus als isotrop anzusehenden Werkstoffen.

Zu den neuen Werkstoffen zählen auch Glas und Beton, wobei vor allem Beton mit komplexen Additiven versehen und mit Fasern und Armierungen verstärkt wird.

Mit Additiven Verfahren ist es möglich, die Werkstoffeigenschaften gezielt und kontinuierlich über das Werkstück hinweg zu verändern und so beispielweise definierte Farbverläufe und anisotropes Verhalten zu erzeugen.

So sind auch kontinuierlich farbig gestaltete Bauteile möglich (Bild 6.17). Hier wird die physikalische Eigenschaft Farbe variiert, oder auch das oben bereits angesprochene Batterieprojekt, Abschnitt 6.2.2 „Herstellung traditionell nicht herstellbarer Produkte“.

a) b)

Bild 6.17 Kontinuierliche Veränderung der physikalischen Eigenschaft am Beispiel Farbe

(a) 3D Printing; (b) Extrusion (FDM) Digital Materials

Quelle: FH Aachen/Stratasys/Objet

Neuere Beispiele sind Stoffe und stoffähnliche strukturierte Produkte (Bild 6.18) nach dem „Direct-to-Textile 3D printing“ Verfahren, auch „3D Fashion Technology“ genannt, der Firma Stratasys.

Bild 6.18
Direct-to-Textile 3D printing
Quelle: Stratasys/ Karim Rashid

Auch hart-weich Verbindungen in der Kunststofffertigung gehören zu dieser Produktklasse, obwohl sie ihre Eigenschaften (meistens) nicht kontinuierlich, sondern mit engen Übergangsbereichen ändern.

Im Bereich der Metalle sind beliebige Pulvermischungen denkbar, sowohl lokal gezielt veränderte Zusammensetzungen als auch Pseudolegierungen, also solche, die schmelzmetallurgisch nicht herstellbar sind.

Neben kontinuierlichen Veränderungen, im Sinne von *graded materials,* sind auch diskontinuierliche Nicht-Metall-Varianten denkbar. Beispiele sind die Herstellung von Tabletten, in die unterschiedlichste Wirkstoffe gezielt in die Trägermatrix eingebracht werden (Abschnitt 6.4.2.1 „Industrielle Komplettfertigung"), aber auch detektierbare Marker, die zur zerstörungsfreien Verschleißkontrolle oder zur Erzielung von Notlaufeigenschaften in hoch abrasiv beanspruchte tribologische Systeme eingebracht werden (Medikamente für Maschinen), aber auch solche, die der verdeckten Kennzeichnung zur Produktnachverfolgung dienen.

6.2.7 Realisierung neuer Fertigungsstrategien

Die kontinuierliche werkzeuggebundene Fertigung heutiger Prägung und die dazu notwendige Infrastruktur, Fertigungsorganisation, Lagerhaltung und Verteilung (Logistik) kann bei der Anwendung additiver Verfahren beliebig diskontinuierlich und damit erheblich flexibler gestaltet werden. Das betrifft sowohl die räumliche, als auch die zeitliche Verteilung. Mithilfe von 3D-Druckern können Produkte überall auf der Erde in beliebigen Stückzahlen und Chargen gefertigt werden. Neben industriellen Produktentwicklern haben einige 3D-Dienstleister diesen Markt ebenfalls im Visier.

Die diskutierten Vorteile der additiven Verfahren sind nicht auf industrielle Nutzer beschränkt, wie das aufgrund der notwendigen Infrastruktur und Ausbildung bei klassischen Fertigungsverfahren der Fall war. Sie stehen bei vergleichsweise niedrigen Einstiegshürden allen zur Verfügung. In Verbindung mit der hohen Vernetzung sich persönlich nicht bekannter Personen durch das Internet entwickeln sich auch private Fertigungsverbünde. Der bekannteste wurde 2013 als „3D Hub“ gegründet und verfügte schnell über ein weltweit operierendes Netz von Besitzern und Betreibern von 3D-Druckern. Wer einen 3D-Drucker hatte, konnte sich bei „3dhubs“ als Hub registrieren lassen und fortan als Aufragnehmer im Netzwerk agieren. Wer einen 3D-Druck haben wollte, kontaktierte per Website einen anderen Netzteilnehmer. Wenn Einigkeit erzielt werden konnte, lud er seinen File hoch und beauftragte die Fertigung. Ein Teil des Konzeptes ist es, dass sich die 3D-Drucker möglichst in der Nähe der Auftraggeber befinden und diese somit das Bauteil selbst abholen können. Das Ende 2013 gegründete Unternehmen zählte im Mai 2016 weltweit „29 558“ 3D-Drucker, die in mehr als 150 Ländern als 3D Hub aktiv waren – Tendenz stark steigend (Bild 6.19) (*www.3dhubs.com*).

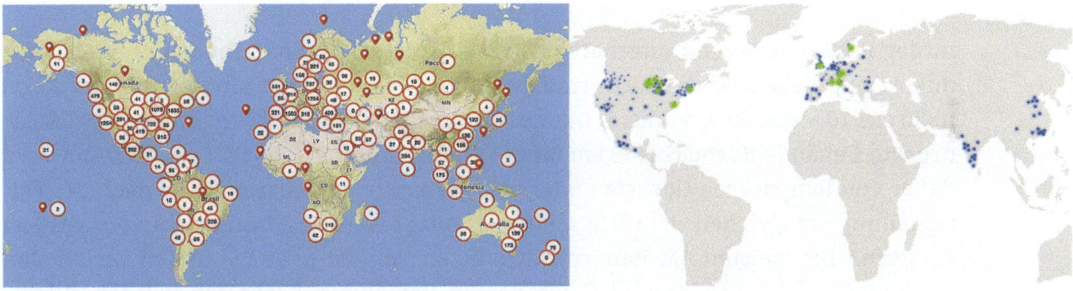

Bild 6.19 (links) 3D Hubs. Weltweite Verteilung vernetzter privater 3D-Drucker zum Einsatz im Dienstleistungsnetz, Stand Mai 2016: 29 558
Quelle: 3dhubs.com (10. 05. 2023)

(rechts) Hubs. Weltweite Verteilung des HUBS Netzwerkes von Fertigungsdienstleistungen
Quelle: Hubs.com (19. 04. 2024)

Diese Entwicklung sollte sehr ernst genommen werden. Es handelt sich nicht um ein paar vernetzte 3D-Natives, die 3D-Modelle untereinander verschicken. Sie markiert einen Trend. Der nächste Schritt ist eingeleitet und wird von unterschiedlichster Seite bereits vollzogen: der Ausbau zu einem umfassenden Markt für 3D-gedruckte Bauteile inklusive eines transparenten Beschaffungsmarktes – und das über Ländergrenzen, Wirtschaftszonen und Finanzbarrieren aller Art hinweg.

Die genossenschaftlich anmutende Struktur von 3D-Hubs stieß aber an ihre Grenzen. Das zeigte sich insbesondere auf den Gebieten der Verantwortlichkeit für Produkthaftung, Qualität, Liefertreue, Vertraulichkeit und hinsichtlich staatlicher Steuern und Abgaben.

Die Firma Protolabs, ein weltweit agierender Lohnfertiger für die konventionelle und die additive Fertigung, hat dies erkannt und 3D-Hubs mehrheitlich übernommen. Mit alten und neuen Partnern wurde 3D-Hubs neu strukturiert und zunächst in HUBS umbenannt, bevor es im Januar 2024 zu Protolabs Network by Hubs geworden ist. Die Weiterentwicklung erfolgte insbesondere in Richtung transparenter industriell geprägter Prozesse [Protolabs2024].

Bild 6.19 rechts zeigt die Struktur von HUBS. Das Netzwerk wurde mit dem Ziel höchster und gleicher Qualitätsstandards auf aktuell (2024) ca. 300 Manufacturing-Partner reduziert und räumlich um die Headquarters der Gründer (Amsterdam (NL), Maple Plain, Minnesota, (USA)) und um die wichtigsten Absatzgebiete weltweit zentralisiert (Bild 6.16).

6.2.8 AM im Hochbau

In der Baubranche sind alternative Geschäftsmodelle üblich. Die gedruckten „Produkte“ sind Gebäude, also nicht transportabel. Die Bauräume umfassen in der Regel mehrere 10 Meter in x, y und z. Das zurzeit in Heidelberg entstehende größte 3D-gedruckte Gebäude Europas ist 54 m lang, 11 m breit und 9 m hoch. Der Bauraum wird daher von temporären Gerüsten oder Schienensystemen begrenzt, die nach der Fertigstellung am gleichen Ort nicht mehr gebraucht werden. Man spricht von „Off-Site Printern“. Die meisten AM-Bauprojekte stützen sich daher auch auf den Verleih von Equipment und gegebenenfalls auch dessen Bedienung. Technisch werden „Large-scale-3D-Drucker“ verwendet.

Die Firma XtreeE aus Rungis nahe dem Flughafen Paris-Orly konfiguriert *plattformunabhängig* kommerzielle Extruder und bis zu 6-achsige robotergestützte Systeme [XTREEE2024]. Sie werden lokal boden-, gerüst- oder schienengebunden eingesetzt. Das Projekt ist Teil eines Konsortiums, wie sie im Umfeld großer Bau- und Immobilien-Unternehmen an vielen Stellen weltweit zurzeit gebildet werden (z. B.: Niederlande: Royal Bam Group, Deutschland: Heidelberg Materials AG (vormals: HeidelbergCement AG) und Krausgrupppe Heidelberg, Frankreich: Freyssinet).

Meist sind Technologieentwickler, hier XtreeE und seine Partner Concreative in Dubai, die technisch treibende Kraft. XtreeE hat das Ziel mit Partnern bis 2025 ein weltweites Netzwerk mit 50 Beton-Druckeinheiten aufzubauen. Mit den in 2023 installierten Einheiten in der Schweiz, den USA und in Japan sind es aktuell (Juli 2023) 12 Einheiten. XtreeE verwendet (wie die meisten Mitbewerber) die Extrusion betonbasierter Pasten zur Fertigung großer Elemente. Groß heißt, dass die Reichweite des verwendeten Roboters (oder des Verfahrsystems) die Abmessungen des Bauteils bestimmt. Mit dem zurzeit (2024) verwendeten (nach Angabe des Herstellers größten 6-Achs-System weltweit) können Bauteile mit bis zu 3 m Höhe und bis zu 5 m Länge in einem Zug gedruckt werden (wobei die Länge wesentlich vom Materialreservoir und der Struktur abhängt und weniger vom Roboter bzw. Verfahrsystem).

Der Zement wurde speziell für 3D-Druck-Anwendungen entwickelt. Das Material weist einen sehr niedrigen Wasserzementwert auf (engl. water to cement ratio, W/C ratio). Es wird eine hohe und vor allen Dingen gleichmäßige Durchfeuchtung erzielt, die rheologisch stabil ist. Selbstverständlich kommt es auf die genaue und konstante Mischung an.

Der Wasserzementwert bzw. der Wasserbindemittelwert ist ein Kennwert bei der Zubereitung von Baustoffen mit hydraulischem Bindemittel. Der w/z-Wert ist das Verhältnis zwischen der Masse des wirksamen Wassers und der Masse des Bindemittels. Der Bindemittelanteil wird in kg/m^3 einer verdichteten Mischung berücksichtigt. Der w/z-Wert liegt beim klassischen Beton zwischen 0,4 und 0,6, beim Druckmaterial an der unteren Grenze und darunter bis ca. 0,25, also hier vermutlich bei 0,3. Der Wert kann niedriger eingestellt werden, wenn sogenannte Superplastifizierer (superplasticizers) verwendet werden. Diese sorgen für gute Formbarkeit und Durchlässigkeit (Durchfeuchtung). Dazu werden aber keine Angaben gemacht.

Nach Herstellerangabe ist das entstehende Bauteil in wenigen Sekunden dimensionsstabil und zeigt feine Details. Der 3D-gedruckte Beton ist in 20 Stunden vollständig abgebunden. Im Vergleich: Klassischer Beton braucht ca. 20 Tage.

Das Material ist nach Angabe des Herstellers langzeitstabil und hat einen vernachlässigbaren Schrumpf dank einer nicht weiter beschriebenen kontrollierten Verfestigung und ebenfalls nicht veröffentlichter Zuschlagsstoffe. Hervorgehoben wird die feine und gleichmäßige Korngrößenverteilung des Ausgangsmaterials und daraus folgend das hervorragende Fließverhalten der Paste und die geringe Porosität des Produktes. Daraus resultiert auch die mit mehr als 80 MPa angegebene hohe Druckfestigkeit des Fertigproduktes, die hohe Belastbarkeit und die gute Beständigkeit gegen aggressive Umwelteinflüsse. Solcherart Materialien werden allgemein als ultra-high performance concrete (3DP-UHPC) oder mit Fasern als 3DP-UHPFRC bezeichnet [Yang2022]. Die gedruckten Strukturen erfordern kein Finishing im Sinne von Schleifen, Ausbesserungen oder Lackierungen. Allerdings wurden bei entsprechenden Ausgangszusammensetzungen bereits marmorartige Strukturen, vorzugsweise durch Polieren, erzielt.

Perspektiven: Integrales Bauen

3D-gedruckte Bauwerke beeindrucken vorwiegend durch ihre Abmessungen, sind aber bei näherem Hinsehen mehrheitlich lediglich monolithische Wände, die durch eine Art gesteuerte Betonpumpe gefertigt werden. Die eigentliche Herausforderung beim Bauen besteht aber nicht in einer Art Rohbau, sondern in dem, was allgemein als Haustechnik bezeichnet wird und das die meiste Zeit und das meiste Geld beim Hausbau benötigt.

Die Entwicklung wird also von der aktuellen monolithischen Bauweise zur integralen Bauweise verlaufen.

Die zukünftigen Aufgaben werden darin bestehen, diese Funktionsintegration zu realisieren. Concreative und XtreeE sind aktiv an solchen technischen Entwicklungen beteiligt, z. B. an der Verknüpfung von Spannbeton und 3D-Druck, der Integration metallener Einsätze oder von Fensterelementen. Beispiele zeigt Bild 6.20.

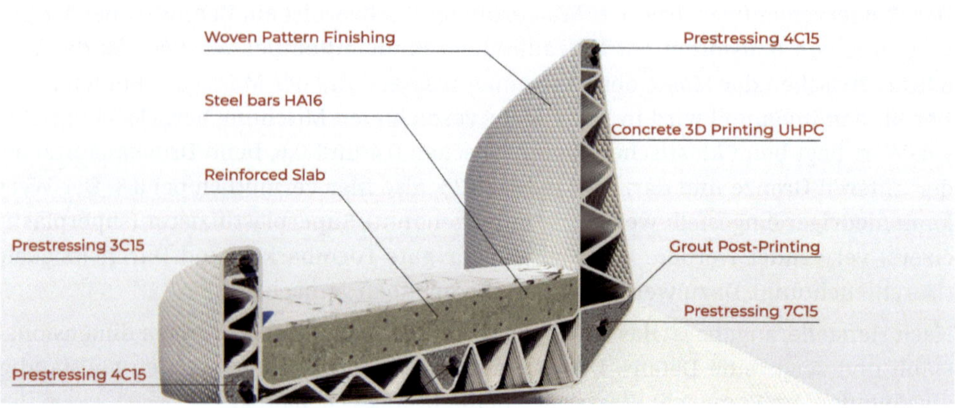

Bild 6.20 Strukturelement. Beton-3D-Druck mit eingearbeiteten Verstärkungs- und Vorspann-Elementen
Quelle: Concreative

Die Grundidee kann man weiterspinnen und Heizungs- oder Kühlelemente, Versorgungsleitungen und dergleichen integrieren und noch weiter auch elektronische und gedanklich auch alle druckbaren Strukturen einbringen. Dann hätten die traditionelle Bauweise und 3D-gedruckte Bauwerke tatsächlich kaum noch etwas gemein.

6.2.9 Ersatzteile

Neben der individuellen Fertigung von Produkten, die oben bereits angesprochen wurde, ergeben sich vor allem Anwendungen im Bereich Ersatzteilversorgung. Dabei wird häufig gefordert, dass die Ersatzteile zwar die Funktion des Originalbauteils erfüllen sollen, aber aufgrund der Erfahrungen oder neuerlicher Bestimmungen eine geänderte Geometrie aufweisen oder aus anderem Material bestehen müssen, was auch Probleme mit der Zulassung bringen kann. Ein sehr einfaches Beispiel zeigt die Modell-Nockenwelle des Funktionsmodells eines Verbrennungsmotors, wie es üblicherweise in Fahrschulen verwendet wird. Das beschädigte Original wurde im CAD modelliert und auf einer FDM-Anlage als Einzelstück hergestellt. Die Nockenwelle konnte so auch der durch abrasiven Verschleiß nicht mehr maßhaltigen Welle angepasst werden – eine Anforderung, die Ersatzteile aus dem Regal nicht erfüllen können (Bild 6.21).

Das auf die produzierende Industrie verstärkt zukommende und von vielen erst langsam wahrgenommene Ersatzteilproblem kann mit additiven Verfahren sehr viel besser in den Griff bekommen werden. Zukünftig werden die unterschiedlichsten Ersatzteile aus Datenbanken geladen und als *spare parts on demand* additiv hergestellt. Mithin werden sie nicht mehr auf Vorrat produziert und binden entsprechend weniger Kapital. Sie werden nicht mehr um den Erdball versandt und vor allem nicht mehr gelagert. Angesichts von korrekt ermittelten Bedarfen werden sie schließlich auch nicht mehr irgendwann entsorgt (Bild 6.22).

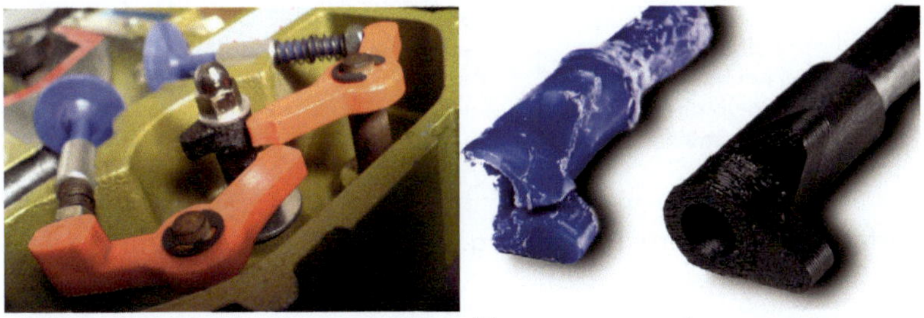

a) b) c)

Bild 6.21 Demonstrationsmodell eines Verbrennungsmotors
(a) mit nachgefertigter Nockenwelle; (b) defekte Nockenwelle; (c) 3D-gedruckte Nockenwelle (Extrusionsverfahren (FDM))
Quelle: FH Aachen

6.2.10 Hybrid-Bauteile

Additive Verfahren haben das Potenzial, auf additiv oder nicht additiv erzeugte teilfertige Produkte aufzusetzen. Diese „Hybridverfahren" genannte Vorgehensweise kombiniert die Vorteile unterschiedlicher Fertigungsprozesse. Das Beispiel zeigt die Fertigung von induktiv erwärmten Warmumformbacken für die Umformung von Fahrzeugblechen, Bild 6.22. Die Warmumformung führt auf eine Steigerung der Festigkeiten um den Faktor drei. Die mittels konturangepasster Kühlung (conformal cooling) durch Innenströmung beheizten Backen bestehen aus einem geometrisch einfachen massiven Grundkörper. Sie werden zunächst traditionell hergestellt, z. B. gefräst, und anschließend als „Base" in die additive Maschine (3D-Druck) eingebracht und dort additiv „near netshape" aufgebaut (Bild 6.23). Abschließend werden sie wärmebehandelt und traditionell geschlichtet.

Bild 6.22 Hybridverfahren: Optimierte Herstellung von Warmformbacken zur Blechbearbeitung

Quelle: Mainda, VW Werkzeugbau

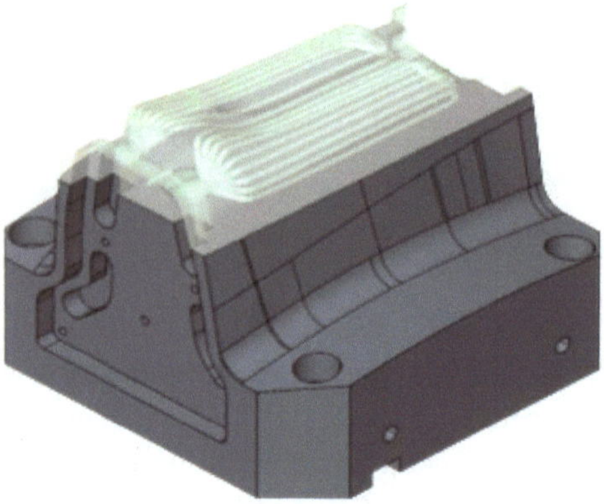

Bild 6.23
Aufbau einer Warmformbacke. Grundkörper, spanend bearbeitet (dunkel). Kühlbereich, generativ gefertigt, mit innenliegenden Kühlbereichen (transparent)

Quelle: Mainda, VW Werkzeugbau

Durch die hybride Fertigung der Warmumformbacke wird die Fertigungszeit deutlich verringert. Das Fräsen des massiven Unterteils verkürzt die Aufbauzeit gegenüber dem schichtweisen Aufbau. Additiv wird nur der Bereich mit den komplexen Innenströmungen gefertigt.

Im Betrieb wird durch die konturangepasste Kühlung bei gleicher Abkühlzeit die Endtemperatur halbiert und damit letztlich die Ausbringung im Presswerk deutlich erhöht (Bild 6.24).

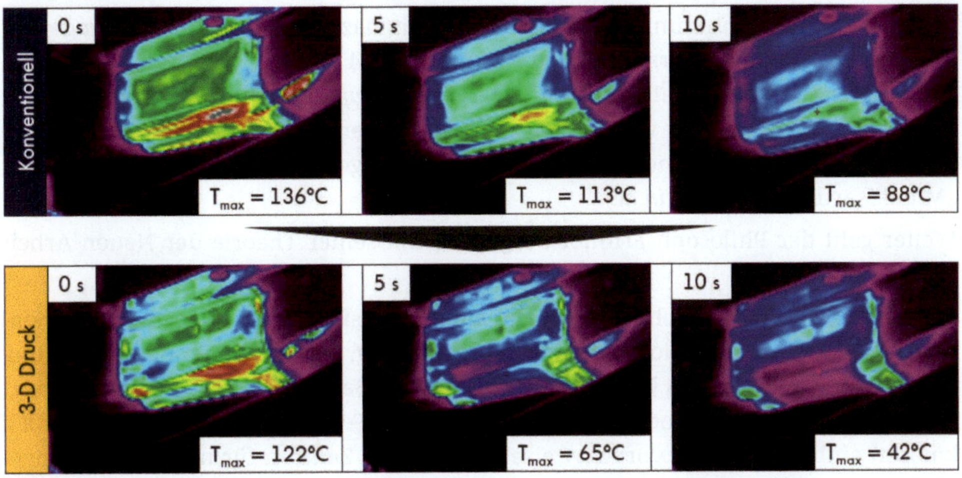

Bild 6.24 Gegenüberstellung der Temperaturprofile einer monolithischen Warmformbacke, gefräst (oben) und einer konturangepasst durchströmten, additiv gefertigten (unten)
Quelle Mainda, VW Werkzeugbau

Diese Vorgehensweise ermöglicht die individuelle Reparatur von Bauteilen, z. B. die Instandsetzung von Turbinenschaufeln für Flugtriebwerke durch Beschichten, auch mit unterschiedlichen Werkstoffen. Sie ermöglicht aber auch die Herstellung neuer Bauteile auf der Basis der alten. Eine entsprechende Konstruktionssystematik und Produktstrategie vorausgesetzt, können ausgediente Bauteile ohne ihre Zerstörung mit additiven Verfahren in neue, funktionstüchtige aufgewertet werden. Aus dem Recycling heutiger Prägung, das auf der Ebene der Werkstoffe erfolgt und vor dem Hintergrund des „Kleinschneidens" und „Einschmelzens" tatsächlich ein Downcycling darstellt, wird so ein ressourcenschonendes, nachhaltiges „Upcycling".

6.2.11 Entwurf neuer Arbeits- und Lebensformen

Additive Verfahren unterstützen den Entwurf neuer Arbeits- und Lebensformen. Heutige 2D-Drucker haben beispielsweise im Verbund mit Personalcomputern das private Büro zur individuellen Druckerei qualifiziert. Analog wird der *Personal Fabricator*, PF [Gershenfeld99], die Herstellung von bisher industriell gefertigten Gegenständen im Privatbereich ermöglichen. Denkbar sind additiv gefertigte Elemente von Systemspielzeugen, Ersatzteile, Dekorationen und vieles mehr. Additive Maschinen bieten neben der Selbstversorgung auch die Grundlage für eine Selbständigkeit, die eine Produktion einschließt.

Der Deutsche Social Entrepreneurship Monitor (DSEM) ist seit 2018 eine Studie zu Social Entrepreneurship in Deutschland. Sie bewertet auch den Einfluss neuer Technologien auf das Gründungsgeschehen und führt dazu auch das „3D Printing“ auf. Der 4. Social Entrepreneurship Monitor DSEM ist 2024 aktuell [Kiefl2022]. Ansätze im Sinne einer Genossenschaft zeigt *die imaginäre Manufaktur*, DIM. Sie erschließt, mit dem Schwerpunkt Design und zurzeit noch weitgehend konventioneller Fertigungstechnik, vorzugsweise Blinden eine wettbewerbsfähige Position jenseits der heutigen „Mitleidsartikel“ (*dim-berlin.de*).

Weiter geht der Philosoph Frithjof Bergmann mit seiner Theorie der Neuen Arbeit [Bergmann04].

Er skizziert in seinem Buch neue Arbeits- und Lebensformen, die geeignet sind, heutige Probleme der Arbeitslosigkeit und Vereinsamung, vor allem aber der Verarmung breiter Schichten zu lösen [Irle04] oder zu mildern [Bergmann2019]. Bergmann zeigt dezentrale Produktionsmodelle auf, die die Additive Fertigung mit integrierten Fabrikatoren einbeziehen und vorzugsweise in Form von Zentren für neue Arbeit umgesetzt werden (*https://new* work-newculture.dev/ /). Bergmann stellt fest, dass sich die herrschenden Job- und Produktionsformen durch irreversible Missstände charakterisieren lassen (zum Beispiel durch prekäre Beschäftigungsverhältnisse), insbesondere, aber nicht nur, in Entwicklungsländern, globale Beschäftigungslosigkeit sowie durch eine zunehmende Kluft zwischen Arm und Reich, die sich durch Digitalisierung und Automatisierung der Arbeit eher noch verschärfen. Außerdem stößt das herrschende Arbeits- und Produktionssystem sichtbar an Grenzen, beispielsweise an Grenzen des Wirtschaftswachstums, ökologische und klimatische Grenzen.

Vor diesem Hintergrund hat Bergmann alternative Arbeits- und Produktionsformen entwickelt und in Projekten realisiert. Darin spielen „Additive Produktionsverfahren“ und der Einsatz von „Fabrikatoren“, wie er die 3D-Drucker schon Anfang der 1980er-Jahre nannte, eine zentrale Rolle, um eine dezentrale, ressourcenschonende und umweltfreundliche Produktion sowie eine technologiegestützte Selbstversorgung (High-Tech-Self-Providing) zu ermöglichen. Computer Aided Manufacturing, additive bzw. generative Produktionsverfahren, Fabrikatoren und weitere Spitzentechnologie sollen helfen, dass sich Menschen weltweit eine Vielzahl von Gegenständen des täglichen Lebens selbst herstellen können – und dies effizient, produktiv und effektiv: Ganz besonders interessant sind für Bergmann auch die Möglichkeiten durch Benutzung von Computern zum einen das Handwerkliche zu erweitern (also z. B. mit „Computer Aided Manufacturing“ selbst Kleider und Schuhe und Möbel zu fertigen), zum anderen aber auch, sich in Angelegenheiten der Gesundheit und Erziehung unabhängiger zu machen.

Angesichts der Tatsache, dass die neuen Technologien sehr viele Jobs weltweit vernichten, ist es für ihn ein Gebot der Stunde, sie zugleich in den Dienst der Menschen zu stellen, damit diese sich vom Nadelöhr Jobsystem und damit vom Zwang des Geldverdienens zum Überleben unabhängig(er) machen. Zitat Bergmann: „Die neuen Technologien kommen auf uns zu, gleich einer großen Welle: Rühren wir uns nicht von der Stelle, dann kann sie uns begraben, aber bewegen wir uns mit Geschick, könnte uns diese Welle höher heben als je zuvor“ [Bergmann1998].

6.3 Anforderungen an additive Verfahren für die Fertigung

Die skizzierten Perspektiven sind keine Utopien, auch wenn das aus heutiger Sicht gelegentlich den Anschein hat. Natürlich können die unterschiedlichen Ansätze nur mit jeweils dafür optimierten Maschinen und häufig nicht ausschließlich mit 3D-Druckern, sondern im Verbund mit ihnen umgesetzt werden. Neue Strategien, Prozesse, Materialien und Maschinen sind gefragt. Welchen Anforderungen müssen sie genügen? Wie müssen heutige additive Maschinen und Prozesse weiterentwickelt werden, um die skizzierten Perspektiven zu realisieren?

Zur Diskussion dieser Fragen werden die Merkmale heutiger additiver (Prototyp-) Verfahren analysiert und den Anforderungen an zukünftige Fertigungsverfahren gegenübergestellt.

Die Diskussion orientiert sich an sechs ausgewählten Kriterien:

- Prozess
- Material(ien)
- Organisation
- Konstruktion
- Qualitätssicherung
- Logistik
- Umweltbelastung

Die Ausführungen basieren auf der heutigen additiven Herstellung von einem oder mehreren (einzelnen) Bauteilen (Abschnitt 6.3.1 „Anforderungen an die additive Herstellung“). Davon ausgehend werden in Abschnitt 6.3.2 die „Anforderungen an die additive Serienfertigung mit heutigen Verfahren“ betrachtet und schließlich die Bedingungen für eine zukünftige additive Serienfertigung abgeleitet und diskutiert (Abschnitt 6.3.3 „Zukünftige Anforderungen an die additive Serienfertigung“).

6.3.1 Anforderungen an die additive Herstellung

6.3.1.1 Anforderungen an den Prozess bei additiver Herstellung eines Bauteils

Ausgangspunkt ist ein für die jeweilige Anwendung insgesamt optimaler Bauprozess. Angesichts von zurzeit mehreren hundert kommerziell verfügbaren additiven Maschinen erfordert dies eine umfangreiche Kenntnis der einzelnen Verfahren. Das gilt auch dann, wenn man sich auf die fünf industriell am weitesten verbreiteten Verfahrensfamilien Stereolithographie und Polymer Printing, Sintern und Schmelzen, 3D Printing, Extrusionsverfahren und Schicht-Laminat-Verfahren beschränkt. Beispielsweise führt der gleiche Datensatz bei zwei unterschiedlichen Verfahren oft schon optisch zu sehr unterschiedlichen Ergebnissen (Bild 6.25 (a)). Das gilt auch dann, wenn man den Einfluss unterschiedlicher Post-Processing- und Finishing-Verfahren außer Acht lässt.

Die Auswahl eines geeigneten Verfahrens ist jedoch nur der erste Schritt. Jedes Verfahren ermöglicht die Einstellung zahlreicher Parameter, die sowohl auf die Genauigkeit als auch auf die Baugeschwindigkeit und damit auf die Wirtschaftlichkeit Einfluss haben. Da dies geometrieabhängig erfolgen muss, ist eine genaue Kenntnis der Prozesse erforderlich. Bild 6.25 (b) zeigt den Einfluss der Parameter am Beispiel eines FDM-Bauteils, das mit dem geometrisch identischen Datensatz, aber mit unterschiedlichen Parametern, in diesem Fall mit unterschiedlicher Orientierung, gebaut wurde.

Heutige additive Prozesse sind also häufig durch eine aufwendige Parameteroptimierung gekennzeichnet, die je nach Bauteil individuell erfolgen muss.

Sie zeigen zudem eine nicht befriedigende Reproduzierbarkeit der Bauergebnisse (siehe Qualitätssicherung). Das äußert sich bei vielen Prozessen in einer Tendenz zu Qualitätsschwankungen. Die Ursachen können im Material, aber auch im Prozess begründet sein. Für den Prozess zieht das üblicherweise einen hohen Kalibrieraufwand nach sich.

Bei der Herstellung eines Bauteils im Sinne eines Prototyps haben diese Aspekte auch positive Effekte, weil die Parameteroptimierung ein zusätzliches Optimierungskriterium für das zu entwickelnde Produkt darstellt, wenn man seine Maschine gut kennt. Die Fertigung von Endprodukten wird dadurch aber eher behindert. Diese Problematik wird größer, wenn man Bauparameter von einer Maschine auf eine andere transferiert. Das ist oftmals sogar dann der Fall, wenn die Maschinen vom gleichen Typ sind.

In jedem Fall ist in die Betrachtung des Prozesses auch das Post-Processing und das Finishing einzubeziehen.

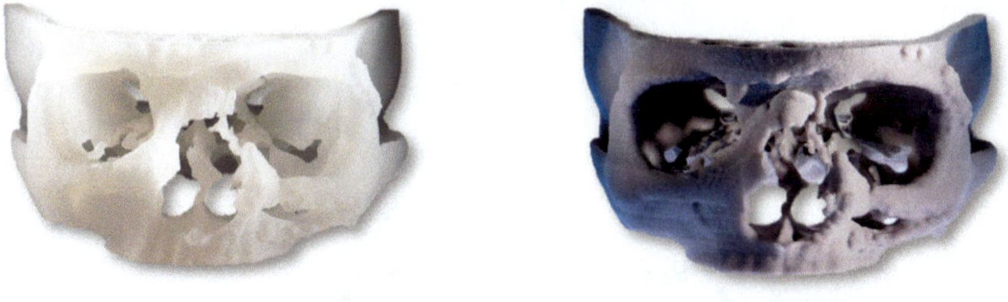

a)

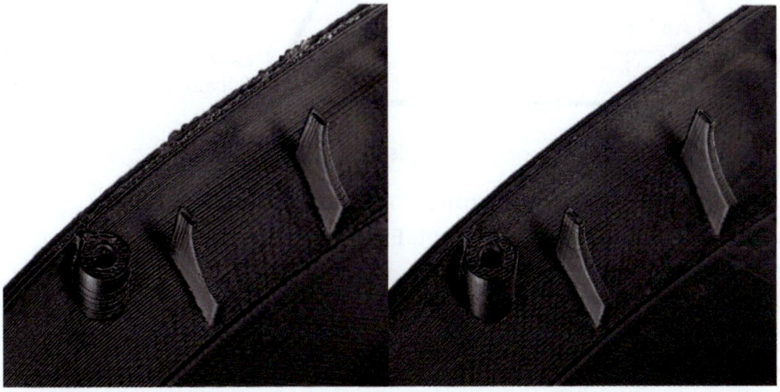

b)

Bild 6.25 (a) Einfluss der additiven Anlagen auf das Fertigungsergebnis. Unterschiedliche Verfahren bei identischem Datensatz: Schädelmodell, Stereolithographie (oben links), 3D Printing (oben rechts)
Quelle: CP-GmbH/FH Aachen

(b) Unterschiedliche Bauparameter (Orientierung) bei identischem Bauprozess und Datensatz: Einfluss unterschiedlicher Prozessparameter auf die Bauteiloberfläche am Beispiel eines FDM-Bauteils
Quelle: FH Aachen

6.3.1.2 Anforderung an die Materialien bei Herstellung eines Bauteils

Die Anzahl der additiv verarbeitbaren Materialien hat sich in den vergangenen Jahren stark erhöht und die Material-Qualitäten konnten wesentlich verbessert werden. Das wird am Beispiel der Kunststoffe für die additive Verarbeitung deutlich. Bild 6.26 zeigt die Eigenschaftspyramide für Kunststoffe. Darin eigetragen sind die wichtigsten technischen Kunststoffe (schwarz). Diejenigen, die schon 1994 für additive Verarbeitung zur Verfügung standen, sind rot eingerahmt, die aktuell (2024) verfügbaren rot gekennzeichnet.

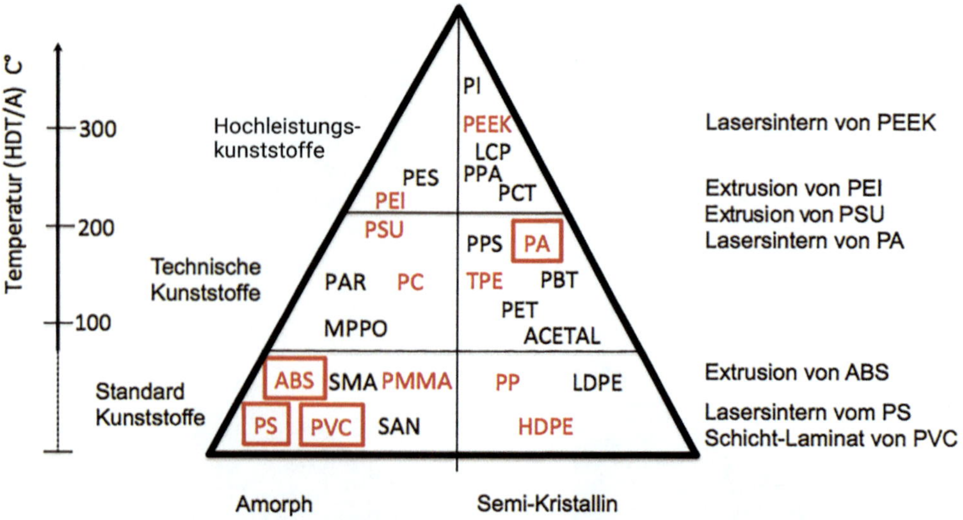

Bild 6.26 Eigenschaftspyramide von Kunststoffen. Additiv zu verarbeitende Kunststoffe (Stand 2024) sind rot gekennzeichnet. Eingerahmte Kunststoffe (rot) kennzeichnen den Stand von 1994.

Heute stehen für jede Materialklasse, Kunststoff, Metall und Keramik, Materialien für die additive Verarbeitung zur Verfügung. Auch kommen die additiv zu verarbeitenden Materialien in ihren Eigenschaften den konventionellen immer näher. Allerdings führen die Materialien für additive Prozesse aufgrund des Herstellungsprozesses auch dann zu unterschiedlichen Bauteileigenschaften, wenn sie und die Materialien für die nicht-additive Serienfertigung nominell (also z. B. chemisch) identisch sind: Eine auf einer Spritzgießmaschine unter hohem Druck schmelzflüssig in eine feste temperierte Form eingebrachte Polyamid-(PA)-Schmelze führt beispielsweise auf ein Bauteil mit mechanisch-technologischen Eigenschaften, die sich von denen unterscheiden, die durch eine lokal drucklos und schichtweise aufgetragene PA-12-Schmelze aus Pulver entstanden sind. Dieses Grundproblem wird dadurch verschärft, dass der additive Herstellungsprozess in aller Regel eine besondere Aufbereitung des Werkstoffs verlangt. Beispielsweise müssen Polyamide zur Verarbeitung beim selektiven Lasersintern nicht nur eine deutlich kleinere Kornfraktion aufweisen als in Spritzgießmaschinen zu verarbeitende, sondern sphärische Gestalt haben und auch mit Additiven versehen werden, um beispielsweise die Rieselfähigkeit sicher zu stellen. Eine andere Art der Aufbereitung des Werkstoffs ist in Abschnitt 6.2.8 für den Werkstoff Beton diskutiert worden.

Obwohl es enorme Fortschritte in der Materialforschung für additiv zu verarbeitende Materialien gegeben hat, liegt das Niveau der Konstruktionswerkstoffe immer noch deutlich höher. Dies ist auch am Beispiel der Eigenschaftspyramide von Kunststoffen, Bild 6.26, deutlich zu sehen.

Neben den additiv verarbeitbaren Werkstoffen, die chemisch mit den heutigen Konstruktions- oder Serienwerkstoffen identisch sind, existieren eine Reihe von Modell- oder Rapid Prototyping Werkstoffen, für die es keine vergleichbaren Konstruktionswerkstoffe gibt. Das gilt vor allen Dingen für Verfahren, in denen Binder eingesetzt werden, also für das 3D-Printing-Verfahren (Pulver-Binder-Verfahren) oder das Schicht-Laminat-Verfahren (Schicht + Klebe-/Fügeschicht). Für diese Verfahren muss in jedem Einzelfall geprüft werden, ob die herzustellenden Bauteile die geforderten Eigenschaften aufweisen.

Insbesondere für Fabber oder Personal 3D Printer gibt eine große, nur schwer durchschaubare Anzahl an Werkstoffen in Form von Filamenten. Sie weisen die unterschiedlichsten Farben auf, auch fluoreszierende und Leuchtfarben, transparente und flexible Werkstoffe, Biopolymere und gefüllte Qualitäten. Diese an sich vorteilhafte Situation wird dadurch getrübt, dass für die Konstruktion notwendige Angaben meistens fehlen. Beschreibungen wie „weiß und fest" oder „schwarz und flexibel" sind als Materialdaten für die Konstruktion völlig unbrauchbar und werden allenfalls innerhalb geschlossener Benutzerkreise akzeptiert.

Die meisten Werkstoffe sind zudem proprietäre Produkte mit einer entsprechend engen Maschinen- und Prozesskopplung. Als Folge sieht sich der Anwender vor Probleme wie z. B. nicht oder nur unvollständig verfügbare Materialdaten oder häufig eine für ihn unvorteilhafte Preispolitik gestellt. Mit wachsender Bedeutung der additiven Verfahren entschärft sich das Problem. Zum einen etablieren sich zunehmend unabhängige Materiallieferanten und zum anderen gilt die Konstruktion einer Maschine, die mit marktgängigen Materialien arbeitet, vor allem bei den Sintermaschinen zunehmend als Entwicklungsziel.

Allerdings entbindet das, angesichts der Tatsache, dass die mechanisch technologischen Eigenschaften des Bauteils sowohl vom Werkstoff als auch von dem Prozess beeinflusst werden, nicht von einer Validierung der Bauteileigenschaften.

Additive Prozesse ermöglichen die vollständige oder teilweise Rückgewinnung oder Wiederverwendung des Materials, das prozessbedingt am Bauprozess teilgenommen hat, aber nicht zum Bauteil wurde. Das ist z. B. beim Sintern und Schmelzen der Fall. Je nach Höhe und Anzahl der Aufheizungen, die ein Material erfährt, ändern sich seine physikalisch-technologischen Eigenschaften. Das Problem kann umgangen werden, indem man das alte Pulver entsorgt und ausschließlich neues verwendet. Das ist aber nicht wirtschaftlich. Ein entsprechendes Pulvermanagement (allgemein: Materialmanagement) ist daher aus Sicht der Bauteilqualität und der Kosten äußerst wichtig.

Der gesamten Diskussion überlagert sich die Problematik, dass die Eigenschaften eines Materials, z. B. die Kornfraktion, abhängig vom Einsatzzweck deutlich unterschiedlich sein dürfen und es aus wirtschaftlichen Gründen auch sein sollten.

6.3.1.3 Anforderungen an die Organisation bei Herstellung eines Bauteils

Die Organisation umfasst die Fertigungsorganisation vom Auftragseingang bis zur Auslieferung des Bauteils. Sie entspricht vor allem für das Rapid Prototyping heute (noch) einer handwerklich orientierten Einzelteilfertigung. Die in Form von 3D-Datensätzen vorliegenden Fertigungsaufträge werden vorwiegend nach geometrischen Kriterien im Bauraum angeordnet. Die Fertigung beginnt, wenn der Bauraum gefüllt ist. Daraus ergibt sich eine Art Batch-Betrieb (Stapelverarbeitung), die unbeaufsichtigt über Nacht laufen kann und sich daher sehr gut mit manuell geprägten Elementen über Tag koordinieren lässt.

Manuelle Tätigkeiten fallen vor allen Dingen bei der Vorbereitung der Maschine für den Bauprozess und bei der Nachbearbeitung der Modelle an. Zur Vorbereitung muss die Maschine nach jedem Bauprozess von Restbaumaterial befreit und gegebenenfalls gesäubert werden. Baumaterial sowie Hilfs- und Betriebsstoffe (gegebenenfalls Binder, Toner, etc.) müssen kontrolliert und aufgefüllt werden. Die ordnungsgemäße Funktion inklusive der Kalibrierung der Fertigungsanlage muss überprüft werden. Das Befüllen der Maschinen erfolgt vorwiegend manuell, das heißt, ein Mitarbeiter trägt Material und Hilfsstoffe in entsprechenden Gebinden zur Maschine und befüllt diese. Als automatisch bezeichnete Anlagen arbeiten mit einem Zwischenspeicher, aus dem die eigentliche Maschine häufig, aber nicht immer automatisch, nachgefüllt wird. Der muss aber meist manuell beladen werden.

Nachdem die additiv gefertigten Bauteile aus der Maschine genommen wurden, ist eine je nach Bauprozess sehr umfangreiche manuelle Nachbearbeitung erforderlich. Sie besteht aus unmittelbar zum Prozess gehörigen Schritten (post-processing) wie z. B. dem Reinigen, dem Entfernen der Stützen und dem Nachvernetzen und aus dem prozessunabhängigen (finishing) wie dem Sandstrahlen, dem manuellen Beschleifen und Entgraten, Füllern und Lackieren. Eine Faustregel veranschaulicht die Dimensionen: Eine große Stereolithographie-Anlage beschäftigt bis zu fünf Personen mit der Nacharbeit. Die Organisation ist deshalb auf einen weitgehend manuellen Betrieb zur Fertigung von Bauteilen mit Einzelteilcharakter ausgerichtet.

6.3.1.4 Anforderungen an die Konstruktion bei Herstellung eines Bauteils

Die Fertigungsdaten werden direkt von der 3D-CAD-Konstruktion abgeleitet. Die Bauteile stellen somit Faksimiles der 3D-Daten dar. Diese weisen im Allgemeinen weder Toleranzen auf noch sind sie anderweitig in Bezug auf die Fertigung überarbeitet.

Konstruktive Eingriffe in Bezug auf die Fertigungstechnik beschränken sich auf die Positionierung im Bauraum und gegebenenfalls die Anbringung von Stützen. Bei Rapid Prototyping-Anwendungen, wird auf die additive Fertigung konstruktiv keine Rücksicht genommen.

6.3.1.5 Anforderungen an die Qualitätssicherung bei Herstellung eines Bauteils

Die Qualitätssicherung beschränkt sich meist auf die Überprüfung der Geometrie, die häufig dadurch erschwert wird, dass die Datensätze keine Toleranzen enthalten. Mechanisch-technologische Eigenschaften, beispielsweise die Zugfestigkeit oder die Temperaturstabilität, werden im Allgemeinen nicht oder nur stichpunktartig überprüft. Meist gibt man sich mit den Angaben der Materiallieferanten zufrieden. Zuweilen werden Testkörper parallel zum Bauprozess gefertigt. Fragen wie die nach der Dauerhaltbarkeit und der Nachhaltigkeit und auch nach der Umweltbelastung spielen in dieser Diskussion in der Regel eine untergeordnete Rolle. Letzteres auch deshalb, weil Prototypen nur für kurze Zeit gebraucht werden. Tatsächlich verlieren viele Bauteile nach einiger Zeit wichtige Eigenschaften wie Dimensionsstabilität, Elastizität oder Farbe. Im Zuge der Materialentwicklung werden diese Nachteile aber systematisch eliminiert.

Dynamische Kennwerte fehlen für Kunststoffe weitgehend und werden demzufolge auch nicht überprüft, für Metalle existieren sie häufiger. Entsprechende Arbeiten gibt es an vielen Instituten, aber auch in der anwendenden Industrie. Diese behält die Ergebnisse meistens für sich, zumindest kommuniziert sie diese in der Regel aber nicht systematisch.

Die Qualität des Bauteils wird wesentlich von der Reproduzierbarkeit des Prozesses mitbestimmt. Dies war vor allem bei Sinterprozessen aufgrund der hohen Anfälligkeit für Schwankungen der Temperatur und der Temperaturverteilung lange Zeit ein großes Problem. Es rückt aber mit neuen Maschinenkonzepten und optimierten Steuerungen zunehmend in den Hintergrund.

Die Problematik der Mischung von neuem und gebrauchtem Material bei einigen Prozessen wurde in Abschnitt 6.3.1.2 „Materialien“ bereits angesprochen.

6.3.1.6 Anforderungen an die Logistik bei Herstellung eines Bauteils

Die additive Fertigung von Prototypen und Einzelteilen ist eine reinrassige Einzelteilproduktion. Der Takt wird vom Auftragseingang vorgegeben und nur leicht durch den Synchronisier Effekt der Maschinenkapazitäten beeinflusst. Da im Prototypenbau grundsätzlich alle kürzeste Lieferzeiten wünschen, ist eine nach anderen Kriterien strukturierte Fertigung und Logistik kaum zu realisieren.

6.3.2 Anforderungen an die additive Serienfertigung mit heutigen Verfahren

Additive Serienfertigung bedeutet heute (2024) die Herstellung von vergleichsweise geringen Stückzahlen im Sinne der Wiederholung des Druckens des Einzelbauteils. Die Stückzahlen bewegen sich meistens zwischen 20 und 500, obwohl es dafür keine technischen Grenzen gibt. Limitierungen folgen in der Regel wirtschaftlichen Überlegungen.

Die Fertigung höherer Stückzahlen erfolgt alternativ, ebenfalls aus wirtschaftlichen Gründen, über sogenannte Folgeprozesse (siehe Abschnitt 5.3 „Indirekte Rapid Tooling-Verfahren – Abformverfahren und Folgeprozesse“). Während der große Vorteil der additiven Fertigung in der werkzeuglosen Herstellung von Bauteilen besteht, sind Abformprozesse wiederum werkzeuggebunden. Sie sind zudem nicht-additiv und werden daher hier nicht weiter betrachtet. Abformverfahren erfordern aber erneut eine Qualifizierung der Materialien.

Beim wiederholten Bauen des gleichen Bauteils mittels additiver Verfahren gelten selbstverständlich alle Kriterien, die auch für das Einzelbauteil gelten. Es treten aber einige fertigungstechnische Besonderheiten hinzu.

6.3.2.1 Anforderungen an den Prozess bei additiver Serienfertigung

Die additiven Bauprozesse sind unter dem Aspekt der Serienfertigung trotz großer Fortschritte mehrheitlich zu langsam. Während das direkte Herstellen eines einzelnen komplexen Bauteiles unter Verzicht auf ein Werkzeug als extrem schnell (Rapid) gewertet wird, wenn es in wenigen Stunden vorliegt, muss sich die Serienfertigung von additiven Bauteilen an den Serienbedingungen messen lassen. Der Maßstab ist nicht länger die Fertigungszeit des Werkzeugs und das damit einhergehende Einsparpotenzial an Zeit und Geld, sondern die Zykluszeit im wettbewerblichen Herstellprozess, also die Produktivität. Für einen Kunststoff Spritzgießprozess bedeutet das ein Zeitregime im Bereich von Sekunden. Angesichts einer additiven Bauzeit von mehreren Stunden resultieren auch dann Zykluszeiten (als Vergleichszeit für jedes Teil) von vielen Minuten, wenn mehrere (oft auch mehrere 100) Bauteile in einem additiven Bauprozess hergestellt werden können.

Alle additiven Prozesse, die mit einem Maskenverfahren belichten und demnach die gesamte Konturinformation für eine Schicht auf einmal aufbringen können, sind den heute favorisierten Verfahren, die nach dem Vektor- oder dem Rasterverfahren arbeiten, also der Stereolithographie, dem Poly-Jetting, dem Sintern und Schmelzen, dem Extrusionsverfahren, dem 3D Printing und dem Schicht-Laminat-Verfahren, grundsätzlich überlegen. Allerdings sind Vektorverfahren grundsätzlich genauer.

Neue Belichtungsstrategien sind gefragt. Das als Fertigungsverfahren konzipierte und vermarktete RMPD-Verfahren der Firma microTEC (Bild 6.27) arbeitet beispielsweise mit einem Mikrolinsensystem, das die gleichzeitige Belichtung mehrerer (aber identischer) Bauteile ermöglicht (vgl. Abschnitt 9.1.3 Mikrobauteile aus Kunststoff mittels Polymerisation, Boston Micro Fabrication).

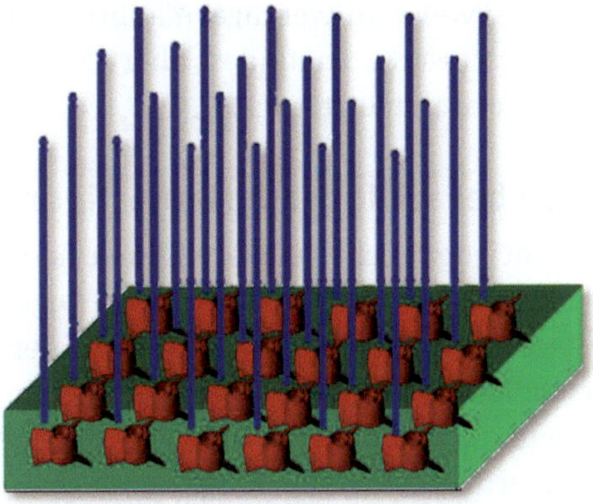

Bild 6.27
Serienherstellung von Mikrobauteilen mittels Laserstrahlen, die über ein Mikrolinsensystem positioniert werden
Quelle: microTEC

Die direkte additive Fertigung ist heute nur unter besonderen Bedingungen wirtschaftlich; z. B. für kleine Stückzahlen, wenn die auf das Bauteil umgelegten Werkzeugkosten der nicht-additiven Fertigung die Stückkosten über den Preis der additiven Fertigung treiben. Das gilt insbesondere für komplexe Bauteile, die bei nicht-additiver Fertigung aufwendige und damit teure Werkzeuge und gegebenenfalls zusätzliche Montagearbeiten erfordern, während ein höherer Komplexitätsgrad den additiven Prozess kaum belastet.

Die additive Fertigung hat heute den Charakter einer sogenannten *blind production*. Das bedeutet, dass zwischen dem Auslösen des Fertigungsprozesses und der Fertigstellung des Bauteils die Fertigung über Stunden hinweg lediglich beobachtet wird, aber nicht beeinflusst werden kann. Maschinenseitig wird bei den meisten Prozessen eine recht genaue Bauzeitkontrolle unterstützt, darüber hinaus stehen meist Informationen über den Materialvorrat und gegebenenfalls die Bauraumtemperatur zur Verfügung. Auch eine visuelle Inspektion ist meistens möglich. Sie liefert aber nur grundsätzliche Erkenntnisse darüber, ob im Zuge der Fertigung katastrophale Ereignisse eingetreten sind, die einen Abbruch des Bauprozesses nahelegen. Zunehmend sind Programmsysteme auf dem Markt, die den Bauprozess meist mit optischen Verfahren beobachten (monitoren). Bei diesen Prozessen wird eine Abbruchentscheidung von der Software unterstützt.

Bei der Herstellung von Prototypen ist es zumindest ärgerlich, wenn der Fertigungsprozess nicht ordnungsgemäß abgeschlossen werden konnte und das Bauteil nochmals gebaut werden muss. In Anbetracht der Herstellung von Serien stellt die Tatsache, dass eine erste Qualitätsüberprüfung erst nach Abschluss des Bauprozesses möglich ist, ein ernst zu nehmendes, vor allem auch ein wirtschaftliches Problem dar.

Dass ein Bauprozess erfolgreich abgeschlossen wurde, bedeutet nicht immer, dass gleichartige Folgende einige Tage oder Wochen später auch erfolgreich abgeschlossen werden. Die oben bereits angesprochene gelegentlich noch unbefriedigende Reproduzierbarkeit wird angesichts einer Fertigung größerer Stückzahlen fertigungstechnisch zum Problem und muss fortlaufend sichergestellt werden.

Der Prozess ist kalibrierabhängig, was angesichts teilweise aufwendiger Kalibriervorgänge die Fähigkeit zur Serienfertigung weiter einschränkt, zumindest aber die Verfügbarkeit aufgrund zu großer *downtime*-Anteile heruntersetzt.

6.3.2.2 Anforderungen an die Materialien bei additiver Serienfertigung

Wie diskutiert, entsprechen die Materialien nicht oder nicht vollständig den heute gebräuchlichen Konstruktionswerkstoffen. Andererseits muss man sich vor Augen führen, dass sich die von der Konstruktion festgelegten und die tatsächlichen Bauteileigenschaften vor allen Dingen deshalb unterscheiden, weil die Konstruktion im Hinblick auf das spätere Serienfertigungsverfahren und die dort eingesetzten Werkstoffe und nicht in Hinblick auf das additive Verfahren erfolgt.

Bei einigen Prozessen führt die grundsätzlich zu begrüßende Möglichkeit, nicht verwendetes, aber im Bauprozess befindlich gewesenes Material erneut zu verwenden, zu Qualitätsschwankungen. Diese sind bisher nur über den teuren Verzicht auf das Recycling oder über aufwendiges Materialmanagement zu vermeiden. Das wirkt sich bei Serien stärker aus als bei Einzelteilen.

Das additive Fertigungsprinzip eröffnet aber auch neue Perspektiven. Mit den aluminiumgefüllten Polyamidpulvern (EOS: AluMide, 3D Systems: DuraForm AF) stehen Werkstoffe zur Verfügung, die hervorragende aluminiumartige Oberflächen aufweisen, leicht zu polieren sind und gegenüber dem ungefüllten Pulver erhöhte Festigkeiten erreichen. EOS setzte seinen Werkstoff bereits seit 2004 für die Herstellung von Bauteilen für die eigenen Produkte ein, z. B. zur direkten Produktion der Griffe der EOS-Sinteranlagen. Ein vergleichbares Spritzgussmaterial ist zurzeit nicht bekannt. Mit neuen Verfahren, die z. B. auf dem Einsatz von Inhibitoren beruhen, werden heutige Probleme, z. B. die diskontinuierliche Fertigung, gelöst werden. Es werden den Materialien aber auch, gegebenenfalls temporär, neue Bestandteile zugesetzt, deren Auswirkungen auf das Langzeit-Bauteilverhalten zu berücksichtigen sind.

6.3.2.3 Anforderungen an die Organisation bei additiver Serienfertigung

Die Organisation ändert sich nicht grundsätzlich gegenüber der Herstellung von Prototypen. Sie wird tendenziell eher einfacher, weil davon ausgegangen werden kann, dass angesichts der Herstellung von Serien die Anzahl der Kunden pro Bauprozess und damit der organisatorische Aufwand abnimmt. Im Einzelfall kommt es darauf an, welcher Aufwand für die Dokumentation getrieben werden muss und welche Konsequenzen das hat. Natürlich hat bei einer additiven Serienfertigung die Produktivität einen deutlich größeren Stellenwert als beim Prototypenbau. In Abwägung gegen den Zeitvorteil sind nicht ausgenutzte Bauräume nicht mehr zu tolerieren, auch weil der Kunde angesichts einer (gegebenenfalls stückweisen) kontinuierlichen Belieferung zunehmend nicht mehr bereit ist, für eine schnellere Lieferung einen Aufpreis zu bezahlen.

6.3.2.4 Anforderungen an die Konstruktion bei additiver Serienfertigung

Die Konstruktion der Teile erfolgt weiterhin in Hinblick auf eine später nicht-additiv zu fertigende Serie. Eine Anpassung an die besonderen Bedingungen beim additiven Fertigen erfolgt nur insofern, als die Teile vor dem Bauprozess orientiert und gegebenenfalls skaliert werden. Stehen mehrere additive Verfahren zur Wahl, ist es zudem möglich, das jeweils am besten geeignete Verfahren auszuwählen. Es ist auch möglich, das Bauteil aus Einzelteilen zusammenzufügen, die aus unterschiedlichen additiven (und nicht-additiven) Bauprozessen stammen. Die vor allem bezüglich der möglichen Komplexität eines Bauteils weiterreichenden Möglichkeiten von additiven Verfahren werden bisher nicht konsequent ausgenutzt.

6.3.2.5 Anforderungen an die Qualitätssicherung bei additiver Serienfertigung

Das Problem nicht ausreichender Reproduzierbarkeit wird bei der Fertigung von Serien wichtiger als bei der Herstellung von einzelnen Prototypen. Additive Bauteile weisen nicht nur gegenüber der Soll-Geometrie möglicherweise Abweichungen auf, sondern auch häufig von Teil zu Teil. Das kann selbst dann auftreten, wenn sie innerhalb eines Bauprozesses auf der gleichen Bauplattform gefertigt werden. Daher ist in jedem Fall zumindest so lange eine Einzelteilkontrolle notwendig, bis aufgrund entsprechend belastbarer Erfahrungswerte davon abgewichen werden kann. Bei der Fertigung mehrerer gleichartiger Bauteile sollte in jedem Fall von der heute gängigen Praxis, die übermittelten 3D-Daten bestmöglich in ein physisches Bauteil zu verwandeln, insofern abgegangen werden, als Toleranzen definiert und kontrolliert werden sollten.

6.3.2.6 Anforderungen an die Logistik bei additiver Serienfertigung

Die Logistik hat weiterhin den Charakter einer Einzelteilverwaltung. Der Unterschied besteht darin, dass es sich um unterschiedlich große Chargen von meist gleichen Einzelteilen handelt. Die Aufgabe wird gegenüber der Einzelfertigung von Prototypen daher tendenziell eher einfacher. Es sind aber häufiger Teillieferungen zu verwalten. Allerdings wird der Preisdruck größer werden, da sich ein kontinuierlich belieferter Kunde an Serienbedingungen z. B. aus dem Kunststoff-Spritzguss orientiert.

6.3.3 Zukünftige Anforderungen an die additive Serienfertigung

Zukünftig werden *additive Fertigungsverfahren* eine gleichwertige Alternative zu nicht-additiven Fertigungsverfahren darstellen. Sie werden zur Herstellung standardisierter, vor allem aber auch individualisierter (End-)Produkte eingesetzt werden. Die Konstruktion wird sich an der additiven Fertigung orientieren und sich zu einer kontinuierlichen Fertigung auch völlig unterschiedlicher Bauteile entwickeln. Die Chargen[5] können unterschiedlich groß sein und bis zur Stückzahl „eins“ abnehmen.

Die Aufgabe besteht darin, pro Bauprozess eine möglichst hohe Stückzahl identischer oder unterschiedlicher Bauteile herzustellen. Im Gegensatz zur Fertigung von Prototypen rückt damit die Produktivität in den Vordergrund. Jede Art von manueller Tätigkeit ist möglichst zu eliminieren. Gleichzeitig bedeutet die Herstellung unterschiedlicher Bauteile in einem Bauprozess, dass viele Methoden und Verfahren, die in heutigen Fertigungsprozessen die Qualität und die Produktivität sicherstellen, nicht mehr angewendet werden können. Das gilt vor allem für zerstörende Tests und auf Statistiken beruhende Prozesse, aber auch für die manuelle Nacharbeit.

Die additive Serienfertigung muss daher gleichzeitig die Anforderungen an die heutige Serienfertigung und an die heutige Prototypenfertigung erfüllen.

Die Leistungsfähigkeit eines solchen individualisierten Fertigungsprozesses und die Qualität der produzierten Produkte werden selbstverständlich nicht mehr an Prototypenkriterien, sondern an Serienkriterien gemessen.

6.3.3.1 Zukünftige Anforderungen an den Prozess bei additiver Serienfertigung

Für den eigentlichen Herstellungsprozess gilt alles, was für die Herstellung von Prototypen auch gilt. Baugeschwindigkeit, Prozesssicherheit, Reproduzierbarkeit, Nachhaltigkeit und Produktivität erhalten aber eine wesentlich größere Bedeutung.

Eine mögliche Weiterentwicklung zeichnet sich von diskontinuierlich zu kontinuierlich arbeitenden Verfahren und von manuell geprägten zu automatisierten Maschinen oder -verbünden ab.

Erste Ansätze für automatisierte Maschinen und Anlagen gibt es seit einiger Zeit in Form des teilautomatisierten Pulvermanagements (EOS GmbH, 3D Systems). Es umfasst eine automatische Pulverzufuhr und die Möglichkeit, den noch warmen Pulverkuchen als Ganzes aus der Sintermaschine zu nehmen und den Fertigungsprozess nicht durch Abkühlphasen zu unterbrechen (EOS).

Mit der Sinterstation Pro hat 3D Systems Anfang 2005 ein Maschinenkonzept vorgestellt, das bereits wichtige Elemente für die additive Serienfertigung (Abschnitt 6.4 „Fertigungsanlagen zur Realisierung des Rapid Manufacturing“) aufweist (vergleiche Abschnitt 3.2.3 „Lasersintern – 3D Systems“). Aus der Sicht der Fertigungstechnik erfordert es aber immer noch einen zu hohen manuellen Aufwand. Bild 6.28 zeigt die additive Maschine, die Auspackstation und das Material-Handling und Vorratssystem. Ganz links auf dem Bild an der Temperiereinrichtung (OTS, Offline Thermal Station) angeschlossen befindet sich das Schnellwechselsystem (RCM, Rapid Change Modul),

[5] Der traditionelle Begriff der Charge als einer Teilmenge von gleichen Produkten, für die eine Fertigungsanlage jeweils eingerichtet werden muss, gilt nicht mehr. Die Additive Fertigung ist von der Anzahl und den Größen der Chargen unabhängig.

das den eigentlichen Bauraum enthält. Es wird manuell zum Vorheizen und Abkühlen mit der OTS verbunden, zum Bau in die Maschine eingeschoben und zum Auspacken der Bauteile an die Reinigungsstation angedockt.

Für die sPro gibt es als Überwachungssystem die RealMonitor & Graphic Viewer-Advanced Software, die wichtige Ereignisse, z. B. bei Laser, Aufheizmodul und Sensoren erfasst und als log Daten exportiert.

Das EOS-System zeigt ähnliche Ansätze (EOS 400, Abschnitt 6.4 „Fertigungsanlagen zur Realisierung des Rapid Manufacturing") und setzt darüber hinaus mit dem Part-Property System auf der Ebene der individuellen Baudaten an.

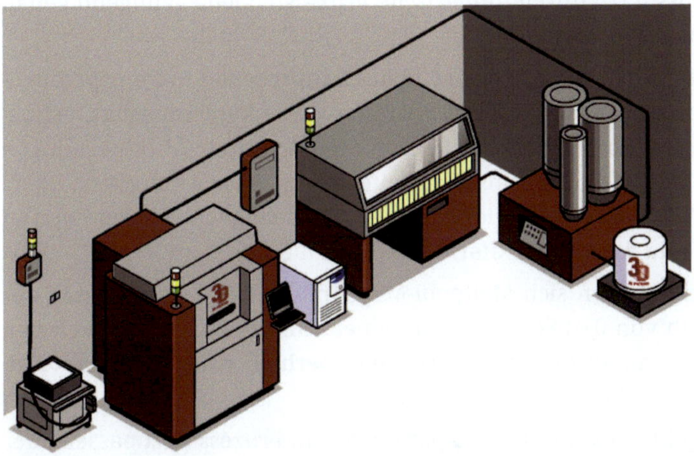

Bild 6.28 Sinterstation PRO Rapid Manufacturing System mit RCM, OTS, Reinigungs- und Vorratsmodul

Quelle: 3D Systems

Für die additive Fertigung von Mikroteilen (microTEC) gibt es schon seit Jahren fertigungstechnische Ansätze.

Für eine (quasi-)kontinuierliche Fertigung sind Prozesse und Maschinen zu entwickeln, die das Bauteil nach Abschluss eines Bauprozesses automatisch ausschleusen und entsprechend neues Material einschleusen. Ein Ansatz in dieser Richtung besteht seit einigen Jahren darin, beim Lasersintern in den bereits laufenden Bauprozess noch Teile einzulegen, soweit das zur Verfügung stehende Volumen und die Restlaufzeit dies zulassen. Als Zwischenschritt zu den oben skizzierten quasi kontinuierlichen Verfahren sind auch diskontinuierliche parallel arbeitende Verfahren denkbar. Gedanklich geht es also um die Automatisierung der heute noch manuell bewegten auswechselbaren Module.

Den weltweit ersten kontinuierlich arbeitenden 3D-Drucker (VXC 800) hat die Firma Voxeljet auf der EuroMold 2012 präsentiert. Sie weist damit einen möglichen Weg zur kontinuierlichen additiven Fertigung.

Im Fokus der Weiterentwicklung aller Prozesse stehen folgende Aufgaben: Um die manuelle Nacharbeit zu eliminieren oder zumindest zu minimieren, muss direkt im additiven Bauprozess eine wesentlich bessere Oberflächenqualität erreicht werden. Neben Parameteroptimierungen sind in den Prozess integrierte Anlagen zur Nacharbeit denkbar. Die Bauteile müssen die Maschine nach einem additiven Fertigungsschritt einwandfrei verlassen. Ein nachträgliches Aussortieren aufgrund von Einzelprüfungen ist kontraproduktiv und daher zu vermeiden.

Eine Steuerung des additiven Prozesses auf der Basis von Erfahrungswerten reicht nicht mehr aus. Es muss eine Prozessregelung im Sinne einer Mehrgrößenregelung nichtlinearer Systeme mit Zustandsschätzern und Zustandsbeobachtern etabliert werden. Der Prozess muss dazu durch numerische Prozessmodelle genügend genau und schneller als in Echtzeit simuliert werden.

Die zu erwartenden Ergebnisse müssen während des Bauprozesses mit entsprechenden Online-Messwerten (Zustandsbeobachter), vorzugsweise kamerabasiert, erfasst und korreliert werden. Die Korrelation der Sensordaten erfordert AI-basierte (AI = Artificial Intelligence / deutsch: KI =künstliche Intelligenz) Auswertungstechniken. Grund sind die großen Datenmengen, die wegen der Schnelligkeit der Reaktion in kürzester Zeit anfallen, und die Komplexität der Interpretation.

Wie durch Kunkel gezeigt, lassen sich Meltpool-Maps (bildbasierte Sensordaten der Schmelzzonen) innerhalb von 0,01 Sekunden mit einer Validierungsgenauigkeit von 98,9 % evaluieren, was Qualitätskontrollansprüchen oberhalb einer 5-Sigma-Konfidenz gerecht wird [Kunkel2020].

In Abhängigkeit des Ergebnisses sind Prozessparameter im Prozess anzupassen oder es ist zu entscheiden, die Fertigung des Bauteils abzubrechen und mit geänderten Parametern neu zu starten.

Die Anpassung der Prozessparameter erfordert neue Wege. Das Paradigma einer starren Prozessparametrierung für ein gesamtes Bauteil, gekennzeichnet durch einen Prozessparametersatz, wird abgelöst von einer komplexen Prozessparametrierung, also einer lokalen Parametrierung definierter Bauteilzonen, also beispielsweise von Randbereichen, Überhängen etc.

Die Zukunft liegt in einer adaptiven (voxel-spezifischen) Prozessparametrierung, um z. B. Look-ahead-Funktionen, wie sie in heutigen Werkzeugmaschinen bereits realisiert sind, zu integrieren.

6.3.3.2 Zukünftige Anforderungen an die Materialien bei additiver Serienfertigung

Es müssen Materialien zur Verfügung stehen, die reproduzierbar und nachhaltig die konstruktiv festgelegten Produkteigenschaften abbilden. Dazu müssen die heute selbstverständlich für alle Serienmaterialien vorliegenden Unterlagen auch für die additiv eingesetzten Materialien verfügbar sein. Die Angaben sind aber noch lückenhaft. Das gilt schon für viele stationäre Kennwerte. Häufig werden zwar die Messwerte veröffentlicht, jedoch nicht immer die der Messung zugrundeliegenden Normen. Ein weiteres Problem sind mehrfach auf andere Maßeinheiten umgerechnete und gerundete Kennwerte. Dynamische Materialkenndaten fehlen in größerem Umfang; spezielle, z. B. optische Eigenschaften sind nur punktuell veröffentlicht.

Die Belange der Nachhaltigkeit und des Umweltschutzes sind insgesamt zu wenig berücksichtigt. Das muss sich dringend ändern.

Die Kenndaten eines jeden Materials sind streng genommen nur für eine Maschine und einen Parametersatz gültig. Die Kennwerte müssen daher für unterschiedliche Prozesse entsprechend parametrisiert zur Verfügung stehen.

Zu beachten ist, dass die Bauparameter während eines Bauprozesses vom Fertigungsverantwortlichen variiert werden können. Dafür, und für deren Dokumentation, muss es nachvollziehbare Regeln geben.

Da es um die Herstellung konkurrenzfähiger Produkte geht, müssen selbstverständlich auch Hochleistungsmaterialien verfügbar sein. Bei den Kunststoffen wird es nicht länger ausreichen, die Eigenschaften heutiger Massenkunststoffe, sogenannter *Commodities* zu erzielen. Aktuell sind Hochleistungswerkstoffe wie PEEK verfügbar, wichtige Konstruktionswerkstoffe wie PA 6 befinden sich in der Markteinführung. Diese Forderung wird von einigen Herstellern sukzessive realisiert, ist aber noch nicht flächendeckend umgesetzt.

Vor allem für Metalle wurde die Materialpalette in letzter Zeit deutlich erweitert. Das liegt auch daran, dass sich unabhängige Materiallieferanten etabliert haben. Der Gebrauch handelsüblicher Materialien entbindet aber nicht von der Verantwortung für die Produkteigenschaften und befreit entsprechend nicht von der Evaluierung des Materials für das eigene Produkt (vergleiche Abschnitt 2.3.2.1 „Schmelzen und Verfestigen von Pulvern und Granulaten – Sintern (Lasersintern, LS), Schmelzen“).

Unter dem Aspekt der Fertigung einer großen Anzahl von Bauteilen kommt der Logistik allgemein (Abschnitt 6.3.3.6 „Logistik“) und insbesondere der der Materialien und ihrer Lagerung, eine besondere Bedeutung zu.

6.3.3.3 Zukünftige Anforderungen an die Organisation bei additiver Serienfertigung

Zu der bereits für Prototypen gültigen Aufgabenstellung tritt hinzu, dass der Fertigungsbetrieb mit großer Wahrscheinlichkeit direkten Endkundenkontakt bekommen wird, wenn man die unmittelbare Übersendung der modifizierten Produktdaten aus dem Internet als Kundenkontakt auffassen will. Hinzu treten geänderte Anforderungen an das abzuliefernde Produkt.

Der additive Fertigungsbetrieb liefert nicht länger einen Prototyp nach individueller Spezifikation ab, sondern ein additiv gefertigtes Bauteil oder perspektivisch ein additiv gefertigtes Produkt. Parallel zur Fertigung sind daher z. B. eine Bedienungsanleitung und eine Verpackung zu erstellen und zu gewährleisten, dass beide mit dem fertig gestellten Produkt verzögerungsfrei zusammengeführt werden.

Die rechtlichen Randbedingungen werden sich auch für individualisierte Produkte gegenüber den heutigen nicht zum Nachteil der Verbraucher ändern. Es muss also über eine Produkthaftung für individualisierte Einzelprodukte nachgedacht werden und darüber, wie die daraus erwachsenden Anforderungen organisatorisch umzusetzen sind. Auch die versicherungstechnischen Randbedingungen sind entsprechend zu überdenken.

Schließlich haben auch die Käufer individualisierter Produkte einen Anspruch auf Reparatur und die Gestellung von Ersatzteilen. Hier entstehen weitere anspruchsvolle Aufgaben im Umfeld der Additiven Fertigung und ihrer Organisation.

Das Internet und die internet-basierte grenzüberschreitende Kommunikation werden die Kunden-Lieferanten-Beziehung und damit die klassischen Organisationsstrukturen beeinflussen.

Die Datensicherheit wird einen deutlich höheren Stellenwert erhalten.

6.3.3.4 Zukünftige Anforderungen an die Konstruktion bei additiver Serienfertigung

Bei der additiven Fertigung gelangt der Datensatz von der Konstruktion direkt in die Maschine. Es gibt keine zusätzliche fertigungsnahe Konstruktion mehr, wie das bei vielen nicht-additiven Prozessen der Fall ist. Konstruktionsdetails und die Materialauswahl im Hinblick auf das zur Fertigung ausgewählte additive Verfahren sind Konstruktionsparameter und müssen im Rahmen der Konstruktion festgelegt werden.

Deshalb muss eine Konstruktionssystematik für additiv zu fertigende Bauteile entwickelt oder an deren Anforderungen angepasst werden, ein „Design for Additive Manufacturing“, DfAM (oder auch wegen des eingeführten Begriffs ein „Design for Rapid Manufacturing“, DfRM).

Diese muss auch berücksichtigen, dass die Konstruktionen für additiv gefertigte Bauteile vielen heutigen Grundregeln nicht mehr entsprechen. Insgesamt muss vor allem die Fähigkeit additiver Verfahren ausgenutzt werden, äußerst komplexe Bauteile herzustellen und auf diese Weise den Montageaufwand deutlich zu reduzieren. Bei Kunststoff-Formteilen muss z. B. nicht länger auf die Vermeidung von Hinterschnitten geachtet werden, um Schieber zu vermeiden oder an deren Stelle „durchtauchende Kerne“ vorzusehen. Wandstärkensprünge sind weniger kritisch, Entformungsschrägen entfallen genau wie die Trennebene und Anspritzpunkte. Lauflängen und Bindenähte sind keine kritischen Punkte mehr.

Anders als bei heutigen additiven Prototypverfahren muss bereits bei der Konstruktion das spätere additive Verfahren auch bezüglich konkreter Verfahrensparameter festgelegt werden. Eine Fertigung auf beliebigen, erst später festzulegenden Maschinen oder mit erst später definiertem Material, die einen generellen Vorteil der additiven Fertigung darstellt, ist dann nicht mehr sinnvoll und gewährleistet vor allem kein gutes Ergebnis.

Die Konstruktion muss nicht nur das *additive Fertigungsverfahren*, sondern auch die wesentlichen Fertigungsparameter vorgeben. Beispielsweise entscheiden beim FDM-Verfahren wenige Parameter darüber, wie gut ein Teil geometrisch abgebildet wird und welches seine mechanisch-technologischen Eigenschaften sind. Damit verlagern sich Verantwortlichkeiten von der Fertigung auf die Konstruktion.

Ein weiterer konstruktiver Aspekt betrifft das Prinzip der Customization. Aktive Personalisierung wird zukünftig bedeuten, dass der Verbraucher sein Produkt weitgehend mit- oder sogar allein gestaltet. Dazu wird man auch als Laie mittels eines einfachen CAD-Systems geführt und so in die Lage versetzt, das dort hinterlegte 3D-Modell seines späteren Produktes nach seinen Wünschen zu modifizieren. Konstruktionstheoretisch handelt es sich dabei um eine Variantenkonstruktion.

Laien werden nur dann erfolgreich via Internet und mittels CAD ihr persönliches Produkt gestalten können, wenn alle von ihnen durchführbaren Änderungen vorab in einem Parameterfeld festgelegt und abgesichert wurden. Konstruktionstheoretisch ist also das Ziel des Konstrukteurs nicht mehr ein optimales Produkt, sondern mehrere, wenn man so will unendlich viele optimierte oder nahe am Optimum liegende Produkte, die innerhalb eines vorgegebenen Prozessfensters liegen. Im Gegensatz dazu führt die klassische Variantenkonstruktion auf eine endliche Anzahl verwandter, aber jeweils individuell optimierter Produkte. Gedanklich und auf die Fotografie übertragen, stellt die Einzelteilkonstruktion einen Fotoapparat mit einer Festbrennweite dar, die Variantenkonstruktion entspricht einem Satz von Wechselobjektiven mit unterschiedlichen, aber festen Brennweiten und die Parameterfeldkonstruktion gleicht einem Zoomobjektiv.

Es wird unmittelbar deutlich, dass die Einbeziehung des Kunden in die Konstruktion die Konstruktionsaufgabe nicht einfacher, sondern deutlich komplizierter werden lässt. Der Aufwand für die mit der Konstruktion einhergehende Dokumentation wird ebenfalls wesentlich größer. Es wird auch für Endkunden Internetportale geben, die wie Konfiguratoren die Modifizierung eines vorgegebenen oder die Entwicklung eines eigenen Bauteils oder Produkts ermöglichen [CP2012].

6.3.3.5 Zukünftige Anforderungen an die Qualitätssicherung bei additiver Serienfertigung

Die Fertigung von Einzelteilen stellt die Qualitätssicherung vor neue Aufgaben. Angesichts der Seriengröße „1“ sind alle statistischen Methoden und zerstörenden Prüfverfahren auf generelle Vorversuche zur Maschinenoptimierung beschränkt. Während der Fertigung scheiden sie definitionsbedingt aus.

Ein Ansatz dazu besteht in der Integration einer Röntgen- oder CT-Einheit in die additive Fertigungsanlage und der Real-time Auswertung der Ergebnisse.

Die Bauteile müssen im Prozess individuell, dauerhaft und automatisch lesbar gekennzeichnet werden. Jedes Bauteil muss zu jedem Zeitpunkt individuell zugeordnet werden können, schon damit es nach der Fertigung individuell verpackt und versandt werden kann. Diese Kennzeichnung muss auch eine Rückverfolgbarkeit jedes Teils im Sinne der Produkthaftung ermöglichen. Aktuelle Ansätze wie die „Radio Frequency Identification“, RFID, sind auf ihre Einsatzfähigkeit hin zu überprüfen. Die Dokumentation muss zu jedem Zeitpunkt die Fertigung eines Ersatzteiles ermöglichen.

6.3.3.6 Zukünftige Anforderungen an die Logistik bei additiver Serienfertigung

Logistisch ist die additive Fertigung, *Manufacturing on Demand,* also eine *Just-in-time-*Fertigung für Einzelteile. Die Anforderungen werden unter dem Stichwort „agile Fertigung“ diskutiert. Der Unterschied zur Logistik von Großserienfertigungen heutiger Prägung ist nicht unerheblich, da aufgrund des Einzelteilcharakters die Teile nicht in Containern oder anderweitigen Sammelverpackungen zur weiteren Montage geliefert, sondern als individuelle Einzelteile bis zum Einsatzort gebracht und verwaltet werden müssen [VDI-Z2023].

Die Variantenfertigung der Automobilhersteller gibt schon heute einen kleinen Vorgeschmack auf diese integrierte logistisch-fertigungstechnische Aufgabe. Im Audi A6 (Baujahr 2005) können beispielsweise 18 000 unterschiedliche Türfüllungen verbaut werden. Die Fachzeitschrift Automobilproduktion titelt entsprechend: „Wahnsinn mit Methode“ [Automobil-Produktion 05]. Bei diesen Zahlen handelt es sich aber noch um Bauteile, die in, wenn auch kleinen, Serien und mit heutigen Serienverfahren hergestellt werden und ihren individuellen Charakter durch Kombination erhalten. Aktuell werden also Serienprodukte mit Serienprodukten zu individualisierten Massenprodukten mit Unikat-Image kombiniert. Alle zur Individualisierung herangezogenen Teilprodukte stammen aber ihrerseits aus Serien und können logistisch wie anonyme Serienprodukte chargenweise behandelt werden.

Additiv gefertigte individualisierte Produkte sind auch fertigungstechnisch Unikate. Zukünftig werden „Einzelteil-Unikate“ mit anderen „Einzelteil-Unikaten“ zu „Produkt-Unikaten“ komplettiert. Logistisch sind folglich alle Elemente der gesamten Logistikkette (Supply Chain) als Einzelteile zu behandeln.

Logistisch ist zudem die Aufgabe umzusetzen, das Produkt mit allen seinen Einzelteilen und alle, ebenfalls individualisierten, notwendigen Zusätze wie Handbuch, Garantieurkunde, Verpackung usw. geeignet zusammenzuführen. Schließlich ist alles so zu archivieren, dass der individuelle Zugriff jederzeit und über eine lange Zeit hinweg sichergestellt ist.

6.4 Fertigungsanlagen zur Realisierung des Rapid Manufacturing

Fertigungsanlagen für das Rapid Manufacturing sind Stand-alone-3D-Drucker oder Fertigungsketten, bei denen der 3D-Drucker das Herzstück darstellt und Elemente einer mehrteiligen, mehrheitlich auch nicht-additiven Fertigung integriert sind. Dabei handelt es sich um eine additive Teil- oder Komplettfertigung.

Das Entwicklungsziel sind Anlagen, die die Potenziale der additiven Fertigung von Endprodukten realisieren (Abschnitt 6.2 „Potenziale der additiven Fertigung von Endprodukten") und dazu die Anforderungen an additive Verfahren für die Fertigung (Abschnitt 6.3 „Anforderungen an additive Verfahren für die Fertigung") erfüllen.

Die Anwendungen betreffen das gesamte Gebiet der additiven Fertigung von der Einzelteilfertigung bis zur Volumenproduktion.

Entsprechend der Klassifizierung in Abschnitt 1.5 „Maschinen für die additive Fertigung" und den Ausführungen in Kapitel 3 „Additive Fertigungsanlagen für Rapid Prototyping, Direct Tooling und Direct Manufacturing" sind bis heute (2024) kommerzielle additive Anlagen im Wesentlichen vom Typ „Stand-Alone".

6.4.1 Für die Fertigung optimierte Anlagen

Die Hersteller additiver Fertigungsanlagen sind aufgrund der vergleichsweise geringen Stückzahlen, wegen des großen Beratungsbedarfs während des Verkaufsgesprächs und wegen des hohen Anteils zugekaufter Komponenten schon immer bereit, Sonderwünsche ihrer Kunden zu erfüllen. Insofern ist es vor allem im höheren Preissegment wenig wahrscheinlich, dass es größere Serien identischer Anlagen im Markt gibt.

Additive Fertigungsanlagen waren zunächst Einzweckmaschinen. 1986 gab es nur einen Typ (SLA 1) und ein Material des Typs Acrylat. Damit konnte man alles fertigen, man musste damit aber auch alles fertigen. Die Maschinen waren demnach Universalmaschinen.

Mit der Erweiterung der Palette an Verfahren, Bauraumabmessungen und Materialien stehen den Anwendern Mehrzweck- und skalierbare Maschinen zur Verfügung.

Diese entstanden häufig, indem marktgängige Maschinen (siehe Kapitel 3) beim Kauf entsprechend konfiguriert oder später durch den Hersteller oder in Eigenregie modifiziert wurden. Unterstützung leisteten (und leisten heute) einschlägige Hochschulinstitute. Problematisch sind dann oft die Gewährleistung und der Service.

Aus dieser Situation hat die EOS-Group ein Geschäftsmodell entwickelt und dazu die AMCM-EOS, die Additive Manufacturing Customized Machines GmbH mit Sitz in Starnberg gegründet [AMCM2024]. Ausgangspunkt ist die individuelle Anforderung des Kunden. Diese sollte natürlich im Bereich der Produktion des Kunden liegen, weil für wechselnde Aufgaben eine auf (Volumen)Produktion zugeschnittene Maschine nicht zielführend ist. Die AMCM analysiert die Anforderungen des Kunden und bedient sich zur Lösung aus den Regalen und beim Know-how von EOS und entwickelt so aus einer Standardmaschine eine optimal an die individuelle Fertigungsaufgabe angepasste Kundenmaschine. Aktuell (2024) basieren die optimierten Maschinen auf der 290er- und der 400er-Serie von EOS. Die Leistung von AMCM ist somit eine Dienstleistung mit Elementen aus der Beratung und Maschinen-Konzeption. Übertragen auf die Tuner-Szene von Kraftfahrzeugen entspricht dies der Aufgabe eines Werkstuners wie es z. B. AMG für Mercedes ist. Als Teil des Herstellers hat die Firma Zugriff auf deren Know-how und daher auch keine Probleme, Gewährleistungen aller Art zu garantieren. Das unterscheidet sie von freien Tunern, die es in der Kraftfahrzeugbranche (und in der AM-Szene) natürlich auch gibt.

Der Vorteil der AMCM-Strategie ist zum einen die gezielte Optimierung in Bezug auf die Eigenschaften der Maschine, die dem Anwender besonders wichtig sind. Meist ist das bei Fertigungsanwendungen die Produktivität. Auf längere Sicht ist aber auch die Möglichkeit der Um-Optimierung interessant, die dann auch mit einer Lebensdauer-Verlängerung der Anlage einhergehen kann.

Der Nachteil besteht darin, dass die Maschine auf eine Fertigungsaufgabe spezialisiert und daher insgesamt weniger flexibel ist.

Das andere, nochmals weniger flexible Extrem sind auf den Fertigungsprozess optimal zugeschnittene Industrieanlagen zur Realisierung von Kostenvorteilen. Ein Beispiel ist die automatische Großserienfertigung von anorganischen Sandguss-Kernen zum Leichtmetallguss des Zylinderkopfes des B48-Motors (z. B. für den BMW 430i) bei BMW in Landshut. Der Sand-Drucker-Spezialist Voxeljet und der Spezialist für industrielle Gießereianlagen aus dem spanischen Baskenland, Loramendi, haben eine Großserien-Fertigungsanlage nach dem ICP-Verfahren (Industrialization of Core Printing) von Loramendi entwickelt. Die Anlage wurde auf der GIFA 2023 präsentiert und wird im BMW-Werk Landshut etabliert.

Der additive „Kern“ der Anlage besteht aus 5 Sanddruckern vom Typ VX 1300 (VJET X) und Mikrowellen-Öfen zum Aushärten der Wassermäntel (Kerne). Diese Drucker sind bis zu 10-mal schneller als die bisherigen Drucker des Herstellers. Demnach geht es doch auch um Schnelligkeit. Aber nicht nur: Den Fokus bildet die Eliminierung von zeitintensiven manuellen Teilprozessen vor und nach dem eigentlichen Drucken. Dazu zählen die Vorbereitung und die Wiederverwendung des Baumaterials, das Trocknen sowie das Auspacken und Reinigen der gedruckten Bauteile. Den technologischen Fortschritt markiert das verwendetet INOTEC-Bindersystem der Firma ASK Chemicals GmbH aus Hilden, NRW, Deutschland. Es ist eine anorganische und damit emissionsfreie Variante von Kernbindern aus Quarzsand und Wasserglas, also auf Silikat-Basis. Das Zweikomponenten-Bindersystem Inotec 3D ist für heißhärtende additive Fertigungsprozesse geeignet und besteht aus einer 3D-Druck-Flüssigkeit sowie einem 3D-„Promotor“, der die chemische Reaktion zwischen Sand und Binder fördert. Das Grundmaterial des Inotec-Verfahrens gilt als emissionsfreie Variante von Kernbindern auf Silikatbasis, die sich besonders (aber nicht nur) für den Aluminium- und den Leichtmetallguss eignet.

Die Variante für die Voxeljet-Maschinen bietet zusätzlich einen geringen Nachbearbeitungsaufwand der gedruckten Sandkerne. Eine geringere Sandanhaftung am Kern sowie im Werkstück führen zu einer besseren Oberflächenqualität und aufgrund der hohen thermischen Stabilität der Kerne ergeben sich Gussteile mit hoher Maßhaltigkeit und Oberflächenqualität.

Bild 6.29 zeigt die integrierte Anlage mit den gut sichtbaren 3D-Sanddrucken und Mikrowellen-Öfen.

Bild 6.29 Anlage zur Großserienfertigung von anorganisch gebundenen Kernen für den Leichtmetallguss von Zylinderköpfen
Quelle: Loramendi/ Voxeljet/ ASK Chemicals

Der CEO von Voxeljet, Ingo Ederer, sieht eine industrielle Ausbringungsmenge von mindestens 200 000 Stück pro Jahr. Bei der auf drei 3D-Druckanlagen ausgelegten Anlage sieht er zudem Potenzial in einer für die Automobilindustrie interessanten Größenordnung, also für mindestens 200 000 Stück pro Jahr. Da ICP aktuell für fünf 3D-Druck-Anlagen ausgelegt ist, wären sogar 1 Mio. Teile möglich.„ICP bietet die einzigartige Chance, sowohl das Design als auch komplette Produktpaletten in kurzer Folge digital und werkzeuglos zu ändern“, so Ederer [Käfer2019].

Aber er stellt auch klar: „ICP ist keine Lösung für große Serien mit relativ einfachen Geometrien“. Es sei nur sinnvoll, wenn die Bauteile beispielsweise über Topologie-Optimierung mit dem Ziel konstruiert wurden, Leistung oder Lebensdauer zu steigern oder Gewicht einzusparen [Käfer2019]. Allerdings zeichnet sich für die additive Fertigung eine ähnliche Entwicklung von der Stand-alone-Maschine zum flexiblen Fertigungssystem ab, wie sie bei den nicht-additiven Fertigungsanlagen in den letzten 80 Jahren stattgefunden hat und weiter anhält. Der Übergang von der additiven Fertigung heutiger Prägung im Gewand des Rapid Prototyping zum Direct Manufacturing erfolgt fließend und hat bereits begonnen.

6.4.2 Additive Fertigungsanlagen als Elemente einer Fertigungskette

Mit additiven Fertigungsanlagen oder 3D-Druckern können direkt Endprodukte aus digitalen Daten gefertigt werden. Die Vision von der „Fabrik auf dem Küchentisch" beschreibt dies gut.

In der Industrie hat das Rapid Manufacturing bereits Einzug gehalten. Dazu werden additive Anlagen und nicht-additive Verfahren in eine Prozess- oder Fertigungskette integriert (Verkettung von Anlagen). Dies erfolgt teil-manuell, automatisch, oder in unterschiedlichen Mischformen.

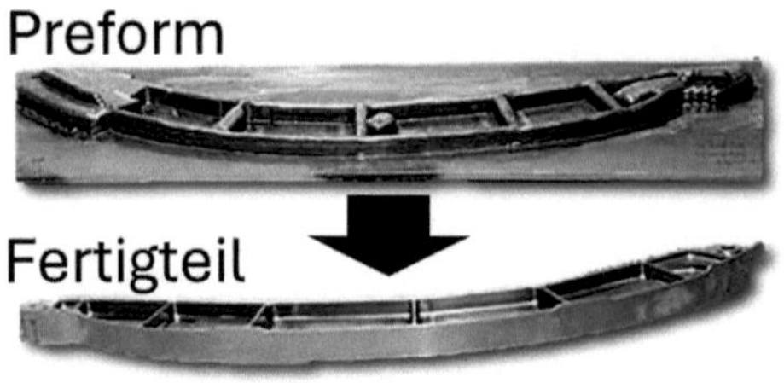

Bild 6.30 Kombinierter additiv-abtragender Herstellprozess für Flugzeugkomponenten aus Titan. 3D-gedruckte Struktur auf Grundplatte (Preform), oben und gefrästes Fertigteil, unten
Quelle: Aeromet

Ein Beispiel für einen einfachen kombinierten additiv-subtraktiven Prozess ist die Fertigung eines Bauteils aus Ti6Al-4V für die Luftfahrt, Bild 6.30. Die Struktur wird auf eine durch Fräsen vorbereitete Grundplatte additiv aufgebaut (Preform), wärmebehandelt, auf Maß gefräst, von der stabilisierenden Grundplatte spanend getrennt und vermessen. Solche Strukturen haben charakteristische Abmessungen bis zu 2500 mm. Das Verfahren integriert einen adaptierten LENS-Prozess (vergleiche Abschnitt 3.3.2 „Laser Engineered Net Shaping (LENS) – OPTOMEC") mit spanender Fertigbearbeitung. Es ist durch einen hohen Anteil an mechanisch-manuellen Tätigkeiten gekennzeichnet. Das Ergebnis sind große Bauteile in Serienqualität. Vor allem das Spanvolumen wird durch diese Kombination erheblich reduziert.

Beispiele für kombinierte komplexe Produkte sind auch die „3D-gedruckten Autos", vergleiche Abschnitt 6.5.2.6 „Automobilbau".

6.4.2.1 Industrielle Komplettfertigung

Mittels AM kann auch eine Komplettfertigung erfolgen. Ein Beispiel ist das Drucken von Tabletten (Drug Printing). Der 3D-Drucker TheriForm 3100 von Therics stellt pro Stunde bis zu 40 000 Tabletten mit komplexen Innenstrukturen und verteilten Wirkstoffen her. Sie verlassen die AM-Maschine, mit Ausnahme der Verpackung, fertig (Bild 6.31).

Andere Produktbeispiele sind die aus einem Stück bestehende additiv gefertigte Kabelschelle mit zwei integrierten Scharnieren und individueller Kabelführungen mit integrierten Klemmen (Bild 6.8) oder die Greifer aus Bild 6.5.

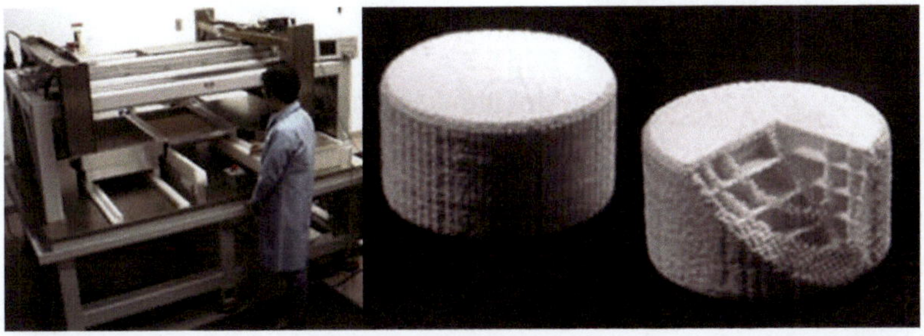

Bild 6.31 TheriForm 3100; Herstellung von Tabletten mittels 3D Printing (Drug Printing). Maschine (links), Tablette in der Außenansicht (rechts) und im Schnitt (ganz rechts)
Quelle: Therics

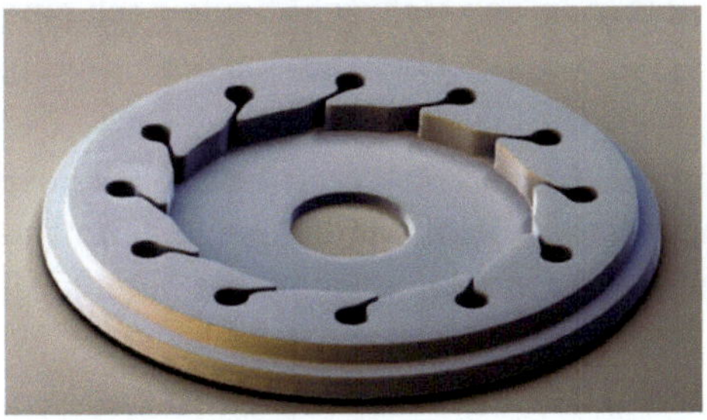

Bild 6.32
Düsenplatte
Quelle: microTEC

Mikro-Bauteile weisen ein besonders großes AM-Potenzial auf, weil die spanende Fertigung vor allem von Einzelteilen aufwendig ist; Bild 6.32 zeigt eine Düsenplatte. Sie ist Teil eines Katheders und treibt das Turbinenrad der Fräse an. Ihr Durchmesser beträgt 4 mm, der Austrittsquerschnitt jeder Düse 20 µm. Die Platte besteht aus biokompatiblem Material.

Ein Beispiel für ein integriertes Produkt, das aus Sicht der Hersteller von Mobiltelefonen eine Komponente darstellt, ist eine mit der M³D Technology von OPTOMEC hergestellte sich verjüngende spiralförmige Mobilfunkantenne (Bild 6.33).

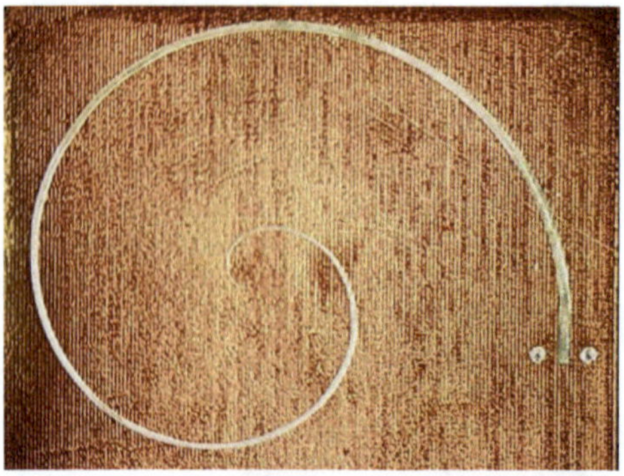

Bild 6.33
Mobilfunkantenne Aerosolprinting
Quelle: OPTOMEC

6.4.2.2 Individuelle Komplettfertigung (Personal Fabrication)

Mit komplett und in einem Schritt automatisiert fertigenden 3D-Druckern können auch Nicht-(Fertigungs-)Techniker Produkte herstellen. Möglich machen das Personal Printer oder Fabber (z. B Abschnitt 3.6.2 „Fused Deposition Modeling (FDM) – Stratasys“). Sie stehen sowohl als Komplettmaschinen mit guten Bauteilqualitäten (FDM: Mojo, Polymerisation: ProJet 1000/1500) zur Verfügung. Bedeutender ist die rasch wachsende Anzahl von Fabbern oder 3D-Printern, die zu sehr günstigen Preisen entweder als Komplettmaschinen (Beispiel: Makerbot, Ultimaker) oder als Bausatz (DIY-Printer) zur Verfügung stehen. Aktuell (2024) gibt es über 400 Maschinen im Preissegment bis 5000 €. Die kleinen Maschinen liefern in der Mehrzahl heute noch eine eingeschränkte Bauteilqualität, die aber aufgrund der großen Konkurrenz ständig verbessert wird.

In Kombination mit einem Personal Computer (PC) werden derartige Fabber oder Personal 3D Printer zu kompletten Fertigungsanlagen für die individuelle dezentralisierte Produktion. Die Umsetzung, vor allem in privater Umgebung, hat bereits begonnen.

Die Daten stammen von einer eigenen 3D-Konstruktion, die mit einfachen 3D-CAD-Programmen wie Google SketchUp von nahezu jedermann erstellt werden kann oder werden als fertiger Datensatz von Internetportalen wie 3D Warehouse oder Shapeways zur Verfügung gestellt.

Damit wird auch das schon viele Jahre alte Szenario Realität, nach dem Kinder Elemente ihre Systembaukästen und anderes Spielzeug am Computer selbst konstruieren und sofort fertigen. 3D Printing Blogs leisten Hilfe und fördern den Erfahrungsaustausch. Die Produktivität spielt für diese Art der Anwendungen in vielen Fällen eine untergeordnete Rolle, manuelle Teilarbeiten und wiederholte Drucke werden akzeptiert.

Selbst hergestellte Plastiken, Ersatz- und Zusatzteile sind damit keine Utopie mehr. Der Schritt von der Cyber Communication zur Cyber Production ist vollzogen.

Bild 6.34 zeigt eine mit dem Ultimaker Fabber hergestellte geschnittene Turbinenschaufel als Vertreter vergleichbar komplexer technischer Teile (links). Eine etwa 50 cm hohe Büste, hergestellt mit dem Makerbot Z 18 demonstriert die Herstellung von Kunst- und Kulturgegenständen (rechts).

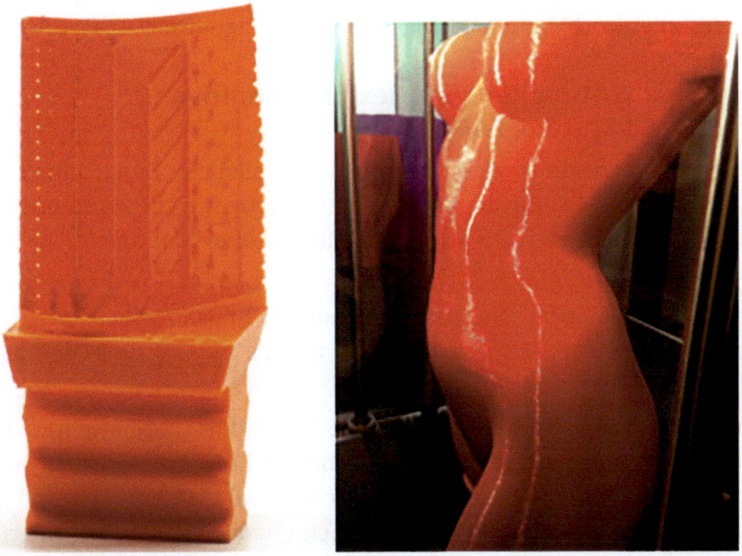

a) b)

Bild 6.34 Individuelle Komplettfertigung. Personal 3D-Drucker. ABS Kunststoff
(a) Geschnittene Turbinenschaufel (Ultimaker); (b) Büste (Makerbot Z 18)
Quelle: GoetheLab, FH Aachen

Weil komplett fertigende additive Anlagen nicht in eine Fertigungslinie integriert werden müssen, sondern selbst die Line darstellen, und weil eine beliebige räumliche Trennung von Konstruktion und Produktion möglich ist, können sie weltweit dezentral aufgestellt und betrieben werden. Realisiert sind sowohl eine zentrale Konstruktion mit einer dezentralen Fertigung als auch umgekehrt sowie alle denkbaren Kombinationen. Attraktiv ist auch die Ausrüstung von Kundendienstzentren zur direkten Fertigung von Zusatz- und Ersatzteilen und die Adaptierung von additiv gefertigten landesindividuellen Anbauteilen an in großer Zahl gefertigte sogenannte Rumpf-Produkte.

6.4.3 3D-Drucker als Flexible AM-Systeme (FAMS)

Beim Einsatz von 3D-Druckern zur Serienfertigung sind Eigenschaften wie hohe Produktivität, sehr gute Reproduzierbarkeit, hohe Verfügbarkeit (up-time), Anlagen- und Bediensicherheit und Energieeffizienz unabdingbar. Fertigungsanlagen für das Direct Manufacturing müssen daher alle Anforderungen gemäß Abschnitt 6.3.3 „Zukünftige Anforderungen an die additive Serienfertigung“ erfüllen. Die Maschinen werden sich deshalb von den Druckern aus Kapitel 3 „Addditive Fertigungsanlagen für Rapid Prototyping, Direct Tooling und Direct Manufacturing“ zunehmend deutlicher unterscheiden.

6.4.3.1 Vom Personal 3D-Drucker zum Flexiblen Additive Manufacturing System, FAMS

Die sich abzeichnende Entwicklung wird weitgehend parallel zur Entwicklung der flexiblen Fertigungssysteme, FFS, für die nicht-additive Fertigung verlaufen und auf „Flexible Additive Fertigungssysteme“, also „Flexible Additive Manufacturing Systeme“, FAMS, führen.

Die Terminologie folgt in Tabelle 1.1. Die Systematik entspricht den Ausbaustufen von der CNC Maschine zum flexiblen Fertigungssystem, wie sie z. B. im CNC-Handbuch [Kief2013], dort in Bild 5.6, dargestellt sind.

Personal 3D-Drucker entsprechen in dieser Analogie der 3-Achs-CNC-Maschine. Das gilt für die industriell gefertigten Maschinen, für Fabber und DIY-Anlagen aller Preisklassen gleichermaßen. Fertigungsmerkmale sind der Stand-alone-Charakter und der hohe manuelle Anteil bei der Programmierung und beim Betrieb, z. B. beim Materialwechsel. Ein unbetreuter Betrieb ist kaum möglich. Vorteile der AM-Produktion gegenüber der nicht-AM-Produktion sind neben den allgemeinen AM-Vorteilen (Abschnitt 6.2 „Potenziale der additiven Fertigung von Endprodukten“) die Aufhebung der Trennung zwischen Einzelteil- und Serienfertigung. Gedruckt werden so viele Bauteile wie nötig, auch mit wechselnden Materialien. Die Maschinen sind nicht auf Langzeit-Dauerbetrieb ausgelegt. Technisch läuft die eigentliche Bauteilproduktion, das Drucken, CNC gesteuert automatisch ab. Die Drucker weisen somit schon einzelne Eigenschaften eines Bearbeitungszentrums auf und erfüllen wichtige Grundforderungen der Industrie 4.0 Strategie.

Die typischen Merkmale von *AM-Bearbeitungszentren* weisen Professional 3D Printer auf. Insgesamt findet nach wie vor eine Werkstattorganisation statt. Eine vom Bauprozess unabhängig einsetzbare Programmierung erhöht die Flexibilität. Einige manuelle Schritte sind bereits integriert und laufen (teil-)automatisiert ab. Dazu gehören der geschlossene Material- oder Werkstoffkreislauf. Der Programmablauf ist vollständig automatisiert. Es gibt Ansätze für eine Prozessüberwachung; das System meldet einzelne Zustände zurück.

Production 3D Printer haben Eigenschaften einer *Flexiblen AM-Fertigungszelle.* Dies ist ein alleinstehender 3D-Drucker oder ein AM-Bearbeitungszentrum mit darum herum angeordneten gekoppelten Automatisierungseinrichtungen. Charakteristika sind die gute Planbarkeit der Maschinenlaufzeiten durch Abschätzung oder Simulationen des Fertigungsvorgangs und damit verbunden ein bedienerarmer Betrieb, ein bezüglich der Bauteile gemischter Betrieb, Pausendurchlauf, rüstfreier Arbeitswechsel, etc. Das sind alles Eigenschaften, die für die spanende Fertigung Fortschritte markieren, aber für die AM- Fertigung als systemimmanent angesehen werden können. Die Anlagenkonfiguration von 3D Systems auf Bild 6.28 zeigt erste Ansätze solcher Systeme, die über 10 Jahre zurückreichen. Aktuelle Beispiele sind die Production Printer von Nikon SLM Solutions (vergleiche Abschnitt 3.2.8 „Laserschmelzen – Nikon SLM Solutions AG“, Bild 3.45) und EOS GmbH (vergleiche Abschnitt 3.2.4 „Lasersintern – EOS GmbH“).

Zu den flexiblen AM-Fertigungszellen zählen auch die Hybridmaschinen, vergleiche Abschnitt 3.8 „Hybridverfahren“.

Die Weiterentwicklung führt zum *Flexiblen AM-System (FAMS)*. Momentan konzentrieren sich die Hersteller auf den Metalldruck nach dem SLM- oder LPBF-Verfahren. Kennzeichnend sind vor allem automatisierungstechnische Elemente. Dazu gehören (Bau-)Palettenspeicher, Mehrmaschinen-(= Drucker)-Betrieb, automatische Fertigungssteuerung über Leitrechner und DNC, Werkstück-Verkettung und -Transporteinrichtungen und ein geschlossener Materialkreislauf. Eine Prozessüberwachung und -regelung erhält eine zentrale Bedeutung. Damit sind auch wesentliche Forderungen der Industrie 4.0-Strategie in einem AM-System umgesetzt. Die für die nicht-additive Fertigung wichtige ungetaktete Fertigung ist bei der AM-Fertigung systemimmanent.

Den bisher veröffentlichten Details von FAMS sind vor allem die Trennung von Bau- und Handling Bereichen und die von Baukammer und Belichtungseinheit (bei Metall-Pulververfahren: Laser) gemeinsam. Auch der Einsatz von bis zu vier Lasern (Multilaser Technologie) und die Größe der Bauplattformen sind mit circa 400 × 400 × 400 mm^3 nahezu gleich. Geschlossene Materialsysteme gestatten eine automatische Aufbereitung des Baumaterials und eine Entnahme des nicht verwendeten Pulvers. Palettensysteme sorgen für kontinuierliche Fertigung und die notwendige Intralogistik.

6.4.3.2 Concept Laser, Factory of Tomorrow

Concept Laser hat die Studie „Factory of Tomorrow“ vorgestellt. Das modular aufgebaute System besteht aus frei kombinierbaren Elementen wie der Handling Station und der Prozessstation. Zwei Baumodule ermöglichen die simultane Vorbereitung und Bearbeitung des Baujobs und damit einen unterbrechungsfreien Betrieb. Die Produktivität der Concept Multilaser 3D-Drucker (siehe Abschnitt 3.2.10 „LaserCusing – GE Additive/ConceptLaser GmbH“) wird durch einen mono-direktionalen Recoater erhöht, der während der Belichtungszeit bei laufender Produktion zurückläuft und dazu aus der Bauebene gefahren wird.

Die Elemente Materialvorrats- und Zuführzylinder, Overflow Zylinder und Baumodul (mit separater Belichtungseinheit) werden über ein fahrerloses Transportsystem flexibel in den Fertigungsprozess integriert. Tunnel zwischen den rückwärtig gegeneinander gestellten Bau- und Pulvermodulen garantieren sichere Transportwege zwischen den Stationen. Es gibt eine automatische Auspack- (De-Powdering) und Siebstation. Aus diesen Moduln können vollautomatisch fertigende digitale Fabriken aufgebaut werden (Bild 6.35).

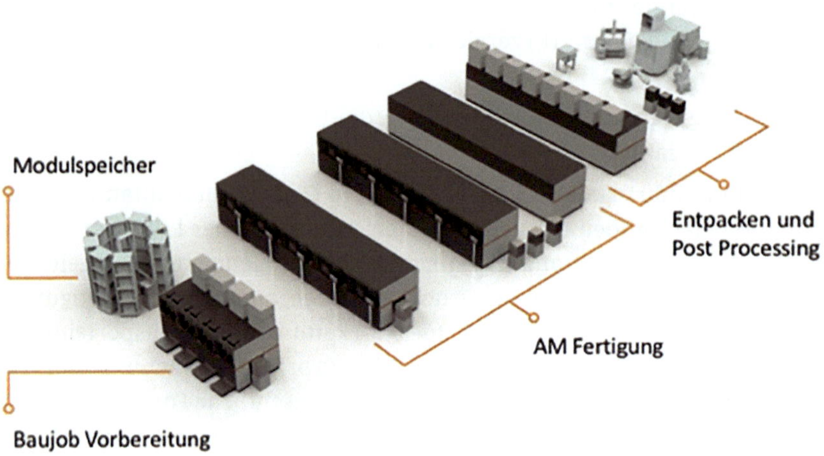

Bild 6.35 Studie „Factory of Tomorrow“
Quelle: Concept Laser GmbH

6.4.3.3 EOS M400

EOS hat mit der M400 (Bild 3.40) bereits 2013 ein als „Industrial Printer“ bezeichnetes System bestehend aus zwei Moduln, einem Process(Bau)-Modul und einem Set-up genannten Rüstmodul vorgestellt (Abschnitt 3.2.4 „Lasersintern – EOS GmbH“). Die beiden Module, die Peripherie- und die Unpacking-Station, wurden vorgestellt.

Im Rüstmodul wird eine Baukammer mit der Bauplattform für die AM-Fertigung vorbereitet. Die Baukammer wird automatisch in das Baumodul gefördert. Dort findet der Bau (der 3D-Druck) statt. Mit der Einführung der Peripheriestation steht auch der geschlossene Materialkreislauf mit integrierten Filtersystemen zur Verfügung. Die Ausschleusung erfolgt über das Set-up-Modul. Der Bauraum beträgt $x, y, z = 400 \times 400 \times 400$ mm.

Das System verfügt über einen 1-kW-Yb-Faserlaser. Eine Variante mit vier Lasern ist angekündigt (Mehrfeldvariante). Der „one way“-Recoater erhöht die Produktivität, weil während der Rückfahrt weiter gebaut werden kann.

Einige Systeme sind verkauft, zwei stehen bei der CITIM GmbH.

6.4.3.4 Additive Industries (AI) MetalFAB1

Mit der Firma Additive Industries (AI) aus Eindhoven ist 2014 (gegründet um 2012) ein neuer Anbieter zunächst ebenfalls mit einer Studie auf dem Markt erschienen. Im März 2016 wurde aber bereits eine ß-Maschine an die Airbus-Produktionsfirma APWORKS GmbH in Taufkirchen ausgeliefert, zwei weitere später und eine fünfte an GKN Powder Metallurgy.

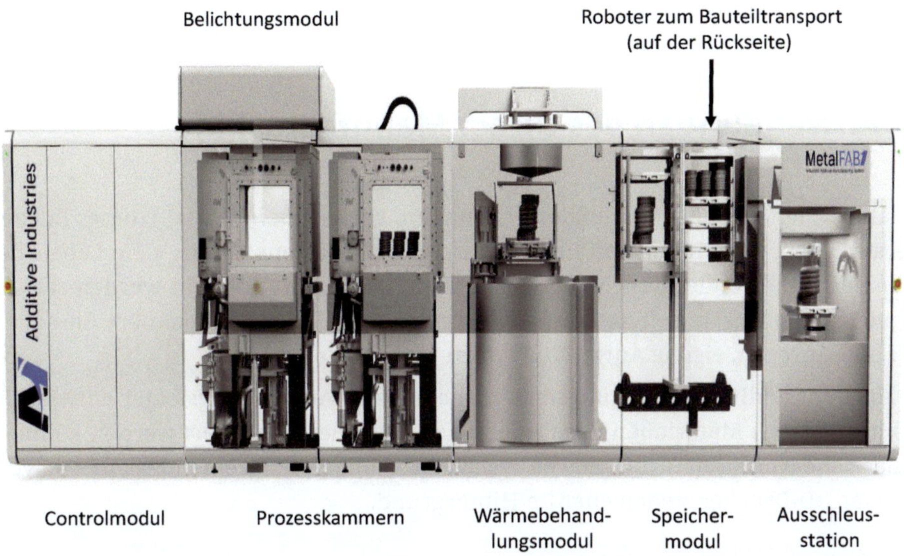

Bild 6.36 Flexibles AM-System; Additive Industries MetalFAB1. Flexibles AM-System, FAMS, für die Serienfertigung von Metallbauteilen. Ausbaustufe mit Controlmodul, Belichtungsmodul und zwei Prozesskammern, Wärmebehandlungsmodul, Speichermodul und Ausschleusstation
Quelle: Additive Industries

Das AI-Konzept integriert alle Prozessschritte in einer Linie und übergibt die Bauteile mit Stützen auf der Bauplattform an die Endbearbeitung (Post-Processing und Finishing).

Die Maschine ist eine frei konfigurierbare Monoblock-Anlage. Sie besteht aus mindestens drei Moduln (Bild 6.36). Dies sind

- das zentrale Steuermodul „Controls", in dem auch die Filter untergebracht sind,
- ein 3D-Druckmodul „AM-Core", ein zugehöriges Belichtungsmodul (Exposure), in dem Laser und Scanner verbaut sind, und
- ein Reinigungs- und Ausschleussmodul (Exchange).

Diese Konstellation wird von AI als 3 + 1 bezeichnet.

Durch ein weiteres Druckmodul, das vor allem die Produktivität erhöht, ein Speichermodul (Storage) für die Bauplattformen und ein Wärmebehandlungsmodul kann die Maschine auf sechs Module erweitert werden (in dieser Ausbaustufe steht sie auch bei AP Works). Dabei kann eine Belichtungseinheit zwei Druckmodule bedienen.

Die Module sind rückseitig über einen Roboter auf Schienen verbunden, der nur die Bauplattformen zwischen den einzelnen Stationen bewegt.

Es ist davon auszugehen, dass Preise für einsatzfähige Mindestkonfiguration im Bereich 1,0 bis 1,5 Mio. € und die Sechs-Einheiten-Anlage um die 2 Mio. € liegen.

6.5 Anwendungen des Direct Manufacturing

Die zahlreichen Beispiele und Bilder in den vorangegangenen Kapiteln dieses Buches unterstreichen, dass die Anwendungsfelder des 3D-Druckens bereits viele Lebensbereiche und nahezu alle Branchen erfasst haben. In diesem Abschnitt werden zusätzlich und exemplarisch weitere Beispiele vorgeführt und kurz kommentiert. Sie sollen den Leser anregen, eigene Anwendungen zu finden.

Aus Sicht der additiven Fertigungstechnik haben sich Anwendungsfelder entwickelt, die sinnvoll nach Materialien, aber auch nach Branchen gegliedert werden können. Die Bereiche weisen natürlich starke Wechselwirkungen untereinander auf. Die verwendeten 3D-Drucker stehen eher im Hintergrund.

6.5.1 Anwendungsfelder nach Werkstoffen

Dieser Abschnitt gibt eine Übersicht über ausgewählte, besonders stark entwickelte Anwendungsgebiete. Es erhebt keinen Anspruch auf Vollständigkeit.

Auf die Prozesse und auf die mechanisch technologischen Eigenschaften der Werkstoffe wird im Detail nicht eingegangen. Diese sind in Kapitel 3 „Additve Fertigungsanlagen für Rapid Prototyping, Direct Tooling und Direct Manufacturing" beschrieben und im Anhang 10.9 „Werkstoffe für additive Prozesse und Gießharze" zusammengetragen.

6.5.1.1 Metallische Werkstoffe und Legierungen

Die Anwendung metallischer Bauteile hat sich vorzugsweise an Nischen orientiert, die für die additive Fertigung attraktive Randbedingungen aufweisen und mehr und mehr zum Schrittmacher der industriellen Anwendung werden. Zu den wichtigsten Branchen zählen die Luft- und Raumfahrt und die Medizintechnik.

Nischen bezüglich der Anwendung sind strömungsführende, thermisch belastete Bauteile, wie beispielsweise das Turbinengehäuse eines Abgasturboladers in Bild 6.37, aber auch Gehäuse und Cu-„Verdrahtungen" oder besser Verteiler für E-Motoren.

Die Anwendungen sind durch eher kleine Stückzahlen oder Einzelteile gekennzeichnet. In diesen Branchen ist man zudem an Werkstoffe gewöhnt, die besonders aufbereitet und sensibel überwacht werden, und daran, jedes Bauteil umfangreichen individuellen Prüfungen zu unterziehen. Auch ist man eher bereit, für diesen Aufwand ein entsprechendes Preisniveau zu tolerieren.

Titan- und CoCr-Legierungen sind der Schlüssel zu diesen Branchen. Alle Anbieter von Metallprozessen (Abschnitt 3.2 „Sintern/Selektives Sintern – Schmelzen im Pulverbett“ und Abschnitt 3.3 „Beschichten – Schmelzen mit der Pulverdüse“) verfügen über mehrere einschlägig zugelassene Werkstoffe. Die Bauteile sind ausnahmslos Endprodukte, verlangen aber fast ausnahmslos nach mechanischem Finish.

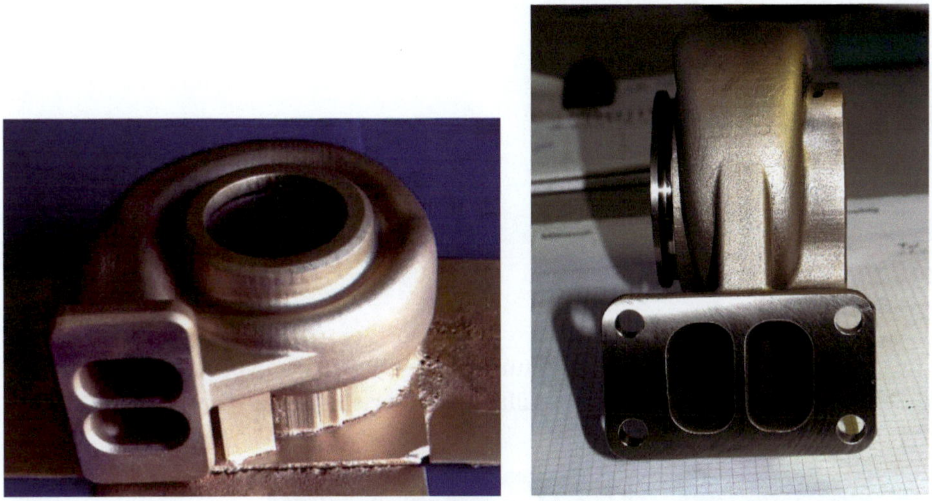

a) b)

Bild 6.37 Gehäuse der Turbine eines Abgasturboladers – Selektives Lasersintern

(a) nach dem Bauprozess; (b) nach der Endbearbeitung

Quelle: 3D Systems

Zu den Nischen zählt auch der Werkzeugbau, obwohl es sich insgesamt um eine recht große Branche handelt. Die Grundforderung, Werkzeugstähle anzubieten, konnte erst vor wenigen Jahren erfüllt werden. Die Tendenz zu, gegenüber nicht-additiv verarbeitbaren Stählen, höheren Festigkeiten und geringeren Elastizitäten wird zunehmend überwunden. Die Palette ist noch klein und umfasst oft nur wenige Werkstoffe pro Anbieter. Sie wächst aber sehr dynamisch.

6.5.1.2 Hochleistungskeramiken

Von vielen unbemerkt und von den Anstrengungen um die Verarbeitung metallischer Werkstoffe verdeckt, wurden für alle additiven Verfahrensfamilien Anwendungen in keramischen Materialien entwickelt [Gebhardt07]. Eingesetzt werden 3D-Printing und Extrusionsverfahren, Polymerisationsverfahren und Schicht-Laminat-Verfahren mit anschließenden Sinterprozessen, aber auch direkte Anwendungen der additiven (Laser)Sintertechnik. Bild 6.38 zeigt ein Filterelement, hergestellt mit dem Ceraprint 3D-Printing-Verfahren, das von Specific Surface auf Basis der MIT-Lizenz modifiziert wurde.

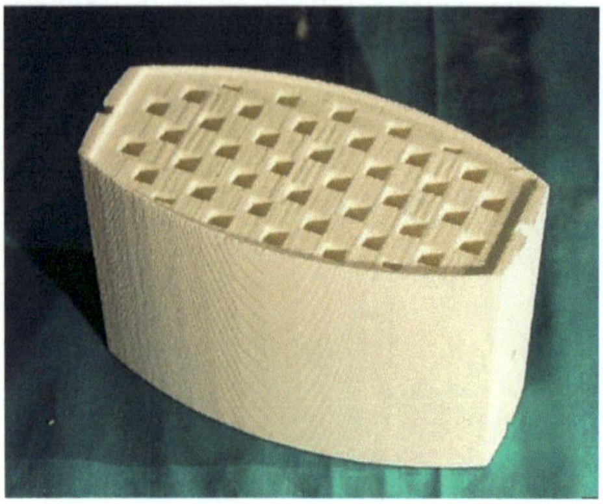

Bild 6.38 Keramisches Filterelement
Quelle: Specific Surface

Feine Details und interne hohle Strukturen liefern Verfahren von Lithoz, Österreich. Das Beispiel (Bild 6.39) basiert auf gefüllten polymerisierbaren Harzen.

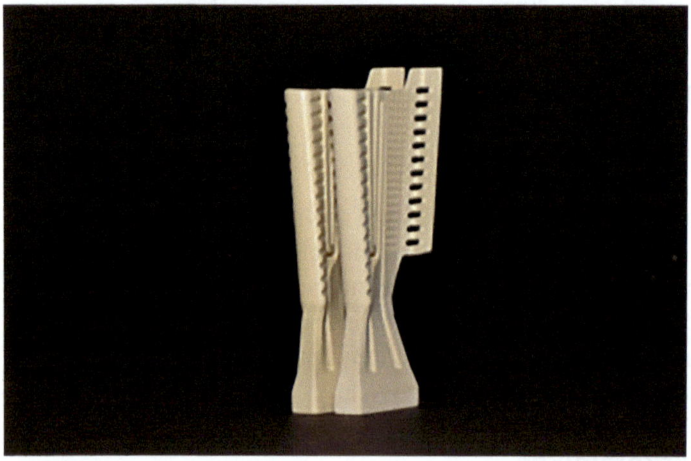

Bild 6.39 Lithoz, Keramischer Einsatz zum Gießen von Turbinenschaufeln mit internen Strukturen
Quelle: Lithoz GmbH

Die Palette an keramischen Materialien umfasst nahezu das gesamte Spektrum: Formen und Bauteile aus Al_2O_3, SiO_2, ZrO_2 und SiC, vollständig versinterte aus Si_3N_4 und sogenannte *graded materials*, beispielsweise Zircon verstärktes Aluminium (ZTA) durch Auftragen von ZrO_2 auf eine Al_2O_3-Schicht oder ein entsprechendes Substrat.

Hergestellt werden monolithische Keramiken, aber vor allem durchströmte oder mit hohen Temperaturen beaufschlagte Strukturen. Definierte Makro-Porositäten sind die Grundlage für Implantate aus resorbierbaren Biokeramiken. Mikroporositäten werden in Reaktoren, vor allem aber in tribologischen Systemen eingesetzt.

6.5.1.3 Beton

Beton besteht schon lange nicht mehr aus einer über den Daumen gepeilten Mischung aus Sand, Wasser und Zement, sondern hat sich durch sorgfältige und kontrollierte Auswahl und Mischung dieser Bestandteile mit Additiven zu einem Hochleistungs-Werkstoff gemausert, der auch dahingehend entwickelt wurde und wird, in dafür konstruierten 3D-Druckern verarbeitet zu werden.

Details finden sich im Abschnitt „AM im Hochbau“ (Abschnitt 6.2.8).

6.5.1.4 Kunststoffe

Viele Kritiker legen den Fokus vor allem darauf, additiv verarbeitbare Kunststoffe abzuwerten, solange damit nicht Bauteile entstehen, die in ihren Eigenschaften den nicht-additiven, vor allem aber den im Thermoplast-Spritzguss gefertigten, gleichwertig sind.

Zum einen ist das eine Frage der Konstruktion (vergleiche die Punkte *Konstruktion* in Abschnitt 6.3.3.4 „Konstruktion“). Zum anderen wird an der Verbesserung bestehender und der Qualifizierung neuer Werkstoffsysteme intensiv gearbeitet.

Das Ziel, mit den nicht-additiv verarbeiteten Werkstoffen gleich zu ziehen, hat man bei einzelnen Werkstoffen, z. B. bei Polyamiden, nahezu erreicht. Insgesamt ist man aber noch davon entfernt, das technisch wichtige Spektrum, insbesondere bei den Hochleistungswerkstoffen, abzudecken. Die Qualifizierung von PEEK ist bereits weitgehend gelungen und das wichtige PA 6 wurde vorgestellt.

Eine bedeutende Anwendung von Kunststoffen betrifft die Schalen für In-Ohr Hörgeräte. Hörgeräteschalen hätte man, die entsprechenden Daten vorausgesetzt, auch schon 1991 additiv bauen können. Neben der Entwicklung geeigneter Softwarepakete zur Auslegung der Schalen, war es die Werkstoffentwicklung, die den Durchbruch derart schaffte, dass heute nahezu alle Hörgeräteschalen weltweit mit (unterschiedlichen) additiven Verfahren gefertigt werden (vergleiche Abschnitt 6.5.2.4 „Medizinische Geräte und Hilfsmittel, Medizintechnik“). Der Durchbruch gelang mit der Entwicklung eines Werkstoffes, der direkt und dauerhaft im Ohr getragen werden kann (vergleiche nächsten Abschnitt „Neue Werkstoffe“).

Alternative Kunststoffmaterialien sind pigmentiertes Polyamid für Sinterverfahren und eingefärbte Harze auf (Meth)acrylatbasis für Polymerisationsverfahren.

6.5.1.5 Neue Werkstoffe

Die Entwicklung von Hörgeräteschalen gemäß Abschnitt 6.5.1.4 „Kunststoffe“ erforderte die Bereitstellung neuartiger Werkstoffe. Strahlungsvernetzende Harze aus der SLA-Technik sind in der Regel nicht biokompatibel. Gründe sind oftmals die Nutzung einer Kombination von radikalischer und kationischer Härtung (Hybrid-System) sowie die Auswahl hochreaktiver, ungesättigter Verbindungen auf Epoxidbasis. Für die dauerhaft im Kontakt mit dem Patienten stehenden Otoplastiken wurden daher biokompatible Materialien entwickelt. Mittels eines anaeroben Inhibitors 2,2,6,6-Tetramethylpiperidin-1-yloxy (TEMPO, freies Radikal) wurden die Harze stabilisiert, und die Photoempfindlichkeit so eingestellt, dass mit geringer Strahlungsenergie eine möglichst große Einhärtetiefe bei gleichzeitig hohem Polymerisationsgrad, guter Grünfestigkeit und ausreichender Stabilität resultiert (Werkstoff: Fototec, [Klare05]). Die durch vollständige Aushärtung erhaltenen Endprodukte weisen, neben guten mechanischen Eigenschaften, eine exzellente Biokompatibilität auf, sind hart-elastisch und zeigen eine sehr geringe Wasseraufnahme. Das Material ist opak oder transparent.

In der Mikrotechnik entscheidet häufig das Material über die erfolgreiche Anwendung und oft muss dieses Material entwickelt oder modifiziert werden. In diesem Kontext ist die Inanspruchnahme einer Dienstleistung häufig die bessere Entscheidung. Für die Firma microTEC (Abschnitt 3.1.6 „Mikrostereolithographie – microTEC“) ist dies das Geschäftsmodell, das auch individuelle Materialentwicklungen einschließt. Die Firma Boston Micro Fabrication (BMF) stellt eigene oder in Lizenz vermarktete Werkstoffe zur Verfügung, unterstützt aber auch den Einsatz kundenspezifischer Qualitäten.

Maßgeschneiderte Materialien durch die Komposition unterschiedlicher Schichten unter anderem aus Kunststoff, Metall, Keramik oder auch aus lebenden Zellen erzeugt das M3D Verfahren von OPTOMEC (Abschnitt 3.6.6 „Maskless Mesoscale Material Deposition (M3D) – OPTOMEC“).

Die Einlagerung der unterschiedlichsten Nanoteilchen eröffnet eine neue, weite Palette an Werkstoffen.

Wenn die Werkstoffeigenschaften bereichsweise oder gar Voxel für Voxel über den Datensatz adressiert werden, spricht man von Digitalen Werkstoffen. Die Stratasys J750 (vergleiche Abschnitt 3.1.10 „Polymerdrucken – Stratasys/Objet“) ist eine Maschine, die auf diese Weise bis zu 6 unterschiedliche Werkstoffe und 360 000 Farbabstufungen, Bild 6.17 (b), in einem Bauteil realisieren kann. Digitale Werkstoffe sind Alleinstellungsmerkmale von additiven Verfahren. Vergleichbares ist in der traditionellen Fertigungstechnik nicht bekannt.

6.5.2 Anwendungsfelder nach Branchen

Dieser Abschnitt gibt eine Übersicht über ausgewählte, besonders stark entwickelte Anwendungsgebiete. Es erhebt keinen Anspruch auf Vollständigkeit.

Auf die Prozesse und auf die mechanisch technologischen Eigenschaften der Werkstoffe wird im Detail nicht eingegangen. Diese sind in Kapitel 3 „Additive Fertigungsanlagen für Rapid Prototyping, Direct Tooling und Direct Manufacturing" beschrieben und im Anhang zusammengetragen.

6.5.2.1 Werkzeugbau

Neben der Grundforderung, Werkzeugstähle anzubieten, die den Eigenschaften nicht-additiv verarbeiteter Materialien entsprechen, müssen sich die 3D-Drucker vor allem in den Fertigungsfluss im Werkzeugbau einfügen. Einige Systeme sind in diesem Sinne ganz auf den Werkzeugbau zugeschnitten. Sie bauen z. B. auf Systemhalter auf oder integrieren Paletten- oder Spannsysteme, die ohne oder mit geringem Aufwand für die nachfolgenden Arbeitsschritte in nicht-additiven Maschinen ausgerichtet werden können. Beispiele wurden im Abschnitt 5.4.2 „3D-Druck von Metallwerkzeugen" besprochen.

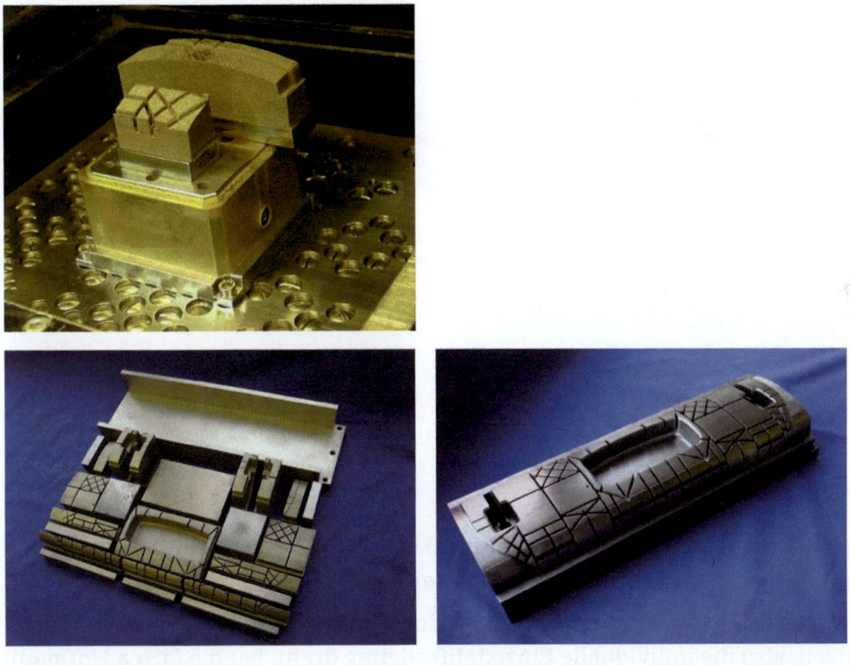

Bild 6.40 Ecomold; Additive Bauprozess (oben), additiv und nicht- additiv hergestellte Werkzeugkomponenten (links unten), Komplettierte Werkzeughälfte (rechts unten)
Quelle: IFAM

Im Werkzeugbau kommt es wesentlich darauf an, additive und nicht- additive Elemente optimal aufeinander abzustimmen. Ein noch immer aktuelles Beispiel ist das ecoMold Projekt [Hennings04], das auf das DMLS-Verfahren (Abschnitt 3.2.4 „Lasersintern – EOS“) aufsetzt, grundsätzlich aber mit jedem Metallsinter- oder -schmelzverfahren umzusetzen ist. Ausgangspunkt ist eine Modularisierung im Sinne der Aufteilung in additiv und nicht-additiv zu fertigende Elemente. Die nicht- additive Nacharbeit wird durch Spannelemente sichergestellt. Bild 6.40 zeigt ein Element nach der additiven Bearbeitung, eine Zusammenstellung aller Elemente und der Aufspannplatte und die vollständig montierte Werkzeughälfte.

Die Anwendung Werkzeugbau ist in besonderem Masse von konstruktiven Verbesserungen geprägt, die nur additiv umzusetzen sind. Eine besondere Bedeutung hat die konturangepasste Kühlung. Sie wurde in Kapitel 5 „Rapid Tooling“ vorgestellt und diskutiert.

Die Vorteile der additiven Fertigung werden sich in dem Maße auf breiter Linie durchsetzen, in dem es gelingt, heutige Limitierungen, vor allem die noch unzureichenden Oberflächenqualitäten, zu überwinden.

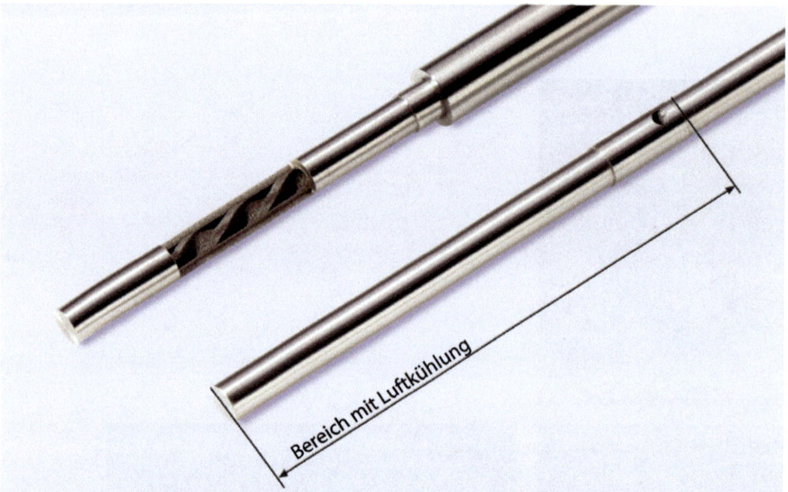

Bild 6.41 Fassonstift, LaserCusing
Quelle: Hofmann

Der direkte additive Werkzeugbau, Abschnitt 5.4 „Direkte Rapid Tooling-Verfahren“, führt ausschließlich auf Werkzeuge mit Serieneigenschaften.

Während sich die Diskussion fast ausschließlich um den additiven Bau von Werkzeugeinsätzen, also die individuelle Einzelteilfertigung dreht, hat die Firma Hofmann ein Serienprodukt vorgestellt. Sie bietet Fassonstifte mit interner Kühlung an, wie sie vor allem bei Schraubdomen zur Verminderung von Einfallstellen eingesetzt werden.

Die Kühlung erfolgt mit Luft durch eine interne Doppelwendel, die mittels Laser Cusing (Abschnitt 3.2.10 „LaserCusing – GE Additive/ConceptLaser GmbH“) hergestellt wurde. Der Stift wird mit nicht- additiven Teilprozessen durch Drehen und Schleifen komplettiert. Fassonstifte gibt es als Normteile mit Durchmessern von 3,5 bis 6 mm (in 0,5 mm-Stufung) und einer Länge von 500 mm (Bild 6.41). Sie stellen ein additiv gefertigtes Serienbauteil dar.

6.5.2.2 Hybridanwendungen im Werkzeugbau

Die Anwendung von Hybridverfahren in Form der Kombination von nicht-additiven und additiven Verfahrensschritten beim Werkzeugbau wurde bereits in Kapitel Ersatzteile am Beispiel der Fertigung von Warmformbacken für die Blechumformung dargestellt. Siehe auch Bild 6.22, Bild 6.23 und Bild 6.24.

6.5.2.3 Gießereiwesen

Additive Verfahren dienen in der Gießerei der direkten[6] Herstellung von Modellen und Formen. Das Ergebnis sind Bauteile mit Seriencharakter, weil der Gießprozess konventionell erfolgt. Allerdings ist je nach Anwendung eine mögliche Wechselwirkung Formstoff – (Bindemittel) – Gießwerkstoff zu berücksichtigen, die das Ergebnis beeinflussen kann.

Additive Verfahren werden in sehr vielen Gießereiprozessen eingesetzt. Besondere Bedeutung haben die in Abschnitt 5.3.1 „Eignung additiver Verfahren zur Herstellung von Urmodellen für Folgeprozesse“ behandelten Beiträge zum Feingießen, die in Abschnitt 5.4.1.4 „Herstellung von Kernen und Formen für den Metallguss“ besprochenen Verfahren zur Herstellung von Modellen und Kernen für den Sandguss, die direkten Metallverfahren, Abschnitt 5.4.2.2 „Metallwerkzeuge auf der Basis von einstufigen additiven Prozessen“, die auch zur Herstellung von Dauerformen für den Druckguss eingesetzt werden.

Anwendungen der additiven Fertigungstechnik zum Gießen finden sich in vielen Branchen. Schwerpunkte liegen vor allem in der Dentaltechnik, Abschnitt 6.5.2.3.1 „Dentaltechnik“, und in der Schmuckindustrie, Abschnitt 6.5.2.3.2 „Schmuckindustrie“, aber auch in Branchen, die kleine und detailreiche Bauteile fertigen, wie z. B. in der Feinwerktechnik.

Feingussanwendungen gibt es überall, wo die Bauteile komplex sind und ihr Gewicht eine große Rolle spielt, also vor allem auch in der Luft- und Raumfahrtindustrie. Die resultierenden Bauteile haben Endproduktcharakter.

---

6 Indirekte Verfahren können von jedem beliebigen Urmodell ausgehen und werden daher hier nicht betrachtet.

6.5.2.3.1 Dentaltechnik

Als Restaurationen werden Käppchen, Kronen oder mehrteilige Brückengerüste für anschließend keramisch verblendeten Zahnersatz bezeichnet. Maschinenbaulich gesprochen handelt es sich um metallene Tragkonstruktionen. Die nicht- additive Herstellung ist durch einen, in den Labors der Zahntechniker mit großem manuellem Einsatz betriebenen, Abform- und Gießprozess mit Schleif- oder Fräsoperationen gekennzeichnet. Seitdem ab 2009 erste vollständig digitale Prozessketten etabliert wurden, können vor allem die klassischen Verfahrensschritte wie Ausrichten im Artikulator, Wachsmodulation, Einbetten und Guss durch die Digitalisierung des Modells, eine virtuelle Konstruktion der Restauration und die direkte additive Fertigung ersetzt werden.

Die direkte Fertigung wurde erstmals möglich, nachdem ein geeignetes Maschinenkonzept (TrumaForm 130, Abschnitt 3.2.7 „Direktes Laserformen – TRUMPFF“ der 3. Auflage dieses Buches) an die geforderten Kobalt-Chrom- und Gold-Platin-Legierungen adaptiert und zum BEGO-Medifacturing-Verfahren, siehe Bild 6.42, (*www.bego-medical.com*) entwickelt wurde [Uckelmann05].

Das Modell wird klassisch aus dem Abdruck am Patienten und zunehmend auch mittels Intra Oralscanner digital gewonnen. Die Bauteile werden manuell aus- und nachgearbeitet. Die digitale Prozesskette schließt demnach traditionelle, manuelle Arbeitsschritt ein, weist ihnen aber modifizierte Aufgaben zu. Die Restaurationen stehen schneller zur Verfügung und sind mittelfristig auch billiger. Im Zuge der Qualitätssicherung werden die geometrischen Daten und die Mindestwandstärke kontrolliert und Proben zur Ermittlung der Bruchdehnung, der Dehngrenze, der Rautiefe und der Materialdichte genommen. Der Zahntechniker lagert die Herstellung aus, reduziert seine fixen Kosten und konzentriert sich auf die keramische Verblendung.

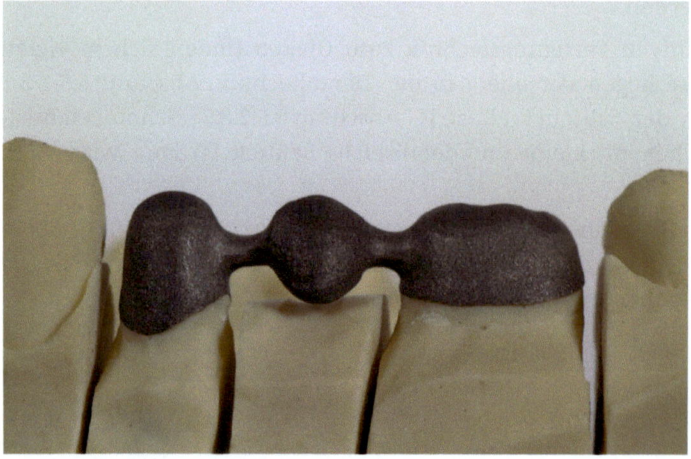

Bild 6.42 WBC Brücke, BEGO Medifacturing
Quelle: Bego Medical AG

Der Markt hat sich in den letzten Jahren enorm belebt. Seit circa 2009 gibt es kaum einen Hersteller, der nicht ein in der Dentaltechnik einsetzbares Material und eine für diese Branche modifizierte Maschine anbietet. Die direkte Herstellung von Metallbauteilen wird auch von EOS, 3D Systems, SLM Solutions, ReaLizer, OPTOMEC und Phenix angeboten. Indirekte, auf das gießtechnische Herstellen zugeschnittene Prozesse bieten auch Next Engine, Sanders und Envisiontec an. Eine Branchenlösung mit Scanner und Software ist das InVision DP (Dental Professional) System von 3D Systems.

Für Kunststoffprozesse bietet 3D Systems modifizierte Standardmaschinen (ProJet 3510 DP und MP). Damit können das ausschmelzbare Photopolymer VisiJet Dentcast zur Herstellung von Wax-Ups, das wie Gips zu verwendende VisiJet Pearlstone oder das transparente und farblose Stoneplast verarbeitet und somit alle Dentalaufgaben gelöst werden. Alternativ kann im Polymerdruck (iPro 8000MP) oder mit dem Laserstereolithographie-Prozess (iPro™ 8000 MP) das leicht violett schimmernde Material Accura Amethyst oder das, wie klassisches Dental Material anmutende, Accura e-Stone verwendet werden.

6.5.2.3.2 Schmuck- und Uhrenindustrie

Schmuck ist für viele erst erschwinglich geworden, seitdem er auch in Serien hergestellt wird. Das Besondere geht aber leicht verloren, wenn die Stücke in Katalogen aufgelistet werden. Mit additiven Herstellungsverfahren lässt sich ein Unikatcharakter erzeugen, obwohl die einzelnen Schmuckstücke automatisiert und damit vergleichsweise preisgünstig hergestellt werden.

Additiv werden vor allem verlorene Modelle für den Feinguss hergestellt. Grundsätzlich sind damit alle Prozesse und Maschinen, die für die Dentaltechnik geeignet sind, auch für die Schmuckindustrie geeignet.

Auch in der Schmuckindustrie war der Durchbruch mit CAD-Programmen zur Unterstützung des Designprozesses verbunden. JewelCAD (Hong Kong) ist ein Beispiel für eine solche Branchensoftware (*www.jcadcam.com*). Es verfügt über STL- und SLC-Schnittstellen für die Ansteuerung von Stereolithographie-Maschinen (3D Systems und Stratasys/Objet) sowie Wachs-, Druck- oder Extrusionsverfahren (Sanders), kann aber auch Schneidplotter und Fräsmaschinen ansteuern.

Für die Schmuckherstellung gibt es Lösungen von mehreren Herstellern. Sanders hat seit vielen Jahren den Schmuck als einen Anwendungsschwerpunkt im Fokus. Die äußerst filigranen Wachsmodelle können direkt ausgeschmolzen werden. Ein Modell, den Abguss und das fertige Schmuckstück zeigt Bild 6.43.

Bild 6.43
Solidscape. Ausschmelzbares Wachsmodell, Gussteil und fertiges Schmuckstück
Quelle: Solidscape/Stratasys

Die Uhrenindustrie hat sich jahrelang mit der Anwendung neuer Fertigungsmethoden eher zurückgehalten. Traditionell werden metallische Uhrengehäuse gegossen oder aus dem Vollen gefräst und ggf. veredelt.

2022 hat die Schweizer Nobelmarke ORIS (*https://www.oris.ch/*) eine auf 1000 Exemplare limitierte Sonderserie „ProPilot Coulson" vorgestellt. Sie wurde in Zusammenarbeit mit Coulson Aviation konzipiert, der weltweit führenden Organisation für Brandbekämpfung aus der Luft.

Diese Aktion hat auch Marketing-Dimensionen: Beanspruchung der Technologieführerschaft und Übernahme der Verantwortung für die Natur sowie Klimaneutralität.

Die Uhr verfügt über ein Gehäuse aus Kohlefaser-Verbundwerkstoff. Es wird mittels des für die Uhrenindustrie neuen AFT 3D-Druckprozesses, der Additive Fusion Technology des Schweizer Spezialisten 9T Labs hergestellt (9T Labs haben sich das Thema „climate neutral mobility of the future" auf die Fahne geschrieben.).

Der Kohlenfaser-Verbundwerkstoff ist PEKK. Er wird in je einer Ablegeinheit als Kurzfaser Compound oder als Endlosfaser eingebracht. Er zeichnet sich durch eine hohe Hitze- und Chemikalienbeständigkeit aus und ist sehr gut mechanisch belastbar (die Glasübergangstemperatur beträgt 162 °C) Die ORIS-Uhr vereinigt somit viele Eigenschaften von Kunststoff und Metall. Materialpartner und strategischer Investor ist Solvay (*www.solvay.de*).

Die Fertigung erfolgt mittels der AFT-Technologie, einem kombinierten Software-, AM- und Pressverfahren. Zunächst wird das Bauteil mithilfe der Software Design Suite „fibrify" mit Cloud Unterstützung ausgelegt, die Daten an das Build Module übergeben und dort Schicht für Schicht abgelegt. Die Konstruktion kann dann mit allen gängigen Software-Modulen simuliert werden.

Im Fusion Module erfolgt das Heißpressen in einem metallischen Werkzeug (fibrify Production Cloud, Bild 6.44). Das Bauteil ist dann bis auf ein Finish und ggf. Einbringen von Bohrungen, Büchsen und dergleichen fertig. Das Fertigungsverfahren ist bei näherem Hinsehen ein Hybridprozess.

Mithilfe der AFT-Plattform wurde eine limitierte Auflage von 1000 Uhrengehäusen gefertigt.

Das AFT-Verfahren führt auf eine gleichbleibend hohe Qualität bei allen 1000 Uhrengehäusen. Dazu kommen weitere Vorteile. Durch den Erhalt der durchgehenden Kohlefaser weist die Uhr eine einzigartige Ästhetik auf und der Prozess erzeugt wenig Abfall.

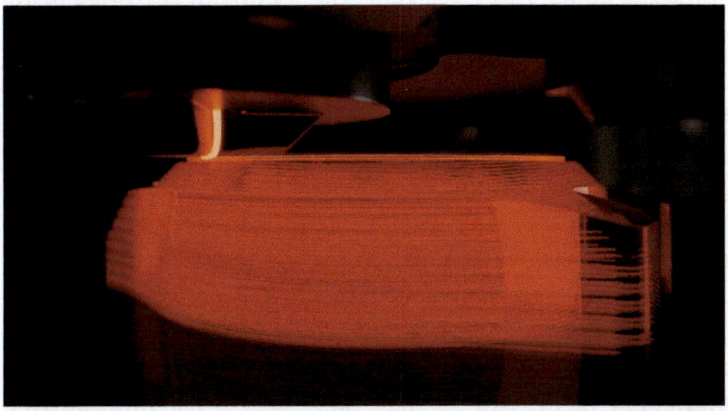

Bild 6.44 AFT (Additive Fusion Technology). Kombiniertes Software-, AM- und Pressverfahren für Komposit-Produkte aus Kurz- und/oder Langfasern. Foto im Prozess.
Quelle: 9T Labs' s

3D Systems bietet auch für die Schmuckherstellung Maschinen der ProJet 3510 Baureihe an. Envisiontec hat für filigrane Bauteile die Perfactory in der Variante „Mini" im Programm. Sie liefert je nach Brennweite eine Auflösung von 32 µm in *x*-*y*-Richtung und Schichtstärken bis zu 23 µm. Der dann zur Verfügung stehende Bauraum mit einer Grundfläche von 41 × 31 mm (*x*,*y*) ist für Schmuck ausreichend. Solidscape (jetzt Stratasys) bietet für die Schmuckindustrie den 3Z-STUDIO 3D Printer an, der auf ausschmelzbare Modelle für den Wachsabguss spezialisiert ist.

Die direkte additive Herstellung von Schmuck ist aber auch eines der attraktivsten Felder für die aktive Personalisierung von Produkten, Abschnitt 6.2.5.2 „Aktive Personalisierung – Kunden Personalisierung". Die Produktion kann zentral oder dezentral erfolgen.

6.5.2.4 Medizinische Geräte und Hilfsmittel, Medizintechnik

Alle Produkte, die unmittelbar mit biometrischen oder anatomischen Charakteristika von Menschen verknüpft sind, eignen sich besonders für die additive Fertigung, da sie zwar technisch einem gemeinsamen Fertigungsprinzip folgen, aber dennoch an den Patienten angepasste Unikate darstellen. Die erzielbaren Genauigkeiten sind meistens weniger das Problem, als eine exakte Ermittlung der Daten mit Verfahren der medizinischen Bildgebung und die Entwicklung biokompatibler Materialien.

Produkte entstehen, wenn die additive Fertigung mit einem Bildgebungsverfahren und einer Branchensoftware verknüpft wird. Das Grundprinzip besteht in der Kombination von virtuellen und physischen Verfahrensschritten. Virtuelle Prozessschritte übernehmen die Aufgabe, Geometrien zu erzeugen, die vom Patienten nicht abgenommen oder an ihm nicht gemessen werden können, weil sie interne Strukturen darstellen oder weil sie das Ziel der Behandlung, nicht aber den augenblicklichen Zustand beschreiben. Nicht-additive Zwischenschritte, z. B. Abformungen, sind möglich. Meist sind geeignete Materialien zu entwickeln. Die additiven Prozessschritte übernimmt die Fertigung.

6.5.2.4.1 Zahnspangen: Aligner – Invisalign

Besonders in den Vereinigten Staaten, aber zunehmend auch in Europa, sind weiße Zähne und eine makellose Zahnstellung wichtige soziale Indikatoren. Deshalb tragen auch Erwachsene durchsichtige Zahnspangen, sogenannte Aligner. Sie werden inzwischen unter verschiedenen Bezeichnungen, z. B. als Ca Clear Aligner oder als Dr. Smile in deutschen Zahnarzt-Praxen beworben. Sie werden aus durchsichtigen Kunststofffolien hergestellt und können daher auch tagsüber über den Zähnen getragen werden.[7)] Die Fertigung der Aligner erfolgt durch Tiefziehen einer transparenten Kunststofffolie über einem Zahnmodell. Da der Aligner die zukünftige Zahnstellung aufweisen muss und somit nicht von dem vorhandenen Gebiss abgenommen werden kann, ergibt sich eine komplexe Prozesskette.

Die zu korrigierende Zahnstellung wird mittels eines konventionellen Abdrucks vom behandelnden Zahnarzt abgenommen und der Abdruck zur Firma Align Technologies (*www.invisalign.com*) gesandt. Um die geforderten Genauigkeiten zu erreichen, wird zur Erhöhung des Kontrastes der Abdruck mit einer gipsartigen weißen Masse ausgegossen und ein Positiv des Gebisses in Gips erzeugt. Gemeinsam mit einigen Dutzend anderen wird es in eine schwarze Kontrastmasse eingebettet. Die eingebetteten Abdrücke werden in dünnen Schichten abgefräst und die dadurch entstehenden Konturen einzeln gescannt, was aufgrund des hohen Kontrastes sehr gute Ergebnisse liefert. Aus den Konturaufnahmen wird ein dreidimensionales Zahnmodell rekonstruiert und dieses in ein Simulationsprogramm überführt, das es erlaubt, alle Zähne des Patienten virtuell zu bewegen. Mithilfe dieses Programms konstruieren Spezialisten die neue Zahnstellung. Da mit einem Aligner nur vergleichsweise kleine Korrekturen erfolgen können, wird die Gesamtkorrektur in einzelne Teilkorrekturen zerlegt. Das Ergebnis wird dem behandelnden Arzt via Internet zur Begutachtung übersandt. Aus den Datensätzen werden alle für eine Behandlung notwendigen Teilmodelle als jeweils vollständige Zahnmodelle mittels Stereolithographie hergestellt. Auf einer Bauplattform einer SLA-7000 (3D Systems) werden gleichzeitig 90 Zahnmodelle hergestellt.

---

7 Die zahnmedizinischen Aspekte werden z. B. von Dr. Madson ausführlich beleuchtet (*www.madsen.de*).

Da die Zahnmodelle die jeweiligen Zahnstellungen auf dem Weg zum gewünschten Gebiss darstellen, werden sie als Modell für den Tiefziehprozess verwendet. Die konturierten Folien werden am Verlauf der Zahnhälse beschnitten (Bild 6.45, links). Die fertigen Aligner werden dem Patienten übergeben. Dieser trägt unter ärztlicher Aufsicht je ein Paar circa zwei Wochen lang (Bild 6.45, rechts).

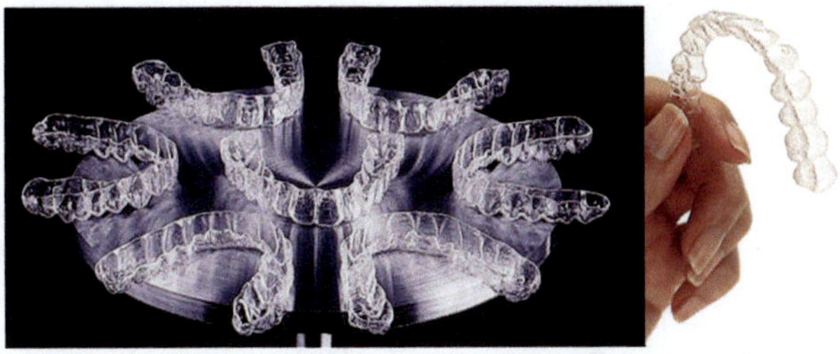

Bild 6.45
Ein Satz abgeformter und beschnittener Aligner (links); fertiger Aligner (rechts)
Quelle: Invisible Align

Die Firma Align Technologies betreibt über 50 SLA-7000- und iPro-9000-XL-Maschinen, das heißt, es werden circa 8000 Zahnspangen parallel hergestellt. Diese individualisierte Massenfertigung ist aber ohne die gesamte Prozesskette nicht möglich. Der additive Prozess allein würde lediglich die Realisierbarkeit eines interessanten Phänomens belegen. Erst die kombinierte, virtuelle und physische Bearbeitung macht aus dem Ansatz ein wirtschaftliches Verfahren.

6.5.2.4.2 Hörgeräteschalen, Otoplastiken

Schalen für Hörgeräte, auch Ohrpassstücke oder Otoplastiken, müssen einerseits bezüglich ihrer Außenkontur an die anatomischen Gegebenheiten des Patienten optimal angepasst werden und weisen andererseits eine Reihe interner Hohlräume auf. Die traditionelle Herstellung erfolgt in einem mehrfachen Abformprozess (Positiv-Negativ-Positiv, PNP-Verfahren) mit einer Vielzahl manueller Einzelschritte, einem hohen handwerklichen Aufwand und entsprechend vielen Fehlerquellen.

Um die Möglichkeiten der additiven Fertigung zu nutzen, wurde eine entsprechend modifizierte Prozesskette entwickelt. Sie beginnt mit dem traditionellen Abdruck beim HNO-Arzt. Die weitere Bearbeitung erfolgt virtuell im Computer mithilfe eines speziellen CAD-Programms. Der Abdruck wird dazu gescannt. Äußerlich werden Fehlstellen beseitigt, der Gehörgang modelliert und ein Offset für optimale Passform aufgebracht. Die Concha (Muschel)-Form wird definiert und die Bohrungen für den Schallkanal und die Entlüftung werden platziert. Das virtuelle Verfahren ermöglicht im Zusammenspiel mit der additiven Herstellung völlig neue Kanalgeometrien, die mit dem traditionellen Fräsen nicht herzustellen sind. Die vollständig digitale Darstellung erlaubt auch eine umfassende geometrische Qualitätskontrolle.

Die Datensätze der so generierten Ohrpassstücke werden für den eigentlichen Bauprozess auf einer Bauplattform (Bild 6.46 (links)) arrangiert. Von unterschiedlichen Anbietern eingesetzt werden additive Verfahren auf der Basis des Lasersinterns (Abschnitt 3.2.4 „Lasersintern – EOS GmbH") und der Stereolithographie nach dem Prinzip des Digital Light Processing (Abschnitt 3.1.5 „Digital Light Processing – Envision TEC") und der Laser-Stereolithographie (Abschnitt 3.1.3 „Stereo Lithography Apparatus (SLA) – 3D Systems").

Bauprozess und Materialeigenschaften sind eng miteinander verknüpft. Die Schalen können traditionell, z. B. durch Schleifen, nachbehandelt und lackiert werden. Das ist für die Integration des neuen Herstellungsverfahrens in bestehende Strukturen sehr wichtig, Bild 6.46 (rechts).

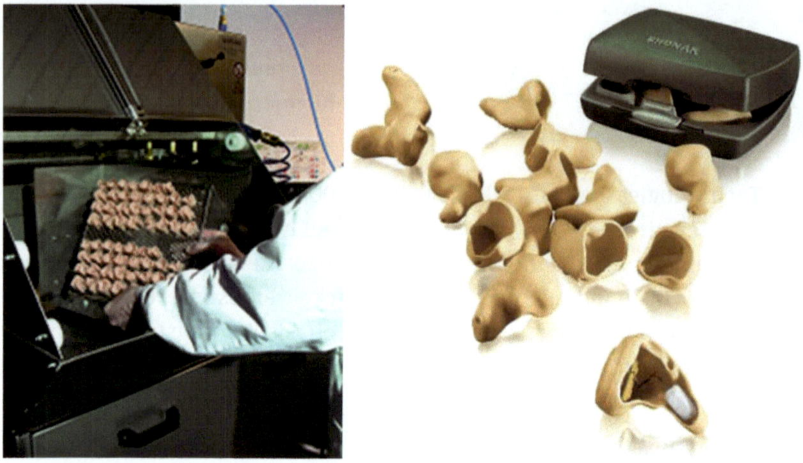

Bild 6.46 Hörgeräteschalen aus Fototec-Material – ca. 40 Paare auf einer Bauplattform (links) und fertige Schalen (rechts)
Quelle: 3D Systems/Drewe Otoplastik/Phonak

Der Einsatz von *additiven Fertigungsverfahren* hat, in Kombination mit geeigneten Materialien und einem speziellen virtuellen Designprogramm, die Herstellung von Ohrpassstücken weltweit revolutioniert. Seit 2007 sind weltweit mehrere hundert Anlagen von unterschiedlichen Herstellern bei zahlreichen Hörgeräteproduzenten in Betrieb.

Der Markt wird offenbar sehr optimistisch eingeschätzt. 3D Systems hat speziell für die Produktion von Hörgeräteschalen SLA-Systeme weiterentwickelt, Viper HA SLA. Sie ist für das Fototec-Material (Abschnitt 6.5.1.4 „Kunststoffe") optimiert und verfügt über einen geteilten Harzbehälter, in dem zwei unterschiedliche Materialien (oder Farben) gleichzeitig verarbeitet werden können. Gefertigt werden auf einer Plattform circa 75 Otoplastiken in sieben Stunden Bauzeit. Damit sind drei Bauprozesse pro Tag möglich [Klare05]. Es wird ein auf diese Geometrien optimierter Nachvernetzungsschrank eingesetzt.

6.5.2.4.3 Technische Medizingeräte

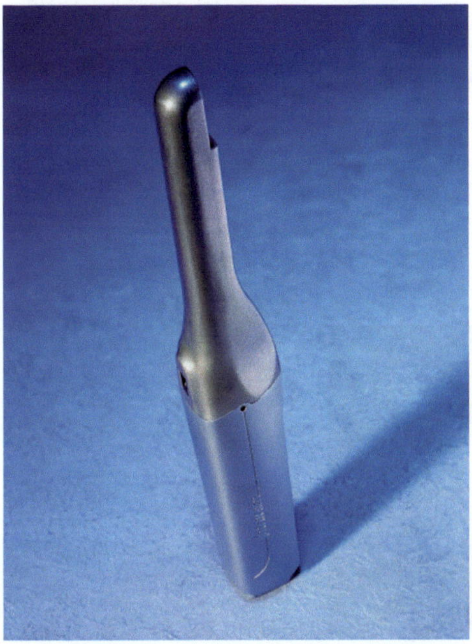

Bild 6.47
Endoskopische Dentalkamera, SLM-Verfahren
Quelle: EOS GmbH/Planmeca

Endoskopische Dentalkamera: Ein Beispiel für die Optimierung und additive Herstellung eines Medizinproduktes ist eine intraorale Kamera. Die sehr kleinen Serien und vor allem die Perspektive, größere Designfreiheit zu erhalten und z. B. das Griffteil des zweiteiligen Gehäuses an die anatomischen Gegebenheiten des Mediziners anpassen zu können, waren der Anlass für eine direkte Herstellung mit einem Metall Lasersinterverfahren (EOSINT M), Bild 6.47. Die Oberflächen werden entweder poliert oder – wie beim traditionellen Vorbild – vernickelt.

Behälter für eine Blutzentrifuge: Die Firma Andreas Hettich GmbH bietet Blutzentrifugen an, mit denen die Sedimentierung und die Separierung des Blutes in einem einzigen System erfolgt. Kern der Maschine ist ein Trommelmotor mit 6 Behältern und Auffangschalen. Die Behälter haben eine komplexe Geometrie und bestehen aus drei Teilen: einer Auffangschale, einer Spannplatte und einem beide verbindenden Gehäuse. Sie werden mit einer Drehzahl von 2000 U/min sowie Beschleunigungskräften von 1200 g belastet. Die Produktionszahlen schwanken sehr stark zwischen 10 und 1000 pro Jahr. Daher wurde eine losgrößenangepasste Fertigung ins Auge gefasst und wirtschaftlich sowie technisch besonders hinsichtlich der Sterilisierbarkeit des Produktes evaluiert [Lenz04].

Die Beschäftigung mit der additiven Herstellung führte bald auf eine neue Geometrie. Hinterschnitte waren nun kein werkzeugtechnisches Problem mehr und weil unterschiedliche Geometrien gleichzeitig gefertigt werden konnten, wurde die Spannplatte

3 auf Bild 6.48 links in das Gehäuse 2 integriert. Eine Montage war damit nicht mehr notwendig. Bild 6.48 zeigt die alte, dreiteilige Konstruktion und die neue integrierte und einteilig additiv gefertigte, rechts.

Weitere Varianten lassen sich schnell und mit minimalen Kosten realisieren. Interessant sind beispielsweise unterschiedliche Versionen der Gehäuse für unterschiedliche Blutbeutel.

Perspektivisch kann die Logistik zugunsten einer anfragegesteuerten Fertigung (Production on Demand) vereinfacht werden.

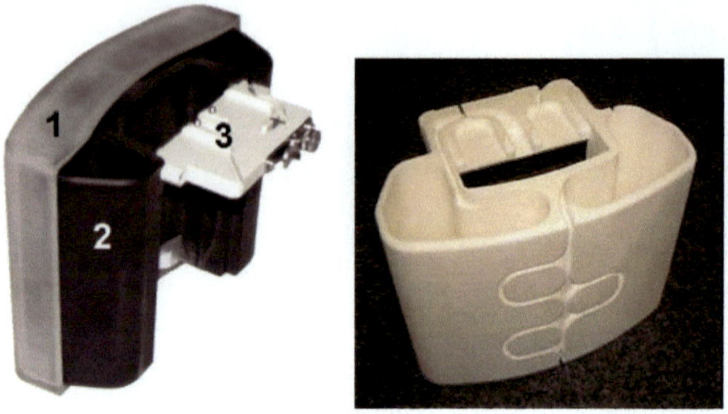

Bild 6.48 Konventioneller Behälter für eine Blutzentrifuge (links) mit Auffangschale 1, Gehäuse 2 und Spannplatte 3 und additiv gefertigter (rechts), der das Gehäuse 2 und die Spannplatte 3 integriert
Quelle: EOS GmbH/Hettich

6.5.2.5 Design und Kunst

Die direkte Herstellung von Artikeln, die dem Design, der Kunst im Allgemeinen und der Bildhauerei im Besonderen, der Kunstgeschichte und der Architektur zuzurechnen sind, wurde in Abschnitt 4.3.5 „Rapid Prototyping in Design, Kunst und Architektur" im Kontext des Rapid Prototyping besprochen.

Das geschah mit der Argumentation, dass die dort vorgestellten Bauteile nicht die Anforderungen erfüllen, die üblicherweise an ein industriell gefertigtes Produkt gestellt werden. Was für Produkte gilt, die dem Industriedesign zuzurechnen sind, muss aber nicht im gleichen Umfang für Kunstwerke gelten. Viele nicht-additiv gefertigte Kunstgegenstände sind nicht nachhaltig. Wenn sie Funktionen haben, dürfen diese üblicherweise nicht einmal bestimmungsgemäß genutzt werden. Insgesamt müssen sie aufwendig gegen Verfall geschützt werden. Vor diesem Hintergrund ist es weniger die Definition aus einem Lehrbuch, sondern die Einschätzung des Herstellers und des Nutzers, die darüber entscheiden, ob ein additiv gefertigtes Bauteil als Produkt angesehen wird oder nicht. Insofern gibt es keine klar gezogene Grenze zwischen den Beispielen in Abschnitt 4.3.5 „Rapid Prototyping in Design, Kunst und Architektur“ und den folgenden.

Bild 6.49 EASYPUSH. Mechanik der Tastatur (rechts), geöffnete Schale mit einem eingelegten Mobiltelefon (Mitte), Betriebsbereites Gerät (links)
Quelle: Tobias Fink

EASYPUSH ist eine vergrößerte Tastatur mit Rückenschale, in die handelsübliche Mobiltelefone eingelegt werden und so auch von alten oder behinderten Menschen, in Werkhallen oder bei Outdoor-Arbeiten benutzt werden können (Bild 6.49). Die additive Fertigung ermöglicht eine Einzelteilherstellung für die unterschiedlichsten Modelle. Tobias Fink (FH-Aachen) wurde mit diesem Entwurf für die Endausscheidung der besten Fünf im Designwettbewerb der Fachmesse und Anwendertagung Rapid Tech 2007 nominiert.

Bild 6.50 One Shot Stool, Lasersintern in einem Stück. Bildsequenz: Aufbau des Klappstuhls
Quelle: Patrick Jouin/MGX

One Shot Stool: Die nahezu unbeschränkten geometrischen Möglichkeiten der additiven Verfahren haben von Anfang an die Designer inspiriert. Die Firma Freedom of Creation, FOC (*www.freedomofcreation.com*), ist schon früh durch Entwürfe für die additive Herstellung bekannt geworden. Vorgestellt wurden Produkte wie Leuchten, Uhren und Modeaccessoires. Aus einem Stück gesintert (SLS) ist der *One Shot Stool* von Patrick Jouin (*www.patrickjouin.com*), Bild 6.50, dem Vorreiter von Entwürfen für die additive Fertigung. Die Bildsequenz zeigt den Aufbau vom zusammengefalteten Objekt zum aufgeklappten Stuhl.

Brillengestelle: Brillengestelle sind in Form von tragbaren Prototypen oder Mustern seit Jahren Gegenstand der additiven Fertigung.

Ein Schritt in die Serienfertigung hochwertiger Konsumartikel erfolgte durch die Berliner Brillenmanufaktur MYKITA. Sie vertreibt ihre neuartig gestaltete Kollektion von Brillen in ihren Shops in Berlin, Monterrey, Paris, Tokyo, Wien und Zürich.

Die Brillengestelle haben eine optisch und haptisch angenehme Oberflächenstruktur, die an Holz erinnert. Sie sind aber aus Polyamid durch Lasersintern hergestellt und daher leicht, biegsam und angenehm zu tragen. Bild 6.51 zeigt Brillengestelle nach dem additiven Prozess.

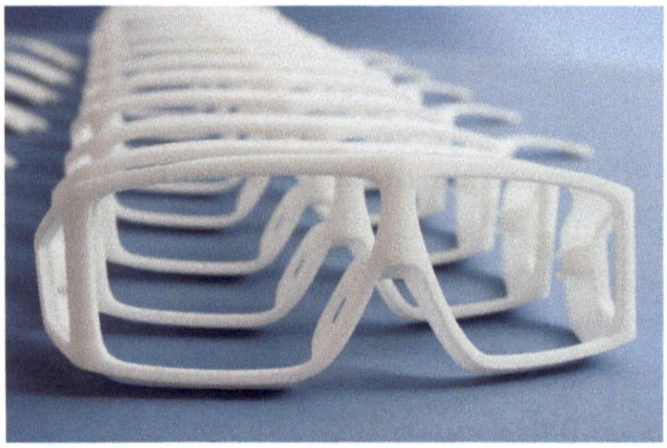

Bild 6.51
Brillengestelle, Additive Serienfertigung durch Lasersintern, Gestelle nach dem additiven Prozess
Quelle: Kegelmann Technik

MYKITA nennt das Brillen-Material MYLON. MYKITA wurde für den Entwicklungsprozess mit dem iF Material Award 2011 ausgezeichnet.

Die Oberfläche entsteht durch ein komplexes proprietäres Verfahren, dass das Material in sechs Schritten mittels Schleif – und Färbeoperationen veredelt. Bügel und Mittelteil der Brillen sind durch neuartige Scharniere verbunden.

Für eine solche individuelle Massenproduktion muss der Lasersinterprozess reproduzierbar rund um die Uhr gewährleistet sein. Die Firma Kegelmann fertigt auf mehreren Sintermaschinen jährlich eine fünfstellige Anzahl unterschiedlicher Brillengestelle. Bild 6.52 zeigt eine verkaufsfertige Brillencharge.

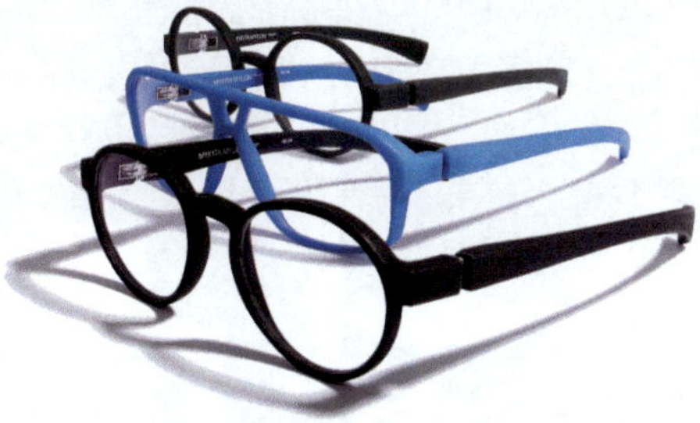

Bild 6.52
Brillengestelle, Additive Serienfertigung durch Lasersintern (SLS) und Nachbehandlung
Quelle: Kegelmann Technik

Objekte: Metallene Schmuck- und Kunstobjekte hat der Künstler Bathsheba (Bild 6.53) (*www.bathsheba.com*) kommerzialisiert.

Bild 6.53
Skulptur Nexus, Bathsheba, Prometal-Prozess
Quelle: Bathsheba

Er bietet im Internet eine große Anzahl von Skulpturen an, die mit dem Prometal-Metall-3D-Printing-Verfahren hergestellt werden. Die fertigen Bauteile werden passiviert oder künstlich mit Schwefel oxidiert, gestrahlt und mit Öl versiegelt. Aufgrund der Variation der Verfahrensparameter, und nach Angaben des Künstlers auch der Zusammensetzung der Pulver, haben die Plastiken unterschiedliche Tönungen von gelblich bis stahlgrau.

Sketch Furniture: Gedanken zu materialisieren ist ein alter Traum der Menschheit. Dem am nächsten kommt nur das 2D (Freihand)-Skizzieren als eine der effektivsten Methoden, um Gedanken festzuhalten. Um sie in physische Gegenstände umzuwandeln, müssen die 2D-Skizzen in 3D-Entwürfe übersetzt, zur Fertigung in vollständige 3D-Daten und diese mittels AM in Bauteile umgesetzt werden (Bild 6.54).

Bild 6.54 Sketch Furniture; Prozess des Skizzierens mit visualisierter Bahn des Stiftes (links); Produkte Chair, Lamp (rechts)
Quelle: Front Design

Auch wenn wir den dreidimensionalen Entwurf im Kopf, ja in den Armen hätten – wie sollen wir ihn anders festhalten? Die schwedische Designergruppe FRONT (*www.frontdesign.se*) skizziert einfach in die Luft. Die dreidimensionale Bahn des Stiftes wird von einem Trackingsystem verfolgt und in ein 3D Computermodell umgesetzt. Mit additiven Verfahren, vorzugsweise durch Lasersintern, kann das 3D-Modell der Skizzen in der Luft direkt in dreidimensionale, physische Gegenstände umgesetzt werden. Diese Umsetzung geht nur mit additiven Verfahren, weil nur sie es erlauben, beliebige dreidimensionale Gegenstände herzustellen, ohne auf Limitierungen des ausgewählten Fertigungsverfahrens achten zu müssen.

3D-Stift/3D Pen 3Doodler: Dem Ziel Gedanken zu materialisieren noch einen Schritt näher ist der 3Doodler (doodle; Englisch Gekritzel) der erste 3D-Printing-Stift. Der im 3D-Raum handgeführte Zeichenstift erlaubt die Herstellung eines entsprechenden Bauteils durch simultane Extrusion eines dünnen Kunststoffdrahtes aus ABS oder PLA (Bild 6.55). Hersteller ist die Spielzeugfirma Wobble Works (*www.wobbleworks.net*).

Die direkte Extrusion in drei Dimensionen erfordert nicht nur räumliches und zeichnerisches Geschick, sondern auch die Einhaltung einer vergleichsweise geringen aber möglichst konstanten Extrusionsgeschwindigkeit, um die definierte Abkühlung und Verfestigung des Materials zu gewährleisten. Bild 6.56 (links) zeigt ein Detail während der Fertigung, Bild 6.56 (rechts) einen Ausschnitt aus einem fertigen Bauteil.

Die Extrusion auf Papier ist einfacher und präziser, auch weil so die Wärme sicher abgeführt wird. Es entstehen gitterartige 2D-Strukturen, die als Konstruktionselemente angesehen und anschließend zu 3D-Bauteilen zusammengesetzt werden können. Dazu werden auch Vorlagen verwendet, die das Ergebnis verbessern aber von der Idee des direkten 3D-Herstellens, sozusagen durch Zeichnen in die Luft, wegführen.

Bild 6.55 3D Printing Pen – 3Doodler; Stift (im Vordergrund links) und damit hergestelltes Brillengestell (rechts); Serienprodukt im Hintergrund links oben
Quelle: Wobbleworks

Bild 6.56 3D Printing Pen 3Doodler (links) und Struktur während der Herstellung (rechts) Bauteil Eifelturm
Quelle: Wobbleworks

Beide Ansätze, Sketch Furniture und 3Doodler, gehören der Definition zufolge nicht zum AM, weil sie nicht automatisiert reproduzierbare Bauteile liefern. Sie können aber mittels geeigneter Handhabungssysteme leicht zu AM-Systemen ausgebaut werden.

6.5.2.6 Automobilbau

Die Automobilindustrie hat bei der Anwendung des AM von Anbeginn an eine führende Rolle eingenommen. Allerdings dienen die meisten Anwendungen (vergleiche auch Abschnitt 4.3.2 „Anwendung des Rapid Prototyping in der industriellen Produktentwicklung") der Unterstützung und vor allem der Verkürzung der Produktentwicklungszeit und haben eher Prototyping als Manufacturing-Charakter. Das gilt aus Sicht des 3D Printing auch für Mastermodelle zum Vakuum-, Fein- und Sandgießen, selbst, wenn diese zu serienidentischen Bauteilen führen.

Es zeichnet sich aber unter der Überschrift „3D Printed Car" eine Entwicklung ab, die tiefgreifende Änderungen der Art und Weise wie wir Autos fertigen, haben könnte.

3D-gedrucktes Auto „Strati"

Auf der IMTS 2014 wurde mit dem Strati (Italienisch: a più strati = mehrlagig; a strati = schichtweise) das erste 3D-gedruckte Auto der Welt nicht nur vorgestellt, sondern auch während der Messe, also vor Publikum, gedruckt, nachbearbeitet und fahrfertig montiert. Der Hersteller, Local Motors, Phoenix, AZ (*www.localmotors.com*) hat ein Portfolio von design-orientierten zwei- und vierrädrigen Kleinstserien-Fahrzeugen, darunter ein Extrem-Bike auf Harley-Davidson-Basis (Racer) und ein wüstentaugliches Hochleistungsfahrzeug (Rally Fighter).

Die Produkte entstehen im Zuge eines kontinuierlichen, offenen Wettbewerbs im Sinne einer Co-creation-Plattform unter Einbeziehung von „Open Source"- und „Crowdfunding"-Prinzipien.

Strategisches Ziel ist die dezentrale Fertigung und Wartung (daher der Name Local Motors) von Kleinstserien mit entsprechenden Herstellmethoden wie dem 3D-Drucken und einer gemeinsamen Teile-Beschaffung.

Bild 6.57 Strati; 3D-gedrucktes Auto von Local Motors; Design-Studie
Quelle: Local Motors

3D Printed Car „Strati“. Der Strati (Bild 6.57) ist ein je nach Dachelement offenes oder teilgeschlossenes Elektrofahrzeug vom Typ Buggy.

Er besteht aus einem gedruckten Chassis und industriell gefertigten Anbauteilen wie Sitzen, Rädern, Elektroantrieb, Radaufhängungen etc. (Bild 6.58).

Bild 6.58 Strati; 3D-gedrucktes Auto; Explosionszeichnung
Quelle: Local Motors

Das Chassis wird mit einer Cincinnati BAAM-Maschine (vergleiche Abschnitt 3.7.5. „Extrudieren und Fräsen – Big Area Additive Manufacturing (BAAM) – Cincinnati“) aus glasfaserverstärktem ABS extrudiert. Die Fertigung dauert zwei Tage (44 Stunden). Anschließend wird es auf einer Thermwood-Model-70-5-Achsen-CNC-Fräse bearbeitet, um eine reibungslose Montage zu gewährleisten. Die Fräsoperation dauert einen Tag, die (manuelle) Montage zwei Tage.

Der Strati ist vordergründig ein sensationelles Auto, tatsächlich aber ein Demonstrator und eine Entwicklungsplattform für Produkte aus sehr großen extrudierten Bauteilen. Trotz der Innovation ist er von einer Serienproduktion noch sehr weit entfernt.

Integriertes Lenkrad für Ferrari F1

Von einer breiteren Öffentlichkeit vorwiegend nur dann beachtet, wenn sie zur Unterstützung des Aussteigens nach dem Rennen aus dem Siegerfahrzeug gereicht werden, haben sich die Lenkräder von Motorsportfahrzeugen zu hochintegrierten mechatronischen Systemen entwickelt. Entwicklungszeiten von mehreren Monaten sind deshalb üblich. Als zentrales Kommunikationselement zwischen Fahrzeug und Fahrer sind sie für die Performance und letztlich häufig für den Rennausgang mitentscheidend.

Bild 6.59 macht deutlich, dass schnelle Entwicklungszyklen und gehäuseartige Prototypen mit Serieneigenschaften in großer Folge dringend notwendig sind und nicht nur die Haptik, sondern auch die Typographie sowohl bei Tageslicht als auch bei Nachtbeleuchtung optimiert werden müssen. Im Internet sind die unterschiedlichen Bauformen (z. B.: *https://cults3d.com/de/modell-3d/spiel/formula-1-2022-steering-wheel*) als Datensätze verfügbar und belegen, wie komplex selbst einfache Repliken sind. Dabei werden nur Fabber und preiswerte Materialien verwendet, während die Profi-Entwickler natürlich seriennahe oder serienidentische Testteile aus Hochleistungswerkstoffen einsetzen müssen.

Bild 6.59 Lenkrad Ferrari F1–75 (2022) M 1:1
Quelle: Ferrari

Das Lenkrad muss schnell und sicher Informationen transportieren und dazu große Datenmengen sicher übertragen, mechanische Kräfte aufnehmen, schnellstens akkurat montiert und demontiert werden, elektronisch störsicher sein, auch mit Handschuhen schnell und sicher bedient werden und vieles mehr. Wenn man bedenkt, dass Mobiltelefone aus Sicherheitsgründen im Straßenverkehr verboten sind, kann man sich leicht vorstellen welche Belastungen im Rennen auf den Fahrer zukommen und von dem Lenkrad positiv beeinflusst werden müssen.

Bild 6.60 unterstreicht, dass die Cockpit Situation nochmals komplexer wird, wenn man in ein sogenanntes Hypercar blickt, hier in das Siegerauto des 24-Stunden-Rennens von LeMans 2023 (Ferrari 499P). Hier verschwimmt der Unterschied zwischen Prototyp und finalem Produkt.

Bild 6.60
Cockpit des „Le Mans"-Ferrari 499P, 2023
Quelle: Ferrari

3D printed Shelby Cobra Replica

Eine große wirtschaftliche Perspektive liegt darin, die recht groben 3D-gedruckten Chassis (Bild 6.61) als endformnahe Bodies für Concept Cars anzusehen und traditionell zu finishen. Parallel können Laminierformen mit der gleichen Technik gedruckt und spanend auf Toleranzen und Oberflächengüten gebracht werden, um so eine „class A"-Haut der abgeformten Teile (z. B. der Motorhaube) zu erzeugen, die das Finish der Show Cars definiert. Wie das Beispiel der Cobra (Bild 6.62), hergestellt auf einer Cincinnati-BAAM-Maschine, Bild 3.77, zeigt, könnte so der zeitaufwendige traditionelle Weg deutlich verkürzt werden. Die Konstruktion, die Fertigung und die Montage des Fahrzeugs dauerten sechs Wochen einschließlich der reinen Druckzeit von 24 Stunden.

Anstelle von Clay-Modellen oder nur rollfähigen Show Cars würden dann optisch serienidentische fahrfähige Prototypen mit Elektroantrieb treten.

Bild 6.61 Cobra; Extrusionsstrukturen
Quelle: Oake Ridge National LAB, ORNL

Bild 6.62 Cobra; Replika aufgebaut als elektrisch fahrbereites Concept oder Show Car mittels 3D Printing (BAAM) des Chassis und der Laminierformen Traditionelles manuelles Finish

Quelle: Oake Ridge National LAB, ORNL

6.6 Perspektiven

Zukünftige 3D-Drucker werden sich sehr von heutigen und voneinander unterscheiden, auch wenn sie alle als 3D-Drucker bezeichnet werden.

Die Entwicklung wird nicht auf eine Universalmaschine hinauslaufen, sondern es wird eine größere Anzahl von spezialisierten Maschinen geben, die auf branchenspezifische Charakteristika optimal eingestellt sind (vergleiche CS-EOS).

Zunehmend werden drucklos schichtweise arbeitende Maschinen durch die Nutzung anderer physikalischer Prinzipien erweitert. Beispiele sind neben den klassischen additiven-subtraktiven Verfahren die Additive Fusion Technology (AFT) zur Fertigung Kurz- und Endlosfaser-verstärkter Bauteile (vgl. Abschnitt 6.5.2.3.2 „Schmuck- und Uhrenindustrie“) oder das gezielte Einbringen von Sauerstoff zum partiellen Aussetzen des Prozesses (CLIP) (vgl. Abschnitt 3.1.1.4 „Continuous Liquid Interface Production (CLIP)“).

In der Produktion werden, dem ursprünglichen Gedanken des Fabrikators folgend, 3D-Drucker in Fertigungsketten integriert werden, die dann als *Flexible-Additive-Manufacturing-Systeme (FAMS)* eingesetzt werden. Solche Systeme werden nicht exklusiv für die additive Serienfertigung von Einzelteilen, sondern gleichfalls für die additiv unterstützte Fertigung von (gemischten) Serien unterschiedlicher Größe konzipiert. Im Vordergrund steht die Produktivität.

Am anderen Ende der Skala, im Bereich des privaten Konsums, wird der Personal Fabricator oder Fabber weiter verbreitet werden (vergleiche auch „Hubs“ (Abschnitt 6.2.7 „Realisierung neuer Fertigungsstrategien“)).

Diese Entwicklung bildet auch eine Grundlage für neue Arbeits- und Lebensformen, die in der individuellen Produktion bei möglichst geringen Investitionen einen wesentlichen Ansatz sehen. Vordenker in dieser Richtung war Professor Frithjof Bergmann, New Work – New Culture movement (*http://newworknewculture.com*). In Deutschland führt NANK, Neu Arbeit neue Kultur seine Theorie weiter

Prozesse: Die industrielle Fertigung wird zunehmend leistungsfähigere Maschinen fordern. Vektor-orientierte Verfahren werden zugunsten der Produktivität auf Bauteile beschränkt werden, die dies aufgrund der damit erzielbaren höheren Genauigkeit erfordern.

Für eine deutliche Qualitätsverbesserung wird es notwendig werden, das Schichtbauverfahren als Grundprinzip der additiven Fertigung zu überdenken. „Räumliche“ Schichtbauverfahren in Form dreidimensional im Raum abgelegter Volumenelemente (Voxel) bieten sich zur Reduktion der Stufigkeit an und definierte Rauigkeiten werden möglich. Unterschiedliche Materialien können in ein Bauteil integriert werden. Vor allem kann auf teilfertige Bauteile aufgesetzt werden.

Maschinentechnisch bedeutet das die Renaissance des Prinzips des Ballistic Particle Manufacturings.

Kontinuierlich arbeitende Verfahren werden die Baugeschwindigkeiten deutlich erhöhen.

Materialien: Bei der Materialentwicklung weisen heutige Herstellungsverfahren für farbige Prototypen und mehrere Komponenten (Objet) den Weg. Der nächste Entwicklungsschritt wird über dem Querschnitt variierte Materialeigenschaften (graded materials) für ein breites Spektrum von Kunststoffen und auch für Metalle aufweisen. Schließlich werden unterschiedliche Materialien, auch Kunststoffe und Metalle, in einem Prozess verarbeitet werden (OPTOMEC- M^{3}D Prozess zeigt erste Ansätze). Durch die Entwicklung von der Schicht- zur Voxelorientierung wird der Weg frei für komplexe Produkte. Die Ära der aus einem Werkstoff oder diskreten Werkstoffschichten bestehenden dreidimensionalen Bauteile wird überwunden. Der Sprung vom Bauteil aus einem Werkstoff zum Funktionsbauteil wird vollzogen werden. Das Mobiltelefon aus dem Drucker ist damit keine Utopie mehr.

Wer das alles für Visionen im eigentlichen Sinne des Wortes, also für Träume, Phantasien oder Utopien hält, sollte zur Kenntnis nehmen, dass die Technologie der additiven Fertigungstechnik im Gewand des Personal Fabricators inzwischen schon selbst zum Spielzeug geworden ist.

Während die Mütter, Väter und Lehrerinnen und Lehrer noch über die direkte additive Produktion nachdenken, konstruieren und fertigen ihre Töchter (Bild 6.63) und Söhne bereits die individuelle Hülle für ihr Smartphone.

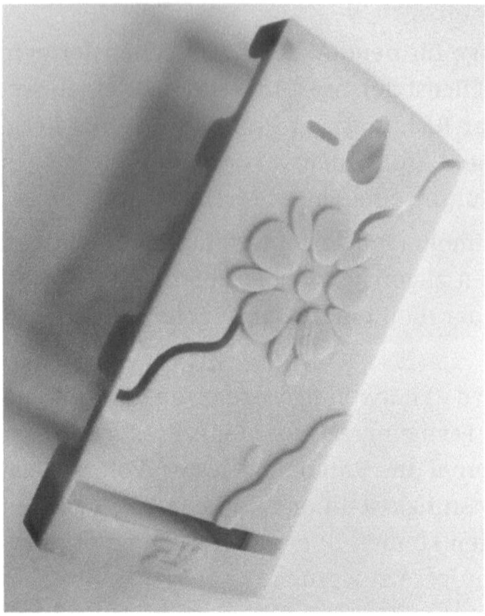

Bild 6.63
Individuelle Smartphonehülle, FDM, Finish durch Schleifen und Lackieren
Quelle: FH Aachen/Jugendzentrum OT (Offene Tür) Depot Talstraße

6.6.1 Die Zerstörung des Ökosystems umkehren

Jede Technologie birgt potenziell oder tatsächlich die Gefahr, unser Ökosystem negativ zu beeinflussen oder sogar irreversible zu schädigen. Eines der wenigen Gegenbeispiele gründet auf den 3D-Druck.

Die University of Hong Kong hat sich das Ziel gesetzt, das Sterben der Korallenriffe zu stoppen und das Entstehen neuer aktiv zu fördern. Dazu wurde das Projekt archiREEF, *https://archireef.co/* gegründet. Frau Vriko Yu, die Mitbegründerin und CEO von archi REEF, setzt auf 3D-gedruckte Terrakottafliesen [3Dnatives2022].Die Idee zu diesem Projekt entstand vor zwei Jahren. Das Design und die Produktion der Fliesen haben dann fast ein Jahr gedauert.

Die Fliesen sollen nicht die Riffe ersetzen, sondern als Fundament für die Korallen dienen und so eine Grundlage für die Rückkehr der Arten bilden. Der Grund für die Wahl ist die hohe Anpassungsfähigkeit des Materials. Es sollte an jede Korallenart auf der Welt angepasst werden können; denn das Ziel ist es, Korallen überall wiederherzustellen. Das Design ist so gestaltet, dass es durch eine Änderung der Parameter leicht an unterschiedliche Anforderungen angepasst werden kann. Dazu ist der 3D-Druck besonders geeignet, auch weil er zeit- und kosteneffektiv ist.

Ein weiterer Grund ist die höhere Komplexität, die der 3D-Druck im Vergleich zum traditionellen Keramik-Guss bietet. Das gestattet eine höhere Auflösung, um kleine und komplexe Strukturen zu erzielen, die z. B. als Unterschlupf für Mikroorganismen wichtig für die Artenvielfalt sind. Ton hat sich als geeignetes Substrat herausgestellt. Es ist ein natürliches Material, das überall gewonnen werden kann. Aber seine Zusammensetzung häng stark von der Geologie des jeweiligen Ortes ab. Man braucht also viel Erfahrung, um das Verhalten der Tonmischung zu verstehen und sie so besser kontrollieren zu können, damit sie sich während des 3D-Druckverfahrens gut extrudieren lässt. Wesentlich sind die richtige Feuchtigkeit und die Blasen zu entfernen, bevor der Ton in den Extruder kommt. Das ist ein komplizierter Prozess. Aber es spricht für die Verwendung von Terrakotta, dass es sich um ein natürliches Material handelt, das von Meerestieren gerne angenommen wird.

Danach wurden mit Unterstützung der Regierung Versuche im Meerespark in Hong Kong gemacht und das Wachstum und die Stabilität der Korallen gemessen. Betrachtet wurde neben dem Wachstum auch der ökologische Aspekt, also die Entwicklung der Artenvielfalt.

Die ermittelte Überlebensrate der Korallen ist sehr ermutigend. Sie liegt bei 98 % und damit viermal höher als erwartet.

Bild 6.64 3D-gedrucktes künstliches Substrat aus Ton zur Regeneration von Korallenriffen
Quelle: ADQ, Archireef

Auch der Tierfutterhersteller Sheba und sein Mutterkonzern Mars sind auf dem Gebiet der Wiederherstellung der Korallenriffe aktiv. Neben dem Korallenriff vor Sulawesi (Indonesien) ist Sheba auch an Riffen in der Karibik und am Great Barrier Reef vor Australien im Einsatz. Weitere Riffe, unter anderem vor den Malediven und den Seychellen, sollen hinzukommen. Bis 2029 sollen weltweit 185 000 Quadratmeter Korallenriffe wiederhergestellt werden. Natur- und Umweltschutzorganisationen wie WWF, Marine Stewardship Council (MSC) und Aquaculture Stewardship Council (ASC) sowie The Nature Conservancy unterstützen das Programm.

Literaturverzeichnis

3Dnatives: archiREEF über die Rettung von Korallenriffen mit 3D-Druck. *https://www.3dnatives.com/de/rettung-von-korallenriffen-mit-3d-druck-090520221/#*, Mai 2022

3Dyourbody: 3D Figuren Berlin. *https://www.3dyourbody.de/*, Juli 2023

AMCM: Additive Manufacturing Customized Machines. *https://amcm.com/*, Mai 2024

Bergmann, F.: Raum der Möglichkeiten. In: „Politische Ökologie", Nummer 54, Seite 55, München Mai/Juni 1998

Bergmann, F.: New Work – New Culture. Zero Books, Washington USA 2019

Breuninger, J.; Becker, R.; Wolf, A.; Rommel, S.; Verl, A.: Generative Fertigung mit Kunststoffen. Springer Vieweg, Berlin – Heidelberg 2013

Burns, M.: Automated Fabrication – Improving Productivity in Manufacturing. PTR Prentice Hall, Englewood Cliffs, New Jersey 1993

CP-GmbH: Verbundprojekt MAC 4U – Mass Customization für individualisierte Produkterweiterungen. Teilvorhaben: Additive Manufacturing für Konsumenten. Erkelenz, BMBF 2012 – 2014

Delfs, J. Chr.; Hirsch, U.: FABStudio: Individualisierung von Serienprodukten. Muthesius-Kunsthochschule, Studiengang Industrie-Design; 40 Seiten, Kiel 2007

Gebhardt, A.: Vision Rapid Prototyping. Generative Verfahren zur Herstellung von Keramikbauteilen. In: *Kriegsmann, J. (Hrsg.).* Technische Keramische Werkstoffe 96. Ergänzungslieferung, Abschnitt 3.4.2.3, S. 1 – 21, Deutscher Wirtschaftsdienst, Ellerau 2007

Gershenfeld, N.: When Things start to think. Henry Holt and Co., Inc., ISBN: 080505880X, New York, NY, USA 1999

Formlabs: Anwendungen des 3D-Drucks: Mass Customization. https://formlabs.com/de/applications/mass-customization/; 2024

Hennings, D.; Wirth, I.; Stührmann, S.: ecoMold. Rapid Tooling für den Spritzguss- und Al-Druckgusswerkzeugbau. rtejournal, 1 (2004) 28, online: *www.rtejournal.de*

Höpfner, A.: Der Durchbruch für den industriellen 3D-Druck wird kommen. *https://www.handelsblatt.com/technik/it-internet/frank-herzog-im-interview-der-durchbruch-fuer-den-industriellen-3d-druck-wird-kommen/25239830.html*; Handelsblatt, 11. 11. 2019

Irle, M.: Die Alternative. Wirtschaftsmagazin „brand eins", 6. Jahrgang, Heft 07, September 2004, S. 74 – 78, *www.brandeins.de*, Hamburg 2004

Kagermann, H.; Wahlster, W.; Helbig, J.: (2013) Securing the Future of German Manufacturing Industry: Recommendations for Implementing the Strategic Initiative „INDUSTRIE 4.0", Final Report of the INDUSTRIE 4.0 Working Group, Vol. 4. Bezug auf: VDI-Nachrichten. April 2011

Käfer, S.: Binder Jetting: Schnell die Gussform wechseln. MaschinenMarkt, *https://www.maschinenmarkt.vogel.de/schnell-die-gussform-wechseln-a-878752*, 31. 10. 2019

Kief, Hans B.; Roschival, Helmut A.: CNC-Handbuch 2013/2014. Carl Hanser Verlag, München 2013

Kiefl, S.; Scharpe, K.; Wunsch, M.; Hoffmann, P.: 4. Deutscher Social Entrepreneurship Monitor. Social Entrepreneurship Netzwerk Deutschland e. V., *https://www.send-ev.de/wp-content/uploads/2022/04/4_DSEM_web.pdf*, 2022

Klare, M.; Altmann, R.: Rapid Manufacturing in der Hörgeräteindustrie. RTejournal 2/2005 (urn:nbn:de:0009-2-1049), *www.rtejournal.de*, Aachen 2005

Kunkel, M. H.; Gebhardt, A.; Mpofu, K.; Kallweit, S.: (2020), Quality assurance in metal powder bed fusion via deep-learning-based image classification. Rapid Prototyping Journal, Vol. 26 No. 2, pp. 259-266, *https://doi.org/10.1108/RPJ-03-2019-0066*, 2020

Lenz, J.: Laser-Sintern. Die Schlüsseltechnologie des e-Manufacturing. RTejournal 1/2004 (urn:nbn:de:0009-2-141), *www.rtejournal.de*, Aachen 2004

Microtec: https://www.microtec-d.com/impressum/, August 2023

Porsch, F. et al.: Generation Maker. Do-it-together. Form 259/2015, S. 74–77; Form Design Magazin, *www.Form.de*, Frankfurt 2015

Protolabs: Hubs wird zu Protolabs Network. *https://www.hubs.com/de/protolabs-network/*, Mai 2024

Schlagwein, F.: Das Comeback der analogen Fotografie. Deutsche Welle, https://www.dw.com/de/analoge-fotografie-comeback/a-59213224, Oktober 2021

Sketchfab: Globe 3D models: Globe 3D models ready to view, buy, and download for free. *https://sketchfab.com/tags/globe#:~:text=Globe%203D%20models%20ready%20to,buy%2C%20and%20download%20for%20free*, April 2024

Thingiverse: Lime Two snap-fit case by hedeco. https://www.thingiverse.com/thing:5831426, Februar 2023

VDI-Z: On-Demand-Bereitstellung als Voraussetzung für Agile Fertigung. *https://www.ingenieur.de/fachmedien/vdi-z/strategie-vdi-z/on-demand-bereitstellung-als-voraussetzung-fuer-agile-fertigung/*, 02. 03. 2023

Wanxiang: Wanxiang America, Inc.: Automotive Parts Manufacturer. *https://www.wanxiang.com/*, Mai 2024

Xtree: *https://www.xtreee.com*, April 2024

Yang, Y.; Wu, C.; Liu, Z.; Li, J.; Yang, T.; Jiang, X.: Characteristics of 3D-printing ultra-high performance fibre-reinforced concrete under impact loading. International Journal of Impact Engineering, Volume 164, *https://www.sciencedirect.com/science/article/abs/pii/S0734743X22000513*, Juni 2022

7 Sicherheitsvorschriften und Umweltschutz

Sicherheit und Umweltschutz gründen sich neben freiwilligen Aktivitäten in der Praxis vor allem auf die Kenntnis und die Beachtung der betroffenen Rechtsgebiete.

Die meisten 3D-Drucker wurden bisher so installiert, so wie man Drucker oder Kopierer installiert, also ohne intensive Diskussion der Rechtslage und möglicher Rechtsfolgen. Für den Anwender sind in der Regel auch tatsächlich alle Auflagen erfüllt, wenn eine additive Maschine der Bedienungsanleitung und den zusätzlichen Aufstellhinweisen des Herstellers entsprechend installiert, betrieben und instandgehalten wird.

Natürlich erfordert der Betrieb einer additiven Anlage die Erfüllung aller Sicherheits- und Umweltauflagen durch die Beachtung aller betroffenen Rechtsgebiete. Die notwendigen Arbeiten wurden aber von den Herstellern und Vertreibern, in Zusammenarbeit mit Verbänden und Normungsgremien, geleistet und direkt bei der konstruktiven Lösung beachtet oder in praxistaugliche Maßnahmen umgesetzt.

Der Anwender kann sich zukünftig nur insoweit auf diesen Kundendienst verlassen, wie der Massenmarkt betroffen ist. Office-freundliche Konstruktionen und geschlossene, die Entsorgung einschließende, Materialkreisläufe werden es ihm ermöglichen, die gesamte Problematik tatsächlich und dauerhaft von seinen Lieferanten bearbeiten zu lassen und in dieser Hinsicht auf sie abzuwälzen. Der Nachweis der Beachtung dieser Hinweise obliegt aber allein ihm.

Allgemein ist dies aber nicht der Fall und Unkenntnis schützt bekanntlich nicht vor Strafe. Additive Fertigungsanlagen beruhen auf vielen unterschiedlichen Bauprinzipien und verwenden eine große Anzahl unterschiedlicher Materialien. Je nach Verfahren sind Nachbearbeitungen notwendig, die den Einsatz von Lösungsmitteln, Härtern, Lacken und dergleichen verlangen. Daher kann nicht allgemeingültig angegeben werden, welche Vorschriften zur Gewährleistung der Sicherheit bei der Installation und dem Betrieb von additiven Fertigungsanlagen zu beachten sind und welche Maßnahmen zum Schutz des Personals und der Umwelt getroffen werden müssen. Die

Beschäftigung mit dieser Problematik ist unumgänglich. Der Zugang erfolgt über die einschlägigen Regelwerke.

Alle betroffenen Gesetze, Verordnungen und Vorschriften verfolgen vordringlich das Ziel, die beteiligten Menschen und ihre Umwelt zu schützen und definieren dazu die Randbedingungen bezüglich Bau und Einrichtungen, Anlagen, Prozessen und Materialien.

Grundsätzlich ist festzustellen, dass sich die Philosophie der Gesetzgebung zunehmend verändert hat. Während Gesetze in der Vergangenheit eher den Charakter von sehr detaillierten Vorschriften hatten, die man fallbezogen und buchstabengetreu einzuhalten hatte, stellen Sie heute vorzugsweise Leitfäden dar, mit deren Hilfe der einzelne Betrieb nachweisen muss, dass er gesetzeskonform handelt. Das äußert sich in Formulierungen wie „... ist so zu handhaben, dass eine Gefährdung von ihr nicht ausgeht". Für den Betrieb bedeutet das die Erstellung einer Risikoanalyse und darauf aufbauend die Formulierung der Einzelnachweise, wie mit den Risiken gesetzeskonform umgegangen wird. Häufig kommen vor allem kleinere Betriebe deshalb um die Einschaltung von Beratern nicht herum.

Angesichts der kontinuierlichen Veränderung von Gesetzen und vor allem angesichts des laufenden Prozesses der Europäisierung von Gesetzen und Verordnungen ist eine Überprüfung der jeweils aktuell geltenden Fassungen unerlässlich.

Eines der wichtigsten Merkmale der aktuellen Gesetzgebung besteht aber darin, dass der *Stand der Technik* als Entscheidungskriterium herangezogen wird. Das bedeutet, dass die Anforderungen an Anlagen dynamisch mit dem Stand der Technik wachsen. Eine einmal erteilte Genehmigung ist daher nicht dauerhaft von Bestand, sondern erfordert kontinuierliche Verbesserungen.

Industrial Printer (Abschnitt 1.5.4 „Industrial 3D-Drucker") sind insofern nicht Gegenstand dieses Kapitels, als es sich um komplexe Fertigungsanlagen handelt, die ohnehin nur nach intensiver Planung durch einschlägige Fachleute installiert werden. Eine solche Installation ist in der Regel zudem von fallweise einzuholenden Genehmigungen abhängig. In der Sache gelten aber alle Ausführungen in diesem Kapitel auch für Industrial Printer.

7.1 Gesetzliche Grundlagen für das Betreiben und das Herstellen von additiven Fertigungsanlagen

Das Inverkehrbringen und der Betrieb von additiven *Fertigungsanlagen* berühren je nach Art, Aufbau und Betriebsweise der jeweiligen Maschine unterschiedliche Rechtsgebiete. Die Vorschriften daraus sind – jedes Rechtsgebiet für sich betrachtet – eigenständig und müssen daher unabhängig voneinander betrachtet und erfüllt werden.

Tatsächlich gibt es viele Überschneidungen, die bei aufmerksamer ganzheitlicher Betrachtung im Sinne von Synergien genutzt werden können.

Zudem ist zu beachten, dass sich mittlerweile eine Vielzahl von Normen und Richtlinien speziell für die additive Fertigung entwickelt. Insbesondere die ASTM/ISO-Normen und die VDI-Blätter der Richtlinie VDI 3405 sind hier zu nennen. Aufgrund der sehr dynamischen und schnellen Entwicklung der Normen für die additive Fertigung wird an dieser Stelle auf die Webseiten der entsprechenden Gremien verwiesen:

- ISO/TC 261: *https://www.iso.org/committee/629086.html* [ISO261]
- VDI 3405: *https://www.vdi.de/3405* [VDI3405]

Für die Anlagenhersteller, die Hersteller der Baumaterialien und die Anlagenbetreiber sind folgende Gesetze und Richtlinien verbindlich:

- Baurecht
- Wasserrecht
- Gewerberecht
- Immissionsschutzrecht
- Abfallrecht
- Chemikalienrecht.

Im Folgenden werden zu den einzelnen Rechtsgebieten die einschlägigen Gesetze, die daraus folgenden Richtlinien und die zu ihrer Umsetzung zu beachtenden technischen Regeln angesprochen. Eine solche Diskussion kann weder die juristische Bewertung des Einzelfalls ersetzen, noch erhebt sie Anspruch auf Vollständigkeit. Sie soll den technisch orientierten Betreiber vor allem für das Thema sensibilisieren und ihm den Einstieg in die Problematik erleichtern. Die angegebenen Quellen leisten dabei Hilfestellung.

7.1.1 Baurecht

Das Baurecht, gründend auf dem Baugesetzbuch und den Landesbauordnungen, wendet sich vorzugsweise an Planer und an die Errichter von Arbeitsstätten. Im Detail regelt vor allem die Verordnung über Arbeitsstätten (Arbeitsstättenverordnung, ArbStättV 2004 [ArbStättV]) die baulichen Voraussetzungen. Sie betrifft die Arbeitsstätten, das ist die bauliche Gesamteinheit, das sind aber auch die Arbeitsräume, also die Räumlichkeiten, in denen die Arbeit tatsächlich stattfindet, und die Arbeitsplätze, also die genauen Orte, an denen bestimmte Mitarbeiter ihrer Arbeit nachgehen. Zur Arbeitsstätte gehören auch Verkehrswege, Fluchtwege, Notausgänge, Lager-, Maschinen- und Nebenräume, Sanitärräume, Pausen- und Bereitschaftsräume, Erste-Hilfe-Räume und Unterkünfte.

Die Arbeitsstättenverordnung umfasst neben den baulichen Maßnahmen oder Veränderungen das Anlegen und Kennzeichnen von Verkehrs- und Fluchtwegen, Kennzeichnen von Gefahrenstellen und brandschutztechnischen Ausrüstungen, das Festlegen von Arbeitsplätzen und die Ausstattung mit Maschinen, Anlagen, Mobiliar, anderen Arbeitsmitteln sowie Beleuchtungs-, Lüftungs-, Heizungs-, Feuerlösch- und Versorgungseinrichtungen.

Die Anforderungen an Arbeitsstätten regelt der Anhang nach § 3 Abs. 1. Die bisherigen Arbeitsstättenrichtlinien (ASR ...) gelten entsprechend § 8 (2) ArbStättV 2004 in ihrer Überarbeitung vom 19. Juli 2010 (BGBl. I S. 965) als *Stand der Technik* weiter.

Es gibt keine besonderen Bestimmungen für additive Maschinen. Bei ihrer Installation sind je nach Anlage vor allem die Punkte Beleuchtung und Sichtverbindung, Sicherheitsbeleuchtung, sowie Raumtemperatur und Lüftung zu beachten, wenn sie wie Sinter- und Stereolithographie-Anlagen in separaten klimatisierten Räumen aufgestellt werden. Die pulverbasierten Systeme erzeugen leicht eine erhöhte Rutschgefahr durch auf dem Fußboden verstreutes Pulver. Je nach Material und Korngröße ist auch eine Ex-Gefährdung zu berücksichtigen. Bei Schutzgassystemen ist die Belüftung der Arbeitsräume zu beachten. Da die meisten heutigen Systeme den manuellen Transport der Materialien zur und der Bauteile von der Maschine weg erfordern, sind entsprechende Transportwege und Lagerplätze vorzusehen. Zudem ist zu beachten, dass meistens aus Brandschutzgründen die Abluftschächte benachbarter Räume nicht gemeinsam über Dach geführt werden dürfen, sondern dies getrennt geschehen muss. Dies ist vor allem vor dem Hintergrund explosionsgeschützter Räume, wie sie auch für das Post-Processing und Finishing von Alu- und Titan-SLM Bauteile benötigt werden, notwendig. Der Ex-Schutz umfasst natürlich die gesamte Infrastruktur, also neben den Schaltern auch Elektrogeräte und Staubsauger.

7.1.2 Wasserrecht

Mit der Föderalismusreform wurde ab dem 01. 09. 2006 die Rahmengesetzgebung des Bundes aufgehoben. Das Wasserrecht ist damit Ländersache. Seitdem gilt die sogenannte konkurrierende Gesetzgebungskompetenz für das Wasserhaushaltsrecht, wonach der Bund grundsätzlich gesetzgeberisch tätig werden darf. Geschieht das vor der Verabschiedung entsprechender Landesgesetze, so gilt Bundesrecht. In einer Übergangszeit bis zum 1. Januar 2010 galt das Wasserhaushaltsgesetz des Bundes so lange fort, bis der Bund von seiner konkurrierenden Gesetzgebungskompetenz Gebrauch gemacht hat. Danach dürfen die Länder eigene Regelungen treffen. Natürlich sind die Vorgaben der europäischen Wasserrahmenrichtlinie zu beachten.

Die Gesetzgebung befasst sich vor allem mit dem Schutz der Gewässer vor gefährlichen Stoffen und mit den Anlagen zur Handhabung von wassergefährdenden Stoffen.

Die Gefährdung des Wassers war ursprünglich durch die *Verwaltungsvorschrift wassergefährdende Stoffe*, VwVwS 1999 [VwVwS99] mit ergänzender VwVwS 2005 [VwVwS05], definiert. Mittlerweile ist sie durch die Verordnung über Anlagen zum Umgang mit wassergefährdenden Stoffen (AwSV) vom 18. April 2017 (BGBl. I S. 905) [AwSV17], die durch Artikel 256 der Verordnung vom 19. Juni 2020 (BGBl. I S. 1358) [BGBL256] geändert worden ist, ersetzt worden. Die AwSV definiert die Chemikalien, die als wassergefährdend gelten und teilt sie mittels Kennziffern in *Wassergefährdungsklassen*, WGK, ein. Danach gibt es nicht wassergefährdende Stoffe (nwg) und wassergefährdende Stoffe der Wassergefährdungsklassen WGK 1 – 3. Eingestuft werden chemische Stoffe und Stoffgemische oder deren Reaktionsprodukte, die geeignet sind, Gewässer zu verunreinigen oder sonst in ihren Eigenschaften nachteilig zu verändern. In diese Kategorie fallen vor allem Lösungsmittel, mineralölhaltige Rückstände, Pflanzenbehandlungsmittel, Schwermetalle, Phosphate sowie halogenierte Kohlenwasserstoffe, Säuren, Laugen, PCB usw. Eines der Hauptkriterien ist die Krebsgefährdung.

Ausführliche Dokumentationen zur Verordnung, die Listen wassergefährdender Stoffe, ein Einstufungsleitfaden und ein Dokumentationsformblatt sind auf der Internetseite des Bundesministeriums für Umwelt, Naturschutz, nukleare Sicherheit und Verbraucherschutz (BMUV) hinterlegt[1)] [AwSV].

Mit den Anlagen zur Aufbewahrung, zur Herstellung und zum Transport wassergefährdender Stoffe befasst sich ebenfalls die *Verordnung über Anlagen zum Umgang mit wassergefährdenden Stoffen und über Fachbetriebe (Anlagenverordnung*, VawS). Sie erfasst Anlagen zum Umgang mit wassergefährdenden Stoffen nach § 19 g Abs. 1 und 2 *Wasserhaushaltsgesetz*, WHG [VAwS].[2)]

Für additive Anlagen ist vor allem die vorschriftsmäßige Lagerung der Materialien zu beachten. Die Maschinen haben üblicherweise keine Abwasserleitung. Kühlwasseranschlüsse von Lasern sind unproblematisch. Reinigungsanlagen, z. B. zum Auswaschen von Stützen, sind vor allem auf die Reinigungsflüssigkeiten hin zu bewerten.

7.1.3 Gewerberecht

Das Gewerberecht befasst sich mit dem Inverkehrbringen von technischen Arbeitsmitteln, vorzugsweise Maschinen, und Verbraucherprodukten. Es gründet auf dem Gesetz über die Bereitstellung von Produkten auf dem Markt (Produktsicherheitsgesetz – ProdSG), vom 16. Juli 2021 (Artikel 1 G. v. 27. 07. 2021 *BGBl. I S. 3146*, 3147 (*Nr. 49*) [ProdSG]. Es ersetzt das Gesetz über technische Arbeitsmittel, *Gerätesicherheitsgesetz*,

1 *https://www.bmuv.de/gesetz/verordnung-ueber-anlagen-zum-umgang-mit-wassergefaehrdenden-stoffen*

2 Für das Bundesland NRW gilt z. B. die VawS vom 20. März 2004 (GV. NRW. Nr. 18 vom 09. 06. 2004 S. 274) Gl.-Nr.: 77. Der Text steht im Internet: *https://recht.nrw.de/lmi/owa/br_text_anzeigen?v_id=10000000000000000064*

GSG, in der Fassung vom 11. Mai 2001 [GSG2001] und das Geräte- und Produktsicherheitsgesetz, GPSG, vom 8. November 2011 [GPSG2011].

Für das Inverkehrbringen von Maschinen ist vor allem die Maschinenverordnung, die *Neunte Verordnung zum Geräte- und Produktsicherheitsgesetz*, 9. GPSGV, wichtig [GPSGV]. Danach muss die Maschine beim Inverkehrbringen mit der CE-Kennzeichnung nach § 4 versehen und ihr eine EG-Konformitätserklärung nach dem Muster des Anhangs II Buchstabe A der *Richtlinie 89/392/EWG* [*EWG89/392*] beigefügt sein.

Anlagen, die Druckbehälter, Druckgasbehälter, Füllanlagen und Rohrleitungen sowie Ausrüstungsteile dazu enthalten, sind gesondert zu betrachten. Die bisher gültige *Druckbehälterverordnung*, DruckbehV [DruckbehV], und die unterlegten Vorschriften, die als *Technischen Regeln Druckbehälter*, TRB [TRB], niedergelegt waren, sind per 01. 01. 2003 aufgehoben.

Im Rahmen der Europäischen Harmonisierung wird nun in Beschaffungsvorschriften und Betriebsvorschriften getrennt. Entsprechend wurden die Druckgeräterichtlinie und die Betriebssicherheitsverordnung erstellt.

Im Rahmen des Geräte- und Produktsicherheitsgesetzes, GPSG, wurden die *Druckgeräterichtlinie* und die unterlegte *Druckgeräteverordnung* (14. ProdSV [ProdSV]) geschaffen. Als Druckgeräte im Sinne dieser Richtlinie gelten Druckbehälter, Dampfkessel, Rohrleitungen, Ausrüstungsteile mit Sicherheitsfunktion und druckhaltende Ausrüstungsteile mit einem inneren Druck von mehr als 0,5 bar.

Diese eher beschaffungsorientierten Verordnungen gelten vorzugsweise für den Hersteller von Anlagen. Sie sind aber auch gültig, wenn ein Betreiber entsprechende Erweiterungen ausführt. Luftzerlegungsanlagen, pneumatische Materialfördersysteme, Auspackstationen, automatische Strahlanlagen und dergleichen können betroffen sein.

Die *Betriebssicherheitsverordnung*, BetrSichV [BetrSichV], regelt die Bereitstellung von Arbeitsmitteln durch den Arbeitgeber, die Benutzung von Arbeitsmitteln durch die Beschäftigten sowie den Betrieb von überwachungsbedürftigen Anlagen im Sinne des Arbeitsschutzes. Sie enthält dazu vor allem ein Schutzkonzept, das auf alle von Arbeitsmitteln ausgehenden Gefährdungen anwendbar ist. Grundlage ist eine einheitliche Gefährdungsbeurteilung der Arbeitsmittel und eine darauf abgestimmte sicherheitstechnische Bewertung für den Betrieb überwachungsbedürftiger Anlagen. Als Ergebnis sind geeignete Schutzmaßnahmen abzuleiten und zu evaluieren.

Die neunte Verordnung zum Produktsicherheitsgesetz (Maschinenverordnung – 9. ProdSV) [*ProdSV*] setzt die EG-Richtlinie 2006/42/EG eins zu eins in nationales Recht um. Sie regelt das Bereitstellen von neuen Maschinen und neuen unvollständigen Maschinen auf dem Markt. Letzteres ist insbesondere wichtig, wenn Arbeitsgemeinschaften unter Einbeziehung von Forschungseinrichtungen Maschinen in Verkehr bringen.

Die *Technischen Regeln für Betriebssicherheit*, TRBS[3] [TRBS], enthalten den Stand der Technik, Regeln der Arbeitsmedizin und der Hygiene und sonstige gesicherte arbeitswissenschaftliche Erkenntnisse für die Bereitstellung und die Benutzung von Arbeitsmitteln sowie für den Betrieb von überwachungsbedürftigen Anlagen. Sie werden vom Ausschuss für Betriebssicherheit definiert. Danach ist der Stand der Technik der alleinige Maßstab für die Betriebssicherheit. Das bedeutet implizit die Verpflichtung zu einer kontinuierlichen Anpassung im Betrieb befindlicher Anlagen, auch wenn sie über Jahre hinweg sicher gewesen sind.

Für additive Anlagen kommt es im Detail darauf an, ob sie als überwachungsbedürftig eingestuft werden. Heutige Anlagen sind das im Allgemeinen nicht. Zukünftige Anlagen, die mit deutlich größeren Mengen Material arbeiten, komplexe Fertigungssysteme darstellen, feinere Pulver verwenden oder reaktive Stoffe verarbeiten sind diesbezüglich zu überprüfen.

7.1.4 Immissionsschutzrecht

Zum Schutz vor schädlichen Umwelteinwirkungen durch Luftverunreinigungen, Geräusche, Erschütterungen und ähnliche Vorgänge wurde als Teil des Umweltrechts das *Bundesimmissionsschutzgesetz*, BimSchG [BimSchG], erlassen.

In diesem Gesetz kommt die angesprochene neue Philosophie der Gesetzgebung sehr deutlich zum Ausdruck. Es verpflichtet den Betreiber von Anlagen zur Abwehr von umweltschädlichen Einflüssen. Das schließt die Vorsorge explizit ein und implementiert eine Informationsstrategie und eine daraus abgeleitete Risikoanalyse, auch wenn beide nicht nachgewiesen werden müssen. Die Vorbeugepflicht ist zudem *technologiebezogen* und muss sich am jeweiligen Stand der Technik orientieren.

Um die Immissionen zu beherrschen, wendet sich das Gesetz in seinen praxisrelevanten Regelwerken, den Verordnungen, vor allem der Vermeidung der Emissionen zu. Das Gesetz selbst regelt nur die grundsätzlichen Anforderungen. Die für die Praxis wesentlichen, überwiegend technischen, Einzelheiten sind in zahlreichen *Durchführungsverordnungen* (BImSchV) geregelt [BImSchV], die konkrete Anforderungen an bestimmte Typen von Anlagen definieren und Einzelheiten zum Genehmigungsverfahren und zu ihrer Überwachung enthalten.

Aus den insgesamt zu beachtenden mehr als 30 Durchführungsverordnungen zum BImSchG sollen zwei aus Sicht der additiven Anlagen, zumindest zukünftig, wichtige herausgegriffen werden:

Die *Verordnung über genehmigungsbedürftige Anlagen*, 4. BimSchV [BimSchV4], regelt, ob eine Anlage nach diesem Gesetz genehmigungsbedürftig ist oder nicht. Die genehmigungsbedürftigen Anlagen sind im Anhang der 4. BImSchV in Spalte 1 *abschließend*

[3] *https://www.baua.de/DE/Angebote/Regelwerk/TRBS/TRBS.html*

aufgelistet.[4] Die parallel geführte Spalte 2 gibt Anlagenspezifikationen an, die nach dem vereinfachten Verfahren zugelassen werden können.

Additiv (generativ) arbeitende Anlagen sind darin bisher nicht aufgeführt. Gelistet sind aber immissionsrechtlich gesehen verwandte Anlagen zum Pulverbeschichten oder solche, in denen Harze unter Selbstvernetzung ausreagieren. Die im Anhang der 4. BImSchV, 5.2, Spalte 2, für das vereinfachte Verfahren als unterer Grenzwert angegebenen Mengen von 10 kg/h sind von der Kapazität einzelner aktueller großer Stereolithographie- und Sinteranlagen gar nicht mehr so weit entfernt.

Die *Verordnung über das Genehmigungsverfahren*, 9. BimSchV [BimSchV9], regelt das Procedere bei der Errichtung und dem Betrieb einer im Anhang der 4. BImSchV aufgeführten und damit genehmigungsbedürftigen Anlage. Das Verfahren erfolgt durch die zuständige Behörde nach § 4 BimSchG, wenn es eine neue Anlage ist, und nach § 16 BImSchG, wenn es sich um eine wesentliche Änderung einer bestehenden Anlage handelt.

In ein Genehmigungsverfahren müssen gegebenenfalls umfangreiche Unterlagen eingebracht werden, die im Sinne der oben angesprochenen Vernetzung aus anderen Rechtsgebieten stammen. Dazu können gehören: Bauanleitung oder Betriebsbeschreibung, Lagepläne, Angaben über Emissionen, Auszug aus Flurkarten. Wenn die Öffentlichkeit tangiert sein kann, ist sie in das Verfahren einzubeziehen.

7.1.5 Abfallrecht

Das *Abfallrecht* fasst alle Rechtsnormen zusammen, die mit der Behandlung, dem Transport und der Entsorgung sowie dem sonstigen Umgang mit Abfällen zu tun haben. Es ist Teil des Umweltrechts. Abwässer unterliegen dem Wasserrecht. Auf Bundesebene gilt übergeordnet das *Kreislaufwirtschafts- und Abfallgesetz*, KrW-/AbfG [KRWG].

Die *Abfallrahmenrichtlinie 75/442/EWG* [EWG75/442] des Europäischen Rates vom 15. Juli 1975 bildet die Grundlage einer europäischen Einigung. Sie dokumentiert in 21 Artikeln und drei Anhängen (Abfallgruppen, Beseitigungsverfahren, Verwertungsverfahren) die Prinzipien der Abfallverwertung und der Abfallbeseitigung. Es gilt die Richtlinie 2008/98/EG des Europäischen Parlaments und des Rates vom 19. November 2008 über Abfälle und zur Aufhebung bestimmter Richtlinien.

Im praktischen Alltag gilt vor allem die *Abfallverzeichnis-Verordnung*, AVV[5] [AVV], zur Bezeichnung von Abfällen und der Einstufung von Abfällen nach ihrer Gefährlichkeit (§ 1 AVV) und damit auch nach ihrer Überwachungsbedürftigkeit. Sie wurde am 10. Dezember 2001 zur Umsetzung des *Europäischen Abfallkatalogs* [EAV] erlassen.

---

4 Volltext: *https://www.gesetze-im-internet.de/bimschv_4_2013/anhang_1.html.*

5 Volltext: *www.gesetze-im-internet.de/avv/.*

Eine wesentliche Neuerung des Europäischen Abfallverzeichnisses ist, dass die Einstufung als *gefährlich* bei vielen Abfällen vom Gehalt gefährlicher Stoffe abhängig gemacht wird. Hierzu wird auf das EG-Gefahrstoffrecht Bezug genommen. Die Verordnung zur Umsetzung des Europäischen Abfallverzeichnisses enthält auch Folgeänderungen zur Bundesimmissionsschutzverordnung, vor allem zur *Verordnung über Genehmigungsverfahren*, der 9. BimSchV [BimSchV9].

Zur Bezeichnung (§ 2 AVV) wird dem Abfall eine Abfallart zugeordnet und mit einer sechsstelligen Nummer, der *Abfallschlüsselnummer*, belegt. Der Code entspricht für die 1. und 2. Stelle dem Kapitel, für die 3. und 4. Stelle der Gruppe und für die 5. und 6. Stelle der Abfallart. Es gibt Umschlüsselungstabellen zum Vergleich mit der alten fünfstelligen Abfallschlüsselnummer, ASN.

In § 3 AVV werden die Gefährlichkeitskriterien benannt und beschrieben und die Abfälle hinsichtlich ihrer Gefährlichkeit eingestuft. Gefährliche Abfälle werden mit einem Sternchen * gekennzeichnet.

Die einzelnen Stoffe werden im *Europäischen Abfallkatalog*, EAK[6)] [EAK], gelistet. Dieser Katalog wird kontinuierlich fortgeschrieben und ist europaweit verbindlich.

7.1.6 Chemikalienrecht

Das *Chemikaliengesetz*, ChemG [ChemG], ist vor allem im Gewand der unterlegten *Gefahrstoffverordnung* praxisrelevant. Mit der REACH Verordnung (siehe Abschnitt 7.1.6.2 „REACH“) ist das Registrieren, Bewerten und Zulassen von Chemikalien seit dem 01. 01. 2007 auf völlig neue Beine gestellt und europaweit verbindlich geregelt. Sie bildet zugleich den europäischen Beitrag zum geplanten weltweit vereinheitlichten System zur *Einstufung und Kennzeichnung von Chemikalien* (GHS) [GHS].

Die aktuelle Gefahrstoffverordnung ist am 01. Januar 2005 in Kraft getreten. Damit wird die EG-Richtlinie 98/24/EG (Gefahrstoff-Richtlinie) in deutsches Recht umgesetzt. Ihr Geltungsbereich wurde auf alle Beschäftigten ausgedehnt und schließt damit Schüler, Studierende, Mitarbeiter an wissenschaftlichen Einrichtungen, aber auch in Heimarbeit Beschäftigte ein.

Eckpfeiler sind die Gefährdungsbeurteilung und das Schutzstufenmodell. Mit dem Inkrafttreten der Gefahrstoffverordnung 2005 wurde ein neues gesundheitsbasiertes Grenzwertkonzept eingeführt. Viele bisher gut bekannte Begriffe aus den *Technischen Regeln für Gefahrstoffe*, TRGS [TRGS], werden nicht mehr verwendet. Dazu zählen vor allem die in der TRGS 900 niedergelegten *technischen Richtkonzentrationen* (TRK-Werte) und die gesundheitsbasierten *maximalen Arbeitsplatz Konzentrationen* (MAK-Werte). Angewandt werden jetzt die in der TRGS 900 ausgewiesenen *Arbeitsplatzgrenzwerte*, AGW-Werte[7)][TRGS900].

---

6 Volltext: *https://www.statistik.bayern.de/medien/statistik/erhebungen/.../europabfallkatalog.pdf.*

7 *www.baua.de/de/Themen-von-A-Z/Gefahrstoffe/TRGS/TRGS.html.*

Die inhaltlichen Schwerpunkte der neuen Gefahrstoffverordnung sind:

- Die durch den Arbeitgeber durchzuführende Informationsbeschaffung und Gefährdungsbeurteilung als zentrale Instrumente zur Einstufung von Tätigkeiten.
- Ein Schutzstufenkonzept mit 4 Stufen in Abhängigkeit von den Gefährlichkeitsmerkmalen des Stoffs und der Tätigkeit.
- Die Bewertung durch risikobezogene Arbeitsplatzgrenzwerte (AGW) anstelle der bisherigen technisch begründeten Grenzwerte.
- Die Ausdehnung der arbeitsmedizinischen Untersuchungen und Beratungen.

Die Hersteller oder Einführer haben die Pflicht ihre Produkte einzustufen, sie richtig zu kennzeichnen und zu verpacken und unaufgefordert und kostenlos ein Sicherheitsdatenblatt (siehe Abschnitt 7.1.6.1 „Sicherheitsdatenblätter") in deutscher Sprache mitzuliefern (§§ 4, 13, 16 bis 17 ChemG, § 5 GefStoffV [GefStoffV]). Der Betreiber oder Anwender hat eine Informationspflicht, auch allgemeiner Natur, also die Verpflichtung, sich selbst über mögliche Schäden und Schadenspotenziale zu informieren und wird dazu explizit auf das Internet verwiesen.

Auf der Basis der Informationen ist die Gefährlichkeit der verwendeten Stoffe im Rahmen einer Gefährdungsbeurteilung abzuschätzen und zu bewerten (Bild 7.1).

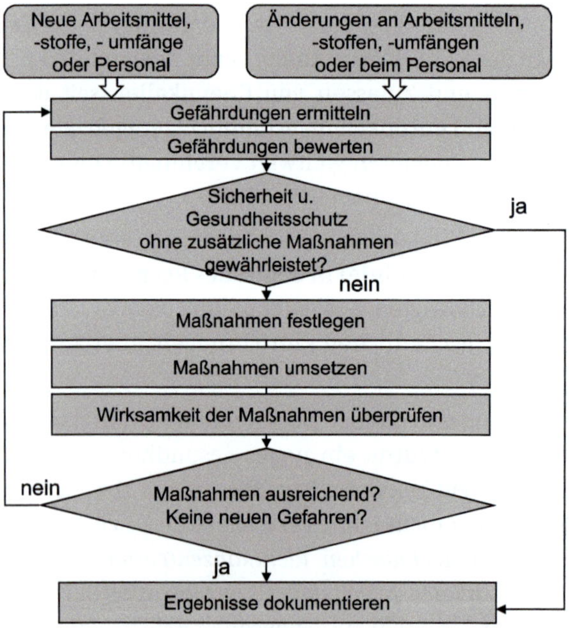

Bild 7.1
Fluss- und Entscheidungsdiagramm zur Durchführung der Gefährdungsbeurteilung und der daraus folgenden Maßnahmen
Quelle: Bundesanstalt für Arbeitsschutz und Arbeitsmedizin (BAuA) [BAuA]

Der Aufwand kann in erträglichen Grenzen gehalten werden, wenn die Hersteller und Händler die Möglichkeit, eine Gefährdungsbeurteilung für Tätigkeiten mit ihrem Produkt an die Kunden mitzuliefern, auch ergreifen (oder von ihnen dazu angehalten werden). Dabei müssen alle möglichen Gefährdungen und alle zu ergreifenden Schutzmaßnahmen für die jeweilige Tätigkeit aufgeführt werden. Die wesentlichen Gefährdungspotenziale sind Brand- oder Explosionsgefahr, Toxizität, Erfrierungen, und unzulässige Konzentrationen von Stoffen.

Auf der Basis der Gefährdungsbeurteilung und des Gefahrstoffverzeichnisses werden die notwendigen Schutzmaßnahmen definiert und in einem Schutzstufenkonzept in eine der vier Schutzstufen eingeordnet. Die Schutzmaßnahmen zu den Schutzstufen bauen dabei sukzessive aufeinander auf. Bei Zuordnung einer höheren Schutzstufe sind die notwendigen Schutzmaßnahmen zusätzlich zu denen der niedrigeren Schutzstufen zu treffen.

Die notwendigen Maßnahmen sind für jede Schutzstufe in der Verordnung aufgelistet. Ab Schutzstufe zwei erhöht sich der Aufwand beträchtlich. Es sind ein Gefahrstoffverzeichnis sowie Betriebs- und Bedienungsanweisungen zu erstellen. Unterweisungen sind durchzuführen, die Arbeitsplatzgrenzwerte zu ermitteln und der tatsächliche Wert nachzuweisen. Zudem ist eine erweiterte arbeitsmedizinische Vorsorge zu organisieren.

Eine sehr gute Darstellung der Verordnung mit praxistauglichen Hinweisen hat die Landesunfallkasse Nordrhein-Westfalen ins Netz gestellt.[8)]

7.1.6.1 Sicherheitsdatenblätter

Nach § 6 GefStoffV [*GefStoffV*] hat der Hersteller und der Einführer von gefährlichen Substanzen *Sicherheitsdatenblätter*, SDB, oder *Material Safety Data Sheets*, MSDS, mitzuliefern. Diese Datenblätter sind für Inverkehrbringer, Einführer und Hersteller von Gefahrstoffen und von Zubereitungen, die diese Gefahrstoffe über bestimmte Mengengrenzen hinaus enthalten, verbindlich und müssen von ihm kostenlos zur Verfügung gestellt werden. In der Regel und als Kundendienst werden aber für alle chemischen und biologischen Produkte Sicherheitsdatenblätter erstellt, um den Abnehmer der Produkte auch über eine etwaige Ungefährlichkeit zu informieren. Der Betreiber sollte unbedingt darauf achten, ein solches Sicherheitsdatenblatt zu erhalten.

Der Inhalt ist durch die Gefahrstoffverordnung und die darin enthaltenen Verweise auf EU-Richtlinien (Verordnung (EG) Nr. 1907/2006) [EG1907/2006] festgelegt. Üblicherweise enthalten SDB die folgenden Informationen:

- Stoff/Zubereitungs- und Firmenbezeichnung
- Zusammensetzung/Angaben zu Bestandteilen
- Mögliche Gefahren
- Erste-Hilfe-Maßnahmen
- Maßnahmen zur Brandbekämpfung

8 *www.unfallkasse-nrw.de/sicherheit-und-gesundheitsschutz/themen/gefaehrdungsbeurteilung.html.*

- Maßnahmen bei unbeabsichtigter Freisetzung
- Handhabung und Lagerung
- Expositionsbegrenzung und persönliche Schutzausrüstungen
- Physikalische und chemische Eigenschaften
- Stabilität und Reaktivität
- Angaben zur Toxikologie
- Angaben zur Ökologie
- Hinweise zur Entsorgung
- Angaben zum Transport
- Vorschriften wie R- und S-Sätze
- Sonstige Angaben

Diese Struktur entspricht dem als verbindlich anzusehenden EU-Sicherheitsdatenblatt. Unsicherheit löst immer wieder aus, dass daneben noch firmeneigene Sicherheitsdatenblätter und DIN-Sicherheitsdatenblätter nach DIN 52900 im Umlauf sind. Ein internationaler Standard ist bis heute nicht festgelegt. Die Sicherheitsdatenblätter können folglich unterschiedlich aufgebaut sein. Die wesentlichen Inhalte sollten sich jedoch am obigen Beispiel des EG-Sicherheitsdatenblatts orientieren.

Wenn Gefahrstoffe in Betrieben verwendet werden, sind Betriebsanweisungen zu erstellen und für alle jederzeit einsehbar zu halten.

Einstufung von Stoffen, CAS

Ein weiteres Problem liegt darin, dass es unterschiedliche Systeme zur Einstufung von Stoffen gibt. Die geläufigste Einstufung ist die nach dem Chemical Abstract Service (CAS)[9]. Deshalb sollte zur eindeutigen Kennzeichnung von chemischen Stoffen die CAS-Nr., die Chemical Abstract Service-Nr., verwendet werden [CAS].

7.1.6.2 REACH

REACH[10] ist eine Verordnung, die das Anmelden (**R**egistrieren), Bewerten (**E**valuieren) und Zulassen (**A**utorisieren) von **Ch**emikalien seit dem 01. 01. 2007 regelt [REACH]. Nach dem Grundsatz „no data, no market“ dürfen künftig nur noch Stoffe in Verkehr gebracht werden, zu denen ein ausreichender Datensatz vorliegt. Er richtet sich in Art und Umfang in erster Linie nach dem jeweiligen Produktionsvolumen. Gefordert

---

9 Eine gute Zusammenstellung der Systematik gibt es auf der CAS Website: *www.cas.org/expertise/cascontent/registry/regsys.html#q2*.

10 Englisch: **REACH** (oder **REACh**) – **R**egistration, **E**valuation and **A**uthorisation of **Ch**emicals. *www.reach-info.de/*.

werden Daten für alle Stoffe, die in einer Menge ab einer t/a in der EU produziert oder in die EU importiert werden.

Vollständig neu geregelt wird dabei der Umgang mit Substanzen, die vor September 1981 auf den Markt gekommen sind, den sogenannten Altstoffen (Phase-In-Stoffe).

Nach dem Prinzip der Beweislastumkehr überträgt REACH die Verantwortung für die Überprüfung der Chemikaliensicherheit von den nationalen Behörden auf die Hersteller und Importeure. Sie müssen künftig überzeugend darstellen, dass ihre Produkte sicher zu handhaben sind und weder die Gesundheit der Weiterverarbeiter oder Verbraucher, noch die Umwelt über Gebühr belasten. Ihre Stoffinformationen geben Hersteller und Importeure an alle Abnehmer, die nachgeschalteten Anwender, weiter. Diese sollten die entsprechenden Unterlagen einfordern.

Eine gute Informationsquelle bildet z. B. REACH-Net, eine kostenlose Onlineberatung rund um die REACH-Verordnung[11)] [REACH-NET].

Als einer der wenigen Hersteller hat Stratasys eine entsprechende REACH Compliance formuliert und veröffentlicht (*http://www.stratasys.com/corporate/reach-compliance*).

7.2 Anmerkungen zu Materialien für die additive Fertigung

Der Betreiber von additiven Anlagen muss sich und seine Mitarbeiter insbesondere davor schützen, durch die Handhabung und die Verarbeitung der verwendeten Materialien Schaden zu nehmen.

Die industriell relevanten Verfahren müssen nach den jeweils verarbeiteten Werkstoffen unterschieden werden. Bei den kunststoffverarbeitenden Verfahren laufen entweder komplexe chemische Reaktionen ab oder die Kunststoffe werden bis zu ihrem Schmelzpunkt erhitzt, wobei je nach Art der eingesetzten Energiequelle eine Teilverdampfung nicht immer sicher zu vermeiden ist. Polymerisationen erfolgen aus Monomeren, mit denen kein Hautkontakt erfolgen sollte. Pulver und Flüssigkeiten müssen in Gebinden aufbewahrt und vor Umwelteinflüssen wir Sauerstoff, Feuchtigkeit und UV-Strahlung geschützt werden.

Untersuchungen zur Gefährdung durch additiv verarbeitete Materialien sind noch sehr rar. Es liegt auf der Hand, dass bei laserbasierten AM-Verfahren, vor allem beim Lasersintern, ähnliche Effekte zu erwarten sind, wie bei der Laserstrahlbearbeitung der gleichen Kunststoffe. Eine breit angelegte Studien des Laserzentrums Hannover, LZH, und des Süddeutschen Kunststoff Zentrums, SKZ, zu den Emissionen bei der La-

[11] *https://www.komnet.nrw.de/_sitetools/komnetrecherche/index.html?cat=1/0000/0014.*

serstrahlbearbeitung von Kunststoffen [*Hustedt*15] belegt dies für Kunststoffe, die auch für die additive Fertigung wichtig sind. Dabei ist bemerkenswert, dass Emissionen in Form von Aerosolen, flüchtigen organischen Verbindungen (VOCs, aus dem Englischen: „volatile organic compound(s)) und Kohlenstoffmonoxid (CO) nicht nur bei Verdampfung (Schneiden, Schweißen) nachweisbar sind, sondern auch beim Transmissionsschweißen.

Die entscheidende Rolle spielt die Temperatur. Die Untersuchungen sind deshalb tendenziell auch für additive Verfahren gültig, die Kunststoffe bis in den teigigen Zustand erwärmen, wobei temporär lokales Schmelzen und Verdampfen nicht auszuschließen sind. Dies belegt eine Studie von Merlo und Mazzoni [Merlo15], die sich auf ABS und PLA konzentriert, aber mit anderen relevanten Materialien fortgeführt wird. Zum Schutz werden in jedem Fall ein geschlossener Bauraum, ein großer Aktivkohlefilter und eine Absaugung empfohlen, die pro Stunde das Dreifache des Raumvolumens bewältigen kann.

Bei den laserbasierenden LLM-Verfahren werden hauptsächlich Papierfolien eingesetzt. Aufgrund des Sublimationsschneidens werden bei großen Modellen nicht unerhebliche Mengen Papier und Klebstoff verdampft. Deshalb ist eine gute Absaugung notwendig. Andere Pulver-Binder-Verfahren, aber auch LLM-Verfahren mit Polymerfolien arbeiten mit Aktivatoren und Klebstoffen.

Bei den metallverarbeitenden Maschinen muss insbesondere den Metallpulvern Beachtung geschenkt werden. Neben dem bereits zuvor angesprochenen notwendigen Explosionsschutz muss ein besonderes Augenmerk auf den Schutz der Mitarbeiter gelegt werden. Aufgrund der sehr feinen Kornfraktion der Metallpulver sind diese teilweise lungengängig und fallen, je nach verwendetem Werkstoff, unter die sogenannten KMR-Stoffe (Stoffe mit kanzerogener, mutagener oder reproduktionstoxischer Wirkung). Daher ist zwingend auf eine angemessene und geeignete PSA (persönliche Schutzausrüstung) wie z. B. eine Atemschutzmaske zu achten. Auch sollte der Hautkontakt grundsätzlich vermieden werden. Bei der Verarbeitung von reaktiven Pulvern zur Herstellung von Titan- und Aluminiumbauteilen ist zusätzlich bei der Lagerung der Materialien außerhalb der Maschine und bei der Beschickung der Anlage Vorsicht angebracht. Während des Prozesses ist eine Gefährdung aufgrund der Bauart der Maschinen praktisch ausgeschlossen, solange der Restsauerstoff kontrolliert wird. Das 3D Printing der Firma Z-Corporation/3D Systems setzt(e) unter anderem ein an sich völlig harmloses Stärkepulver ein. Das Pulver selbst, vor allem aber wasserähnliche Binder, sind aber mit Additiven versetzt, die die Verarbeitbarkeit und die Haltbarkeit der Materialien begünstigen. Zunehmend kommen neue Pulver-Binder-Kombinationen auf den Markt, die auch teilvernetzende Eigenschaften haben können und sich dann eher wie Kunststoffe verhalten.

Da die Hersteller es immer mehr bevorzugen, Maschinen und Materialien klingende Namen zu geben, wird es auch immer schwerer, aus den Bezeichnungen abzuleiten, welche Eigenschaften man erwarten darf. Klarheit bringt daher nur das Sicherheitsdatenblatt.

7.3 Anmerkungen zur Benutzung von additiv gefertigten Bauteilen

Es kann davon ausgegangen werden, dass vorschriftsmäßig gebaute und nachbearbeitete additiv gefertigte Bauteile keine Gefahren für den Benutzer darstellen oder beinhalten.

Polymerisation

Bei Bauteilen, die durch Strahlenvernetzung entstanden sind, also bei allen Spielarten der Stereolithographie, ist darauf zu achten, dass das Material vollständig polymerisiert. Flüssige Restmonomere wirken je nach Empfindlichkeit der jeweiligen Person äußerlich hautreizend, im Körper sogar hämolytisch.

Allerdings sollte man bei Beschwerden mit Hautreizungen zunächst die Waschlotion und die Verträglichkeit der Handschuhe überprüfen.

Zur Frage der Biokompatibilität von Rapid Prototyping Modellen aus Stereolithographie-Materialien liegen noch keine gesicherten Erkenntnisse vor. Es gilt allgemein als erwiesen, dass vollständig polymerisierte Acrylate biokompatibel sind, während Epoxidharze nicht biokompatibel sind. Die Tatsache, dass bestimmte (nicht durch Photopolymerisation hergestellte) Acrylate und Polyamide im Zusammenhang mit künstlichen Implantaten bereits eingesetzt werden, belegt deren grundsätzliche Anwendbarkeit. Aussagen zur Biokompatibilität von Materialien lassen sich aber nicht allgemein, sondern jeweils nur bezogen auf den konkreten Anwendungsfall treffen.

Angesichts der unterschiedlichen Systeme ist davon auszugehen, dass heute alle Arten von Materialien, also neben Epoxiden auch Acrylate und Vinylether, auf dem Markt sind.

Sintermaterialien

Polystyrol ist eine aromatische Verbindung. Das Benzol ist nur leicht gebunden und kann leicht abgespalten werden. Beim Zerfall können so Spuren von Benzol entstehen. Benzol ist kanzerogen (MAK-Wert 0!), da es die Lipidmembran der Zellen ungehindert durchdringt und irreversible Zellkernschädigungen (Mutation) hervorrufen kann.

Polyamid (Nylon) ist durch eine lange instabile Kettenstruktur gekennzeichnet, die bei Erwärmung in kleinere Bruchstücke zerfällt, jedoch keine Aromaten beinhaltet.

Bei gefüllten Polyamiden ist zusätzlich die Komponente zu beachten, mit der gefüllt wird.

Polycarbonat ist recht stabil. Es ist zwar auch aromatisch, jedoch sind die Kräfte der Sauerstoffbindungen sehr hoch, sodass nur eine sehr geringe Wahrscheinlichkeit zur Bildung von Benzol besteht.

Insgesamt ist ein Trend zu immer kleineren Kornfraktionen festzustellen. Nominelle 20 µm Körnungen enthalten natürlich auch kleinere Partikel. Ab circa 10 µm ist davon auszugehen, dass die Nasen- und Rachenschleimhäute belastet werden, Körnungen unter 6 µm gelten als lungengängig, unter 5 µm als explosionsfähig.

Gefüllte Pulver machen das Feld insgesamt unübersichtlicher.

Extrusionsmaterialien

Beim *ABS* kann es aufgrund seiner (je nach Art unterschiedlichen) Kombination aus Acrylnitril, Polybutadien und Polystyrol und bei Erwärmung zu der gleichen unerwünschten Benzolbildung kommen, wie schon unter Polystyrol beschrieben. Da der Werkstoff im bestimmungsgemäßen Betrieb nur verflüssigt wird, ist die Gefahr einer Verdampfung gering. Auszuschließen sind Teilverdampfungen aber nicht.

Lösungsmittel

In der Stereolithographie wird TPM (Tripropylenglycolmonomethylether), eine Kombination von Alkohol und Ether eingesetzt, die hydrophile und hydrophobe Stoffe löst. Es ist relativ unbedenklich. Insbesondere zur Lösung des CIBATOOL SL sind auch folgende, jedes für sich gesehen unbedenkliche, Lösungsmittel anwendbar: Aceton, Essigsäure-Ethylesther, Terziär-Butylacetat, Dimethylsulfoxid.

In jedem Fall sollten Handschuhe getragen werden. Zur Vorbeugung gegen Hautirritationen sind entsprechende Schutzcremes empfehlenswert (z. B. Silicoderm).

Biokompatibilität und Sterilisierbarkeit

Die Unsicherheit bei der Bestätigung der Biokompatibilität ist schon in Zusammenhang mit den Polymerisationsmaterialien angesprochen worden. Allgemein ist zu beachten, dass Materialien, die biokompatibel sind, wenn sie nicht-additiv hergestellt werden, dies bei gleicher chemischer Zusammensetzung und additiver Herstellung nicht zwingend auch sein müssen. Im Rahmen des Gesetzes über Medizinprodukte (Medizinproduktegesetzes, MPG) sind individuelle Nachweise zu führen.

Biokompatibilität und Sterilisierbarkeit werden häufig nicht scharf voneinander getrennt. Alle Produkte, die in den Operationssaal gelangen, müssen sterilisiert werden, auch wenn sie nicht implantiert werden. Wichtig ist auch, dass die Art der Sterilisation vorab festgelegt wird. Es gibt Werkstoffe, die nicht dampfsterilisierbar, aber plasmasterilisierbar sind. Auch hier sind individuelle Nachweise zu führen.

Literaturverzeichnis

ArbStättV: Verordnung über Arbeitsstätten (Arbeitsstättenverordnung –

ArbStättV, 2004), https://www.gesetze-im-internet.de/arbst_ttv_2004/ArbSt%C3%A4ttV.pdf, Juni 2024

AvSV: Verordnung über Anlagen zum Umgang mit wassergefährdenden Stoffen, 2017, https://www.bmuv.de/gesetz/verordnung-ueber-anlagen-zum-umgang-mit-wassergefaehrdenden-stoffen, Juni 2024

AVV: Verordnung über das Europäische Abfallverzeichnis, 2001, https://www.gesetze-im-internet.de/avv/AVV.pdf, Juni 2024

AwSV17: Verordnung über Anlagen zum Umgang mit wassergefährdenden Stoffen, 2017, https://www.bgbl.de/xaver/bgbl/start.xav?start=%2F%2F%5B%40attr_id%3D%27bgbl117s0905.pdf%27%5D#__bgbl__%2F%2F*%5B%40attr_id%3D%27bgbl117s0905.pdf%27%5D__1717421360422*, Juni 2024

BauA: Technische Regel für Betriebssicherheit 1111 Gefährdungsbeurteilung, 2018, https://www.baua.de/DE/Angebote/Regelwerk/TRBS/TRBS-1111.html, in Anlehnung an Originalgrafik, Seite 12/51

BetrSichV: Verordnung über Sicherheit und Gesundheitsschutz bei der Verwendung von Arbeitsmitteln, 2015, *https://www.gesetze-im-internet.de/betrsichv_2015/*, Juni 2024

BGBL256: Bundesgesetzblatt Jahrgang 2020 Teil I Nr. 29, *Elfte Zuständigkeitsanpassungsverordnung, S. 1358, Artikel 256, https://www.bgbl.de/xaver/bgbl/start.xav#__bgbl__%2F%2F*%5B%40attr_id%3D%27bgbl120s1328.pdf%27%5D__1717421954162*, Juni 2024

BimSchG: Gesetz zum Schutz vor schädlichen Umwelteinwirkungen durch Luftverunreinigungen, Geräusche, Erschütterungen und ähnliche Vorgänge, 2013, *https://www.gesetze-im-internet.de/bimschg/*, Juni 2024

BimSchV4: Vierte Verordnung zur Durchführung des Bundes-Immissionsschutzgesetzes (Verordnung über genehmigungsbedürftige Anlagen – 4. BImSchV), 2017, *https://www.gesetze-im-internet.de/bimschv_4_2013/BJNR097310013.html*, Juni 2024

BimSchV9: Neunte Verordnung zur Durchführung des Bundes-Immissionsschutzgesetzes (Verordnung über das Genehmigungsverfahren – 9. BImSchV), 1992, *https://www.gesetze-im-internet.de/bimschv_9/BJNR002740977.html*, Juni 2024

BImSchV: Achtunddreißigste Verordnung zur Durchführung des Bundes-Immissionsschutzgesetzes (Verordnung zur Festlegung weiterer Bestimmungen zur Treibhausgasminderung bei Kraftstoffen – 38. BImSchV), 2017, *https://www.gesetze-im-internet.de/bimschv_38_2017/BJNR389200017.html*, Juni 2024

CAS: Chemical compound registry, *https://www.cas.org/cas-data/cas-registry#q2*, Juni 2024

ChemG: Gesetz zum Schutz vor gefährlichen Stoffen (Chemikaliengesetz – ChemG), 2013, *https://www.gesetze-im-internet.de/chemg/*, Juni 2024

DruckbehV: Druckbehälterverordnung Verordnung über Druckbehälter, Druckgasbehälter und Füllanlagen, 1989, *https://www.umwelt-online.de/recht/anlasi/gsg/vo/druckb.vo/drkb_ges.htm*, Juni 2024

EAV: Europäischer Abfallkatalog, https://www.statistik.bayern.de/mam/statistik/bauen_wohnen/abfall/europabfallkatalog.pdf, Juni 2024

EG1907/2006: VERORDNUNG (EG) Nr. 1907/2006 DES EUROPÄISCHEN PARLAMENTS UND DES RATES vom 18. Dezember 2006 zur Registrierung, Bewertung, Zulassung und Beschränkung chemischer Stoffe (REACH), zur Schaffung einer Europäischen Chemikalienagentur, zur Änderung der Richtlinie 1999/45/EG und zur Aufhebung der Verordnung (EWG) Nr. 793/93 des Rates, der Verordnung (EG) Nr. 1488/94 der Kommission, der Richtlinie 76/769/EWG des Rates sowie der Richtlinien 91/155/EWG, 93/67/EWG, 93/105/EG und 2000/21/EG der Kommission, 2006, *https://eur-lex.europa.eu/LexUriServ/LexUriServ.do?uri=OJ:L:2007:136:0003:0280:de:PDF*, Juni 2024

EWG89/392: Richtlinie 89/392/EWG des Rates vom 14. Juni 1989 zur Angleichung der Rechtsvorschriften der Mitgliedstaaten für Maschinen, https://eur-lex.europa.eu/legal-content/DE/TXT/?uri=celex%3A31989L0392, Juni 2024

EWG75/442: Richtlinie 75/442/EWG des Rates vom 15. Juli 1975 über Abfälle, *https://eur-lex.europa.eu/legal-content/DE/TXT/?uri=celex%3A31975L0442*, Juni 2024

GefStoffV: Verordnung zum Schutz vor Gefahrstoffen, 2021, *https://www.gesetze-im-internet.de/gefstoffv_2010/index.html#BJNR164400010BJNE000104126*, Juni 2024

GHS: Das Global Harmonisierte System (GHS) in der EU – Einstufung und Kennzeichnung, https://www.baua.de/DE/Angebote/Publikationen/Praxis/Poster/GHS-01.html, Juni 2024

Hustedt, M.; Walter, J.; Kaierle, S.; Overmeyer, L.; Werner, J.; Baudrit, B.; Pommer, Chr.; Stübs, O., Heidemeyer, P.; Bastian, M.: Emissionen bei der Laserstrahlbearbeitung von Kunststoffen; Fügen von Kunststoffen – Joining Plastics 9 (2015) No. 3 – 4, S. 195 – 203, DVS – Deutscher Verband für Schweißen und verwandte Verfahren e. V., 40010 Düsseldorf, 2015

GPSG2011: Gesetz über technische Arbeitsmittel und Verbraucherprodukte (Geräte- und Produktsicherheitsgesetz – GPSG), *https://www.buzer.de/gesetz/3708/index.htm*, Juni 2024

GSG2001: Gerätesicherheitsgesetz, Gesetz über technische Arbeitsmittel, 2001, *https://www.umwelt-online.de/recht/anlasi/gsg/gsg_ges.htm*, Juni 2024

GPSGV: Neunte Verordnung zum Geräte- und Produktsicherheitsgesetz (Maschinenverordnung) (9. GPSGV) *https://www.ce-richtlinien.eu/richtlinien/Maschinen/Gesetze/9_GPSGV.pdf*, Juni 2024

ISO261: Standardization in the field of Additive Manufacturing (AM) concerning their processes, terms and definitions, process chains (Hard- and Software), test procedures, quality parameters, supply agreements and all kind of fundamentals, https://www.iso.org/committee/629086.html, Juni 2024

KRWG: Gesetz zur Förderung der Kreislaufwirtschaft und Sicherung der umweltverträglichen Bewirtschaftung von Abfällen, 2012, *https://www.gesetze-im-internet.de/krwg/*, Juni 2024

Merlo, F.; Mazzoni, S.: Gas evolution during FDM 3D printing and health impact, 2015, WASP Project c/o CSP s.r.l. – Viale Zaganelli, 26–48024 Massa Lombarda (RA) – Italia, ***https://de.scribd.com/document/669104884/Gas-evolution-during-FDM-3D-printing-and-health-impact-PDF-Free-Download***, Juni 2024

ProdSG: Gesetz zur Anpassung des Produktsicherheitsgesetzes und zur Neuordnung des Rechts der überwachungsbedürftigen Anlagen, Artikel 1 Gesetz über die Bereitstellung von Produkten auf

dem Markt (Produktsicherheitsgesetz – ProdSG), https://www.bgbl.de/xaver/bgbl/start.xav#__bgbl__%2F%2F%5B%40attr_id%3D%27bgbl121s3146.pdf%27%5D__1717422890519*, Juni 2024

ProdSV: Vierzehnte Verordnung zum Produktsicherheitsgesetz (Druckgeräteverordnung – 14. ProdSV) *https://www.gesetze-im-internet.de/gsgv_14_2016/14._ProdSV.pdf*, Juni 2024

REACH: Die REACH–Verordnung (EG) 1907/2006 ist die Europäische Chemikalienverordnung zur Registrierung, Bewertung, Zulassung und Beschränkung chemischer Stoffe, *www.reach-info.de/*, Juni 2024

REACH-NET: KOMNET-WISSENSDATENBANK, *https://www.komnet.nrw.de/_sitetools/komnetrecherche/index.html?cat=1/0000/0014*, Juni 2024

TRB: Technische Regeln zur Druckbehälterverordnung – Druckbehälter, https://www.umwelt-online.de/recht/t_regeln/trb/ueber.htm, Juni 2024

TRBS: Technische Regeln für Betriebssicherheit, *https://www.baua.de/DE/AngebotTRBe/Regelwerk/TRBS/TRBS.html*, Juni 2024

TRGS: Technische Regeln für Gefahrstoffe, *https://www.bghm.de/arbeitsschuetzer/gesetze-und-vorschriften/nationales-recht/technische-regeln/gefahrstoffe*, Juni 2024

TRGS900: Technische Regel für Gefahrstoffe – Arbeitsplatzgrenzwerte, *https://www.baua.de/DE/Angebote/Regelwerk/TRGS/TRGS.html*, Juni 2024

VAwS: Verordnung über Anlagen zum Umgang mit wassergefährdenden Stoffen und über Fachbetriebe, *https://recht.nrw.de/lmi/owa/br_text_anzeigen?v_id=10000000000000000064*, Juni 2024

VDI3405: Additive Fertigungsverfahren – Grundlagen, Begriffe, Verfahrensbeschreibungen, https://www.vdi.de/richtlinien/seite?tx_vdiguidelines_guidelinelist%5Bfilter%5D%5BsearchTerm%5D=3405&cHash=882cfaa9996d5e8a2b3f5bcd1a139b97#richtlinien, Juni 2024

VwVwS99: Verwaltungsvorschrift wassergefährdende Stoffe,

Allgemeine Verwaltungsvorschrift zum Wasserhaushaltsgesetz über die Einstufung wassergefährdender Stoffe in Wassergefährdungsklassen, 1999, https://www.umwelt-online.de/recht/wasser/whg/wgk_vwv/wgk_txt.htm, Juni 2024

VwVwS05: Allgemeine Verwaltungsvorschrift zur Änderung der Verwaltungsvorschrift wassergefährdende Stoffe, 2005, *https://www.umweltbundesamt.de/sites/default/files/medien/377/dokumente/vwvws_2005.pdf*, Juni 2024

8 Aspekte zur Wirtschaftlichkeit

Die Wirtschaftlichkeit des Einsatzes additiver Verfahren hat einen strategischen und einen operativen Aspekt.

Strategisch geht es vor allem um die Entscheidung, ob man additive Verfahren einsetzen soll oder nicht. Die Antwort hängt sehr davon ab, ob die erwarteten Effekte geeignet sind, die Wettbewerbsstrategie des Unternehmens zu stützen (zu den Wettbewerbsstrategien s. Anhang „Kritische Erfolgsfaktoren und Wettbewerbsstrategien").

Im operativen Bereich ist es entscheidend, das optimale additive Verfahren einzusetzen und die dabei auftretenden Kosten sicher zu beurteilen.

Die Betrachtungen gelten dann gleichermaßen für Dienstleister und für einschlägige Abteilungen in der Industrie.

Unabhängig von allen anderen Überlegungen müssen einige technische Kriterien für den wirtschaftlichen Einsatz von Additiven Verfahren gleichzeitig erfüllt sein:

- Die Bauteile müssen eine komplexe Geometrie und in Zukunft auch einen komplexen Materialmix aufweisen.
- Eine möglichst kurze Entwicklungszeit oder geringe Losgrößen muss für die Frage der Marktposition eine große Rolle spielen (die Unterhaltungselektronik entwickelt in Monaten, die Hersteller von Großmotoren in Jahren).
- Eine große Variantenvielfalt ist für die Marktposition des Produktes vorteilhaft.
- Ein volumenorientiertes 3D-CAD-System muss routinemäßig angewendet werden. Dieser Aspekt scheint heute nicht mehr im Vordergrund zu stehen. Aber gerade komplexe Bauteile mit internen Kanälen oder strukturierten Oberflächen erfordern leistungsfähige 3D-CAD-Systeme und erfahrene Operateure. Schon bei Nicht-Erfüllung eines dieser Kriterien muss davon ausgegangen werden, dass der Einsatz von Additiven Verfahren technisch und wirtschaftlich nicht sinnvoll ist.

- Für die additive Fertigung im eigenen Haus (und nicht über Dienstleister) bedarf es geschultem Personal.
- Bei einer Fremdvergabe müssen entsprechende eigene Kenntnisse über die Vor- und Nachteile einzelner additiver Verfahren vorliegen.

8.1 Strategische Aspekte

Die Diskussion der wirtschaftlichen Auswirkung des strategischen Einsatzes additiver Verfahren konzentriert sich nur auf die Produktentwicklung. Beim Rapid Manufacturing ist eine allgemeingültige Betrachtung angesichts der Breite der infrage kommenden Produkte nicht mehr möglich. Die Aspekte, die für die additive Fertigung sprechen und die Randbedingungen, unter denen sie vorzugsweise stattfindet, wurden in Kapitel 6 „Direct Manufacturing – Rapid Manufacturing" besprochen. Gleiches gilt für den Einsatz additiver Verfahren für den Bau von Werkzeugen und Formen (Kapitel 5 „Rapid Tooling").

8.1.1 Strategische Aspekte für den Einsatz additiver Verfahren in der Produktentwicklung

Vorzugeben ist eine Wettbewerbsstrategie, also beispielsweise die Pionierstrategie, bei der als kritischer Erfolgsfaktor die Zeit im Vordergrund steht. Die wirtschaftliche Optimierung des Gesamtprozesses wird bei der Pionierstrategie vorzugsweise über die Minimierung der Produktentwicklungszeit erreicht. Insbesondere kleinere, manchmal auch mittlere Unternehmen müssen sich dazu zunächst über ihre Wettbewerbsstrategie im Klaren sein.

8.1.1.1 Qualitative Ansätze

Insgesamt ist die übergeordnete Frage (1) zu entscheiden:

(1) In welchem Umfang hat eine Zeiteinsparung durch additiv gefertigte Modelle für die Produktentwicklung tatsächlich eine Ertragssteigerung durch das Produkt zur Folge?

Die Antwort hängt im Wesentlichen vom Markt und vor allem von der Produktlebensdauer ab. Der Effekt ist für Konsumgüter stärker ausgeprägt als für Investitionsgüter. Die Antwort muss möglichst quantitativ untermauert werden. Zumindest sollten Zielvorgaben definiert werden.

Für den Einsatz *additiver Fertigungsverfahren* ergibt sich daraus die Frage (2):

(2) Um welchen Betrag lässt sich die Produktentwicklungszeit für das konkrete Produkt durch den Einsatz von additiv gefertigten Modellen verkürzen?

Die quantitativen Zusammenhänge sind schwer, im Einzelfall oft überhaupt nicht zu ermitteln. In diesem Fall ist eine eigene Abschätzung besser als die Übernahme einer kaum nachprüfbaren Angabe aus der Literatur (von bis zu 80 % Einsparung wird berichtet und 30 % werden fast immer geglaubt – oft, ohne dass die Bewertungsbasis bekannt ist).

Je weiter die Frage (2) auf die einzelnen Phasen der Produktentwicklung heruntergebrochen wird, desto eher findet man eine befriedigende Antwort. Ob und um wieviel früher man die grundsätzliche Entscheidung ein Produkt zu entwickeln treffen kann, wenn man Modelle anstelle von Skizzen verwendet, ist durchaus zu beantworten. Aus den Teilantworten lässt sich dann eine Gesamtabschätzung entwickeln.

Diese geht zweckmäßig in Zielvorgaben ein und wird dadurch für das Entwicklungsteam insgesamt verbindlich.

Die Ausführungen zeigen, dass sich die wirtschaftlichen Auswirkungen des Einsatzes von additiven Fertigungsverfahren nur unter Beachtung der Wechselwirkungen mit dem gesamten Produktentwicklungsprozess und im Kontext mit der Wettbewerbsstrategie des Hauses beurteilen lassen. Die Antworten ergeben sich aus einer Reihe eher weicher Faktoren. Eine solche Situation liebt der Techniker nicht. Sie bessert sich, aber nur langsam, dadurch, dass von der Prozessseite kommend, Simulationsmodelle immer verlässlichere Abschätzungen erlauben und auch von der Marktseite her zunehmend Modellrechnungen entwickelt und etabliert werden.

8.1.1.2 Quantitative Ansätze

Einer der bisher wenigen quantitativen Ansätze ist das von Steger auf additive Verfahren angewandte Modell von Siegwart und Singer [Steger95]. Es ermöglicht die zahlenmäßige Beurteilung des Potenzials einer Strategie im Vergleich zu alternativen Wettbewerbsstrategien. Das Modell ist im Anhang ausführlich dargestellt.

Für die Berechnung werden die kritischen Erfolgsfaktoren „Zeit“, „Qualität“ und „Flexibilität“ zu einem Leistungswert verdichtet und aus dem Faktor „Kosten“ ein Kostenwert ermittelt. Der Quotient aus Leistungswert und Kostenwert ergibt eine Wirtschaftlichkeitskennzahl WI. Sie bezeichnet das wirtschaftliche Potenzial einer Technologie. Eine Gewichtung bewertet zusätzlich das Risiko, das mit dem Einsatz dieser Technologie einhergeht. Damit ergibt sich die Wirtschaftlichkeitskennzahl WII.

Das Verfahren ist im Anhang „Kritische Erfolgsfaktoren und Wettbewerbsstrategien“ ausführlich dargestellt. Unter den dort genannten Annahmen ergeben sich die in Tabelle 8.1 dargestellten Werte für die Wirtschaftlichkeitskennzahlen. Die Ergebnisse wurden auf das nicht-additive Wettbewerbsverfahren Fräsen bezogen und entsprechend als Quotient $WI_{additiv}$ / $WI_{Fräsen}$ respektive $WII_{additiv}$ / $WII_{Fräsen}$ aufgeführt.

Die Ergebnisse belegen, dass Wettbewerbsstrategien, die auf die Faktoren Zeit und Kosten setzen, durch den Einsatz additiver Verfahren näherungsweise doppelt so effektiv (Faktor 1,75 bis 2,02) unterstützt werden, wie durch das Fräsen.

Bei der Differenzierungsstrategie stehen die Einflussgrößen Zeit und Kosten nicht im Vordergrund. Folglich wird die Differenzierungsstrategie von additiven Verfahren schlechter unterstützt als durch das Fräsen (Faktor 0,70).

Tabelle 8.1 Nach dem Modell von Siegwart und Singer berechnete Wirtschaftlichkeit von additiven Verfahren in Abhängigkeit unterschiedlicher Wettbewerbsstrategien. Die Werte sind auf die Vergleichstechnologie Fräsen bezogen.

Strategie	WI additiv / WI konventionell	WII additiv / WII konventionell
Kostenführerschaft	1,84	1,75
Differenzierungsstrategie	0,86	0,70
Pionierstrategie	2,14	2,02
Outpacing-Strategie	1,91	1,76

Letztlich ist es auch mit diesem Verfahren schwer, verlässliche absolute Zahlen zu erhalten, weil die Eingangsgrößen letztlich persönlich gefärbte Abschätzungen sind. Eine Variation einzelner Einflussgrößen im Sinne einer Sensitivitätsanalyse vermittelt aber ein sicheres Gefühl von den Abhängigkeiten und unterstützt so die notwendigen Entscheidungen.

8.2 Operative Aspekte

Additiv gefertigte Bauteile und Produkte müssen ungeachtet strategischer Überlegungen zu wettbewerbsfähigen Kosten produziert werden.

Zur Analyse sind die Kosten auf der Basis von Einzelansätzen, vor allem der Preise für Investitions- und Verbrauchsgüter zu betrachten[1] (Abschnitt 8.2.2 „Ermittlung der Kosten von additiven Verfahren"). Weil unterschiedliche additive Verfahren bei gleicher Bauteilgeometrie prozessabhängig zuweilen sehr unterschiedliche Mengengerüste zur Folge haben, reicht die Betrachtung von Preisen für die Optimierung der Kosten aber nicht aus. Die Einflüsse unterschiedlicher Verfahren werden deshalb unter wirtschaftlichen Gesichtspunkten in die Diskussion einbezogen (Abschnitt 8.2.3 „Charakteristika *Additiver Fertigungsverfahren* und ihre Auswirkung auf die Wirtschaftlichkeit").

Als Grundlage der Kostenanalyse sind zunächst geeignete Einzelverfahren oder Verfahrensketten aufgrund mechanisch-technologischer Anforderungen auszuwählen.

---

1 Ein detaillierter Kalkulationsansatz wurde im IWB-Anwenderzentrum Augsburg erarbeitet [Willinger95].

Diese Auswahl muss jede:r Anwender:in aufgrund der in diesem Buch dargestellten und diskutierten Kriterien selbst treffen. Eine Zusammenstellung der dafür wichtigsten Kapitel in Abschnitt 8.2.1 „Auswahl geeigneter additiver Fertigungsverfahren“ erleichtert den Überblick.

8.2.1 Auswahl geeigneter additiver Fertigungsverfahren

Ausgangspunkt sind die Anforderungen an ein Bauteil, die am besten in Form einer individuellen Anforderungsliste zusammengestellt werden. Weil die Anwendungen vom Babyschnuller bis zum Frontspoiler und vom Schädelmodell bis zur Kaffeemaschine reichen, ist es nicht sinnvoll, eine allgemeingültige Anforderungsliste zu erstellen.

Die wesentlichen Einflussgrößen für die Auswahl eines Verfahrens wurden in den vorangegangenen Kapiteln bereits diskutiert. Die Möglichkeiten und Grenzen der Verfahren und ihrer Eignung für Folgeverfahren wurden in Kapitel 2 „Merkmale der additiven Fertigungsverfahren“ allgemeingültig und in Kapitel 3 „Additive Fertigungsanlagen für Rapid Prototyping, Direct Tooling und Direct Manufacturing“ auf konkrete Maschinen bezogen untersucht.

Ausgewählte Bauteileigenschaften werden diskutiert in:

- *Genauigkeit*: Abschnitt 3.9.2
- *Detaillierung*: Abschnitt 3.9.2
- *Oberflächen*: Abschnitt 3.9.3
- *Material*: Kapitel 3 und Anhang A3.1 bis A3.12
- *Abmessungen*: Kapitel 3
- *Mechanisch-technologische Eigenschaften*: Anhang A3.1 bis A3.12
- *Folgeverfahren*: Abschnitt 3.11 und Querverweise
- *Rapid Tooling*: Kapitel 5

Weitere technische Daten und Materialkennwerte sind im Anhang zusammengestellt.

Aus der Analyse dieser Unterlagen folgen ein oder mehrere alternativ einsetzbare Verfahren, die anschließend bezüglich ihrer Wirtschaftlichkeit zu untersuchen sind.

8.2.2 Ermittlung der Kosten von Additiv-Manufacturing-Verfahren

Jede:r Anwender:in muss ein für seine/ihre Zwecke individuell zugeschnittenes Kalkulationssystem entwickeln. Die dort eingehenden Kosten gliedern sich wie folgt:

Variable Kosten

- Materialkosten,
- Betriebskosten:
  - Energiekosten
  - Instandsetzungskosten
- Recyclingkosten.

Fixkosten

- Investitionskosten (Bild 8.1 und Bild 8.2),
- Nebeninvestitionen,
- Kosten für Wartung und Instandhaltung,
- Raumkosten,
- Personalkosten.

8.2.2.1 Variable Kosten

Die variablen Kosten werden üblicherweise auf die Anzahl der gefertigten Bauteile bezogen. Bei additiven Verfahren werden sie sinnvollerweise auf einen Bauprozess und damit auf die Anzahl der während dieses Bauprozesses in dem Bauraum herstellbaren Bauteile bezogen.

Materialkosten

Die Materialkosten umfassen die Kosten für die Materialbeschaffung, aber auch Kosten für das Materialhandling und die Aufbereitung des Materials.

Materialien für die additive Fertigung sind teuer. Sinterpulver aus Polyamid (PA) kosten circa 60 bis 90 €/kg und damit 20 bis 30 Mal so viel wie PA-Granulat für den Kunststoff-Spritzguss. Begründet wird das vor allem mit einer aufwendigeren Herstellung und den relativ kleinen Mengen. Zudem übernimmt der Lieferant auch die Verantwortung für die Qualität, oft auch für die Materialeigenschaften des hergestellten Bauteils. Diese allgemeine Aussage ist im Einzelfall im Zuge der Verhandlungen zu verifizieren.

Stereolithographie-Harze kosten circa 200 €/kg und sind damit deutlich teurer als Sinterpulver. 3D Printing Nichtmetall-Pulver kosten zwischen 50 und 70 € je nach Qualität und Menge, LLM-Papiere kosten circa 15 €/kg und weniger. Die Preisangaben dienen lediglich der Orientierung und sind als generische Werte anzusehen. Die Preise differieren von Hersteller zu Hersteller und innerhalb einer Produktgruppe vor allem auch deshalb, weil Materialien mit teilweise sehr stark unterschiedlichen Eigenschaften angeboten werden.

Materialien, die in großen Gebinden angeboten werden, erfordern ein aufwendigeres Materialhandling, das Lagerung und Konditionierung einschließt und deshalb auch Personal erfordert. Der Personaleinsatz kann durch automatisierte Materialhandlingsysteme (z. B. Bild 3.40 und Bild 6.20) stark reduziert werden. Der Einkauf großer Gebinde eröffnet die Möglichkeit von Rabattverhandlungen, zieht aber auch das Risiko der Überlagerung und der Verzinsung der Lagerbestände nach sich.

Bei einigen Maschinenkonzepten ist die zu lagernde Menge nicht allein eine Entscheidung des Einkaufs. Die Anlagen erfordern eine Mindestbefüllung, die unabhängig von der Anzahl der hergestellten Bauteile ständig im Bauraum verbleiben muss. Bei einer großen Stereolithographie-Maschine werden deshalb circa 25 000 € und mehr dauerhaft gebunden. Das ist auch bei Sinteranlagen der Fall. Der gebundene Betrag ist aber aufgrund des geringeren Preises abhängig vom Bauraumvolumen geringer. Unter dem Wirtschaftlichkeitsaspekt spielt bei solchen Maschinen die Umschlaghäufigkeit eine große Rolle.

Maschinen, die prozessbedingt keinen Materialvorrat benötigen, der wesentlich über das Volumen der zu fertigenden Bauteile und gegebenenfalls seiner Stützen hinausgeht, müssen natürlich auch Material vorhalten. Die Menge hängt von der Größe der Vorratsbehälter ab, die so ausgelegt werden, dass sie einen prozesstypischen Langzeitbetrieb ermöglichen.

Insbesondere für kleinere Maschinen, die auch in einer Büroumgebung betrieben werden, wird das Material vorzugsweise konditioniert auf Spulen oder in Nachfüllcontainern oder -patronen (cartridges) geliefert. Das erhöht den Materialpreis zuweilen erheblich, spart aber Handlingkosten und Lageraufwand und integriert die Entsorgung. Materialkassetten für industrielle FDM-Maschinen kosten circa 300 € (ABS) und enthalten circa 1 kg (920 cm^3).

Bei der Betrachtung der Materialpreise sind nicht nur der Preis pro kg sondern der Gesamtpreis für ein Bauteil und mithin auch der prozessabhängige Materialverbrauch zu beachten. Einflüsse wurden in Abschnitt 8.2.2 „Ermittlung der Kosten von additive Manufacturing-Verfahren“ diskutiert.

Betriebskosten – Energiekosten

Die elektrischen Anschlusswerte der Mehrzahl der Generativen Maschinen liegen zwischen 0,5 und 6 kW. Ausnahmen bilden nur Anlagen mit Leistungslasern von 1 bis 5 kW (OPTOMEC, LENS; TRUMPF, DMD) mit entsprechenden deutlich höheren Leistungsaufnahmen.

Bei der Energiediskussion wird immer wieder der hohe Verbrauch der Laser ins Feld geführt. Das ist pauschal nicht richtig. Ein 200 W Laser benötigt circa 4 kW Anschlussleistung und liegt noch unter dem Niveau einer 4 kW Hochleistungslampe. Eine genauere Betrachtung lohnt also.

Verbrauchsgüter

Verbrauchsgüter sind neben den Materialien je nach Verfahren, Binder, Toner, Druckköpfe, Düsen, Bauplattformen, Filter und dergleichen. Diese Kosten tauchen oft zunächst nicht explizit auf, weil sie in der Erstinstallation enthalten sind. Daher lohnt ein Blick auf die Gesamtpreisliste des Herstellers.

Die Lebensdauer der Laser ist mit 5000 bis 8000 Stunden/Jahr, bei kleineren Stereolithographie-Anlagen mit 2500 Stunden/Jahr, nach wie vor gering. Die von Hochenergielampen (z. B. Perfactory FC) beträgt nur 1000 bis 1500 Stunden. Wenn man sich vor Augen führt, dass ein Jahr im Drei-Schicht-Betrieb 8760 Stunden hat, sind mindestens einmal im Jahr ein Laser oder sechs bis sieben Mal die Lampen zu erneuern.

Betriebskosten betreffen auch Kosten für die Klimatisierung, die Prozessgase und die Strahlanlagen sowie Bearbeitungsgräte für die Nacharbeit.

Instandsetzungskosten

Instandsetzungskosten betreffen die Anlagenteile, die nicht als Verschleißteile angesehen werden. Dazu gehören vor allem Scanner, Sensoren, Heizelemente und Ventile. Weil viele Hersteller diese Teile nicht oder nur in geringer Stückzahl auf Lager haben, müssen sie häufig vom Vorlieferanten geordert werden. Zu den eigentlichen Instandsetzungskosten kommen dann noch Stillstandszeiten. Die Instandsetzung ist zudem mit häufig nicht geringen Anfahrtskosten für die Servicetechniker verbunden. Dieses schlecht kalkulierbare Risiko kann man entschärfen, indem man die Kosten über einen Wartungsvertrag pauschalisiert. Betriebswirtschaftlich bedeutet das allerdings die Transformation von variablen Kosten in Fixkosten und damit das Gegenteil von dem, was üblicherweise angestrebt wird.

8.2.2.2 Fixkosten

Investitionen

Zu den Investitionskosten gehören die Anschaffungskosten für die Maschine und die maschinennahe Infrastruktur. Das betrifft sowohl die für die Vorbereitung der Bauprozesse notwendigen Computeranlagen und deren Software und Kommunikationsinterfaces als auch die bauliche Infrastruktur z. B. für die Klimatisierung der Anlage. Insbesondere für große Anlagen sind dafür durchaus Kosten in der Höhe der Anschaffungskosten der Maschine anzusetzen.

Maschine. Im Fokus stehen zunächst die Anschaffungskosten, auch wenn sie tatsächlich über die Abschreibung in die Kalkulation eingehen. Die Preise für 3D-Drucker (Prototyper und Fabrikatoren) überstreichen heute eine enorme Bandbreite von unter 400 € bis zu 1,8 Millionen €. Grob gegliedert ergibt sich für Personal Printer ein Bereich von unter 1000 bis 10 000 €, für Professional Printer von circa 10 000 bis 90 000 €, für Production Printer oder Fabrikatoren von circa 120 000 bis zu 500 000 € und für Industrial Printer darüber hinaus bis zu circa 2 Mio. €. Nach unten entwickelt sich im Zuge der Fab-at-home Bewegung (*www.fabathome.org*) ein eigener Unterbereich der Personal Printer. Die Fabber oder DIY (Do it yourself) Printer sind als Bausätze ab circa 400 € erhältlich.

Die Angaben dienen vor allem der Orientierung. Die Preise sind natürlich Verhandlungssache und schließen je nach Hersteller Material- und Wartungspakete ein. Preisangaben gelten zudem meist ab Herstellerwerk. Sie können aufgrund von Transportkosten, Zoll, Währungseinflüssen und Versicherungen bis zum Kunden in Deutschland durchaus um die Hälfte gestiegen sein. Auch hier muss man genau hinsehen. Einige Hersteller differenzieren in *local pricing* und *international pricing* und vermitteln dadurch von vornherein ein realistisch(er)es Bild.

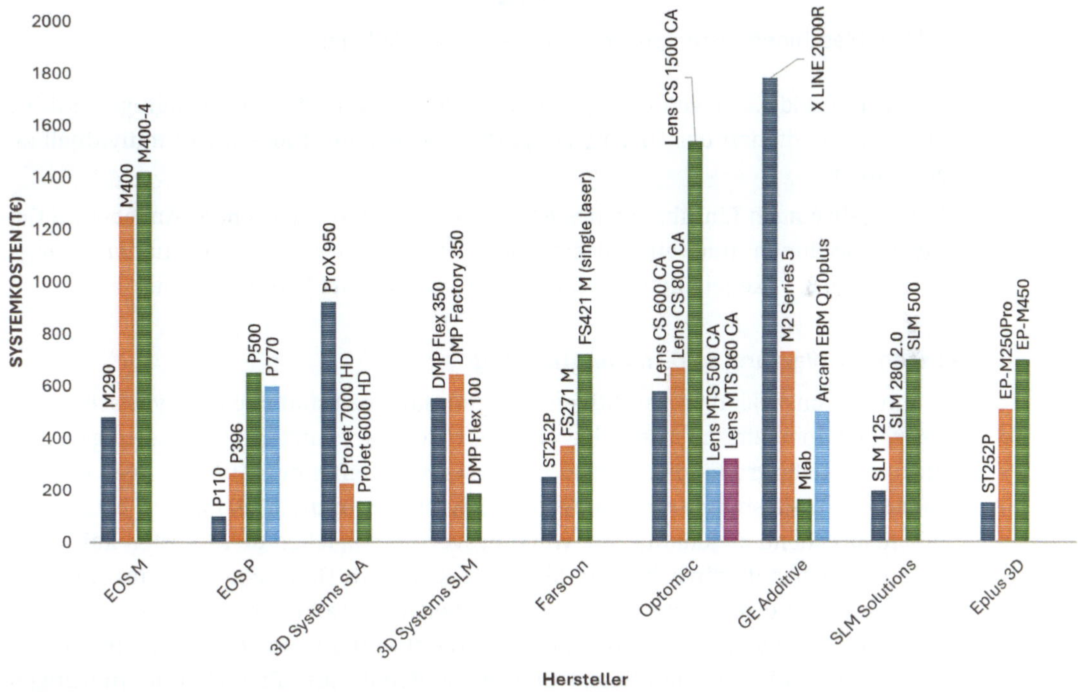

Bild 8.1 Maschinenkosten ausgewählter additiver Anlagen I

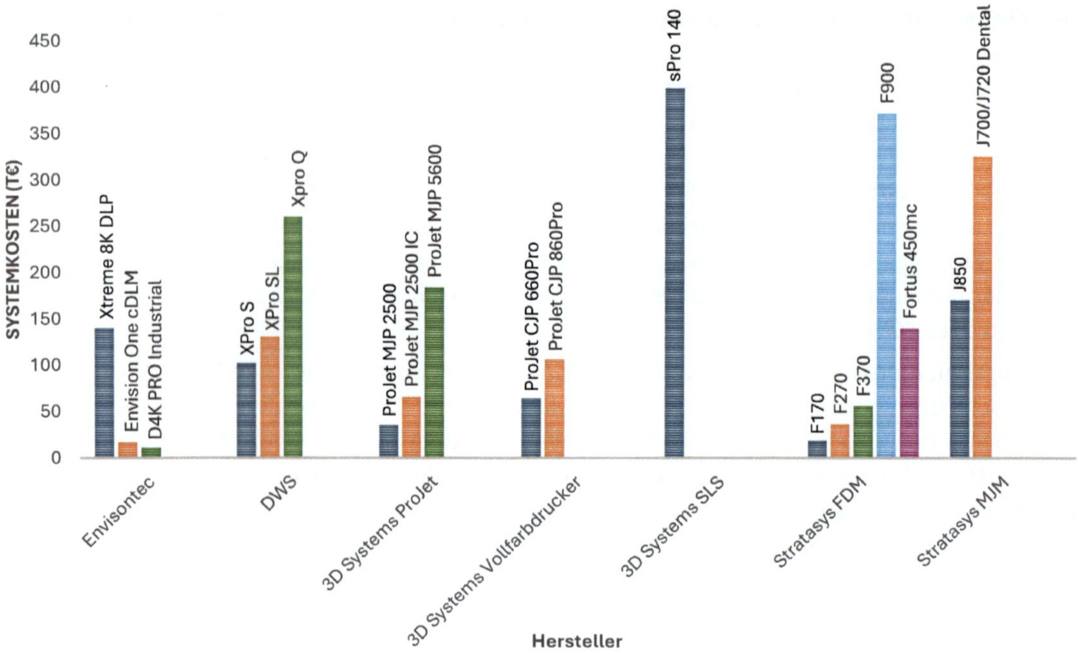

Bild 8.2 Maschinenkosten ausgewählter additiver Anlagen II

Bild 8.1 und Bild 8.2 zeigen exemplarisch die Kosten für eine betriebsfähige additive Maschine. Sie dienen der Orientierung. Die Preise sind in jedem Fall individuell zu verhandeln[2].

Über 25 Jahre nach Einführung des AM gibt es auch ein wachsendes Angebot an Gebrauchtmaschinen und einschlägig spezialisierte Vertriebsorganisationen. Einige Hersteller, z. B. Voxeljet, bieten sogar ab Werk gebrauchte Maschinen an.

Kosten für Wartung und Instandhaltung

Die Innovationszyklen von additiven Fertigungsanlagen sind nach wie vor sehr kurz. Dies bringt auch eine rasche Folge von meist softwareseitigen Verbesserungen (Updates) oder tiefergreifenden, auch die Hardware betreffenden Aufrüstungen (Upgrades) mit sich. Sie sind als kontinuierliche Investition in die Maschine zu betrachten und entsprechend zu kalkulieren. Wartungsverträge machen diese Kosten kalkulierbar, aber nicht unbedingt billiger. Jährliche Kosten in Höhe von 20 % des Anschaffungspreises sind durchaus üblich, sodass bei Abschreibungszeiträumen von fünf Jahren der Anschaffungspreis nochmals zu investieren ist. Sie begrenzen aber mögliche finanzielle Risiken, vor allem, wenn sie Ersatzteile oder Ersatzteilrabattierungen

[2] Informationen über sehr viele Printer/Drucker. Mit Links und Preisangaben: *https://www.aniwaa.com/catalog/3d-printers*

einschließen. Damit vermischen sich aber betriebswirtschaftlich die Ansätze für Reparatur (Instandsetzung) und Wartung (Instandhaltung).

Ein Preisvergleich zwischen Wartungsverträgen ist angesichts von vielen unterschiedlichen Ausgestaltungen praktisch kaum möglich. Laser, Scanner, Updates, User Group Veranstaltungen, Hotline Nutzung etc. aber auch Verbrauchskontingente sind je nach Hersteller und Art des Vertrages eingeschlossen, nicht eingeschlossen oder in unterschiedlichen Stufen rabattiert. Ein Vergleich mit der Praxis bei nicht-additiven, insbesondere mit spanenden Verfahren, geht deshalb diesbezüglich immer zugunsten der spanenden Maschinen aus.

Raumkosten

Personal Printer können im Büro aufgestellt und bezüglich Platzbedarf und Geräusch als eine Art Kopierer betrachtet werden. Professional Printer und Production Printer oder Fabrikatoren benötigen separate Räumlichkeiten, die je nach System, z. B. für die Stereolithographie, aufwendig klimatisiert werden müssen. Wer einmal die Fertigung eines Dienstleisters besuchen konnte weiß, dass für die Reinigung und Nachbearbeitung getrennte Räumlichkeiten verfügbar sein sollten. Für Stäube und Lösungsmittel sind besondere Einrichtungen wie Filter, Abzüge und Chemikalienschränke vorzusehen. Beim Betrieb mehrerer unterschiedlicher Anlagen ist zu prüfen, ob gegebenenfalls erforderliche Abzüge getrennt über das Dach geführt werden müssen oder zusammengelegt werden dürfen.

Industrial Printer sind Fertigungsanlagen und auch bezüglich der Infrastruktur als solche zu behandeln.

Personalkosten

Für den Betrieb einer additiven Anlage ist Personal mit unterschiedlichen Qualifikationen erforderlich. Benötigt werden vor allem CAD-Fachleute, Maschinenbediener und Modellbauer. Nur in Ausnahmefällen wird es gelingen, diese Funktionen in einer Person zu vereinen.

Für die meisten Teilbereiche gibt es in Bezug auf die additive Fertigung kein etabliertes Berufsbild. Die Personalentwickler müssen deshalb eine lange Einarbeitungszeit berücksichtigen oder auf herstellerseitig angebotene, interne oder selbst organisierte externe Schulungen zurückgreifen.

Betroffen sind Hochschulabsolventen, Techniker und gewerbliche Mitarbeiter gleichermaßen. Während aber fast alle Hochschulen die additive Fertigung in die Lehrpläne aufgenommen haben, und es für gewerbliche Mitarbeiter zumindest Bedienerschulungen gibt, fehlt ein herstellerunabhängiger Studiengang für Techniker. Diese Lücke wird von der Hochschule Schmalkalden zum Wintersemester 2016 geschlossen. Angeboten wird ein 2-semestriger berufsbegleitender Studiengang zum Anwendungstechniker/-in (FH) für additive Verfahren/Rapid-Technologien (*http://www.hs-*

schmalkalden.de/Rapid_Technologien.html). Weitere Ausbildungsmöglichkeiten sind beispielsweise durch zertifizierte Ausbildungsstätten des DVS, Weiterbildungsangebote des VDIs, oder verschiedener technischer Akademien gegeben.

Personalverantwortliche müssen sich nicht nur dem Fachkräftemangel, sondern auch einer großen Fluktuation stellen. Aus den genannten Gründen ist es zudem kaum möglich, Personalkosten durch Zeitarbeit vom Fixkostenblock in den der variablen Kosten zu transferieren.

8.2.3 Charakteristika additiver Fertigungsverfahren und ihre Auswirkung auf die Wirtschaftlichkeit

Bauzeit

Da der/die Anwender:in nur daran interessiert ist, wann er sein/ihr Bauteil in den Händen hält, spielt bei der Ermittlung des optimalen Verfahrens die Gesamtbauzeit eine Rolle. Deshalb sind über die Netto-Bauzeit in der Maschine hinaus, verfahrensbedingte Nebenzeiten zu berücksichtigen. Dazu zählen Vorbereitungs- und Einrichtzeiten wie beispielsweise Aufheiz- und Inertisierungszeiten beim Lasersintern, dem Prozess im Rahmen des *Post-Processing* nachgeschaltete Phasen, wie das Abkühlen beim Lasersintern oder das Nachvernetzen bei der Stereolithographie, sowie systembedingtes und daher notwendiges *Finishing*, beispielsweise das Lackieren bei LLM-Papiermodellen. Zeitintensiv sind auch Infiltrationsvorgänge. Das gilt insbesondere für indirekte Metallverfahren, wobei Phasen für das Austreiben des Binders und das Sintern des Bauteils berücksichtigt werden müssen.

Losgrößen und Bauraumnutzung

Da diese begleitenden Arbeiten nahezu unabhängig davon sind, ob der zur Verfügung stehende Bauraum auch tatsächlich genutzt wird, ist es bei heutigen diskontinuierlich ausschleusenden Maschinen in jedem Fall unwirtschaftlich, den Bauraum nicht auszunutzen. Die Betrachtung des Einflusses nicht vollständig gefüllter Bauräume ist daher heute eher aus theoretischer Sicht interessant [Zäh06]. Der Praktiker wird versuchen mit einer vollständig ausgenutzten Maschine zu fahren oder die zusätzlichen Kosten demjenigen zuzurechnen, der einen solchen Auftrag erteilt. Wenn es zukünftig kontinuierlich ausschleusende Systeme wie die Voxeljet VXC 800 geben wird, kommt der bauteilbezogenen Betrachtung nach Zäh eine größere Bedeutung zu.

Als Lösungsansatz erlauben einige Maschinenkonzepte die Anpassung des Bauraums an die aktuelle Fertigungsaufgabe. Dazu gibt es Hardware-Lösungen, wie auswechselbare oder teilbare Bauräume (Invision Pro, 3D Systems, M3 linear, Concept Laser) oder Software-Lösungen, die den Bauprozess auf die benötigten Teilflächen der Bauplattformen begrenzen, indem sie den Weg des Wischers begrenzen (Smart sweep,

3D Systems) oder in y-Richtung nur die notwendige Anzahl Bahnen drucken (Polymer Printing, Objet). Allerdings sinken nicht alle Kosten, vor allem nicht proportional zur Größe des Bauraums, wenn der Bauraum bei sonst gleicher Maschine kleiner wird. Die Kosten für die Inertisierung der Sintermaschine hängen beispielsweise kaum davon ab. Auch erfordern zusätzliche auswechselbare Bauräume Investitionen und manuelle Wechselvorgänge.

Im Gegensatz zu den x-y-Koordinaten hängt die z-Koordinate des genutzten Bauraums bei fast allen Additiven Verfahren nur von der Höhe des Bauteils ab. Der Bauprozess ist beendet, wenn das höchste Bauteil gefertigt wurde. Bei gleichzeitig gebauten, in ihrer Höhe sehr unterschiedlichen Bauteilen werden aber bei vielen Verfahren Bauvolumina bearbeitet, die kein Bauteil enthalten. Bei einigen Verfahren sind Unterbauten wie Stützen oder abschließende Deckschichten (z. B. beim Sintern) notwendig. Diese sind meistens unabhängig von der Bauteilhöhe und haben daher einen umso größeren Einfluss, je niedriger das Bauteil ist. Sie sind bezüglich der für sie aufgewendeten Bauzeit und der eingesetzten Materialien als Aufwand in die Kalkulation einzubeziehen. Es kann daher auch aus wirtschaftlichen Gründen vorteilhaft sein, auf teilfertige Bauteile aufzubauen (siehe Abschnitt 3.8 „Hybridverfahren“).

Die Bauzeit additiver Prozesse hängt wesentlich von der Bauhöhe (z-Koordinate) ab und ist umso geringer, je geringer die Bauhöhe bei gleichem Volumen gewählt werden kann. Deshalb kommt der Orientierung der Teile im Bauraum große Bedeutung zu.

Allerdings ist mit der wachsenden Auslastung der additiven Fertigung auch die freie Platzierung des Bauteils im Bauraum nicht mehr möglich, weil diese von der Konstruktion vorgegeben wird.

Auslastung

Es liegt im Wesen der additiven Fertigungstechnik, dass die Bauteile schnell und oftmals mit sehr kurzen Vorlaufzeiten verfügbar sein müssen. Das kollidiert mit dem Prinzip vollständig ausgenutzter Bauräume. Es liegt im Geschick des Anlagenbetreibers, ob er für solche Fälle freie Maschinenkapazitäten vorhält oder wie die Luftfahrt im Passagierverkehr mit Überbuchungen arbeitet. Größere additive Fertigungsbereiche verfügen über mehrere Anlagen, die auch aus diesem Grund zeitversetzt angefahren werden.

Materialverbrauch

Unterschiedliche additive Prozesse benötigen zum Teil sehr stark unterschiedliche Materialmengen zur Fertigung der gleichen Geometrie. Alle Schicht-Laminat-Prozesse, aber auch das Polymer Printing, erzeugen grundsätzlich einen das Bauteil umschreibenden Quader. Er hat die Länge (x-Achse) und Höhe des Bauteils und eine prozesstypische Breite (y-Achse). Bei LLM-Verfahren ist dies die Breite der Folie, beim Polymerdrucken die Breite des Druckfeldes.

Wenn die größte y-Erstreckung des Bauteils kleiner ist als diese Breite, so ist der überstehende Teil Abfall. Aber auch wenn dies vermieden werden kann, bringt der Prozess viel Abfall mit sich. Ein Vollzylinder mit dem Durchmesser D muss beispielsweise in einem Kubus mit mindestens der Grundfläche D^2 eingebettet werden. Beim Bau mittels LLM-Prozess oder Polymer Printing benötigt man ohne Betrachtung eines gegebenenfalls zusätzlichen Rahmens deshalb 21,5 % mehr Material als beim Bau mittels Sintern oder Laser-Stereolithographie-Verfahren. Wird statt einem Vollzylinder ein Hohlzylinder mit Boden gebaut, beispielsweise ein Papierkorb, so macht alleine das Abfallvolumen im Inneren des Bauteils beim LLM-Prozess oder beim Polymer-Printing das 50-fache[3)] desjenigen aus, das für das eigentliche Bauteil benötigt wird. Beim Polymer-Printing sind die Kosten für das Bau- und für das Stützmaterial etwa gleich. Aber auch ein Preis, der beim LLM weniger als 10 % des Preises für Laser-Stereolithographie-Materialien beträgt, reicht in diesem Fall nicht aus, um den Verbrauchsnachteil zu kompensieren. Bei Bauteilen mit Schalencharakter haben LLM-Verfahren und Polymer-Printing somit Nachteile. Sie sind aber bei der Fertigung massiver Bauteile entsprechend im Vorteil.

Alle Extrusionsverfahren, aber auch die Laser- oder Lampen- (DLP) Stereolithographie, benötigen Stützen. Das Volumen der Stützen ist üblicherweise deutlich kleiner als das des sie umschreibenden Raums, das Stützmaterial kostet aber in etwa genau so viel wie das Baumaterial. Zudem müssen die Stützen entfernt werden, was manuelle Arbeit, gegebenenfalls auch zusätzliche Investitionen in Reinigungsstationen und die dazu notwendigen Betriebsmittel erfordert.

Beim Sinterprozess wird Baumaterial thermisch geschädigt, das sich in der Nähe des Bauteils befindet, aber nicht zu Bauteil verarbeitet wird. Der Effekt wird mit zunehmendem Abstand vom Bauteil geringer. Da aber der gesamte Bauraum aufgeheizt wird, ist die Grenze schwer zu ziehen. In der Praxis wird daher das gesamte Pulver entsorgt oder in einem Verhältnis, das individuell unterschiedlich ist und zwischen 50 : 50 und 75 : 25 liegt, mit neuem Pulver gemischt.

Aus wirtschaftlichen Gründen sollten die Bauräume von Sinteranlagen deshalb möglichst dicht mit Bauteilen gepackt werden.

Prozesssicherheit

Die Prozesssicherheit und die Kalibrierempfindlichkeit sind vor dem Aspekt der schnellen Fertigung wichtige Einflussgrößen. Auch der preiswerteste Prozess ist zu teuer, wenn er wiederholt werden muss. Es ist demnach den Fragen nachzugehen, wie reproduzierbar der jeweilige Prozess in der Praxis ist und wie häufig und wie aufwendig dazu kalibriert werden muss. In diesen Problemkreis spielt auch die Qua-

---

[3] Beispiel: Außendurchmesser 300 mm, Wandstärke 3 mm. Ringfläche des Bauteils: 69244,065 mm^2, Fläche des inneren Durchmessers: 1405,935 mm^2. Verhältnis Ringfläche zu Innenfläche = 49,25. Die Höhe kürzt sich raus.

lifikation der Mitarbeiter hinein. Bei der Bedienung der Maschine, vor allem aber bei der Nacharbeit kann leicht ein ganzer Bauprozess zum Ausschuss werden.

Integrierte Prozessüberwachungen gewinnen immer mehr an Bedeutung. Insbesondere große Maschinen werden zunehmend mit entsprechenden Einrichtungen ausgestattet. Reproduzierbarkeit ist aktuell ein intensiv beforschtes Thema, vor allem auch im Zusammenhang mit Simulationen.

Baugeschwindigkeit

Die oft heftig geführte Diskussion über die Schnelligkeit additiver Maschinen relativiert sich angesichts der obigen Diskussion der Nebenzeiten.

Aus der Beschreibung der einzelnen Maschinen in Kapitel 3 „Addditive Fertigungsanlagen für Rapid Prototyping, Direct Tooling und Direct Manufacturing“ folgt, dass die Baugeschwindigkeit insgesamt vom *z*-Wachstum bestimmt wird. Es ergaben sich mehrheitlich Werte zwischen unter 10 und 25 mm/h und darüber hinaus. Obwohl das mehr als den Faktor Zwei bedeutet, sind die Brutto Prozesszeiten angesichts der Vor- und Nachbereitungszeiten gar nicht so unterschiedlich.

Auf Bild 8.3 ist ein solcher Verfahrensvergleich zwischen Laser-Stereolithographie (SL) und selektivem Lasersintern (LS) jeweils für einen technischen, relativ kleinen, und einen medizintypischen, relativ großen, Datensatz dargestellt. Das technische SL-Bauteil wurde aus Epoxidharz und das medizinische aus Acrylat hergestellt. Die Sinterbauteile wurden aus Nylon (PA) und Polycarbonat gefertigt.

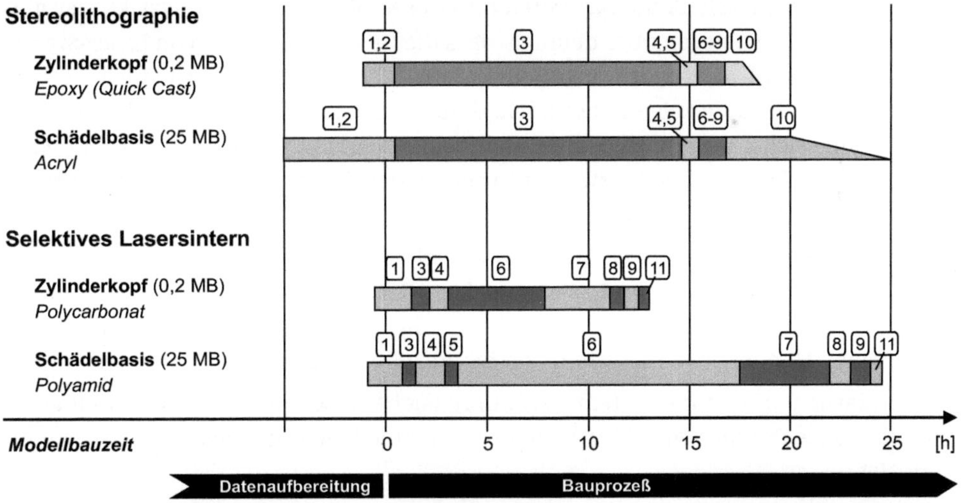

Bild 8.3 Analyse der Bauzeit für unterschiedliche additive Verfahren und Modellgrößen

Tabelle 8.2 Arbeitsschritte zu Bild 8.3 (die in Klammern gesetzten Arbeitsschritte entfallen je nach technischer Ausrüstung)

	Stereolithographie	Selektives Lasersintern
1.	(Laser vorwärmen)	Pulver auffüllen
2.	Harz auffüllen	(Wachsbase einlegen)
3.	Bauteil generieren	Pulver nivellieren
4.	Harz abtropfen	Bauraum inertisieren
5.	Bauteilentnahme aus der Maschine	Prozesskammer auf Arbeitstemperatur bringen
6.	Säubern mit TPM	Bauteil generieren
7.	Stützen entfernen	Prozesskammer auf Raumtemperatur bringen
8.	Bauteil finishen	Bauteilentnahme aus der Maschine
9.	Säubern mit IPA	Anhaftendes Pulver entfernen
10.	Bauteil nachvernetzen	Stützen entfernen
11.		Bauteil finishen

Die Beispiele dürfen sicher nicht verallgemeinert werden. Sie liegen auch schon einige Zeit zurück, weshalb die Bauzeiten und die Kühlzeiten heute etwas kürzer ausfallen dürften. Sie belegen aber deutlich, dass die Gesamtbauzeiten von Laser-Stereolithographie und Lasersintern angesichts der möglichen Streuung gar nicht so weit auseinanderliegen. Sie zeigen aber auch, dass die Unterschiede innerhalb eines Verfahrens angesichts unterschiedlicher Materialien (Polyamid – Polycarbonat) deutlicher ausfallen können, als die zwischen unterschiedlichen Systemen. Die Systematik von Bild 8.3 ist zudem als Grundlage für eigene Analysen gut geeignet.

Alternativ zum *z*-Wachstum ist auch das aufgebaute Volumen als Maß für den Baufortschritt gebräuchlich. Beim Laserschmelzen (LPBF) sprechen wir aktuell, je nach Anlage und Laserkonfiguration, von einer Aufbaurate von deutlich 100 cm^3/h. Teilweise geben Hersteller Aufbauraten von bis zu 1000 cm^3/h an.

Kontinuierlich arbeitende Systeme, z. B. CLIP (siehe Abschnitt 3.1.1.4 „Continuous Liquid Interface Production (CLIP)“) versprechen eine Steigerung der *z*-Aufbaurate bis zum 100.

Das Beispiel macht auch deutlich, dass alle Vergleichsbetrachtungen unzureichend sind, die die Nebenzeiten entweder völlig herausrechnen oder pauschalisieren.

Technischer Fortschritt und Modellpflege

Im Zuge der Betriebskosten war angesprochen worden, dass die meisten Hersteller eine kontinuierliche Modellpflege betreiben, die bereits installierte Maschinen über Updates und Upgrades erreicht und dem Nutzer eine aktuelle Arbeitsgrundlage gewährleisten.

Für den Maschinenbetreiber ist es in diesem Zusammenhang wichtig, ob Hersteller den technischen Fortschritt zu seinen bereits getätigten Investitionen kompatibel gestalten, oder ob von Zeit zu Zeit vollständig neue Maschinen auf den Markt kommen, die nicht nur zu einer Investition angesichts noch nicht abgeschriebener Anlagen nötigen, sondern auch Installationen, Schulungen, Infrastruktur und Ersatzteillager nach sich ziehen.

Natürlich sind angesichts der bisher sehr stürmischen Entwicklungen auch derartige Brüche nicht zu vermeiden. Da die meisten Hersteller schon deutlich über 20 Jahre auf dem Markt sind, kann und sollte sich ein potenzieller Betreiber additiver Anlagen ein Bild über diesen Aspekt der Firmenpolitik machen.

Ständige Umbenennungen von Maschinen und vor allem von Materialien sowie inkonsistente Namensgebungen bei Maschinen aus der gleichen Familie haben zwar keine direkten wirtschaftlichen Auswirkungen (vor allem oft nicht die angestrebten positiven!) tragen jedoch zur Verunsicherung in einer sowieso nicht sehr übersichtlichen Branche bei. Die zunehmend häufigen Firmenakquisitionen beeinflussen diesen Aspekt zusätzlich negativ.

Service

Zur Betrachtung der Wirtschaftlichkeit gehört auch die Servicesituation. Unter der Überschrift *Rapid...ing* kommt diesem Thema eine besondere Bedeutung zu. Maschinen, die nur theoretisch schnell sind, helfen dem Anwender nicht, die Potenziale auch zu nutzen. Unerwartete Stillstandzeiten, möglicherweise überlagert durch Fehlersuche, und nicht verfügbare Ersatzteile wirken sich besonders verheerend aus.

Für Deutschland kann die in den vergangenen Jahren punktuell recht angespannte Servicesituation für die meisten Hersteller heute als weitgehend entspannt angesehen werden. Einheimische wie ausländische Hersteller verfügen mehrheitlich über ein funktionierendes, aber angesichts der geringen Anzahl installierter Maschinen, recht dünnes Servicenetz, das sukzessive ausgebaut wird. Anfahrtszeiten sind oft noch deutlich zu lang und der für das jeweilige auftretende Problem als Spezialist bekannte Techniker zuweilen nicht verfügbar.

Ein besonderes Charakteristikum von additiven Fertigungsanlagen besteht darin, dass sich mehrere Fehlerquellen zu einem Gesamtfehler aus EDV, elektrischen, mechanischen und Werkstoffproblemen überlagern können. Dann führen nur gezielte und entsprechend aufwendige Versuche zur Isolierung der tatsächlichen Ursachen und damit zur dauerhaften Fehlerbehebung. Die systematische Fehlersuche, die zwar nicht an der Tagesordnung, hin und wieder aber nicht zu umgehen ist, wird auch dadurch erschwert, dass die Ersatzteile erst von den Vorlieferanten, häufig aus Übersee, beschafft werden müssen. Vor diesem Hintergrund sollte geprüft werden, ob das Einlagern der wichtigsten Ersatzteile, einschließlich teurer Elemente wie Laser und Scanner, wirtschaftlich nicht letztlich die günstigste Alternative darstellt.

Das gleiche gilt für die Bevorratung von Baumaterialien. Die Vorräte sollten in jedem Fall so bemessen sein und eine Nachbestellung so früh erfolgen, dass nach einem Materialwechsel gegebenenfalls auffällige, zunächst unerklärliche Baufehler durch erneutes Zurückwechseln auf die bisher verwendete Charge systematisch untersucht werden können. Auch sollten Lieferunterbrechungen in die Betrachtung einbezogen werden, weil die Branche insgesamt noch zu klein ist, um eine wirksame Nachfragemacht zu entfalten.

Da von allen Analysten für mindestens weitere fünf Jahre ein zweistelliges Ansteigen der Verkaufszahlen prognostiziert wird, ist es zur Reduzierung des Servicerisikos zu empfehlen, die diesbezügliche Leistungsfähigkeit eines potenziellen Lieferanten vorab zu hinterfragen.

8.3 Make or buy?

Sowohl die Frage, ob additive Verfahren überhaupt eingesetzt werden sollen (strategischer Aspekt), als auch die Wahl des optimalen Verfahrens (operativer Aspekt) sind weitgehend unabhängig davon, ob die Bauteile im eigenen Haus entstehen, oder ob sie von Dienstleistern (Service Bureaus) zugekauft werden. Da der Einsatz von additiven Verfahren im eigenen Haus über die wichtige Frage der Auslastung hinaus weitgehende Konsequenzen bezüglich Personal und Infrastruktur hat, wird im Folgenden das Für und Wider des eigenen Einsatzes kurz diskutiert:

Für den Einsatz im eigenen Haus spricht:

- Die Bauteile stehen sofort zur Verfügung.
- Bei sehr guter Auslastung ist die volle Ausschöpfung des „Profits“ zu realisieren.
- Durch die Erarbeitung von AM spezifischem Know-how können Wettbewerbsvorteile realisiert und stabilisiert werden.

Für den Einkauf bei Dienstleistern spricht:

- Es muss keine Festlegung auf ein oder wenige Verfahren erfolgen.
- Es kann deshalb das jeweils optimale Verfahren angewandt werden.
- Die Dienstleistung erfolgt unabhängig von der Auslastung zu vorab festgelegten Preisen.

- Auftragsspitzen sind deshalb leichter abzufangen.
- Der Wettbewerb unter den Dienstleistern stellt sicher, dass immer die neueste Technologie verfügbar ist.
- Es muss kein qualifiziertes Personal vorgehalten und weitergebildet werden.
- Investitionen werden vermieden. Dies ist deshalb besonders wichtig, weil die extrem kurzen Innovationszyklen zu Re-Investitionen zwingen können, bevor die Maschinen abgeschrieben sind.

Die Gewährleistung absoluter Geheimhaltung ist für den Dienstleister lebenswichtig und deshalb im direkten Geschäft genauso gewährleistet wie im eigenen Haus.

Bei sogenannten Brokern, also Vermittlern von Dienstleistungen, die keine eigenen Anlagen haben, ist dies problematischer. Auch wenn davon auszugehen ist, dass sie persönlich genauso diskret arbeiten wie Dienstleister mit eigenen Anlagen, so leben sie doch davon, temporäre Vakanzen und strukturelle Preisgefälle auszunutzen. Das können sie nur tun, wenn sie ihre Anfragen entsprechend breit streuen. Damit entzieht sich die Geheimhaltung der direkten Kontrolle des ursprünglichen Auftraggebers und des Brokers.

Bei der Auswahl eines Dienstleisters sollte genau so vorgegangen werden, wie bei einer sonstigen Lieferantenauswahl und -bewertung. Eine solide Grundlage für erfolgreiches Einkaufen ist auch hier die detaillierte Kenntnis der zur Disposition stehenden Verfahren und der daraus abgeleiteten Anforderungen an das Bauteil. Nur wer selbst über einschlägiges Fachwissen verfügt, kann die Kompetenz eines Lieferanten entsprechend einschätzen.

Die Größe eines Lieferanten, ausgedrückt durch die Anzahl der Mitarbeiter, ist mit Sicherheit kein allgemeingültiges Auswahlkriterium. Entsprechende Ausführungen von Zäh [Zäh06], die davon ausgehen, dass Dienstleister mit mehr als 20 Mitarbeitern aufgrund wachsender organisatorischer Probleme nicht wettbewerbsfähig sind, werden in der Praxis nicht beobachtet.

Grundsätzlich sollten mit einem Dienstleister die Datenformate, -Einstellungen und -wege sowie der Versand der Fertigteile geklärt sein, und wenn möglich sollte auch ein Testlauf erfolgt sein, bevor zeitkritische Aufträge an ihn vergeben werden.

Literaturverzeichnis

Steger, W., Conrad, T.: Rapid Prototyping. Operative und strategische Bewertung von generativen und konventionellen Fertigungsverfahren. VDI-Z Special Werkzeug- und Formenbau, November 1995, S. 12 ff., VDI Verlag, Düsseldorf, 1995.

Willinger, H.-M.: Kostenrechnung Rapid-Prototyping Verfahren. Diplomarbeit, Technische Universität München, 1995.

Zäh, M. F.: Wirtschaftliche Fertigung mit Rapid-Technologien. Carl Hanser Verlag, München, Wien, 2006.

9 Zukünftige Rapid Prototyping-Verfahren

In diesem Kapitel werden Trends bezüglich Verfahren, Anlagen und Anwendungen aufgezeigt, die sich heute (2024) bereits vereinzelt zeigen, von denen aber erwartet wird, dass sie schon in naher Zukunft für den industriellen Einsatz zur Verfügung stehen werden – so wie es bei den Metallsinter- und Schmelzverfahren der Fall ist, die in der ersten Auflage diese Buches 1996 noch Gegenstand intensiver, teilweise grundlagenorientierter Forschung waren (1. Auflage, Kapitel 7, Seiten 245 bis 271).

Im Folgenden werden auch Projekte vorgestellt, die das Attribut „verrückt“ verdienen.

Ohne einen gewissen Grad an Verrücktheit stockt aber auch der Fortschritt. Die NASA hat, dies erkennend, das NASA Innovative Advanced Concepts (NIAC) Program ins Leben gerufen (*https://www.nasa.gov/stmd-the-nasa-innovative-advanced-concepts-niac/*).

Es unterstützt visionäre Ideen die zukünftigen NASA Missionen zum Durchbruch verhelfen könnten. Vision bedeutete unter anderem auch Erscheinung oder Trugbild. Daher ist längst nicht sicher, ob und wann die besprochenen Projekte jemals Realität werden.

Um einen Maßstab dafür zu haben, wie weit die jeweilige Idee von einer Realisierung entfernt ist, hat die NASA den Technology Readiness Level, TRL, eingeführt, der in den Stufen 1–9 den Stand der Entwicklung angibt und mit Technologie-Reifegrad übersetzt wird. Die TLR Skala ist inzwischen von vielen Ländern und Branchen übernommen worden, so auch von der Deutschen Forschungsadministration. Eine übersichtliche Darstellung stammt von der Bundesanstalt für Landwirtschaft und Ernährung:

https://www.ble.de/SharedDocs/Downloads/DE/Projektfoerderung/Innovationen/DIP/Merkblatt-Technologiereifegrade.pdf?__blob=publicationFile&v=2

Eine den inzwischen zahlreichen „Originalen“ sehr nahekommende englischsprachige US-Darstellung findet sich in:

https://www.nasa.gov/directorates/somd/space-communications-navigation-program/technology-readiness-levels/#:~:text=Technology%20Readiness%20Levels%20(TRL)%20are,based%20on%20the%20projects%20progress.

Aus der Menge der sich abzeichnenden Trends, die an den geeigneten Stellen im Buch bereits diskutiert oder zumindest angerissen wurden, werden bewusst einige besonders interessante Entwicklungen herausgegriffen, und im Folgenden etwas tiefer, aber im Sinne dieses Buches straff zusammengefasst, dargestellt.

9.1 Mikrobauteile

Die Darstellungen im vorliegenden Buch konzentrieren sich, der Entwicklung der Generativen Fertigungstechnik folgend, vor allem auf makroskopische oder mesoscale Bauteile. Es handelt sich dabei um charakteristische Abmessungen von einigen 10tel bis zu einigen 100 Millimetern, perspektivisch auch bis in den m-Bereich. Die Herstellung von Mikrobauteilen im einstelligen und unteren zweistelligen Mikrometer (µm) Bereich, wird seit Längerem erforscht, unter anderem am ILT der RWTH Aachen, dem Laserzentrum Hannover (LZH), an der ETH Lausanne (EPFL), an der TU-München (IFG-TUM), am KIT Karlsruhe, an der TU Wien und an führenden Universitäten in den USA und in Japan.

Industrielle Maschinen und Anwendungen für derartige Anwendungen sind auch heute noch eher selten und betreffen vor allem die Herstellung von Bauteilen aus Kunststoffen. Die Herstellung solcher Mikrobauteile basiert meist auf der Laserstereolithographie [Varadan01]. Um die Firma microTEC (Abschnitt 3.1.6 „Mikrostereolithographie – microTEC“), die in der Vergangenheit bedeutende Beiträge insbesondere zur Mikrofluidik geleistet hat, ist es ab 2023 stiller geworden; möglicherweise weil deren Maschinen nicht kommerzialisiert sind und die Firma exklusiv als Entwicklungs- und Fertigungspartner für ihre Kunden tätig ist.

In den letzten Jahren machten auf dem Markt von Mikrobauteilen vor allem die Firmen NANOSCRIBE, Karlsruhe, und BMF, Boston Micro Fabrication, Maynard, USA (siehe Abschnitt 9.1.3 und Abschnitt 9.1.4.), von sich reden, die beide auch im Weltmaßstab eigene sehr interessante Maschinen vorgestellt haben und erfolgreich vermarkten.

9.1.1 Mikrobauteile aus Metall und Keramik

Verfahren zur Herstellung von Mikrobauteilen aus Metallen waren lange Zeit Gegenstand vor allem von Forschungsarbeiten, hauptsächlich am Fraunhofer Institut für Lasertechnik Aachen, an der Hochschule Mittweida und am Forschungszentrum Karlsruhe (FZK).

Eine sehr vollständige Zusammenstellung des Standes der Technik vor dem Hintergrund der wichtigsten Einflussfaktoren Strukturauflösung, Bauteildichte und Laserspotdurchmesser, dem Energieeintrag, der Belichtungsstrategie und den sich daraus ergebenden Zielgrößen Pulverpartikel ≤ 5 µm, Schichtdicken ≤ 5 µm und Fokusdurchmesser von ≤ 30 µm haben Nagarajan und Kollegen vom Singapore Institute of Manufacturing Technology (SIMTech) vorgelegt [Balasubramanian19].

In Deutschland wurden die Grundlagen maßgeblich am Institut für Mikroverfahrenstechnik des Forschungszentrums Karlsruhe anwendungsbezogen erforscht. Sie betreffen den Stand der Entwicklung ab ca. der Jahrtausendwende und fußen vor allem auf den Arbeiten auf den kommerziellen Plattformen, auf den seinerzeitigen Maschinen der Firma MCP-HEK und Fockele und Schwarze zum selektiven Laserschmelzen.

Details finden sich in der 5. Auflage dieses Buches in Kapitel 9.

9.1.2 Mikrobauteile aus Metall mittels Laserschmelzen

Insbesondere wegen der vielfältigen Erkenntnisse für die praktische Anwendung lohnt ein Blick auf Details der Historie: In Deutschland wurden die Grundlagen maßgeblich am Institut für Mikroverfahrenstechnik des Forschungszentrums Karlsruhe schwerpunktmäßig anwendungsbezogen erforscht. Sie betreffen den Stand der Entwicklung ab ca. der Jahrtausendwende und fußen vor allem auf kommerziellen Plattformen, den seinerzeitigen Maschinen der Firma MCP-HEK sowie Fockele und Schwarze zum selektiven Laserschmelzen.

Die Forschungsarbeiten in Mittweida konzentrierten sich auf das Mikrosintern [Exner06]. Bild 9.1 zeigt je ein Beispiel aus Metall und eines aus Keramik (SiSiC).

a) b)

Bild 9.1 Mikrosintern; Mikrogitter aus Metall (a), Mikrobauteil aus Keramik (b)
Quelle: Laserzentrum Mittelsachsen

Die Arbeiten haben über die Zusammenarbeit mit der Micromac AG in Chemnitz zu dem industriell anwendbaren Verfahren „Micro Laser Sintering (MLS)" geführt. Aus dieser Kooperation, die bereits seit 2006 besteht und in die auch die EOS GmbH einbezogen war und ist, ist 2013 die 3D MicroPrint GmbH AG in Chemnitz entstanden.

9.1.2.1 Micro Laser Sintering (MLS)

Der additive MLS-Prozess kombiniert die additive Fertigung und die Laser Mikrobearbeitung.

Die Firma 3D MicroPrint bietet Maschinen der DMP Baureihe an. Die DMP70 ist die aktuelle (2024) Maschinengeneration für das Micro Laser Sintering. Die DMP70 Baureihe benötigt gegenüber der Vorgängermaschine DMP60 weniger Platz, hat ein geringeres Gewicht und verursacht niedrigere Kosten. Nach dem Bauprozess verbleibt weniger Pulver in der Maschine, das, auch falls es später recycelt werden kann, die Prozesszeiten in der Maschine verlängert und zunächst als Abfall zu betrachten ist. Ein geringerer Materialeinsatz durch eine optimierte Konstruktion (vor allem dadurch, dass sich weniger Material in der Maschine „verstecken“ kann), führt insbesondere bei der Verarbeitung von Edelmetallen zu erheblichen Einsparungen.

Die Maschinen sind für Konformitätserklärungen nach CE und UL vorbereitet.

Die aktuellen Maschinen arbeiten mit Schichtdicken von ≤ 5 µm. Entsprechend beträgt der Durchmesser der Pulverpartikel nach Herstellerangaben ≤ 5 µm. Die Pulver sind damit um den Faktor 10 kleiner als die der industriellen LPBF-Pulver, was sich natürlich auch auf den Preis auswirkt. In seinen Datenblättern gibt der Hersteller oft auch 1 µm an.

Die Strahlquelle ist ein infrarot emittierender Faserlaser. Der Fokusdurchmesser wird mit ≤ 30 µm angegeben, allerdings ist er berechnet und nicht durch Messungen belegt.

3D MicroPrint bietet die Maschinen, die alle auf der MLS Technologie basieren, in unterschiedlichen Varianten an. Die 60er Baureihe ist als DMP60, DMP63 and DMP64 erhältlich. Die 70er Baureihe als DMP73 und DMP74 mit (berechneten) Spotdurchmessern von ≤ 30 µm (DMP73) und ≤ 20 µm (DMP 74). Darüber hinaus gibt es kundenspezifische Varianten.

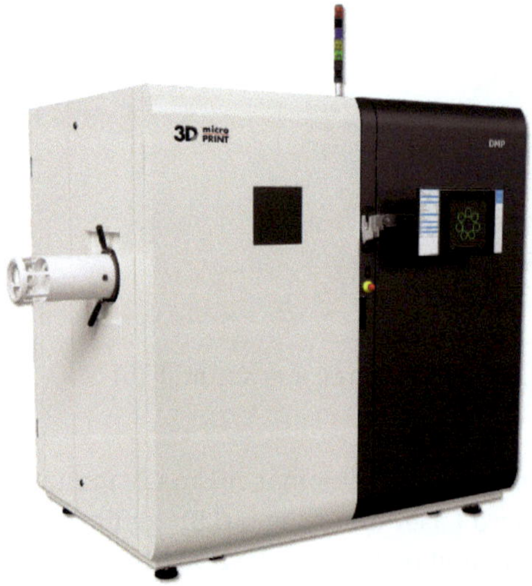

Bild 9.2
Mikrosintern. DMP70-Serie ist die aktuelle (2024) Generation der Micro Laser Sintering Maschinen von 3D MicroPrint
Quelle: 3D MicroPrint GmbH

Die rechteckige Bauplattform hat eine Kantenlänge von 60 mm. Die Maschine fertigt bis zu einer Bauhöhe von 30 mm. Die massive Konstruktion der Bauplattform ermöglicht den direkten Einsatz eines Nullpunkt-Spannsystems, das schnelle Bauteil-Wechsel ermöglicht. Sie sind gleichzeitig ein Element für spätere optimierte Prozessketten, z. B. zur automatisierten Nachbearbeitung mit den spanenden Maschinen des Mutterkonzerns DMG.

Alle DMP-Maschinen, auch die älteren, weisen an der Seite ein charakteristisches trommelförmiges Element auf. Das ist der sichtbare Teil des Beta Containers, eines Teils des Rapid Transfer Systems zum Einschleusen des Baumaterials. Das System besteht aus zwei Komponenten, der Alpha und der Beta Baugruppe, die RAPID TRANSFER PORTS (RTP) genannt werden. Beide haben eine Tür, mit Silikondichtungen und eine Verriegelung. Die hier eingesetzte Konstruktion stammt von der Firma CASTUS [Castus2024]. Sie wurde für die Nukleartechnik entwickelt und dient als Rapid Transfer Port (RTP), vorzugsweise in der Reinraum- und der Pharmaindustrie zum Ein- und Ausschleusen von Stoffen aller Art in Prozesskammern für aseptische Produktionsprozesse. Damit dienen sie auch dem Schutz von Bediener und Umwelt. Das gilt auch umgekehrt, vorzugsweise für pharmazeutische Produkte, um die Produkte vor Keimen und Partikeln zu schützen.

Im Bereich der Additiven Fertigung werden die Ports verwendet, um die Pulver zu transportieren und sie vor Kontaminationen zu schützen. Solche Transfersysteme werden meist als unabhängige Baugruppe entwickelt und zugekauft.

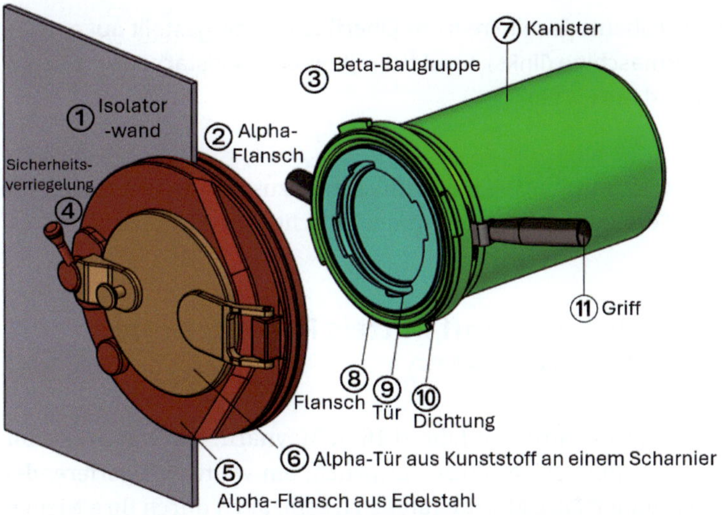

Bild 9.3 Mikrosintern. Rapid Transfer System (RTP) zum Einschleusen des Baumaterials. Alpha-Port (Tür), rot, über Scharnier fest in die Sintermaschine eingebaut; Beta-Baugruppe, grün, mit Flansch zum Anschluss an den Alpha-Port.
Quelle: Rapid Transfer Port

Die Alpha-Baugruppe der DMP-Maschine ist vorzugsweise fest in den Handeingriff einer Glovebox oder in diesem Fall in die Wand der Prozesskammer eingebaut. Die Beta-Baugruppe ist Teil eines Behälters, der zum Transport des Materials verwendet wird. Er hat Einbauten, die die gewünschte Pulvermenge aufnehmen und ist mobil. Die Alpha- und die Beta-Baugruppe können durch eine integrierte Bajonett-Kupplung (Alpha-Beta Connection) sicher und schnell verbunden oder getrennt werden. Wenn sie getrennt werden, verriegeln sich die Alpha- und Beta-Ports automatisch. Sie werden über Silikondichtungen hermetisch abgedichtet.

Das schnelle Schleusensystem kann automatisiert werden. Hier zeichnet sich eine weitere Entwicklung zum automatischen Additive Manufacturing ab.

Die DMP-Maschinen arbeiten in einer reinen Argon-Atmosphäre.

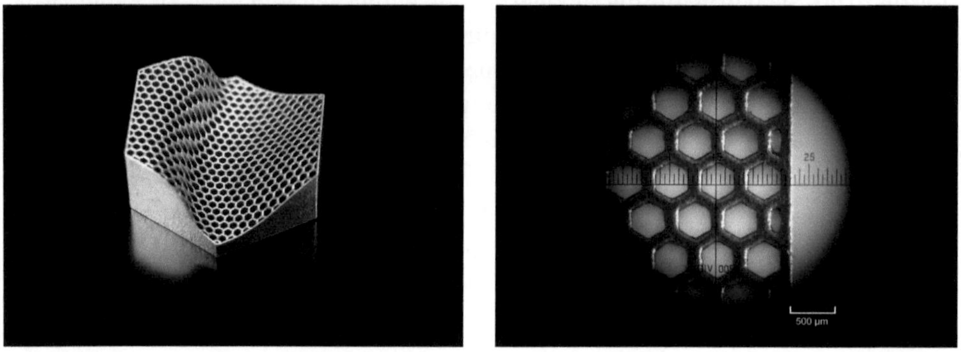

Bild 9.4 Mikrosintern. Mikrobauteile mit Freiform-Oberflächen, hergestellt auf einer DMP50-Micro-Laser-Sintermaschine (links). Struktur mit einer Wandstärke von 100 µm (rechts). Beides: Material 1.4404 (316L)

Quelle: 3D MicroPrint GmbH

Um die Bauteile von äußeren mechanischen Einflüssen abzuschirmen, verfügen die Maschinen der DMP70er Serie zusätzlich über pneumatische Stoßdämpfer.

9.1.3 Mikrobauteile aus Kunststoff mittels Polymerisation, Boston Micro Fabrication (BMF)

Boston Micro Fabrication (BMF) wurde im Jahr 2016 in Maynard, Großraum Boston, USA, gegründet. Die Firma unterstreicht ihren Anspruch, ein weltweit operierender Spezialist für hochpräzise dauerhafte Mikrobauteile zu sein, auch durch ihre Niederlassungen in Boston, Shenzhen, Chongqing and Tokyo, die ihren Ursprung zum Teil im Hintergrund der Gründer haben. BMF unterhält ein Forschungs- und Entwicklungszentrum in San Diego.

BMF verwendet das Verfahren der „Projection Micro Stereolithography (PμSL)“, das im Kern ein DLP Verfahren, letztlich also ein Stereolithographieverfahren ist. Dabei wird die Bauteilkontur über eine Maske auf die Oberfläche eines Harzbades projiziert. Eine dünne Kunststoffmembrane sorgt in Verbindung mit einem „Roller“ für eine blasenfreie, gleichmäßige Harzoberfläche und ermöglicht die Verarbeitung hochviskoser Harze, wodurch die Baugeschwindigkeit erhöht wird. Ein „bubble scraper“ entfernt verbliebene Blasen. Die Folie wird in einen Rahmen gespannt. Sie ist handelsüblich und muss nur gelegentlich erneuert werden. Beides stellt keinen großen Kostenfaktor dar. Mittels eines UV-Lichtblitzes (405 nm Wellenlänge) aus einem Beamer erfolgt simultan die Belichtung und Verfestigung der gesamten Projektionsfläche. Der Vorgang wiederholt sich Schicht für Schicht, bis das Bauteil fertiggestellt ist. Nach dem Bauprozess wird die Bauplattform händisch aus dem Harzbad genommen, gereinigt und die Bauteile vereinzelt.

Die Maschinen heißen Microarch. Sie sind je nach Modell vom Typ Stand-alone oder Desktop, fußen aber alle auf der gleichen Technologie. Sie gliedern sich entsprechend der optischen Auflösung in drei Genauigkeitsstufen und werden daher als 2 μm, 10 μm und 25 μm Series 3D Printer bezeichnet.

Es gibt aktuell 5 Baureihen: S130, S140, S230, S 240 und S350. Die S230, S 240 und S350 können auch das photosensitive Resin „Ceramic“ verarbeiten.

Die Abmessungen der Bauräume reichen von 50 x 50 x 10 mm (S130) bis zu 100 x 100 x 75 mm (S240).

Der S240 10 μm series 3D Printer wird als die am besten geeignete Maschine für Industrie und Universitäten bezeichnet, weil er eine hohe Auflösung, eine hohe Genauigkeit und eine sehr hohe Präzision in einer kompakten Desktop Maschine vereint und Bauteile in Industriequalität fertigt. Innerhalb der 10 μm Serie wird , der *S240* 3D Printer auch als das industrielle „Arbeitspferd“ bezeichnet. Das gilt vor allem für die Polymerharz Variante mit dem größten Bauraum. Die Baudaten werden im STL Format übergeben.

Bild 9.5
BMF S 240 3D printer
Quelle: Boston Micro Fabrication

BMF verfolgt eine offene Materialstrategie. Anwender können je nach Maschine das von BMF vertriebene flüssige Polymerharz Photosensitive Resin oder das mit keramischen Nanopartikeln versetzte Photosensitive Resin Ceramic verwenden.Darüber hinaus können in den Maschinen tausende von handelsüblichen Polymerharzen eingesetzt werden, sodass die Anwender unabhängig vom Maschinenhersteller BMF sind, die Prozessdaten aber auf Eigeninitiative ermitteln (lassen) müssen.

Die BMF-Maschine Microarch S 240 weist eine optische Auflösung von 10 μm und Schichtdicken von 10 μm bis ca. 40 μm auf. Dabei werden Oberflächenqualitäten von 0,4 – 0,8 μm Ra (an der Bauteil-Oberfläche) und von 1,5 – 2,5 μm Ra (an den Bauteil-Seitenflächen) erreicht. Bild 9.6 zeigt ein Beispiel-Bauteil.

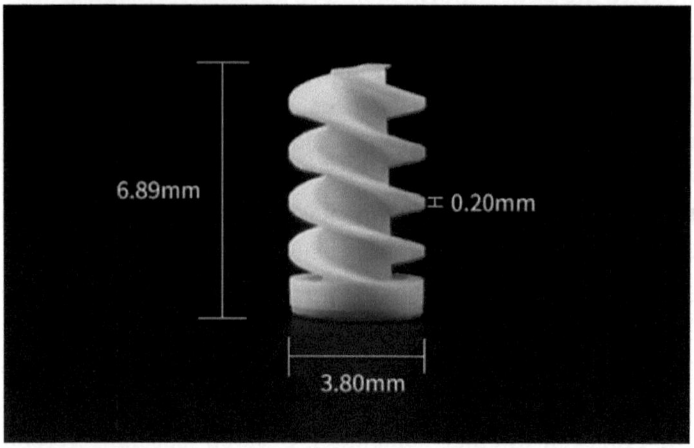

Bild 9.6 BMF Microarch S 240; Bauteil aus Photosensitive Resin Ceramic
Quelle: Boston Micro Fabrication

Auf der Website /bmf3d.com/ sind das Verfahren, die Maschinen, und ihre technischen Daten, die BMF-Baumaterialien sowie Beispiel-Anwendungen für Kunststoff und Metall nach Branchen dargestellt.

9.1.4 Nanoscribe

Nanoscribe wurde 2007 als erstes Spin-off des *Karlsruher Instituts für Technologie (KIT)* von Martin Hermatschweiler, Michael Thiel, *Georg von Freymann* und *Martin Wegener* gegründet. Die Firma Carl Zeiss aus Oberkochen hält seit 2008 knapp 40 Prozent Anteile an dem Unternehmen.

Nanoscribe eröffnete 2018 eine Tochtergesellschaft in Shanghai, China, und 2019 in Boston, USA. Im Januar 2020 bezog das Unternehmen seinen Hauptsitz im ZEISS Innovation Hub am Campus Nord des KIT. Seit Mai 2021 gehört Nanoscribe zur Cellink, heute BICO Group AB.

Das Unternehmen Nanoscribe zählte Ende 2023 weltweit über 100 Mitarbeiter.

Nanoscribe ist das erste Unternehmen, das 3D-Drucksysteme auf Basis der Zwei-Photonen-Polymerisation entwickelt, produziert und vermarktet. Das Unternehmen ist weltweit Markt- und Technologieführer für den 3D-Druck im Nano- und Mikrometerbereich. Es entwickelt und produziert die zurzeit (2024) die am höchsten auflösenden 3D-Drucker und ermöglicht damit die additive Fertigung im Submikrometer-Bereich. Das Unternehmen baut auf das 2008 von Prof. Martin Wegener an der TU Karlsruhe entwickelte Laser-Direct-Write-Verfahren auf. Über das Verfahren selbst sind nur wenige Details bekannt. Noch 2008 wurde das erste 3D-Laserlithografiesystem ausgeliefert.

Im Jahr 2013 stellte das Unternehmen den weltweit schnellsten 3D-Drucker für die Nano- und Mikrostrukturierung vor. Erstmals wurde in einem kommerziellen 3D-Drucker für die Mikrofabrikation ein Galvanometerspiegelsystem eingesetzt und dadurch die Druckgeschwindigkeit wesentlich, also um einen Faktor von ca. 100 gesteigert.

2016 stellte ein Team um Prof. Julia Greer, Caltech California Institute of Technology, Pasadena, Los Angeles, USA, eine Mikro-Gitterstruktur, mit einer Auflösung kleiner als 1 µm vor. Die glasartige Struktur entstand mit einem Nanoscribe-Laser-Lithographie-System und anschließender Pyrolyse, die die Struktur um 80 % schrumpfen ließ.

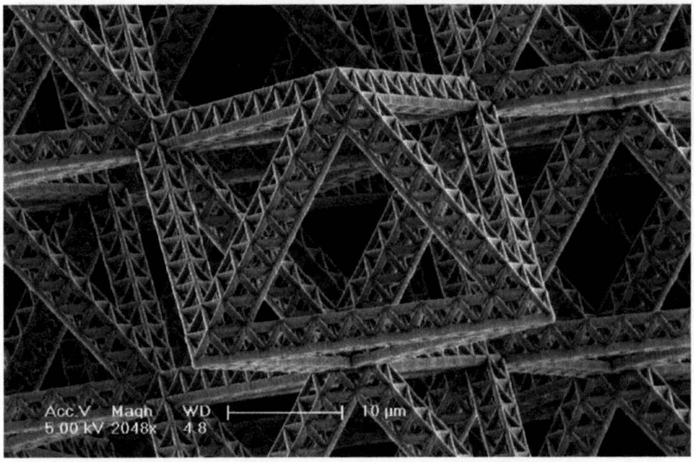

Bild 9.7 Nano-Mikro-Gitterstruktur nach Pyrolyse
Quelle: Greer, Calltech

Mit Mikrofabrikationssystemen von Nanoscribe können (2024) Volumina von bis zu 100 mm^3 gedruckt werden (Bild 9.7).

2019 stellte Nanoscribe ein neues und das bis heute (2024) im Kern aktuelles Produkt, den Quantum X vor. Es ist das weltweit erste Zwei-Photonen-Graustufen-Lithographie-

System (2GL-System). Es bildet bis heute die Basis für die Entwicklung einer ganzen Maschinenfamilie.

So folgte Im Dezember die Quantum X bio, ein gemeinsam mit Cellink (einem Schwesterunternehmen innerhalb der BICO-Gruppe), entwickelter 3D-Bioprinter mit Submikrometerauflösung.

Damit erschloss die Firma den Markt für den Druck von Biomaterialien, biokompatiblen Materialien und von mit lebenden Zellen angereicherten Druckmaterialien. Bild 9.8 zeigt ein damit hergestelltes Mikroendoskop.

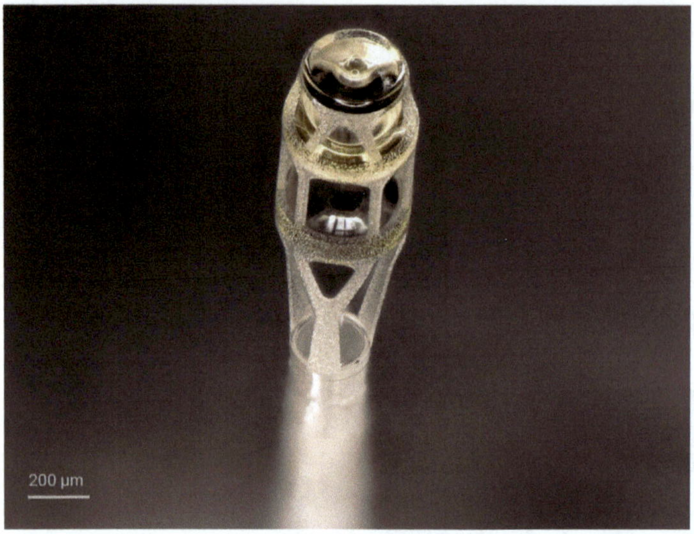

Bild 9.8 Mikroendoskop, Nanoscribe-2-Photonen-Litografie. Mikrolinse hoher Brillanz, aufgesetzt auf eine optische Faser
Quelle: Greer, Calltech

Im Januar 2022 führte Nanoscribe den Quantum X align ein. Er ist der weltweit erste 3D-Drucker, der eine automatisch mit Nanometerpräzision ausgerichtete 3D-Mikrofabrikation auf komplexen Substraten, wie optischen Fasern und photonischen Chips ermöglicht.

Mikro Transportsysteme

Eine Anwendung und zugleich Kern eines zukünftigen Szenarios ist die Herstellung einer Helix in Form einer sich verjüngenden Spirale, die im Zusammenwirken mit einem auf dieses System wirkenden rotierenden Magnetfeld einen Mikromotor darstellt. Die Arbeiten konzentrieren sich momentan (2024) auf die zielgenaue Einbringung definierter Dosen von Medikamenten in den menschlichen Körper und auf Methoden zur Regenerierung von Nerven.

ETH Zürich – Mikroantriebe für die Medikation

Medikationen: Wissenschaftler an der ETH Zürich waren wohl mit die ersten, sind aber nicht die Einzigen, die sich auf dem Feld der Medizin und Biomedizin mit der Anwendung von 3D-Druckverfahren befasst haben [Peters14].

Die ETH Forscher untersuchen Methoden, um mittels Nanoprinting Aktuatoren herzustellen, die als Mikroantriebe für den Transport von Medikamenten im menschlichen Körper eingesetzt werden können [Molitch-Hou14].

Nerve guidance conduits (NGCs)- University of Sheffield

Nerve guidance conduits (NGCs): An der University of Sheffield werden unterschiedlichste Ansätze im Bereich Nerven-Gewebe-(Nerven-Tissue)-Engineering verfolgt, um Reparaturen an Nerven durch 3D-Drucken mit resorbierbareren und biologisch abbaubaren Tinten zu unterstützen. Ziel ist die Erforschung von Methoden und die Herstellung von sog. nerve guidance conduits (NGCs), um große Beschädigungen im Nerven-Leitungssystem zu beheben [Wensong20].

Spermbot

Besonders öffentlichkeitswirksam ist der Spermbot. Dabei wird der Micromotor in Verbindung mit dem zugehörigen Propulsion- und Navigationssystem zum Transport und der Unterstützung der Mobilität von Spermien und so zu der Befruchtung einer Eizelle eingesetzt werden [Molitch-Hou16].

Um dies zu bewerkstelligen, wird die Helix an der Seite mit dem größeren Durchmesser groß genug dimensioniert, um ein Spermium mit dem Schwanzende (der Geißel) hindurch zulassen, den deutlich dickeren Kopf mit den Erbanlagen aber nicht. Da sich das Spermium mit dem Kopf voran bewegen muss, um die Eizelle zu befruchten, muss es zunächst entgegen dieser Bewegungsrichtung, also mit der Geißel voran, in die Helix eingeführt werden. Die Spermbots sind für die Navigation mit einer magnetischen Schicht aus Nickel und Titan überzogen und werden von äußeren rotierenden magnetischen Feldern angetrieben und gesteuert. Die Helixform ermöglicht die Navigation im dreidimensionalen Raum, also die notwendige Umkehr der Bewegungsrichtung und auch die spätere Navigation in Richtung Eizelle.

Genau wie in der Natur, erfolgt ein Anteil der Propulsion über die Geißel, wird aber durch das Magnetfeld unterstützt.

Das System wird allgemein als Spermbot bezeichnet und besonders in populärwissenschaftlichen Veröffentlichungen als demnächst verfügbares Verfahren zur künstlichen Befruchtung beschrieben. Häufig wird nicht deutlich gemacht, dass sich die Arbeiten (noch) nicht auf menschlichen Spermien, sondern auf Rinderspermien abstützen und in einer Petrischale durchgeführt wurden, also in Bezug auf die menschliche Fortpflanzung noch am Anfang stehen [Marganz16]. Das Projekt wird aber von vielen Seiten unterstützt. Die von außen angelegten Magnetfelder können auch durch

Magnetresonanz-Tomographen, wie sie zur medizinischen Bildgebung eingesetzt werden, erzeugt werden und deutlich verbesserte bildgebende Verfahren unterstützen die diffizile Navigation.

Letztlich macht auch dieses Projekt deutlich, dass die Komplexität einer additiven Produktentwicklung auch nach der Erfindung und dem Nachweis der grundsätzlichen Machbarkeit in vielen zunächst nicht berücksichtigten Bereichen weiterhin enorm zunimmt.

9.2 Contour Crafting

Contour Crafting (CC) ist eine Produktionstechnologie zur Generierung von „megascale"-Objekten, wie beispielsweise Gebäuden. Der Prozess, wie auch der D-Shape Prozess (Abschnitt 9.3), reiht sich in die Verfahren zum AM in der Bauindustrie in Kapitel 6 ein. Seit 2017 ist Doka Ventures, eine 100 %ige Tochter des Österreichischen Bauriesen Umdasch aus Amstetten in den 3D-Druck von Gebäuden eingestiegen und hält dazu 30 % der Anteile an dem US-Unternehmen Contour Crafting [Umdaschgroup].

Der Contour Crafting Prozess ist hybrid aufgebaut. Die Außenkontur des Objektes wird über einen Extrusionsprozess erstellt. Parallel dazu wird über ein Einspritzen oder Aufgießen der Kern der Wand gefertigt. Das Verfahren wurde von Dr. Behrokh Khoshnevis, University of Southern California, erfunden und wird ständig weiterentwickelt. Das Verfahren ist geeignet große Extrusionsbauteile mit hoher Genauigkeit und ohne Materialausschuss zu fertigen.

Wie in Bild 9.9 dargestellt, nutzt das Verfahren zwei (Maurer-) Kellen (engl.: Trowel), die oberhalb und seitlich der aktuellen Schicht positioniert sind. Simultan zur Materialextrusion wird dadurch eine glatte Oberfläche auf der Seitenfläche und auf der Oberseite erzeugt. Die seitliche Kelle kann für nicht-orthogonale Oberflächen angewinkelt werden. Der Extrusionsprozess bildet nur die Außenwände der einzelnen Schichten ab. Wenn der Prozess für die äußeren Wände finalisiert ist, wird Füllmaterial, insbesondere Beton in die so definierten Hohlräume eingebracht.

Das größte Potenzial für diese Technologie zeigt sich in der damit möglichen Automatisierung im Bauwesen, sowohl von ganzen Gebäuden als auch von Subkomponenten. So können sowohl einzelne Häuser als auch Häuserkolonien, auf die jeweiligen Präferenzen der Kunden zugeschnitten, in einem stetigen Prozess aufgebaut werden. Des Weiteren ist die Einbindung von Kabelkanälen für die Elektrik, Heizung und Klimaanlage in die einzelnen Wandstrukturen sowie von Verstrebungen für eine höhere Belastbarkeit der Wände möglich.

Basierend auf der dargestellten Technologie wurde an der University of Southern California eine Anlage entwickelt, die die demonstriert, menschengroße Wände aufzubauen. Erste Testbauteile mit unterschiedlichen internen Strukturen zeigen erfolgversprechende Ergebnisse.

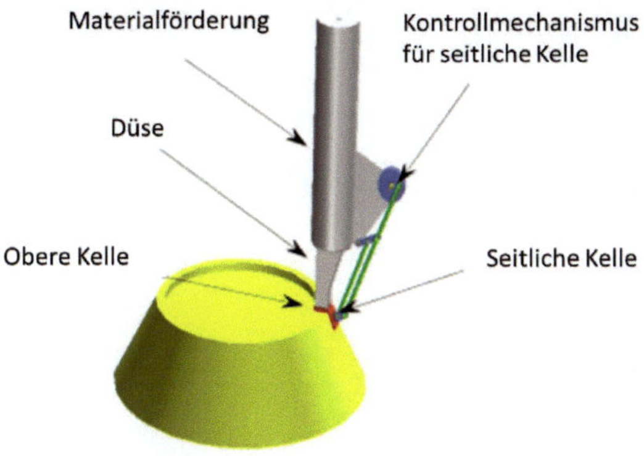

Bild 9.9
Funktionsprinzip Contour Crafting
Quelle: University of Southern California

9.3 D-Shape-Prozess

Der D-Shape Prozess basiert auf dem 3D-Printing-(Pulver-Binder)-Funktionsprinzip [D-shape].Dabei wird mittels Druckkopf anorganischer Binder in Sandpulver gespritzt. Der umliegende Sand, der nicht mit dem dargestellten Binder verklebt wird, dient als Stützstruktur und kann vollständig wiederverwendet werden.

Das D-Shape-Verfahren wurde 2007 von Enrico Dini vorgestellt und wird über die Monolite Uk Ltd. vertrieben. Die selbstentwickelte Anlage hat einen variablen Bauraum mit vier Trägern, die auf bis zu 12 Metern verlängert werden können. An jeder Ecke des Bauraums ist ein elektropneumatisches Kletterwerk befestigt, das über einen Encoder mit 0,1 mm Auflösung angesteuert wird. Über dem Bauraum ist eine Brücke mit einem Druckkopf befestigt. Der Druckkopf besteht aus 300 Servo-betriebenen Düsen, die in die Bindermatrix eindrucken. Die Breite der Spuren ist dabei abhängig von der Geschwindigkeit des Druckkopfes, des Austrittdrucks und der Düsendurchmesser. Die Anlage kann einfach transportiert, auf- und abgebaut werden und ist somit flexibel einsetzbar (Bild 9.10).

Die Druckgeschwindigkeit kann bis circa 15 m2/min betragen. Die Schichtstärken liegen zwischen 5 und 60 mm. Die genutzte Sandkorngröße beträgt 0,1 bis 0,6 mm.

Anwendungsgebiete sind im Bauwesen zu finden. Mittels D-Shape Anlagen sind von Parkbänken bis hin zu mehrstöckigen Gebäuden unterschiedliche Produkte entstanden. Das größte monolithische Bauteil ist auf Bild 9.11 dargestellt und einer Radiolarie nachempfunden.

Bild 9.10
D-Shape-Anlage
Quelle: D-Shape

Bild 9.11
D-Shape. Monolith-Sandstein, Höhe ca. 2 m *[Colla2013]*

Die Firma entwickelt sich in Richtung größerer Konstruktionen und deren Komponenten weiter. Bild 9.12 zeigt einen Multi-Düsen-Drucker.

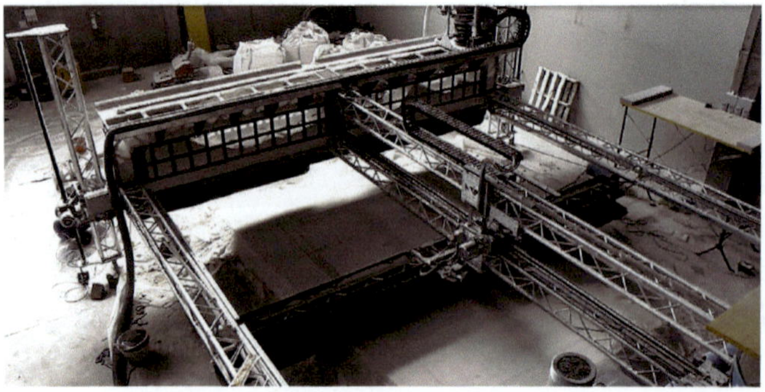

Bild 9.12
D-Shape. Multi-Düsen-Drucker
Quelle: D-Shape

9.3.1 Selective Inhibition of Sintering (SIS)

Der Selective-Inhibition-of-Sintering-(SIS)-Prozess, auch Selective Inhibition Sintering genannt, basiert auf der Sinterhemmung von ausgewählten Pulverpartikeln. Entwickelt wurde das Verfahren an der University of Southern California (USC) von Prof Miranda Fateri, jetzt FH Aalen. Es ist für Polymer- und Metallapplikationen anwendbar.

Beide Prozessvarianten sind in Abschnitt 9.4 und Abschnitt 9.5 der 5. Auflage dieses Buches ausführlich beschrieben.

SIS-Verfahren haben gegenüber dem Lasersintern (LPBF) vor allem wirtschaftliche Vorteile. Sie benötigen keine teuren Laser und kein aufwendiges Kontrollzubehör. Auch werden keine komplexen Stützstrukturen benötigt, die generiert und entfernt werden müssen.

Nachteilig sind die gegenüber LPBF Verfahren geringere Konturenschärfe und eine eingeschränkte Designfreiheit.

9.3.2 Continuous Liquid Interface Production (CLIP) – Carbon 3D

Das CLIP-Verfahren ist ein über-Kopf arbeitendes Stereolithographie-Verfahren mit extrem hoher Baugeschwindigkeit. Die Entwickler unter Führung von Dr. Joseph DeSimone, CEO und Mitbegründer der herstellenden Firma Carbon3D, geben an, dass das Verfahren bis zu 100mal schneller arbeitet als die klassische Laser-Stereolithographie [Tumb15]. Damit wären ein wesentliches Hemmnis der heutigen Verfahren, die sehr langsame Prozessgeschwindigkeit, deutlich entschärft und ein weiteres, die Stufigkeit der Bauteile, nahezu überwunden. Zudem erzeugt der Bauprozess nach Angabe der Entwickler ein Bauteil mit kontinuierlichen mechanisch technologischen Eigenschaften, also mit deutlich verminderter Anisotropie.

Aktuell ist davon auszugehen, dass Kunststoffe vom Typ Acrylat verwendet werden. Bei den für die kontinuierliche Polymerisation notwendigen Intensitäten ist die Verarbeitung von Epoxidharzen nicht ausgeschlossen, würde aber die Bauzeit wieder verlängern.

Der Prozess ist im Frühjahr 2014 gerüchtehalber bekannt geworden und wurde im Frühjahre 2015 veröffentlicht und seitdem kontinuierlich verbessert. Interessant ist, dass die Firma Carbon 3D neben einem regen und erfolgreichen „Fundraising" intensive Entwicklungspartnerschaften mit Schlüsselkunden, so z. B. mit Ford eingegangen ist. (CLIP-Prozess (Bild 9.13)): UV-Licht regt die Polymerisation an und Sauerstoff verhindert sie. Dieses macht sich der CLIP Prozess zu nutzen. Das Harzbad schließt nach unten durch ein Fenster ab. Dieses lässt beim CLIP-Verfahren nicht nur Licht, sondern auch Sauerstoff durch. Dadurch ist das Harz direkt oberhalb des durchsichtigen Bodens ebenfalls mit Sauerstoff angereichert, was bewirkt, dass es bei Beleuchtung mit UV-Strahlung nicht reagiert. Der Sauerstoff wirkt als Inhibitor. Die mit Sauerstoff angereicherte Zone wird daher auch als „dead zone" bezeichnet. Durch diese tote Zone kann das mit O_2 angereicherte Harz strömen, ohne durch das von unten scheinende Licht polymerisiert zu werden. Die minimale Dicke dieser Zone geben die Entwickler mit 20 – 30 µm an. Erst, wenn das Harz die tote Zone verlassen hat und wieder reaktiv ist, wird es dem Bauteilquerschnitt entsprechend verfestigt und als Teil des Bauteils in *z*-Richtung aus dem Werkstoff-Reservoir herausgezogen.

Die Baugeschwindigkeit kann enorm erhöht werden, weil die Wiederbeschichtungszeit als wesentlicher Bestandteil des generativen Prozesses nicht bauzeitverlängernd zu Buche schlägt.

Als Folge der Sauerstoffanreicherung entfallen auch Tilt-Mechanismen (Verkippung der Bauplattform gegenüber dem Bauteil), die bei herkömmlichen Verfahren zur Ablösung des teilfertigen Bauteils von der Unterseite des Harzbehälters nach jeder Schicht notwendig sind (erst bei Stärken der „dead zone" unter 20 µm setzt der Effekt des „Anklebens" des Bauteils an der Bauplattform wieder ein). Der Bauprozess wird auch dadurch den Verzicht auf den Tilt-Mechanismus wesentlich beschleunigt.

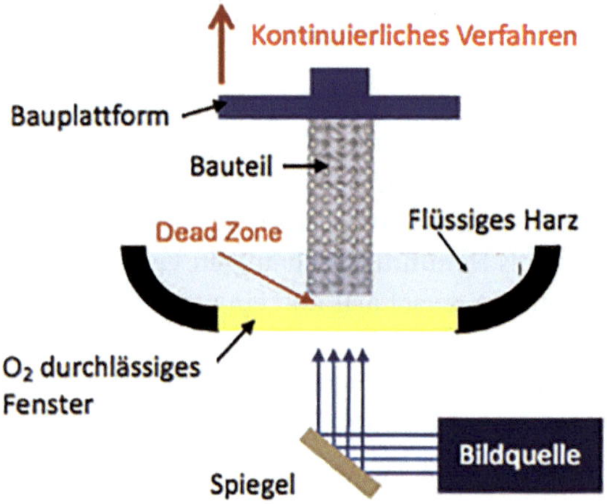

Bild 9.13
Continuous Liquid Interface Production (CLIP); Bauprozess, Schema
Quelle: Carbon 3D

Das Modell vom Eifelturm (Bild 9.14) wurde bei guter Detaillierung mit einer Baugeschwindigkeit von 100 mm/h, mithin also circa zehn Mal schneller als mit der klassischen Stereolithographie hergestellt.

Bild 9.14
CLIP-Prozess, Eifelturm; Baugeschwindigkeit circa 100 mm/h
Quelle: [Tumb15]

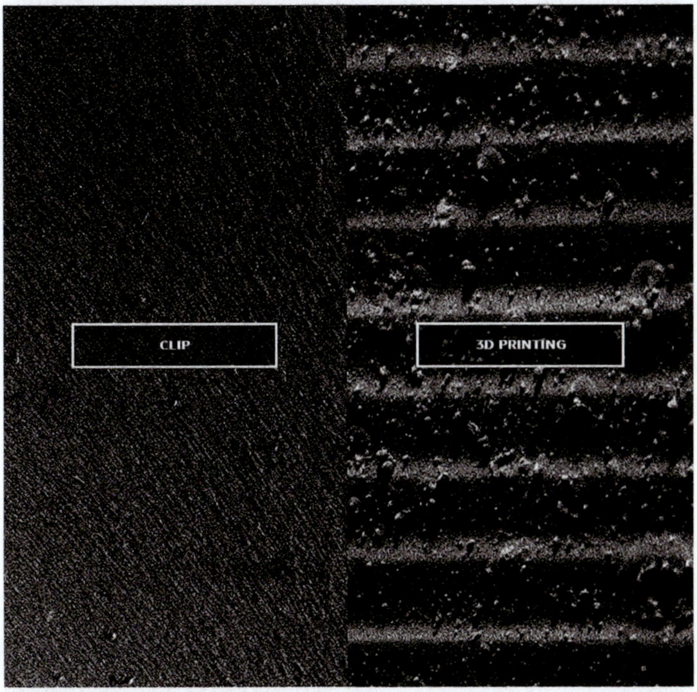

Bild 9.15 CLIP; Querschnitt durch ein Bauteil bei 130-facher Vergrößerung. CLIP (links) Stereolithographie (rechts)
Quelle: [Tumb15]

Die Entwickler sprechen davon, mit dem kontinuierlichen Prozess auch die Stufigkeit überwunden zu haben. Abgesehen davon, dass auch die eingesetzte Bildquelle zwar hochfrequente, aber letztlich doch digitale Einzelbilder projiziert, ist das ausweislich auch gelungen. Eine Schichtstruktur ist andeutungsweise noch zu sehen (Bild 9.15 links), sie erscheint aber gegenüber der circa 1/10 mm hohen Stufung bei der Laser-Stereolithographie (Bild 9.15 rechts) als nahezu nicht mehr vorhanden.

Die Entwickler arbeiten daran, eine breite Materialpalette zur Verfügung zu stellen. Carbon Fiber ist ein steifes und starkes Filament, das sich wie die Aluminiumlegierung 6061 verhält. Es handelt sich um eine ausscheidungsgehärtete Aluminiumlegierung, deren Hauptlegierungselemente Magnesium und Silizium sind, und die für Leichtbauanwendungen geeignet ist. 3D gedrucktes Carbon entspricht massivem Aluminium und erträgt eine Belastung von 11,79 Kilogramm. 3D gedrucktes Carbon Fiber hat bei Biegebeanspruchung eine 50 % höhere spezifische Biegefestigkeit und eine um 300 % höher Zugfestigkeit.

9.3.3 SpiderFab

Das Verfahren ist direkt den Spinnen abgeschaut und für eine Weltraumanwendung konzipiert. Es zielt insbesondere auf sehr große, vorzugsweise Antennenstrukturen ab, die auf der Erde weder gefertigt noch in den Raum transportiert werden können.

Der Spider Fab ist mechanisch von der klassischen Druckerstruktur separiert und schwebt aufgrund der Schwerlosigkeit frei im Raum (Bild 9.16).

Der Drucker besteht aus dem eigentlichen Druckkopf mit in vier bewegliche Armen integrierten Düsen und einem direkt angedockten Materialdepot.

Die Arme sind an der einen Seite direkt an den Druckkopf und das Material Depot angeflanscht und extrudieren auf der anderen unmittelbar das Bauteil in Form von Drähten, Stangen oder Rohren vorzugsweise aus PEEK. Diese Arme manipulieren auch die erzeugten Bauteile und ermöglichen eine angepasste Montage. Über das Material und vor allem, wie es im Weltraum in den notwendigen Mengen bereitgestellt wird oder werden soll, wir wenig berichtet.

Bild 9.16 SpiderFab. Grundsätzlicher Aufbau und zu erzeugende Netzstruktur
Quelle: [SpiderFab]

Eine weitere Anwendungsidee besteht in einem StarShade genannten Projekt, bei dem ein überdimensionaler Schirm, der durch den SpiderFab als Netz hergestellt und bespannt wird, das helle Licht für eine Sternenbeobachtung so abschattet, dass eine Überblendung vermieden und die Beobachtung durch die zentrale Öffnung ermöglich wird, Bild 9.17.

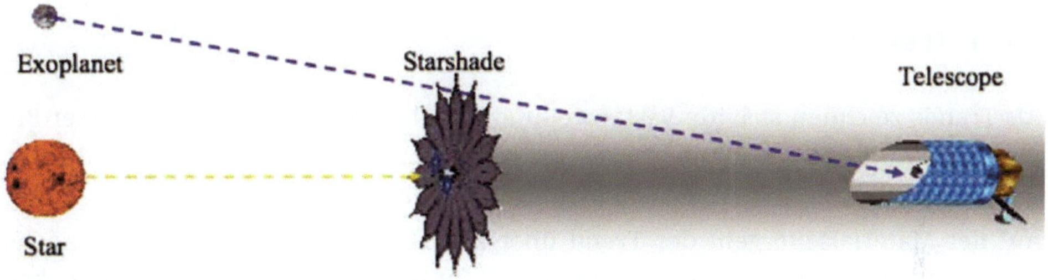

Bild 9.17 StarShade. Prinzip
Quelle: [Glassman2009]

Die o. g. Projekte wurden von NIAC, der NASA Innovative Advanced Concepts, veröffentlicht [NIAC].Das NASA Innovative Advanced Concepts (NIAC) Program unterstützt visionäre Ideen die zukünftigen NASA Missionen zum Durchbruch verhelfen könnten.

9.4 Fazit, Trends und Ausblick

Die Entwicklungsgeschwindigkeit auf dem Gebiet des 3D-Druckens ist schnell und beschleunigt sich kontinuierlich. Der Wettbewerb entwickelt sich weltweit und ist deshalb besonders stark. Aktuelle Informationsseiten, wie z. B. der „3D Printing Industry Newsletter" (*https://3dprintingindustry.com*), stellen beinahe wöchentlich neue Systeme, oft von neuen Herstellern, vor. Die Anzahl sogenannter Fabber oder FFF (Fused Filament Fabrication) -Printer, also low-cost *x-y-z*-Extrusionsmaschinen ist kaum noch zu übersehen. In China gibt es über 4000 Hersteller, die 2023 allein 70 % des globalen Desktop 3D Printer Marktes belieferten [Sher2022].

Stratasys Direct's Report thematisiert ebenfalls den Mangel an „in-house additive manufacturing resources and expertise" als ein wesentliches Hemmnis für die Integration des 3D Printings in industrielle Abläufe und schließt den Mangel an ausgebildetem Personal und Trainingsprogrammen ausdrücklich mit ein [Stratasys2018].

Allein auf der vorzugsweise von privaten Anwendern frequentierten Plattform 3D Hubs (*https://www.3dhubs.com/*) waren (Stand 6/2016) über 30 000 Drucker registriert. Gegründet im Jahre 2013, wurde bereits im Januar 2015 die 10 000er Mitgliedermarke überschritten, bevor daraus Hubs mit neuer Struktur und neuen Gesellschaftern wurden, vergleiche Kapitel 6.

9.4.1 Trends

Als Trends zeichnen sich ab: Verfahren und Maschinen zur Herstellung großer Bauteile, vorzugsweise aus Metallen und aus bisher nicht verarbeiteten Materialien wie Kupfer, aber auch aus komplexen Polymeren und (Polymer-) Beton.

Auf der Materialseite geht der Trend über alle Materialklassen hinweg zu anwender-orientierten Materialien, die zunehmend für den jeweiligen Einsatzzweck „komponiert" oder optimiert werden.

Aus technischer Sicht ist das ein enormer Fortschritt. Aber aus Sicht der Reparatur und der Ersatzteil- Verfügbarkeit und vor allem des Schutzes unserer Umwelt, wirft das enorme Probleme auf. Es wird damit immer schwieriger, das eingesetztes Material zu bestimmen und es im Sinne des Recyclings zu trennen, um es einer Wiederverwendung zuzuführen.

Gleichzeitig nehmen Prozesse zu, die mit Inhibitoren arbeiten, die dafür sorgen, dass der Prozess gezielt angehalten und erneut gestartet werden kann, wie das beim CLIP Verfahren mit der Verfestigung der Fall ist, je nachdem, ob Sauerstoff verfügbar ist, oder nicht. Beim SIS Prozess ist z. B. eine Sinterhemmung manipulierbar.

Kontinuierliche Prozesse stehen bereit und Hybridsysteme aller Schattierungen sind und werden verfügbar. Tissue- und Organprinting, Food Printing und Drug Printing, das Drucken von Medikamenten, werden eine immer wichtigere Rolle spielen.

Dazu wird das Wissen heutiger maschinenbau-orientierter Ingenieure (und -Innen) nicht mehr ausreichen. Elektrotechnische und informationstechnische Elemente werden einen immer größeren Raum in der Ausbildung einnehmen. Es wird sich eine bereits heute sichtbare interdisziplinäre Produktentwicklung weiter ausbilden. Dazu brauchen wir vor allem IT-Fachleute, ohne die der anhaltende Trend zur Integration von Prinzipien und Verfahren der künstlichen Intelligenz (Artificial Intelligence, AI) nicht gelingt. Und zunehmend auch Fach-Juristen.

9.4.2 Ausblick

Die Zeitspanne von der Markteinführung des 3D-Druckens (circa 1989) über die aktuelle Situation bis etwa zum Jahr 2028 wird in die Geschichte als die Phase der „Standalone-Maschinen" eingehen. Damit sind die eigentlichen 3D-Drucker gemeint, also Maschinen und Verfahren, die im Wesentlichen 3D-Daten in physische Bauteile umwandeln und dazu neben dem generativen Baujob das Post-Processing und gegebenenfalls auch noch das Finishing einbeziehen.

Technisch:

Technisch und in der Folge auch wirtschaftlich wirkt sich aus, dass aktuell (2024) viele Maschinen nicht voll ausgelastet sind; auch weil die Bediener nicht adäquat geschult sind. Hier würde eine Qualifikations-Vorgabe der Politik, z. B. nach dem Vorbild des Schweißfachingenieurs, sicher hilfreich sein.

Aktuell zeichnet sich technisch ein Trend zu einer Integration der additiven Fertigungsschritte in eine Prozesskette ab, die schließlich auf ein vermarktungsfähiges Endprodukt oder eine Komponente dessen führt. Automatische Materialförder- und -handlingsysteme, integrierte Prozessüberwachungen, integrierte Entstützung und de-powdering, gegebenenfalls Infiltration sind vielversprechende Ansätze auf dem Weg vom 3D-Drucker zum flexiblen Additive-Manufacturing-System (vergleiche Abschnitt 6.1.1.3 „3D Drucker als flexible AM-Systeme (FAMS)"). Die gegenwärtige (2024) insgesamt schwache Konjunktur ist aber leider nicht geeignet, den Trend nachhaltig zu beflügeln.

Einem nach wie vor deutlichen Trend folgend, werden in den kommenden drei bis vier Jahren die Personal Printer weiter zu preiswerten, sicher funktionierenden Fabbern und Desktop-Druckern für „jedermann", insbesondere für technisch Interessierte und handwerklich Begabte entwickelt. Die Professional 3D Printer werden wie heute leistungsfähige (2D)-Kopierer in jede Branche Einzug halten, die eine 3D-Visualisierung unterstützend einsetzen kann, die Production Printer werden eine steigende

Anzahl von vorzugsweise individualisierten Endprodukten herstellen und die Industrial Printer werden Teile der Serienfertigung übernehmen. Die Dynamik ist anhaltend hoch und die Übergänge sind fließend.

Wirtschaftlich:

Weltweit unterstreichen alle Prognosen unisono, dass die seit einiger Zeit beobachteten und sich aktuell fortsetzenden zweistelligen Zuwachsraten bei allen Typen der Maschinen, bei den Materialien und in den wichtigsten Teilbranchen sich bis mindestens 2035 fortsetzen werden. Es spricht einiges dafür, dass wir den Wendepunkt der Wachstumsfunktion noch nicht erreicht haben. Die sehr guten Prognosen werden sogar noch durch verbesserte fortgeschrieben (Bild 9.18, previous/current).

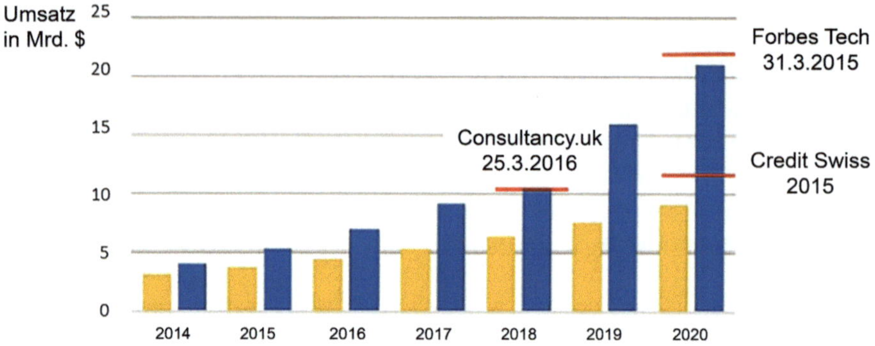

Bild 9.18 Wachstumsprognosen Umsatzentwicklung 3D-Drucken von weltweit führenden Analysten auf der Grundlage des Wohlers Reports 2018 (blau) und 2021 (orange) [Wohlers2018] [Wohlers2021]

Das erzielte Wachstum hängt aber auch davon ab, wie intensiv die AM-Ausrüstung genutzt wird.

Die Treiber des Wachstums sind, wenig verwunderlich, die steigende Nachfrage nach Prototyp-Werkzeugen und gedruckten (Vor)-Serienwerkzeugen insbesondere aus den Bereichen Automotive, Gesundheit, Medizintechnik und medizinische Versorgung, Luft- und Raumfahrt und Verteidigung. Verwunderlich ist aber, dass der als „aggressiv" eingestufte Bereich Forschung und Entwicklung ebenfalls als Treiber angesehen wird. Hier wirkt sich vermutlich aus, dass die einschlägigen Veröffentlichungen immer häufiger geeignet sind, Fantasien zu wecken und zu Investitionen motivieren. Wenn sich diese dann aber als Fehlschlag herausstellen, dämpft das wiederum das Wachstum.

Doch: Bedeutende Analysten sind sich einig. Die jährliche Wachstumsrate, „Compounded Annual Growth Rate (CAGR)", für den Zeitraum 2023 bis 2032 (und darüber hinaus bis 2035) ist und bleibt deutlich zweistellig: Der weltweite 3D-Printing-Markt wurde 2023 mit USD 20,67 Mrd. angegeben und es wird erwartet, dass er in 2032 USD 98,31 Mrd., mithin nahezu 100 Mrd. erreichen wird.

Besonders interessant ist, dass die Prognosen nach der weltweiten Covid-19-Pandemie (2/2021 – 3/2023) nahezu unverändert geblieben sind und die jährliche Wachstumsrate für die Jahre 2023 – 2035 weiter mit ca. 21 % angegeben wird. Der weltweite AM-Markt wächst demnach kontinuierlich weiter [Researchnester].

Der europäische 3D-Printing-Markt ist nicht nur kleiner, er bleibt auch gegen die USA zurück. Er wird 2024 auf USD 6 Mrd. geschätzt. Ein Wachstum auf USD 11,54 Mrd. im Jahr 2029, entsprechend einer CAGR von 14 %, wird für die Periode 2024 – 2029 prognostiziert [Mordor Intelligence2023].

Der asiatische Raum liegt 2024 noch knapp hinter dem europäischen. Es wird aber erwartet, dass der asiatische den europäischen Markt sehr schnell auf den 3. Platz verweisen wird [GMI2023] [Precedence2023].

Der deutsche mittelständische Dienstleister wird sich angesichts der Prognosen verwundert die Augen reiben. Aber die Zahlen werden von den USA dominiert und spiegeln vor allem die Erwartungen der Hersteller und der größeren produzierenden Industrie wider. Außerdem sind die Amerikaner deutlich risikofreudiger als die Deutschen, und das hilft ihnen, schneller aus Krisen hervorzugehen. Auch haben viele US-Bundesländer und die US-Regierung Förderprogramme explizit für Additive Technologien im Mittelstand aufgelegt.

Die führenden europäischen AM-Hersteller haben daraus den Schluss gezogen im Ausland, insbesondere in den USA, aktiv zu werden. Aber das gilt auch in der umgekehrten Richtung. Amerikanische Unternehmen haben begonnen, die Rosinen aus dem europäischen Kuchen zu picken:

Die Übernahmeschlachten, die sich die führenden amerikanischen Hersteller, die mehrheitlich auch den AM-Weltmarkt dominieren, im Jahr 2023 lieferten und weiterhin liefern werden, haben die Bewertungen und mit ihnen die Erwartungen an die Marktentwicklung in die Höhe getrieben.

Der Trend zu Akquisitionen durch sehr große Konzerne ist durch die Übernahme von Concept Laser durch GE Additive im Oktober 2016 in das Bewusstsein breiter Schichten gedrungen und hat sich in den Folgejahren fortgesetzt.

So hat beispielsweise Nikon im Januar 2023 eine Mehrheitsbeteiligung von 61,10 % (USD 65,63 Millionen) am gesamten Aktienkapital der deutschen SLM Solutions GmbH aus Lübeck übernommen.

Im April 2023 hat Stratasys veröffentlicht, die Sparte „Additive Manufacturing Materials“ der Covestro AG übernommen zu haben. Der Kauf beinhalte die Forschungs- und Entwicklungs-Infrastruktur der weltweiten Entwicklung, die Verkaufsorganisationen in den USA, Europa und Asien sowie ca. 60 AM- Materialien und eine große Anzahl von Patenten und Patentanmeldungen [Mordor Intelligence2023].

Die aktuelle (2024) Wirtschaftskrise dämpft die Euphorie vor allem in Deutschland etwas, hat aber auch politische Gründe. Der Schub kommt weiterhin vor allem aus den USA.

In Europa hat aber seit 2023, aktuell 2024 zwar noch verhalten, aber tendenziell die AM-Konjunktur wieder an Fahrt gewonnen.

Insgesamt bleibt festzustellen: Additive Manufacturing wird erwachsen.

Literaturverzeichnis

Balasubramanian, N.: Development of Micro Selective Laser Melting: The State of the Art and Future Perspectives. Singapore Institute of Manufacturing Technology (SIMTech), Agency for Science, Technology and Research (A*STAR), Singapore 637662, 2019, Singapore

Castus: castus GmbH & Co. KG. *https://castus.pro/de/alpha-ports/#alphaequipment*, Mai 2024

D-shape: 3D Printing Technology. *https://d-shape.com/3d-printing/*, Mai 2024

Colla, V.; Enrico, D.: Large scale 3D printing: From Deep Sea to the Moon. In: low-cost 3D printing for science, education and sustainable development. *https://www.researchgate.net/figure/The-D-Shape-printer_fig3_286777060*, Januar 2013

GMI Research: 3D Printing Market Size, Share and Growth Report – Global Opportunities & Forecast, 2023 – 2030. *https://www.gmiresearch.com/report/global-3d-printing-market/*, 2023

Marganz, N.: Rolled up microtubes for the capture, guidance and release of single spermatozoa. Dissertation, Universität Dresden, 2016

Molitch-Hou, M.: ETH Researchers 3D Print Magnetically-Controlled Microbots. *https://3dprintingindustry.com/news/eth-researchers-3d-print-microbots-36771/*, 2014, Mai 2024

Molitch-Hou, M.: Resistance is Fertile: 3D Printed Spermbots Give Sperm Bionic Accuracy. https://3dprintingindustry.com/news/3d-printed-spermbots-give-sperm-bionic-accuracy-66292/, 2016, Mai 2024

Mordor Intelligence: Europe 3D Printing Market Size 2023. *https://www.mordorintelligence.com/industry-reports/europe-3d-printing-market*, Mai 2024

NIAC: NASA Innovative Advanced Concepts. *https://www.nasa.gov/stmd-the-nasa-innovative-advanced-concepts-niac/*, Mai 2024

Precedence Research: 3D Printing Market – Global Industry Analysis, Size, Share, Growth, Trends, Regional Outlook, and Forecast 2023 – 2032. *https://www.precedenceresearch.com/3d-printing-market*, 2023, Mai 2024

Peters, C.: Superparamagnetic Twist-Type Actuators with Shape-Independent Magnetic Properties and Surface Functionalization for Advanced Biomedical Applications.

Rapid Transfer Port: https://de.wikipedia.org/wiki/Rapid_Transfer_Port, Mai 2024

Researchnester: Additive Manufacturing Market Size Forecasts 2035. *https://www.researchnester.com/reports/additive-manufacturing-market/5009*, Mai 2024

Sher, D.: China accounts for 70 % of the global desktop 3D printer market. VoxelMatters, 22. 09. 2021, Mai 2024

Spiderfab: https://www.archdaily.com/423542/nasa-plans-to-3d-print-spacecraft-in-orbit?ad_medium=gallery, Mai 2024

Stratasys: Top Challenges to Widespread 3D Printing Adoption. https://www.stratasys.com/en/stratasysdirect/resources/articles/3d-printing-adoption-challenges/, 07. 11. 2018, Mai 2024

Glassman, T.; Lo, A.; Arenberg, J.; Cash, W.; Noecker, C.: Starshade scaling relations. Proceedings of SPIE – The International Society for Optical Engineering, August 2009, https://www.researchgate.net/publication/252071200_Starshade_scaling_relations.

Umdaschgroup: https://umdaschgroup-ventures.com/de/news/3d-betondruck-von-umdasch-group-ventures/, Mai 2024

Wensong, Y.: 3D printing of gelatin methacrylate-based nerve guidance conduits with multiple channels. Department of Paediatric Orthopaedics, The Children's Hospital, Zhejiang University School of Medicine, National Clinical Research Center for Child Health, Hangzhou 310052, China 2020

Wohlers Associates: Wohlers Report 2018: 3D Printing and Additive Manufacturing Global State of the Industry. 2018

Wohlers Associates: Wohlers Report 2021: 3D Printing and Additive Manufacturing Global State of the Industry. 2021

10 Anhang

Kritische Erfolgsfaktoren und Wettbewerbsstrategien

Siegwart und Sieger [Siegwart91] haben ein Modell vorgestellt, das eine strukturierte Bewertung neuer Technologien ermöglicht. Dazu haben sie sogenannte kritische Erfolgsfaktoren eingeführt. Das sind Größen, zu denen sich einzelne Einflüsse verdichten lassen und die deshalb als Maß für die Bewertung des Erfolgs eines Verfahrens im Kontext einer Unternehmensstrategie herangezogen werden können. Auch wenn die Quantifizierbarkeit von Erfolgsfaktoren heute heftig diskutiert wird, so sind sie doch ein wirkungsvolles Mittel, um Produkte und Produktstrategien zu diskutieren und zu bewerten.

Die Anforderungen an neue Produkte werden durch folgende kritische Erfolgsfaktoren charakterisiert:

- Verkürzung der Entwicklungszeit
- Senkung der Kosten
- Steigerung der Flexibilität (Produkt- und Fertigungsflexibilität)
- Verbesserung der Qualität

Diese Liste ist nicht allgemein verbindlich, gibt aber zurzeit einen breiten Konsens wieder.

Die einzelnen kritischen Erfolgsfaktoren sind im mathematischen Sinne nicht unabhängig voneinander, sondern stellen Größen dar, die erst durch Gewichtung und Verknüpfung im Sinne einer Strategie zu brauchbaren Aussagen führen. In einer Strategie kommt das Selbstverständnis einer Firma in Wechselwirkung mit den Wettbewerbern zum Ausdruck. Heute (das kann morgen anders sein) werden folgende Strategien von den erfolgreichen Unternehmen (Marktführern und „Hidden Champions") verfolgt:

- Technologieführerschaft (Pionierstrategie)
- Kostenführerschaft
- Differenzierung
- Konzentration
- Überholstrategie (Outpacing)

Bei der *Pionierstrategie* stehen die kritischen Erfolgsfaktoren Zeit und Flexibilität im Vordergrund, Qualität und Kosten im Hintergrund. Bei der Strategie der *Kostenführerschaft* treten alle anderen kritischen Erfolgsfaktoren hinter die Kosten zurück. Die *Differenzierungsstrategie* strebt ein einzigartiges Produkt, etwa durch ein unverwechselbares Design, an. Kosten und Zeit spielen deshalb gegenüber Qualität und Flexibilität eine eher untergeordnete Rolle. *Konzentration* ist keine eigenständige Strategie, sondern die Anwendung von Kostenführerschaft oder Differenzierung auf ein ausgewähltes Marktsegment. *Outpacing* bedeutet einen von der Wettbewerbssituation abhängigen Wechsel zwischen den Strategien Kostenführerschaft und Differenzierung. Das „proaktive Outpacing" zielt darauf ab, zunächst Marktanteile mit preiswerten Produkten zu erzielen und dann die Differenzierung mit höherwertigen Produkten zu vollziehen. Beim „präventiven Outpacing" wird die Kostenführerschaft sofort angestrebt, um Niedrigpreisangebote der Konkurrenz von vornherein abzuwehren.

Eine auch als Marktabschöpfung bekannte Strategie ähnelt dem Outpacing. Ein möglichst hochpreisiges, konkurrenzloses, weil vor dem Wettbewerb auf dem Markt befindliches Produkt wird mit entsprechendem Werbeaufwand kurzzeitig intensiv vermarktet. Wenn der Wettbewerb auf dem Markt ist, ist das Geschäft vorbei oder reduziert sich auf ein geringes und äußerst niedrigpreisiges Nachgeschäft. Das gilt besonders für Modeartikel mit Kult-Status, wie zum Beispiel den MP3-Player iPOD (Apple). Bei einem solchen Ansatz spielen alle Wettbewerbsfaktoren eine gleichwertige Rolle, weisen aber je nach Phase eine unterschiedliche Gewichtung auf.

Die Betrachtungen zeigen, dass die meisten tatsächlich angewandten Strategien mehr oder weniger starke Mischungen aus einzelnen Ansätzen sind, die über die Zeit betrachtet mit unterschiedlicher Gewichtung verfolgt werden.

So kann die Individualisierung von Massenprodukten als eine Kombination von *Pionier-* und *Differenzierungsstrategie* aufgefasst werden.

Bei Anwendung der anschließend beispielhaft vorgeführten Theorie wird deutlich, dass vor allem der Faktor Zeit eine besondere Rolle spielt.

Wirtschaftlichkeitsmodell nach Siegwart und Singer

Der Ansatz von Siegwart und Singer erlaubt eine quantitative Beurteilung der wirtschaftlichen Auswirkungen des Einsatzes neuer Technologien unter Einbeziehung des Risikos, das mit dem Einsatz neuer Technologien verbunden ist. Steger und Conrad [Steger95] haben diesen Ansatz auf das Rapid Prototyping angewendet.

Verglichen werden beispielhaft das konventionelle 5-Achsen-Fräsen und die Stereolithographie.

Bereits aus operativer Sicht ermitteln die Autoren Vorteile für die Stereolithographie hinsichtlich der Fertigungszeit und der Kosten. Die Bauteilqualität, insbesondere in Hinblick auf die Oberflächen, ist beim Fräsen besser.

Die strategische Bewertung der Technologie erfolgt dabei nicht mehr, wie bei der operativen Betrachtung, allein aufgrund der Kosten, sondern bezieht alle kritischen Erfolgsfaktoren in die Berechnung mit ein.

Vorgehen

Es wird eine Wirtschaftlichkeitskennzahl definiert, die angibt, wie gut eine Strategie durch die Anwendung des Rapid Prototyping unterstützt wird.

Die Wirtschaftlichkeitskennzahl ist der Quotient aus dem Zuwachs an Leistung (Leistungswert) insgesamt und den Kosten (Kostenwert). Zu den Kosten gehören alle klassischen Kostenarten und die Kosteneinsparung durch den Einsatz von Additiven Verfahren.

Zu den Leistungen zählen im vorliegenden Fall die kritischen Erfolgsfaktoren (die grundsätzlich bei anderer Betrachtungsweise abweichend definiert werden können) Kosten, Qualität und Flexibilisierung. Kalkuliert wird in jedem Fall mit der Verbesserung oder Verschlechterung (in %) gegenüber dem konventionellen Vergleichsfall (= 100 %).

Im Rahmen der strategischen Bewertung vergleichen Steger und Conrad die wirtschaftliche Bedeutung des Rapid-Prototyping-Einsatzes für vier unterschiedliche Wettbewerbsstrategien:

- Technologieführerschaft (Pionierstrategie)
- Kostenführerschaft
- a. Differenzierung oder b. Konzentration
- Überholstrategie (Outpacing)

Der Einfluss der Rapid-Prototyping-Technologie findet über die kritischen Erfolgsfaktoren

- Verkürzung der Entwicklungszeit,
- Senkung der Kosten,
- Verbesserung der Qualität und
- Steigerung der Flexibilität

Eingang in die Berechnung. Dazu wird die Auswirkung der Additiven Verfahren auf die kritischen Erfolgsfaktoren abgeschätzt: Für jede Strategie werden die kritischen

Erfolgsfaktoren Zeit, Qualität und Flexibilität zu einem Leistungswert verdichtet und der Faktor Kosten in einen Kostenwert überführt.

Die Leistungs- und Kostenwerte bestehen aus einem Wert für den Erfüllungsgrad, der angibt, um wie viel die betreffende Eigenschaft durch den Einsatz von Additiven Verfahren verbessert werden konnte (eine um 80 % höhere Geschwindigkeit führt auf den Erfüllungsgrad 180), und aus einem Gewichtungsfaktor (je nach Bedeutung des Kriteriums für die Strategie zwischen eins und drei).

Der Mittelwert aus den Leistungswerten für Zeit, Qualität und Flexibilität ergibt, multipliziert mit dem Kehrwert des Kostenwertes, die Wirtschaftlichkeitskennzahl WI, die ein Maß für das Potenzial einer neuen Technologie ist.

Eine Bewertung der einzelnen Leistungswerte mit einer Wahrscheinlichkeit, mit der die Prognosen eintreffen, führt auf eine Wirtschaftlichkeitskennzahl WII und erfasst zusätzlich das Risiko, das mit der Einführung der neuen Technologie verbunden ist.

Die analoge Anwendung des Verfahrens auf die Basistechnologie ergibt Bezugswerte zur Beurteilung der neuen Technologie.

Ermittlung der Zahlenwerte

Die Werte für die Veränderung der kritischen Erfolgsfaktoren

1. Verkürzung der Entwicklungszeit,
2. Senkung der Kosten,
3. Verbesserung der Qualität und
4. Steigerung der Flexibilität

wurden wie folgt abgeschätzt:

Zu 1.: Verkürzung der Entwicklungszeit

Durch schneller verfügbare Prototypen besteht ein Potenzial bezüglich der Verkürzung der Entwicklungszeit um bis zu 80 %.

Die Verkürzung der Herstellzeit der Prototypen spielt dabei oft nur eine untergeordnete Rolle. Der Vorteil kann je nach Strategie genutzt werden für:

- früheren Markteintritt
- Qualitätsverbesserung
- Kostensenkung

Die schließlich insgesamt realisierte Verkürzung der Entwicklungszeit ist demnach von der verfolgten Strategie abhängig.

Zu 2.: Senkung der Kosten Die Kostensenkung erfolgt durch die günstigere Modellherstellung und durch die früher mögliche Beeinflussung der Kosten. In Veröffentlichungen werden für die Einsparung bei der Modellherstellung ca. 50 % und für die Einsparung durch die frühere Beurteilung der Kosten der Produktentstehung nochmals 25 % angegeben. Durch Folgeverfahren, die beim Einsatz der Additiven Verfahren notwendig werden, bei konventionellen Verfahren aber nicht, können sich die Zahlen insgesamt noch verändern.

Während der Kostenvorteil bei der Herstellung in jedem Fall eintritt, hängt der Grad der Realisierung der weiteren Potenziale wiederum von der Strategie ab.

Die Senkung der Kosten macht demnach mindestens 50 %, höchstens aber 75 % aus.

Zu 3.: Verbesserung der Qualität

Durch den Einsatz von Additiven Verfahren wird früher ein höherer Produktreifegrad erzielt. Methoden des QFD (Quality Function Deployment) und der FMEA (Fehlermöglichkeits- und Einflussanalyse) werden dadurch wirkungsvoll unterstützt und eine teure spätere Fehlerbeseitigung vermieden.

Eine Teilkompensation durch intensivere Methoden der Qualitätssicherung muss gegebenenfalls in Betracht gezogen werden. Die Größe des Effekts hängt, wie bereits ausgeführt, von der Strategie ab, die entscheidet, wie viel von der eingesparten Zeit dafür aufgewandt wird.

Zu 4.: Steigerung der Flexibilität

Die schnellere Verfügbarkeit der Prototypen beeinflusst die Flexibilität nach außen und innen. Veränderten Marktanforderungen kann schnell und wirkungsvoll durch serienidentische Prototypen begegnet werden.

Kürzere Reaktionszeiten innerhalb des Betriebes verbessern die Kommunikation und versetzen den Betrieb in die Lage, auf Änderungen aller Art (Vorschriften, Rechenverfahren, Produktionsverfahren, Umweltbedingungen) schneller und besser zu reagieren. Sie sind die Basis für kontinuierliches Lernen im Betrieb und ein wesentlicher Faktor zur Steigerung der Innovationsrate des Betriebes.

Eine Quantifizierung dieser Effekte ist sehr schwierig.

Um aussagekräftige Antworten zu erhalten, muss eine Wettbewerbsstrategie vorgegeben werden, z. B. Kostenführerschaft, und in Abhängigkeit davon für jeden kritischen Erfolgsfaktor ein Erfüllungsgrad bestimmt werden. Vor dem Hintergrund einer maximalen Einsparung von 75 % der Kosten bei Anwendung von Rapid Prototyping ergibt sich ein Erfüllungsgrad von 175 % (100 % entspricht dem konventionellen Fräsen). Da die Strategie der Kostenführerschaft davon ausgeht, dass die gewonnene Zeit vollständig in die Kostensenkung reinvestiert wird, bleiben die Erfolgsfaktoren Entwicklungszeit und Qualität unverändert (100 %). Die, allerdings schwer messbare, Steigerung der Flexibilität wird mit 20 % (= 120 %) angenommen.

Die so ermittelten Erfüllungsgrade werden mit Faktoren von 1 bis 3 (1 = geringe Bedeutung; 2 = mittlere Bedeutung; 3 = große Bedeutung) gewichtet und damit die Bedeutung der einzelnen Erfolgsfaktoren für die jeweilige Wettbewerbsstrategie unterstrichen. Im Fall der Kostenführerschaft ergibt sich eine 3 für die Kosten, eine 2 für die Zeit und je eine 1 für Qualität und Flexibilität. Aus dem Produkt von Gewichtung und Erfüllungsgrad wird der Mittelwert der Leistungswerte bestimmt, der Kostenwert ist der Kehrwert aus dem Produkt von Gewichtung und Erfüllungsgrad bezüglich des Erfolgsfaktors Kosten.

Der Wert der Wirtschaftlichkeitskennzahl WI ergibt sich aus dem Quotienten von Leistungswert und Kostenwert. Er enthält zwar Schätzungen für das Potenzial der Technologie, berücksichtigt aber nicht das Risiko. Deshalb wird für jeden Erfolgsfaktor eine Wahrscheinlichkeit definiert (< 1), mit dem Wert für den jeweiligen Erfolgsfaktor multipliziert und erneut der Mittelwert für die Leistungen gebildet. Durch Division durch den Kostenwert folgt die Wirtschaftlichkeitskennzahl WII unter Berücksichtigung des Risikos.

Der Erfüllungsgrad und die Wahrscheinlichkeit werden für die konventionelle Technologie mit 100 % bzw. mit 1 vorgegeben. Durch die Gewichtung und die Mittelwertbildung ergeben sich folgende Wirtschaftlichkeitskennwerte WI und WII:

	WI konventionell	WII konventionell
Kostenführerschaft	3,99	3,99
Differenzierungsstrategie	2,67	2,67
Pionierstrategie	2,33	2,33
Outpacing-Strategie	9,00	9,00

Der Berechnung der Wirtschaftlichkeitskennzahlen für die Rapid-Prototyping-Technologie liegen folgende Werte zugrunde:

Die Gewichtung ist abhängig von der Wettbewerbsstrategie.

	Kosten	Zeit	Qualität	Flexibilität
Kostenführerschaft	3	2	1	1
Differenzierungsstrategie	1	2	3	3
Pionierstrategie	1	3	1	3
Outpacing-Strategie	3	3	3	3
Die Wahrscheinlichkeit wird angenommen mit:	1	1	0,7	0,6

Daraus ergeben sich folgende auf die konventionellen Werte bezogenen Ergebnisse für die Wirtschaftlichkeitskennzahlen I und II:

	WI/WI konventionell	WII/WII konventionell
Kostenführerschaft	1,84	1,75
Differenzierungsstrategie	0,86	0,70
Pionierstrategie	2,14	2,02
Outpacing-Strategie	1,91	1,76

Die Pionierstrategie, die Kostenführerschaft und das Outpacing setzen vor allem auf die Faktoren Zeit und Kosten – solche Strategien werden durch RP-Verfahren fast doppelt so effektiv unterstützt wie von konventionellen.

Bei der Differenzierungsstrategie spielen die Vorteile additiver Verfahren, Zeit und Kosten, eine untergeordnete Rolle, die von ihnen nicht so positiv beeinflussten Faktoren mit geringer Wahrscheinlichkeit, Qualität und Flexibilität, aber eine sehr wichtige. Folglich wird die Differenzierungsstrategie von Additiven Verfahren schlechter unterstützt als von konventionellen.

Technische Daten und Informationen

Im Folgenden sind technische Daten und Adressen zusammengetragen zu den Themengebieten

- CAD-Systeme und Software für die Additive Fertigung,
- Additive Fertigungsanlagen (Prototyper und Fabrikatoren),
- Werkstoffe für Additive Prozesse und Gießharze.

Die Angaben stammen von den Herstellern, vereinzelt auch von unabhängigen Forschungsinstituten und aus der Literatur. Die Darstellung beschränkt sich auf ausgewählte Maschinen und repräsentative Werkstoffe, für die ausreichend Daten verfügbar sind. Sie enthält daher nicht jede im Text erwähnte Maschine und auch nicht alle Werkstoffe.

Viele technische Angaben wurden bewusst in die Beschreibung der Maschinen im Fließtext integriert, weil sie dort entsprechend kommentiert werden können. Auch deshalb wurde bei einigen Maschinen auf eine weitere Darstellung in Tabellenform verzichtet. Wenn technische Angaben in den Tabellen im Anhang vermisst werden, sollte in den zugehörigen Kapiteln nachgeschlagen werden. Alle Preise wurden in die Bild 8.1 und Bild 8.2 „Systemkosten, Additive Anlagen II“ aufgenommen.

Die Angaben wurden nach bestem Wissen und Gewissen zusammengetragen. Aufgrund der hohen Entwicklungsgeschwindigkeit sollten sie aber vor Gebrauch auf der Homepage des Herstellers überprüft oder beim Hersteller hinterfragt werden. Deshalb sind überall dort, wo Internet-Adressen verfügbar waren, diese auch angegeben. Die Daten älterer Maschinen und Werkstoffe sind ggf. in den vorangegangenen Auflagen nachzuschlagen.

In Tabelle 10.3, Hersteller von Additiven Fertigungsanlagen, sind auch Hersteller aufgeführt, die in Deutschland keinen Vertrieb haben oder deren Anlagen nicht ausführlich im Text erwähnt wurden. Weitere Informationen sollten direkt vom Hersteller beschafft werden. Vor allem sind auch die aktuellen Vertriebspartner zu überprüfen, weil die Vertriebsnetze kontinuierlich ausgebaut werden.

Gießharze sind in Tabelle A3.20, *Gießharze*, zusammengetragen. Die Palette ist schier unübersichtlich groß, sodass beispielhaft jeweils eine gummielastische, eine harte, eine schlagzähe, eine hochtemperaturbeständige und eine glasklare Qualität ausgewählt wurde. Diese Auswahl bedeutet nicht, dass vergleichbare Qualitäten nicht auch von anderen Herstellern geliefert würden. Insbesondere ist mit der Auswahl keine Wertung verbunden.

CAD-Systeme und Software für die additive Fertigung

Tabelle 10.1: 3D-CAD-Systeme

Es darf davon ausgegangen werden, dass jedes dieser Systeme über eine leistungsfähige STL-Schnittstelle verfügt.

Tabelle 10.2: Software für die additive Fertigung (Rapid Prototyping Software)

Additive Fertigungsanlagen (Prototyper und Fabrikatoren)

Werkstoffe für additive Prozesse und Gießharze

Tabelle 10.1 3D-CAD-Systeme

Hersteller	Produkt	www
Autodesk Ltd.	Autodesk Inventor AutoCAD Mechanical PowerShape Fusion 360 Tinkercad	*www.autodesk.de* *https://www.tinkercad.com/*
Bentley Systems	MicroStation	*www.bentley.com*
CAD Schroer	M4	*www.cad-schroer.de*
Cimatron	Cimatron CAD	*www.cimatron.com*
Markt+Technik Verlag GmbH	BeckerCAD	*www.mut.de*
DataSolid GmbH	CADdy++	*www.datasolid.com*
Encee CAD/CAM Systeme GmbH	ZW3D	*www.encee.de*
Evolution Computing Inc.	FastCAD	*www.fastcad.com*
International TechneGroup, Ltd.	CADFIX	*https://www.iti-global.de/*

Tabelle 10.1 3D-CAD-Systeme *(Fortsetzung)*

Hersteller	Produkt	www
GK-Planungssoftware GmbH	TurboCAD	*www.turbocad.de*
IronCAD LLC	IronCAD	*www.ironcad.com*
LGPL	FreeCAD	*www.freecad.org*
MASTERCAM	MASTERCAM	*www.mastercam.com*
Hexagon AB	AM Studio EdgeCAM	*www.mscsoftware.com*
MCS Ltd.	ANVIL EXPRESS	*www.mcsaz.com*
Vero Software GmbH	VISI20 CAD/CAM	*www.mecadat.de*
Otto Bihler Maschinenfabrik GmbH & Co. KG	bihlerbNX	*www.bihler.de*
PTC Inc.	PTC Cero Onshape	*www.ptc.com*
Siemens	NX I-DEAS Solid Edge	*www.siemens.com*
Tebis	Tebis CAD	*www.tebis.com*
Trimple Inc.	SketchUp	*www.sketchup.com*
Toyota Caelum Inc.	Caelum	*www.caelum.co.jp*
VariCAD	VariCAD	*www.varicad.de*
Dassault Systems	CATIA ICEM Surf SolidWorks	*www.3ds.com*

Tabelle 10.2 Additive Manufacturing Software

Hersteller	DeskArtes Oy	Marcam Engineering	Materialise N.V.	Autodesk	IncSolid Concepts .
www.	*deskartes.fi*	*marcam.com*	*materialise. com*	*Netfabb.com*	*solidview. com*
Programm	3DataExpert	AutoFab	Magics	Netfabb Professional	Solid View/ Pro RP
RP-Software	ja	ja	ja	ja	ja
CAD-Software, -Modul	ja	nein	nein	nein	nein
Visualisierungssoftware	ja	ja	ja	ja	ja
Schnittstellenformate					
Import	STL, VRML, ZPR, OBJ, DXF, PLY, 3DS, Collada, FBX, 3DE	STL, IGES, VDA-FS, DXF (3D FACE), VRML (1&2), PLY	Google SketchUp 8.0, AMF, DXF, OBJ, VRML, ZPR, PLY, 3DS, 3 DM (Optional: FBX, STEP, ACIS, VDA, IGES)	STL, X3D, WRL, GTS, CLI, SLI, SLC, SSL, OBJ, CLS, G-Code	DXF, DWG, SFX, SVD, STL, WRL, (Optional: IPT, IAM, SAT, SAB, SESSION, MODEL, EXP, CATPART, CATPRODUCT, CGR, IGES, IGS, VDA, PRT, ASM, STP, STEP, X_B, X_T, IDI, MCA, PAR, ASM, PSM, DFT, SLDPRT, SLDDRW, PRT)
Export	STL, VRML, ZPR, DXF, PLY, 3DE	STL, CLI, SLI, CLF, F&S, ILT, AFF, CLS, (Optional: MTT, SLM)	k. A.	SLI, CLI, CLS, SLC, SSL, USF, ABF, SLM, SVG, DXF, STL, PNG, BMP, PS, ASC	STL, PLY, SVD

Tabelle 10.2 Additive Manufacturing Software *(Fortsetzung)*

Hersteller	DeskArtes Oy	Marcam Engineering	Materialise N.V.	Autodesk	IncSolid Concepts .
Möglichkeit zur Reparatur von STL-Dateien	ja	ja	ja	ja	ja
Möglichkeit zur Modifikation von STL-Dateien	ja	ja	ja	ja	ja
Messen von Objekten	ja	ja	ja	ja	ja
Möglichkeit zur Erstellung von Slice-Dateien	ja	ja	ja	ja	ja
Stützen-generierung	ja	ja	ja	ja	ja
Tooling-Modul	ja	nein	ja	ja	ja
Hardware-anforderung	PC, Workstation	PC, Workstation	PC, Workstation	PC, Workstation	PC, Workstation
Betriebssystem	Win NT	Windows	Windows	Windows	Windows

Tabelle 10.3 Hersteller von additiven Fertigungsanlagen

Hersteller	Ort/Stadt	Land	Homepage
3D Systems, GmbH	64291 Darmstadt	D	*www.3dsystems.com*
3D Systems, Inc.	Rock Hill, SC 29730	USA	*www.3dsystems.com*
ARCAM AB (publ.)	431 37 Mölndal	S	*www.arcam.com*
Autostrade Co., Ltd.	Oita-City, Oita 870-0832	J	*www.autostrade.co.jp*
Boxford Limited	Halifax, HX3 5AF	GB	*www.boxford.co.uk*
Charlyrobot SA BP 22	74350 Cruseilles	F	*www.charlyrobot.com*
CMET Inc.	Kanagawa, 222-0033	J	*www.cmet.co.jp*
CONCEPT Laser GmbH	96215 Lichtenfels	D	*www.concept-laser.de*
CRP-Technology	41100 Modena	IT	*www.crptechnology.com*
Cubic Technologies, Inc.	Carson, CA 90746-3608	USA	*www.cubictechnologies.com*

Hersteller	Ort/Stadt	Land	Homepage
Cubital	Die Firma ist nicht mehr aktiv		
Denken Engineering		J	*www.denken-eng.co.jp*
D-MEC Ltd.	Tokyo 104-0045	J	*www.d-mec.co.jp*
EvisionTEC GmbH	45968 Gladbeck	D	*www.EvisionTEC.de*
EOS GmbH	82152 Krailling	D	*www.eos.info*
F & S Stereolithographietechnik GmbH	33100 Paderborn	D	*www.fockeleundschwarze.de*
Kinergy Precision Engineering Co. Ltd.	Nantong	VR China	*www.kinergy-nt.com*
KIRA Corp. Co., Ltd.		J	*www.kiracorp.co.jp*
Kira Europe GmbH	40699 Erkrath	D	*www.kira-europe.com*
MCP HEK Tooling GmbH	23560 Lübeck	D	*www.mcp-group.de*
MEIKO Co., Ltd.		J	*www.meiko-inc.co.jp*
Microfabrica Inc.	Van Nuys, CA 91406	USA	*www.Microfabrica.com*
microTEC, Ges. f. Mikrotechnologie mbH	47057 Duisburg	D	*www.microtec-d.com*
Mk Technology GmbH	53501 Grafschaft	D	*www.mk-technology.com*
NEXT FACTORY S.R.L.	36015 Schio (Vi)	I	*www.nextfactory.com*
OPTOMEC Inc.	Albuquerque, NM 87109	USA	*www.optomec.com*
Phenix Systems	63100 Clermont Ferrand	F	*www.phenix-systems.com*
POM Advanced Product Development Center	Auburn Hills, Michigan 48326	USA	*www.pomgroup.com*
ProMetal	Irwin, PA 15642	USA	*www.prometal-rct.com*
ProMetal RCT GmbH	86167 Augsburg	D	*www.prometal-rct.com*
Röders GmbH (Röders TEC)	29614 Soltau	D	*www.roeders.de*
RSP Tooling, LLC	28999 Aurora Rd	USA	*www.rsptooling.com*
Shanghai Union Technology Co., Ltd.	Shanghai	VR China	*www.union-tek.com*
Solidica	Ann Arbor, MI 48108–8942	USA	*www.solidica.com*

Tabelle 10.3 Hersteller von additiven Fertigungsanlagen *(Fortsetzung)*

Hersteller	Ort/Stadt	Land	Homepage
Solidimension Ltd.	Be'erot Itzhak 60905	Il	*www.solidimension.com*
Solidscape	Merrimack, NH 03054-4115	USA	*www.solid-scape.com*
Soligen	Northridge, CA 91324	USA	*www.soligen.com*
Speedpart	431 37 Mölndal	S	*www.speedpart.se*
Stratasys Inc.	Eden Prairie, MN 55344-2020	USA	*www.stratasys.com*
Stratasys GmbH	60314 Frankfurt/Main	D	*www.stratasys.com*
Stratoconception/CIRTES	Saint-Dié-des-Vosges 88100 France	F	*www.stratoconception.com*
Trump Precision Machinery Co., Ltd.	Shanghai, Zhongshan	VR China	*www.trumpsystem.com*
TRUMPF Laser- und Systemtechnik GmbH	71254 Ditzingen	D	*www.trumpf.com*
Tschopp Technical Engineering	Ramlinsburg	CH	*www.tschopptech.ch*
Voxeljet	86167 Augsburg	D	*www.voxeljet.de*
Weihbrecht	74549 Wolpertsausen	D	*www.weihbrecht.de*
Zimmermann, F GmbH	73770 Denkendorf	D	*www.f-zimmermann.com*
Z Corporation	Burlington, MA 0180	USA	*www.zcorp.com*

10.1 Übersicht Anlagenhersteller SLA

Tabelle 10.4 Stereolithographie-Anlagen 3D Systems

RP-Verfahren	Einheit	Stereolithographie
Maschine Bezeichnung/Typ		SLA 750
Hersteller		3D Systems
Vertrieb in Deutschland		*www.3dsystems.com*
Abmessungen, Anschlusswerte		
Breite/Tiefe/Höhe	m/m/m	1,37/1,54/2,26
Gewicht	kg	771
elektrischer Anschluss	V/A	200 – 240/24
Arbeitsraumtemperatur	°C	18 – 28
Prozess		
Entsorgung, Hausmüll		ausgehärtetes Polymer
Sondermüll		unausgehärtetes Polymer, Lösungsmittel
Konturierendes Element		
Art		Laser
Typ		Nd: YV04
Auflösung	dpi	2000
x-y-Konturgenauigkeit	dpi	materialabhängig
z-Konturgenauigkeit	dpi	materialabhängig
Beschichtungszyklus	s	geometrieabhängig
Modelleigenschaften		
Bauraum max. (B/L/H)	mm	750/750/ 550
Genauigkeit absolut	mm	0,051
zusätzliche Stützen		ja
EDV-Schnittstelle		
Schnittstellenformate		Ethernet-Schnittstelle der Klasse A, Schnittstellen mit 10/100/1000 Gigabit-Ethernet-Netzwerk, kompatibel mit standardmäßigen, kabellosen USB-Adaptern
EDV-System		PC
Betriebssystem		Windows 10 LTSC 1809

Tabelle 10.5 Stereolithographie-Anlagen DWS Additive Manufacturing I

RP-Verfahren	Einheit	SL	SL	SL	SL	SL
Maschine Bezeichnung/ Typ		XPRO S	XPRO SL	XPRO Q/ XPRO QHR	XPRO QL/ XPRO QLHR	XFAB 2500PD
Hersteller		DWS Additive Manufacturing				
Vertrieb in Deutschland		*www.dwssystems.com*				
Abmessungen, Anschlusswerte						
Breite/Tiefe/ Höhe	m/m/m	0,70/1,45/ 2,05	0,70/1,45/ 2,42	0,70/1,45/ 2,05	0,70/1,45/ 2,42	0,40/ 0,61/0,64
Gewicht	kg	500	550	500	550	31
elektrischer Anschluss	V/A	230	230	230	230	100
Leistungs-aufnahme	kW	0,5	0,5	0,5	0,5	0,16
Arbeitsraum-temperatur	°C	20 - 25	20 - 25	20 - 25	20 - 25	20 - 25
relative Feuchtigkeit	%	60	60	60	60	60
Konturierendes Element						
Art		Laser	Laser	Laser	Laser	Laser
Typ		Solid State BlueEdge®	Solid State BlueEdge®	Solid State BlueEdge®	Solid State BlueEdge®	Solid State BlueEdge®
x-y-Kontur-generierung		Galvano-meter	Galvano-meter	Quad-Galva-nometer	Quad-Galva-nometer	Galvano-meter
x-y-Kontur-genauigkeit	mm	material-abhängig	material-abhängig	material-abhängig	material-abhängig	material-abhängig
z-Kontur-Wiederhol-genauigkeit	mm	material-abhängig	material-abhängig	material-abhängig	material-abhängig	material-abhängig
Beschich-tungszyklus	s	geometrie-abhängig	geometrie-abhängig	geometrie-abhängig	geometrie-abhängig	geometrie-abhängig

RP-Verfahren	Einheit	SL	SL	SL	SL	SL
Modelleigenschaften						
Bauraum max. (B/L/H)	mm	300/300/300	300/300/500	300/300/300	300/300/500	Ø180/180
Schichtdicke	mm	0,01 – 0,10	0,01 – 0,10	0,01 – 0,10	0,01 – 0,10	0,01 – 0,10
zusätzliche Stützen		ja	ja	ja	ja	ja
EDV-Schnittstelle						
Schnitt-stellen-formate		.stl, .slc, .nauta, .fictor, .mkr, .3 dm, 3ds, .ply, .obj, .lwo, .x	.stl, .slc, .nauta, .fictor, .mkr, .3 dm, 3ds, .ply, .obj, .lwo, .x	.stl, .slc, .nauta, .fictor, .mkr, .3 dm, 3ds, .ply, .obj, .lwo, .x	.stl, .slc, .nauta, .fictor, .mkr, .3 dm, 3ds, .ply, .obj, .lwo, .x	.stl, .slc, .nauta, .fictor, .mkr, .3 dm, 3ds, .ply, .obj, .lwo, .x
EDV-System		PC	PC	PC	PC	PC
Betriebs-system		Windows 8	Windows 8	Windows 8	Windows 8	Windows 8
Software		Fictor® and Nauta®+ included	Fictor® and Nauta®+ included	Fictor® and Nauta®+ included	Fictor® and Nauta®+ included	Fictor® and Nauta®+ included

Tabelle 10.6 DWS Additive Manufacturing II

RP-Verfahren	Einheit	SL	SL	SL	SL	SL
Maschine Bezeichnung/ Typ		XFAB 3500PD	DW 028XLHR	DW 029MKIII	DW 029XC / DW 029XCHR	-
Hersteller		DWS Additive Manufacturing				
Vertrieb in Deutschland		*www.dwssystems.com*				
Abmessungen, Anschlusswerte						
Breite/Tiefe/ Höhe	m/m/ m	0,40/0,61/0,88	0,38/0,52/0,73	0,61/0,66/1,38	0,61/0,66/1,40	
Gewicht	kg	42	56	-	150	
elektrischer Anschluss	V/A	100	115	230	230	
Leistungs-aufnahme	kW	0,16	0,4	0,08 – 0,14	0,5	

Tabelle 10.6 DWS Additive Manufacturing II *(Fortsetzung)*

RP-Verfahren	Einheit	SL	SL	SL	SL	SL
Arbeitsraum-temperatur	°C	20–25	20–25	20–25	20–25	
relative Feuchtigkeit	%	60	60	60	60	
Konturierendes Element						
Art		Laser	Laser	Laser	Laser	
Typ		Solid State BlueEdge®	Solid State BlueEdge®	Solid State BlueEdge®	Solid State BlueEdge®	
x-y-Kontur-generierung		Galvanometer	Galvanometer	Quad-Galvano-meter	Quad-Galvano-meter	
x-y-Kontur-genauigkeit	mm	material-abhängig	material-abhängig	material-abhängig	material-abhängig	
z-Kontur Wiederhol-genauigkeit	mm	material-abhängig	material-abhängig	material-abhängig	material-abhängig	
Beschich-tungszyklus	s	geometrie-abhängig	geometrie-abhängig	geometrie-abhängig	geometrie-abhängig	
Modelleigenschaften						
Bauraum max. (B/L/H)	mm	160/160/180	100/100/100	170/170/200	170x170x200	
Schichtdicke	mm	0,01–0,10	0,01–0,10	0,01–0,10	0,01–0,10	
zusätzliche Stützen		ja	ja	ja	ja	
EDV-Schnittstelle						
Schnitt-stellen-formate		.stl, .slc, .nauta, .fictor, .mkr, .3 dm, 3ds, .ply, .obj, .lwo, .x	.stl, .slc, .nauta, .fictor, .mkr, .3 dm, 3ds, .ply, .obj, .lwo, .x	.stl, .slc, .nauta, .fictor, .mkr, .3 dm, 3ds, .ply, .obj, .lwo, .x	.stl, .slc, .nauta, .fictor, .mkr, .3 dm, 3ds, .ply, .obj, .lwo, .x	
EDV-System		PC	PC	PC	PC	
Betriebs-system		Windows 8	Windows 8	Windows 8	Windows 8	
Software		Fictor® and Nauta® + included	Fictor® and Nauta® + included	Fictor® and Nauta® + included	Fictor® and Nauta® + included	

Tabelle 10.7 Stereolithographie-Anlagen EvisionTEC I

RP-Verfahren	Einheit	SLA	SLA	SLA
Maschine Bezeichnung/Typ		D4 K	P4 K 90	ENVISION ONE
Hersteller		EvisionTEC GmbH		
Vertrieb in Deutschland		EvisionTEC.com		
Abmessungen, Anschlusswerte				
Breite/Tiefe/Höhe	m/m/m	0,5/0,57/0,59	0,73/0,48/1,35	0,5/0,57/0,59
Gewicht	kg	56	89	56
elektrischer Anschluss	V/A	100 – 240/1,5	220 – 240/2,4	100 – 240/1,5
Modelleigenschaften				
Bauraum max. (B/L/H)	mm	148/83/110	233/142/180	148/83/110
EDV-Schnittstelle				
Schnittstellen-formate		STL	STL	STL
EDV-System		PC	PC	PC
Materialien		HTM140, WIC 100 Series, EPIC, E-Rigid Form	RC Series, E-Tough Flex, HTM140, Easy Cast 2.0	E-Rigid Form, Loctite E-3843, Loctite 3D IND 147, Loctite IND 405
Native Pixel Size XY	mm	0,93	0,9	0,5

Tabelle 10.8 Stereolithographie-Anlagen EvisionTEC II

RP-Verfahren	Einheit	Stereolithographie
Maschine Bezeichnung/Typ		Xtreme 8K
Hersteller		EvisionTEC INC.
Vertrieb in Deutschland		EvisionTEC GmbH
Abmessungen, Anschlusswerte		
Breite/Tiefe/Höhe	m/m/m	1,42/1,05/2,08
Gewicht	kg	907
elektrischer Anschluss	V/A	208; 20
Konturierendes Element		
Art		Direct Light Processing
x-*y*-Konturgenerierung	mm	0,1
Modelleigenschaften		
Bauraum max. (B/L/H)	mm	450/371/399
Schichtdicke	mm	50 – 100
EDV-Schnittstelle		
Schnittstellenformate		STL
EDV-System		PC

Tabelle 10.9 DLP-Anlagen XYZPrinting

RP-Verfahren	Einheit	DLP	DLP	DLP
Maschine Bezeichnung/ Typ		PartPro120 xP	MultiCure 180	EeezCure 180
Hersteller		XYZprinting Inc. No. 147, Sec. 3, Beishen Rd, Shenkeng Dist., New Taipei City Taiwan		
Vertrieb in Deutschland		XYZprinting Netherlands, B. V. Wagenmakerstraat 7 2984 BD Ridderkerk The Netherlands *xyzprinting.com*		
Abmessungen, Anschlusswerte				
Breite/Tiefe/ Höhe	m/m/m	0,47/0,398/0,745	0,255/0,255/0,352	0,255/0,255/0,352
Gewicht	kg	34	3,5	3
elektrischer Anschluss	V/A	100 V ~ 240 V 50/60 Hz	100 V ~ 240 V	100 V ~ 240 V
Arbeitsraum-temperatur	°C	20 – 30	15 – 30	15 – 30
relative Feuchtigkeit	%	40 – 60	k. A.	k. A.
Konturierendes Element				
Art		Laser	Laser	Laser
Typ		UV LED 405 nm	UV LED 355 – 425 nm	UV LED 375 – 405 nm
Modelleigenschaften				
Bauraum max. (B/L/H)	mm	114/64/100	Ø 180/200	Ø 180/200

Tabelle 10.10 DLP-Anlagen Mutoh

RP-Verfahren	Einheit	DLP	DLP	DLP	DLP
Maschine Bezeichnung/Typ		ML-100	ML-80	ML-48	ML-200
Hersteller		Mutoh Industries Ltd			
Abmessungen, Anschlusswerte					
Breite/Tiefe/Höhe	m/m/m	0,4/0,39/0,57	0,4/0,39/0,57	0,23/0,26/0,48	0,39/0,54/0,785
Gewicht	kg	34	34	10,2	45
elektrischer Anschluss	V/A	AC100 V 50/60 Hz	AC100 V 50/60 Hz	AC100 – 220 V 50/60 Hz	AC100 V 50/60 Hz
Modelleigenschaften					
Bauraum max. (B/L/H)	mm	96/54/130	76/42/130	48/27/80	192/108/200
Schichtdicke	mm	0,025 – 0,1	0,025 – 0,1	0,000025 – 0,0001	0,000025 – 0,0001

Tabelle 10.11 DLP-Anlagen Rapidshape I

RP-Verfahren	Einheit	DLP	DLP	DLP	DLP	DLP
Maschine Bezeichnung/ Typ		D20+	D30+	D50+	D90+	D100+
Hersteller		Rapid Shape GmbH				
Vertrieb in Deutschland		*https://www.rapidshape.de/*				
Abmessungen, Anschlusswerte						
Breite/Tiefe/ Höhe	m/m/m	0,335/ 0,349/0,541	0,48/0,41/ 0,69	0,6/0,57/ 1,66	0,625/0,443/ 1,593	0,625/0,443/ 1,593
Konturierendes Element						
Typ		385 nm UV-LED	385 nm UV-LED	385 nm LED	385 nm Ultra-high-power-UV-LED	405 nm Ultra-high-power-UV-LED
Modelleigenschaften						
Bauraum max. (B/L/H)	mm	133/75/ 115	133/75/ 155	231/130/ 300	232/137/80	338/190/80

Tabelle 10.12 DLP-Anlagen Rapidshape II

RP-Verfahren	Einheit	DLP	DLP	DLP	DLP
Maschine Bezeichnung/Typ		HA30+	HA50+	HA90+	S90+
Hersteller		Rapid Shape GmbH			
Vertrieb in Deutschland		*https://www.rapidshape.de/*			
Abmessungen, Anschlusswerte					
Breite/Tiefe/Höhe	m/m/m	0,48/0,41/0,69	0,6/0,57/1,66	0,65/1,08/1,615	0,65/1,08/1,86
Konturierendes Element					
Typ		385 nm	385 nm	385 nm	385 nm
Modelleigenschaften					
Bauraum max. (B/L/H)	mm	151/70/155	231/130/300	232/137/150	232/137/80

Tabelle 10.13 DLP-Anlagen Rapidshape III

RP-Verfahren	Einheit	DLP	DLP	DLP
Maschine Bezeichnung/Typ		I30+	I50+	I100+
Hersteller		Rapid Shape GmbH		
Vertrieb in Deutschland		*https://www.rapidshape.de/*		
Abmessungen, Anschlusswerte				
Breite/Tiefe/Höhe	m/m/m	0,575/0,498/2,16	0,6/0,57/1,66	0,575/0,498/2,16
Konturierendes Element				
Typ		385 nm	385 nm	385 nm
Modelleigenschaften				
Bauraum max. (B/L/H)	mm	338/190/400	231/130/300	338/190/400

Tabelle 10.14 DLP-Anlagen Shining3D

RP-Verfahren	Einheit	DLP	DLP
Maschine Bezeichnung/Typ		AccuFab-74 K	AccuFab-D1
Hersteller		SHINING 3D Tech Co., Ltd.	
Vertrieb in Deutschland		Shining 3D Technology GmbH *https://www.shining3d.com/*	
Abmessungen, Anschlusswerte			
Breite/Tiefe/Höhe	m/m/m	0,36/0,36/5,30	0,394/0,406/0,755
Gewicht	kg	19	30
elektrischer Anschluss	V/A	k. A.	220 V
Leistungsaufnahme	kW	k. A.	0,05
Arbeitsraumtemperatur	°C	20 – 30	k. A.
relative Feuchtigkeit	%	30 – 70	k. A.
Modelleigenschaften			
Bauraum max. (B/L/H)	mm	192/120/180	144/81/180
Schichtdicke	mm	0,025 – 0,1	0,025 – 0,1
Genauigkeit absolut	mm	±0,05 mm	k. A.

Tabelle 10.15 Stereolithographie-Anlagen 3D Systems

RP-Verfahren	Einheit	Stereo-lithographie	Stereo-lithographie	SL
Maschine Bezeichnung/Typ		ProJet 6000 HD	ProJet 7000 HD	ProX 950
Hersteller		3D Systems		
Vertrieb in Deutschland		*www.3dsystems.com*		
Abmessungen, Anschlusswerte				
Breite/Tiefe/Höhe	m/m/m	0,787/0,737/1,829	0,984/0,854/1,829	2,20/1,60/2,26
Gewicht	kg	181	272	1951
elektrischer Anschluss	V/f	100 – 240 AC, 50/60 Hz	100 – 240 AC, 50/60 Hz	200 – 240 AC, 50/60 Hz
Leistungsaufnahme	kW	0,75	0,75	
Konturierendes Element				
Art				Laser
x-*y*-Konturgenauigkeit	mm	0,025 – 0,05	0,025 – 0,05	0,025 – 0,05
Modelleigenschaften				
Bauraum max. (B/L/H)	mm; l	250/250/250	380/380/250	1500/750/550; 935
Schichtdicke	mm	0,125	0,125	
EDV-Schnittstelle				
Schnittstellenformate		STL und SLC	STL und SLC	STL und SLC
Betriebssystem		Windows XP Professional, Windows Vista, Windows 7	Windows XP Professional, Windows Vista, Windows 7	
Software				Print3DPro und 3D-Manage

Tabelle 10.16 Stereolithographie-Anlagen Formlabs

RP-Verfahren	Einheit	MSLA	MSLA	SLA	SLA
Maschine Bezeichnung/Typ		Form4	Form 4B	Form 3L	Form 3BL
Hersteller		Formlabs Inc.			
Vertrieb in Deutschland		Formlabs GmbH *formlabs.com*			
Abmessungen, Anschlusswerte					
Breite/Tiefe/Höhe	m/m/m	0,398/0,367/ 0,554	0,398/0,367/ 0,554	0,77/0,52/ 0,74	0,77/0,52/ 0,74
Gewicht	kg	18,3	18,3	54,4	k. A.
elektrischer Anschluss	V/A			100 – 240 V AC, maximal 8,5A5 A	100 – 240 V AC, 2,5A5 A
Arbeitsraumtemperatur	°C			35	35
Konturierendes Element					
Art		LED	LED	Laser	
Typ		60 LEDs	60 LEDs	2 Laser, 250 mW	
Modelleigenschaften					
Bauraum max. (B/L/H)	mm	200/125/210	200/125/210	335/200/320	335/200/320
Modellabmessungen max.	mm	200/125/210	200/125/210	335/200/320	335/200/320
Schichtdicke	mm	0,025 – 0,3	0,025 – 0,3	0,025 – 0,3	0,025 – 0,3

10.2 Übersicht Anlagenhersteller Polymer-Printing

Tabelle 10.17 Polymer-Printing-Anlagen Stratasys I

RP-Verfahren	Einheit	PolymerPrinting/-Jetting	
Maschine Bezeichnung/Typ		J3 DentaJet	J5 DentaJet
Hersteller		Stratasys Ltd. 2 Holtzman St., Science Park, Rehovot, 76124, Israel	
Vertrieb in Deutschland/Internet		alphacam GmbH, Schorndorf *www.alphacam.de*	
Abmessungen, Anschlusswerte			
Breite/Tiefe/Höhe	m/m/m	0,65/0,66/0,77	0,65/0,66/1,51
Gewicht	kg	98	228
elektrischer Anschluss	V/A	100 – 240/10	100 – 240/10
Arbeitsraum-temperatur	°C	18 – 25	18 – 25
relative Feuchtigkeit	%	30 – 70	30 – 70
Modelleigenschaften			
Bauraum max. (B/L/H)	mm	140/200/190	140/200/190
Modellabmessungen max.	mm	140/200/190	140/200/190
Schichtdicke	mm	0,018	0,018
EDV-Schnittstelle			
Schnittstellen-formate		LAN – TCP/IP	LAN – TCP/IP
Software		GrabCAD Print	GrabCAD Print

Tabelle 10.18 Polymer-Printing-Anlagen Stratasys II

RP-Verfahren	Einheit	PolymerPrinting/-Jetting		
Maschine Bezeichnung/Typ		Objet30 Pro	J55 Prime	J35 Pro
Hersteller		Stratasys Ltd. 2 Holtzman St., Science Park, Rehovot, 76124, Israel		
Vertrieb in Deutschland/ Internet		alphacam GmbH, Schorndorf *www.alphacam.de*		
Abmessungen, Anschlusswerte				
Breite/Tiefe/Höhe	m/m/m	0,826/0,60/0,62	0,65/0,66/1,51	0,65/0,66/0,77
Gewicht	kg	106	228	98
elektrischer Anschluss	V/A	100 – 120/7; 200 – 240/3,5	100 – 240/10	100 – 240/10
Arbeitsraum-temperatur	°C	18 – 25	18 – 25	18 – 25
relative Feuchtigkeit	%	30 – 70	30 – 70	30 – 70
Prozess				
Entsorgung, Hausmüll		ausgehärtete Modelle		
Sondermüll		Reste aus Reinigungssystem		
Konturierendes Element				
Art		InkJet	-	-
x-*y*-Kontur-genauigkeit	dpi	600	-	-
z-Kontur-genauigkeit	mm	0,028	-	-
Modelleigenschaften				
Bauraum max. (B/L/H)	mm	240/200/150	Bauraumfläche: 1,174 cm^2 Bauraumhöhe: 190 mm	Bauraumfläche: 1,174 cm^2 Bauraumhöhe: 158 mm

RP-Verfahren	Einheit	PolymerPrinting/-Jetting		
Modell-abmessungen max.	mm	234/192/148,6	Bauraumfläche: 1,174 cm^2 Bauraumhöhe: 190 mm	Bauraumfläche: 1,174 cm^2 Bauraumhöhe: 158 mm
Schichtdicke	mm	0,028	0,018	0,018
Genauigkeit absolut	mm	< 0,1	< 0,1	- -
zusätzliche Stützen		wasserlösliches Stützmaterial	-	-
EDV-Schnittstelle				
Schnittstellen-formate		STL, LAN-TCP/IP	-	-
EDV-System		PC, Workstation	-	-
Betriebssystem		Windows XP, Windows 7	-	-
Software		Objet Studio	GrabCAD Print, SDK (API)	GrabCAD Print, SDK (API)

Tabelle 10.19 Polymer-Printing-Anlagen 3D Systems

RP-Verfahren	Einheit	MJM	MJM	MJM
Maschine Bezeichnung/Typ		ProJet MJP 2500	ProJet MJP 2500 Plus	ProJet MJP 5600
Hersteller		3D Systems		
Vertrieb in Deutschland		*www.3dsystems.com*		
Abmessungen, Anschlusswerte				
Breite/Tiefe/Höhe	m/m/m	1,12/0,74/1,07	1,12/0,74/1,07	1,70/0,90/1,62
Gewicht	kg	211	211	935
elektrischer Anschluss	V/A	100 – 127/15 A; 200 – 240/10 A	100 – 127/15 A; 200 – 240/10 A	100 – 127/20 A; 200 – 240/10 A
Arbeitsraum-temperatur	°C	18 – 28	18 – 28	18 – 28
Modelleigenschaften				
Bauraum max. (B/L/H)	mm	294/211/144	294/211/144	518/381/300
Schichtdicke	mm	0,032	0,032	0,013 – 0,016
Genauigkeit absolut	mm	0,025 – 0,05	0,025 – 0,05	0,025 – 0,05
max. Auflösung (*x*/*y*/*z*)	dpi	HD-Modus: 800/900/790	HD-Modus: 800/900/790; UHD-Modus: 1600/900/790	UHD- und UHDS*-Modi: 600/600/1600; XHD- und XHDS-Modi: 50/750/2000
EDV-Schnittstelle				
Schnittstellen-formate		STL, CTL, OBJ, PLY, ZPR, ZBD, AMF, WRL, 3DS, FBX, IGES, IGS, STEP, STP, MJPDDD	STL, CTL, OBJ, PLY, ZPR, ZBD, AMF, WRL, 3DS, FBX, IGES, IGS, STEP, STP, MJPDDD	STL, CTL, SLC, 3DPRINT
EDV-System		PC	PC	PC
Betriebssystem		Windows 7, 8, 8.1, 10	Windows 7, 8, 8.1, 10	Windows 7, 8, 8.1, 10

10.3 Übersicht Sinter- und Schmelzanlagen

Tabelle 10.20 Sinter- und Schmelzanlagen 3D Systems I

RP-Verfahren	Einheit	SLS	SLS
Maschine Bezeichnung/Typ		sPro 140 Base	sPro 140 HS
Hersteller		3D Systems	
Vertrieb in Deutschland		*www.3dsystems.com*	
Abmessungen, Anschlusswerte			
Leistungsaufnahme	kW	17	17
Arbeitsgas	l/min	180	300
Konturierendes Element			
Art		Laser	Laser
Typ		CO_2	CO_2
Imaging System		ProScan™ DX Digital	ProScan™ GX Dual Mode
Abtastgeschwindigkeit	m/s	10	15
Laserleistung	W	70	200
Modelleigenschaften			
Bauraum max. (B/L/H)	mm	550/550/460	550/550/460
Modellabmessungen max.	mm	550/550/460	550/550/460
Schichtdicke	mm	0,08 – 0,15	0,08 – 0,15

Tabelle 10.21 Sinter- und Schmelzanlagen EOS II

RP-Verfahren	Einheit	Kunststoff-Sintern	Kunststoff-Sintern
Maschine Bezeichnung/ Typ		Formiga P 110	EOS P 500
Hersteller		EOS GmbH Electro Optical Systems Robert-Stirling-Ring 1 D-82152 Krailling/München	
Vertrieb in Deutschland		*www.eos.info* Tel. +49 89 893 36–0 Fax +49 89 893 36–285 E-Mail *info@eos.info*	
Abmessungen System, Anschlusswerte			
Breite/Tiefe/ Höhe	m/m/m	1,32/1,07/2,29 Empfohlener Aufstellraum: min. 3,2 × 3,5 × 3 m	3,40/2,10/2,10
Gewicht	kg	Velocis: ca. 600 FDR: ca. 610	7000
elektrischer Anschluss	V/A	16 A	1 x 100 A
Leistungs-aufnahme	kW	max. 5/ typisch 3	
Prozess			
Entsorgung, Hausmüll		entfernte Stützstrukturen	
Konturierendes Element			
Art		Laser	Laser
Typ		Velocis: CO_2; 1 x 30 W FDR: CO_2; 1 x 40 W	CO_2; 2 x 70 W
x-*y*-Kontur-generierung		F-Theta-Linse, Hochge-schwindigkeits-Scanner	2 F-Theta-Linsen; 2 Hoch-geschwindigkeitsscanner
Modelleigenschaften			
Bauraum max. (B/L/H)	mm	200/250/330	500/330/400

RP-Verfahren	Einheit	Kunststoff-Sintern	Kunststoff-Sintern
EDV-Schnittstelle			
Schnittstel-lenformate		STL (optional: Konverter zu allen gängigen Formaten)	STL (optional: Konverter zu allen gängigen Formaten)
EDV-System		STL, CLI	
Betriebs-system		aktuelles Windows-System	aktuelles Windows-System
Software		EOS SYSTEM SUITE	EOS DATA INSIGHTS, EOS SYSTEM SUITE

Tabelle 10.22 Sinter- und Schmelzanlagen EOS III

RP-Verfahren	Einheit	Kunststoff-Sintern	Kunststoff-Sintern
Maschine Bezeichnung/Typ		EOS P 396	EOS P 770
Hersteller		EOS GmbH Electro Optical Systems Robert-Stirling-Ring 1 D-82152 Krailling/München	
Vertrieb in Deutschland		*www.eos.info* Tel. +49 89 893 36–0 Fax +49 89 893 36–285 E-Mail *info@eos.info*	
Abmessungen, Anschlusswerte			
Breite/Tiefe/Höhe (Aufstellraum)	m/m/m	System inkl. Schaltschrank: 1,84/1,175/2,1 Steuerpult: 0,95 × 0,7 × 1,55 Pulverförderung: 1,48 × 1,17 × 1,55 Auspackstation: 1,19 × 0,62 × 1,50 gesamter empfohlener Aufstellraum: 4,3 × 3,9 × 3,0	2,25/1,55/2,10; gesamter empfohlener Aufstellraum: 4,8/4,8/3,0
Gewicht	kg	ca. 1060	2300
elektrischer Anschluss	V/A	32 A	32 A
Leistungsaufnahme	kW	nominal 10, typisch 1,3	max. 3,1; typisch 12
Arbeitsgas	l/min	per internem N_2-Generator	
Kühlwasser	l/min	per externem Kühlaggregat	
Absaugung	m^3/h	n/a (nicht erforderlich, aber empfohlen)	
Arbeitsraumtemperatur	°C	bis ca. 200 °C Temperatur Fertigungshalle gemäß Aufstellbedingungen	
Prozess			
Dämpfe, Abgase		gering	
Entsorgung, Hausmüll		Pulver können über den Hausmüll entsorgt werden	

RP-Verfahren	Einheit	Kunststoff-Sintern	Kunststoff-Sintern
Konturierendes Element			
Art		Laser	Laser
Typ		CO_2; 70 W	CO_2; 2 x 70 W
x-*y*-Konturgenerierung		XY-Scanner mit F-Theta-Linse	2 F-Theta-Linsen; 2 Hochgeschwindigkeitsscanner
x-*y*-Konturgenauigkeit	mm	±0,00025	-
Spot-Wiederholgenauigkeit	mm	±0,025	-
z-Konturgenauigkeit	mm	0,06/0,10/0,12/ 0,15/0,18	-
z-Kontur-Wiederholgenauigkeit	mm	0,01	-
Beschichtungszyklus	s	10	-
Beschichtungsarmgeschw.	mm/s	120 – 150	-
Leistungsschwankung	%	± 2	-
Modelleigenschaften			
Bauraum max. (B/L/H)	mm	340/340/600	700/380/580
Modellabmessungen max.	mm	328/328/588	-
Schichtdicke	mm	0,06; 0,10; 0,12; 0,15; 0,18	-
Spurbreite	mm	0,6	-
Genauigkeit absolut	mm	n/a	-
Wiederholgenauigkeit	mm	sehr gut	-
zusätzliche Stützen		nein	-
EDV-Schnittstelle			
Schnittstellenformate		STL	STL
Betriebssystem Maschine		neueste Windows-Version	neueste Windows-Version
Software		EOS PSW, EOS RP Tools, EOST-ATE, PSW 3.7	EOS DATA INSIGHTS, EOS SYSTEM SUITE

Tabelle 10.23 Sinter- und Schmelzanlagen EOS IIII

RP-Verfahren	Einheit	Metall-Laser-Sintern (DMLS)	Metall-Laser-Sintern (DMLS)	Metall-Laser-Sintern (DMLS)
Maschine Bezeichnung/Typ		EOS M 290	EOS M 300–4	EOS M 400
Hersteller		EOS GmbH Electro Optical Systems Robert-Stirling-Ring 1 D-82152 Krailling/München		
Vertrieb in Deutschland		*www.eos.info* Tel. +49 89 893 36–0 Fax +49 89 893 36–285 E-Mail *info@eos.info*		
Abmessungen System, Anschlusswerte				
Breite/Tiefe/Höhe	m/m/m	2,5/1,3/2,19	5,22/2,68/2,34	4,181/1,613/2,355
Gewicht	kg	1250	ca. 5500	4635
elektrischer Anschluss	V/A	32	-	50
Leistung-saufnahme	kW	max. 8,5/typisch: 3,2	max. 19,6/ typisch: 16,0	max. 20,2/typisch: 16,2
Arbeitsgas	l/min	5 - 10	-	5 - 10
Kühlwasser	l/min	10-l-Tank	-	25-l-Tank
Absaugung	m^3/h	10	-	10
Arbeitsraum-temperatur	°C	bei max. 80 % relativer Luftfeuchtigkeit: 15 - 20 °C bei max. 60 % relativer Luftfeuchtig-keit: > 20 - 25 °C bei max. 45 % relativer Luftfeuchtig-keit: > 25 - 30 °C	bei max. 80 % relativer Luft-feuchtigkeit: 15 - 20 °C bei max. 60 % relativer Luft-feuchtig-keit > 20 - 25 °C bei max. 45 % relativer Luft-feuchtig-keit > 25 - 30 °C	bei max. 80 % relativer Luftfeuchtigkeit: 15 - 20 °C bei max. 60 % relativer Luftfeuchtig-keit > 20 - 25 °C bei max. 45 % relativer Luftfeuchtig-keit > 25 - 30 °C
relative Feuchtigkeit	%	siehe oben	siehe oben	siehe oben

RP-Verfahren	Einheit	Metall-Laser-Sintern (DMLS)	Metall-Laser-Sintern (DMLS)	Metall-Laser-Sintern (DMLS)
Prozess				
Dämpfe, Abgase		gering	gering	gering
Entsorgung, Hausmüll		entfernte Stützstrukturen	entfernte Stützstrukturen	entfernte Stützstrukturen
Sondermüll		Metallpulverreste	Metallpulverreste	Metallpulverreste
Konturierendes Element				
Art		Laser	Laser	Laser
Typ		YB-Faser, 400 W	4 x 400 W	YB-Faser, 1 kW
x-*y*-Konturgenerierung		F-Theta-Linse, Hochgeschwindigkeits-Scanner	4 x F-Theta-Linsen, 4 x Hochgeschwindigkeits-Scanner	F-Theta-Linse, Hochgeschwindigkeits-Scanner
Scangeschwindigkeit	m/s	max. 7		max. 7
x-*y*-Konturgenauigkeit	mm	20 µrad Wiederholgenauigkeit Scannerposition		20 µrad Wiederholgenauigkeit Scannerposition
Fokusdurchmesser	µm	100		ca. 90
Spot-Wiederholgenauigkeit	mm	≤ ±0,005 mm		≤ ±0,005 mm
Beschichtungszyklus	s	7 – 10sec		5 – 10sec
Beschichtungsarmgeschw.	mm/s	20 – 120		20 – 120
Modelleigenschaften				
nutzbares Bauvolumen (B/L/H)	mm	250/250/325	300/300/400	400/400/400* (* inkl. Bauplattform)
Schichtdicke	mm	0,02 – 0,2		0,02 – 0,2
Spurbreite	mm	0,3 – 0,4		0,3 – 0,4

Tabelle 10.23 Sinter- und Schmelzanlagen EOS IIII *(Fortsetzung)*

RP-Verfahren	Einheit	Metall-Laser-Sintern (DMLS)	Metall-Laser-Sintern (DMLS)	Metall-Laser-Sintern (DMLS)
Genauigkeit absolut	mm	Typ. ±40 – 60 µm		Typ. ±40 – 60 µm
EDV-Schnittstelle				
Schnittstellen-formate		STL, optional Konverter zu Standard-formaten	STL, optional Konverter zu Standardformaten	STL, optional Konverter zu Standard-formaten
Betriebssystem		aktuelles Windows-System	aktuelles Windows-System	aktuelles Windows-System
Software		EOS RP Tools; EOSTATE; EOSPRINT; Materialise Magics RP mit SG+ und weiteren Modulen	EOS BUILD/BUILD+, EOS SMART MONITORING, EOS DATA INSIGHTS, EOS SYSTEM SUITE	EOS RP Tools; EOSTATE; EOSPRINT; Materialise Magics RP mit SG+ und weiteren Modulen

Sinter- und Schmelzanlagen GE Additive

RP-Verfahren	Einheit	Laser-CUSING	Laser-CUSING	Laser-CUSING
Maschine Bezeichnung/ Typ		Mlab cusing	M2 cusing	X line 2000R
Hersteller		Concept Laser GmbH *Rudolf-Diesel-Straße 1496215 Lichtenfels*		
Vertrieb in Deutschland/ Internet		Direkt durch Concept Laser bzw. GE Additive oder Colibrium Additive		
Abmessungen, Anschlusswerte				
Breite/Tiefe/Höhe	m/m/m	0,705/ 1,833/ 0,955	2,74/ 2,05/ 2,78	5,235/ 3,655/ 3,306 – 3,904
Gewicht	kg	500	2500	9500
elektrischer Anschluss	V/A	230/16	400/32	400/50

RP-Verfahren	Einheit	Laser-CUSING	Laser-CUSING	Laser-CUSING
Leistungsaufnahme	kW	1,5		13
Arbeitsgas	l/min	< 4; Ar od. N_2	5, <1 m^3/h	17 – 34
Absaugung	m^3/h	intern	intern	
Arbeitsraumtemperatur	°C	15 – 35	18 – 25	max. 200 °C
Konturierendes Element				
Art		Laser	Laser	Laser
Typ		NdYAG, dioden-gepumpt, 100 W	Faserlaser, 2 x 400 W od. 2 x 1 kW	2x Faserlaser, je 1 kW
x-*y*-Konturgenerierung		Scankopf	Galvo-Scanner	Galvo-Scanner
Bauraum max. (B/L/H)	mm	$x = y = 50 \times 50$ 70×70, 90×90 $z = 80$	250/ 250/ 280	800/ 400/ 500
Modelleigenschaften				
Modellabmessungen max.	mm	wie oben	245/ 245/ 350	800/ 400/ 500
Schichtdicke	mm	0,02 – 0,05	0,02 – 0,12	0,03 – 0,15
Schnittstellenformate		STL, AMF	STL, AMF	STL, AMF
EDV-System		PC	PC	PC
Betriebssystem		Windows	Windows	Windows
Software		Materialise Magics	Materialise Magics	Materialise Magics

Tabelle 10.24 Sinter- und Schmelzanlagen Renishaw und SLM Solutions

RP-Verfahren	Einheit	Laser-schmelzen	Laser-schmelzen	Laser-schmelzen	Laser-schmelzen	Strahl-schmelzen	Strahl-schmelzen	Strahl-schmelzen	Strahlschmelzen
Maschine Bezeichnung/Typ		AM125	AM250	AM400	AM500M	SLM® 125 HL	SLM® 250 HL	SLM® 500 HL	SLM® 280 HL
Hersteller		Renishaw GmbH Karl-Benz-Straße 12 72124 Pliezhausen Deutschland (Germany) *www.renishaw.de*				SLM Solutions GmbH Roggenhorster Straße 9c 23556 Lübeck (Germany) *www.slm-solutions.com*			
Vertrieb in Deutschland/Internet		direkt durch Renishaw, Produktbereich AMPD				direkt durch SLM Solutions			
Abmessungen, Anschlusswerte									
Breite/Tiefe/Höhe	m/ m/ m	1,35/ 0,8/ 1,9	1,7/ 0,8/ 2,025	1,7/ 0,853/ 2,115	2,01/ 1,07/ 2,03	1,35/ 0,8/ 1,9 (2,4)	1,650/ 1,0/ 1,9 (2,4)	3,0/ 1,5/ 2,0 (2,5)	1,8/ 1,0/ 1,9 (2,4)
Gewicht	kg	900	1100	1100	1700	700	850	2000	1000
elektrischer Anschluss	V/A	230/16	230/16	220 bis 240/16 (45 bis 60 Hz)	220 bis 240/16 (45 bis 60 Hz)	400/32	400/32	400/32	400/32
Leistungsaufnahme	kW					4	5	8	6

RP-Verfahren	Einheit	Laser-schmelzen	Laser-schmelzen	Laser-schmelzen	Laser-schmelzen	Strahl-schmelzen	Strahl-schmelzen	Strahl-schmelzen	Strahlschmelzen
Arbeitsgas	l/min			< 0,83 Ar (Fluten: < 1500 l)	< 0,83 Ar (Fluten: < 1000 l)	0,5 (Fluten: 1000 l); Ar od. N_2	1,5 (Fluten: 1500 l); Ar od. N_2	3,0 (Fluten: 2000 l); Ar od. N_2	2,5 (Fluten: 1700 l); Ar od. N_2
Konturierendes Element									
Art		Laser	Laser	Laser	Laser	Laser	Laser	Laser	Laser
Typ		100 W od. 200 W	200 W od. 400 W	400 W	500 W	YLR-Faser-laser; 100 W od. 200 W	YLR-Faser-laser; 200 W od. 400 W	2× YLR-Faserlaser; 1× 400 W, 1× 1000 W	YLR-Faserlaser; 1× 400 W, 1× 1000 W
x-*y*-Konturgenerierung				Telezentrische F-Theta-Optik	Dynamische Fokussierung				
Modelleigenschaften									
Bauraum max. (B/L/H)	mm	120/ 120/ 125	245/ 245/ 300 (*z* = 360 mm auf Anfrage)	250/ 250/ 300	250/ 250/ 350	125/ 125/ 75 (125)	248/ 248/ 250 (350)	500/ 280/ 325	280/ 280/ 350

Tabelle 10.24 Sinter- und Schmelzanlagen Renishaw und SLM Solutions *(Fortsetzung)*

RP-Verfahren	Einheit	Laser-schmelzen	Laser-schmelzen	Laser-schmelzen	Laser-schmelzen	Strahl-schmelzen	Strahl-schmelzen	Strahl-schmelzen	Strahlschmelzen
Modellabmessungen max.	mm	120/ 120/ 125	245/245/ 300 (z = 360 mm auf Anfrage)	248/248/ 285	248/ 248/ 335	125/ 125/ 75 (125)	248/ 248/ 250 (350)	500/ 280/ 325	280/ 280/ 350
Schichtdicke	mm	0,02 – 0,1	0,02 – 0,1	0,02 – 0,1	0,02 – 0,1	0,02 – 0,075	0,02 – 0,075	0,02 – 0,2	0,02 – 0,15
Spurbreite	mm					min. 0,140	min. 0,150	min. 0,180	min. 0,2/1
zusätzliche Stützen		abhängig von der Geometrie	abhängig von der Geometrie	abhängig von der Geometrie	abhängig von der Geometrie				
EDV-Schnittstelle									
Schnittstellenformate		STL, AMF	STL, AMF	STL, MTT	STL, MTT				
EDV-System		PC	PC	PC	PC	PC	PC	PC	PC
Betriebssystem		Windows	Windows	Windows	Windows	Windows	Windows	Windows	Windows
Software		Materialise, Marcam Autofab	Materialise, Marcam Autofab	Renishaw QuantAM, Materialise Magics/ Build Processor	Renishaw QuantAM, Materialise Magics/ Build Processor	Auto-FabMC	Auto-FabMC	Auto-FabMC	Auto-FabMC

Tabelle 10.25 Sinter- und Schmelzanlagen ARCAM und Phenix Systems

RP-Verfahren	Einheit	Elektronstrahl-Schmelzen (EBM)	Elektronstrahl-Schmelzen (EBM)	SLM	SLM	SLM
Maschine Bezeichnung/Typ		Q10	A2	PXS	PXM	PXL
Hersteller		ARCAM AB Krokslätts Fabriker 27 A SE 431 37 Mölndal Schweden		Phenix Systems Parc Européen d'Entreprises Rue Richard Wagner 63200 Riom Frankreich		
Vertrieb in Deutschland/Internet		direkt durch ARCAM				
Abmessungen, Anschlusswerte						
Breite/Tiefe/Höhe	m/m/m	1,85/0,9/2,2	1,85/0,9/2,2	1,2/0,77/1,95	1,2/1,5/1,95	2,4/2,2/2,4
Gewicht	kg	1420	1420	1000	1500	5000
elektrischer Anschluss	V/A	3 × 400/32	3 × 400/32	230	400	400
Leistungsaufnahme	kW	7	7	3 kVA	10 kVA	15 kVA
Arbeitsgas	l/min	1 l/h; He 50 – 75 l cool down		6 – 8 bar Druckluft	6 – 8 bar Druckluft	6 – 8 bar Druckluft
Konturierendes Element						
Art		Elektronenstrahl	Elektronenstrahl	Laser	Laser	Laser
Typ		Single crystalline CeB_6		Faserlaser; 50 W; 1070 nm	Faserlaser; 300 W; 1070 nm	Faserlaser; 500 W; 1070 nm
x-*y*-Konturgenauigkeit	mm		0,13 – 0,2			
Modelleigenschaften						
Bauraum max. (B/L/H)	mm	200/200/180	250/250/400 od. 350 × 350 × 250	100/100/80	140/140/100	100/100/80

Tabelle 10.25 Sinter- und Schmelzanlagen ARCAM und Phenix Systems *(Fortsetzung)*

RP-Verfahren	Einheit	Elektronstrahl-Schmelzen (EBM)	Elektronstrahl-Schmelzen (EBM)	SLM	SLM	SLM
Modellabmessungen max.	mm	200/200/180	200/200/350 bzw. Ø 300/200	100/100/80		
min. Spotdurchmesser	mm	0,1				
Wiederholgenauigkeit	mm			$x = 0{,}02$ $y = 0{,}02$ $z = 0{,}02$	$x = 0{,}02$ $y = 0{,}02$ $z = 0{,}02$	
EDV-Schnittstelle						
Schnittstellenformate		STL	STL	STL, IGES, STEP	STL, IGES, STEP	STL, IGES, STEP
EDV-System		PC	PC	PC	PC	PC
Betriebssystem				Windows	Windows	Windows
Software				Phenix Processing, Phenix Manufacturing, Phenix Dental	Phenix Processing, Phenix Manufacturing, Phenix Dental	Phenix Processing, Phenix Manufacturing, Phenix Dental

Tabelle 10.26 Sinter- und Schmelzanlagen Trumpf

RP-Verfahren	Einheit	Laserschmelzen	Laserschmelzen
Maschine Bezeichnung/Typ		TruPrint 1000	TruPrint 3000
Hersteller		Trumpf Laser- und Systemtechnik GmbH Dieselstraße 1 71254 Ditzingen	
Vertrieb in Deutsch-land/Internet		direkt durch Trumpf	
Abmessungen, Anschlusswerte			
Breite/Tiefe/Höhe	m/m/m	1,445/0,73/1,680	~ 2,222/1,430/1,961
Gewicht	kg	705	3000
elektrischer Anschluss	V/A	230/7	400
Arbeitsgas	l/min	0,3	< 10,0
Arbeitsraumtempe-ratur	°C	Vorwärmung: keine	Vorwärmung bis 200 °C
Konturierendes Element			
Art		Laser	Laser
Typ		Faserlaser, 200 W	Faserlaser, 500 W
Fokusdurchmesser	µm	30 oder 55	100 – 500
Modelleigenschaften			
Bauraum max. (B/L/H)	mm	Ø 100 × 100	Ø 300 × 400
Schichtdicke	mm	0,02 – 0,04 einstellbar	0,03 – 0,2 einstellbar
EDV-Schnittstelle			
Software		Materialise Magics, AutoFab, CAMbridge	Materialise Magics, AutoFab, CAMbridge

Tabelle 10.27 Sinter- und Schmelzanlagen Aconity3D

RP-Verfahren	Einheit	Laserschmelzen	Laserschmelzen	Laserschmelzen	Laserschmelzen	Laserschmelzen
Maschine Bezeichnung/Typ		Aconity TWO	Aconity MIDI+	Aconity MIDI	Aconity MINI	Aconity MICRO
Hersteller		Aconity3D GmbH Kaiserstr. 9852134 Herzogenrath Deutschland				
Vertrieb in Deutschland		direkt durch Aconity				
Abmessungen, Anschlusswerte						
Breite/Tiefe/Höhe	m/m/m	4/3/4	2,7/1,8/3	2,45/1,5/2,32	2,45/1,5/2,32	2/1/1,7
Gewicht	kg	2500	1600	1450	850	850
Arbeitsgas	l/min	5; Ar od. N_2	5; Ar od. N_2	5; Ar od. N_2	5; Ar od. N_2	5; Ar od. N_2
Arbeitsraumtemperatur	°C	500 – 800	500 – 1000	500 – 1200	500 – 800	
Konturierendes Element						
Art		Laser	Laser	Laser	Laser	Laser
Typ		1 x Green wavelength Single Mode 200 W/ 500 W; 4 x Infrared wavelength Single Mode 200 W/ 400 W/ 500 W/ 700 W/ 1000 W/ 1200 W AFX	1 x Green wavelength Single Mode 200 W/500 W; 4 x Infrared wavelength Single Mode 200 W/ 400 W/ 500 W/ 700 W/ 1000 W/ 1200 W AFX	1 x Green wavelength Single Mode 200 W/500 W; 4 x Infrared wavelength Single Mode 200 W/ 400 W/ 500 W/ 700 W/ 1000 W/ 1200 W AFX	1 x Green wavelength Single Mode 200 W/500 W; 4 x Infrared wavelength Single Mode 200 W/ 400 W/ 500 W/ 700 W/ 1000 W/ 1200 W AFX	Single Mode 200 W/ 400 W
Modelleigenschaften						
Bauraum max. (B/L/H)	mm	Ø 400/H 300 oder Ø 200/H 200	Ø 250/250	Ø 170/200	Ø 140/190 oder Ø 55/190	Ø 100/ 150
Schichtdicke	mm	min. 0,01	min. 0,01	min. 0,01	min. 0,01	0,01 – 0,1

Tabelle 10.28 Sinter- und Schmelzanlagen Additive Industries

RP-Verfahren	Einheit	Laserschmelzen
Maschine Bezeichnung/Typ		MetalFABG2
Hersteller		Additive Industries Achtseweg Zuid 155 5651 GW Eindhoven Niederlande
Vertrieb in Deutschland		*www.additiveindustries.com*
Abmessungen, Anschlusswerte		
Breite/Tiefe/Höhe	m/m/m	abhängig von Modulen
Gewicht	kg	abhängig von Modulen
Konturierendes Element		
Art		Laser
Typ		Faserlaser 500 W
Modelleigenschaften		
Bauraum max. (B/L/H)	mm	420/420/400
Schichtdicke	mm	0,02 – 0,1
Genauigkeit absolut	mm	0,050 + 0,002 x part length

Tabelle 10.29 Sinter- und Schmelzanlagen AddUp

RP-Verfahren	Einheit	Laserschmelzen	Laserschmelzen
Maschine Bezeichnung/Typ		FORMUP 350	FORMUP 350 EVOLUTION
Hersteller		AddUp GmbH Campus-Boulevard 30 52074 Aachen Deutschland	
Vertrieb in Deutschland		direkt durch AddUp	
Abmessungen, Anschlusswerte			
Breite/Tiefe/Höhe	m/m/m	2,55/2,2/2,2	3/2,8/3,9
Gewicht	kg	4000	10 000
Arbeitsgas	l/min	Ar od. N_2	Ar od. N_2
Konturierendes Element			
Art		Laser	Laser
Typ		Ytterbium-Dauerfaserlaser (1070 nm); 4 x 500 W	Ytterbium-Dauerfaserlaser (1070 nm); 4 x 500 W
Modelleigenschaften			
Bauraum max. (B/L/H)	mm	350/350/350	350/350/1000
Schichtdicke	mm	0,02 – 0,12	
Genauigkeit absolut	mm	35	35

Tabelle 10.30 Sinter- und Schmelzanlagen DMG Mori

RP-Verfahren	Einheit	Laserschmelzen	Laserschmelzen
Maschine Bezeichnung/Typ		LASERTEC 12 SLM	LASERTEC 30 DUAL SLM
Hersteller		DMG Mori	
Vertrieb in Deutschland		direkt bei DMG Mori	
Konturierendes Element			
Art		Laser	Laser
Typ		200 – 400 W	600 W oder Dual Laser 2 x 600 W
Modelleigenschaften			
Bauraum max. (B/L/H)	mm	125/125/200	300/300/350
Schichtdicke	mm	min. 0,02	min. 0,03

Tabelle 10.31 Sinter- und Schmelzanlagen EPlus

RP-Verfahren	Einheit	Laser-schmelzen	Laser-schmelzen	Laser-schmelzen	Laser schmelzen	Laser-schmelzen	Laser-schmelzen	Laser-schmelzen
Maschine Bezeichnung/Typ		EP-M150Pro Metal 3D Printer	EP-M250Pro Metal 3D Printer	EP-M300 Metal 3D Printer	EP-M400 Metal 3D Printer,	EP-M450H Metal 3D Printer	EP-M650 Metal 3D Printer	EP-M1250 Metal 3D Printer
Hersteller		EPlus 3D No. 118 Yanshankong Road, Wenyan Street Xiaoshan District, Hangzhou Zhejiang China						
Vertrieb in Deutschland		*www.eplus3d.com*						
Abmessungen, Anschlusswerte								
Breite/Tiefe/Höhe	m/m/m	2,12/0,98/2,25	3,5/1,3/2,3	2,984/1,3/2,624	4,3/3,945/3,785	5,82/4,685/4,85	5,738/2,998/3,816	9/4,8/6,3
Gewicht	kg	1500	1700	2900	5000	15 000	15 000	50 000
elektrischer Anschluss	V/A	380/23	380/20	380/28	380/38	380/52	380/64	380/100
Leistungsaufnahme	kW	12	14	10	13,9	15	23	40
Arbeitsgas	l/min	Ar od. N_2	Ar od. N_2	Ar od. N_2	Ar od. N_2	Ar od. N_2	Ar od. N_2	Ar od. N_2

RP-Verfahren	Einheit	Laser-schmelzen	Laser-schmelzen	Laser-schmelzen	Laser schmelzen	Laser-schmelzen	Laser-schmelzen	Laser-schmelzen
Konturierendes Element								
Art		Laser	Laser	Laser	Laser	Laser	Laser	Laser
Typ		Faserlaser 500 W od. Dual-Laser optional	Faserlaser 500 W od. Dual-Laser optional	Faserlaser 500 W od. 1000 W (Single- od. Dual-Laser optional)	Faserlaser 500 W / Dual-Laser 2 x 500 W / Quad-Laser 4 x 500 W	Faserlaser 500 W / Dual-Laser 2 x 500 W / Quad-Laser 4 x 500 W	Quad-Faser-laser 4 x 500 W	Faserlaser 9 x 500 W/700 W/ 1000 W
Modelleigenschaften								
Bauraum max. (B/L/H)	mm	Ø 150/ H 225	262/262/350	300/300/450	400/400/450	450/450/1080	650/650/800	1250/1250/ 1350
Schichtdicke	mm	0,02 – 0,1	0,02 – 0,1	0,02 – 0,12	0,02 – 0,12	0,02 – 0,12	0,02 – 0,12	0,02 – 0,12

Tabelle 10.32 Sinter- und Schmelzanlagen Farsoon

RP-Verfahren	Einheit	Laserschmelzen	Laserschmelzen	Laserschmelzen	Laserschmelzen	Laserschmelzen	Laserschmelzen	Laserschmelzen
Maschine Bezeichnung/Typ		FS121M	FS200M	FS273M	FS301M	FS421M	FS721M	FS621M
Hersteller		Farsoon Technologies Co., Ltd. No. 181 Linyu Road, Changsha National High-Tech Industrial Development Zone Hunan China						
Vertrieb in Deutschland		FARSOON Europe GmbH Liebknechtstraße 33 70565 Stuttgart Deutschland*https://www.farsoon.com*						
Abmessungen, Anschlusswerte								
Breite/Tiefe/Höhe	m/m/m	0,78/1/1,7	2,3/1,5/2	2,315/1,65/2,105	2,36/1,53/2,15	2,77/3,22/2,35	6,61/1,83/2,5	5,8/4,3/4
Gewicht	kg	700	2000	2200	2800	3450	5000	9000
elektrischer Anschluss	V/A	220/14	400/25	400/20 od. 30	400/15	400/32	400/32 od. 40	400/40
Arbeitsgas	l/min	3–5; Ar od. N_2	3–5; Ar od. N_2	3–5; Ar od. N_2	3–5; Ar od. N_2	3–5; Ar od. N_2	6–8; Ar od. N_2	8–10; Ar od. N_2
Arbeitsraumtemperatur	°C	22–28	22–28	22–28	22–28	22–28	22–28	22–28
Konturierendes Element								

RP-Verfahren	Einheit	Laserschmelzen	Laser-schmelzen	Laser-schmelzen	Laser-schmelzen	Laser-schmelzen	Laser-schmelzen	Laser-schmelzen
Art		Laser	Laser	Laser	Laser	Laser	Laser	Laser
Typ		Faserlaser 300 W od. 500 W	Dual-Faserlaser 2 * 500 W	Single-Laser 500 W od. Dual-Laser 2 * 500 W	Single-Laser 500 W; Dual-Laser 2 * 500 W	Single-Laser 500 W Dual-Laser 2 * 500 W	Dual-Laser 2 * 500 W Quad-Laser 4 * 500 W; Eight- Laser 8 * 500 W	Single-Laser 1000 W; Quad-Laser 4 * 500 W
Modelleigenschaften								
Bauraum max. (B/L/H)	mm	120/120/100	425/230/300	275/275/355	305/305/410	425/425/420	720/420/420	620/620/1100
Schichtdicke	mm	0,02 – 0,08	0,02 – 0,1	0,02 – 0,1	0,02 – 0,1	0,02 – 0,1	0,02 – 0,1	0,02 – 0,1

Tabelle 10.33 Sinter- und Schmelzanlagen One Click Metal

RP-Verfahren	Einheit	Laserschmelzen
Maschine Bezeichnung/Typ		MPRINT
Hersteller		One Click Metal GmbH Carl-Benz-Straße 2 71732 Tamm
Vertrieb in Deutschland		direkt bei One Click Metal
Abmessungen, Anschlusswerte		
Breite/Tiefe/Höhe	m/m/m	1,1/1,9/0,79
Gewicht	kg	440
elektrischer Anschluss	V/A	230/16
Arbeitsgas	l/min	N_2
Konturierendes Element		
Art		Laser
Typ		Faser 200 W
Modelleigenschaften		
Bauraum max. (B/L/H)	mm	150/150/150
Schichtdicke	mm	0,02 – 0,08

Tabelle 10.34 Sinter- und Schmelzanlagen Sisma

RP-Verfahren	Einheit	Laserschmelzen	Laserschmelzen
Maschine Bezeichnung/Typ		MYSINT100	MYSINT200
Hersteller		Sisma S. p. A. Hauptstraße 2 91463 Dietersheim Deutschland	
Vertrieb in Deutschland		*www.sisma.com/de*	
Abmessungen, Anschlusswerte			
Breite/Tiefe/Höhe	m/m/m	1,4/0,78/1,6	2,2/2/1,4
Gewicht	kg	650	3200
elektrischer Anschluss	V/A	220 – 240/16	400/32
Leistungsaufnahme	kW	1,53	
Arbeitsgas	l/min	<0,3/Ar od. N_2	
Konturierendes Element			
Art		Laser	Laser
Typ		Faser-Laser 200 W od. Dual-Faser-Laser 2 * 200 W	Faser-Laser 300 W od. Dual-Laser available
Modelleigenschaften			
Bauraum max. (B/L/H)	mm	Ø 100/ H 100	Ø 200/ H 200
Schichtdicke	mm	0,01 – 0,05	0,02 – 0,04

Tabelle 10.35 Sinter- und Schmelzanlagen ZRapid

RP-Verfahren	Einheit	Laser-schmelzen	Laser-schmelzen	Laser-schmelzen	Laser-schmelzen	Laser-schmelzen	Laser-schmelzen	Laser-schmelzen
Maschine Bezeichnung/Typ		iSLM800QN	iSLM600QN	iSLM500D	iSLM420DN	iSLM420D	iSLM280	iSLM160
Hersteller		ZRapid Technologies Co. Ltd No.13, Tongan Road West Suzhou, Jiangsu Province China						
Vertrieb in Deutschland		*www.zero-tek.com*						
Abmessungen, Anschlusswerte								
Breite/Tiefe/Höhe	m/m/m	3,15/2,55/3,95	3,3/1,65/4,05	3,05/1,9/3,8	2,65/1,45/2,9	2,65/1,45/2,7	1,75/1,4/2,2	1,1/1,3/1,85
Gewicht	kg	12 000	8500	8500	3300	2800	1800	1000
elektrischer Anschluss	V/A	380/5 od. 20 A	380/5 od. 20 A	380/3 od. 15 A	380/3 od. 15 A	380/3 od. 15 A	220/5 od. 20 A	220/5 od. 20 A
Arbeitsgas	l/min	0 – 3; Ar od. N_2	0 – 3; Ar od. N_2	0 – 3; Ar od. N_2	0 – 3; Ar od. N_2	0 – 3; Ar od. N_2	0 – 3; Ar od. N_2	0 – 3; Ar od. N_2
Arbeits-raum-temperatur	°C	22 – 26	22 – 26	20 – 26	20 – 26	20 – 26	20 – 26	20 – 26

RP-Verfahren	Einheit	Laser-schmelzen	Laser-schmelzen	Laser-schmelzen	Laser-schmelzen	Laser-schmelzen	Laser-schmelzen	Laser-schmelzen
Konturierendes Element								
Art		Laser	Laser	Laser	Laser	Laser	Laser	Laser
Typ		Quad-Faser-Laser (500 W/ 1000 W) * 4	Quad-Faser-Laser (500 W/ 1000 W) * 4	Dual-Faser-Laser 500 W * 2	Dual-Faser-Laser 500 W * 2	Dual-Faser-Laser 500 W * 2	Faser-Laser 500 W	Faser-Laser 200 W od. 500 W
Modelleigenschaften								
Bauraum max. (B/L/H)	mm	800/700/1000	600/600/1000	500/400/900	420/420/500	420/420/500	280/280/380	160/160/230
Genauigkeit absolut	mm	0,02 – 0,05	0,02 – 0,05	0,02 – 0,05	0,02 – 0,05	0,02 – 0,05	0,02 – 0,05	0,02 – 0,05

Tabelle 10.36 Sinteranlagen XYZprinting

RP-Verfahren	Einheit	SLS	SLS
Maschine Bezeichnung/Typ		MfgPro 236 xS	MfgPro 230 xS
Hersteller		XYZprinting Inc. No. 147, Sec. 3, Beishen Rd, Shenkeng Dist., New Taipei City Taiwan	
Vertrieb in Deutschland		XYZprinting Netherlands, B. V. Wagenmakerstraat 7 2984 BD Ridderkerk The Netherlands *xyzprinting.com*	
Abmessungen, Anschlusswerte			
Breite/Tiefe/Höhe	m/m/m	1,48/0,85/2,04	1,48/0,85/2,04
Gewicht	kg	425	360
elektrischer Anschluss	V/A	220 V/32 A	220 V/32 A
Arbeitsraumtemperatur	°C	16 – 25	18 – 25
relative Feuchtigkeit	%	max. 70	max. 70
Konturierendes Element			
Art		Laser	Laser
Typ		60 W CO_2	30 W CO_2
Modelleigenschaften			
Bauraum max. (B/L/H)	mm	230/230/250	230/350/200
Schichtdicke	mm	0,06/0,08/0,1/0,15/0,2/0,3	0,08/0,1/0,15/0,2

Tabelle 10.37 Sinteranlagen Sinterit

RP-Verfahren	Einheit	SLS	SLS	SLS	SLS
Hersteller		Sinterit sp. z o. o ul. Nad Drwina 10 30–741 Krakow Poland			
Vertrieb in Deutschland		M Germany GmbH & Co. KG Kopernikusstr. 14 30167 Hannover			
Maschine Bezeichnung/Typ		Lisa X	Lisa	Lisa Pro	NILS 480
Abmessungen, Anschlusswerte					
Breite/Tiefe/Höhe	m/m/m	0,65/0,61/1,2	0,62/0,4/0,66	0,69/0,5/0,88	1,285/1,25/1,84
Gewicht	kg	145	41	90	300
elektrischer Anschluss	V/A	230 V AC, 50/60 Hz, 7,5A5 A oder 100 - 130 V AC, 50/60 Hz, 15 A	220 - 240 V AC, 50/60 Hz, 7 A oder 100 - 130 V AC, 50/60 Hz, 15 A	220 - 240 V AC, 50/60 Hz, 7 A oder 100 - 130 V AC, 50/60 Hz, 15 A	k. A.
Arbeitsgas	l/min	8	-	8	k. A.
Arbeitsraum-temperatur	°C	210	210	200	k. A.
Konturierendes Element					
Art		Laser	Laser	Laser	Laser
Typ		Fasergekoppelter IR-Diodenlaser 30 W	IR-Diodenlaser 5 W	IR-Diodenlaser 5 W	IR-Diodenlaser 30 W
Modelleigenschaften					
Bauraum max. (B/L/H)	mm	150/200/350	150/200/150	150/200/260	200/200/330
Schichtdicke	mm	0,075 - 0,175	0,075 - 0,175	0,075 - 0,175	0,075 - 0,175

10.4 Übersicht Extrusionsanlagen

Tabelle 10.38 Extrusionsanlagen Stratasys I

RP-Verfahren	Einheit	Extrusion	Extrusion	Extrusion
Maschine Bezeichnung/Typ		Fortus 450mc	Fortus 900mc/ F900	F3300
Hersteller		Stratasys Inc., USA		
Vertrieb in Deutschland		alphacam GmbH, Schorndorf *www.alphacam.de*		
Abmessungen, Anschlusswerte				
Breite/Tiefe/Höhe	m/m/m	1,281/0,896/1,962	2,772/1,683/2,027	2,362/1,626/2,032
Gewicht	kg	786	2869	1360
elektrischer Anschluss	V/A	230/16/3 Phasen	230/40/3 Phasen	208/30/3 Phasen
Prozess				
Entsorgung, Hausmüll		ja	ja	k. A.
Konturierendes Element				
Art		Extruder	Extruder	Extruder
Typ				
x-*y*-Konturgenerierung		Riementrieb *xy*	Riementrieb *xy*	–
Modelleigenschaften				
Bauraum max. (B/L/H)	mm	406/355/406	914,4/609,6/914,4	600/600/800
Modellabmessungen max.	mm	406/355/406	914,4/609,6/914,4	600/600/800
Schichtdicke	mm	0,33; 0,254; 0,178; 0,127	0,508; 0,33; 0,254; 0,178; 0,127	0,5; 0,25; 0,188
Genauigkeit absolut	mm	±0,127	±0,89; ±0,0015	±0,067; ±0,0015
zusätzliche Stützen		ja	ja	ja

RP-Verfahren	Einheit	Extrusion	Extrusion	Extrusion
EDV-Schnittstelle				
Schnittstellenformate		STL	STL	STL
EDV-System		PC, Workstation	PC, Workstation	PC, Workstation
Software		vorhanden Insight	Insight; Control Center	GrabCAD Print; GrabCAD Print Pro; Insight; MTConnect

Tabelle 10.39 Extrusionsanlagen Stratasys II

RP-Verfahren	Einheit	Extrusion	Extrusion	Extrusion
Maschine Bezeichnung/Typ		F770	F123-Serie (F120; F170; F270; F370)	Serie F123 CR (F190 CR; F370 CR)
Hersteller		Stratasys Inc., USA		
Vertrieb in Deutschland		alphacam GmbH, Schorndorf *www.alphacam.de*		
Abmessungen, Anschlusswerte				
Breite/Tiefe/Höhe	m/m/m	1,75/1,24/1,96	F120: 0,889/0,87/0,721 F170; F270; F370: 1,626; 0,846; 0,711	1,626/0,864/0,711
Gewicht	kg	658	F120: 124 F170; F270; F370: 227	227
elektrischer Anschluss	V/A	280/30/3 Phasen	100 – 132/15; 200 – 240/7	100 – 132/15; 200 – 240/7
Arbeitsraumtemperatur	°C	15 – 30	15 – 30	15 – 30
relative Feuchtigkeit	%	30 – 70	30 – 70	30 – 70
Konturierendes Element				
Art		Extruder	Extruder	Extruder
Typ				
x-*y*-Konturgenerierung		Riementrieb *xy*	Riementrieb *xy*	Riementrieb *xy*
x-*y*-Konturgenauigkeit	mm	±0,254; ±0,002	k. A.	k. A.
z-Konturgenauigkeit	mm	±0,2; ±0,002	k. A.	k. A.

Tabelle 10.39 Extrusionsanlagen Stratasys II *(Fortsetzung)*

RP-Verfahren	Einheit	Extrusion	Extrusion	Extrusion
Modelleigenschaften				
Bauraum max. (B/L/H)	mm	1000/610/610	F120; F170: 254/254/254 F270: 305/254/305 F370: 355/254/355	305/254/305
Modellabmessungen max.	mm	1000/600/600	F120; F170: 254/254/254 F270: 305/254/305 F370: 355/254/355	305/254/305
Schichtdicke	mm	0,33; 0,254; 0,178	0,33; 0,254; 0,178; 0,127	0,33; 0,254; 0,178; 0,127
Genauigkeit absolut	mm	k. A.	±0,2; ±0,002	±0,2; ±0,002
zusätzliche Stützen		ja	ja	ja
EDV-Schnittstelle				
Schnittstellenformate		STL	STL	STL
EDV-System		PC, Workstation	PC, Workstation	PC, Workstation
Software		GrabCAD Print; GrabCAD Print Pro; Insight; MTConnect	F120; F170; F270; F370: GrabCAD Print F370: Insight	GrabCAD Print; MTConnect

Tabelle 10.40 Extrusionsanlagen 3D Platform

RP-Verfahren	Einheit	FDM	FDM	FDM
Maschine Bezeichnung/ Typ		300 Series Work-bench Pro	Sigma D25 3D Printer	Epsilon W50 3D Printer
Hersteller		3DP Unlimited LLC 6402 E. Rockton Road Roscoe, Illinois 61073 USA		
Abmessungen, Anschlusswerte				
Breite/Tiefe/ Höhe	m/m/m		0,69/0,53/0,55	0,69/0,53/0,9
Arbeits-raumtempera-tur	°C		15 – 30	15 – 30
Modelleigenschaften				
Bauraum max. (B/L/H)	mm	1000/1000/700	420/300/200	420/300/400

Tabelle 10.41 Extrusionsanlagen Markforged I

RP-Verfahren	Einheit	Metall FFF	FFF	FFF	FFF	CFR	CFR
Maschine Bezeichnung/ Typ		Metal X System™	FX10™	FX20™	X3™	X7™	X7™ Field Edition
Hersteller		Markforged, Inc. 60 Tower Rd Waltham, MA 02451 USA					
Vertrieb in Deutschland		Mark3d GmbH Rodenbacher Straße 15 35708 Haiger*https://www.mark3d.com*					
Abmessung, Anschlusswerte							
Breite/Tiefe/ Höhe	m/m/ m	0,575/0,467/ 1,120	0,76/0,64/ 1,2	1,325/0,9/ 1,925	0,584/ 0,483/ 0,914	0,584/ 0,483/ 0,914	0,914/ 0,914/ 1,220
Gewicht	kg	68	109	530	46	48	86

Tabelle 10.41 Extrusionsanlagen Markforged I *(Fortsetzung)*

RP-Verfahren	Einheit	Metall FFF	FFF	FFF	FFF	CFR	CFR
elektrischer Anschluss	V/A	100 – 120/ 200 – 240 VAC (12 A/6 A)	100 – 120 VAC 12 A/15 A 200 – 240 VAC 6 A/8 A	200 – 240 VAC 2 W + PE 40 A 200 – 240 VAC 3 Ø + PE 24 A 347 – 415 VAC 3 Ø + N + PE 14 A	100 – 240 VAC, 150 W	100 – 240 VAC, 150 W	100 – 240 VAC, 150 W
Modelleigenschaften							
Bauraum max. (B/L/H)	mm	300/220/180	375/300/ 300	525/400/400	330/270/ 200	330/270/ 200	330/270/ 200
Schichtdicke	mm	0,05 – 0,125	0,125 – 0,25	0,05 – 0,25	0,05 – 0,2	0,05 – 0,25	
Genauigkeit absolut	mm			+/- 0,125 oder +/- 0,0015 (je nachdem, was größer ist)			

Tabelle 10.42 Extrusionsanlagen Markforged II

RP-Verfahren	Einheit	CFR	CFR	FFF
Maschine Bezeichnung/Typ		Mark Two™	Onyx Pro™	Onyx One™
Hersteller		Markforged, Inc. 60 Tower Rd Waltham, MA 02451 USA		
Vertrieb in Deutschland		Mark3d GmbH Rodenbacher Straße 15 35708 Haiger*https://www.mark3d.com*		
Abmessungen, Anschlusswerte				
Breite/Tiefe/Höhe	m/m/m	0,584/0,33/0,355	0,584/0,33/0,355	10,584/0,33/0,355
Gewicht	kg	16	16	15
elektrischer Anschluss	V/A	100 – 240 VAC, 150 W	100 – 240 VAC, 150 W	100 – 240 VAC, 150 W
Modelleigenschaften				
Bauraum max. (B/L/H)	mm	320/132/154	320/132/154	320/132/154
Schichtdicke	mm	0,1 – 0,25	0,1 – 0,25	0,1 – 0,2

Tabelle 10.43 Extrusionsanlagen Mutoh

RP-Verfahren	Einheit	FDM
Maschine Bezeichnung/Typ		MF-2500EP II
Hersteller		MUTOH HOLDINGS CO., LTD. 3-1-3, Ikejiri, Setagaya-ku, Tokyo 154–8560 Japan
Abmessungen, Anschlusswerte		
Breite/Tiefe/Höhe	m/m/m	0,68/0,705/0,68
Gewicht	kg	57
elektrischer Anschluss	V/A	AC 100 V; 50/60 Hz
Leistungsaufnahme	kW	750 W
Modelleigenschaften		
Bauraum max. (B/L/H)	mm	300/300/300
Schichtdicke	mm	0,00005 – 0,0005

Tabelle 10.44 Extrusionsanlagen Wasp I

RP-Verfahren	Einheit	FDM	FDM	FDM	FDM	FDM	FDM
Maschine Bezeichnung/ Typ		DELTA WASP 2040 PRO	DELTA WASP 2040 Ton	WASP 40100 LMD	DELTA WASP 2040 INDUSTRIAL X	WASP 4070 ZX / FX	WASP 4070 HDP
Hersteller		WASP S. r. l. Via Castelletto, 104 48024 Massa Lombarda (RA) Italy*https://www.3dwasp.com*					
Abmessungen, Anschlusswerte							
Breite/Tiefe/Höhe	m/m/m	0,49/0,44/0,87	0,44/0,49/0,87	0,85/0,77/1,95	0,49/0,44/0,87	0,85/0,77/1,95	0,85/0,77/1,95
Gewicht	kg	25	40	84	38	250	95
elektrischer Anschluss	V/A	220/240 V, 50/60 Hz	220/240 V, 50/60 Hz	220/240 V, 50/60 Hz	220/240 V, 50/60 Hz	220/240 V, 50/60 Hz	220/240 V, 50/60 Hz
Arbeitsraumtemperatur	°C	20–30	20–30	15–30	20–30	20–30	20–30
Modelleigenschaften							
Bauraum max. (B/L/H)	mm	Ø 200/400	Ø 200/400	Ø 400/1000	Ø 200/400	Ø 400/700	Ø 400/600
Schichtdicke	mm	0,05	0,5	0,5	0,05	0,05–0,35	0,2–0,5

Tabelle 10.45 Extrusionsanlagen Wasp II

RP-Verfahren	Einheit	FDM	FDM	FDM	FDM
Maschine Bezeichnung/ Typ		WASP 60100 HDP	WASP 3MT HDP	Delta WASP 3MT BETON	Kran WASP
Hersteller		WASP S. r. l. Via Castelletto, 104 48024 Massa Lombarda (RA) Italy*https://www.3dwasp.com*			
Abmessungen, Anschlusswerte					
Breite/Tiefe/ Höhe	m/m/m	1,09/1,0/2,55	2,15/2,35/3,05	2,15/2,35/3,05	5,5/5,8/4,2
Gewicht	kg	300	250	350	500
elektrischer Anschluss	V/A	220/240 V, 50/60 Hz	220/240 V, 50/60 Hz	220/240 V, 50/60 Hz	220/240 V, 50/60 Hz
Arbeitsraum-temperatur	°C	15 – 30	20 – 30	15 – 30	10 – 30
Modelleigenschaften					
Bauraum max. (B/L/H)	mm	Ø 600/1000	Ø 1000/1000	Ø 1000/1000	Ø 8200/3200
Schichtdicke	mm	0,1 – 1,5	0,5 – 2,5	k. A.	k. A.

Tabelle 10.46 Kommerzielle 3D-Drucker Makerbot I

RP-Verfahren	Einheit	FDM	FDM
Maschine Bezeichnung/Typ		Sketch Standard	Sketch Large
Hersteller		Makerbot Objet® Industries LLC	
Vertrieb in Deutschland		alphacam GmbH, Schorndorf *www.alphacam.de*	
Abmessungen, Anschlusswerte			
Breite/Tiefe/Höhe	m/m/m	0,547/0,535/0,470	0,547/0,535/0,470
Gewicht	kg	11,8	23,2
elektrischer Anschluss	V	100 – 240	

Tabelle 10.46 Kommerzielle 3D-Drucker Makerbot I *(Fortsetzung)*

RP-Verfahren	Einheit	FDM	FDM
Arbeitsraum-temperatur	°C	15–30	15–30
Bauplattform-temperatur max.	°C	k. A.	110
relative Feuchtigkeit	%	k. A.	10–70
Konturierendes Element			
Art		Extruder	Extruder
Typ			
x-*y*-Kontur-generierung		Riementrieb *xy*	Riementrieb *xy*
Druck-geschwindigkeit	mm/s	k. A.	150
Düsendurchmesser	mm	0,4	0,4
Modelleigenschaften			
Bauraum max. (B/L/H)	mm	150/150/150	220/200/250
zusätzliche Stützen/ Extruder		nein	nein
Materialform		Draht	Draht
Filament-durchmesser	mm	1,75	k. A.
EDV-Schnittstelle			
Schnittstellen-formate		MakerBot, STL, SolidWorks, Inven-torOBJ, IGES, STEP	MakerBot, STL, .catpart .dae .gib .iges .ipt .obj .par .sab .sat .sldprt.Thing .wrl .x_t .3mf
EDV-System		PC, Workstation	PC, Workstation
Konnektivität		USB, Ethernet, Wifi	k. A.
Betriebssystem		Windows (7, 10), Mac OS X (10.12+)	k. A.
Software		MakerBot Cloud-Print	MakerBot CloudPrint

Tabelle 10.47 Kommerzielle 3D-Drucker Makerbot II

RP-Verfahren	Einheit	FDM	FDM
Maschine Bezeichnung/Typ		Method; Method X	Method XL
Hersteller		Makerbot Objet® Industries LLC	
Vertrieb in Deutschland		alphacam GmbH, Schorndorf *www.alphacam.de*	
Abmessungen, Anschlusswerte			
Breite/Tiefe/Höhe	m/m/m	0,437/0,413/0,649	0,655/0,565/0,815
Gewicht	kg	29,5	56,5
elektrischer Anschluss	V	100 – 240	k. A.
Arbeitsraumtemperatur	°C	15 – 26	k. A.
Bauplattformtemperatur max.	°C	120	k. A.
Konturierendes Element			
Art		Extruder	Extruder
Typ			
x-*y*-Konturgenerierung		Riementrieb *xy*	Riementrieb *xy*
x-*y*-Konturgenauigkeit	mm	0,011	k. A.
z-Konturgenauigkeit	mm	0,0025	k. A.
Druckgeschwindigkeit	mm/s	500	k. A.
Düsendurchmesser	mm	0,4	0,4
Modelleigenschaften			
Bauraum max. (B/L/H)	mm	Einzelextrusion: 190/190/196 Dualextrusion: 152/190/196	Dualextrusion: 305/305/320
Genauigkeit absolut	mm	± 0,2	± 0,2; ± 0,002

RP-Verfahren	Einheit	FDM	FDM
zusätzliche Stützen/ Extruder		ja	ja
Materialform		Draht	Draht
Filamentdurchmesser	mm	1,75	1,75
EDV-Schnittstelle			
Schnittstellenformate		MakerBot (.makerbot), STL (.stl), SolidWorks (.sldprt, .sldasm), InventorOBJ (.ipt, .iam), IGES (.iges, .igs), STEP AP203/214 (.step, .stp), CATIA (.CATPart, .CATProduct), Wavefront Object (.obj), Unigraphics/NX (.prt), Solid Edge (.par, .asm), ProE/ Creo (.prt, .asm), VRML (.wrl), Parasolid (.x_t, .x_b)	STL, OBJ, 3mf
EDV-System		PC, Workstation	PC, Workstation
Konnektivität		USB, Ethernet, Wifi	USB, Ethernet, Wifi
Betriebssystem		Mac OS X (10.12+), Windows 7+	Mac OS X (10.12+), Windows 7+, Linux
Software		MakerBot Print, MakerBot Mobile	MakerBot CloudPrint

Tabelle 10.48 Extrusionsanlagen XYZ-Printing I

RP-Verfahren	Einheit	FDM	FDM	FDM	FDM	FDM	FDM
Maschine Bezeichnung/ Typ		Da Vinci Jr. 1.0	Da Vinci Jr. 1.0 A Pro	Da Vinci nano	Da Vinci mini w+	Da Vinci miniMaker	Da Vinci 1.0 A
Hersteller		XYZprinting Inc. No. 147, Sec. 3, Beishen Rd, Shenkeng Dist., New Taipei City Taiwan					
Vertrieb in Deutschland		XYZprinting Netherlands, B. V. Wagenmakerstraat 7 2984 BD Ridderkerk The Netherlands *xyzprinting.com*					
Abmessungen, Anschlusswerte							
Breite/Tiefe/Höhe	m/m/m	0,42/0,43/0,38	0,42/0,43/0,38	0,378/0,28/0,355	0,39/0,335/0,36	0,39/0,335/0,36	0,468/0,558/0,51
Gewicht	kg	12	13	4,7	6,85	6,85	24
elektrischer Anschluss	V/A	100 V ~ 240 V	100 V ~ 240 V	100 V ~ 240 V	100 V ~ 240 V	100 V ~ 240 V	100 V ~ 240 V
Arbeitsraumtemperatur	°C	15 - 32	15 - 32	15 - 32	15 - 32	15 - 32	15—r2
relative Feuchtigkeit	%	30 - 60	30 - 60	30 - 60	30 - 60	30 - 60	30 - 60
Konturierendes Element							
x-y-Kontur-genauigkeit	mm	0,0225	0,0125	0,0125	0,0125	0,0125	0,0125
z-Kontur-genauigkeit	mm	0,0004	0,001	0,001	0,001	0,001	0,0004
Modelleigenschaften							
Bauraum max. (B/L/H)	mm	150/150/150	175/175/175	120/120/120	150/150/150	150/150/150	200/200/200
Schichtdicke	mm	0,1 - 0,4	0,02 - 0,4	0,1 - 0,3 (orange) 0,1 - 0,4 (weiß)	0,1 - 0,4	0,1 - 0,4	0,1 - 0,4

Tabelle 10.49 Extrusionsanlagen XYZ-Printing II

RP-Verfahren	Einheit	FDM	FDM	FDM	FDM	FDM	FDM
Maschine Bezeichnung/ Typ		Da Vinci 1.0 AiO	Da Vinci 1.1 Plus	Da Vinci 2.0 A Duo	Da Vinci Jr. 1.0 w	Da Vinci Jr. 2.0 Mix	Da Vinci Color
Hersteller		XYZprinting Inc. No. 147, Sec. 3, Beishen Rd, Shenkeng Dist., New Taipei City Taiwan					
Vertrieb in Deutschland		XYZprinting Netherlands, B. V. Wagenmakerstraat 7 2984 BD Ridderkerk The Netherlands *xyzprinting.com*					
Abmessungen, Anschlusswerte							
Breite/Tiefe/Höhe	m/m/m	0,468/0,558/0,51	0,468/0,558/0,51	0,468/0,558/0,51	0,42/0,43/0,38	0,42/0,43/0,38	0,6/0,581/0,64
Gewicht	kg	26	26,5	25	12	13	32
elektrischer Anschluss	V/A	100 V ~ 240 V	100 V ~ 240 V	100 V ~ 240 V	100 V ~ 240 V	100 V ~ 240 V	100 V ~ 240 V
Arbeitsraumtemperatur	°C	15 – 32	15 – 32	15 – 32	15 – 32	15 – 32	15 – 32
relative Feuchtigkeit	%	30 – 60	30 – 60	30 – 60	30 – 60	30 – 60	30 – 60
Konturierendes Element							
x-y-Konturgenauigkeit	mm	0,0125	0,0125	0,0125	0,0125	0,0125	0,0125
z-Konturgenauigkeit	mm	0,0004	0,0004	0,0004	0,0004	0,0004	0,0004
Modelleigenschaften							
Bauraum max. (B/L/H)	mm	200/200/190	200/200/200	200/200/150	150/150/150	150/150/150	200/200/150
Schichtdicke	mm	0,1 – 0,4	0,1 – 0,4	0,1 – 0,4	0,1 – 0,4	0,1 – 0,4	0,1 – 0,4

Tabelle 10.50 Extrusionsanlagen XYZ-Printing III

RP-Verfahren	Einheit	FDM	FDM	FDM	FDM	FDM
Maschine Bezeichnung/Typ		Da Vinci 1.0 Pro	Da Vinci Jr 1.0 Pro	Da Vinci Super	PartPro300 xT	PartPro200 xTCS
Hersteller		XYZprinting Inc. No. 147, Sec. 3, Beishen Rd, Shenkeng Dist., New Taipei City Taiwan				
Vertrieb in Deutschland		XYZprinting Netherlands, B. V. Wagenmakerstraat 7 2984 BD Ridderkerk The Netherlands *xyzprinting.com*				
Abmessungen, Anschlusswerte						
Breite/Tiefe/ Höhe	m/m/ m	0,468/0,558/ 0,51	0,42/0,43/ 0,38	0,604/0,605/ 0,733	0,54/0,61/ 0,733	0,6/0,581/0,64
Gewicht	kg	23	12	35,5	41,6	34
elektrischer Anschluss	V/A	100 V ~ 240 V	100 V ~ 240 V	100 V ~ 240 V	100 V ~ 240 V	100 V ~ 240 V
Arbeitsraum-temperatur	°C	15 – 32	15 – 32	15 – 32	20 – 35	15 – 30
relative Feuchtigkeit	%	30 – 60	30 – 60	30 – 60	30 – 60	30 – 60
Konturierendes Element						
x-y-Kontur-genauigkeit	mm	0,0125	0,0125	0,0125	0,0125	0,0125
z-Kontur-genauigkeit	mm	0,0004	0,0004	0,0004	k. A.	k. A.
Modelleigenschaften						
Bauraum max. (B/L/H)	mm	200/200/200	2150/150/ 150	300/300/300	Dual: 195/270/300 Single: 295/300/300	Full Color Printing: 185/185/150 Mono Color Printing: 200/200/150
Schichtdicke	mm	0,02 – 0,4	0,02 – 0,4	0,02 – 0,4	k. A.	k. A.

10.5 Übersicht Schicht-Laminat-Anlagen

Tabelle 10.51 Schicht-Laminat-Anlagen Helisys und KIRA

RP-Verfahren	Einheit	LOM	LOM	PLT	PLT
Maschine Bezeichnung/ Typ		LOM-1015P	LOM-2030H (TÜV/GS)	PLT-20 KATANA	PLT-A4
Hersteller		Helisys Inc., USA		KIRA Europe GmbH	
Vertrieb in Deutschland		Invenio GmbH, Rüsselsheim, *www.invenio.net*			
Abmessungen, Anschlusswerte					
Breite/Tiefe/ Höhe	m/m/m	1,1/1,0/1,47	2,08/1,47/1,42	320	800/920/1563
Gewicht	kg	750	1250	100/15	450
elektrischer Anschluss	V/A	230/16	230/32		100 V
Leistungsauf-nahme	kW	1,5 - 2,5	3 - 5		
Kühlwasser	l/min	nein	ja (intern)		–
Absaugung	m^3/h	ja	ja	10 - 30	–
Arbeits-raumtempe-ratur	°C	RT	RT	ca. 60	10 - 30
relative Feuchtigkeit	%	40 - 50 (möglichst)			35 - 75
Prozess					
Dämpfe, Abgase		ja	ja		–
Entsorgung, Hausmüll		ja	ja		ja
Konturierendes Element					
Art		Laser	Laser	Schneidmesser	Schneidmesser
Typ		CO_2	CO_2		

RP-Verfahren	Einheit	LOM	LOM	PLT	PLT
x-*y*-Kontur-generierung		Plotter	Plotter		Plotter
x-*y*-Kontur-genauigkeit	mm	0,025	0,025		±0,025
z-Kontur-genauigkeit	mm	Schichtdicke 0,05 – 0,2		0,1	
z-Kontur-Wiederhol-genauigkeit	mm	Schicht-dicke	Schichtdicke		0,1
Beschich-tungsarm-geschw.	mm/s	130 – 200	130 – 200		
Leistungs-schwankung	%	±2	±2		
Modelleigenschaften					
Bauraum max. (B/L/H)	mm	254/380/355	559/812/508	280/180/150	297/210/200
Modellab-messungen max.	mm	250/376/355	555/808/508		280/190/200
Schichtdicke	mm	0,05 – 0,2	0,05 – 0,2		0,08
Spurbreite	mm	beliebig	beliebig		
Genauigkeit absolut	mm	±0,15	±0,15		±0,2
Wiederhol-genauigkeit	mm	±0,05	±0,05		±0,025
zusätzliche Stützen		nein	nein		
EDV-Schnittstelle					
Schnittstel-lenformate		STL	STL	STL	STL
EDV-System		PC	PC		PC
Betriebs-system		Win NT	Win NT		Win NT/95
Software		LOMSlice	LOMSlice		RP-CAD

Tabelle 10.52 Schicht-Laminat-Anlagen Kinergy

RP-Verfahren	Einheit	RPS	RPS	RPS
Maschine Bezeichnung/ Typ		ZIPPY I	ZIPPY II	ZIPPY III
Hersteller		KINERGY-NT, Nantong 1 Changi North Street. 1, Lobby 2 Singapore 498789		
Vertrieb in Deutschland		Itochu SysTech GmbH, Düsseldorf		
Abmessungen, Anschlusswerte				
Breite/Tiefe/ Höhe	m/m/m	1730/1000/1600	2570/1860/2000	2100/1500/1800
Gewicht	kg	800	1500	2500
elektrischer Anschluss	V/A	220/20	380/30	380/25
Leistungs-aufnahme	kW	4,4	11,4	9,5
Kühlwasser	l/min	7,50	7,50	7,5
Absaugung	m^3/h	9	12	12
Arbeitsraum-temperatur	°C	20 – 28	20 – 28	20 – 28
relative Feuchtigkeit	%	60	60	60
Konturierendes Element				
Art		Laser	Laser	Laser
Typ		CO_2	CO_2	CO_2
x-*y*-Kontur-generierung		Cartesian Robot	Cartesian Robot	Cartesian Robot
x-*y*-Kontur-genauigkeit	mm	0,01	0,01	0,01
Spot-Wieder-holgenauigkeit	mm	0,01	0,01	0,01
z-Kontur-genauigkeit	mm	0,01	0,01	0,01

RP-Verfahren	Einheit	RPS	RPS	RPS
z-Kontur-Wiederhol-genauigkeit	mm	0,01	0,01	0,01
Modelleigenschaften				
Modellabmes-sungen max.	mm	400/300/350	1180/730/550	750/500/450
Schichtdicke	mm	0,12	0,125	0,122
Spurbreite	mm	350	880	600
Genauigkeit absolut	mm	0,15	0,3	0,25
Wiederhol-genauigkeit	mm	0,15	0,3	0,25
EDV-Schnittstelle				
Schnittstellen-formate		STL	STL	STL
EDV-System		PC	PC	PC
Betriebssystem		Win 98	Win 98	Win 98
Software		RPP-S016	RPP-S026	RPP-S036

Tabelle 10.53 Schicht-Laminat-Anlagen 3D Systems

RP-Verfahren	Einheit	Sheet Lamination	Sheet Lamination
Maschine Bezeichnung/Typ		LD 3D Printer	Graphtec XD 700
Hersteller		3D Systems, Inc. 333 Three D Systems Cir Rock Hill, SC 29730 USA	
Vertrieb in Deutschland		*3D-Systems GmbH* *Waldeckerstraße 13* *64546 Mörfelden-Walldorf* *www.3dsystems.com*	
Abmessungen, Anschlusswerte			
Breite/Tiefe/Höhe	m/m/m	0,465/0,77/0,42	0,465/0,77/0,42
Gewicht	kg	36	45
elektrischer Anschluss	V/A		200 – 240
Leistungsaufnahme	kW	0,66	0,62
Arbeitsraumtemperatur	°C	35	18 – 30
Konturierendes Element			
x-*y*-Konturgenerierung		±0,25	
z-Konturgenauigkeit	mm		±0,15
Modelleigenschaften			
Modellabmessungen max.	mm	160/210/135	160/210/135
Schichtdicke	mm	0,15	0,168
EDV-Schnittstelle			
Schnittstellenformate		STL, 3DS	STL, 3DS
EDV-System		PC	PC
Betriebssystem		Windows 2000, XP	Windows 2000, XP
Software			SDview

Tabelle 10.54 Schicht-Laminat-Anlagen Mcor Technologies

RP-Verfahren	Einheit	SDL	SDL	SDL
Maschine Bezeichnung/Typ		Mcor ARKe	Mcore Matrix 300+	Mcor IRIS HD Colore 3D Printer
Hersteller		Mcor Technologies Ltd.		
Vertrieb in Deutschland		3D-Picture.net		
Abmessungen, Anschlusswerte				
Breite/Tiefe/Höhe	m/m/m	0,88/0,633/0,593	1,16/0,72/0,94	1,16/0,72/0,94
Gewicht	kg		160	150
elektrischer Anschluss	V/A	240 (50 Hz) oder 120 (60 Hz)	240 (50 Hz) oder 120 (60 Hz)	240 (50 Hz) oder 120 (60 Hz)
Leistungsaufnahme	kW	0,35	0,35	0,35
Arbeitsraumtemperatur	°C	RT	RT	RT
Prozess				
Entsorgung, Hausmüll		ja	ja	ja
Konturierendes Element				
Art		Schneidmesser	Schneidmesser	Schneidmesser
x-*y*-Konturgenauigkeit	mm	0,1	0,1	0,012
Spot-Wiederholgenauigkeit	mm	0,1	0,1	0,012
z-Konturgenauigkeit	mm	0,1 (Schichtdicke)	0,1 (Schichtdicke)	0,1 (Schichtdicke)
z-Kontur-Wiederholgenauigkeit	mm	Schichtdicke	Schichtdicke	Schichtdicke

Tabelle 10.54 Schicht-Laminat-Anlagen Mcor Technologies *(Fortsetzung)*

RP-Verfahren	Einheit	SDL	SDL	SDL
Modelleigenschaften				
Modell-abmessungen max.	mm	240/205/125	256/160/150 (DIN A4) und 9,39/6,89/5,9 Zoll (Letter Papier)	256/160/150 (DIN A4) und 9,39/6,89/5,9 Zoll (Letter Papier)
Schichtdicke	mm	0,1	0,1 und 0,19	0,1 und 0,19
EDV-Schnittstelle				
Schnittstellen-formate		STL, OBJ, VRML, DAE, 3MF	STL, OBJ, VRML, Collada	STL, OBJ, VRML, Collada
EDV-System		PC	PC	PC
Betriebssystem		64-bit Windows 7, Windows 8, Windows 10 und OS X Yosemite	64-bit Windows XP, Windows 7, Windows 8	64-bit Windows XP, Windows 7, Windows 8
Software		Mcor Orange	Mcor SliceIT	Mcor ColourIT + Mcor SliceIT

Tabelle 10.55 Schicht-Laminat-Anlagen Solido

RP-Verfahren	Einheit	Plastic Sheet Lamination
Maschine Bezeichnung/Typ		SD300 Pro
Hersteller		Solido Ltd.
Vertrieb in Deutschland		encee CAD/CAM Systeme GmbH
Abmessungen, Anschlusswerte		
Breite/Tiefe/Höhe	m/m/m	0,465/0,77/0,42
Gewicht	kg	36 (Leergewicht) 45 (mit Kartusche und Rolle)
elektrischer Anschluss	V/A	200 – 240 (50 Hz) 100 – 120 (60 Hz)
Leistungsaufnahme	kW	0,62
Arbeitsraumtemperatur	°C	18 – 35
relative Feuchtigkeit	%	80 %

RP-Verfahren	Einheit	Plastic Sheet Lamination
Konturierendes Element		
x-*y*-Konturgenauigkeit	mm	±0,1
Spot-Wiederholgenauigkeit	mm	±0,1
z-Konturgenauigkeit	mm	0,168
z-Kontur-Wiederholgenauigkeit	mm	0,168
Modelleigenschaften		
Modellabmessungen max.	mm	160/210/135
Schichtdicke	mm	0,168
EDV-Schnittstelle		
Schnittstellenformate		STL
EDV-System		PC
Betriebssystem		Windows 2000, XP
Software		SD View

10.6 Übersicht 3D-Drucker (Pulver-Binder-Verfahren)

Tabelle 10.56 3D-Drucker 3D Systems I

RP-Verfahren	Einheit	3DP	3DP	3DP	3DP	3DP
Maschine Bezeichnung/ Typ		ProJet 160	ProJet 260C	ProJet 360	ProJet 460Plus	ProJet 660Pro
Hersteller		3D Systems, Inc. 333 Three D Systems Cir Rock Hill, SC 29730 USA				
Vertrieb in Deutschland		3D-Systems GmbH Waldeckerstraße 13 64546 Mörfelden-Walldorf *www.3dsystems.com*				
Abmessungen, Anschlusswerte						
Breite/Tiefe/ Höhe	m/m/m	0,74/0,79/1,4	0,74/0,79/1,4	1,22/0,79/1,4	1,22/0,79/1,4	1,88/0,74/ 1,45
Gewicht	kg	165	165	179	193	340
elektrischer Anschluss	V/A	90 - 100/7,5; 110 - 120/5,5; 208 - 240/4	90 - 100/7,5; 110 - 120/5,5; 208 - 240/4	90 - 100/7,5; 110 - 120/5,5; 208 - 240/4	90 - 100/7,5; 110 - 120/5,5; 208 - 240/4	100 - 240/ 7,5 - 15
Arbeits-raum-tempera-tur	°C	13 - 24	13 - 24	13 - 24	13 - 24	13 - 24
Luftfeuchtigkeit	%	20 - 55	20 - 55	20 - 55	20 - 55	20 - 55
Modelleigenschaften						
Bauraum max. (B/L/H)	mm	236/185/127	236/185/127	203/254/203	203/254/203	254/381/ 203
Modellabmes-sungen max.	mm	236/185/127	236/185/127	203/254/203	203/254/203	254/381/ 203
Schichtdicke	mm	0,1	0,1	0,1	0,1	0,1
EDV-Schnittstelle						
Schnittstellen-formate		STL, VRML, PLY, 3DS, FBX, ZPR	STL, VRML, PLY, 3DS, FBX, ZPR	STL, VRML, PLY, 3DS, FBX, ZPR	STL, VRML, PLY, 3DS, FBX, ZPR	STL, VRML, PLY, 3DS, FBX, ZPR

RP-Verfahren	Einheit	3DP	3DP	3DP	3DP	3DP
EDV-System		PC	PC	PC	PC	PC
Betriebssystem		Windows Vista, 7	Windows Vista, 7	Windows Vista, 7	Windows Vista, 7	Windows Vista, 7
Sonstiges						
Baumaterialien		VisiJet PXL	VisiJet PXL	VisiJet PXL	VisiJet PXL	VisiJet PXL
Farben		Monochrome	64 Farben	Monochrome	> 2,8 Millionen Farben	> 6 Millionen Farben
Anzahl der Düsen		304	604	304	604	1520
Druckerköpfe		1	2	1	2	5
vertikale Baugeschwindigkeit	mm/h	20	20	20	23	28
minimale Strukturgröße	Mm	0,4	0,4	0,15	0,15	0,1

Tabelle 10.57 3D-Drucker 3D Systems II

RP-Verfahren	Einheit	3DP	3DP
Maschine Bezeichnung/Typ		ProJet 860Pro	ProJet 4500
Hersteller		3D Systems, Inc. 333 Three D Systems Cir Rock Hill, SC 29730 USA	
Vertrieb in Deutschland		*3D-Systems GmbH* *Waldeckerstraße 13* *64546 Mörfelden-Walldorf* *www.3dsystems.com*	
Abmessungen, Anschlusswerte			
Breite/Tiefe/Höhe	m/m/m	1,19/1,16/1,62	1,62/1,52/0,8
Gewicht	kg	363	272
elektrischer Anschluss	V/A	100 - 240/7,5 - 15	100 - 240/7,5 - 15
Arbeitsraumtemperatur	°C	13 - 24	13 - 24
Luftfeuchtigkeit	%	20 - 55	20 - 55
Modelleigenschaften			
Bauraum max. (B/L/H)	mm	508/381/229	203/254/203
Modellabmessungen max.	mm	508/381/229	203/254/203
Schichtdicke	mm	0,1	0,1
EDV-Schnittstelle			
Schnittstellenformate		STL, VRML, PLY, 3DS, FBX, ZPR	STL, VRML, PLY, ZPR
EDV-System		PC	PC
Betriebssystem		Windows Vista, 7	Windows Vista, 7
Sonstiges			
Baumaterialien		VisiJet PXL	VisiJet C4 Spectrum
Farben		> 6 Millionen	durchgängig CMY
Anzahl der Düsen		1520	k. A.
Druckerköpfe		5	k. A.
vertikale Baugeschwindigkeit	mm/h	5 - 15	8
minimale Strukturgröße	mm	0,1	0,1

Tabelle 10.58 3D-Drucker Z Corporation

RP-Verfahren	Einheit	3D Printing					
Maschine Bezeichnung/Typ		Z™150/250 3D-Drucker	Z™310 3D-Drucker	Z™350 3D-Drucker	Z™450 3D-Drucker	Z™650 3D-Drucker	Z 850 System
Hersteller		3D Systems, Inc. (ehemals Z Corporation) 333 Three D Systems Cir Rock Hill, SC 29730 USA					
Vertrieb in Deutschland		*3D-Systems GmbH* *Waldeckerstraße 13* *64546 Mörfelden-Walldorf* *www.3dsystems.com*					
Abmessungen, Anschlusswerte							
Breite/Tiefe/Höhe	m/m/m	0,74/0,79/1,4	0,74/0,81/1,09	1,22/0,79/1,4	1,2/0,79/1,4	1,88/0,74/1,45	1,19/1,16/1,62
Gewicht	kg	165	179	193	179	340	363
elektrischer Anschluss	V/A	230/16	230/16	230/16	230/16	100/15; 240/7,5	100/15; 240/7,5
Leistungsaufnahme	kW		< 1				
Arbeitsraumtemperatur	°C	18 – 25	18 – 25	18 – 25	18 – 25	18 – 25	18 – 25
relative Feuchtigkeit	%	30 – 80	30 – 80	30 – 80	30 – 80	30 – 80	30 – 80
Prozess							
Entsorgung, Hausmüll		ja	ja	ja	ja	ja	ja
Konturierendes Element							
Art		1/2 Tintenstrahldruckkopf	1 Tintenstrahldruckkopf	1 Tintenstrahldruckkopf	2 Tintenstrahldruckköpfe	5 Tintenstrahldruckköpfe	5 Tintenstrahldruckköpfe

Tabelle 10.58 3D-Drucker Z Corporation *(Fortsetzung)*

RP-Verfahren	Einheit	3D Printing					
Typ		HP-DeskJet	HP-DeskJet	HP-Deskjet	HP-Deskjet	HP-DeskJet	HP-DeskJet
x-*y*-Konturgenerierung		Drucker/Plotter	Drucker/ Plotter	Drucker/ Plotter	Drucker/ Plotter	Drucker/Plotter	Drucker/Plotter
x-*y*-Konturgenauigkeit	dpi	450 × 300	450 × 300	450 × 300	450 × 300	600 × 540	600 × 540
Beschichtungszyklus	s	3	3	3	3		
Modelleigenschaften							
Bauraum max. (B/L/H)	mm	236/185/127	203/254/203	203/254/203	203/254/203	254/381/203	508/381/229
Modellabmessungen max.	mm	236/185/127 (monochrome + color)	203/254/203 (monochrome)	203/254/203 (mono- chrome + color)	203/254/203 (monochrome)	254/381/203 (monochrome + color)	508/381/229 (monochrome + color)
Schichtdicke	mm	0,1	0,09 – 0,1	0,1	0,09 – 0,1	0,09 – 0,1	0,09 – 0,1
Spurbreite	mm		10	10	10		
Genauigkeit absolut	mm		0,20 %	0,20 %			
EDV-Schnittstelle							
Schnittstellenformate		STL/VRML/ PLY/3DS/FBX/ ZPR	STL/VRML/ PLY/3DS/FBX/ ZPR	STL/VRML/ PLY/3DS/FBX/ ZPR	STL/VRML/ PLY/3DS/FBX/ ZPR	STL/VRML/ PLY/3DS/FBX/ZPR	STL/VRML/ PLY/3DS/FBX/ ZPR
EDV-System		PC	PC	PC	PC	PC	PC
Betriebs-system		Windows 7/ Vista/XP	Windows 7/ Vista/XP	Windows 7/ Vista/XP	Windows 7/ Vista/XP	Windows 7/Vista/ XP	Windows 7/ Vista/XP
Software		Zprint	Zprint	Zprint	Zprint	Zprint	Zprint

Tabelle 10.59 3D-Drucker ExOne

RP-Verfahren	Einheit	3D Printing							
Maschine Bezeichnung/ Typ		S-Max	S-Print	M--Lab	M-Print	M-Flex	Innovent	Exerial	ThermoJet
Hersteller		ExOne Operation LLC 127 Industry Boulevard North Huntingdon, PA 15642 USA							3D Systems
Vertrieb in Deutschland		ExOne GmbH Daimlerstrasse 22 86368 Gersthofen *www.exone.com*							*www.3dsystems.com*
Abmessungen, Anschlusswerte									
Breite/ Tiefe/ Höhe	m/m/m	7/3,6/2,9	2,5/2,6/2,15	0,97/0,71/ 1,07	2,3/2,6/2,12	1,65/1,4/ 1,855	1,203/0,887/ 1,434	8,38/ 4,03/4,95	1,37/1,12/ 0,76
Gewicht	kg	6500	2500	–	2500	1020	320	12 000	375
elektrischer Anschluss	V/A	400/-	400/32	120/1	400/-	240/-	230/-	400/-	100/12,5; 115/10; 230/ 6,3
Leistungsaufnahme	kW	max. 5	5	–	12	–	–	–	–
Prozess									
Dämpfe, Abgase		–	–	–	–	–	–	–	nein

Tabelle 10.59 3D-Drucker ExOne *(Fortsetzung)*

RP-Verfahren	Einheit	3D Printing							
Entsorgung, Hausmüll		–	–	–	–	–	–	–	ja
Sondermüll		–	–	–	–	–	–	–	nein
Konturierendes Element									
Art		Tintenstrahl-druckkopf	Tintenstrahl-druckkopf	Tintenstrahl-druckkopf	Tintenstrahl-druckkopf	Tintenstrahl-druckkopf	Tintenstrahl-druckkopf	Tinten-strahl-druck-kopf	Multi-Jet Modeling
x-*y*-Konturgenerierung		Drucker/ Plotter	Drucker/ Plotter –	Drucker/ Plotter –	Drucker/ Plotter –	Drucker/ Plotter –	Drucker/ Plotter –	Drucker/ Plotter –	Drucker
x-*y*-Konturgenauigkeit	dpi	–	–	–	–	–	–	–	300/400
z-Konturgenauigkeit	mm	–	–	–	–	–	–	–	600
Beschichtungsarmgeschw.	mm/s	–	28	–	–	–	–	–	ca. 1
Modelleigenschaften									
Bauraum max. (B/L/H)	mm	1000/ 1800/ 700	380/ 750/ 400	40/ 60/ 35	390/ 760/ 400	400/ 250/ 250	160/ 65/ 65	2200/ 1200/ 700	250/ 190/ 200
Modellabmessungen max.	mm	1000/ 1800/ 700	380/ 750/ 400	40/ 60/ 35	390/ 760/ 400	400/ 250/ 250	160/ 65/ 65	2200/ 1200/ 700	250/ 190/ 200

RP-Verfahren	Einheit	3D Printing							
Schichtdicke	mm	0,28 – 0,5	–	0,05	–	0,1	0,05	0,28 – 0,5	0,04
Genauigkeit absolut	mm	0,07 – 0,98	–	–	–	0,1	0,06	0,1	–
Wiederholgenauigkeit	mm	–	–	–	–	–	–	0,3	–
zusätzliche Stützen		–	–	–	–	–	–	–	automatische Konfiguration
EDV-Schnittstelle									
Schnittstellenformate		STL	STL, CLI	STL	STL, CLI	STL, CLI, SLC	STL, CLI, SLC	–	TCP/IP, Ethernet
EDV-System		Workstation	Workstation	Workstation	Workstation	Workstation	Workstation	Workstation	PC/.stl
Betriebssystem		Windows 7	Windows 7	Windows 7	Windows 7	Windows 7	Windows 7	Windows 7	Windows 98/2000/XP
Software									Thermo-Jet print client software

Tabelle 10.60 3D-Drucker Voxeljet

Verfahren	Einheit	3D Printing					
Maschine Bezeichnung/ Typ		VX200	VX500	VX1000	VXC800	VX2000	VX4000
Hersteller		voxeljet AG Paul-Lenz-Straße 1a 86316 Friedberg Deutschland					
Vertrieb in Deutschland		*www.voxeljet.de*					
Abmessungen, Anschlusswerte							
Breite/Tiefe/ Höhe	m/m/m	0,9/1,7/1,5	1,8/1,8/1,7	2,8/2,4/2	2,8/4/2,2	4,9/2,5/2,3	3,8/19,5/7
Gewicht	kg	450	1200	3500	2500	5500	–
Arbeitsraum-temperatur	°C	22 ± 2	22 ± 2	22 ± 2	22 ± 2	22 ± 2	22 ± 2
relative Feuchtigkeit	%	55 – 75	55 – 75	55 – 75	55 – 75	55 – 75	55 – 75
Konturierendes Element							
Art		Piezo-druckkopf-system	Druck-kopf –	Druck-kopf –	Druck-kopf –	Druck-kopf –	Druck-kopf –
x-*y*-Kontur-generierung		Drucker/ Plotter	Drucker/ Plotter	Drucker/ Plotter	Drucker/ Plotter –	Drucker/ Plotter –	Drucker/ Plotter
x-*y*-Kontur-genauigkeit	dpi	300	600	600	600	300	600
Modelleigenschaften							
Bauraum max. (B/L/H)	mm	200/ 300/ 150	400/ 500/ 300	600/ 1060/ 500	500/ 850/ 1500/ 2000	2000/ 1000/ 1000	2000/ 4000/ 1000
Modellabmes-sungen max.	mm	200/ 300/ 150	400/ 500/ 300	600/ 1060/ 500	500/ 850/ 1500/ 2000	2000/ 1000/ 1000	2000/ 4000/ 1000

Verfahren	Einheit	3D Printing					
Schichtdicke	mm	0,15	0,08 – 0,15	0,1 – 0,3	0,3	0,25 – 0,4	0,12 – 0,3
Spurbreite	mm	21	112	112/450	112	–	1210
EDV-Schnittstelle							
Schnittstellen-formate		STL	STL	STL	STL	STL	STL
EDV-System		Work-station	Work-station	Work-station	Work-station	Work-station	Work-station
Betriebs-system		aktuelles Windows	aktuelles Windows	aktuelles Windows	aktuelles Windows	aktuelles Windows	aktuelles Windows

Tabelle 10.61 3D-Drucker OPTOMEC

RP-Verfahren	Einheit	3D-Drucker			
Maschine Bezeichnung/ Typ		Aerosol Jet 200	Aerosol Jet 300	Aerosol Jet 5X System	Aerosol Jet Marathon Print Engine
Hersteller		OPTOMEC 3911 Singer N. E. Albuquerque, NM 87109 USA			
Vertrieb in Deutschland		*Optomec GmbH* *c/o Empa* *Ueberlandstrasse 129* *8600 Dübendorf* *Schweiz8600* *http://www.optomec.com*			
Abmessungen, Anschlusswerte					
Breite/Tiefe/ Höhe	m/m/m	711/660/381	1020/1375/ 2240	1020/1375/ 2240	–
Gewicht	kg	–	795	835	–
elektrischer Anschluss	V/A	220/-	220/30	220/40	220/30
Arbeitsgas	l/min	N	N	N	N

Tabelle 10.61 3D-Drucker OPTOMEC *(Fortsetzung)*

RP-Verfahren	Einheit	3D-Drucker			
Konturierendes Element					
Art		Aerosol Jet	Aerosol Jet	Aerosol Jet	Aerosol Jet
x-*y*-Kontur-generierung		Drucker/ Plotter	Drucker/ Plotter	Drucker/ Plotter	Drucker/ Plotter
Modelleigenschaften					
Bauraum max. (B/L/H)	mm	482/609/–	300/300/–	200/300/200	–
Modellabmes-sungen max.	mm	482/609/–	300/300/–	200/300/200	–
Schichtdicke	mm	–	0,0001	0,0001	–
Spurbreite	mm	–	0,01	0,01	–
Genauigkeit absolut	mm	0,025	0,006	0,01	–
Wiederhol-genauigkeit	mm	–	0,001	0,01	–

Tabelle 10.62 3D-Drucker XYZPrinting

RP-Verfahren	Einheit	Binder Jetting
Maschine Bezeichnung/Typ		PartPro350 xBC
Hersteller		XYZprinting Inc. No. 147, Sec. 3, Beishen Rd, Shenkeng Dist., New Taipei City Taiwan
Vertrieb in Deutschland		XYZprinting Netherlands, B. V. Wagenmakerstraat 7 2984 BD Ridderkerk The Netherlands *xyzprinting.com*
Abmessungen, Anschlusswerte		
Breite/Tiefe/Höhe	m/m/m	1,38/0,77/1,3
Gewicht	kg	233

RP-Verfahren	Einheit	Binder Jetting
elektrischer Anschluss	V/A	220 V – 50 – 60 Hz/7 A oder 110 V – 50 – 60 Hz/12 A
Arbeitsraumtemperatur	°C	20 – 30
relative Feuchtigkeit	%	20 – 50
Modelleigenschaften		
Bauraum max. (B/L/H)	mm	222/120/120
Schichtdicke	mm	0,1

Tabelle 10.63 3D-Drucker Markforged

RP-Verfahren	Einheit	Binder Jetting
Maschine Bezeichnung/Typ		PX100™
Hersteller		Markforged, Inc. 60 Tower Rd Waltham, MA 02451 USA
Vertrieb in Deutschland		Mark3d GmbH Rodenbacher Straße 15 35708 Haiger *https://www.mark3d.com*
Abmessungen, Anschlusswerte		
Breite/Tiefe/Höhe	m/m/m	2,7/1,0/1,7
Gewicht	kg	2000

10.7 Übersicht Anlagenhersteller DED

Tabelle 10.64 Übersicht DED-Anlagen Meltio3D

RP-Verfahren	Einheit	DED	DED	DED	DED	DED
Maschine Bezeichnung/ Typ		M450	M600	Meltio Engine CNC Integration	Meltio Engine Robot Integration	Meltio Robot Cell
Hersteller		DIRECTED METAL 3D SL Polígono Industrial Los Rubiales, Calle 3, Naves 7 – 12 23700 Linares, Jaén Spanien				
Vertrieb in Deutschland		Arthur Bräuer GmbH & Co. KG Uferstraße 6 57413 Finnentrop				
Breite/Tiefe/ Höhe	m/m/ m	560/600/ 1400	1050/1050/ 1950	255/320/ 1075 - 1135 (Kopf)	230/310/710 (Kopf)	4050/2300/3000
Gewicht	kg	250	800 – 1000	46,5 (Kopf)	15,5 (Kopf)	
elektrischer Anschluss	V/A	400 V/3 Phasen	400 V/3 Phasen	400 V/3 Phasen	400 V/3 Phasen	400 V/3 Phasen, 50 A Absicherung
Leistungsaufnahme	kW	2 – 5, je nach Ausstattung	4 – 6, je nach Ausstattung	2 – 5, je nach Ausstattung	2 – 5, je nach Ausstattung	Maximum 20, Durchschnitt 7
Typ		6 x 200-W-Diodenlaser	9 Diodenlaser, mit insgesamt 1000 W Leistung	6 x 200-W-Diodenlaser	6 x 200-W-Diodenlaser	6 x 200-W-Diodenlaser
x-y-Konturgenerierung			Servoachsen mit absoluten Codern			6-Achs-roboter + optionaler Dreh-Kipp-tisch
Bauraum max. (B/L/H)	mm	145/168/390	300/400/600	abhängig von der CNC-Maschine	abhängig vom Roboter	nur Roboter: 2000/1000/1000; mit Dreh-Kipp-tisch: ∅ 1000/ 1200
Modellabmessungen max.	mm	siehe oben	siehe oben			

Tabelle 10.65 Übersicht DED-Anlagen Norsk Titanium

RP-Verfahren	Einheit	
Maschine Bezeichnung/Typ		MERKE IV
Hersteller		Norsk Titanium AS Flyplassveien 20 3514 Hønefoss, Norway
Beschichtungsarmgeschw.	Kg/h	5–10
Modellabmessungen max.	mm	900/600/300
Schichtdicke	mm	3–4
Spurbreite	mm	8–12

Tabelle 10.66 Übersicht DED-Anlagen Sciaky

RP-Verfahren	Einheit	EBAM	EBAM	EBAM	EBAM	EBAM
Maschine Bezeichnung/ Typ		EBAM 300	EBAM 150	EBAM 110	EBAM 88	EBAM 68
Hersteller		Sciaky, Inc. 4915 W 67th St. Chicago, IL 60638 Vereinigte Staaten von Amerika				
Vertrieb in Deutschland		Evobeam GmbH Am Hofgut 5 55268 Nieder-Olm				
Breite/Tiefe/ Höhe	m/m/m	7620/2743/ 3353	3810/3810/ 3048	2794/2794/ 2794	1727/1727/ 2794	1727/1727/ 2794
Arbeitsgas	l/min	Hochvakuum (1 x 10–4 Torr)	Hochvakuum (1 x 10–4 Torr)	Hochvakuum (1 x 10–4 Torr)	Hochvakuum (1 x 10–4 Torr)	Hochvakuum (1 x 10–4 Torr)
Art		Elektronen-strahl	Elektronen-strahl	Elektronen-strahl	Elektronen-strahl	Elektronen-strahl
Typ		interne Kanone mit Kippachse und einer Leistung von 42 kW - 60 kV	interne Kanone mit Kippachse und einer Leistung von 42 kW - 60 kV	interne Kanone mit Kippachse und einer Leistung von 42 kW - 60 kV	interne Kanone mit Kippachse und einer Leistung von 42 kW - 60 kV	interne Kanone mit Kippachse und einer Leistung von 42 kW - 60 kV
x-y-Kontur-generierung		X-, Y- und Z-Servo-achsen	X-, Y- und Z-Servo-achsen	X-, Y- und Z-Servo-achsen	X-, Y- und Z-Servo-achsen	X-, Y- und Z-Servo-achsen
Bauraum max. (B/L/H)	mm	5791/1219/ 1219	2794/1575/ 1575	1778/1194/ 1600	1219/889/ 1600	711/635/ 1600
Modellabmes-sungen max.	mm	7112/1219/ 1219	3708/1575/ 1575	2692/1194/ 1600	2134/889/ 1600	1625/635/ 1600

10.8 Übersicht hybride additive Anlagen

Tabelle 10.67 Hybride additive Systeme DMG MORI, CINCINNATI und Röders

RP-Verfahren	Einheit	Hybrid (5A5-Achs-Fräsmaschine und Laserauftragsschweißen)	Hybrid Extrudieren	Hybrid Extrudieren	Hybrid Laminieren/Ultraschallschweißen	Hybrid Laminieren/Ultraschallschweißen	Hybrid Laminieren/Ultraschallschweißen
Maschine Bezeichnung/Typ		LASERTEC 65 3D	BAAM 100 ALPHA SIZE 1	BAAM 100 ALPHA SIZE 2	SonicLayer R200	SonicLayer 4000	SonicLayer 7200
Hersteller		DMG MORI	CINCINNATI, Inc. 7420 Kilby Rd., Harrison, OH 45030 USA		Röders GmbH Scheibenstraße 6 29614 Soltau Germany		
Vertrieb in Deutschland		*DMG MORI EMEA GmbH Gildemeisterstr. 60 D-33689 Bielefeld http://de.dmgmori.com/*	*http://www.e-ci.com/*		*http://www.roeders.de/*		
Abmessungen, Anschlusswerte							
Breite/Tiefe/Höhe	mm/mm/mm	4180 × 3487 × 2884	7,8/3,7/2,3	10,8/3,9/3,4	0,5/0,3/0,15	1/0,/0,6	1,8/1,8/0,9
Gewicht	kg	11 300	14 515	18 144			
elektrischer Anschluss	V/A		460 V/3 Phasen/60 Hz				
Leistungsaufnahme	kW	2			4,5–9		

Tabelle 10.67 Hybride additive Systeme DMG MORI, CINCINNATI und Röders *(Fortsetzung)*

RP-Verfahren	Einheit	Hybrid (5A5-Achs-Fräs-maschine und Laser-auftragsschweißen)	Hybrid Extrudieren	Hybrid Extrudieren	Hybrid Laminieren/ Ultraschall-schweißen	Hybrid Laminieren/ Ultraschall-schweißen	Hybrid Laminieren/ Ultraschall-schweißen
Konturierendes Element							
Art		Laser	fasergeführter Diodenlaser	fasergeführter Diodenlaser			
Typ		fasergeführter Diodenlaser					
x-*y*-Kontur-generierung		Linearachsen, Drehtisch	Linearachsen	Linearachsen			
Modelleigenschaften							
Bauraum max. (Ø/H)	mm	500/400	3,6/1,7/0,9	6,1/2,3/1,8	H = 3 – 6		
Spurbreite	mm	1 – 3					
Genauigkeit absolut	mm		0,254		0,1		
zusätzliche Stützen		nein					
EDV- Schnittstelle							
Schnittstellen-formate			USB	USB	STL, IGES, NC-Daten		
Betriebssystem			Microsoft Windows OS	Microsoft Windows OS	Microsoft Windows OS		
Software		SIEMENS					

10.9 Werkstoffe für additive Prozesse und Gießharze

Die im Folgenden beschriebenen Werkstoffe stellen nur einen Auszug aus den erhältlichen Werkstoffen dar. Da es auf diesem Gebiet häufige Neu- und Weiterentwicklungen gibt, sei an dieser Stelle auf die Informationen der jeweiligen Hersteller verwiesen.

Tabelle A3.1 Stereolithographiewerkstoffe I

Eigenschaften	Einheit	3D Systems Accura Bluestone	3D Systems AccuGen	3D Systems Acura 50	Vantico RhenShape SL7580	Vantico RhenShape SL7565	DSM Somos ProtoTool 20L	DSM Somos NanoForm 15120	DSM Somos WaterShed 11120	DSM Somos Somos 9120
Typ		Photopolymer	Photopolymer	Photopolymer	Photopolymer	Photopolymer	Photopolymer UV-Nachhärtung	Photopolymer UV + therm. Nachhärtung	Photopolymer	Photopolymer
Farbe		opak blau	transluzent Bernstein	bernsteinweiß/grau	weiß	transparent Bernstein	grau	grau	transparent grünlich	transluzent Bernstein
E-Modul/ Tensile Modulus/ Youngs Modul	MPa	7600 – 11700	2280	2480 – 2690	2300	2000 – 2500	10 100 – 11 200	5900	2650 – 2880	1227 – 1462
Bruchdehnung	%	1,4 – 2,4	15	5,3 – 15	11	> 20	1,2 – 1,3	1,2	11 – 20	15 – 25
Biegemodul/ Flexural Modulus	MPa	8300 – 9800	1720	2210 – 2340	2400	1900 – 2100	9240 – 9600	4450	2040 – 2370	1310 – 1455
Biegefestigkeit	MPa	124 – 154	63	72 – 77	83	60 – 66	118 – 123	129	63 – 74	41 – 48

Eigenschaften	Einheit	3D Systems Accura Bluestone	3D Systems AccuGen	3D Systems Acura 50	Vantico RhenShape SL7580	Vantico RhenShape SL7565	DSM Somos ProtoTool 20L	DSM Somos NanoForm 15120	DSM Somos WaterShed 11120	DSM Somos Somos 9120
Charpy-Kerbschlagzähigkeit	kJ/m²	13 – 17	25	16,5 – 28,1	34	27 – 38				48 – 53
Zugfestigkeit	MPa	66 – 68	50	48 – 50	53	46 – 54	72 – 79	53	47 – 54	30 – 32
Härte bei 23 °C	Shore A	92	82	86	84	84				80 – 82
▪ bei 0,45 ▪ MPa	°C						269	257 – 259	45,9 – 54,5	52 – 61
▪ bei 1,84 ▪ MPa	°C	66	k. A.	43 – 46	52		115	83 – 94	49 – 49,70	k. A.
Glasübergangstemperatur	°C	65 – 66	k. A.	49 – 53	63	48 – 52	49	80	39 – 56	k. A.

Tabelle A3.2 Stereolithographiewerkstoffe II

Eigenschaften	Einheit	EvisionTEC R-Harz	Objet FullCure M-720	Objet FullCure M-830	Objet FullCure M-840	Objet Tango Black	Objet Tango Gray
Typ		Photo-polymer	Photo-polymer	Photo-polymer	Photo-polymer	Photo-polymer	Photo-polymer
Farbe			trans-parent	weiß	blau-grau	schwarz	grau
E-Modul/ Tensile Modulus/ Youngs Modul	MPa	1980	2870	2495	2740	–	–
Bruchdehnung	%		15–25 %	15–25 %	15–25 %	47,7 %	47 %
Biegemodul/ Flexural Modulus	MPa	2450	1718	2137	1983	–	–
Biegefestigkeit	MPa	75	75,8	74,6	83,6	–	–
Charpy-Kerb-schlagzähigkeit	kJ/m^2		39,6	37,5	42,5	–	–
Zugfestigkeit	MPa		60,3	49,8	55,1	2,0	4,36
Härte bei 23 °C	Shore A	85	83	83	83	61	75
Restasche	%		< 0,01	< 0,4	< 0,3	–	–
▪ bei 0,45 MPa	°C		48,4	47,6	48,8	k. A.	k. A.
▪ bei 1,84 MPa	°C	64	44,4	43,6	44,8	k. A.	k. A.
Glasübergangs-temperatur	°C	135	48,7	58	48,7	k. A.	k. A.

Tabelle A3.3 Stereolithographiewerkstoffe III

Eigenschaft	Bedingung	Einheit	Accura ClearVue	Accura PEAK Plastic	Accura Saphire
Aussehen			transparent	bernstein-farben	saphirblau
Dichte, flüssig	bei 25 °C	g/cm^3	1,1	1,32	1,1
Dichte, fest	bei 25 °C	g/cm^3	1,17	1,36	1,18
Viskosität	bei 30 °C	cps	235 - 260	605	160 - 200
Eindringtiefe		mils	6,1	5,6	2,9
kritische Energie		mJ/cm^2	9,5	11,5	8,23
getestete Build Styles					Viper Hi-Resolution Exact™, Viper High-Resolution Thin Layer™
Zugfestigkeit	ASTM D 638	MPa	46 - 53	57 - 78	20 - 24
Elastizitäts-modul	ASTM D 638	MPa	2270 - 2640	4220 - 4790	910 - 1110
Bruchdehnung	ASTM D 638	%	3 - 15	1,3 - 2,5	9 - 16
Biegefestigkeit	ASTM D 790	MPa	72 - 84	77 - 126	28 - 38
Biegemodul	ASTM D 790	MPa	1980 - 2310	4180 - 4790	1080 - 1420
Kerbschlag-zähigkeit	ASTM D 256	J/m	40 - 58	21,3 - 27,3	29 - 40
Wärmeform-beständigkeit	ASTM D 648				
	bei 66 PSI	°C	51	78	38
	mit Wärme-nachbe-handlung			153	
	bei 264 PSI	°C	50	59	33
	mit Wärme-nachbe-handlung			124	

Tabelle A3.3 Stereolithographiewerkstoffe III (Fortsetzung)

Eigenschaft	Bedingung	Einheit	Accura ClearVue	Accura PEAK Plastic	Accura Saphire
Härte, Shore D			80	86	72
Wärme-ausdehnungs-koeffizient	ASTM E 831-93				
		µm/m °C	TMA ($T < T_g$, 25 - 50 °C): 122	TMA ($T < T_g$, 0 - 50 °C): 48	TMA ($T < T_g$, 25 - 50 °C): 135
		µm/m °C	TMA ($T < T_g$, 50 - 100 °C): 155	TMA ($T < T_g$, 50 - 120 °C): 92	TMA ($T < T_g$, 75 - 140 °C): 165
Glasübergangs-temperatur	DMA, E"	°C	62	104, mit Wär-menachbe-handlung bei 120 °C: 110	58
Wasser-absorption	ASTM D 570-98	%	0,3		

Tabelle A3.4 Stereolithographiewerkstoffe IV

Eigenschaft	Bedingung	Einheit	Accura Xtreme White 200	Accura Xtreme	Accura 60
Aussehen			weiß	grau	transparent
Dichte, flüssig	bei 25 °C	g/cm³	1,12	1,13	1,13
Dichte, fest	bei 25 °C	g/cm³	1,18	1,19	1,21
Viskosität	bei 30 °C	cps	650 - 750	250 - 300	150 - 180
Eindringtiefe		mils	4,6	4,1	6,3
kritische Energie		mJ/cm²	8,3	11,7	7,6
getestete Build Styles				EXACT™	EXACT™, FAST™, QuickCast™
Zugfestigkeit	ASTM D 638	MPa	45 - 50	38 - 44	58 - 68
Elastizitäts-modul	ASTM D 638	MPa	2300 - 2630	1790 - 1980	2690 - 3100

Eigenschaft	Bedingung	Einheit	Accura Xtreme White 200	Accura Xtreme	Accura 60
Bruchdehnung	ASTM D 638	%	7–20	14–22	5–13
Biegefestigkeit	ASTM D 790	MPa	75–79	52–71	87–101
Biegemodul	ASTM D 790	MPa	2350–2550	1520–2070	2700–3000
Kerbschlagzähigkeit	ASTM D 256	J/m	55–66	35–52	15–25
Wärmeformbeständigkeit	ASTM D 648				
	bei 66 PSI	°C	47	62	53–55
	bei 264 PSI	°C	42	54	48–50
Härte, Shore D			78–80		86
Wärmeausdehnungskoeffizient	ASTM E 831–93				
		µm/m °C	TMA ($T < T_g$, 30–50 °C): 95		TMA ($T > T_g$, 0–20 °C): 71
		µm/m °C	TMA ($T > T_g$, 70–140 °C): 180		TMA ($T > T_g$, 75–140 °C): 153
Glasübergangstemperatur	DMA, E″	°C	52		58
Wasserabsorption	ASTM D 570–98	%	0,38		

Tabelle A3.5 Stereolithographiewerkstoffe V

Eigenschaft	Bedingung	Einheit	Accura CeraMAX	Accura 48HTR	Accura e-Stone
Aussehen			weiß	transparent bernstein-farben	grün
Dichte, flüssig	bei 25 °C	g/cm³	1,59	1,17	1,13
Dichte, fest	bei 25 °C	g/cm³	1,62	1,23	1,19
Viskosität	bei 30 °C	cps	1500 - 2000	200 - 250	200 - 300
Eindringtiefe		mils	5,7	5,5	4,2
kritische Energie		mJ/cm²	7,2	7,4	10,5
getestete Build Styles				Viper™ – EXACT™, EXACT™-HR, Viper™ Pro – EXACT™	EXACT™
Zugfestigkeit	ASTM D 638	MPa	78 - 87	64 - 67	37 - 39
Elastizitäts-modul	ASTM D 638	MPa	9460 - 9680	2800 - 3980	1500 - 1750
Bruchdehnung	ASTM D 638	%	1 - 1,5	4 - 7	10 - 23
Biegefestigkeit	ASTM D 790	MPa	137 - 145	105 - 118	54 - 59
Biegemodul	ASTM D 790	MPa	8270 - 8370	2760 - 3400	1350 - 1750
Kerbschlag-zähigkeit	ASTM D 256	J/m	14,5 - 17,9	22 - 29	18 - 25
Wärmeform-beständigkeit	ASTM D 648				
	bei 66 PSI	°C	148	65	58 - 63
	mit Wärme-nachbe-handlung		220	130	
	bei 264 PSI	°C	95	57	51 - 55
	mit Wärme-nachbe-handlung		97	110	

Eigenschaft	Bedingung	Einheit	Accura CeraMAX	Accura 48HTR	Accura e-Stone
Härte, Shore D			89	86	80
Wärmeausdehnungskoeffizient	ASTM E 831-93				
		µm/m °C	TMA ($T < T_g$, 25 – 57 °C): 31,1	TMA ($T < T_g$, < 50 °C): 115	
		µm/m °C	TMA ($T < T_g$, 70 – 200 °C): 87,4	TMA ($T > T_g$, > 120 °C): 165	
Glasübergangstemperatur	DMA, E″	°C	108 – 110, mit Wärmenachbehandlung bei 120 °C: 112 – 114	62, mit Wärmenachbehandlung bei 160 °C: 132	60

Tabelle A3.6 Stereolithographiewerkstoffe VI

Eigenschaft	Bedingung	Einheit	Accura CastPro	Accura 55	Accura 25
Aussehen			transparent	weiß	weiß
Dichte, flüssig	bei 25 °C	g/cm³	1,08	1,13	1,14
Dichte, fest	bei 25 °C	g/cm³	1,17	1,20	1,19
Viskosität	bei 30 °C	cps	240 – 260	155 – 185	250
Eindringtiefe		mils	6,2	5,2	4,2
kritische Energie		mJ/cm²	8,7	7,4	10,5
getestete Build Styles				EXACT™, FAST™; EXACT-HR	FAST™, EXACT™, EXACT-HR
Zugfestigkeit	ASTM D 638	MPa	52 – 53	63 – 68	38
Elastizitätsmodul	ASTM D 638	MPa	2490 – 2620	3200 – 3380	1590 – 1660
Bruchdehnung	ASTM D 638	%	4,1 – 8,3	5 – 8	13 – 20
Biegefestigkeit	ASTM D 790	MPa	82 – 84	88 – 110	55 – 58

Tabelle A3.6 Stereolithographiewerkstoffe VI *(Fortsetzung)*

Eigenschaft	Bedingung	Einheit	Accura CastPro	Accura 55	Accura 25
Biegemodul	ASTM D 790	MPa	2310 - 2340	2690 - 3240	1380 - 1660
Kerbschlagzähigkeit	ASTM D 256	J/m	43 - 49,5	12 - 22	19 - 24
Wärmeformbeständigkeit	ASTM D 648				
	bei 66 PSI	°C	51	55 - 58	58 - 63
	bei 264 PSI	°C	50	51 - 53	51 - 55
Härte, Shore D			85	85	80
Wärmeausdehnungskoeffizient	ASTM E 831-93				
		µm/m °C	102,9	TMA ($T > T_g$, > 120 °C): 61	TMA ($T > T_g$, > 120 °C): 107
		µm/m °C	160,2	TMA ($T > T_g$, > 120 °C): 163	TMA ($T > T_g$, > 120 °C): 151
Glasübergangstemperatur	DMA, E"	°C	70	56	60
Wasserabsorption	ASTM D 570-98	%	0,33		

Tabelle A3.7 Stereolithographiewerkstoffe VII

Eigenschaft	Bedingung	Einheit	Accura Bluestone	Accura Amethyst
Aussehen			blau	purpur
Dichte, flüssig	bei 25 °C	g/cm³	1,70	1,1
Dichte, fest	bei 25 °C	g/cm³	1,78	1,23
Viskosität	bei 30 °C	cps	1200 - 1800	350
Eindringtiefe		mils	4,1	3,7
Kritische Energie		mJ/cm²	6,9	14,4

Eigenschaft	Bedingung	Einheit	Accura Bluestone	Accura Amethyst
getestete Build Styles			EXACT™	FAST™, EXACT™, EXACT-HR
Zugfestigkeit	ASTM D 638	MPa	66 – 68	22 – 38
Elastizitäts-modul	ASTM D 638	MPa	7600 – 11 700	3514 – 3996
Bruchdehnung	ASTM D 638	%	1,4 – 2,4	0,56 – 1,04
Biegefestigkeit	ASTM D 790	MPa	124 – 154	87 – 125
Biegemodul	ASTM D 790	MPa	8300 – 9800	3652 – 3721
Kerbschlag-zähigkeit	ASTM D 256	J/m	13 – 17	9 – 12
Wärmeform-beständigkeit	ASTM D 648			
	bei 66 PSI	°C	65 – 66	77
	mit Wärme-nachbe-handlung		267 – 284	
	bei 264 PSI	°C	65	62
	mit Wärme-nachbe-handlung			
Härte, Shore D			92	87
Wärme-ausdehnungs-koeffizient	ASTM E 831-93			
		µm/m °C	TMA ($T > T_g$, > 120 °C): 33 – 44	TMA ($T > T_g$, > 120 °C): 57
		µm/m °C	TMA ($T > T_g$, > 120 °C): 81 – 98	TMA ($T > T_g$, > 120 °C): 133
Glasübergangs-temperatur	DMA, E“	°C	71 – 83	103

Tabelle A3.8 Stereolithographiewerkstoffe VIII

Eigenschaft	Bedingung	Einheit	RenShape SL7800		RenShape SL7810	
Aussehen					weiß	
Dichte, flüssig	bei 25 °C	g/cm^3	1,12		1,13	
Dichte, fest	bei 25 °C	g/cm^3	1,15		1,16	
Viskosität	bei 30 °C	cps	205		210	
Eindringtiefe		mils			5,6	
	auf SLA 7000/5000		5,74			
	auf SLA 500/3500/ Vipser-Si2-Systemen		5,67			
kritische Energie		mJ/cm^2			9,9	
	auf SLA 7000/5000		9,98			
	auf SLA 500/3500/ Vipser-Si2-Systemen		9,51			
			90-minute + UV post-cure	90-minute UV + 2 h @ 80 °C thermische Nachbehandlung	90-minute UV post-cure	90-minute UV + 2 h @ 80 °C thermische Nachbehandlung
Zugfestigkeit	ASTM D 638	MPa	41 - 47	44	35 - 51	39 - 51
Elastizitätsmodul	ASTM D 638	MPa	2075 - 2400	2180 - 2250	1793 - 2400	2000 - 2400
Bruchdehnung	ASTM D 638	%	10 - 18	10 - 15	10 - 20	10 - 14
Biegefestigkeit	ASTM D 790	MPa	69 - 74	72 - 74	58 - 69	62 - 69
Biegemodul	ASTM D 790	MPa	2280 - 2650	2380 - 2640	1896 - 2400	2096 - 2400
Kerbschlagzähigkeit	ASTM D 256	J/m	37 - 58	37 - 48	44 - 49	44 - 50
Wärmeformbeständigkeit	ASTM D 648					
	bei 66 PSI	°C	62	62	51	50

Eigenschaft	Bedingung	Einheit	RenShape SL7800		RenShape SL7810	
Härte, Shore D			87	87	86	87
Wärme-ausdehnungs-koeffizient	ASTM E 831–93					
		µm/m °C	100	109	96	99
		µm/m °C				
Glasübergangs-temperatur	DMA, E″	°C	57	59	62	62
Wasser-absorption	ASTM D 570–98	%				

Tabelle A3.9 Stereolithograhpiewerkstoffe IX

Eigenschaft	Bedingung	Einheit	RenShape SL7820		RenShape SL7840	
Aussehen			weiß		klar	
Dichte, flüssig	bei 25 °C	g/cm³	1,13		1,13	
Dichte, fest	bei 25 °C	g/cm³	1,16		1,16	
Viskosität	bei 30 °C	cps	210		320	
Eindringtiefe		mils	4,5		5	
kritische Energie		mJ/cm²	10		15	
			90-minute + UV post-cure	90-minute UV + 2 h @ 80 °C thermische Nachbehandlung	90-minute + UV post-cure	90-minute UV + 2 h @ 80 °C thermische Nachbehandlung
Zugfestigkeit	ASTM D 638	MPa	36 - 51	39 - 51	36 - 45	37 - 45
Elastizitätsmodul	ASTM D 638	MPa	1900 - 2400	2000 - 2500	1700 - 2200	1600 - 2200
Bruchdehnung	ASTM D 638	%	8 - 18	9 - 14	11 - 17	11 - 18
Biegefestigkeit	ASTM D 790	MPa	59 - 80	62 - 80	65 - 80	62 - 80
Biegemodul	ASTM D 790	MPa	2000 - 2400	2100 - 2500	1600 - 2200	1600 - 2200
Kerbschlagzähigkeit	ASTM D 256	J/m	42 - 48	30 - 49	37 - 60	35 - 60
Wärmeformbeständigkeit	ASTM D 648					
	bei 66 PSI	°C	51	50	48	46
Härte, Shore D			86	87	86	87
Wärmeausdehnungskoeffizient	ASTM E 831-93	µm/m °C	93	93	100	110
Glasübergangstemperatur	DMA, E″	°C	62	62	58	59

Tabelle A3.10 Stereolithograhpiewerkstoffe X

Eigenschaft	Bedingung	Einheit	RenShape SL7870	
Aussehen			klar	
Dichte, flüssig	bei 25 °C	g/cm³	1,13	
Dichte, fest	bei 25 °C	g/cm³		
Viskosität	bei 30 °C	cps	180	
Eindringtiefe		mils	7,2	
kritische Energie		mJ/cm²	10,6	
			90-minute + UV post-cure	90-minute UV+ 2 h @ 80 °C thermische Nachbehandlung
Zugfestigkeit	ASTM D 638	MPa	38 - 42	39 - 42
Elastizitätsmodul	ASTM D 638	MPa	1930 - 2020	1860 - 2030
Bruchdehnung	ASTM D 638	%	10 - 22	10 - 23
Biegefestigkeit	ASTM D 790	MPa	65 - 71	65 - 74
Biegemodul	ASTM D 790	MPa	1980 - 2310	2010 - 2350
Kerbschlagzähigkeit	ASTM D 256	J/m	45 - 61	43 - 60
Wärmeformbeständigkeit	ASTM D 648			
	bei 66 PSI	°C	48	49
	bei 264 PSI	°C		
Härte, Shore D			86	87
Glasübergangstemperatur	DMA, E″	°C	56	57
Wasserabsorption	ASTM D 570–98	%		

Tabelle A3.11 Sinterwerkstoffe I

Eigenschaften	Einheit	3D Systems DuraForm PA	3D Systems DuraForm GF	3D Systems DuraForm Flex*	3D Systems CastForm PS	3D Systems LaserForm A6
Typ		Polyamid	Polyamid, glasgefüllt	Elastomer	Wax infiltriert	Bronze infiltriert
Hersteller/Vertreiber/Infos		3D Systems				
Farbe		weiß	grau	naturweiß	weiß	grau
mittlere Partikelgröße	µ	58	48	85	62	34
Partikelgröße	95 % < µ	92	92	138	106	58
Partikelgrößenbereich	µ	25 – 92	10 – 92	21 – 138	25 – 106	20 – 58
Feuchtigkeitsabsorption	%	0,41	0,3			
spezifisches Gewicht	g/cm^3	1,01 – 1,02	1,49	0,44		7,8
Dichte (Pulver)	g/cm^3	0,59	0,84	0,58		8,15
Dichte (gesintertes Mat.)	g/cm^3	0,97	1,4	0,91		7,5
E-Modul	MPa	1600	4068	7,4		$138 \cdot 10^3$
Bruchdehnung	%	14	1,4	110		10,0 – 20,0
Biegemodul	MPa	1387	3106	5,9		
Biegefestigkeit	MPa		37			
Charpy-Schlagzähigkeit	kJ/m^2	336	123			
Charpy-Kerbschlagzähigkeit gekerbt	kJ/m^2	32	41			
Zugfestigkeit	MPa	44	27	1,8		610
Härte	Shore A	73	77	60		HRC 22
Restasche	%				0,03	

Eigenschaften	Einheit	3D Systems DuraForm PA	3D Systems DuraForm GF	3D Systems DuraForm Flex*	3D Systems CastForm PS	3D Systems LaserForm A6
Schmelzpunkt	°C	184	185	192		
Glasübergangstemperatur	°C	–			89	
Formbeständigkeitstemperatur	°C	180	175			

* Alle Werte für DuraForm Flex in nicht infiltriertem Zustand.

Tabelle A3.12 Sinterwerkstoffe II

Eigenschaften	Einheit	EOS PrimePart	EOS PA 2200	EOS PA 3200GF	EOS Alumide	EOS PrimeCast 100
Typ		PA 12	PA 12	glasgefülltes PA 12	aluminiumgefülltes PA 12	Polystyrol
Farbe		weiß	weiß	weiß	grau-silber	weiß
mittlere Partikelgröße	µm	56	60	60	60	80
Schüttdichte (Pulver)	g/cm^3	0,44	0,44	0,61	0,64	0,61
Dichte (lasergesintertes Material)	g/cm^3	0,92	0,93	1,26	1,36	0,78
E-Modul/Tensile Modulus/ Youngs Modul	MPa	1700	1700	3200	3800	1600
Bruchdehnung	%	15	20	6	3,5	0,4
Biegemodul/ Flexural Modulus	MPa	1240	1240	2100	3000	
Biegefestigkeit	MPa				74 ± 2	
Charpy-Schlagzähigkeit	kJ/m^2	53	53	35	29	

Tabelle A3.12 Sinterwerkstoffe II *(Fortsetzung)*

Eigenschaften	Einheit	EOS PrimePart	EOS PA 2200	EOS PA 3200GF	EOS Alumide	EOS PrimeCast 100
Charpy-Kerb-schlagzähigkeit	kJ/m^2	4,8	4,8	5,4	4,6	
Zugfestigkeit	MPa	47	45	48	46	1,2 bis 5,5
Härte	Shore D	75	75	80	76	
Restasche	%					0,002
Schmelzpunkt	°C	172 - 180	172 - 180	172 - 180	172 - 180	
▪ nach Vicat Last A/50 K/Std.	°C	181	181	179		
▪ nach Vicat Last B/50 K/Std.	°C	163	163	166	169	
Glasübergangs-temperatur	°C					105 ± 1

Alle Angaben sind als Richtwerte zu verstehen.

Tabelle A3.13 Sinterwerkstoffe III

Eigenschaften	Einheit	EOS Direct Metal 20	EOS Direct Steel 20	EOS Direct Steel H20	EOS CoCr*	EOS Edelstahl*
Typ		bronzebasiertes Metallpulver	stahlbasiertes Metallpulver	stahlbasiertes Metallpulver	CoCr-Legierung Metallpulver	Edelstahlpulver
Farbe		braun	grau	grau	grau	grau
mittlere Partikelgröße	µm	< 20	< 20	< 20	< 20	< 20
Dichte (gesintertes Material)	g/cm^3	bis 7,6	bis 7,6	bis 7,8		
E-Modul/Tensile Modulus/ Youngs Modul	MPa	80	130	180		

Eigenschaften	Einheit	EOS Direct Metal 20	EOS Direct Steel 20	EOS Direct Steel H20	EOS CoCr*	EOS Edelstahl*
Bruchdehnung	%				5 - 12	30
Biegefestigkeit	N/mm^2	700	1000	2000		
Zugfestigkeit	MPa	bis zu 400	bis zu 600	bis zu 1100	1300	1000
Härte		110 HB, 115 HV	220 HB, 225 HV	350 - 420 HV, 35 - 42 HRC	30 - 52 HRC	240 HB

Alle Angaben sind als Richtwerte zu verstehen.

Tabelle A3.14 Sinterwerkstoffe IV

Eigenschaften	Einheit	EOS Ceramics 5.2	EOS Quartz 4.2	EOS Quartz 5.7
Typ		Aluminium-Silikat-Sand	Quarzsand	Quarzsand
Farbe		braun	braun	braun
mittlere Partikelgröße	µm	130 ± 20	140 ± 20	160 ± 10
Schütt-Dichte (Pulver) (nach VDG-P27)	g/cm^3	1,64 ± 0,05	1,4 ± 0,04	1,35 ± 0,03
Heißbiegefestigkeit (nach VDG-P74)	N/cm^2	800 ± 80	600 ± 60	550 ± 55
Kaltbiegefestigkeit (nach VDG-P74)	N/cm^2	2000 ± 200	1600 ± 160	1500 ± 150
Schmelzpunkt (Sand-Grundwerkstoff)	°C	1825	1700	1700
Glühverlust (nach VDG-P74)	%	5,2 ± 0,2	4,2 ± 0,2	5,7 ± 0,2

Tabelle A3.15 Sinterwerkstoffe V

Eigenschaften	Einheit	Windform XT	Windform Pro B Polyamid	ARCAM H13	ARCAM Ti6A114V
Typ		Carbon-Komposit		CrMoVa-Leg.	Titan-Leg.
Hersteller/ Vertreiber/Infos		CRP-Technology *www.windform.it*		ARCAM Sweden *www.arcam.com*	
Farbe		schwarz	grau	grau	grau
Partikelgrößen-bereich	µ			15 – 40	20 – 50
spezifisches Gewicht	g/cm³			7,8	4
E-Modul	MPa	7320	3612	210 000	128 000
Bruchdehnung	%	2,6	3,81		10
Biegemodul	MPa	1387	3106		
Biegefestigkeit	MPa	131,5	96,1		
Charpy-Schlag-zähigkeit	kJ/m²				
Charpy-Kerb-schlagzähigkeit gekerbt	kJ/m²	4,73	2,69		
Zugfestigkeit	MPa	77,85	47,05	1300	930
Härte	Shore A	92		HRC 48 – 50	HRC 30 – 35
Schmelzpunkt	°C	179,33	180		

* Alle Werte für DuraForm Flex in nicht infiltriertem Zustand.

Tabelle A3.16 FDM-Werkstoffe

Eigenschaften	Einheit	Poly-carbonat	ABS	ABSplus	ABSi	PPSU
Hersteller/Kontakt/Web		*www.stratasys.com*				
E-Modul	MPa	2000	1627	2265	1915	2068
Bruchdehnung	%	3	6	4	3,1	3
Biegemodul	MPa	2137	1834	2198	1820	2206
Biegefestigkeit	MPa	97	41	52	61	110
Kerbschlag-zähigkeit	kJ/m^2	53,4	106	96	101,0	58,73
Zugfestigkeit	MPa	52	22	36	37	55
▪ bei 0,45 MPa	°C	127	96,00		95	189
Glasüber-gangstemp.	°C	161	104	k. A.	116	230
Dichte	g/cm^3	1,2	1,05	1,04	1,08	1,28

Besonderheiten: Die Werkstoffe sind erhältlich in den Farben weiß, schwarz, rot, blau, grün, gelb sowie als Sonderanfertigung in jeder RAL-Farbe.

ABSi: erfüllt alle FDA-USP-CLASS-VI-Anforderungen, gamma-sterilisierbar.

Tabelle A3.17 ModelMaker-Werkstoffe

Eigenschaften	Einheit	Protobuild	Protosupport
Typ		grünes Baumaterial	rotes Stützmaterial
Hersteller		Solidscape	
Dichte	g/cm^3	1,25	0,93
Schmelztemperatur	°C	92 – 106	50 – 72
Flammtemperatur	°C	> 175	> 175
Shore-Härte	Shore A	45	33
▪ bei 50 °C	ppm/°C	82,7	351,3
▪ bei 55 °C	ppm/°C		403,2
▪ bei 60 °C	ppm/°C	87,6	
▪ bei 70 °C	ppm/°C	91,4	

Tabelle A3.18 LOM-Werkstoffe

Eigenschaften	Einheit	LPH 042		LXP 050		LGF 045	
Typ		Papier		Polyester		Glasfaser	
Hersteller		Helisys		Helisys		Helisys	
Modell-eigenschaften		Faser	Quer	Faser	Quer	Faser	Quer
Dichte	g/cm³	1,449		1,0 – 1,3		1,3	
E-Modul	MPa	2524		3435		–	
Zugfestigkeit	MPa	26	1,4	85		> 124,1	4,8
Druckfestigkeit	MPa	15,1	115,3	17	52	–	–
Kompressions-modul	MPa	2192,9	406,9	2460	1601	–	–
max. Verfor-mung unter Druck	%	1,01	40,4	3,58	2,52	–	–
Biegefestigkeit	MPa	2,8 – 4,8		4,3 – 9,7		–	
Glasüber-gangs-temperatur	°C	30		–		53 – 127	
Ausdehnungs-koeffizient	ppm/K	3,7	185,4	17,2	229	X: 3,9 Y: 15,5	Z: 111,1
Wärme-leitfähigkeit	W/mK	0,117		–		–	
Aschegehalt	%	2,7 – 3,1		–		–	

Tabelle A3.19 3D-Drucker-Werkstoffe

Eigenschaften	Einheit	zp130*
Hersteller		Z-Corporation
Farbe		weiß
mittlere Partikelgröße	µm	50,00
Dichte (Pulver)	g/cm³	1,60

* Alle Daten ohne Infiltration.

Tabelle A3.20 Gießharze

Eigenschaft	Einheit	PX 774	2170	Biresin G 55	MG 805-1	Megithan 2MD787
Hersteller		Axson	HEK	SIKA	ebalta	BIOTOOL
ausgeprägte Eigenschaft		gummi-elastisch	hart	schlagzäh/ biegefest	hochtem-peratur-beständig	glasklar (UV-beständig)
Aspekt/Farbe		schwarz	gelblich	opak	schwarz	transparent
Mischungs-verhältnis A : B	$gT > Tg : g$	44 : 100	100 : 150	80 : 100	100 : 70	100 : 300
Topfzeit (g; °C)	min	2 – 3 (100; 25)	4 (100; 25)	4 (300; 20)	5 – 7 (200; 20)	15 – 20 (200; 20)
▪ Komponente A	Pa s	0,025 – 0,045	0,63	1,45 (23 °C)	0,7 ± 0,10	1,5
▪ Komponente B	Pa s	0,8 – 1,2	0,23	0,3 (23 °C)	0,7 ± 0,10	0,8 – 2,2
▪ Komponente A	kg/dm³	1,18 – 1,22	1,11	1,06 (23 °C)	1,14 ± 0,2	–
▪ Komponente B	kg/dm³	1,03 – 1,07	1,22	1,22 (23 °C)	1,16 ± 0,2	–
Härte	Shore A	75 (23 °C)				
	Shore D		82 (23 °C)	81 – 84 (23 °C)	80 ± 3 (23 Grad)	85 – 87 (RT)
Biegefestigkeit	MPA		120	110 – 120	100 ± 5	
Biegemodul	MPA		2690	2800	1930 ± 100	
Zugfestigkeit	MPA	7	78,5	70 – 80	67 ± 5	90
Zug-E-Modul	MPA		3530			
Schlagzähigkeit	kJ/m²			> 100	63 ± 10	
Bruchdehnung	%	300	6,5	6 – 8	10,5 ± 2	
Dehnung	%		5,5			
Schrumpf	%		0,1	0,25 – 0,35	ca. 0,3	0,1
Wärme-leitfähigkeit	W/m K		224			
Wärme-beständigkeit	°C	80	85	80	120 ± 3	90 – 100

Aufgrund des vielfältigen Produktangebotes können nicht jeder Hersteller und demzufolge alle Produkte aufgeführt und charakterisiert werden.

10.10 Begriffe und Abkürzungen

In die Liste wurden häufig benutzte Begriffe und ihre Abkürzungen aufgenommen, die teilweise im Text besprochen werden, teilweise aber auch nur in der einschlägigen Literatur verwendet, aber dort zunehmend nicht mehr erklärt werden.

Abkürzung	Begriff	Erklärung
3D IM	3D printed injection molding	ursprünglich proprietäre Bezeichnung von Worrell Design, Minneapolis, MN, USA für Spritzguss mit gedruckten Formeinsätzen, vorzugsweise durch Polymerprinting
3DMP	3D-Metal-Print	
3DP	Three Dimensional Printing	Rapid-Prototyping-Verfahren. Schichtbildung durch Einspritzen von Flüssigkeit in ein Pulverbett (Drop-on-powder-Prozess). Trademark des Massachusetts Institute of Technology.
3DP, 3D P	Three Dimensional Printing 3D Printing	Sich allgemein durchsetzende generische Bezeichnung für alle Schichtbauverfahren. Ersetzt zunehmend im täglichen Sprachgebrauch die genormten Bezeichnungen „Additive Manufacturing" und „Generative Fertigungsverfahren".
3DS	3D Systems Corporation	Corporate Headquarters: 333 Three D Systems Circle Rock Hill, SC 29730 USA
3SP	Scan, Spin and Selectively Photocure	Belichtungssystem für die EnvisionTEC-ULTRA®-3SP™-amilie
ABS	Acrylnitril-Butadien-Styrol-Copolymer	schlagfester Kunststoff
ACES	Accurate Clear Epoxy Solids	Stereolithographie-Baustil (3D Systems)
A&D	aerospace and defence industry	Luft- und Raumfahrt sowie Verteidigungs-(Rüstungs-) Industrie
ADM	Advanced Direct Manufacturing	proprietäre Bezeichnung von 3D Systems für die direkte Herstellung serientauglicher Bauteile im additiven Prozess
AF	Additive Fabrication	Fertigung durch Hinzufügen von Volumenelementen (Voxel), auch 3D Printing genannt

Abkürzung	Begriff	Erklärung
AF	Anatomische Faksimile	medizinisch-anatomische (Operations-) Modelle, meist aufgrund medizinischer Bilddaten
AFM	Anatomic Facsimile Models	medizinisch-anatomische (Operations-) Modelle, meist aufgrund medizinischer Bilddaten
AFP	Automated Fiber Replacement	automatisierte Prozesse zur Positionierung von Metallen und Carbon-Fasern, z. B. von Desktop Metal oder Anisoprint
AFT	Additive Fusion Technology (AFT™)	Additive Fusion Technology (AFT) von 9T Labs AG, Zürich Integrierte Hard- und Software. Prozess mit Placing Design, Simulation (mit ext. Software), Platzierung im beheizten Werkzeug, Pressen, Nachbearbeitung.
µAFP	micro automated fiber replacement	Siehe „AFP“
	Anaplastologist	Epithetiker, Hersteller von äußerlich zu tragenden künstlichen Organen und Organteilen wie Ohren etc.
ALM	Application Lifecycle Management	PLM für Software, integriert in „Teamcenter“ Whitepaper: *https://www.bct-technology.com/*
ALM	Additive Layer Manufacturing	Verfahren zur direkten schichtweisen Fertigung. Proprietäre Bezeichnung ursprünglich von Boeing, allgemein in der Luftfahrt gebräuchlich.
AM	Additive Manufacturing	Verfahren zur direkten schichtweisen Fertigung. Genormte Bezeichnung (ISO).
AM	Agile Manufacturing	Proprietäre, eher seltene Bezeichnung von 3D Systems für Verfahren zur direkten Fertigung. Es geht darum, die Effektivität der Verfahren zu betonen.

Abkürzung	Begriff	Erklärung
AMF	Additive Manufacturing File Format	Das AMF-Format ist dem STL-Format ähnlich, erweitert es aber. AMF unterstützt z. B. die Fertigung mehrfarbiger Bauteile aus Gradientenmaterialien, mit Texturen oder Mikrostrukturen. Es wurde von der ASTM (American Society for Testing and Materials) als F2915–12 Standard Specification for Additive Manufacturing File Format (AMF) Version 1.1 am 2. Mai 2011 veröffentlicht/ASTM F2915–12/.
ATLAS	Additive Technology Large Area System	GE Additive's company-wide program to develop the next generation large additive machines. 1st presentation: Formnext 2017. Aktuell, 2024, ungebräuchlich.
	AutoFabs, AutoFabber	Automated Fabricator(s). Äquivalent zu Fabrikator.
BAAM	Big Area Additive Manufacturing	Extrusionsmaschine für große Bauteile (Chincinneti) Big ist keiner definierten Abmessung zugeordnet.
BASS	Break Away Support System	Stützenkonstruktion für das FDM-Verfahren, die durch manuelles Abbrechen entfernt werden kann (Stratasys).
BIS	Beam Interference Solidification	Rapid Prototyping-Verfahren. Polymerisation im Intensitätsmaximum, das durch zwei sich kreuzende LASER-Strahlen gebildet wird.
BIM	Building Information Modeling	auf Deutsch: Bauwerksdatenmodellierung Vernetzte Planung von Bauwerken durch digitale Modellierung aller relevanten Bauwerksdaten für die Planung und die Additive Fertigung oder den 3D-Druck.
	Blown powder technologies	auch: Laser Metal Deposition (LMD) oder Laser Cladding
BPM	Ballistic Particle Manufacturing	Rapid Prototyping-Verfahren. Schichtbildung durch Aufeinanderschießen von Volumenelementen. Trademark der Firma BPM Technology, Greenville SC, USA.
	Bridge Tooling	einfach aufgebaute Werkzeuge zur „Überbrückung" der Lücke zwischen Prototype Tooling und Serienwerkzeugen

Abkürzung	Begriff	Erklärung
	Build	Bezeichnung für den additiven oder Schichtbau-Prozess
	Buy-to-Fly Ratio	Verhältnis des eingesetzten (zu bezahlenden) Materialvolumens zu dem genutzten – Maß für den Abfall bei einem Fertigungsprozess
CAD	Computer Aided Design	computerunterstützte Konstruktion, vorzugsweise im Sinne der geometrischen Konstruktion
CAE	Computer Aided Engineering	computerunterstützte Konstruktion im Sinne einer Auslegung mithilfe definierter geometrischer und mathematischer Grundelemente
CAL	Computer Aided Logistic	computerunterstützte Materialversorgung
CAM	Computer Aided Manufacturing	computerunterstützte Fertigung
CAMOD	Computer Aided Modelling Devices	Soft- und Hardware-Elemente zur Herstellung von Modellen
CAP	Computer Aided Production	computerunterstützte Produktion
CAPM	Computer Aided Production Management System	EDV-System für das Produktionsmanagement
CAQ	Computer Aided Quality Assurance	computerunterstützte Qualitätssicherung
CAS	Chemical Abstract Service	US-amerikanische Nomenklatur und Institution zur Kennzeichnung von chemischen Stoffen
CAS	Computer Aided Styling	computerunterstützte Formgebung (Styling im Sinne der deutschen Auffassung von Design)
CAT	Computer Aided Testing	computerunterstützte Messung und Prüfung
CAx	Computer Aided ... Computer Assisted ...	Abkürzung für jegliche Art computerunterstützter Verfahren
CD	Concurrent Design	parallelisierte Entwurfs- und Konstruktionssystematiken
cDLM	Continous Digital Light Manufacturing	kontinuierlicher Polymerisierungsprozess von EnvisionTEC
cDLP	Continuous digital light Processing (cDLP)	Kontinuierlicher Polymerisierungsprozess. Bezeichnung von 3D Systems.

Abkürzung	Begriff	Erklärung
CEM	Contract Electronics Manufacturing	Bezeichnung für die Lohnfertigung elektronischer Komponenten und Produkte
CEM	Composite Extrusion Modeling	Extrusionsverfahren zum Verdrucken von kunststoff-gebundenen Materialien, anschließendes Entbindern und Sintern (z. B. AIM 3D)
CIM	Computer Integrated Manufacturing	Fertigung auf der Basis einer geschlossenen CAD-CAM-Kette. Äquivalent zu ICAM.
CJP	ColorJet Printing-Technology	3D-Systems-Bezeichnung für das farbige Pulver-Binder-Verfahren (ex. Z-Corp)
CLIP	Continuous Liquid Interface Production	Polymerisationsanlage von Carbon 3D siehe auch: Carbon DLS (digital light synthesis)
CMB	Controlled Metal Build Up	Rapid-Prototyping-Verfahren. LASER-Generieren und anschließendes Konturfräsen von Metall (FhG-IPT).
CMC	Computer Mediated Communication	computermoderierte Kommunikation
CP	Centrum für Prototypenbau GmbH	Rapid-Prototyping-Dienstleister mit Sitz in Erkelenz/Düsseldorf
CPP	Cost-Per-Parts	Stückkosten
CPDM	CIMATRON Product Data Management	PDM-System der Firma CIMATRON
CS	Computer Supported	computerunterstützte Verfahren
CSCW	Computer Supported Cooperative Work	computerunterstütztes Kommunikationssystem
CSG	Constructive Solid Geometry	Beschreibung eines komplexen Körpers durch die Verknüpfung einfacher Grundkörper über Boole'sche Operationen
CT	Computertomographie	Schichtröntgenverfahren vorzugsweise in der Medizin, aber zunehmend auch zur Qualitätssicherung in der Fertigung
CTL		File Format für einen ActiveX control file von Microsoft Visual Studio
CUSNG	Kunstwort aus Cladding und Fusing	Concept-Laser-proprietäre Bezeichnung für das SLM-Verfahren. Nach Übernahme durch GE jetzt: DMLM (Direct Metal LASER Melting (Machines)).

Abkürzung	Begriff	Erklärung
DCM	Direct Composite Manufacturing	Direkte Herstellung von Bauteilen aus Kompositwerkstoffen. Vorzugsweise verwendet von der Firma Optoform für ihr M3D-Verfahren.
DCJP	Direct Ceramic Jet Printing	Pulver-Binder-Verfahren der Firma 3DCeram. 3DCeram liefert 3D-Drucker und Werkstoffe für technische Keramik.
DICOM	Digital Imaging and Communication in Medicine	Daten- und Kompressionsverfahren vorzugsweise für die medizinische Bildgebung
DED	Direct energy deposition	Beschichten mit der Pulverdüse, Blown Powder Process
DfAM	Design for Additive Manufacturing	
DGLD	Direct Glass Laser Deposition	Extrusionsverfahren für Glas. Von Nobula, Sweden.
DLS	DLS Digital Light Synthesis (Carbon), auch: Carbon DLS 3D Printing	Beruht auf dem CLIP Prozess. Erzeugt funktionale Zielteile mit isentropischen Eigenschaften und feinen Oberflächen.
DM	Dematerializing Auto Manufacturing	Prinzip des Ultraleichtbaus durch „Dematerialisierung", z. B. durch Leichtbau-Gitterstrukturen und SLM-gesinterte Knoten (z. B. Blade/Divergent Microfactories, Kevin Czinger)
DMLM	Direct Metal Laser Melting	Powder Bed Fusion Prozess wie DMLS oder SLM, bei dem das Metall vollständig aufgeschmolzen wird. Prozessbezeichnung vorzugsweise von GE für den Concept-Laser-SLM-Prozess (der von Concept als Laser CUSING bezeichnet wird/wurde).
DMLS	Direct Metal LASER Sintering	Sinterverfahren der Firma EOS zum direkten Versintern von Metall
DMP	Direct Metal Printing	Proprietäre Bezeichnung von 3D Systems für die direkte Herstellung serientauglicher Metallbauteile im additiven Prozess. Ursprüngliche Bezeichnung des Prozesses der belgischen Firma LayerWise (2014 von 3D Systems übernommen).
DMU	Digital Mock Up	Digitaler Prototyp, meist im Sinne der Virtual Reality animierbar

Abkürzung	Begriff	Erklärung
DoB	Drop-on-Bed	3D-Printing-Pulver-Binder-Verfahren des MIT, Äquivalent zu DoP
DoD	Drop-on-Drop	3D-Printing-Verfahren, vorzugsweise das der Firma Sanders
DoP	Drop-on-Powder	3D-Printing-Pulver-Binder-Verfahren des MIT, Äquivalent zu DoB
DPDoB	Cure Depth	Stereolithographie. Optische Eindringtiefe des Harzes.
	Digital Part Materialization	AM-Bezeichnung der Firma ExOne
DSPC	Direct Shell Production Casting	Hard- und Softwarelösung der Firma Soligen zum Direktversintern von Keramikgussformen
DLSTM	Digital Light Synthesis TM (DLSTM)	Gitterstruktur von CARBON mit örtlich variierenden Elastizitäten
DT	Direct Tooling	generative Verfahren zur direkten Herstellung von Werkzeugen, Werkzeugeinsätzen, Formen und Lehren
DTM	Desktop Manufacturing	Verfahren zur schnellen Herstellung dreidimensionaler physikalischer Modelle „auf dem Schreibtisch“
DTM	DTM Corp., Austin, Tex, USA	Hersteller von LASER-Sinteranlagen (von 3D Systems übernommen)
DWG	File extension „drawing“	Datenformat für Vektordateien (.dwg)
DXF	Drawing Exchange Format	Datenformat zum Abspeichern von CAD-Zeichnungen
EC	Critical Energy	bei der Stereolithographie die Schwellenenergie, bei der eine chemische Reaktion eintritt
EBAM	Electron Beam Additive Manufacturing	AM-Verfahren zur Herstellung von Metallbauteilen mittels Elektronenstrahlung
EBFF	Electron Beam Free Form Fabrication	AM-Verfahren zur Herstellung von Metallbauteilen mittels Elektronenstrahlung *http://www.sciaky.com/62.html?sm=36423*
EBM	Electron Beam Melting	AM-Verfahren der Firma ARCAM zur Herstellung von Metallbauteilen mittels Elektronenstrahlung

Abkürzung	Begriff	Erklärung
EDM	Electronic Data Management Engineering Data Management	Programmsysteme zur Verwaltung großer, von mehreren Berechtigten simultan bearbeiteter Dateien
EDM	Electric(al) Discharge Machining	Erodiermaschine
EDM	Electronic Document Management	elektronische Archivierung von Dokumenten
eLMD	Laser Metal Deposition	Einsteiger-LMD-Maschine und -System von LUNOVU
EOS	Electrical Optical Systems GmbH, Planegg/München, D	Hersteller von Sintermaschinen für Kunststoff und Metall
ERM	Enterprise Resource Management	Systeme und Softwareprogramme für das Management und das Planen logistischer Versorgungsketten
ERP	Enterprise Resource Planning	Systeme und Softwareprogramme für das Management und das Planen logistischer Versorgungsketten
	Fabber	Kurzform von Fabrikator (Fabricator)
	Fabrikator (Fabricator)	generative Maschine zur direkten Herstellung von Bauteilen mit Produktcharakter
FAMS	Flexible AM-Systeme Flexible AM System	Anlagen zur flexiblen 3D-Drucker-gestützten Serienfertigung (in Analogie zu den Flexiblen Fertigungssystemen, FFS)
FDM	Fused Deposition Modelling	FLM-Verfahren der Firma Stratasys. Kunststoff-extrusion.
	Kunststoff-Schmelzen	proprietäre, sehr ungebräuchliche Bezeichnung für das Extrusionsverfahren FDM
FEM	Finite-Elemente-Methode	numerisches Berechnungsverfahren
FGF	Fused Granulate Fabrication	FDM-Variante mit Granulat anstelle von Filamenten Additive manufacturing method in which melted plastic granules are deposited on a bed layer by layer to form the 3D-object

Abkürzung	Begriff	Erklärung
FFF	Fast Freeform Fabrication	Verfahren zur schnellen Herstellung dreidimensionaler physikalischer Modelle
FFM	Fused Filament Manufacturing	alternativer Ausdruck: Fused Deposition Modeling (FDM/FFF/FLM)
	Finishing	AM-verfahrensunabhängige Endbearbeitung von AM-Bauteilen, vor allem um bessere Oberflächen zu erzielen; z. B. durch Schleifen, Lackieren oder Polieren (vergleiche Post Processing)
FGM	Fused Granulate Modeling	Schmelzauftrag von Granulaten mittels Extruder. Proprietäre Bezeichnung der AIM3D GmbH. Die Granulate sind handelsüblich und entsprechen weitgehend den Qualitäten für den Spritzguss. Einsatz mit dem Ziel höherer Baugeschwindigkeit und Kostenreduktion.
FGM	Functional Graded Materials	funktionalisierte Gradientenwerkstoffe
FLM	Fused Layer Modelling	Rapid-Prototyping-Verfahren. Schichtbildung durch Extrusion schmelzflüssiger Thermoplaste und Erstarrung infolge Wärmeleitung. Generische Bezeichnung von FDM.
FM	Facsimile Models	maßstäbliche Abbildung einer bestehenden Geometrie, vorzugsweise M = 1:1
	Front End	Datentechnisch das vordere Ende der AM-Prozesskette. Das Front End ist der Bereich zwischen der Übergabe der Geometriedaten und der Übertragung der Steuerdaten an die Maschine, in dem die Geometrie-Datenaufbereitung für den Bauprozess erfolgt.
FRP	Foam Reaction Prototyping	Verfahren zum schichtweisen Auftragen selbstreagierender Schäume. Vorzugsweise proprietäre Bezeichnung von Herback (rtejournal 2004).
GIS	Geographic Information System	Informationssysteme zur Erfassung, Bearbeitung, Organisation, Analyse und Präsentation räumlicher Daten.
GMEAM	Gradient-Modulus Energy Absorbing Material	vorzugsweise laminiertes Material für besonders gute Energieabsorption (shockproof)
	Graded materials	Gradientenmaterialien

Abkürzung	Begriff	Erklärung
	Grower	Bezeichnung für die generative Maschine, verwendet von Solidscape. Von engl. Growing: Züchten, Erzeugen.
	Grünteil, Grünling	Beim mehrstufigen Metall-Prozess; das durch den Laser-Sinterprozess entstandene Modell, wie es aus der Maschine kommt. (Es muss dann noch die Nachversinterung zum Braunteil und die Infiltration durchlaufen.)
IMS	Infrared Mask Sintering	alternative Bezeichnung für das Maskensinter-Verfahren „Selective Mask Sintering (SMS)" von Sintermask
HIS	Holographic Interference Solidification	Rapid-Prototyping-Verfahren. Polymerisation durch Projektion holographischer Bilder in photosensible Materialien.
HPGL	Hewlett Packard Graphic Language	Plotter-Schnittstelle
HSC	High Speed Cutting	Hochgeschwindigkeitsfräsen, Teilgebiet des HSM – High Speed Machining
HSPC	High Speed Precision Cutting	HSC der Firma Kern Microtechnik
HSS	Highspeed Sintering-Technologie	Pulver-basierte Fusing-Technologie von Voxeljet mittels Infrarot-Lampen ähnlich HP MultiJet Fusing
ICAM	Integrated Computer Aided Manufacturing	Fertigung auf der Basis einer geschlossenen CAD-CAM-Kette. Äquivalent zu CIM.
IGES	Initial Graphics Exchange Specification	Dateiformat für den neutralen Austausch von Geometriedaten zwischen CAD-Systemen
KMG	Koordinatenmessgerät	3D-Koordinatenmessmaschine
	Kunststoff-Schmelzen (FDM)	proprietäre, sehr ungebräuchliche Bezeichnung für das Extrusionsverfahren FDM
LAM	Liquid Additive Manufacturing	AM-Prozess zur Verarbeitung von Liquid Silicon Rubber, LSR. Maschine: L280-3D-Drucker von German RepRap, Material vom Entwicklungspartner Ebalta. Hersteller: DOW EVOLV3D™ LC 3335 Liquid Silicone Rubber (LSR).
LAM	Laser Additive Manufacturing	Oberbegriff für LPBF/SLM und LMD Direct Energy Deposition

Abkürzung	Begriff	Erklärung
LBM	Laser Beam Melting	entspricht SLM/LPBF, wird in Abgrenzung zu EBM = Electron Beam Melting (ARCAM) verwendet
LCVD	LASER Chemical Vapor Deposition	Rapid-Prototyping-Verfahren. LASER-unterstütztes Abscheiden von Material in der Gasphase.
LC	Laser Cladding	Alternativ auch: Blown powder technologies, Laser Metal Deposition, Direct Energy Deposition.
LCC	Local Composition Control	kontrollierte Herstellung örtlich variierender Bauteileigenschaften (siehe auch: W. Cho, E. M. Sachs, Solid Freeform Fabrication with Local Composition Control, Rapid Prototyping, SECOND QUARTER 2001 *www.sme.org/rpa* VOL. 7, NO. 2)
LENS	LASER Engineered Net Shaping	Rapid-Prototyping-Verfahren. LASER-Generieren von Metall (Fa. OPTOMEC).
LJT	Laminate Joining Technology	Schicht-Laminat-Verfahren, bevorzugte Bezeichnung von Solidimension, dem Entwickler des Laminat Printers LD3
LLM	Layer Laminate Manufacturing	Rapid-Prototyping-Verfahren. Konturierung durch LASER, Messer oder Fräser. Schichtbildung durch Verkleben.
LM	Laminate Manufacturing	Sammelbegriff für Rapid-Prototyping-Verfahren nach dem Schicht-Laminat-Verfahren
LMC	Layer Milling Centre	Schichtfräsmaschine der Firma Zimmermann
	laser-powder additive manufacturing	Verfahren der additiven Fertigung zur Herstellung komplexer Bauteile durch schichtweises Aufschmelzen von feinem Pulver durch einen Laserstrahl
LMD	Laser Metal Deposition	Bezeichnung für das Lasergenerieren mit der Pulverdüse. Äquivalent zur „Directed Energy Deposition". auch: Blown powder technologies
LMD-p	Laser Metal Deposition-powder	Laser Metal Deposition mit Pulver als Beschichtungswerkstoff
LMD-w	Laser Metal Deposition-wire	Laser Metal Deposition mit drahtförmigem Beschichtungswerkstoff
LMF	Laser Metal Fusion	SLM-Verfahren von TRUMPF/Sisma
LMP	Layer Milling Process	Schichtfräsverfahren der Firma Zimmermann/Pauser

Abkürzung	Begriff	Erklärung
LMPM	Low Melting Point Metal	niedrigschmelzende Metalllegierung
LMS	LASER Modell System	Stereolithographie-Verfahren der Firma Fockele & Schwarze (Firma und Verfahren nicht mehr aktiv)
LMT	Layer Manufacturing Technologies & Techniques	zusammenfassender Begriff für schichtorientiert arbeitende Fertigungsverfahren
LOM	Laminated Object Manufacturing	LLM-Verfahren der Firma Helisys (erste kommerzielle Nutzung des Verfahrens). Heute allgemein gebräuchliche Bezeichnung für Papierschichtverfahren.
LOM	light optical micrograph	lichtmikroskopisch zu untersuchender Schliff (zur Dichtebestimmung von LPBF-Proben)
LPBF L-PBF	Laser Powder Bed Fusion	AM-Verfahren im Pulverbett. Schichtbildung durch lokales Aufschmelzen und anschließendes Verfestigen von pulverförmigen Materialien. Äquivalent zu SLM, vorzugsweise für Metalle. Bezeichnung nach ISO/ASTM 52900.
LS	Laser-Sintern	Rapid-Prototyping-Verfahren. Schichtbildung durch lokales Aufschmelzen und anschließendes Verfestigen von pulverförmigen Materialien.
LSM	Laser Surface Melting	Laser-Sinterverfahren der Firma ReaLizer (ex Fockele & Schwarze) zur Herstellung von Metallprototypen
LSAM	large-scale additive manufacturing technology	Herstellung von großen Composite-Formen, Werkzeugen und anderen industriellen Produkten
LSPc	Lubricant Sublayer Photocuring	LSPc ist ein Druckprozess, der von den Nexa3D-, XiP- und NX-Druckern verwendet wird
MAAM	Medium Area Additive Manufacturing	Medium Area Additive Manufacturing 3D-Pellet-Drucker von Cincinnati, Inc. Chincinneti, in Abgrenzung zu BAAM. Medium ist keiner definierten Abmessung zugeordnet.
MEMS	Micro Electromechanical Systems	elektromechanische Mikrosysteme
	META design	Hier: Ein parametrisierbares Design, das vom Anwender durch einfache Parameteränderung (meist nur mit der Maus) individuell verändert werden kann.

Abkürzung	Begriff	Erklärung
MIM	Metal Injection Moulding	Spritzgussverfahren auf der Basis plastifizierbarer Metall-Kunststoff-Mischungen
MIM/ MAM/ MDM/	Material Incress Manufacturing/ Material Addition Manufacturing/ Material Deposition Manufacturing	Fertigung durch Aneinander-/Aufeinanderfügen (Vermehrung, Hinzuführung, Ablage) von Volumenelementen
MJM	Multi-Jet Modeling	FLM-Verfahren der Firma 3D Systems
MJS	Multiphase Jet Solidification	FLM-Verfahren der Fa. ITP, Rapid Prototyping Prozess für metallische und keramische Funktionsteile
	Model	Bezeichnung eines Bauteils zur Visualisierung eines Produktes (show and tell), eines Prototypen
	modden (Modding)	Anbau von Zubehör, Zierrat und dergleichen an ansonsten, vor allem in ihrer Funktion, unveränderte Produkte. Meist äußerlich, z. B. auf Gehäusen von Computern (Case Modding). Äquivalent zu: tunen, stylen, pimpen.
MMD	Molten Metal Deposition	ValCUN's proprietary molten metal 3D printer, Minerva
	Mock-Up, Mockup	Attrappe, Anschauungsmodell
MPA	Metallpulverauftragsverfahren metal powder application	proprietäres thermisches Spritzverfahren der Firma Hermle, integriert in ein Hermle-Fünf-Achs-Bearbeitungszentrum
MPSLA	Mask Projection Stereolithography Apparatus	Lampen-Masken-gestützte Polymerisationsverfahren, vorzugsweise auf der Basis von DLP-Projektoren (z. B. EnvisionTEC Perfectory)
MRO	maintenance, repair and operations strategy	vorzugsweise, aber nicht ausschließlich eine Strategie, um die Instandhaltung, Reparatur und den Betrieb durch AM zu unterstützen
MSLA	Mask Stereolithography Masked SLA 3D Printing Technology	Verfahren von STRUCTO, Singapur, zunächst vorzugsweise für Dental-Anwendungen verwendet die „light source technology array4" und „digital mask" PEOPOLY, Hong Kong. Drucker Phenom L and Phenom Noir, 2020.

Abkürzung	Begriff	Erklärung
MLS	Micro Light Switch	Lichtdruckverfahren (Polymerisation) der Firma Huntsman, vorgestellt mit der Araldite Digitalis auf der Euromold 2008
MRT	Magnet-Resonanz-Tomographie	bildgebendes medizinisches Verfahren vorzugsweise zur Untersuchung von Weichteilen
NCS	Natural Color System	Farbenstandard des Scandinavian Colour Institutes
OEM	Original Equipment Manufacturer	Zulieferer für Produkte, die der Originalhersteller unter seinem Namen vertreibt
	Paper 3D printing Papier 3D drucken	Papier-Schicht-Laminat-Verfahren, LOM z. B. SDL (Selective Deposition Lamination (MCOR))
Pantone	Pantone Colour Matching System	Farbenstandard der US-Firma Pantone Inc.
	Part	allgemeine Bezeichnung für ein AM-Bauteil
	Pimpen, Pimp	Vor allem äußerlich spektakuläre Aufbereitung eines ansonsten vor allem in seiner Funktion unveränderten Produktes. „Pimp My Ride" bedeutet auf Deutsch etwa: „Motz meine Karre auf". Der ursprünglich nur für Autos verwendete Ausdruck wird inzwischen generalisiert auf allerlei Produkte wie Fahrräder oder Computer ausgedehnt und sogar für Lebensmittel (Burger) verwendet. Äquivalent zu: modden.
Reihenfolge LPBF	Powder Bed Fusion	Lokales Aufschmelzen im Pulverbett. Umfasst: Selective Laser Melting (SLM) resp. Direct metal laser sintering (DMLS), Electron beam melting (EBM).
PDM	Product Data Management Produktdaten-Management	EDV-Systeme für das Produktdatenmanagement
PET	Positronen-Emissions-Tomographie	bildgebendes Verfahren vorzugsweise für die Medizin
PJP	PlasticJet Printing	Proprietäre Bezeichnung von botObjects für das Arbeitsprinzip des ProDesk3D. Nach der Übernahme von botObjects durch 3D Systems wird die Maschine Teil der CubePro-C-Drucker-Familie

Abkürzung	Begriff	Erklärung
PLA	Polygraphie	proprietäre, sehr ungebräuchliche Bezeichnung für das Polymer-Jetting oder Polymerprinting, manchmal auch für Polymerisationsverfahren insgesamt
PMU	Physical Mokup	Physikalischer Prototyp, Attrappe
	Powder cake	Pulverkuchen, verbackene Restpulver, die am Prozess teilgenommen haben, aber nicht zum Bauteil wurden. Gebräuchlich vor allem beim Lasersintern.
PPS	Production Planning System	Produktionsplanungs- und -steuerungssystem
PPSU	Polyphenylsulfon	Hochleistungskunststoff
	Prototype	Prototyp, Mokup
	Prototype Tooling	Prototypwerkzeug
	Prototyper	generative Maschine zur direkten Herstellung von Prototypen, Mustern und Mokups (Attrappen)
QC	Quick Cast	Baustil zur Herstellung von Hohlstrukturen, speziell für SLA der Firma 3D Systems
	Rapid-Mokup-Maschine	generative Maschine zur Herstellung von Prototypen, Attrappen (Mokups) und Modellen. Vorzugsweise von Kira Corp. für die Katana geprägter Begriff.
RCT	Rapid Casting Technology	Begriff für generativ unterstützte Gießverfahren, insbesondere verwendet von Prometal/ExOne für das Herstellen von Sandkernen und -formen
REACH	Registration, Evaluation and Authorization of Chemicals	EU-Richtlinie zur Registrierung, Bewertung und Zulassung chemischer Stoffe. Ersetzt ab 1. 6. 2007 eine Vielzahl von Richtlinien und Verordnungen des Chemikalienrechts der BRD.
RIM	Reaction Injection Moulding	Spritzgussverfahren auf der Basis plastifizierbarer chemisch reagierender Metall-Kunststoff-Gemische
RM	Rapid Manufacturing	direkte digitale Herstellung von Endprodukten
RM	Rapid Modeling	Verfahren zur schnellen Herstellung von Modellen

Abkürzung	Begriff	Erklärung
RP	Rapid Prototyping	Technologie für Verfahren und Methoden zur schnellen Herstellung von Modellen direkt aus 3D-CAD-Daten
RP	Reinforced Plastics	vorzugsweise faserverstärkte Kunststoffe (im Gegensatz zu unverstärkten Kunststoffen)
RP&M	Rapid Prototyping & Manufacturing	Verfahren zur schnellen Herstellung von Prototypen und ihrer Fertigung
RPD	Rapid Product Development	schnelle Produktentwicklung
RPE	Rapid Prototyping Engineering	Konstruktion unter Einbeziehung von Rapid-Prototyping-Verfahren
RPro	Rapid Production	schnelle Fertigung/Produktion
RPT	Rapid Prototyping Techniques/Technologies	Verfahren und Methoden zur schnellen Herstellung von Prototypen
RT	Rapid Tooling	Verfahren zur Fertigung von Werkzeugen nach Rapid-Prototyping-Methoden
RTV	Room Temperature Vulcanization	bei Raumtemperatur vulkanisierbares (vernetzendes) Silikon. Äquivalent zu Vakuumgießen.
	Sample	Muster
SAHP	Selective Adhesive and Hot Press Process	LLM-Verfahren der Firma KIRA
SCP	Selective Contour Photocuring (technology)	Variante des Maskenverfahrens von EnvisionTEC mit einer rotierenden Spiegeleinheit und F-Theta-Linse anstelle der DLP-Einheit (jetzt 3SP)
SCP	Smooth Curvature Printing	Bezeichnung von Solidscape für sein Wachs-Druckverfahren
SDL	Selective Deposition Lamination	Bezeichnung von Mcor für ihre Papier-Schicht-Laminat-Maschine
SDM	Shape Deposition Manufacturing	Bezeichnung für das dreidimensionale Auftragen von Material
SDU	Shell Design Unit	Hard- und Softwarekombination zur Berechnung von Negativen für Keramikgussformen (Soligen)
SE	Simultaneous Engineering	methodischer Ansatz zum parallelen Arbeiten mehrerer Personen oder mehrerer Teams an einer (Entwicklungs-) Aufgabe

Abkürzung	Begriff	Erklärung
	Secondary Rapid Prototyping Process	AM-Folgeprozesse, vorzugsweise Abformverfahren wie z. B. Vakuumgießen
SET	Standard Déchange et de Transfer	Dateiformat für den neutralen Datenaustausch von Geometriedaten zwischen CAD-Systemen
SFF	Solid Freeform Fabrication	Bezeichnung von (Rapid-Prototyping-) Verfahren zur Herstellung von physikalischen Volumenmodellen (Solids)
SFM	Solid Freeform Manufacturing	Bezeichnung von (Rapid-Prototyping-) Verfahren zur Herstellung von physikalischen Volumenmodellen (Solids)
SFP	Solid Foil Polymerisation	Rapid-Prototyping-Verfahren. Schichtbildung durch Verkleben konturierter Folien durch Polymerisation.
SGC	Solid Ground Curing	Stereolithographie-Verfahren der Firma Cubital
SL	Stereolithographie	Rapid-Prototyping-Verfahren. Schichtbildung durch lokale Verfestigung photosensitiver Harze (Photopolymerisation).
SLA	Stereolithography Apparatus	Stereolithographie-Anlagen der Firma 3D Systems
SLA	Service Level Agreements	Vertrag über die Rechte und Pflichten bei der Wartung von Produkten. Verwendet vorzugsweise im Bereich IT-Kooperation (ITK).
SLIM	Small Lot Intelligent Manufacturing	proprietäre Bezeichnung von Sigma Labs für ihre Contract Production und vom GHI der RWTH, Prof Telle
SLM	Selective Laser Melting Selektives Laserschmelzen	Proprietäre Bezeichnung von Fockele und Schwarze für ihren Metallschmelzprozess. Von diesen auch patentrechtlich geschützt. Dann Firmenbezeichnung der Fa. SLM Solutions, Lübeck. Heute allgemein: LPBF.
SLM	Spatial Light Modulator	Gerät zur räumlichen Modulation von Licht
SLPR	Selective LASER Powder Re-melting	Rapid-Prototyping-Verfahren. Schichtbildung durch Aufschmelzen und anschließendes Verfestigen von Einkomponenten-Metallpulvern (FhG-ILT).

Abkürzung	Begriff	Erklärung
SLS	Selective LASER Sintering Selektives LASER-Sintern	Rapid-Prototyping-Verfahren. Schichtbildung durch lokales Aufschmelzen und anschließendes Verfestigen von pulverförmigen Materialien.
SLS	Kunststoff-Laser-Sintern	proprietäre Bezeichnung für SLS-Prozesse, die nur mit Kunststoffen arbeiten
SM	subtractive machining	abtragende Fertigungsverfahren, Zerspanung
SMS	Selective Mask Sintering	Sintermaschine (RP3/Pullux32) und -Verfahren von SpedPart/Sintermask
SPJ	Bidirektionales Single Pass Jetting™	Eine der schnellsten Metall-3D-Drucktechnologien weltweit (2021). Desktop Metal.
SOM	Stratified Object Manufacturing	Softwaresystem zur hinterschnittfreien und frästechnisch optimalen Aufbereitung komplexer Körper (ERATZ)
SOUP	Solid Object Ultra-violet LASER Plotter	Rapid-Prototyping-Verfahren und gleichnamige Stereolithographie-Anlage der Firma C-MET
SPECT	Single Photon Emission Computed Tomography	bildgebendes Verfahren, vorzugsweise in der Medizin
SPF	Super Plast Forming	„Aufblasen" von Sandwich-Strukturen
SPJ	Single Pass Jetting (SPJ)	Prozess von Desktop Metal, um simultan Pulver aufzutragen und zu drucken
SPR	Smart Powder Recuperation	Automatische mechanische Entpulverung von Bauteilen aus Metallpulver-AM-Prozessen
STAR-Weave	Staggered Alternated Retracted Hatch	Stereolithographie-Baustil (3D Systems)
STEP	Standard of Exchange of Product Model Data	Dateiformat für den neutralen Austausch kompletter Produktdaten zwischen CAx-Systemen
STL	Stereolithography Language	Schnittstellenformat für den Austausch von Geometriedaten zwischen CAD-Systemen und Rapid-Prototyping-Anlagen. Ursprünglich: Standard Transformation Language. Zunächst zum einfachen Schattieren von 3D-CAD-Drahtmodellen entwickelt. Vom Rapid Prototyping, insbesondere der Stereolithographie, vereinnahmt, daher Umbenennung.
TCT	Time Compressing Technologies	Sammelbezeichnung für alle Verfahren, die der Verkürzung der Produktentwicklungszeit dienen

Abkürzung	Begriff	Erklärung
THESA	Thermoelastische Spannungsanalyse	Verfahren zur experimentellen Überprüfung der Bauteilbelastung durch Messung thermischer Effekte
TI	Taylored Implants	Individuell „geschneiderte" Implantate. Proprietäre Bezeichnung der CP-GmbH, Erkelenz.
TJ	Thermojet	generative Anlage, Solid Object Printer, der Firma 3D Systems
TP	Thermal Polymerisation	Polymerisation durch Wärme
UAM	Ultrasonic Additive Manufacturing	AM-Prozess der Firma Solidica. Ultrasonic consolidation (UC) oder ultrasonic additive manufacturing (UAM). Erfinder Dawn White 1999, Gründer Solidica Inc.
UC	Ultrasonic consolidation	AM-Prozess der Firma Solidica. Siehe auch UAM.
UHPC	ultra-high performance concrete	Ultrahochfester Beton; Betonsorte, die sich durch besonders hohe Dichte und Festigkeit auszeichnet. Üblich ist eine Druckfestigkeit von über 150 N/mm^2 sowie ein w/z-Wert < 0,25.
UHPFRC	Ultra-High-Performance Fiber-Reinforced Concrete	Hochleistungsbeton. Durch Optimierung des Korngefüges und Zugabe von Stahlfasern wird eine Druckfestigkeit von über 150 MPa und eine Zugfestigkeit von rund 8 MPa erreicht.
UV	Ultraviolett	Wellenlängenbereich von 380 nm (Empfindlichkeitsgrenze des Auges im Violetten) bis 19 nm. Im Bereich 60 bis 10 nm Überlagerung mit Röntgenstrahlen.
VDAFS	Verband der Automobilhersteller – Flächenschnittstelle	CAD-Schnittstelle, spezialisiert auf die Übertragung von Freiformflächen
VDAIS	Verband der Automobilhersteller – IGES-Schnittstelle	CAD-Schnittstelle, die eine Untermenge der im IGES definierten Elemente darstellt
VDD	Vakuum-Differenzdruck-Verfahren	(konventionelle) Gießtechnik
	Virtual Product Model	3D-Datenmodell
VFS	VaporFuse Surfacing	DyeMansion's proprietäres Verfahren zur Oberflächenveredelung (Glättung)

Abkürzung	Begriff	Erklärung
VR	Virtual Reality	Wirklichkeitsnahe Simulation von Bauteilen, Baugruppen oder ganzen Produkten auf dem Rechner, in der Regel verbunden mit Echtzeit-Animationen. Ein- und Ausgabe über Datenhandschuhe, 3D-Projektion o. Ä.
WAAM	Wire assisted Additive Manufacturing Wire-Arc-Additive-Manufacturing	Schichtauftrag mit Draht allgemein Schichtauftrag mit Draht mittels Lichtbogen, Lichtbogendrahtauftragsschweißen
Würstl Drucker		vorwiegend in Bayern: mundartliche Bezeichnung für FFF-Drucker
XYZ printing	Weltweite Vertriebs- und Fertigungsorganisation für 3D-Druck-Produkte	Gegründet im Jahr 2013 durch das Elektronik-Unternehmenskonglomerat New Kinpo Group, eine Gruppe von Technologie- und Fertigungsunternehmen. Schwerpunkte sind global electronic manufacturing services (EMS), original design manufacturing (ODM) und green energy service. Produktbeispiel ist der „da Vinci"-3D-Drucker.

Index

Symbole

A

B

C

D

E

F

L

M

Q

R

S

T

U

V

W

Z